彩插1　中国电信边缘云平台整体架构

彩插2　一体化云底座计算管理功能全景图

彩插3 云聚混合多云管理平台架构

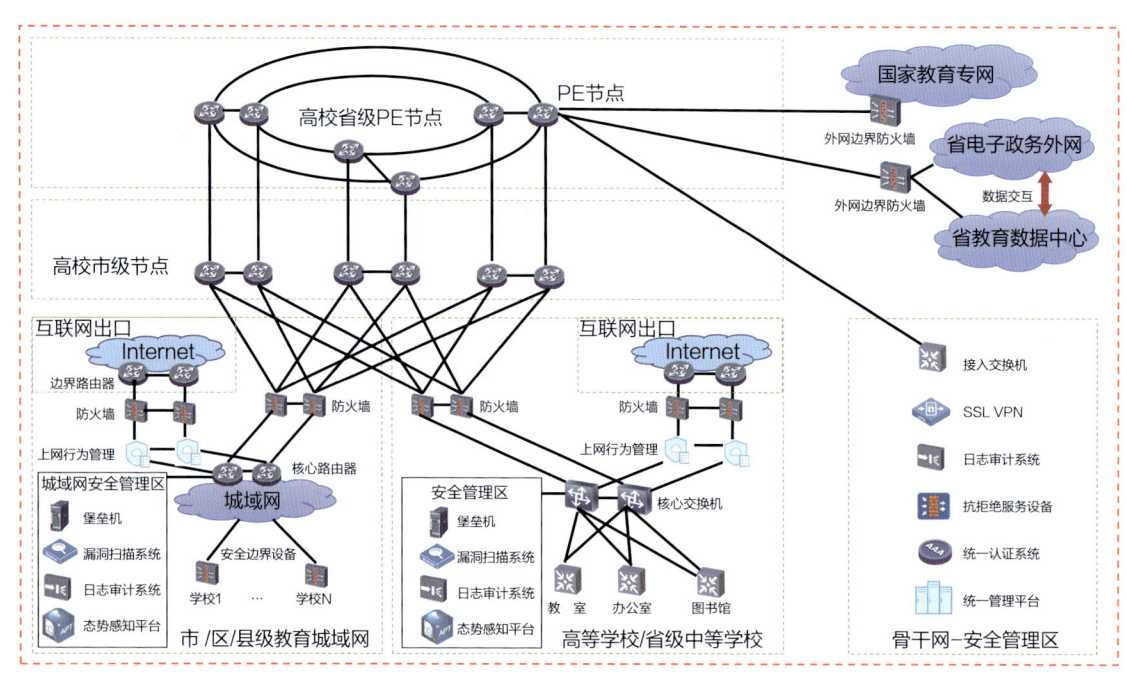

彩插4 教育网总体网络架构

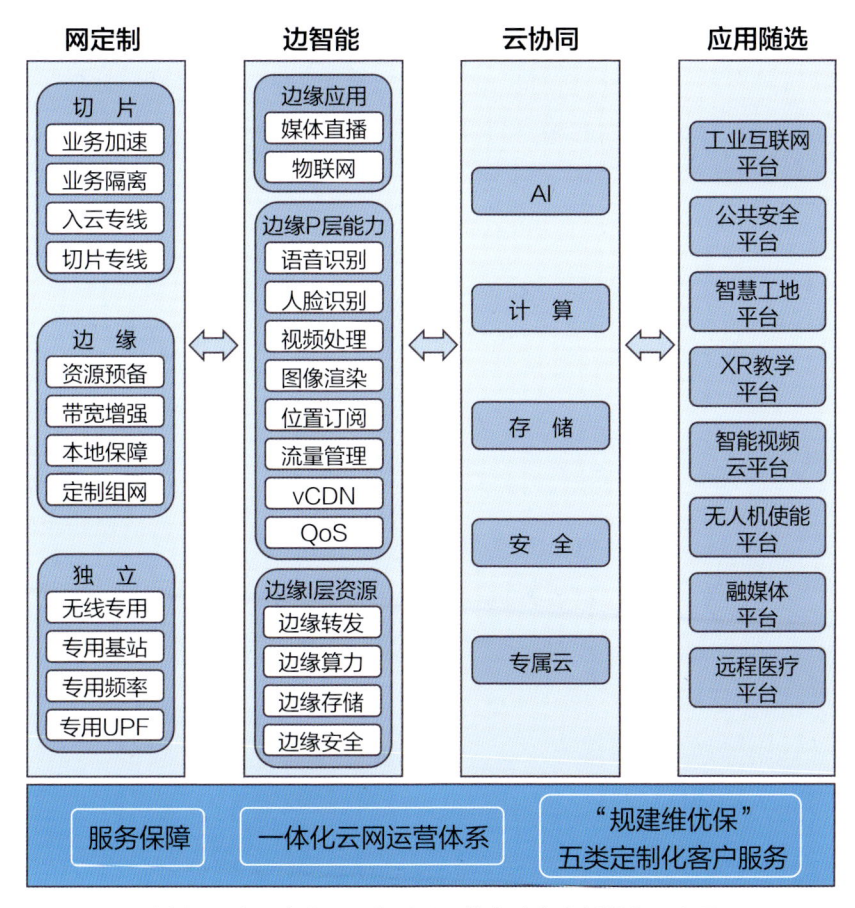

彩插5 中国电信5G定制网一体化融合定制服务示意图

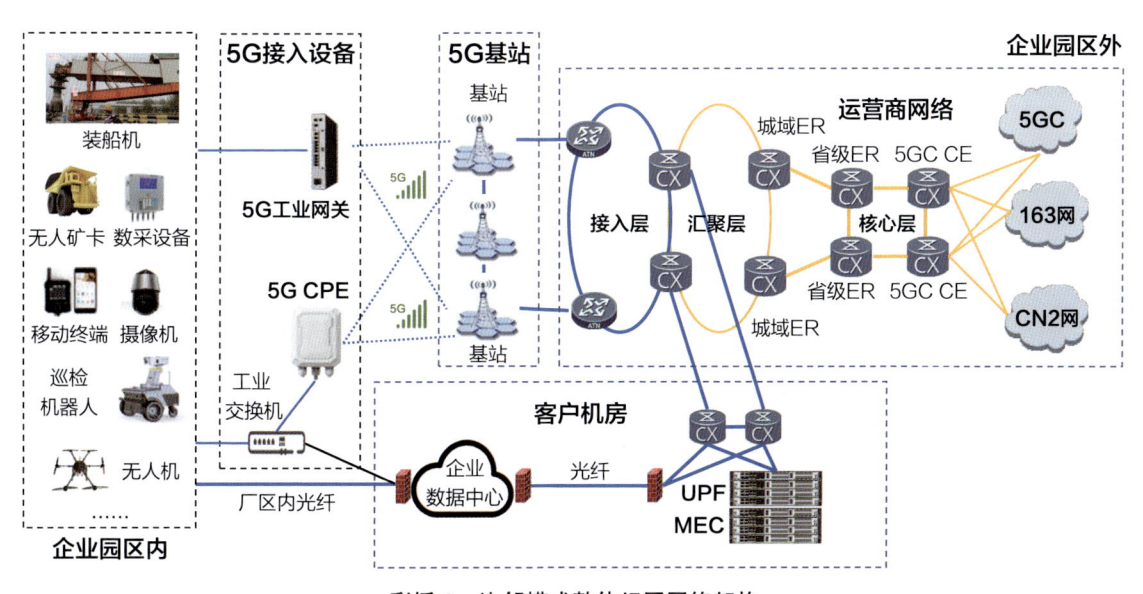

彩插6 比邻模式整体组网网络架构

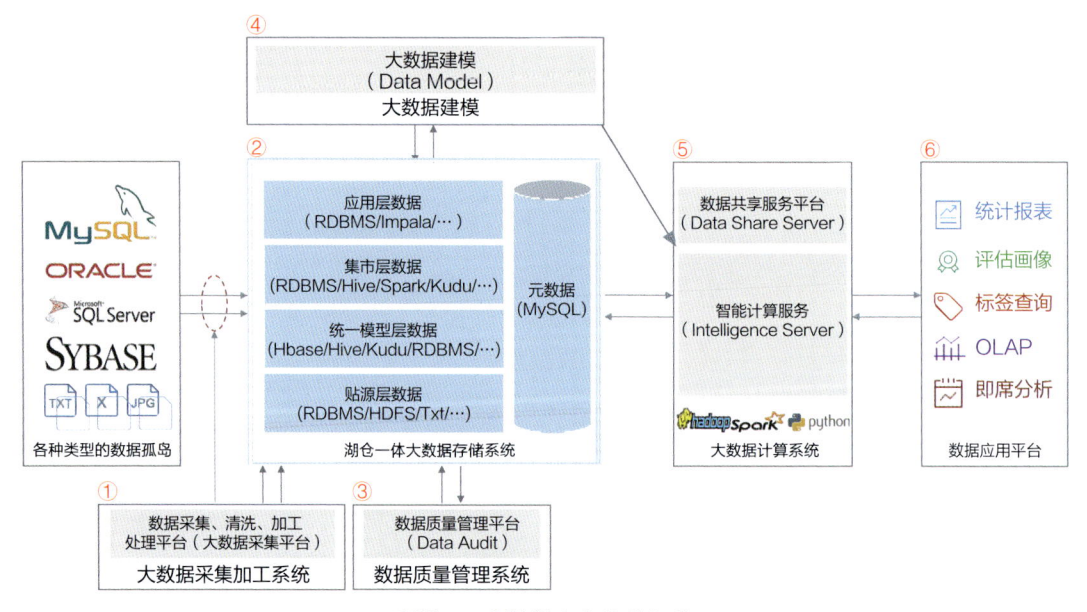

彩插7 大数据中台整体架构

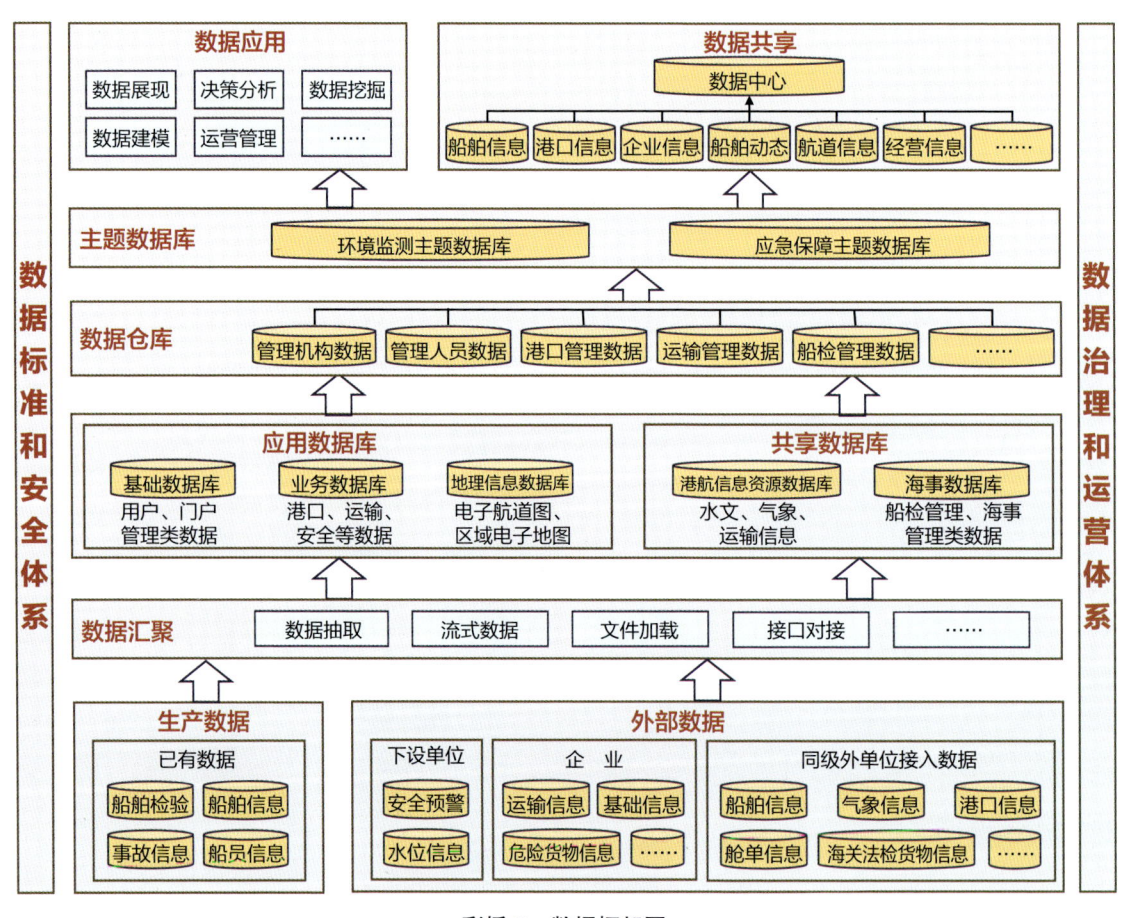

彩插8 数据框架图

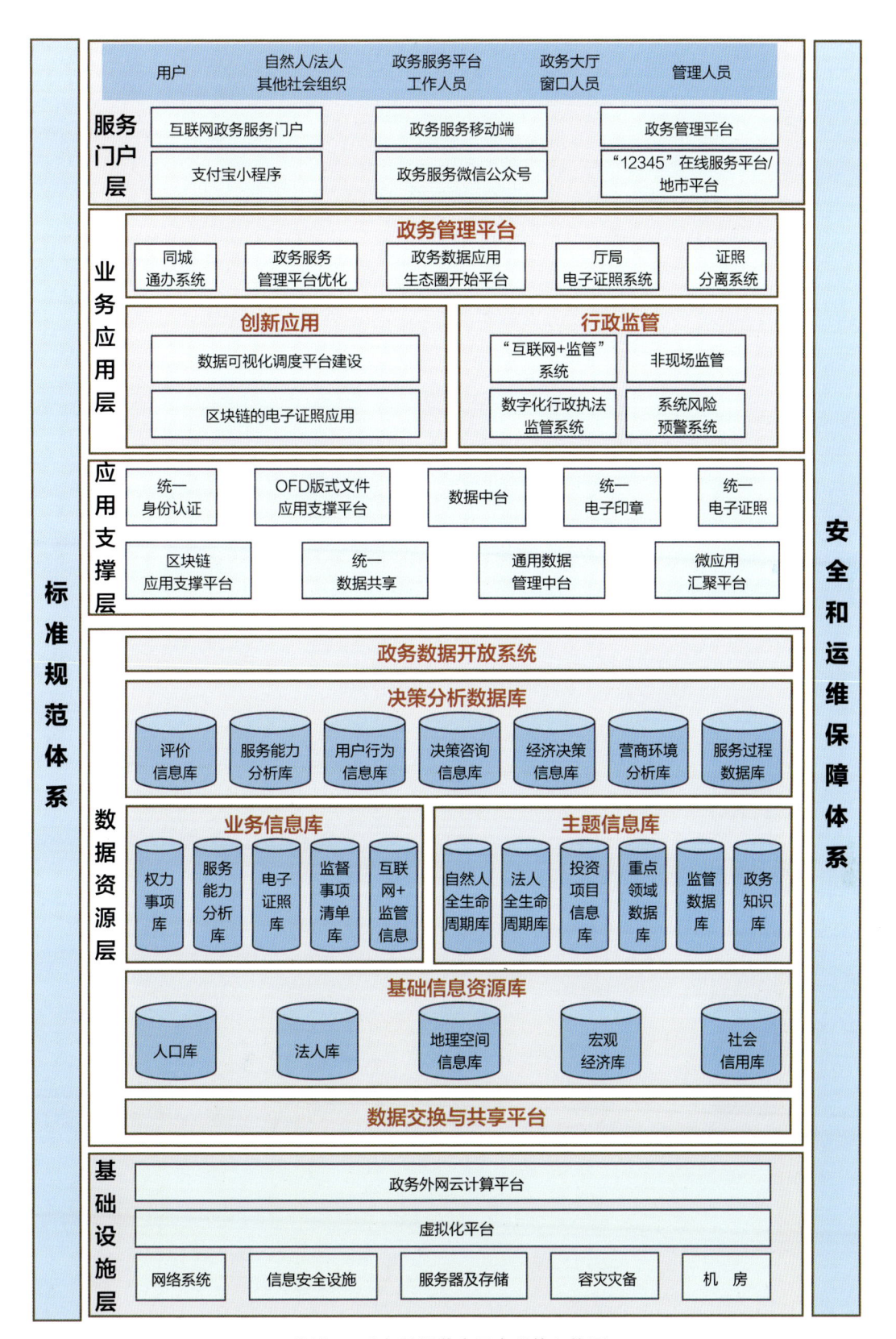

彩插9 政务数据共享平台总体架构图

彩插10 智慧社区总体架构

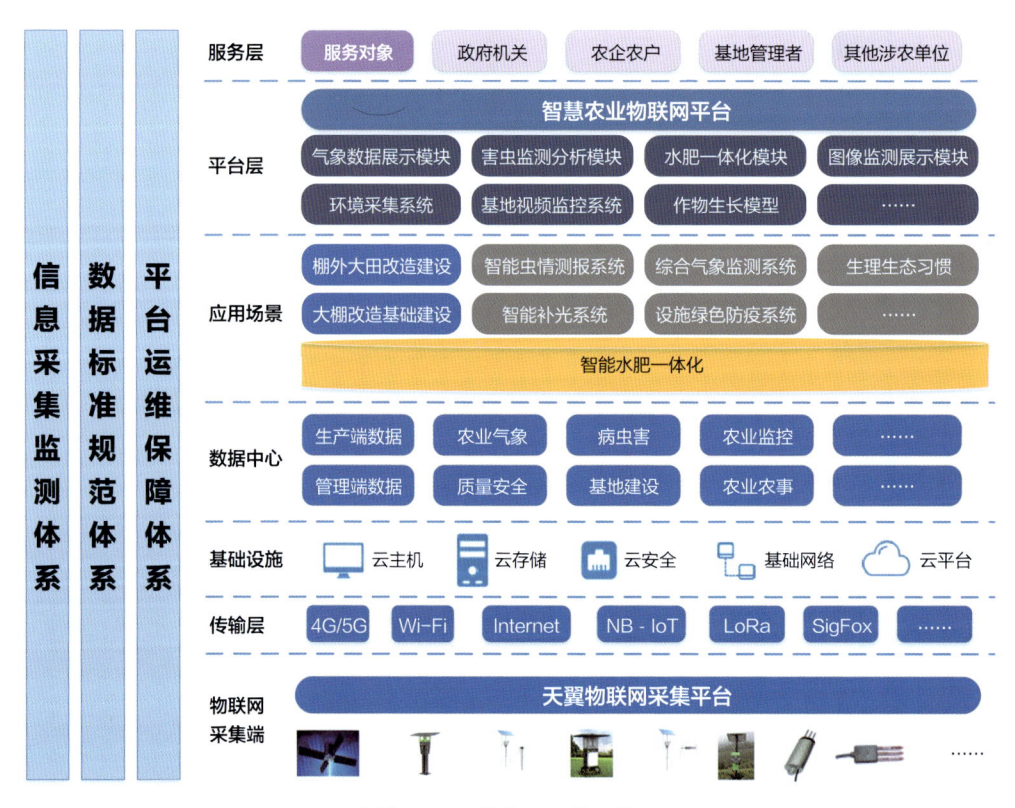

智慧社区领域

幸福社区	党建社区	效能社区	智治社区	共治社区	平安社区
物联居家养老	党建总览	全科社工	智能视频分析	网络化内循环	社区防疫
社区周边服务	党群联动	疫情防控管理	特殊人群关怀	协商议事	重点/特殊人员管控
社区公益	党建AR名片	智能AI外呼	暴漏垃圾检测	电子投票	高空抛物预警

社区智脑平台

业务综合管理子平台
- 移动端应用：社工移动端、物业移动端、居民移动端
- 可视化显示大屏：社区驾驶舱、可视化展示
- 基础支撑应用：账号认证、系统配置中心、移动端运营、知识库

- 数据融合子平台：数据基础平台、结构化基础平台、数据建模分析、非结构化数据治理、大数据平台底座
- 技术支撑子平台：设备管理服务、视频汇聚服务、消息中心、AI外呼引擎、AI算法调用

数据资源体系：社区基础数据库、社区管理服务知识库、社区专题数据库、社区动态感知数据库、数据资源目录

智能基础设施：智能终端、数据接入终端、网络传输

右侧纵向体系：网络安全体系、社区运维体系、标准规范体系

彩插11 智慧农业总体架构图

服务层：服务对象 — 政府机关、农企农户、基地管理者、其他涉农单位

平台层：智慧农业物联网平台
- 气象数据展示模块、害虫监测分析模块、水肥一体化模块、图像监测展示模块
- 环境采集系统、基地视频监控系统、作物生长模型、……

应用场景：
- 棚外大田改造建设、智能虫情测报系统、综合气象监测系统、生理生态习惯
- 大棚改造基础建设、智能补光系统、设施绿色防疫系统、……
- 智能水肥一体化

数据中心：
- 生产端数据、农业气象、病虫害、农业监控、……
- 管理端数据、质量安全、基地建设、农业农事、……

基础设施：云主机、云存储、云安全、基础网络、云平台

传输层：4G/5G、Wi-Fi、Internet、NB-IoT、LoRa、SigFox、……

物联网采集端：天翼物联网采集平台

左侧纵向体系：信息采集监测体系、数据标准规范体系、平台运维保障体系

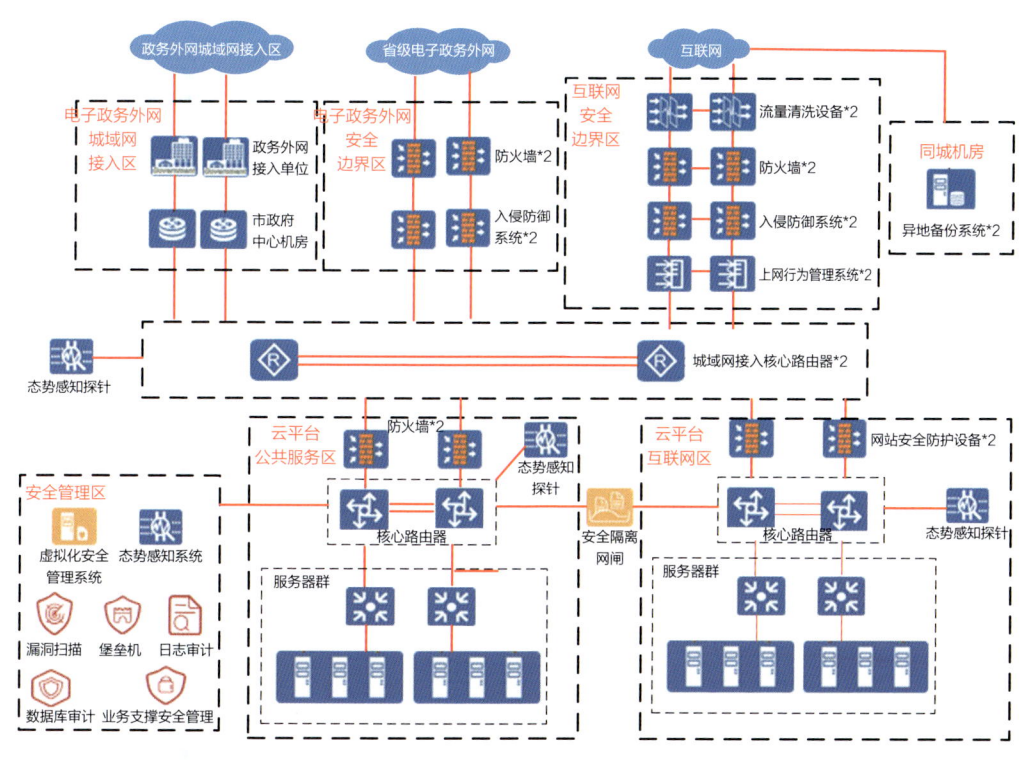

彩插12 政务云平台安全资源架构

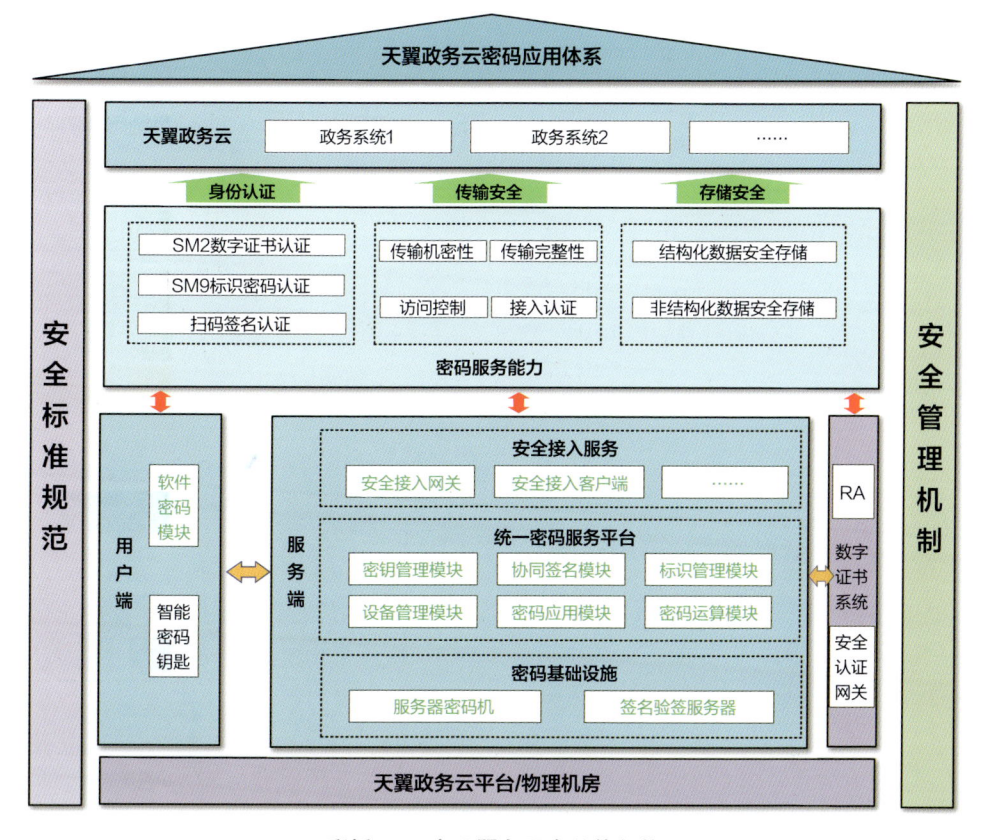

彩插13 密码服务平台总体架构

彩插 14 医疗保障信息平台安全架构图

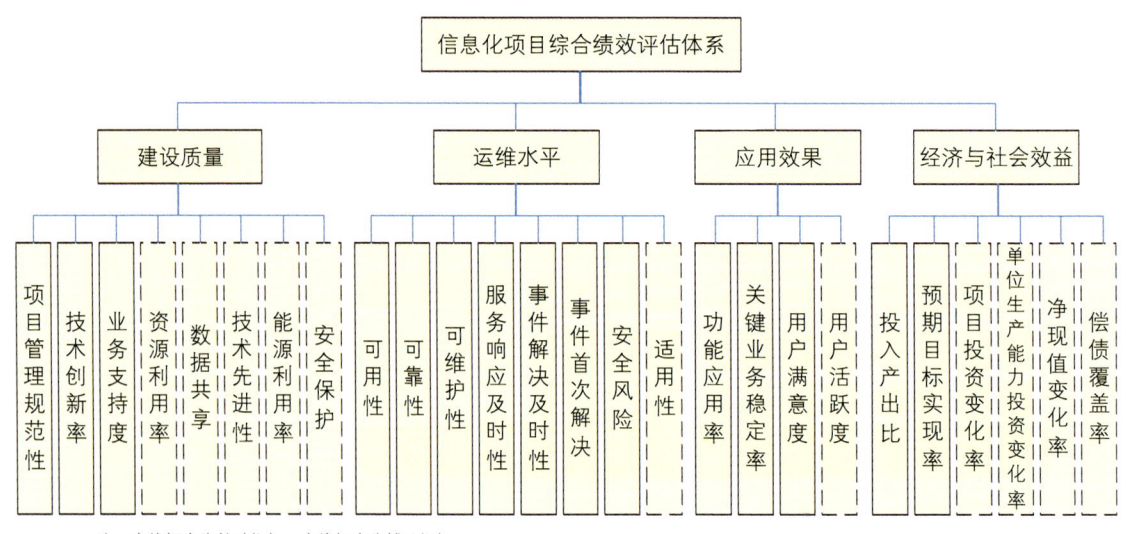

彩插 15 信息化项目综合绩效评估体系框架图（引自 GB/T 42584-2023）

注：实线框中为基础指标，虚线框中为辅助指标。

数智科技工程建设

谭伟贤 罗 东 主 编
黄靖铧 陈 斌 韦俊亨
王永光 邓桂荣 副主编

科学出版社

北京

内 容 简 介

本书以数智科技工程建设为主题,以"跟随世界潮流,紧贴时代脉搏,适应技术发展,面向工程应用"为宗旨,全面阐述数智科技工程建设事业的新动态、新思维、新经验。

本书紧扣数智科技工程建设,涵盖数智科技工程建设全方位内容。全书共7篇20章,包括云计算在数智科技工程的应用案例、省级云计算数据中心建设案例、网络在数智科技工程的应用案例、5G定制网在某工业企业的建设案例、数据技术在数智科技工程的应用案例、某省级海港大数据应用平台建设案例、智慧技术在数智科技工程的应用案例、某市智慧治安防控系统建设案例、安全技术在数智科技工程的应用案例、省级医疗保障信息平台安全体系建设案例、数智科技工程建设的管理,以及数智科技工程的检测、验收与运维和数智科技工程建设的绩效评价等。

本书可供各省(区、市)各部门的数智科技工程建设与管理机构、各级数智科技工程建设与管理人员、技术人员、各类数智科技工程建设企业参考,也可作为高等院校相关专业师生的参考资料。

图书在版编目(CIP)数据

数智科技工程建设/谭伟贤,罗东主编.—北京:科学出版社,2024.1
　ISBN 978-7-03-077076-9

Ⅰ.①数…　Ⅱ.①谭…　②罗…　Ⅲ.①智能技术-应用-工程技术-研究　Ⅳ.①TB-39

中国版本图书馆CIP数据核字(2023)第219170号

责任编辑:杨 凯/责任制作:周 密 魏 谨
责任印制:肖 兴/封面设计:张 凌

北京东方科龙图文有限公司　制作

科 学 出 版 社　出版

北京东黄城根北街16号
邮政编码:100717
http://www.sciencep.com

天津市新科印刷有限公司　印刷
科学出版社发行各地新华书店经销

*

2024年1月第　一　版　　开本:787×1092　1/16
2024年1月第一次印刷　　印张:42 1/4　插页:4
　　　　　　　　　　　字数:1167 000

定价:158.00元
(如有印装质量问题,我社负责调换)

《数智科技工程建设》
编委会名单

主　　编	谭伟贤　罗　东
副 主 编	黄靖铧　陈　斌　韦俊亨　王永光　邓桂荣
主任编委	唐广海　吴　镇　甘映红　曾鹏生　李　莉　孔祥泉 宾忠智　欧后乾
编　　委	周恒泰　覃春雷　李依婷　闭新昕　易柳清　韦　刚 曾　铁　何文庭　刘宇轩　吕景茜　韦武廷　黄莎莎 潘祖亮　张　科　陆蜜蜜　覃红蕾　陈晓东　陆　宇 卢冠合　李　昆　黄　倩　马　科　宋　军

序

在"数字中国"战略部署指引下,以数智化培育新动能,用新动能推动新发展,以新发展创造新辉煌,已成为新时代中国特色社会主义现代化建设的主旋律。

从"数字化"到"数智化"这一概念的演变反映了信息技术对社会经济系统全面重塑的不断进阶。数字化整合优化了以往各行各业的信息化系统,用新技术供给其新能力,提升管理和运营水平,支撑各行业数字化转型;数智化是数字化与智能化的深度融合,是数字化转型之上的能力跃升和范式转换。数智科技工程建设在这个背景下应运而生,成为社会进步和产业升级的主要推手。

数智科技是指不断发展的数字化、智能化技术,它利用大数据、云计算、人工智能等先进技术手段,对传统产业进行转型升级,提升社会管理和公共服务水平。数智科技工程建设将这些技术应用于各个领域,以实现更加高效、精准、智能的生产和服务,推动经济社会高质量发展。

数智科技工程建设是实现国家现代化的重要手段。我们必须紧跟时代潮流,大力推进数智科技工程建设,以提升国家竞争力、实现国家现代化。在这个过程中,我们需要加强政策引导、加大投入力度、加快人才培养,进行系统的社会生态建设,以推动数智科技工程建设的健康、快速发展。

数智科技工程建设是推动产业升级的重要途径。随着全球经济的发展和科技的进步,传统产业已经面临着一场深刻的变革。在这个背景下,数智科技工程建设成为推动产业升级的重要途径。通过引入先进的数智技术,可以帮助传统产业提高生产效率、降低成本、改善质量,推动产业结构向高端化、智能化方向发展。

数智科技工程建设是提升社会治理水平的重要方式。数智技术不仅可以应用于产业领域,还可以应用于社会治理领域。通过建设智慧城市、智慧医疗、智慧教育等数智科技工程,可以提高社会管理和公共服务水平,提升人民群众的生活品质和幸福感。

数智科技工程建设是推动科技创新的重要动力。数智技术的发展需要不断引入新的科技手段和创新思路,因此数智科技工程建设也是推动科技创新的重要动力。在数智科技工程的建设过程中,可以带动相关领域的技术创新和突破,推动科技创新的快速发展。

广西电信人作为本书的作者在数智科技领域有着丰富的实践经验和深厚的理论积累,他们遵循中国电信全面实施"云改数转"的战略,以全新的视角、独到的构思,把复杂的数智科技工程解析为云、网、数、智、盾、笃等六个方面,深入探讨了该工程建设的原理、技术和应用,逻辑清晰、内容丰富、结构完整。

在编写过程中，作者始终坚持理论联系实际的原则，力求使本书既具有理论指导意义，又具有实际操作价值。值得一提的是，作者从自身丰富的实践经验出发，引入了中国电信提供的不少案例，对于读者理解和应用数智科技工程的建设将有着直接的启示作用。本书题材新颖、范围广泛、面向实际、深入浅出、图文并茂，具有一定的技术先进性和项目代表性。一书在手，可以借鉴、可以参考、更可以启迪，相信书籍的出版能对数智科技工程建设提供有益的参考和指导，为推动我国数智科技工程建设事业发展献出一份力量。

中国工程院院士 郭仁忠

前　言

今天，中国特色社会主义建设进入了新时代。在以习近平同志为核心的党中央掌舵领航下，中国的航船正乘着数字化的东风，在全面建设社会主义现代化国家的新征程上，驶向高质量发展的美好明天。

放眼世界，数字化转型已经成为国家发展与各业管理者关注的热点。数智科技工程建设也成为了各行各业各企业（机构）领导和信息服务部门关注的问题。这是一个随着数字技术的深入应用而产生的新课题。

中国电信全面实施云改数转战略，打造服务型、科技型、安全型企业，紧抓数字经济机遇，高质量发展，主动融入服务国家战略，布局云、网、数、智、盾等重点领域，随着天翼云核心技术持续攻克、全栈云计算能力进一步自主掌控、基础设施规模和市场份额持续提升、生态伙伴合作共赢，天翼云作为国云框架已成型。第五届数字中国建设峰会·首届云生态大会上，天翼云被确立为国云框架。中国电信将重点从"立足核心技术攻关，建立更加自主可控、更为牢固的国云技术体系"，"坚持应用牵引，建立更加全面、更为融合的国云服务体系"，"强化产学研结合、集成创新，建立更为广泛的国云生态体系"三方面推动国云再上新台阶。云中台全面运转，安全、AI、量子、卫星等能力布局纵深推进，产业数字化发展提档加速；牵头成立全球云网宽带产业协会，积极参与全球数字治理。中国电信精心打造云计算、网络、数据、智慧、安全、服务（简称云、网、数、智、盾、笃）六大能力板块，推动要客、金融、政府、企业等行业应用平台及产品花繁叶茂，助力全行业实现高质量、可持续发展。

我们作为中国电信人，也是数智科技工程建设的实践者，参与了大量省级、市级数智科技工程建设工作，积累了有关数智科技工程建设的经验。在这里选择了部分案例，加上我们的理解与体会编写成一本反映数智科技工程建设的专著。本书力求全面阐述数智科技工程建设的基础技术、层级结构、应用系统与建设方法；力求回答好什么叫数智科技工程建设、为什么要进行数智科技工程建设、建设什么样的数智科技工程这几个问题。希望本书的出版能对数智科技工程建设工作起到参考与启迪的作用。我们把本书作为一份习作，献给国家、献给社会、献给同行，同时，对我们自己也是一种鼓励和鞭策。

本书在编写的过程中得到了中国科技出版传媒股份有限公司、广西专家咨询服务协会信息专业委员会、广西通信规划设计咨询有限公司、广西赛迪信息科技有限公司的帮助和指导；得到了谭庆彪、黄耿、何德斌、唐云龙、黄海遵、赵永生、黄健鹏、周兆峰、王小辉等同志从选题、编目、插画、绘图到录入、修改、制版、审校的具体帮助，对上述单位和同志一并表示衷心感谢。

鉴于数智科技工程建设的题材新颖、范围广泛，涉及现代信息技术和数字化技术的各个门类和多个学科，具有技术管理、经济管理、组织管理等多项业务职能；而且，我国的数智科技工程建设起步的时间不长，还需要随着事业发展和技术进步而不断完善。在这些方面，我们虽然有所感悟，但限于水平，书中难免会有缺点和错误。恳请各级领导和同行及读者批评指正，对我们提出宝贵意见，不胜感激。

《数智科技工程建设》编委会

2023 年 7 月

目 录

启

第1章 数智科技工程建设进入新时代 ········· 2
    1.1 数字中国建设开启数智化新征程 ········· 2
    1.2 数智科技工程建设的变革 ········· 6
    1.3 数智化的内涵与特点 ········· 10
    1.4 数智化转型塑造未来之路 ········· 16
    1.5 科技工程的分类 ········· 18
    1.6 数智科技的技术驱动力 ········· 21

第2章 云网融合为数智科技工程注智赋能 ········· 32
    2.1 数智科技工程的建设目标与任务 ········· 32
    2.2 建设遵循的主要政策、标准 ········· 33
    2.3 六大能力板块简介 ········· 34
    2.4 云网融合概述 ········· 35
    2.5 云网融合剖析 ········· 39
    2.6 云网融合助力数智科技工程建设 ········· 43
    2.7 云网融合向算网一体技术演进 ········· 46

云

第3章 云计算构筑数智科技的基石 ········· 52
    3.1 云计算的沿革 ········· 52
    3.2 云计算内涵与五个基本特征 ········· 54
    3.3 云计算服务的三种模型 ········· 55
    3.4 云计算的四种部署模式 ········· 57
    3.5 云计算体系架构 ········· 61
    3.6 云计算关键技术 ········· 63
    3.7 云计算相关概念 ········· 68

3.8 云计算的优势 71
3.9 云计算环境搭建 72
3.10 企业上云 76

第4章 云计算在数智科技工程的应用案例 86
4.1 中国电信边缘云平台的建设案例 86
4.2 云聚混合多云管理平台在某银行的应用案例 93
4.3 某汽车集团公司云桌面平台建设案例 99

第5章 省级云计算数据中心建设案例 107
5.1 背景概述 107
5.2 建设目标和任务 107
5.3 总体系统架构 108
5.4 建设内容及资源配置 111
5.5 主要分部结构 113
5.6 主要功能特点 147
5.7 云服务 151
5.8 核心部分安装与部署 157
5.9 建设成效 163

网

第6章 通信网络技术基础 166
6.1 数据通信基础 166
6.2 计算机网络 174
6.3 光纤通信技术 185
6.4 无线通信技术 200

第7章 网络在数智科技工程的应用案例 217
7.1 某法院专网采用新一代光传输网建设案例 217
7.2 某省教育厅教育网建设案例 223
7.3 某省银行广域网采用SD-WAN组网案例 229

第8章 5G定制网在某工业企业的建设案例 235
8.1 项目背景 235
8.2 建设目标和任务 235

  8.3 总体介绍 ······ 236
  8.4 建设内容 ······ 240
  8.5 建设成效 ······ 275

数

第9章 数据——数智科技工程的灵魂 ······ 280
  9.1 数据及相关概念 ······ 280
  9.2 数据分类分级 ······ 289
  9.3 数据存储 ······ 294
  9.4 大数据 ······ 303
  9.5 数据中台 ······ 306
  9.6 数据计算 ······ 314
  9.7 数据资产管理 ······ 318

第10章 数据技术在数智科技工程的应用案例 ······ 323
  10.1 某清算中心数据中台建设案例 ······ 323
  10.2 某市公安局大数据治理系统建设案例 ······ 329
  10.3 某省政务数据共享交换平台建设案例 ······ 340

第11章 某省级海港大数据应用平台建设案例 ······ 352
  11.1 概 述 ······ 352
  11.2 建设目标和任务 ······ 353
  11.3 主要建设内容 ······ 353
  11.4 平台架构 ······ 354
  11.5 分部结构 ······ 358
  11.6 软硬件配置 ······ 380
  11.7 平台核心部分安装与测试 ······ 380
  11.8 建设成效 ······ 386

智

第12章 智慧——数智科技工程的精灵 ······ 388
  12.1 智慧的内涵及特点 ······ 388
  12.2 智慧产业概论 ······ 390

- 12.3 智慧产业的价值体现 ... 392
- 12.4 智慧产业链 ... 394
- 12.5 智慧产业应用 ... 396

第13章 智慧技术在数智科技工程的应用案例 ... 416
- 13.1 某市智慧社区建设案例 ... 416
- 13.2 某市智慧农业产业园建设案例 ... 423
- 13.3 某智慧物流园区建设案例 ... 433

第14章 某市智慧治安防控系统建设案例 ... 443
- 14.1 智慧治安防控系统建设概况 ... 443
- 14.2 智慧治安防控系统结构 ... 446
- 14.3 智慧治安防控系统建设 ... 448
- 14.4 智慧治安防控系统建设运行情况与成效 ... 469

盾

第15章 数智科技工程的安全保障 ... 472
- 15.1 数智科技工程安全系统建设概述 ... 472
- 15.2 国家主导的"三保一评"是数智科技工程安全的基石 ... 475
- 15.3 信息安全等级保护管理 ... 477
- 15.4 涉密信息系统分级保护管理 ... 485
- 15.5 关键信息基础设施保护 ... 487
- 15.6 商用密码应用安全性评估 ... 490
- 15.7 "三保一评"的联系和区别 ... 494
- 15.8 PKI数字认证 ... 496

第16章 安全技术在数智科技工程的应用案例 ... 499
- 16.1 某市政务云平台安全防护体系建设案例 ... 499
- 16.2 省级政务云密码服务平台建设案例 ... 506

第17章 省级医疗保障信息平台安全体系建设案例 ... 515
- 17.1 概况 ... 515
- 17.2 网络总体架构 ... 516
- 17.3 总体安全架构 ... 517

17.4	基础设施安全防护建设	518
17.5	构建"数盾"体系，保障数据全生命周期安全	527
17.6	统筹打造安全运营管理中心	538
17.7	核心软硬件的安装和调试	541
17.8	建设成效	547

第 18 章 数智科技工程建设的管理 550

18.1	建设管理的要点	550
18.2	建设的一般步骤	550
18.3	建设的质量控制	581
18.4	建设的投资控制	586
18.5	建设的进度控制	588
18.6	数智化赋能项目管理	592
18.7	企业数智科技人才配置	594

第 19 章 数智科技工程的检测、验收与运维 602

19.1	数智科技工程质量检验检测	602
19.2	数智科技工程竣工验收文档管理	613
19.3	数智科技工程项目验收	622
19.4	运行维护	633

第 20 章 数智科技工程建设的绩效评价 644

20.1	数智科技工程绩效评价的意义	644
20.2	数智科技工程绩效评价的重要指导文件	644
20.3	数智科技工程绩效评价的四个重要指标体系	645
20.4	建设质量指标体系	646
20.5	运维水平指标体系	650
20.6	应用效果指标体系	651
20.7	经济与社会效益指标体系	652
20.8	数智科技工程绩效评价流程及应用	654

参考文献 659

启

启幕一开迎盛世，电信蝶变有大智。
昂立潮头勇争雄，云网融合再振翅。

启[1]篇由两部分组成，以数智科技工程建设进入新时代作为开篇，以云网融合为数智科技工程注智赋能为全书各篇内容的展开作导引。第一部分简介新时代国家数智化发展的新成就，阐述数智科技工程建设的变革，剖析数智化的内涵与特点，纵谈数智化转型塑造未来之路，介绍科技工程的分类，细述数智科技的技术驱动力；第二部分阐述数智科技工程的建设目标与任务，简介数智科技工程的建设的六大能力板块，浅谈云网融合的基本理念，剖析云网融合的架构与功能，纵谈云网融合如何助力数智科技工程建设，展望云网融合向算网一体技术演进的路径。

---

[1] 启：开创、开拓、开始之义，也用在一般意义上的开始。

第 1 章　数智科技工程建设进入新时代

弄潮儿勇立潮头，奔跑者乘势而上

今天，站在新的历史起点，在以习近平同志为核心的党中央掌舵领航下，中国的航船正乘着数智化的东风，在全面建设社会主义现代化国家的新征程上，驶向高质量发展的美好明天。看！神州大地春潮涌动，一派勃勃生机。从边陲小镇到繁华都市，从低沟深海到高原珠峰，数智工程火热推进，创新成果竞相涌现，一盘风云激荡的数字经济高质量发展大棋局在中华大地上铺展开来。

弄潮儿勇立潮头，奔跑者乘势而上。中国电信人正从传统电信公司（telecom company）向数智科技公司（tech company）加速"蝶变"；全面实施"云改数转"战略，推动云网融合 3.0 持续落地，以融云、融安全、融 AI、融数字平台为抓手，培育和发展云、安全、大数据和人工智能等战略新兴业务；面向卫健、应急、社会治理大数据、乡村振兴等 12 个专业方向发力，在新的百年征程中再立新功。

1.1　数字中国建设开启数智化新征程

十年来，我国数字化发展水平显著提高，数字经济规模稳居世界第二，已经成为推动经济增长的主要引擎之一，建设数字中国是数字时代推进中国式现代化的重要引擎，是构筑国家竞争新优势的有力支撑。数字化发展和建设离不开数字化技术，而数智化是数字化的高级阶段，通过与智能化的深度融合，数字技术创新应用进一步向更大范围、更高层次和更深程度拓展，新业态、新模式不断涌现，推动数字化建设全面转型升级。

1.1.1　新时代国家数智化发展的新成就[1]

"十四五"以来，我国加速推进数字中国建设，一批数字基建、数字政府、数字社会、数字经济建设项目实践落地，数智化等创新技术得到了广泛应用，取得了显著成就。中华人民共和国国家互联网信息办公室发布的《数字中国建设发展报告（2022）》指出，在习近平新时代中国特色社会主义思想特别是习近平总书记关于网络强国的重要思想指导下，数字中国建设从夯基垒台到积厚成势、从发展起步到不断壮大，在重重困难中迈出坚实步伐，在开拓创新中取得重大突破，数字中国建设进入整体布局、全面推进的新阶段。

1. 数字基础设施规模能级大幅提升

我国持续强化信息领域前沿技术布局，大力推动以 5G 网络、全国一体化数据中心体系、国家产业互联网等为抓手的高速泛在、天地一体、云网融合、智能敏捷、绿色低碳、安全可控的智能化综合性数字信息基础设施建设。截至 2022 年底，累计建成开通 5G 基站 231.2 万个，5G 用户达 5.61 亿户，全球占比均超过 60%。全国 110 个城市达到千兆城市建设标准，千兆光网具备覆盖超过 5 亿户家庭能力。移动物联网终端用户数达到 18.45 亿户，成为全球主要经济体中首个实现"物超人"的国家。IPv6 规模部署应用深入推进，活跃用户数超 7 亿，移动网络 IPv6 流量占比近 50%。我国数据中心机架总规模超过 650 万标准机架，近 5 年年均增速超过 30%，在用数据中心算力总规模

---

[1] 本节主要数据来自《数字中国建设发展报告（2022）》。

超180EFLOPS，位居世界第二。工业互联网已覆盖工业大类的85%以上，标识解析体系全面建成，重点平台连接设备超过8000万台（套）。车联网由单条道路测试拓展到区域示范，已完成智能化道路改造超过5000km。

2. 数据资源体系加快建设

《关于构建数据基础制度更好发挥数据要素作用的意见》印发实施，系统提出我国数据基础制度框架。数据资源规模快速增长，2022年我国数据产量达8.1ZB，同比增长22.7%，全球占比达10.5%，位居世界第二。截至2022年底，我国数据存储量达724.5EB，同比增长21.1%，全球占比达14.4%。全国一体化政务数据共享枢纽发布各类数据资源1.5万类，累计支撑共享调用超过5000亿次。我国已有208个省级和城市的地方政府上线政府数据开放平台。2022年我国大数据产业规模达1.57万亿元，同比增长18%。北京、上海、广东、浙江等地区推进数据管理机制创新，探索数据流通交易和开发利用模式，促进数据要素价值释放。

3. 数字经济成为稳增长促转型的重要引擎

2022年我国数字经济规模达50.2万亿元，总量稳居世界第二，同比名义增长10.3%，占国内生产总值比重提升至41.5%。数字产业规模稳步增长，电子信息制造业实现营业收入15.4万亿元，同比增长5.5%；软件业务收入达10.81万亿元，同比增长11.2%；工业互联网核心产业规模超1.2万亿元，同比增长15.5%。数字技术和实体经济融合深入推进。农业数字化加快向全产业链延伸，农业生产信息化率超过25%。全国工业企业关键工序数控化率、数字化研发设计工具普及率分别增长至58.6%和77.0%。全国网上零售额达13.79万亿元，其中实物商品网上零售额占社会消费品零售总额的比重达27.2%，创历史新高。数字企业创新发展动能不断增强。我国市值排名前100的互联网企业总研发投入达3384亿元，同比增长9.1%。科创板、创业板已上市战略性新兴产业企业中，数字领域相关企业占比分别接近40%和35%。

4. 数字政务协同服务效能大幅提升。

《关于加强数字政府建设的指导意见》印发，推进政府数字化、智能化转型。从2012到2022年，我国电子政务发展指数国际排名从78位上升到43位，是上升最快的国家之一。国家电子政务外网实现地市、县级全覆盖，乡镇覆盖率达96.1%。全国一体化政务服务平台实名注册用户超过10亿人，实现1万多项高频应用的标准化服务，大批高频政务服务事项实现"一网通办""跨省通办"，有效解决市场主体和群众办事难、办事慢、办事繁等问题。全国人大代表工作信息化平台正式开通，数字政协、智慧法院、数字检察等广泛应用，为提升履职效能提供有力支撑。党的二十大报告起草过程中，中央有关部门专门开展了网络征求意见活动，收到854.2万多条留言。

5. 数字文化提供文化繁荣发展新动能。

《关于推进实施国家文化数字化战略的意见》印发实施，推动打造线上线下融合互动、立体覆盖的文化服务供给体系。文化场馆加快数字化转型，智慧图书馆体系、公共文化云建设不断深化，全民阅读、艺术普及数字化服务能力显著提升，我国数字阅读用户达到5.3亿。网络文化创作活力进一步激发。"中国这十年""沿着总书记的足迹"等网络重大主题宣传充分展示新时代伟大成就。全国重点网络文学企业作品超过3000万部，网文出海吸引约1.5亿用户，海外传播影响力不断增强。数字技术与媒体融合深入推进，我国第一个8K超高清电视频道CCTV-8K开播，为广大观众呈现超高清奥运盛会。

6. 数字社会建设推动优质服务资源共享

我国网民规模达到10.67亿，互联网普及率达到75.6%，城乡地区互联网普及率差异同比缩小

2.5%。国家教育数字化战略行动全面实施,国家智慧教育公共服务平台正式开通,建成世界第一大教育教学资源库。数字健康服务资源加速扩容下沉,地市级、县级远程医疗服务实现全覆盖,全年共开展远程医疗服务超过2670万人次。社保就业数字化服务持续拓展,全国电子社保卡领用人数达7.15亿,各类人社线上服务渠道持续完善,提供服务近141亿人次。数字乡村建设加快提升乡村振兴内生动力,推进城乡共享数字化发展成果。适老化、无障碍改造行动加速推进,全民数字素养与技能持续提升。

7. 数字生态文明建设促进绿色低碳发展

生态环境智慧治理水平不断提升。自然资源管理和国土空间治理加快数字化转型,基本建成国家、省、市、县四级统一的国土空间规划"一张图"实施监督系统。生态环境数据资源体系持续完善,新增或补充了空气质量监测、排污口、危险废物处置等33类数据,数据总量达到169亿条。全国已建成26个高精度和90个中精度大气温室气体监测站点。数字孪生水利框架体系基本形成,启动实施94项数字孪生流域先行先试任务。数字化绿色化协同转型取得初步成效。截至2022年底,全国累计建成153家国家绿色数据中心,规划在建的大型以上数据中心平均设计电能利用效率(PUE)降至1.3。5G基站单站址能耗比2019年商用初期降低20%以上。北京、山西、四川、安徽等地探索碳账户、碳积分等形式,推进普及绿色生活理念。

8. 数字技术创新能力持续提升

2022年,我国信息领域相关PCT国际专利申请近3.2万件,全球占比达37%,数字经济核心产业发明专利授权量达33.5万件,同比增长17.5%。关键数字技术研发应用取得积极进展。我国5G实现了技术、产业、网络、应用的全面领先,6G加快研发布局。我国在集成电路、人工智能、高性能计算、EDA、数据库、操作系统等方面取得重要进展。数字技术协同创新生态不断优化,各地积极推进数字技术创新联合体建设,数字开源社区蓬勃发展,开源项目已覆盖全栈技术领域。

9. 数字安全保障体系不断完善

网络安全法律法规和标准体系逐步健全。《网络安全审查办法》修订出台,推动发布《关键信息基础设施安全保护要求》等30项网络安全国家标准。网络安全防护能力大幅提升,网络安全教育、技术、产业等加快发展。全国超500所本科和高职院校开设网络与信息安全相关专业,2022年我国网络安全产业规模预计近2170亿元,同比增长13.9%。圆满完成北京冬奥会、党的二十大等重大活动网络安全保障。连续9年举办国家网络安全宣传周,深入开展常态化的网络安全宣传教育。数据安全管理和个人信息保护有力推进,《数据出境安全评估办法》《个人信息出境标准合同办法》等发布实施,推动提升重要数据和个人信息保护合规水平。

此外,我国人工智能发展成效显著,2012—2016年,我国人工智能关键技术不断突破,科技成果日益丰富,短短五年,我国人工智能完成了从"技术研发"到"成果转化"的原始创新阶段;2016—2021年,又用了五年时间,我国人工智能实现了从"成果转化"到"赋能应用"的产业化发展阶段,我国人工智能产业规模呈现迅猛增长态势,从2016年的493.9亿元增至2021年的1809.6亿元,年均复合增长率达29.7%。从产业结构来看,我国人工智能基础层产业规模增速最快,2016—2021年均复合增长率达到40%以上;应用层产业规模占比最大,2021年我国人工智能应用层产业规模为926.5亿元,占我国人工智能产业总规模的51.2%,近六年占比均高于50%。

1.1.2 数智化是引领发展赖以生存的基础环境

数智化技术不仅是建设数字中国、实现网络强国的方式手段,也是引领中国数字经济社会创新发展赖以生存的基础环境。当前，随着信息技术从单点技术突破迈向体系化创新，信息基础设施从行业设施迈向无所不在的综合性战略性设施，数智化正从政府提升履职效率、民众获取公共服务的外延性手段，内化为增强国家现代化治理能力，满足人民美好生活需求的内生性动力源，有力促进了各类要素在生产、分配、流通、消费各环节有机衔接，实现了产业链、供应链、价值链优化升级和融会贯通。数智化在全面建设社会主义现代化国家新征程、向第二个百年奋斗目标进军的历史进程中提供强大动力，日益展现出全局性、战略性作用，成为数字经济高质量发展的有效推动力。

习近平总书记指出，加快数字中国建设，就是要适应我国发展新的历史方位，全面贯彻新发展理念，以信息化培育新动能，用新动能推动新发展，以新发展创造新辉煌。随着新一代信息技术深度融入经济社会民生，数字经济日益呈现出以信息网为关键基础、数据资源为核心要素、信息技术为主要动力、融合应用为重要抓手的主要特征。加快推动数智化发展，将成为激发创新创业活力，推动新技术、新产业、新模式、新业态蓬勃发展的基础环境。

数智化已经不是独立发展的简单自变量，而是成为深化体制机制改革、激发经济社会活力的复杂因变量。凭借其打破信息垄断、消除不对称、动态优化要素配置等属性和特点，深度融入经济社会发展，对传统的分业监管、准入监管、条块分管等管理运作机制产生根本性影响，倒逼体制机制改革，与经济社会转型发展形成密不可分的交织关系。通过合理设计、有效规范利益协调机制和激励机制，全面激发市场、社会和政府的活力，向更大范围、更深层次释放数字红利，让数智化成为大变革时代经济社会转型的承载者、推动者和见证者。

1.1.3 在新的历史起点上开创数智化发展新局面

当今，百年变局演进加速，世界处于动荡变革期，国际国内环境更趋复杂严峻和不确定，全球信息化发展面临的环境、条件和内涵正发生深刻变化。

1. 国际数智化发展趋势

全球性问题和挑战不断增加，人类社会对数智化发展的迫切需求达到前所未有的程度。单边主义、保护主义、霸权主义、强权政治对世界和平与发展威胁急剧上升，数据跨境流动、数字主权与数字安全等全球治理新问题愈加突出，网络基础资源与数字服务等成为网络空间博弈的重要战场；局部地区的地缘冲突正在推动全球数字化发展的思路格局发生深刻变化，国际竞争越来越体现为理念、制度、规则之争，各国对数字领域国际规则的关注日益提升；集成电路、高端设备制造等关键数字产业的创新链、产业链、供应链分工发生更加深刻调整，市场稳定性受到冲击挑战。

全球信息化进入全面渗透、跨界融合、加速创新、引领发展的新阶段。信息技术创新代际周期大幅缩短，创新活力、集聚效应和应用潜能裂变式释放，更快速度、更广范围、更深程度地引发新一轮科技革命和产业变革。物联网、云计算、大数据、人工智能、元宇宙、区块链等新技术驱动网络空间从人人互联向万物互联演进，数字化、智能化、数智化服务将无处不在。现实世界和数字世界日益交汇融合，全球治理体系面临深刻变革。全球经济体普遍把加快信息技术创新、最大程度释放数字红利作为应对经济增长不稳定性和不确定性、深化结构性改革和推动可持续发展的关键引擎。

2. 我国数智化发展形势

我国经济发展正处于速度换挡、结构优化、动力转换的关键节点，面临传统要素优势减弱和国际竞争加剧双重压力，面临稳增长、促改革、调结构、惠民生、防风险等多重挑战，面临全球新一轮科技产业革命与我国经济转型、产业升级的历史交汇，亟须发挥数智化覆盖面广、渗透性强、带动作用明显的优势，推进供给侧结构性改革，培育发展新动能，构筑国际竞争新优势。我国推动数智化与实体经济深度融合,有利于提高全要素生产率,提高供给质量和效率,更好地满足人民群众日益增长、不断升级和个性化的需求,创新数据驱动型的生产和消费模式,有利于促进消费者深度参与,不断激发新的需求。

我们主动迎接数字时代,顺应和引领新一轮数智革命浪潮,激活数据要素潜能,推进网络强国建设,加快建设数字经济、数字社会、数字政府,以数字化转型整体驱动生产方式、生活方式和治理方式变革,加强数智化与经济社会深度融合,打造数字经济新优势,加快数字社会建设新步伐,提升数字政府服务新水平,营造数字化发展新生态,大幅提升数字化创新引领发展能力,全面增强智能化水平,数字技术与实体经济融合取得显著成效,完善数字经济治理体系,稳步提升我国数字经济竞争力和影响力,在新的历史起点上开创数智化发展新局面。

1.2 数智科技工程建设的变革

中国电信全面实施云改数转战略,打造服务型、科技型、安全型企业,紧抓数字经济机遇,高质量发展,主动融入服务国家战略,布局云、网、数、智、盾等重点领域,随着天翼云核心技术持续攻克、全栈云计算能力进一步自主掌控、基础设施规模和市场份额持续提升、生态伙伴合作共赢,天翼云作为国云框架已成型,第五届数字中国建设峰会·云生态大会上,天翼云被确立为国云框架。中国电信将重点从"立足核心技术攻关,建立更加自主可控、更为牢固的国云技术体系","坚持应用牵引,建立更加全面、更为融合的国云服务体系","强化产学研结合、集成创新,建立更为广泛的国云生态体系"三方面推动国云再上新台阶。云中台全面运转,安全、AI、量子、卫星等能力布局纵深推进,产业数字化发展提档加速;牵头成立全球云网宽带产业协会,积极参与全球数字治理。中国电信精心打造了云计算、网络、数据、智慧、安全、服务(简称为云、网、数、智、盾、笃[1])六大能力板块,推动要客、金融、政府、企业等行业应用平台及产品花繁叶茂,助力全行业实现高质量、可持续发展。

1.2.1 工程建设管理机构重组

1. 数字化转型推动工程建设管理机构重组

数字化转型是当代社会或企业的发展趋势,作为国企践行数字化转型的先锋,中国电信根据"党建统领、守正创新、开拓升级、担当落实"的总体发展思路,提出了"云改数转"新战略,以推进高质量发展。

为进一步提升数智科技工程建设的科学性、先进性、高效性,推动新一代信息技术与数智科技工程建设深度融合,促进国有企业数字化、网络化、智能化发展,增强竞争力、创新力、控制力、影响力、抗风险能力,提升数智科技工程建设能力,发挥国有企业在新一轮科技革命和产业变革浪潮中的引领作用,进一步强化数据驱动、集成创新、合作共赢等数字化转型理念,中国电信重组了传统信息工程建设和管理机构,为客户提供数智综合信息服务,成为了推动云改数转战略、助力数字中国建设的重要力量。

2. 重组背景

党的十八大以来,我国高度重视数字中国建设,努力发展数字经济,同时实施网络强国战略,进行数据要素市场化改革,推进数字产业化和产业数字化,数字中国、智慧社会建设取得了许多丰硕成果。党的二十大更加快了建设网络强国、数字中国的步伐。

---

1) "笃"的意思是忠实,一心一意,坚定,厚实。本书用"笃"来借喻中国电信对数智科技工程的管理与服务。

（1）经济社会的数字化转型和发展要求电信运营商跟随转型和重组：

① 电信运营商要做好新型数字基础设施的建设者，成为新型信息服务商，服务好数字中国的建设。

② 国际竞争新形势的紧迫性，驱使电信运营商主动改变，承担起自主创新和国家网络安全保障的重任。

③ 互联网的健康发展要求电信运营商要带头完善互联网健康发展规范和发挥引领作用。

④ 国家主导数据要素市场的改革，电信运营商拥有挖掘网络大数据价值的丰富经验，要勇当数据要素价值挖掘的实践者，做数据要素市场化改革的先锋。

⑤ 数字技术与实体经济不断融合发展，数字化转型是实体经济发展的重要趋势，电信运营商是数字化转型的先行者。

（2）云计算、大数据、5G、人工智能等新的产业技术不断变革，技术进步日新月异，为电信运营商带来了转型新动力：

① 专线、网络、数据中心等老基础设施，不断向云化、融合化、智能化的新基础设施发展，对运营商提出了新的要求，促使和加快电信运营商转型重组的步伐。

② 新技术带来了业务的新需求，业务的多样化、专业化、敏捷化等要求，使得电信运营商朝着新方向发展和转型。

③ 围绕着新技术、新业务和终端用户的新需求，相关产业生态也朝着碎片化、融合化发展，由此而来的新挑战也是电信运营商改革重组的动力源泉。

3. 重组转型的方式

重组转型主要包括意识、企业文化、组织架构、运营机制、人才队伍五个方面，如图1.1所示。

图1.1 重组转型的方式

1）意识转型

数字化转型要以客户为中心，技术要赋能业务，抓紧业务的本质，一起协同共创价值。数字化转型是业务与技术双轮驱动，是相互协作，不是独立运行。企业全员意识上要深入学习数字化转型的内涵，明确核心目标，一方面业务意识要转变，技术的更新和变革要围绕业务来开展，要在业务管理模式上改良，不断积累数字化的管理经验，优化数字化的管理规则；另一方面技术意识也要转变，业务要引领技术的升级优化，把以往单线条的流程管理、孤岛式数据管理转向多线条、多维度的智慧管理、数据信息融合管理。

从2021年开始，中国电信成立了数字化转型推进工作组，统筹推进企业的数字化转型工作。中国电信主要领导亲自担任工作组组长，所有前端业务部门、主要后端管理部门、云网建设部门都参与进来，前端业务部门是数字化转型的主要责任部门，业务引领后端共同转型重组，制定了数字化转型的创新机制及激励考核制度，明确了数字化转型工作是一把手工程，从集团到各省（自治区）、地市（州）、区县等各级分公司全面铺开，自上而下推动数字化意识形态的转型。

2）企业文化转型

数字化转型前，各部门各自为战，各类业务系统烟囱式建设，数据孤岛现象严重，需要转变为开放共享、数据融通、管理交互的企业文化。为了实现业务的快速响应，需要统一的平台来统领，各部门一起建平台、建中台、使用统一的平台和中台，习惯用数据说话，形成"人人为我、我为人人"的中台文化，不但"我需要别人为我做什么"，还要提倡和鼓励"我能为大家提供什么"。

3）组织架构转型

"业务部门提需求，IT部门响应"的单向组织架构要改变，业务部门和IT技术部门形成联合团队，相互融合协作。技术能力要根据业务要求变革，业务部门引领牵头，技术人员深度参与、融合嵌入，成为业务的重要组成部分，业务和IT技术密切协同，形成"你中有我，我中有你"的新组织形式，这样的组织架构才能更好地应对业务快速迭代，敏捷响应客户诉求。

首批确立了16个重点业务领域，作为推进企业内部数字化转型的抓手，加强统筹协调；遵循"整体考虑、各司其职、重点突破"原则，业务部门负责牵头，各参与部门在思想上、工作方法上协同一致，合力推进。

4）运营机制转型

重视跨技术、业务的复合型人才，鼓励自下而上的创新，建立数字化转型的激励机制，鼓励员工勇于承担风险，善于创新，最终构建敏捷、快速响应的运营机制。

数字化转型明确了各部门数字化的责任、目标与考核激励机制。确定了两个重要目标，一是数字化转型的学习目标，二是数字化任务的目标。坚持目标导向、结果导向，重点切入、场景驱动、典型引入、逐步完善，使数字化转型任务落实到位，对目标和结果进行量化考核。

5）人才队伍转型

利用大数据和AI开展人才队伍建设与机制创新试点工作，建设和部署人才云平台，深度结合大数据，建立人才标签，帮助人才的管理和运营，鼓励企业所有人员参与创新项目，常态化开展和鼓励人才进行任务抢单，采用项目线上形式协同开发，项目成果评估以问题解决、价值贡献为重要依据，全过程数字化管理。以效益激励、创新激励、人才云积分激励、荣誉激励等多样化形式激励员工，为云计算、大数据、AI等新技术人才设置单独的岗位等级，建立新技术的培训认证体系。

中国电信重点考虑数据管理、中台建设、基础管理、技术创新、组织变革、人才管理等问题，积累数字化转型经验，迭代更新目标、架构和推进路径，分解和细化目标，并且落实到考核激励机制上。

1.2.2 工程建设业务重塑

中国电信在工程建设业务重塑方面，对内助力运营增效，践行效能管理；对外赋能千行百业，服务社会数字化。

1. 对内助力运营增效，践行效能管理

业务转型方面，首先集中建设新的客户营销服务的数字化销售平台，提供企业产品的线上销售

服务，实现一点上架、一点销售、一点支付、一点出账，同时装维调度、售后服务也实现了数字化在线能力。其次以全量服务数据统一采集入户，平台集成AI能力进行客户全方位的服务感知数据分析，与网络数据进行关联，建立大数据分析模型。从多个方面去分析预测客户对业务和服务的满意度，主动通过电话进行客户关怀，同时优化网络、优化产品和服务，必要时及时提供上门服务，解决客户问题，提升客户满意度。最后是针对客户的服务场景，整合自研AI建成智慧云呼叫中心，提供AI语音交互、全流程大数据采集分析、业务管理智能化运营决策等一站式服务。公司已经建立32个AI模型，覆盖营销、服务、回访等典型业务场景，平均日呼叫150万次，替代的人工工作量达千人次，不但降低成本提高效率，还实现了运营的科学决策。

在云网运营数字化转型方面，首先是在云网资源调度故障预防、判断和处理方面大量运用大数据和AI技术，云网资源实现高效调度，运维人员的日常操作也能通过智能辅助，具备了重大事件快速发现、故障快速定位、及时处置、客户问题智能识别和定位能力；云数据中心、互联网数据中心（internet data center，IDC）资源运营能力也得到提升，资源得到集约化管理，利用率提升50%，整体上提高了运营效率。其次4G/5G基站通过大数据和AI智能分析实现精准节能，流量大数据分析能精准识别不同时间、不同场景下的节能策略，细分和洞察校园、住宅区等场景，快速监测业务需求，智能刹车唤醒，不影响用户的使用感知。

在风险防控数字化转型方面，建设统一的智慧审计云，"现场审计"变为"远程审计"，"事后客观之眼"变为"过程智慧之眼"。中国电信对数智科技工程进度、通信能力、施工质量等业务细节进行了标准化和数字化管理；施工现场全过程结合大数据和AI可以多维度地数字化呈现；工程远程监控、远程数字化验收和数字化审计等数字化转型手段使得工程建设非常方便高效。

2. 对外赋能千行百业，服务社会数字化

对外为政务、卫健、公检法、教育、医疗、金融、企业、工业制造等行业提供数智化建设和服务，助力各行业数字化转型。

在协助工业制造企业数字化转型方面，中国电信助力工业企业规划建设工业互联网精品云专网，构建5G专网，为其打造和奠定良好的网络基础；发挥云网融合优势，助力工业企业上云，有效解决工业企业生产数据量大、数据中心不够用、运维成本高等问题。通过云+5G+AI能力，打造产业园边缘云，构建可灵活部署、连接泛在、智能分析的全云化、数字化、智能化工厂。合作建设联合创新实验室，探索机器视觉、远程智能驾驶、自动导引车（automated guided vehicle，AGV）等智能制造场景的应用。

在农村建设数字化转型方面，在全国各地助力建设农村综合信息服务平台，整合了无线网、物联网、光纤、专线、云能力、大数据、AI等能力，通过监控、大喇叭、会议终端等产品和服务，提升乡村治理能力，便捷群众生产生活。获得了中央网信办、农业农村部的高度评价，受到基层政府和百姓的普遍认可。

在助力智慧文旅数字化转型方面，基于多元化的大数据资源，利用定位和标签能力打造智慧文旅，对城市、景区、度假区、文化场馆、商圈等不同场景进行实时客流分析，挖掘旅客游览的时间空间特征和价值，辅助政府进行行业监管，助力文旅企业进行市场推广；基于视频AI智能识别，开发园区事件预警、应急指挥处置、车辆分析、智能停车找位、智能收费、图片找人等数智化场景应用。

1.2.3 工程建设体系重构

数字化转型推动了电信企业新业务组织机制优化和工程建设体系重构，由于数智科技工程与基础电信业务明显不同，需要通过体系重构来组织和发展新业务，成立新的专业科技公司，对数智科技工程业务进专业化运营。数智科技工程的市场环境更为开放，竞争激烈，电信企业以专业科技公司为载体，通过市场化薪酬激励、扁平化组织架构、内外部联合人才培养等体制机制变革来新建数智化工程建设体系。

中电信数智科技有限公司是中国电信成立的专门开展数智科技工程建设的组织机构，也是推动云改数转、建设数智化体系的排头兵，它以"专业化、平台化、科技化"为发展战略，确立了"值得信赖的行业数智使能者"的目标愿景，奋力开启高质量发展新篇章。

中电信数智科技有限公司依托中国电信领先的云网资源禀赋，拥有雄厚的技术研发实力，深耕云、网、数、智、盾（安全）、笃（服务）六大专业领域，在数智科技行业应用及数字平台具有创新优势，面向政府、金融、教育、医疗、工业、互联网等行业，提供涵盖 5G 行业应用、云网融合、大数据、人工智能、安全灾备等数字化整体解决方案。中电信数智科技有限公司专业化服务分支机构遍布全国，支撑行业客户实现数字化转型，为千行百业提供数智化综合信息服务。

1.3 数智化的内涵与特点

"数智化"这一概念随着信息技术从"信息化"到"数字化"，再到"数智化"的不断发展而逐步完善、清晰。数字化整合优化了以往各行各业的信息化系统，用新技术供给其新能力，提升管理和运营水平，支撑各行业数字化转型，而数智化又是数字化的升级，是数字化与智能化深度融合，几者相辅相成，层层递进。

1.3.1 信息化

1. 信息化的内涵

信息化自从问世以来，其内涵不断发展，与时俱进。

（1）1997 年召开的首届全国信息化工作会议上将信息化和国家信息化定义为："信息化是指培育、发展以智能化工具为代表的新的生产力并使之造福于社会的历史过程。国家信息化就是在国家统一规划和组织下，在农业、工业、科学技术、国防及社会生活各个方面应用现代信息技术，深入开发广泛利用信息资源，加速实现国家现代化进程。"

会议提出了构成的国家信息化体系的 6 个要素是：开发利用信息资源，建设国家信息网络，推进信息技术应用，发展信息技术和产业，培育信息化人才，制定和完善信息化政策。

会议提出了信息化的要素、层次与范畴是：

① 信息化构成要素主要有：信息资源、信息网络、信息技术、信息设备、信息产业、信息管理、信息政策、信息标准、信息应用、信息人才等。

② 信息化层次包括：核心层、支撑层、应用层与边缘层几个方面。

③ 信息化范畴包括：信息产业化与产业信息化、产品信息化与企业信息化、国民经济信息化、社会信息化。

（2）中共中央办公厅、国务院办公厅在《2006—2020 年国家信息化发展战略》中指出，信息化是充分利用信息技术，开发利用信息资源，促进信息交流和知识共享，提高经济增长质量，推动经济社会发展转型的历史进程。

2. 信息化的建设内容

信息化以高速度的信息传递和共享为特征，使人们可以快速获取和处理信息，能够大幅提升企业、政府和个人的管理和服务效率，减少资源浪费和重复劳动，同时信息化的数据处理和分析能够提供更加精准的信息支持。从狭义上来说，信息化就是信息系统的建设和运行，主要涉及体系、技术、管理方面的内容。信息化建设主要包含四个方面：基础设施建设、数据资源开发、信息技术应用和信息资源管理。首先是网络、计算机、通信等基础设施的建设和发展，通过信息技术将海量的数据资源加工处理，使其成为有价值的信息资源，然后将信息技术应用于各种生产、管理和服务活动中，提高效率和质量，最后对信息资源进行有效的管理和利用，包括收集、存储、传输、分析和应用等。

1.3.2 数字化

20世纪兴起的数字技术可以把模拟信息转变为二进制语言，这种语言把分类的信息"比特"变成1和0的形式。1和0的不同组合决定了信息的解码和重组结果，以呈现信息不同的"面貌"。

1. 数字化的内涵

数字化在技术界至今并没有权威的定义。最初，数字化是指将信息载体（文字、图片、图像、信号等）以数字编码形式（通常是二进制）进行储存、传输、加工、处理和应用的技术途径。数字化本身指的是信息表示方式与处理方式，但本质上强调的是信息应用的计算机化和自动化。当前，随着数字经济这一经济学概念的发展，数字化是一切通信技术、信息技术、控制技术的统称。

（1）数字化是数字计算机的基础。若没有数字化技术，就没有当今的计算机，因为数字计算机的一切运算和功能都是用数字来完成的。

（2）数字化是多媒体技术的基础。数字、文字、图像、语音，包括虚拟现实及可视世界的各种信息等，实际上通过采样定理都可以用0和1来表示，这样数字化以后的0和1就是各种信息最基本、最简单的表示。因此计算机不仅可以计算，还可以发出声音、打电话、发传真、放录像、看电影，这就是因为0和1可以表示这种多媒体的形象。因此用数字媒体就可以代表各种媒体，就可以描述千差万别的现实世界。

（3）数字化是软件技术的基础，是智能技术的基础。软件中的系统软件、工具软件、应用软件等，信号处理技术中的数字滤波、编码、加密、解压缩等都是基于数字化实现的。例如图像的数据量很大，数字化后可以将数据压缩至十分之一到几百分之一；图像受到干扰变得模糊，可以用滤波技术使其变得清晰。这些都是经过数字化处理后所得到的结果。

（4）数字化是信息社会的技术基础。数字化技术正在引发一场范围广泛的产品革命，各种家用电器设备、信息处理设备都将向数字化方向变化。数字电视、数字广播、数字电影、DVD等，现在通信网络也向数字化方向发展。人们把信息社会的经济说成是数字经济，这足以证明数字化对社会的影响有多么重大。

2. 数字化转型的内涵

数字化转型是指利用现代技术和通信手段，改变创造价值的方式。开展数字化转型，应当系统把握如下四个方面：

（1）数字化转型是信息技术引发的系统性变革。
（2）数字化转型的根本任务是价值体系优化、创新和重构。
（3）数字化转型的核心路径是新型能力建设。
（4）数字化转型的关键驱动要素是数据。

《中国产业数字化报告2020》中指出，"产业数字化"是指在新一代数字科技支撑和引领下，以数据为关键要素，以价值释放为核心，以数据赋能为主线，对产业链上下游的全要素进行数字化升级、转型和再造的过程。数字化转型对企业、行业以及宏观经济都具有极其重要的意义。从微观看，数字化提升企业生产质量和效率；从中观看，数字化重塑产业分工协作；从宏观看，数字化加速经济新旧动能转换。

1.3.3 智能化

1. 智能化的内涵

智能化是事物在计算机网络、大数据、物联网和人工智能等技术的支持下，所具有的能满足人的各种需求的属性。根据《辞海》的注释，智力通常叫"智慧"，指人认识客观事物并运用知识解决实际问题的能力，智慧犹言才智、智谋，是对事物认识、辨析、判断处理和发明创造的能力。智能是知识与智力的总和。其中，知识是一切智能行为的基础，而智力是获取知识并运用知识求解问题的能力，是头脑中思维活动的具体体现。智能是采用人工智能的理论、方法和技术，获得具有拟人智能的特性或功能，例如自适应、自学习、自校正、自协调、自组织、自诊断、自修复等。智能化是指为使对象具备灵敏准确的感知功能、正确的思维与判断功能以及行之有效的执行功能而进行的工作和活动。

2. 智能化的特征

智能化具有如下特征：

（1）感知能力。具有能够感知外部世界、获取外部信息的能力，这是产生智能活动的前提条件和必要条件。

（2）记忆和思维能力。能够存储感知到的外部信息及由思维产生的知识，并利用已有的知识对信息进行分析、计算、比较、判断、联想、决策。

（3）学习能力和自适应能力。通过与环境的相互作用，不断学习、积累知识，使自己能够适应环境变化。

（4）行为决策能力。对外界的刺激作出反应，形成决策并传达相应的信息。

大数据与机器智能共同催生了智能化时代。以数据驱动为本质的深度学习用大量的数据直接驱动机器对真实世界的数据进行模拟，从而使机器具有学习的功能。基于这样的程序方法，人工智能才得以在与人们生活密切相关的语音识别、图像识别、人脸识别、文字识别、问题回答、自动驾驶、机器人等多项研究领域上取得重大进展，具有读、写、听、说、分析、决策、感知、行动等多种能力。

1.3.4 数智化

1. 数智化的内涵

数智化指利用先进的数字技术和数据资源，对组织、产业、社会等进行全方位的数字化变革和转型，实现高效、智能、可持续的发展。数智化强调数据的价值和应用，通过建立数字化体系和数据驱动模式，实现数据管理、分析、挖掘和应用的全面升级，推动组织内部的流程重构和创新，提升商业竞争力和社会生产力。数智化包括多个方面，如大数据、云计算、人工智能、物联网、数字孪生等技术和应用，可以应用于各种领域和行业，例如智慧城市、智能制造、智能医疗等。数智化不仅是一种技术革命，更是一种思想和理念的变革，需要组织和个人积极适应和践行，推动数字经济和数字社会的健康发展。

数智化的内涵包括：

（1）数据资源管理。数智化强调对海量数据的管理和应用，包括数据的采集、处理、存储、分析和挖掘等方面，提高数据价值和利用效率。

（2）人工智能应用。数智化需要运用人工智能等技术，构建智能化的决策系统和服务平台，提高组织和产业的智能化水平和竞争力。

（3）物联网连接。数智化不仅注重数字化信息的处理和应用，也需要将物理世界与数字世界进行有机连接，实现物联网的普及和运用。

（4）数字化创新。数智化推动组织和产业向数字化方向进行创新，通过数字技术的应用和融合,开发出新的业务模式、产品和服务,提升商业价值和社会效益。

(5)组织变革。数智化要求组织进行内部流程重构和变革,增强数字化能力和文化,适应数字时代的发展趋势和变化,实现组织的可持续发展。

2. 数智化的关键要素

(1)数据是数智化的基础,也是数智化的核心要素。数据成为连接物理世界、信息世界和人类世界三元世界的重要纽带,也因此成为数智化的基础和核心要素。2020年4月10日,《中共中央 国务院关于构建更加完善的要素市场化配置体制机制的意见》正式公布,首次明确数据成为新的生产要素之一。中国数据量增速预计2025年将增至48.6ZB,占全球数据圈的27.8%,平均每年的增长速度比全球快3%,中国将成为全球最大的数据圈。数据的力量,就如农耕之于古代文明,工业革命之于现代文明。商业领域已经发现了数据的价值,但数据能带来的价值远不止这些,它将带来全新的产业变革,甚至催生一种全新的文明形态。

(2)算法作为数智化的要素之一,发挥着创新源泉的作用。"数据+算法"构造了人们认知这个世界新的方法,是在数字世界中进行科学实验的另一种表现形式。算法专家凯文·斯拉文指出:"算法来源于这个世界,提炼这个世界,现在塑造这个世界"。互联网平台赢得巨大成功的武器也是"数据+算法"。人们在浏览网页、网上购物、翻看短视频、使用微信聊天,甚至驾驶汽车的过程中,都在"贡献"自己的数据,平台利用这些数据通过行为分析算法可以刻画出一个"数字化的你"。为了充分利用数据价值,解决传统深度学习应用碎片化难题,探索通用人工智能,众多AI领域头部公司将视线放在了拥有超大规模参数的预训练模型上,目前,预训练语言模型进一步发展,通过大数据预训练加小数据微调,进一步挖掘非结构化数据的潜力,典型代表有GPT4、ELECTRA和ALBERT。

(3)场景是数智化应用的目标,数智化业务离不开场景的支撑。数智化因场景而生,场景因数智化而立。在企业的数智化进程中,将各业务线中用户的痛点、难点、需求点场景化,既能满足用户需求,又能进行业务梳理并解决问题,同时沉淀出新的智能化产品和服务,创造更多价值。

电信运营商行业中,无线网络优化是一项非常重要的业务,传统优化方式需要大量人工参与,整个过程费时费力,效率低下且很难追踪评价。通过无线网智慧运维系统的建设,基于业务场景需求结合大数据、人工智能等智能化技术进行业务建模,可以自动完成异常网元处理、清单查询、数据质量评估等工作,保证对多厂家、多版本的无线网数据质量检测、评估、派发工单及审核,大大提高了无线网运维效率,有效提升网络质量。医疗领域中,问诊工作是医生的核心工作,人们往往倾向于去较高级别的医院寻求专家帮助。但是由于时间、地域、医疗资源等限制,经常出现医生"一号难求"的场景。而通过医院数智化转型建设,构建智慧诊疗系统,辅助医生完成简单病情的初步筛查,辅助快速定位病情,可以减少医生问诊时间,从而节约时间帮助更多病人。通过以上的典型场景可以看出,数智化在当今数字经济大背景下发挥着重要作用,场景是数智化应用的目标,根据场景找到需要的数据,利用数据在场景中发挥作用、产生价值,才能真正实现数智化应用。

3. 数智化转型的内涵

数智化转型是顺应新一轮科技革命和产业变革趋势,不断深化应用云计算、大数据、物联网、人工智能、区块链等新一代信息技术,激发数据要素创新驱动潜能,打造提升信息时代生存和发展能力,加速业务优化升级和创新转型,改造提升传统动能,培育发展新动能,创造、传递并获取新价值,实现转型升级和创新发展的过程。新一代信息技术推动数字化建设向数智融合方向转型,带来了更多降本增效的解决方案。数智化转型是数字化转型的高级阶段,数智化转型是建立在数字化转换、数字化升级基础上,数据与算法深度结合,进一步触及核心业务,以新建一种商业模式为目标的高层次转型。"数字化"加速向"数智化"演进,不仅仅体现在智能化技术的应用上,还体现在产品形态、服务模式、管理思维上的全面升级。

1.3.5 信息化、数字化、智能化、数智化的关系

数字化整合优化了以往各行各业的信息化系统，用新技术供给其新能力，提升管理和运营水平，支撑各行业数字化转型，而数智化又是数字化的升级，是数字化与智能化深度融合，四者相辅相成，层层递进。图 1.2 示出了信息化、数字化、智能化和数智化之间的关系。

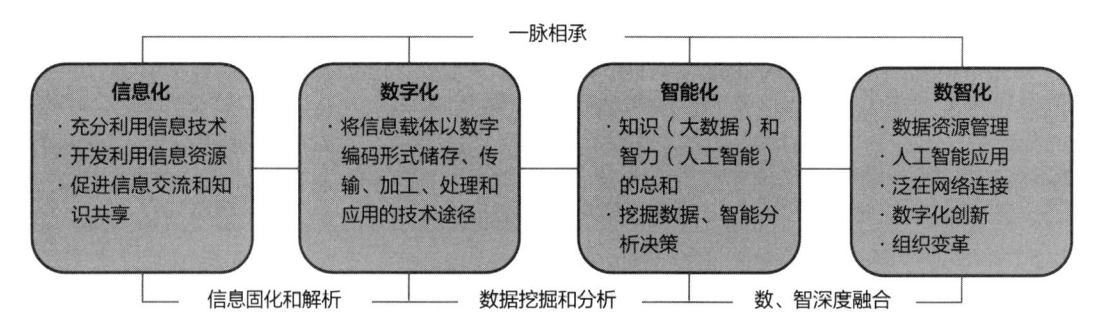

图 1.2 信息化、数字化、智能化和数智化关系图

一脉相承

- **信息化**
  - 充分利用信息技术
  - 开发利用信息资源
  - 促进信息交流和知识共享
- **数字化**
  - 将信息载体以数字编码形式储存、传输、加工、处理和应用的技术途径
- **智能化**
  - 知识（大数据）和智力（人工智能）的总和
  - 挖掘数据、智能分析决策
- **数智化**
  - 数据资源管理
  - 人工智能应用
  - 泛在网络连接
  - 数字化创新
  - 组织变革

信息固化和解析 —— 数据挖掘和分析 —— 数、智深度融合

1. 信息化与数字化的关系

数字化并不是对各业以往的信息化推倒重来，而是需要整合优化以往的各业信息化系统，在整合优化的基础上，提升管理和运营水平，用新的技术手段提升各业新的技术能力，以支撑各业适应数字化转型变化带来的新要求，信息化与数字化的关系如表 1.1 所示。

表 1.1 信息化与数字化的关系

对比角度	信息化	数字化
应用范围	部分系统或业务，局部优化	全域系统或流程，整体优化
连　接	连接和打通面窄，效率低，响应慢	全连接和全打通，效率高，响应快
数　据	数据比较分散，没有充分发挥真正价值	数据整合集中，深入挖掘数据资产价值
思　维	管理思维	用户导向思维
战　略	竞争战略	共赢战略
总　体	初级阶段	高级阶段

1）从应用的范围看

信息化过去主要是单个部门或部分系统的应用，很少有跨部门的整合与集成，其价值主要体现在效率提升方面，而数字化则是在行业或部门整个业务流程进行数字化的打通，破除部门墙、数据墙，实现跨部门的系统互通、数据互联，全线打通数据融合，为业务赋能，为决策提供精准洞察。

2）从连接的角度看

原有的行业或部门信息化系统是搭建于以往互联网没有高度发展的时期，很多行业或部门的信息系统在当时环境下还比较缺乏对连接的这种深度认识。行业或部门没有打通各个单元的连接，没有实现各个数据单元的连接，造成内、外部的运行效率比较低，适应环境变化的能力差。

在今天的数字化发展环境下，互联网形成了行业或部门平台，移动互联网把用户连接在一起，用户可以通过线上与行业或部门全连接实时交互。连接在改变效率、降低运行成本方面发挥重大价值，在连接的环境下，会产生去中间化的效果，重构新的工作和商业模式。

3）从数据的角度看

以往的信息化也有很多数据，但数据都分散在不同的系统里，没有打通也没有真正发挥出数

据的价值。而数字化是真正把"数据"看作一种"资产",这是以前从未有过的"视角"。随着大数据技术的发展,数据的价值得到了充分的体现,促进了各种资源的数据化进程,为数字化整合了更多的资源。所以,行业或部门的数字化能够通过"数据资产"更好地营利或者大大提升工作的效率。

4)从思维方式上看

以往的行业或部门信息化从构建之初,所体现的思想就是一种管理思维。当时,行业或部门建立信息化管理的主要指导思想就是通过这一套管理工具能够把行业或部门的各个环节、涉及进销存、涉及相关岗位的动作都能管起来。当时所要体现的信息化管理目标就是管好、管死、管严格。所以当时的信息化系统设计的思路并没过多地考虑用户需求的便利化,更多关注的是管理的思维。这种建立在管理思维环境下设计的各业信息系统,用户效率比较低,很多的用户需求得不到满足。而数字化的核心是要解决用户效率和业务效率,也就是数字化转型的过程是要高度体现如何有效提升各个系统节点用户的效率,同时需要借助数字化转型的技术手段,推动行业或部门经营效率的提升。特别是打通行业或部门与用户的连接,打通各个关键数字系统的连接,有效改变行业或部门的运行效率,推动行业或部门上一个新的台阶。

5)从行业或部门战略上看

在信息化时代,能做什么是看你有什么资源和能力,可做什么就是看你在所处的行业或部门中选什么位置,因此基本上是用比较优势来做决策,这当中一定会有输赢,是一种竞争战略。而数字化时代,想做什么关键在于你能不能重新定义业务,能做什么不是你拥有什么资源,而是跟谁连接,如果能连接就会有非常多的资源和可能性。可做什么也不受产业条件的限制,你可以跨界合作。数字化时代很重要的一点是以用户为中心,不断创造用户价值,当你以用户为中心创造价值的时候,那就不是跟谁竞争了,应该是跟谁合作去创造更大的用户价值,获取更宽广的生长空间,变成一个你中有我、我中有你的"人机一体"世界,并逐步走向共生、共赢、共创。

6)从总体来看

数字化是信息化的高级阶段,它是信息化的广泛深入运用,是从收集、分析数据到预测数据、经营数据的延伸。数字化脱离了信息化的支撑只不过是空中楼阁。

数字化植根于信息化。数字化可以解决信息化建设中信息系统之间信息孤岛的问题,实现系统间数据的互联互通,进而对这些数据进行多维度分析,对行业或部门的运作逻辑进行数字建模,指导并服务于行业或部门的高效运营或管理,创造更大的社会价值和经济价值。

信息化和数字化的根本区别在于是否颠覆原有的传统模式。信息化是数字化的基础,数字化是信息化的升级。数字时代是后信息时代,二者并没有严格的时间界限,目前是同时并存的,而且会长时间并存。信息化的作用是提高效率,延展人类的能力。数字化则是利用信息技术颠覆传统,在虚拟数字空间重构和创造新的生产生活方式。没有信息化,根本谈不上数字化,没有颠覆传统模式的信息化,就不算数字化。

2. 数字化与数智化的关系

数字化的核心是将许多复杂多变的信息转变为可以度量的数字、数据,从而建立数字化模型实现内容"在线化",主要是对外部数据的采集、传输、存储、分类和应用;数智化是在数字化基础上的转型升级,是数字化的高级阶段,数字化和智能化深度融合,运用大数据、人工智能、云计算等新技术,深度挖掘数据价值,实现智能化分析与管理,提升应用数据的水平和效率,帮助优化现有业务价值链和管理价值链。可以简单理解为:数智化是在数字化的基础上,"数字化+智能化"形成了更高的发展诉求。

数字化和数智化都是利用数字技术进行信息处理的过程,它们之间存在着紧密的联系:首先,数智化是数字化的进一步拓展和升级,数字化强调数字技术在数据处理、分析和应用方面的作用,而数智化则更加注重智能化、个性化和创新化的目标,提高了数字化的效率和价值;其次,数字化和数智化相互促进,数字化为数智化提供了信息资源和支撑,而数智化则增强了数字化的功能和应用。数字化可以帮助数智化实现对数据的快速获取、高效存储、智能分析和精准应用,从而推动组织内部的流程重构和创新,提升商业竞争力和社会生产力;最后,数字化和数智化都是推动数字经济和数字社会发展的关键路径,需要各种领域和行业共同参与和合作,实现数字化转型和升级的全面推进,推动数字经济和数字社会的健康发展。

数字化和数智化虽然都涉及数字技术的应用,但它们之间存在区别,如表1.2所示。

表1.2 数字化与数智化的区别

对比角度	数字化	数智化
内　涵	强调数字技术在数据处理、存储和传递方面的作用	注重数据的应用和智能化,提高数据价值和利用效率
目　标	实现信息的数字化转换、管理和传输,提高业务效率和质量	对数据进行智能化分析和应用,增强组织和产业的创新能力和竞争力
范　围	涉及信息系统和信息服务等方面	涵盖各领域的数字化变革和智能化应用
应　用	主要应用于信息化领域	适用于各种行业和领域
特　点	将传统的信息转换为数字形式,以便更容易地存储、处理和传输	强调数据的分析、挖掘和应用

(1)内涵不同。数字化强调数字技术在数据处理、存储和传递方面的作用,而数智化则更注重数据的应用和智能化,提高数据价值和利用效率。

(2)目标不同。数字化的目标是实现信息的数字化转换、管理和传输,提高业务效率和质量;数智化的目标是通过对数据进行智能化分析和应用,增强组织和产业的创新能力和竞争力。

(3)范围不同。数字化的范围主要涉及信息系统和信息服务等方面,数智化的范围则更广泛,涵盖各领域的数字化变革和智能化应用,例如智慧城市、智能制造、智能医疗等。

(4)应用不同。数字化主要应用于信息化领域,如企业信息化、电子商务等;数智化则适用于各种行业和领域,可以应用于生产制造、城市管理、医疗健康等多个领域,提升生产效率和社会福利水平。

(5)特点不同。数字化是将传统的信息转换为数字形式,以便更容易地存储、处理和传输;数智化则是利用数字技术和数据分析来深入理解和优化业务流程,并采取更精确、高效和智能的决策。数字化主要关注数据的形式和技术层面,而数智化则更注重数据的价值和应用层面。数智化强调数据的分析、挖掘和应用,旨在创造更高效、智能和创新的业务模式和服务。

1.4　数智化转型塑造未来之路

数字化正在加速重构经济社会发展与治理模式的新形态,智能化既是方式和手段,也是方向和目标。数智化转型体现社会和经济向新范式的根本转变,带来产业组织模式、现代基础设施体系、科技人才培育体系、社会发展治理模式等的革新与重构。同时数智化转型将积极推动数字经济要素与实体经济深度融合。

1.4.1 数智化的核心价值

1. 对国家

（1）促进经济增长：数智化有助于提高产业效率、资源利用效率和创新能力，推动企业创新发展，进而促进经济增长。

（2）改善社会服务：数智化可以提升公共服务的质量和效率，例如医疗、教育、交通、环保等领域，改善人民生活水平。

（3）提高国际竞争力：数智化可以帮助企业实现差异化竞争和全球化布局，提高国家在国际市场上的竞争力。

（4）推动数字化转型：数智化是数字化转型的核心内容，通过数智化推进数字化转型能够提高行政效率，优化政府服务，加强信息安全等。

2. 对社会

（1）提高社会效率：数智化可以优化社会资源配置，提高生产效率和服务质量，从而提高整个社会的效率。

（2）促进创新发展：数智化可以激发创新潜力和创造新的商业模式，推动新兴产业和就业机会的发展，促进经济增长。

（3）增强风险管控能力：数智化可以实现精细化管理和预警，提高社会对各种风险的防范和应对能力，例如灾害预警、公共安全等。

（4）推进可持续发展：数智化可以帮助企业和政府更好地实现可持续发展目标，包括环境保护、资源利用和社会责任等。

3. 对企业

（1）提高决策效率：数智化可以提供更精准、全面的数据分析，帮助企业作出更明智的决策并及时调整业务战略。

（2）优化运营效率：数智化可以深入理解和优化企业各项业务流程，自动化和精细化业务操作，提高工作效率和质量。

（3）提高客户价值：数智化可以帮助企业更好地洞察客户需求，提供更优质的产品和服务，提升客户满意度和忠诚度。

（4）探索新商业模式：数智化可以拓展业务领域，探索创新的商业模式，实现差异化竞争和增长。

1.4.2 数智化转型的动力源泉

数智化转型是指企业或组织整体上采用数字技术和数据分析来深入理解和优化业务流程，并采取更精确、高效和智能的决策，以实现业务转型和升级。数智化转型主要包括将传统的信息转换为数字形式，实现数字化管理和运营；通过数据分析和挖掘，为企业提供更全面、精准的信息基础，帮助企业作出更明智的决策；通过数智化手段深入理解和优化业务流程，实现自动化、精细化管理，提高工作效率和质量；通过数智化手段更好地洞察客户需求，优化产品和服务，提高客户满意度和忠诚度；通过数智化手段，拓展业务领域，探索创新的商业模式，实现差异化竞争和增长。

数智化转型的动力包括技术革新、市场竞争、政策引导、用户需求和成本压力等方面。

（1）技术革新：数字技术的不断发展和创新，如云计算、大数据、人工智能等技术的应用，提供了数智化转型必要的技术支持。

（2）市场竞争：市场竞争日益激烈，企业需要通过数智化转型实现业务转型和升级，提高生产效率和产品质量，保持市场竞争优势。

（3）政策引导：政府加强信息化建设和数字经济发展政策的出台，为企业提供了政策支持和引导，促进数智化转型。

（4）用户需求：用户对产品和服务的需求日益多样化和个性化，从确定性需求到不确定性需求的变化，企业需要通过数智化手段更好地洞察用户痛点、诉求、问题，全方位提升用户的体验。

（5）成本压力：成本压力加大是企业进行数智化转型的重要动力之一，通过数智化手段优化业务流程，降低成本，提高效益。

1.4.3　数智化转型助力挖掘数字红利

数智化转型可以帮助企业获得更多、更精准、更实时的数据信息，从而提高企业对市场和客户的了解程度，激发企业的创新能力和竞争力，推动产品和服务的不断升级，提高企业的竞争力和市场地位，并作出更明智的决策。通过自动化、数字化的手段，数智化转型可以大幅提高企业的生产效率、工作效率和管理效率，从而降低成本，提高盈利能力。数智化转型可以为企业开辟新的商业模式，例如基于互联网的电商、共享经济等，从而增加销售渠道、扩大市场份额、提升品牌价值，同时提供个性化、精准的服务，提高客户的满意度和忠诚度，进一步扩大市场份额。

数智化转型已经带来了许多数字红利，比如随着数智化转型和互联网技术的普及，电商行业蓬勃发展，成为各行业中的佼佼者，电商行业通过数字化的手段，将消费者与商品紧密联系起来，提供更加便捷、个性化的购物体验；数智化转型为物流行业带来了巨大的变革，物流企业通过数字化的手段，实现了智能化的仓储管理、快递派送等业务，提高了运输效率，降低了成本；随着物联网技术的不断进步，越来越多的城市开始采用智慧城市建设模式，将城市的各项功能通过数字化手段连接起来，从而实现较高的效率和更好的服务质量；数智化转型正在改变医疗健康行业的传统模式，数据分析、智能机器人、远程医疗等技术的应用，赋予医护人员更多的工具和资源，提高了医疗服务的质量和效率；移动支付技术的普及大大简化了交易流程，提高了支付安全性和效率，使消费者可以随时随地进行交易；金融机构可以利用大数据技术分析客户行为、市场趋势和风险等信息，以便更好地管理风险、制定营销策略和优化产品；区块链技术可以帮助金融机构实现去中心化、透明化、安全性更高的交易方式。

1.5　科技工程的分类

科技工程是应用科学知识和技术手段来进行设计、制造、操作和维护的过程，旨在创造实用、高效、可靠和经济的技术系统或设施。这个领域涉及多个学科、技能和专业，包括机械工程、电气工程、计算机工程、建筑工程、化学工程、材料科学等。科技工程涉及的应用范围广泛，包括从微小的电子部件到大型建筑结构、从医疗设备到交通工具、从传统的信息化工程到全新的数智化工程等。由于每个应用领域独有的特征和要求，科技工程项目的复杂性和挑战性也不断提高，因此需要科学和技术领域的专业人士精通相关技能和知识以及跨学科的协作能力。数智科技工程简单来说就是运用了先进的数智化科技来建设高效实用的系统工程，应用于政务、教育、医疗、社会治理、经济、制造等千行百业。

1.5.1　科学、技术、工程的含义

科学在于探索，发现自然界的规律，并形成系统的知识；工程是采用科学知识来构建、设计、创造；技术是所有工程工具、设备和过程的可用总和。复杂经济学的创始人布莱恩·阿瑟在《技术的本质》中指出，技术不是科学的副产品，而或许恰好相反，科学是技术的副产品。西奥多·冯·卡门认为，科学是研究世界的本来面目，而工程学则是创造不曾有的世界。科学家通过观察具体现

象得出一般性的结论，而工程师则是由通用规律解决特殊问题。工程是一个不断的设计过程，借助于先验知识和数学工具、方法，来解决一个实际中的复杂问题，而复杂问题则遵循严格的工程设计过程。

（1）"科学"是运用定理、定律等思维形式反映现实世界各种现象的本质和规律的知识和理论体系。

（2）"技术"是人在改造自然、改造社会，以及改造自我的过程中所用到的一切手段、方法的总和。

（3）"工程"是用科学和技术去解决实际问题的某种范围的应用单元。

1.5.2 科学、技术、工程之间的联系

科学、技术和工程是紧密相连的三个领域，它们之间有着密切的联系和相互依存的关系，它们共同推动了人类社会的进步和发展，对于解决各种现实问题和挑战具有重要的作用。

1. 科学与技术之间的联系

科学为技术提供了基础知识和理论支持。科学家利用实验和观察等方法研究自然规律和现象，并通过分析、归纳和推理等方式形成科学理论和原则。这些科学理论和原则为技术提供基础知识和理论支持，帮助技术人员更好地理解和应用各种技术手段；同时，技术也可以促进科学的发展。许多科学研究需要先有相应的技术手段才能进行，例如高精度仪器、超级计算机、分子生物学技术等。这些技术手段的不断提升和改进可以帮助科学家更好地探索自然世界，揭示更深层次的规律和机制。

2. 技术与工程之间的联系

技术是工程实践的核心。工程师需要根据产品或系统的设计要求，选择合适的技术手段来实现它们。例如，在航空工程中，工程师需要利用材料、力学、流体力学等技术手段来设计和制造飞机、火箭等产品；同时，工程实践也可以促进技术的发展，在工程实践中，工程师们会遇到各种问题和挑战，需要不断创新和改进技术手段才能解决这些问题，这种技术创新和改进也会促进技术的提升和发展。

3. 科学与工程之间的联系

工程是将科学和技术应用于实际生产和建设中的过程。工程师需要将科学和技术的知识转化为实际产品或系统的设计、制造和构建。在这个过程中，工程师需要综合运用科学和技术的原理和方法，进行创新性的设计和优化；同时，工程实践也会带动科学的发展，在工程实践中，工程师们会面临各种实际问题和挑战，需要探索和研究新的科学原理和规律来解决这些问题，这种科学研究也会带动科学的发展和进步。

1.5.3 科学、技术、工程之间的区别

1. 意义不同

（1）科学的意义：科学是对已知世界通过大众可理解的数据计算、文字解释、语言说明、形象展示的一种总结、归纳和认证；科学不是认识世界的唯一渠道，但其具有公允性与一致性，是探索客观世界最可靠的实践方法。

（2）技术的意义：反映在技术情报或技能中，或者反映在专家为设计、安装、开办或维修一个工厂或为管理一个工商业企业或其活动而提供的服务或协助等方面。

（3）工程的意义：使自然界的物质和能源的特性能够通过各种结构、机器、产品、系统和过程，以最短的时间和最少的人力、物力做出高效、可靠且对人类有用的东西。

2. 概念不同

（1）科学的概念：科学，指的就是分科而学，后指将各种知识通过细化分类（如数学、物理、化学等）研究，形成逐渐完整的知识体系。

（2）技术的概念：技术是制造一种产品的系统知识，所采用的一种工艺或提供的一项服务，不论这种知识是否反映在一项发明、一项外形设计、一项实用新型或者一种植物新品种。

（3）工程的概念：工程是指以某组设想的目标为依据，应用有关的科学知识和技术手段，通过有组织的一群人将某个（或某些）现有实体（自然的或人造的）转化为具有预期使用价值的人造产品过程。

3. 特性不同

（1）科学的特性：科学是人类探索、研究、感悟宇宙万物变化规律的知识体系，是对因果的探索，追求真理，科学是认真的、严谨的、实事求是的。科学的基本态度是疑问，科学的基本精神是批判。

（2）技术的特性：具有复杂度、依赖性、多样性、普遍性。

（3）工程的特性：工程的主要依据是数学、物理学、化学，以及由此产生的材料科学、固体力学、流体力学、热力学、输运过程和系统分析等。

科学、技术和工程是三个不同但有着紧密联系的领域。科学关注自然规律和现象的研究与解释，技术关注将科学知识应用于实际生产和生活中的手段和方法，而工程则是将科学和技术知识应用于实际生产和建设中的过程，将科学理论转化为实际产品和系统的设计、制造和构建。

1.5.4 科技工程的分类

科技工程可以按照不同的分类方式进行划分。

1. 按照应用领域分类

电子工程：设计、开发和制造电子设备，如手机、电视、音响等。

机械工程：设计和制造机械系统和设备，如汽车、飞行器、机器人等。

材料科学与工程：研究材料的性质、结构、制造和应用，如金属、陶瓷、高分子材料、纳米材料等。

化学工程：将化学原理和技术应用于工业实践，如石油化工、药品制造、食品加工等。

土木工程：涉及建筑物、道路、桥梁等土木结构的设计、施工和维护等。

建筑工程：设计和建造房屋、商业建筑、桥梁、道路和其他基础设施。

航天工程：设计和制造飞机、卫星、导弹和其他航空航天设备。

2. 按照功能分类

控制工程：涉及控制系统的设计和实现，包括自动化控制、仪表控制、智能控制等。

计算机工程：涉及计算机硬件和软件的设计、制造和应用。

环境工程：研究人类活动对自然环境的影响，并开发可持续解决方案，如水处理、废物处理、空气质量控制等。

生物医学工程：应用工程原理和技术来解决医学问题，如设计医疗设备和生命支持系统等。

3. 按照工程阶段分类

研发工程：涉及新产品和新技术的研究、开发和测试等。

生产工程：涉及产品的制造、装配、测试和质量控制等。

运营工程：涉及产品的运输、安装、维护和售后服务等。

1.6 数智科技的技术驱动力

新一代信息技术迅速发展，大数据、人工智能、云计算、物联网、全光智能网、5G/6G、元宇宙、区块链等新技术是驱动数智化科技工程迅猛发展的技术引擎，它们可以提高企业和组织的数据分析和决策能力、生产效率和产品质量，同时可以加强信息安全和风险管理，实现数智化转型和创新发展。

1.6.1 大数据

大数据就是大量有价值的数据，并且数据资料规模巨大到无法通过人脑甚至主流工具软件在合理时间内进行处理和分析，加工成对企业有更大价值的信息数据，它具有以下四个特性：

（1）更大的容量（Volume）。大数据的首要特征是数据规模大。随着互联网、物联网、移动互联网技术的快速发展，人和事务的所有轨迹都可以被记录下来，数据爆发式增长，从 TB 级跃升至 PB 级，甚至 EB 级。

（2）更高的多样性（Variety）。数据来源的广泛性，决定了数据形式的多样性。大数据可以分为三类，第一类是结构化数据，如财务系统数据、信息管理系统数据、医疗系统数据等，其特点是数据间因果关系强；第二类是非结构化数据，如视频、音频、图像等，其特点是数据间没有因果关系；第三类是半结构化数据，如 HTML 文档、邮件、网页等，其特点是数据间的因果关系弱。

（3）更快的生成速度（Velocity）。数据的增长速度和处理速度是大数据高速性的重要体现。与以往的报纸、书信等传统数据载体生产、传播方式不同，在大数据时代，大数据的交换与传播主要是通过互联网和云计算等方式实现的，其生产和传播数据的速度是迅速的。另外，大数据要求数据处理的响应速度要快，如上亿条数据的分析必须在几秒内完成。数据的输入、处理与丢弃必须立刻见效，几乎无延迟。

（4）价值（Value）。大数据的核心特征是价值。其实，价值密度的高低和数据总量的大小是成反比的，即数据价值密度越高，数据总量越小；数据价值密度越低，数据总量越大。任何有价值的信息的提取依托的是海量的基础数据。当然，在目前的大数据背景下，还有一个未解决的问题，即如何通过强大的机器算法更迅速地在海量数据中完成数据的价值提纯。

随着信息技术的高速发展，人们积累的数据量急剧增长，数据处理能力也越来越强，从数据处理时代到微机时代，再到互联网络时代，现如今已演变为大数据挖掘与分析的时代。大数据带来了机遇与挑战，尤其在收集了巨量数据后，已无法用人脑来推算、估测，或者用单台的计算机进行处理。怎样去优化整合、分析这些数据，占领大数据发展的制高地，是当前数据资源开发与利用的主要方向。大数据处理需要特殊技术，以有效地应对海量数据。大数据处理技术包括大规模并行处理（MPP）数据库、数据挖掘、分布式文件系统、分布式数据库、云计算平台和可拓展的存储系统等。其中，数据挖掘是指从巨量数据中获取正确的、新颖的、潜在有用的、最终可解释的信息的复杂处理过程。

数据与土地、劳动力、资本和技术并列为五大要素市场，其中，数据要素主要包括数据采集、数据存储、数据加工、数据流通、数据分析、数据应用、生态保障七大模块，具有可复制性强、迭代速度快、复用价值高等特点，是连接产业数字化、数字产业化的重要桥梁，被看作数字经济的核心主线。数据要素作为新型生产要素，是数字化、网络化、智能化的基础，加快培育数据要素市场，有利于进一步激活数据要素潜能，释放数据要素价值，发挥数据要素在数字经济发展中的重要驱动作用，是促进高效的数据元素流动和优化配置的重要起点，也是提高我国数字经济全球竞争力的重要途径。

1.6.2 人工智能

在新一代信息技术的引领下，随着数据的快速积累、运算能力的大幅提升、算法模型的持续演进以及行业应用的快速兴起，人工智能的发展环境发生了深刻变化，跨媒体智能、群体智能、自主智能系统、混合型智能逐渐成为新的发展方向，推动了数字化生态的转型，催生了工业革命新范式。

1. 人工智能的定义

人工智能是研究、开发用于模拟、延伸和扩展人的智能的理论、方法、技术及应用系统的一门新的技术科学。人工智能主要由专家系统、启发式问题解决、自然语言处理、计算机视觉等组成。人工智能应具备感知能力、认知能力、创造力、智慧四种能力。人工智能的研究领域包括机器人、语言识别、图像识别、自然语言处理和专家系统等，无论是各种智能穿戴设备，还是各种进入家庭的陪护、安防、学习机器人，抑或是智能家居、医疗系统，其实都是人工智能的研究成果。

2. 人工智能的工作原理

人工智能的研究的关键问题之一是如何建构能够与人类类似，甚至超越人类的推理、规划、学习、交流、感知、运动、使用工具和操控机械等能力。知识表示也是人工智能研究的关键问题之一，它的目标是让机器存储相应的知识，并且能够按照某种规则推理、演绎得到新的知识。

不管是战胜围棋大师李世石的"阿尔法狗"，还是战胜世界冠军棋手朴廷桓等人的"Master"，抑或是在《最强大脑》上表现惊人的机器人"小度"，人工智能的工作原理都是计算机通过语音识别、图像识别、读取知识库、人机交互、物理传感等方式，获得音视频的感知输入，然后从大数据中进行学习，得到一个有决策和创造能力的大脑。利用大数据＋强计算＋新算法来对当前面临的一些情况作出反应与处理。

3. 人工智能的关键技术

计算机视觉、机器学习、自然语言处理、机器人和语音识别是人工智能的五大关键技术。

（1）计算机视觉。计算机视觉是一种使用计算机及相关设备对生物视觉进行模拟的技术。通过对采集的图片或视频进行处理，以实现对相应场景的多维理解。

（2）机器学习。机器学习是计算机通过对数据、事实或自身经验的自动分析和综合获取知识的过程。目的是让机器通过数据、事实等获得知识，从而自动判断取舍和输出相应的结果。机器学习主要分为有监督学习、无监督学习、半监督学习和强化学习。

（3）自然语言处理。自然语言处理是一种自然语言理解和生成及其衍生技术。自然语言认知是指让计算机"理解"人类的语言。自然语言生成系统把计算机数据转换为自然语言。自然语言理解系统把自然语言转化为计算机程序更易于处理的形式。

（4）机器人。机器人是一种自动执行工作的机器装置，它既可以接受人类指挥，又可以运行预先编排的程序，还可以根据以人工智能技术制定的原则纲领行动。机器人的主要任务是协助或取代人类的工作，如生产业、建筑业中的工作或危险的工作。

（5）语音识别。语音识别是让机器通过识别和理解，将人的语音信号转换为相应的文本或命令的过程。

4. 人工智能的应用

人工智能技术在未来发展的过程中，可能成为科幻片中的那种非常灵活的、能代替人类工作的聪明家伙，也有可能成为跟人类相辅相成，共同发展的好伙伴。取代重复性高、低技能、单一型的工作岗位是必然的。在人工智能的发展过程中将构建一个适用于人机共生的新生态。机器人做机器人该做的，而人的价值有它的去向，可以更好地去操作机器人产生社会价值和财富，也可以把精力放在更多人类有天赋的地方。

各国政府希望利用人工智能技术，提升制造业的智能化水平，建立具有适应性、资源效率及基因工程学的智慧工厂，在商业流程及价值流程中整合客户及商业伙伴，促进社会进步与发展。

5. 人工智能的新发展

人工智能是近年来高速发展的技术领域，有许多最新的进展。美国人工智能研究实验室OpenAI推出了人工智能技术驱动的自然语言处理工具ChatGPT，使用了Transformer神经网络架构，在本书编写过程中，ChatGPT火爆全网，其备受关注的重要原因是引入新技术RLHF（reinforcement learning with human feedback，基于人类反馈的强化学习）。RLHF解决了生成模型的一个核心问题，即如何让人工智能模型的产出和人类的常识、认知、需求、价值观保持一致。ChatGPT是AIGC（AI-generated content，人工智能生成内容）技术进展的成果。该模型能够促进利用人工智能进行内容创作，提升内容生产效率与丰富度。

下面我们从自然语言处理、深度学习、自主载具、机器视觉和图像处理、智能语音识别等人工智能常见的几个关键技术来简单探讨人工智能的最新发展。

（1）自然语言处理的发展。自然语言处理是为了让机器能够理解和处理人类语言而开发的技术。最新的进展包括语义分析、机器翻译和问答系统等，这些技术可以帮助机器更好地理解人类语言。

（2）深度学习的发展。深度学习是机器学习的一个分支，通过复杂的神经网络模型可以自动拟合复杂的数据特征。最新发展包括增强学习、生成对抗网络（GAN）等技术，能够更加准确地预测和分析数据。

（3）自主载具的发展。自主载具是指具有自我导航和自主操作能力的无人机、汽车和机器人等装置。最新的进展包括全球定位、SLAM（同步定位与地图绘制）技术、人机交互和深度强化学习等，能够使这些装置更加智能、自主和安全。

（4）机器视觉和图像处理的发展。机器视觉和图像处理是为了让机器能够理解和处理图像信息而开发的技术。机器视觉的基本原理是利用摄像机获取图像，并进行处理来识别物体，这种技术主要应用于机器人和无人机等领域。最新的图像处理技术可以分为三种：边缘检测、目标跟踪和图像分割。在实际应用中，这些算法都被广泛应用。边缘检测器通过对光线进行采样来判断障碍物是否存在；目标跟踪器则使用一种称为"局部区域"的方法来确定周围环境中所有物体的位置和方向；而图像分割就是将复杂的数据量分解为可管理的小部分。最后一个方法也称为有向无环图着色法，其目的是使图像看起来更容易理解，它使用了一种特殊的颜色方程来表示颜色信息，因此具有更好的可读性和清晰度。

（5）智能语音识别的发展。智能语音识别是人工智能领域的重要分支，随着深度学习和自然语言处理技术的发展，智能语音识别也获得了迅速发展。

① 基于深度学习的语音识别方法。这种方法基于深度神经网络（deep neural networks，DNNs）进行建模，语音识别系统取得了显著的性能提升。此后，深度学习技术在语音识别中的应用不断被推进，包括卷积神经网络（convolutional neural networks，CNNs）、循环神经网络（recurrent neural networks，RNNs）等模型的引入。目前，深度学习技术已经成为语音识别领域的主流方法，并且取得了极大的成功。在多个国际标准数据集上，基于深度学习技术的语音识别系统已经取得了非常优秀的性能表现。

② 自然语言处理技术助力语言识别系统更好理解自然语言。自然语言处理技术可以帮助计算机更好地理解自然语言。在语音识别任务中，自然语言处理技术可被用于后处理和语音识别结果的纠错。基于预训练语言模型（pre-trained language model，PLM）的自然语言处理方法在多个自然语言处理任务中都取得了不错的成果，包括问答、文本分类、命名实体识别等。这些技术的成功也促进了它们在语音识别任务中的应用。

1.6.3 云计算

云计算是传统计算机技术和网络技术发展融合的产物，是把硬件软件化、软件服务化、服务运营化、运营规模化的一套技术和业务模式。它是一个具有强大计算能力的先进系统，借助优秀的商业模式把计算能力分布到终端用户手中。

1. 云计算的相关概念

云计算（cloud computing）是一种基于互联网的计算方式，是构建数字化基础的基石。在虚拟化的资源中以协作的方式构建出一个可扩展的虚拟服务器集群，然后通过分配计算任务让海量的计算机协同工作，实现资源共享和管理调度。用户在建设 IT 系统时，只需在云计算平台上部署其应用软件即可，由云计算平台向其提供所需的计算和存储资源，而无须关注物理设备配置。云计算的关键特性是资源通过互联网提供，可以按需获取，具有强烈的可扩展性与可靠性。云计算将计算任务分布在大量计算机构成的资源池上，使各种应用系统能够根据需要获取计算力、存储空间和各种软件服务。

云计算平台（cloud computing platform）是云计算的硬件和软件环境，用于部署云计算中各种服务和资源。一般来说云计算平台由基础设施、平台部件和应用接口三个层面的产品和技术构成。

云服务是从事云服务运营的厂商向各种不同类型客户提供在线软件服务、计算资源租用、数据存储、智能分析等不同类型的服务。例如国内用友、金蝶等管理软件厂商推出的在线财务软件，谷歌发布的软件即服务应用等。

通俗的理解是，云计算的"云"就是存在于互联网上的服务器集群上的资源，包括硬件资源（服务器、存储器、CPU 等）和软件资源（应用软件、集成开发环境等），本地计算机只需要通过互联网发送一个需求信息，远端就会有成千上万的计算机为你提供需要的资源并将结果返回到本地计算机，这样，本地计算机几乎不需要做什么，所有的处理都通过云计算提供商所提供的计算机群来完成。

2. 云计算的原理

云计算是通过网络将大量计算资源（服务器、存储设备、应用程序等）集中在一起，形成一个虚拟的计算平台，用户可以通过该平台在任何地方、任何时间、任何设备上使用互联网提供的各种计算服务。云计算的主要组成部分包括云服务提供商、云计算中心、云平台和云用户终端等。云服务提供商负责管理和维护云计算中心和云平台，提供基础设施和各种应用服务，用户通过终端设备与云平台连接，使用云服务提供商提供的各种服务。云计算的特点包括弹性、可扩展性、高可用性、按需付费、多租户等。

云计算的基本原理可以简述如下：

（1）虚拟化技术。通过虚拟化技术，将物理资源（服务器、存储和网络等）切分成多个虚拟资源（虚拟机、虚拟存储等），将物理硬件与虚拟资源隔离，实现资源的复用和共享，增强硬件的利用率。

（2）弹性扩缩容。根据应用负载需求，实现弹性的资源扩容和缩容，满足按需分配、应用削峰填谷和资源动态管理等需求。通过虚拟化技术和自动化管理，云服务可以在几分钟或几秒之内为企业/用户提供更多的计算和存储资源，帮助用户提高应用性能和响应速度。

（3）网络连接。云计算包括公有云、私有云和混合云，这些云都通过互联网与用户连接。云计算的网络架构要求具有高可用、高可靠性和高可扩展性，同时也需要保证数据的安全性和保密性，因此云计算需要采用高度分布式的网络架构。

（4）自动化管理。云计算通过自动化软件和工具对资源的应用和转移进行管理，实现自动化部署和配置、自动化监控和告警、自动化备份和恢复等，加强对云资源的管理，提高云资源的安全性，节约人力成本。

综上所述，云计算的原理是基于虚拟化技术、弹性扩缩容、网络连接和自动化管理等多种技术，以实现资源的共享、按需分配和动态调整，帮助企业实现数字化转型和业务创新。

3. 云计算的特点

云计算具有按需分配、强大计算、高虚拟化、高自动化、统一管理与高可靠性等显著特征。这些特征使得云计算相比传统IT基础架构拥有更高的灵活性、更强的管理与运维能力，以及更低的使用成本，有助于用户快速部署业务与创新应用。

云计算具有如下特点：

（1）可扩展性。云计算基于虚拟化技术，可以将物理资源（存储、计算和网络等）切分成多个虚拟资源，因此云服务可以更好地实现弹性扩缩容，能够根据业务需求快速增加或减少资源容量，提高资源的利用率和效率。

（2）高可用性。云计算在资源配置和使用方面具有远高于传统架构的可靠性和可用性。通过在不同数据中心、地域和区域中部署云资源，实现冗余备份和异地容灾，以保证应用分布式、高可用性和容错性的满足。

（3）灵活性。云计算很好地实现了应用的动态部署和自服务。云用户通过自助服务界面、API等方式来自发地对云资源进行管理、部署、配置等，极大地提高了应用的灵活性和应对变化的能力。

（4）安全性。云计算具有强大的安全保护和数据隐私保护能力。云服务提供商可以采用多重身份验证、数据加密、访问控制等技术来保护客户的数据和企业隐私。

（5）资源共享。基于互联网的运作方式，云计算平台可以将云资源（存储、计算、数据库等）进行共享使用，一定程度上降低了云用户的使用成本，促进了资源在一个相同规格、类别和质量下进行共享和流通。

（6）成本效益。云计算建立在资源共享和利用率提高的基础之上，减轻了企业对IT资源的投入。云计算用户可以根据实际使用量，按量付费。此外，企业无须为成本高昂的硬件等基础设施付费，降低了投入和运营成本。

4. 云计算的服务模式

根据云计算平台所提供服务的类型，可以将云计算服务分为以下三类：

（1）IaaS（infrastructure as a service，基础设施即服务）。以服务的形式提供虚拟硬件资源（虚拟主机/存储/网络/安全等），用户无须购买服务器、网络设备、存储设备，只需负责应用系统的搭建即可。

（2）PaaS（platform as a service，平台即服务）。提供应用服务引擎（互联网应用编程接口/运行平台等），用户基于该应用服务引擎，可以构建该类应用。

（3）SaaS（software as a service，软件即服务）。用户通过标准的Web浏览器来使用云计算平台上的软件，用户不必购买软件，只需按需租用软件。

IaaS是实现云计算的基础，它搭建了统一的硬件平台，通过虚拟化技术实现了计算和存储资源的动态调配，PaaS对外提供了操作系统和应用服务引擎，SaaS则对外提供完整的软件应用服务。

从上述三类服务类型的特点可以看出，只要实现了IaaS，就可以很好地解决目前在信息化系统建设中存在的种种问题。而实现IaaS，其核心就是实现信息化设备的虚拟化，尤其是服务器的虚拟化。

虚拟化技术带来的优势可以从两个角度去理解，纵向上，虚拟化技术消除了操作系统及应用软件与底层硬件设备之间的对应关系，系统应用软件部署在虚拟主机上，不再依赖于特定的物理设备，部署方式更加灵活，部署速度更加快捷，且虚拟主机可在服务器故障时自动迁移到集群中其他服务器上，极大地提高了系统的可靠性；横向上，虚拟化技术打破了支撑系统的烟囱式架构，实现了物理层面的资源共享，提高了设备的利用率，减少设备数量，节省投资，降低维护难度，有利于节能减排。

5. 云计算的部署模型

（1）公有云。公有云服务可通过网络和第三方服务提供商，提供给客户使用。公有云并不表示用户数据可供任何人查看。公有云服务提供商通常会对用户实施访问控制机制。公有云作为解决方案，既有弹性，又具有成本效益。

（2）私有云。私有云具备公有云的许多优点，如弹性、适合提供服务。二者的区别在于，在私有云服务中，数据与程序皆在组织内管理；私有云服务不会受到网络带宽等的影响，私有云服务是相对安全的；私有云服务能够让企业掌控云基础架构，具有更好的安全性与更高的弹性，因为用户与网络都受到特殊限制。

（3）社区云。由社区组织建设和维护，为小型企业和个人提供云服务。

（4）混合云。混合云是公有云和私有云的结合。在混合云服务中，用户通常将企业非关键信息外包，并在公有云上处理，但同时掌控企业关键服务和数据。

1.6.4 物联网

物联网是一个基于互联网、传统电信网等的信息承载体，它让所有能够被独立寻址的普通物理对象形成互联互通的网络。

1. 物联网的概念

国际电信联盟（international telecommunications union，ITU）给出的定义是：物联网是通过射频识别、红外感应器、全球定位系统、激光扫描器等信息传感设备，按约定的协议，把任何物品与互联网相连接，进行信息交换和通信，以实现对物品的智能化识别、定位、跟踪、监控和管理的一种网络。物联网有狭义和广义之分，狭义的物联网指的是物与物之间的连接和信息交换，广义的物联网不仅包含物与物的信息交换，还包括人与物、人与人之间的广泛的连接和信息交换，物物相连，万物互联。

物联网是一种将计算设备、机械设备、数字机器相互关联的系统，具备通用唯一识别码（UUID）和通过网络传输数据的能力，物联网将无处不在的末端设备和设施，通过各种无线、有线的长距离、短距离通信网络实现互联互通，应用大集成以及基于云计算的运营模式，提供安全可控乃至个性化的实时在线监测、定位追溯、报警联动、调度指挥、预案管理、远程控制、安全防范、远程维保、在线升级、统计报表、决策支持、领导桌面等管理和服务功能，实现对"万物"的"高效、节能、安全、环保"的"管、控、营"一体化。物联网将会对人类未来的生活方式产生巨大影响。

物联网不是一门技术或者一项发明，而是过去、现在和未来许多技术的高度集成和融合。物联网是现代信息技术、数字技术发展到一定阶段后才出现的聚合和提升，它将各种感知技术、现代网络技术、人工智能、通信技术和自动控制技术集合在一起，促成了人与物的智慧对话，创造了一个智慧的世界。物联网将现实世界数字化，应用范围广泛。物联网可拉近分散的资料，统整物与物的数字信息。物联网的应用领域主要包括运输、物流、工业制造、健康医疗、智能环境、零售和驾驶等。

2. 物联网的特征

物联网是通过各种感知设备和互联网，将物体与物体相互连接，实现物体间全自动、智能化的信息采集、传输与处理，并可随时随地进行智能管理的一种网络。作为崭新的综合性信息系统，物联网并不是单一的，它包括信息的感知、传输、处理决策、服务等多个方面，呈现出显著的自身特点。

（1）全面感知。利用射频识别（RFID）、无线传感器网络（wireless sensor networks，WSN）等随时随地获取物体的信息。物联网接入对象涉及的范围很广，不但包括现在的微机、手机、智能卡等，就如轮胎、牙刷、手表、工业原材料、工业中间产品等物体也因嵌入微型感知设备而被纳入。物联网所获取的信息不仅包括人类社会的信息，也包括更为丰富的物理世界信息，例如压力、温度、湿度等。其感知信息能力强大，数据采集多点化、多维化、网络化，使得人类与周围世界的相处更为智慧。

（2）可靠传递。物联网不仅基础设施较为完善，网络随时随地的可获得性也大大增强，其通过电信网络与互联网的融合，将物体的信息实时准确地传递出去，并且人与物、物与物的信息系统也实现了广泛的互联互通，信息共享和互操作性达到了很高的水平，可以实时准确地传递信息。

（3）智能处理。物联网的产生是微处理器技术、传感器技术、计算机网络技术、无线通信技术不断发展融合的结果，从其自动化、感知化要求来看，它已能代表人、代替人对客观事物进行合理分析、判断及有目的的行动和有效地处理周围环境事宜，智能化是其综合能力的表现。

物联网不但可以通过数字传感设备自动采集数据，也可以利用云计算、模式识别等各种智能计算技术，对采集到的海量数据和信息进行自动分析和处理，还能按照设定的逻辑条件，如时间、地点、压力、温度、湿度、光照等，在系统的各个设备之间，自动地进行数据交换或通信，对物体实行智能监控和管理，使人们可以随时随地、透明地获得信息服务。

3. 人工智能物联网

人工智能物联网是物联网与人工智能的结合，以实现更高效率的物联网运作，改善人机交流方式，增强数据的管理和分析能力。人工智能可将物联网数据转化为有用的信息，以改善决策流程，从而为"物联网数据即服务"模式奠定基础。智能物联网的出现，对物联网与人工智能均会产生变革，同时增加彼此之间的价值。人工智能通过机器学习，使物联网变得更有价值；而物联网通过连接、信号和数据交换，使人工智能可以获得更丰富的数据源。随着物联网在更多行业的应用，越来越多人为的和机器生成的非结构化数据将会产生，智能物联网可在数据分析中提供强有力的支持，从而为行业创造新的价值。

1.6.5 自动交换光网络

自动交换光网络（automatically switched optical network，ASON），也被称为智能光网络，它是符合 ITU-T（国际电信联盟电信标准化部门）G.8080 框架要求的，通过控制平面来完成自动交换和连接控制的光传送网，它是以光纤为物理传输媒质，SDH（同步数字传输系统）和 OTN（光传送网）等光传输系统构成的具有智能的光传送网。它在传输网中引入了信令，并通过增加控制平面，增强了网络连接管理和故障恢复能力。

早在 2016 年，中国电信就发布《中国电信 CTNet2025 网络架构白皮书》，全面启动网络智能化重构。目标是 2025 年之前完成网络重构，通过光层互联，构建一张全新的智能自动交换光网络。中国电信率先规模引入 ROADM（可重构光分插复用器）技术实现全光交换，正逐步迈向自动交换光网络 2.0 时代；率先规模引入 SRv6（基于 IPv6 转发平面的分段路由技术）技术构建新型城域网和 CN2（中国电信下一代承载网）骨干网新平面，使得入云、云间、多云等业务可以一跳直达、一站开通；率先规模部署 IPv6 单栈提升 IPv6（互联网协议第 6 版）网络流量。目前中国电信全光骨干网 2.0 的覆盖和规模是全球最大，五大区域（长江中下游 + 华北、华南、东北、西南、西北），系统总长22万公里,网络总容量590T;5039条100G链路,区域WSON(波长交换光网络)控制,恢复时间小于2分钟;光层直达,时延最小。

作为基础电信运营商,中国电信积极打造高速泛在、天地一体的基础网络,现已建成全球最大的5G SA(独立组网)共建共享网络、最大的NB-IoT(窄带物联网)、最大的千兆光纤网络,是全球领先的互联网运营商,是国内唯一卫星移动通信运营商。从高带宽、全业务承载、网络智能化角度出发,持续增强全光能力。中国电信坚持"网随云动、云网协同"的建设方向,2019年进行了新协议、新架构的探索,包括5G和云时代新型城域网,2020年则加快实施云网融合战略,定义云网一体化下的新协议、新架构、新运维。同时,积极构筑千兆光宽和5G的智能宽带,持续有效推动信息基础设施进一步升级,在"三千兆"加持下,让用户均能享受更快的网速、更稳定的信号以及更智能的场景应用,为经济社会发展带来历史性新机遇。

1.6.6 5G/6G

第五代移动通信技术(5G)是一种新型移动通信网络,经历了4代的发展,每一次代际跃迁,每一次技术进步,都极大地促进了产业升级和经济社会发展。

1. 5G的定义

第五代移动通信技术(5th generation mobile communication technology,简称5G)是具有高速率、低时延和大连接特点的新一代宽带移动通信技术,5G通信设施是实现人机物互联的网络基础设施。国际电信联盟(ITU)定义了5G的三大类应用场景,即增强移动宽带(eMBB)、超高可靠低时延通信(uRLLC)和海量机器类通信(mMTC)。增强移动宽带主要面向移动互联网流量爆炸式增长,为移动互联网用户提供更加极致的应用体验;超高可靠低时延通信主要面向工业控制、远程医疗、自动驾驶等对时延和可靠性具有极高要求的垂直行业应用需求;海量机器类通信主要面向智慧城市、智能家居、环境监测等以传感和数据采集为目标的应用需求。

2. 5G的应用场景及基本特点

5G拥有三大应用场景:超高清视频等大流量增强移动宽带业务、大规模物联网业务,以及无人驾驶、工业自动化等需要低时延、高可靠连接业务。与上述三大业务的要求相匹配,5G具有以下六大基本特点:

(1)高速度。数据传输速度成倍提高,目前最高传输速率可达20Gbps,手机用户可在几秒甚至不到一秒的时间内完成一部高清电影的下载。

(2)泛在网。网络无所不包、广泛存在,以无处不在的网络来支撑日趋丰富的业务和复杂的场景。

(3)低功耗。能以高网速下的设备低功耗支持大规模物联网的应用。

(4)低时延。能满足诸如无人驾驶、工业自动化、远程医疗控制等高可靠连接的需要。5G时延的终极要求是1ms,甚至更低,否则就会有安全方面的隐患。

(5)万物互联。越来越多的设施,甚至穿戴产品都有可能连接到移动网络。人们将不再有上网的概念,因为联网将成为人们工作与生活中的常态。

(6)安全可靠。建立在5G基础上的智能互联网,功能更趋多元,安全可靠成为首要前提和必要保障,否则必将产生巨大的破坏力。

3. 6G的定义

第六代移动通信技术(6th generation mobile communication technology,简称6G)目前还是一个概念性无线网络移动通信技术,主要促进的就是互联网的发展。5G向6G发展是从万物互联向"万物智联，数字孪生"发展的一个过程。2019年面世的全球首份6G白皮书《6G无线智能无处不在的关键驱动与研究挑战》介绍，6G大多数性能指标相比5G将提升10到100倍。从覆盖范围来看，从1G到5G的传统移动通信技术，都是依靠地面蜂窝基站来扩大覆盖范围，而6G则将实现全球的无死角覆盖，卫星通信是重要的选项。星地一体融合网络将以地面网络为基础，以卫星网络为延伸，覆盖陆地、海洋、空中、太空等自然空间，为陆基、空基、天基等提供信息技术保障。

6G涉及的关键技术主要包括超大规模MIMO技术、先进调制编码技术、新波形技术、全双工、新型多址接入、智能超表面（RIS）技术、全息无线电、轨道角动量（OAM）、无线人工智能、通感一体化、太赫兹通信、太赫兹通信等。目前，我国6G关键技术已取得重要突破，随着中国社会的快速发展，在各界努力下，相信我们很快就会在中国大地上见到这智能新颖的6G，见证历史。

1.6.7 元宇宙

元宇宙（metaverse），是人类运用数字技术构建的，由现实世界映射或超越现实世界，可与现实世界交互的虚拟世界，具备新型社会体系的数字生活空间。

1. 元宇宙的定义

2022年9月13日，全国科学技术名词审定委员会举行元宇宙及核心术语概念研讨会，与会专家学者经过深入研讨，对"元宇宙"等3个核心概念的名称、释义形成共识——"元宇宙"英文对照名"metaverse"，释义为"人类运用数字技术构建的，由现实世界映射或超越现实世界，可与现实世界交互的虚拟世界"。元宇宙是整合多种新技术而产生的新型虚实相融的互联网应用和社会形态，它基于扩展现实技术提供沉浸式体验，以及数字孪生技术生成现实世界的镜像，通过区块链技术搭建经济体系，将虚拟世界与现实世界在经济系统、社交系统、身份系统上密切融合，并且允许每个用户进行内容生产和编辑。元宇宙仍是一个不断发展、演变的概念，不同参与者以自己的方式不断丰富着它的含义。

2. 元宇宙的核心技术

（1）扩展现实技术：包括VR和AR。扩展现实技术可以提供沉浸式的体验，可以解决手机解决不了的问题。

（2）数字孪生：能够把现实世界镜像到虚拟世界里面去，这意味着在元宇宙里面，我们可以看到很多自己的虚拟分身。

（3）用区块链来搭建经济体系：随着元宇宙进一步发展，对整个现实社会的模拟程度加强，我们在元宇宙当中可能不仅仅是花钱，而且有可能赚钱，这样在虚拟世界里同样形成了一套经济体系。

在元宇宙时代，实现眼、耳、鼻、舌、身体、大脑六类需求（视觉、听觉、嗅觉、味觉、触觉、意识）有不同的技术支撑，如网线和电脑支持了视觉和听觉需求，但这种连接还处在初级阶段。随着互联网的进一步发展，连接不仅满足需求，而且通过供给刺激需求、创造需求。如通过大数据精准"猜你喜欢"，直接把产品推给用户。

作为一种多项数字技术的综合集成应用，元宇宙场景从概念到真正落地需要实现两方面技术突破：第一个是XR、数字孪生、区块链、人工智能等单项技术的突破，从不同维度实现立体视觉、深度沉浸、虚拟分身等元宇宙应用的基础功能；第二个突破是多项数字技术的综合应用突破，通过多技术的叠加兼容、交互融合，凝聚形成技术合力推动元宇宙稳定有序发展。

1.6.8 区块链

区块链，就是一个又一个区块组成的链条。每一个区块中保存了一定的信息，它们按照各自产生的时间顺序连接成链条。这个链条被保存在所有的服务器中,只要整个系统中有一台服务器可以工作,整条区块链就是安全的。这些服务器在区块链系统中被称为节点,它们为整个区块链系统提供存储空间和算力支持。如果要修改区块链中的信息,必须征得半数以上节点的同意并修改所有节点中的信息,而这些节点通常掌握在不同的主体手中,因此篡改区块链中的信息是一件极其困难的事。

1. 区块链的定义

区块链(blockchain)是由密码学串接并保护内容的串连文字记录(又称区块)。每一个区块包含前一个区块的加密散列值、相应时间戳,以及交易数据(通常用默克尔树算法计算的散列值表示),这样的设计使区块内容具有难以篡改的特性。使用区块链技术串接的分布式账本能够让双方有效记录交易,且可永久查验此交易。

区块链技术是一种解决信任问题、降低信任成本的信息技术方案。到目前为止,解决信任问题的最重要机制是"信任中介"模式,政府、银行都是信任中介,我们对货币,对交易的接受都基于对发钞银行和政府的信任,这是一种中心化的模式。然而也是由于信任模式的中心化,用户的许多需求也会被复杂化。无论在生活还是在工作中,用户都需要在各类机构中提供各式的大量的证明,而这些手续也为这些机构带来了巨大的人力成本、时间成本、资源成本。区块链技术的应用可以取代传统的信任中介,解决陌生人间的信任问题,大幅降低信任成本,这也是常说的区块链"去中心化、去信任"的意思。

通过区块链技术,互联网上的各个用户成为一个节点并相互连接起来,所有在此区块链架构上发布的内容都会在加密后被每一个节点接收并备份,换而言之每一个节点都可以查看历史上产生的任何数据。各节点将加密数据不断打包到区块中,再将区块发布到网络中,并按照时间顺序进行连接,生成永久、不可逆向的数据链,这便形成了一个公开透明的受全部用户监督的区块链。

区块链技术本质上是一种数据库技术,具体讲就是一种账本技术。账本记录一个或多个账户资产变动、交易情况,其实是一种结构最为简单的数据库,我们平常在小本本上记的流水账、银行发过来的对账单,都是典型的账本。区块链技术是利用块链式数据结构来验证与存储数据,利用分布式节点共识算法来生成和更新数据,利用密码学的方式保证数据传输和访问的安全,利用由自动化脚本代码组成的智能合约来编程和操作数据的一种全新的分布式基础架构与计算范式。

如上所述,区块链可以实现市场参与者对全部资产的所有权与交易情况的无差别记录,取代交易过程中所有权确认的环节,因而这可能会是一种可以完全改变金融市场格局的技术,甚至会出现在各行各业以及生活中的每个角落里。

2. 区块链的分类

区块链分为公有链、私有链、联盟链。

(1)公有链(public blockchain)。公有链是对所有节点都开放的区块链。在公有链中任何数据都是默认公开的,节点之间可以相互发送有效数据,参与共识过程且不受开发者的影响。已存在的应用有比特币、以太币等。

(2)私有链(private blockchain)。私有链是写入权限仅在一个组织管理下的区块链,读取权限可以完全对外公开或者任意程度地加以限制。相比于传统的分享数据库,私有链利用区块链的加密技术使错误检查更加严密,也使数据流通更加安全。

(3)联盟链(consortium blockchain)。联盟链是只对特定的组织团体开放的区块链,本质上可归入私有链分类下。已存在的应用有R3区块链联盟、Chinaledger、超级账本项目联盟等。

3. 区块链的特性

区块链具有不可篡改、去中心化、去信任化、实时性、安全等特性。

（1）不可篡改。区块链加密技术采用了密码学中的哈希函数，该函数具有单向性，因此存在于链中的非本节点产生的数据是不可被修改的。同时由于区块链系统共识算法的限制，几乎无法单方面修改本节点产生的数据并使其被确认。

（2）去中心化。区块链就是一种去中心化的分布式账本数据库。去中心化，即与传统中心化的方式不同，这里是没有中心，或者说人人都是中心；分布式账本数据库，意味着记载方式不只是将账本数据存储在每个节点，而且每个节点会同步共享复制整个账本的数据。

相对于"中心化"，区块链系统没有特定的中央服务器，是一个基于点对点技术的开源系统。每个节点共同实现系统的维护并保证信息传递的真实性。整个系统采用分布式存储模式，数据完全公开透明没有中心进行集中管理。同时，区块链还具有去中介化、信息透明等特点。

（3）去信任化。任意节点之间的连接或数据交换无须相互信任，受全网监督，每个节点都是区块链系统的监督者。

（4）实时性。从信息披露角度来看，数据交换一旦完成便会立即上传到区块链网络中。从数据传输角度来看，如跨境支付这类目前数据处理缓慢的领域，已经可以通过区块链技术大大提升效率；在日常支付领域，随着区块链技术的进步，区块链应用最终会超过中心化应用的效率。

（5）安全。安全是区块链技术的一大特点，主要体现在两方面：一是分布式的存储架构，节点越多，数据存储的安全性越高；二是其防篡改和去中心化的巧妙设计，任何人都很难不按规则修改数据。

以上如大数据、物联网、5G、区块链、云计算等技术驱动力，都是围绕和面向数据：大数据技术的核心是海量数据的高速实时处理，物联网的核心是数据采集，移动网络（5G）的核心是高速泛在的数据传输，区块链技术的核心是数据的可信存储（分布式账本），云计算通过共享存储、网络和计算资源，解决数据处理过程中的存储和算力问题。未来，这些技术将会进一步交叉碰撞，形成聚变，这种聚变，是数智化时代生产力提升的关键。

第 2 章 云网融合为数智科技工程注智赋能

云网融合，算力泛在；智能共生，一体服务

数智科技工程是数字中国躯体上强壮的筋腱，是中国现代化事业一个充满活力的细胞。数智科技工程广布于工农商企，深入政府社会，支撑民生百业。

云、网、数、智、盾、笃是数智科技工程的六大能力板块，也是数智科技工程的主体构件。云为心脏，网是经络，数是灵魂，智为超脑，盾作安卫，笃诚护航，六能相融、相依、相配、相助。中国电信人守正创新，力出一孔，共同构建新时代的数智科技工程，打造数智科技工程的数字底座。

2.1 数智科技工程的建设目标与任务

数智科技工程必须与时俱进，追求高大上的宏伟目标，并设定与目标匹配的具体任务，在工程建设者的努力奋斗下逐步实现。

1. 建设目标

数智科技工程建设的目标是实现"云网融合、算力泛在、智能共生、一体服务"，逐步推动算力成为像水电一样，可"一点接入，即取即用"的社会级服务，以求"网络无所不达，算力无所不在，智能无所不及"的愿景。

2. 建设任务

云网融合是数智科技基础设施的核心特征，算力基础设施是其重要组成部分，数智科技工程建设的主要任务是[1]：

（1）构建融合创新的算力基础设施。构建云、边、端协同的层次化算力服务体系，提供"公私专混"多样化的部署模式。推动算力多元化供给，实现通用算力、智能算力、高性能算力的协同发展。

（2）构建（完善）网随云动的连接基础设施。进行网络重构，构建多通道的低时延光缆网，加大承载网互联密度，降低枢纽间、枢纽内集群算力中心间时延；提供集群内重点算力中心间超大带宽、毫秒级互联能力；接应算力下沉，规模部署新型城域网，支持云边算力灵活调度。将网络基础设施进行延伸，打造"天星、地网、枢纽港、云资源池"的天地云网融合能力体系，提供陆海空天一体、云网端智能融合、万物互联的综合智能连接服务。推进云网一体化智能调度，实现网络资源按云所需、网络调度随云而动。

（3）打造绿色低碳的算力新模式。建设新型绿色数据中心，采用深度定制服务器、优化资源运营调度等手段提升算效水平，加大信息基础设施共建共享力度，推进低集成度、小容量、高能耗的老旧设备逐步退网。引入绿色电能，不断提升可再生能源占比，打造清洁能源可溯源的零碳绿色数据中心。

（4）构筑安全可信的算力新格局。关键信息基础设施是经济社会运行的神经中枢，是网络安全的重中之重。网络安全是数字经济发展的生命线，把网络安全作为数字信息基础设施的底色。建

---

[1] 中国电信公司董事长柯瑞文在 2022 中国算力大会演讲——《推进云网融合 共筑算力时代》。

设覆盖云网边端的安全能力池，实现安全能力按需随选和弹性部署。

2.2 建设遵循的主要政策、标准

数智科技工程的建设要在国家、行业、地方等相关政策的指导下进行，并遵循相应标准和规范。

1. 主要政策、法规

近年来我国发布了数智化相关的主要政策和法规：
- 《数字中国建设整体布局规划》，中共中央、国务院，2023年2月。
- 《关于构建数据基础制度更好发挥数据要素作用的意见》，中共中央、国务院，2022年12月。
- 《关于加强数字政府建设的指导意见》，国发〔2022〕14号。
- 《"十四五"数字经济发展规划》，国发〔2021〕29号。
- 《关键信息基础设施安全保护条例》，国务院令（第745号），2021年7月。
- 《国家新一代人工智能发展规划》，国发〔2017〕35号。
- 《关于加快推进国有企业数字化转型工作的通知》，国务院国有资产监督管理委员会，2020年8月。
- 《"十四五"国家信息化规划》，中央网络安全和信息化委员会，2021年12月。
- 《中华人民共和国个人信息保护法》，2021年11月。
- 《"十四五"大数据产业发展规划》，工信部规〔2021〕179号。
- 《新型数据中心发展三年行动计划（2021—2023年）》，工信部通信〔2021〕76号。
- 《中华人民共和国数据安全法》，2021年9月。
- 《关于推进"上云用数赋智"行动培育新经济发展实施方案》，发改高技〔2020〕552号。
- 《工业大数据白皮书（2019版）》，中国电子技术标准化研究院、全国信息技术标准化技术委员会大数据标准工作组、工业大数据产业应用联盟，2019年3月。
- 《推动企业上云实施指南（2018—2020年）》，工信部信软〔2018〕135号。
- 《中华人民共和国网络安全法》，2017年6月。
- 《关于加强党政部门云计算服务网络安全管理的意见》，中网办发文〔2014〕14号。
- 《关于加强国家级重要信息系统安全保障工作有关事项的通知》，公信安〔2014〕2182号。
- 《中华人民共和国计算机信息系统安全保护条例》，国务院令第147号，1994年发布，2011年修订。

2. 主要规范、标准

近年来我国发布了数智化相关的主要规范和标准：
- GB/T 41783-2022 模块化数据中心通用规范。
- GB/T 38664-2022 信息技术 大数据 政务数据开放共享。
- GB/T 42450-2023 信息技术 大数据 数据资源规划。
- GB/T 41778-2022 信息技术 工业大数据 术语。
- GB/T 41818-2022 信息技术 大数据 面向分析的数据存储与检索技术要求。
- GB/T 42201-2022 智能制造 工业大数据时间序列数据采集与存储管理。
- GB/T 42130-2022 智能制造 工业大数据系统功能要求。
- GB/T 42140-2022 信息技术 云计算 云操作系统性能测试指标和度量方法。
- GB/T 41544-2022 无线网络规划时空数据规范。
- GB/T 40690-2021 信息技术 云计算 云际计算参考架构。
- GB/T 39786-2021 信息安全技术 信息系统密码应用基本要求。

- GB/T 38673-2020 信息技术 大数据 大数据系统基本要求。
- GB/T 22240-2020 信息安全技术 网络安全等级保护定级指南。
- GB/T 25058-2019 信息安全技术 网络安全等级保护实施指南。
- GB/T 28448-2019 信息安全技术 网络安全等级保护测评要求。
- GB/T 25070-2019 信息安全技术 网络安全等级保护安全设计技术要求。
- GB/T 22239-2019 信息安全技术 网络安全等级保护基本要求。
- GB/T 28449-2018 信息安全技术 网络安全等级保护测评过程指南。
- GB/T 36958-2018 信息安全技术 网络安全等级保护安全管理中心技术要求。
- GB/T 36959-2018 信息安全技术 网络安全等级保护测评机构能力要求和评估规范。
- GB/T 36627-2018 信息安全技术 网络安全等级保护测试评估技术指南。
- GB 50174-2017 数据中心设计规范。
- GB/T 35317-2017 公安物联网系统信息安全等级保护要求。
- GB/T 30850-2014《电子政务标准化指南》。
- YD/T 4067-2022 基于云计算技术的 IPv4-IPv6 业务互通交换中心安全系统技术要求。
- YD/T 4068-2022 基于云计算技术的 IPv4-IPv6 业务互通交换中心安全系统测试方法。
- YD/T 4060-2022 云计算安全责任共担模型。
- YD/T 4046-2022 云计算开放应用模型。
- YD/T 3800-2020 电信网和互联网大数据平台安全防护要求。
- YD/T 3741-2020 互联网新技术新业务安全评估要求 大数据技术应用与服务。
- YD/T 3736-2020 电信运营商大数据安全风险及需求。
- YD/T 3796-2020 基于云计算的业务安全风险解决方案技术要求。
- YD/T 3764-2020 云计算服务客户信任体系能力要求。
- YD/T 3615-2019 5G 移动通信网 核心网总体技术要求。
- YD/T 3628-2019 5G 移动通信网 安全技术要求。

2.3 六大能力板块简介

数智科技工程技术复杂，集当代先进科技之大成，通天入海无所不达；数智科技工程广布于工农商企，深入政府社会，支撑民生百业。云、网、数、智、盾、笃篇是本书的主要内容，它是数智科技工程的六大能力板块的精髓。借喻人体，六大能力板块的云为心脏，网是经络，数是灵魂，智为超脑，盾作安卫，笃诚护航；六能相融、相依、相配、相助，共演一台数智大戏。在有限的篇幅中，把数智科技工程建设的基本概念与应用技术奉献给读者，本书责无旁贷。

1. 把云、网、数、智、盾每一篇的内容分解为三个部分

1）每个部分分别承载的任务

（1）第一部分是"释义"，从一条"线"展开介绍本篇主题的基本概念、特征、初步应用场景。

（2）第二部分是"阐例"，从一个"面"简要介绍本篇数智科技工程建设的多个案例，反映数智科技工程应用的广泛性。

（3）第三部分是"说案"，从一个"体"深入介绍一个比较完整、典型的大中型数智科技工程建设案例。立体地以实施方案式的撰写法，较翔实介绍该案例的建设背景、建设目标、总体结构、分部结构、功能特点、软硬件配置、核心部分安装与调试、建设成效等。

2）每个部分之间的关系

第一部分是入门释义，第二部分从"面"上介绍多个应用案例，第三部分以解剖麻雀的方式深度阐述一个完整的建设案例。这三部分由浅入深、互为因果、循序渐进。

2. 笃篇能力板块

笃篇能力板块是承担数智科技工程建设的服务与管理的功能。它以数智化的新视角来阐述数智科技工程建设管理、验收、运维与评价的基本理念、方法、步骤、过程，为企业的组织管理、人才管理、施工管理、生产管理、质量管理、安全管理、竣工管理提供服务。绩评扬优、革故鼎新，按照国家标准 GB/T 42584-2023《信息化项目综合绩效评估规范》对数智科技工程建设进行绩效评价。

2.4 云网融合概述

云网融合是中国电信"云改数转"战略的核心。中国电信在 2016 年首先提出了云网融合的理念，在业界率先践行，其主要的特征就是云、网、大数据、人工智能、安全、数据中心、算力、绿色等多种要素的布局、升级和融合集成创新，为产业数字化高质量发展提供数字化、网络化、智能化、安全可控的数字信息基础设施，推动云网发展模式转型升级，通过云网融合、安全绿色的新型信息基础设施，赋能千行百业数字化转型，助力数字经济健康发展。

2.4.1 云网融合的背景

随着全球云计算领域的活跃创新和我国云计算发展进入应用普及阶段，越来越多企业已开始采用云计算技术部署信息系统，企业上云意识和能力不断增强。业务需求和技术创新并行驱动加速网络架构发生深刻变革，云和网不再各自独立，高度协同。云计算业务的开展需要强大的网络能力支撑，网络资源的优化同样要运用云计算的理念，云网融合的概念应运而生。

1. 云网融合已经成为云计算的发展趋势

随着云计算业务的不断落地，网络基础设施需要更好地适应云计算应用的需求，并能更好地优化网络结构，以确保网络的灵活性、智能性和可运维性，云网融合是云计算发展的趋势。

2. 云网融合是企业数智化转型的重要支撑

数智化转型已经成为国内企业发展的主旋律，并渗透到各个传统行业。在数智化转型的过程中，越来越多的企业发现云计算和网络的高效协同不仅能够提高业务敏捷性，降低成本，拓展营收来源，实现业务增长，还可以与自身行业深度结合，突破传统的行业业务模式，云网融合已经成为行业数智化转型的基石。

3. 数字经济推动云网融合发展壮大

数字经济的发展培育壮大了人工智能、大数据、区块链、云计算、网络安全等新型数字产业。企业上云是企业顺应数字经济发展潮流，加快数字化、网络化、智能化转型，提高创新能力、业务实力和发展水平的重要路径。企业实施"上云用数赋智"行动，推动数据赋能全产业链协同转型，加快产业园区数字化改造。企业上云、应用大数据、引入人工智能成为数字时代发展潮流。同时，新基建对信息基础设施的定义强调了算力与通信网络基础设施的重要性，使得云网融合成为数字经济发展的坚实底座，从而深入到各行各业之中，创造出新的业务体验、新的行业应用以及新的产业布局。

2.4.2 云网的现状和问题

云计算发展迅速，而网络发展相对缓慢，行业上云面临着"云快而网慢、体验难保障、故障难运维和安全防护难"的挑战。打破网络瓶颈、网和云协同建设，是数智化转型的关键所在。

1. 传统网络的困境

过去的网络是一种以基础网络和物理连接为核心的模式，这种模式根据行政地域层级和人口分布，构建多层级、中心化的网络，然后再将对应的数据中心、业务和应用资源挂接到网络上。在过去信息通信的源头和形态相对单一、通信流量和数据总量较少的情况下，这种组网形式是便于管理、行之有效的。但是随着互联网的兴起和发展，信息服务的内容逐渐变得丰富多样，网络流量和应用数据呈现爆发式增长。近年来，以云计算技术和云服务为代表的新型业务占据主导。业务和应用所需的资源逐步集中到云上，传统的模式难以满足新形势的需求。

2. 网络成为企业上云和数智化转型新的挑战

在 5G 规模商用以及视频、大数据、人工智能等线上业务发展的作用下，千行百业对于上云的需求越发常态化，产业互联网正快速发展，企业系统的数智化转型对网络需求发生新的变化。

（1）大带宽、低时延的应用对网络要求越来越高。企业核心业务上云要求大带宽和低时延，传统 QoS（服务质量）技术无法提供确定性和可视化的业务体验，业务 SLA（服务等级协议）得不到保证。原来企业内部局域网间的东西向流量变成企业到云之间南北向流量，要求广域链路具有局域网一样的网络延迟和带宽。例如办公系统、业务系统等上云，需要增加网络出口带宽，桌面云需要低于 30ms 的时延，VR（虚拟现实）、AR（增强现实）的时延要求低于 20ms，高速铁路列车和控制点之间的时延更是要求单向 10ms，不满足可能会造成列车失控。

（2）云快而网慢，快速部署开通网络的需求越来越多。云网不匹配，云业务开通速度非常快，随着企业数字化进程的深入，云业务电商化订购，"分钟级"开通，但网络的开通需要等待数天甚至一个月才能打通企业侧到云侧之间的连接。快速变化的市场环境使得企业应用对网络敏捷性提出更高的要求，需要随时随地、快速连接到云端平台，支撑业务的快速上线。

（3）网络的灵活性的要求越来越强。企业数智化创新业务的实际运行状况瞬息万变，需要云网资源能灵活调度和调整，可以根据用户的需求和实际业务状况随时对网络带宽进行调整。

（4）多云难接入，上云要求一线多云。随着关键信息系统和核心生产系统的上云，企业从安全、成本、弹性等方面考虑，会采用多云、混合云部署方式。如果一个云一条专线，当企业有多云需求时，就需要购买多条专线。单网单云的服务无法满足企业诉求，企业需要一线上云，便捷实现云＋网的服务。

（5）云网安无协同，上云要求云网安融合一体。业务上云后，企业的网络边界被打破，企业安全从单点防护，转变为端、网、云到应用的端到端安全协防。

基于以上对网络的新需求，传统的网络连接已经不足以支撑行业的数智化转型，需要云计算与网络间高效协同才能有力支撑企业数智化更好地升级转型。

3. 传统云网面临的难题

近几年业务和应用所需的资源主要以云的形态存在，并且该形态是分布式的、高频度动态变化的。电信等基础网络服务商虽然逐年提升网络带宽，但仍然难以满足业务流量动态变化的要求。一方面现有网络的拥堵点难以消除，另一方面网络也无法结合应用的需求来提供相应合理的服务质量（QoS）/服务等级协议（SLA）。以互联网云商为代表的企业虽然努力构建以 Overlay[1] 网络为主

1）Overlay 网络和 Underlay 网络是一组相对概念，Overlay 网络是通过网络虚拟化技术，在同一张 Underlay 网络上构建出的一张或者多张虚拟的逻辑网络。

的网络体系，但是由于其 Underlay 网络较为封闭，无法和 Overlay 网络形成高效的协同，因此无法提供与云资源动态弹性、按需服务、按量计费等相匹配的网络能力。

传统云网面临的难题主要表现在：

（1）云网服务提供效率低，云网资源缺乏统一、灵活的能力提供和调度，云网产品和业务开通调整慢。

（2）云网业务发展成本高，云网独立建设、信息互不开放，相互调用接口不标准，难以形成云网整体视图。

（3）云网管理系统和部门独立，云网资源分域分专业管理，靠工单，协同差，数据共享程度低，端到端管理难。

（4）云网安全保障挑战大，云和网各自存在众多系统，规模大、技术复杂，端到端云网安全保障挑战大。

传统的组网模式必须适应新的变化，网络的组织和构成模式需要调整为"网随云动"，即需要构建一个云网融合的基础设施环境。

面对数智化转型创新大潮，海量的数智化创新应用需要"网随云动、云网一体"的使能平台，企业需要运营商实现云网一体化调配，保证云网一致性体验，提供端到端的 SLA 保障，实现云网安一体防御，这无疑对网络技术提出了更高的要求。云网融合被视为垂直行业智能化的"行业引擎"，是运营商实现基础设施和业务转型的关键，也是运营商的核心竞争力。

2.4.3 云网融合的基本理念

1. 云网融合是中国电信集团转型升级战略的力作

中国电信集团作为数字中国和网络强国建设的主力军，2016 年在业内率先提出云网融合的发展方向，是全球最早提出云网融合发展理念的电信运营商。几年来，中国电信对云网融合的理解不断深化，坚持以云网融合牵引发展实践和科技创新，为打通经济社会发展的信息"大动脉"贡献了重要力量。中国电信正加快推进"云改数转"转型升级战略，坚持并持续推进云网融合，已率先实现了云、网络、IT 的统一运营，目前正致力于推进"2+4+31+X"的数据中心/云布局。

2. 云网融合的战略意义

（1）云网融合是网络强国建设战略的重要抓手。建设云网融合数字信息基础设施，是实施网络强国战略的重要抓手。信息基础设施大规模向云网融合升级，提高云网覆盖率，推动更多企业"上云用数赋智"，云网融合成为数字经济持续发展的坚实底座。

（2）云网融合是科技自立自强的内在要求。云网融合推动科技自主自立自强，以及云计算和新型网络技术的快速发展。我国首先提出云网融合，建设和技术发展居世界前列。作为数智科技的底座，云网融合的自主原创性，可以引领相关技术攻关，为人工智能、大数据、区块链、物联网等多项创新技术融合协同发展提供重要载体，带动相关技术进步。

（3）云网融合是发展数字经济的坚实支撑。云网分离的传统架构无法满足数字经济迅猛发展带来的企业大规模上云需求。云网融合在统一云网资源技术底座、供给方式和运营管理的基础上，实现云网能力的服务化，有力推动融合行业应用创新和运营模式变革，赋能千行百业。

（4）云网融合是维护国家信息安全的有效保证。业务和数据安全已成为当前国家关键部门和企业核心系统上云最关注的因素之一。云网融合能有效保障国家网络和信息安全，通过云网融合，打通原有的云、网、端各自独立的安全架构，建立一套融合的安全体系，具备防御、检测、响应、预测等一体化安全能力。云网融合的安全体系架构更有利于维护党政军以及电力、交通、金融等关键领域的信息安全。中国电信的"云堤"具有全球覆盖能力的网络攻击防护能力，是云网融合安全体系的具体表现,它变近端防御为全网防御,年均防御大规模网络攻击33万次,处置网络仿冒、钓鱼站点28.2万个。

3. 两融三化推动云网融合

(1) 通信技术和信息技术的快速融合,推动云和网从独立发展走向全面融合,给信息基础设施的技术架构、业务形态和运营模式带来深刻变革。

(2) 在业务数字化、技术融合化和数据价值化的推动下,云网融合已经成为数字信息基础设施的核心特征。

4. 云网融合是数字信息基础设施的核心特征

云网融合作为数字信息基础设施的核心特征,表现在云、网和数字化平台相互之间的能力需求和协同上。

(1) 云和网都采用虚拟化、云化的部署方式,甚至基于统一的逻辑技术架构,在通用物理资源、基础能力平台和数字化应用等各个层面催生云网融合新架构、新技术、新业务。

(2) 高清视频和AI等网络和算力强依赖型业务,正成为业务数字化的标配和主体,它们需要云网融合提供泛在的算力。

(3) 虚拟化、软件化、云化和AI等技术加快与通信技术的融合,推动网络功能从硬件设备中分离,使云和网可以采用一致的技术架构,为云网资源的统一调度和智能化运维奠定技术基础。

(4) 随着数字化转型的加速,云更加强调灵活定制和快速交付能力,需要网络具有更强的敏捷性、可用性、智能性、安全性和适配能力。

(5) 为了灵活适应互联网和云业务的发展,传统封闭刚性的网络从以硬件为主体的架构向虚拟化、云化、服务化的方向发展,需要云提供统一业务承载与集约运营、虚拟网元能力开放以及电信级安全性。

(6) 数字化平台需要云资源备份和多线接入、云网能力服务化提供、云能力和数据协同、云原生开发、云网内生安全。

5. 云网融合是信息通信科技创新的方向

在云网融合的科技创新方向上,电信人从三个维度(供给、运营、服务)和三个层面(云网基础资源、云网操作系统和数字化平台)进行分析,归纳出六大关键核心技术:

(1) 空天地海一体化的泛在连接。

(2) 云、网、边、端、智能协同。

(3) 数据和算力等新型资源融合,实现对多维资源的统一管控与调度。

(4) 云网资源统一管控的云网操作系统,把云网底层基础设施抽象为通用能力与服务,支撑业务系统的实时、按需、动态化部署。

(5) 一体化智能内生机制,利用AI技术实现端到端的自适应、自学习、自纠错和自优化。

(6) 端到端安全内生机制,构建防御、检测、响应、预测一体的内生安全体系。

6. 云网融合的三大原则

电信人全力践行云网融合,坚持"网是基础、云为核心、网随云动、云网一体"的原则,在规模开展信息基础设施建设的同时,加强关键核心运营技术攻关,努力实现高水平科技自立自强。

(1) 在"网是基础"方面,积极打造高速泛在、天地一体的基础网络。

(2) 在"云为核心"方面,持续加强云的建设和部署,为云网融合战略打下坚实基础。

(3) 在"网随云动、云网一体"方面,依照"网络资源按云所需、网络调度随云而动、网络和云一体部署"的三大原则，实现"云在哪里，网络部署在哪里"。

7. 云网融合三大发展阶段

云网融合不能一蹴而就，将历经协同、融合、一体三个发展阶段。

（1）云网融合1.0协同阶段。云和网在资源形态、技术手段、承载方式等方面彼此相对独立，但可以通过两者在云网基础设施层的"对接"，实现业务的自动化开通和加载，向客户提供一站式云网订购服务。

（2）云网融合2.0融合阶段。云和网在逻辑架构和通用组件方面逐步趋同，在物理层打通的基础上实现资源管理和服务调度的深度嵌入，可在云网功能层、云网操作系统实现云网能力的统一发放和调度。

（3）云网融合3.0一体阶段。在基础设施、底层平台、应用架构、开发手段、运营维护工具等方面彻底打破云和网的技术边界，云和网深度融合。缓解计算、存储和网络三大资源的显著差异及彼此隔离等问题，云网资源和服务成为数字化平台的标准件。

2.5 云网融合剖析

云和网从独立发展走向全面融合，深刻改变着信息基础设施的技术架构、业务形态和运营模式。云和网都在通用物理资源基础上采用虚拟化、云化的方式部署，基于云网统一的逻辑技术架构，形成云网融合的新型数字新型基础设施，在通用物理资源、基础能力平台和数字化应用等各个层面催生云网融合新架构、新技术、新业务。电信人全力打造面向数智化发展的云网融合底座，坚持"网是基础、云为核心、网随云动、云网一体"的原则。云网融合的理论，指导了数智化科技工程建设的实践，智能云网是云网融合的实践之一，以天翼云为核心，智能网络为基础，建设新型智能云网，提供网络服务化、多云灵活连接一线入多云、确定性保障、云网安一体化等能力，助力行业数智化转型。

下面我们以云网融合架构和智能云网为例，对云网融合进行简要剖析。

2.5.1 云网融合架构

根据云网实际的情况，云网融合架构侧重网络、云两大资源的融合，云网一体要让云和网深度交融，实现技术底座、运营管理和供给方式的三统一，从而形成真正的数字化平台，实现各种能力服务化。云网融合的架构如图2.1所示。

1. 统一的云网基础设施

最基础的部分是统一的云网基础设施，一方面连接了空天地海各种网络，如移动通信网络（5G/6G）、物联网、卫星网；另一方面接入各种泛在的终端，包括移动通信终端（如手机等），以及各种智能传感设备、各种智能交通设备、机器人等智能设备。

2. 云网资源

云网基础设施之上是资源部分，除了包括云资源（计算、存储和数据中心内网）和网络资源（主要指广域网）外，还纳入了数据资源和算力资源（主要指面向人工智能的计算资源，如GPU），形成多源异构的资源体系。

3. 云网操作系统

在资源设施之上是统一的云网操作系统，该系统对各种资源进行统一抽象、统一管理和统一编排，并支持云原生的开发环境和面向业务的云网能力。在云网操作系统中，还引入了云网大脑和安全内生能力。云网大脑主要利用大数据和人工智能技术对复杂的云网资源进行智能化的规划、仿真、预测、调度优化等,实现云网管理的自运行、自适应、自优化。

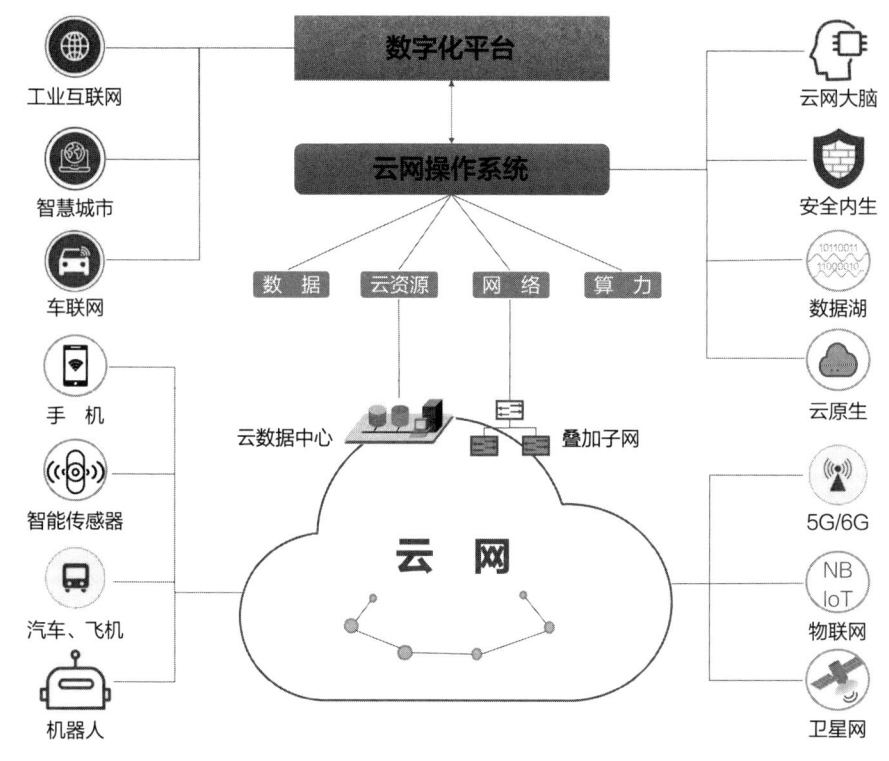

图 2.1　云网融合架构图

4. 安全内生

安全内生主要引入主动防御和自动免疫等技术,对于云网资源实现端到端的安全保障,并面向业务提供安全服务。

5. 数字化平台

云网操作系统可以全面支撑数字化平台。数字化平台的内涵是面向数字经济打造一个生态化、数据化、开放化的能力平台,主要提供云网能力开放、数字化开发运行环境、数据多方共享和生态化价值共享机制等服务于各种行业的数字化解决方案,例如工业互联网、智慧城市、车联网。

2.5.2　智能云网简介

数字化转型进入快车道,随着更多的应用和系统上云,对云网提出了更高的要求,对连接能力也提出了更高的要求,包括确定性 SLA(服务级别协议)保障、云网安资源的云网融合一站式服务、快速开通和灵活调整。新技术的大规模使用,导致业务复杂度成倍增加,人工方式已无法满足运维要求。

智能云网提供云网一体化调配、云网一致性体验和云网安一体化防御等能力,其架构如图 2.2 所示。

智能云网网络架构包括新型智能云城域网、智能云骨干和智能云网管控系统。

1. 智能云城域网

智能云城域网包括现网的移动承载网络、PON(无源光纤网络)城域网络或者行业专网等。智能云城域网满足用户上云业务的确定性体验、智能调度、云网安全和电商化服务,实现了差异化的云接入能力,面向不同行业或者用户,提供差异化的服务。

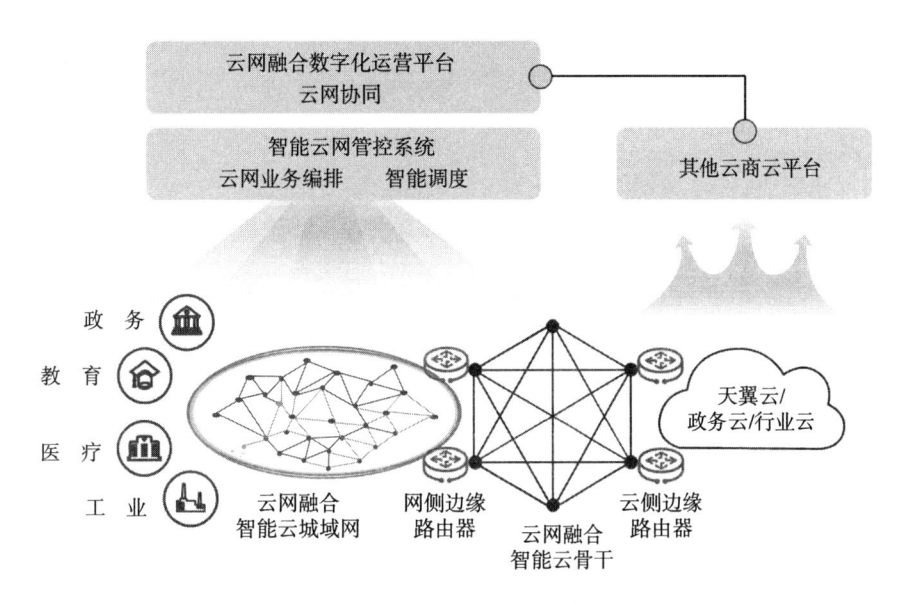

图 2.2 智能云网架构

2. 智能云骨干

智能云城域网面向用户提供多云互联和上多云的服务,所有的云资源池都和云骨干网络预连接。智能云骨干采用 Full Mesh(全网状,即所有节点之间都直接连接的形式)的组网方式,网侧边缘路由器和云侧边缘路由器一跳业务路径可达,实现最低网络时延。云骨干网络可以是省际的网络,也可以是省内的骨干网络,正常情况下这两个网络不叠加。省内云骨干主要是连接省内的云池,保证省内企业用户上云业务不出省,省际云骨干主要解决跨省调用云资源的问题。

3. 智能云网管控系统

智能云网管控系统可提供拓扑服务、连接服务、分析服务、用户侧路由终端快速上线、业务快速开通和业务性能查询、增值服务推荐等功能,具有云网业务编排和智能调度能力。

(1)云网业务编排。云网业务编排包括云和网间的业务协同编排以及云内网络和云外网络的协同编排。

(2)智能调度。智能调度提供网络自动化管控,提升网络运营服务化能力(拓扑服务、连接服务、分析服务)。此外,用户侧路由终端上线,上线业务配置自动发放。

4. 云平台

云平台包括天翼云等云池资源和预连接的其他行业云池资源,云平台和相关云资源池完成预对接。

5. 云网融合数字化运营平台

云网融合数字化运营平台对接智能云网管控系统和云平台,具有多云管理能力,对接云网业务编排器,提供多厂商云管平台对接和网络协同的能力。其收集网络和云资源池的空闲资源,然后将这部分资源通过业务订购 APP 呈现给企业用户。企业用户通过业务 APP 自助选择业务资源。订购业务资源以后,云网运营平台负责将订单转换为在线流程工单。在线工单触发智能网络管理器和云平台完成资源准备以及端到端业务开通。云网运营平台还面向企业用户推送整网/云业务运行情况和智能诊断分析结果，便于企业用户自助完成业务调整。

2.5.3 智能云网功能

智能云网能帮助企业成功实现数智化转型。智能云网具备网络即服务、多云灵活连接一线入多云、确定性保障、云网安一体化等功能。

1. 网络即服务

智能云网具备的"网络即服务"将网络作为一种服务提供给用户，将以前网络具备的连接属性转变为一种服务能力，也可以理解为网络能力服务化。网络能力服务化解决了云快而网慢的挑战，让网络和云具有一致性体验。

（1）用户侧路由终端安装即开通业务。资源具备情况下，业务上线与传统对比从数天降到数分钟。智能云网控制系统实现网络切片和业务一键下发。

（2）故障定位快。网络自愈，用户无感知。业务通过 SRv6[1] 端到端承载，网络无断点。通过智能网络控制器，实现网络资源 SLA（服务级别协议）可视和业务 SLA 可视；网络故障自动定界定位，90% 以上的故障能在 5min 内完成根因定位。

（3）网络服务化接口设计。API（应用程序接口）接口灵活调用网络资源，运营域轻松实现资源可视。

2. 多云灵活连接一线入多云

智能云网的多云灵活连接解决了多云难接入的挑战，点到多点专线实现端到端自动开通，如图 2.3 所示。

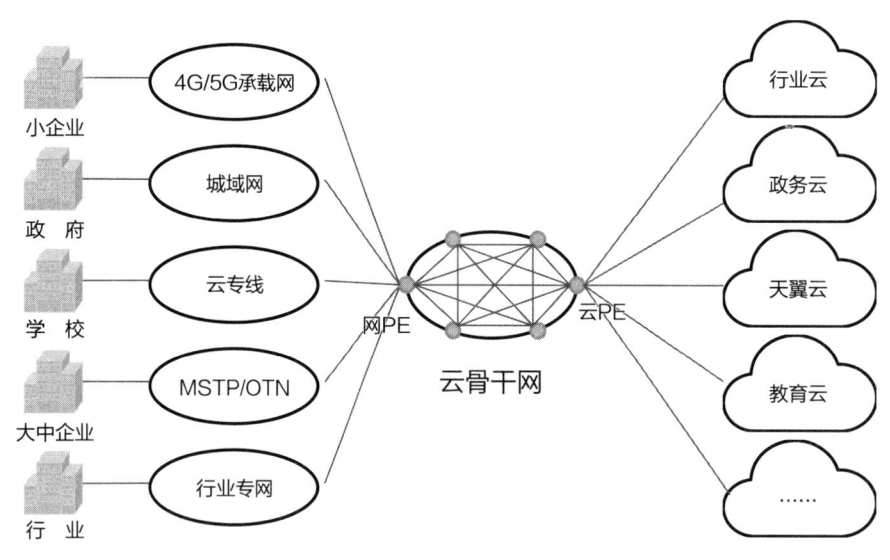

图 2.3　一线入多云

（1）跨域云路径。端到端跨域云路径通过 SRv6 快速打通，可基于时延或带宽等不同条件。智能云网控制系统实现业务一键下发，业务分钟级开通。

（2）多云预连接。云骨干网络的云 PE（云侧边缘路由器）物理预连接多云，以天翼云为核心，

1）SRv6 即 segment routing（分段路由）+IPv6（互联网协议第 6 版），将报文转发路径切割为不同的分段，在路径起始点往报文中插入分段信息，中间节点按照报文里携带的分段信息转发。

同时预连接多家主流云服务商，用户仅需要开通一条专线即可实现多云的灵活访问。

（3）入网即入云。云骨干网络的网 PE（网侧边缘路由器）物理预连接多网，用户一个业务接入点接入网络，即可实现全网所有网络节点可达，上云、上网随心选。

3. 确定性保障

传统 IP 网络采用尽力而为的转发方式，用户的业务体验不好；网络链路共享，业务带宽不能完全保证。例如同链路的一个业务发生突发大流量时，会抢占同链路其他业务的带宽。智能云网采用业务隔离和 AI 智能运维等技术，使其具备确定性体验能力，解决了体验难保障的挑战，提升企业用户的业务体验。

（1）业务隔离。业务隔离是指通过切片等新技术，让企业用户的业务有专网级的业务体验。切片业务专网可保证用户隔离、业务带宽和网络 SLA。网络切片可实现切片按需随用随切，网络侧一根光纤通过切片技术实现不同业务间的隔离。

（2）AI 智能运维。智能运维使得业务质量有保证。智能云网管控系统通过随流检测技术（IFIT）实时检测提前发现问题，其采用知识图谱算法对案例进行处理，通过案例学习能实现故障自动定位，还能根据学习结果自动处理部分非人工介入的故障，实现故障自动恢复。

4. 云网安一体化

智能云网的云网安一体化解决了云网安无协同的挑战，企业上云有保障，如图 2.4 所示。

云网安一体化主要由网络控制器、云控制器和全网安全态势感知处置平台组成。

（1）网络控制器。网络控制器通过安全策略保证网络基础设施的安全。

（2）云控制器。云控制器通过安全策略保障云的安全。

（3）全网安全态势感知处置平台。全网安全态势感知处置平台执行对云网基础设施的安全监控，调动网络控制器和云控制器，实现云网一体化的安全保障。全网安全态势感知处置平台通过智能分析，实现安全事件精准定位。分析结果通知网络控制器和云控制器实现安全事件分钟级响应和安全预警。控制器下发任务给云网基础设施，快速实现威胁源端阻断。

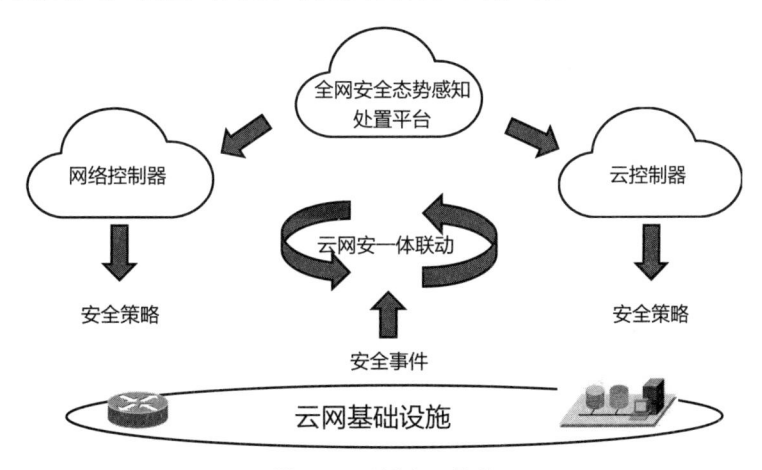

图 2.4 云网安一体化

2.6 云网融合助力数智科技工程建设

电信人经过多年的探索和实践，推进云、网、大数据、人工智能、安全、数据中心、算力、绿色等多种数字要素布局、升级与融合集成创新，为产业数字化高质量发展提供数字化、网络化、智能化、安全可控的全方位的新型解决方案，全面助力数智科技工程的建设。

2.6.1 云网融合筑牢数智科技工程的数字底座

云网融合筑基石,为数智科技工程装上数字底座。数字化转型时代,企业数智科技工程建设如火如荼,传统的云网分离架构无法满足数字化转型迅猛发展带来的企业大规模上云、数智化快速部署和应用需求。云和网作为数智科技工程的底座,必须具备灵活高效、可调度、服务化的特点。云网融合在统一云网资源的基础上,实现云网能力的一体化供给、一体化运营和一体化服务,有力推动融合行业应用创新的数智化工程建设和运营模式变革,赋能千行百业。

1. 云网融合为数智化转型赋能注智

云网融合构建了融合创新、绿色低碳、安全可信的算力基础设施和网随云动的泛在连接,在此基础上融通数据,释放数据要素生产力,为全社会数智化转型赋能注智。

(1)科技赋能,夯实数字信息基础设施底座。科技是数字经济时代的核心能力。当前电信运营商核心竞争力不再局限于网络资源,更多是企业科技创新能力。科技创新已成为建设数字信息基础设施的核心力量,是行业高质量发展的内生动力。电信人围绕打造科技型企业的目标,构筑关键核心技术自主掌控的全新数字底座。夯实研发平台,打造国家工程技术中心,建设国家重点实验室。加大研发资金投入,积极承担重大项目。聚焦重点领域,突破云、安全、云网运营系统、AI等核心技术。

(2)数据融通,释放新型生产要素价值潜力。数据是数字经济时代的重要生产要素。电信人充分利用自有海量数据,实现了营销服务高效敏捷、资源成本精准配置、云网运营一体联动,赋能企业内部数智化转型。依托云网底座,应用隐私计算、联邦计算等安全技术,推动数据流通、数据确权,促进政府、企业各类分散管理的数据共享融通。并且将企业数智转型、自有数据赋能的经验应用在政府治理、企业生产、服务贸易等各个行业领域。

(3)创新应用,为全社会数智化转型赋能注智。产业数字化迅猛发展为全社会信息化建设打开了更为广阔的空间。电信人利用坚实的数字信息基础设施赋能实体经济、赋能人民生活、赋能社会治理,在数智科技工程建设中"融云、融5G、融数、融智、融安全",聚焦智慧社会治理、智慧医疗、智慧教育、智能制造等行业智慧应用,持续融合创新,为全社会建设更有价值的数智科技工程。

2. 云网融合的建设成果

电信人坚持"网是基础、云为核心、网随云动、云网一体"的思路,加大科技创新力度,加强关键核心技术攻关,持续推动云和网的融合,目前已发展到云网融合3.0的全新阶段。

(1)云网边端深度融合和智能互联。云网融合不是简单的云和网的叠加,关键是通过技术创新突破,提供海量数据存储与多形态、高性能计算,实现网络与算力的深度融合;提供陆海空天一体化的泛在连接,实现云网边端的智能互联。

(2)天翼云为核心,网随云动。电信人通过云网技术耦合联动,网络布局转向围绕数据中心扁平部署,数据流量走向南北向和东西向并重,算力中心向边缘区域多级演进,5G核心网全球率先实现三层解耦。构建自主可控的天翼云技术体系,天翼云4.0正式商用,作为国家云的框架基本成型。

(3)绿色低碳。云网融合大量采用绿色低碳技术,数字基础设施走向绿色可持续发展,建设了全球最大的绿色低碳全光网络,在青海建成全国首个全绿色、零碳、可溯源的数据中心。

电信人持续强化科技创新成果的规模应用,完善立体化、广覆盖、高性能网络布局,打造云、数、智、安、平台一体规划的泛在算力体系,不断夯实数字经济发展的全新底座,赋能经济社会高质量发展。

2.6.2 云网融合在数智科技工程中的应用

1. 云网融合在云计算数据中心建设中的应用

云网融合 1.0 阶段，云计算数据中心的规模不断增长，业务、管理、运维等越来越多样化，要求实现业务的自动化开通和加载，实现云网协同。继计算和存储资源云化后，网络也必须软件化、虚拟化和云化，在云计算数据中心建设中引入 SDN（软件定义网络）和 NFV（网络功能虚拟化）的理念与技术，构建面向服务的云计算数据中心网络体系，更好地支撑数智科技工程的建设。

SDN 和 NFV 等网络虚拟化、云化技术已经成熟，无论是 SDN 还是 NFV，本质都是网络服务化，让网络"按需服务、快速应变"，具有架构简单、调度灵活、运维智能等特性，可扩展性更强、安全性更好、可用性更高，同时降低成本，易维护。SDN、NFV 在云计算数据中心建设中的应用，体现了云网融合 1.0 阶段如何实现云网协同。

2. 云网融合在新型智能城域网中的应用

采用云网融合技术，以天翼云等云计算数据中心为核心，构建的新型智能城域网，云和网在逻辑架构和通用组件方面逐步趋同，在物理层打通的基础上实现资源管理和服务调度的深度嵌入，云和网在资源和能力方面产生"物理反应"，可在云网功能层、云网操作系统实现云网能力的统一发放和调度，实现网随云动。

（1）基础网络和业务分离，简化架构。为了实现简化统一和敏捷弹性，网络扁平化部署，网络协议统一，构建端到端连接，简化运维。业务与基础网络解耦，业务层灵活、开放、可编程，网络业务云化，围绕云计算数据中心构建灵活扩展能力，实现业务快速创新。

（2）敏捷弹性、灵活调整。要做到敏捷弹性，网络要能够软件定义，网络设备单元云化或资源池化，网络服务能自动部署，动态调整。网络业务能够自助开通和调整，实现云网统一编排，按需开通和定制调整。

（3）运维自动化、智能化。云网管、控、编深度融合，新型智能城域网构建在网络智能的基础上。云网统一编排，分域管控，分层引入 AI，流量实时预测，故障智能分析，智能调度，实现网络的自动化、智能化，厚编排（业务创新）、薄控制（分域管控），做到主动关怀和预测性网络调整，通过网络可编程和网络自动化，实现网络的自动化、智能化管理。

3. 云网融合在 5G 建设中的应用

5G 定制网是云网融合的最佳实践之一，采用云网融合构建的 5G 定制网，实现"云网一体"。5G 定制网的"致远、比邻、如翼"三类服务模式提供"网定制、边智能、云协同、应用随选"云网融合、一体化的定制服务。

（1）控制面和转发面分离。5G 定制网控制面和转发面分离，控制面采用 SBA（服务化架构）支持网络功能的云原生部署，支持网络的灵活部署、弹性伸缩和平滑演进，网络功能颗粒度进一步细化，对外提供统一接口；通过服务的注册和发现机制，实现网络功能的即插即用；支持网络切片和边缘计算，实现业务和网络的按需定制。

（2）5G 无线网设备虚拟化。5G 无线网设备虚拟化将从 CU（中心单元）的控制面开始，随着通用化平台转发能力的提升而逐步深入，通过基站硬件白盒化来打造更加开放的无线网设备，5G 无线网设备白盒化初期主要聚焦 5G 室内场景。

（3）构建端到端网络切片。5G 网络切片将构建端到端的逻辑子网，涉及核心网、无线接入网、IP 承载网和传送网等多领域协同配合。其中，核心网控制面采用服务化架构部署，用户面根据业务对转发性能的要求，综合采用软件转发加速、硬件加速等技术实现部署灵活性和处理性能的平衡，无线接入网采用灵活的空口无线资源调度技术实现差异化的业务保障能力;承载网可通过FlexE接口及VPN、QoS等技术支持承载网络切片功能。

5G定制网沿着云网融合3.0的路径,融合多种数智元素,强化积木组合式的灵活定制能力,构建云网边端安一体化的云网融合系统。

2.7 云网融合向算网一体技术演进[1]

为满足大型应用系统现场级业务的计算需求,计算能力进一步下沉,出现了以移动设备和物联网设备为主的端侧计算,云网融合向算网一体技术演进。

2.7.1 计算形态由云计算走向边缘计算和泛在计算

1. 数字化对云网一体的诉求在增强

根据IDC《Future Scapes 2020》报告,到2025年,85%的企业新建的数字基础设施将部署在云上,当前的比例只有20%,还有较大的增长空间。超90%的应用程序将会云化,并且超80%的应用将会嵌入AI。

在线教育、家庭办公、远程医疗、城市治理等改变了整个社会的生活方式。企业业务从以前的线下为主,变成现在的线上线下业务深度融合;从以前动辄几个月甚至以年计的新系统、新应用上线周期到现在以周甚至以天为周期的更新迭代,业务和应用需求发生了翻天覆地的变化。在这种变化的情况下,云和网需要适应应用服务的发展,提供快速敏捷的业务服务。未来的应用不仅能够在企业本地数据中心运行,而且还需要能够跨多个私有云和公有云提供应用服务,部署位置也需依据业务SLA(服务等级协议)诉求,靠近用户灵活部署。

数字化和云网一体诉求的关系如图2.5所示,企业数字化程度越高,对云网一体化的诉求就越强。

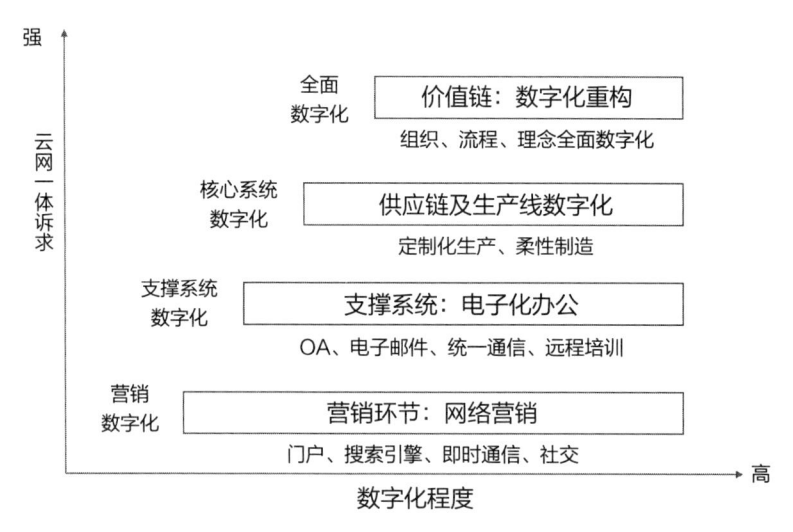

图2.5 数字化和云网一体诉求的关系示意图

2. 泛在计算是趋势

在国家经济发展加快,大数据计算需求持续增加的情况下,虽然"网络化"的计算有效补充了

---

[1] 选自《云网融合向算网一体技术演进白皮书(2021)》。

单设备无法满足的大部分算力需求,但仍然有部分计算任务受不同类型网络带宽及时延限制,因此"云、边、端"多级计算部署方案是必然趋势,即云侧负责大体量复杂的计算,边缘侧负责简单的计算和执行,终端侧负责感知交互的泛在计算模式。由此判断,新的ICT格局将向着泛在连接与泛在计算紧密结合的方向演进。

2.7.2 加速网络云化

运营商5G核心网功能100%云化,固网CPE(客户场所设备)、BRAS(宽带接入服务器)、网管正逐步推进云化试点与部署,电信云中承载的业务包括vIMS(虚拟镜像管理系统)、vEPC(虚拟化演进分组核心网)等多种网络功能。电信云业务与私有云业务不同,电信云的VNF(虚拟网络功能)作为网络设施,对承载网络和云资源的可靠性要求更高。电信云本质上是把原来的专用设备用"服务器+存储+数据中心网络"来实现,传统网元需要和网络其他设备建立连接关系,云化之后部署在数据中心中,其连接属性没有变化,需要数据中心网络能够与广域网络进行更加深度融合。

企业上云的步伐在加速,85%以上的应用会承载在云中,未来企业和个人都会与多云进行连接。云应用会根据业务处理的时延、带宽及体验需求,跨公有云、私有云、边缘云等地部署,网络需要具备有广覆盖和敏捷接入能力,随时、随地、随需将用户接入多云,满足客户按需快速获取内容的诉求。

1. 云网协同和网络灵活伸缩

(1)云网协同。快速开通,云网协同,云网业务同开同停。
(2)网络灵活伸缩。网络带宽能够基于云的弹性、花销等因素,自动伸缩调整带宽。

2. 一致体验和统一管控

云网业务的路径可能经过智能城域网、骨干网等多张网络,云网能够提供一致性的体验,保证端到端SLA,同时不同的网络和云应具备统一的管理功能,提供统一的业务视图。

3. 确定性体验

业务上云分为互联网应用上云、信息系统上云、核心系统上云三个阶段,网络需求差异性显著。互联网应用上云追求高性价比,要求敏捷上云,快速开通;信息系统上云要求大带宽和确定性时延,例如VR课堂要求带宽>50Mbps/学生,时延<20ms;核心系统上云要求网络稳定可靠,确定性时延和高安全,例如某电网差动保护业务要求承载网确保时延<2ms。面对不同的业务诉求,网络应能够基于业务的带宽、时延等不同的SLA诉求,提供多个分片并做到按需灵活调整,实现一网承载千行百业。

云网融合本质是CT(通信技术)、IT(信息技术)、DT(数据处理技术)产业的深度融合,而2B(面向行业、组织、企业、工业等以非个人应用为主的网络)市场和产业数字化已成为DICT行业的新蓝海,云网融合成为运营商面向2B市场的主要服务形式。云网融合发展应充分理解新的业态、新的需求,以需求驱动云网融合发展。

2.7.3 算网一体架构和组网

随着5G、MEC和AI的发展,算力已经无处不在,网络需要为云、边、端算力的高效协同提供更加智能的服务,计算与网络将深度融合,迈向算网一体阶段。

算网一体根据"应用部署匹配计算,网络转发感知计算,芯片能力增强计算"的要求,在云、网、芯三个层面实现SDN和云的深度协同,服务算力网络时代各种新业态。

算网一体架构和组网如图 2.6 所示。

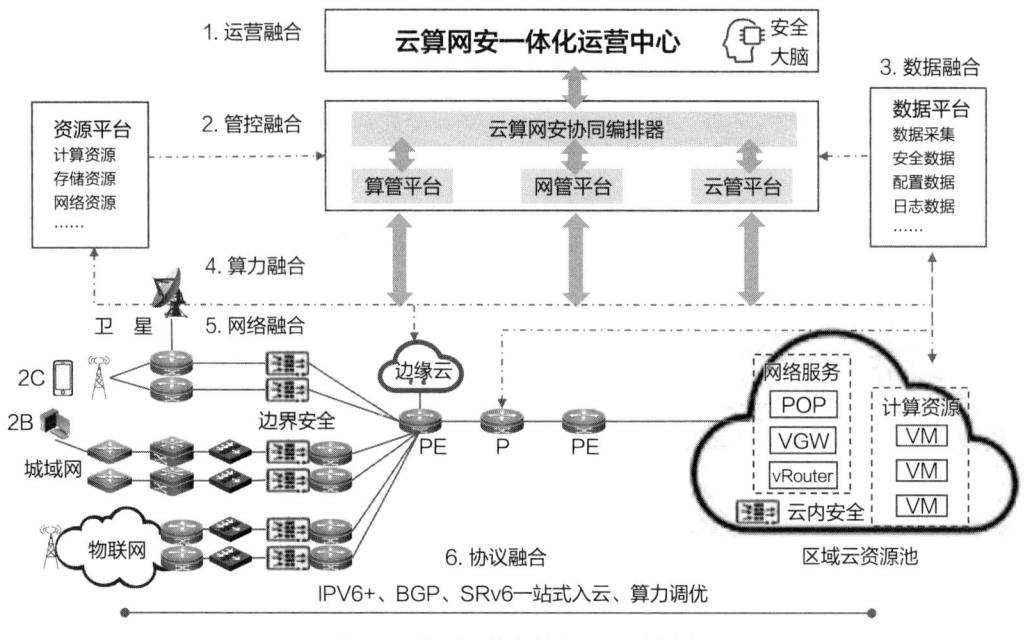

图 2.6 算网一体架构和组网示意图

2.7.4 算网一体的六大融合能力

在算网一体架构和组网中，需要提供六大融合能力，如图 2.6 所示，包括运营融合、管控融合、数据融合、算力融合、网络融合、协议融合。

1. 运营融合

提供云、算、网、安一体的融合运营平台，为客户提供一键式电商化服务，客户可以订购云、算力、网络、安全等各种服务并实时了解服务提供进度、服务提供质量等各项内容。

2. 管控融合

云、算、网、安协同编排，通过云、算力、网络、安全等提供服务化 API 接口，将所有服务快速集成、统一编排、统一运维，提供融合的、智能化的管控体系。

3. 数据融合

云网中各种采集数据、配置数据、安全数据、日志数据等集中在数据池中，形成数据中台，充分发挥 AI 能力，基于大数据学习和分析提供安全、运维等多种智能服务，构建整个云网架构的智慧大脑。

4. 算力融合

提供算力管理、算力计算、算力交易以及算力可视等能力，通过算力分配算法、区块链等技术实现泛在算力的灵活应用和交易，满足未来各种业务的算力诉求，将算力相关能力组件嵌入整体框架中。

5. 网络融合

集成云、网、边、端，形成空天地海一体化融合通信。

6. 协议融合

端到端 IPv6+ 协议融合，围绕 SRv6、BIER6、APN6 等 IPv6+ 协议实现云、网、边、端的协议融合，同时端到端控制协议简化，转发协议简化，向以 SRv6 为代表的 IPv6 协议演进。

全面优化配置云资源，利用运营商战略级 IDC 资源及各省份 IDC 资源，打造区别于国内云商、国际云商的差异化资源，提升布局与性能方面的优势，增强网络竞争优势。

2.7.5 智慧云网平台

智慧云网平台使得网络具有服务化能力，对外统一客户入口，提供服务目录，对内实现网络的智能化，包括拓扑服务、连接服务等。整个云网服务平台包括意图驱动的业务层、模型驱动的逻辑层、资源灵活适配层，智慧云网平台功能架构如图 2.7 所示。其支持云网一体化自动开通，CPE 硬装即开通，分钟级实现云网自动开通，全流程可视。利用云网一体的敏捷性、灵活性和快速响应能力不断提升和优化客户体验。

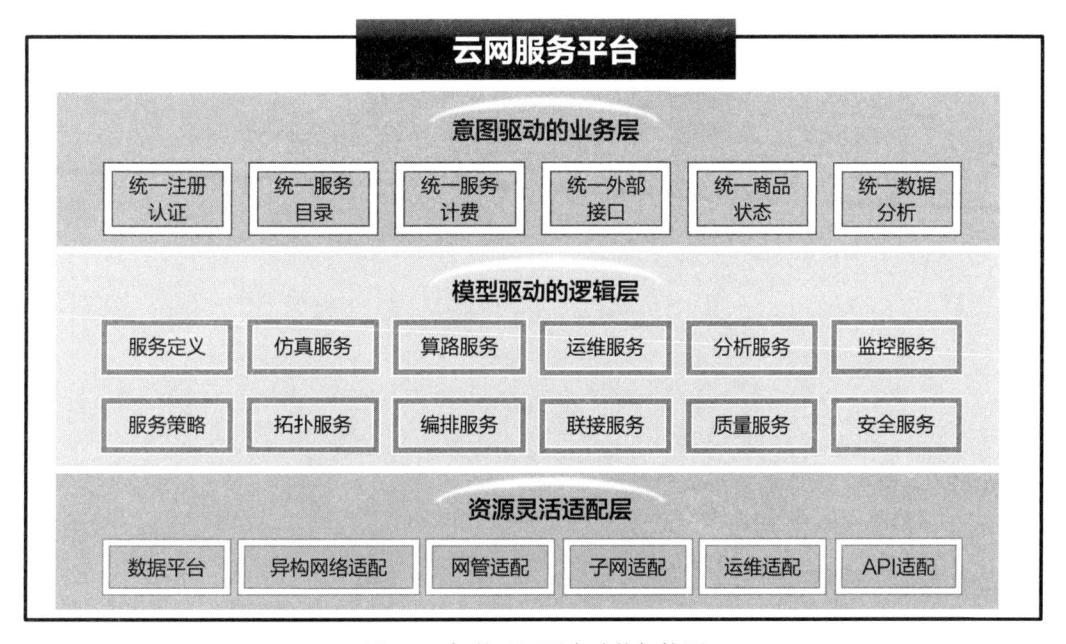

图 2.7 智慧云网平台功能架构图

1. 业务快速开通

CPE 设备即插即用，参数自动配置，免人工调测，实现一次上站；云网业务分片创建自动化；云网协同实现从企业网络 CPE、云专网到云内网络的快速开通；自动调用 OAM 检测能力完成业务的连通性和性能的自动验收。

2. 业务状态可视

包括租户开通进度可视、业务持续运行状态和健康可视、故障排查进度可视等。支持物理网络、逻辑网络和业务状态的实时呈现和关联互视，构建数字化的网络呈现能力，支撑电商化运营。

云网融合的最终目标是演变成算网一体，网络感知算力，实现云、网、边、端、业协同，以更加灵活、弹性、可靠的能力为最终商业服务。

2.7.6 算力网络是融合各种资源的智能化新型网络

算网一体基于云网融合发展而来，并不能一蹴而就，需要分步进行技术攻关，渐进打造核心能力，强化算力建模与管理底层技术研究，基于泛在算力需求，完善算网承载能力，构建算网服务编排能力。

算力网络是融合计算、存储、传送资源的智能化新型网络，通过全面引入云原生技术，实现业务逻辑和底层资源的完全解耦。通过打造如 Kubernetes（一个开源系统，用于容器化应用的自动部署、扩缩和管理）的面向服务的容器编排调度能力，实现服务编排面向算网资源的能力开放。同时，可结合 OpenStack（一个开源的云计算管理平台项目，是一系列软件开源项目的组合，项目目标是提供实施简单、可大规模扩展、丰富、标准统一的云计算管理平台）的底层基础设施的资源调度管理能力，对数据中心内的异构计算资源、存储资源和网络资源进行有效管理，实现对泛在计算能力的统一纳管和去中心化的算力交易，构建一个统一的服务平台。

算力是设备/平台处理、运行业务的关键核心能力。在算力网络中，算力的提供方不再是专有的某个数据中心或集群，而是将云边端这种泛在的算力通过网络化的方式连接在一起，实现算力的高效共享。如图 2.8 所示，算网服务编排采用通用的 OpenStack 和 Kubernetes 结合的方式对算力、存储、网络等资源进行统一管理，整体通过 Open Infrastructure 架构来实现 IaaS 和 IPaaS 的资源编排调度能力。

图 2.8 基于云原生的算力服务编排示意图

云

云腾运化多精英，数智革命谱新经。
阔步轻装马蹄疾，产业驾云百业兴。

云篇由三部分组成，第一部分是"释义"，从一条"线"展开介绍云计算的基本概念、特征、初步应用场景；第二部分是"阐例"，从一个"面"简要介绍云计算在数智科技工程建设的多个案例，反映云计算在数智科技工程应用的广泛性；第三部分是"说案"，从一个"体"深入介绍一个比较完整、典型的中型云计算在数智科技工程建设案例；立体地以实施方案式的撰写法，较翔实介绍云计算中心建设背景、建设目标、总体结构、分部结构、功能特点、软硬件配置、核心部分安装与调试、建设成效等。

第3章 云计算构筑数智科技的基石

云计算带动数智科技产业整体变革

云计算是传统计算机技术和网络技术发展融合的产物。它是一个具有强大计算能力的先进系统，借助优秀的商业模式把计算能力分布到终端用户手中。作为一种新兴技术和商业模式，云计算将带动数智科技产业和数智科技工程建设格局的整体变革。

本章从数智科技工程建设发展解析入手，简析云计算的内涵、云平台分类、云计算优势分析，以及企业规模、业务类型与云平台适用、各业上云流程，从云计算 5 个基本特征（广泛的网络访问、资源池、快速弹性、测量服务、按需自助服务）、3 种服务模型（IaaS、PaaS、SaaS）到 4 种部署方式（公有云、私有云、混合云、社区云）全面详解云计算，力求为读者认识云计算提供一个全景式的概貌。

3.1 云计算的沿革

当前，云计算处在快速发展阶段，在全球范围内得到普遍应用，成为政府、企业数字化转型的重要支撑，是数字经济的新生产工具。数智化时代，云计算也在与时俱进发展。对云计算起源、发展动力、发展历程以及发展趋势的了解有助于更好理解其在数智科技工程中的作用。

3.1.1 云计算的起源

1. 云计算是怎么诞生的

云计算的起源可以追溯到 20 世纪 60 年代的大型主机计算时代。当时，大型机中心拥有昂贵的计算资源，需要通过时间共享的方式来提高资源利用率。用户通过终端访问大型机中心，运行并共享这些资源。这实际上是云计算理念的雏形，即通过网络获取虚拟化的 IT 资源。云计算的变革如图 3.1 所示。

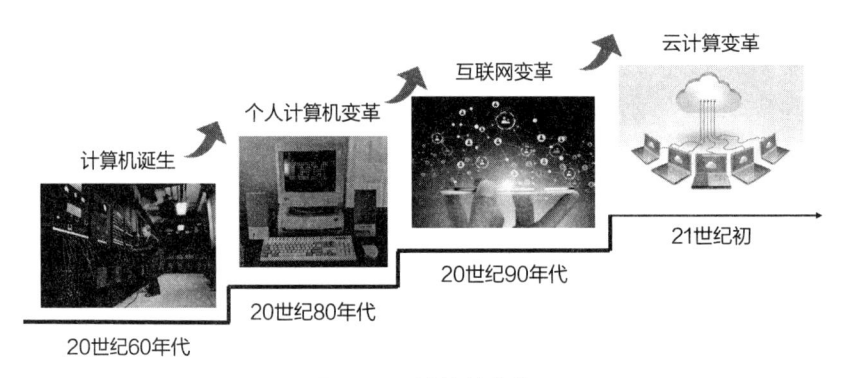

图 3.1 云计算的变革

2. 云计算发展的动力

伴随着互联网技术的发展和普及，特别是 Web 的飞速发展，各种媒体数据呈现指数增长，逐步递增的海量异构媒体数据以及数据和服务的 Web 化趋势使得传统的计算模式在进行大数据处理时，其表现有些力不从心，比如传统计算模型至少在以下两个方面已经不能适应新的需求：

（1）计算速度上受限于内核性能和个数。

（2）待处理数据量受限于内存和磁盘容量。

为了解决上述问题，人们想到将数量可观的计算机连接起来以获得更快的计算速度、更强大的处理能力和存储能力。

人们把所有计算资源集结起来看成一个整体（俗称一朵云），通过并发使用资源完成操作请求。每个操作请求分割成小片段，分发给不同的机器同时运算，最后将这些机器的计算结果整合，输出给用户。从用户角度看来，计算能力巨牛无比。压榨每一个步骤的潜力，让一个任务被服务器集群并行运算，自然能飞速达成。在技术进步与业务发展需求的推动下，云计算出现了。

3.1.2 云计算的发展历程

1. 世界云计算的发展历程

20 世纪 60 年代，美国科学家约翰·麦卡锡（John McCarthy）提出将计算能力作为一种公共设施提供给公众，使人们能够像使用水、电那样使用计算资源。

20 世纪 90 年代，互联网的兴起加速了云计算的发展，一批网络服务提供商开始提供租用服务器和网络服务。

1999 年，Salesforce（客户关系管理（CRM）软件服务提供商）推出第一款企业级 SaaS（软件即服务）服务，标志软件即服务时代的到来。

2000 年，HewlettPackard（惠普）提出 Utility Computing（效用计算）的概念，为公共事业提供 IT 资源服务。这使 IT 资源通过网络像水、电一样被用户访问、使用和支付。

2006 年，亚马逊推出云服务，开创了公有云计算时代。

2010 年，国际标准化组织正式将"Cloud Computing（云计算）"一词列入词典，定义为通过网络获取虚拟化的可扩展 IT 资源的模式。Google（谷歌）与 Microsoft（微软）也紧随其后，发布了自己的云平台服务。云计算开始快速发展，IaaS（基础设施即服务）、PaaS（平台即服务）、SaaS（软件即服务）三种服务模式成为主流，行业云也开始涌现。

2011 年以后，云计算已经从 IT 行业扩展到各个行业，相关技术也在快速演进，如虚拟化、软件定义网络与微服务等。云计算正朝着云边计算的方向发展，与区块链等新技术结合，继续对社会产生深远的影响。云计算使得资源共享与协同达到新的高度，改变着人们的生产生活方式。

2. 中国云计算发展历程

中国云计算发展迅速，成为继美国之后第二大云计算市场，在政策支持和需求拉动下，技术实力已与全球接轨，已成为支撑经济社会转型升级的重要引擎。

目前，中国云计算发展历程大致可以分为三个阶段：

（1）起步阶段（2007—2010 年）：云计算概念引入中国，部分互联网公司开始尝试提供公有云服务，但整体发展处于起步阶段。代表公司有阿里云、中国电信天翼云、华为云等。

（2）高速发展阶段（2011—2015 年）：云计算在中国得到快速发展，公有云市场进入高速成长期。阿里云、中国电信天翼云、腾讯云等公有云厂商相继成立，云计算产业链初步形成，许多企业开始采用公有云服务。

（3）稳定发展阶段（2016 年至今）：公有云市场进入相对稳定阶段，但增速仍保持较高。云计算深度应用于大数据、人工智能、工业互联网等领域。云服务产品不断丰富，向组合云等方向演进。

随着中国公有云基础服务和 SaaS 应用广泛采用，PaaS 平台将在企业数字化转型与业务创新领域发挥更重要作用。云计算与新技术（如人工智能、区块链）的深度融合，将为产业升级和应用创新提供强大动力。云计算势必以更加开放、智能与分布的模式，推动产业变革，释放出令人瞩目的社会价值。

此外，云计算还将以"云+X"（X代表大数据、物联网、5G、人工智能等）的形式，与各行各业加速融合。这为企业和行业拓展数字化能力，激发新一轮的创新活力与发展动能，提供了难得的历史机遇。

3.1.3 云计算的发展趋势

云计算的出现并不依赖于某一种全新技术，它的产生源自多项技术的融合演进，并建立在一系列既有技术的基础之上，随着相关技术的发展而持续优化升级，如效用计算理念、互联网技术、分布式系统、服务导向架构以及虚拟化技术等。随着这些技术的快速演进，云计算已变成将共享的资源、软件与信息以服务的形式，通过网络提供给其他计算机系统或设备，并且遵循效用计算理念，根据实际资源消耗量进行计费。

云计算的发展推动着产业数字化转型，影响着生产方式与生活方式的转变，不仅改变着IT行业本身，也改变着与IT融合的各个行业，成为数字化时代的关键基础设施和企业数字化转型的重要动力。通过云计算弹性的计算、存储与网络资源，以及按需使用与付费等特点，企业可以快速获取和释放IT资源，大幅降低IT投入与运营成本。它的高弹特性使企业业务系统和产品能够快速扩展或收缩以适应市场变化，显著提高企业的业务响应速度和灵活性。企业也可以通过将基础设施的建设与维护外包给云服务提供商，从而使企业可以更加专注于核心业务，释放内部IT资源投入业务创新。并且云计算基础设施采用标准化与自动化技术，实现资源的高效利用与绿色运营。云服务商可以通过规模效应不断降低单位计算与存储资源的成本，并最终转移给云服务用户，实现双方共赢。

在政策与资本双轮驱动下，云计算产业正在加速发展。云服务提供商不断推出新服务与创新案例，丰富云计算应用场景。各行各业正加速采用云计算技术重构业务流程、创新业务模式与产品形态。

展望未来，云计算与云服务会成为计算与数字世界的中心舞台。随着大数据分析、5G技术、人工智能等新技术的广泛应用，为云计算创造出更为广阔的发展空间。相信，云计算作为新基建，必将引领全球进入产业互联网时代。它将重塑产业与生态，深刻改变人们的生活方式。

3.2 云计算内涵与五个基本特征

1. 云计算的内涵

业界对云计算并没有统一的定义，美国国家标准与技术研究院（NIST）的定义得到了业界较为广泛的认可，其这样定义云计算：云计算是一种按使用量付费的模式，这种模式提供可用的、便捷的、按需的网络访问，进入可配置的计算资源共享池（资源包括网络、服务器、存储、应用软件、服务），这些资源能够被快速提供，只需投入很少的管理工作，或与服务供应商进行很少的交互。

2. 云计算的五个基本特征

广泛的网络访问、资源池、快速弹性、测量服务、按需自助服务是云计算的五个基本特征，如图3.2所示。

（1）广泛的网络访问。云计算系统通过网络使用标准机制来访问云服务，这些网络基于IP（网络之间互连的协议）。

（2）资源池。云环境中的计算资源，例如网络带宽、服务器、存储空间等，可以由云提供者轻松配置和部署，以资源消费者为导向。这些资源受云管理系统统一管理和调配。

（3）快速弹性。云计算资源池具有极高的可伸缩性，消费者可以根据需求自动增加和释放计算资源，实现快速扩展。

（4）测量服务。云系统能够多方面地对消费的资源进行自动监控、统计与优化。资源使用情况可以具体地测量和定价。

（5）按需自助服务。云计算系统具有"按需"部署资源的能力，并可以快速、方便地增加或释放资源。消费者有权选择需要的服务，并支付相应的费用。

图 3.2　云计算五个基本特征

3.3　云计算服务的三种模型

云计算基于互联网的计算模式，将计算、存储、网络等各种资源组合起来，形成云计算服务模型，目前云计算服务主要通过 IaaS（infrastructure as a service，基础设施即服务）、PaaS（platform as a service，平台即服务）、SaaS（software as a service，软件即服务）三种模型提供给用户使用。

3.3.1　三种服务模型

IaaS、PaaS、SaaS 三种云计算服务模型如图 3.3 所示。

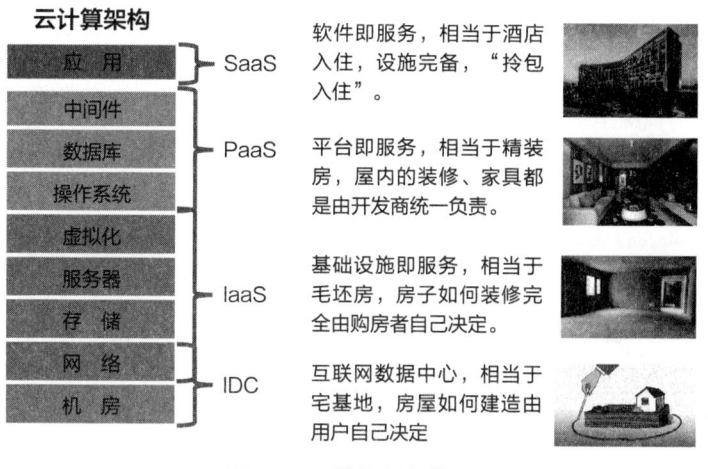

图 3.3　云计算服务模型

1. IaaS

IaaS 由云服务提供商向用户提供虚拟化的计算资源、存储资源、网络资源等基础设施，用户可以根据自己的需求进行选择和配置，比如虚拟服务器、存储空间、带宽等。

应用场景如下：

（1）阿里云的 ECS 云服务器服务。用户可以自己部署操作系统和应用，按需管理与使用虚拟机资源，只需要向阿里云支付服务器运行费用。

（2）中国电信的天翼云弹性计算（云主机、VPC、负载均衡）、弹性存储（对象存储、云存储网关）、云网络（CDN 内容分发）等服务。

2. PaaS

PaaS 由云服务提供商向用户提供应用程序的开发、测试、部署、运行环境等基础平台,也就是用户不必关心底层的硬件环境,只需要关注自己的应用程序的开发与部署等应用级别的服务。

应用场景如下:

(1)天翼云分布式消息服务是一个拥有高吞吐、可持久化、可水平扩展,支持流式数据处理等多种特性的分布式消息流处理中间件,向用户提供计算、存储和带宽资源独占式的 Kafka 专享实例。

(2)阿里云开源大数据平台(E-MapReduce)为客户提供简单易集成的 Hadoop(分布式大数据存储和处理框架)、Spark(大数据分析引擎)等开源大数据计算和存储引擎。

3. SaaS

SaaS 由云服务提供商向用户提供各种应用软件,用户只需要进行简单的登录便可直接使用,比如邮件、客户关系管理等。

应用场景如下:

(1)天翼云提供行业应用、企业办公、企业管理、企业安全、语音、短信等 SaaS 应用,其中 SaaS 安全服务平台为用户提供一站式安全运维体验,保障 SaaS 应用和用户数据安全,满足企业数字化转型中的各项安全与合规需求。用户可以基于该平台快速构建关键业务应用,安心采用 SaaS 服务,实现业务转型与创新。

(2)企业微信云平台是腾讯打造的企业通信与办公工具,具有与微信一致的沟通体验,丰富的 OA 应用和连接微信生态的能力,可帮助企业连接内部、连接生态伙伴、连接消费者。

3.3.2 云服务模型的选择

下面对云计算三种服务模型进行对比,简要分析其优势,有助于使用者做出适合自己的选择。

1. 三种服务模型的对比

云计算的三种服务模型的服务对象、使用规范、关键技术、系统实例有一定的区别,如表 3.1 所示。

表 3.1 云计算三种服务模型对比

服务模式	IaaS	PaaS	SaaS
服务对象	需硬件资源的用户	程序开发者	企业和需要软件应用的用户
使用规范	使用者上传数据、程序码、环境配置	使用者上传数据、程序代码	使用者上传数据
关键技术	数据中心管理技术、虚拟化技术	海量数据处理技术、资源管理与调度技术	Web 服务技术、Internet 应用开发技术等
系统实例	天翼云云主机 ECS	天翼云分布式缓存服务 Redis 版	天翼云会议

2. 三种服务模式优劣分析

多样化的云计算服务模式各有优势,在具体选择时,需要根据业务需求、技术要求、运维能力与成本控制等因素进行权衡,通过对比三种服务模式的优劣,企业可以根据自身的实际需求来做出适合自己的选择。

(1)IaaS 模式:用户具有较高的灵活性和自由度,可以按需选择所需的基础设施资源,同时对于部分用户来说,基础设施资源的管理和掌控是其核心业务之一,可以更好地保护数据安全和技术竞争力。

（2）PaaS 模式：用户关注点转向了应用程序的开发和维护，解决了不少技术难题的同时，这也意味着用户将失去对运行环境的掌控权。PaaS 比 IaaS 需要的门槛要低，因此中小企业更易于接受，对于业务服务器负载稳定性要求不高的应用程序开发而言是个不错的选择。

（3）SaaS 模式：用户可以立即使用并享受服务，并不需要关注底层技术，可以在短时间内开展业务，这对于新兴企业和需要快速扩张的企业来说，是一个非常有价值的服务形式。但相对的缺点是对用户定制程度较低，很难定制和扩展功能，难以满足企业个性化需求的应用系统。

随着云计算服务模式的丰富与演进，使得云计算的价值更加全面，满足各行业与各规模用户的需求，推动了整个云产业的发展。

3.4 云计算的四种部署模式

云计算的部署模式主要分为公有云、私有云、混合云和社区云四种模式。

3.4.1 公有云部署

公有云基础设施和服务由第三方云服务商提供。这种模式资源高度虚拟化，价格低廉，易于部署和访问，支持按需弹性使用，但数据安全与控制力相对较弱，且面临供应商锁定的风险。适用于对安全要求不高、成本敏感的应用场景，公有云部署如图 3.4 所示。

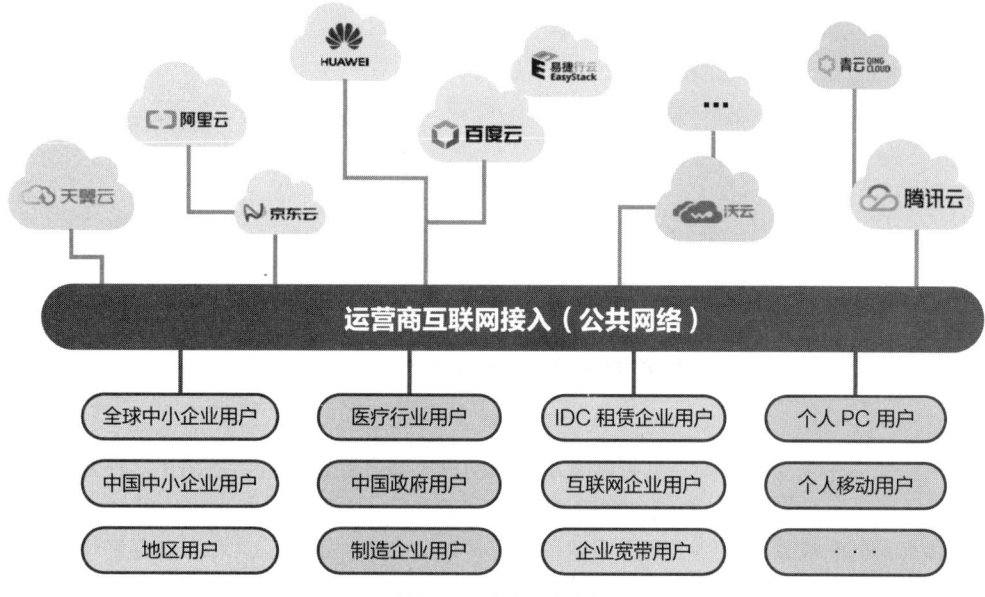

图 3.4 公有云部署

公有云部署模式具有以下主要特征：

（1）资源与服务由第三方云服务商提供和运营，用户可以通过 Internet 访问这些资源与服务。

（2）资源高度虚拟化，按需分配和扩容。用户可以根据实际需要弹性调整计算、存储和网络资源，只需支付实际使用量的费用。

（3）部署简单，无须用户搭建和维护底层基础设施。用户可以根据业务需求选择预先构建好的资源与服务。

（4）服务模式丰富，支持 IaaS、PaaS 及 SaaS 等多种模式，满足不同应用场景的需求。

（5）定价灵活，通常采用按需付费的模式，既包括预付费又包括后付费，可以根据资源使用情况选择适合的计费方式。

（6）资源与服务具有较强可扩展性，可以快速实现较大规模的资源部署，满足用户业务增长的需要。

（7）面临一定的供应商锁定风险，数据与资源可能难以在不同的云服务商之间迁移。

（8）数据安全与控制力相对较差。用户无法完全掌控数据与资源，存在一定安全隐患。

（9）成本相对较低。公有云可以实现超大规模资源与服务的提供，通过规模效应大幅降低单位资源成本。

公有云模式适用于成本敏感型的应用，或对安全控制要求不太高的应用场景，特别适合初创公司及中小企业。通过简单便捷地部署云资源，实现业务的快速发展。这种模式尤其适合具有不确定性或短期的计算任务，可以最大限度降低投入成本。

3.4.2 私有云部署

私有云基础设施专门为单个组织机构（政府、企业等）使用，该组织自行负责云计算平台规划、构建和管理云环境。这种模式安全性与控制力最高，且不面临供应商锁定风险。但资源利用率和经济效益都不及公有云。私有云部署如图3.5所示。

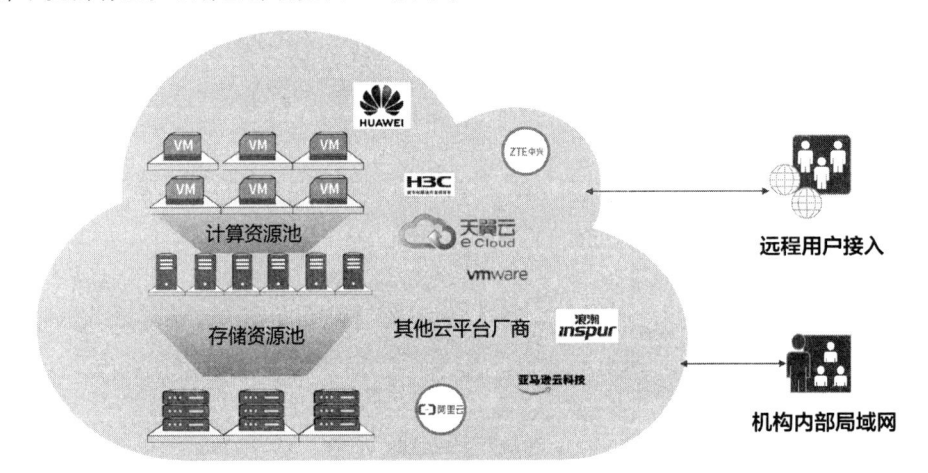

图 3.5　私有云部署

私有云模式适用于对数据安全与控制要求极高的核心业务系统，特别适用于对外部环境不信任或无法接触 Internet（互联网）的隔离型系统。这种模式下，应用可以实现最佳的性能发挥和安全保障。但私有云的高成本也限制了其应用规模，通常较适合中大型组织。私有云部署模式具有以下主要特征：

（1）基础设施专供单个组织使用。组织自行建设、运营和管理云环境，实现对资源和数据的完全控制。

（2）安全性高，数据和资源可以完全由该组织掌控，无外部访问与干预，非常适合处理敏感数据的核心应用系统。

（3）灵活性与扩展性较差。资源受限于组织自身的投入，难以实现公有云那样的超大规模部署。

（4）成本较高。组织需自行投入购置基础设施和运维人员，云资源无法实现像公有云那样的超大规模，单位成本较大。

（5）部署与管理复杂。组织需要具备专业的技术与运维团队来规划、建设、管理和运维私有云环境。

（6）资源利用率较低。私有云资源专供内部使用，工作负荷低峰时段可能会出现闲置资源。

（7）不会面临供应商锁定风险。组织完全控制资源与平台，可以根据需求选择不同的架构和技术方案。

3.4.3 混合云部署

混合云同时使用私有云和公有云，根据不同的业务需求和数据敏感度选择对应的部署模式。这种模式将私有云用于核心应用，同时利用公有云的弹性和成本效率。通过私有网络或专线等连接私有云和公有云，实现对两种环境的有机整合。混合云成为企业采用云计算的主流模式，其部署如图 3.6 所示。

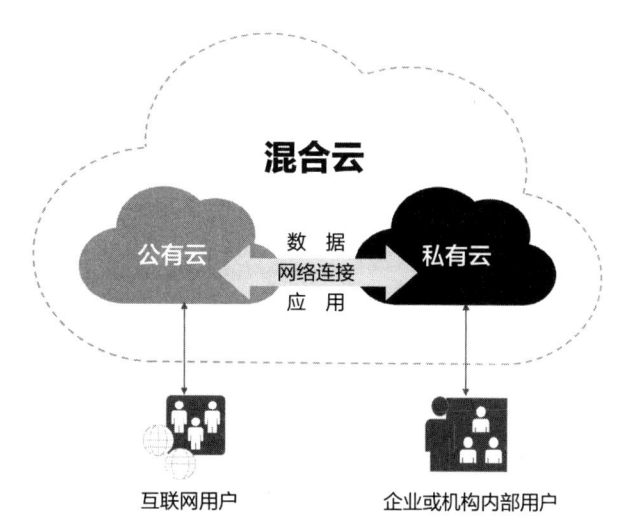

图 3.6 混合云部署

混合云模式融合了公有云和私有云的优势，既满足了安全敏感的业务需求，又能优化整体的 IT 成本费用，是云计算时代主流的部署模式，特别适合中大型企业的云战略规划。但其复杂的管理与技术挑战也需企业投入额外的人力与资源来应对。混合云部署模式具有以下主要特征：

（1）同时使用公有云和私有云资源，将两种模式融合在一个连贯的基础架构上，通过私有网络或专线实现云资源的有机结合。

（2）根据应用和数据的敏感度选择部署在公有云或私有云。核心应用部署在私有云，非核心应用部署在公有云，实现不同安全需求的业务隔离。

（3）实现成本优化。通过在公有云中部署非核心应用，发挥公有云成本效率的优势，同时保障核心业务的安全。

（4）资源与服务可以在私有云和公有云之间流动部署，实现按需扩展。突发或短期的工作负荷可以扩展至公有云，节省私有云投入。

（5）管理复杂度较高。需要同时管理跨云的资源与网络，实施安全监管与访问控制，并实现不同云间的资源调度。

（6）技术挑战较大。要实现两种云环境的深度融合，需要运用云管理平台、容器等技术手段隔离环境并实现资源迁移。

（7）减少供应商锁定风险。通过引入多云策略，降低对单一云服务商的依赖，有利于防止供应链单点故障。

3.4.4 社区云部署

社区云基础设施由多个组织共同建设和使用，通常由中立第三方负责日常管理与运维。这种模式的优点是资源利用率高，成本低，但会面临参与组织间协调与数据隔离的挑战。

社区云模式由于资源共享，成本较低，适用于同地域内有共同需求但各自管理的组织。但要控制好风险，需要建立高效的治理机制与数据隔离手段。通常这种模式由中立服务商提供平台与管理，组织专注于自身业务系统的部署与应用。这种模式将来可能得到地方政府或行业内有共同需求组织的青睐。

社区云部署模式具有以下主要特征：

（1）基础设施由多个组织共同建设、运维和使用，这些组织通常在地理位置上相近，并具有共同的技术或业务需求。

（2）资源与服务通常由一个中立的第三方管理与运维，参与组织共同监督与治理，这避免了任何一个组织完全掌控资源可能带来的风险。

（3）资源利用率高，成本低廉。多个组织共用基础设施，可实现较大规模部署，获得规模经济效益，降低整体IT成本。

（4）灵活性与扩展性较差。新组织难以快速加入，资源扩展需要经过协商，速度较慢。

（5）管理与治理复杂。需要建立社区参与组织之间的协作机制，制定资源使用和数据隔离等方面的政策与流程。

（6）面临较大的数据隔离风险。如果协作机制不健全，不同组织的数据和系统可能难以完全隔离，存在安全隐患。

（7）每个参与组织的控制权都较弱。无法完全掌控资源与系统，某种程度上面临供应商锁定风险。

3.4.5 私有云、公有云部署选择

随着云计算技术的逐渐普及，越来越多的企业选择上云部署，但是公有云、私有云、混合云到底怎么选，可以从部署模式的优劣以及使用场景多个方面来考虑。云计算部署模式优劣对比见表3.2，使用场景的主要区别如图3.7所示。

表3.2 云计算部署模式优劣对比

优劣势	公有云	私有云	混合云
优 势	成本低：使用者无须购买硬件或者软件，仅对使用的服务收费 无须维护：维护由服务商提供 扩展性好：按需提供资源，可满足业务需求 高可用性：具备众多的服务器，确保不受硬件故障影响	安全性更高：资源不与其他组织共享，运营者可以自主掌控云环境的安全性，采用更严格的安全措施和政策来保护数据 定制化更高：可以选择最适合其业务的硬件和软件，实现定制化的服务，从而更好地满足需求 成本可控：成本是可以预测和可控的，可以根据自己的预算和需求来选择最合适的硬件和软件，以达到最佳的性价比	允许用户利用公有云和私有云的优势。为应用程序在多云环境中的移动提供极大的灵活性。企业可以根据业务需要决定使用成本较低的公有云，还是使用成本更昂贵的私有云
劣 势	安全性较低，存在资源竞争风险，存在不可预测成本 维护难度高：需要专业技能的IT团队来管理和维护，更新和升级难度大 灵活性不够：通常是固定的资源，无法根据业务需求进行弹性扩展	初始投资高：初期需要购买服务器、存储设备、网络设备等基础设施	设置更加复杂，难以维护和保护，平台不同可能存在兼容性问题

图 3.7　使用场景的主要区别

　　企业在选择公有云或私有云部署方案时，需要全面考虑数据与应用安全性要求、资源利用率与扩展性、成本投入能力、运维管理能力以及不同业务的定位要求等多个维度。要实现多维度之间的最佳平衡，满足企业数字化转型的需要，需要企业对公有云与私有云的特点有清晰的理解，并能准确判断本企业业务发展的定位与方向。这是一个综合性的判断与决策过程，关系企业数字化转型的效果与成本。

　　企业在选择公有云或私有云时可以从以下几个方面考虑：

　　（1）资源所有权与控制权。私有云的资源由企业自行采购与管理，资源的所有权与控制权属于企业。公有云的资源由云服务商采购与管理，企业只能获取使用权，资源的所有权与主要控制权属于云服务商。

　　（2）安全责任划分。私有云的安全责任主要由企业自行承担，需要企业建立完善的安全防护体系。公有云的安全责任主要由云服务商来负责，企业只需要遵守云服务商提供的安全管理规范，但企业的数据与应用安全防护责任不变。

　　（3）资源隔离性。私有云可以实现较高隔离的资源部署，不同业务系统可以部署于隔离的资源环境。公有云实现的资源隔离主要依靠云服务商提供的虚拟技术，隔离性相对较弱，存在一定风险。

　　（4）资源弹性与扩展性。私有云的资源扩展受到物理资源采购周期的限制，资源弹性较弱。公有云可以快速实现计算、存储与网络资源的弹性扩展，具有很强的资源弹性。

　　（5）运维管理责任。私有云的运维管理责任完全由企业的 IT 团队承担。公有云的基础架构管理由云服务商负责，但应用系统的运维管理责任仍由企业 IT 团队来承担。

　　（6）费用模式。私有云的费用主要是资源采购成本与运维成本。公有云采用按需付费的模式，费用随着资源的申请与使用而产生，并无大额采购投入。

　　总体来说，私有云与公有云在资源所有权、安全责任、资源隔离性、弹性扩展性、运维管理模式与费用结构等方面存在较大差异。企业需要根据自身情况与业务需要，选择私有云、公有云或混合云的部署方案，实现 IT 成本优化、数据安全与业务灵活性的平衡。

3.5　云计算体系架构

　　云计算体系架构分为核心服务层、用户访问接口层和服务管理层，如图 3.8 所示。

1. 各层的功能

　　（1）核心服务层。主要由基础设施资源组成，包括计算资源（如服务器、存储等）、网络资

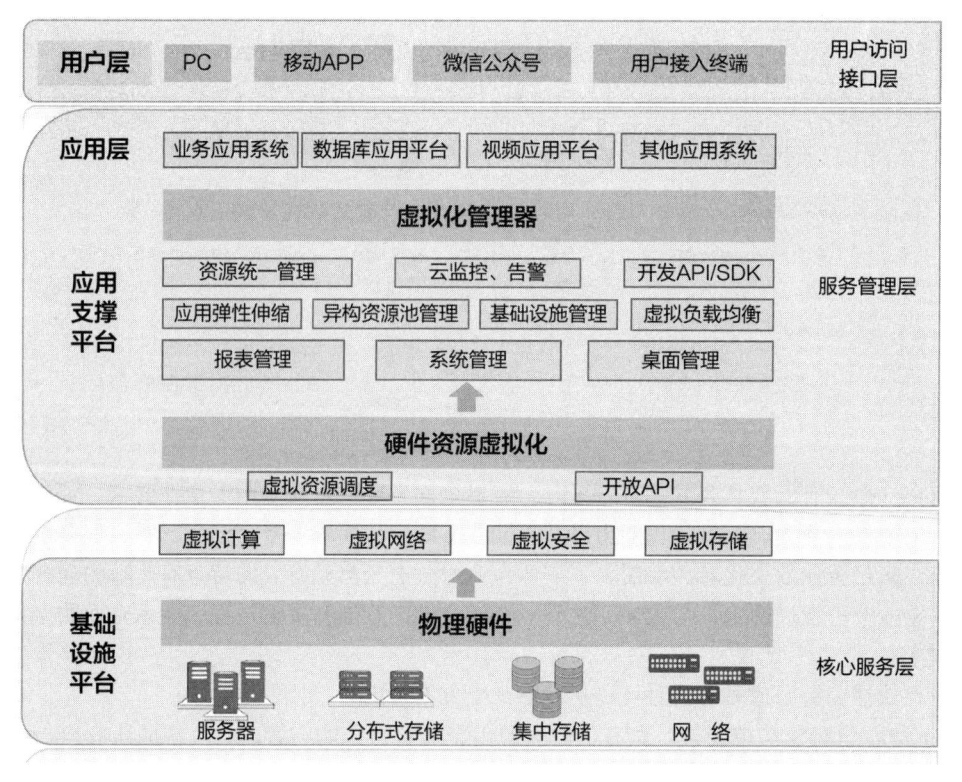

图 3.8　云计算体系架构

源和安全资源等。这些资源通过虚拟化技术整合为可弹性扩展的资源池，为上层的用户访问接口层和服务管理层提供基础支撑。

（2）用户访问接口层。主要面向最终用户，提供各种云服务接口和访问渠道。如 Web 管理控制台、开放 API 接口、软件开发工具包（SDK）等。用户可以通过这些接口和工具访问到基础资源池中的资源和服务。

（3）服务管理层。主要负责资源池的管理与调度，维持资源的高效运行与利用。包括资源监控、故障管理、资源调度与分配、服务计量与计费等功能模块。通过管理软件或服务，实现资源池自动化运维，并根据用户访问接口层发送的请求，动态分配基础资源。

这三层从基础资源到管理功能，再到用户访问接口，构建了云计算体系结构的整体框架。核心服务层提供云环境的基石，用户访问接口层实现资源的访问与使用，服务管理层负责资源的自动调度与管理。

2. 各层的关系

核心服务层、用户访问接口层和服务管理层相互依存，共同满足云用户对计算、存储和网络资源弹性使用的需求。

核心服务层就像一大块原料，包含各种计算、存储、网络等基础资源。这些原料通过虚拟化拼接成一个巨大的资源池，成为云环境的基石。

用户访问接口层则是连接资源池与用户的桥梁。它提供各种接口与工具，像一扇扇门与通道，让用户可以方便地进出资源池，获取所需要的资源与服务。

服务管理层相当于资源池的自动挖掘机与分配器。它通过监控资源池，并根据用户的访问请求，像机械臂一样自动调配资源，确保资源高效运行和用户需求被满足。

简单地说，核心服务层提供原料，用户访问接口层架起通道，服务管理层做自动分配与调度。

三者缺一不可，合力将资源池变成一个随调用随到的"超市"，用户可以随时来选购所需的计算、存储与网络"商品"。

3.6 云计算关键技术

云计算的关键技术涵盖并行计算、分布式计算、网格计算、虚拟化、软件定义网络、虚拟资源的管理与调度、海量分布式存储，以及弹性伸缩等技术。这些技术的应用在云计算体系结构中发挥了关键的作用，它们的发展和应用使得云计算系统具备了更高效、更灵活、更安全、更可靠的特性，以适应不断增长的业务需求。

3.6.1 并行计算技术

并行计算是一种利用多个计算资源同时解决一个问题的计算方式。它通过将整个计算任务分成几个子任务，并将这些子任务分配给多个处理器或计算机进行同时计算，从而提高整个任务的计算速度和效率，并行计算如图 3.9 所示。

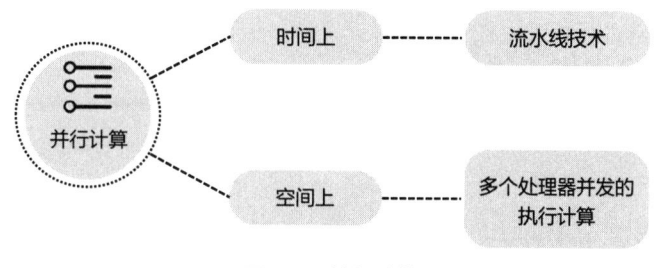

图 3.9 并行计算

并行计算适用于那些运算量很大而且可以拆分成多个部分的计算任务，特别是一些科学计算和工程计算中出现的大规模复杂任务。它们的运算可以分解成大量相互独立的子任务，分别分配给多台处理器或计算机进行运算，最后将中间结果汇总，得出最终结果。

并行计算有以下几种主要形式：

（1）多核计算。利用多核 CPU 的多个内核同时执行任务的子程序，提高计算速度。
（2）多进程计算。一个计算机上启动多个进程同时执行任务的不同部分。
（3）分布式计算。多个计算机联网，协同完成计算任务，如科学计算中使用的计算机集群。
（4）GPU 计算。利用 GPU 处理器的大量核心同时执行图形计算或通用计算任务，显著提高计算速度。

3.6.2 分布式计算技术

1. 分布式计算涵义

分布式计算就是利用多台计算机协同工作，共同解决一个庞大的计算任务。如果你有一个计算量超级大的任务，一台普通电脑需要很长时间计算，为了加快计算速度，可以找来 100 台或 1000 台电脑，把这个大任务分成 100 或 1000 个小任务，每个小任务分配给一台电脑算，所有的电脑同时开始算，然后把每个电脑算出来的小结果汇总起来，就可以得到最终结果。

举个简单的例子，如果要统计一本超级厚的书里各个英文字母出现的频率，可以这么做：

（1）把这本书分成 100 节，每节 10 页。
（2）找 100 个人，每人负责统计一节书里各字母出现次数。
（3）让所有人同时开始统计，每个人只统计自己那一节的字母频率。

（4）过了一段时间，所有人都统计完了，最后你收集所有人的统计结果，相加起来，就可以知道全书的字母频率分布了。

这个过程就是一个简单的分布式计算过程，把一个大统计任务，分布到100个人手上同时计算，最后汇总各个小结果，得出最终目标。

使用多台计算机进行协同工作，运算大量数据，解决复杂算法，才能完成那些单一设备无法实现的计算，这就是分布式计算的简单解释和工作原理。利用这种方式可以解决更大规模、更加复杂的计算问题，达到更高的运算速度，这也是分布式计算广泛应用于科学技术计算和工程仿真的原因。

2. 分布式计算的关键步骤

（1）把大任务分割成小任务。
（2）把小任务分配给多个运算设备同时执行。
（3）对多个设备运算结果进行汇总，得出最终解。

3. 分布式计算特征

分布式计算将一个需要巨大计算能力才能解决的问题划分成多个小的计算任务，然后把这些小任务分配给多台计算机进行处理，最后把这些计算结果综合起来，得到最终的结果，分布式计算如图 3.10 所示。

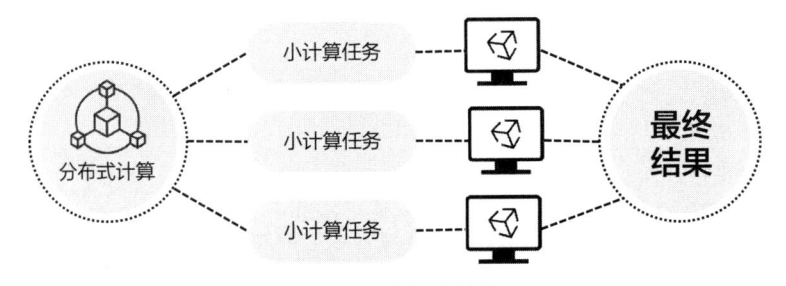

图 3.10 分布式计算

分布式计算有以下主要特性：

（1）异构性。参与计算的节点可以是不同类型的计算机，具有不同的操作系统和硬件架构。
（2）可扩展性。可以方便地增加或删除计算节点，实现计算资源的弹性伸缩。
（3）开放性。计算节点可以属于不同的管理域，由不同的管理员负责维护。
（4）容错性。由于节点的高度分布，系统能够容忍个别节点的故障，仍然正常工作。
（5）高性能。通过并行计算，可以获得超过单一系统计算能力的增益，解决更大规模的计算问题。
（6）资源共享。系统中的计算资源和数据可以被不同的应用共享，提高资源利用率。
（7）独立性。分布式计算系统没有全局控制器，每个节点基本上可以独立工作，协同工作主要依靠应用程序自身完成。
（8）安全性。由于节点分布和系统开放性，分布式系统面临更大的安全威胁，安全机制更加复杂。
（9）管理难度。针对大量异构、分布节点进行统一管理和调度，难度较大，需要更复杂的管理软件和协调算法。

总体来说，分布式计算的最大优点在于高性能、高可伸缩性、高容错性和开放共享等，可以解决大规模复杂的计算问题。但是异构开放的环境也带来了较大的管理难度和安全威胁，这需要在系统设计上有相应的考量。

3.6.3 网格计算技术

网格计算是利用松散耦合的、异构的、分布式的计算资源池进行协同计算的一种模式。它通过共享网络将不同地点的大量计算机相连,从而形成虚拟的超级计算机,将各处计算机的多余处理器能力合在一起,为数据集中应用提供巨大的处理能力,网格计算如图3.11所示。

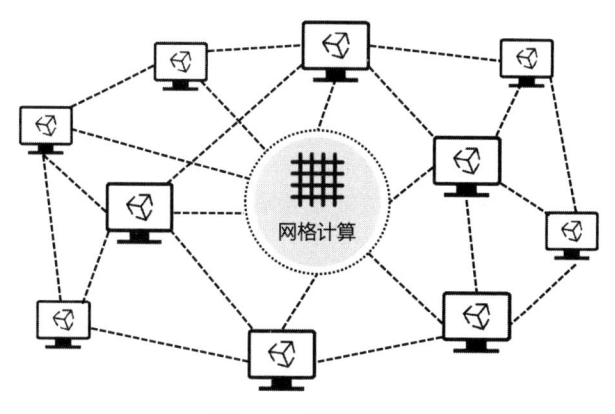

图 3.11 网格计算

网格计算是云计算体系结构的重要组成部分之一,网格计算对云计算很有帮助,它是并行计算理念在大规模分布式异构环境下的一种实现;它利用宽松耦合的资源池执行并行计算,解决更加复杂的大规模计算问题;它是并行计算的一种,属于并行计算的范畴,但其规模更大,环境更加复杂,应用也更加专注于高级科学计算。

它具有以下主要特征:

(1)大规模。通常包含海量的计算机、服务器、存储设备等资源,规模远超并行计算系统。
(2)资源异构。参与计算的资源类型、配置、归属等各不相同,提供商和管理方式也不同。
(3)地理分布。计算资源可以跨地理位置分布,属于不同的管理域。
(4)协调计算。各资源通过网络协调工作,共同完成计算密集型应用的执行。
(5)高容错性。由于资源分散和复杂的协调机制,网格计算系统通常具有较高的容错和自修复能力。
(6)复杂应用。更适用于数据密集型和计算密集型的高端科学技术应用,如分子动力学模拟、气候模式等。
(7)松散耦合。参与计算的资源属于不同的管理机构,协调工作主要依靠中间件与应用自身实现。
(8)共享资源。资源可以被不同的应用共享使用,以提高资源利用率。

可以看出,网格计算最大的特征在于它利用远大于并行计算系统的宽松耦合、异构、分布式的资源池,应对更加复杂庞大的科学技术计算问题,它通过资源的协调与共享,发挥出单一系统难以达到的强大计算能力。

3.6.4 虚拟化技术

1. 虚拟化技术的架构

虚拟化技术是云计算的基础,它可以将计算机的各种物理资源(如CPU、内存、存储、网络等)抽象出来,以虚拟的方式呈现给用户使用。从专业的角度来说,虚拟化技术通过软件模拟的方式实现计算机系统的抽象和隔离。它可以在一台主机上同时运行多个相互隔离的系统环境,每个环境都有自己完整的计算机系统结构,包括CPU、内存、I/O设备、操作系统等,并且都可以像真实系统一样运行操作系统和应用程序。虚拟化技术架构如图 3.12 所示。

简单地说，虚拟化技术把一台计算机划分成多台逻辑上的虚拟计算机，每个虚拟计算机都有自己的操作系统和应用软件，可以独立运行。但实际上，多台虚拟计算机是共享一台物理计算机的资源的。

虚拟化技术目前广泛应用于服务器集中化、数据中心等领域。通过虚拟化，企业可以实现物理服务器的高度集约化，减少设备投入，降低管理维护成本，实现 IT 资源的灵活调配，并为关键业务系统提供高可用的运行环境，使得虚拟化技术得以大规模应用于企业 IT 基础设施中。

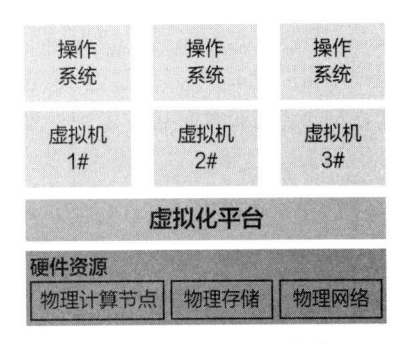

图 3.12 虚拟化技术架构

2. 虚拟化技术的特征及优势

虚拟化技术的主要特征及优势有：

（1）提高资源利用率。通过资源的复用和共享，实现一台计算机同时运行多个系统和应用环境。

（2）简化管理。可以通过统一的管理软件集中管理多个虚拟机，而无须物理访问实体服务器。

（3）灵活性和迁移性。可以方便地创建、删除、迁移虚拟机，满足运行环境的快速调整需求。

（4）安全隔离。相互隔离的虚拟机环境可以为应用程序提供独立的安全域，互不影响。

（5）高可用性。通过虚拟机的备份和快速迁移，提高系统容灾能力。一旦发生硬件或软件故障，可以快速恢复虚拟机运行环境。

3. 虚拟化技术举例说明

下面用一个简单的例子来说明虚拟化技术。

一台计算机配有 2GB 内存和 200GB 硬盘，原本只能安装一套操作系统和软件来运行，使用虚拟化技术后，这台计算机可以运行多套独立的操作系统和软件，比如：

（1）在 1GB 内存和 50GB 硬盘上运行 WindowsXP 系统。

（2）在 512MB 内存和 30GB 硬盘上运行 Linux 系统。

（3）在剩余的 488MB 内存和 120GB 硬盘上运行 macOS 系统。

三套系统相互隔离，但实际上是共享一台物理计算机的资源进行虚拟运行的。

使用虚拟化技术，一台计算机的运算能力、存储容量和网络带宽可以被划分成多个虚拟部分，满足多个操作系统或应用软件的运行需求，这使得物理资源的利用率最大化，也使应用软件可以跨操作系统平台运行。

4. 虚拟化技术的实现

虚拟化技术的定义在各厂商和组织中基本相同，都是指通过软件模拟的方式实现计算机系统资源的抽象和复用。但在实现技术手段和产品设计上，各厂商有较大差异。

VMware（云基础架构和移动商务解决方案厂商）提出了 hypervisor（虚拟机监视器）模式，在主机操作系统之上加了一层 hypervisor，实现硬件资源的抽象和分配。基于此开发出了 VSphere（VMware 开发的虚拟机内部署及管理容器软件）等产品，在 x86 服务器市场占有较大份额。

Microsoft（微软公司）的 Hyper-V（虚拟化产品）也采用了 hypervisor 模式，但整合在 Windows Server（微软开发的服务器操作系统）操作系统中，实现了更紧密的系统集成，主要面向 Windows（微软产品）平台。

KVM（开源的系统虚拟化模块工具）是 Linux（开源操作系统）社区开发的虚拟化技术，它没有 hypervisor 层，而是将虚拟化功能直接集成在 Linux 内核中，实现更高效的系统虚拟化，主要面向 Linux 平台。

Xen（开源虚拟机监视器）引入了 hypervisor 概念，但设计了较薄的 hypervisor 层与多套对称的虚拟机监控程序，对系统资源的抽象更为灵活，主要面向各种类 Unix（一款商用操作系统）平台。

Citrix（思杰公司）以 Xen 为基础开发了 XenServer（开源虚拟化平台），在此之上提供了虚拟应用和桌面基础架构，主要面向 Windows 和 Linux 平台。

3.6.5 SDN（软件定义网络）技术

SDN（software defined networking，软件定义网络）是一个新的网络架构理念，它通过软件的方式来定义、部署和管理网络设备及行为，实现对网络资源的智能化控制和程序化管理。

1. SDN 的技术架构

SDN 技术架构如图 3.13 所示。

SDN 架构通过将网络设备的控制平面和转发平面分离，使用软件的方式来定义网络设备的转发行为，主要包含：

（1）SDN 控制软件。控制整个网络，生成流表并下发到各网络设备。

（2）南向 API（应用程序接口）。控制器通过此 API 将流表等规则下发到网络设备，如 OpenFlow（网络通信协议）。

（3）转发层。由交换机、路由器等网络设备构成，接收控制器的流表进行数据转发。

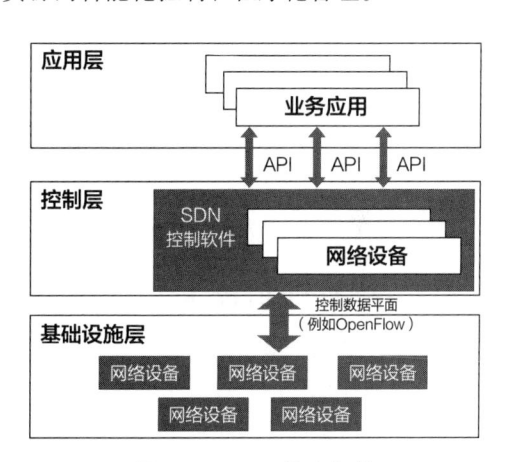

图 3.13 SDN 技术架构

（4）SDN 应用。基于 SDN 控制器实现的应用，提供网络功能，如路由、负载均衡、防火墙等。

2. SDN 的功能

SDN 架构实现网络资源的虚拟化和自动化管理，使网络更加灵活和智能。它正在普及至数据中心、广域网、企业网和运营商网络，正在重塑整个网络行业的发展方向，并改变数据中心网络的设计理念和管理模式。通过软件定义网络，实现对基础网络资源的虚拟化管理和业务需求的实时响应，使数据中心网络显得更加智能和灵活，未来将是主流的数据中心网络发展方向。

在数据中心网络中采用 SDN 架构，可以实现如下功能：

（1）自动化部署。通过 SDN 控制器自动配置网络设备，快速部署网络与服务。

（2）虚拟化管理。通过软件抽象化网络资源，实现网络的自动调度、扩容与优化。

（3）实时控制。SDN 控制器可以实时调整流表，快速响应虚拟机迁移和业务变化。

（4）简化操作。通过 SDN 应用软件实现网络功能，减少人工配置网络设备的复杂性。

运维人员可以采用软件方式来直接定义和控制整个网络的行为。它实现了网络设备的自动化部署和管理，以及网络流量的智能控制，提高了网络利用率并简化了网络管理的复杂性。

3. SDN 的应用

一部分公有云在其数据中心广泛采用 SDN 技术，其部署的控制器可以自动配置网络设备的流表，实时调度网络流量，实现虚拟机迁移不中断网络连接，大大简化了网络操作，并实现了网络资源的高效利用。

另一部分公有云的云数据中心采用 SDN 连接。在其交换机和路由器中支持 OpenFlow 等南向接口，可以连接各种开源的 SDN 控制器。用户可以通过控制器自动下发流表，快速定义转发策略，实现了网络设备的自动化部署与管理。

3.6.6 虚拟资源的管理与调度技术

云计算区别于单机虚拟化技术的重要特征是通过整合物理资源形成资源池，并通过资源管理层（管理中间件）实现对资源池中虚拟资源的调度。云计算的资源管理需要负责资源管理、任务管理、用户管理和安全管理等工作，实现节点故障的屏蔽、资源状况监视、用户任务调度、用户身份管理等多重功能。

3.6.7 海量分布式存储技术

为保证高可用、高可靠和经济性，云计算采用分布式存储的方式来存储数据，将数据分散存放在多台物理服务器上，通过软件体系结构与定制协议实现对多台物理服务器上的数据进行统一管理和访问；采用冗余存储的方式来保证数据的可靠性，即为同一份数据存储多个副本，以高可靠软件来弥补硬件的不可靠，从而提供廉价可靠的系统。

云计算的数据存储技术具有高吞吐率和高传输率的特点，能够满足云计算系统大量用户同时访问的需求，并行地为大量用户提供存储服务。

3.6.8 弹性伸缩技术

弹性伸缩是一项通过对系统适应负载的变化进行合适调控的技术。弹性伸缩有纵向和横向伸缩两种，纵向弹性伸缩是通过增加主机的配置来实现，但扩展性有限；横向弹性伸缩是通过增加实例资源，将资源整合在一起来实现的，扩展性比较强。实际应用中可以两者相结合，综合两者的优势，弥补劣势，解决大规模应用系统的快速增减和灵活调配资源问题。

3.7 云计算相关概念

与云计算相关的概念有很多，本书仅从雾计算、霾计算、边缘计算、云原生、智能计算、超级计算等进行简单阐述。

3.7.1 雾计算

雾计算（fog computing）是一种延伸云计算的新型计算模式，实现了云计算、网络边缘和终端设备的结合，使计算和存储资源可以部署在网络的边缘节点上，从而更加贴近数据源与数据使用端。

雾计算的主要特征是：

（1）资源集中在网络边缘。将计算、存储和应用服务部署在介于终端与云之间的网络边缘节点上，如路由器、交换机、网关等，使服务更加贴近数据来源和使用端。

（2）低时延和本地分析。由于资源部署在网络边缘，可以实现更低的时延，对本地数据进行实时处理和分析，满足一些对响应时间敏感的应用。

（3）云与边缘协同。雾计算与云计算结合，形成了一种层级化的新型计算架构。云负责集中管理全局资源和进行总体调度，边缘节点负责本地数据处理与邻近用户服务。

（4）扩展云计算范围。雾计算拓展了云计算模式，使计算不再集中在远程数据中心，真正实现了按需调度、就近使用计算资源，扩大了云计算的应用范围与场景。

雾计算作为一种新型的边缘计算模式，拓展了云计算的应用范围，使计算资源真正贴近用户，具备低延迟、增强的数据安全与隐私、支撑边缘人工智能等优势，必将成为云计算发展的重要方向，有助于构建一个覆盖云、Fog（边缘雾层）和终端从而更智能的新型网络边界。

3.7.2　霾计算

霾计算是一种新兴的分布式计算模式，其名称源于雾霾的概念，意在比喻数据中心（云计算）极度集中而产生的计算"雾霾"现象。霾计算将计算资源分布到网络的边缘，以便更接近用户和设备，从而提高计算处理的效率和速度。相比传统云计算的集中式架构，霾计算更加注重计算资源的分布式与边缘化部署，这使得一部分计算任务可以在离用户最近的边缘设备上进行处理，减少数据传输时间和带宽成本，提高了数据处理的实时性和可靠性。霾计算发展迅速，目前已经受到学术界和产业界的广泛关注和应用。

3.7.3　边缘计算

边缘计算（edge computing）是指基于物理边缘设备提供服务的一种计算模型。与传统计算方式不同，边缘计算可以提供更快的数据处理速度，同时也减少了云计算带来的网络延迟等问题。未来，随着更多数据和服务放到边缘设备上，边缘计算将更加具有竞争力。雾计算和边缘计算虽然都是分布式计算的概念，但它们之间存在一些区别：

（1）范围不同。雾计算部署在相对较近的网络节点上，通常是在物联网设备和云端之间的网关设备上；而边缘计算则更靠近设备，通常是在传感器、摄像头等设备本身或局域网的路由器上。

（2）处理方式不同。雾计算主要处理在接入层产生的数据，例如通过传感器收集的数据，将其进行初步处理并过滤掉无用信息后再传输到云端进行后续的深度处理；边缘计算则更多地针对实时性要求比较高的场景，例如机器人、自动驾驶车辆等需要立即响应的系统，在设备端实现数据的实时处理和决策。

（3）应用场景不同。雾计算更适用于需要大量数据预处理和分析的场景，例如智能家居、工业自动化等；而边缘计算更适用于需要实时响应和低延迟的场景，例如自动驾驶、智能交通等。

3.7.4　云原生

CNCF（cloud native computing foundation，云原生计算基金会）隶属于 Linux 基金会，其围绕"云原生"打造生态体系，服务于云计算，CNCF 对云原生的解释为：云原生技术有利于各组织在公有云、私有云和混合云等新型动态环境中，构建和运行可弹性扩展的应用。

云原生的概念一直以来都很模糊，虽然 CNCF 给出了解释，但是并不能让大家很好地理解云原生的理念。云原生（CloudNative）是一种构建和运行应用程序的方法，是一套技术体系和方法论。CloudNative 是一个组合词，云（cloud）+原生（native）。其中"云"表示适应范围为云平台，"原生"表示应用程序从设计之初即考虑到云的环境，原生为云而设计，在云上以最佳姿势运行，充分利用和发挥云平台的弹性和分布式优势。

云原生的代表技术包括容器、服务网格、微服务、不可变基础设施和声明式 API，这些技术能够构建容错性好、易于管理和便于观察的松耦合系统。结合可靠的自动化手段，云原生技术使工程师能够轻松地对系统作出频繁和可预测的重大变更。

（1）容器技术：容器化是云原生的基石，它实现应用程序与环境的标准化打包，使应用更易迁移、部署和管理。主流的容器技术有 Docker、Kubernetes（开源容器技术）等。

（2）服务网格：服务网格实现了微服务间的流量管理、安全保障、监控等功能，使微服务架构成为云原生应用的基础设计模式。主流的服务网格有 Istio 和 Linkerd（开源服务网格技术）等。

（3）微服务：将应用拆分为多个小服务，每个服务独立部署与管理，使应用具有高度可扩展性、敏捷性与灵活性。微服务是实现云原生架构的关键。

（4）不可变基础设施：基础设施即代码（infrastructure as code，IaC）管理模式，通过定义代码来构建和管理 IT 基础设施，使基础设施标准化、自动化，易于管理和扩展。

（5）声明式 API：声明式 API 表示用户定义所需状态，系统负责达成目标状态，使资源管理和应用部署高度自动化。Kubernetes 和 OpenFaaS 等系统都采用声明式 API。

简单来说：

（1）容器实现应用标准化与轻量化，使其灵活迁移与部署。

（2）服务网格实现微服务间通信的管理与治理。

（3）微服务实现应用的高度解耦与可扩展。

（4）不可变基础设施实现基础设施标准化，即代码化管理。

（5）声明式 API 实现应用与基础设施的高度自动化部署与管理。

这些技术有机结合，使应用系统具备自动化、弹性、敏捷等特征，可以充分发挥云计算环境的效能。它们共同构建了云原生应用开发与运行的技术框架，为应用的快速交付、弹性扩展与敏捷更新提供基石，实现云计算环境下新一代应用架构与运维模式的实现，成为企业数字化转型的重要动力。

3.7.5　智能计算

智能计算（intelligent computing）代表了计算机技术的发展方向，这一方向致力于赋予计算机和计算系统"智能"，它让计算机能够像人一样思考和决策，具备理解复杂问题、推理与判断的能力。

智能计算依托三大技术支撑：

（1）人工智能。人工智能让计算机具备特定领域专业知识，可以像专家一样进行判断和决策。人工智能通过机器学习、深度学习等技术来构建知识与能力，实现计算机的理解与推理。

（2）大数据。大数据为计算机提供海量知识和实例，让计算机可以发现复杂规律，获得洞察力。大数据支持计算机对多种信息进行关联分析，产生更加准确可靠的判断。

（3）云计算。云计算提供强大的计算资源和技术基础设施，支持大规模的数据存储、训练和计算。云计算使人工智能和大数据技术得以广泛应用，为智能计算提供平台与算力保障。

在这三大技术支撑下，智能计算可以让计算机进行自动驾驶、医疗诊断、金融投资等复杂工作，这彻底改变了我们与计算机的交互方式。未来，随着 5G、量子计算等新技术的发展，智能计算将实现更广泛应用，涵盖交通、教育、政府等更多领域。它以人工智能、大数据和云计算为基石，实现计算机对人类专业知识与复杂问题的理解，让计算机可以推理、判断和决策。这一方向的发展必将深刻改变我们的生活与工作，带来社会生产力的飞跃提高，推动新一轮科技与产业革命。

3.7.6　超级计算

超级计算（supercomputing）是高性能计算领域的发展方向，它追求极高的计算速度和处理海量数据的能力，可用于解决传统计算机无法满足的极为复杂的计算任务。

超级计算系统具有以下主要特征：

（1）极高的计算速度。超级计算系统的计算速度远超常规服务器与 PC，通常达到每秒十万亿次或更高的浮点运算能力，这使其可以在较短时间内完成极为复杂的计算与模拟。

（2）巨大的数据处理能力。超级计算系统具有大容量的内存与存储，可以在内存中操作超大规模的数据集，进行 PB 级别的数据分析与运算。

（3）并行与分布式架构。超级计算系统采用大规模的并行处理器架构，将一个计算任务分解为许多小任务，同时在多处理器上执行，然后聚合结果，使其可以实现超强的算力。

（4）专用化设计。超级计算系统的软硬件设计都针对高性能运算与大数据处理进行了专门优化，如使用专门的操作系统、文件系统与算法等。

（5）高性价比。超级计算具有较高的投入产出比，可以在一定预算内达到最大的计算能力，用于解决难以实现的复杂运算任务。超级计算有着广泛的应用，如国防军工、人工智能、生命科学、机械设计、金融建模等领域。

超级计算带来革命性的变化，它实现了计算机在高端领域的规模化与智能化应用，解决人类长期以来难以实现的极端复杂运算与模拟。随着超级量子计算机等新技术的发展，超级计算的性能和规模将不断提高，其应用也必将触及更广范围。超级计算代表高性能计算技术的发展方向，必将推动新技术的发展与突破。

3.8 云计算的优势

云计算作为一种新兴技术模式，其显著优势使其成为企业数字化转型的首选方案。云计算的优势主要源自其自身特征：

1. 按需服务、快速部署和自助计费

企业可以根据自己的需要，在云服务商获取所需的资源和服务。云服务商强大的技术支持能力和 PaaS、SaaS 的快速发展使部署更简单快捷。云计算提供的资源和服务采用自助计费模式，使企业可以清晰地了解所投入的资源和成本。

2. 弹性扩展和快速大规模部署计算能力

云计算具有弹性扩展能力和可以快速进行大规模部署的计算能力，对企业面向外部发布重要系统至关重要。例如，企业在自己的电商平台或销售平台开展促销活动或秒杀活动，传统方式对 IT 部门是一个较大挑战，需要准备大量服务器和网络资源以应对高并发和大流量访问场景。准备的资源未必能够承受高峰压力，访问高峰过后，许多资源会处于空闲状态。云计算平台基于按需服务、按用量计费和弹性扩展的特征，可以根据系统负载动态调整，按需计费，不会造成额外的资源浪费和资金浪费。超大规模的计算能力不仅可以帮助企业应对业务高峰，还可以帮助企业进行大规模计算任务，如大数据处理和复杂业务计算。

3. 云生态资源的共享和重用

云生态资源的共享和重用主要体现在以下几个方面：

（1）先进技术、经验和高性能设备资源的共享和重用。采用云计算平台，可以直接使用这些技术和经验，避免重复研发。采用云计算平台，还可以按需使用价格昂贵的高性能设备资源，提高性价比。

（2）行业数据和宏观环境分析数据的共享和重用。云计算发展到一定规模后，相关行业数据分析和宏观环境数据分析会在云平台上逐渐形成，这些数据可以为企业经营提供借鉴，企业本身也可能是数据生产者之一。

（3）云生态资源的高度利用。主要针对 PaaS 和 SaaS 层面的生态资源，依托优秀企业的 PaaS 和 SaaS 服务经验，将其产品化和服务化，并对外提供使用。对这类资源的利用，企业只需关注自身业务，无须关心底层硬件架构。业内领先的设计方案能为企业自身发展提供建设性指导意见。

3.9 云计算环境搭建

云计算是一种复杂的技术体系，其环境的搭建需要针对不同场景和应用需求进行综合设计和实现。云计算环境搭建是一个复杂而庞大的工程，可分为小型环境、中型环境和大型环境，需要有极高的技术水平和专业经验，这对于一般的企业和用户来说都是一大难点，企业需要有耐心和决心，投入必要的投资，才能成功搭建云计算环境，发挥其技术优势。本小节以搭建一个小型环境的天翼云 4.0 分布式云中心的实训云平台为例，通过对硬件系统层、云平台层和虚拟系统层的介绍，阐述构建云计算环境的硬件资源选择、平台系统配置、虚拟机软件安装等。

3.9.1 云计算环境整体架构

云计算技术架构由下至上提供基础设施、资源虚拟化与管理、预定义软件资源三个层面的能力。硬件资源层提供基本计算、存储与网络能力；云平台层实现资源的抽象、自动化与统一管理，提供 IaaS 服务；虚拟系统层在 IaaS 上提供 OS 与应用资源，实现 PaaS 与 SaaS 服务。

三个层面相互支撑，不断演进与优化，云计算的能力与服务日益增强。云计算正在从 IaaS 向 PaaS 与 SaaS 渗透，面向不同用户与应用提供广泛服务，助力用户实现数字化转型。云计算技术架构的不断升级和创新，将进一步释放技术与业务潜能，推动产业变革与进步。

天翼实训云平台采用的是 TeleCloudOS4.0 系统，天翼实训云平台分为三个层面：由物理主机、存储、网络等基础设施构成的硬件系统层；由 IaaS、应用部署等构成的云平台层；各类操作系统及其应用程序构成的虚拟系统层，天翼实训云整体系统架构如图 3.14 所示。

图 3.14 天翼实训云整体系统架构

（1）硬件系统层。由物理主机、存储、网络等基础设施构成，提供计算、存储、网络等基础资源，是云计算的物理基石。这一层面向 IaaS 服务，为云平台和虚拟系统层提供基础支撑与环境。

（2）云平台层。在硬件系统层之上，主要由 IaaS 构成。通过资源虚拟化、自动化部署等技术，提供计算、存储、网络资源的云服务，用于应用部署与运行，是构建虚拟系统的基础环境和运行平台。IaaS 面向云服务用户，提供资源与环境，用于部署和运行软件与应用。

（3）虚拟系统层。在云平台层的 IaaS 基础上，通过预定义的操作系统与应用程序实例，提供全配置的虚拟系统资源，如 OSaaS 与 SaaS 等，用户可以直接使用，构建自己的云环境与系统。此层通过虚拟化技术实现操作系统与应用的托管。

3.9.2 硬件系统层配置

天翼 TeleCloudOS4.0 实训云平台建立在企业级的数据中心基础设施之上，由 6 个机柜组成，包括云平台管理区、虚拟化资源区和物理资源区三部分，数据中心的硬件设备如图 3.15 所示。

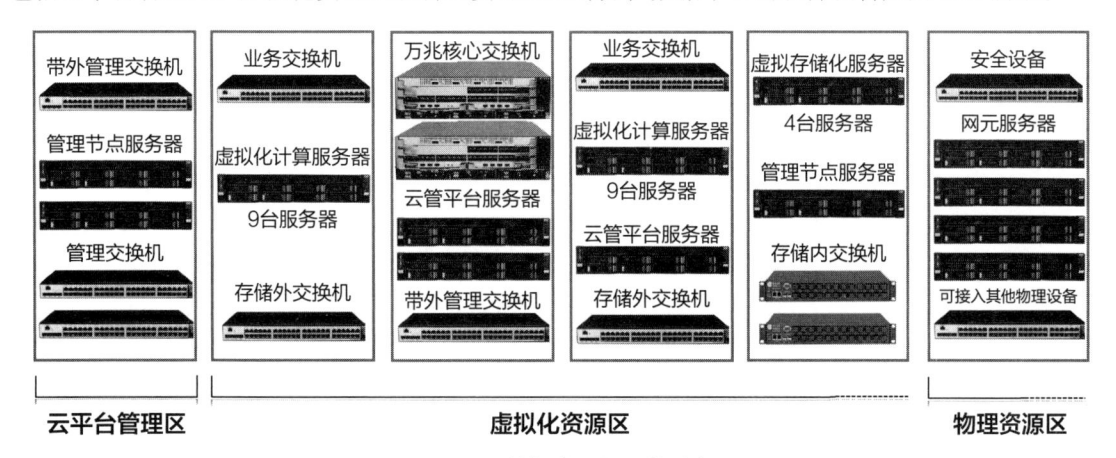

图 3.15 数据中心的硬件设备

1. 硬件系统层配置

（1）服务器。虚拟化资源区的 4 个机柜安装了 40 台机架式服务器，每台计算节点服务器的配置为 2 个处理器，768G 内存，2 个 960G SSD 硬盘，存储节点服务器配置双核处理器，256G 内存，2 个 960G SSD 硬盘。

（2）网络设备。包含 2 台 SDN 万兆接入交换机、多台万兆接入交换机和千兆带外交换机，用以搭建云平台局域网以及与外网的连接。

（3）机房环境设备。机房配电容量 120A，并加装容量 60kVA 可保证运行 2 小时的 UPS 断电保护系统、防静电地板、通风管道和空调，保证内部环境监控和物理安全。

实训云平台硬件配置如表 3.3 所示。

表 3.3 实训云平台硬件配置

序号	服务器类型	数量	单位	技术参数	部署方式	备注
1	管理节点服务器	3	台	CPU：2 个处理器 内存：512GB 系统盘：2 个 960G SATA SSD 硬盘 数据盘：6 个 8TB 3.5" 7.2k SATA，热插拔硬盘	裸机部署	
2	云管平台节点服务器	3	台	CPU：2 个处理器 内存：512GB 系统盘：2 个 960G SATA SSD 硬盘 数据盘：6 个 8TB 3.5" 7.2k SATA，热插拔硬盘	裸机部署	
3	网元节点（SDN）	4	台	CPU：2 个处理器 内存：384GB 系统盘：2 个 960G SATA SSD 硬盘	裸机部署	
4	虚拟化计算节点服务器	18	台	CPU：2 个处理器 内存：768GB 系统盘：2 个 960G SATA SSD 硬盘	虚拟化计算节点	

续表 3.3

序号	服务器类型	数量	单位	技术参数	部署方式	备注
5	分布式存储服务器	4	台	CPU：2 个处理器 内存：256GB 系统盘：2 个 960G SATA SSD 硬盘 缓存盘：2 个 3.2TB PCIE NVMe SSD 存储卡 数据盘：12 个 12TB 3.5" 7.2k SATA，热插拔硬盘	虚拟化存储节点	
6	统一云管理软件	1	套	统一云管平台，实现统一管理、统一运营、智能运维	软件安装	
7	虚拟化软件	36	套	实现计算虚拟化与基础运维功能，虚机、裸金属	软件安装	
8	分布式存储软件	175	T	分布式存储软件	软件安装	
9	核心交换机（100G）	2	台	1 块 72 端口 10GE 以太网光接口板（FD-G，SFP+）；24 个 10G 多模模块（850nm，0.3km，LC） 1 块 18 端口 100GE 以太网光接口板，满配光模块	设备安装调试	
10	业务交换机（25G）	2	台	25GE 接入交换机：48 个 25GE 光口和 4 个 100GE 光口，支持堆叠，支持 IPv6	设备安装调试	
11	存储外交换机（25G）	4	台	25GE 接入交换机：48 个 25GE 光口和 4 个 100GE 光口，支持堆叠，支持 IPv6	设备安装调试	
12	存储内交换机（25G）	2	台	25GE 接入交换机：48 个 25GE 光口和 4 个 100GE 光口，支持堆叠，支持 IPv6	设备安装调试	
13	管理交换机（10G）	2	台	48 个 10GE 光口和 4 个 100GE 光口，支持堆叠，支持 IPv6	设备安装调试	
14	管理带外交换机（1G）	2	台	48 个 GE 电口和 4×10GE 光口，支持堆叠，支持 IPv6	设备安装调试	
15	SDN 控制器	1	套	SDN 控制器软件系统	设备安装调试	

2. 硬件系统层安装

硬件系统层安装可以从以下几个步骤进行：

（1）设备上架。所有设备安装上机柜，安装过程中需保障所有设备不得通电，以免发生意外。

（2）网络布线。完成设备上架后，完成网线、光纤的布放工作。

（3）加电启动。完成所有设备的安装上架及布线工作后，进行设备加电操作，加电操作需由机房的动力专业人员进行，以免发生意外。

（4）初始化配置。设备完成加电启动后，可以进场进行设备的初始化配置，不同设备的初始化配置工作内容如下：

·交换机／路由器：串口登录、设备硬件检查、软件版本检查、软件版本升级、补丁加载、带外管理网络配置等。

·服务器：BMC 登录、设备硬件检查、软件版本检查、软件版本升级、BIOS 固件升级、磁盘 RAID 配置、BIOS/UEFI 配置、带外管理网络配置等。

（5）网络配置和调试。网络设备完成初始化配置后，进行网络设备的配置和调试工作。按照相关工程规范要求，导入网络配置脚本，完成脚本导入工作后，开始进行网络设备的调试。网络调试需要确保相关设备连接的端口可以正常使用，确保网络设备的配置状态正常，整体网络无环路等异常告警情况，为云平台的后续调试提供基础条件。

3.9.3 云平台层配置

天翼云 TeleCloud OS 4.0 云平台以 SDN 技术为核心，提供全栈的 IaaS 服务。IaaS 是云服务的最底层，主要提供计算基础设施的服务，包括处理器、内存、存储和网络。用户能够部署和运行任意软件，包括操作系统和应用程序。

云平台可分为管理节点、计算节点、存储节点和网元节点，安装步骤如下：

1. 管理节点

（1）在 3 台服务器管理节点上安装 TeleCloud OS 4.0 管理节点软件。
（2）初始化管理节点数据库，包括 MySQL 和 Redis 数据库。
（3）管理节点配置代理节点信息，设置计算节点和控制节点信息。

2. 计算节点

（1）在 18 台计算节点服务器安装 TeleCloud OS 4.0 计算节点软件。
（2）计算节点注册到管理节点，提供计算资源到管理平台。
（3）计算节点安装虚拟化平台，用于运行虚拟机。

3. 存储节点

（1）在 4 台存储节点服务器安装 TeleCloud OS 4.0 存储节点软件。
（2）存储节点初始化并创建存储池，用于提供块存储、对象存储和文件存储服务。
（3）存储节点注册到管理节点，将存储资源加入管理平台。

4. 网元节点

（1）物理网络连接管理节点、计算节点和存储节点。
（2）在 4 台服务器上安装 SDN 管理节点，配置 SDN 软件定义网络，将物理网络资源虚拟化。
（3）创建物理基础网络、虚拟化网络和 router，连接各网络节点。
（4）创建浮动 IP 网段，用于提供弹性公网 IP。
（5）配置网络 ACL 和安全组规则，实现网络安全隔离。

通过分层安装和配置管理节点、计算节点、存储节点及网元节点，构建一个资源完备、安全隔离的云平台。用户可以在该平台上快速进行主机组创建、存储池配置、操作系统镜像上传、虚拟机规格创建、虚拟机模板制作、租户单位创建、租户 VDC 创建、虚拟网络创建、租户虚拟机创建等工作。可实现云业务的快速部署，为用户按需提供逻辑隔离的 VPC（virtual private cloud，虚拟私有云）。在 VPC 中，用户可以获得虚拟化、物理、安全（防病毒/入侵防御/防火墙等）、存储以及专业软件等资源服务。

3.9.4 虚拟化系统层配置

虚拟化技术就是将各种实体物理资源（处理器、内存、存储、网络等）予以抽象并转换成多个逻辑单元，从而打破实体结构间不可分割的障碍，实现对资源的最大化利用和最优化管理。当前业界主流的虚拟化技术主要有 VMware、KVM、Hyper-V 等。

根据用户需求，对不同的操作系统，选择适当数量的服务器，运用虚拟软件创建虚拟机，并动态分配好 CPU、内存、硬盘、I/O 设备及网络资源。将所需要的软件及其环境安装配置到虚拟机中，利用系统的镜像管理功能将其制作成模板，通过系统快速映射给对应的虚拟机，最后通过交换机、路由器、服务器，实现个人电脑与虚拟机之间的操作。

TeleCloudOS4.0 采用的是 KVM 虚拟化技术，内置了包括 Windows 和 Linux 在内多种操作系统的虚拟机。

1. Windows 操作系统

虚拟机使用的是 Windows Server 2023 版，它是新一代服务器专属操作系统，可快速构建、部署和扩展应用程序及网站。Windows 系统的应用多为图形化界面，所以此类虚拟机可通过 RDP（remote desktop protocol，远程桌面）协议远程访问，而远程桌面客户端在大多数 Windows 系统是默认自带的，使用非常方便。

2. Linux 操作系统

虚拟机使用的是 CentOS 和 CTyunOS。Linux 操作系统免费开源、性能稳定、安全高效，在大数据、云计算、物联网和人工智能领域应用非常广泛。Linux 系统的应用主要以命令行界面为主，终端用户可以通过 SSH 协议远程访问。但是随着人工智能、机器人等应用的兴起，对 Linux 图形化界面的需求逐渐增多，VNC（virtual network console，虚拟网络控制台）便是 Linux 系统下提供图形化界面远程访问的主要软件。

3.10 企业上云

随着云计算的蓬勃发展，各行各业开始纷纷上云，但是在上云的道路上各自不同，根据企业的规模、技术特点、保密性的要求，以及云计算的四种部署模式，企业上云可选择公有云、私有云、混合云、社区云四种方式。并且由于云计算提供三种不同的服务模式，企业上云也可以根据自己的业务需求来制定不同的上云方案。以下主要介绍企业在上云的过程中的一些要点，包括为什么要上云、怎么上云、都有哪些考虑点、云上有什么样的技术，最后提供一个上云实例过程作为参考案例。

3.10.1 企业为什么要上云

工业和信息化部在 2018 年 7 月发文《推动企业上云实施指南（2018—2020 年）》，提出到 2020 年推动行业企业上云。全国新增上云企业 100 万家，形成标杆应用案例 100 个以上，并培育有影响力、有带动力的云平台和企业上云体验中心。同时，此举鼓励各地区加快推动云上创新创业，支持各类企业和创业者以云计算平台为基础，积极培育新产业、新业态、新模式。

云计算服务为企业提供了重要的 IT 转型支撑，极大地简化和降低了 IT 服务的复杂性和成本。企业以云计算平台为基础，快速实现收益和效率的方式，将传统的烟囱式部署转向云端部署。

随着云计算和其他新技术的发展，数字经济已成为不可逆转的发展趋势。各企业正加速数字化转型，而上云已成为企业拥抱数智化变革的第一步。

目前，企业选择上云主要有以下几点原因：

（1）上云有利于企业快速部署新技术与新业务。云计算以其快速弹性的计算、存储与网络资源，可以让企业快速构建新业务系统与部署新技术，实现业务创新与变革，这是数字化转型的重要保障。

（2）上云降低了 IT 投入，优化了成本结构。云计算可以让企业以按需付费的方式获得 IT 资源，不需要过度投资于自建机房与设备，大大降低 IT 投入，优化企业成本结构，这也为企业数字化转型腾出资源与空间。

（3）上云提高了企业业务的灵活性与扩展性。云计算具有很高的可扩展性，可以根据业务需求弹性扩展或收缩计算资源，更容易应对业务需求的变化，这也是数字化转型的需要。

（4）上云可以推动企业应用持续升级。云计算平台上的应用系统可以快速升级，让企业更容易进行新技术与新版本的验证与部署，推动关键业务应用的更新迭代，这也有利于企业技术与业务能力的持续提高。

（5）上云可以提升企业运营效率与敏捷性。云计算的各项服务有助于简化企业 IT 系统的部署与运维，提高运营效率。同时，云计算的灵活性也可以提高企业应变与创新能力，这些都有利于企业数字化转型的推进与深入。

3.10.2 企业上云的难点

企业上云是指信息化建设的载体从本地架构转移至云计算架构，即通过网络将企业的 IT 基础信息系统、管理软件和业务应用部署到云平台，利用网络便捷地享用云服务商提供的弹性计算、存储、应用、数据管理和保护等服务，以此提高 IT 资源的配置效率，加强数据和业务连续性安全管理，降低信息化建设和维护成本，满足企业线上业务应用的快速、灵活部署。

大中型企业的 IT 基础设施一般都有比较重的历史包袱，如应用系统为部门级而非企业级、数据割裂且格式不统一、烟囱式部署架构、无法按需扩展等，因此企业上云，主要有以下几个难点：

（1）云化架构转型缺乏相应的组织架构及人才队伍。从上层管理层到中层及下层技术人员，都要首先从意识形态上接受并主动拥抱云，理解云的架构、云的特点，建立起适合云计算发展的组织架构，培养相应的人才队伍，才能更好地做云化转型。

（2）原有的 IT 架构难以向云端迁移。云以虚拟化、开源技术、分布式技术为主，而原有的 IT 架构大多使用了大型机或小型机、相对重量级的中间件和数据库，并且以闭源厂商的产品为主，因此无法把现有的系统直接搬上云，必须要做云化改造。

（3）原有系统复杂，系统重构难度大。由于历史的原因，所建立的系统必须要做重构，由单机系统转换重构为云化系统，采用云化架构，使用适合云部署的技术，如虚拟化、容器化、微服务化，同时基础设施要建立相应的计算、网络、存储等资源池，采用计算虚拟化、SDS、SDN、Docker 等技术。

3.10.3 企业上云方向的选择

根据自身的特点，选择上云的方向，既要满足监管的要求、企业的需求，也要考虑自身能力，切不可盲目跟风，选择与自身实力不匹配的方向，企业上云可以从以下几点考虑：

（1）大中型企业。这类企业自身盈利能力较强，抗风险能力较强，IT 基础设施投入较大，一般都会选择自建私有云，同时会考虑输出部分云计算能力给其他中小微企业使用。

（2）小型企业。这类企业因自身规模没有大中型企业大，IT 基础设施投入相对要小，可以选择混合云或者公有云，自身因为数据保密的要求，将核心关键的系统建立在私有云中，对于不关键的系统可以使用公有云，以此降低 IT 投入成本。

（3）微型企业。这类企业对于成本比较敏感，IT 投入比较小，不会将精力过多地投入到 IT 建设中，可以选择部署在比较好的公有云，甚至完全托管在其上，将精力聚焦在业务发展上，用最小的成本承载更多的业务。

（4）监管要求明确的企业。这类企业一般都属于特点比较明显的行业，比如银行、证券、保险等，由银保监会、证监会监管，对于系统的高可用级别、灾备能力、数据安全等有比较高的要求，需要按照监管机构的要求，使用安全等保三级及以上的私有云。

3.10.4 企业上云的策略

企业上云可以分为三个层面：基础设施上云、业务系统上云和基础平台上云。根据不同的业务系统与应用特点，需要采取不同的上云策略。

1. 基础设施上云

企业的 IT 基础设施主要包括机房、计算设备、存储设备、网络设备及一些配套的安全、终端等，上云最主要解决的就是在这些领域都采用什么技术、怎么实现云化基础设施。

（1）计算领域。可以采用 VMware、KVM、Xen 等虚拟化技术以及 Docker 等容器技术，提供 IaaS、PaaS 服务。

（2）存储领域。可以采用块存储、文件存储、对象存储等技术，实现 SDS。

（3）网络领域。可以采用 NFV、SDN 等技术实现 SDN。

（4）办公终端领域。可以采用桌面虚拟化实现桌面的云化管理。

2．业务系统上云

企业的业务系统在上云时不一定要齐步走一起上云，需要根据实际情况分批分步骤上云，策略如下：

（1）从外围到核心。先从外围系统不重要的管理办公类系统着手，做系统改造或者重构后上云，比如人力资源管理、办公系统、电子邮件、考勤、日志管理等系统；其次选择重要性低的一般交易性系统，如渠道类的网站、机构管理、监控、呼叫中心等；最后选择核心交易类的系统，如网银、手机银行、信贷、财务会计、代收代付等系统。

（2）从简单到复杂。先从 Web 服务器、应用服务器入手，部署 Web、业务应用的资源池，实现云化部署，再建立云数据库、分布式云数据库，实现数据库云，将所有基础设施实现云化部署。

（3）集中力量从核心到外围。利用建设新一代核心系统时，集中力量，做企业级建模将核心的业务进行重构，分期将重要 IT 系统生产环境搬上私有云，老系统逐步下线，完成云化改造。

3．基础平台上云

除了基础设施及业务系统，对于一些通用的基础平台，如大数据、区块链、物联网、人工智能都是上云的方向，并且是未来的主流方向之一，不必重复建设复杂而又庞大的平台，直接使用云上的大数据、区块链、物联网、人工智能等服务，更好地为业务服务，开发更多的业务场景，提升资源使用效率，获得更高的利润。

3.10.5　企业上云实践步骤

1．组建上云的组织架构

企业上云工程比较复杂、繁琐，可能需要从企业的价值链分析、建模，到业务流程的重构，再到应用系统的适配云化开发，最后到基础设施的云计算环境构建，一环扣一环，需要上层领导重视、中层主导、下层实施，建立一体化的推进组织，才能更好地完成云化建设。

2．选择云化策略

根据不同的系统实际情况，实施不同的策略：

（1）业务重构、系统新建。业务流程完全重构，开发新的业务系统，采用新的技术上云。

（2）业务不变、应用改造。业务流程不变，应用部分做改造，适应云化基础设施后上云。

（3）业务不变、包装上云。业务流程不变，应用基本不变，基础软件升级或替换后上云。

（4）业务不变、系统不变。暂不上云，待系统被代替自然消亡。

3．制定推进计划

企业负责上云的责任部门制定整体计划，负责推进执行，协调各方资源、职能处室、厂商等共同根据计划推进。

4．部署实施

基础设施根据云计算整体规划、资源池方案、实施工艺、系统资源需求清单等，构建云计算资源池、供给资源，提供应用系统上线基础环境。

5. 数据迁移

根据老系统需求，做数据清洗、转换、迁移进入新系统环境，可以使用数据库迁移（如数据库主从同步工具等）方案、存储同步方案、工具迁移方案进行数据迁移工作。

6. 应用上线

最终，应用系统完成上线前的部署、技术测试、业务测试，将业务切换至新系统运行。如果涉及多系统联合上线，就要做好多系统的协同和联调工作，并做好上线失败后的回退方案。

（1）上线保障。上线过程中，需要提供人员、车辆、通信、工位、办公场地、食宿等后勤保障工作。

（2）网络切换。包括网络访问关系开通、DNS 切换等网络切换工作。

（3）平台切换。包括操作系统、数据库的启动，保证搬迁环境的系统部署一切正常。

（4）应用切换。包括外部关联应用系统的切换（如指向原对外服务 IP 要改为指向新对外服务 IP）、本应用的切换（停止原系统应用，启动新应用，新应用对外服务）等。

（5）业务验证。做完应用切换后，需要技术人员及业务人员做好业务验证工作，保证业务切换成功。

3.10.6 上云应用场景实例

某汽车制造企业随着业务规模的扩大和客户服务要求的提高，传统的信息系统在计算能力、存储空间、信息共享等方面越来越捉襟见肘，这直接影响企业的运营效率和服务质量。

为解决这一难题，云改造是一个很好的选择方案。它能够帮助汽车企业构建一个灵活的信息平台，满足日益增长的业务量需求。企业可以利用云计算的高扩展性部署一个高性能的生产管理系统，通过云存储实现全生产数据的集中管理分析，提高生产力。同时，云平台还可以搭建客户服务系统，利用云通信等服务实现与客户的深度互动，提供更个性化的服务体验，增强客户满意度。以下以该企业业务系统上云改造为例，介绍企业上云在实际场景中的应用：

1. 该企业上云组织架构

为了对该企业上云进行有效的组织管理，企业组建了相应的组织架构，如图 3.16 所示。

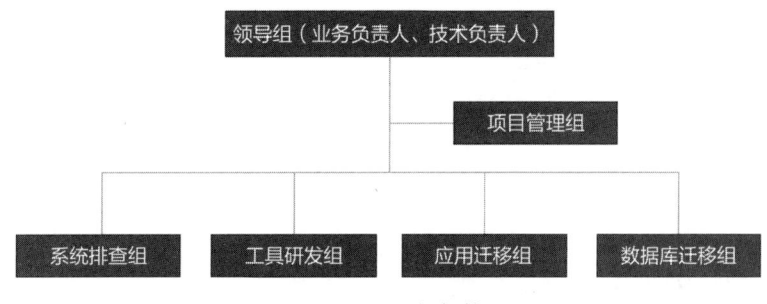

图 3.16 组织架构

（1）领导组：领导并负责整个项目，包括一名业务负责人和一名技术负责人。

（2）系统排查组：负责全部待迁移系统的排查，包括信息收集、整理、统计等。

（3）工具研发组：负责迁移工具研发、方案验证、方案文档写作等。

（4）应用迁移组：负责应用环境的迁移，包括方案沟通、确定、实际迁移、测试、交付等所有环节。

（5）数据库迁移组：负责数据库环境的迁移，包括方案沟通、确定、实际迁移、测试、交付等所有环节。

2. 业务系统云化策略

根据不同的系统实际情况，实施不同的策略：

（1）重新搭建的业务系统平台，如客户关系管理系统（CRM）、大数据分析平台系统、供应链管理系统（SCM），直接采用云计算技术部署上云。

（2）汽车制造业务应用系统，如产品生命周期管理系统（PLM）、企业资源计划系统（ERP）等，重构适应云化基础设施后实施上云。

（3）需要升级的业务系统，如集成电子化平台、能源管理系统（EMS）、企业 OA 系统等，以云计算技术升级后上云。

（4）其他应用系统平台暂不上云，待系统被代替自然消亡。

（5）部分服务器、网络设备及安全设备可利旧。

（6）业务系统云化资源调查表及云化策略如表 3.4 所示。

表 3.4 资源调查表及云化策略

序号	业务系统类型	业务系统名称	服务器配置	数量	操作系统	数据库系统	是否集群	是否上云
1	重新搭建的应用业务系统平台	客户关系管理系统（CRM）	Intel Xeon E5-2650 32核，512G，10T	2	Windows Server 2012	mysql8	无	上云
		大数据分析平台系统	Intel Xeon E5-2650 64核，1T，80T	6	Contos7.5	Oracle 12c	有	上云
		供应链管理系统（SCM）	Intel Xeon E5-2650 16核，256G，2T	2	Contos7.5	mysql5.6	无	上云
2	老旧制造业务应用系统	产品生命周期管理系统（PLM）	Intel Xeon E5-2650 32核，512G，20T	2	Windows Server 2010	win2010	无	上云
		企业资源计划系统（ERP）	Intel Xeon E5-2650 128核，512G，100T	10	Windows Server 2012	Oracle8i	有	上云
3	需升级的业务系统	集成电子化平台	Intel Xeon E5-2650 32核，2T，300T	2	Windows Server 2003	mysql5.5	无	上云
		能源管理系统（EMS）	Intel Xeon E5-2650 32核，256G，10T	4	Windows Server 2000	mysql8	无	上云
		办公 OA 系统	Intel Xeon E5-2650 32核，256G，5T	2	Windows Server 2012	mysql5.6	无	上云
4	其他应用系统平台	后勤管理等	Intel Xeon E5-2650 32核处理器，512G，5T	5	Windows Server 2003	mysql5.5	无	不上云

3. 上云计划和推进

项目管理组制定整体计划，负责推进执行，制定业务系统上云时间计划进度表，协调各方资源、职能处室、厂商等共同根据计划推进。

4. 部署实施

1）企业私有云平台架构

该企业采用 TeleCloud OS 4.0 整合服务资源，通过计算虚拟化、存储虚拟化、网络虚拟化等方面的系统关键技术，对计算、存储、网络进行虚拟化管理，形成统一的私有云计算平台。

该企业私有云平台可分为信息化云计算中心和天翼云灾备中心两部分。信息化云计算中心是该企业的生产中心，划分为业务应用系统和数据库系统平台两个区域，天翼云灾备中心负责整个生产中心的数据容灾，企业私有云平台架构如图 3.17 所示。

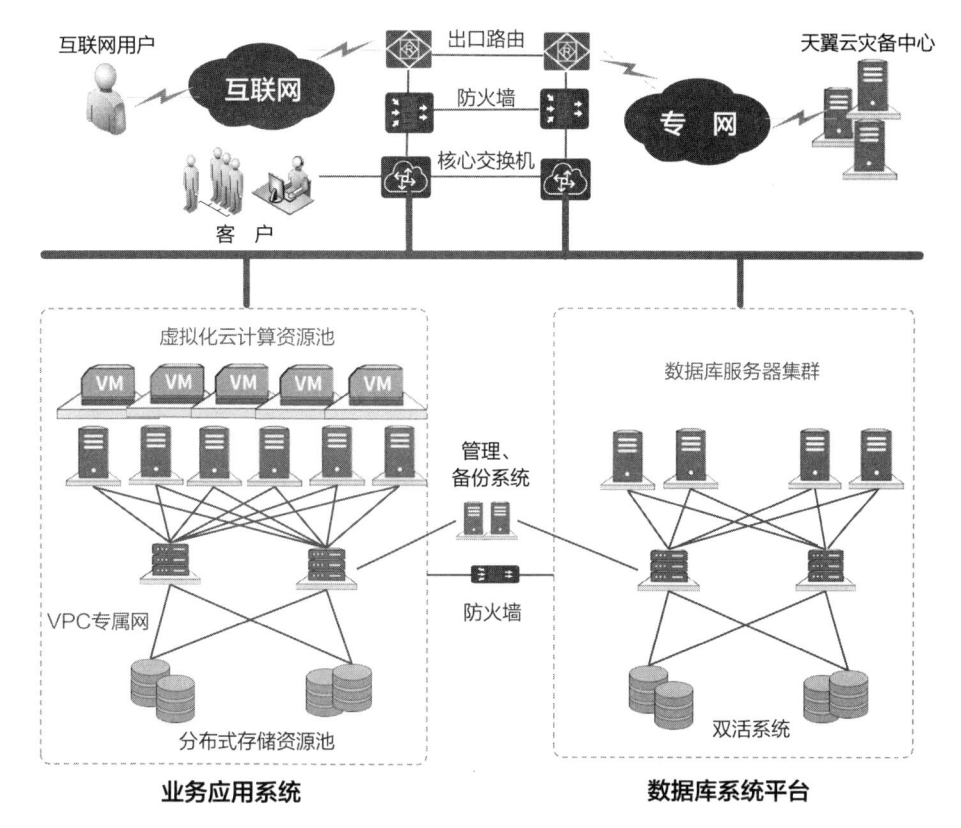

图 3.17　企业私有云平台架构

（1）业务应用系统。业务应用系统区域建设有虚拟化云计算资源池和分布式存储资源池，该企业的业务应用系统部署在虚拟化云计算资源池中，各业务系统划分在不同的 VPC 专属网中，相互隔离。

（2）数据库系统平台。数据库系统采用物理服务器集群双活部署，保证系统具有高可用性。数据库系统与业务应用系统之间用防火墙隔离，保障数据安全。

（3）灾备中心。该企业在天翼云上部署了灾备中心，与企业信息化云计算中心专线互联，采用数据备份和灾备系统对该企业的业务数据进行实时的备份和容灾，在灾难发生时，保障业务数据不丢失。

2）企业业务系统资源池规划

根据企业资源调查表进行业务系统资源池规划：

（1）云计算资源池服务器规格数量：4 个 CPU 共 32 核，内存 512G，硬盘 2T 共 20 台。
（2）分布式资源池服务器规格数量：2 个 CPU 共 16 核，内存 512G，硬盘 2T 共 10 台。
（3）管理节点及备份服务器规格数量：4 个 CPU 共 32 核，内存 512G，硬盘 2T 共 10 台。
（4）数据库集群服务器和存储：4 台物理服务器和 2 台集中式存储系统，部署为双活集群。
（5）安全及网络设备数量：2 台核心交换机，若干台接入交换机，另外部署符合等保三级标准和要求的网络安全设备和系统。
（6）网络传输速率：核心层 40Gbps，接入层 10Gbps。

3）云计算应用系统上线基础环境准备

企业进行上云前期工作时，必须对原有的机房基础设施进行升级改造，包括机房建设、电力系统、制冷系统和环境监控系统等方面。确保这些基础设备能够满足云计算中心的整体需求。尤其需要特别注意的是，企业机房的 UPS 电力系统必须在面对电源切断的情况下能够持续为云计算中心提供 2 小时以上的稳定备用电源，以保证云计算中心能够稳定高效地运行。

5. 数据迁移

针对待迁移企业应用系统情况，制定出新建迁移、克隆迁移和双活迁移方案，并采用不同的迁移工具。

（1）新建迁移。对能够重新搭建的客户关系管理系统（CRM）、大数据分析平台系统、供应链管理系统（SCM），采用新建迁移方式，在云平台上重新搭建一套业务系统。在新系统运行后，将原有系统下线，新建迁移如图 3.18 所示。

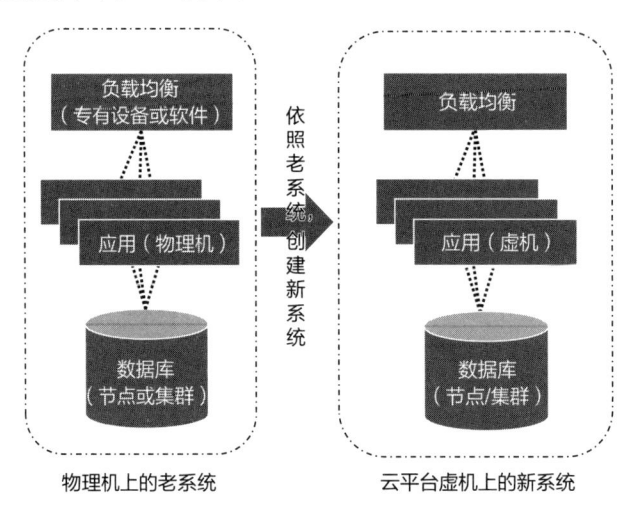

图 3.18　新建迁移

（2）克隆迁移。将集成电子化平台、能源管理系统（EMS）所在的原有物理机或虚拟机的系统，转换完成后拷贝至云平台，然后再基于该镜像创建新虚拟机，克隆迁移如图 3.19 所示。

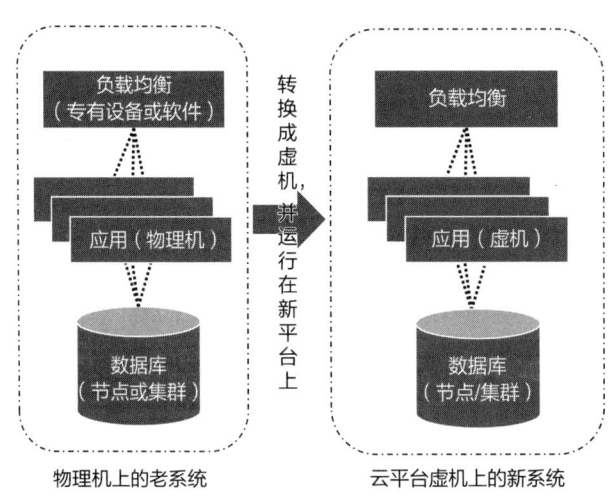

图 3.19　克隆迁移

（3）双活迁移。针对无法停机的产品生命周期管理系统（PLM）、企业资源计划系统（ERP）、OA 业务系统，制定双活迁移方案。业务系统流量在迁移期间由新旧两套系统支撑，并逐步切换到新系统上，最后再将老系统下线，双活迁移如图 3.20 所示。

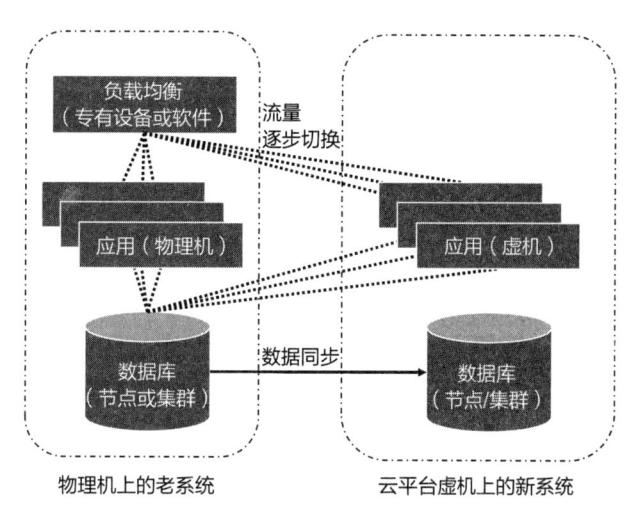

图 3.20 双活迁移

（4）迁移工具的选择。企业根据不同情况采用不同的迁移工具进行上云操作，数据库集群系统采用数据库厂家迁移工具，业务应用系统采用天翼云在线迁移工具，在线迁移如图 3.21 所示。

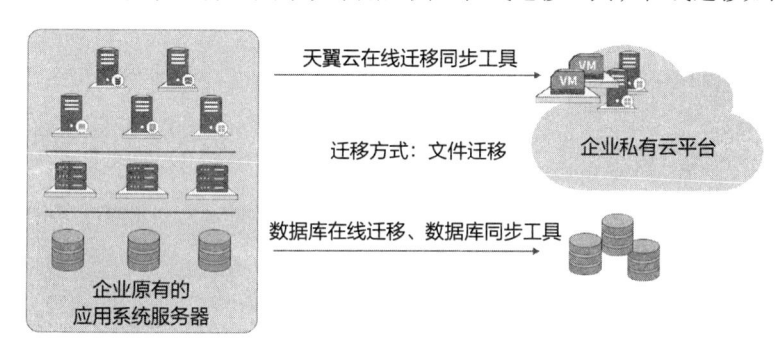

图 3.21 在线迁移

迁移过程中，采用系统迁移工具迁移可以实现以下几点：
① 热：在生产业务不停的环境下，实现系统的整体热迁移。
② 多：支持上千台系统及异构硬件的迁移，支持跨云及虚拟化平台迁移。
③ 简：只需操作系统一致便可一键式操作，且迁移过程可随时中止及回退。
④ 准：整个迁移过程时间可预测，实现按计划迁移。
⑤ 同：迁移过程安全可靠，实现源机与目标机的数据同步，保证业务的正常切换。
⑥ 快：字节级增量数据传输，适合本地到云端、云到云之间的长距离、窄带宽迁移。

6. 应用上线

应用上线是一个复杂的过程，需要对各类风险与影响因素进行全面评估，并做好全流程的管理与控制。该企业上云前，做好上云流程的规划与实施，并与云集成商进行了充分沟通与配合。该企业深入分析业务系统对云环境的依赖性与要求，制定出安全可靠的迁移方案与切换策略，最大限度降低上云带来的风险，实现应用系统稳定可靠地运行于新云计算环境，最后做好上线失败后的回退方案。

（1）上线保障。上线过程中，需要提供人员、车辆、通信、工位、办公场地、食宿等后勤保障工作。

（2）网络切换。应用系统上云后对网络部分的切换进行详细分析，包括 VPC 规划、DNS（域名系统)迁移、网络安全、切换方案制定与执行等方面,并在切换后着重提出 DNS 解析监控、网络带宽调整与网络优化的重要性,以确保应用系统在云上获得高质量的网络环境与保障。实际网络迁移工作的复杂性因应用系统与企业网络架构的不同而不同。当应用系统上云运行后,云环境网络切换主要工作有:

①VPC 规划。根据应用系统的网络架构与安全要求,规划云上虚拟私有云网络,包括子网划分、路由表、网络 ACL 等。

②DNS 迁移。将应用系统使用的 DNS 服务器迁移至云 DNS 或自建 DNS,并配置云网络与用户使用的 DNS 服务商实现互通。

③防火墙迁移。如果应用系统使用物理防火墙进行网络隔离与控制,需要将其功能迁移至云防火墙,并调整防火墙策略与规则以适应云网络架构。

④网络安全配置。配置云网络的安全组、网络 ACL 与云防火墙等,控制不同子网、实例与服务器之间的网络访问,保证应用系统的网络安全。

⑤网络切换方案。制定网络切换的时间表与操作指南,在系统上线时按照切换方案将用户与系统网络切换至云网络,确保网络畅通与安全。

⑥DNS 解析监控。上线后密切监控用户网络 DNS 解析至新网络的情况,若发现 DNS 污染等问题要及时处理,避免用户无法访问新系统。

⑦带宽调整。根据新系统运行监控情况,对云网络的带宽进行适当扩容或调整,确保网络质量满足系统运营要求。

⑧网络优化。根据运行情况,不断优化云网络的配置,包括子网划分、路由策略、安全组规则等,提高网络的安全性、高可用性与性能。

(3)平台切换。对已迁移到云上的客户关系管理系统(CRM)、大数据分析平台系统、供应链管理系统(SCM)、产品生命周期管理系统(PLM)、企业资源计划系统(ERP)、集成电子化平台、能源管理系统(EMS)、办公 OA 系统、后勤管理等操作系统、数据库进行启动验证,验证业务系统平台能够在云平台上运行正常,保证搬迁后的业务系统环境部署一切正常。

(4)应用切换。当全部迁移上云的业务系统能够在云上运行正常后,就可以依次对企业业务应用系统进行应用切换,在切换过程中需要注意以下方面:

①业务影响评估。评估应用切换对企业各业务系统与流程的影响,制定业务连续性方案,降低风险。

②切换时间表。根据应用关系与业务要求,制定应用模块及接口的切换时间表,控制切换速度与顺序。

③并行执行。在部分应用完成切换前,需要两套环境并行运行,验证处理结果的一致性。

④数据一致性。应用数据在迁移切换过程中实现同步,确保新老环境的数据统一且业务连续。

⑤网络连通性。应用服务器上云后,需要与相关系统的网络实现互联互通,确保接口调用等正常运行。

⑥配置验证。应用服务器部署在新环境后,需要验证其配置、功能等符合预期要求,并根据需要进行调整。

⑦故障切换。在出现应用切换故障或异常情况下,需要快速切回原环境,或部署一套可快速替换服务的备用环境。

⑧日志与监控。应用切换过程的每一步操作均需记录详细日志,并对关键应用与接口进行监控,发现问题可以快速定位与修复。

⑨人员演练。应用切换前,相关技术与运维人员需要参与切换过程的演练,熟悉流程与步骤,提高应对能力。

应用切换可分为外部关联应用切换和自身应用切换两部分，应用切换过程中需要考虑内外部依赖与调用等因素。在切换外部应用和自身应用时，制定详细切换方案与时间表，并做好并行验证，最大限度降低切换风险。

根据该企业应用系统的具体情况制定的应用切换策略如表 3.5 所示。

表 3.5 应用切换策略

序号	切换类型	切换内容
1	外部关联应用切换	（1）接口地址更新。需要将调用原应用接口的 URL 地址更新为新环境应用的接口地址
		（2）DNS 更新。如果外部应用通过域名访问原应用，则需要将域名解析到新环境应用的 IP 地址
		（3）并行验证。在更新前，需要同时将流量指向新旧两套环境，验证处理结果与数据的一致性
		（4）访问测试。在更新完成后，需要对应用进行访问测试，确保其可以正常调用新环境应用的接口与功能
2	自身应用切换	（1）服务停止。按照计划停止原应用系统中各应用模块与组件的服务
		（2）数据迁移。在服务停止窗口期内，完成应用数据的迁移工作
		（3）新应用启动。在云环境启动各应用模块与组件的服务
		（4）功能验证。启动后，对应用系统进行全面功能与性能验证，确保符合预期要求
		（5）问题修复。根据验证情况，针对发现的问题与异常进行修复工作
		（6）优化提高。持续优化新环境应用的部署与配置，提高系统的高可用性、弹性扩展能力等

（5）业务验证。业务验证是确认应用切换成功与否的关键过程。技术与业务人员密切配合，全面验证业务系统功能、性能与用户体验等各方面是否达到要求。发现的问题及时快速响应，并在问题解决后进行重新验证。

业务验证主要包含以下工作：

① 接口测试。对应用提供的接口进行全面测试，验证接口功能、返回结果、性能等是否正常，能否满足业务需求。发现问题需要及时修复。

② 功能验证。按业务流程在应用中进行操作，验证所有业务功能能否正常实现，并得到正确结果。如遇功能异常情况，需要立即修复。

③ 并行验证。在关键业务处理环节，需要在新旧环境并行操作，比较结果是否一致，确保数据迁移正确性。

④ 性能测试。对应用的关键业务流程与接口进行压力测试，验证在高并发下系统的响应时间及资源利用率能否满足要求。如性能不满足要求，则进行优化调整。

⑤ 用户体验。邀请部分用户使用新环境应用，收集其使用体验与反馈意见，分析新系统在用户端的友好度、易用性等，并进行改进。

⑥ 日志分析。分析应用产生的日志，查看是否包含异常日志，并对应用运行情况与访问流量进行分析，帮助掌握系统状态及发现潜在问题。

⑦ 问题跟踪。与测试人员及用户沟通，跟踪问题反馈情况，及时确认、修复问题，并在问题修复后进行回归测试，确保问题得到彻底解决。

⑧ 最终验证。在问题修复与测试工作完成后，对最终验证环境应用进行全面检查，确认已达到上线要求，随后进行上线发布。

第 4 章 云计算在数智科技工程的应用案例

他山之石，可以攻玉

"他山之石，可以攻玉。"中国电信边缘云平台、银行混合多云管理平台、汽车集团公司云桌面平台等都是数智科技工程云计算建设效果较好的综合案例。本章将对这些案例进行简要的介绍，以启迪关心数智科技工程建设事业的同仁，为我国数智科技工程的建设与发展起促进作用。

4.1 中国电信边缘云平台的建设案例

中国电信股份有限公司的边缘云（MEC）平台建设卓有成效。该平台基于自研的云阶虚拟化软件和云磐分布式存储软件构建一体化云底座，已广泛应用在智能制造、云视频直播等一系列场景中。

4.1.1 平台概述

边缘云计算是 5G 的核心技术之一，中国电信基于云、边、算、体一体化布局建设边缘云平台，为用户提供一体化的综合数字化转型服务，为不同类型的业务提供大量的计算、存储、网络以及安全的能力。

边缘云基于 5G 演进的架构，将移动接入网与互联网业务深度融合。为了满足云应用在本地闭环、移动网络分布式下沉以及终端算力上收的要求，边缘云形成了"连接＋计算"的融合汇聚节点，把云计算平台从移动核心网络内部迁移到移动接入网边缘，实现了计算及存储资源的弹性利用，改善了用户体验，节省带宽资源，将计算能力下沉到移动边缘节点，提供第三方应用集成，为移动边缘入口的服务创新提供了无限可能。

4.1.2 平台架构

该平台使用云阶虚拟化软件、云磐分布式存储软件作为一体化云底座，为边缘计算节点提供完整的功能，整体架构如图 4.1 所示。

1. 云基础设施层

云基础设施层基于通用服务器，采用计算、存储、网络功能虚拟化的方式为平台层提供计算、存储和网络资源，并且规划应用程序、服务、DNS 服务器、3GPP 网络和本地网络之间的通信路径。

2. 平台层

平台层是在一体化云底座架构上运行应用程序的必要功能的集合，包括虚拟化管理和边缘云平台功能组件，实现边缘云平台虚拟化资源的组织和配置，为应用层程序提供各项服务，通过 API 接口向应用层开放，包括无线网络信息服务、位置服务、数据分流服务、持久性存储服务以及 DNS 代理服务等。

3. 应用层

应用层是将平台功能组件组合，封装成虚拟机运行的各种应用程序，面向行业提供应用服务，如融媒体、智能制造、智慧园区等。

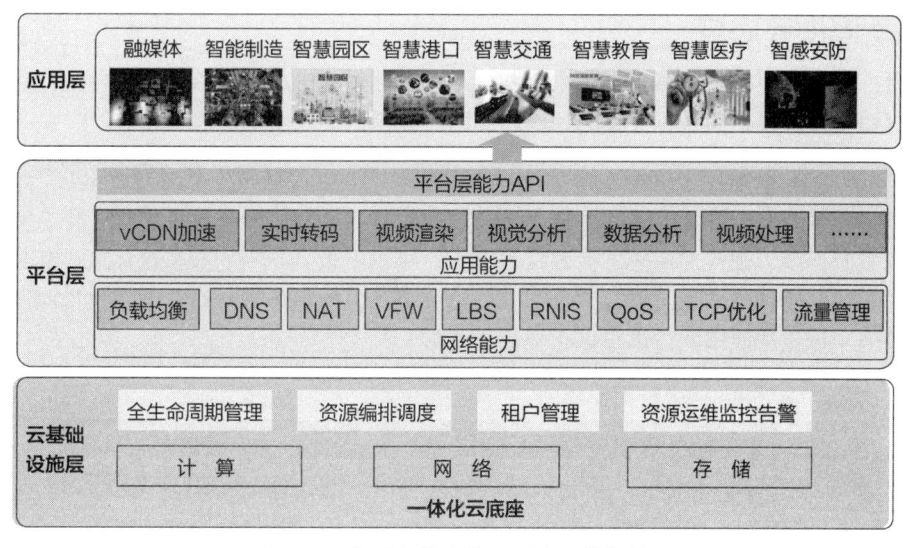

图 4.1 中国电信边缘云平台整体架构

4.1.3 部署方式

该平台运用了云计算技术，提供一站式的应用部署服务，建成了集团、省、市、县四级结构。

1. 一站式的应用部署

该平台提供一站式的应用部署服务，在全国各地市部署边缘节点（MEP），利用业务管理平台进行集约运营，实现一点入云、一跳入云、一键部署等功能。

（1）一点入云。平台支持多样化的承载和接入方式，并支持固移融合的网络接入和QoS（服务质量）保障。用户的核心数据可不经由公网直接接入边缘云节点，避免敏感数据在公网中的暴露，带来安全可信的应用承载防护。在实践中，用户可通过一系列开放能力，以及标准API接口，快速、安全地在平台中加载智能应用，实现"一点入云"。

（2）一跳入云。该平台通过专有云专线、5G用户面功能（UPF）模块等网络资源层面的保障，使终端到边缘的接入时延控制在毫秒级，帮助智能应用获得"一跳入云"的接入能力。

2. 四级部署结构

该边缘云的四级结构包含集团级业务管理平台、省级汇聚层、地市级边缘节点、区县级边缘节点四个层级，部署结构如图4.2所示。

（1）集团级边缘云业务管理平台：对全国范围内的边缘云业务进行管理。

（2）省级汇聚层：对省级范围内的边缘云业务进行管理与信息汇聚，并响应集团级边缘云业务管理平台的管理

（3）市级边缘云节点：提供市级范围内的边缘云业务承载能力。

（4）区县边缘节点：提供区县级范围内的边缘云业务承载能力。

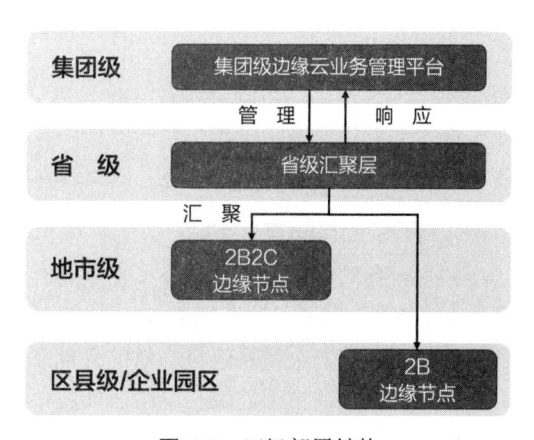

图 4.2 四级部署结构

4.1.4 一体化云底座

该平台一体化云底座由计算虚拟化系统和分布式存储系统组成，分别采用云阶虚拟化软件和云磐分布式存储软件实现，涵盖了完整的计算、网络、存储的云底座功能。

1. 计算虚拟化系统结构

计算虚拟化系统基于开源 Linux 内核，结合云计算特点，经过操作系统优化、算力资源精细化管理、全局实时调度、硬件加速等方面的技术优化，提供安全、易用的虚拟化环境。其具备强大的虚拟化功能和资源池管理能力，有效整合了基础设施资源，使得边缘计算从传统架构向云架构平滑演进。边缘云一体化云底座的计算虚拟化架构如图 4.3 所示。

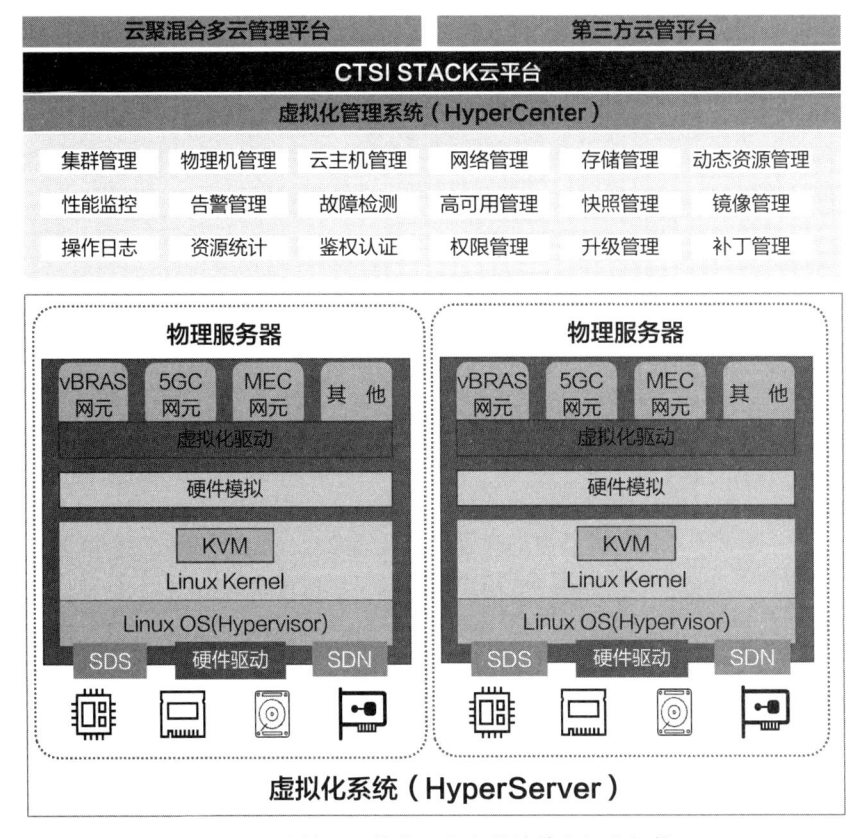

图 4.3　边缘云一体化云底座的计算虚拟化架构

计算虚拟化系统底层基于多台物理服务器搭建虚拟化计算集群，上层虚拟化管理系统实现集群管理、物理机管理、云主机管理、网络管理、存储管理以及动态资源调度等众多功能。

2. 分布式存储系统结构

该平台存储系统采用云磐分布式存储软件实现，通过软件定义存储技术，将物理存储资源抽象化、池化整合并通过算法分散数据在多台独立的设备上，提供了统一简洁的操作界面管理存储资源，实现高度可扩展、灵活且经济高效的存储系统，有效满足 5G 应用按需使用存储的要求。其采用全分布式对称架构，由硬件层、操作系统、存储服务层、协议层、可视化管理等部分组成。边缘云一体化云底座的分布式存储架构如图 4.4 所示。

（1）硬件层。硬件层将标准服务器的本地硬盘组织成虚拟资源池，为虚拟化应用或物理机环境提供存储能力。存储介质兼容 SATA 硬盘、SAS 硬盘、NL-SAS 硬盘、SSD 硬盘、NVMe SSD

图 4.4 边缘云一体化云底座的分布式存储架构

存储卡等多种形式。采用集群部署方式，使用万兆网络做内部数据同步，使用千兆或万兆网络对外数据接入。

（2）存储服务层。存储服务层提供基础资源管理和高级管理功能，基础资源管理包含对象管理、资源池管理、多副本、纠删码、分级缓存、克隆与快照、硬件感知、桶管理等，高级管理包含数据压缩、生命周期管理、多租户管理、多版本管理、数据加密、集群间远程复制、整池扩容、分池读写等。

（3）协议层。协议层提供统一的接口，支持块、对象、文件三种存储接口协议。

（4）应用层。应用层兼容多种虚拟化平台、数据库等软件。

（5）可视化管理。系统提供统一简洁且可视化的智能运维管理平台，集自动化部署、存储资源管理、系统配置、监控告警、日志管理等功能于一体，让每个运维人员能够管理的存储服务器数量从原来的几十台提升到上千台。

4.1.5 主要功能

该平台基于独立的基础资源、定制化云阶虚拟化软件和云磐分布式存储软件构建，支持固网、移动网等多种接入；提供本地分流、网关管理、流量管理、网络监控等网络能力；提供虚机类及容器类应用的编排部署、云边协同、自服务管理、运维监控等平台能力；具备定制化的视频 AI、机器视觉、AR/VR 等应用业务能力。

1. 功能概述

（1）资源服务。支持以虚机、容器（虚机容器、裸机容器）形式部署，支持图形处理器（GPU）资源编排调度。

（2）网络管理。支持流量引导、QoS、位置等网络能力的调用。

（3）业务管理。支持第三方应用注册、接口封装、能力调用、能力鉴权、能力开放。

（4）编排部署。支持镜像的管理、多边缘节点的编排管理；支持应用的编排管理，包括生命周期管理、动态扩缩容等；支持边缘节点、应用的状态监控、上报和告警等。

（5）云边协同。云边管理协同、能力协同、数据协同等。

（6）业务管理。支持客户管理、商务管理、商品管理、计费管理等。

（7）安全功能。支持虚拟机和容器镜像的漏洞扫描、基线扫描、容器运行时监控、集群安全合规检测等。

（8）IT 对接。能够对接 IT 系统（客户关系管理系统、服务开通系统、计费系统等），支持边缘云业务（云网资源）的开通、计费、结算等流程。

2. 计算管理功能

该平台一体化云底座计算管理能力强大，其功能全景如图 4.5 所示。

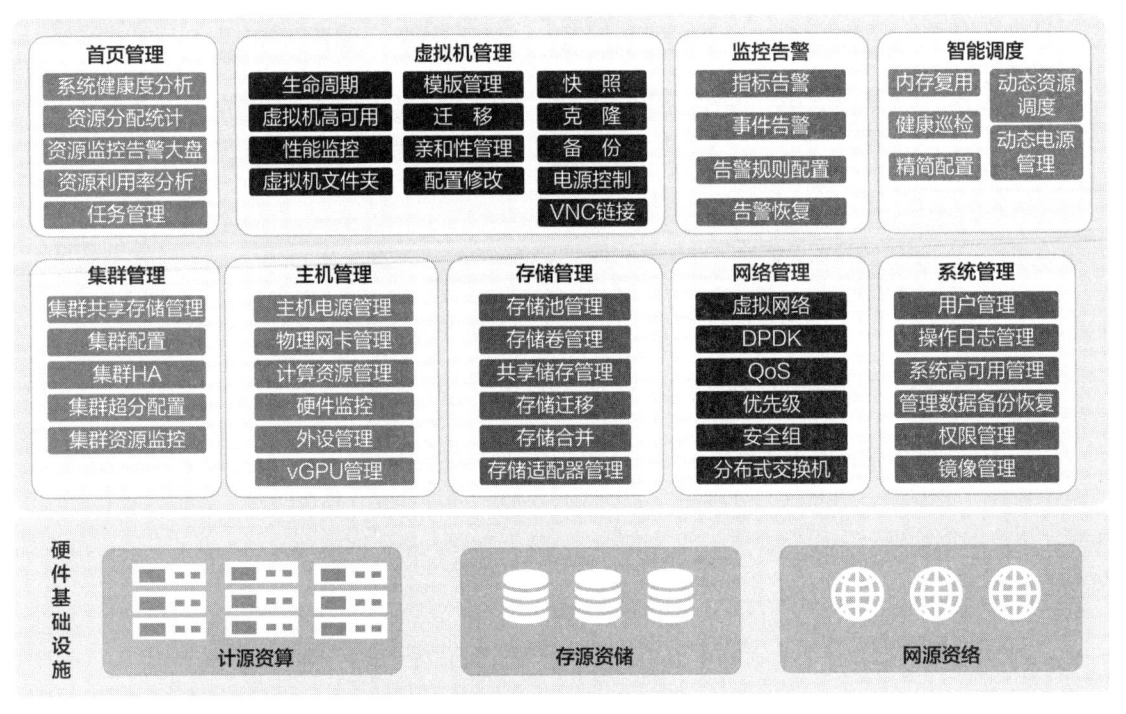

图 4.5　一体化云底座计算管理功能全景图

（1）集群管理。由物理主机组成的计算集群管理功能，包含集群共享储存管理、集群配置、集群 HA、集群超分配置、集群资源监控等功能模块。

（2）主机管理。集群内物理主机的管理，包括主机电源管理、物理网卡管理、计算资源管理、硬件监控、外设管理、vGPU 管理等功能模块。

（3）储存管理。与一体化云底座存储对接后实现的储存管理，包含存储池管理、存储卷管理、共享储存管理、存储迁移、存储合并、存储适配器管理等功能模块。

（4）网络管理。包含虚拟网络、DPDK、优先级、QoS、安全组、分布式交换机等功能模块。

（5）系统管理。系统本身的管理，包含用户管理、操作日志管理、系统高可用管理、管理数据备份恢复、权限管理、镜像管理等功能模块。

（6）首页管理。系统的总体概览页面，包含系统健康度分析、资源分配统计、资源监控告警大盘、资源利用率分析、任务管理等板块及各板块的位置管理。

（7）虚拟机管理。支持虚拟机的创建、修改、启动、暂停、恢复、休眠、重启、关闭、下电、删除等全生命周期管理，支持虚拟机高可用、克隆、迁移、快照、虚拟网络连接等操作功能，具备模板管理、亲和性管理、性能监控等功能。

（8）监控告警。提供对主机和虚拟机的 CPU、内存、磁盘 I/O、网络 I/O 等关键资源全面监测以及监控告警，包含指标告警、事件告警等类型，支持告警规则配置、告警恢复、告警确认等操作。

（9）智能调度。计算管理系统的智能调度，包含内存复用、动态资源调度、动态电源管理、健康巡检、精简置备等。动态资源调度与智能电源管理通过持续平衡容量，将虚拟机迁移到有更多可用资源的主机上，避免虚拟机资源需求成为瓶颈，在保证业务系统正常运行的前提下，通过自动调度策略在轻量业务负荷阶段将虚拟机迁移整合到部分主机上，将空闲出来主机自动下电，节省系统能耗。

3. 存储管理功能

存储管理通过软件定义存储技术，将物理存储资源抽象化、池化整合，将数据分散存储在多台独立的设备上。提供统一简洁的可视化的智能运维管理平台，实现逻辑上的低耦合，集自动化部署、存储资源管理、系统配置、监控告警、日志管理等功能于一体。

（1）存储资源管理。存储资源管理包括物理资源管理、逻辑资源管理和存储池管理。

① 物理资源管理。该部分主要展示各个节点的硬件、性能等信息，能够查看到硬盘和网卡端口的具体情况。通过服务器带外管理，还能够进行远程重启、关机等操作。运维人员可以了解物理资源的情况，并进行相应的维护与分析操作。

② 逻辑资源管理。逻辑资源管理部分主要针对各个软件服务进行管理，包括监控服务、管理服务、网关服务，并能够展示故障域的划分规则，可直观查看故障域的级别和故障域内包含的资源。

③ 存储池管理。存储池管理能够展示集群中现有存储池的名称、容量使用情况、冗余策略等信息，并支持从界面中创建存储池。为避免误操作，界面上不设置存储池删除入口。

（2）存储运维监控。存储运维监控面板为运维人员提供全面、准确、及时的监控数据和信息。通过告警中心，运维人员可以查看告警的详细情况并进行相应的操作，并且可以配置告警规则。告警推送支持 HTTP、SNMP 和邮件推送，并且均可以在页面上完成配置。平台还提供日志分析功能，可以在页面上查看简要的日志分析信息，并且支持日志打包下载到本地。

（3）存储系统管理。存储系统管理针对管理平台本身进行管理，包括用户管理、角色管理及系统事件管理。用户管理功能可以让存储集群的管理员有能力去创建、更新和删除集群的普通用户；角色是预先在系统中设定好的固定标签，每个角色对应明确的系统权限，其所拥有的系统权限一般不会随意更改，并且角色也不会随着用户的被添加和被移除而进行改变，相较于用户管理而言更加稳定；系统事件管理记录系统各种事件记录或将记录同步到系统之外。

4.1.6 主要特点

1. 分布式边缘节点遍布全国

一体化云底座具有分布式管理特性，平台已将全国 5000 多个边缘机房、10 万多个综合接入局节点纳管。用户可以按需选择不同层级资源，快速增减节点，其可提供容器、虚拟机以及裸机三种承载方式。

2. 提供一站式的应用管理，编排部署能力强大

（1）模板一键下发。用户填写部署模板，灵活按需部署，一键下发，全国部署。

（2）应用生命周期全流程自主管理。客户自有应用可随时增减迭代、快速升级、平滑过渡。

（3）镜像文件自主管理，支持多版本镜像。容器、虚拟机镜像自主更新、删减；支持多版本镜像管理，多版本镜像可共存；镜像文件自主管理，镜像仓库按需管控。

（4）能力、应用实例自主部署。实例自主部署、统一管控；支持实例计算资源、存储资源、网络资源的扩缩容功能。

3. 稳定可靠，安全健壮

（1）管理平台双机热备部署，管理数据定期备份。

（2）基于集群的高可用特性提高了虚拟化产品可靠性和可用性。
（3）采用集中式控制，各个节点系统开销小，集群管理部署灵活。
（4）高可用功能主要包括虚拟机高可用和主机高可用。
（5）虚拟机在遇到异常关闭的时候能够通过监控软件自动重新启动。
（6）主机出现异常无响应，自动迁移运行于该主机上的虚拟机。
（7）虚拟机故障检测时间在 1s 内，主机故障检测时间可以根据需要调整。
（8）虚拟机网络安全防护能力强，提供加固后的宿主操作系统。

4. 网络云化，云网融合

提供异构计算能力融合，针对高可靠的云业务场景，采用 CPU/NUMA[1] 绑定、SR-IOV（一种 I/O 虚拟化技术）、数据平面开发工具集（DPDK）、内存巨页、网卡多队列、硬件直通、流量卸载等先进技术进行优化，提供主机、虚拟机、操作系统层面的高可用技术，全面保证业务系统稳定可靠运行。

5. 支持统一存储，适用广泛

提供三种存储服务形式：块存储、文件存储、对象存储。

（1）块存储。支持通过 Internet 小型计算机系统接口（iSCSI）等协议创建块设备，将资源池内的资源进行逻辑划分并映射给主机使用。

（2）文件存储。支持网络文件系统（NSF）、通用网络文件系统（CIFS）协议。文件系统对于客户端来说可以方便地挂载到本地使用，用户可以连接到共享计算机并像访问本地硬盘一样访问共享计算机上的文件。管理员可以建立远程系统上文件的访问，以至于用户感觉不到他们是在访问远程文件。

（3）对象存储。支持 S3、Swift 等主流对象存储协议，可以在账户和桶[2] 两个维度设置配额，限制账户和桶使用的最大存储空间；支持创建对象用户和桶并为用户配置相应的读写权限，通过系统生成或手动配置的密钥访问；提供子用户、权限和密钥等访问功能，以及桶访问权限管理；提供对象存储访问的桶和用户进行配额管理，包括对象个数和容量大小；支持为 Hadoop（分布式系统基础架构）平台对接提供对象存储空间。

6. 分层解耦，能力开放

该平台突破分层解耦架构对网络云服务的承载技术，实现以硬件、网元、应用的分层解耦架构承载 5G 核心网。突破网络云化、网元承载分层解耦技术，在国产化软、硬件适配和兼容性方面，已经在产业生态中形成相互兼容、共同促进、协同发展的良好生态格局。

4.1.7 建设成效

1. 边缘云平台助力 5G 实现云边协同

边缘云平台的成功建设，实现了云计算资源精细化动态控制，更大程度上挖掘物理设备能力，提高资源利用率和运维效率，构建统一云底座，从而满足 5G 云边协同的应用需求。边缘云是 5G 赋能千行百业的锚点，通过边缘云，能够把 5G 的潜力最大限度地发挥出来，实现网络高带宽、低时延。通过在边缘云上提供云计算环境，为各种行业应用提供统一的运行环境，使得对应用的统一编排管理成为可能。

---

[1] NUMA（非统一内存访问）技术可以使众多服务器像单一系统那样运转，同时保留小系统便于编程和管理的优点。

[2] 桶（bucket）是对象的载体和容器。

边缘云平台在移动网边缘提供 IT 服务环境和云计算能力，其与 5G 核心网对接，可以调用 5G 网络提供的能力。如果需要 5G 定位、QoS 保障等能力，可以在部署的时候就像选择云基础设施一样来选择 5G 网络能力，将应用与 5G 网络能力整合。边缘云打破传统网络模式瓶颈，在贴近客户业务的边缘侧形成高效能的计算处理能力，推动行业创新。

2. 边缘云平台在众多行业已有大规模商用部署及应用

边缘云平台是首个实现 5G 核心网三层解耦的项目，已在云网融合场景中大规模商用。该平台已广泛部署在智能制造、智慧新商业、智慧新媒体、智慧医疗、车联网、云视频直播等一系列场景中。截至 2022 年底完成了全国 15 省份 51 个节点部署，累计部署服务器 CPU 数量超过 10000 核，虚拟机 CPU 超过 800 000 核，帮助千行百业的企业推进智能化改造，加速实现数字化转型和全面上云，提升企业核心竞争力。

4.2 云聚混合多云管理平台在某银行的应用案例

某大型国有银行采用中国电信云聚混合多云管理平台，构建了国内规模最大、云架构种类众多的金融云，对多云资源统一管理调度，取得了良好的成效，被国家级权威机构评选为云管云网融合的优秀应用案例。

4.2.1 概　　况

该银行是国有控股大型商业银行，拥有 36 家省级分行、315 家地市分行、超过 3 万个营业网点，服务个人客户超 5 亿户。

该银行的云平台从先期的"专云专用"逐渐转向"标准云"建设，先后建设总行三地四中心以及全国各地分行共 45 个不同技术架构的云平台，宿主机超过 10 000 台、虚拟机超过 80 000 台、裸金属服务器超过 2000 台、存储达到 100PB。

按照该银行数字化战略发展和管理规划，希望能够统一纳管不同分行、不同架构的云平台，实现云资源和非云资源统一管理，缩短云平台服务的开通时间，提升云资源利用率，支撑该银行数字化转型。

该银行引入中国电信云聚混合多云管理平台，对上述 45 个云平台进行统一纳管，实现了全行所有云资源的统一资源管理、统一运营支撑、统一运维集成、统一交互体验。

4.2.2 多云管理平台架构

该平台整合多云资源，集约纳管私有云、容器云、物理服务器等多种云资源，进行统一管理调度，提供了"一朵云"的基础设施底座，平台架构如图 4.6 所示。

（1）应用层。应用层提供租户门户、管理门户、API 接口网关、云运营管理、云资源管理、云应用管理、云运维管理等功能模块。

（2）资源池层。平台纳管了该银行的天翼云资源池、容器云、不同厂家的云资源池等 45 个云平台。

（3）硬件设施层。平台能够管理调度的对象有 x86 架构服务器、ARM 架构服务器、集中存储和分布式存储、裸金属服务器、SDN 控制器等。

（4）纳管区域。纳管总行主中心、同城中心、2 个异地中心以及其他各省市分行的所有云计算资源。

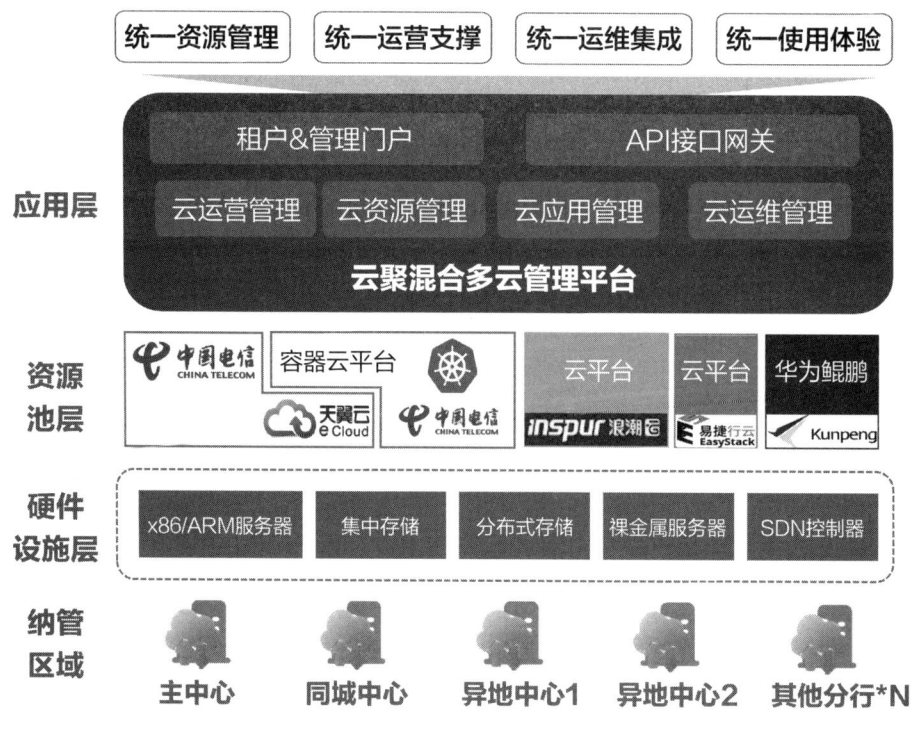

图 4.6　云聚混合多云管理平台架构

4.2.3　多云管理平台功能

多云管理平台实现了该银行分布在全国的 45 个 x86 架构云平台、信创云平台以及各种异构资源的统一管理，通过对计算、存储、网络、容器等资源的协同编排，实现多云资源统一部署、运维及运营管理，形成全行一体化云服务能力。

1. 功能模块

该平台包括多云管理、运营管理、运维管理、管理中心、首页、自服务等模块，如图 4.7 所示。

图 4.7　云聚混合多云管理平台功能视图

（1）多云管理模块。通过多云管理模块，实现对各个资源的统一管理，包括对计算、存储、网络等资源的统一管理和调度，以及分布在不同地理区域的云计算数据中心资源池的管理。

（2）运营管理模块。通过运营管理模块，可以为用户提供云服务目录和基础服务的编辑操作能力，也可以根据客户业务流程，提供自定义审批流程；对云服务全生命周期管理，按照日、月等维度对资源的使用量进行统计，生成费用账单。

（3）运维管理模块。通过运维模块，可以实现对所有云资源的监控、管理和统计，包含业务系统、虚拟资源、物理资源等多方面的监控数据，做到监控可配置、资源可分析、日志可查询等多方位的运维。

（4）管理中心模块。管理中心是一个集中化的云资源配置信息管理模块，该模块支持对接私有云、公有云、混合云、信创云等不同类型的资源，支持完成和不同云的接口类型转换。管理权限按照分权分域的原则，根据用户的管理要求，通过对部门、用户、角色的设置，可实现对组织架构和使用角色的灵活管理，并且支持对用户的操作路径和认证鉴权情况进行统一查看。

（5）首页模块。首页模块为不同身份的用户角色提供了统一的仪表盘，涵盖多云分布情况、系统运行情况及相关历史趋势的统计信息等。

（6）自服务模块。自服务模块可以查看当前系统的资源情况，也可以按照云服务目录，对各类云资源进行申请，并同步跟进申请进展，随时掌握云服务的申请进度。

2. 多云管理功能

该平台具有跨45个私有云、容器云、信创云的集约化管理能力，实现了该银行多云资源的整合。

（1）云平台的整合：

① 私有云及虚拟化整合。平台实现了该银行不同厂家云平台的统一管理，并支持各种主流的云平台，支持纳管 IaaS 层资源，实现全生命周期管理。

② 容器云整合。平台整合纳管该银行 kubernetes（简称 K8s，一个开源的容器编排引擎）容器云。

③ 物理（裸金属）服务器整合。平台提供网络安装服务器套件（cobbler）、裸金属服务器套件（ironic）、智能平台管理接口（IPMI）等技术进行物理服务器纳管，基本涵盖了主流服务器厂商及型号。

（2）多云管理功能。多云管理提供计算资源、存储资源、网络资源和容器资源等对象的管理能力。

① 计算资源管理。包含集群管理、主机管理、虚拟机管理、镜像管理、实例规格管理、物理机管理等。

·集群管理：集群创建、修改、删除等相关操作以及集群虚拟 CPU、虚拟内存、主机数及详细信息等的查看。

·主机管理：主机参数设置和详细信息查看，参数设置包括主机是否启用、用户名密码、CPU 超额比、内存超额比、管理服务 IP 以及操作系统等参数；信息查看包含主机所在集群、主机 IP、虚拟 CPU、虚拟内存、虚拟存储、实例数等功能。

·虚拟机管理：支持对虚拟机的创建、删除、启动、重启、关机等全生命周期的管理，并获取虚拟机信息。支持变更虚拟机规格配置，提供虚拟机在线或离线状态下 vCPU 数目、内存容量等计算资源调整。

·镜像管理：支持镜像的上传、下载、重命名、设置归属等；支持查看镜像大小、版本、镜像实例等信息，可按照资源池类别显示已有的镜像信息；支持镜像的 OS 分布图以及镜像配置状态图。

·实例规格管理：支持对实例规格进行增删改查等操作，包括名称、虚拟 CPU、虚拟内存、硬盘、元数据。

・物理机管理：支持对底层物理机进行纳管，包含对物理机的开机、关机、重启等操作，也可查看机器当前通电状态、CPU 核数、内存、硬盘数量、存储大小等相关信息。

② 存储资源管理。存储资源管理可以查看云硬盘的使用情况，设置副本数和超额比的参数，能够分权分域管控，根据权限管理云硬盘；支持云硬盘的挂载、解绑操作；可展示存储总量、使用量等信息，支持查看连接到主机上的物理存储设备。

③ 网络资源管理。包含网络域管理、路由管理、安全组管理、浮动 IP 管理等。

・网络域管理：针对不同部门、不同分行、不同应用划分网络区域，并进行管理。

・路由管理：包括添加路由、删除路由、编辑路由以及查看路由详情等。

・安全组管理：为虚拟机和业务制定接入网络的安全策略。

・浮动 IP 管理：可以创建、查看、设置、删除本部门用户的浮动 IP。

④ 容器资源管理。包含节点管理、负载管理、容器组（POD）管理、容器服务管理等。

・节点管理：包括查看区域、节点详情以及设置节点等相关功能。

・负载管理：包括查看区域、负载详情以及设置负载、删除负载等相关功能。

・容器组管理：包括容器 IP、资源申请、状态、重启次数、运行时长、镜像、容器负载等相关信息。

・容器服务管理：包括创建服务、查看命名空间、管理域以及添加规则、删除等相关功能。

3. 运维管理

运维管理包含资源监控、告警管理、仪表盘管理和自动化脚本管理。

（1）资源监控。支持对资源池的实时监控，包含主机的负载情况、CPU 使用率、内存使用率、硬盘使用率、硬盘读写速度等，提供强大的资源监控和管理能力。

（2）告警管理。支持通过事件列表查看所接收到的事件和告警信息，支持自行设置告警指标，可以按时间段、关键字、类型和告警级别等条件过滤事件列表；支持查询结果并导出文件；可以在统一的管理平台上监管告警信息。

（3）仪表盘管理。通过仪表盘为管理员和用户提供平台资源总体使用概览、部门资源分布排行、混合云资源使用占比、区域整体资源、云平台整体资源使用率、私有云资源分配占比、申请情况、用户登录及工单等数据的统计分析，可以直观地展示系统运营关键数据和业务发展趋势分析。

（4）自动化脚本管理。自动化脚本管理可自定义脚本基本信息、内容、参数，可以维护脚本并归类；支持将脚本按照逻辑编排成作业，提供作业库和作业维护功能；支持设置脚本执行方式、超时时间和被执行虚拟机范围。

4. 管理中心

管理中心包含组织管理、资源纳管、安全审计、系统配置和软件配置等功能。其中组织管理包含对用户、部门、项目、环境以及角色的新建、删除等全生命周期管理功能；资源纳管包含新建区域、删除区域、添加管理域、同步资源、删除管理域、管理镜像服务器、添加或同步应用包管理仓库、管理软件服务器等功能；安全审计具备审计功能，帮助用户查询与导出完善的日志信息；系统配置、软件配置与删除等功能提供一站式管理服务；支持发布系统公告并按分权分域权限原则设置公告可见范围。

5. 自服务

通过自服务模块，不同角色的用户可根据自身权限查看相应云资源并进行一键式申请。支持资源的申请和审批服务，并且支持自定义审批流程。申请之后会产生审批流由管理员审批，所有流程审批通过之后系统会下发资源给用户，用户可实现对自有云资源的控制和使用。

6. 运营管理

运营管理模块面向运营管理员提供服务支撑，主要包括服务管理、标签查询、资源池管理、部门管理、计量管理、运营分析和资产管理。

（1）服务管理。服务管理主要包含基础服务管理、表单管理和流程管理。

① 基础服务管理。支持创建服务目录，可查看所申请服务，如编排服务、虚拟机服务、裸机服务、云硬盘服务、网络服务、负载均衡服务等；可查看当前系统中所有基础服务目录，既可以对服务目录进行上下架管理，又可对服务目录下各部门的操作权限进行管控。

② 表单管理。通过自定义的方式建立表单，并设置模板属性、模板类型和模板名称，为创建服务提供自定义自主化的表单管理模块。

③ 流程管理。可以自定义审批流程，支持普通审批节点、可撤回审批节点、自定流转审批节点和用户确认节点，每个节点内均可指定参与人员和配置节点的可读写权限。提供配置审批流程节点的参与人员信息，让该银行可以自定义审批流程，帮助其流程制度规范化。

（2）标签查询。提供按资源类型、按标签查找功能，可以根据资源类型过滤查看资源和关联标签查询资源。

（3）资源池管理。对该银行所纳管的资源池进行创建、查看、删除操作。支持对不同云厂商统一管理，通过接口对接方式，接管云平台或虚拟化平台的管理功能，实现对其虚拟化资源的管理。

（4）部门管理。可以查看每个部门的基本信息并完成管理操作，管理部门或上级部门可以将资源配额分配给其他部门或下级部门，并对整体资源配额进行管控；可以对当前部门或直属上级部门的资源配置进行告警，也支持下级部门在配额不足或过多时向上级部门申请调整配额。

（5）计量管理。支持虚拟 CPU、虚拟内存、虚拟存储、全网资源、资源池利用率、资源开通考核等计量统计，并形成报表导出。支持对平台内的资源进行定价，为顶级部门设置预算账户，对账户进行管理和维护。可以查看费用概览和费用数据的分析，并支持费用明细数据导出。

（6）运营分析。支持以部门、项目、申请三个不同的维度查看配额使用分析、资源池容量分析；支持查看虚拟机、云硬盘、主机、存储、网络等资源的名称、所属部门、所属用户、管理域以及相关配置等信息，并以报表形式导出。

（7）资产管理。可以录入物理设备资产信息，方便灵活、统一管理不同位置的物理设备，包括服务器、存储、交换机等设备，为财务管理提供支持，实现固定资产全流程管理。

4.2.4 多云管理平台部署

多云管理平台集中管理多云资源，在被纳管的云平台中以轻量化的方式部署运行，重点在于多个云的管理，其部署过程按照资源配置、资源池接入、平台初始化数据、资源池适配层安装、管理层安装、系统联调验证等步骤进行。

1. 资源配置

该平台同时支持物理机和虚拟机部署，该银行以虚拟机进行搭建，其资源配置如表 4.1 所示。

表 4.1 云聚混合多云管理平台资源配置

序 号	服务器用途	配 置	数 量
1	应用服务器	CPU：16 核 内存：32GB 系统盘：500GB 数据盘：500GB 操作系统：国产化操作系统	5 台

续表 4.1

序 号	服务器用途	配 置	数 量
2	数据库和中间件服务器	CPU：32 核 内存：64G 系统盘：500G 数据盘：500G 操作系统：国产化操作系统	3 台
3	负载均衡服务器	CPU：4 核 内存：8G 系统盘：50G 数据盘：500G 操作系统：国产化操作系统	2 台

2．资源池接入

（1）资源开通。根据平台安装部署的资源需求，在该银行鲲鹏云资源池上申请云资源，开通网络通道，完成平台部署环境的准备。

（2）网络环境配置。该平台以私有化方式部署在银行内网中，通过内网实现与纳管云计算资源池的互联互通，资源池接入通过验证后，部署云防火墙进行访问安全策略的设置，保障其网络安全。

（3）系统安装。分别在应用服务器、数据库服务器、中间件服务器、负载均衡服务器上安装相应的软件系统和组件，完成系统环境的安装部署。

3．平台初始化数据

首次登录平台进行初始化操作，安装软件授权许可，包含填写单位名称、平台名称、创建账号、分配权限、登录设置等。

4．资源池适配层安装

针对该银行不同厂家架构的云平台软件，安装相应的适配组件，并与 45 个云平台对接，实现纳管。

5．管理层安装

多云管理层与银行内的 CMDB 系统、统一监控平台对接调试，实现多云的运维管理和运营管理，实现"一朵云"统一管理。

6．系统联调验证

该平台的安装部署涉及多个业务模块之间、管理适配层、外部消息和邮箱系统等联调操作。按照平台功能进行安装部署验证，包括资源管理验证、云服务全生命周期管理验证、运维管理、运营管理验证等，保证整个平台实现预想的功能。

4.2.5 建设成效

该银行建设的云聚混合多云管理平台，实现了统一资源管理、统一运营支撑、统一运维集成、统一交互体验。

1．统一资源管理

该银行在全国范围内实现了 45 个云平台的统一管理调度。管理宿主机超过 10 000 台、虚拟机超过 80 000 台、裸金属服务器超过 2000 台、存储达到 100PB；集约纳管私有云、容器云、物理服务器，提供统一的计算虚拟化、存储虚拟化、网络虚拟化资源，支持镜像和快照的统一管理、租户的统一管理，建设成为统一的多云管理平台。实现了异地（三地四中心及各省市分行）、不同资源（计算、存储、网络）、异架构云（x86云、鲲鹏云、容器云）的多云整合，提高了资源池的集约化、标准化能力以及云平台自动化运营和运维能力。

2. 统一运营支撑

该银行将现有资源、应用、数据、服务、流程和监控等信息整合起来，为整体的云环境提供一体化的运营管理能力，并建立全局视角，进行有效的管理与调度，包括组织架构管理、流程管理、审批管理、账单管理、运营分析、配额管理、预算、订单管理等。完成了云资源的规划、开通、使用、回收全流程的工作，实现云资源全服务化交付，同时平台具备资源的自动化分析能力，并通过多种资源维度，以图表的形式进行相关资源展示，提升云资源的利用率，降低企业成本。

多云管理平台还支持分权分域管理，该银行总行及分行不同用户可以灵活设置所需权限，做到同一个分行VDC（虚拟数据中心）之间的资源、数据相互隔离，完善了用户与角色管理机制。

3. 统一运维集成

该平台支持对整体资源的使用情况进行性能监控，实现多层级、跨资源统一监控和故障管理，能够进行自动化智能运维。可提供所纳管云平台总体或详细的实时监控数据、历史监控数据及相关信息；可查看相关监控配置策略、告警信息、告警阈值的配置以及批量创建的资源等。通过对各种运营、运维数据的统一整合分析，为日常运营和优化提供数据和决策支持，及时启动云资源扩缩容，资源利用率提升至60%以上。

通过一套标准、开放、安全的云管理系统，实现底层异构资源的兼容及一站式的全面管控，提升运维效率，降低运维成本，精简服务流程，加快业务上线，从按天交付实现分钟级交付。

4. 统一交互体验

多云管理平台通过与银行内的配置管理数据库（CMDB）系统、统一监控平台对接，实现银行业务和数据的沉淀；能够在跨云服务的情况下为该银行使用人员提供一致的体验，具体包括统一资源管理、统一运维管理、统一运营服务管理和统一门户，构建了该银行统一视图、一致服务、跨域、跨业务、跨管理体系的统一IT中台。

4.3 某汽车集团公司云桌面平台建设案例

某大型国有汽车集团公司（以下简称该集团）采用中国电信股份有限公司的天翼云技术建设云桌面平台。天翼云桌面平台是云计算技术和终端相结合的创新型产物，云桌面平台的成功建设为该集团提供了安全高效的数字化办公环境，实现了重资产企业的轻量化运营。

4.3.1 概 述

1. 简况

该集团是各种汽车及零部件研发、生产、销售一体的工业企业，在行业中位于前列，具备一定国际竞争力，集团内设25个部门，下属或控股企业超过50个，共有职工超过2万名，产品出口110多个国家和地区，2022年总收入突破1000亿元。

近年来，该集团在使用传统电脑办公的过程中各种问题逐渐凸显，一定程度上制约了该集团业务的发展和工作效率的提升。在众多办公终端中，云桌面是较为先进的，其融合了云计算、虚拟化等各种全新的技术，开通简单，使用方便，并且数据集中存储，运维管理集中化，在保障数据安全的同时，也极大地简化了运维工作。

通过云桌面的建设应用，实现了该集团3D设计、软件开发、普通办公三大场景终端的灵活分配，增强了办公网络、办公数据的安全管控,提高了办公设备的有效使用率,降低了办公网络成本投入,加速了该集团的数智化转型进程。

2. 建设目标

引入新型的云计算技术,打造该集团的云桌面平台,实现办公终端的统一部署、远程更新、集中维护,降低运维人员的管理维护难度,提升终端维护响应速度,保障办公系统环境安全稳定和持续运行。能够按照不同办公场景灵活分配不同性能的办公终端,完善办公网络的安全监测、安全管控和使用管控,保障业务数据安全。通过云桌面的合理化运营及精细化管控,降低办公网络的建设和运维成本。

4.3.2 云桌面平台架构

该集团云桌面平台采用天翼云桌面技术以私有云的模式进行建设,接入该集团内部网络,满足桌面办公的使用需求,其整体架构和组网架构如下:

1. 整体架构

该集团云桌面平台整体架构如图 4.8 所示。

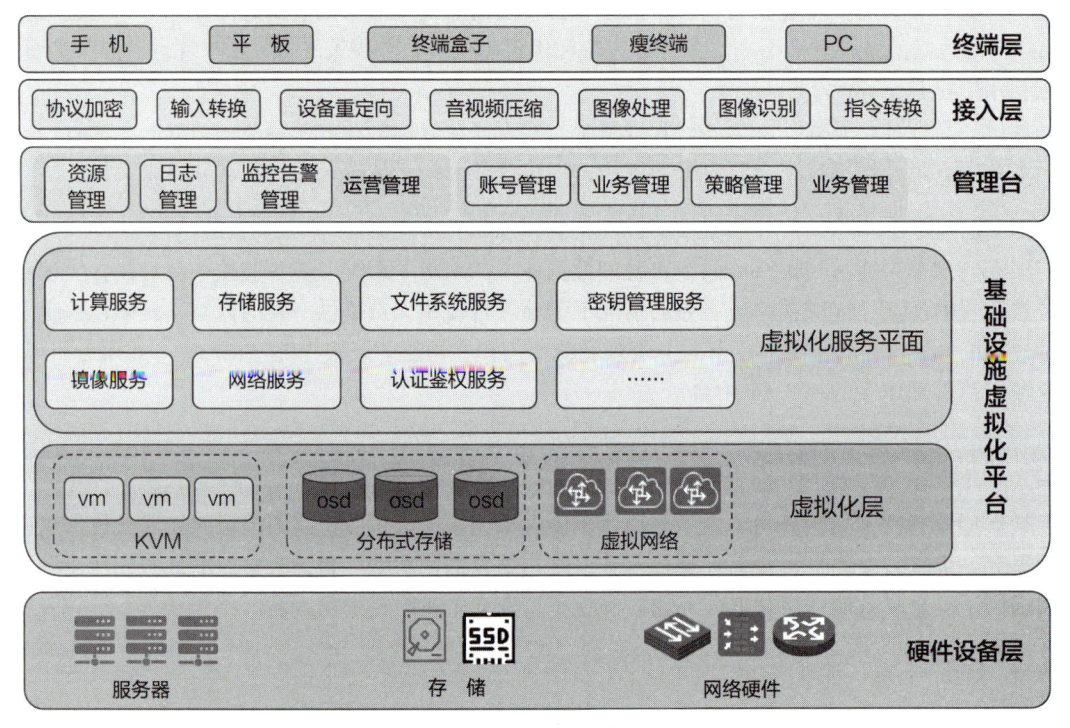

图 4.8 云桌面平台整体架构

(1)硬件设备层。由服务器、存储、网络硬件等物理设备组成,是搭建云桌面的基础资源。

(2)基础设施虚拟化平台。通过 KVM 虚拟化软件、分布式存储和虚拟网络实现物理设备的虚拟化,提供计算服务、镜像服务、存储服务、网络服务、文件系统服务、认证鉴权服务、密钥管理服务等虚拟化服务。

(3)管理台。包括运营管理和业务管理,运营管理主要有资源管理、日志管理、监控告警管理等功能,能够进行资源申请、开通、调整等管理工作;业务管理实现账号管理、业务管理、策略管理等功能。

（4）接入层。负责将云桌面终端接入云桌面平台，包含协议加密、输入转换、设备重定向、音视频压缩、图像处理、图像识别、指令转换等功能。

（5）终端层。支持手机、平板、终端盒子、瘦终端、PC等终端的接入。

2. 组网架构

该平台部署了2台边界防火墙设备、4台业务接入交换机、2台存储交换机和2台带外管理交换机，云桌面平台组网架构如图4.9所示。

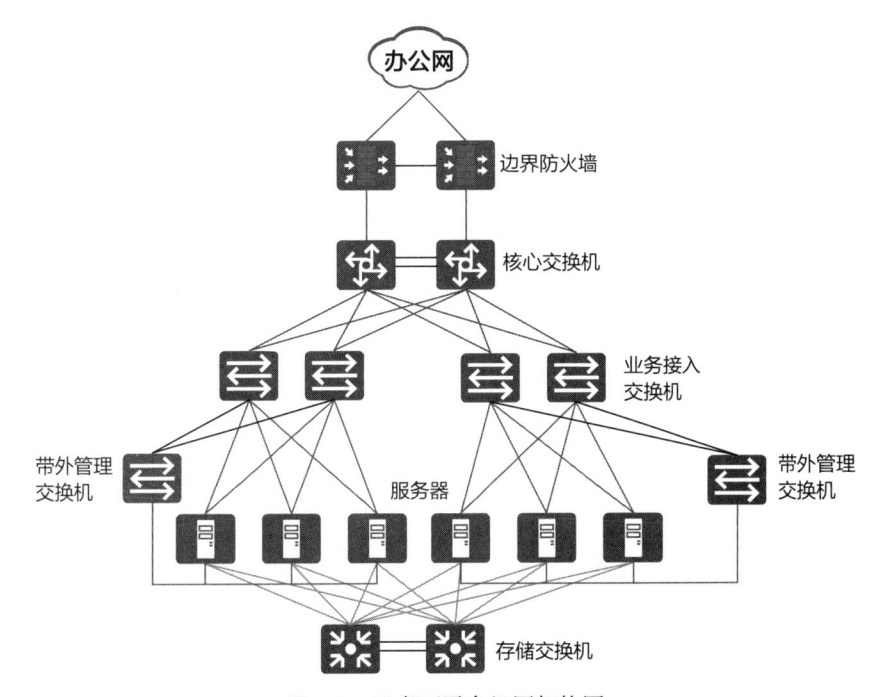

图4.9 云桌面平台组网架构图

（1）边界防火墙。防火墙一端连接到该集团数据中心两台原有核心交换机上，另外一端连接至办公网核心交换机。作为办公网和数据中心边界防护设备，防火墙对办公网至数据中心的流量进行安全访问控制和流量过滤，两台防火墙热备部署，保证数据的不间断转发和业务的正常运行。

（2）业务接入交换机。部署4台万兆业务接入交换机，两两堆叠，每台服务器通过万兆光口，采用网卡主备冗余方式接入业务接入交换机。业务交换机通过40GE光纤链路连接到数据中心核心交换机上，上行链路均采用链路聚合（Eth-trunk）方式，保障高带宽的同时提高链路可靠性。

（3）存储交换机。部署两台存储交换机，通过25GE链路连接服务器和存储设备。

（4）带外管理交换机。部署两台带外管理交换机，通过千兆链路连接各服务器和存储设备的管理口，负责整个云计算系统的管理、业务部署、系统加载等流量的通信。

4.3.3 建设内容

该平台由高负载桌面集群、低负载桌面集群、办公和软件研发桌面集群、云桌面终端、云桌面存储以及云桌面备份6大部分组成。

（1）高负载桌面集群。高负载桌面集群用于汽车设计、图像和视频处理等对终端性能要求较高的场景，共部署了高负载云桌面100台，每个桌面配置16核vCPU、64G内存、1TB SSD磁盘、8GB显存。

（2）低负载桌面集群。低负载桌面集群用于数据分析、大型文档编辑处理等对性能有一定要求的场景，共配备了低负载云桌面 228 台，每个桌面配置 16 核 vCPU、32GB 内存、1TB SSD 磁盘、4GB 显存。

（3）办公和软件研发桌面集群。办公和软件研发桌面集群用于一般办公、软件研发等对性能要求较低的场景，共安装了办公和软件研发云桌面 172 台，每个桌面配置 8 核 vCPU、16GB 内存、500GB SSD 磁盘、无显存资源。

（4）云桌面终端。云桌面终端是云桌面的载体，将云端的系统桌面呈现到办公人员面前，其主要作用是显示云端的桌面和将云桌面终端的输出输入数据重定向到云端服务器上。该集团共部署了 500 台云桌面终端，每个终端配置了双核 2.0GHz 处理器、2GB 内存、8GB 本地存储空间、1 个千兆网口、1 对音频输入/输出接口、5 个 USB 接口、1 个显示接口、27 寸显示器，支持双屏显示；提供配套的终端管理系统，可以对终端远程进行集中维护、集中配置、部署管理、安全管理、资产管理和性能监控；可以对终端进行批量恢复系统、升级、打补丁等操作。

（5）云桌面存储。部署 2 套分布式存储设备，配置企业级 SSD 硬盘，可用容量 400T，为云桌面系统提供数据存储空间，采用三副本策略保障数据的存储安全。高可靠性的三副本技术支持业务数据存储在不同的服务器上，即使三分之二的物理服务器磁盘损坏也不会造成数据丢失，数据可靠性高达 99.999%。

（6）云桌面备份。部署 1 套备份设备为云桌面用户提供数据备份服务，支持全量备份、增量备份、差异备份；支持定时备份保护，按需配置备份策略；支持文件系统的卷级备份功能；配置本地备份流量控制。

4.3.4 软硬件配置

该平台主要软硬件有：云桌面软件 1 套、控制服务器 3 台、网络服务器 2 台、高负载（GPU）服务器 18 台、中负载（GPU）服务器 39 台、办公和软件研发低负载集群服务器 6 台、超融合存储设备 2 套、备份存储设备 1 台、存储交换机 2 台、业务接入交换机 4 台、带外管理交换机 2 台、边界防火墙 2 台、瘦终端 500 套。

1. 云桌面软件的配置和功能

（1）提供云桌面并发在线授权 500 个。

（2）可精细化控制接入设备和外设，进行禁止、单向、双向的读、写等操作。

（3）支持业务、资源管理平台日志功能，保证所有操作都有日志记录，日志存储 6 个月。

（4）所有硬件设备系统日志接入该集团集中日志管理平台。

（5）云桌面系统业务、资源管理数据、配置、日志等具有自备份功能，可备份至指定的存储路径。

（6）支持虚拟云桌面定时批量开机、关机、重启、批量重装等功能。

（7）支持为云桌面批量在线增加 vCPU、内存、逻辑磁盘功能。

（8）提供用户自助通道，当云桌面出现误操作时（误禁用网卡、结束进程、删除应用软件等），用户可通过此通道自助报障。

（9）支持管理端进行快照备份和恢复功能。

（10）支持全屏水印功能，可以自定义水印内容（含当前时间、登录用户名）、透明度、颜色、字体、旋转角度等内容。

（11）支持 IP 地址和 MAC 地址绑定功能，预防 ARP 攻击风险。

（12）支持多种传输模式，可按清晰优先、流畅优先、平衡性能、自定义等多种模式进行切换。

（13）支持直观显示网络链路质量，包括上下行速率、往返时延。

（14）提供云桌面窗口化功能，用户通过台式机或笔记本登录云桌面时可自由调整窗口大小。

（15）支持多种接入模式，包括瘦终端、个人电脑、手机、平板等设备。

（16）支持云桌面系统与瘦终端解耦能力，可与不同品牌终端进行适配使用。

（17）支持瘦终端与身份信息绑定，支持一对一、一对多、多对一、多对多等各种模式。

（18）支持设置超过一定时间没有操作自动释放并发在线数。

（19）支持虚拟桌面系统监控功能，管理员可以直观地查看虚拟桌面当前 vCPU、内存、GPU 等性能数据。

（20）瘦终端管理平台支持远程关闭终端电源，可实现一键关闭瘦终端。

（21）支持密码和短信双因素认证方式。

（22）支持准入功能，非法接入设备无法接入云桌面系统。

（23）采用 https 协议建立连接，进行加密传输，以图像的形式传输虚拟桌面信息，并且以图像流的方式进行传输。

（24）支持三权分立管理，系统管理员、安全管理员和安全审计员的权限相互独立、相互制约。

2. 控制服务器配置

（1）CPU：2 颗 20 核，2.1GHz。

（2）内存：256GB。

（3）系统盘：2 块 960GB SAS SSD 硬盘，组成 RAID1。

（4）数据盘：2 块 2.4TB SAS 硬盘；1 块 3.2TB NVMe SSD 存储卡。

（5）网卡：1 块双口 10GE 网卡，1 块双口 25GE 网卡，1 块双电口 GE 网卡。

3. 网络服务器配置

（1）CPU：2 颗 20 核，2.1GHz。

（2）内存：192GB。

（3）系统盘：2 块 960GB SAS SSD 硬盘，组成 RAID1。

（4）网卡：2 块双口 10GE 网卡，1 块双电口 GE 网卡。

4. 高负载（GPU）服务器配置

（1）CPU：2 颗 24 核，3.0GHz。

（2）内存：512GB。

（3）系统盘：2 块 960GB SAS SSD 硬盘，组成 RAID1。

（4）数据盘：6 块 7.68TB SAS SSD 硬盘。

（5）GPU 显卡：2 块 RTX6000。

（6）网卡：1 块双口 10GE 网卡，2 块双口 25GE 网卡，1 块双电口 GE 网卡。

5. 中负载（GPU）服务器配置

（1）CPU：2 颗 24 核，3.0GHz。

（2）内存：256GB。

（3）系统盘：2 块 960GB SAS SSD 硬盘，组成 RAID1。

（4）数据盘：6 块 7.68TB SAS SSD 硬盘。

（5）显卡：1 块 RTX6000。

（6）网卡：1 块双口 10GE 网卡，2 块双口 25GE 网卡，1 块 × 双电口 GE 网卡。

6. 办公和软件研发低负载集群服务器配置

（1）CPU：2 颗 24 核，3.0GHz。

（2）内存：768GB。

（3）系统盘：2 块 960GB SAS SSD 硬盘，组成 RAID1。

（4）网卡：1 块双口 10GE 网卡，2 块双口 25GE 网卡块双电口 GE 网卡。

7. 超融合存储设备配置

存储配备可用容量 430T，配置企业级 SSD 硬盘，其中 5% 是后备盘，采用三副本策略。

8. 备份存储设备配置

（1）36 个磁盘盘位。

（2）2 颗 2.2GHz 10 核 CPU。

（3）128GB 内存。

（4）2 块 480GB SSD 硬盘做系统盘。

（5）2 个千兆网络端口和 2 个万兆光口（含光模块）。

（6）配置 36 块 12TB 硬盘。

（7）配置重复数据删除和永久增量等高级功能模块。

9. 存储交换机配置

（1）设备交换容量 6.4Tbps，包转发率 2030Mpps，4 个业务槽位，配备冗余的风扇和电源。

（2）配置 6 个 100GE 端口，72 个 25G 光接口和多模光模块，28 个 SFP 以太网光接口。

10. 业务接入交换机配置

（1）整机交换容量 4.8Tbps，包转发率 2000Mpps，电源 1+1 备份。

（2）48 个 10GE 光接口和多模光模块，6 个 100GE 光接口。

（3）2 个 40GE 光接口和多模光模块，1 根 40GE 堆叠线缆。

11. 带外管理交换机配置

整机交换容量 758Gbps，设备整机包转发率 264Mpps，48 千兆电接口，4 万兆光接口和多模光模块。

12. 边界防火墙配置

整机吞吐量 80G，并发连接 3000 万，每秒新建连接数 200 万。配置 28 个 10GE 以太网光接口、4 个 40GE 光口、4 块 40G 光模块、2 块冗余电源。

13. 显示器（含键鼠）配置

27 寸，分辨率 2560×1440，IPS 广视角硬屏，具有 DP 和 HDMI 接口，配备相应的原厂线缆，含键盘鼠标。

14. 瘦终端配置

4 核 3.6GHzCPU、8G 内存、64G 存储空间，1 个 RJ45 千兆网口，1 对音频输入/输出口，10 个 USB 接口，1 个 HDMI 和 1 个 DP 显示接口，支持双屏显示。

15. 备份软件配置

备份软件包含服务器端和客户端，具有数据分级保护功能，配置重复数据删除和永久增量等高级功能模块。

4.3.5 平台功能

该平台的业务管理平台和运维管理平台功能如下:

1. 业务管理平台功能

业务管理平台能够集中纳管云桌面资源,具有以下功能:

(1)快速部署桌面。控制台支持新增、编辑、修改云桌面资源池,按照不同部门的办公要求,生成并下发自定义云桌面镜像,实现云桌面系统的快速发放。云桌面规格可弹性伸缩,对于有升级需求的桌面可一键提升配置,无须更换硬件设备,快速满足前端扩容需求。

(2)随时接入云桌面。通过配置不同终端的接入权限,集团员工可以通过不同的终端(电脑、平板、手机、瘦终端等)接入云桌面,云桌面保存原有应用及文件,无须重新安装应用,随时随地移动办公。

(3)支持个人数据盘。云桌面管理台支持为员工创建个人数据盘,这样员工可以把自己的文档、数据和个性化配置都保存在个人数据盘中,即便虚拟机损坏甚至被删除,员工的文档和数据等重要信息依然保存完好,可以在系统重装后重新关联上自己的个人数据盘,继续正常使用文档和数据。允许同时为多个桌面创建个人数据盘,从而大大提升管理员配置效率。

(4)云桌面的备份恢复。云桌面管理台支持备份及恢复,管理员选择对应的云桌面虚拟机进行备份,在桌面遇到蓝屏或其他异常无法启动的时候进行还原,极大保障数据安全性。

(5)多策略管理云桌面。控制台可设置多种策略,包括网络QoS、外设策略、水印规则等管控策略。通过设置网络QoS策略,在出口带宽有限的情况下,保障重要桌面带宽。按需开启外设重定向规则,可针对图像设备、适配设备、打印设备、存储设备等外设开启读写访问。对存有核心数据的桌面开启水印管理,防止员工有意无意截图或拍照泄密。

(6)分权分域,多级管理。超级管理员可针对多个账号生成二级管理员,超级管理对二级管理员进行授权,实现系统管理员、运维管理员、桌面管理员的多级管理。

(7)部门间业务隔离。不同部门划分不同的虚拟私有云网络,不同虚拟私有网络相互隔离。如需实现网络互访,可与控制台配置对等连接。

(8)统计员工办公情况。支持在线用户、桌面运行情况、桌面活跃度排行等关键指标的总览展示,随时随地掌握单位办公情况。支持关键指标的数据导出,基于这些数据对员工办公情况进行统计分析。

2. 运维管理平台功能

(1)监控告警。监控看板上可直观查看数据中心当前告警与历史告警信息,系统可发送告警信息到管理员邮箱。

(2)资源分配。资源分配主要用于创建部门用户,并给部门用户分配OS集群使用权限。在创建时可自定义配置桌面的快照数量、虚拟网络(VPC)数量、子网数量、防火墙功能等。

(3)网络管理。网络资源可以新增、编辑、查看网络拓扑、网络设备,可以进行流量监控并分析,对资源池网络进行可视化展示。

(4)运维管理。为了方便管理,可以创建多个用户,每个用户关联角色,通过角色对权限进行授权。管理人员可看到所有的资源申请工单,比如桌面扩容、网络扩容等,可对工单进行批量暂停、批量恢复、批量执行等操作。

4.3.6 建设成效

该集团通过云桌面的建设和使用,获得了良好的效益:

（1）实现三大场景下不同云桌面的灵活调整，和传统 PC 相比提升了资源使用率。通过云桌面在线资源调整特性，满足 3D 设计、软件开发、普通办公三个应用场景灵活调整，避免硬件拆卸、搬运等工作，实现了办公桌面环境的快速部署或调整。另外云桌面的运行、数据存储都在服务器集群中进行，资源集中共享复用，并可根据个人占用情况灵活调整资源，提高了资源使用率。

（2）安全合规，加强了办公网络、设备的管控。云桌面的成功应用实现了研发数据的集中保存和管控，办公网络只传输图像变化和指令信息，并对终端 USB 外设使用权限进行控制，从而防范非法设备接入网络获取研发、办公数据，大幅提升网络和数据安全性。

（3）运维简单、效率高，降低运维成本。通过云桌面后台管理系统，可将主要运维工作集中在线上，前端只涉及终端网络及外设的维护。通过创建标准桌面模板，运维人员 30 分钟内便可以完成员工云桌面派发、安全补丁更新、管控策略配置等工作，从而实现云桌面部署和安全管理的标准化。同时后台能够实现精细化管理，依据云桌面的实际使用数量来选取关闭或开启不同数量的物理服务器，在一定程度上实现了节能降耗。整体上减少了运维工作量，降低了运维成本、能耗成本，避免了传统 PC 故障处理时间过长形成的间接成本。

（4）具备国产化能力底座，可实现办公系统国产化平滑演进。该集团采用的天翼云桌面平台支持国产化设备部署，能够支撑该集团办公软硬件向国产化桌面平滑迁移，实现办公终端的国产化替代。

（5）实现移动办公，提高工作效率。由于应用和数据集中部署在服务器端、可实时共享，因此办公人员只需要一套账号密码，自己的云桌面就能够在网络安全可达情况下，在不同地方、不同终端上调用和显示，实时获得工作所需的文档和资料，解决异地出差或居家办公问题，提高工作效率。

第 5 章 省级云计算数据中心建设案例

云网中枢，数据总汇，兴业之基

云计算数据中心是一个省（区、市）信息管理的枢纽，是信息交流的总汇。它在区域信息服务体系中处于核心地位，是区域现代化管理的重要组成部分。云计算数据中心是一种基于云计算架构，计算、存储及网络资源松耦合，完全虚拟化各种IT设备，模块化和自动化程度较高，具备较高绿色节能程度的新型数据中心。

本章以一个省级云计算数据中心建设为例，从建设目标到总体框架和主要建设内容，全方位介绍云计算数据中心软硬件配置和云计算数据中心的安装部署，以启迪读者。

5.1 背景概述

该省级云计算数据中心（以下简称云中心）面向全省各地各部门、企事业单位提供统一的云计算、云存储、云管控、云安全等云服务，是该省关键的行业云节点。其基于天翼云技术底座建设，由中国电信股份有限公司承建。天翼云作为国云框架，通过技术创新推动数字生产力不断发展变革，推动数字经济高质量发展。为更好地服务数字中国战略，中国电信股份有限公司充分发挥自身优势，持续加强科技创新，制定了"云改数转"战略。

随着"云改数转"战略的推进，天翼云已逐步渗透至千行百业。云计算采用虚拟化、分布式计算、分布式存储、资源管理等技术，将弹性、可共享、可伸缩性的软硬件资源池池化，再通过网络等方式向客户提供按需自助、可计量的服务。云计算作为一种IT基础设施交付和使用模式，具有灵活、按需自服务、高扩展性、低成本等特点，能有效降低企业的运营成本，节省投资。云计算的应用已经深入政府、金融、工业、交通、物流、医疗健康等传统行业。

数字政府、行业信息化的建设将带来云基础设施需求的不断增长，各政府部门、企事业单位将各类数字信息系统逐步迁移至集约行业云资源池，随着各行业上云工作的逐步推进，自建的行业云资源池在建设周期、灵活扩容等方面的不足日益凸显，将难以满足各类信息系统快速增长对信息处理和数据存储的需求。

在此背景下，该云中心完成了建设，推进行业云由自建云资源池向租用云服务模式转变，为该省政府部门、企事业单位等行业用户提供统一的云计算服务。

5.2 建设目标和任务

1. 建设目标

该云中心基于天翼云技术底座建设，通过统一的云基础设施承载客户需求，为政府部门、企事业单位等行业用户提供计算、存储、网络访问和安全防护能力，以及基础设施运营监控与管理能力。

2. 建设任务

（1）完成云计算数据中心机房环境的建设。根据新一代数据中心的要求，按照"绿色节能、智慧环保"等理念，建设云计算数据中心的机房环境。

① 采用微模块化机房，打造先进实用、节能环保、集约高效的数据中心。

② 采取现代全方位的智能化管理手段，真正实现对数据中心进行有效数据采集与现代化管理。

（2）完成云基础设施的建设。建设云计算资源池，包括算力资源、存力资源和运力资源等，整体提升该省行业云支撑能力，其中算力具备支撑海量数据计算处理的能力，存力满足通用性能、高性能系统上云要求，具备海量数据存储能力。

（3）完成云安全建设。云计算数据中心能够达到国家等级保护2.0三级安全防护的要求，具备平台、租户的安全服务能力，通过网络安全等级保护三级测评、中央网信办云计算安全服务评估；同时具备提供商用密码服务能力，平台通过商用密码应用安全评估三级测评，所提供服务确保租户系统能够通过商用密码应用安全评估三级测评。

（4）建立健全云运营体系。整合行业云资源，制定行业云服务流程，统一为全省各地各部门提供云服务。

（5）建立健全云运行维护体系。建立响应快速、运作规范、保障有力的运行维护机制，为资源管理、故障处理、日常巡检、系统升级等工作提供专业化服务支撑。

5.3 总体系统架构

该云中心基于天翼云技术架构部署行业云资源池，作为该省行业云的一部分，由该行业独享使用，从机房到物理设备与其他用户隔离，确保行业云安全可靠可控。

1. 总体架构

该云中心作为原有省行业云资源池的扩容节点，通过行业专网、云间高速网络与原有的资源池实现互通，并与省级多云管理平台对接实现行业云统一的资源监控，其总体架构如图5.1所示。

图 5.1 总体架构图

云计算数据中心总体架构包括"四横三纵"七大部分。

"四横"即多云管理平台、行业云资源池、网络系统、数据机房基础设施，"三纵"即服务考核体系、运维体系、安全保障体系。

（1）多云管理平台。多云管理将多个子云平台资源纳入管理，提供统一服务，实现云资源统一申请、统一分配、统一调度、统一监测、统一考核。

（2）行业云资源池。通过云管理软件、虚拟化软件将硬件整合成计算资源池、存储资源池，统一为行业用户提供云服务。

（3）网络系统。网络系统主要由行业专网和云间高速网络组成，为各子云资源池之间提供高速互联，为行业客户提供高速云接入。

（4）数据机房基础设施。数据机房包含生产中心机房和同城灾备中心机房，是硬件设施运行的基础支撑环境。

（5）服务考核体系。建立健全行业云服务和考核规章和规范，推动行业云资源利用、系统整合共享，统一行业云服务和考核标准。

（6）运维体系。建立响应快速、运作规范、保障有力的运行维护机制，为资源管理、故障处理、日常巡检、系统升级等工作提供专业化服务支撑。

（7）安全保障体系。强化安全管理责任，落实安全管理制度，统筹建设网络安全、数据安全、密码应用等软硬件设施和"同城两中心"容灾备份系统等安全基础设施，筑牢行业云安全防线。

2．总体组网架构

该云中心在省 A 数据中心、B 数据中心内建设行业云资源池，分别作为生产中心和同城灾备中心，生产中心按行业分区规范分为核心业务区和非核心业务区两个云资源域，两个云资源域相互独立，通过网闸安全设备进行数据交换。为满足各政府部门、企事业单位用户接入，并与原有系统互通，该云中心通过 OTN（光传输网）专线与行业专网，与原有的行业云资源池实现网络互通，并通过大带宽接入国际互联网，实现用户公网接入。总体组网架构如图 5.2 所示。

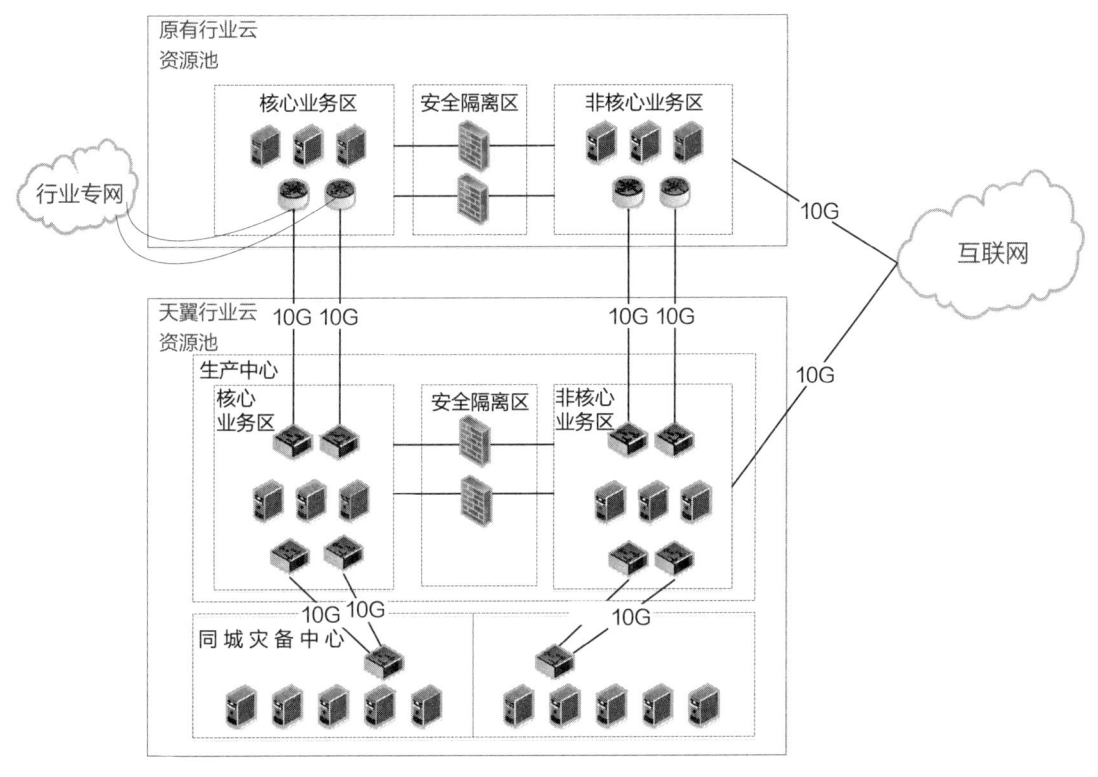

图 5.2　总体组网架构图

1）机房节点布局

该云中心采用"同城灾备"双节点布局，以 A 数据中心节点为生产中心，以 B 数据中心节点为同城灾备中心，实现同城异地数据级容灾。

2）网络组织

云中心的网络组织主要分出口网络、各分区互联网络、内部组网三个层面。

（1）出口网络。出口网络按核心业务区、非核心业务区、灾备中心进行分区建设，为满足各个行业用户的接入访问要求，以及原有行业云上系统的互访要求，核心业务区和非核心业务区均通过出口网络设备（出口交换机或防火墙）与行业专网、互联网以及原有行业云资源池实现网络互通。

① 核心业务区与行业专网、原有行业云的互通：核心业务区的边界防护设备与原行业专网的核心路由设备之间通过 2 条 10GE 传输专线（OTN）链路互联，以满足各行业用户的上云接入要求；通过云间高速接入原有行业云资源池的核心业务区，以实现两个核心业务区上的系统互访。

② 非核心业务区与原有行业云、互联网的互通：考虑生产中心与原有行业云非核心业务区上系统的互访要求较大，非核心业务区通过在核心交换机与原有行业云的非核心业务区核心路由设备之间新增 2 条 10GE 传输专线（OTN）链路进行互联，以实现两个非核心业务区上系统的互访、数据交互；非核心业务区的 2 台出口网络设备通过 2×10GE 链路与生产中心机房的出口路由器互联，以实现行业用户的公网接入要求。

③ 灾备中心的出口网络：作为核心业务区和非核心业务区的数据级容灾节点，不需直接与互联网、行业专网进行互联，主要通过生产中心与外部网络互联。

（2）各分区互联网络。互联网络方面，云中心各分区相对隔离，在核心交换机之间增设网闸安全设备，通过网闸实现核心业务区与非核心业务区的数据交互；灾备中心与核心业务区、非核心业务区之间分别通过 2×10GE 传输专线（OTN）链路进行互联，实现生产中心与灾备中心的网络互通。

（3）内部组网。内部组网方面，生产中心两个分区和灾备中心均单独组网，均采用核心＋接入两层组网架构。接入层部署接入交换机，负责将各类服务器接入网络，收敛汇聚服务器数据；核心层建设核心交换机，实现数据汇聚转发，并与行业专网或公网互联；接入层、核心层均选择支持虚拟化和堆叠的交换机，满足网络对二层 STP（生成树协议）、链路聚合和设备冗余等要求。

由于采用了虚拟化技术，云平台的管理系统与计算资源和存储资源需要在网内交换大量的管理和监控数据；虚拟机需要挂载存储区的存储资源，海量的数据也需要在数据中心网内传输；同时还要传输虚拟机的业务数据。因此为了更好地支持这三类业务数据的传输，在内部将网络划分为业务、存储、管理三个网络平面，三个网络平面物理相互隔离，互不影响，服务器通过不同网卡接入不同网络平面。

3）资源服务能力

按照行业云服务目录标准，服务目录中主要有云托管服务、计算服务、存储服务、负载均衡服务、基础安全服务、增强安全服务、数据库服务、软件服务、应用服务、线路服务等，因此云中心主要以提供计算（云主机）、存储等 IaaS 服务为主，并为部门租户提供安全服务、云接入线路服务。

在资源池内部配置方面，生产中心提供云主机、云存储和部分 GPU（图像处理器）主机产品，按需配置虚拟化计算资源、GPU 型物理计算资源、分布式存储（块、对象、文件）资源；灾备中心初期以提供数据备份存储服务为主，主要配置分布式对象存储资源作为数据备份存储，暂不配置计算资源。

4）云安全能力

为满足行业用户信息系统的安全上云要求，生产中心按该行业安全体系要求提供云安全能力，主要包括 3 个方面：

（1）各分区边界安全隔离：

① 边界安全防护设备主要有防火墙、入侵防御系统、防病毒系统、网闸等。

② 出口网络安全设备，如抗 DDOS（分布式拒绝服务）清洗设备、网络审计、流量探针、态势感知等。

（2）根据网络安全等级保护三级配置要求，建设平台侧、租户侧的安全服务能力：

① 平台侧安全能力组件主要有日志审计、堡垒机、漏洞扫描、数据库审计等。

② 租户侧安全能力组件主要有安全管理平台、防火墙、入侵防御系统、防病毒系统、日志审计、堡垒机、漏洞扫描、数据库审计等。

（3）根据商用密码应用安全性评估三级要求，提供云密码服务能力。密码服务产品主要有统一密码服务平台、服务器密码机、签名验签服务器等。

5）云平台软件

该云中心采用国产自研的云主机、云存储等产品，主要部署自研的虚拟化软件、分布式存储软件（包括块存储、文件存储和对象存储）。按行业云安全要求，核心业务区、非核心业务区作为完全独立的物理资源池，分别设置管理节点，并分别部署1套云管理平台软件，确保核心业务区和非核心区的安全管理隔离。

6）管理方式

该云中心内各分区的虚拟机、物理机、存储等资源，将纳入相应的云管理平台实现资源监控和管理；同时作为原有行业云体系的一部分，通过开放云平台接口与多云管理平台进行对接，将云中心的计算资源使用情况、存储资源使用情况等云资源监控数据同步给多云管理平台，从而实现该省基于多云管理平台对多云体系的统一监管，以满足"物理分散、逻辑集中、整体联动"的行业云建设要求。

5.4 建设内容及资源配置

该云中心按"同城灾备"建设两个云资源池，在省级A数据中心和B数据中心分别新建云计算生产中心和同城灾备中心，以满足行业客户的数字信息系统云化部署要求。

1. 服务器群组

（1）A数据中心：计算节点服务器183台，GPU计算节点服务器4台，分布式块存储节点服务器96台，对象存储节点服务器6台，文件存储节点服务器6台，管理节点服务器15台，网元、网关节点服务器32台，安全资源池硬件服务器13台。

（2）B数据中心：对象存储节点6台，网元、网关服务器6台，管理节点服务器4台。

2. 网络设备和系统

数据中心交换机6台，25G接入交换机52台，万兆接入交换机20台，千兆接入交换机35台。

3. 安全设备和系统

防火墙10台，网络审计2台，网闸2台，流量探针2台，态势感知1套，服务器密码机4台（含统一密码服务平台2套），签名验证服务器2台，安全接入网关4台。

4. 云计算软件

虚拟化软件366个CPU授权、32个GPU授权，分布式存储软件3套，云管理平台软件2套，抗DDOS攻击软件1套，平台安全资源池软件2套，租户安全资源池软件2套。

5. 机房及传输等配套设施

一体化微模块机房系统3套，传输设备1套。

6. 主要系统和设备配置

主要软硬件建设规模如表5.1所示。

表 5.1 主要软硬件建设规模

序 号	设备类型	设备名称	单 位	数 量
1	计算资源	管理节点	台	19
2		网元节点	台	16
3		计算节点服务器	台	183
4		GPU 计算节点服务器	台	4
5		平台侧安全服务器	台	10
6		专用硬件服务器（抗 DDOS）	台	3
7	存储资源	分布式块存储节点服务器（SATA）	台	54
8		分布式块存储节点服务器（SSD）	台	42
9		对象存储节点服务器	台	6
10		对象存储 - 网关节点服务器	台	4
11		对象存储 - 网元节点服务器	台	4
12		文件存储节点服务器	台	6
13		文件存储 - 网关节点服务器	台	4
14		文件存储 - 网元节点服务器	台	4
15		分布式存储节点（对象存储）	台	4
16		分布式存储节点（元数据服务器）	台	6
17		对象存储 - 网关节点服务器	台	4
18	网络资源	核心交换机	台	6
19		业务接入交换机（25G）	台	16
20		存储外网接入交换机（25G）	台	26
21		存储内网接入交换机（25G）	台	10
22		带外管理汇聚交换机（万兆）	台	4
23		千兆管理接入交换机	台	20
24		千兆带外接入交换机	台	11
25		托管交换机 1（万兆）	台	4
26		托管交换机 2（千兆）	台	4
27		出口交换机（万兆）	台	4
28		平台安全资源池交换机（万兆）	台	4
29		租户安全资源池交换机（万兆）	台	4
30	安全设备	防火墙（出口）	台	6
31		管理边界防火墙（出口）	台	2
32		托管边界防火墙	台	2
33		网络审计	台	2
34		网闸	台	2
35		流量探针	台	2
36		态势感知	台	1
37		统一密码服务平台	套	2
38	安全设备	服务器密码机	台	4
39		签名验签服务器	台	2
40		安全接入网关	台	4

续表 5.1

序号	设备类型	设备名称	单位	数量
41	软件	虚拟化软件	CPU	366
42		分布式存储软件	套	3
43		抗 DDos 攻击	套	1
44		平台侧安全池软件	套	2
45		租户侧安全池软件	套	2
46	机房配套	一体化微模块机房系统	套	3
47	传输配套	OTN 传输系统	套	1

5.5 主要分部结构

云计算数据中心主要由承载机房、云计算资源池、云网络、云安全、同城灾备中心组成。

5.5.1 承载机房

1. 机房概况

1）生产中心机房：省级 A 数据中心

生产中心使用 A 数据中心独立隔间，共建设了 2 个微模块，总共 82 个 5kW/8kW 机架。

省级 A 数据中心根据国际最高等级 T4 级机房标准建设。该数据中心选址合理，周边共有 4 个 110kV 变电站，电力供给充足可靠，同时配备了柴油发电机组，可以在意外断电的情况下保证整个数据中心正常运行；其处于省级网络核心节点，通信快速畅通；制冷方式主要采用高效节能的水冷方式，水源充足；远离水灾、地震等自然灾害隐患区域；交通方便，远离无线电、强电干扰，周围无环境污染区，远离容易发生燃烧、爆炸、洪水和低洼地区，周边有良好的市政配套环境，网络通信资源丰富。

2）同城灾备机房：省级 B 数据中心

同城灾备机房设置在 B 数据中心独立隔间，建设了 1 个微模块，使用 20 个机柜。

B 数据中心机房总体建筑结构根据电信四星级数据中心的特点设计建造，与 A 数据中心一样，周边共有 4 个 110kV 变电站，电力供给充足可靠，同时配备了柴油发电机组，可以在意外断电的情况下保证整个数据中心正常运行；其处于省级网络核心节点，通信快速畅通；达 8 级的抗震强度，每方米 1000kg 的承重能力，可以在各种特殊情况下最大限地保障客户设备和数据的安全，高达 4.5m 的层高和 1000 多平方米的面积提供了充足的机柜存放空间。

2. 机房环境

机房环境包括温湿度、机房地面、洁净度、机房土建、噪声、电磁干扰、静电干扰、照明、消防安全等。

1）温湿度

冷通道或机柜进风区域的温度：18 ~ 27℃。

冷通道或机柜进风区域的相对湿度和露点温度：露点温度 5.5 ~ 15℃，相对湿度不大于 60%，并且不得结露。

辅助区温度、相对湿度：辅助区温度 18 ~ 28℃，相对湿度 35% ~ 75%。

2）机房地面

采用抗静电地面，加强其抗静电措施。

3）洁净度

室内灰尘落在机架内，可造成静电吸附，使金属接插件接触不良，不但会影响设备寿命，而且易造成故障。机房内洁净指标如表 5.2 所示。

表5.2 洁净度指标

最大直径 /μm	0.5	1	3	5
最大浓度 / 每立方米所含颗粒数	14×10^5	7×10^5	24×10^4	3×10^4

除灰尘含量与粒径外，对空气中的盐、酸、硫化物也有严格要求，这些有害物质会加速金属的腐蚀和某些部件的老化过程。机房内防止有害气体如 SO_2、H_2S、NH_3、NO_2 等的侵入并限制，其指标如表 5.3 所示。

表5.3 灰尘、气体指标

气体名称	平均 /（mg/m³）
SO_2	0.2
H_2S	0.006
NO_2	0.04
NH_3	0.05
Cl_2	0.01

4）机房土建

机房符合一级防火标准，抗震级别按国家划分地震区的有关规定执行。

机房清洁、无尘，并能防止任何腐蚀性气体、废气、化工废物的侵入。机房内不允许有上、下水管线通过。

5）噪声、电磁干扰、静电干扰

总控中心内，在长期固定工作位置测量的噪声值小于60dB（A）。

主机房和辅助区内的无线电骚扰环境场强在 80～1000MHz 和 1400～2000MHz 频段范围内不大于 130dB（μV/m）；工频磁场场强不大于 30A/m。

在电子信息设备停机条件下，主机房地板表面垂直及水平向的振动加速度不大于 $500mm/s^2$。

主机房和安装有电子信息设备的辅助区，地板或地面有静电泄放措施和接地构造，防静电地板、地面的表面电阻或体积电阻值为 2.5×10^4 ~ $1.0 \times 10^9 \Omega$，且具有防火、环保、耐污耐磨性能。

6）照 明

主机房和辅助区一般照明的照度标准值按照 300～500lx 建设，一般显色指数不小于 80。支持区和行政管理区的照度标准值按现行国家标准《建筑照明设计标准》GB 50034-2013 的有关规定执行。

主机房和辅助区内的主要照明光源采用高效节能荧光灯，也可采用 LED 灯，灯具采取分区、分组的控制措施。

照明灯具不布置在设备的正上方，工作区域内一般照明的照明均匀度不小于 0.7，非工作区域内的一般照明照度值不低于工作区域内一般照明照度值的 1/3。

7）消防安全

通信建筑的消防满足现行国家标准 GB 50016-2014《建筑设计防火规范（2018 年版）》及行业标准 YD 5002-2005《邮电建筑防火设计标准》的规定。

建筑内的管道井、电缆井在每层楼板处采用不低于楼板耐火极限的不燃烧体或防火封堵材料封堵，楼板或墙上的预留孔洞用不燃烧材料临时封堵。

通信建筑的内部装修材料采用不燃烧材料，机房不吊顶。

通信建筑内的配电线路除敷设在金属桥架、金属线槽、电缆沟及电缆井等处外，其余线路均穿金属保护管敷设。通信建筑内的动力、照明、控制等线路采用阻燃型铜芯电线（缆）。通信建筑内的消防配电线路，采用耐火型或矿物绝缘类等具有耐火、抗过载和抗机械破坏性能的不燃型铜芯电线（缆）。消防报警等线路穿钢管时，采用阻燃型铜芯电线（缆）。

电源线与信号线的孔洞、管道分开设置,机房内的走线除设备的特殊要求外,一律采用不封闭走线架。

交、直流电源的电力电缆分开布放,电力电缆与信号线缆分开布放,光纤尾纤加套管或走光纤专用线槽。必须同槽同孔敷设的或交叉的应采取可靠的隔离措施。电源线、信号线不穿越或穿入空调通风管道。

机房设备的排水管不能与电源线同槽敷设或交叉穿越,必须同槽或交叉地采取可靠的防渗漏防潮措施。

3. 机房防雷接地

1)机房接地系统组成

接地采用联合接地系统,即通信设备的工作接地、保护接地、建筑物的防雷接地共用一个接地的联合接地方式。

接地系统按 GB 50689-2011《通信局(站)防雷与接地工程设计规范》,采用联合接地方式,按单点接地原理建设。由于整个接地系统是一个均压等电位体,具有良好的防雷和抗外界电磁干扰的作用,可以较好地保护人身和设备的安全。

2)机房接地电阻

联合接地系统的接地电阻小于 1Ω。

3)机房防雷

考虑到机房各种不同用电设备的耐过压的能力,该机房采用三级防雷措施,以达到最佳的防护效果。具体的防护措施如下:

(1)一级保护:在机房配电柜前装电源防雷器。

(2)二级保护:在 UPS 电源前装电源防雷器。

(3)三级保护:在重要设备处装电源防雷插座。

4. 防震加固

机房内所有通信设备的安装按 GB/T 51369-2019《通信设备安装工程抗震设计标准》进行抗震设防建设。交换设备的安装尤其是采用活动地板的机房采取相应的抗震加固措施。根据安装规范,所有设备均对地进行加固,对于铺设活动地板交换机房,对设备机架安装抗震底座。在进行安装时,首先用膨胀螺栓将抗震底座固定在地板上,然后再将机架设备固定在抗震底座上。所有设备按所在机房地震烈度加 1 级加固。机房内的走线槽/架,除了对梁、对柱加固外,对楼层天面也作吊挂。设备标准机柜的安装,除对地作抗震加固外,机柜的上部与走线架连接固定。

5. 环境保护与设备节能

1)设备能耗

该云中心所采用的设备是世界上较为先进、成熟的设备,芯片集成度高,功耗低,符合国家对通信产品的节能要求。

2)电磁波辐射及防治

根据"环境电磁波卫生标准"的规定,环境电磁波容许辐射强度对于微波辐射强度而言,在安全区小于 $10\mu W/cm^2$,在中间区小于 $40\mu W/cm^2$。该云中心不涉及无线工程,不会产生电磁波辐射。

3)废气、废水、噪声及防治

该云中心不产生"废气"和"废水"。

该机房使用柴油发电机，降噪隔声处理达到国家环保标准。制冷方式主要采用高效节能的水冷方式，水源充足。

6. 机房空间占用及功耗情况

该机房安装的物理硬件设备包括服务器、三层交换机、防火墙、安全设备等，机柜占用综合考虑机架空间和设备实际功耗，占用的机架数量及设备功耗如表5.4所示。

表5.4 占用的机架数量及设备功耗表

区域	设备	数量	单台功耗/kW	合计功耗/kW	机柜功耗/kW	单柜安装台数	机柜数量
生产中心	宿主机、管理节点、网元节点服务器	243	0.6	145.8	5	8	31
	块存储节点（HDD）	54	0.5	27	5	10	6
	块存储节点（SSD）	42	0.65	27.3	5	7	6
	对象存储节点、文件存储节点服务器	12	0.75	9	5	6	2
	GPU服务器	4	1.2	4.8	5	4	1
	核心交换机、防火墙	8	2	16	5	2	4
	边界防火墙、态势感知、网络审计等安全设备	19	0.4	7.6	5	12	4
	25G/万兆接入交换机	68	0.2	13.6	5	/	零星部署
	千兆电口交换机、流量探针	34	0.05	1.7	5	/	零星部署
	小计1	484	/	252.8	/	/	/
灾备中心	核心交换机	2	1.5	3	3	2	2
	管理节点、网元节点服务器	10	0.6	4.8	3	5	2
	对象存储节点服务器	6	0.75	3	3	6	1
	25G/万兆接入交换机	4	0.2	0.8	3	/	零星部署
	千兆电口交换机	3	0.05	0.15	3	/	零星部署
	小计2	21	/	11.75	/	/	/

该云中心资源池建设的物理硬件设备均采用220V交流供电，机房电源完全利旧。

7. 不间断电源建设

该云中心的不间断电源UPS共用数据中心整体的交流不间断电源，其主要供电范围为机房的IT机柜设备、水泵及机房空调末端等。每机柜功率按平均5kW/8kW建设配套设施，采用高效率、高可靠性的2N UPS[1]系统为IT设备供电，UPS配置如表5.5所示。

表5.5 UPS配置表

负载	机柜/台	单机功耗/kW	功耗小计/kW	系数	功率合计/kW	UPS输出功率因数	UPS配置容量	配置
该云中心所在机房	388	5	1940	0.8	1552	0.90	2000	2套2000KVA 2N
	348	8	2784	0.8	2227	0.90	3000	1套1000KVA 2N
该云中心所在的空调电源	/	/	/	0.8	174	0.85	300	1套300KVA N

1）2N UPS指2套独立的UPS系统。

UPS 设备采用效率较高的高频型 UPS，蓄电池采用环保的阀控式密封铅酸蓄电池。

8. 机房空调系统建设

该云中心空调共用数据中心的整体机房空调系统，其空调冷源采用集中水冷式中央空调系统。空调冷水系统按《数据中心设计规范》GB50174-2017 中 A 级配置，即冷冻机组、冷冻和冷却水泵及对应冷却塔均按 $N+1$ 配置，管路系统按双路供应设计，并配套应急供冷系统。

空调冷水机组、冷冻水循环泵、冷却水循环泵、蓄冷水罐、水处理设备等安装在首层制冷机房，冷却塔安装屋面。

1）空调机组配置

空调主机采用高能效变频离心式冷水主机，其能效比大于 7.0，高效节能。空调主机采用 $N+1$ 冗余配置，保障空调系统安全。

空调冷冻水采用 14/20℃的高水温、大温差的冷冻水系统，在保证空调冷量的前提下减少了空调主机、冷冻水泵的能耗，高水温也适应数据中心的负荷以显热为主的特点，减少了空调系统不必要的除湿能力，真正实现安全节能。

该数据中心空调主机采用大小主机搭配，小冷水机组在大楼建成初期，装机容量较小时启用，避免大冷水主机在低负荷时发生"喘振"及低负荷区运行不稳定、效率低等问题。提高了空调系统在数据中心建设初期空调主机的制冷效率，进而节省空调系统的用电量，降低机房建成初期的 PUE[1] 值。大冷水主机能效比值较高，待装机容量达到一定的程度时，启用大离心主机，这样能够保证空调机在高效率区间内工作。同时，大小主机搭配也可以根据负荷情况调整空调主机的开启台数，有利于后期运行节能。

针对不同功率密度的数据机架和功能分区采用不同的空调配置方式，如表 5.6 所示。

表 5.6 空调系统主要设备配置

序 号	分项名称	单 位	数 量	备 注
1	变频离心式冷水机组	台	4	制冷量：5626kW，10kV，主用；冷冻水温：14/20℃，流量：806m³/h，压降＜100kPa；冷却水温：32/38℃，流量：920m³/h，压降＜100kPa；功率：800kW
2	变频离心式冷水机组	台	2	制冷量：2813kW，380V，备用；冷冻水温：14/20℃，流量：403m³/h，压降＜100kPa；冷却水温：32/38℃，流量：462m³/h，压降＜100kPa；功率：360kW
3	卧式中开双吸离心水泵（冷冻）	台	4	流量：920m³/h；扬程：38m 水柱；电机转数：1450rpm；变频，自带减振器；功率：110kW
4	卧式端吸离心水泵（冷冻）	台	2	流量：460m³/h；扬程：38m 水柱；电机转数：1450rpm；变频，自带减振器；功率：55kW
5	卧式中开双吸离心水泵（冷却）	台	4	流量：1100m³/h；扬程：30m 水柱；电机转数：1450rpm；变频，自带减振器；功率：132kW
6	卧式端吸离心水泵（冷却）	台	2	流量：550m³/h；扬程：30m 水柱；电机转数：1450rpm；变频，自带减振器；功率：75kW
7	卧式冷冻水蓄冷罐	台	4	净容积：≥150m³；设布水器；蓄冷效率≥85%
8	低噪声方形逆流冷却塔（镀锌钢）	台	10	散热量：≥3800kW（湿球 29℃工况）；水量：700m³/h；冷却水温：32/38℃；8 主 2 备；功率：2×15kW
9	新风机组（风冷冷风型，整体式）	台	4	制冷量：60kw；风量：7500m³/h；机外静压：400Pa；功率：20kW
10	全自动智能加药装置	套	4	双桶双泵

1）PUE 值是指数据中心消耗的所有能源与 IT 负载消耗的能源之比。

续表 5.6

序 号	分项名称	单 位	数 量	备 注
11	全自动型综合水处理器	台	2	G = 1000 ~ 1300m³/h；DN450
12	补水泵	台	2	流量：2m³/h；扬程：30m 水柱；变频，自带减振器
13	不锈钢储水箱	只	1	有效容积 4m³，尺寸：1400mm × 1400mm × 1400mm；水箱需保温
14	全自动软化水装置	套	1	产水量：3t/h；树脂双罐，盐箱容积 200L

2）冷通道设置

（1）单机架功率 5kW 的数据机架末端送风采用封闭冷通道 + 地板下送风方式。

（2）对于单机柜功耗 8 ~ 20kW 的数据机架和传输机架，采用微模块行间空调。微模块机房采用列间空调、精准送风、冷通道隔离方式，封闭冷通道后室内风机送风量可减少 30%，室内风机可省电约 2/3。

（3）动力配套用房的气流组织形式为风管上送风、机组侧下回风。电力电池室机房专用空调配套消声静压箱、风管和双层百叶风口。

（4）首层制冷机房设置吊顶式空调机组，上送风上回风，改善机房热环境。

9. 一体化微模块机房建设

该机房采用一体化微模块双排密封冷通道，模块包括 IT 柜、网络柜、配电柜（一体化 UPS 柜 / 一体化配电柜）、空调、天窗、门、走线槽等部件，以冷通道为例，密封冷通道组件如图 5.3 所示。

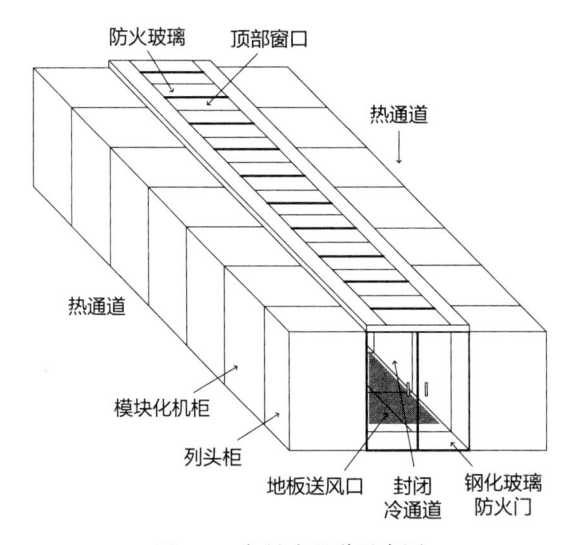

图 5.3 密封冷通道示意图

1）制冷系统

设备制冷空调采用机架式精密空调，安装在冷通道的机柜内。由于冷气集中管理，精密空调可以优先保障 IT 设备所需的运行温度。模块系统内区域按照机房建设标准提供 23℃环境。其有以下特点：

（1）高效制冷：

① 靠近热源就近冷却，全显热比设计，采用 R410A 环保制冷剂。

② 高效变频压缩机，电子膨胀阀，制冷量无级调节。

③ 室内风机、室外风机均采用高效低噪离心风机。

④完备的智能控制系统确保系统动态最优。

（2）节省空间：

①10U（12.5kW）空间安装，节省机架内空间，宽度和深度紧凑设计。

②室内机配置拉手，可轻松进行抽拉安装和维护；室内机电控箱可抽拉，方便巡检。

③室外机占地面积小，可放置在墙外平台或者楼顶。

（3）可靠性高：

①365天×24小时不间断运行，设计寿命达10年，所有配件均经过严格的测试和检验。

②完备的告警保护和专家级的自诊断功能，防凝露和除湿工况特殊设计，避免机柜出风侧凝露，除湿逻辑防止吹水。

③常规机室外环境温度 –20～45℃，可选配低温组件满足室外最低 –40℃，可适应长连管、高落差。

（4）配置灵活：

①适应各种安装要求。

②配备排水泵和水浸传感器，保证负压环境下排水顺畅。

（5）告警保护：

①完备的自动保护和告警功能。

②专家级故障自诊断功能。

③全面的参数检测和调节功能。

④来电自启动功能。

⑤具备防雷功能。

（6）联网监控。同时提供干接点和RS485（一种串行通信标准）智能通信接口实现远程监控，通信协议可以实现备份运行、轮巡、层叠和避免竞争等群控功能。

2）机柜系统

该云中心配置102个42U（600mm×1400mm×2000mm）标准机柜，满足服务器高热密度的散热要求，每台机柜定制化PDU（机柜用电源分配插座），满足机柜内服务器等设备可靠供电要求。

机柜采用冷通道封闭建设，后回风前出风；机柜配置弹门装置，当停电或者空调故障时，机柜门弹开散热；机柜整体采用拼装结构。

每台机柜配置：32A PDU排插、垂直埋线槽和盲板等设备以及相应的冷通道组件。

3）PDU（机柜用电源分配插座）系统

在机房的网络机柜和服务器机柜配置PDU产品，为机柜式安装的电气设备提供电力分配的机柜专用电源分配单元，使机柜环境整齐、美观，并使机柜的电源维护更加便利、可靠。

4）封闭冷热通道系统

冷热通道封闭可以有效地使机架式送出的冷风全部用于设备散热，大幅减少风量和冷量的损耗，而最终大幅提高制冷的效率。从整个微模块机房的气流组织来看，有效地避免了传统机房中冷热空气混合、冷空气短路，以及远端机柜由于压降问题导致机柜顶端设备无足够冷量用于散热而最终产生局部热点的问题。

冷通道位于机柜前部，通道径深约200mm，空调冷风自下向两侧吹出，由下向上蔓延，保证网络设备散热要求，机柜前门为单开门设计，保证前侧封闭。

热通道位于机柜后部，通道径深约200mm，服务器等负载排出的热风充斥通道，由空调吸入后进行冷热交换，提升空调制冷效果，避免热气影响外部环境。

机柜具备开关门状态检测，封闭门未关闭可发出报警，保证柜门关闭状态，避免冷热风外溢。

机柜顶部冷热通道上部设置弹门装置,在断电或温度过高时启动,保证机柜内部散热。

机柜内置 LED 智能照明,环境监控组件包括烟感、温湿度、采集模块、声光告警等,机柜外部安装线槽及监控摄像头。

5)智能照明系统

LED 灯条为微模块机柜提供灯光照明或灯光氛围。

6)机柜弹门结构

智能弹门与通道高温告警联动,实现应急散热。

发生火灾时,智能弹门与消防联动,降低损失。

机柜弹门结构如图 5.4 所示。

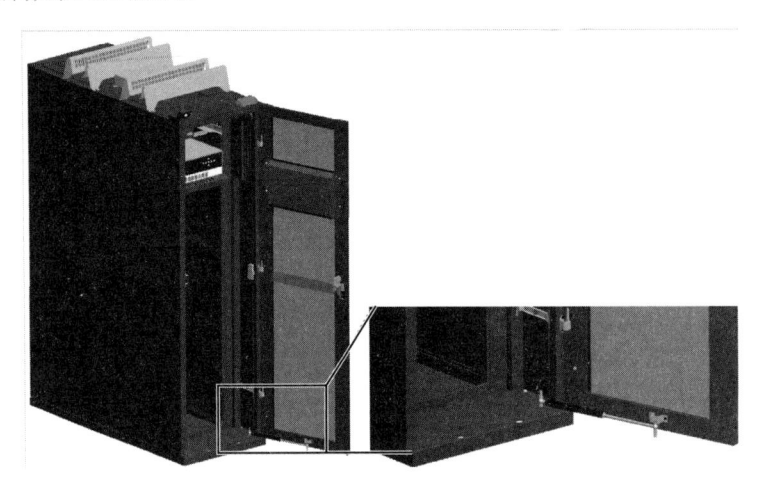

图 5.4 机柜弹门结构效果图

7)机柜桥架

桥架可用于机柜顶部强电、弱电的走线。

8)智能门锁

配备智能门锁,采用指纹、密码、刷卡、机械等方式进行验证开锁,能够一键上锁、监控平台远程上锁、柜门关闭自动落锁、长时间未上锁自动告警。

9)动力环境监控系统

动力环境监控系统由监控中心、前端机房监控现场、远端浏览客户端组成。

(1)监控中心。监控中心负责对分布在前端的微模块机房内的环境、动力、空调等进行集中监控管理,接收机房现场监控的各种实时数据(设备信息和报警信息等),显示监控画面,实现对监控数据的实时处理分析、存储、显示和输出等功能,处理所有的报警信息,记录报警事件,通过电子邮件、客户端显示等输出报警内容,发送管理人员的控制命令给各分机房。监控平台根据要求输出统计报表和运维报表。监控中心和各前端机房监控平台之间相对独立,前端机房监控设备发生故障将不影响其他监控设备的正常运作;监控中心发生故障,各前端机房监控平台仍能正常工作,并进行本地报警。

(2)前端机房监控现场。现场监控主机对机房内的动力设备、UPS、电压、电流、门禁、红外、视频、环境温湿度、消防报警等设备进行集中采集,同时预留接口,满足以后功能扩展,数据全部通过网络资源汇集到监控中心。

(3)远端浏览客户端。远端浏览客户端主要是通过标准的 Web 浏览器进行运维管理,远程调看机房监控数据。监控中心管理平台基于分布式架构,便于管理人员随时随地了解机房的实际工作状况,实现管控一体化。机房管理人员可以通过浏览器直观地监控机房内各种状况。

10. 机房智能化系统建设

机房智能化系统主要有综合布线系统、安全防范系统、来访登记管理系统、楼宇自控系统、动环监控系统、数据中心基础设施管理系统等。

1）综合布线系统

综合布线采用六类布线系统,水平线采用六类低烟无卤非屏蔽双绞线,楼内数据主干采用八芯多模万兆光纤。每个信息点需采用六类信息插座,传输参数要求测试到200MHz。数据信息点采用带有弹簧防尘盖的RJ-45模块。

（1）本工程综合布线系统由工作区、配线子系统、干线子系统、设备间、进线间及管理组成。

（2）按六类综合布线系统配置设计。值班室按每10m^{2}一组（语音+数据）信息点考虑；会议室按每20m^{2}一组（语音+数据）信息点考虑；其他场所根据需要设置一定数量的信息点。

（3）工作区：按照需要在各类活动用房、管理用房、值班室及各服务台等设置语音及数据通用的信息插座（六类双孔RJ45标准插座）。

（4）配线子系统：采用铜芯非屏蔽4对双绞线（UTP）按E级6类的标准布线到楼内每个工作区。对特定的场所和有特殊要求的用户也可使用光缆（4芯多模光纤）。所有水平缆线的长度均不能超过90m。楼层通信间（弱电间）选用42U标准网络机柜,安装配线架、交换机等设备。

（5）干线子系统：干线采用多根8芯50μm多模光纤,用于通信速率要求高的计算机网络。

（6）设备间：设备间由土建设计单位设置。

（7）管理：对工作区、通信间、设备间、进线间的配线设备、缆线、信息插座模块等设施按照一定的模式进行标识和记录。

（8）计算机和电话采用非屏蔽综合布线系统,线缆沿金属线槽敷设或穿镀锌钢管敷设。

2）安全防范系统

（1）根据大楼各机房、区域的重要程度设定相应的安全级别,并在各级别设置出入管理系统和彩色摄像机：

① 级别一：公共区域,用钥匙、读卡器进行出入管理,对象区域如大厅、货物室等。

② 级别二：通过读卡器进行出入管理,对象区域为走廊、楼梯、电梯等。

③ 级别三：通过读卡器进行出入管理,对象区域为各值班室、电力室、其他房间。

④ 级别四：双读卡器进行出入管理,对象区域为数据机房,并在机房门口及机房内主要通道设置彩色摄像机实现全面监控。

（2）安防系统分为视频监控系统、出入口控制系统和巡更系统。

① 视频监控系统。在数据机楼各出入口、电梯轿厢及各层走廊、数据机房、重要设备机房和库房等处设置视频监控系统摄像机,数据机房内实现无死角监控,在数据机房的进出门口和主要机柜走道均设置摄像机进行监控并录像。走廊内安装吸顶摄像机,电梯内安装针孔式吊顶内摄像机,机房内安装枪式摄像机。所有摄像机电源均由主机供给,主机自带UPS电源,工作时间大于1小时。摄像机24小时进行视频监控,监控录像保存时间≥6个月。

视频监控系统摄像机主要布置在如下位置：

· 大楼一层各个出入口。

· 全部电梯轿厢。

· 各个楼层的电梯前厅。

- 主要走廊、库房内。
- 数据机房出入口。
- 数据机房主要机柜走道。

② 出入口控制系统。采用实时联网控制的智能网络门禁控制系统，主要由系统主机及管理软件、门禁控制器、感应式 IC 读卡器、门磁、电锁、出门按钮等门禁设备组成。

出入口控制系统在各防护区域的通道门、数据机房、值班室、电力电池室和库房等相应区域的出入口设置门禁点，通过刷卡识别持卡人身份和使用权限，对通行位置、通过对象、通过时间进行有效的记录、控制和管理，从而保证上述重要防护区域的设备、财产和资料安全。

每一数据机房门口均设置门禁点，采用双读卡器，进门和出门均需读卡。其他门禁点预留安装出门读卡器的接口，以方便将来增加出门读卡器。电力电池室、值班室及测试间等维护支持区管理用房及区域根据使用要求适当设置门禁点。所有人员必须凭有效卡才能进入门禁区域。门禁记录保存时间 ≥ 1 年。

出入口控制系统与火灾自动报警系统联动，当发生火灾时，所有门禁释放并反馈动作信号。机房及安全出口配置紧急出门按钮，紧急情况下可手动解除门禁，以方便紧急疏散。

③ 巡更系统。巡更管理系统对大楼和园区保安人员巡查的运动状况进行记录，发现警情及时报警。

巡更管理子系统在大楼内重要防范点及楼梯口、电梯口、机房门口等主要出入通道上设置巡更站点，巡更站配置读卡器，该云中心采用在线巡更系统，利用出入口控制系统的读卡器作为巡更站用读卡器。

3）来访登记管理系统

来访登记管理系统是一套适合传达室、门卫对外来人员、携带物品人员、车辆出入进行登记管理的信息系统。该系统包括对来访者基本信息、来访日期、时间、来访单位、部门、人员携带物品、来访预约等进行有效管理。快速实现按日期、按时间段、状态、来访人姓名、职业、证件号码进行分类查询。

4）楼宇自控系统（BAS）

楼宇自控系统主要对大楼内的供配电、冷冻水系统设备、通风空调（恒温恒湿空调机由机房动力监控系统进行监控）等设备进行集中监视、控制和管理，以达到节约能源、节省人力、方便管理的目的。

系统由传感器、现场控制器（DDC）、传输线路、网络控制器、集线器、执行器、显示器、中央工作站等组成。系统预留与机房动力监控系统的数据接口。

楼宇自动化系统对机电设备进行监控管理，对所监控设备的日常管理及大楼节能均可起到事半功倍的作用。

5）动环监控系统

除了微模块内的动环监控系统，整个数据中心机房还建设了一套顶层动环监控系统，并在值班室设置动环监控工作站。

监控系统对机房动力设备和环境进行全面管理，监视各种设备的状态及参数，主要包括机房供配电系统、机房电源列头柜、发电机、空调主机、恒温恒湿精密空调机、UPS 电源、UPS 电池、机房环境（温度、湿度）、漏水报警等。

整个系统主要由数据接入层、数据处理层、数据存储层、应用层、展示层组成。整体架构相互冗余，无单故障点，并且可随业务的增加实现动态水平弹性扩展。

系统分为前端采集程序和监控中心程序，前端采集程序的主要功能为：

（1）采集设备和环境的有关参数（运行状态、工作参数、报警信息等），并将这些参数传递给监控中心程序。

（2）对采集的参数进行判断分析，如果超出正常范围，即产生报警事件，并将报警事件传递给监控中心程序。

（3）记录采集的数据和发生的报警事件，并提供查询、分析、报表等手段。

（4）报警事件触发系统设置联动控制，启停有关设备或引发相关的操作。

（5）接收并执行控制中心软件下达的远程控制命令。

（6）设置监控设备有关通信及运行参数。

6）数据中心基础设施管理系统

数据中心基础设施管理系统对大楼的 BA 系统、机房动力监控、视频安防监控、出入口控制、防盗报警、智能照明、火灾自动报警和早期火灾报警等系统进行集成管理，实现各子系间的数据共享和联动控制等功能，同时具备机电设备的资产管理等功能。

具有对全局事件综合管理的能力、紧急事件（如故障报警）处理的能力、各子系统跨系统联动的能力。该系统通过建立智能化系统数据库，与办公自动化系统实现信息共享、资源共享，为物业管理和其他智能建筑集成管理系统提供资源。

系统能够采用相同系统环境、相同的软件界面对分散的、独立的子系统进行集中的监视、统一管理。

系统能够通过物业管理子系统，对数据中心内各类设施和资料进行管理，建立档案，编制报表，及时打印和记录设备与系统的运行状态。

5.5.2 云计算资源池

云计算资源池划分为核心业务区和非核心业务区，分别部署独立的计算资源池。计算资源池包含云平台管理资源区和虚拟化、物理服务器（裸金属）业务资源区，其中管理资源区负责对计算、存储、网络等云资源的统一管理和统一调度，计算资源区承载云主机和物理服务器（裸金属）业务。计算资源区域统一采用服务器集群建设，集群可根据业务规模增长进行平滑扩容，集群的虚拟机支持热迁移和高可靠性。

1. 云计算资源池框架

云计算资源池基于机房和网络承载硬件设施构建，通过云管理平台提供云服务，并由多云管理平台实现多云的统一管理。核心业务区或非核心业务区的云计算资源池框架如图 5.5 所示。

（1）机房。包括生产中心机房和同城灾备中心机房，是硬件设施运行的基础支撑环境。

（2）网络。支撑云计算数据中心内部通信及对外服务，包括行业专网、互联网、OTN 传输网等。

（3）硬件设施。云计算资源池的基础是各种硬件设施，主要包括管理服务器、计算服务器、存储服务器、安全服务器、网络设备、安全设备、密码设备等。

（4）资源池。通过云管理系统将硬件整合成计算资源池、存储资源池，通过安全管理平台将硬件整合成安全资源池，通过密码服务平台将密码设备整合成密码资源池等。

（5）云管理系统。硬件设施、资源池的整体管理，包括用户服务门户、管理员门户、运维门户、运营门户，提供资源总览、管理中心、运维监控、运营中心、计量管理、资源管理等管理功能模块。

（6）多云管理平台。该云中心纳入该省多云管理体系，以标准 API 的方式提供北向对接，实现多云统一纳管。

（7）云服务。通过对资源池各类资源的封装，实现云资源服务的发现、路由、编排、计量、接入等功能,实现从资源到服务的转换,包含云计算服务、云存储服务、云网络服务、安全服务、密码服务等。

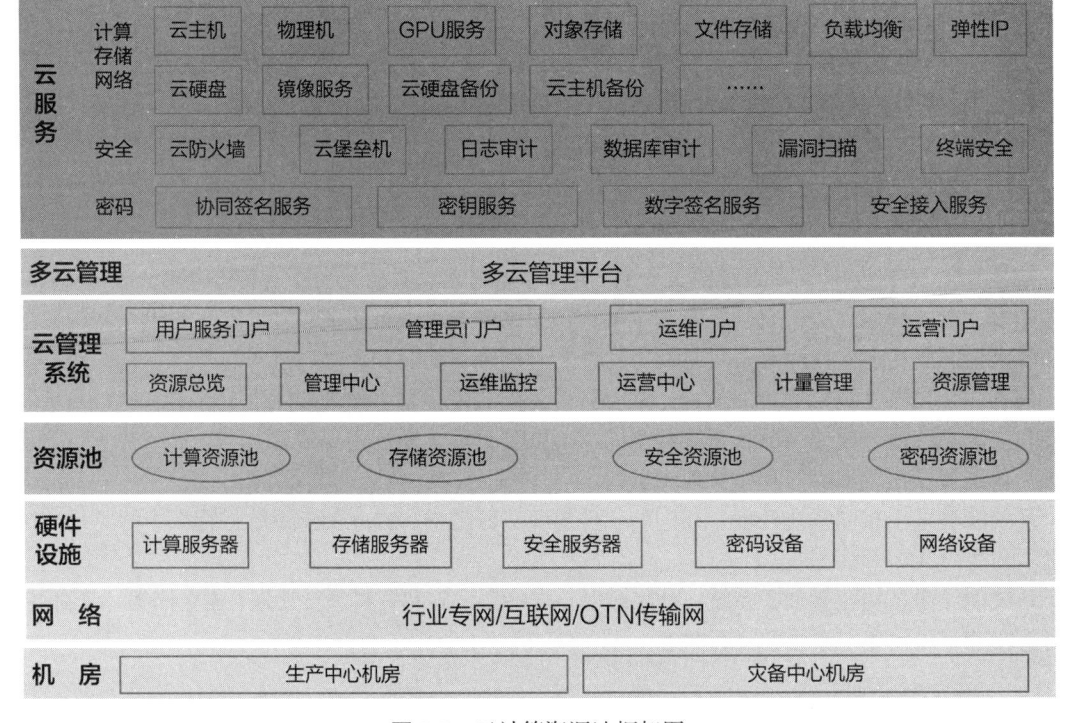

图 5.5 云计算资源池框架图

2. 云计算资源建设

虚拟化计算资源基于通用计算节点服务器(也称宿主机)、GPU 型计算服务器(也称 GPU 型宿主机)部署主流虚拟化技术,以云主机、GPU 型云主机方式提供计算能力,按集群方式部署。

1)宿主机服务器配置

宿主机配置核数多、主频高的主流服务器,选用稳定性较高、适配性较成熟的服务器,单台宿主机按 2 路 28 核 CPU 进行配置。

宿主机启用超线程(线程数为 2),vCPU 与物理 CPU 超配比取 3,考虑系统消耗线程(即系统运行虚拟化软件等底层系统的必要开销),单台宿主机可提供的 vCPU 能力如表 5.7 所示。

表 5.7 单台宿主机可提供的 vCPU 能力表

公式参数	因素	计算公式	单位	数值
C1	单台服务器 CPU 数量	服务器实际路数	颗	2
C2	单颗 CPU 物理核数	CPU 规格	核	28
C3	线程数	HT,启用超线程	个	2
B1	总线程数	$B1 = C1 \times C2 \times C3$	个	112
C4	固定消耗线程数	C4 = B1/10 向下取整	个	11
C5	中间值	判断 C4 是否可以被 2 整除;不能就减 1		10
K1	DPDK 功能消耗	按照云产品规格中最大收发包(万 pps)实测消耗	个	18
C6	总消耗 + 预留	(C5+4)/2+K1	个	25

续表 5.7

公式参数	因 素	计算公式	单 位	数 值
B2	实际可用线程数	B2=B1−C6	个	87
C7	超配比	典型值是 3，实际部署可根据业务特性要求及宿主机负载情况进行动态调整		3
B3	单台宿主机可虚 vCPU 数量	B3=B2×C7	核	261

虚拟机的 vCPU 和内存配比主要采用 1∶2 配置，单台宿主机服务器的内存配置不少于 vCPU 核的 2 倍（即 522GB），考虑内存消耗（即系统运行虚拟化软件等底层系统的必要开销），宿主机内存按 768GB 进行配置。根据计算公式，单台宿主机可提供的内存能力如表 5.8 所示。

表 5.8　单台宿主机可提供的内存能力表

类 型	因 素	计算公式	单 位	数 值
A1	总线程数	/	个	112
A2	资源池单台 PC 服务器物理内存	/	GB	768
A3	系统消耗内存	A1×75%+8	GB	92
A4	单台宿主机可用内存	A4=A2−A3	GB	676

宿主机同时满足 vCPU 和内存的要求，分别由总的 vCPU 和内存推算出宿主机服务器配置数量，并取大值，因此宿主机服务器数量＝MAX（vCPU 的宿主机数量，内存的宿主机数量）。

2）核心业务区服务器配置

核心业务区包括生产区和云安全区两部分，生产区建设 25920 核 vCPU、51840GB 内存，云安全区建设 2000 核 vCPU、4000GB 内存。核心业务区宿主机 vCPU 能力如表 5.9 所示。

表 5.9　核心业务区宿主机 vCPU 能力表

类 型	因 素	计算公式	单 位	生产区	云安全区
E1	S6 vCPU 建设规模	/	核	25920	2000
E2	单台宿主机可虚 vCPU 数量	/	核	261	261
E3	由 vCPU 需求推导所需的宿主机数量	E3=E1/E2（向上取整）	台	100	8
E4	内存建设规模	/	GB	51840	4000
E5	单台宿主机可用内存	/	GB	676	676
E6	由内存需求推导所需的宿主机数量	E6=E4/E5（向上取整）	台	77	6
S1	宿主机需求数	S1=MAX（E3，E6）	台	100	8
S2	可提供的 vCPU 能力	S2=S1×E2	核	26100	2088
S3	可提供的内存能力	S3=S1×E5	GB	67600	5408

核心业务区共配置 108 台 2 路宿主机（其中生产区 100 台、云安全区 8 台）。单台宿主机配置 2 路（28 核，2.6GHz）CPU、768G 内存、2 个 480G SSD 硬盘、2 个双口 25GbE 网卡、1 个双口 GbE 网卡、带管理口、支持 IPv6。

核心业务区配置 2 台 GPU 型物理机，单台配置 2 路（28 核，2.6GHz）CPU、768GB 内存、2 个 480G SSD 系统盘、8 个 1.92TB SSD 数据硬盘、8 块 NVIDIA A10 GPU 卡、2 个双口 25GbE 网卡、1 个双口 GbE 网卡、带管理口、支持 IPv6。

3）非核心业务区服务器配置

非核心业务区也分为生产区和云安全区，生产区建设 17280 核 vCPU、34560GB 内存，云安全区建设 2000 核 vCPU、4000GB 内存。非核心业务区宿主机 vCPU 能力如表 5.10 所示。

表 5.10　非核心业务区宿主机 vCPU 能力表

类　型	因　素	计算公式	单　位	生产区	云安全区
E1	S6 vCPU 建设规模	/	核	17280	2000
E2	单台宿主机可虚 vCPU 数量	/	核	261	261
E3	由 vCPU 需求推导所需的宿主机数量	E3＝E1/E2（向上取整）	台	67	8
E4	内存建设规模	/	GB	34560	4000
E5	单台宿主机可用内存	/	GB	676	676
E6	由内存需求推导所需的宿主机数量	E6＝E4/E5（向上取整）	台	52	6
S1	宿主机需求数	S1＝MAX（E3，E6）	台	67	8
S2	可提供的 vCPU 能力	S2＝S1×E2	核	17487	2088
S3	可提供的内存能力	S3＝S1×E5	GB	45292	5408

非核心业务区共配置 75 台 2 路宿主机（其中生产区 67 台、云安全区 6 台）。单台配置与核心业务区相同。

非核心业务区配置 2 台 GPU 型物理机，单台配置与核心业务区相同

4）云平台管理资源区服务器配置

云平台管理资源区分为管理和网元两种节点，使用高性能服务器，部署计算、存储、网络、裸机等多个云平台管理组件和基础服务组件，采用集群或者主备模式，确保管理服务的高可靠性。根据云管理软件部署要求，针对不同规模的资源池，管理服务器配置规则有所区别，按照本资源池宿主机、裸机和 GPU 物理机设备数量之和（即集群规模）进行分档，具体分档如下：

（1）云计算管理节点服务器。管理节点服务器根据集群规模进行分档，单台服务器按 2 路 26 核 CPU、768G 内存、2 个 480G 系统盘、2 块 960G SSD 硬盘、6 块 8T SATA 数据盘进行配置，具体分档如表 5.11 所示。

表 5.11　管理节点服务器分档表

	集群规模	管理节点数量	备　注
云计算管理节点	≤ 20	3	集群规模为宿主机、裸金属和 GPU 物理机数量的总和
	≤ 50	4	
	≤ 100	6	
	≤ 200	9	
	≤ 300	14	

（2）网元节点服务器。网元节点服务器根据集群规模进行分档，单台服务器按 2 路 26 核 CPU、384G 内存、2×480G 系统盘进行配置，具体分档如表 5.12 所示。

表 5.12　网元节点服务器分档表

	集群规模	网元节点数量	备　注
网元节点测算	< 10	0	集群每增加 20 台宿主机 / 裸金属 /GPU 物理机，网元节点增加 2 台
	< 30	2	
	< 50	4	
	< 70	6	
	< 90	8	

核心业务区共 108 台宿主机、2 台 GPU 型物理机，共计 110 台；按照管理节点、网元节点的配置分档模型，共配置 9 台管理节点服务器、10 台网元节点服务器。

非核心业务区共 75 台宿主机、2 台 GPU 型物理机，共计 77 台；按照管理节点、网元节点的配置分档模型，共配置 6 台管理节点服务器、6 台网元节点服务器。

3. 云存储资源建设

云存储资源主要有块存储、对象存储、文件存储等。

1）建设概况

结合行业客户的数字化信息系统上云要求，核心业务区和非核心业务区分别部署独立的存储资源池，主要部署分布式存储资源，暂不部署集中式存储资源。分布式存储基于通用服务器集群提供存储，可提供对象、文件和块存储，具备低成本、灵活扩容、高并发访问等优势，通过纠删码和多副本等技术实现可靠性；可作为资源池的分级存储手段，满足中低端存储、数据归档备份、大数据存储等要求。其中对象存储可用性高、适应度好（可存储各类大小数据）、存储数量大；分布式块存储可满足块存储和卷管理要求；分布式共享文件存储满足大容量文件共享存储访问要求；大数据文件系统主要存储大数据文件。

该云中心部署分布式存储资源，生产中心主要以块存储为主，同时配置对象存储和文件存储；灾备中心初期仅配置对象存储资源。

（1）分布式块存储。该云中心通过部署大规模的块存储资源池（云硬盘），提供标准的块存储数据访问接口，为云主机提供 RBD/iSCSI（均为块存储协议）接口，物理服务器（裸金属）结合智能网卡提供 RBD 协议访问，按需分配存储资源。块存储资源池的数据冗余采用三副本冗余保护方式。考虑常规业务场景下，单台云主机配置普通云硬盘和高性能 SSD 云硬盘，其中由基于 SATA 硬盘的分布式块存储节点服务器部署分布式存储软件后提供普通云硬盘存储能力，由基于 SSD 硬盘的分布式块存储节点服务器部署分布式存储软件后提供高性能 SSD 云硬盘存储能力。

该云中心分布式块存储节点服务器（SATA）配置 2 路 20 核 CPU、192G 内存、2 块 480G SSD 系统盘、2 块 6.4TB PCIE SSD 缓存盘、12 块 12TB SATA 数据盘，分布式块存储节点服务器（SSD）配置 2 路 28 核 CPU、192G 内存、2 块 480G SSD 系统盘、8 块 7.68TB SSD 数据盘，按三副本冗余方式，利用率 85%，分布式块存储节点服务器提供的可用存储容量可以按业界经验公式计算：

$$可用存储容量 = 硬盘数量 \times 硬盘容量 \div 副本数量 \times 利用率 \tag{5.1}$$

代入上述服务器配置数据，则单台分布式块存储节点服务器（SATA）可提供的可用存储容量为 $12 \times 12 \div 3 \times 0.85 = 40.8TB$，单台分布式块存储节点服务器（SSD）可提供的可用存储容量为 $8 \times 7.68 \div 3 \times 0.85 = 17.408TB$。

（2）分布式对象存储。该云中心部署分布式对象存储资源池，提供标准的 S3、SWIFT 等对象存储接口，提供数据备份、镜像存储服务等。对象存储资源池的数据冗余采用三副本、纠删码（4+2）等冗余保护方式。网络采用 VXLAN，通过网元做 NAT（网络地址转换）转换，与对象网关实现内网互通，同时提供公网域名访问能力。

生产中心的对象存储节点服务器配置 2 路 26 核 CPU、384G 内存、2 块 480G SSD 系统盘、2 块 3.2TB PCIE SSD 缓存盘、24 块 12TB SATA 数据盘，灾备中心的对象存储节点服务器配置 2 路 20 核 CPU、384G 内存、2 块 480G SSD 系统盘、2 块 3.2TB PCIE SSD 缓存盘、36 块 16TB SATA 数据盘，按纠删码（4+2）冗余方式，冗余率为 4/6，系统损耗 1%、存储利用率 85%，单台对象存储节点服务器提供的可用存储容量可以按业界经验公式计算：

$$可用存储容量 = 硬盘数量 \times 硬盘容量 \times 纠删码冗余率 \times 利用率 \times (1 - 系统损耗) \tag{5.2}$$

代入上述服务器配置数据，则生产中心单台对象存储节点服务器可提供的可用存储容量为 $24 \times 12 \times (4/6) \times 0.85 \times (1-1\%) = 161.568TB$，生产中心的核心业务区和非核心业务区分别配置对象存储服务器3台，同时分别需部署对象存储的网关服务器2台、网元服务器2台，灾备中心单台对象存储节点服务器可提供的可用存储容量为 36×16×(4/6)×0.85×(1–1%) = 323.136TB，灾备中心配置对象存储服务器6台，部署对象存储的元数据服务器4台、网关服务器2台以及管理节点服务器4台。

（3）分布式文件存储。该云中心部署分布式文件存储资源池，提供标准的 NFS、CIFS 等文件共享协议，提供 NAS 文件共享存储资源。文件存储资源池的数据冗余采用三副本冗余保护方式。网络采用 VXLAN，通过网元做 NAT 转换，与文件网关实现内网互通。

生产中心的文件存储节点服务器配置 2 路 26 核 CPU、384G 内存、2 块 480G SSD 系统盘、2 块 3.2TB PCIE SSD 缓存盘、24 块 12TB SATA 数据盘，按三副本冗余方式、系统损耗 5%、存储利用率 85%，则单台对象存储节点服务器提供的可用存储容量可以按业界经验公式计算：

$$可用存储容量 = 硬盘数量 \times 硬盘容量 \div 副本数量 \times 存储利用率 \times (1-系统损耗) \quad (5.3)$$

代入上述服务器配置数据，即 24×12÷3×0.85%×(1–5%) = 77.52TB，核心业务区和非核心业务区分别配置文件存储服务器 3 台，同时需分别部署文件存储的网关服务器 2 台、网元服务器 2 台。

（4）分布式存储软件。分布式存储软件采用天翼云存储软件，其源自开源的分布式存储软件 Ceph（一种分布式文件系统），进行优化，通过基于 OpenStack（一个开源的云计算管理平台项目）的管理平台进行统一管理。

2）云存储资源池建设规模

云存储资源池根据行业云业务需求进行建设，规模如表 5.13 所示。

表 5.13　云存储资源池建设规模表

存储池类型	区　域	可用存储容量
生产中心存储	核心业务区	普通存储：898T
		SSD 存储：296T
		对象存储：485T
		文件存储：233T
	非核心业务区	普通存储：1306T
		SSD 存储：435T
		对象存储：485T
		文件存储：233T
灾备中心存储	灾备区	对象存储：1938T

3）存储软件组件部署

核心业务区、非核心业务区分别提供三种存储资源池，部署情况一致，均能独立提供高可用、高可靠且易扩展的分布式存储能力。

存储软件组件部署如表 5.14 所示。

表 5.14　存储软件组件部署表

节点类型	存储软件名称	说　明
块存储节点 对象存储节点 文件存储节点	CStor-engine	分布式存储软件，根据配置的冗余模式，将数据分片打散分布到多个故障域的存储节点
	CStor-disk-cache	分布式存储缓存软件，用作数据缓存使用，分散部署在所有服务器上

续表 5.14

节点类型	存储软件名称	说　明
对象网关节点	CStor-HA	高可用软件
	CStor-RGW	对象存储网关服务，集群化部署模式，支持多主多备模式部署
	CStor-LVS	对象网关接入均衡服务，无状态服务，支持横向扩展
	CStor-nginx	对象网关接入服务，无状态服务，支持横向扩展
文件管理节点	CStor-SFS-HA	高可用软件
	CStor-CM	文件存储管理服务，主备模式部署
	CStor-SQL	保存文件系统管控数据，主备模式部署
文件网关节点	CStor-SFS-HA	高可用软件
	CStor-SFS-AGENT	文件存储网关服务，主备模式部署
	CStor-SFS-NFS	文件 NFS 服务，主备模式部署
	CStor-SFS-vsftpd	文件 ftp 服务，主备模式部署
	CStor-SFS-samba	文件 samba 服务，主备模式部署
监控服务	CStor-monitor	存储管控平台的监控软件部署，主备模式部署，虚机部署

4）云硬盘（块存储）服务配置

云硬盘服务采用分布式块存储部署，在云计算数据中心中，建立大规模块存储资源池，提供标准的块存储数据访问接口，为云主机提供 RBD/iSCSI 接口，裸金属物理机结合智能网卡提供 RBD 协议访问，按需分配存储资源。客户操作系统识别为块存储，格式化后使用。

数据冗余采用三副本冗余保护方式。云硬盘由用户调用 API，通过宿主机的存储外网，直通后端存储。

（1）非核心业务区。非核心业务区部署分布式存储服务器 39 台，其中普通存储 22 台，SSD 存储 17 台。

① 普通存储配置。普通存储配置如表 5.15 所示。

表 5.15　非核心业务区普通存储配置表

类　型	因　素	计算公式	数　值	单　位
A0	可用存储容量	/	864	T
A1	存储副本	/	3	个
S1	实际裸存储	S1 = A0 × A1	2592	T
A2	格式化损耗（容量换算系数）	参　数	100%	/
A3	存储利用率	参　数	85%	/
S2	裸存储容量	S2 = S1/A3/A2	3049.41	T
A4	单台服务存储容量	12 × 12T	144	T
S3	分布式存储服务器数量	S3 = S2/A4（结果向上取整，最小 4 台）	22	台

② SSD 存储配置。SSD 存储配置如表 5.16 所示。

表 5.16　非核心业务区 SSD 存储配置表

类　型	因　素	计算公式	数　值	单　位
A0	可用存储容量	/	288	T
A1	存储副本	/	3	个
S1	实际裸存储需求	S1 = A0 × A1	864	T

续表 5.16

类型	因素	计算公式	数值	单位
A2	格式化损耗（容量换算系数）	参数	100%	/
A3	存储利用率	参数	85%	/
S2	裸存储容量	S2 = S1/A3/A2	1016.47	T
A4	单台服务存储容量	8 × 7.68T	61.44	T
S3	分布式存储服务器数量	S3 = S2/A4（结果向上取整，最小 4 台）	17	台

（2）核心业务区。核心业务区部署分布式存储服务器 57 台，其中普通存储 32 台，SSD 存储 25 台。

① 普通存储配置。普通存储配置如表 5.17 所示。

表 5.17　核心业务区普通存储配置表

类型	因素	计算公式	数值	单位
A0	可用存储容量	/	1296	T
A1	存储副本	/	3	个
S1	实际裸存储	S1 = A0 × A1	3888	T
A2	格式化损耗（容量换算系数）	参数	100%	/
A3	存储利用率	参数	85%	/
S2	裸存储容量	S2 = S1/A3/A2	4574.12	T
A4	单台服务存储容量	12 × 12T	144	T
S3	分布式存储服务器数量	S3 = S2/A4（结果向上取整，最小 4 台）	32	台

② SSD 存储配置。SSD 存储配置如表 5.18 所示。

表 5.18　核心业务区 SSD 存储配置表

类型	因素	计算公式	数值	单位
A0	可用存储容量	/	432	T
A1	存储副本	/	3	个
S1	实际裸存储需求	S1 = A0 × A1	1296	T
A2	格式化损耗（容量换算系数）	参数	100%	/
A3	存储利用率	参数	85%	/
S2	裸存储容量	S2 = S1/A3/A2	1524.70	T
A4	单台服务存储容量	8 × 7.68T	61.44	T
S3	分布式存储服务器数量	S3 = S2/A4（结果向上取整，最小 4 台）	25	台

5）对象存储服务配置

在云平台规划对象存储服务，提供标准的 S3、SWIFT 等接口，提供数据备份、镜像存储服务等。采用纠删码（4+2）模式部署，网络采用 VXLAN（虚拟扩展局域网），通过网元做 NAT 转换，与对象网关实现内网互通，同时在非核心业务区提供公网域名访问能力。

核心业务区和非核心业务区分别部署对象存储服务器 3 台，其主要配置如表 5.19 所示。

表 5.19 核心业务区和非核心业务区对象存储服务器主要配置表

序号	资源池	配置类型	主要配置要求	数量	单位
1	非核心业务区	对象存储节点	CPU：2路（26核，2.20GHz） 内存：384GB 系统盘：2块 480GB 2.5" SATA SSD，热插拔 缓存盘：2块 3.2TB PCIE NVMe SSD 卡，随机写 5 年 3DWPD，按 NUMA 平衡配置 数据盘：24块 12TB 3.5" 7.2k SATA，热插拔	3	台
2	非核心业务区	对象存储-网关节点	CPU：2路（26核，2.20GHz） 内存：384GB 系统盘：2块 480G SATA SSD 数据盘：1块 1.92TB SATA SSD	2	台
3	核心业务区	对象存储节点	CPU：2路（26核，2.20GHz） 内存：384GB 系统盘：2块 480GB 2.5" SATA SSD，热插拔 缓存盘：2块 3.2TB PCIE NVMe SSD 卡，随机写 5 年 3DWPD，按 NUMA 平衡配置 数据盘：24块 12TB 3.5" 7.2k SATA，热插拔	3	台
4	核心业务区	对象存储-网关节点	CPU：2路（26核，2.20GHz） 内存：384GB 系统盘：2块 480G SATA SSD 数据盘：1块 1.92TB SATA SSD	2	台

6）文件存储服务配置

在云平台规划文件存储服务，提供标准的 NFS、CIFS 等文件共享协议，提供 NAS 文件共享存储资源。数据冗余采用三副本冗余保护方式。采用管理（CM）和代理（AGENT）分离的架构，均采用云存储系统一体机主备架构实现，具备秒级故障检测及自动切换功能，且多代理具备动态负载均衡功能。文件资源池采用三副本模式进行部署。网络采用 VXLAN，通过网元做 NAT 转换，与文件网关实现内网互通。对象存储池的接入层采用 OSPF+LVS-DR（负载均衡直接路由模式）+Ngnix（高性能的 HTTP 和反向代理 Web 服务器）架构，实现多活高可用，满足负载均衡横向扩展能力，支持主备或集群高可用模式部署。

核心业务区和非核心业务区分别部署文件存储服务器 3 台，其主要配置如表 5.20 所示。

表 5.20 核心业务区和非核心业务区文件存储服务器主要配置表

序号	资源池	配置类型	主要配置要求	数量	单位
1	非核心业务区	文件存储节点	CPU：2路（26核，2.20GHz） 内存：384GB 系统盘：2块 480GB 2.5" SATA SSD，热插拔 缓存盘：2块 3.2TB PCIE NVMe SSD 卡，随机写 5 年 3DWPD，按 NUMA 平衡配置 数据盘：24块 12TB 3.5" 7.2k SATA，热插拔	3	台
2	非核心业务区	文件存储-网关节点	CPU：2路（26核，2.20GHz） 内存：384GB（12×32GB） 系统盘：2块 480G SATA SSD 数据盘：1块 1.92TB SATA SSD	2	台
3	核心业务区	文件存储节点	CPU：2路（26核，2.20GHz） 内存：384GB（12×32GB） 系统盘：2块 480GB 2.5" SATA SSD，热插拔 缓存盘：2块 3.2TB PCIE NVMe SSD 卡，随机写 5 年 3DWPD，按 NUMA 平衡配置 数据盘：24块 12TB 3.5" 7.2k SATA，热插拔	3	台

续表 5.20

序号	资源池	配置类型	主要配置要求	数量	单位
4	核心业务区	文件存储－网关节点	CPU：2路（26核，2.20GHz） 内存：384GB（12×32GB） 系统盘：2块480G SATA SSD 数据盘：1块1.92TB SATA SSD	2	台

7）存储性能

采用分布式块存储（混合盘）提供性能优化型云硬盘为行业云应用提供高性能存储。

分布式缓存，结合优化后缓存淘汰算法，解决低速存储介质时延大、性能低等问题，提升 IO 性能，降低读写时延。

通过端到端 QoS（服务质量）策略，结合优化后的令牌桶算法，实现云存储系统一体机集群的 IOPS（每秒的读写次数）和带宽的流量限制，并提供小容量卷，能够适应短时间的性能变化，应对突发访问高峰场景。

性能设计规划：峰值 IOPS 为 1000，峰值吞吐量为 100MB/s，平均时延为 10ms。

8）可靠性

云存储系统采用数据冗余、三副本、纠删码、自动重建等技术保证其可靠性。

（1）数据冗余。根据存储类型和应用场景，可采用三副本或纠删码冗余保护方式。

（2）三副本和纠删码技术。三副本模式，默认将数据分为大小固定的数据块，每一个数据块被复制为三个副本，通过一致性 HASH 算法将这些副本保存在不同服务器的不同物理磁盘上，保证单个硬件设备的故障不会影响业务；纠删码模式，将数据分割成片段（数据分片），并计算冗余分片，将数据分片和冗余分片，通过一致性 HASH 算法存储在不同的位置，比如磁盘、存储节点或者其他可用分区。

（3）自动重建技术。当存储系统检测到硬件（服务器或者物理磁盘）发生故障时，会自动启动数据修复。由于数据块的副本或分片分散存储在不同的节点上，数据修复时，将会在不同的节点上同时启动数据重建，每个节点上只需重建一小部分数据，多个节点并行工作，有效避免了单个节点重建大量数据所产生的性能瓶颈，将对上层业务的影响做到最小化。

4. 云管理系统

云管理系统部署了核心业务区和非核心业务区两套，其软件架构如图 5.6 所示。

资源管理模块主要进行资源申请、变更、退订等管理，通过统一的管理方式提供用户方便、全面的资源管理功能。

运营管理模块提供配额、定价、产销品等管理功能，为用户提供统一的运营管理平台。

运维管理模块对收集到的运维信息（如告警信息、性能信息等）进行综合分析和呈现，为用户提供统一的运维平台。

管理中心模块提供组织、角色、资源池、订单等管理功能，为用户提供用户权限等管理功能。

门户管理模块提供单点登录、资源管理等接口，可与第三方系统快速对接。

云管理系统南向接入不同的资源池、云服务，提供统一服务发放和服务保障功能；北向提供开放 API 接口，可以供第三方运营、运维、应用系统进行调用。

云管理系统主要解决计算、存储、网络资源的虚拟化问题，以服务和软件定义的方式提供给用户。其采用 OpenStack 开源云计算架构，在其基础上进行对各组件的开源代码进行自主掌控，重构其中的核心模块和关键流程，提供云平台的各种功能。

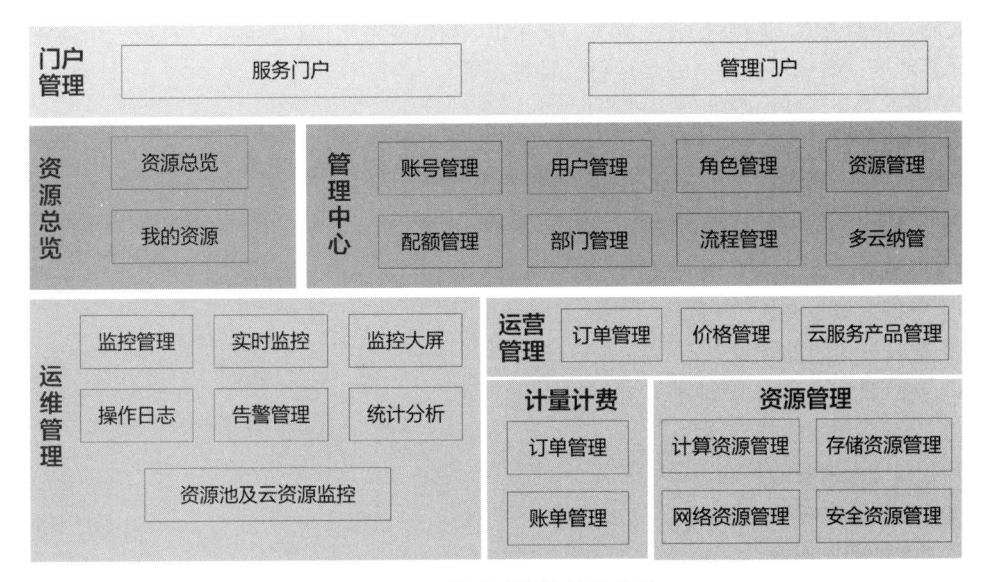

图 5.6　云管理系统软件架构图

5. 虚拟化软件

云平台虚拟化软件是基于开源的 KVM（一款虚拟化软件）实现的，功能特性包括：

（1）支持两台虚拟机共享同一块云硬盘。

（2）支持在宿主机上的云操作系统安装部署、运行维护、免费在线升级，需要基于开源 Linux 操作系统内核。

（3）支持 KVM 在不改变 Linux 或 Windows 镜像的情况下同时运行多个虚拟机，每个虚拟机都有私有的硬件，包括网卡、磁盘以及图形适配卡等。

（4）支持云主机的热迁移功能，能够在同一类型的宿主机上进行迁移。

（5）支持云主机添加和删除云硬盘。

（6）支持网络自定义、自由划分子网、设置网络访问策略、海量存储、弹性扩容、备份与恢复、弹性伸缩、快速增加或减少云服务器数量。

（7）支持开机、关机、重启、删除的批量操作。

（8）支持在门户重装及更换操作系统。

（9）支持物理机部署在 VPC 中，可实现物理机与物理机之间、物理机与云主机之间网络互通。

（10）支持物理机单独使用，也支持与云主机混合组网。

（11）支持绑定弹性 IP、查看弹性 IP、解绑。

（12）支持挂载磁盘、查看云硬盘列表、卸载。

6. 云计算资源池组件

云计算资源池组件基于 OpenStack 开源架构开发，覆盖网络、虚拟化、操作系统、服务器等各个方面。安装了计算（compute）、镜像服务（glance）、身份服务（keystone）、网络管理（CNP）、块存储（cinder）等部件。

1）计算节点管理系统

计算节点管理系统主要由 nova（OpenStack 核心组件之一）的众多组件组成，提供弹性云主机。弹性云主机属于弹性计算服务，由 CPU、内存、镜像、块存储组成，是一种可随时获取、弹性可扩展的计算服务器,同时它结合 VPC、安全组、数据多副本保存等能力,打造一个高效、可靠、安全的计算环境,确保服务持久稳定运行。特性包括:

(1)提供多种类型的弹性云主机。
(2)支持批量创建主机。
(3)每种类型的弹性云主机包含多种规格。
(4)支持通过私有镜像创建弹性云主机。
(5)支持多网卡。
(6)支持虚拟私有云(VPC)。
(7)支持安全组的设置。
(8)支持自定义私网 IP 地址。
(9)支持多种性能的云硬盘。
(10)支持云硬盘的扩容。
(11)支持云硬盘备份。
(12)支持弹性伸缩。
(13)支持多维度的资源监控。
(14)支持密码方式登录(用户自定义密码),Linux 支持证书登录。
(15)支持 VNC 登录、安全外壳协议(SSH)登录(Linux)、远程桌面连接(MSTSC)登录(Windows)。
(16)支持开/关机、重启、删除、重装当前系统。
(17)根据不同的应用场景,采用不同数量的 CPU 个数、内存、硬盘容量及网络组合,可形成多种标准的虚拟机模板和 Image(系统映像)。
(18)支持 VXLAN、VSwitch(虚拟交换机)等虚拟网络技术。
(19)支持对虚拟机 CPU 及内存的调整,对虚拟机 CPU 和内存设置无限制。

2)镜像与模板管理系统

主要由 glance(OpenStack 核心组件之一)组件组成,镜像服务是弹性云主机实例可选择的运行环境模板,一般包括操作系统和预装软件。云镜像服务包括公共镜像、私有镜像、共享镜像三种类型。通过云镜像用户可以在云主机实例上实现应用场景的快速部署。

(1)支持将现有的弹性云主机导出为私有镜像,简化制作镜像过程。
(2)支持通过控制台直接完成创建、编辑、删除自定义镜像。
(3)支持应用运行环境一致。
(4)支持公共镜像。
(5)支持基于私有镜像创建云主机。

3)云网络平台

云网络平台用于构建和管理数据中心的网络,为用户提供优质的、功能齐全的云上网络服务。例如虚拟私有云、弹性公网 IP、弹性负载均衡、NAT 网关等功能。

云网络平台主要采用的是 SDN 网络架构,SDN 网络的主要特征如下:

(1)转控分离。网元的控制平面在控制器上,负责协议计算,产生流表;转发平面只在网络设备上。

(2)开放接口。第三方应用只需要通过控制器提供的开放接口,通过编程方式定义一个新的网络功能,然后在控制器上运行即可。

(3)SDN 控制器。SDN 控制器是软件定义网络中的应用程序,负责流量控制以确保网络智能化。SDN 控制器基于 OpenFlow（一种网络通信协议）等协议，允许服务器告诉交换机向哪里发送数据包。SDN 控制器不控制网络硬件而是作为软件运行，这样有利于网络自动化管理。基于软件的网络控制使得集成业务申请更容易。SDN 控制器既不是网管，也不是规划工具，网管没有实现转控分离，只负责管理网络拓扑、监控设备告警、下发配置脚本等操作，但这些仍然需要设备的控制平面负责产生转发表项。规划工具的目的和控制器不同，规划工具是为了下发一些规划表项，这些表项并非用于路由器转发，是一些为网元控制平面服务的参数，比如 IP 地址、VLAN（虚拟局域网）等。控制器下发的表项是流表，用于转发器转发数据包。

4）分布式存储系统

（1）块存储。云平台通过 Cinder（OpenStack 核心组件之一）模块与后端存储设备对接，实现云硬盘服务。云硬盘服务需基于分布式架构，支持弹性扩展，可为云主机提供系统盘和数据盘，满足文件系统、数据库或者其他应用等的存储。用户可以在线操作及管理块存储，并可以像使用传统服务器硬盘一样，对挂载到云主机的磁盘做格式化、创建文件等。云硬盘服务可根据不同业务场景需求，提供多种性能的云硬盘，并通过底层存储系统实现云硬盘数据的多副本，保障数据安全。

① 支持利用物理主机本地磁盘形成高可靠的分布式虚拟存储系统，支持全 SSD 盘部署。
② 支持虚拟机粒度的卷快照功能。
③ 支持线性扩展功能。存储资源池可以根据用户的需求扩展服务器的数量，性能线性增长。
④ 支持大存储资源池，池内资源完全共享，池内数据自动进行负载均衡，对应用提供一致的性能。
⑤ 构筑在 x86 标准硬件之上，通过软件层面的去中心化架构和数据冗余技术，达到高可伸缩性和高可用性。
⑥ 数据在存储池内冗余，硬盘或者服务器故障后，数据可在整个存储资源池范围内进行重建。
⑦ 支持存储卷的数量不少于 65 000。
⑧ 支持多个虚拟机共享 1 个虚拟磁盘功能，方便在虚拟机上部署 Shared Disk 应用。
⑨ 支持单个创建/删除云硬盘，也支持批量创建/删除硬盘。
⑩ 支持多种存储类型。系统盘、数据盘均支持 SATA、SAS、SSD 存储。
⑪ 支持对数据盘扩容或对单台云主机挂载多块数据盘。
⑫ 支持多种磁盘操作，如创建、挂载、卸载、删除、扩容、创建备份等。

（2）云硬盘备份。云平台的分布式存储后端采用 Ceph 架构时支持云硬盘备份功能。云硬盘备份是针对云主机的系统盘、数据盘提供的备份服务。用户可对存储重要数据的磁盘进行备份，并在云主机磁盘故障、用户误删数据、遭到黑客攻击等情况下，将备份数据快速恢复到源盘，最大限度保证用户数据的安全。用户可选择手动备份或自动方式进行备份。根据后端存储能力以及业务场景的不同，可以设置不同的副本数量。单磁盘的备份方式为首次全量、后续增量。

5.5.3 云网络

1. 云网络架构

1）业务组网

该云中心的业务网络划分为核心业务区、非核心业务区，各区域的业务网络相对独立，核心业务区和非核心业务区通过网闸设备进行数据交互。生产中心业务组网总体架构如图 5.7 所示。

（1）出口网络。生产中心划分为核心业务区和非核心业务区，通过部署核心交换机、网络边界设备等，以接入互联网公网、行业专网以及原有行业云资源池。

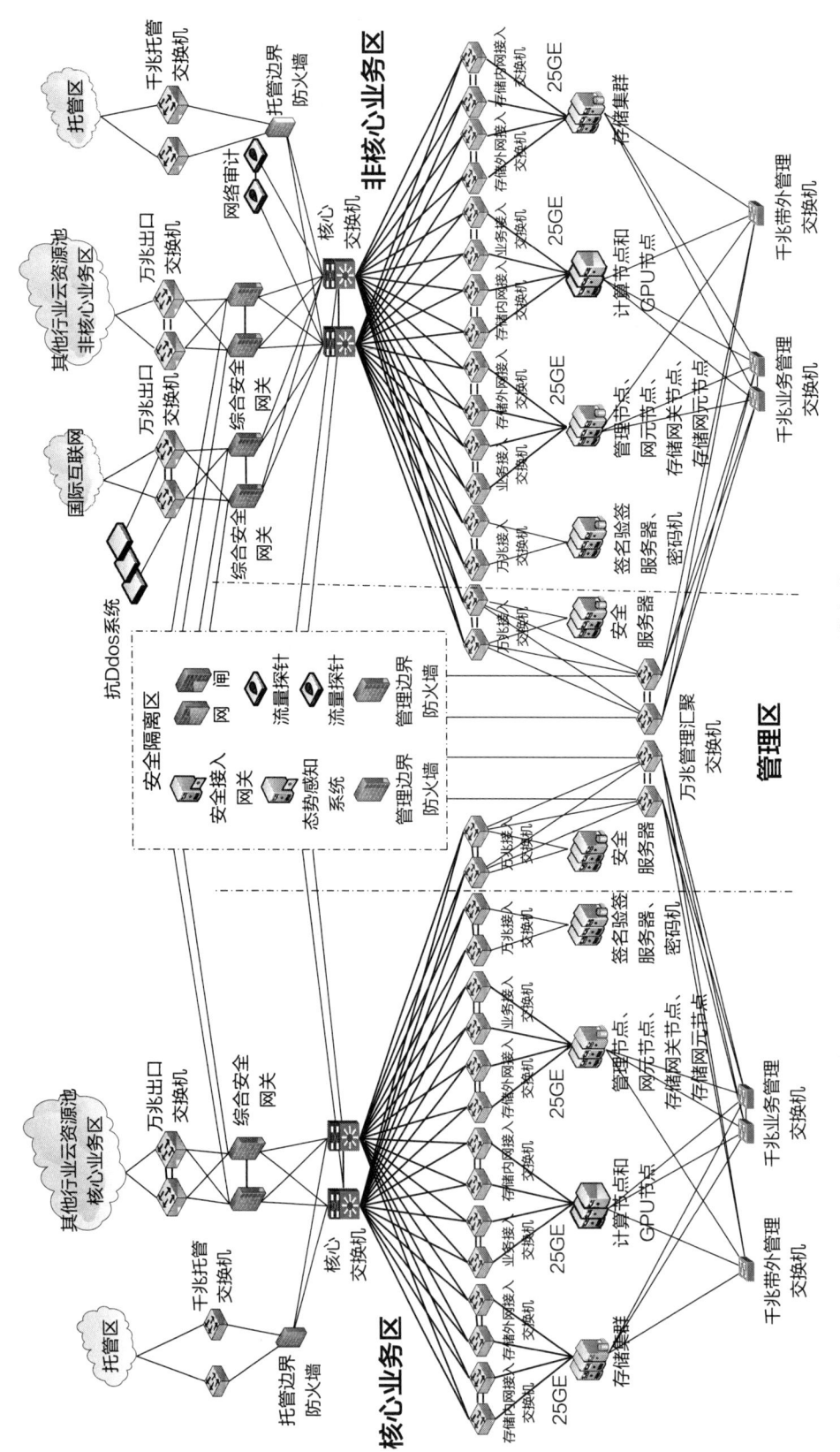

图 5.7 生产中心业务组网总体架构

① 核心业务区。部署2台出口交换机作为出口网络设备，出口交换机通过2条10GE传输专线（OTN）链路与原有行业专网的核心路由器设备互联，以满足各个行业用户的专网接入要求，通过行业专网接入原有行业云资源池的核心业务区，以满足两个核心业务区之间的系统互访要求。

② 非核心业务区。部署2台出口交换机作为出口网络设备，出口交换机通过2条10GE链路与城域网设备互联，以实现行业用户的公网接入要求，另外部署2台出口交换机并通过2条10GE链路与原有行业云的非核心业务区核心设备互联，以满足两个非核心业务区之间的系统互访、数据交互要求。

（2）内部网络。内部网络均采用核心+接入两层组网架构，核心层负责资源池业务数据、存储数据的处理转发，核心业务区和非核心业务区分别部署2台中高端核心交换机作为核心汇聚设备；接入层负责将基础资源接入中心网络，部署中低端交换机作为接入设备；接入层分为业务、存储、管理等网络平面，各平面单独设置接入交换机，分为业务接入交换机、存储外网接入交换机、存储内网接入交换机、千兆管理交换机，实现流量分离；同时为满足安全资源池服务器的接入需求，部署安全资源池接入交换机。

2）管理组网

核心业务区和非核心业务区分别部署2台万兆接入交换机作为管理汇聚交换机，实现带内管理交换机、带外管理交换机的管理数据汇聚，通过上联管理边界防火墙后接入管理专线网络。

3）各类设备连接方式

（1）计算服务器（宿主机、GPU型物理机）。每40台一个集群，配置2对25G接入交换机（1对为业务接入交换机、1对为存储外网接入交换机）、1对千兆带内管理交换机；每台服务器通过4×25GE分别上联2对25G接入交换机，通过2×GE上联至2台千兆带内管理交换机。

（2）分布式存储服务器（块存储、对象存储、文件存储及相关网元、网关服务器）。每40台一个集群，配置2对25G接入交换机（1对为存储外网接入交换机、1对为存储内网接入交换机）、1对千兆带内管理交换机；每台服务器通过4×25GE分别上联2对25G接入交换机，通过2×GE上联至2台千兆带内管理交换机。

（3）25G接入交换机。每台通过4×100GE分别上联至2台核心交换机，2×100GE用于堆叠，2×25GE用于堆叠检测。

（4）带外管理接入交换机。服务器的智能平台管理接口（IPMI）、网络设备和安全设备的管理口连接至带外管理接入交换机，每台带外管理接入交换机通过2×10GE分别上联2台带外管理汇聚交换机。

2. 网络设备配置

1）核心业务区

（1）核心交换机。核心业务区部署2台中高端核心交换机作为核心汇聚设备，负责下联25G接入交换机，以及安全设备的接入。单台配置为：1×48端口10GE以太网光接口板+4×18端口100GE以太网光接口板，支持堆叠，支持IPv6。

（2）25G接入交换机。核心业务区部署28台25G接入交换机，负责接入各类计算服务器、存储服务器等设备，其中10台作为业务接入交换机、14台作为存储外网接入交换机、4台作为存储内网接入交换机。单台配置为：48×25GE光口+6×100GE光口，支持堆叠，支持IPv6。

（3）万兆接入交换机。核心业务区部署10台万兆接入交换机，负责安全服务器、管理汇聚、出口网络设备等设备的接入，其中2台作为管理汇聚交换机，实现带内、带外千兆管理交换机的汇聚接入，通过串接防火墙后上联至管理网络；4台分别作为平台侧、租户侧安全池服务器的接入交换机，安全池接入交换机分别通过 2×10GE 链路上联至所在区域的核心交换机、管理汇聚交换机；2 台作为托管交换机，实现托管设备的万兆网络接入；2 台作为出口交换机，实现与行业专网、原有行业资源池核心业务区互通。单台配置为：48×10GE 光口 + 6×40GE 光口，支持堆叠，支持 IPv6。

（4）千兆接入交换机。核心业务区部署 18 台千兆管理接入交换机，负责计算服务器、存储服务器、安全池服务器等设备的管理网口接入，其中 10 台为带内管理交换机、6 台为带外管理交换机；2 台作为托管交换机，实现托管设备的千兆网络接入。单台配置为：48×GE 电口 + 4×10GE 光口，支持堆叠，支持 IPv6。

2）非核心业务区

（1）核心交换机。非核心业务区部署 2 台中高端核心交换机作为核心汇聚设备，负责下联 25G 接入交换机和安全设备的接入。单台配置为：1×48 端口 10GE 以太网光接口板 +3×18 端口 100GE 以太网光接口板，支持堆叠，支持 IPv6。

（2）25G 接入交换机。非核心业务区部署 20 台 25G 接入交换机，负责各类计算服务器、存储服务器等设备的接入，其中 6 台作为业务接入交换机、10 台作为存储外网接入交换机、4 台作为存储内网接入交换机。单台配置为：48×25GE 光口 + 6×100GE 光口，支持堆叠，支持 IPv6。

（3）万兆接入交换机。非核心业务区部署 10 台万兆接入交换机，负责安全服务器、管理汇聚、出口网络设备等设备的接入，其中 2 台作为管理汇聚交换机，实现带内、带外千兆管理交换机的汇聚接入，通过串接防火墙后上联至管理网络；4 台分别作为平台侧、租户侧安全池服务器的接入交换机，安全池接入交换机分别通过 2×10GE 链路上联至所在区域的核心交换机、管理汇聚交换机；2 台作为托管交换机，实现托管设备的万兆网络接入；2 台作为出口交换机，实现与核心业务区、原有行业资源池核心业务区互通。单台配置为：48×10GE 光口 + 6×40GE 光口，支持堆叠，支持 IPv6。

（4）千兆接入交换机。非核心业务区部署 14 台千兆管理接入交换机，负责计算服务器、存储服务器、安全池服务器等设备的管理网口接入，其中 8 台为带内管理、4 台为带外管理，2 台千作为托管交换机，实现托管设备的千兆网络接入。单台配置为：48×GE 电口 + 4×10GE 光口，支持堆叠，支持 IPv6。

3）网络设备汇总

网络设备汇总如表 5.21 所示。

表 5.21 网络设备汇总表

序号	设备名称	参数配置	单位	核心业务区	非核心业务区	灾备中心	合计
1	核心交换机	48 端口 10GE 以太网光接口板 +18 端口 100GE 以太网光接口板	台	2	2	2	6
2	业务接入交换机	48×25GE 光口 + 6×100GE 光口，满配光模块，支持堆叠，支持 IPv6	台	8	6		14
3	存储外网接入交换机	48×25GE 光口 + 6×100GE 光口，满配光模块，支持堆叠，支持 IPv6	台	14	10	2	26
4	存储内网接入交换机	48×25GE 光口 + 6×100GE 光口，满配光模块，支持堆叠，支持 IPv6	台	6	4	2	12
5	管理接入交换机	48×GE 电口 + 4×10GE 光口，满配光模块，支持堆叠，支持 IPv6	台	10	8	2	20
6	带外接入交换机	48×GE 电口 + 4×10GE 光口，满配光模块，支持堆叠，支持 IPv6	台	7	5	1	13

续表 5.21

序号	设备名称	参数配置	单位	核心业务区	非核心业务区	灾备中心	合计
7	带外管理汇聚交换机	48×10GE 光口＋6×40GE 光口，满配光模块，支持堆叠，支持 IPv6	台	2	2		4
8	托管交换机 1	48×10GE 光口＋6×40GE 光口，满配光模块，支持堆叠，支持 IPv6	台	2	2		4
9	托管交换机 2	48×GE 电口＋4×10GE 光口，满配光模块，支持堆叠，支持 IPv6	台	1	1		2
10	出口交换机	48×10GE 光口＋6×40GE 光口，满配光模块，支持堆叠，支持 IPv6	台	2	2		4
11	平台安全资源池交换机	48×10GE 光口＋6×40GE 光口，满配光模块，支持堆叠，支持 IPv6	台	2	2		4
12	租户安全资源池交换机	48×10GE 光口＋6×40GE 光口，满配光模块，支持堆叠，支持 IPv6	台	2	2		4

3．网络带宽及 IP 地址

1）网络及传输链路带宽

（1）互联网公网出口带宽。根据各行业用户的公网接入要求，互联网公网出口带宽为 2 条 10GE 专线。

（2）传输专线网络带宽。生产中心与原有行业云之间通过 4 条 10GE 传输（OTN）专线链路互联，其中 2 条用于核心业务区与行业专网原有核心路由器设备之间的互联，实现与行业专网、原有行业云核心业务区的网络互通；2 条用于非核心业务区与原有行业云非核心业务区的核心设备的互联，实现两个非核心业务区网络互通。另外，A 数据中心的核心交换机与 B 数据中心的核心交换机之间通过 4 条 10GE 传输（OTN）专线链路互联，实现灾备中心与核心业务区和非核心业务区的网络互通。

2）IP 地址

IP 地址分为局域网 IP 地址、云用户使用 IP 地址。

（1）局域网 IP 地址。主要涉及各云化平台的局域网 IP 地址、云资源池内部管理类 IP 地址等。

① 局域网 IP 地址。为便于标识，为云资源池上每个云化平台、系统分配一个 C 类地址，主要作为平台数据库服务器、应用服务器、接口服务器等的主机 IP 地址和浮动 IP 地址。结合各云化平台、系统的 IP 地址编码要求，各云化平台、系统的主机 IP 地址统一形式为 A.B.X.Y，其中第三位（即 X）用于标识平台。

② 云资源池内部管理类 IP 地址。云资源池内部管理类 IP 地址主要分为云资源池虚拟化软件所需的内部管理类 IP 地址和硬件设备接口所需的 IP 地址两类，其中虚拟化软件所需的内部管理类 IP 地址主要包括宿主机 IP、迁移 IP 及相关管理服务器的 IP 等，硬件设备管理接口所需的 IP 地址主要包括服务器等硬件设备提供的管理控制接口所需的 IP 地址，各分配 1 个 C 类地址作为两类管理类 IP 地址。

（2）云用户使用 IP 地址。云用户使用的 IP 地址主要包括公网 IP 地址、行业专网 IP 地址，按照行业安全管理规范要求，统一规划和分配的 IP 地址。

3）IPv6 部署

云计算资源池同时具备 IPv6 和 IPv4 两种 IP 地址，资源池服务器、网络设备及安全设备均支持 IPv6 地址部署。资源池同时配置 IPv6 和 IPv4 两种地址，业务逻辑上优先选择 IPv6 地址发布。

5.5.4 云安全

该云中心具备国家等级保护 2.0 三级、商用密码应用安全性评估三级的安全能力，在生产中心部署出口安全防护设备、平台侧安全资源池、租户侧安全资源池及密码服务设备。

1. 安全风险分析

云计算是一种基于网络的新型计算模式，通过虚拟化、分布式处理、在线软件等技术将计算、存储、网络、平台等基础设施与信息服务抽象成可运营、可管理的 IT 资源，动态提供给用户。

虚拟化能将所有物理设备资源形成对用户透明的统一资源池，并能按照用户需要生成不同配置的子资源，从而大大提高资源分配的弹性、效率和精确性。

但云资源池和其他信息系统一样，存在一些共性的安全问题，包括基础设施安全、数据安全、应用安全三个方面。

此外由于云计算应用的信息高度集中性、无边界性和流动性，以及基于虚拟化、分布式计算的底层架构等特性，使得其存在许多新的安全问题。这是由于原本的传统安全策略主要适用于物理设备，而无法管理到每个虚拟机 VM、虚拟网络等，所以难以保障虚拟化环境下的用户应用及信息安全。当前云资源池安全防护所面临的核心问题主要包括以下方面：

（1）防 DoS 和 DDoS 攻击。拒绝服务攻击并非云计算所特有，但是在云资源池的技术环境中，更多的应用和集成业务开始依靠互联网。拒绝服务攻击带来的后果和破坏将会明显地超过传统的网络环境。

（2）虚拟安全域的隔离。随着虚拟资源池的引入，安全边界变得模糊，传统的以物理服务器为单元划分安全域的防护手段已不适用。并且多租户模式下安全需求非常多样化，虚拟安全域数量激增，用户期望拥有独立的虚拟安全空间，具备自服务的安全管理和配置能力，因此虚拟安全域的隔离和防护是云资源池的核心问题之一。

（3）虚拟机管理器安全。虚拟机管理器 VMM 是用来运行虚拟机 VM 的内核，代替传统操作系统管理着底层物理硬件，是服务器虚拟化的核心环节。虚拟机管理器承担了服务器硬件设施的虚拟化、资源调度、分配和管理等基本职能，从而保证多个虚拟机能够相互隔离地同时共享 CPU、网络、内存、存储设备等物理资源。

（4）虚拟机安全防护。在虚拟环境中，虚拟机成为网元的最小单元，而对于传统的硬件防火墙，以及基于行为特征分析的入侵检测（IDS）、入侵防御（IPS）等网络安全设备，根本无法感知到同一物理机上各 VM 之间通信流量，这显然成为安全防护中的盲点。

（5）高可用性和拓展性。云数据中心的安全防护系统不能成为性能瓶颈，必须保证高可用性，确保业务连续性、更高的可靠性、更短的停机时间、更简便的维护和升级，同时，云资源池是弹性扩容的，安全设备也必须是灵活拓展的。

（6）数据安全。云资源池用户的数据传输、处理、存储等均与云计算系统有关，在多租户、瘦终端接入等典型应用环境下，用户数据面临的安全威胁更为突出。通过采用数据隔离、访问控制、加密传输、安全存储、剩余信息保护等技术手段，为云计算用户提供端对端的信息安全与隐私保护，从而保障用户信息的可用性、保密性和完整性。

（7）运维管理接入安全。运维人员和用户远程接入访问和管理，对客户端进行网络安全访问控制、安全审计等，实现客户端的安全接入。

2. 安全防护目标体系建设

云资源池的安全防护目标体系具体分为物理安全、基础设备安全、网络安全、安全管理、虚拟化安全、数据安全、合规性检查等层面。从安全架构角度来看，云资源池安全在层级架构上，主要增加了虚拟化安全层,其他层面的安全与传统安全存在相似之处,在物理安全、基础设备安全和网络安全上,两者无差别,但在安全管理、数据安全和合规性检测方面,云计算安全提出了更高的要求。云资源池的安全防护目标体系如图 5.8 所示。

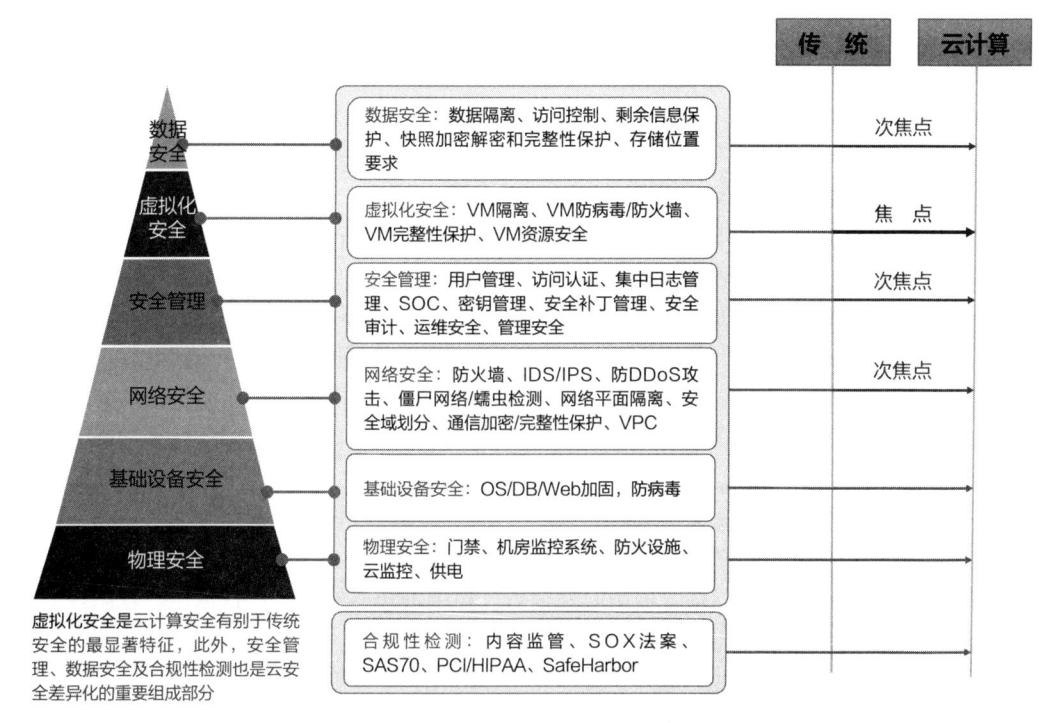

	传　统	云计算
数据安全:数据隔离、访问控制、剩余信息保护、快照加密解密和完整性保护、存储位置要求	次焦点	←
虚拟化安全:VM隔离、VM防病毒/防火墙、VM完整性保护、VM资源安全	焦　点	←
安全管理:用户管理、访问认证、集中日志管理、SOC、密钥管理、安全补丁管理、安全审计、运维安全、管理安全	次焦点	←
网络安全:防火墙、IDS/IPS、防DDoS攻击、僵尸网络/蠕虫检测、网络平面隔离、安全域划分、通信加密/完整性保护、VPC	次焦点	←
基础设备安全:OS/DB/Web加固,防病毒		
物理安全:门禁、机房监控系统、防火设施、云监控、供电		
合规性检测:内容监管、SOX法案、SAS70、PCI/HIPAA、SafeHarbor		

金字塔层级(从上到下):数据安全、虚拟化安全、安全管理、网络安全、基础设备安全、物理安全

虚拟化安全是云计算安全有别于传统安全的最显著特征,此外,安全管理、数据安全及合规性检测也是云安全差异化的重要组成部分

图 5.8 云资源池的安全防护目标体系图

1)主机安全

主机是云计算资源池宿主服务器、运营管理系统及其他应用系统的承载设备。其作为信息存储、传输、应用处理的基础设施,自身安全性涉及虚拟机安全、应用安全、数据安全、网络安全等各个方面,任何一个主机节点都有可能影响整个云计算系统的安全。

(1)系统安全加固。应用系统上线前,对安全配置进行全面评估,并进行安全加固;遵循安全最小化原则,关闭未使用的服务组件和端口。加强系统补丁控制,采用专业安全工具对主机系统(包括虚拟机管理器、操作系统、数据库系统等)定期评估;在补丁更新前,对补丁与现有系统的兼容性进行测试。

(2)系统安全防护:

① 僵木蠕防范。应用系统部署实时检测和查杀病毒等软件产品,并自动保持防病毒代码的更新,或者通过管理员进行手动更新。

② 入侵检测防范。在云计算数据中心网络中部署入侵检测设备(IDS)、入侵防御设备(IPS)等,实时检测各类非法入侵行为,并在发生严重入侵事件时提供报警。

(3)系统访问控制:

① 账户管理。具备应用系统主机的账号增加、修改、删除等基本操作功能,支持账号属性自定义,支持结合安全管理策略,对账号口令、登录策略进行控制,支持设置用户登录方式及对系统文件的访问权限。

② 身份鉴别。采用严格身份鉴别技术用于主机系统用户的身份鉴别,包括提供多种身份鉴别方式、支持多因子认证、支持单点登录等。

③远程访问控制。限制匿名用户的访问权限，设置单一用户并发连接次数、连接超时限制等，采用最小授权原则，分别授予不同用户各自所需的最小权限。

2）终端安全

管理终端作为云计算系统的一个基本组件，面临病毒、蠕虫、木马的泛滥威胁，不安全的管理终端可能成为一个被动的攻击源，对整个云计算系统构成极大的安全威胁。终端能满足和保证终端安全策略的执行，主要包括终端自身安全防护、终端安全接入控制、终端行为监控三部分内容。

（1）终端自身安全防护。终端初始化，支持根据安全策略对终端进行操作系统配置，支持根据不同的策略自动选择所需应用软件进行安装，完成配置。

①补丁管理。建立有效的补丁管理机制，可自动获取或分发补丁，补丁获取方式具有合法性验证安全防护措施，如经过数字签名或哈希校验机制保护。

②病毒、僵木蠕防范。终端安装防病毒和防僵木蠕客户端软件，实时进行病毒库更新；支持通过服务器设置统一的防毒策略；可对防病毒软件安装情况进行监控，禁止未安装指定防病毒软件的客户端接入网络。

（2）终端安全接入控制。终端接入网络认证，终端安全管理具备接入网络认证功能，只允许合法授权的用户终端接入网络。

①终端安全性审查与修复。支持对试图接入网络的终端进行控制，在终端接入网络之前进行强制性的安全审查，只有符合终端接入网络的安全策略的终端才允许接入网络。

②细粒度网络访问控制。对接入网络的终端进行精细的访问控制，可根据用户权限控制接入不同的业务区域，防止越权访问。

（3）终端行为监控。非法外联检测，定义有针对性的策略规则，限制终端非法外联行为。

①终端上网行为检测。支持终端用户上网记录审计、设置上网内容过滤，以及对终端网络状态和网络流量等信息进行监控和审计。

②终端应用软件使用控制。支持对终端用户软件安装情况进行审计，同时对应用软件的使用情况进行控制。

3）网络安全

网络安全实现资源池内部与外部网络以及资源池内部安全域之间的安全防护隔离，包括防火墙、入侵防御设备（IPS）、访问控制、VPN等。进行异常流量监测与攻击防范，部署DDoS防护设备、入侵防御设备（IPS）、入侵检测设备（IDS）；承载网络支持设备级、链路级的冗余备份。

（1）根据资源池的结构特点，将其划分为接入域、计算域、存储域、管理域等多个安全域，并采用VPN、防火墙、VLAN及分布式虚拟交换机等实现各域的安全隔离，避免网络安全问题的扩散。

（2）在各安全域边界进行安全防御，在各域边界部署防火墙或者虚拟防火墙系统，并以强化边界路由设备访问控制策略为辅助手段。

（3）构建异常流量监控体系，利用异常流量监测系统和异常流量清洗系统，阻断外网对云计算数据中心的DDoS攻击，确保云计算数据中心的服务连续性。资源池的承载网络支持设备级、链路级的冗余备份。

（4）通过采用VPN和数据加密等技术，实现从用户终端到资源池传输通道的安全。

4）虚拟化安全

由于虚拟化技术打破了物理边界，使得传统的基于物理安全边界的网络安全防护机制难以有效应用在虚拟机的安全隔离和防护之上。虚拟机安全防护重点解决虚拟机安全隔离和虚拟机自身安全防护问题。

（1）虚拟机安全隔离。使用虚拟防火墙和硬件交换机进行隔离控制。

（2）虚拟机自身安全防护。虚拟机自身安全防护和物理主机类似，主要包括虚拟机安全加固及僵木蠕防护。

（3）访问控制。为了避免虚拟机存在身份假冒而产生的非法访问风险，针对行业应用资源池安全，在传统口令验证的基础上，增加 VPN 安全隧道能力，采用令牌方式控制非法身份假冒问题。

5）数据安全

数据安全主要包括数据安全隔离、数据加密存储、数据备份与恢复、数据残留清理等。

（1）数据安全隔离。主要通过 VLAN、防火墙等方式控制不同虚拟机用户之间的非法访问，以保护每个用户数据的安全与隐私。通过防火墙控制不同的集群之间的互通。由于防火墙根据 IP 地址段划分安全域，即使内层 VLAN 相同，由于位于不同集群，IP 地址不同，也可通过防火墙的安全域策略进行隔离。

（2）数据加密存储。为高等级用户提供数据加密存储服务，防止数据被他人非法窥探，在加密密钥管理方面，采用集中化的用户密钥管理与分发机制，实现对用户信息存储的高效安全管理与维护。同时，为防止系统管理员非授权访问用户数据，要规范管理，将系统管理员和密钥管理员权限分离。密钥管理员仅具有管理用户密钥的权限，不具备访问系统的权限，无法基于密钥进行数据访问；系统管理员可以访问系统，但不具备密钥管理功能，无法获得密钥，从而无法进行非授权访问。

（3）数据备份与恢复。不论数据存放在何处，用户都应该慎重考虑数据丢失风险，为应对突发的云计算平台的系统性故障或灾难事件，对数据进行备份及快速恢复十分重要。如在虚拟化环境下，能支持基于磁盘的备份与恢复，实现快速的虚拟机恢复，支持文件级完整与增量备份，保存增量更改以提高备份效率。

（4）数据残留清理。云计算环境下，由于采用的是共享存储，其业务数据或者用户数据在业务发生迁移或者用户数据迁移删除时，要防止非法恶意恢复盗取数据。在存储资源进行重新分配前，必须进行完整的数据擦除，在对存储的用户文件、对象删除后，对对应的存储区进行完整的数据擦除或标识为只写（只能被新的数据覆写），防止被非法恶意恢复。同时，将备份区里的相应数据进行删除，防止数据被非授权恢复。

6）安全管理

安全管理主要通过建立、健全用户管理、认证、授权、安全审计等安全运营体系，规范安全运营操作，降低用户对安全的担忧。安全管理包括制定安全运营策略及安全维护规章制度，并从用户管理、认证、授权、安全审计等多个层面规范服务安全运营要求。

云管理系统是支撑业务开展的基础，应在以下几个方面进行合理安全配置，以提高其安全性。

（1）云管理系统具备高度可靠性和安全性，对主机系统进行恢复备份，包括对主机系统的操作系统、应用系统、数据等进行备份；业务管理平台具备多机热备功能，具备快速故障恢复功能。

（2）对管理系统本身的操作进行分权、分级管理，限定不同级别的用户能够访问的资源范围和允许执行的操作；对用户进行严格的访问控制，采用最小授权原则，分别授予不同用户各自为完成自己承担任务所需的最小权限。

（3）限制非法登录次数。在使用者尝试 3 次登录都未成功的情况下直接中止连接；对连接超时进行限制，当用户登录设备后，一段时间未进行操作将自动中断此用户的连接；设置某一用户可以进行的最大连接数。

（4）提供多种主流的身份鉴别方式，如设置复杂的口令、数字证书、动态口令等。

（5）远程访问的客户端和服务器端之间的数据传输进行加密。

（6）安全审计，提供充分的审计日志，包括应用系统自身、数据变更审计和日常使用操作审计等。

3. 出口安全

1）综合安全网关

核心业务区出口部署 2 台综合安全网关，非核心业务区部署 4 台综合安全网关，串接在核心交换机与出口交换机之间，作为南北向安全隔离设备。单台配置为：8 个 10GE 端口，流量处理性能 200Gbps，具备防火墙、SSL VPN、WAF、IPS、防病毒网关功能，支持 IPv6。

2）防火墙

核心业务区和非核心业务区的管理区出口部署 2 台管理边界防火墙，作为管理区的安全隔离设备；核心业务区和非核心业务区的托管区分别部署 1 台防火墙，串接在核心交换机与托管交换机之间，作为托管区域业务接入的安全隔离设备。单台配置为：10G 吞吐量，8 个 10GE 端口，支持虚拟防火墙，支持 IPv6。

3）抗 DDoS 防护

非核心业务区出口部署 1 套抗 DDoS 攻击系统，具备 60Gbps 的流量清洗能力，采用 3 台安全池专用硬件服务器部署，单台配置为：2 路（28 核，2.6GHz）CPU、384GB 内存、2 块 480G SSD 系统盘、6 块 960G SSD、4 块 8TB SATA 数据盘、1 块双口 GE+4×双口 10GE（NUMA 平衡），带管理口，支持 IPv6。

4）网络审计

非核心业务区出口部署 2 台网络审计设备，实现应用控制、流量控制、内容审计、日志报表等功能。单台配置为：4 个万兆光口，最大检测能力 10Gbps，峰值入库能力 30000/s，支持 IPv6。

5）网　闸

核心业务区和非核心业务区之间部署 2 台网闸设备，包括文件交换、数据库同步、数据库访问等功能，实现核心业务区和非核心业务区之间的数据安全交互。单台配置为：吞吐量（网络层流量）8Gbps，最大并发连接数 80 万，4 个万兆口，支持 IPv6。

6）流量探针

核心业务区和非核心业务区各部署 1 台流量探针设备，实现报文检测、多种入侵攻击模式或恶意 URL 监测、恶意网站攻击检测、敏感数据泄密功能检测等能力。单台配置为：网络层吞吐量 7Gbps，2 个万兆口，支持 IPv6。

7）态势感知

非核心业务区部署 1 台态势感知设备，实现实时告警展示、大屏轮播、资产属性识别、弱密码检测、流量实时识别漏洞分析、安全检测及告警等功能。单台配置为：最大日志处理性能 2000EPS，支持 1000 个日志源，2 个万兆口，支持 IPv6。

4. 等级保护相关部署

按照国家等级保护三级的要求，核心业务区和非核心业务区分别建设平台侧安全资源池 1 套、租户侧安全资源池 1 套。

1）平台侧安全资源池

该云中心部署 2 套平台侧安全资源池，每套平台侧安全池通过 3 台安全管理服务器部署相关平台侧安全组件，包括日志审计 1 套、终端安全 EDR 1 套、堡垒机 1 套、安全管理中心（含主机漏扫、应用漏扫）1 套、数据库审计 1 套，满足核心业务区和非核心业务区的安全审计、统一管理、统一运维、主机病毒防护等三级等保要求。安全管理服务器通过平台侧安全资源池接入交换机上联至管理汇聚交换机，通过管理网络互通。单台配置为：2路（16核2.3G）CPU、256GB内存、2块480GB SSD系统盘、6块8TB SATA数据盘、2块双口10GbE网卡、1块双口GbE网卡，带管理口，支持IPv6。

2）租户侧安全资源池

该云中心部署2套租户侧安全资源池，每套租户侧安全池包括1套安全管理平台和租户侧安全组件。

（1）安全管理平台。安全管理平台部署在2台安全管理服务器上。单台配置为：2路（16核2.3G）CPU、256GB内存、2块480G SSD系统盘、6块8TB SATA数据盘、2块双口10GbE网卡、1块双口GbE网卡，带管理口，支持IPv6。

安全管理平台采用多租户的架构设计，提供平台运维界面及租户管理界面，实现资源管理、策略下发、安全配置、服务开通、报表分析、安全告警等，并通过业务指令予以下发，实现安全防护的智能化、自动化、服务化。

平台对接方面，安全管理平台通过与云管理系统进行对接，租户可单点登录安全管理平台办理安全产品订单开通、管理安全组件。安全管理平台可通过云管理系统API调度云平台资源进行安全虚机开通及安全能力交付，可管理云租户的虚机资产信息，与安全数据进行比对分析，实时监控安全状况。

组件管理方面，安全管理平台可根据租户订单，自动匹配产品镜像，调度云管平台新建具有安全组件能力的云主机，自动对安全组件进行授权管理，包括下发、回收、变更授权。通过安全管理平台，租户安全管理员可以单点登录统一管理名下所有安全组件的配置及资产安全信息。

（2）租户侧安全组件。租户侧安全组件部署在核心业务区和非核心业务区中云安全区域的本地计算节点服务器资源上，安全组件服务通过与本地云管平台对接，受理并自动开通交付，所有租户侧安全组件通过租户安全管理平台统一管理。每套租户侧安全资源池的安全组件按初始配置，包括综合安全网关（含WAF功能）、日志审计、终端安全EDR、堡垒机、安全管理中心（含主机漏扫、应用漏扫）、数据库审计。

日志审计系统、数据库审计系统通过与安装在服务器及安全组件的代理联动实时收集日志并审计，日志保存6个月以上；终端安全EDR通过与安装在租户业务服务器上的代理联动实时保护云服务器，包含防病毒、入侵检测、防御木马、漏洞扫描、补丁、基线检查等安全防护；租户运维人员通过连接堡垒机实现业务系统安全运维；安全管理中心具备主机漏扫功能和应用漏扫功能，可对系统主机以及Web应用进行扫描并形成漏洞列表；安全管理中心从资产、风险、威胁等维度全面展示业务安全状况。

5. 商用密码应用安全性评估相关部署

按照商用密码应用安全性评估第三级的要求，该云中心商用密码应用建设主要分为机房物理环境建设、平台网络环境建设、平台管理系统建设和云服务密码建设四大部分，其中机房物理环境利用原有机房已有密码措施改造实现；平台网络环境和平台管理系统在对应部分建设中已包含，主要包括SSL VPN、云平台可信计算等。核心业务区和非核心业务区分别建设1套云服务密码平台，包括统一密码服务平台1套、服务器密码机2台、签名验签服务器1台、安全接入网关2台，通过1对万兆接入交换机汇聚后上联至2台管理汇聚交换机。云密码服务平台既能为云平台提供密码服务，也将为云租户提供密码服务。

（1）统一密码服务平台。核心业务区和非核心业务区各部署1套统一密码服务平台，提供密码资源池、国密算法、标识管理、密钥管理、密码应用、密码设备管理等能力。

（2）服务器密码机。核心业务区和非核心业务区各部署 2 台服务器密码机，提供国密算法、密钥生成、基础密码运算、数据加解密、签名验签等能力。

（3）签名验签服务器。核心业务区和非核心业务区各部署 1 台签名验签服务器，提供密码算法、基于 SM2 算法的数字签名和认证、SM2 密钥生成及密钥备份和恢复功能等能力。

（4）安全接入网关。核心业务区和非核心业务区各部署 2 台安全接入网关，其集强身份认证、数据保密性、数据完整性以及不可抵赖性功能于一体。

6. 云安全设备汇总

该云中心云安全配置的安全设备如表 5.22 所示。

表 5.22 云中心安全设备汇总表

序号	分区	设备名称	单位	核心业务区	非核心业务区	合计
1	出口安全	综合安全网关	台	2	4	6
2		管理边界防火墙	台	2		2
3		托管边界防火墙	台	1	1	2
4		网络审计	台		2	2
5		网闸	台	2		2
6		流量探针	台	1	1	2
7		态势感知	台		1	1
8		抗 DDos 攻击	套		1	1
9	平台侧安全资源池	服务器虚拟化授权	CPU	8	8	16
10		日志审计	套	1	1	2
11		终端安全 EDR（防病毒/补丁/基线/微隔离）	套	1	1	2
12		堡垒机	套	1	1	2
13		安全管理中心（含主机漏扫/应用漏扫）	套	1	1	2
14		数据库审计	套	1	1	2
15	租户侧安全资源池	下一代防火墙（含 WAF 功能）	套	25	25	50
16		日志审计	套	25	25	50
17		终端安全 EDR（防病毒/补丁/基线/微隔离）	套	25	25	50
18		堡垒机	套	25	25	50
19		安全管理中心（主机漏扫/应用漏扫）	套	25	25	50
20		数据库审计	套	25	25	50
21	密码产品	统一密码服务平台	套	1	1	2
22		服务器密码机	台	2	2	4
23		签名验签服务器	台	1	1	2
24		安全接入网关	台	2	2	4

5.5.5 同城灾备中心建设

该云中心以 B 数据中心为云资源节点建设同城灾备中心，实现同城数据级容灾。

1. 服务器资源建设

灾备中心共配置 6 台分布式对象存储服务器，提供对象存储可用容量为 1938TB；同时部署对象存储的网关服务器 4 台、网元服务器 2 台及管理机服务器，具体配置如表 5.23 所示。

表 5.23　灾备中心分布式对象存储服务器配置表

名　称	配　置	单　位	灾备中心	备　注
分布式存储节点 （对象存储）	2 路（20 核，2.30GHz）CPU、384GB 内存、2 块 480GB SSD 系统盘、2 块 3.2TB PCIE NVMe SSD 卡缓存盘、36 块 16TB 3.5" 7.2k SATA 数据盘、2 块双口 25GbE 网卡、1 块双口 GbE 网卡，带管理口，支持 IPv6	台	6	
分布式存储节点 （元数据服务器）	2 路（26 核，2.20GHz）CPU、384GB 内存、2 块 480G SSD 系统盘、24 块 960 SATA SSD 数据盘、2 块双口 25GbE 网卡、1 块双口 GbE 网卡，带管理口，支持 IPv6	台	4	
对象存储- 网关节点	2 路（26 核，2.20GHz）CPU、384GB 内存、2 块 480G SATA SSD 系统盘、1 块 1.92TB SATA SSD 数据盘、4 块双口 25GbE 网卡、1 块双口 GbE 网卡，带管理口，支持 IPv6	台	2	
管理节点 （物理机）	2 路（20 核，2.30GHz）CPU、384GB 内存、2 块 960GB SSD 系统盘、4 块 960GB SSD 数据盘、2 块双口 25GbE 网卡、1 块双口 GbE 网卡，带管理口，支持 IPv6	台	4	

2.分布式存储软件

灾备中心分布式对象存储系统配置天翼云分布式存储软件，共配置 1938TB 可用容量软件许可。

3.灾备中心网络

灾备中心作为该云中心的数据备份节点，不需与行业专网、互联网公网直接互联，两中心之间通过 4 条 10GE 传输（OTN）专线链路互联，实现灾备中心与生产中心的核心业务区、非核心业务区的网络互通。

（1）核心交换机。灾备中心部署 2 台中高端核心交换机作为核心汇聚设备，负责下联 25G 接入交换机、安全设备的接入。单台配置为：1×48 端口 10GE 以太网光接口板、2×18 端口 100GE 以太网光接口板，支持堆叠，支持 IPv6。

（2）25G 接入交换机。灾备中心部署 4 台 25G 接入交换机，其中 2 台作为存储外网接入交换机、2 台作为存储内网接入交换机。单台配置为：48×25GE 光口、6×100GE 光口，支持堆叠，支持 IPv6。

（3）千兆接入交换机。灾备中心部署 3 台千兆管理接入交换机，其中 2 台为带内管理交换机、1 台为带外管理交换机。单台配置为：48×GE 电口、4×10GE 光口，支持堆叠，支持 IPv6。

5.6　主要功能特点

该云中心是一体化全栈方式交付的云服务平台，采用 KVM+OpenStack 的技术架构，实现计算虚拟化、存储虚拟化、网络虚拟化，为客户提供基于 IaaS 层的云基础底座，以服务和软件定义的方式提供给用户各种功能，包括计算、存储、网络、安全、云资源管理等丰富的服务能力。

5.6.1　计算虚拟化

云中心提供计算虚拟化功能，其基于开源 KVM 内核虚拟化技术开发，在开源 KVM 的基础上进行了内核的性能与稳定性深度优化、网络高性能转发增强、虚拟机高可靠性增强、虚拟化内核安全与管理加固，为该省行业客户提供稳定、安全、易用、开放和高性能的云网融合服务能力。

虚拟化内核运行在基础设施层和上层客户操作系统之间，针对上层操作系统对底层硬件资源的访问，屏蔽了底层异构硬件之间的差异性，消除上层操作系统对硬件设备以及驱动的依赖，同时增强了虚拟化运行环境中的硬件兼容性、高可靠性、高可用性、可扩展性、性能优化等功能。主要的功能如下：

（1）国产化多架构支持。该云中心使用天翼云定制化研发的自主可控操作系统，支持 x86 架构、ARM 架构、MIPS 架构的不同芯片的虚拟化，能够适配海光、鲲鹏、飞腾、龙芯等国产化芯片，支持搭建完整云网融合全业务系统，支持自主可控开源组件发布能力。

（2）分布式块存储对接。基于分布式存储的块存储系统，支持扩缩容、精简置备、快照、克隆、QoS、数据一致性等特性。云主机直接与分布式块存储进行对接时，处理数据存储 I/O 以虚拟机为单位使用块存储，降低存储故障带来的影响范围。块存储对接场景下，虚拟化平台可以专注于虚拟化本身，做到计算、存储的完全分离结构，各司其职，有利于使用与维护。

（3）智能网卡。智能网卡实现了网络加速和存储加速，在主机上运行虚拟化平台，承担 CPU、内存及少量外设的虚拟化，而网络访问、存储访问及存储的处理逻辑全部下沉到智能网卡上去处理，宿主机的 CPU 和内存损耗大幅降低，网络 IO 性能和存储性能成倍提升，单宿主机支持的虚拟机密度大幅上升。

（4）GPU 资源池。GPU（图像处理单元）是广泛应用于图像输出、视频编解码加速、3D 图形渲染、加速计算性负载（金融模型计算、科学研究、石油和天然气开发等领域）的一种图形硬件加速设备。基于 GPU 资源池虚拟化技术，利用云计算和虚拟化技术，实现了计算资源的有效整合，减少了物理服务器数量，提高了单台物理服务器的系统资源利用率。GPU 资源的动态分配与灵活调度提高了生产效率，节约了运营成本。

（5）虚拟机迁移。该云中心采用一种新的内存计算方法，显著提升了云主机的迁移成功率，云主机提升迁移可靠性（99%+），降低迁移宕机时间（< 100ms）。

（6）突发性能云主机。该云中心的突发性能型云主机利用 CPU 积分机制，保证云主机可以提供稳定的基准性能，同时将未使用的 CPU 算力通过积分的方式累积下来，在后续有突发性能需要时使用，整体提升 CPU 性能。在突发性能场景下，突发性能型云主机更具性价比，同时可以提供更加灵活的 CPU 性能，在用户业务繁忙时，能够尽可能地满足其负载需求。

（7）高性能网络。云主机网络性能达到 25Gbps，高达千万级 PPS 的网络转发能力。

（8）高性能存储。云主机最高存储性能达 40W IOPS，能够支撑大数据、人工智能等高性能业务场景。

（9）硬件加密支持。虚拟化支持加密硬件，支持国密算法，具备高安全性。

（10）全面 QoS 能力。支持 CPU、内存、缓存、网络、磁盘的 QoS 能力。

5.6.2 存储虚拟化

存储虚拟化贯穿于整个云计算环境，用于简化相对复杂的底层存储基础架构。其将资源的逻辑映像与物理存储分开，为系统和管理员提供一幅简化、无缝的资源虚拟视图。对于该省行业用户来说，虚拟化的存储资源就像是一个巨大的"存储池"，用户不会看到具体的磁盘，也不必关心自己的数据经过哪一条路径通往哪一个具体的存储设备。从管理的角度来看，虚拟存储池是采取集中化的管理，并根据具体的需求把存储资源动态地分配给各个应用。其有如下功能特点：

1. 分布式融合架构

存储虚拟化采用分布式对称架构构建，在同一套存储集群中，为用户同时提供块存储、文件存储、对象存储等不同存储服务，满足不同用户针对不同类型的存储需求，降低多种存储系统带来的运维复杂度，有效提高存储集群利用率。

2. 多存储资源池

同一套存储集群中，可以针对不同的存储介质提供不同的存储资源池，如全闪 SSD 存储池、通用型 SSD 存储池、SATA 盘存储池、SAS 盘存储池，满足不同应用对存储池性能的要求。

3. 高可靠性

在数据可靠性方面，存储虚拟化设计了多副本、纠删码、硬件可靠性、链路可靠性、数据一致性等多种数据可靠性保护技术，可提供盘级、节点级、机柜级等不同的数据安全可靠性级别。

（1）多副本。采用多副本数据保护技术时，存储集群通过复制的方式，由数据放置算法决定将原始数据写入保存到存储集群中的不同节点的不同磁盘上，从而提高了数据的可靠性和读取效率。

（2）纠删码。纠删码（EC）是一种编码容错技术。在数据存储中，纠删码将数据分割成片段，把冗余数据块扩展和编码，并将其存储在不同的位置，例如磁盘、存储节点或者其他地理位置。与多副本方式相比，纠删码在同样数量的硬盘或存储节点配置下，可以为用户提供更多的有效存储空间，从而提高磁盘空间利用率。

（3）硬件可靠性。部署的物理硬件采用了多种高可靠性的配置。

① 采用可热插拔专用系统盘，支持 RAID1 保护。
② 整机采用冗余电源、冗余风扇。
③ 存储节点管理、前端业务、后端存储网络分离，网络冗余组网。

（4）链路可靠性。存储节点采用管理、业务、存储三网分离部署，每台存储节点分别出两个接口与前端网络和后端网络交换机相连，单个网口或交换机故障不会导致存储节点或存储系统不可用。存储内部网络通过两台交换机互连，当任意一台交换机故障时，不会导致存储内部网络瘫痪。

（5）数据一致性。采用强一致性数据保护机制，相对于最终一致性保护机制来说，强一致性数据保护机制使各个客户端、应用获取到的数据一致，避免系统掉电时出现数据在缓存中丢失的风险。

4. 高性能

存储虚拟化提供全局缓存加速技术、SSD 缓存加速技术等多种性能优化技术，也可以将 SSD 和 HDD 配置到不同存储池做分级存储使用，发挥 SSD 的 IOPS 和带宽能力，以及 HDD 的容量架构优势。

5. 支持国产服务器

云存储系统已适配多种采用国产芯片的服务器。

5.6.3 网络虚拟化

云网络是云网融合的产物。云网络并不是要重建一张新的网络来取代现有的网络基础设施，而是在现有网络基础上通过网络虚拟化等技术重构。云网络其实是一种网络服务，也是一张面向该省行业用户和应用的虚拟网络。

云网络平台（cloud network platform，CNP）用于构建和管理数据中心的网络，为用户提供优质的、功能齐全的云上网络服务，例如虚拟私有云、弹性公网 IP、弹性负载均衡、NAT 网关等功能。

1. 网络虚拟化能力

CNP 主要采用 SDN 网络架构，实现网络服务能力，主要分为三类，包括入云能力、云间能力和云内能力。

（1）支持通过云专线、VPN 连接、SD-WAN 多种方式入云。
（2）通过 VPC、安全组、ACL 等，为云主机、物理机构建隔离的网络环境，提供安全防护。
（3）VPC、弹性 IP 等均支持 IPv4/IPv6 双栈能力。
（4）SD-WAN 支持行业用户采用 Internet、专线、4/5G 移动网络等多种接入方式，快速搭建行业专网，并提供以三层为主、兼具二层的网络服务能力。

2. 特性

（1）CNP 网络采用纯软 SDN 的方式，兼容传统三层物理网架构和叶脊扁平化物理网络架构；与 Undelay 网络解耦合，扩容也无须改动原有物理网络。

（2）统一接入多形态、异构 IaaS 计算资源（VM、物理机、容器），赋能网络自动化。

（3）协同网络功能虚拟化（NFV），统一提供 L2-L7 云网络业务。

（4）支撑云管平台实现计算、存储、网络等虚拟资源的融合开通。

（5）构建了编排器 + 控制器 + 网元的 SDN 架构，覆盖了入云（云专线、SD-WAN）、云内（CNP）、云间（云骨干/云间高速）的云网络服务。

（6）云内 SDN 与云外承载网自动化协同，按需提供出云、云间高速互联等能力。

（7）SD-WAN 通过与云中心深度集成，满足行业用户一键上云、多云互联，实现"云 + 网 + 应用"的统一管控，助力行业用户云化升级。

5.6.4 云资源管理

云资源管理平台对云数据中心内的资源进行集中管理和统一调度，为客户或管理员提供服务门户，并对接 IT 运营支撑系统，实现云主机、云存储、云网络等云服务的统一分配、统一运营和全网服务。可以将该省行业云用户提交的服务请求解析为基础设施可以理解的指令并自动执行，再辅以规格、计费、流程、租期等运营类功能，使得整个云数据中心的资源都可以自动、有序地使用和分配，在减轻管理员的工作负担同时提高了数据中心的运营效率。其主要功能如下：

1. 计算资源管理

该部分包含弹性云主机、云主机组、弹性 IP、私有镜像、镜像服务、云主机回收站、密钥对、裸金属服务器、云主机规格、弹性伸缩服务等管理。

2. 存储资源管理

该部分包含云硬盘、对象存储、文件存储、云主机备份、云硬盘备份、云硬盘快照等管理。

3. 基础设施管理

该部分包含虚拟私有云、安全组、ACL、负载均衡、对等连接、VPN 连接、共享带宽、IPv6 带宽、云专线、云间高速、NAT 网关等管理。

4. 管理中心

（1）用户中心。用户中心主要是用户对账号和子账号的管理，以及查看余额和收支的明细。

（2）资源中心。资源中心包含多云纳管、资源池类型、资源类型、区域划分等功能模块，具有资源池接入信息管理、纳管的资源池信息展示、平台区域划分等功能。

（3）统一鉴权。对云计算数据中心子平台进行统一管理，支持对混合云平台菜单、组织、角色等权限相关功能进行统一权限设置和管理。

（4）订单中心。订单中心支持用户查询和管理多云环境下的订单信息，在用户创建计费资源时生成订单信息，用户可在订单管理查看订单记录并进行订单的销毁和支付操作。

（5）账单中心。账单中心支持用户管理个人的账务总览、账单及账单明细。

（6）行业云租户资源展示。该功能展示用户所有资源，包括云主机、云硬盘等。

5. 运营中心

包括个人中心、事件单管理、工单管理、服务管理、用户配额、流程管理等功能。

6. 运维监控中心

运维监控中心支持对虚拟控制中心、可用域、主机、虚拟机、存储池进行监控，能够对云平台下被监控对象的资源使用和业务运行情况进行准确反馈，包含告警管理、监控大屏、统计分析和图形展示、细粒度监控、监控管理和数据管理、日志管理等功能。

5.7 云服务

该云中心为行业用户提供丰富的云服务，满足行业用户不同场景的需求，主要有云计算服务、云存储服务、云网络服务、云安全服务、云监控服务等。

5.7.1 云计算服务

云中心为该省行业用户提供计算类服务，主要有弹性云主机、物理机服务、GPU 云主机、镜像服务、弹性伸缩服务等。

1. 弹性云主机

弹性云主机由 CPU、内存、镜像、块存储组成，是一种可随时获取、弹性可扩展的计算服务器，同时它结合虚拟私有云 VPC、安全组、数据多副本保存等能力，打造一个高效、可靠、安全的计算环境，确保服务持久稳定运行。

其主要功能有：

（1）提供多种类型的云主机，可满足不同的使用场景。提供通用型、计算增强型、内存优化型、GPU 等类型云主机。

（2）支持多种规格，从"1核1GB"到"32核128GB"，CPU 与内存的资源配比为 1∶1、1∶2、1∶4、1∶8。

（3）支持公共镜像和私有镜像，实现环境的一键快速部署。支持主流的 Windows、Linux 操作系统等公共镜像；支持用户私有镜像创建云主机。

（4）支持规格的变更。支持对云主机规格的升级和降级操作。

（5）支持多网卡。可为云主机配置 1 张主网卡以及最多 4 张从网卡，将不同的内网 IP 地址与不同网卡进行绑定。

（6）支持安全组的设置。支持安全组设置访问规则，同一安全组内云主机可以访问，不同安全组云主机不能互访，实现安全隔离。

（7）支持多维度的资源监控。免费开通云监控服务，监控资源使用情况，也可预设告警通知。

（8）支持虚机故障自动迁移和热迁移：

① 故障自动迁移：系统周期检测虚拟机状态，当物理服务器宕机、系统软件故障等引起虚拟机故障时，系统可以将虚拟机迁移到其他物理服务器重新启动，保证虚拟机能够快速恢复。

② 热迁移：管理员可根据需要进行虚拟机的迁移，可在不中断业务情况下进行硬件维护工作。

2. 物理机服务

物理机服务为用户提供独享的物理机服务。专用物理机具有卓越的计算、存储性能，满足核心应用对高性能及稳定性的需求。同时，可实现与弹性云主机混合组网，为用户提供灵活的业务部署方式。

其主要功能有：

（1）支持用户选择规格，支持多种规格型号。

（2）支持物理机生命周期管理，包括创建（即订购）、删除、查询、开机、关机、重启等操作。

（3）支持租户物理机网络和云主机网络进行内网互通。

（4）支持用户在线选择镜像（操作系统），可以为物理机安装操作系统，也可以通过私有镜像批量创建物理机，实现快速的业务部署。

（5）支持物理机本地磁盘。

（6）创建时，支持虚拟私有云选择、添加网卡，以及绑定弹性 IP 功能。

（7）创建完成后，支持绑定/解绑弹性 IP 的功能。

（8）支持通过 SSH 登录弹性 IP 地址，或者通过租户底下的云主机进行登录。

3. GPU 云主机

GPU 云主机是基于 GPU 的应用于视频解码、图形渲染、深度学习、科学计算等多种场景的计算服务。

其主要功能有：

（1）支持图形加速接口：DirectX 12、Direct2D、DirectX Video Acceleration（DXVA）、OpenG 4.5、Vulkan 1.0。

（2）支持 CUDA 和 OpenCL。

（3）支持 Quadro vDWS 特性，为专业级图形应用提供加速。

（4）支持图形加速应用。

（5）提供 GPU 硬件虚拟化（vGPU）。

（6）提供和弹性云服务器相同的申请流程。

（7）可以提供最大显存 16GB，分辨率为 4096×2160 的图形图像处理能力。

4. 镜像服务

镜像是弹性云主机实例可选择的运行环境模板，一般包括操作系统和预装软件。云镜像服务包括公共镜像、镜像市场、私有镜像及共享镜像。

镜像服务提供镜像的生命周期管理能力。用户可以灵活地使用公共镜像、私有镜像或共享镜像申请弹性云服务器和物理服务器。同时，用户还能通过已有的云服务器或使用外部镜像文件创建私有镜像，实现业务上云或云上迁移。

5. 弹性伸缩

弹性伸缩服务是根据用户的业务需求，通过策略自动调整其弹性计算资源的管理服务。用户通过管理控制台设定弹性伸缩组策略，弹性伸缩服务将根据预设规则自动调整伸缩组内的云主机数量，在业务需求上升时自动增加云主机实例，业务需求下降时自动减少云主机实例，降低人为反复调整资源以应对业务变化和高峰压力的工作量，帮助用户节约资源和人力成本。

5.7.2 云存储服务

云存储服务为该省行业用户提供存储类服务，主要有云硬盘、云硬盘备份、对象存储、弹性文件服务等。

1. 云硬盘

云硬盘是一种基于分布式架构的、可弹性扩展的数据块级存储系统。云硬盘具有更高的数据可靠性、更高的 I/O 吞吐能力和更加简单易用等特点，可为云主机提供系统盘和数据盘，满足文件系统、数据库或者其他应用等的存储要求。用户可以在线操作及管理块存储，并可以像使用传统服务器硬盘一样，对挂载到云主机的磁盘进行格式化、创建文件等操作。

云硬盘提供多样化持久性存储设备,用户可灵活选择硬盘种类,并自行在硬盘上进行存储文件、搭建数据库等操作。

其主要能力有:

(1)提供多样化硬盘选择:普通 IO、高 IO、通用型 SSD、超高 IO。

(2)提供弹性挂载与卸载:所有类型的弹性云硬盘均支持弹性挂载、卸载,可在云服务器上挂载多块云硬盘搭建大容量的文件系统。

(3)提供弹性扩容:可随时对云硬盘进行扩容,单盘最大支持 32TB。

(4)提供快照备份:既支持创建快照和快照回滚,及时备份关键数据,也支持使用快照创建硬盘,快速实现业务部署。

2. 云硬盘备份

云硬盘备份提供对云硬盘的备份保护服务,支持利用备份数据恢复弹性云主机数据,最大限度保障用户数据的安全性和正确性,确保业务安全。

云硬盘备份提供申请即用的备份服务,使数据更加安全可靠。例如,当云硬盘出现故障或者人为错误导致数据误删时,可以自助快速恢复数据。

云硬盘备份对于首次备份的云硬盘,系统默认执行全量备份。已经执行过备份并生成可用备份的云硬盘,系统默认执行增量备份。无论是全量还是增量备份都可以快速、方便地将云硬盘的数据恢复至备份所在时刻的状态。

备份数据存储在独立的存储系统,即使用户删除云主机或磁盘时,仍可选择保留备份数据,以备不时之需。

3. 对象存储

对象存储系统可以为用户提供海量、弹性、高可用、高性价比的存储服务。用户可以极低的成本获得一个超大的存储空间,可以随时根据需要调整对资源的占用,只需为真正使用的资源付费。对象存储提供了基于 Web 门户和基于 REST 接口两种访问方式,用户可以在任何地方通过互联网对数据进行管理和访问。REST 接口与亚马逊 S3 兼容,因此基于对象存储的业务可以非常轻松地与亚马逊 S3 对接,满足新兴行业业务对存储系统的新要求。

4. 弹性文件服务

弹性文件服务面向海量视频、照片、杂志、音乐、数据等提供存储服务,用户可以快捷地创建和管理文件系统,无须操心文件系统的部署、扩展和优化等运维事务。弹性文件服务还具备高可靠和高可用的特点,支持根据业务需要弹性扩容,且性能随容量增加而提升,可广泛应用于多种业务场景,例如媒体处理、文件共享、内容管理和视频监控。

5.7.3 云网络服务

云网络服务为该省行业用户提供网络类服务,主要有虚拟私有云(VPC)、弹性 IP、弹性负载均衡、NAT 网关、云专线、VPN 连接、云间高速、SD-WAN 等。

1. VPC

VPC 是用户在云上私有的安全隔离的网络环境,是用户在云上部署业务系统首先需要开通的云网络服务,默认情况下 VPC 之间是互相隔离的。

使用 VPC,用户可以在云上获得完全自己掌控的专有网络,例如选择 IP 地址范围、配置网络 ACL、配置安全组。VPC 的基本组成包括租户网关和虚拟交换机,租户网关是专有网络的枢纽,可以连接专有网络的各个虚拟交换机,同时也是连接专有网络与其他网络的网关设备;虚拟交换机代表专有网络的一个子网，在子网中可以存放各种云资源。还提供 IPv4、IPv6 双栈网络，提供满足用户 IPv6 改造需求的云上环境。

2. 弹性 IP

弹性 IP（EIP）提供互联网上合法的 IP 资源，将弹性 IP 和云主机、弹性负载均衡等服务绑定，可实现云资源的互联网访问，满足业务部署需求。

用户可以把弹性公网 IP 和虚拟机进行绑定，通过公网 Internet 就可以对自己的虚拟机进行访问。网络流量的访问通过弹性公网 IP 的映射转换成内网地址，再经过网络 ACL 和安全组的双层过滤就可以到达用户的虚拟机。

3. 弹性负载均衡

弹性负载均衡（ELB）是将访问流量根据转发策略分发到后端多台弹性云主机的流量分发控制服务。弹性负载均衡可以通过流量分发扩展应用系统对外的服务能力，实现更高水平的应用程序容错性能。

1）功　能

负载均衡建立在现有网络结构之上，提供了一种有效透明的方法扩展网络设备和服务器的带宽，增加吞吐量、加强网络处理能力、提高网络的灵活性和可用性。负载均衡就是分摊到多个操作单元上执行，从而共同完成工作任务。

2）实现方式

负载均衡本身通过网络功能虚拟化（NFV）实现，其 NFV 虚拟机的规格（如 CPU、内存的大小）与负载均衡新建、并发能力直接相关，若客户有较高性能要求，则通过提升 NFV 虚拟机规格来满足客户需求。负载均衡也会通过主备集群方式来保证本身高可用进而提升客户服务的高可用性。

3）系统能力

用户设置负载均衡监听器转发时，可选择轮询、最小连接数和源地址三种模式转发规则，转发更灵活。其将一定时间内来自同一用户的访问请求，转发到同一后端云主机处理，从而保证用户访问的连续性，可以会话保持；与弹性伸缩服务无缝集成，根据业务流量自动扩展负载分发和后端处理能力，保障业务灵活可用；提供四层 TCP 和 UDP、七层 http、https 等业务流量的均衡、调度、高可用、会话保持、头部重写等能力。

4. NAT 网关

NAT 网关能够为虚拟私有云内的云主机（弹性云主机、物理机）提供网络地址转换服务，使多个云主机可以共享弹性 IP 访问 Internet 或使云主机提供互联网服务。NAT 网关即开即用，VPC 内的弹性云主机可共享 NAT 网关访问 Internet，用户无须为弹性云主机访问 Internet 购买多余的弹性 IP 和带宽资源，多个弹性云主机可共享使用 NAT 网关绑定的弹性 IP，有效降低成本，对子网进行简单 NAT 网关配置即可使用。

NAT 网关分为 SNAT 和 DNAT 两个功能。

1）SNAT 功能

SNAT 功能通过绑定弹性 IP，实现私有 IP 向公有 IP 的转换，可实现 VPC 内跨可用区的多个云主机共享弹性 IP，安全、高效地访问互联网。

2）DNAT 功能

DNAT 功能绑定弹性 IP，可通过 IP 映射或端口映射两种方式，实现 VPC 内跨可用区的多个云主机共享弹性 IP，为互联网提供服务。

5. 云专线

云专线是基于中国电信网络基础资源及服务能力，为用户提供自有 IT 环境（私有云）与云资源池之间安全、可靠、统一管理的专线或专网服务。云专线支持 IP 虚拟专网和 IPRAN、MSTP、PON 等多种专线接入方式。

云专线还为用户提供多种链路接入公有云，通过云专线服务可实现自有 IT 环境（私有云）与云资源的高效、安全的连接和统一管理，提高用户访问云资源的安全性。

6. VPN 连接

虚拟专用网络（VPN）用于在远端用户和虚拟私有云（VPC）之间建立一条安全加密的公网通信隧道。当远端用户需要访问 VPC 的业务资源时，可以通过 VPN 连通 VPC。

其主要功能有：

（1）云端 VPC 到行业用户本地数据中心的连接。VPN 网关将行业用户本地数据中心、办公网络和云中心上的 VPC 通过安全加密通道快速连接，构建混合云。

（2）VPC 到 VPC 的连接。VPN 网关将行业用户其他云平台的 VPC 通过安全加密通道快速连接，实现云上资源共享。

7. 云间高速

云间高速（CT-EC）服务是指基于云资源池专网（DCI）网络和东西向高带宽能力，同一云内互联或与原有行业云资源池连接，提供高可靠的跨资源池云主机高速互联。

云间高速服务可实现资源池间高速、稳定、安全、灵活的私网通信，行业用户一点上云，云间互联，并支持提供点到点、点到多点和网状拓扑的 IP 互联。通过高速云骨干网提供高带宽和低时延的网络服务能力。

（1）同一云内互通。云内互通服务指在同一资源池内两个或多个 VPC 之间进行业务互通。

（2）云间互通。与原有行业云资源池之间跨资源池 VPC 互通，多个不同资源池的两个或多个 VPC 之间进行互通。

8. SD-WAN

SD-WAN 是云网融合服务，为行业用户构建一张与公众互联网相隔离的专有云网，并提供站点与云之间多点随选互联的服务能力，助力行业用户 IT 系统、网络实现云化升级。基于云原生的 SD-WAN 架构实现了对专线、应用的统一管理，具备云网一体的部署、监控、调度能力。

5.7.4 云安全服务

云安全服务为该省行业用户提供安全类服务，行业用户可以像使用云主机和云存储一样，自主订购和开通，主要有云服务安全卫士、云防火墙、云堡垒机、云审计、日志审计、漏洞扫描、态势感知等。

1. 云服务器安全卫士

服务器安全卫士是一款全方位保障主机安全的服务，通过在云主机上安装轻量级的代理进行安全监测和防护，主要功能包括资产清点、漏洞扫描、异常登录、暴力破解拦截、文件一致性检测、网页防篡改、合规基线检测、病毒查杀等。通过可视化管理平台，在线掌握服务器监测数据，全面了解服务器的安全状态，当发现服务器出现安全问题时，服务器安全卫士第一时间发出告警通知，将安全管理从传统的安全事件防护变成一项持续安全响应和处理过程，实现服务器安全的持续纵深保护。

2. 云防火墙

随着云计算、NFV、虚拟化技术的高速发展，越来越多的应用与用户业务运行在虚拟化环境和云平台上，但随之而来的安全防护问题却使传统的网络安全架构无法有效应对。

云防火墙安全服务是专门为虚拟化环境提供的虚拟化网络安全服务，内嵌网络防火墙专用操作系统，以虚拟机形态部署，适用于虚拟化云平台，为用户提供不同安全等级应用之间的安全隔离和安全防护。

服务支持精细化应用识别、入侵防御、病毒过滤、URL过滤等功能，具备快速部署能力，可为行业云租户提供安全防护。

3. 云堡垒机

云堡垒机是一款针对云主机、云数据库、网络设备等的运维权限、运维行为进行管理和审计的工具，主要解决云上IT运维过程中操作系统账号复用、数据泄露、运维权限混乱、运维过程不透明等难题，对整个运维过程从事前预防、事中控制和事后审计进行全程参与。

4. 云审计

云审计服务是专业的日志审计服务，提供对各种云资源操作记录的收集、存储和查询功能，可用于支撑安全分析、合规审计、资源跟踪和问题定位等常见应用场景。

5. 日志审计

日志审计通过实时不间断的采集设备、主机、操作系统以及应用系统产生的海量日志信息，进行集中化存储，支持水平弹性扩展和数据高可靠性存储、备份、全文检索、审计、告警，并出具丰富的报表，获悉整体安全运行态势，实现全生命周期的日志管理。

6. 漏洞扫描

漏洞扫描对云主机扫描及时发现安全漏洞，客观评估系统风险等级。漏洞扫描服务提供主机系统漏洞发现、开放端口扫描、弱口令检测及配置脆弱性检测，形成报告，由专家提供解读及指导，便于及时修复漏洞、提高系统安全防护能力。

7. 态势感知

态势感知为用户提供统一的威胁检测和风险处置平台，帮助用户检测云上资产遭受到的各种典型安全风险，还原攻击历史，感知攻击现状，预测攻击态势，为用户提供强大的事前、事中、事后安全管理能力，通过资产管理、脆弱性评估、威胁检测等手段完成用户网络的安全检查、风险评估、可视化呈现。

5.7.5 云监控服务

云监控服务面向云主机、云硬盘、弹性IP等产品提供监控服务，收集云资源的监控指标等数据，探测服务可用性以及针对指标设置警报。提供性能指标监控、自动告警、历史信息查询等功能。能够让该省行业云用户全面了解云上的资源使用情况、业务的健康状况，及时收到异常报警，保证应用程序顺畅运行。

其功能特点如下：

（1）云主机监控。为行业用户的云主机提供监控功能。

（2）云服务监控。提供涵盖弹性计算、网络、数据库、存储、安全等云服务的指标及事件的监控报警。

（3）网络监控。提供网络可用性监控。

（4）可用性监控。针对VPC网络，在目标网络环境中，探测云主机自身或相关服务的可用性。

（5）日志监控。提供对日志数据实时分析、监控图表可视化展示和报警服务。

（6）实时监控。秒级采集涵盖所有指标数据和进程级细粒度的指标变化感知能力，及时有效的监控体验，通知随时触发随时响应。

（7）灵活告警。支持自定义告警规则和告警通知，告警规则支持多个云资源同时添加，支持启用、停止、删除等灵活操作。

（8）数据可视化。自定义监控面板能力，可将多个资源集中展示；实现多实例、多指标对比，满足各种场景监控数据的可视化需求。

（9）全局统一管理。不同服务类型资源加入同一个监控告警组适用同一个告警规则，多服务、多实例通过云监控进行统一运营运维。

5.8　核心部分安装与部署

该云中心核心部分主要有网络系统、云虚拟化软件、云计算资源池、云存储池、安全系统。

5.8.1　网络系统安装

网络系统安装根据网络边界划分为云内网络安装调试、云间网络安装调试和云外网络安装调试。

1. 云内网络安装调试

云内网络安装调试分为核心交换机、接入交换机安装调试两大部分，云内网络为大二层网络，安装调试除了设备上电及基础配置，还涉及VLAN配置。

1）设备上电

（1）上电前检查。硬件安装工作完成以后，要对安装工作进行检查，主要包括设备安装检查和配线安装检查。上电前检查是对整个硬件安装工作的回顾，主要检查设备的外观情况，涉及机柜、配线、插头、插座、标签及现场环境。

（2）设备上电。将电源模块的所有的开关拨到"ON"位置。

（3）上电后检查。设备上电后，需要进行如下检查：

① 设备通电以后，可以听到风扇旋转的声音，通风孔处有空气排出。

② 电源模块的指示灯是否正常显示。正常情况下，绿色指示灯PWR IN和PWR OUT常亮，红色指示灯ALM常灭。

③ 风扇模块的指示灯是否正常显示。正常情况下，绿色指示灯RUN闪烁（1Hz），红色指示灯ALM常灭。

④ 检查单板指示灯，正常情况下，RUN指示灯闪烁，告警指示灯常灭。

2）基础配置

（1）通过Console口登录设备。在通过Console口搭建本地配置环境时，用户可以在PC上通过Windows系统中的"超级终端"与设备建立连接。

（2）检查设备：

① 通过检查设备确保设备当前的状态满足开局需求。

② 检查软件版本：检查当前运行的软件版本和硬件信息是否符合现场开局的要求。

③ 检查设备健康状态：检查当前设备的基本状态是否符合现场开局的要求。主要检查CPU、内存占用率来确认设备是否正常。

④ 检查 License：检查 License 文件是否已经正确加载。

⑤ 检查单板状态：检查是否所有单板在位并正常运行。

⑥ 检查风扇状态：检查风扇是否正常运行。

⑦ 检查电源状态。

（3）配置设备名称。按照网络规划配置设备名称，有助于标识设备，方便维护。

（4）配置系统时间。设置 UTC 标准时间。设置所在时区（相对于 UTC 标准时间的偏移量）。

（5）配置管理用户远程登录。通过配置远程登录，可以实现用户在中心机房远程登录设备，部署业务。管理用户也可采取 Telnet、SSH 方式登录，用户名的密码的配置符合安全要求，并为不同的用户配置不同的权限级别。

（6）堆叠配置。两台交换机分别进行堆叠配置，主要设置好优先级及堆叠端口。

（7）网络层调测。根据网络规划选择通过带外方式连接网管。

① 配置接口。主要包括网络设备与其他设备对接时链路层的相关调测内容，主要涉及端口光功率的调试和测试。除了管理交换机外，其他交换机均为双机堆叠部署，且均为双链路捆绑，因此需要进行接口捆绑配置。

② 配置静态路由。由于管理网口不能参与动态路由计算，配置静态路由的方法打通被调测设备与网管服务器之间的三层通道。

③ 配置 OSPF。根据网络规划选择配置 OSPF 路由协议。在配置 OSPF 时，OSPF 划分区域、route ID（路由器标识符）、认证方式、认证密钥等按参照规划参数进行配置，并做好相应的记录。

（8）配置设备与网管对接。通过配置 SNMPv2c 和 SNMPv3 协议与网管对接。网络配置的协议版本需要与网管软件配置的协议版本相同。

（9）配置访问控制列表。配置 Trap（SNMP 的一部分，用于处理监控事件）功能，并设置 Trap 服务器地址为网管软件服务器 IP 地址。

（10）保存配置。在用户视图下，使用命令 save 保存配置文件。

3）VLAN 配置

在核心交换机与接入交换机之间的接口配置 VLAN 号，将接口划入相应的 VLAN。

2. 云间网络安装调试

云间网络涉及该云中心云资源池与现有云池之间的网络互连，包括核心业务区和非核心业务区。云间网络通过出口交换机与对端设备直连，4 台设备之间包括 2 条线路，以"口字型"连线，2 台交换机运行。在接口上设置好接口 IP 地址后，将对端网络路由指向对端接口 IP 并分别设置好路由优先级即可。

3. 云外网络安装调试

云外网络安装调试为互联网出口的调测，互联网线路接入出口万兆交换机，交换机接口设置为 Access 模式，划入规划好的 VLAN ID，出口交换机与下一代防火墙连接的端口做同样的配置。

防火墙上设置互联网接口的接口 IP，将默认路由指向对端接口 IP 即可完成云外网络安装调试。

5.8.2　资源池管理区部署

该云中心采用 KVM 虚拟化软件，资源管理区作为云池底层虚拟管理区，资源池采用物理服务器作为宿主机部署 KVM，主要部署步骤如下：

（1）部署 KVM 虚拟化平台。安装 KVM 虚拟化平台，开启 KVM 服务。

（2）配置资源 YUM（linux 的软件包管理器）软件包安装源：

① 使用 KVM 创建 YUM 源虚拟机服务器，配置网络并可临时访问互联网。

② 配置本地的 YUM 源，创建一个 5T 的盘挂载到 data 目录下，并从总源进行软件包的同步。
③ 安装 Nginx（HTTP 和反向代理 Web 服务器），开启 http 服务，为云池提供 YUM 安装源。
（3）网络时间协议（NTP）服务配置：
① 使用 KVM 创建两台主备 NTP 虚拟机，配置网络。
② 在主备虚拟机配置 NTP 服务器，同时主 NTP 服务器同步天翼公有云时钟源，备 NTP 服务器同步主 NTP 服务器，共同为云池提供 NTP 服务。
（4）批量创建部署虚拟机和控制虚拟机：
① 使用 KVM 创建网络安装环境虚拟机，在此虚拟机配置对所有服务器免密 SSH 连接。
② 在网络安装环境虚拟机使用自动化部署工具批量创建 KVM 虚拟机，并分配到 OS 部署虚拟机、Ceph 部署虚拟机、OSS 部署虚拟机、SFS 控制虚拟机、内网 DNS 域名服务器等资源池管理虚拟机。
③ 配置 OS 部署虚拟机、Ceph 部署虚拟机、OSS 部署虚拟机、SFS 控制虚拟机对各自节点的服务承载宿主机可免密 SSH 登录，以备后续 Ceph、OpenStack、文件存储、对象存储服务部署使用。
（5）修改主机名。使用自动化部署工具对资源池所有的宿主机、开通的 KVM 管理虚拟机按云中心行业云主机命名规范命名。

5.8.3　OpenStack 组件安装

该云中心行业云采用的云平台基于 OpenStack 开发，要进行 OpenStack 安装调试，其部署安装主要步骤如下：
（1）将 OpenStack 部署安装包上传至管理区的 OS 部署虚拟机。
（2）根据 IP 地址规划配置 hosts 文件，为 OpenStack 的组件划分 IP 地址。
（3）利用自动化部署工具对 host 文件中的 IP 地址进行网络联通测试，根据部署规划编辑 config.yml 文件定义 OS 相关网络配置、NTP、YUM、OpenStack 组件版本等。
（4）利用自动化部署工具根据 hosts 文件将 OpenStack 组件部署至指定的 IP 地址中，该云中心资源池主要的 OpenStack 组件部署配置文件 openstack_install.yml 如下：

```
openstack_install.yml
---
-import_playbook:system_init.yml                        # 系统优化
-import_playbook:dns.yml                                #dns 部署
-import_playbook:memcached_install.yml                  #memcached 部署
-import_playbook:rabbitmq.yml                           #rabbitmq-server 部署
-import_playbook:haproxy_keepalived_install.yml         #haproxy+keepalived 部署
-import_playbook:mariadb_install.yml                    # 数据库部署
-import_playbook:mysql_backup.yml                       # 数据库备份
-import_playbook:keystone.yml                           #keystone 部署
-import_playbook:glance_install.yml                     #glance 部署
-import_playbook:cinder_controller_install.yml          #cinder api 部署
-import_playbook:neutron_controller_install.yml         #neutron server 部署
-import_playbook:nova_controller.yml                    #nova api 部署
-import_playbook:nova_novncproxy.yml                    #nova vnc 部署
-import_playbook:neutron_network.yml                    #os network 部署
-import_playbook:sdk_proxy.yml                          #sdk 部署
-import_playbook:license_server.yml                     #GPU 主机部署
```

（5）运行完成后依次检查 openstack_install.yml 里面安装部署的 OpenStack 组件服务是否都为开启状态，如果均正常，则 OpenStack 组件部署完成。

5.8.4 云存储池安装

分布式块存储是该云中心存储资源池的基础组件，其配置由监控配置节点和存储节点两部分组成。其中监控配置节点由三台虚拟机组成，作为存储集群的配置机，在网络安装环境虚拟机上，先生成 Ceph 的密钥对，然后将密钥发到各个需要免密的节点；存储节点为存储服务器，配置 Ceph 存储集群。

1. 块存储部署步骤

（1）登录 Ceph 部署机上传行业云 Ceph 部署包。
（2）将部署包内的 Ceph 配置表 ceph.conf 推送至所有部署 Ceph 节点。
（3）将认证文件（存在部署包中）推送至所有 Ceph 节点。
（4）Ceph 部署机中安装依赖及工具包。
（5）优化各主机操作系统环境，环境参数为部署目录、NTP 服务器地址或主机名称、远程主机端口号。
（6）创建 MON 集群（一种 Ceph 集群），参数为部署目录、存储外网网段、存储内网网段。
（7）创建 OSD 集群（一种 Ceph 集群），参数为部署目录、起始 OSD 数值、随意一个 MON 节点主机名，然后创建资源池并开启自动均衡功能。

2. 文件存储部署步骤

（1）将自动部署包上传资源池的 deploy 节点。
（2）填写配置文件并上传到部署节点。
（3）生成全局配置文件 cstor_sfs_init.yml。
（4）利用自动部署工具检查文件存储服务器各个节点网络是否互通。
（5）安装环境预处理。
（6）使用全局配置文件镜像配置运行部署命令。
（7）检查服务状态正常，完成部署。

3. 对象存储部署

对象存储底层为 Ceph 块存储，按照上文提到的块存储部署方法完成对象存储底层部署即可，追加对象存储网关部署即可完成对象存储上线。

对象网关部署步骤及命令如下：

（1）进入部署节点的部署目录，编辑文件 rgwhostlist。

```
#rgwhostname    whether-deploy-cn2-instance
gz12-10e87e236e22-zos-gw    yes
gz12-10e87e236e23-zos-gw    yes
```

注：网关数量少于 4 个用该部署方式，如果是 3 个网关则编辑 rgwhostlist 内容：

```
#rgwhostname    whether-deploy-cn2-instance
gz12-10e87e236e22-zos-gw    yes
gz12-10e87e236e23-zos-gw    yes
gz12-10e87e236e23-zos-gw    no
```

（2）执行 mv ceph.conf ceph.confbak。

（3）编辑脚本设置参数，脚本上传到部署目录运行 deploy_zos_rgw.sh 并设置 zos_zone 及 rgw_override_bucket_index_max_shards 参数。

（4）执行脚本 ./deploy_zos_rgw.sh<mon_hostname><ec/replicated>[mon_hostname，eg:test-env-nm05-ceph-15e5e34e16]。

（5）执行脚本部署 keepalived、nginx、lvs 即可完成对象存储部署。

5.8.5　CNP 部署

CNP 为云上虚拟私有云、弹性公网 IP、弹性负载均衡、NAT 网关等云网络服务提供底层能力，采用 SDN 架构，其安装部署方法已集成到 CNP 部署包，可通过运行部署包实现智能化部署。

1. CNP 节点角色

（1）SDN 控制节点是 CNP 的核心之一，使用三台虚拟机部署，部署在三台不同的管理区服务器上。

（2）物理租户网关是物理网元节点，部署物理 VPP 网关。

（3）存储网元是物理网元节点，部署对象存储网元和文件存储网元。

（4）VXLAN 网元是物理网元节点，物理机使用。

2. 部署步骤

（1）拷贝 CNP 部署包至 CNP 部署虚拟机。

（2）解压缩部署包，配置 hosts 主机组及环境变量配置文件，以备 ansible（一种开源的自动化运维工具）使用。

（3）使用 ansible 及上一环节的环境变量配置文件运行 CNP 部署包内的部署脚本，实现 SDN 控制节点、物理租户网关、存储网元、VXLAN 网元智能化批量部署。

（4）配置 QoS 防止云内网络阻塞和延迟。

（5）使用后台命令查看各节点运行状态是否为正常状态。

5.8.6　云管理系统部署

云管理系统承接云池各项云服务的开通、计费，与云平台直接进行交互调用宿主机能力为客户按需提供服务，云管理系统能够一键利用脚本快速完成部署。

1. 云管理系统组件

DB：数据库组件，主备部署，提供云管需要的数据库支持。

MQ：消息队列组件，主备部署，提供云管消息处理支持。

Service：服务组件，主备部署。

NG：云管理系统对外服务组件，提供用户门户。

2. 云管理系统承载服务器

云管理系统承载服务器均采用虚拟机部署，包括数据库 3 台、消息队列 2 台、Service 2 台、NG 2 台。

3. 部署步骤

（1）拷贝部署包到云管理系统主机。

（2）进入云管理系统主机解压缩部署包。

（3）修改配置文件，填写具体的 hosts 等参数信息。

（4）执行配置刷新命令刷新配置。
（5）利用自动部署工具安装。
（6）完成安装部署后，利用浏览器打开云管理系统登录地址即可验证服务。

5.8.7 安全系统安装

安全系统安装主要分为出口安全配置、平台侧安全资源池配置、租户侧安全资源池配置。

1. 出口安全配置

出口安全涉及抗 DDoS、网络审计、态势感知系统，其中抗 DDoS 采用软件形式配置，网络审计、态势感知采用传统硬件配置。

（1）抗 DDoS 配置：检测设备和出口交换机相连，业务口共 8 个 10G 口作 bond，接线分成两组，一组 4 个口接在两个出口交换机上，管理口接在出口交换机上；清洗设备和出口交换机相连，业务口共 8 个 10G 口作 bond，接线分成两组，一组 4 个口接在两个出口交换机上，管理口接在出口交换机上；检测流量通过流量镜像方式获取，出口交换机上使用流量镜像方式将流量复制到抗 D 服务器（检测设备）bond 口上；选择策略路由方式进行流量回注，交换机配置策略路由将回注流量引导到防火墙，将清洗设备直接回复的 rst 策略路由回客户侧。

（2）网络审计配置：采用旁挂方式与核心交换机直连，通过核心交换机流量镜像的方式获取出口流量数据。

（3）态势感知配置：在核心交换机旁挂流量探针，探针后直连态势感知系统设备，根据规划好的 IP 地址配置好网络联通后即进行探针与平台的联动对接。另外，态势感知设备还与管理交换机连接实现通过管理网络访问态势感知系统。

2. 平台侧安全资源池配置

1）平台侧安全专区配置前置条件

（1）已搭建虚拟化资源池并完成测试通过。
（2）已按照核心业务区和非核心业务区安全系统虚机规格提供云主机资源。

2）安全管理平台配置

安全管理中心以虚机的方式独立配置在管理网络中，为安全管理中心后台分配一个弹性 IP 作为对外接口提供服务，后台将以 B/S 架构方式提供 Web 界面给租户运维人员，通过统一安全专区管理入口管理安全组件。

核心业务区和非核心业务区每套安全管理中心均需要 1 个弹性 IP、1 个负载均衡。

3）安全组件配置

安全组件以镜像方式开通虚拟机配置，与云平台对接，调用开通云主机并与客户业务网络打通实现接入。安全组件整合了安全管理中心、云日志审计、云数据库审计、云堡垒机、终端安全 EDR 等组件，用户采购开通后，需要进行下面的后续配置才能正常使用。

3. 租户侧安全资源池配置

1）租户侧安全资源池配置前置条件

（1）已搭建虚拟化资源池并完成测试通过。
（2）私有云整个系统完成联调测试通过。
（3）租户系统按照安全组件虚机规格需求开通云主机资源，并划分安全独立子网。

2）安全管理平台配置

安全管理中心平台对接统一云管理平台以及各安全组件，实现云平台安全能力资源的按需调度，全网安全数据的集中管理分析功能，为云平台安全运营提供有力的支撑。

安全管理平台通过接口收集租户侧的数据，通过与云管平台的联动对租户侧的组件的运行数据和状态进行统一监测。

安全管理平台采用多租户的架构，提供平台运维界面及租户管理界面。

安全管理中心服务北向接口与云管理平台的对接，南向接口与客户侧设备安全管理组件对接。

安全管理平台对接云管平台，行业云租户可单点登录云管平台办理安全产品订单开通、管理安全组件。安全管理平台可通过云管平台 API 调度云平台资源进行安全虚机开通及安全能力交付，可管理云租户的虚机资产信息，与安全数据进行比对分析，实时监控安全状况。

3）安全资源池组件配置

租户安全利用业务资源配置安全专区实现防护。订购安全服务的租户，安全专区组件配置在租户 VPC 内，通过 NFV 方式提供安全能力。

安全专区产品组件包括下一代防火墙、终端安全 EDR、日志审计、数据库审计、堡垒机、安全管理组件。以安全虚机的形式开通在租户 VPC 内，对租户 VPC 内部主机资产进行防护审计，满足安全防护、等保合规的需求。

（1）租户 VPC 内按功能划分为业务子网、安全组网，其中安全专区组件配置在安全子网内部。

（2）同 VPC 内，各安全组件应与防护系统网络可达、业务端口可访问，即可正常使用。

（3）下一代防火墙分配多个网卡，每个网卡覆盖一个子网，作为各子网业务系统默认网关，以网关模式进行网络防护。

安全专区服务通过安全管理平台受理并自动开通交付，所有租户安全组件通过安全管理平台统一管理。

为保证云平台随时为租户调用开通安全组件，在配置前以镜像方式提供给云平台上传镜像库保存。

5.9 建设成效

通过该云中心及相关工程的建设，实现了以下成效：

1. 完成该省新基建重大工程项目建设

该云中心园区作为该省信息网新基建大会战的重大工程项目之一，是该省现代化基础设施体系的重要组成部分，项目的建成标志着该省信息网基建三年大会战取得了阶段性成效，进入下一个建设发展里程碑。

2. 减少重复投资，为部门数据交换架起"桥梁"

在服务器等硬件设备方面不用每年再新增添，不需要担心硬件的托管，网络带宽也有了保证，最重要的还是该省行业部门之间实现了数据共享，曾经想和某个部门沟通某项具体数据，需要主动上门拜访，而行业云为部门数据交换架起了"桥梁"，全省"一盘棋"，部门之间关系变得更加紧密，更加便于沟通。

3. 优化运营支撑体系，构筑行业数智化转型发展"新基座"

通过该云中心建设，扩容了该省行业云资源，强化了行业云支撑体系，很大程度上解决了该省级行业云资源与行业信息系统上云需求不匹配的困局。同时创新了该省行业云运营体系，上线不到半年，已为49个行业单位90个业务信息系统上云提供支撑，成为该省数字化基础设施的一部分，为该省数智化行业转型建设构建了"新基座"。

4. 进一步优化该省云计算资源体系

该云中心预计基础建设总投资30亿元，带动设备投资超过20亿元，规划建设15 000个高密度机架，支持算力规模可达到2.06EFLOPS，形成海量规模数据存储和大规模数据"云端"分析处理能力，云网协同、算网融合发展的算力高效调度和服务体系基本建立，优化了该省"省－市－县"三级的云计算资源体系，加快实现该省全方位通信设施"一张网"、数据汇集"一片云"。

5. 促进该省产业发展，助力数字经济高质量发展

云中心投入使用后，能带动互联网、物联网等企业入驻，加速形成高科技信息产业集群，对该省产业布局调整、产业结构升级，加速产业融合发展起到强劲的促进作用，促进省大数据、云计算、人工智能和信息产业的发展，为该省数字经济高质量发展培育新的增长引擎，为可持续发展起到重要的推动作用，助力构建陆海数字新通道。

网随云动泛世间，天经神络如入仙。
信道超群连广宇，百年新途开新篇。

　　网篇由三部分组成，第一部分是"释义"，从一条"线"展开介绍网络的基本概念、特征、初步应用场景；第二部分是"阐例"，从一个"面"简要介绍网络在数智科技工程建设的多个案例，反映网络在数智科技工程应用的广泛性；第三部分是"说案"，从一个"体"深入介绍一个比较完整、典型的中型网络在数智科技工程建设案例，立体地以实施方案式的撰写法，较翔实介绍该网络的建设背景、建设目标、总体结构、分部结构、功能特点、核心部分安装与调试、系统测试、建设成效等。

第 6 章 通信网络技术基础

数智化的神经系统，数智化的高速公路

今天，我国已建成了全球规模最大、技术领先的通信网络基础设施，光纤网络接入带宽实现从十兆到百兆、再到千兆的指数级增长。移动网络实现从 3G 突破、4G 同步、5G 引领的跨越。

网络是数智科技工程极其重要的基础设施。作为业务承载的高速公路、数据运行的神经系统，网络通信平台必须能提供可靠稳定、先进高效的多种电信级服务，支持应用系统数据通信要求，满足用户各项业务需求，并能适应未来技术的发展。本章将从数据通信和计算机网络体系入手，围绕新一代宽带移动通信技术，全面地阐述有线通信、无线通信、5G 的要点与基本应用。

6.1 数据通信基础

随着计算机数据通信技术的普及，数据通信网将分布在不同区域、不同位置的数据终端设备连接起来，实现数据传输、交换、存储和处理，互联网已经全面融入社会生产和生活的各个方面。无所不在的数据通信网络，深刻地改变着经济、社会和安全格局，同时也是数智工程建设的技术基础，因此，必须学网、懂网，才能用网。

6.1.1 通信发展简史

人类进行通信的历史已很悠久，千百年来，人们一直在用语言、图符、钟鼓、烟火、竹简、纸书等传递信息。例如"信鸽传书""击鼓传声""风筝传讯""天灯""旗语"，以及依托于文字的"信件"都属于古代的通信方式。

到了近代，随着电报、电话的发明，电磁波的发现，人类通信领域产生了根本性的巨大变革。人类的信息传递脱离了常规的视听觉方式，利用电信号作为新的载体，同时带来了一系列的技术革新，开始了人类通信的新时代。利用电和磁技术，来实现通信的目的，是近代通信起始的标志。下面简单介绍一下近代、现代和当代的通信技术发展历程。

1. 近代发展历程

1837 年，塞缪乐·莫尔斯（Samuel Morse）成功地研制出世界上第一台电磁式（有线）电报机，实现了长途电报通信；1876 年，亚历山大·贝尔发明了世界上第一台电话机，不久后，在相距 300km 的波士顿和纽约之间进行了首次长途电话实验，并获得了成功。电报和电话开启了近代通信历史。

2. 现代通信发展历程

电磁波的发现产生了巨大的影响，推进了无线电技术和电子技术的发展。1901 年，意大利工程师马可尼发明了无线电发报机，成功发射穿越大西洋的长波无线电信号；1904 年英国电气工程师弗莱明发明了二极管；1906 年，美国物理学家费森登成功地研究出无线电广播。

1920 年，美国康拉德在匹兹堡建立了第一家商业无线电广播电台；1930 年，传真和超短波通信技术问世；1935 年，模拟黑白电视问世；1936 年，调频无线电广播开播；1938 年，电视广播开播。至此，通信从书面到语音，再到实时画面，实现了巨大的跨越。

3. 当代通信发展历程

20世纪60年代初，第一台数字电子计算机问世，冯·诺依曼提出二进制和计算机整体结构组成，推动了计算机的发展。计算机的出现进一步催生了现代网络发展。数据通信是在模拟网络环境下进行的，利用专线或用户电报进行异步低速率数据通信。20世纪70年代初，由于计算机网络技术和分布处理技术的进步及用户业务需求量的增加，采用分组交换技术的数据通信应用渐趋普及，因其具备传输速率高、传输质量好、接续速度快及可靠性高等优点，成为当时远程计算机通信广泛采用的网络技术。

随着光纤技术的出现与普及，一种利用数字通道提供半永久性连接电路的数字数据网络（DDN）在20世纪70年代出现了，它具有安全性强、使用方便、可靠性高等优点，适用于相对固定而且信息交互量很大的数据通信服务场合。

进入20世纪80年代，微型计算机、智能终端的广泛采用，使局部范围内（办公大楼或校园等）计算机和终端的资源共享及相互通信成为一种常用的信息交互模式，由此促进了局域网（LAN）及其相应技术的迅速发展。同时综合业务数字网（ISDN）也逐渐从试验走向商用，它将数据、语音、图像、传真等综合业务集中在同一网络中实现，解决了多种异质网络互联的问题，为普通百姓接入互联网络提供了一种高效而廉价的选择。

20世纪90年代以来，全球范围内LAN数量猛增，局域网在广域网环境中互联扩展，在高质量光纤传输及终端智能化的条件下使网络技术不断简化，出现了帧中继（FR）这一快速分组交换技术。它具有速率高、吞吐能力强、时延短、适应突发性业务等优点，得到世界范围广泛重视，并衍生出异步转移模式（ATM）的过渡方案。Internet进入崭新发展时期也是当时数据通信网络发展的特征，Internet逐渐成为世界范围内的信息共享网络，它采用开放性TCP/IP通信协议，将网络各异、规模不一、不同地理区域的计算网络互联成为一个整体，并逐渐成为规模最大的国际性网络互联体系。

随着计算机技术与通信产业的日益紧密结合，数据通信已成为实现信息传递和信息资源共享的重要手段和工具，数据通信网络已成为现代化信息社会的骨干通道。

6.1.2 数据通信系统

1. 数据通信模型

数据通信系统由源系统（发送端）、传输系统（数据通信网络）和目的系统（接收端）三部分组成，这是数据通信模型的基本结构，数据通信系统的模型如图6.1所示。

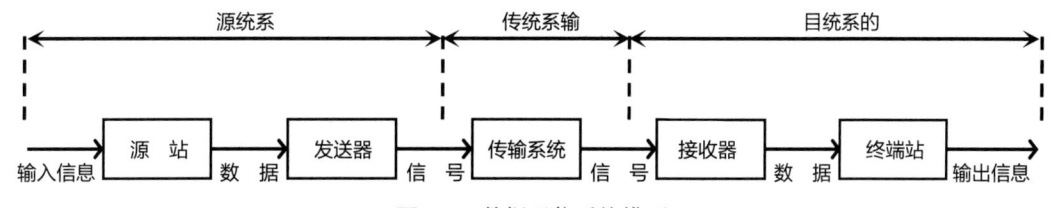

输入信息 → 源站 → 数据 → 发送器 → 信号 → 传输系统 → 信号 → 接收器 → 数据 → 终端站 → 输出信息

源系系 ｜ 传统系输 ｜ 目统系的

图 6.1 数据通信系统模型

（1）源系统。源系统包括源站和发送器：

① 源站：产生数据信号的源站设备。

② 发送器：把源站生成的数据信号，经发送器编码后生成可在传输系统中传输的数据流。

（2）目的系统。目的系统一般包括接收器和目的站：

① 接收器：接收传输系统送来的数据流，并将其转换为能够被目的设备处理的信息。例如，把传输系统送来的编码数据流进行解码处理后送到目的站。

② 终端站（目的站）：把接收器收到的信号放大和数据处理后输送给多媒体终端设备。
（3）传输系统。传输系统可以传输模拟信号、数字信号和进行模拟/数字转换。

2．数据通信的基本概念

（1）模拟信号：是一种振幅连续变化的电压或电流信号，自然界中的语音和视频信号都是模拟信号。

（2）数字信号：由模拟信号转换来的一种不连续变化的脉冲波形信号，一般用"0"表示无脉冲，"1"表示有脉冲。

（3）数据（Data）：数据就是携带文档、图像、声音等信息在传输介质中传输的信息实体，有模拟数据和数字数据两类。为让数据信号能适合不同类型的传输网络和便于信道复用，需要对模拟数据和数字数据进行相互转换和处理。一般来说，模拟数据或数字数据都可以相互转换为模拟信号或数字信号，这四种常见的数据转换方式如图6.2所示。

① 模拟数据→模拟信号：用于早期的电话传输系统。

② 模拟数据→数字信号：用于数字传输网络和数字交换设备。

③ 数字数据→模拟信号：用于远距离数据信号传输。

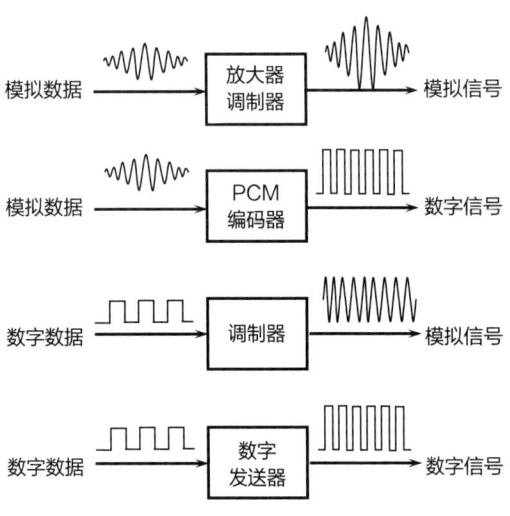

图 6.2 四种常见的数据转换方式

④ 数字数据→数字信号：用于更多信道复用的传输系统和提高数字数据的传输速率。

（4）模拟/数字（A/D）转换：把模拟信号转换为数字信号需经由取样、量化、编码三个过程，A/D转换如图6.3所示。

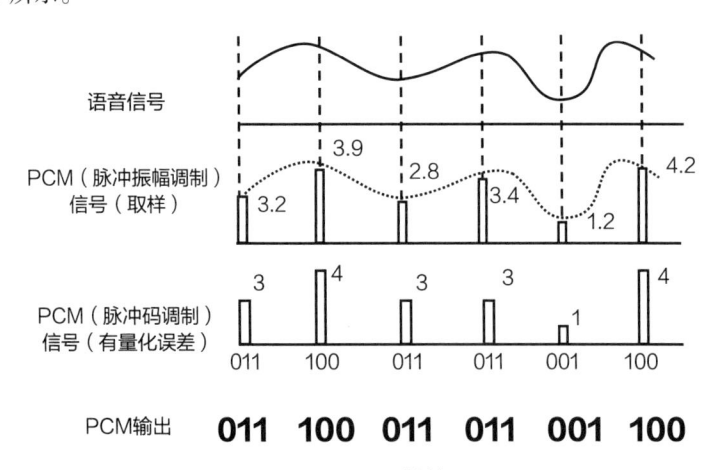

图 6.3 A/D 转换

① 取样。PAM脉冲幅值取样时，取样点的脉冲幅值应与原输入信号的幅值相同，取样脉冲的宽度应为无穷小，取样脉冲的取样频率f应高于模拟输入信号最高频率的2倍。音频信号的频率范围为20Hz～20kHz，因此取样频率通常为44.1kHz，也有的用48kHz或96kHz的采样频率。

② 量化。量化是用取样脉冲有限幅度的振幅值近似取代连续变化的模拟信号的振幅值。量化好比用一把"有刻度的尺子"（取样脉冲的有限振幅值）按四舍五入方法去读出对应时刻模拟信号

振幅值的大小。取样脉冲的有限振幅值（量化级）通常分为 8bit 级、16bit 级，或者更多 bit 的量化级，这取决于系统的精确度要求。bit 数越多，即"刻度"越精细，量化误差越小、失真越小，但是要求传输线路的带宽也更宽。数字音频的 A/D 转换器通常采用 16bit 或 24bit 的量化精确度。

③ 编码。为适合数字网络传输，还需把各个时刻的取样的量化值变换成为可以传输的二进制码流，这个过程称为编码。其中最常用的是脉冲编码调制（PCM），数字编码信号称为基带信号。

3. 数据传输

数据传输是数据通信的基础，在数据通信系统中，通信信道为数据的传输提供了各种不同的通路。对应于不同类型的信道，数据传输采用不同的方式。

1）数据通信方式

（1）并行传输。并行传输是在两个设备之间同时传输多个数据位，常用的是将一个字节的 8bit 二进制数位各占用 1 个信道同时传输。并行传输如图 6.4 所示。

并行数据传输的特点是传输速度快，同时占用信道多，通常用于近距离传输，如计算机与打印机或扫描仪之间的数据传输。

（2）串行传输。串行数据传输时，数据是一位一位依次在设备之间传输的。特点是只需占用一个传输信道，传输速度慢，适合远距离传输。串行传输如图 6.5 所示。

图 6.4 并行传输示意图

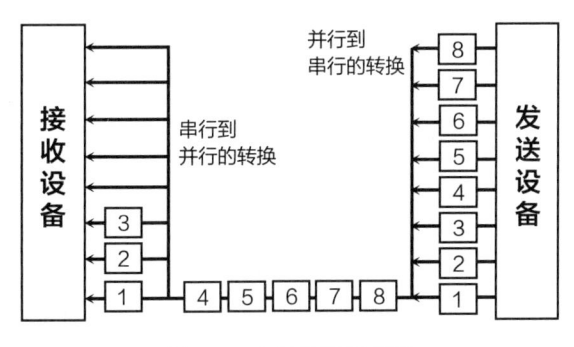

图 6.5 串行传输示意图

（3）串行通信的方向性结构。串行通信有单工通信、半双工通信和全双工通信三种：

① 单工通信：又称单向通信，即只允许一个方向传送而不能反向传送。常用于有线广播（一点对多点）、公共广播系统（PA）和闭路电视系统等。

② 半双工通信：又称双向交替通信，即通信双方既可以发送也可以接收信息，但双方不能同时发送也不能同时接收。这种通信方式是一方发送另一方接收，通过人工收发切换来实现。

③ 全双工通信：又称双向同时通信，即通信双方同时可以发送和接收信息。

单工通信和半双工通信只需要一条信道，全双工通信则需要两条通道。显然，全双工通信的传输效率最高。

2）数字信号的传输方式

（1）基带传输：信道中直接传输基带信号（PCM 数据信号）称为基带传输。特点是传输速度快，误码率低，但需占用信道全部带宽，适合短距离传输，如局域网通信。

（2）频带传输：频带传输又称调制传输，把基带信号调制在数十兆赫的高频信号上，变换成占有一定带宽的模拟数据信号后再进行传输。特点是可以实施远距离传输、无线传输和信道复用，在发送端需要用调制器（Modem）将基带信号转换为模拟数据信号，在接收端需要用解调器解调出基带信号，频带传输如图 6.6 所示。

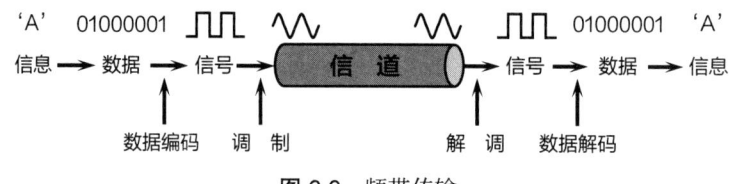

图 6.6　频带传输

4. 数据通信的主要技术指标

（1）带宽（band width）：传输信号的最高频率与最低频率之差称为信息带宽，单位为 Hz、kHz、MHz。通常用带宽表示信道传输信息的能力。模拟信道的带宽越宽则信息的信噪比（S/N）越大，信道的极限传输速率也可越高。这就是为什么人们总是努力提高通信信道带宽的原因。

（2）数据传输速率（data transfer rate）：数据传输速率是通信系统的主要技术指标，包括数据信号速率和调制速率。

① 数据信号速率指每秒能传输的二进制信息位数，单位是位/秒，即 bit/s，因此又称为比特率。常用单位为千比特每秒（kbit/s）、兆比特每秒（Mbit/s）、吉比特每秒（Gbit/s）和太比特每秒（Tbit/s）。

② 调制速率指信号经调制后的传输速率，即每秒钟通过信道传输的码元个数，单位是 Baud，因此又称为波特率。

（3）信道容量：是指在一定信噪比条件下，信道无差错传输的最大数据传输速率，代表信道的最大信息传输能力，即信道的极限带宽，单位也用 bit/s。信道容量与数据传输速率的区别在于，前者是表示信道传输数据能力的极限，而后者则表示信道中实际传输的数据速率。就像公路上的限速值与汽车实际速度之间的关系一样，它们虽然采用相同的单位，但表征的是不同的含义。

信道容量受传输通道带宽和传输距离对信号的衰减的限制，以及各种外来干扰信号的影响，使输出端波形质量变差，直至输出端很难判断出信号是 1 还是 0；信道距离越长，信号受到的衰减越大，信道容量也就越小。数字信号通过传输线路的实际输出波形如图 6.7 所示。

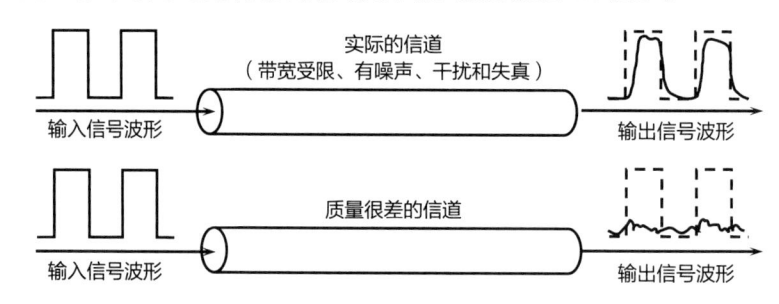

图 6.7　数字信号通过传输线路的实际输出波形

1948 年，香农（Shannon）用信息理论推导出了受传输线路带宽的限制，存在高斯白噪声干扰的信道的极限信息传输速率 C 可表达为：

$$C = W\log_2(1+S/N) \tag{6.1}$$

式中，C 为信道的极限信息传输速率，单位为 bit/s；W 为信道的带宽，单位为 Hz；S 为信道内传输信号的平均功率，单位为 mW；N 为信道内部的白噪声功率，单位为 mW。

香农公式表明，信道的带宽 W 越宽、信道中信息的 S/N 信噪比越高，则信道的极限传输速率也就越高。此外，公式还表明，只要信息的最高码率低于信道的极限传输速率，就一定可以找到无差错传输的方法。

（4）时延：一个报文（网络中交换与传输的数据单元，即站点一次性要发送的数据块）或分组从一个网络或一条链路的一端传送到另一端所需要的时间：

$$总时延 = 发送时延 + 传播时延 + 处理时延 + 排队时延$$

（5）误码率：是指数据传输中被传错的比特数与传输的全部比特总数之比。在计算机通信系统中对误码率的要求是低于 10^{-6}，即平均每正确地传输 1Mbit 二进制码，才能错传 1bit 二进制码。若误码率达不到这个指标，可以通过差错控制方法进行检错和纠错。

6.1.3 数据交换方式

无论是打电话还是计算机终端之间进行通信，都需要通过交换机来选择信号的传送路径和建立通信线路，然后才能进行信息交换。信息交换方式有电路交换和分组交换两类。

1. 电路交换

1）电路交换的概念

电路交换（circuit switching）也称为线路交换，是一种直接的交换方式，为一对需要进行通信的节点之间提供一条临时的专用通道，由多个节点交换机和多条中继线路组成一条链路。

通话之前必须先拨号呼叫，通过交换机将拨号信令送到被叫用户所在地的交换机，并向用户话机发出电话振铃信号，被叫用户摘机，摘机信令回传到主叫方的交换机后，呼叫即成功。

电路交换的通信双方都要在线工作，并且必须运用"确认、通信、释放"三阶段的发送和接收服务，因此被称为面向连接的电路交换技术。

2）电路交换的优点

（1）双方通话的时长和内容不受交换机的约束。

（2）传输延迟小，唯一的延迟是信号的传播时间。

（3）线路一旦接通，不会与其他主机发生冲突。

（4）传输数据固定，可靠性高，实时响应能力好。

3）电路交换的缺点

（1）通信双方都要在线工作。

（2）线路利用率低，通信双方一旦接通，便独占一条物理线路。

（3）不具备差错控制能力，无法达到计算机通信系统的要求。

（4）通信双方必须做到编码方法、信息格式和传输控制等技术要求一致才能进行通信。

2. 分组交换

1）分组交换的概念

用电路交换方法传输计算机数据时，线路的传输效率是不高的。因为计算机是以突发方式向传输线路发送数据，因此线路上真正用来传输数据的时间往往不到 10%，绝大部分时间内，通信线路实际上是空闲的。

分组交换（packet switching）采用"存储 – 转发"交换方法。将一次性发送的数据信息（报文）划分成一段一段更小的等长数据段（小报文），例如，每个数据段可分为 1500B，然后在每个数据段前面再加上一些必要的目的地址和源地址等重要控制信息，组成首部（header），首部 + 数据段构成一个分组，并以分组作为传输单位，如图 6.8 所示。

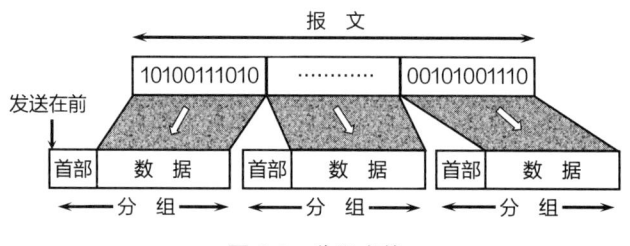

图 6.8 分组交换

分组的首部也称为"包头",有了它才能使每个分组在交换网络中独立地选择路由。交换网把进网的任一分组都当作单独传送的"小报文"来处理,而不管它属于哪个报文的分组,都可进行单独处理。这种分组交换方式简称为数据包传输方式,作为基本传输单位的"小报文"被称为数据包(datagram)。

分组交换时不需要先建立一条连接线路,这种不需先建立连接而随时可发送数据的传输方式,称为无连接(connectionless)传输。

2)分组交换的优点

(1)迅速:不需先建立连接,就可向其他计算机发送分组数据。

(2)高效:动态分配传输线路带宽,通信链路实行逐段占用。

(3)灵活:同一报文的不同分组可以由不同的传输路径转发,最终到达同一个目的地址。

(4)可靠:完善的网络协议管理和控制机制,分布式的路由分组交换网,提高了可靠性。

(5)适用于不同速率和不同数据格式的系统之间通信。

3)分组交换的缺点

(1)延时较大:分组数据包在传输网络各节点进行存储–转发时需排队,造成延时较大。

(2)各分组必须携带一个作为控制用的"首部"(包头),增加了数据传输的开销。

(3)整个分组交换网需要专门的网络协议管理。

6.1.4 多路复用技术

一条信道上只传输一路数据的情况下,信源发出的信号经过信源编码、信道编码和交织、脉冲成形、调制之后就可以发送到信道上进行传输了。如果需要在一条信道上同时传输多路数据,还要用到复用技术。

复用技术是指一条信道同时传输多路数据的技术,常用的多路复用技术有电信号传输中的频分复用、时分复用、统计时分复用,光信号传输中的波分复用,无线移动通信中的码分复用等。在计算机网络中主要采用统计时分复用技术,在无线局域网中主要采用码分多址复用技术。

1. 频分复用

频分复用(FDM)是在传输介质的有效带宽超过被传输的信号带宽时,把多路信号调制在不同频率的载波上,在同一传输介质上同时传输多路信号的技术。

频分复用技术对整个物理信道的可用带宽进行分割,并利用载波调制技术,实现原始信号的频谱搬移,使得多路信号在整个物理信道带宽允许的范围内,实现频谱上的不重叠,从而共用一个信道。为了防止多路信号之间的相互干扰,使用隔离频带来隔离每个子信道。

2. 时分复用

时分复用(TDM)是一种当传输介质可以达到的数据传输速率超过被传输信号的传输速率时,把多路信号按一定的时间间隔传送,在同一传输介质上"同时"传输多路信号的技术。通过时分复用技术，多路低速数字信号可复用到一条高速数据信道中进行传输。例如，数据传输速率为 48kbit/s 的信道可传输 5 路传输率为 9.6kbit/s 的信号，也可传输 20 路传输速率为 2.4kbit/s 的信号。

在 TDM 方式中可使多个用户共享一条传输线路资源，但是 TDM 方式的时隙是预先分配的，且是固定的，每个用户独占时隙，不是所有终端在每个时隙内都有数据输出，所以时隙的利用率较低，线路的传输能力不能充分利用，这样就出现了统计时分复用。

3. 统计时分复用

在前面讨论的 TDM 中，每个低速数据信道固定分配到高速集合信道的一个时隙，集合信道的传输速率等于各低速数据信道速率之和。由于一般数据用户的数据量比较小，而且使用的频率较低，因此当一个或几个用户终端没有有效数据传输时，在集合帧中仍要插入无用字符。这样，空闲信道（时隙）就浪费了，信道利用率不高。这种固定时隙分配的 TDM 系统，接入的用户终端数目及速率受集合信道传输速率的限制。

统计时分复用（STDM）针对 TDM 的缺点，根据用户实际需要动态地分配线路资源，因此也叫动态时分复用。也就是当某一路用户有数据要传输时才分配资源，若用户暂停发送数据，则不分配线路资源，线路的传输能力可用于为其他用户传输更多的数据，从而提高线路利用率。

4. 波分复用

波分复用（WDM）技术是在一根光纤中同时传输多个波长光信号的一项技术。其基本原理是在发送端将不同波长的信号复合起来（复用），送入光缆线路上的同一根光纤中进行传输，在接收端又将复合波长的光信号分开（解复用），并做进一步处理，恢复出原信号后送入不同的终端。也就是说利用波分复用设备，在发送端将不同波长的光信号复用到一条光纤上进行传输，在接收端采用波分解复用设备分离不同波长的光信号。

WDM 技术使 n 个波长复用起来在单根光纤中传输，并且可以实现单根光纤的双向传输，充分利用了光纤的巨大带宽资源，使一根光纤的传输容量比单波长传输增加几倍至几十倍，从而增加光纤的传输容量，节省大量的线路投资。

5. 码分复用

码分复用（CDM）是靠不同的编码来区分各路原始信号的一种复用方式，常称为码分多址（CDMA），是另一种共享信道的方法。码分复用在移动通信中主要解决多用户使用相同频率同时传送数据的问题。

码分复用最初用于军事通信，因为这种系统发送的信号有很强的抗干扰能力，其频谱类似于白噪声，不易被敌人发现。随着技术的进步，CDMA 设备的价格和体积都大幅度下降，因而现在已广泛应用于民用的移动通信中，无线局域网也采用 CDMA 技术。采用 CDMA 可提高通信的语音质量和数据传输的可靠性，减小干扰对通信的影响，增大通信系统的容量。

6.1.5 同步通信和异步通信

无论是频分复用系统还是时分复用系统，都存在着收发系统之间的同步问题。在数字传输系统中，收发之间的同步功能涉及接收端能否正确无误地解调出数据信息。因此同步系统至关重要，要求同步系统具有很高的可靠性，同步信号必须比信息信号有更强的抗干扰性能，但同时又希望同步信号不要过多地消耗发射功率，不要占用过多的信道资源或频率资源，不要增加系统的复杂性等。

1. 同步通信

数据通信中一个重要问题是数字信号传输到接收端时，接收端收到的比特流要与发送端的比特流同步，只有这样，接收端才能正确地判断收到的码元是 1 还是 0。如果这个判决时间不正确，就会发生判决错误，甚至无法解调出数据编码序列。

同步通信要求接收端的时钟频率和发送端的时钟频率相等（通常称为时钟同步）。严格的同步通信是用一个高稳定度的精确时钟负责全网时钟同步，全网所有通信设备的时钟频率都来自这个主时钟频率。解决频率同步的基本方法是在接收端用锁相环（PLL）提取高纯度的时钟信号。

同步通信系统的解码（解调）精度高、误码率低，但是费用昂贵，现在只在重要通信系统和军事通信系统应用，而在一般民用通信系统中则采用另一种称为异步通信的方法。

2. 异步通信

异步通信是将发送的数据以字节 B（1B = 8bit）为单位进行逐个字节的封装，并在每个封装字节中增加一个起始比特和一个停止比特，连同数据字节共 10bit，然后将这个由 10bit 组成的数据单元一个又一个发送出去。在接收端，每收到一个起始比特，就知道有一个 10bit 的数据单元到了，并开始判断，但只判断紧随其后的数据单元。因此，即使接收端的时钟不太正确，只要它能保证正确接收 10bit 就行，但判断第 10 个比特时的取样点位置不能超过半个比特的宽度。

异步通信的另一个特点是发送端在发送完一个字节后（即停止比特结束后），可以经过任意长的时间间隔再发送下一个字节。异步通信是通过增加 2bit 通信开销，从而可以使用廉价的、具有一般精度的时钟来进行数据通信。

6.2 计算机网络

计算机网络是计算机技术与通信技术紧密结合的产物，它代表了当代计算机体系结构发展的一个极其重要的方向。

6.2.1 计算机网络概述

关于计算机网络这一概念的描述，从不同的角度出发可以给出不同的定义。简单地说，计算机网络就是由通信线路互相连接的许多独立工作的计算机构成的集合体。计算机网络主要是由一些通用的、可编程的硬件互连而成，而这些硬件并非专门用来实现某一特定目的（例如，传送数据或视频信号）。这些可编程的硬件能够用来传送多种不同类型的数据，并能支持广泛的和日益增长的各种应用需求。

（1）计算机网络所连接的硬件，并不限于一般的计算机，还包括了智能手机。

（2）计算机网络并非专门用来传送数据，而是能够支持很多种的应用（包括今后可能出现的各种应用）。

所谓的"可编程的硬件"表明这种硬件一定包含中央处理机 CPU。起初的计算机网络是用来传送数据的，但随着网络技术的发展，计算机网络的应用范围不断增大，不但能够传送音频和视频文件，而且应用的范围已经远远超过一般通信的范畴。

1. 计算机网络功能

计算机网络功能主要包括信息交换、资源共享、可靠性高、负载均衡，以及综合信息服务等。

（1）信息交换。信息交换和通信是计算机网络的基本功能。计算机网络中的计算机之间或计算机与终端之间，可以快速、可靠地传递数据、程序或文件。

（2）资源共享。资源共享包括硬件、软件、数据和通信信道等，这是计算机网络最本质的功能。硬件资源的共享是为了提高计算机硬件资源的利用率。由于受经济或其他因素的制约，许多硬件资源不可能所有的用户都有，因此计算机网络不仅可以使用自身的资源，也可共享网络上的硬件资源；

软件资源、数据资源和通信信道的共享可以充分利用已有的资源，减少软件开发或信道建设过程中的花费，避免重复建设。

（3）可靠性高。网络中的每台计算机都可通过网络相互成为后备机。一旦某台计算机出现故障，它的任务就可由其他计算机代为完成，这样可以避免在单机情况下，一台计算机发生故障引起整个系统瘫痪的现象，从而提高系统的可靠性。

（4）负载均衡。对于大型的工程或项目，如果都集中在一台计算机上处理，那么任务量大，负荷重，这时可以将任务分散到不同的计算机分别完成，或由网络中比较空闲的计算机分担负荷，这样有利于共同协作来完成大型工程或项目。利用网络技术还可以将许多小型机或微型机连成具有分布式计算机系统，使它们具有解决复杂问题的能力，从而大大降低费用，节省时间。

（5）综合信息服务。计算机网络可以向全社会提供各种信息、科研、商业信息和咨询服务等，服务于社会，对社会的发展起到推动作用。

2. 计算机网络的分类

计算机网络按照不同的分类标准，可划分为不同的类别，下面对几种常用的分类标准进行简单的介绍。

1）按网络覆盖范围进行分类

（1）局域网（LAN）。局域网的分布区域从几米到几千米，传输覆盖区从家庭、办公室、大厦到园区，是使用最广泛的数据通信网。局域网的典型特性是高数据率（10Mbit/s ~ 10Gbit/s）、短距离（0.1 ~ 25km）和低误码率。

（2）城域网（MAN）。城域网的分布区域从几千米到几百千米，传输覆盖区以城市为主，城域网以高速率、大容量宽带方式实现城域内的各个局域网互联和用户宽带接入业务。

（3）广域网（WAN）。广域网的地理分布范围从几百千米到数千千米，把各个城域网互联起来，采用大容量长途传输技术。

（4）个人局域网（PAN）。个人局域网是在计算机网络大为普及、各种短距离无线通信技术不断发展的情况下出现的一种计算机网络形态。其特点是用无线电或红外线代替传统的有线电缆，实现个人信息终端的智能化互连，组建个人化的信息网络，适合于家庭与小型办公室的应用场合，其主要应用范围包括微信、QQ及信息电器互连与信息自动交换等。PAN的实现技术主要有Wi-Fi、Bluetooth（蓝牙）、IrDA（红外线数据协会）、HomeRF、ZigBee（紫蜂协议）、WirelessHart、UWB（超宽带）以及VLC（可见光通信）。

2）按网络的使用者进行分类

（1）公用网（public network）。公用网是指电信公司（国有或私有）出资建造的大型网络。"公用"的意思就是所有愿意按电信公司的规定交纳费用的人都可以使用这种网络，因此公用网也可称为公众网，如中国公用计算机互联网ChinaNet。

（2）专用网（private network）。专用网是指某个部门、某个行业为其特殊业务工作需要而建设的网络，这种网络不对外提供服务，例如，政府、军队、银行、铁路、电力、公安等系统均有本系统内的专用网。

3. 计算网络的拓扑结构

计算机网络的拓扑结构是指网上计算机或设备与传输媒介形成的节点与线的物理构成模式。网络的节点有两类：一类是转换和交换信息的转接节点，包括节点交换机、集线器和终端控制器等；另一类是访问节点，包括计算机主机和终端等。线路代表各种传输媒介，包括有形的和无形的。

计算机网络的拓扑结构主要有总线型拓扑结构、星形拓扑结构、树形拓扑结构、环形拓扑结构、网状拓扑结构等，如图 6.9 所示。

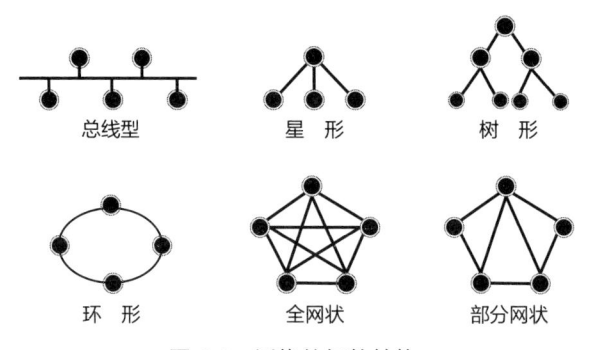

图 6.9 网络的拓扑结构

1）总线型拓扑结构

总线型拓扑结构采用一个信道作为传输媒体，所有站点都通过相应的硬件接口直接连到一个公共传输媒体上，该公共传输媒体称为总线。任何一个站点发送的信号都沿着传输媒体传播，而且能被所有其他站点所接收。

总线型拓扑结构中因为所有站点共享一条公用的传输信道，所以一次只能由一个设备传输信号。通常采用分布式控制策略来确定哪个站点可以发送，发送时发送站将报文分成分组，然后逐个依次发送这些分组，有时还要与其他站点来的分组交替地在媒体上传输。当分组经过各站时，其中的目的站点会识别到分组所携带的目的地址然后复制这些分组的内容。

总线型拓扑结构的特点是结构简单灵活、便于扩充、可靠性高、网络响应速度快、价格低、便于安装、共享资源能力强。

2）星形拓扑结构

星形拓扑结构是以中央节点为中心与其他各节点相连组成，各节点与中央节点通过点对点方式连接，中央节点执行集中式通信控制。在星形结构的拓扑网络中，任何两个站点进行通信都必须经过中央节点控制。

星形拓扑结构的特点是网络结构简单、便于管理、集中控制、组网容易、网络延迟时间短、误码率低；但网络共享能力较差、通信线路的利用率不高、中央节点的负担过重。

3）树形拓扑结构

树形拓扑结构是总线型结构的扩展，它是在总线网上加上分支形成的，传输介质可有多条分支，但不形成闭合回路。树形网是一种分层网络，具有一定的容错能力，一般来说，一个分支或一个节点的故障不会影响另一个分支节点的工作,任何一个节点发送出的数据信息可以传遍整个传输介质。

4）环形拓扑结构

环形拓扑结构中各节点通过环路接口连接在一条首尾相连的闭合环形通信线路中，环路上任何一个节点均可请求发送信息和接收信息。

由于环线是公用的，一个节点发出的数据信息必须穿越环中所有的环路接口，信息流中的目的地址与环上某个节点地址相符时，信息会被该节点的环路接口所接收，后面的信息继续流向下一个接口，直至回到发送该信息的环路接口节点为止。

环形网的特点是信息在网络中沿固定方向流动，两个节点间仅有唯一的通路，大大简化了路径选择的控制。某个节点发生故障时，可以自动旁路，可靠性较高。当网络确定后，其延时也固定，实时性较强。但当环路节点过多时，影响传输效率，网络响应时间变长；此外，由于环路是封闭的，因此扩充不方便。

5）网状拓扑结构

网状拓扑结构在广域网中得到了广泛的应用。公共节点之间有许多条路径相连，可以为数据流的传输选择适当的路由，从而绕过失效的部件或过忙的节点。这种结构虽然比较复杂，成本也比较高，提供的网络协议也较复杂，但由于其可靠性高，仍然受到用户的欢迎。

6.2.2 计算机网络标准化组织

在计算机网络的发展过程中，有许多国际标准组织做出重大贡献，统一了网络标准，使各个厂商生产的网络产品可以相互兼容。下面简单介绍最主要的几个组织。

1. 国际标准领域中最有影响的组织——ISO

ISO（international organization for standardization，国际标准化组织）成立于1946年，是一个全球性的非政府组织，也是目前世界上最大、最有权威性的国际标准化专门机构。ISO与600多个国际组织保持着协作关系，其主要活动是制定国际标准协调世界范围的标准化工作，组织各成员国和技术委员会进行情报交流，以及与其他国际组织进行合作，共同研究有关标准化的问题。

2. 电信领域中最有影响的组织——ITU

1865年5月，法、德、俄等20个国家为顺利实现国际电报通信，在巴黎成立了国际电报联盟；1932年，70个国家的代表在西班牙马德里召开会议，国际电报联盟改为国际电信联盟（international telecommunication union，ITU）；1947年，国际电信联盟成为联合国的一个专门机构。国际电信联盟是电信界最有影响的组织，也是联合国机构中历史最长的一个国际组织。联合国的任何一个主权国家都可以成为ITU的成员。

ITU是世界各国政府的电信主管部门之间协调电信事务的一个国际组织，研究制定有关电信业务的规章制度，通过决议提出推荐标准，收集相关信息和情报，其目的和任务是实现国际电信的标准化。

ITU的实质性工作由无线通信部门（ITU-R）、电信标准化部门（ITU-T）和电信发展部门（ITU-D）承担。

3. 互联网标准领域中最有影响的组织——IETF

IETF（internet engineering task force，互联网工程任务组）成立于1985年底，是一个由为互联网技术发展做出贡献的专家（包括网络设计人员、操作员、厂商）自发参与和管理的国际民间机构，是全球互联网最具权威的技术标准化组织，负责定义并管理互联网技术的所有方面，包括用于数据传输的IP协议、让域名与IP地址匹配的域名系统（DNS）、用于发送邮件的简单邮件传输协议（SMTP）等，当前绝大多数国际互联网技术标准出自IETF。

6.2.3 OSI参考模型与TCP/IP协议栈

随着网络技术的广泛应用和深入，网络的规模和数量都得到迅猛的增长，同时也出现了许多基于不同硬件和软件实现的网络。由于发展初期没有统一的标准规范，很多网络系统之间互不兼容。要确保通信数据能顺利地传送到目的地，通信各方需要建立共同遵循的规则和约定，这些规则和约定称为通信协议（communications protocol）。通信协议制定法则：把复杂的通信协调问题进行分解和分层处理，每一层实现相对独立的功能，上下层之间互相提供服务，使复杂问题简单化，便于对网络功能的理解和标准化。

1. OSI/RM 参考模型

1979年ISO成立了一个专门研究机构，提出了解决计算机在世界范围内互连互通的标准框架，即7层架构的"开放系统互连基本参考模型OSI/RMI"，简称OSI。通信双方（系统A主机和系统B主机）的每层都有自上而下和自下而上两种服务功能，OSI开放系统互连基本参考模型如图6.10所示。

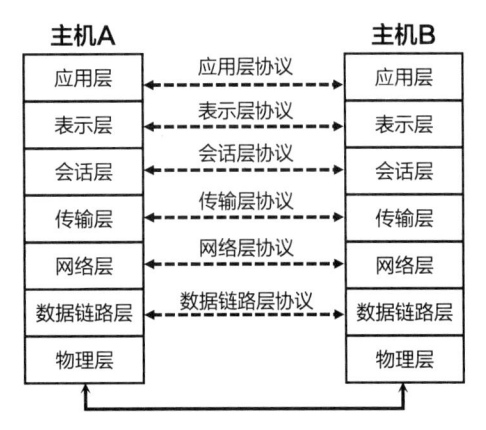

图6.10 OSI开放系统互连基本参考模型

（1）物理层。物理层的作用是实现计算机间比特流的透明传送。"透明传送比特流"表示经实际电路传送后的比特流不会发生变化。

（2）数据链路层。数据链路层的任务是解决同一网络内节点之间的通信问题，建立和管理节点间的链路，提供可靠的传输数据的方法。数据链路层具体工作是：

① （自下而上传送时）装帧：将来自物理层的比特数据流封装成MAC帧，传送到上一层（网络层）或本层（局域网）寻址自用。

② （自上而下传送时）拆帧：将来自上层的MAC数据帧拆装为比特流数据并转发到物理层，以便提供可靠的数据传输。

（3）网络层。网络层的主要任务是解决不同网络间的通信问题，通过路由选择算法，为报文或分组选择最适当的路径。网络层把数据链路层的数据转换为IP（网络互联协议）数据包，然后通过路径选择、分段组合、顺序控制、进/出路由等控制，将信息从一个网络传送到另一个目的网络。

（4）传输层。传输层是OSI模型的第4层。主要任务是为上、下两层提供可靠的数据传送，提供可靠的端到端的无差错和流量控制，保证报文的正确传输，监控服务质量。

① 自下而上传送时：向高层（会话层和应用层）透明地传送报文。TCP（传输控制协议，是一种面向连接的通信协议）和UDP（用户数据报协议）用来支持在计算机之间传输数据的网络。

② 自上而下传送时：从会话层获得数据，向网络层提供传输服务，这种服务在必要时，对数据进行分割，并确保数据能正确无误地传送到网络层。

（5）会话层。会话层的任务就是组织和协调两个主机之间的会话进程通信，并对数据交换进行管理。当建立会话时，用户必须提供他们想要连接的远程地址。而这些地址与MAC地址或网络层的逻辑地址不同，它们是为用户专门设计的，更便于用户记忆。

（6）表示层。表示层的主要功能是处理用户信息的表示问题，对来自应用层的命令和数据进行解释，对各种语法赋予相应的含义，并按照一定的格式传送给会话层。

（7）应用层。负责完成网络中应用程序与网络操作系统之间的联系，建立与结束使用者之间的联系，完成网络用户提出的各种网络服务及应用所需的监督、管理和服务等各种协议。

2. TCP/IP 协议

在Internet没有形成之前，早在1969年各个地方就已经建立了很多小型的网络。但是各式各样的小型网络却存在不同的网络结构和数据传输规则，为了使这些小网连接起来后各网之间还能进行数据传输，需要制定一个统一的规则。就像世界上有很多个国家，各个国家的人说的是各自的语言，是很难互相沟通的，如果全世界的人都能够说同一种语言（即世界语），这个问题不就解决了吗？TCP/IP就是Internet上的"世界语"，中文译名为传输控制协议/互联网络协议。

Internet实际上就是将全球各地的局域网连接起来而形成的一个"网际网"，简单地说，Internet就是由底层的IP和TCP组成的。

OSI7 层协议体系结构虽然概念清楚、理论完整、分工明确、各司其职，但实现起来太复杂，运行效率很低。要理解 Internet 不是一件容易的事。

TCP/IP 的开发研制人员将互联网体系 7 层协议简化为便于理解的 TCP/IP 5 层体系结构，称为互联网分层模型或互联网分层参考模型。OSI 参考模型与 TCP/IP 体系结构的关系如图 6.11 所示。

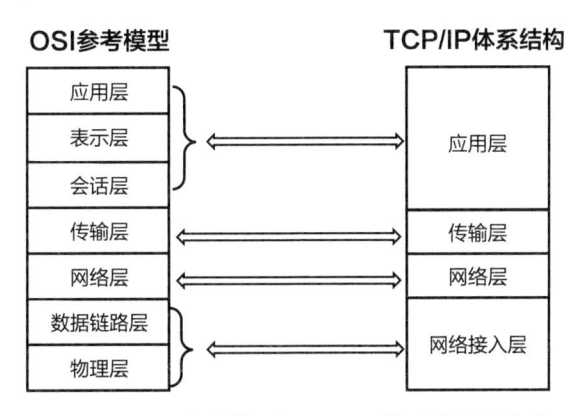

图 6.11 OSI 参考模型与 TCP/IP 体系结构的关系

实际上 TCP/IP5 层体系结构是 OSI7 层协议体系模型的一个浓缩版本，现今已成为实际应用的互联网体系结构。

5 层体系结构中，由于每层的数据交换方式不同，因此各层的数据交换单元格式也不一样。TCP/IP 体系结构图中，把物理层和数据链路层合并在一起，并统称为网络接入层。

第 1 层：物理层——比特流传输。
第 2 层：数据链路层——MAC 帧交换。
第 3 层：网络层（IP 层）——IP 数据包交换。
第 4 层：传输层（TCP 层）——分组交换。
第 5 层：应用层——报文交换。

3. TCP/IP 体系的功能

（1）物理层。提供端到端的比特流传输。

（2）数据链路层。数据链路层的任务是解决同一网络内（局域网）节点之间的通信问题。建立和管理节点间的链路，提供可靠的传输数据方法。

数据链路层的数据传输单元包括逻辑链路控制（LLC）和媒体访问控制（MAC）两个子层，如图 6.12 所示。

数据链路服务通过 LLC 子层为上面的网络层提供统一的接口。在 LLC 子层的下面是 MAC 子层，它将上层传入的数据添加一个头部和尾部，组成 MAC 帧。

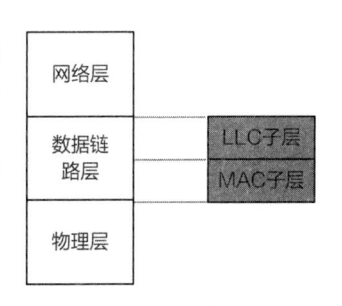

图 6.12 数据链路层的组成

① 如果通信双方在同一个局域网内，数据链路层通过 MAC 地址寻址。找到目的主机后，双方便可直接进行通信。

② 如果通信双方不在同一网络内，网络间的寻址通过 IP 地址（网络地址）首先寻找目的网位置，然后在目的网中根据 MAC 地址（目的主机地址）寻找目的主机。因此，在跨网通信时，数据链路层的 MAC 帧还要添加 IP 地址，重新封装为新的"数据包"后再送到上面的网络层进行信息交换。

（3）网络层（又称 IP 层、网际层）。网络层的主要任务是解决不同网络间的通信问题，例如 IP 寻址和路由选择、拥塞控制和网际互联等。网络层的数据传输单元是分组。

送到网络层的数据包是经过数据链路层协议重新封装后的数据包。网络层数据包的包头包含源节点地址、目的节点的 IP 地址和控制数据。

网络层只是尽可能快地把分组从源节点送到目的节点，提供网际互联、拥塞控制等，但是不提供可靠性保证，数据包在传输过程中可能会丢失。

（4）传输层（又称 TCP 层）。传输层的主要任务是通过 TCP 或 UDP 向上层（应用层）提供可靠的端到端服务，确保"报文"无差错、有序、不丢失、无重复地传输，为端到端报文传递提供可靠传递和差错恢复。

① TCP 提供可靠的、面向连接的运输服务，在传输数据之前必须先建立连接，数据传输结束后要释放连接，因此增加了许多开销，如确认、流量控制、差错重传和连接管理等，使协议数据单元的首部增大很多，要占用许多处理器资源，此外，TCP 不提供广播或多播服务。为避免 TCP 协议占用很多的处理器资源，网络层还可采用 UDP。

② UDP 提供的是无连接的尽最大努力服务，在传输数据之前不需要先建立连接，但不保证可靠性交付。虽然 UDP 不提供可靠的交付，但在某些情况下，UDP 是一种最有效的工作方式。例如，DNS（域名系统）和 NFS（网络文件系统）使用的就是 UDP 这种传输方式。此外，UDP 还能在主机上识别多个目的地址，允许多个应用程序在同一台主机上工作，并能独立地进行数据包的发送和接收。

（5）应用层。应用层的任务是向用户提供应用程序，包括 SMTP（电子邮件协议）、FTP（文件传输访问协议）、TELNET（远程登录协议）、HTTP（超文本传输协议，"超文本"是指页面内可以链接包含图片，甚至音乐、程序等非文字的元素）、SIP（会话初始协议）、RTP（实时传输协议）和 RTCP（实时传输控制协议）等。

6.2.4　IP 地址

1. IPv4 地址

因特网地址又称 IP 地址，它能唯一确定因特网上每台计算机、每个终端用户的位置。IP 地址的结构和电话号码的等级结构有相似之处，但并不完全一样。固定电话机的地区号和电话机号按该电话机的地理位置确定。IP 地址与主机的地理位置没有这种对应关系。现行的 IP 地址是 20 世纪 70 年代末期设计的 Internet 协议第 4 版，故称为 IPv4。

IPv4 地址是一种 32 位的分级地址结构，分为网络地址（NetID）和主机地址（HostID）。

IPv4 地址管理方法：IP 地址管理机构只分配网络地址（第一级），确定主机所在的网络位置，全球统一。主机地址（第二级）确定主机在所在网络上的位置，由得到该网络地址的单位自行分配，不需全球统一。

路由器只根据目的主机连接的网络地址转发分组，而不考虑目的主机地址，这样可以减少路由表占用的存储空间。

1）IPv4 地址的分类和结构

IP 地址分成 A、B、C、D、E 共 5 类，如图 6.13 所示。

（1）A 类地址。在 32 位的分级地址结构中，网络地址占 1 个字节（8 位），最高位 0 为 A 类地址标识，余下 7 位可提供 $2^7-2 = 126$ 个网络地址；后面 3 个字节（24 位）是主机地址，可设置 $2^{24}-2 = 16\,777\,214$ 个主机号。

A 类地址的特点是网络地址数不多（仅 126 个），主机号数多（1677 万个主机地址）。A 类地址用于分配给主机数量多、网络数量少的大规模国际互联网，现今 A 类地址的网络号资源已全部用完。

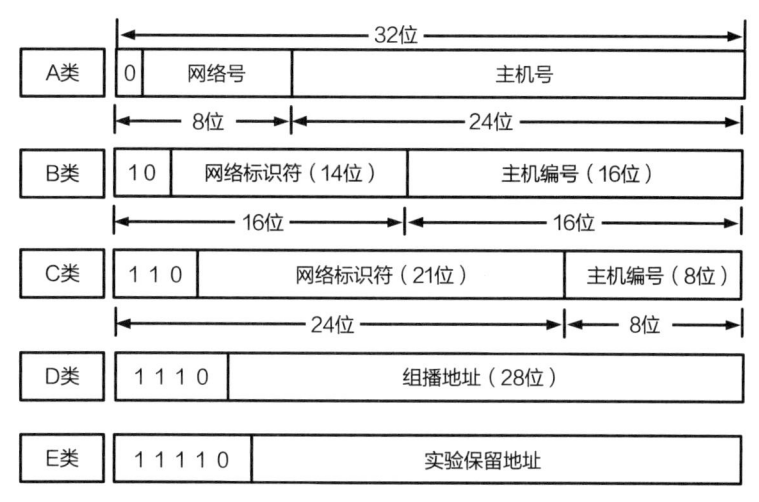

```
                    ←─────────── 32位 ───────────→
         ┌──┬─┬──────────┬──────────────────────┐
    A类  │  │0│  网络号   │        主机号         │
         └──┴─┴──────────┴──────────────────────┘
              ←── 8位 ──→←──────── 24位 ────────→

         ┌──┬──┬──────────────┬──────────────────┐
    B类  │  │10│ 网络标识符(14位)│   主机编号(16位)  │
         └──┴──┴──────────────┴──────────────────┘
              ←───── 16位 ─────→←───── 16位 ─────→

         ┌──┬───┬──────────────────────┬─────────┐
    C类  │  │110│   网络标识符(21位)     │主机编号(8位)│
         └──┴───┴──────────────────────┴─────────┘
              ←──────── 24位 ────────→←── 8位 ──→

         ┌──┬────┬──────────────────────────────┐
    D类  │  │1110│        组播地址(28位)          │
         └──┴────┴──────────────────────────────┘

         ┌──┬─────┬─────────────────────────────┐
    E类  │  │11110│         实验保留地址           │
         └──┴─────┴─────────────────────────────┘
```

图 6.13 IPv4 地址的分类和结构

（2）B类地址。在32位的分级地址结构中，网络地址占2个字节（16位），最高两位10为B类地址标识，余下14位可提供 $2^{14}=16\,384$ 个网络地址；后面的2个字节（16位）是主机地址，可设置 $2^{16}-2=65\,534$ 个主机号。

B类地址的特点是主机地址号数（6.55万）多于网络地址号数（1.63万）。B类地址用于网络数量和主机数量都很多的城域网络。

（3）C类地址。在32位的分级地址结构中，网络地址占3个字节（24位）。最高3位110位C类地址标识，余下21位可提供 $2^{21}=2\,097\,152$ 个网络地址；后面的1个字节（8位）是主机地址，可设置 $2^{8}-2=254$ 个主机号。

C类地址的特点是网络地址号极多（210万个），主机地址号不多（254个）。C类地址用于网络数量大而规模小、主机少的局域网络。

（4）D类地址。D类是组播地址，留给国际互联网体系结构委员会（IAB）使用。

（5）E类地址。E类地址是实验保留地址。

2）IPv4地址的点分十进制记法

IPv4的32位的二进制分级地址代码冗长、难记、可读性差、容易写错，于是就产生了"点分十进制记法"，把32位按每8位为一组，组成4个8位二进制数据组，然后再把二进制数据组变换为4个十进制数据组，用"."分开，IPv4地址的点分十进制记法如图6.14所示。

```
机器中存放的IP地址是连续的二进制代码 ──→ 10000000000010110000001100011111

                                         10000000  00001011  00000011  000111
每隔8bit插入一个空格能够提高可读性 ──────→    ⎫         ⎫        ⎫        ⎫
                                            ⎭         ⎭        ⎭        ⎭
将每8bit的二进制数转换为十进制 ──────────→   128        11       3        31

采用点分十进制记法则进一步提高可读性 ─────────→  128.11.3.31
```

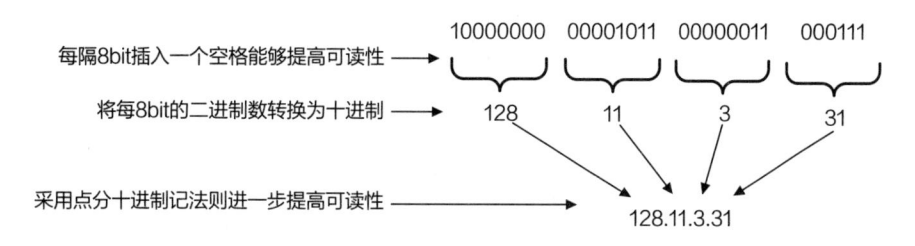

图 6.14 IPv4 地址的点分十进制记法

显然点分十进制记法128.11.3.31比二进制分组记法10000000 00001011 00000011 00011111读起来要方便得多。

2. 子网划分与子网掩码

1）子网划分

IPv4 地址体系中 32 位长度的 IP 地址分为 NetID 和 HostID 两部分。在传送数据时，首先利用 NetID 找到互联网络中对应的网络，然后再根据 HostID 找到该网络上的目的主机。也就是说，A、B、C 三类的地址结构都是两级层次结构。现在看来，IP 地址的两级层次结构设计确实还有不够合理之处：

（1）IP 地址空间的利用率有时很低。每个 A 类地址网络可连接的主机数超过 1000 万，每个 B 类地址网络可连接的主机数也可超过 6 万，然而有些网络对连接在网络上的计算机数目有限制，不可能达到如此大的数量。如以太网规定其最大节点数只有 1024 个，使用 B 类地址时，就会浪费 6 万多个 IP 地址，地址空间的利用率还不到 2%，造成 IP 地址的浪费，使 IP 地址资源更早地被用光。

（2）如果在同一个网络上安装大量主机，就有可能发生网络拥塞，影响网络的传输性能。

（3）每一个物理网络分配一个 IP 网络号会使路由表变得太大，使网络性能变坏。

（4）无法随时增加本单位的网络，因为本单位必须事先到因特网管理机构申请并获得批准后，才能连接到因特网上工作。因此，从 1985 年起，把两级层次的 IP 地址网络变成为三级层次的 IP（地址）网络，这种做法叫子网划分（subneting）或子网寻址、子网路由选择，并已成为因特网的标准协议。

子网划分是将一个网络进一步划分成若干个子网络（subnet）。划分子网纯属单位内部的事情，与本单位以外的网络无关，对外仍然表现为一个大网络。

子网划分的方法是，从网络的主机地址中借用若干位作为子网地址号（SubnetID），而主机地址号也就相应减少了若干位。于是两级的 IP 地址在本单位内部的网络中变成三级 IP 地址，即 NetID、SubnetID 和 HostID。

凡从其他网络发送给本单位网络中某个主机的数据包，仍然是根据 IP 数据包的目的网络地址号找到连接在本单位网络上的路由器，此路由器在收到 IP 数据包后，再按目的网络地址号和子网地址号找到目的子网，将 IP 数据包交付给目的主机。

例如，某单位拥有一个 B 类 IP 地址，网络地址是 135.20.0.0（网络号是 135.20），凡目的地址为 135.20.X.X 的数据报都被送到这个网络上的路由器 R1。现在把该网络划分为三个子网。这里假定子网号占用 8 位，因此在增加了子网号后，主机号就只有 8 位。所划分的三个子网分别是 135.20.2.0，135.20.7.0 和 135.20.21.0。在划分子网后，整个网络对外部仍表现为一个网络，其网络地址仍为 135.20.0.0。IP 数据包的目的主机地址是 135.20.2.21，因特网仍将该数据包送到路由器 R1，路由器 R1 将该目的地址进行解释，知道 135.20 这个网络在物理上已分成 3 个子网。根据 IP 地址中的后两个字节分别确定子网标识地址为 2 和主机标识地址为 21。这样就将 IP 地址改变为 3 级层次结构，第 1 级是网络标识地址 135.20，确定网络；第 2 级是子网标识地址 2，确定子网；第 3 级是主机标识地址 21，确定在该子网上的主机。子网划分网络示意图如图 6.15 所示。

2）子网掩码

当没有划分子网时，IP 地址是两级结构，网络地址字段是 IP 地址的"因特网部分"，主机地址字段是 IP 地址的"本地部分"，如图 6.16（a）所示。

划分子网后就成了三级 IP 地址结构，子网只是将 IP 地址的本地部分进行再划分，而不改变 IP 地址的因特网部分，如图 6.16（b）所示。

但是如何能让计算机知道有无子网划分呢？这就需要使用另一个长度也是 32 位的子网掩码（mask code）来解决这个问题。子网掩码和 IP 地址一样长，都是 32 位，它由一串"1"和跟随的一串"0"组成。

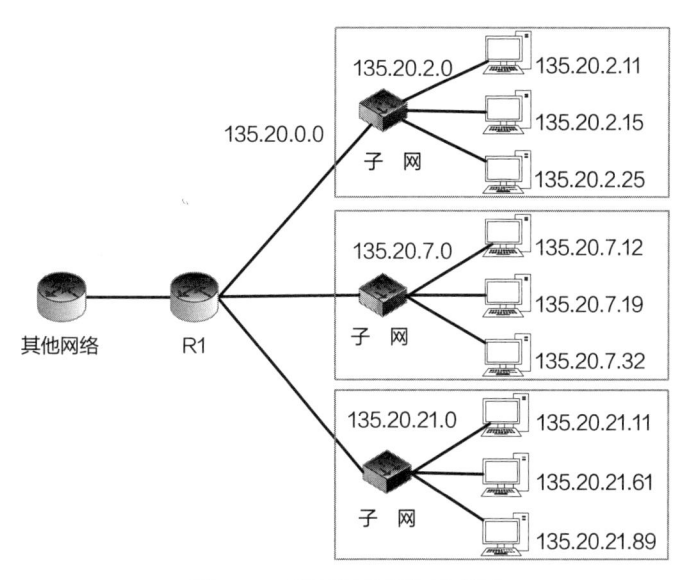

图 6.15 子网划分网络示意图

子网掩码中的"1"表示与 IP 地址中的网络地址号和子网相对应的部分。子网掩码中的"0"表示与 IP 地址中的主机号相对应的部分，如图 6.16（c）所示。

在 IP 地址划分子网的情况下，把子网掩码和划分子网的 IP 地址进行逐个位相"与"（AND），便可得出主机号为全"0"的子网划分的网络地址，即 <Netid>+<Subnetid>+ 全"0"的 <Hosted>，如图 6.16（d）所示。

如果 IP 数据包地址为不划分子网的地址，那么子网掩码和不划分子网的 IP 地址进行逐个位相"与"（AND）的结果为网络地址 <Netid>+ 全"0"的 <Hosted>，如图 6.16（e）所示。

这种不管有无子网都适用的子网掩码称为默认的子网掩码，显然：

A 类地址的默认子网掩码是 255.0.0.0 或 0XFF000000。

B 类地址的默认子网掩码是 255.255.0.0 或 0XFFFF0000。

C 类地址的默认子网掩码是 255.255.255.0 或 0XFFFFFF00。

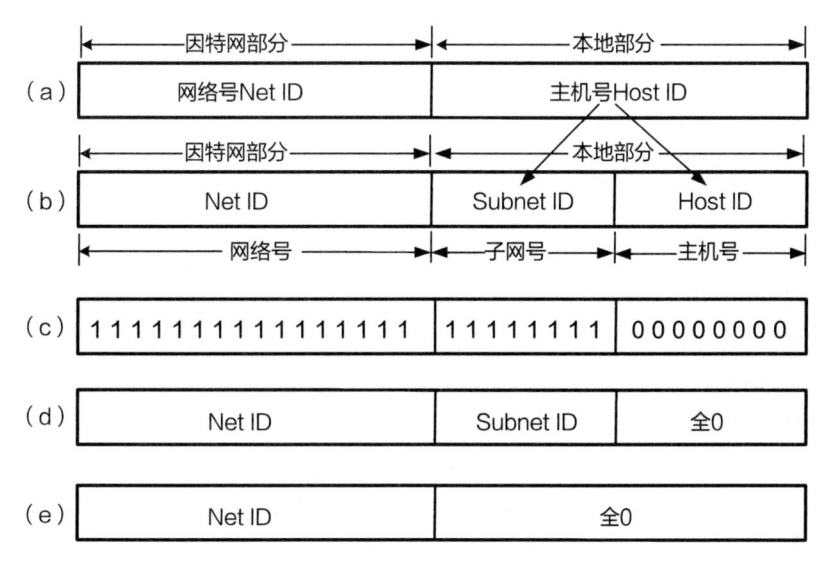

图 6.16 IP 地址的各字段和子网掩码

3. 因特网地址空间的扩展——IPv6

IPv4 的核心技术属于美国,从理论上讲,五类地址中每种类型可能的 IP 地址有 43 亿个 ($2^{32}=4\ 294\ 967\ 296$),其中北美占有 3/4,约 30 亿个,而人口最多的亚洲只有不到 4 亿个,中国只有 3 千多万个,只相当于美国麻省理工学院的数量。地址不足,严重地制约了我国及其他国家互联网的应用和发展。

IPv4 的设计比较完善,但随着因特网用户的飞速增加,32 位的 IP 地址空间已难以满足日益增加的需要。除了地址空间需要扩展外,还有增加的各种新的应用要求,例如实时话音和图像通信要求低的延时和安全通信保障等,要求新版因特网协议能为特定应用预留资源。

为了解决上述问题,1993 年,IETF 成立了 IPng(IP next generation,下一代 IP)工作组,致力于研究下一代 IP 协议;1999 年,IETF 完成 IPv6 审定,成立 IPv6 论坛,正式分配 IPv6 地址,至此,IPv6 成为标准草案。

1) IPv6 的特点

IPv6 保持了 IPv4 许多成功的优点,并对 IPv4 协议的细节也作了许多修改:

(1) 更大的地址空间。理论上,IPv4 最多提供约 43 亿个 IP 地址,而 IPv6 则可以提供 2^{128}(约 340 万亿)个 IP 地址。如果整个地球表面(包括陆地和水面)都覆盖着计算机,那么 IPv6 可给予每平方米 7×1023 个 IP 地址。如果地址的分配速率为每微秒分配 100 万个,那么需要 1019 年的时间才能将这些 IP 地址分配完毕。因此,IPv6 的 IP 地址是不可能用完的。

(2) 灵活的包头格式。IPv6 使用一种全新的、可任选的扩展包头格式,提高了路由器的处理效率。

(3) 增加选项,提供新的应用功能。增加了任播(AnyCast)功能。

(4) 支持资源分配。提供实时话音和图像传输要求的带宽和小延时。

(5) 支持协议扩展,允许新增特性,满足未来发展。

2) 采用十六进制数和冒号(:)分隔的 128 位地址

IPv6 采用 128 位地址,是 IPv4 地址长度的 4 倍。对于如此巨大的地址空间,显然,用二进制表示是不可取的,而十六进制可以比十进制用更少的数位来表达数据。

十进制数据:0 1 2 3 4 5 6 7 8 9 10 11 12 13 14 15

十六进制数据:0 1 2 3 4 5 6 7 8 9 A B C D E F

把 128 位分成 8 个 16 位数据组,之间用冒号分隔,例如,68E6:8C64:FFFF:FFFF:0:1180:96A:FFFF。优点是只需更少的数字和更少的分隔符。

3) 如何从 IPv4 向 IPv6 过渡

从 IPv4 向 IPv6 过渡不是一件容易的事情,因为现在整个因特网上使用的 IPv4 路由器的数量实在太大,要在短时间内全部改成 IPv6 路由器显然是不可能的,此外,各通信主机的 Windows 操作系统也要全部更换为 IPv6 操作系统,因此只能采用逐步演进的办法。

在过渡时期,为了保证 IPv4 和 IPv6 能够共存、互通,发明了一些 IPv4/IPv6 的互通技术。从 IPv4 向 IPv6 过渡的方式有以下三种:

(1) 双协议栈的通信主机。如果一台主机同时支持 IPv6 和 IPv4 两种协议,那么该主机既能与支持 IPv4 协议的主机通信,又能与支持 IPv6 协议的主机通信。

(2) 隧道技术。通过 IPv4 协议的骨干网络(即隧道)将各个局部的 IPv6 网络连接起来,是 IPv4 向 IPv6 过渡的初期最易于采用的技术。

路由器将 IPv6 的数据分组封装入 IPv4,IPv4 分组的源地址和目的地址分别是隧道入口和出口的 IPv4 地址。在隧道的出口处,再将 IPv6 分组取出转发给目的站点。隧道技术只要求在隧道的入口和出口处进行修改，对其他部分没有要求，因而非常容易实现。但是隧道技术不能实现 IPv4 主机与 IPv6 主机的直接通信。

（3）网络地址 / 协议转换技术。网络地址 / 协议转换技术（NAT-PT）通过与 SIIT 协议转换和传统的 IPv4 下的动态地址翻译以及适当地与应用层网关相结合，可以实现 IPv6 的主机和 IPv4 主机的大部分应用都能互通。

6.3　光纤通信技术

从诞生光纤通信以来，一场持续的革命一直改变着整个世界的通信领域。人们所需的高清晰、高可靠、远距离、大容量通信成为了现实。今天，光纤通信已渗透到电信网络、数据网络、有线电视（CATV）网络、互联网络和物联网等信息网络中，成为信息传输最重要的方式之一。

6.3.1　光纤通信网络发展简史

从 1977 年世界第一个光纤通信系统在美国投入商用以来，光纤通信网络技术快速发展，到了 20 世纪 80 年代，准同步数字系列（PDH）产品开始规模应用。PDH 产品适用于小容量交换机组网、用户环路网、信息高速公路、移动通信（基站）、专网、DDN 网等。但是由于无法适应网络高速发展的需求，PDH 随着同步数字体系（SDH）的兴起而逐渐衰落。

20 世纪 90 年代，SDH 开始出现，作为一代理想的传输体系，具有路由自动选择的功能，上下电路方便，维护、控制、管理功能强，标准统一，便于传输更高速率的业务，能很好地适应通信网飞速发展的需要，并经过 ITU-T 的规范，在世界范围内快速普及。SDH 网络可以承载 2G/3G 移动业务、IP 业务、ATM 业务、远程控制、视频及固话语音等业务，广泛应用于通信运营商、电力、石油、高速公路、金融、家庭及事业单位等。随着 SDH 接入的业务类型不断丰富，SDH 产品不断更新，最终形成了以 SDH 为内核的基于 SDH 的多业务传送平台（MSTP）产品系列。

20 世纪 90 年代后期可以提供更高速率的密集波分复用（DWDM）技术，并开始规模建设。应用 DWDM 技术时，可以在一根光纤中同时传输多个波长的信息，提高了光纤资源的利用率，降低了建设投资成本。

21 世纪初，为了将传输容量提高到 Tbit/s 甚至十几 Tbit/s 量级，在光层对信号进行处理（如光信号的分插 / 复用、光波长转换 / 交换等），采用光传输网络（OTN）技术的产品开始出现并应用。OTN 主要应用在运营商网络，比如省际干线（国干）、省内干线（省）、城域（本地）传输网。尤其是在 4G 时代，OTN 设备已经下沉到城域接入层网络，承载的业务类型以 GE/10GE/STM-64 为主，还有少量 STM-1/4/16、ATM、FE、DVB、HDTV 及 ANY 业务。同时，一些有实力的大型企业也在自己的网络中引入了 OTN 产品，比如电力、石油等。

MS-OTN 是继 NG-WDM 之后的新一代 OTN 产品，其标志性功能是支持 MPLS-TP 满足网络 ALL IP 化的需求。另外，为了增强网络的智能特性，减少人工维护成本，可以基于 OTN 网络实施 ASON/SOM/FDT-SDN 等技术。

随着数据业务的迅猛发展以及网络 ALL IP 化的需求，功能更强大的支持数据业务传输的新技术出现并得以应用，如无线接入网 IP 化（IPRAN）、分组传送网络（PTN），主要用来承载运营商的 3G/4G 基站回传业务、专线租赁业务。

为实现不同场合的业务传输需要，数字微波传输系统无线传输节点（RTN）在不适合敷设光纤介质的场合得到了广泛应用。微波通信 RTN 网络利用大气的视距传播，克服了光缆线路敷设周期长、建设成本高、土地资源限制等问题，具有建站快、经济效益高、无须协调土地资源等优点，是光纤通信传输技术的有力补充。

6.3.2 光网络演进趋势

为满足多种业务的灵活承载并降低网络的建设和运营维护成本,光网络正在经历从 Mbit/s 向 Tbit/s 及 Pbit/s 提速,从基础配套网络向全场景运营网络转变,从刚性管道到开放、柔性网络,从单一网络到云边网协同,从封闭到解耦,从人工配置网络到智能网络 6 个方面的转变。

1. 从 Mbit/s 向 Tbit/s 及 Pbit/s 提速

光网络先后支撑了固定话音业务、移动通信业务、固定宽带业务、移动互联网业务和云计算业务的应用与发展。伴随着业务的发展,光网络持续提升通道速率和系统容量以满足业务的持续发展需求。在过去的 30 年里,无线频谱中传送的信息量每两年半翻一番,互联网上每秒比特的传送量每 16 个月翻一番,骨干网光纤的传输带宽每 9 ~ 12 个月翻一番,连接带宽呈指数型增长趋势。光纤通信网络作为网络信息传输的基石,承载了全球 90% 以上的数据传输。其传输容量从 8Mbit/s 到 96×100Gbit/s,提升了 120 万倍;传输距离从 10km 到 3000km,扩大了 300 倍。

以当前广泛应用的以太网业务为例,以太网接口速率从早期的 10Mbit/s 发展到如今的 400Gbit/s,未来继续向 Tbit/s 进行提升。光网络服务于以太网业务,其通道速率也从最初的单波长 2.5Gbit/s 发展到如今的 400Gbit/s,未来继续向 Tbit/s 演进。

伴随着业务需求的增长和波分复用光传送网络(WDM/OTN)系统单波长速率的提升,WDM/OTN 系统在单根光纤上的传输容量也在持续攀升。早期 32×10Gbit/s WDM/OTN 系统在单根光纤上的传输容量为数百 Gbit/s,当前 80×100 Gbit/s WDM/OTN 系统在单根光纤上的传输容量为数 Tbit/s,未来通过单波长提速、波段扩展等技术,WDM/OTN 系统在单根光纤上的传输容量将提升至 Pbit/s。

2. 从基础配套网络向全场景运营网络转变

随着 5G 的商用部署,经济社会各个领域的数字化转型进一步加速,推动了整个信息通信技术行业和数字经济的并行发展,同时带来了通信领域的巨大变革。从设备和网络到业务和运营,运营商都在进行全面重构,以适应数字化时代的挑战。光网络也正在通过网络架构的重构来推进光网络由基础网络向业务网络的转变,从而更好地服务于企业的数字化转型。

数字经济的存在和发展需要光网络的支撑,运营商的光网络转型首先需要解决云网融合问题。企业客户随着上云业务的发展会产生各种各样的数字化应用这些应用都需要运营商提供一站式快速开通服务,并且要更加安全。与此同时针对上云业务的日常业务调度,需要光网络支持弹性部署、按需调整、毫秒级时延、分钟级开通、管道可视及安全可靠等各种特性。

3. 从刚性管道到开放、柔性网络

传统网络的建设思路是垂直建网,为满足不同业务需求而建设不同的网络而且各网络自身的结构和功能常常是固化和紧耦合的,网络资源和能力难以按需调用,网络调整不灵活。

长期以来,光网络更多地关注网络底层的传送能力(如带宽、容量、传输距离等),对网络的上层应用和业务的开放能力并未关注,网络无法随业务灵活变化。一张物理网络支持多业务综合承载,以及根据不同业务需求支持网络资源的灵活调配是能力开放的体现。以数据中心为中心构建扁平化网络,实现云边网之间资源的高效配置和协同是网络开放的体现。网络开放,尤其是网络能力的开放是推动光网络从"刚性管道"到"开放、柔性网络"这一根本性转变的关键。

构建开放、柔性的光网络有利于产业链和技术的创新,同时也降低了运营商的建设和运营维护成本,并可通过提供差异化的服务来创造新的价值。

4. 从单一网络到云边网协同

当前云服务正在成为信息通信服务的主体，为云服务提供更好的支撑是光网络发展的新使命。5G 时代，随着边缘计算的大量部署，云边网的协同对于服务质量和用户体验的保障至关重要。云边网协同涵盖布局协同、管控协同、业务协同三个方面。

（1）布局协同。实现云数据中心与光网络节点在物理位置布局上的协同光网络布局调整要从传统的以用户通信为中心向以数据传送为中心迁移。5G 时代，如何考虑光网络在站址、带宽连接提供能力与大量边缘计算节点间的协同是当前业内关注的重点。

（2）管控协同。实现网络资源与计算/存储资源的协同控制。云化的网络资源池通常集中部署，在提供计算、存储等虚拟化资源的同时，网络资源也可以随云资源池的需求而动，支持计算、存储和网络资源的统一、动态分配和调度，实现资源效率的优化。

（3）业务协同。实现互联网运营商应用与网络服务的相互感知和开放互动。网络要具备对业务、用户和自身状况等的多维度感知能力，同时业务也要将其对网络服务的要求和使用状况动态地传递给光网络。光网络的智能化是实现业务协同的关键。

云边网协同的发展、演进推动了光业务网的快速发展。长期以来，光传送网作为基础网络，形成了运营商的底层传输平台，主要呈现出光网络的基本属性，例如对带宽、可用性等技术指标和维护指标的考核，而随着云网协同业务的发展，光网络面向政企领域的业务属性得以发挥，即服务于最终企业客户，根据客户的需求来建设和发展光网络。

5. 从封闭到解耦

传统的光网络是刚性、"烟囱式"的网络，新业务、新功能的支持和加载需要开发新的设备和协议，造成了设备种类繁多，难以满足快速灵活的业务部署需要；网元采用软硬件垂直一体化的封闭架构，导致网络建设被单一厂商"绑定"，设备功能扩展性差、价格昂贵且易于被生产厂商锁定。未来光网络将通过解耦实现网络开放。光网络的解耦包括网络资源解耦、设备解耦和管理控制解耦三个方面。

（1）网络资源解耦。通过采用分组增强型 OTN 设备实现多业务承载，基于一张物理网络在波长、时隙（time slot，TS）、端口层面通过"切片"实现业务的资源分配和区隔，从而实现业务与网络资源的解耦，避免一类业务一套网络。

（2）设备解耦。采用归一化的平台和硬件设计，实现设备和板卡种类的减少，加强通用化。在网络的不同层次、不同域、不同厂商之间通过标准化接口实现互联互通。

（3）管理控制解耦。在网络的管理控制层，通过引入互通性、一致性较好的接口协议屏蔽基础资源的差异性，简化对底层设备的管理和配置要求，从而解除单一厂商的绑定。

6. 从人工配置网络到智能网络

刚性和封闭的网络注定只能采用效率低且容易出错的人工配置方式。无论是前期的网络规划，还是后期的网络运维均高度依赖人工，效率低下。这不仅导致网络建设和运营维护成本居高不下，而且网络的规划、建设、维护、运行和优化环节也是相对"割裂"的。

电信产业一直在探索数字化、自动化和智能化，从转型前期聚焦客户服务、产品业务层，逐步延伸到内部管理运营层，再到网络层。SDN 技术的引入在提升业务和网络敏捷性的同时，降低了运维成本和复杂性。未来智能网络根据业务需求和网络资源状况进行实时、自动化的网络资源分配和调整，实现了网络资源在不同地域及业务之间的共享。通过 AI 和大数据分析实现故障预警、告警信息的智能化过滤和关联及故障的跨层、跨域定位与根本原因分析，降低网络建设运营成本，并提升用户体验。

基于 SDN 技术的网络自动化仍无法完全解决未来各种应用大规模部署、网络新技术引入与扩张带来的问题。如何大规模、全流程地提升效率，并持续快速地迭代、引入新技术仍然是产业共同面临的难题。网络自动化和智能化正是诞生于这一背景下，通过引入 AI 和数字孪生技术，发挥融合优势，驱动电信行业从数字化迈向智能化，将为电信产业的生产方式、运营模式、思维模式和人员技能等方面带来全方位的深远影响。

6.3.3 光纤通信系统模型

光纤通信系统可以传输数字信号，也可以传输模拟信号，还可以承载话音、图像、数据和多媒体业务等各类信息。目前实用的光纤通信系统，采用的是强度调制（IM）- 直接检波（DD）的实现方式，由光发射机、光纤传输线路、光接收机和各种光器件等构成，光纤通信系统构成如图 6.17 所示，现主要用于长途骨干网、本地网及光纤接入网。

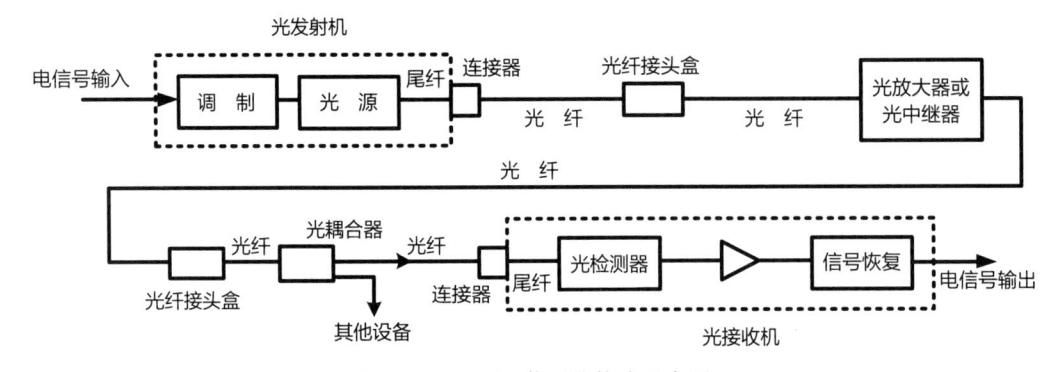

图 6.17 光纤通信系统构成示意图

光纤通信系统可分为三个基本单元，即光发射机、光纤线路和光接收机：

（1）光发射机。由将带有信息的电信号转换成光信号的转换装置和将光信号送入光纤的传输装置组成。光源是其核心部件，由激光器（LD）或发光二极管（LED）构成。

（2）光纤。在实际应用中一般以光缆形式存在，完成光信号传送。对于长距离的光纤线路，除了光纤作为传输线传送光信号，中途还需要设置光放大器或光中继器，光放大器起光波信号放大的作用，弥补长距离传输光信号的衰减。光中继器是将光纤长距离衰减和畸变后的微弱光信号放大、整形、再生成具有一定强度的光信号，继续送向前方，以保证良好的传输质量。在光纤线路中还包括大量的有源、无源光器件连接器件、光耦合器件，它们分别起着各种设备与光纤之间的连接和将传输的光分路或合路等作用。

（3）光接收机。由光检测器（如光电二极管 PIN 或 APD）放大电路和信号恢复电路组成。光接收机的作用是实现光/电转换，即把来自光纤的光信号还原成电信号，经放大、整形、再生恢复原形。

6.3.4 光纤通信传输技术

当前光网络传输技术包括同步数字传输体制（SDH）、多业务传送平台（MSTP）、波分复用（WDM）、光传送网（OTN）、智能光网络（ASON）等应用技术，下面分别进行简单介绍。

1. SDH 技术

SDH 全称为同步数字传输体制，由此可见 SDH 是一种传输的体制协议，就像 PDH 准同步数字传输体制一样，SDH 这种传输体制规范了数字信号的结构、复用方式、传输速率等级、接口码型等特性。

SDH 是由一些基本网络单元（NE）组成，在光纤上可以进行同步信息传输、复用、分插和交叉连接的传送网络，具有全世界统一的网络节点接口（NNI），简化了信号的互通以及信号的传输、复用、交叉连接和交换过程。SDH 有一套标准化的信息结构等级——同步传送模块 STM-N（N=1, 4, 16……）。帧结构为页面式，具有丰富的用于维护管理的比特，所有网络单元都有统一的标准光接口。另外，还有一套特殊灵活的复用结构和指针调整技术，现存准同步数字体系、同步数字体系和 B-ISDN 信号都能进入其帧结构，因而有着广泛的适应性，还大量采用软件进行网络配置和控制，使得新功能和特性的增加比较方便，适用于将来的不断发展。

SDH 的基本网络单元有同步光缆线路系统、同步复用器（SM）、分插复用器（ADM）和同步数字交叉连接设备（SDXC）等。终端复用和分插复用器是 SDH 的两个重要的网络单元，以 STM-1 为例，其各自功能如图 6.18 和图 6.19 所示。

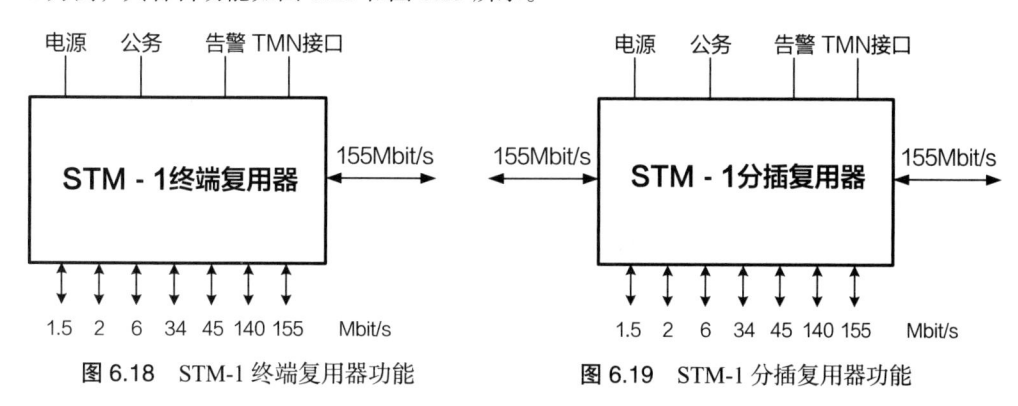

图 6.18　STM-1 终端复用器功能　　　　图 6.19　STM-1 分插复用器功能

终端复用器的主要任务是将低速支路电信号和 155Mbit/s 电信号纳入 STM-1 帧结构，并经过电/光转换为 STM-1 光线路信号，其逆过程正好相反。而分插复用器是一种新型的网络单元，它将同步复用和数字交叉连接功能综合于一体，具有灵活分插任意支路信号的能力，在网络设计上有很大灵活性。

2. MSTP 技术

近年来，不断增长的 IP 数据、话音、图像等多种业务传送需求使得用户接入及驻地网的宽带化技术迅速普及起来，同时也促进了传输骨干网的大规模建设。由于业务的传送环境发生了巨大变化，原先以承载话音为主要目的的城域网在容量以及接口能力上都已经无法满足业务传输与汇聚的要求。于是，MSTP 技术应运而生。

1）MSTP 的介绍

MSTP 是基于 SDH 平台同时实现 TDM 业务、ATM 业务、以太网业务等的接入处理和传送，提供统一网管的多业务平台。基于 SDH 的 MSTP 除具有标准 SDH 传送节点所具有的功能外还具有以下主要功能特征：

（1）具有 TDM 业务、ATM 业务和以太网业务的接入功能。
（2）具有 TDM 业务、ATM 业务和以太网业务的传送功能。
（3）具有 TDM 业务、ATM 业务和以太网业务的点到点传送功能保证业务的透明传送。
（4）具有 ATM 业务和以太网业务的带宽统计复用功能。
（5）具有 ATM 业务和以太网业务映射到 SDH 虚容器的指配功能。

2）MSTP 技术发展阶段

MSTP 技术的发展主要体现在对以太网业务的支持上，以太网新业务的 QoS 要求推动着 MSTP 的发展。一般认为 MSTP 技术发展可以划分为三个阶段。

(1)第一代 MSTP。它的特点是提供以太网点到点透明传输。它是将以太网信号直接映射到 SDH 的虚容器(VC)中进行点到点传输。在提供以太网透明传输租线业务时,由于业务粒度受限于 VC,一般最小为 2Mbit/s,因此,第一代 MSTP 还不能提供不同以太网业务的 QoS 区分、流量控制、多个以太网业务流的统计复用和带宽共享,以及以太网业务层的保护等功能。

(2)第二代 MSTP。它的特点是支持以太网二层交换。它是在一个或多个用户以太网接口与一个或多个独立的基于 SDH 虚容器的点对点链路之间实现基于以太网链路层的数据帧交换。相对于第一代 MSTP,第二代 MSTP 进行了许多改进,可提供基于 802.3x 的流量控制、多用户隔离和 VLAN 划分、基于 STP 的以太网业务层保护,以及基于 802.1p 的优先级转发等多项以太网方面的支持。目前正在使用的 MSTP 产品大多属于第二代 MSTP 技术。但是,与以太网业务需求相比,第二代 MSTP 仍然存在着许多不足,比如不能提供良好的 QoS 支持,业务带宽粒度仍然受限于 VC,基于 STP 的业务层保护时间太慢,VLAN 功能也不适合大型城域公网应用,还不能实现环上不同位置节点的公平接入,基于 802.3x 的流量控制只是针对点到点链路,等等。

(3)第三代 MSTP。它的特点是支持以太网 QoS。在第三代 MSTP 中,引入了中间的智能适配层、通用成帧规程高速封装协议、虚级联和链路容量调整机制(LCAS)等多项全新技术。因此,第三代 MSTP 可支持 QoS、多点到多点的连接、用户隔离和带宽共享等功能,能够实现业务等级协定(SLA)增强、阻塞控制及公平接入等。此外,第三代 MSTP 还具有相当强的可扩展性。可以说,第三代 MSTP 为以太网业务发展提供了全面的支持。

3. WDM 光网络技术

1)WDM 的基本概念

光通信系统可以按照不同的方式进行分类。如果按照信号的复用方式来进行分类,可分为频分复用(FDM)系统、时分复用(TDM)系统、波分复用(WDM)系统和空分复用(SDM)系统。所谓频分复用、时分复用、波分复用和空分复用,是指按频率、时间、波长和空间来进行分割的光通信系统。应当说,频率和波长是紧密相关的,频分也即波分,但在光通信系统中,由于波分复用系统分离波长是采用光学分光元件,它不同于一般电通信中采用的滤波器,所以仍将两者分成两个不同的系统。

波分复用是光纤通信中的一种传输技术,它利用了一根光纤可以同时传输多个不同波长的光载波的特点,把光纤可能应用的波长范围划分成若干个波段,每个波段作一个独立的通道传输一种预定波长的光信号。光波分复用的实质是在光纤上进行光频分复用(OFDM),这是因为光波通常采用波长而不用频率来描述、监测与控制。随着电-光技术的向前发展,同一光纤中波长的密度会变得很高,称为密集波分复用(DWDM),还有波长密度较低的 WDM 系统,称为稀疏波分复用(CWDM)。

这里可以将一根光纤看作一个"多车道"的公用道路,传统的 TDM 系统只不过利用了这条道路的一条车道,提高比特率相当于在该车道上加快行驶速度来增加单位时间内的运输量。而使用 DWDM 技术,类似利用公用道路上尚未使用的车道,以获取光纤中未开发的巨大传输能力。

2)WDM 技术原理

WDM 系统主要由以下五部分组成:光发射机、光中继放大、光接收机、光监控信道和网络管理系统。波分复用系统总体结构如图 6.20 所示。

光发射机是 WDM 系统的核心,根据 ITU-T 的建议和标准,除了对 WDM 系统中发射激光器的中心波长有特殊的要求外,还需要根据 WDM 系统的不同应用(主要是传输光纤的类型和无电中继传输的距离)来选择具有一定色度色散容限的发射机。在发送端将来自终端设备(如 SDH 端机)输出的光信号,利用光传送单元(OTU)把符合 ITU-TG957 建议的非特定波长的光信号转换成具

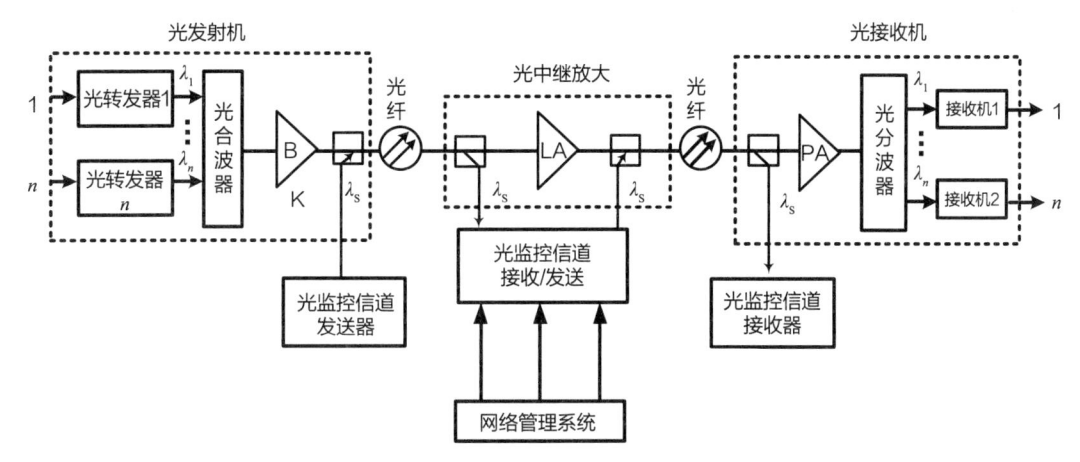

图 6.20 波分复用系统总体结构示意图

有稳定的特定波长的光信号,利用合波器合成多通路光信号,通过光功率放大器(BA)放大输出通路光信号。经过长距离光纤传输 80～120km,需要对光信号进行光中继放大。目前使用的光放大器多数为掺铒光纤光放大器(EDFA)。在 WDM 系统中,必须采用增益平坦技术,使 EDFA 对不同波长的光信号具有相同的放大增益,同时,还需要考虑到不同数量的光信道同时工作的各种情况,能够保证光信道的增益竞争不影响传输性能。在应用时,可根据具体情况将 EDFA 用作"线放(LA)""功放(BA)"和"前放(PA)"。

在接收端,光前置放大器(PA)放大经传输而衰减的主信道光信号,采用分波器从主信道光信号中分出特定波长的光信道。接收机不但要满足一般接收机对光信号灵敏度、过载功率等性能参数的要求,还要能承受有一定光噪声的信号,要有足够的电带宽性能。光监控信道主要功能是监控系统内各信道的传输情况,在发送端,插入本节点产生的波长为 λ_s(1510nm)的光监控信号,与主信道的光信号合波输出;在接收端,将接收到的光信号分波,分别输出 λ_s(1510nm)波长的光监控信号和业务信道光信号。同步字节、公务字节和网管所用的开销字节都是通过光监控信道来传递的。网络管理系统通过光监控信道物理层传送开销字节到其他节点,或接收来自其他节点的开销字节对 WDM 系统进行管理,实现配置管理、故障管理、性能管理、安全管理等功能,并与上层管理系统(如 TMN)相连。

4. OTN 技术

1)OTN 的介绍

OTN 是以波分复用技术为基础,在光层组织网络的传送网,能够提供基于光通道的客户信号的传送、复用、路由、管理、监控及保护(可生存性)。OTN 的一个明显特征是任何数字客户信号的传送设置与客户特定特性无关,即客户无关性,是下一代的骨干传送网必然发展趋势。

OTN 处理的基本对象是波长级业务,它将传送网推进到真正的多波长光网络阶段。由于结合了光域和电域处理的优势,OTN 可以提供巨大的传送容量、完全透明的端到端波长/子波长连接及电信级的保护,是传送宽带大颗粒业务的最优技术。

2)OTN 技术的发展

近几年,通信网络所承载的业务发生了巨大的变化,数据业务以迅猛的态势发展,特别是宽带、IPTV、视频等业务。新业务的发展驱动了业务量的快速增长,而这些快速增长的新业务以大颗粒宽带业务为主,这些大颗粒宽带业务需要进行有效的网络维护管理(OAM 功能),需要提高QoS,这对运营商的传送网络提出了新的要求。传送网络除了要能提供适应这种增长的海量带宽需求外，更重要的是要求传送网络可以进行快速灵活的业务调度。目前传送网使用的主要是 SDH 和 WDM 技术，但这两种技术都存在着一定的局限性。

（1）WDM 网络主要采用点对点的应用方式，组网能力差，业务调度不灵活，保护机制单一、不完善，简单的光监控通道（OSC）无法实现对业务的精确管理，缺乏有效的网络维护管理手段。

（2）SDH 偏重业务的电层处理，它以 VC4 为基本交叉调度颗粒，采用单通道线路，容量增长和调度颗粒大小受到限制，无法满足大带宽业务的传输需求。

而 OTN 技术恰恰是综合运用了 WDM 光层大容量传送机制和 SDH 电层处理机制的优势，是一种融合 WDM 和 SDH 的完整体系结构，各层网络都有相应的管理监控机制，光层和电层都具有网络保护生存机制，从而可以解决上述存在的问题。OTN 技术可以提供强大的 OAM 功能，可实现多达 6 级的串联连接监测（TCM）功能，提供完善的性能和故障监测功能。OTN 设备基于 ODUk 的交叉功能使得电路交换粒度由 SDH 的 155M 提高到 2.5G/10G/40G，从而实现大颗粒业务的灵活调度和保护。OTN 设备还可以引入基于 ASON 的智能控制平面，提高网络配置的灵活性和生存性。

OTN 在光域内可以实现业务信号的传递、复用、路由选择、监控，并保证其性能要求和生存性。OTN 支持多种上层业务或协议，如 SONET/SDH、ATM、Ethernet、IP、PDH、FibreChannel、GFP、MPLS、OTN 虚级联、ODU 复用等，是未来网络演进的理想基础。全球范围内越来越多的运营商开始构造基于 OTN 的新一代传送网络。

3）OTN 技术的主要优势

OTN 的主要优点是完全的向后兼容性，它可以建立在现有的 SDH 管理功能基础上，不仅提供了存在的通信协议的完全透明，而且还为 WDM 提供端到端的连接和组网能力，它为 ROADM 提供光层互联的规范，并补充了子波长汇聚和疏导能力。

OTN 概念涵盖了光层和电层两层网络，继承了 SDH 和 WDM 的双重优势，其主要优势体现在：

（1）多种客户信号的封装和透明传输。基于 SDH 的 WDM 提供的客户信号单一，主要以 STM-N 速率为主，而 OTN 可以支持多种客户信号的透明传送，如 SDH、GE 和 10GE 等。OTN 定义的光通道净荷单元（OPUk）容器传送客户信号时不更改其净荷和开销信息，而其采用的异步映射模式保证了客户信号定时信息的透明。

（2）大颗粒的带宽复用、交叉和配置。OTN 目前定义的电层带宽颗粒为光通路数据单元（ODUk，k = 0，1，2，3），即 ODU0（GE，1000M/S）、ODU1（2.5Gb/s）、ODU2（10Gb/s）和 ODU3（40Gb/s），光层的带宽颗粒为波长，相对于 SDH 的 VC-12/VC-4 的调度颗粒，OTN 复用、交叉和配置的颗粒明显要大很多，能够显著提升大带宽数据客户业务的适配能力和传送效率。高速率的交叉颗粒具有更高的交叉效率，使得设备更容易实现大的交叉连接能力，降低设备成本。经过测算，基于 OTN 交叉设备的网络投资将低于基于 SDH 交叉设备的网络投资。

（3）强大的开销和维护管理能力。目前基于 SDH 的 WDM 系统只能依赖 SDH 的 B1 和 J0 进行分段的性能和故障监测。当一条业务通道跨越多个 WDM 系统时，无法实现端到端的性能和故障监测，以及快速的故障定位。而 OTN 引入了丰富的开销，提供了和 SDH 类似的开销管理能力，具备完善的性能和故障监测机制。OTN 光通路（OCh）层的 OTN 帧结构大大增强了该层的数字监视能力。OTN 的光通道传送单元（OTUk）层的段监测字节（SM）可以对电再生段进行性能和故障监测，光通道数据单元（ODUk）层的通道监测字节（PM）可以对端到端的波长通道进行性能和故障监测，从而使 WDM 系统具备类似 SDH 的性能和故障监测能力。另外 OTN 还可以提供 6 层嵌套串联连接监视（TCM）功能，这样使得 OTN 组网时，采取端到端和多个分段同时进行性能监视的方式成为可能。对于多运营商 / 多设备商 / 多子网环境，可以实现分级和分段管理。适当配置各级 TCM，可以为端到端通道的性能和故障监测提供有效的监视手段，实现故障的快速定位。

（4）增强了组网和保护能力。通过 OTN 帧结构、ODUk 交叉和多维度可重构光分插复用器（ROADM）的引入，大大增强了光传送网的组网能力，改变了基于 SDH 的 VC-12/VC-4 调度带宽和 WDM 点到点提供大容量传送带宽的现状。前向纠错（FEC）技术的采用，显著增加了光层传输的距离。另外，OTN 将提供更为灵活的基于电层和光层的业务保护功能，如基于 ODUk 层的光子网连接保护（SNCP）和共享环网保护、基于光层的光通道或复用段保护等，但目前共享环网技术尚未标准化。在 OTN 大容量交叉的基础上，通过引入 ASON 智能控制平面，可以提高光传送网的保护恢复能力，改善网络调度能力。

5. ASON 互连技术

1）ASON 的介绍

ASON 也被称为智能光网络，它是符合 ITU-T G.8080 框架要求，以光纤为物理传输媒质，通过控制平面来完成自动交换和连接控制的具有智能的光传送网，由 SDH 和 OTN 等光传输系统构成。ASON 在传输网中引入了信令，并通过增加控制平面，增强了网络连接管理和故障恢复能力。

2）ASON 技术特点

ASON 作为传送网领域的新技术，相对于传统 SDH 网络，在业务配置、带宽利用率和保护方式上更具优势。

近年来，SDH 光纤传输系统在电信网中获得了大规模应用，其应用场合覆盖长途通信网、城域通信网和接入网。快速的保护功能、优越的管理性能使 SDH 光纤传输系统成为电信网的主要传输手段。然而，随着电信网的发展和用户需求的提高，SDH 光传输系统正暴露出一些问题：

（1）业务配置复杂。传统 SDH 光传送网络的拓扑结构以链形和环形为主，业务配置时，需要逐环、逐点配置业务，而且多是人工配置，费时费力。当牵涉多厂家的设备互连时，需要人工协调，效率更低，通常需要花费几周甚至几个月的时间。随着网络规模的日渐扩大，网络结构日渐复杂，这种业务配置方式已经不能满足快速增长的用户需求。智能光网络成功地解决了这个问题，可以实现端到端的业务配置。配置业务只需要选择源节点和宿节点，指定带宽和业务类型等参数，网络将自动完成业务的配置。

（2）带宽利用率低。传统 SDH 光传送网络中，备用容量过大，缺少先进的业务保护、业务恢复和路由选择功能。智能光网络通过提供路由选择功能和分级别的保护方式，尽量少地预留备用资源提高网络的带宽利用率。

（3）保护式单一。传统 SDH 光传送网络的拓扑结构以链形和环形为主，业务保护方式主要有 MSP、SNCP 等保护方式，而智能光网络的拓扑结构主要是 MESH 结构，在实现传统 MSP 和 SNCP 业务保护的同时，还可以实现业务的动态恢复。并且，当网络多处出现故障时，尽可能地恢复业务。

另外，智能光网络根据业务恢复时间的差异，提供多种业务类型，满足不同客户的需要。

为了有效地解决上述问题，一种新型的网络体系应运而生，这就是 ASON，也就是通常所说的能光网络，它在传输网中引入了信令，并通过增加控制平面，增强了网络连接管理和故障恢复能力。它支持端到端业务配置和多种业务恢复形式。ASON 实质上可以看作自动交换传送网（ASTN）技术在光网络中的一种应用实例。而 ASTN 是一种更通用的网络概念，它与具体技术无关，并能提供一系列支持在传送网络上建立和释放连接的控制功能。采用 ASON 技术之后，原来复杂的多层网络结构可以变得简单和扁平化，从光网络层开始直接承载业务，避免了传统网络中业务升级时受到的多重限制。这种网络结构中最核心的特点就是支持电子交换设备（如 IP 路由器等）动态向光网络申请带宽资源。电子交换设备可以根据网络中业务分布模式动态变化的需求，通过信令系统或者管理平面自主地去建立和拆除光通道，不需要人工干预。ASON 方案直接在光纤网络上引入了以

IP 为核心的智能控制技术，可以有效地支持连接的动态建立与拆除，可基于流量工程按需合理分配网络资源，并能提供良好的网络保护/恢复性能。

总的来说，ASON 作为传送网领域的新技术，相对传统 SDH 具备以下特点：

（1）支持端到端的自动配置。

（2）支持拓扑自动发现。

（3）支持 Mesh 组网保护，增强了网络的可生存性。

（4）支持差异化服务，根据客户层信号的业务等级决定所需要的保护等级。

（5）支持流量工程控制，网络可根据客户层的业务需求，实时动态地调整网络的逻辑拓扑，实现了网络资源的最佳配置。

因此，可以说 ASON 代表了光通信网络技术新的发展阶段和未来的演进方向。

6.3.5　光纤通信设备

按照技术原理，传输设备可以分为 SDH、WDM、PTN 和 RTN 四大类，SDH 演进为 MSTP，WDM 演进为 OTN。

1. MSTP

MSTP 系统是基于 SDH 的多业务传送平台，拥有 SDH 的保护恢复功能和 OAM 功能，支持 PDH、SDHEthernet、ATM、PCM 等多种业务的接入与传送，早期广泛用于运营商 2G 无线通信承载，是最大的基础传输网络。随着无线通信技术带宽的快速增长和 3G/4G 技术的发展应用，PTN 或 IPRAN 网络取代了 SDH 网络承载基站回传业务，SDH 开始逐步退网。但随着大集团客户自建传输网络的需求，SDH 网络由于技术成熟、稳定且具有价格优势，依然被广泛应用，例如，石油公司、电网公司、铁道公司等大企业均采用 SDH 传输网络。

2. RTN900 系列新一代分体式 IP 微波传输系统

微波通信采用无线波通信方式，通过大气传播，不需要光缆等传输介质，具有开通业务速度快、建网成本低等优点，被广泛应用于接入层传输。但由于微波通信容易受到天气影响，质量和速率不稳定，传输带宽偏小，所以微波通信技术在国内主要用于光缆无法到位的地方，如山区、城市高楼等，广泛应用于政府、广电、石油、电力等各个领域。

3. PTN 多业务分组传送平台

随着 3G/4G 无线通信的发展，IPRAN 或 PTN 应运而生，是目前国内运营商无线基站业务的承载回传网。

目前，各种新兴的数据业务应用对带宽的需求不断增长，同时对带宽调度的灵活性提出了越来越高的要求。作为一种电路交换网络，传统的基于 SDH 的多业务传输网已难以适应数据业务的突发性和灵活性。而传统的面向非连接的 IP 网络，由于其难以严格保证重要业务的质量和性能，因此不适宜作为电信级承载网络。

IPRAN、PTN 设备利用边缘到边缘的伪线仿真（PWE3）技术实现面向连接的业务承载，采用针对电信承载网优化的多协议标签交换（MPLS）转发技术，配以完善的操作维护管理（OAM）和保护倒换制，集合了分组传送网和 SDH 传输网的优点，进而实现电信级别的业务。

4. 波分网络设备

波分网络也称为 OTN，是由一组通过光纤链路连接在一起的光网元组成的网络，能够提供基于光通道的客户信号的传送、复用、路由、管理、监控及保护（可生存性）。

早期，波分网络的出现，主要解决了光纤资源不足的问题，提高了光纤传输容量。没有波分技术之前，一芯光缆只能传输一个波长，而通过波分复用技术，可以将多个不同波长复用进一芯光缆中进行传输。目前，波分网络按照系统波数可分为 40 波系统和 80 波系统，按照单波速率又可分为 10Gbit/s 系统、40Gbit/s 系统和 100Gbit/s 系统。依据不同的建网需求，当前运营商在接入层波分，主流建设 40×10Gbit/s 系统，实现 OLT 设备上联，城域波分网络主流建设 80×100Gbit/s 系统，承载大颗粒业务。OTN 的一个明显特征是任何数字客户信号的传送设置与客户特定特性无关，即具有客户无关性，支持所有业务承载。可以说，运营商的几乎所有业务都可以承载在波分网络上。

6.3.6　光网络的应用——新型城域云网

近年来，国家高度重视 IPv6 发展，2017 年 11 月中共中央办公厅、国务院办公厅印发《推进互联网协议第六版（IPv6）规模部署行动计划》，推进我国 IPv6 发展进入快车道。工信部连续多年推动"IPv6 网络就绪""IPv6 端到端贯通""IPv6 流量提升"等系列专项工作，推动各行各业提升 IPv6 端到端流量，繁荣 IPv6 业务生态。

同时，以 SRv6（基于 IPv6 的段路由）、BIERv6（IPv6 封装的位索引显示复制）和 APN6（感知应用的 IPv6 网络）为代表的一系列 IPv6+ 技术创新，结合 EVPN（以太网虚拟专用网）、FlexE（灵活以太网）等新技术发展，为电信运营商网络演进提供了强大的技术支撑。

在业务驱动上，随着新一轮科技革命和产业变革兴起，5G、人工智能、云计算、大数据等新一代信息技术产业迅速崛起。社会经济各层面数字化转型加快升级，推动融合云（云计算）、网（网络）、边（边缘云）、端（终端）、安（安全）、用（应用）的新 DICT 业务生态发展，2C/2H、2B/2G[1] 用户提出大带宽、低时延、广连接、算力下沉和精确服务等需求。

在技术发展和业务需求的叠加驱动下，基础电信运营商积极探索云网融合的新型通信基础设施建设模式，将云、网、边、端、安、用等数字化要素和 AI 人工智能、物联网等新兴信息技术深度融合，打造云网融合安全、绿色新型信息基础设施，满足不同行业应用场景的定制化需求。通过 IPv6 规模商用部署和"IPv6+"创新实现网络能力提升，赋能行业数字化转型，打造新一代高质量网络底座，全面建设数字经济、数字社会和数字政府的"新基座"。

近年来，基础电信运营商先后提出智能城域网、新型城域网等新型城域云网架构，构建面向云网融合、固移融合网络演进的标杆案例。以中国电信新型城域网为例，从技术驱动、云网融合、安全保障等方面进行基础电信运营商城域云网架构的演进。

1. 新型城域云网演进关键技术

新型城域云网演进关键技术有城域内 Spine-Leaf 网络架构、新型承载技术、广域网络 SDN 控制器、安全原子能力池化等。

1）城域内 Spine-Leaf 网络架构

我国基础电信运营商城域内的传统承载网可分为承载固网业务的 IP 城域网和承载移动网络的 IPRAN/PTN 网络，均为树形架构，方便南北向流量的收敛、汇聚和转发。但是伴随 5G、边缘云的发展，云计算和边缘数据中心的下沉将传统南北向的业务流量转变为东西流向，城域网也将由树形拓扑、三层架构转为全互联的、无阻塞的 Spine-Leaf 脊叶组网架构。

新型城域网架构在城域内引入 Spine-Leaf 脊叶组网架构，可利用 Spine-Leaf 脊叶网络扁平化、易扩展等特性，实现 Spine、Leaf 设备间无阻塞流量转发。组建城域 Spine-Leaf 标准架构，可实现灵活的组件加载。通过网业分离，简化城域网转发设备的网络功能，降低扩容成本。构建扁平化网络架构，实现 T 比特级流量的高速转发。

1）2C：面向终端用户；2H：面向家庭用户；2B：面向企业用户；2G：面向政府用户。

城域 Spine-Leaf 组网架构搭建灵活可扩展的新型城域云网，引入基于城域 POD（原意为交付单元，可延伸为城域云网资源的集合）、云网 POP（网络接入点）、出口功能区的"积木式"架构，可实现城域网用户接入能力及云网融合业务承载能力的跨越式发展。云网 POP 构建云网络与基础网络标准化对接架构，构建云网同址的云网 POP 基础设施，包含云出口和网边缘，推动云网一体化发展。云网 POP 随云布局，标准化、模块化构建，物理通道预配置，实现云计算资源池的快速入网。新型城域网 Spine-Leaf 组网架构如图 6.21 所示。

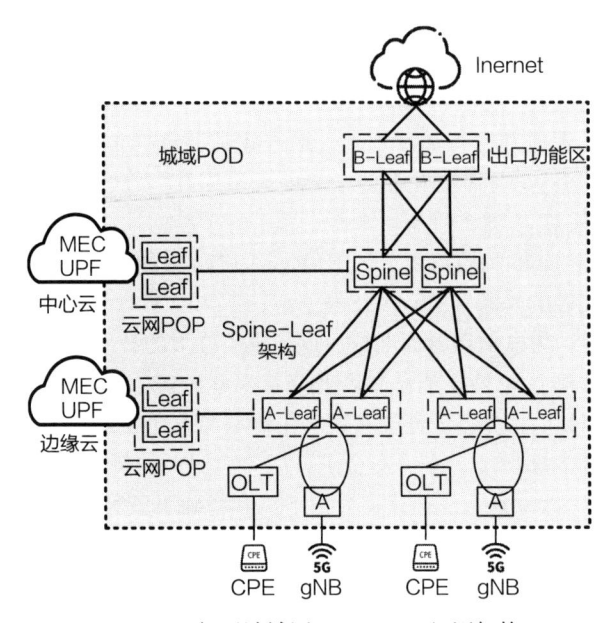

图 6.21 新型城域网 Spine-Leaf 组网架构

2）新型承载技术的引入

新型城域网架构以基于 IPv6 的 SRv6 为基础转发协议，EVPN 业务承载协议，提升设备配置简化与自动化能力。应用 FlexE 技术，面向移动、政企提供端到端网络切片。城域网内业务融合承载，分业务不同控制点处理；网络 1+1+N 硬切片实现通道差异化；分业务 VPN 隔离实现网络和业务安全。

新型城域网架构通过引入 SRv6/EVPN/FlexE 实现宽带、移动终端、政企专线、IPTV、Cloud VR 及其他增值业务的统一承载。在新型城域网内，全业务部署 EVPN over SRv6，进行 VPN 隔离，基于 SRv6 网络可编程能力，实现业务路径的定制、自动化配置和智能调度。为保证新老网络的平滑过渡，可部署 SRv6 和 MPLS 提供双平面业务承载，实现与原 IP 城域网、IPRAN 对接，保障传统 MPLS VPN 业务承载需求，逐步平滑演进。网内部署 FlexE，根据业务需求形成 N 个硬切片，结合 SRv6 实现数据转发，同切片内通过 Qos 区分不同行业客户优先级，实现差异化业务承载。

3）广域网络 SDN 控制器

新型城域网 SDN 控制器作为城域内网络流量调度的核心节点，对 IPv4/IPv6 流量调度、智能选路及业务快速开通有着重要作用，可实现云网融合业务省内全流程自动开通和业务感知可视、基于多场景（SLA、拥塞等）的业务智能优化调度。同时与上级骨干网络 SDN 控制器和编排器两级联动，实现跨域业务协同算路、基于多场景的业务端到端智能优化调度，全面提升云网融合业务智能化运营水平。

SDN 控制器通过 Underlay 和 Overlay 两张逻辑网络，可进行 IPv4/IPv6 流量智能调度，自动为流量成分寻找调度目标链路，实现拥塞避免和流量负载均衡；基于选路结果生成 BGP 路由策略，通过 BGP 连接向现网路由器发送优选路由。

SDN 控制器可实现隧道精细化管理、SRv6 路径拓扑、路径状态查询、路径优化记录、路径 SID 及查询详细流量等功能；5G 端到端切片，支持 5G、大客户、家宽、资源池服务等业务的融合承载；提供基于 SDN 的自动化和可编程能力，实现业务的快速开通和差异化的服务保障；基于编排控制体系支撑云网融合业务，支持业务快速开通、业务随选、电商化平台、端到端可视、基于 SLA 的业务智能路径优化及业务的快速迭代等业务需求。SDN 控制器可完成业务自动开通，快速智能协议适配，以插件方式灵活适配各专业/网络/网元/DC 接口协议；数据精细化采集，网络和业务数据采集一点接入、统一采集；网元配置服务化，控制能力原子化；统一资源管理，网络资源精准、动态获取；智能自动巡检，实现巡检作业电子化、自动化、集中化；灵活定制告警匹配规则，为告警与投诉的处置流程提供自动化支撑；全网实时动态拓扑可视化，基于路由拓扑的全网流量可视化及拥塞分析。

4）安全原子能力池化

安全原子能力包括 Web 应用防火墙、下一代防火墙、入侵防护系统、网络安全审计、漏洞扫描、Web 漏洞扫描、堡垒机、日志审计、数据库审计、防病毒、终端检测与响应、网页防篡改等常用的安全能力。通过各类安全设备软硬件解耦的方式，部署集中和近源两种安全能力池，形成全网统一即插即用的云化、池化、原子安全能力。安全能力池是安全能力集约化部署的具体体现，是将网络和信息安全的硬件能力池化部署，软件能力云化部署，并抽象为原子化能力，利用安全能力管理平台统一管理、统一编排、灵活调度、动态扩容、按需下沉的集约化安全能力集。

建设安全能力池，集成防火墙、入侵检测、防病毒、安全审计、漏洞管理和主机安全等原子安全能力，可实现安全能力的资源化、服务化和目录化，按需快速开通调用；向云/IDC/专线侧输出可调用的安全能力，安全能力资源共建共享，集约化建设运营；通过 SRv6/PBR/VPN/GRE 隧道等技术引流，将网络内访问互联网的出入流量经由安全能力池完成安全防护动作，实现安全能力编排。

2. 城域云网演进展望

电信运营商城域网络从 20 世纪 90 年代开始发展，以中国电信为例，城域网络 1.0 架构以承载低速率带宽业务为主（速率为 64K/128K 的电话拨号上网业务），大客户组网业务有 ATM、MPLS、PTSN、LAN 等多种承载方式，网络接入方式多元化，用户接入方式复杂多样（ATM、X.25、FR、DDN、IP 等），接入设备种类多样且平台处理能力较低，网络架构不统一，扩展受限。

进入 21 世纪后，3G、4G 建设迅猛，互联网快速发展，城域网络 2.0 架构以 IP 城域网、IPRAN（STN）双网并行方式，形成分层的规范化架构。IP 城域网为 CR-MSE 两级架构，适应 2H 光宽业务南北流量需求；IPRAN/STN 网络以 ER-B-A 三层架构为主，覆盖范围广，满足移动用户语音和流量需求；光宽/IPTV/软交换由 IP 城域网承载，移动基站回传业务由 IPRAN（STN）承载，政企专线根据不同的接入方式由 IP 城域网、STN 分别承载。

随着 5G 大力建设，IPv6 生态兴起，云计算、大数据应用蓬勃发展，催生了不同的新生业务生态，如 4K/8K 视频、AR/VR、云游戏要求大带宽、低时延、云边协同；工业互联网、自动驾驶/视频安防等准实时业务要求计算和存储本地化部署；政企混合云低时延业务、多云互联要求大带宽、低时延组网，带动云资源下沉至边缘 DC；中心云-中心云、中心云-边缘云、边缘云-边缘云之间的业务协同驱动城域内流量流向由树形（边缘-中心）向网状（边缘-边缘）转变。

城域网络 2.0 架构采用分网承载，互访低效，难以适应算力下沉，网络建设成本高，无法继续适应丰富的新生业务生态和边缘云业务场景。因此中国电信以 IPv6 技术为基础，引入 SRv6、EVPN、FlexE 等新型承载技术，提出了 IPv6 端到端能力贯通、固移业务灵活承载、网络智能调度、网络信息安全保障、适配边缘云算力下沉的云网融合的新型城域网架构。

新型城域网是统一承载 4G/5G 移动业务和光宽/IPTV/专线等固网业务的城域云网架构。新型城域网内全网部署 IPv4/IPv6 双栈，建设城域 Spine-Leaf 架构，构建弹性伸缩的智能城域网；实现光宽等固网业务和 5G 等移动业务固移融合的多业务一体化承载，基于 FlexE 技术的 1+1+N 网络硬切片实现 2C 业务和 2B 政企差异化业务保障；全面引入 SDN 智慧化运营控制系统，支撑业务快速开通、智能排障和端到端业务可管可视可控；城域内云资源池出口部署标准化云网 POP 节点，使用 SDN 控制器、SRv6+EVPN 技术端到端打通业务终端与云的通道，一点入云、快速开通。

新型城域网是基于 IPv6 的云网融合网络演进新架构，以云为中心，通过云网一体、适配边缘算力下沉和算力应用东西向流量横穿，构建 IPv6+5G+ 云网融合的业务生态网络环境，新型城域网整体网络架构如图 6.22 所示。

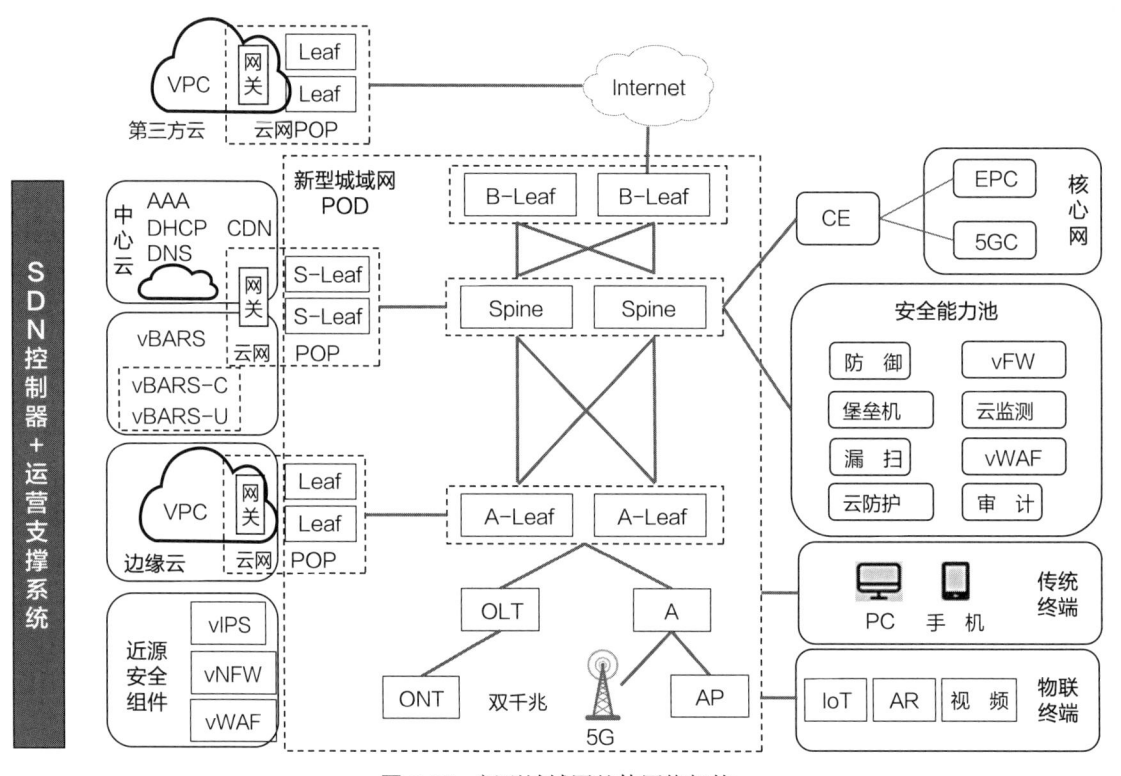

图 6.22 新型城域网整体网络架构

1）引入 IPv6+ 新技术，固移融合承载，IPv6 端到端能力贯通

新型城域网全网部署 IPv4/IPv6 双栈，固移云等全业务融合承载，且保证 2B/2C/2H 等不同客户的差异化服务体验。光宽、5G、IPTV、政企专线等重要业务全部统一由新型城域网融合承载。

新型城域网引入 SRv6/EVPN/FlexE 承载新技术，基于 SRv6 可面向业务、用户提供端到端网络，解决网络跨域对接难和网络故障保护问题。EVPN 基于 BGP/MPLS 技术实现 L2VPN/L3VPN 业务承载融合，协议简化，解决多点对接双活保护问题。FlexE 作为切片的基础技术，从硬件层面解决不同类型业务隔离问题，面向业务提供确定性 SLA 服务。

新型城域网通过引入 SRv6/EVPN/FlexE 实现宽带、移动、政企、IPTV CDN/Cloud VR 及其他增值业务的统一承载。公众宽带业务采用 EVPN over SRv6-BE 承载用户协议 / 数据报文；政企专线类业务采用 EVPN over SRv6-TE 构建端到端的 L2EVPN、L3VPN over SRv6-TE 业务；4G/5G 移动业务采用 EVPN Over SRv6 承载，按需部署 FlexE 构建端到端切片；IPTV CDN/Cloud VR 采用 EVPN over SRv6/BIERv6 承载用户协议和点播流量。

2）建设新型城域网 SDN 控制器，赋能网络智能

建设新型城域网 SDN 控制器，通过 SRv6 头配置下发、随流检测、SR-TE 隧道引流技术等，实现云网融合业务全流程自动开通、业务感知可视、基于多场景（SLA、拥塞等）的业务智能优化调度；实现跨域业务协同算路、基于多场景的业务端到端智能优化调度，全面提升云网融合业务智能化运营水平。

SDN 控制器是网络业务逻辑的核心、对网络的集中控制策略执行点，也是城域网内 IPv6 流量调度的核心枢纽。SDN 控制器结合上游系统全流程自动化实现云网业务一站式分钟级敏捷开通、实时感知分析、自助式优化调整，全面提升网络智能化水平。

SDN 控制器南向通过多协议插件化与各类网络自动适配，纳管 IP、接入、传输、云等网络设备，屏蔽网络复杂性；北向通过意图服务接口（初始标准化，可定制扩展）与 IT 快速集成，对接业务编排器、BSS 系统、OSS 系统等，支撑规模化业务和应用持续快速创新。

在具体的工程实施中，新型城域网 SDN 控制器可分为控制器单元、新型城域网采控插件、控制器中心平台（运营保障中心）三个组件。

（1）控制器单元：就近分布式部署，北向对接采控插件，南向对接新型城域网内设备，负责信令连接、信令控制、秒级状态感知、智能算路、协议适配，向上提供管理 API 对接新型城域网采控插件。

（2）新型城域网采控插件：做好纳管设备采集服务，支持 SNMP、SSH、Telnet、Syslog、Netconf 协议，实现开通配置服务。通过 BGP SRv6 Policy 控制协议、Netconf 协议对接新型城域网 Spine-Leaf 网元，自动完成 SRv6 Policy 隧道和专线业务的创建、变更、删除等操作控制服务。

（3）控制器中心平台（运营保障中心）：提供运营保障控制界面，实现对于新型城域网设备的资源管理、设备采集管理、流量管理、采集计划管理、网络拓扑管理。

3）云网融合，标准化对接实现快速入云

云网 POP 是将基础网络的业务接入设备，网络下沉到云资源池所在城域 DC 内形成网络边缘接入区，是网络边缘接入区与云内网络出口区设备的逻辑集合。

在新型城域网中，云网 POP 的网络边缘接入设备以 Leaf 叶设备为主，其他云网场景下也可使用 PE、SR 等路由设备，以及光传送网中的 OTN 设备；云内网络出口区设备则可对应使用 Leaf 路由器、DC 交换机、专线接入 OTN 等设备。

在新型城域网中，云网 POP 采用标准化云网对接架构，完成新型城域网与边缘云、中心云、安全能力池、公有云和第三方云的快速接入。云资源池出口部署新型城域网标准化云网 POP 节点，网络跟随云和 IDC 联动，使用 SDN 控制器、SRv6+EVPN 技术端到端打通业务终端与云的通道，家庭与政企终端接入到新型城域网，在 A-Leaf 与云网 POP 两端配置 L2/L3 EVPN over SRv6 直达通道，实现一点入云、快速开通。

在大规模城域云网规划中，可将新型城域网划分为网 POD 和云 POD。

（1）网 POD 内云资源池以边缘云和 POD 中心云为主，边缘云主要承载算力下沉所需的 MEC（多接入边缘计算）节点、下沉 UPF（5G 核心网用户面），面向各类企业级、园区级的上云需求，通过下沉 UPF、MEC 的部署，可进行本地和公网 IPv4、IPv6 流量的数据分流，实现数据不出园区，数据产生、使用的全业务流程均在内网完成，保证数据的安全，为下沉应用场景提供基于 IPv6 的"连接+计算+能力+应用"的灵活组合。POD 中心云可承载虚拟化的安全能力池、5GC 核心网、vBRAS 池和 vCDN 节点，实现安全、交换、认证计费和内容分发的云化统一承载。

（2）云 POD 内可集合各类电信云、公有云、第三方云和 IDC 节点，使用云网 POP 接入，统一汇聚至云 POD 的 Spine 设备，为用户提供丰富的内容资源。边缘云、中心云、电信云、公有云、

第三方云等云计算资源池内设备应支持IPv4/IPv6双栈，提供的IaaS、PaaS、SaaS组件支持IPv4/IPv6双栈，上层业务系统可按照用户需求提供IPv4/IPv6双栈或IPv6单栈服务。

4）安全融云，提供安全保障能力

安全能力池对外可为云租户、IDC客户和互联网专线客户等提供安全防护，为产品服务赋能，满足最终用户合规、监管等安全方面的要求；对内可为运营商自有系统和网络提供安全防护，为安全运营赋能。

针对互联网专线用户、IDC用户、运营商内部系统的流量型防护需求，以及部分非流量型安全防护需求，可将安全能力池集中或下沉部署，通过SRv6/PBR/VPN/GRE隧道等技术将客户流量引到安全能力池进行防护后送回到客户侧，实现用户流量的安全防护功能。

以安全融云为抓手，实现安全能力汇聚提升，打造差异化的云网安全能力，是新型城域网有别于传统城域网的一大特征。安全能力的虚拟化、云化承载，突破了原有安全能力系统烟囱式建设的弊病，为安全能力共享、安全数据融通提供保障条件。

5G、IPv6、云计算、大数据技术发展的助力下，CT、IT全面融合，各行各业上云已成为大势所趋，2B业务正在由封闭的传统ICT向融合云、网、边、端、安等新技术能力的新型DICT演进，2H/2C客户由传统连接业务向新型云、网、端交互业务发展。

城域云网架构的设计，面向未来业务需求，以简洁、通用、高效、智能为目标演进。网络可以高效、动态地连接大量的接入节点，逐步形成城域内的统一承载新平面，打造以边缘云为核心，云网一体的城域算力网络，具备入云、云间流量疏导能力，实现云边、边边业务协同，有力地支撑算力下沉，繁荣IPv6+5G业务生态。

新型城域网与5G、IPv6、云服务等技术的融合创新，能够进一步推动相关产业发展，带动上下游相关企业发展。虽然网络架构演进及IPv6的投资不能直接生产经济财富，但可以构建"2C+2B+N个行业"的差异化服务网络，有效促进整体社会的经济增长，其产生的经济效益对社会经济发展的贡献是长效的，同时也是不可估量的。

6.4 无线通信技术

无线通信是利用电磁波信号在自由空间中的传播特性，使多个节点间不经由导体或缆线进行信息交换的一种通信方式。人们平时收听广播、拨打手机、使用蓝牙耳机，都使用了无线通信技术。这些设备摒弃了传统的有线连接方式，采用电磁波作为载体传输信号。近20多年来，无线通信已逐渐融入人们生活的方方面面，极大地推动了社会经济的发展，成为影响人类生活和社会进步的重要产业。

6.4.1 无线通信系统

1. 无线通信发展简史

从人类第一次通过无线电报实现远距离无线通信至今，无线通信技术得到了迅猛的发展和日益广泛的应用。无线通信的发展可以追溯到1865年麦克斯韦（James Clerk Maxwell）所建立的麦克斯韦方程。麦克斯韦方程预言了电磁波的存在，严格地描述了电磁场应该遵循的规律，为电磁波的空间传输奠定了理论基础。1887年，随着赫兹（Heinrich Rudolf Hertz）首次证明了在数米远的两点之间可以发射和检测电磁波，用电磁波传输信息开始引起学术界的广泛关注。1895年，马可尼（Guglielmo Marconi）成功地进行了约3km的无线通信，实现了人类历史上第一次远距离无线通信。

20世纪80年代，随着集成电路技术的发展，蜂窝通信逐渐走入人们的生活。技术的进步与市场的需求是无线通信飞速发展的核心推动力。从第一代模拟蜂窝移动通信系统（1G）、第二代数字蜂窝移动通信系统（2G），到第三代宽带多媒体移动通信系统（3G），再到第四代移动通信系统（4G），移动通信系统应用向着更深更广的方向发展。如今，第五代移动通信系统（5G）时代已悄悄来临，可以预见未来更快、更智能、更个性化的通信服务。

2. 无线通信系统概述

根据传输介质的不同，可以将通信系统分为无线和有线两种。有线通信系统利用导线传输信息，需要敷设专门的传输线路，如架空明线、通信电缆、光缆等，人们生活中所使用的有线座机、有线电视都属于有线通信方式。

无线通信系统利用空间电磁波作为传输介质，在空中传递信号。在无线通信系统中，发射设备和接收设备都需要安装天线。原始信息都是频率较低的信号，例如，音频信号的频率为300～3400Hz，不利于天线的直接传输，因此低频的信号在发射之前需要加载到高频的载波信号上，这样的过程称为调制。在接收端，接收到的信号需要经过相逆的解调运算，才能恢复出原始的信息。

相比于专用的电缆线，采用无线方式进行信息的传输，信号到达接收端时将出现更为严重的能量衰减、相位旋转及多径延时等问题，所以，如何正确有效地传输信号是无线通信系统中要解决的关键问题。采用信号处理技术可以提升无线信号传输的可靠性，发射机内部结构简易框架如图6.23所示，其完成一系列信号处理过程，如信道编码、调制和滤波等。这些处理过程可以使传输的信号对信道的干扰更加稳健。在到达接收端时，接收到的信号通过滤波、解调和解码等逆操作即可恢复出原信号，接收机内部结构简易框架如图6.24所示。

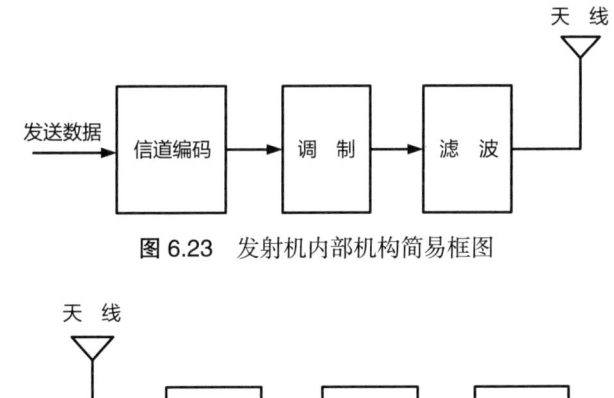

图6.23　发射机内部机构简易框图

图6.24　接收机内部结构简易框图

6.4.2　无线通信系统的分类

无线通信系统可以分为很多不同的类型，例如，根据其传输信号的形式不同，可以分为模拟通信系统与数字通信系统；根据电磁波的波长不同，可以分为长波通信系统、中波通信系统、短波通信系统和微波通信系统等；根据通信的方向性，可以分为单向传输系统和双向传输系统。

1. 模拟通信系统与数字通信系统

模拟通信利用模拟信号作为载波，并利用载波参数的改变达到通信的目的。在实际系统中通常使用正弦波或周期性脉冲序列作为载波，可以利用原信号改变正弦波的幅度、频率或相位，也可以利用原信号改变脉冲的幅度、宽度或位置。

数字通信是指用数字信号作为载体来传输消息，或用数字信号对载波进行数字调制后再传输信息的通信方式。数字通信与模拟通信相比具有明显的优点，如其抗干扰能力强，通信质量受噪声的影响较小，能适应各种通信业务的要求，便于采用大规模集成电路，便于实现保密通信和计算机管理。

2. 长波通信系统、中波通信系统、短波通信系统和微波通信系统

长波通信是指利用波长大于 1km，即频率低于 300kHz 的电磁波进行信息传输的无线电通信。长波通信又可以细分为长波、甚长波、超长波和极长波波段的通信。因为频率较低，所以长波在无线空间中的传播损耗较小，可以传播较远的距离。但由于其波长较长，发射机天线尺寸较大，系统较为庞大。长波通信广泛用于海上通信。

中波通信是指利用波长为 0.1～1km，即频率为 300～3000kHz 的电磁波进行信息传输的无线电通信。中波波段是无线电通信发展初期使用最多的波段之一，主要用于电台广播、近程无线电导航及军事地下通信等。

短波通信是指利用波长为 100～10m，即频率为 3～30MHz 的电磁波进行信息传输的无线电通信。

微波通信是指使用波长为 0.1mm～1m，即频率为 300MHz～3THz 的电磁波进行信息传输的无线电通信。微波通信又包括分米波、厘米波、毫米波和亚毫米波通信，其可以提供较宽的通信频段。微波通信发射设备天线尺寸较小，在军事及民用通信中都得到广泛的应用。

3. 单向传输系统和双向传输系统

人们收听广播依托的就是单向传输系统，手机通信依托的就是双向传输系统。双向传输系统包括单工系统、半双工系统和双工系统三种类型。

（1）单工系统：系统通信的双方通过不同的时间或不同的频段交替地进行消息的发射和接收，根据发射信号和接收信号频率的不同可以分为同频单工和异频单工。同频单工是指通信双方使用相同的频率在不同的时间发射信号，即发射的时候不接收，接收的时候不发射。异频单工是指通信双方使用不同的频率发射信号，但是发射机与接收机不能同时工作，因此其收发的过程也不能同时进行。

（2）半双工系统：发射和接收可以使用相同的无线信道，但是同一时间内用户只能发射或者接收信号。这样的切换可以由用户自己来控制，如"按下通话""放开收听"等。

（3）双工系统：通信双方可以同时进行信号的发射和接收。为了避免发射信号与接收信号相互"打架"，发射和接收的信号需要通过两条相互独立的信道进行传输。双工系统分为频分双工（frequency division duplexing，FDD）系统和时分双工（time division duplexing，TDD）系统，在频分双工系统下，每个用户具有两个不同频段的通信信道，可以在接收信号的同时发射信号。在时分双工系统下，信号的发射和接收在同一频段内完成，用户可以将该信道的一部分时间用于发射信号，另一部分时间用于接收信号。

6.4.3 无线通信技术的分类

根据通信服务范围的远近，可以将无线通信技术分为近距离无线通信技术与远距离无线通信技术。近距离无线通信技术是指通信双方在较近的距离范围内利用无线电波传输数据，其应用范围非常广泛。与近距离无线通信技术相对的是远距离无线通信技术。常用的远距离无线通信系统包括移动通信系统、卫星通信系统等。

根据无线通信系统空中接口可以承载的业务带宽的大小，无线通信技术可分为宽带无线通信技术和窄带无线通信技术。

1. 近距离无线通信技术

随着移动物联网技术的发展，很多近距离无线通信技术，如 ZigBee、蓝牙、射频识别（RFID）等技术都得到了进一步的发展。

1）ZigBee 技术

ZigBee 是一种低速率、近距离、低功耗的无线传输协议，其底层采用了 IEEE 802.15.4 标准规范的介质访问控制层与物理层。ZigBee 技术具有低功耗、低成本的特点，特别适用于传输距离短、数据传输速率低的电子设备之间的数据通信。ZigBee 技术使用起来比较安全，支持多种网络拓扑结构，可以通过多个 ZigBee 节点的部署建立多跳网络。

ZigBee 技术可以提供较大的网络容量，每个 ZigBee 设备可以与多个 ZigBee 设备相连接，组成具有多个节点的 ZigBee 网络，覆盖百米以内的通信范围，广泛应用于智能家居、工业与环境监控、医疗看护等。

2）蓝牙技术

蓝牙技术也是一种近距离、低功率的无线通信技术，可采用较低的成本完成设备间的无线通信。蓝牙系统包含天线单元、链路控制单元、链路管理单元和软件单元 4 个部分。

蓝牙技术可以替代数字设备和计算机外设间的电缆连线，以实现数字设备间的无线组网，在没有电缆连接的情况下，实现不同生产厂家设备间的近距离通信。蓝牙技术具有低功率、低成本的特点，其工作频率为全球通用的 2.4GHz，可以传输音频和数据，具有很好的抗干扰能力。

3）RFID 技术

RFID 技术是一种无须直接接触的自动识别技术，广泛应用在早期的物联网系统中，RFID 技术采用无线射频技术，完成物体对象的自动识别，作为构建物联网的关键技术，其自提出后就一直受到人们的关注。RFID 技术使用专用的 RFID 读写器及专门的可附着于目标物的 RFID 标签，利用无线信号将信息由 RFID 标签传送至 RFID 读写器，进而自动辨识与追踪物品。

RFID 标签根据其是否需要配备电池分为有源标签和无源标签。有源标签本身拥有电源，可以主动发出无线电波。无源标签本身并不拥有电源，但可以通过进入读写器所生成的磁场来获得能量。RFID 标签包含了电子存储的信息，数米范围之内都可以被识别。与条形码不同的是，RFID 标签不要求位于识别器视线范围之内，甚至可以嵌入被追踪物体之内。

2. 远距离无线通信技术

远距离无线通信技术可以在远距离范围内进行通信，其应用范围广泛，常用的远距离无线通信系统包括移动通信系统、卫星通信系统等。

1）移动通信系统

移动通信就是通信双方至少有一方是在运动中（或临时静止状态）实现通信的通信方式，采用的频段遍及低频、中频、高频、甚高频和特高频。移动通信包括陆海空移动通信。例如固定体与移动体之间、移动体与移动体之间的信息交换，都属于移动通信。这里的"信息交换"不仅指双方的通话，还包括数据、图像等通信业务。

随着移动通信技术不断发展，移动通信技术经历了从第一代到第五代的飞跃，移动通信技术已经更新换代到第 5 代，就是第五代移动通信技术（5G）。

5G 技术具有以下特点：

（1）速度快：5G 峰值速率可达到 10Gbit/s，能满足超高清视频、虚拟现实等大数据量的传输。

（2）低延时：5G 空口时延低至 1ms。"低延时"是远程精确控制类（如自动驾驶汽车）工业级应用成功的关键。

（3）高连接：5G网络具备百万连接/平方公里的设备连接能力，满足物联网的通信。

2）卫星通信系统

卫星通信通过在空中的卫星的通信转发器来接收和放大陆海空用户发来的信号，并以其他频率转发出去，为陆海空用户接收信号提供无线通路，从而实现陆海空的固定和移动用户间的通信。

卫星通信系统一般包括三部分：通信卫星，由一颗或多颗卫星组成；地面站，包括系统控制中心和若干个信关站；移动用户通信终端，包括车载、舰载、机载终端和手持机。卫星移动通信系统可利用地球静止轨道卫星或中、低轨道卫星作为中继站，实现区域乃至全球范围的移动通信，所以具有不受陆海空位置条件限制、受地物影响很小、频率资源充足、通信容量大、覆盖面积广的特点，适合洲际越洋、军事、应急、干线和多媒体通信。

3. 宽带无线通信技术

宽带无线通信是指从用户终端到业务交换点之间的通信链路采用无线宽带接入技术，它实际上是核心网络的无线延伸。

采用宽带接入技术的无线通信系统具有以下特点：

（1）工作频段宽。宽带无线通信技术应用在较大的带宽环境下，因此可以灵活地运用频谱的划分提升系统性能。

（2）基础建设成本低。宽带无线通信不需要进行大量的基础设施建设，初期投入少。随着运营规模的增加，其成本才会慢慢增加。

（3）提供服务速度快。无线系统安装调试容易，系统建设周期可以大大缩短，可迅速为用户提供服务。

（4）系统容量大。第四代移动通信系统的物理层采用正交频分复用等高效多址接入技术，使系统无线频谱的利用率较传统采用码分多址的无线通信系统有显著的提高。

（5）链路自适应灵活。宽带无线通信系统可以支持多种调制类型，并且系统能够根据链路状态动态地调整上、下行链路中的调制类型，实现链路传输速率的灵活配置，最大限度地提升系统的频谱利用率。

（6）带宽分配动态。宽带无线通信系统能支持同一扇区内不同终端之间和同一终端不同接口之间的动态带宽分配，可以有效提高系统的频谱利用率。

4. 窄带无线通信技术

窄带无线通信技术在近几年也得到了迅猛发展，其最典型的应用之一就是窄带物联网（NB-IoT）。

NB-IoT是物联网领域的新兴技术，其基于蜂窝网络，可直接部署于现有的蜂窝网络中，支持低功耗设备在广域网中的数据连接。NB-IoT支持待机时间长、对网络连接要求较高的设备的高效连接，可以实现较长的设备电池使用寿命和较广的蜂窝数据连接覆盖。

NB-IoT具有以下特点：

（1）广覆盖。在同样的频段下，NB-IoT系统可以有效提升覆盖区域的范围。

（2）多连接。NB-IoT能够支持更多连接数，并支持低延时、低功耗设备的通信，设备成本低，网络架构优。

（3）低功耗。NB-IoT终端模块耗电量低，待机时间可长达10年。

（4）低成本。单个NB-IoT模块的造价成本低廉，极易推广应用。

目前，物与物的连接大多通过蓝牙、无线局域网等近距离通信技术承载，为了满足不同物联网业务的需求，根据物联网业务特征和移动通信网络的特点，移动通信网络也针对窄带物联网业务场景开展了相关的研究，以适应蓬勃发展的物联网业务需求。

6.4.4 5G

随着时代的发展，移动通信技术也发展迅猛，从20世纪80年代初开始至今，移动通信技术已经更新换代到第5代，经历了从语音到数据的跨越式发展，具有里程碑式的意义。第五代移动通信技术是新一代移动信息技术发展的主要方向，是未来新一代信息基础设施的重要组成部分。

1. 什么是 5G

第五代移动通信技术（简称 5G）是具有高速率、低时延和大连接特点的新一代宽带移动通信技术，5G 通信设施是实现人、机、物互联的网络基础设施。

5G 是一个全球性的通信技术标准。它的颁布者是 ITU（国际电信联盟）。ITU 是联合国的下属机构，专门负责信息通信技术的相关事务，包括制定全球电信标准、促进全球电信发展。事实上，5G 只是一个"小名"，或者说是"昵称"，它真正的"大名"（法定名称）是 IMT-2020，这个名字是 2015 年 10 月在瑞士日内瓦举办的无线电通信全会上由 ITU 正式确定的。

2. 5G 关键技术

1）5G 空口关键技术

空口，就是空中接口。具体来说，就是手机终端和基站之间这个无线传输的部分。在 5G 中，这个部分被称为 5G NR（NewRadio，新空中接口）。虽然人们通常把移动通信归类为无线通信，但事实上，整个移动通信系统中，真正通过无线信号进行数据传输的，只有接入网的空口部分，以及少量的承载网场景（在条件有限的地区，会用到微波和卫星传输）。

（1）毫米波。无线通信的基础是电磁波。利用电磁波可以在空气甚至真空中自由传播的特性，将信息加载在电磁波上，就实现了信息的无线传输。电磁波的物理特性是由它自身的频率决定的。不同频率的电磁波有不同的物理特性，从而有不同的用途。

一直以来，公共移动通信（1G/2G/3G/4G）所占用的主要是特高频和超高频的频段。从 1G 到 4G，使用的电磁波频率越来越高。原因有两个方面，一是因为低频段的频率资源过于稀缺，高频段的频率资源更为丰富；二是因为高频段通信能实现更高的传输速率。

到了 5G 时代。无线通信使用的电磁波频率就更高了。5G 的频率范围分为两种：一种是 FR1 频段，工作频率在 6GHz 以下（后来 3GPP 将该频段改成 7.125GHz 以下），这个频段也叫 Sub-6GHz 频段，它和 4G 工作频率的差别不算太大；另一种是 FR2 频段，工作频率在 24GHz 以上。

目前，对于 FR2 频段，国际上主要使用 28GHz 进行试验。关于电磁波有一个重要的物理公式，就是"光速 = 波长 × 频率"。也就是说电磁波的频率和波长成反比，频率越高，波长越短。如果按 28GHz 来算，波长为 10.7mm。

这就是 5G 的第一大撒手锏——毫米波。

移动通信网络如果使用了毫米波这样的高频段电磁波，就会带来基站信号的传输距离大幅缩短、覆盖能力大幅减弱的后果。因此，要让信号覆盖同一个区域，5G 网络需要的基站数量将远远超过 4G 网络。

（2）微基站。为了尽可能减轻网络建设方面的成本压力，5G 还"想出"了其他办法，这就是 5G 的第二大撒手锏——微基站。

基站按大小和天线发射功率，通常分为宏基站、微基站、皮基站和飞基站。微基站、皮基站和飞基站都很小，所以后两者通常也被笼统地归为微基站。微基站就是小基站，主要用于室内。宏基站就是大基站，在室外很常见。基站的类型如表 6.1 所示。

微基站此前已被广泛使用。到了 5G 时代，5G 基站的信号覆盖范围比较小，大量采用微基站是必然的选择。

表 6.1　基站的类型

名　称	别　称	单载波发射功率（20MHz 带宽）	覆盖能力
宏基站	宏站	10W 以上	200m 及以上
微基站	微站	500MW ~ 10W	50 ~ 200m
皮基站	微微站 企业级小基站	100 ~ 500mW	20 ~ 50m
飞基站	毫微微站 家庭级小基站	100mW 以下	10 ~ 20m

（3）大规模天线阵列（Massive MIMO）。天线是无线通信系统中最重要的部件之一。为了能实现更高的性能，5G 在天线上做足了文章。根据天线的特性，天线长度应与传输的电磁波波长成正比，为波长的 1/10 ~ 1/4。5G 的工作频率比 2G、3G、4G 的高，5G 信号的波长很短，甚至达到毫米级。所以，5G 天线的长度相比以往要大幅缩短，也达到毫米级。1G 时代的"大哥大"手机有很长的天线，而现在的手机都看不到天线，正是因为后者的工作频率高、信号波长短。

天线长度变成毫米级，意味着它完全可以藏到手机的内部，甚至可以藏很多根，这就是 5G 的第三大撒手锏——Massive MIMO。MIMO（多输入多输出）就是多根天线发送，多根天线接收。

在 LTE 时代，无线通信系统就已经采用了 MIMO 技术。很多 Wi-Fi 路由器也采用了这种技术，但是，天线数量并不算多，只能说是初级版的 MIMO。到了 5G 时代，MIMO 技术变成了加强版的 Massive MIMO 技术，Massive 就是大规模的意思。

手机里面能够安装很多根天线，基站就更不用说了。以前的基站天线只有几根。5G 时代，天线数量不是按"根"来算，而是按"阵"来算——天线阵列，一个天线阵列就有上百根天线。天线数量的大幅增加将提升手机和基站之间的传输速率。

（4）波束赋形。采用天线阵列技术除了增加速率、带宽之外，还可以有效提升无线信号的覆盖效果。这里用灯泡的例子来分析。基站发射信号的时候，比较像灯泡发光。灯泡的光会照亮整个房间，但是有时候，人们只是想照亮某个区域或物体。这样的话，其实大部分的光都被浪费了。同样，基站采用传统的方式发射信号，大量的能量和资源都被浪费了。而 5G 的第四大撒手锏——波束赋形（Beamforming）就像一只无形的手，能把散开的光束缚起来，既节约了能量，又保证了要照亮的区域有足够的光。

在基站上布设天线阵列，通过对射频信号相位的控制，使得相互作用后的电磁波波瓣变得非常狭窄，并指向它所提供服务的手机，而且能根据手机的移动而转变方向，这就是波束赋形。这种空间复用技术使全向的信号覆盖变成了精准的指向，波束之间不会相互干扰，在相同的空间中可以提供更多的通信链路，极大地增加了基站的服务容量。

在 5G 系统中，3D 波束赋形既可以实现水平方向的波束赋形，也可以实现垂直方向的波束赋形，对建筑物不同楼层的覆盖效果将会有所提升。

（5）D2D。在目前的移动通信网络中，如果两个终端之间通信，信号（包括控制信令和数据包）是通过基站进行中转的。即便两个终端离得很近，甚至面对面，也是如此。而在 5G 时代，这种情况可能会发生改变，这就要归功于 5G 的第五大撒手锏——D2D（设备到设备）。

5G 时代，同一基站覆盖范围内的两个终端，如果在相互之间距离满足条件的情况下进行通信，它们的数据将不再通过基站转发，而是直接从终端到终端。这样就节约了大量的空口资源，也减轻了基站的压力，有利于降低成本和提升效率。

（6）上下行解耦。前面介绍过，电磁波频率越高，传播距离越近。手机终端和基站之间的通信分为上行（手机到基站）和下行（基站到手机）。网络的覆盖范围是由上行和下行共同决定的。基站天线比较大，功率比较高，所以下行信号会强一些，传输的距离也会远一些。但是，手机信号的发射功率是有严格限制的,远远小于基站。所以,手机上行信号的传播距离通常小于基站下行信号的传播距离。

那么,是不是可以让上行信号使用中低频电磁波,从而提升上行信号的传播距离呢?这个技术,也就是 5G 的第六大撒手锏——上下行解耦。简而言之,下行使用高频电磁波信号,既可以保证传输距离,又可以提升网络带宽(毕竟终端下载数据会更多一些,例如看手机视频),而上行使用中低频电磁波信号,损失一点网络带宽能力,但是可以增加信号的传输距离,从而扩大基站的覆盖范围。

2) 5G 网络架构的革新

5G 想要实现性能指标的飞跃,只改进空口是肯定不够的。空口是网络速率提升的瓶颈,但用户对网络的要求并不仅限于速率,还包括更低的时延、更大的容量和更多样化的应用场景。想要实现这些方面的提升,就需要改进整个网络的架构。

除了用户之外,作为网络的拥有者和经营者,运营商对 5G 网络架构的演进也有诉求。近年来,通信行业竞争日趋激烈。虽然用户规模在不断增长,但 ARPU(每用户平均收入)却在不断下降。网络规模日益庞大,复杂度日益增加,这都意味着网络维护成本的不断提升。收入越来越少,成本越来越高,给运营商带来了很大的压力。所以,运营商希望借网络升级换代的机会,改进网络架构。运营商希望拥有一张支持业务快速部署、容量弹性伸缩、资源动态分配的网络,一张可靠性高、容灾能力强、恢复速度快的网络,一张维护简单的网络、管理灵活的网络。简而言之,就是云化、智能化、绿色化。

为了实现上述目标,5G 网络架构在网络切片、NFV、SDN、MEC 等方面进行了技术改进。

(1) 网络切片。网络切片是 5G 网络架构设计的核心技术。

5G 的业务范围非常宽泛,不同的业务场景对带宽等网络资源的需求是完全不同的。5G 网络不可能根据每个业务来配置各自独立的物理设施,而是在物理网络中通过逻辑控制来划分不同用途的逻辑网络,支撑不同的应用,这就是网络切片。

到了 5G 时代,移动通信网络的应用场景从人联网扩展到物联网,包括 eMBB、uRLLC 和 mMTC。这三大场景包括很多子场景,对应社会上的"千行百业"。在这种情况下,QoS 无法满足要求。所以,作为 QoS 的"高级改进版本",网络切片被提了出来。

相比 QoS,网络切片最大的特点是端到端的隔离。传统 QoS 虽然实现了一定程度的隔离,但只是核心网(或接入网、承载网)内部的隔离,属于"小隔离"。而网络切片横向贯穿了接入网、承载网和核心网,从整个网络上进行隔离,是"大隔离"。

这些网络切片由高层网络的网络切片管理功能进行统一编排,甚至可以由用户自己定制。在同一类子网络切片下,还可以进行资源再划分,形成更低一层的子网络切片。这些网络切片也有自己的生命周期。如果需要撤销业务,这个网络切片就会被回收,网络切片占用的资源也会被尽快释放。

总而言之,网络切片技术能够满足 5G 业务多样化的需求,也可以实现网络资源的高效管理。它是 5G 作为融合网络的前提。

(2) NFV(网络功能虚拟化)。虚拟化是云计算技术的核心。所谓云计算,就是将计算资源从本地迁移到云端,实现"云化"。计算资源主要是指服务器,它拥有 CPU、内存、硬盘和网卡,通过安装操作系统和软件,能够提供各种计算服务。但是,如果只是简单地将服务器硬件搬到云端机房,在调配资源时,仍然缺乏足够的灵活性和效率。所以,云计算就引入了虚拟化技术。

虚拟化技术,就是在物理服务器的基础上,通过部署虚拟化软件平台,对计算资源(例如 CPU、内存等)、存储资源(例如硬盘)、网络资源(例如网卡)等资源进行统一管理,按需分配。

在虚拟化平台的管理下，若干台物理服务器变成了一个大的资源池。在资源池之上，可以划分出若干个虚拟服务器（虚拟机），安装操作系统和软件，实现各自的功能。

目前移动通信网络，尤其是核心网，是由很多网元组成的。这些网元本身就是一台定制化的"服务器"。网元上面运行的软件服务确保其功能得以实现。以前，这些网元都是各个厂商自行设计制造的专用设备。现在，随着 x86 通用服务器硬件能力的不断增强，通信行业开始学习 IT 行业，引入云计算技术，使用 x86 通用服务器替换厂商专用服务器将核心网"云化"。

核心网的架构设计也借鉴了 IT 行业的微服务理念，演进为 SBA（基于服务的架构）。简单来说，就是将"一个服务器实现多个功能"变成"多个服务器实现各自的功能"。这种架构是 5G 核心网支持网络切片的前提。

采用 NFV 技术，将通信设备网元云化，可以实现软件和硬件的彻底解耦。运营商不再需要购买专用硬件设备，大幅降低了对硬件的资金投入。NFV 技术还具备自动部署、弹性伸缩、故障隔离和自愈等优点，可以大幅提升网络运维效率，降低风险和能耗。因此，运营商对 NFV 技术具有强烈的需求。除了核心网之外，运营商也在推动 NFV 技术在接入网的落地。

（3）SDN。NFV 主要应用于核心网和接入网，SDN（软件定义网络）则主要应用于承载网。SDN 的设计思路其实和 NFV 一样，都是通过解耦来实现系统灵活性的提升。NFV 是软硬件解耦，SDN 则是控制面和转发面解耦。

承载网的核心功能就是传输数据。传输的过程就是不断路由和转发数据报文的过程。传统网络中，各个路由转发节点（路由器）都是独立工作的，内部管理命令和接口也是厂商自己定制的，不对外开放。而 SDN 就是在网络之上建立一个 SDN 控制器节点，统一管理和控制下层设备的数据转发。所有下级节点的管理功能被剥离（交给 SDN 控制器），这些节点只剩下转发功能。

SDN 控制器控制下的网络变得更加简单。对上层应用来说，即使网络再复杂，也无须关心。管理者只要像配置软件程序一样，进行简单部署，就可以让网络实现新的路由转发策略。如果是传统网络，需要对每个网络设备单独进行配置。而采用 SDN 之后，整个传输网络的灵活性和可扩展性大大增加，非常有利于 5G 网络切片的快速部署。同时 SDN 简化网络配置、降低运维成本的特点，也深受运营商的欢迎，将是未来数据通信网络发展的主要方向。

（4）MEC。5G 网络架构的变革中，还有一个很重要的变化就是 MEC（边缘云）。MEC 是移动通信技术与云计算技术深度融合的产物。从某种程度上说，它是一种特殊形式的云计算。

MEC 就是在整个移动通信网络靠近终端的地方，部署一个轻量级的电信级计算中心节点来提供计算服务。所以说，MEC 也是云计算的一种。只不过它将云计算从云端拉到了离用户更近的位置。计算中心下沉之后，解决了上层网络流量过大的问题，为运营商节约了成本。同时，它也解决了时延问题，给时延敏感型业务提供了保障。

在架构方面，边缘计算中心采用了和云计算一样的虚拟化技术，它可以面向第三方平台开放，提供相应的能力引擎和接口。应用开发者可以开发相关的 App 对接接口、调用能力，最终为用户提供服务。

3. 5G 承载网

移动通信网络主要分为接入网、核心网和承载网 3 个部分，如图 6.25 所示。

承载网是专门负责承载数据传输的网络。如果说核心网是人的大脑，接入网是四肢，那么承载网就是连接大脑和四肢的神经网络，负责传递信息和指令。

承载网不仅连接接入网和核心网，它也存在于接入网网元之间，以及核心网网元之间。整个通信网络的数据传输，都是由承载网负责的。

图 6.25 移动通信网络的组成

1）5G 承载网的组成

5G 接入网的网元即 AAU、DU、CU 之间，也是由 5G 承载网负责连接的。不同的连接位置有自己独特的名字，分别是前传、中传、回传。实际 5G 网络的建设中，DU 和 CU 的位置并不是严格固定的。运营商可以根据环境需要灵活调整。5G 承载网的组成如图 6.26 所示。

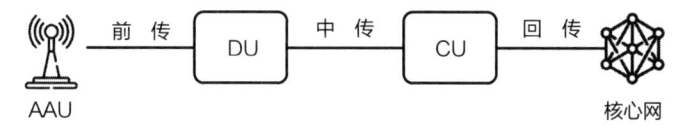

图 6.26 5G 承载网的组成

从整体上来看，除了前传，承载网主要由城域网和骨干网组成。而城域网又分为接入层、汇聚层和核心层。接入网传过来的所有数据，最终通过逐层汇聚，到达顶层骨干网。承载网的网络结构如图 6.27 所示。

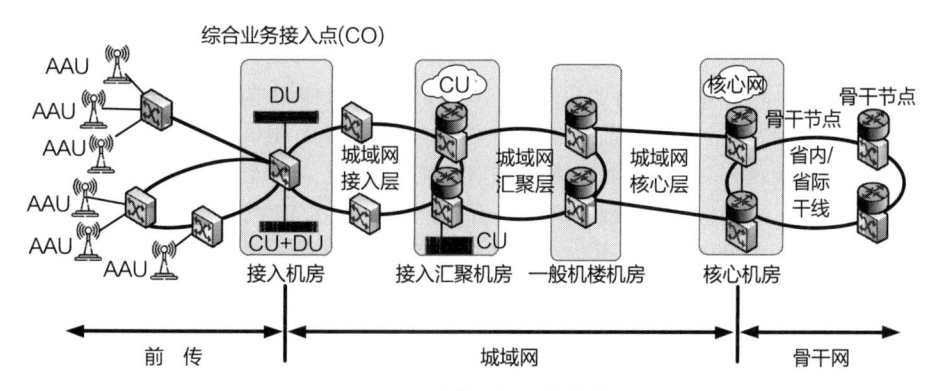

图 6.27 承载网的网络结构

（1）5G 承载网前传。前传就是 AAU 到 DU 之间的这部分承载网，包括多种连接方式，例如光纤直连、无源、有源、半有源和微波等。

① 光纤直连方式。AAU 与 DU 全部采用光纤点到点直连组网。这种方式要占用很多光纤资源，适用于光纤资源比较丰富的区域，更适用于 5G 建设早期。

② 无源方式。将彩光模块安装到 AAU 和 DU 上，通过无源设备完成 WDM 功能，利用一对或者一根光纤提供多个 AAU 到 DU 的连接。采用无源方式，虽然节约了光纤资源，但是也存在着运维困难、不易管理、故障定位较难等问题。

③ 有源方式。在 AAU 站点和 DU 机房中配置相应的 WDM/OTN（光传送网络）设备，多个前传信号通过 WDM 技术共享光纤资源。这种方案比无源方案组网更加灵活（支持点对点组和组环网），同时并没有增加对光纤资源的消耗。从长远来看，这是非常不错的一种方式。

④ 半有源方式。无源难维护，有源成本高，都不是完美的解决方案。于是，近年来出现了一种新的前传方式，那就是半有源。所谓"半有源"，其实就是"一半有源，一半无源"，在无源的基础上，把 DU 侧或 AAU 侧改成有源，一般都是 DU 侧改成有源，AAU 侧保持无源状态。

半有源还分为两种类型：一种是 A 型，DU 侧部署有源设备，局端设备支持远端光模块的监测和控制，AAU 侧为无源设备；另一种是 B 型，在 DU 侧增加监测接口和有源的监测板卡，增加少量维护功能，AAU 侧同样为无源设备。

⑤ 微波方式。这种方式很简单，就是通过微波进行数据传输，非常适合位置偏远、视距空旷、光纤无法到位的情况。

随着 5G 建设的深入，5G 前传的需求场景已经逐渐清晰。在 Masive MIMO 等空口技术的进一步加持下，单基站带宽将是 4G 单基站带宽的几十倍。目前，行业普遍认为 25Gbit/s 是 5G 前传的主流接口速率。

如果 5G 接入网采用 100MHz 的频谱，那么需要 3 个 25GE 接口。如果采用中国电信和中国联通共建共享的 200MHz 的频谱，就需要 6 个 25GE 接口。对拥有 3 个 AAU 的基址来说，如果采用双纤双向（Duplex）的光纤直驱，需要 12 纤 12 路。

如果采用单纤双向（BiDi）的光纤直驱，就减少了一半光纤，需要 6 纤 12 路。

采用半有源方式的话，甚至可以做到 1 纤 12 路，也就可以实现 1 站 1 纤（一个基站用 1 根光纤就够了）。这样，在提高维护能力的基础上极大节省了光纤。

（2）5G 承载网中传和回传。5G 中传和回传承载方案，主要集中在对 OTN、PTN、IPRAN 等现有技术的改造上。

从宏观上来说，5G 承载网的本质就是在 4G 承载网现有技术的基础上，通过"加装升级"的方式，引入很多"黑科技"，实现能力的全面强化。以中国电信、中国移动和中国联通 3 家运营商的 5G 中传和回传承载网方案为例，这些方案基本上都是在现有方案的基础上进行加强和升级，从而实现对 5G 的支持。

中国电信在 5G 承载领域主推基于 OTN 的 M-OTN（面向移动承载优化的 OTN）方案。中国电信之所以会选择 M-OTN，与它拥有非常完善和强大的 OTN 有很大的关系。中国电信在光传输网基础设施方面在行业领先，带宽资源非常充足。OTN 作为以光为基础的传送网技术，具有大带宽、低时延等特性，可以无缝衔接 5G 承载的需求。而且，OTN 经多年发展，技术稳定可靠并有成熟的体系化标准支撑。对中国电信来说，可以在已经规模部署的 OTN 上实现平滑升级，既省钱又高效。

中国移动认为，SPN（切片分组网）是最适合自己的方案，能够满足自己的所有需求。SPN 是中国移动自主创新的一种技术体系。中国移动的 4G 承载网是基于 PTN 的。SPN 基于以太网的传输架构继承了 PTN 传输方案的功能特性，并在此基础上进行了增强和创新。

中国联通采用的是利旧 IPRAN 的方案。IPRAN 即无线接入网 IP 化，它是业界主流的移动回传业务承载技术，在国内运营商的网络上被大规模应用，在 3G 和 4G 时代发挥了卓越的作用，运营商积累了丰富的运营经验。但是现有的 IPRAN 技术是不可能满足 5G 要求的，所以中国联通开发了 IPRAN2.0，也就是增强 IPRAN。

2）承载网的关键技术

5G 承载网中常见关键技术包括 5G 承载网的分层结构、SRv6、高精度时间同步等技术。

（1）5G 承载网的分层结构。从整体上来看，5G 承载网可以大致分为图 6.28 所示的几层。

① 光波长传层。对 5G 来说，光波长传层的主要作用就是提供单通路高速光接口，以及多波长的光层传输、组网和调度能力。因为光纤在数据传输方面具有巨大优势，所以现在不管是哪家运营商，都会采用光纤和光接口作为网络的物理传输媒介。

图 6.28　5G 承载网分层结构

业务适配层

L2 和 L3 分组转发层

L1 TDM 通道层

L1 数据链路层

L0 光波长传层

② 数据链路层。它的作用是提供 L1 通道到光波长传层的适配。这里要提到大家常见的 FlexE（灵活以太网）技术，简单来说，它就是对多个物理端口进行"捆绑合并"，形成一个虚拟的逻辑通道，以支持更高的业务速率。FlexE 技术在以太网技术的基础上实现了业务速率和物理通道速率的解耦，客户的业务速率不再等于物理接口速率，接口可以灵活地提供不同的速率组合。

除了 FlexE，还有一个 FlexO，就是 Flex OTN，即灵活光传送网络。FlexO 的逻辑和 FlexE 很像，就是拆分、映射、绑定、解绑定、解映射复用，以此规避光模块物理限制以及成本过高的问题。

简而言之，FlexE 是用在 PTN 里处理以太网信号的；FlexO 是用在 OTN 里处理 OTUCn 信号的。两者的共同点是通过多端口绑定实现大颗粒度信号的传输。

③ TDM 通道层。TDM 通道层的任务就是服务于网络切片所需的硬管道隔离，提供低时延保证。对于 OTN 方案，TDM 通道层采用的是 ODUk/ODUflex 技术。ODU（集光纤配线单元）提供和信号无关的连接性、连接保护和监控等功能。ODUflex 是灵活带宽调整技术。传统的 ODUK 是按照一定标准进行封装的，容易造成资源浪费。ODUflex 可以灵活调整通道带宽，调整范围是 1.25～100Gbit/s，从而实现高效承载和更好的兼容性

④ 分组转发层。分组转发层涉及与路由转发相关的功能。对 5G 来说，这一层的主要作用是提供灵活连接调度和统计复用功能。SR（分段路由）技术是这一层的主角。

⑤ 业务适配层。提供的是多业务映射和适配支持。

（2）SRv6。SRv6（基于 IPv6 转发平面的段路由）是 SR 技术和 IPv6 技术的结合，简单理解就是 SR（segment routing）+IPv6，是新一代 IP 承载协议。其采用现有的 IPv6 转发技术，通过灵活的 IPv6 扩展头，实现网络可编程。

SR 的核心原理就是提前规划和下发路径。当一个数据包进入网络的时候，网络会把它要经过的所有链路和节点信息全部打包在这个数据包里。这就好比准备了 N 张排好顺序的"路条"，每过一地就撕掉一张，撕完了，数据包就被送到终点了（而 MPLS 是把所有的路径信息下发给每个节点，数据包到了节点之后再去问路）。

SR 技术可以直接运用在 MPLS 架构上。IPv6 出现后，SR 和 IPv6 结合在一起，就有了 SRv6。SRv6 的基本原理和 SR 是一样的。IPv6 独特的报文结构可以与 SR 完美搭配。

SRv6 还可以和现在流行的 SDN 技术相结合。SDN 能够将整个网络统一控制起来，集中管理。SRv6 的协议精简高效，而且具备可编程能力。二者相结合，如果把数据网络比作计算机硬件，SDN 就是程序，SRv6 就是指令。SDN 借助 SRv6，可以驱动数据网络，按需求进行运作。

（3）高精度时间同步技术。承载网之所以需要超高精度的时间同步，原因是多方面的。5G 的载波聚合、多点协同和超短帧要求空口之间的时间同步精度偏差小于 260ns。5G 的基本业务采用时分双工制式，要求任意两个空口之间的时间同步精度偏差小于 1.5μs。5G 的室内定位增值服务对时间同步的精度要求更高，要求一定区域内基站空口之间的时间同步精度偏差小于 10ns。5G 同步网采用的关键技术包括高精度同步源头技术、高精度同步传输技术、高精度同步局内分配技术和高精度同步检测技术。

6.4.5 无线通信技术与物联网

物联网可以通过各种装置与技术进行数据的实时采集，从而实现物与物、物与人的泛在连接和智能化管理。随着物联网应用的发展，低功耗广域网以较稳定的信号覆盖能力和较大的信号覆盖范围得到了业界的广泛关注。应用在物联网中的低功耗广域网可以分为授权频段和非授权频段两大类，其中，授权频段物联网技术主要由 3GPP 制定通信协议，非授权频谱的物联网技术包括 LoRa、Sigfox 等私有技术。本节将介绍物联网的概念，并结合无线通信技术讨论授权频段物联网技术与非授权频段物联网技术。

1. 物联网的概念

物联网是指通过二维码识读设备、射频识别装置、红外感应器、全球定位系统和激光扫描器等信息传感设备，按约定的协议把任何物品与互联网相连接，进行信息交换和通信，以实现智能化识别、定位、跟踪、监控和管理的一种网络。物联网是新一代信息技术的重要组成部分，也是"信息化"时代的重要发展阶段。这有两层意思：其一，物联网的核心和基础仍然是互联网，是在互联网基础上的延伸和扩展；其二，其用户端延伸和扩展到了任何物品与物品之间进行信息交换和通信，也就是物物相联。物联网通过智能感知、识别等通信感知技术，广泛应用于网络的融合中，也因此被称为继计算机、互联网之后世界信息产业发展的第三次浪潮。物联网是互联网的应用拓展，与其说物联网是网络，不如说物联网是业务和应用，因此，应用创新是物联网发展的核心，以用户体验为核心的创新是物联网发展的"灵魂"。

2. 物联网架构及其特点

物联网是未来信息技术发展的重要组成部分，其主要技术特点是将物品通过通信技术与网络连接，从而实现人机互连、物物互连的智能化网络。根据物联网业务带宽和功耗等因素，物联网的应用场景可分为监控控制类（高速物联场景）、交互协同类（中速物联场景）和数据采集类（低速物联场景）三种。

物联网并不是一个全新的网络，它在现有的电信网、互联网、未来融合各种业务的下一代网络及一些行业专用网的基础上，通过添加一些新的网络能力实现所需的服务。人们可以在意识不到网络存在的情况下，随时随地通过适合的终端设备接入物联网并享受服务。综合分析，物联网应具有以下特性：

（1）可扩展性。物联网的性能应不受网络规模的影响，并可以进行适当的扩展。

（2）透明性。物联网应用不依赖于特定的底层物理网络，例如，可以通过互联网接入，也可以通过蜂窝网接入。

（3）一致性。物联网应用可以跨越不同的网络，具有互操作性。

（4）可伸缩性。物联网应用不会因为物联网功能实体的失效导致应用性能急剧劣化，应至少可获得传统网络的性能。

3. 授权频段物联网技术

随着智能化、大数据时代的来临，无线通信将实现万物连接，未来全球物联网连接数将是千亿级的。目前，这些连接大多通过蓝牙、Wi-Fi等短距通信技术承载，而并非运营商的移动网络。为了满足不同物联网业务需求，根据物联网业务特征和移动通信网络特点，3GPP根据窄带业务应用场景开展了增强移动通信网络功能的技术研究，以适应蓬勃发展的物联网业务需求。

授权频段物联网技术主要由3GPP制定通信协议，并由运营商和电信设备商投入建设和运营，如窄带物联网（NB-IoT）、机器类通信（LTE-M2M）、蜂窝物联网（CIoT）等。蜂窝物联网是基于2G/3G/4G技术的低功耗广域物联网技术。3GPP在其Release 12、Release 13标准中陆续加入了关于机器类通信的相关技术标准。窄带物联网是3GPP在Release 13中引入的新型蜂窝技术，可以为物联网提供无线广域覆盖。

1）NB-IoT技术的性能

NB-IoT是物联网领域新兴的技术，支持低功耗设备在广域网的蜂窝数据连接。NB-IoT支持待机时间长、对网络连接要求较高设备的高效连接，同时能提供非常全面的室内蜂窝数据连接覆盖。NB-IoT主要面向大规模物联网连接应用，为了满足其广泛的使用场景，NB-IoT必须满足以下设计目标：

（1）低成本。NB-IoT 具有更低的模块成本，具有广阔的市场前景。

（2）增强覆盖。NB-IoT 将提供改进的室内覆盖，在同样的频段和发射功率条件下，将获得更大的网络增益，从而具有更广的覆盖区域。

（3）大连接。NB-IoT 每个小区支持超过 52 500 个终端用户。NB-IoT 支持多载波操作，可以通过添加更多的 NB-IoT 载波来提升系统的连接数。

（4）低功耗。NB-IoT 旨在支持长电池使用寿命。对于具有 164dB 耦合损耗的器件，如果用户平均每天传输 200B 的数据，则可以达到 10 年的电池使用寿命。

（5）上行延时。NB-IoT 技术针对延时不敏感的应用。

除此之外，NB-IoT 只消耗大约 180kHz 的带宽，可直接部署于 GSM 网络、UMTS 网络或 LTE 网络，可以降低部署成本，实现平滑过渡。NB-IoT 的协议栈设计继承了 LTE 的协议栈格式，并根据物联网的实际需求简化了一些协议层的流程，从而减少了开销，降低了成本。NB-IoT 的上下行传输方案具有以下特性：

（1）下行传输方案。NB-IoT 的下行传输方案与 LTE 一致，采用的是正交频分多址（OFDMA）技术。下行子载波间隔固定为 15kHz，系统、子帧、时隙的定义和 LTE 相同，分别为 10ms、1ms 和 0.5ms，且每个时隙的 OFDM 符号数和循环前缀都与 LTE 一致。

在调制方案上，NB-IoT 与 LTE 有较大差异。因为 NB-IoT 对速率要求不高，但是对于覆盖要求比较高，因此 NB-IoT 的下行信道调制都采用了低阶的调制方案，以保证信号有较好的衍射能力。

（2）上行传输方案。NB-IoT 的上行传输仍然采用单载波频分多址接入（SC-FDMA）方式，但是和 LTE 相比差异较大的一点是，NB-IoT 引入了单发射和多频发射两种模式。所谓单频发射，是指上行传输仅使用一个子载波；而所谓多频发射是指上行传输使用多个子载波。

在 NB-IoT 系统中，上行调度是以子载波为单位的。在单频发射模式下，每个移动终端使用一个子载波进行上行传输。多频发射适用于高速传输的场景，基站一次可以分配 3 个、6 个或 12 个子载波用于移动终端的上行数据传输。

（3）重传机制。重传是 NB-IoT 提升覆盖范围的另一个重要手段。重传就是多个子帧传送一个传输块。在不同场景下，NB-IoT 的上下行传输重传次数是由基站侧单独配置的，NB-IoT 最大可支持下行 2048 次重传，上行 128 次重传。

2）NB-IoT 的部署

NB-IoT 单个载波的带宽为 180kHz，这种窄带宽为 NB-IoT 提供了更自由的部署方式。目前 NB-IoT 支持带内（in-band）部署、保护带（guard band）部署和独立（stand alone）部署三种部署方式。这三种部署方式的比较如表 6.2 所示。

表 6.2 NB-IoT 三种部署方式的比较

部署方式	比　较
带内部署	·需要占用 LTE 小区的频谱资源 ·不需要为 NB-IoT 提供额外的频谱资源 ·需要在 NB-IoT 载波和 LTE 容量之间进行权衡
保护带部署	·不占用 LTE 小区的频谱资源 ·不需要为 NB-IoT 提供额外的频谱资源
独立部署	·不占用 LTE 小区的频谱资源 ·需要为 NB-IoT 提供额外的频谱资源 ·比较适用于 GSM 频段的重耕，GSM 的信道带宽为 200kHz，除了 NB-IoT 180kHz 带宽外两侧还有 10kHz 的保护间隔

4. 非授权频段物联网技术

非授权频段的物联网技术包括 LoRa（远距离）、Sigfox、Weightless、Halow 等私有技术，其大部分用于非电信领域，下面简单介绍一下在低功耗广域网中具有代表性的 LoRa 技术。

1）LoRa 技术原理

LoRa 是一种无线通信技术，是由 LoRa 联盟建立及标准化的一种通信协议。LoRa 协议可以提供移动物联网环境下机器与机器间的低功耗广域网。与其他低功耗通信协议相比，LoRa 技术除了可以保证终端设备较低的功率消耗之外，还可以提供更广的通信覆盖范围，因此更能满足移动物联网的通信需求。

LoRa 技术既可以应用在公共网络中，又可以应用在私有网络中，具有较好的可移植性，其工作在非授权频段的特点，也进一步增加了应用的灵活性。LoRa 技术可以很容易地加入现有网络架构中，用于物联网终端设备与网关间的低功耗无线传输。

LoRa 技术本身并不是一个完整的通信协议，其只涉及物理层的通信方案。LoRa 系统物理层和链路层的传输协议是通过 LoRaWAN 协议进行定义的。LoRaWAN 协议定义了一个基于 LoRa 技术的低功耗广域网通信协议，LoRaWAN 协议中定义了物联网终端设备与网管间通信的物理层参数。通过 LoRaWAN 协议可以将使用电池供电的低功耗物联网终端设备通过非授权无线频段接入区域、国家或全球网络。相比于移动通信网络，LoRaWAN 所定义的通信协议并不完整，其中只包含了物理层和链路层的设计，而没有网络层的定义。所以，LoRaWAN 协议只能实现从终端设备到网关的无线接入，没有漫游或组网管理的功能

2）LoRa 系统组成

LoRa 系统由低功耗物联网无线传感器、网关、LoRaWAN 和应用服务 4 个模块组成。无线传感器基于 LoRaWAN 协议接入网关，网关通过有线或无线的方式接入网络服务器和应用服务器。

低功耗无线传感器是物联网的终端节点，如常见的智能水表、烟雾报警器、物流跟踪、自动贩卖机等。无线传感器采用 LoRa 调制技术，与网关之间采用了双向射频通信链路。无线传感器与网关间的通信支持 LoRaWAN 协议，适用于室内、室外环境，可以实现上下行的低功率数据传输。

3）LoRaWAN 协议

根据实际应用的不同，LoRaWAN 协议将终端设备划分成 3 类：

（1）第一类。第一类又称为 Class A，为双向通信终端设备。这一类的终端设备与网关服务器可以双向通信，并按规定的时隙完成通信。每一次通信都以一个上行传输作为开始，终端发射一个上行信号后，网关服务器将为其提供两个下行数据传输时间窗。每一个时间窗与前一个传输之间有一个随机的延时。Class A 所属的终端设备在应用时功耗最低，终端发射一个上行传输信号后，网关服务器能很迅速地进行下行通信，任何时候服务器的下行通信都只能在上行通信之后。ClassA 终端工作时隙如图 6.29 所示。

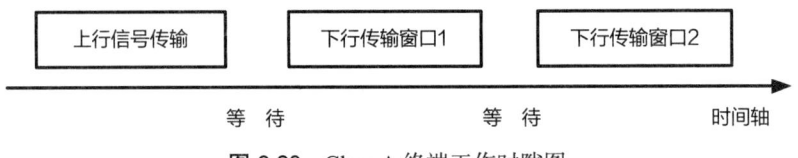

图 6.29 Class A 终端工作时隙图

（2）第二类。第二类又称为 Class B，是具有预设接收槽的双向通信终端设备。这一类终端设备会在预设时间开放多余的接收窗口，用于下行数据的传输。在下行数据传输之前，网关发射同步信号，终端设备接收到同步信号后完成时间同步并开始接收数据，网关服务器与终端设备下行数据的传输仍然利用下行时间窗完成，在每一个时间窗之间设有随机延时的保护间隔。

（3）第三类。第三类又称为 Class C，是具有最大接收槽的双向通信终端设备。这一类终端设备持续开放下行接收窗口，只在有上行传输请求时暂时关闭下行数据传输。与 ClassA 和 Class B 设备相比 Class C 设备由于持续开放下行接收窗口，能耗最大，适用于可持续供点的终端模块，其获得的下行传输延时也更小。

LoRa 所提供的 3 种不同类型的终端设备可以满足大多数物联网终端的通信需求。例如，ClassA 的终端适用于上下行数据业务需求较为近似的场景中，而 CIassC 的终端则更适用于下行数据业务远大于上行数据业务的场景中。这 3 种设备在能耗上也有差别，CIassA 的设备耗电量最小。

6.4.6　6G 的展望

基于人们对未来生活的美好愿景、社会发展需求的进一步提升，以及通信技术的不断进步，作为继 5G 之后的全新一代移动通信系统，未来 6G 网络相比 5G 除了提供极致的通信体验，还将提供除了连接之外的更为丰富的服务能力。一方面，6G 将具备更高的速率、更低的时延、更高的可靠性、更广的覆盖、更为密集的连接和流量密度；另一方面，6G 除了提供传统的通信能力之外，还将具备感知、计算和智能等能力。未来，6G 将成为连接物理世界和数字世界的重要通道及基础设施。基于上述目标，不同的标准组织与运营商都在努力提出自己的想法，发布自己的白皮书，以中国电信为例，提出了十大 6G 愿景，包括全域泛在、瞬时极速、节能高效、虚实孪生、沉浸全息、通感多维、智能普惠、安全可信、确定可靠、柔性开放。

1. 全域泛在

从空间覆盖维度来看，未来 6G 将基于统一的网络层技术，实现卫星、地面网络、其他非地面网络节点和平台等多种网络相互融合和协同发展，构建覆盖空、天、地、海的一体化网络。从用户体验维度来看，未来 6G 将提供即插即用的标准接口，为物理世界全要素之间的交互提供即时连接服务。

2. 瞬时极速

"瞬时"意味着极低的时延，"极速"意味着极高的数据速率。

从时延维度来看，未来 6G 基于网络架构和无线关键技术的进一步增强，将支持更低的端到端时延，涵盖空口时延、网络时延、处理时延等，可支持全息通信、VR/AR 游戏、高清赛况转播等场景，为用户带来极致的沉浸式体验。

从速率维度来看，未来 6G 的速率需求将远远大于 5G，包括峰值速率、用户体验速率等。依托于丰富的 6G 频谱资源和无线空口技术的革新，6G 速率有望达到十倍甚至千倍于 5G 系统的速率，以支持超大容量、超大带宽、超高速率，从而大大提升网络性能，带来极致的用户体验。

3. 节能高效

5G 在快速发展的同时，自身能耗问题成为发展瓶颈，受到众多关注。未来 6G 需要有明确的碳减排目标，以绿色节能为基本原则，提升系统的能量效率实施生态运营，做到真正的内生节能、内生智能和内生安全。

4. 虚实孪生

6G 时代，人们面对的不仅仅是一个简单的万物互联现实社会，而是一个不受时间、空间限制的虚拟场景与真实场景交融的"虚实孪生"世界。元宇宙作为前沿数字科技的集成体，积极推动数字世界与物理世界的融合发展，赋能娱乐生活、医疗健康、工业生产等各行各业，实现数字经济高质量发展。

5. 沉浸全息

在未来6G时代的生活愿景中，孪生数字世界里将具有与现实世界高度一致的"沉浸全息"呈现。沉浸体验是基于裸眼全息技术的高沉浸、多维度交互应用场景数据的采集、编码、传输、渲染及显示的整体应用方案，包含了从数据采集到多维度感官数据还原的整个端到端过程。

6. 通感多维

6G时代将要实现从万物互联向通感互联的迈进，更多感官信息的有效传输将成为通信手段的一部分，"通感多维"可能会成为未来主流的通信方式，广泛应用于医疗健康、技能学习、娱乐生活、道路交通、办公生产和情感交互等领域。

7. 智能普惠

智能作为6G网络的核心特征之一，已经逐步成为业界共识。未来的6G网络，将构建智慧世界，提供无处不在的智能服务，惠及全人类

面向网络本身，未来6G网络将拥有端到端的感知学习能力，能够理解用户需求，精确描述用户业务特征，进而自适应地匹配最佳网络资源，保障用户服务质量。未来6G网络还可以利用AI技术，进行网络性能、用户轨迹的预测，实现网络的自主调优，实现无线资源管理、移动性控制、业务疏导、网络节能等智能控制。

面向用户体验，未来6G网络将提供各类AI能力，进而支持各类新型的AI应用，如虚拟助理、知识工作辅助、内容创作等，帮助用户高效地完成自己的工作。

8. 安全可信

移动通信网络已成为构筑社会经济的关键信息化基础设施，6G将对人类社会生产生活进一步深入渗透，安全可信将是6G的基本特征。从网络运营维度来看，未来6G网络将具备更加灵活可扩展的安全架构、动态自适应的安全能力、智能自主的安全决策、跨域协同的安全控制、开放协和的安全生态，全面提升网络可管可控、安全可信能力，适应复杂业务、柔性网络，以及联合运营的安全需求。从用户体验维度来看，未来6G网络将更加安全可信、全面保障用户隐私，提升业务安全能力。

9. 确定可靠

产业数字化转型是全球经济发展的大趋势，而移动通信网络是实现数字化转型的重要基础设施。确定可靠网络可助力产业数字化转型，为用户提供"及时、准确、可靠"的数据传输服务。其核心目标是提供满足业务需求的关键服务体验指标，移动网络通过提供确定可靠的转发能力，可满足工业智能制造、智能电网、车联网等对网络的时延、可靠性和稳定性要求极高的垂直行业需求，丰富和拓展移动网络的业务发展空间。

10. 柔性开放

6G网络是面向不同行业、不同场景的多模态网络，决定了6G网络必须是柔性开放的，可以按需编排、按需部署、按需弹性伸缩并实现用户流量的智能动态路由，以适配各种差异化需求，赋能千行百业。

第 7 章 网络在数智科技工程的应用案例

邻友之路，助己求得

某法院新一代光传输网组网、某省教育网组网、某银行 SD-WAN 组网等网络系统都是数智科技工程网络建设效果较好的综合案例。本章将对这些案例进行简要介绍，以启迪关心数智科技工程建设事业的同仁，为我国数智科技工程的建设与发展起到促进作用。

7.1 某法院专网采用新一代光传输网建设案例

某高级人民法院的全省法院专网（以下简称法院专网）是由中国电信股份有限公司采用新一代光传输网技术建设的网络系统，其承载全省法院业务信息系统的骨干网络，为推进全省法院系统信息化建设提供了更快捷的信息通路，同时为法院业务应用的普及和推广提供了强大的助力。

7.1.1 建设背景

法院专网在经过近几年的升级扩容后，已建设完成并覆盖全省 20 多个中级法院、120 个基层法院、近 400 个乡镇法庭的综合网络平台，完成从高级法院到中级法院、中级法院到基层法院、基层法院到乡镇法庭的三级网络联通，实现最高人民法院、高级人民法院、中级人民法院、基层法院及乡镇法庭之间的数据信息快速传输和交换。法院专网的建设有力支撑了诉讼服务、审判执行、司法管理和廉洁司法等应用，推动了法院审判、执行能力及日常办公信息化水平的不断提升。

法院专网原采用 MSTP 专线技术进行组网，专线线路均是单链路、单设备，网络链路带宽较低，可靠性、冗余性不高，存在单点故障隐患。网络带宽及网络的可靠性、冗余性的不足已成为法院信息化高速发展的绊脚石。

法院专网原有网络拓扑结构如图 7.1 所示。

随着数智化转型和法院信息化建设的推进，法院业务不断发展，行业标准也不断提升，对法院专网的性能和带宽提出了更高要求。该省法院为加速基层法院信息化发展，需要重新构建一张能满足全省法院数智化业务发展的法院专网。

7.1.2 建设目标

以满足法院不断发展的应用需求为目标，构建云网融合的新时代智慧法院信息基础设施体系，提升终端泛在接入能力、专网承载服务能力。进一步优化法院专网网络结构，推进高速光纤网络的建设，满足业务应用和系统用户就近快速接入和访问需求，提升网络服务效能；进一步升级网络传输协议，提升网络传输的扩展性与安全性。

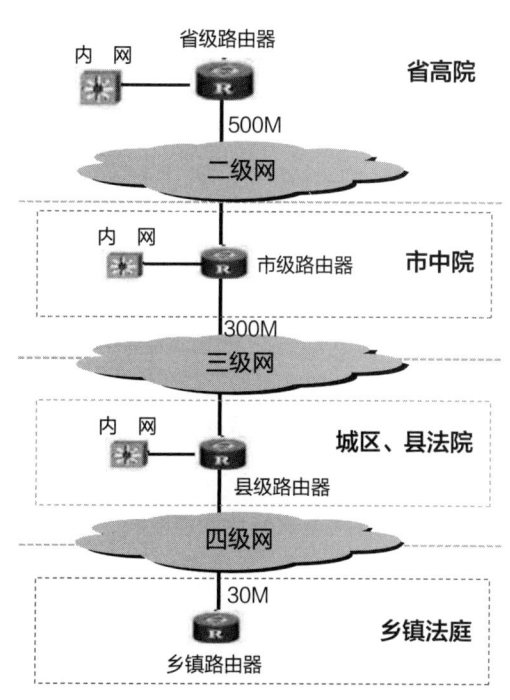

图 7.1 原有网络拓扑结构

7.1.3 总体网络架构

法院专网按照管理层次，由最高法到省高级法院、省高级法院到中级法院、中级法院到基层法院、基层法院到乡镇法庭四级网络组成。纵向网络实现全省各级法院互联互通，横向网络连接各级法院局域网和需接入法院专网的各政务部门。

法院专网总体组网拓扑结构如图7.2所示。

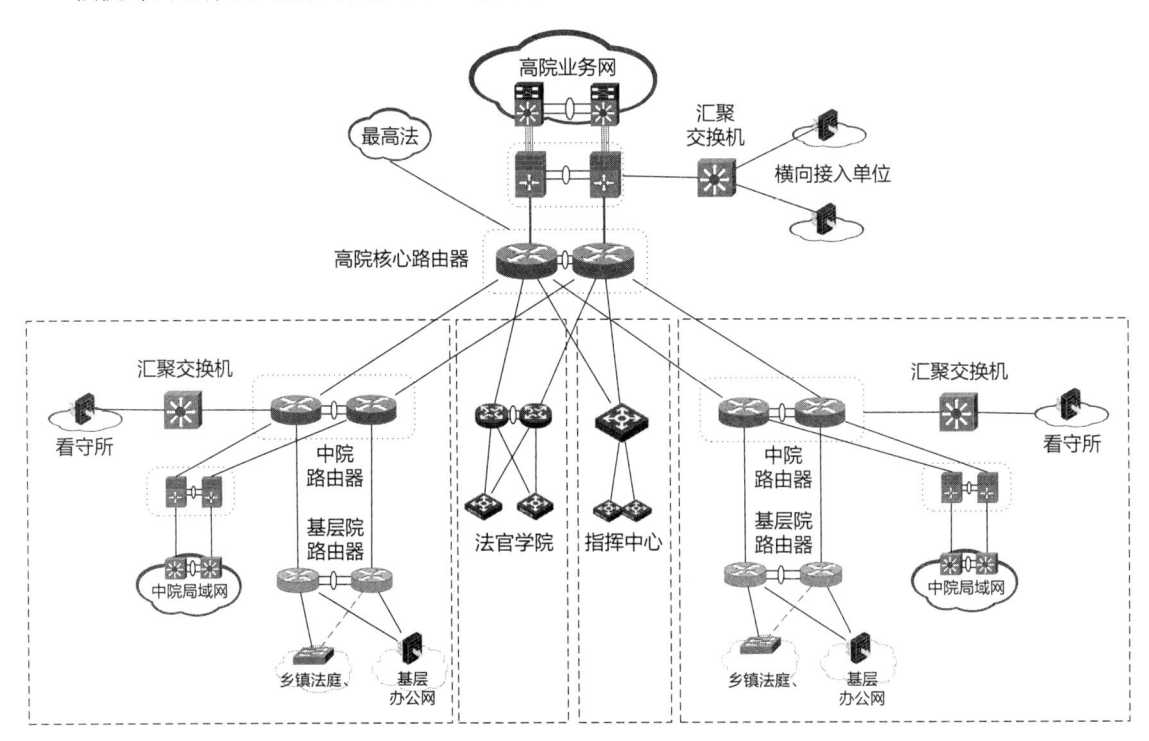

图 7.2　法院专网总体组网拓扑结构

1. 高级法院网络节点

高级法院网络节点上联国家最高法院，下连汇聚中级法院网络，承载省内业务数据的访问和转发，因此省级核心节点设备除了需要具备强大的处理能力之外，还需要具备冗余性和高可靠性，以保证全网业务访问的可持续性。高级法院网络节点部署两台电信级的核心路由器，互为冗余备份，确保高级法院网络设备的高性能和高可靠性。

2. 中级法院网络节点

中级法院网络节点上联高级法院，下连各基层法院网络，既承载中级法院业务数据的访问，又承载发往高级法院的数据，因此中级法院网络设备同样需具备强大的处理能力和可靠性；中级法院网络节点部署双链路、双核心设备，满足高可靠性要求。

3. 基层法院网络节点

由于基层法院网络现状各不同，接入方式各异，因此需对现有设备和网络配置进行统一升级，基层法院节点建设采用双链路、双核心设备的网络架构，提升基层法院网络的稳定性和可靠性。

4. 乡镇法庭网络节点

对乡镇法庭网络节点现有网络设备和组网专线进行统一升级，采用单设备单链路接入的方式上联基层法院网络节点。

7.1.4 组网关键技术

根据该法院的建设需求，采用OTN（optical transport network，光传送网）技术对法院专网进行升级改造。通过OTN组网可为法院专网提供独享传输带宽，可完全满足各级法院当前数据传输需求，同时为今后升级充分预留扩展接口和能力。

OTN组网具备以下特点：

（1）保证端到端带宽：采用OTN承载网络为法院提供100M～100G的端到端业务承载通道，保证组网独享带宽。

（2）接入方式灵活多样：客户端可选择SDH、以太网、OTN多种接口接入，灵活便捷。通常推荐采用低成本、高普适的以太网接口接入。

（3）提供多种档位：业务性能和服务指标分不同等级，各级法院可根据自身需求选择使用不同等级（N/A/AA/AAA可用率等级和T2/T1时延等级）的OTN网络。

（4）可视化的自服务门户：法院用户可通过自服务门户受理业务、查询进度、查看电路状态、时延、路由、性能情况，并按照各级法院的实时业务需求自主调整带宽。

7.1.5 建设内容

该案例具体建设内容包括以下部分：

1. 整体网络建设

法院专网由高级法院网络节点、中级法院网络节点、基层法院网络节点构成。根据法院系统上下级的隶属关系及现有业务模式，法院专网的业务流向以高级法院至中级法院，中级法院至基层法院的纵向流量为主。根据业务走向，采用树形网络结构组网，以高级法院节点为中心，各中级法院为分支节点接入高级法院节点。高级法院节点由两台电信级核心路由器组成，用于汇聚各中级法院的接入线路；每个中级法院节点分别由两台电信级路由器组成，通过两条1000M OTN专线上联至高级法院节点；每个基层法院节点分别由两台路由器组成，通过两条1000M OTN专线上联至所属中级法院的路由器。法院专网整体组网拓扑结构如图7.3所示。

1）高级法院网络节点建设

核心路由器采用框式设备，满足现有配置并预留业务板卡槽位，满足未来万兆以太网的扩容要求，两台路由器间通过虚拟化技术实现高性能和高可靠性。

高级法院的路由器是整个法院专网的核心节点，如果出现问题将影响全网网络运行，对于处理能力、稳定性、可靠性要求较高，在设备选型上采用国内主流厂商的高端路由器，支持双电源、双主控、多级交换矩阵等多种冗余配置，以防止单板出现故障不会影响到网络的正常使用。

2）中级法院网络节点建设

中级法院部署两台汇聚路由器，通过2条专线上联高级法院，该两条专线采用负载分担方式，分别承载业务应用的音视频数据及综合性的办公业务数据等，同时两条专线又互为主备，使网络具备高可用性和高可靠性。

3）基层法院网络节点建设

在每个城区或县级基层法院分别部署两台接入路由器，并通过两条1000M专线分别上联中级法院两台汇聚路由器。

4）乡镇法庭网络节点建设

乡镇法庭部署1台多业务路由器，通过1条500M专线上联基层法院路由器。乡镇法庭多业务路由器承担了安全控制和路由转发的功能，除了基本路由交换转发功能外，同时支持 IPv6、QoS、黑白名单和流量监控功能。

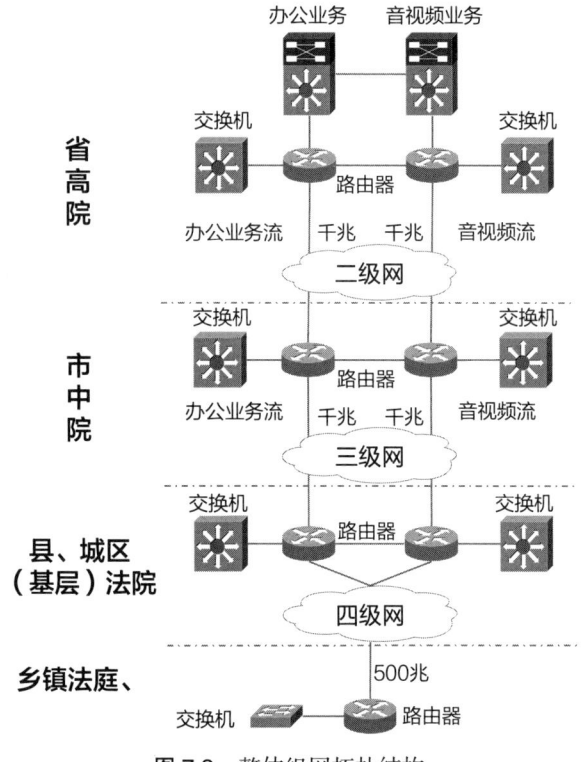

图 7.3　整体组网拓扑结构

2. 全网设备统一规划配置

1）IP 地址统一规划配置

由于该省法院广域网为专用网络，网络规模较大，所以全网需要采用统一规划的地址来划分各级节点 IP 地址范围。为避免大范围改变 IP 地址导致实施和维护困难，缩短部署和割接时间，所以在实施过程中保持各中级法院、基层院、乡镇法庭原有业务地址和网关地址不变，只对新增的设备的管理地址、互联地址进行规划。

（1）管理地址规划。各个路由器采取统一的专有地址空间进行路由器的路由配置和管理，方便运行维护和故障定位。使用原法院预留的地址作为新增设备管理地址，采用 32 位掩码。

（2）互联地址规划。使用各中级法院的预留的地址作为设备的互联地址，采用 30 位掩码。

2）路由及协议统一规划配置

法院专网采用直连路由、静态路由和 OSPF 动态路由三种路由协议。OSPF 协议宣告直连路由和静态路由，为保证全省网络统一，各区级直管设备仅添加对应层级单位已规划的路由。

根据原有的 OSPF 路由规划，该案例的高级法院核心路由器和中级法院路由器之间的设备接口划分为区域 0，再按照地理位置来划分非骨干区域。省高级法院和每个中级法院分别划分为单独一个非骨干区域。OSPF 将通过重发布静态路由的方式引入用户网段的路由。所有单位的路由器上指向内部网段的静态路由均重发布至 OSPF 区域内。

根据视频业务、语音业务地址段做两条优先级不一样的静态路由，其中优先级高的静态路由指向第二台设备（CR-2、MR-2、ER-2），优先级低的静态路由指向第一台设备（CR-1、MR-1、ER-1）。

根据数据业务网段地址做两条优先级不一样的静态路由,其中优先级高的静态路由指向第一台设备(CR-1、MR-1、ER-1),优先级低的静态路由指向第二台设备(CR-2、MR-2、ER-2),具体 OSPF 分区如图 7.4 所示。

3. 网络可靠性建设

(1)网络结构高可靠性。法院专网采用树形拓扑结构,并采用分层的模块化建设使网络扩展更加方便。当局部网络环境发生变化时不影响其他部分网络,且便于发现和隔离故障,任何一个链路出现故障都不会中断全局通信,提升整网的可靠性。

(2)线路高可靠性。法院专网中高级法院、中级法院、基层法院之间的互连链路均采用双线路冗余备份的方式,实现了整网链路的高可靠性,保障了全省法院业务的可持续性访问。

(3)设备高可靠性。高级法院、中级法院、基层法院均配置两台路由器实现设备双机冗余,两台设备同时在线,其中一台设备承载数据业务流量,另外一台设备承载音视频业务流量,两台设备互为热备,实现了设备层面的负载分担和高利用率。

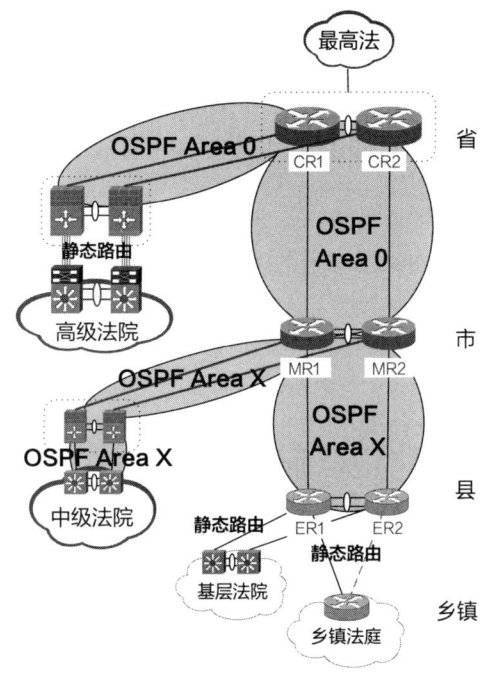

图 7.4　OSPF 分区

4. 网管系统建设

在高级法院部署一套综合网管系统,对全网的网络流量和网络质量进行可视化监控及运维。通过该系统可拓扑展示所有网络设备,实现了对交换机、WLAN、路由器、防火墙、服务器、存储、视频监控摄像头等网元设备的在线状态、告警等信息统一实时监控,并可对设备接口、应用、主机、采集器、VXLAN 等业务间多种流量进行多维度分析。

7.1.6　组网特点

该法院专网的组网架构特点主要体现在网络自愈保护、光缆双路由保护、接入设备硬件冗余三方面。

客户端与运营商机房间的网络称为接入段,通常采用设备组环的方式实现光缆故障的自愈保护,当设备故障及其他突发情况时,客户端设备自动选择预设保护方式,恢复与机房之间正常通信。架构特点如图 7.5 所示。

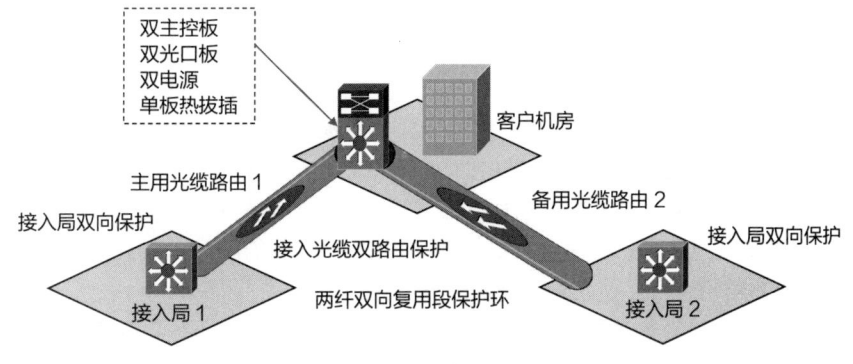

图 7.5　架构特点

1. 网络自愈保护

网络自愈保护是指当网络发生故障时，无须人为干预，网络就能在极短的时间内（ITU-T 规定在 50ms 以内），从失效故障中自动恢复所携带的业务，使用户感觉不到网络出了故障。

网络自愈保护包含接入光缆、接入设备、接入机房三部分。接入光缆包括主备光缆接入、多路光缆接入、不同路由光缆接入等内容；接入设备涉及设备容量、保护能力、板卡数量、物理地址等内容；接入机房则是指保证接入设备在停电等突发情况下稳定运行的基础环境和配套服务能力。

其基本原理是使网络具备发现故障，并自动重新建立通信的能力，其中自愈恢复时间和业务恢复范围是度量生存性的两个重要尺度。

中断时间对业务的影响：

（1）当中断时间为 50～200ms 时，交换业务的连接丢失概率小于 5%，对于 7 号信令网和信元中的业务影响不大。

（2）当中断时间为 200ms～2s 时，交换业务的连接丢失概率增加。

（3）当中断时间达到 2s 时，所有的电路交换连接、专线和拨号都将丢失连接。

（4）当中断时间达到 10s 时，多数基带数据调制解调器超时，面向连接的数据会话也可能超过。

（5）中断时间超过 10s 后，所有的通信会话都将丢失连接，如果超过 5min，则数字交换机将出现严重的阻塞。

为保护客户网络，中国电信保障传输骨干网出故障的设备或线路自愈恢复时间均小于 50ms，具备自愈保护功能接入段节点业务恢复时间小于 50ms。

结合网络自愈保护的技术手段，使得传输骨干网的安全性和可靠性得到极大的提高。中国电信在骨干网上广泛采用高可靠的环网保护方式，包括二纤复用段共享保护环、四纤复用段共享保护环等技术，目前传输网的覆盖能力、网络技术水平和安全可靠性均居同行业之首。中国电信自愈环保护传输网的接入层、汇聚层、核心层，全网采用双路由的备份保护，具有故障自动倒换功能，完全能够满足所有客户对数字电路的高品质要求。

2. 光缆双路由保护

光纤通信传输系统本身虽然有保护功能，但在实际运行中，只靠传输设备自身的保护功能，在光缆线路发生全阻断故障时，很难确保通信安全和通信畅通。例如，具有环路自愈功能的传输系统，如果光纤传输环不是真实的物理光缆环，在某处光缆线路阻断后就有可能造成传输环的中断。同时，一条光缆发生全阻断或部分纤芯阻断后，对于那些没有通过另一条物理光缆传输路由保护的光通信系统也会造成较长时间的传输中断。

客户端机房侧设置两个独立的进线室，且不同方向。根据进线室的位置，进楼管道设置为双路由进出机房。

3. 接入设备的硬件冗余

硬件冗余指的是单台设备上的硬件冗余，一般有主控冗余、单板热插拔、电源冗余和风扇冗余等，使用冗余部件可以在单个部件可靠性一定的情况下，提高整个设备的可用性。

（1）主控冗余。主控冗余是指设备提供两块主控板，互为备份。在主控冗余的设备上，配备了两块主控板，一块处于运行状态的称为 Master，另一块处于备用状态的称为 Slave。设备实时检测 Master 是否正常工作，一旦发现 Master 异常，立即启动主备切换，由 Slave 接管 Master 的工作，对 Master 和 Slave 的角色进行互换，避免业务中断。

（2）单板热插拔。单板热插拔，是指在设备正常运行时，在线插拔单板而不影响其他单板的业务。法院专网使用的设备均支持单板热插拔。单板热插拔功能包括往机框中新增单板不影响已经在用单板，可在线更换单板，即拔出单板更换一块新单板（或旧板重新插入）时，新单板能继承原有的配置，并且不影响其他单板的工作。

（3）电源冗余。为了保证设备电源输入的稳定，提供双路电源输入，当一路输入出现故障时，能自动切换到另一路，不影响设备运行。另外，中高端设备一般通过多个电源模块供电，采取1:N备份方式，一个电源模块为其他N个提供备份，在拔出某一个电源模块时，其他模块能提供足够电源功率。

（4）风扇冗余。风扇作为散热的重要手段，提供风扇冗余，提供多个风扇框，可以在线更换其中的风扇框，不影响设备功能。

7.1.7 建设成效

法院专网建设完成后，解决了该省法院广域骨干网网络结构冗余性、可靠性不高、网络链路带宽较低和设备性能不足、分支节点网络结构配置混乱等问题，并取得了以下几点建设成效：

（1）满足了法院专网对专线线路高质量、大带宽、低时延、灵活接入、带宽随选、智能可视的建设需求。

（2）组网架构的可靠性、冗余性、安全性得到提高，大大提升了网络运行质量。

（3）设备性能不再是瓶颈，设备级的可靠性、冗余性得到了提升。

（4）对全网硬件设备和线路运行状态实现了在线监控、巡检、预警及告警，实现了网络运维的自动化。

（5）为该省法院的数智化业务提供更稳定、更可靠、更高效的基础网络支撑环境，促进互联互通和信息共享，提高法院的审判、执行、监管能力和服务质量。

7.2 某省教育厅教育网建设案例

某省教育厅的全省教育专网（以下简称教育网）由中国电信股份有限公司承建，是连接全省各级各类学校和教育机构的专用网络，为用户提供统一的高速、便捷、绿色、安全的网络服务，实现全省教育系统基础资源的信息化。

7.2.1 建设背景

信息技术的更新迭代密集而迅速，教育信息化也迎来了新网络、新平台、新安全、新资源、新校园、新应用等新一代基础设施建设高潮，教育数字化转型已然开始。目前推动教育新基建，将加快技术的演化和发展，在促进教育数字化转型上发挥加速器的作用，促进教育教学信息化的变革。

2021年教育部等六部门印发《关于推进教育新型基础设施建设 构建高质量教育支撑体系的指导意见》（教科信[2021]2号），提出教育新型基础设施建设是国家新基建的重要组成部分，是信息化时代教育变革的牵引力量，是加快推进教育现代化、建设教育强国的战略举措。教育新基建的重点方向包括信息网络新型基础设施、平台体系新型基础设施等，要充分利用国家公共通信资源，建设连接全国各级各类学校和教育机构间的教育专网，提升学校网络质量。

教育网建设是教育新型基础设施建设的重要内容，是贯彻实施国家教育数字化战略行动的有力支撑，更是打造"互联网+教育"升级版的关键举措，是加快推进教育高质量和现代化发展的有效途径。

7.2.2 建设目标

将教育网建设成为覆盖全省各级各类学校、支持各级各类教育教学信息化、高带宽低延时、支持IPv6部署和应用、拥有统一管理公共IP地址和全球域名、可满足"云、网、端"架构下开展各级各类教育教学应用的自主管理专用网络。为将来统一教育管理平台、管理教育大数据、推广智慧教学应用等工作，构建网络基础条件。

7.2.3 总体网络架构

教育网由教育骨干网、教育城域网和校园网三部分构成，将各级各类教育机构和学校连接起来。总体网络架构如图 7.6 所示。

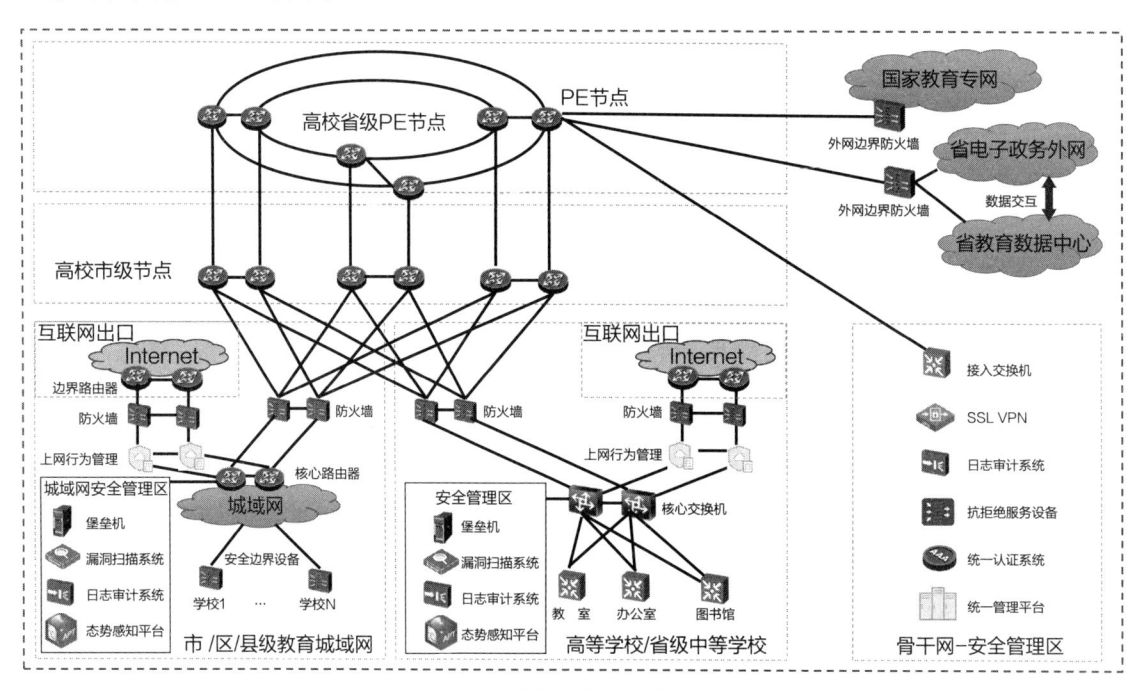

图 7.6 教育网总体网络架构

建设教育骨干网的核心节点和核心环路，并在各市建立汇聚节点（高校城市节点），连接至各个核心节点，组成教育骨干网。在各市、县建立汇聚节点，各级学校建设校园网，连接至各设区市、城区或者县的汇聚节点，形成教育城域网。各教育城域网连接教育骨干网市级汇聚节点，形成完整统一的教育基础网络。

7.2.4 建设内容

教育网的建设内容包括网络中心和传输网络，传输网络由教育骨干网、教育城域网和校园网三部分构成。

1. 网络中心建设

在教育骨干网的核心节点及汇聚节点设立网络中心，各设区市级、县级教育城域网、跨县域的教育城域网根据情况设立不同规模的网络中心。

网络中心为教育网核心提供运行环境和运维保障，建设内容主要包括机房运行环境、网络设备、安全系统及运维系统等。

机房运行环境包括机房装修，以及电力、空调、消防、门禁、监控等子系统。网络设备及运维系统包括路由、交换机、身份认证、缓存加速、机柜及配套设施、网络管理运维等子系统。机房运行环境依据《数据中心设计规范》（GB50174-2017）及《信息安全技术信息系统密码应用基本要求》（GB/T 39786-2021）对物理和环境安全要求建设。

安全系统包括入侵防御检测、防 DDOS 攻击、防病毒、上网行为管理、实名审计、实名日志等子系统。

2. 教育骨干网建设

教育骨干网是指在全省行政区域范围内,利用计算机网络技术,以光纤为传输介质,连接全区各教育城域网、高等学校和区直中等职业学校校园网的网络,由核心节点、高校城市节点、主干光纤传输线路组成。

1)网络架构

根据国家 IPv6 发展战略,教育网在原有高校互联网络基础上以 IPv6 为网络基础协议实施升级改造。考虑到 IPv6 不可能立刻替代 IPv4,在相当一段时间内 IPv4 和 IPv6 会共存在一个环境中,因此教育网需要支持 IPv6 和 IPv4 双栈协议。教育骨干网通过部署 SRv6 技术承载 IPv4 及 IPv6 路由,通过 SRv6 技术实现 VPN 业务的互连互通,使用 SRv6 Policy 技术实现业务的精细化管理和流量调度,通过 SRv6 policy 流量统计实现隧道流量可视化。

为了保证全省教育信息化的可靠稳定、大带宽流量的需求,满足未来教育应用发展的支撑,保障网络具有良好扩容和可靠快速收敛能力,教育骨干网建设汇聚节点双上联一个核心节点,骨干网组网拓扑架构如图 7.7 所示。

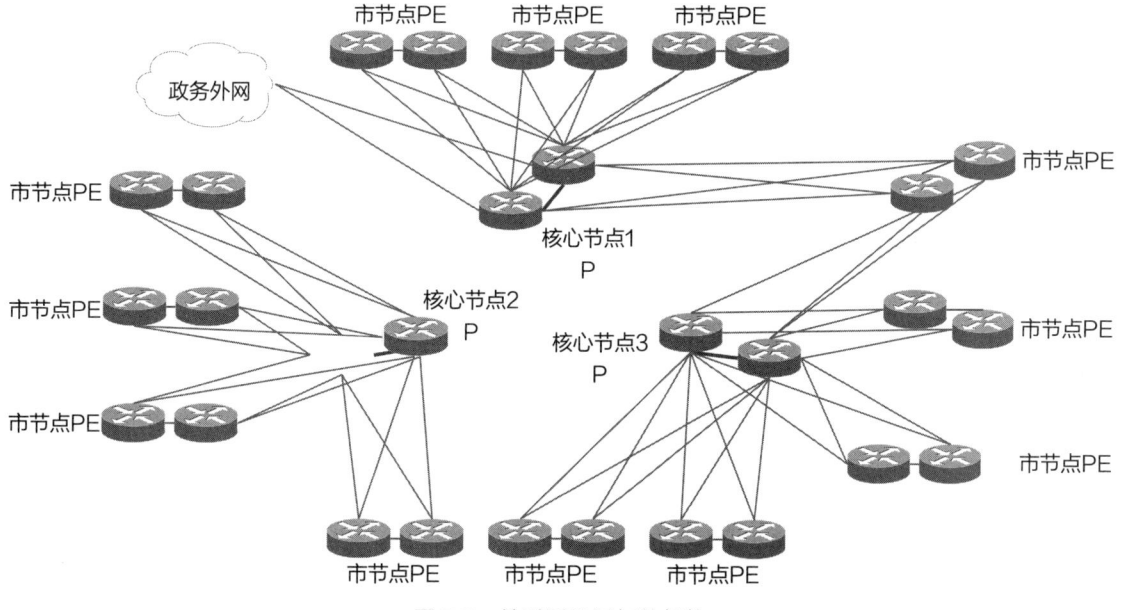

图 7.7 骨干网组网拓扑架构

2)组网部署

(1)核心环路。教育骨干网在省教育厅数据中心、某大学 A 和某大学 B(大学 A 和大学 B 在不同的地市)分别设置三个核心节点,各部署两台核心路由器,通过租用 2 家运营商线路组成双环网,教育骨干网核心环总带宽 100G。

(2)高校城市汇聚节点。在 15 个城市分别设置 1 个高校城市汇聚节点,共计 15 个汇聚节点。每个汇聚节点各部署 2 台汇聚路由器,通过 2 家运营商就近接入核心节点,每个汇聚节点出口总带宽为 20G。

3)传输线路建设

教育网采用 OTN 专线进行组网建设,核心环三个节点之间采用 2 条 OTN 专线互联,每条专线带宽为 100G，总计 6 条专线。每个高校城市汇聚节点至核心节点采用 2 条 OTN 专线，每条专线带宽为 10G，共计 30 条专线。

从保证传输网络安全性和可靠性方面进行考虑，核心环节点之间以及核心节点与汇聚节点之间的链路承载在 2 家运营商的传输网络上，以保证传输网络有较高的冗余性。如果其中 1 家运营商网络故障，另 1 家运营商的传输网络仍然能保证教育骨干网的正常运行。

3. 教育城域网建设

教育城域网是指在市县行政区域范围内，以光纤为传输介质，为连接本行政区域内各学校和其他教育机构的局域网的传输线路组成的网络。

教育城域网通过租用运营商 OTN 专线线路，连接本地学校校园网和教育机构网络。教育城域网网络拓扑架构如图 7.8 所示。

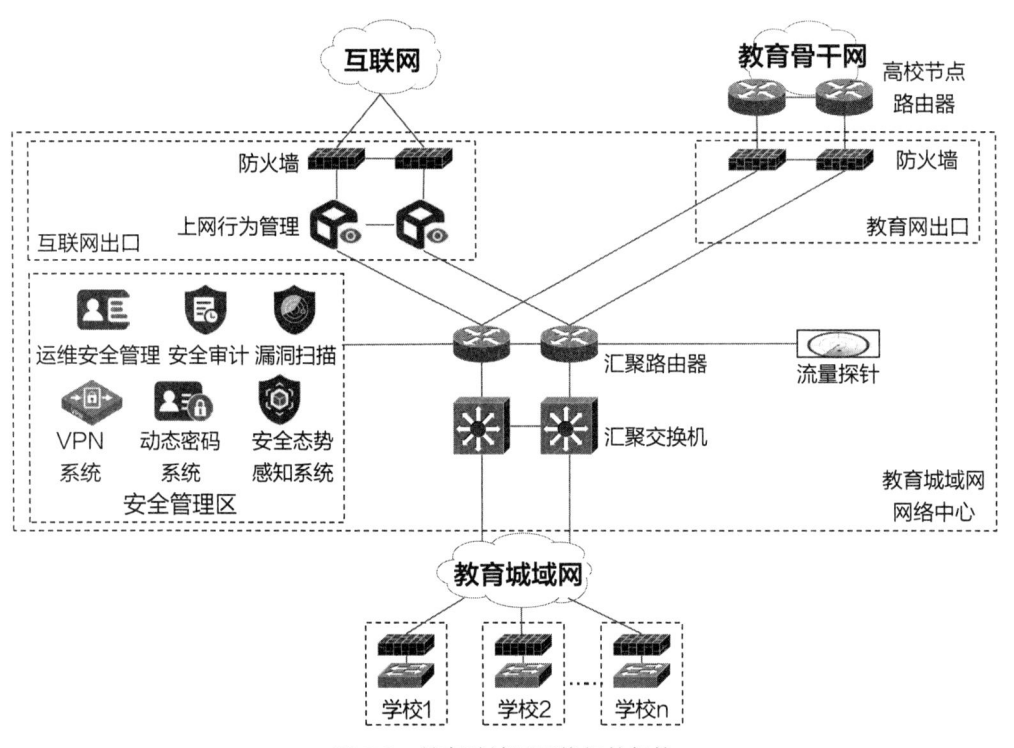

图 7.8 教育城域网网络拓扑架构

（1）互联网出口区。互联网出口区通过租用运营商两条带宽为 2G 的互联网线路，为教育城域网内所有学校访问统一的互联网出口服务。在该区域配置防火墙设备，通过防火墙系统对区域边界进行访问控制；配置上网行为管理系统，对教育城域网内的终端进行上网行为的管理、带宽的限制和内容的审计。

（2）教育网出口区。通过租用两条运营商的带宽为 1G 的 OTN 专线与教育骨干网互连。在该区配置防火墙设备，通过防火墙系统对区域边界进行访问控制。

（3）核心区。在核心区配置 2 台电信级汇聚路由器，设备之间互为冗余备份。两台汇聚路由器通过万兆直连光纤互连，通过万兆直连光纤与汇聚交换机互连；每台路由器通过万兆直连光纤与互联网出口区、教育网出口区的防火墙互连。核心区是整个教育网城域网核心节点，对于处理能力、稳定性、可靠性要求比较高，如果出现问题将影响整个教育城域网的正常使用，因此核心区的路由器采用高端路由交换产品，支持双电源、双主控、多级交换矩阵等多种冗余配置，以防止由于单板故障问题影响网络的稳定性。

（4）安全管理区。按照等保"一个中心三重防护"建设思路，根据安全管理中心相关要求，划分"安全管理区"，并在该区域部署安全日志审计系统、运维管理系统、安全态势感知系统、漏洞扫描系统。

（5）学校接入。各学校的校园网采用OTN专线方式接入教育城域网的汇聚交换机，接入带宽为1G。

4. 校园网建设

校园网是指在学校区域内，利用计算机网络技术，通过以太网、光纤、Wi-Fi6等网络技术，将学校区域内信息终端连接起来的通信网络。校园网是教育城域网的延伸，在校园内建立基础通信网络，为教育信息化服务在校园落地，提供网络基础。

（1）组网架构。校园网采用PON全光网络技术，构建极速、融合的全光校园网络，并通过专线接入教育城域网汇聚交换机，其网络架构如图7.9所示。

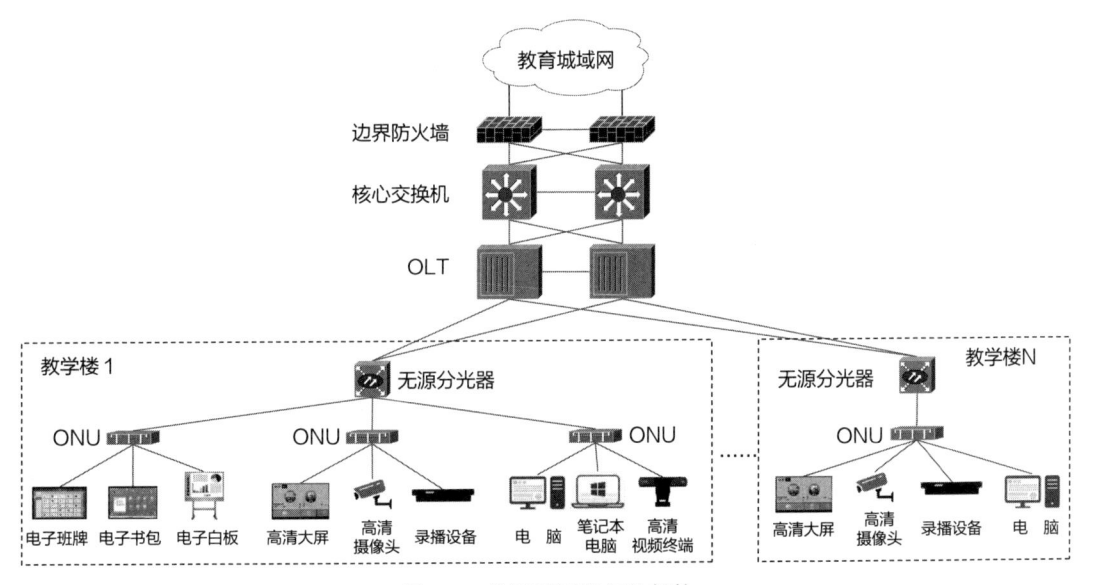

图 7.9 校园网网络拓扑架构

（2）组网部署：

① 校园网出口通过核心交换机、安全边界设备与教育城域网OTN专线互通，实现校园网络接入教育城域网。

② 校园网核心交换机提供万兆端口与光网络局端（OLT）相连。核心交换机承载学校访问教育应用、互联网等流量，负责整个校园网的网络数据转发，所以该设备建议采用集群模式增加稳定性。

③ 汇聚接入层采用PON组网技术，该组网架构简洁，维护成本低，网络层次简单，是无源光网络，容易部署及维护。该组网支撑网络千兆接入，可利旧平滑演进升级，无须改动传输介质，整体升级成本低。在汇聚层新增OLT设备，根据网络点位和分光器的数量进行选型。

④ 校园内分光点部署分光器，可以按照需求选择1:16分光比，满足校园千兆接入的发展方向和教室接入密度需求。

⑤ 按简化网络层级、统一规划部署的原则规划PON网络。校园中的光纤资源提前规划，满足现有网络点的同时预留未来扩容点的数量。

⑥ 在教室根据网络的密度、业务带宽需求、光纤芯数、壁挂箱的大小选取不同端口数的ONU。

5. 安全系统建设

教育网安全系统建设在符合教育网的技术标准规范，满足教育网的主要技术参数和性能指标要求的条件下，主要以利旧运营商现有设备系统方式实施。按照教育骨干网符合国家网络安全等级保护第三级要求，教育城域网符合国家网络安全等级保护第二级要求，构建安全合规、责任清晰、风险可视、简单高效的网络安全体系。

（1）教育骨干网安全建设。教育骨干网3个核心节点各自具有独立的安全域，教育骨干网主要承担教育城域网的接入，重点考虑网络链路的可用性，因此安全区域划分为网络接入区、安全防护区。网络接入区由边界网络设备组成，承担双线路接入、负载均衡的功能；安全防护区由安全防护设备组成，具备入侵攻击阻断、威胁感知等功能。

（2）教育城域网安全建设。在网络出口区域，针对互联网、教育网分别进行安全防护设计，包括边界防护、访问控制、入侵防范、恶意代码防范等；在核心交换区域，针对本级教育城域网、下属校园网和教育机构网络的所有流量进行攻击检测、病毒木马检测、未知威胁检测等；在安全管理区域实现安全审计、身份鉴别、授权管理、漏洞检测、终端安全管理。安全防护具体建设以下内容：

① 安全物理环境。各市县教育行政管理部门租用当地运营商的机房来建设教育城域网的网络中心，网络中心的物理访问控制、防盗窃和防破坏、防雷击、防火、防水和防潮、防静电、温湿度控制、电力供应等均采用运营商的现有设备。

② 安全通信网络。根据等保2.0网络架构相关要求，配置资源保证、优先处理等保障，包括保证主要网络设备的业务处理能力具备冗余空间，通过QoS机制满足业务高峰期、优先级业务的需要；通过业务服务的重要次序来指定带宽分配优先级别，保证在网络发生拥堵的时候优先保护重要主机。重要网段与其他网段之间采取可靠的技术隔离或边界防护措施。业务类网络设备（交换机、防火墙、路由器）成对部署，以堆叠或1+1保护方式工作。

③ 网络安全区域边界。根据安全等级保护的要求，将网络安全区域划分为教育网出口区、互联网出口区及安全管理区。在互联网区出口区和教育网出口区边界分别部署下一代防火墙，以双机冗余方式运行，实行不同边界网络严格的访问控制。启用入侵防御功能，实现数据的安全检测和阻断防护。

在互联网出口双机部署上网行为管理设备，针对本级教育城域网、下属校园网和教育机构网络的终端的上网行为的管理、带宽的限制和内容的审计等，根据业务需要调整应用访问和带宽利用率，同时防止敏感数据泄密和非法访问行为。

④ 安全管理中心。根据安全管理中心相关要求，划分"安全管理区"，并在该区域部署安全日志审计系统、运维管理系统、检测探针、安全态势感知系统、漏洞扫描系统。

⑤ 安全计算环境建设。根据等保2.0技术要求中安全审计的要求，在安全管理区部署安全日志审计系统。

7.2.5 建设成效

教育网覆盖全省各级各类学校的高速网络，实现全省教育网络有效的互连互通，支持各种高带宽、低延时的教学应用场景，满足数字资源、同步互动教学教研、网络空间应用等各级各类教育管理和教学资源信息化应用，为教育大数据应用和智慧教育提供有效支撑。

进一步提升中小学（教学点）网络带宽、改善互连互通效果、合理管控用户上网行为和带宽资源的使用，更加有效地解决分布在偏远地区中小学、教学点的用网难题，实现所有学校接入快速稳定的互联网，使网络服务质量满足教学需求，为消除数字鸿沟提供基本条件保障。

教育网通过汇聚教育资源和提供端到端的质量监测和措施保障，为优质资源充分共享创造条件。教育网可以连通国家教育资源公共服务平台、全国各省级教育资源服务体系和区内各教育资源服务平台，实现资源快速共享；为专递课堂、名师课堂、名校网络课堂"三个课堂"的建设提供优质的网络支持，确保优质教学资源能够精准协同地推送到乡村、偏远地区等贫困地区；可以打通各地域教师网络研修平台，促进不同地域之间的资源共享、协同备课研修、线上联合授课等，为欠发达地区教师信息化教学和专业能力发展提供支持和服务。进一步推动城乡义务教育协调发展，促进教育公平。

教育网可通过对网络治理关键要素 IP 地址、域名、网关的统一规范管控，采取更高要求的安全防护措施和真实源地址认证等先进技术，实现与公众互联网的相对隔离和优质资源输送，为青少年接受基础教育提供健康、文明、有序的网络学习环境。

7.3 某省银行广域网采用 SD-WAN 组网案例

某省银行广域网（以下简称"广域网"）由中国电信股份有限公司采用 SD-WAN 组网技术进行建设，构建覆盖全省各个分支机构的核心网络，为业务开展、员工日常办公提供稳定、高效的信息化支撑，提升各分支机构业务访问体验和办公效率，促进了企业数智化转型和降本增效。

7.3.1 建设背景

该银行负责在省内依法贯彻执行国家货币政策，维护该省的金融稳定，提供金融服务，为促进全省金融经济发展发挥了重要的作用。在全省有 11 个市级支行，96 个县级支行，省行内设机构 26 个，包括办公室、货币信贷管理处、金融稳定处、支付结算处、科技处等。

该银行原广域网采用金融企业传统的树形网络架构，通过运营商的 MSTP 专线构建省级、地市级、县级分支机构互联网络，均由单链路和单设备组成，网络链路带宽较低，且对全省银行访问互联网的上网行为统一实施流量管控，各地市访问互联网流量均需汇聚到省行，由省行提供统一的互联网出口。

该省银行原有广域网拓扑如图 7.10 所示。

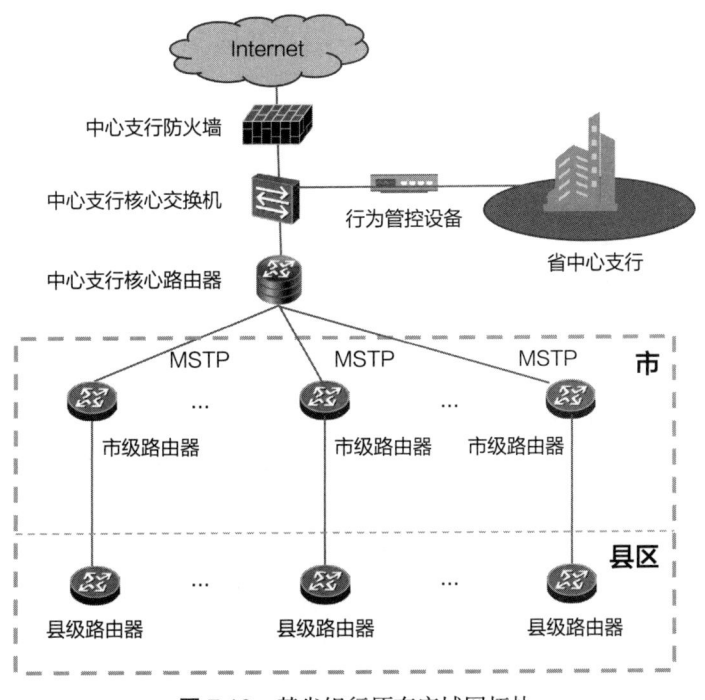

图 7.10 某省银行原有广域网拓扑

近年来出现的云计算、大数据等前沿技术日趋成熟，采用数据大集中的管控方式使各类业务数据集中在总部的数据中心，导致分支机构原有的业务访问模式发生较大变化，不再需要访问上级机构而是直接访问总部数据中心。为匹配新业务模式的访问需求，该省银行广域网需对原有网络进行扁平化改造。

另外，该省银行原有广域网系统不具备应用识别、优先级编排、链路优化等功能，无法保障核心业务获取最优带宽资源，经常出现不同应用抢占带宽的现象，导致核心应用访问体验性不佳，具体问题如下：

（1）带宽不足导致核心应用访问体验差。现网的带宽已不足以支撑各地支行办公上网需求，随着诸多业务流量的增长，访问核心业务出现卡顿，影响了银行的正常业务开展。

（2）分支机构网络复杂，管理困难。由于分行网点线路数量多、分布繁杂，全省107个分支网络环境经过多次不标准的升级改造后，更显混乱，网络管理难度很大。

（3）网络灵活性不够。网络架构扩容困难，难以满足业务敏捷性及大数据、云计算的发展需求。

（4）性能固化。随着企业数智化转型及业务的多样化，无法实现对流量的监控和智能化调度，难以对不同的广域网业务实施差异化的服务。

（5）运维手段缺乏。县支行没有专门运维人员，需让市支行帮助排查故障，增加了运维人员的工作量。同时，传统路由器无法进行集中管理和可视化展现，导致银行网络运维工作量较大，运维人员迫切需要简化路由器部署，加强运维的集中管理。

综上所述，只有通过引入新技术重构广域网，才能大幅度提升核心业务访问体验及带宽利用率，实现广域网的可视化运维管理与网络架构的全新升级。

7.3.2 建设目标

为适应未来业务发展需求，保证全省银行业务稳定运行，统一整合现有广域网网络资源，对广域网进行改造升级，建设一张高可靠、高可用、极简运维的业务专网，可以对网络运行情况进行多层次、全方位可视化显示，对网络流量进行全局调度、实时优化分流，对运行数据进行智能分析并进行集中管控，提升网络运维管理智能化水平。

7.3.3 总体网络架构

该银行采用SD-WAN技术进行网络整改，实现广域网数据转发面与控制面的分离，极大简化了广域网的运维管理。通过SD-WAN组网，不但破解了传统广域网网络面临的诸多困境，大幅降低企业在边缘分支的组网成本，而且实现了便捷管理和灵活组网。广域网组网的总体架构如图7.11所示。

1. 组网架构

SD-WAN组网架构包括控制平面和转发平面。

（1）控制平面。由控制器集群完成SD-WAN网络配置指令的编排下发，实现CPE集中管理与流量智能调度。

（2）转发平面。由CPE智能网关及底层SD-WAN网络链路组成，对网络业务流量进行路由层面的数据转发。

2. 主要核心组件

（1）POP节点。POP节点依托天翼云2+31+X资源池规划部署建设，是站点互连的业务转发节点，依托天翼云服务能力为用户提供NFV、安全、SaaS等云增值服务。

（2）CPE 终端。CPE 终端有多档规格，具备软硬件模式，可满足不同转发性能及部署需求。

（3）控制器。控制器作为管理中心，可以对全网的 CPE 设备进行统一的配置下发、策略管理和工作状态管理，远程实现一键开局和快速上线，还可以查看组网拓扑、链路状态和丢包率、延迟抖动及故障告警、流量统计等信息，实现可视化监控与自定义告警，做到全网心中有数。

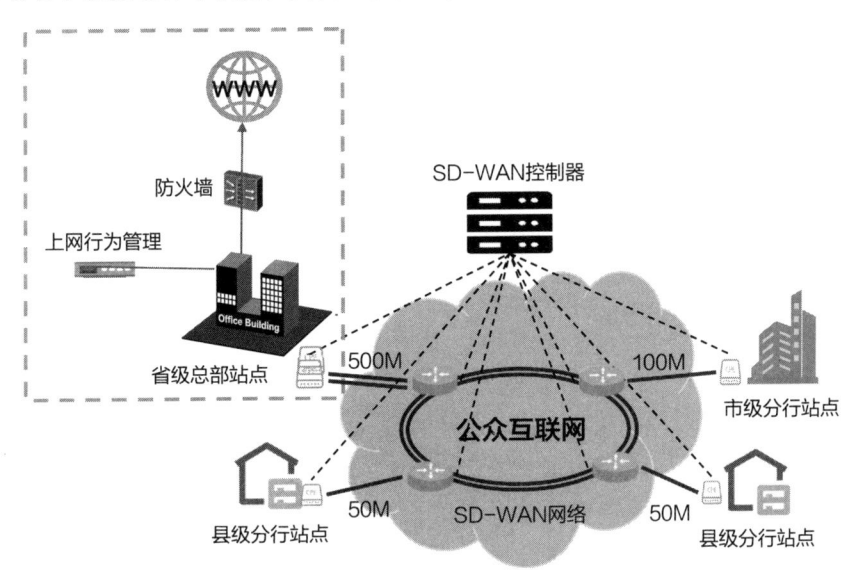

图 7.11 广域网组网的总体架构

7.3.4 组网关键技术

该案例采用 SD-WAN 技术进行组网建设，实现了广域网对应用、业务、运维的全流程的管理以及端到端的业务保障。下面对 SD-WAN 技术及特点进行简单介绍。

1. SD-WAN 技术简介

SD-WAN（software-defined networking in a wide area network，软件定义广域网）是将 SDN 技术应用到广域网场景中所形成的一种服务，这种服务用于连接广阔地理范围的企业网络、数据中心、互联网应用及云服务。

这种服务的典型特征是将网络控制能力通过软件方式"云化"，支持应用可感知的网络能力开放。它也是一个连接服务的管理平台，提供跨域组网和增值服务的功能，相比传统组网方案，具备多种灵活特性，如接入灵活、配置灵活、组网灵活、管理灵活等。

2018 年中国互联网协会对 SD-WAN 做出了如下定义：SD-WAN 是指利用创新的软件技术（智能动态路由控制、数据优化、TCP 优化、QoS）和传统网络资源（如公共互联网）融合，最大限度发挥传统资源的性能，其核心是让用户可以自行对广域网带宽进行智能管理。

2. SD-WAN 技术特点

（1）安全私密的通道，灵活的组网。SD-WAN 通常支持 IPsec 隧道，支持不同组网拓扑，包括 hub-spoken 组网、full mesh 组网、partial mesh 组网，转发设备与控制单元可支持分离部署，支持静态路由和动态路由协议。

（2）零配置，易部署。零配置是 SD-WAN 的主要特性之一，可采用邮件开局方式，支持在总部端提前配置好分支基础网络、总部接入等信息，将配置加密存储在 URL 链接中发送给分支管理员。通过分支管理员手动点击该链接，自动配置完成。

（3）应用选路。应用选路和流量控制是核心功能之一，能实现带宽的最大化利用，以及在不增加带宽成本的同时提升应用传输质量。通过智能选路可实现：

① 指定线路。最核心的应用在质量最好的线路上进行传输，而非核心应用在成本较低的线路上进行传输。

② 高质量选路。在多线路负载场景，可以选择"优先使用质量最好线路"的负载模式，在该模式下会根据各个线路的实时质量状况，选择最优的可转发线路进行数据转发。

③ 带宽叠加。当客户期望最大化利用现有所有线路带宽时，可以选择带宽叠加负载模式，将一条连接的流量负载到多条线路中，达到单连接的最大带宽利用率。

（4）应用流控。在应用选路的基础上加上流量控制功能，可以进一步确保核心业务稳定传输，动态保障应用的传输质量。SD-WAN支持用户自定义应用，并提供多种应用优先级选择。

在带宽足够的情况下，所有应用都能得到最大的传输速度。当带宽不足时，根据应用优先顺序，高优先级应用会得到优先传输的机会。

7.3.5 建设内容

广域网建设通过采用SD-WAN技术路线，从IPv6双栈协议入手，结合SR分段路由、VPN技术，开展银行SD-WAN广域网组网架构的转发面、控制面建设，打造网络的极简运维，逐步完成全省各分支机构广域网、办公网的IPv6升级改造建设。

1. SD-WAN广域网转发面建设

SD-WAN广域网转发面建设包括骨干网建设和IPv6改造两部分。

1）骨干网建设

（1）省级中心建设。SD-WAN网络建设包含1个省级核心节点，省级核心节点通过两条带宽为500M的SD-WAN线路就近接入本地运营商POP点，同时在省级核心节点的WAN接入点部署2台CPE边缘网关实现广域网出口的高可用。省级节点互联网出口处采用旁挂方式部署上网行为管理设备，实现对地市支行、县区支行访问互联网的监控管理。全省办公业务的互联网访问流量汇总至省行，通过省行的互联网出口进行业务访问。

（2）分支机构建设。全省地市支行、县区支行共有107个分支机构，各采用1台SD-WAN CPE边缘网关通过100M或50M带宽的SD-WAN线路就近接入各地市运营商POP点，实现原有MSTP专线电路升级改造为SD-WAN线路接入，网络架构从原有树状改造为扁平化的组网架构。SD-WAN边缘网关具备硬件Bypass功能，若省级中心支行故障，不影响地市支行、县区支行员工的日常工作与业务访问。

（3）Underlay带宽实现大幅升级。省级核心节点使用2条带宽为500M的SD-WAN线路，各地市级分支机构使用1条带宽为100M SD-WAN线路，各县级分支机构使用1条带宽为50M的SD-WAN线路。SD-WAN使能Underlay和Overlay协同，降低网络配置管理复杂度，实现接入的零接触部署、自动化部署和网络流量的监控管理。

（4）双网并行实现网络平稳过渡。在网络升级改造过程中，SD-WAN网络与原传统网络共存，逐步将原网络节点割接至SD-WAN网络。割接时，把分支节点的原路由器链路先断开，然后与新增SD-WAN CPE边缘网关连接。

2）IPv6改造

通过关键基础技术SR与IPv6完美融合，完成广域骨干网向IPv6平滑演进，实现IP转发和隧道转发的统一，在骨干网建设结束后，对全网的广域网和办公网系统完成IPv4到IPv6的点、线、面改造：

（1）全网基础线路 IPv6 改造。
（2）全网 SD-WAN 的 IPv6 双栈隧道改造。
（3）试点分支机构办公网终端 IPv6 地址改造。
（4）对外服务 IPv6 NAT 服务改造。
（5）全网办公终端 IPv6 改造。

在广域网转发面全部建设完成后，改善了该省银行各分支机构组网架构混乱、设备配置和路由策略不统一的局面，基于 SD-WAN 建设的新一代广域网转发面结构清晰，扩展性强，网络故障收敛时间短。

2. SD-WAN 广域网控制面建设

SD-WAN 广域网控制面建设包括部署 SDN 控制器和路由协议两部分。

1）部署 SDN 控制器

在省级核心节点部署 3 台 SDN 控制器（分为主控制器、备控制器和仲裁控制器）对全网 CPE 集中管控，实现对网络流量的智能调度。

通过对 SD-WAN 控制器的配置，基于 SD-WAN 的新一代广域网实现了业务传输流量的优先级编排，可在出现带宽抢占时，重点保障高优先级业务访问带宽。在建设过程中，该银行对核心业务设置了极高的传输优先级及保障带宽，从而避免因非核心应用流量激增导致核心应用访问体验不佳等问题。

2）部署基于 EVPN 的 SD-WAN 路由协议

该案例的 SD-WAN 组网的底层路由协议基于 BGP EVPN 技术构建，基于不安全的互联网打造了一张安全隔离的企业私有网络。

由于 SD-WAN 的网络规模较大，为避免节点之间的路由邻居数过多导致网络扩展困难，将 SDN 控制器配置为路由反射器 RR，负责节点之间跨越广域交换路由。在 EVPN RR 和分支节点 CPE 之间，选择部署 BGP 来传播 SD-WAN 的 Overlay VPN 路由，具体包括站点 VPN 路由前缀、下一跳 TNP 路由信息，以及用于 CPE 之间数据通道的数据加密所需的 IPSec 相关密钥等信息。

3. 网络运维建设

在该省银行中心机房部署一套 SD-WAN 集中管理平台，实现全局 CPE 设备、网络隧道与应用流量的可视化管理，解决了以往流量异常无法快速追溯的问题，同时还帮助了运维人员快速感知链路的运行质量及利用率，进而及时调整广域网的流量策略。此外，通过对分支机构设备健康状态的实时感知，改变了传统救火式运维的窘境。集中管理平台极大地减轻了对银行分支行网点的运维压力，能够更好地帮助运维人员管理全局业务。

7.3.6 建设成效

该银行广域网建设完成后，将分散在全省各地的金融网点分支机构通过广域网实现网络互连和业务管理，打造了一张智能、开放、业务感知的广域网，帮助企业降低了广域网投入，提高了管理运维效率，较好地满足了流量应用差异化服务。具体的建设成效有以下几点：

（1）更低的广域网运行成本，实现了企业的降本增效。轻松构建新型广域网网络，使分支机构可以采用普通宽带接入构建企业级的广域网，且结合宽带互联网线路将多种底层线路资源进行融合，最大限度发挥线路资源性能，提升应用体验，降低企业运营成本。

（2）快速灵活部署。支持设备即插即用的简易部署，部署的边缘设备可通过 SD-WAN 控制器自动下载指定配置和策略,实现 0 配置开局。具体实施时,不再需要专业人员进行配置,降低实施人员技术要求,减少开局成本。

(3)集中管理,可视运维。提供网络集中管理系统,通过网络多设备配置、WAN 连接管理、应用流量设置及网络资源利用率监控等,实现了网络简化管理和故障轻松排查。

(4)加固网络安全,减少安全风险。通过加密链路隧道实现端到端的流量安全传输;在 SD-WAN 设备中集成防火墙、行为管理等安全功能,实现全网安全能力聚合与统一调配,审计数据统一采集,全面提升广域网安全防护能力。

(5)实现企业数智化转型,优化业务访问体验。通过全新的组网架构,实现了金融企业网络的扁平化改造,优化了全网的业务访问流量控制,提升了客户的业务访问体验和行业竞争力。

第 8 章　5G 定制网在某工业企业的建设案例

网定制、边智能、云协同、应用随选、融合互动

5G 定制网是工业互联网的有力抓手，是加速中国新型工业化进程的重要支撑。它充分利用以 5G 为代表的新一代信息通信技术，打造新型工业互联网基础设施，新建或改造产线级、车间级、工厂级等生产现场，形成生产单元广泛连接、信息（IT）运营（OT）深度融合、数据要素充分利用、创新应用高效赋能的先进企业。它为企业提供"网定制、边智能、云协同、应用随选、融合互动"的综合解决方案。基于集成体系 DICT（大数据信息通信技术）行业数字化建设经验，围绕 5G 定制网"规划、建设、运维、优化、重保"的全服务周期，为 5G 定制网客户提供专属化、端到端的一站式服务。

中电信数智科技有限公司积极探索，运用 5G 技术提升企业的生产效率和管理水平，为某工业企业建设了新型的 5G 定制网（以下简称本案例）。它集研发、生产、质量控制、物流等多种功能于一体，由 5G 通信模块和各种传感器组成，实现了企业内各个环节的互联互通、实时监测和智能控制，具有良好的效益。

8.1　项目背景

5G 融合应用是促进经济社会数字化、网络化、智能化转型的重要引擎。大力推动 5G 全面协同发展，深入推进 5G 赋能千行百业，促进形成"需求牵引供给，供给创造需求"的高质量发展模式，驱动生产方式、生活方式和治理方式升级，培育壮大经济社会发展新动能，各行各业都在积极探索和实践。

国家近年来提出的《中国制造 2025》行动纲领，紧密围绕重点工业制造领域关键环节，开展新一代信息技术与制造装备融合的集成创新和工程应用。工业行业是国民经济发展的基础性及主导性产业，工业和信息化部发布的《"十四五"信息通信行业发展规划》中明确提出，通过政策引导和鼓励，进一步加快推动工业行业生产力水平全面提升，实现智能制造、控制、管理。作为新一代移动通信技术，5G 技术切合了传统工业制造企业智能制造转型对无线网络的应用需求，能满足工业环境下设备互联和远程交互应用需求。5G 可提供极低时延、高可靠、海量连接的网络，使闭环控制应用通过无线网络连接成为可能。推动 5G 与工业互联网融合创新，驱动工业网络化、数字化、智能化发展，实现工业互联，是我国工业行业发展的主流方向。

8.2　建设目标和任务

某工业企业属于高投入、高耗能、高污染的行业，煤炭和电力成本占其生产成本的比例高达 60% 左右，而受连续性生产工艺、季节性产品需求、宏观经济、政府政策等因素影响，其行业出现以下痛点：一是产能严重过剩，近年来企业产品的需求量持续下降，同时国家对该企业所属行业采取限制新增产能、淘汰落后产能的政策，行业呈现供大于求的困境；二是环保压力巨大，政府对环保问题日益重视，使企业在生产中的环保成本不断增高，一旦环保投入降低就有可能面临停产改造的处罚；三是人工成本上涨，亟待减少人工的使用。该企业面临淘汰落后产能、优化产业结构、

推进企业联合重组、化解产能过剩、加快两化融合以及实施智能制造战略的发展需求。"去产能、补短板、调结构、增效益"成为该企业所属行业数字化转型的主旋律。作为中国重要的基础工业之一,该企业所属行业需要应用5G+工业互联网融合技术对企业管理进行整体提升,通过企业上云、两化融合,以及物联网、大数据、人工智能等方式推动企业数字化转型。

1. 建设目标

建设覆盖企业园区的5G定制网网络,并从企业生产全流程出发,以企业生产数据体系和通信网络基础设施为支撑,基于企业工业操作管理系统平台,以5G、大数据、人工智能、云计算、面向服务的架构整合信息化资源,汇集互联网、物联网等企业多部门相关数据,实现企业工厂的DCS分散控制系统、AMS仪表管理系统、仓储物流管理系统、视频监控系统、门禁一卡通等弱电系统的数据集成和融合,建设部门联动、开放共享、安全高效、服务到位的分布式生产数据共享服务平台,为企业生产、监管决策、"互联网+服务"等应用提供数据支撑、平台支撑和技术保障,构建新一代企业行业工业大数据平台和卓越运营管理平台。

2. 主要任务

5G定制网采用独立组网(SA)方式,建设5G无线定制网络,使5G无线网络信号覆盖企业的主要生产区域及办公区域。采用5G+多接入边缘计算(MEC)组网方案,建设云网基础设施,为企业的智能制造系统及相关的配套系统提供计算、存储、接口等能力。采用无源光纤网络(PON)组网方案,建设工业环境全光PON网络系统、园区局域网,解决企业目前"层级多、结构复杂、多业务承载困难、网络升级和运维复杂"等诸多问题。

通过5G定制网络的建设,为企业生产提供新型专用通信网络资源服务。5G定制网络让监测设备、检测设备、移动终端设备、车载设备、视频监控等配套系统实现数据无线传输,集成到企业统一的工业操作管理系统平台,实现实时采集生产工艺、安全环保、质量检测、实时在线分析等生产数据,实现生产过程透明化管理,提升生产管理水平,并通过网络接入安全建设、MEC本地分流、UPF下沉来实现数据不出园区以及生产网络与公众网络分离,保障企业数据安全。

8.3 总体介绍

8.3.1 建设原则

本案例为企业构建先进、高效的5G网络,支撑企业数字化、智能化发展,整体遵循以下建设原则:

1)安全性原则

企业生产、管理等信息数据通过5G网络承载,在网络、平台建设规划时需注重用户数据的安全性及网络的安全性。

2)可靠性原则

需保证5G网络的信号质量、设备的稳定运行,避免单点故障,为企业提供可靠的接入业务。

3)易维护性原则

系统的设备应方便管理,易于维护,便于进行系统配置,可统一监控设备参数、数据流量、系统性能等,并可以进行远程管理和故障诊断。

4)可扩展性原则

系统设备不但要满足当前需要,并且网络的扩展性方面要满足可预见将来需求,如带宽和设备的扩展,应用的扩展和生产、办公地点的扩展等。保证建设完成后的系统在向新的技术升级时,能保护已有的投资。

8.3.2 建设模式

本案例建设基于中国电信 5G 定制网建设，中国电信 5G 定制网具有网定制、边智能、云协同、应用随选的特点，可以为用户提供一体化融合定制服务，如图 8.1 所示。

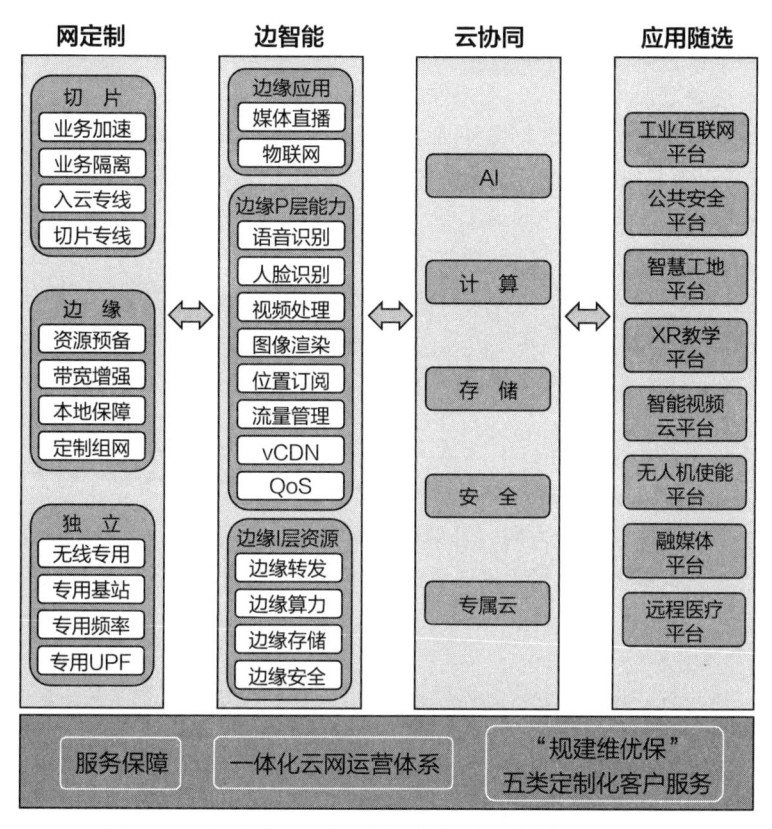

图 8.1 中国电信 5G 定制网一体化融合定制服务示意图

1. 网定制

针对行业客户对 5G 网络的覆盖范围、安全隔离等级要求、空口定制深度等差异化需求提供"切片"、"边缘"、"独立"三类网络方案。

2. 边智能

可以按需为客户提供就近部署的边缘智能服务，提供数据不出本地/园区的企业信息化边缘基础设施，如边缘算力、边缘 AI、边缘 SaaS 应用等。

3. 云协同

满足客户应用云化迁移的需求，动态为客户提供边缘云与公有云协同、私有云与天翼云协同、多供应商公有云协同等多云灵活调度、统一管理服务。

4. 应用随选

为客户提供丰富的行业专属服务和应用库，支持客户按需随选、灵活组合、一站订购；5G 定制网将向客户提供"网边云用服"五位一体的专属定制服务，全面满足客户数字化转型需求，从而加快企业数字化转型升级步伐。

本案例采用中国电信 5G 定制网的比邻模式进行建设，比邻模式是面向时延敏感型企业客户，提供的定制网服务模式，该模式通过多频协同、载波聚合、超级上行、边缘节点、QoS 增强、无线资源预留、数据网名称（DNN）、切片等技术的灵活定制，为企业客户提供一张带宽增强、低时延、数据本地卸载的专有网络，配合 MEC（边缘云）、天翼云，最大化发挥云边协同优势，为企业客户的数字化应用赋能。

5G 定制网比邻建设模式的典型特征是：

（1）数据不出园。在边缘机房部署园区 UPF 网元，实现用户数据本地灵活卸载，或者直接部署于企业园区内，达到数据不出园区，业务安全隔离。

（2）低时延。通过用户面园区 UPF 本地部署，减少端到端时延。

（3）超高带宽。结合超级上行，载波聚合等无线技术，大幅提高带宽。

（4）业务隔离在同一切片内，通过定制 DNN 来区分数据网络和路由隔离，通过定制 QoS 提供差异化的 SLA，保障用户业务安全。而对于多个切片，通过切片标识来区分数据网络和路由隔离，根据客户签约的隔离级别提供差异化的隔离方式，如资源隔离或资源预留，保障用户业务安全。

（5）业务加速。根据企业业务流特征，灵活签约 QoS。

（6）优良覆盖。为企业园区提供精准勘察服务，按需优化园区内空口资源，提供优质无线网络覆盖。

（7）算力下沉。通过边缘 MEC 下沉算力，大带宽消耗、时延敏感的计算工作在边缘完成，提升效率。

本案例中 5G UPF 为用户独立占用，且部署在用户园区，所有 5G 数据流量在本地卸载，真正做到数据不出园区，大大降低了数据传输时延的同时，极大地提升了整网的数据安全性。

8.3.3 总体架构

本案例采用"1+1+N"的智能运营总体架构体系，即 1 个网络、1 个平台、N 个 5G 应用场景，将企业工业生产制造智能化与 5G 网络深度融合，如图 8.2 所示。

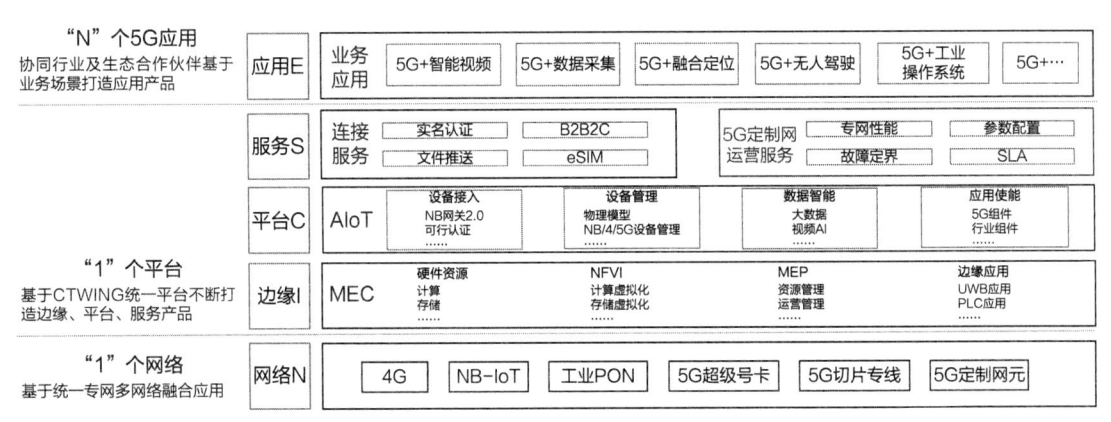

图 8.2 总体架构图

1. "1" 个网络

基于中国电信 5G 定制网提供统一专网服务，5G 定制网采用"比邻"服务模式，实现 4G、NB-IOT、工业 PON、5G 超级号卡、5G 切片专线、5G 定制网元等多网络融合应用，全方位接入各种终端设备，如摄像头、移动终端、激光扫描仪、无人机、CPE、传感器等，有效保障企业的数字化转型需求。

2. "1" 个平台

基于 CTWING 统一平台，打造边缘、平台、服务产品，通过"5G+MEC"提供 5G 边缘＋平台＋服务模式，通过 MEC 边缘计算平台提供硬件资源、NFVI 网功能虚拟化、MEP 资源管理、边缘应用（如 UWB、PLC 应用）等服务，并基于 AIOT 提供 5G 连接管理平台、5G 定制网管理平台、5G 数据智能管理平台、5G 应用组件等高质量的平台保障服务，从而提供设备接入、控制服务以及数据处理、分析能力，可对企业设备进行统一管理；提供连接管理、业务编排、网络能力开放、数据分析等服务，实现 5G 业务的可视化；提供 5G 专网管理、专网运维、资源管理、定制服务等能力，助力客户专网可视可管可控。

3. "N" 个 5G 应用

协同行业及生态合作伙伴，基于企业业务场景为客户提供专用的应用产品，并提供丰富的行业专属服务和应用库，支持客户按需随选、灵活组合、一站订购。本项目建设实现了 5G+ 智能视频、5G+ 数据采集、5G+ 融合定位、5G+ 无人矿卡、5G+ 工业操作系统等应用落地，打造了一套统一的工业操作管理系统平台，实现了多系统之间的深度融合，真正为企业实现了安全、降本、增效。

8.3.4 网络架构

本案例综合考虑该企业行业应用需求，5G 定制网采用比邻模式建设，并以"边缘 UPF+MEC 平台"为核心的组网网络架构，实现企业生产设备/设施、仪表仪器、传感器、控制系统、管理系统、工业应用系统等关键要素的泛在互联互通，实现生产区域及办公区域网络全覆盖，有效提升精准管理能力，整体组网网络架构图如图 8.3 所示。

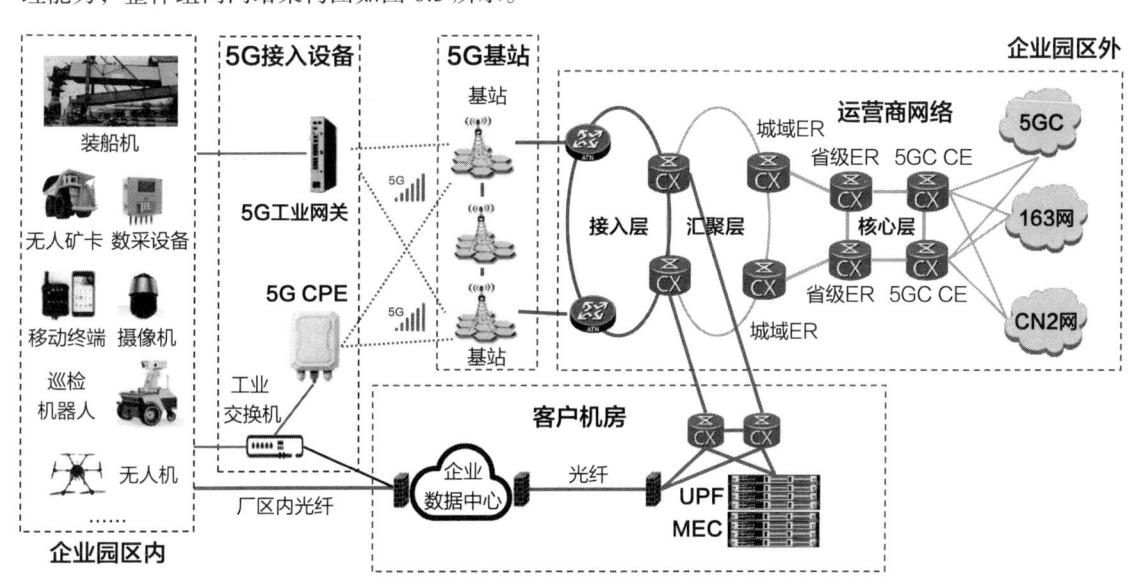

图 8.3 比邻模式整体组网网络架构

本案例在企业厂区内部机房部署下沉客户园区的"边缘 UPF+MEC 平台"，UPF（用户端口管理）下沉到企业园区的边缘机房，园区内数据交互无须经过运营商大网，直接传输到企业的内网服务器/数据中心，园区内端到端交互时延减少，核心网用户面网元（UPF）为用户私有化部署，无线基站、核心网控制面网元根据客户需求灵活部署，为企业行业用户提供物理独享的 5G 专用网络，满足用户大宽带、低延时、数据不出园区的需求。该组网架构能够高效地实现数据、资源、应用、安全、运维等多方面的云边协同，支持本地分流能力，对 5G 网络和固定网络中符合分流规则的本地业务数据分流到园区内部局域网络进行处理，保证业务数据不出园区，有效提升了客户业务体验及数据安全。

8.4 建设内容

本案例客户行业应用需求多样,场景复杂,单纯的云化解决方案或边缘计算解决方案都无法很好满足客户需求。因此,本案例为企业客户提供"网定制、边智能、云协同、应用随选"融合协同的 5G 定制网综合解决方案并落地建设,打造一体化定制融合服务,实现"云网一体、按需定制"。

本案例主要建设内容包括 5G 无线网络建设、多接入边缘计算云建设、工业操作管理系统平台建设、5G 应用场景系统建设等五大部分。

8.4.1 5G 无线网络建设

本案例要求网络能够灵活定制,需要通信基础网络提供相对于公众客户网络质量更优的业务通道服务,为业务数据高安全、业务处理低时延和高稳定性提供支撑。定制网络建设主要包含 5G 无线网络建设、核心网部署建设、传输承载网建设、园区 PON 光网建设、5G 定制网接入安全建设五大部分。

1. 基站无线网络建设

本案例企业的无线网络采用 5G SA 网络覆盖,通过 5G 无线精品网络的建设为企业构建一张高质量无线网络,实现生产、办公的统一接入。

结合企业具体业务场景和环境,本案例以室外宏基站+室内数字化方式灵活组网,保障整体无线覆盖质量,提供优质的 5G SA 网络覆盖。同时结合实际场景需要,引入创新的"超级上行"技术,进一步提升 5G 网络上行带宽、降低时延、优化覆盖质量。超级上行降低约 30% 空口时延、显著提升上行吞吐率,近中点上行吞吐率提升 20% 至 60%,远点上行吞吐率提升 1 至 3 倍。

基站无线网络建设包含以下几点:

1)基站选址要求

(1)远离大功率电磁干扰或强脉冲干扰(雷达站、广播电台、电视台等)。
(2)与高压线的水平距离必须大于 20m。
(3)必须远离存储易燃、易爆的仓库、企业和加油站,距离 > 20m。
(4)与高速公路国道线的隔离距离大于 50m。
(5)考虑站址及周围的防洪、塌方、滑坡、断层、开山等因素。
(6)尽可能避开幼儿园、医院。
(7)避开在沼泽、湖、塘和河沟等洼地,以避免造成巨额配套投资。

2)基站基础建设

本案例企业的园区由主厂区、粉磨厂和矿山部三个部分组成。主厂区占地 430 亩(1 亩 = $666.6m^2$),粉磨厂面积约 138 亩,主厂区和粉磨厂由近 800m 的架空传送带连接。矿山部位于主厂区南部 3km 处,面积约 600 亩,由办公区、破碎口和采矿区组成。主厂区与矿山部由 3000m 的地面传送带连接。另外,主厂区内有四段地下传送带,总长度近 300m。项目建设 15 个基于 SA 组网的 5G 基站和 8 套室内分布系统,实现主厂区、粉磨厂、矿山部的地上及室内 5G 信号覆盖,以及地下传送带的 5G 信号覆盖。

(1)基站建设部署规划:

① 主厂区。主厂区是重点保障覆盖的区域,本项目建设了 6 个 5G 基站进行覆盖。
② 粉磨厂区。在粉磨厂区建设了 2 个 5G 基站,重点覆盖生产楼、办公区域、粉磨厂堆棚区。
③ 传送带。主厂区至矿山部碎石口的传送带长度达 3000m,传送带依山势架空建设。由于厂

方对传送带区域没有太高的覆盖要求，传送带露天敷设，基站信号覆盖主要用于无人机巡查数据回传，终端数量较少，对流量要求也不高。所以项目在传送带中部新建 4 个 5G 基站，满足基本的信号覆盖。

④ 矿山部。矿山部由办公区、碎石口和采矿区组成。根据企业数字化矿山的建设要求，企业矿山部办公区要对采矿区内工程车辆进行定位调度，对矿区和传送带进行无人机巡查监测。项目在办公区附近山坡新建 1 个 5G 基站，重点保障矿山办公室和碎石口的信号覆盖。同时在采矿区边缘山包新建 2 个 5G 基站，对采矿区和传送带进行覆盖。

⑤ 地下传送带。地下传送带位于主厂区，由 4 段组成，总长度约 300m。4 段地下传送带分别位于石灰石地坑、低硅破碎地坑、高硅破碎地坑和煤均化地坑。

（2）室外基站塔杆安装建设：

① 塔杆塔体荷载。塔体建设按基本风压 0.45kN/m^2 设计，适用于田野、乡村、丛林、丘陵、乡镇及城市（地面粗糙度 B、C、D 类）抗震设防烈度＜ 7 度。

② 塔杆塔体材料：

· 塔体钢板采用 Q345B，法兰板、加劲板，塔体口加强钢板采用 Q345B，质量符合《低合金高强度结构钢》GB/T1591-2018 规定。

· 其他型钢、圆钢、钢板采用 Q235BQ235B。地脚锚采用 45# 钢。

· 钢板对接采用双面自动焊，且用气刨清根，均为满焊。

③ 塔体构件的连接：

· 塔筒连接采用套接连接。

· 其余连接采用 4.8 级螺栓。所有安装螺栓均按国家有关规范施工。

④ 钢结构制作：

· 钢结构各种构件放出 1：1 大样加以核对尺寸无误后进行下料加工，出厂前进行预装配检查。

· 钢材加工前进行矫正，使之平直。

⑤ 部件焊接：

· 塔筒纵缝、环缝采用自动埋弧焊焊接。塔筒纵缝、环缝满足二级焊缝要求，环缝全熔透并采用超声波探伤对其进行无损检测。

· 单管塔环焊处上、下纵缝错开距离不小于 200mm，纵缝用引烈板，端部 200mm 全熔透引弧板割除后打磨平整再焊环缝。

⑥ 钢结构安装：

· 结构安装前对构件进行全面检查，如构件数量、长度、垂直度、安装接头处螺栓孔之间尺寸是否符合设计要求，安装前检验基础轴线和锚栓位置，尺寸应符合设计要求。

· 所有钢结构及其配件在作防腐处理前均须经喷珠抛丸除锈处理，除锈质量等级符合规 S2.5 级以上。

基站塔杆建设施工图如图 8.4 所示。

（3）室外基站塔杆配套电动力建设。本案例基站塔杆配电动力通过地面室外基础（1.2×1.2）及电源配套系统搭建。建设地面室外基础（1.2×12）+新增一体化机柜（电源设备柜）×1+新增开电源 B 级防雷器 ×1+新增嵌入式开关电源 48V/150A/300A ×1+新增电池组 48V/100A/ 梯次电池（单体 48V）×2+新增室外型动环监控 ×1。

基站所有设备外壳均应作保护接地。塔杆配套电力建设施工图如图 8.5 所示。

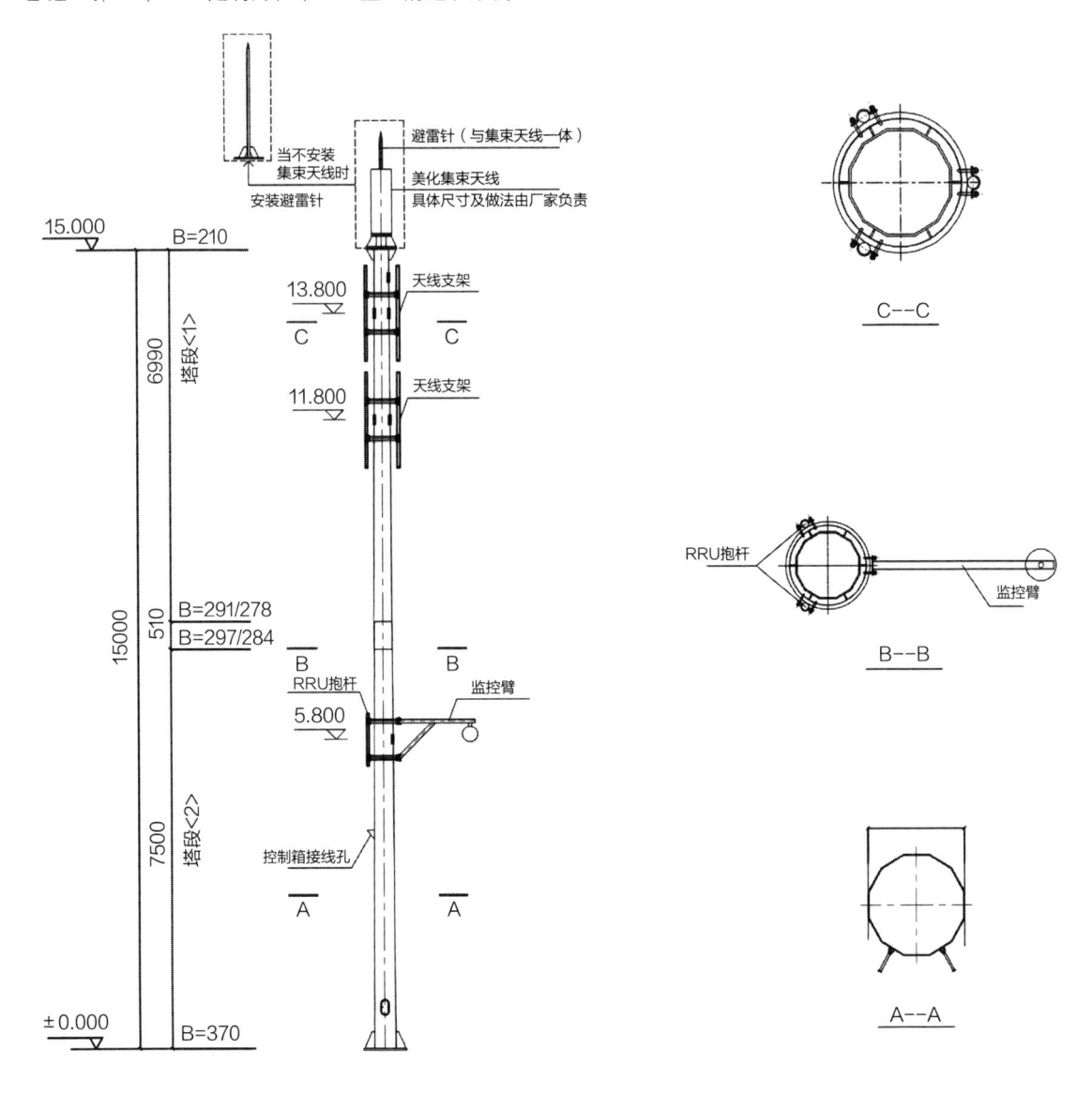

图 8.4　基站塔杆建设施工图

（4）室内室分基站的安装建设。本案例室内室分系统设备天线外露安装于天花板上，离其他运行设备1.5m以上，外接PRRU采用超六类网线，并采用双极化天线覆盖，系统连接图如图8.6所示。

（5）室内室分基站配套电力建设。本案例室内室分基站配套电力基于企业业主自有配电箱，电表接入使用20A空开，建设施工图如图8.7所示。

3）基站设备建设

（1）基站设备建设概况。本案例新建15个5G室外宏站和8套室分系统。其中1个室外宏站为现有4G基站改造升级，14个室外宏站和8套室分系统为完全新建。项目共新增5G AAU（有源天线单元）设备35台，新增5G PRRU（扩展型远端射频单元）设备30台。

对于主厂区，由于业务场景区域分布多样化，如原煤均化堆棚水泥墙体40cm墙体衰减大、山间传送带区域路损大等存在5G体验感知风险，根据业务需求，开通超级上行特性，通过超级上行3.5G和2.1G高低频上行全时隙调度，增强上行覆盖和容量，整体提升客户5G速率感知。基站设备情况如表8.1所示。

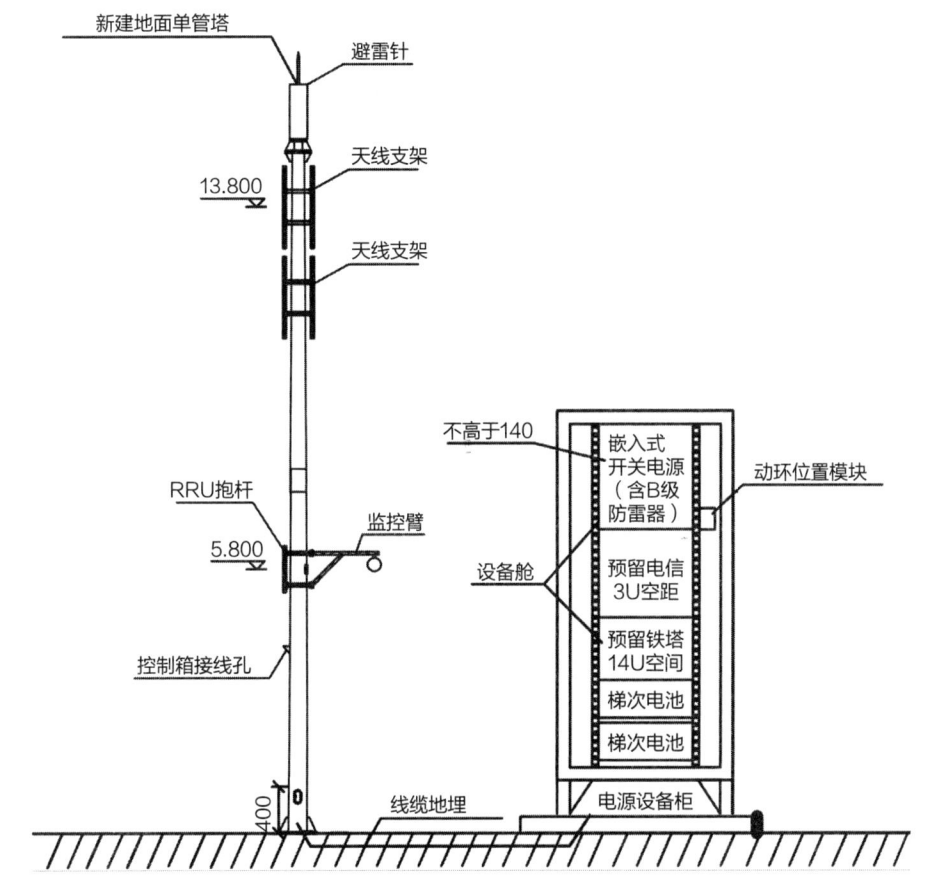

图 8.5 塔杆配套电力建设施工图

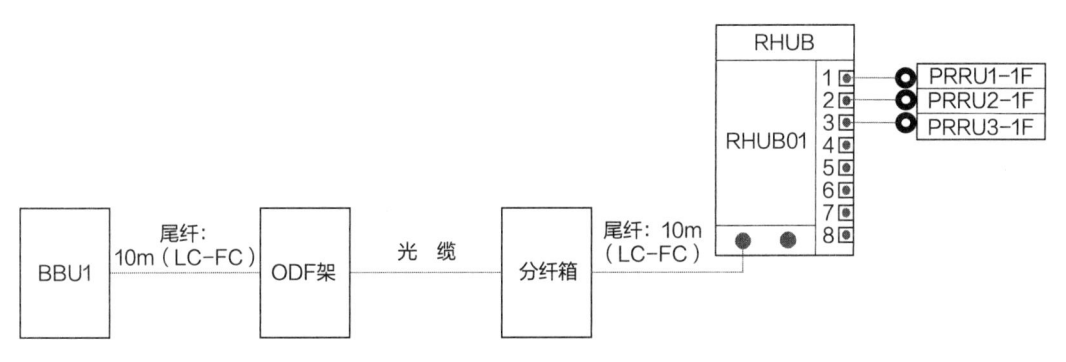

图 8.6 室内室分基站系统连接图

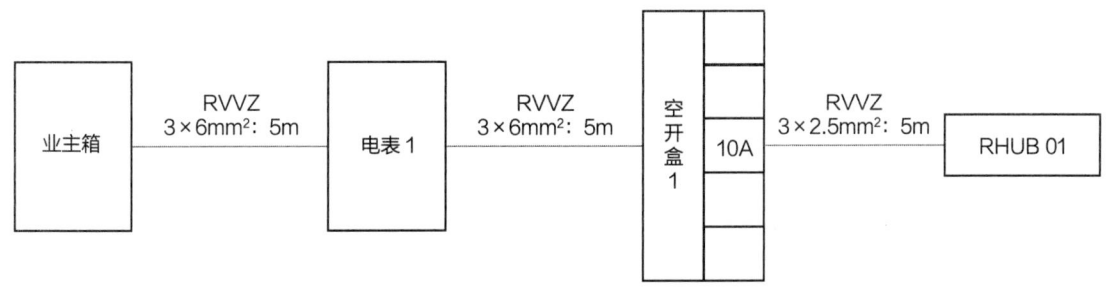

图 8.7 室内室分基站系统电力建设施工图

表 8.1　基站设备情况

序　号	建设基站	设备类型	设备数量	备　注
1	粉磨站	AAU	3	新建宏站
2	粉磨站传送带	AAU	3	新建宏站
3	主厂区东北	AAU	2	新建宏站
4	中控楼室外	AAU	3	新建宏站
5	东区	AAU	2	新建宏站
6	主厂区北	AAU	2	新建宏站
7	主厂区西北	AAU	3	新建宏站
8	主厂区西南	AAU	3	新建宏站
9	传送带 1	AAU	2	新建宏站
10	传送带 2	AAU	2	新建宏站
11	传送带 3	AAU	2	新建宏站
12	传送带 4	AAU	2	新建宏站
13	矿山部办公区	AAU	2	新建宏站
14	矿山部采矿区	AAU	2	新建宏站
15	矿山部采矿区后山	AAU	2	新建宏站
16	石灰石地坑	PRRU	2	新建室分
17	低硅破碎地坑	PRRU	3	新建室分
18	高硅破碎地坑	PRRU	3	新建室分
19	煤均化地坑	PRRU	3	新建室分
20	办公楼	PRRU	6	新建室分
21	食堂	PRRU	3	新建室分
22	中控楼室内	PRRU	6	新建室分
23	环保楼	PRRU	4	新建室分

（2）基站设备配置情况：

① 宏站设备。宏站采用 AAU 设备，参数如表 8.2 所示。

表 8.2　宏站 AAU 设备参数

规　格	AAU
尺　寸	795mm × 395mm × 170mm
重　量	33kg（不含安装件）
电　源	支持 –48V DC 电源，正常工作电压范围为 –36V DC ～ –57V DC
频率范围	3400 ～ 3600MHz
输出功率	240W
通道数	64T64R
IBW/OBW	200M/200M
功　耗	典型功耗 900W
天线增益	25dBi
机械臂下倾角	–20° ～ +20°

② 室分系统设备。5G 室分系统采用 PRRU（射频拉远单元）+RHUB（元集线器）设备。

4）基站建设实施

（1）各宏站建设实施：

① 粉末站基站。在粉磨厂生产楼顶新建1个5G基站，主要覆盖粉磨厂生产区域和办公区域。基站以楼面室外宏站的形式建设，基础配套为新建楼面水泥平台、地网和9m拉线杆塔，安装室外电源柜和蓄电池供电，新增3台AAU设备安装在9m拉线杆塔上。

② 粉磨站传送带基站。在粉磨厂跨厂传送带处新建1个5G基站，主要覆盖粉磨厂堆棚区和传送带。基站以室外宏站的形式建设，基础配套为新建地面水泥平台、地网和15m支撑杆塔，安装室外电源柜和蓄电池供电，新增3台AAU设备安装在15m支撑杆塔上。

③ 主厂区东北基站。基站建设于主厂区东北角山坡，新建室外水泥平台、地网和18m拉线杆塔，安装室外电源柜和蓄电池供电，新增2台AAU设备安装在18m拉线杆塔上，重点覆盖传送带和堆棚区域。

④ 中控楼室外基站。在主厂区中控楼顶新建1个5G基站，大楼结构的限制，新建3根6m支撑杆用于5G设备的安装，同时新建楼面室外水泥平台和地网，安装室外电源柜和蓄电池供电，新增3台AAU设备安装在6m支撑杆上。基站主要覆盖中控楼、综合楼和堆棚区域。

⑤ 东区基站。对主厂区东南角民房楼顶的原有4G基站进行改造升级。利旧原有12米拉线杆塔第二平台安装2台AAU设备，同时对原有室外电源柜进行扩容改造。

⑥ 主厂区北基站。主厂区北部三个大型堆棚为混凝土+彩钢瓦棚结构，基站信号覆盖难度较大。本期项目在主厂区北部山坡新建一个5G基站。基站以室外宏站的方式建设，新建室外水泥平台、地网和18m拉线杆塔，安装室外开关电源柜和蓄电池供电，新增2台AAU设备安装于18m拉线杆塔第一平台。

⑦ 主厂区西北基站。为了加强主厂区堆棚区域的信号覆盖，项目在主厂区西北角山坡新建一个5G基站。基站以室外宏站的方式建设，新建室外水泥平台、地网和18m拉线杆塔，安装室外开关电源柜和蓄电池供电，新增3台AAU设备安装于18m拉线杆塔第一平台。

⑧ 主厂区西南基站。基站建设于主厂区西南角山坡芒果地。基站以室外宏站的方式建设，新建室外水泥平台、地网和12m拉线杆塔，安装室外开关电源柜和蓄电池供电，新增3台AAU设备安装于12m拉线杆塔第一平台。用于加强主厂区堆棚区域和传送带的信号覆盖。

⑨ 传送带1基站。基站建设于主厂区西南部山顶。基站以室外宏站的方式建设，新建室外水泥平台、地网和18m拉线杆塔，安装室外开关电源柜和蓄电池供电，新增2台AAU设备安装于18m拉线杆塔第一平台。用于覆盖700m传输带。

⑩ 传送带2基站。基站以室外宏站的方式建设，新建室外水泥平台、地网和18m拉线杆塔，安装室外开关电源柜和蓄电池供电，新增2台AAU设备安装于18m拉线杆塔第一平台。

⑪ 传送带3基站。基站以室外宏站的方式建设，新建室外水泥平台、地网和18m拉线杆塔，安装室外开关电源柜和蓄电池供电，新增2台AAU设备安装于18m拉线杆塔第一平台。

⑫ 传送带4基站。在矿山传送带中部新建一个5G基站覆盖传送带。基站以室外宏站的方式建设，新建室外水泥平台、地网和18m拉线杆塔，安装室外开关电源柜和蓄电池供电，新增2台AAU设备安装于18m拉线杆塔第一平台。

⑬ 矿山部办公区基站。矿山部办公区作为矿山部的调度监控中心，对采矿区、碎石口和传送带进行实时监测。为保障矿山部办公区域的信号覆盖，本项目在办公室附近山坡新建一个5G基站。基站以室外宏站的方式建设，新建室外水泥平台、地网和18m拉线杆塔，安装室外开关电源柜和蓄电池供电，新增2台AAU设备安装于18m拉线杆塔第一平台。

⑭ 矿山部采矿区基站。基站位于采矿区和碎石口附近的小山顶上。基站以室外宏站的方式建设，

新建室外水泥平台、地网和18m拉线杆塔，安装室外开关电源柜和蓄电池供电，新增2台AAU设备安装于18m拉线杆塔第一平台。基站重点覆盖采矿区、碎石口和传送带。

⑮矿山部采矿区后山基站。基站以室外宏站的方式建设，新建室外水泥平台、地网和12m拉线杆塔，安装室外开关电源柜和蓄电池供电，新增2台AAU设备安装于12m拉线杆塔第一平台。

（2）各室分系统建设实施：

①石灰石地坑室分系统。石灰石地坑传输带长度约50m，采用内置型PRRU对地下传送带区域进行5G信号覆盖。新增2台PRRU设备。

②低硅破碎地坑室分系统。低硅破碎地坑传输带长度约70m，采用内置型PRRU对地下传送带区域进行5G信号覆盖。新增3台PRRU设备。

③高硅破碎地坑室分系统。高硅破碎地坑传输带长度约80m，采用内置型PRRU对地下传送带区域进行5G信号覆盖。新增3台PRRU设备。

④煤均化地坑室分系统。煤均化地坑传送带长度约70m，采用内置型PRRU对地下传送带区域进行5G信号覆盖。新增3台PRRU设备。

⑤办公楼室分系统。主厂区办公楼位于厂区大门附近，周边宏站距离办公楼200多米，覆盖效果不理想。本案例对主厂区办公楼新建5G室内分布系统覆盖，新增6台内置型PRRU设备。

⑥食堂室分系统。食堂位于办公楼旁，地势低矮，周边宏站覆盖效果不理想。本案例对食堂新建5G室内分布系统覆盖，新增3台内置型PRRU设备。

⑦中控楼室分系统。中控楼位于主厂区中部，是生产区域的控制中心。本案例在中控楼顶新建5G宏站。项目对中控楼新建5G室内分布系统覆盖，新增6台内置型PRRU设备。

⑧环保楼室分系统。环保楼位于主厂区中部，是厂区工业垃圾的处理中心，内设会议室和展览馆。本案例对环保楼新建5G室内分布系统覆盖，新增4台内置型PRRU设备。

5）基站网络测试

本案例5G站点开通之后进行网络优化、测试，测试结果显示整体5G覆盖优良占比97.63%，企业主厂区、粉磨厂区、传送带、矿山区四个区域共计15个宏站的单站测试调优实现每个宏站的下行速率均可达1Gbps，上行速率均可达180Mbps，满足厂区内业务覆盖和速率需求，满足整体的业务需求及客户验收标准。5G基站无线网络测试情况如图8.8所示。

业务类型		实测值	
		Cell1	Cell2
连接建立成功率		100%	100%
Ping时延（32）		22	24
Ping时延（1400）		29	37
FTP上传	极好点（mbps）	185.1	183.18
	近点（mbps）	158.77	137.87
FTP下载	极好点（mbps）	1056.96	1064.98
	近点（mbps）	917.84	976.11
扇区接反检查		正常	正常

图8.8　5G无线网络测试情况

（1）矿山办公区域5G网络测试情况。矿山办公区域5G网络覆盖率为100%，接通率为97.63%，上行速率均可达112.17Mbps，下行速率均可达533.31Mbps。

（2）粉磨厂区5G网络测试情况。粉磨厂区5G网络覆盖率为99.36%，接通率为100%，上行速率均可达122.64Mbps，下行速率均可达819.63Mbps。

（3）主厂区 5G 网络测试情况。主厂区 5G 网络覆盖率为 98.36%，接通率为 100%，上行速率均可达 113.1Mbps，下行速率均可达 534.2Mbps。

（4）传送带 5G 网络测试情况。传送带 5G 网络覆盖率为 98.67%，接通率为 100%，上行速率均可达 79.88Mbps，下行速率均可达 533.8Mbps。

（5）超级上行特性、增强上行容量区域测试情况：

① 不同场景对比测试。近点测试超级上行增益百分比为 32.2%，远点测试超级上行增益百分比为 23.4%。不同场景测试对比图 8.9 所示。

不同场景特性开通前后上行速率对比（Mbps）

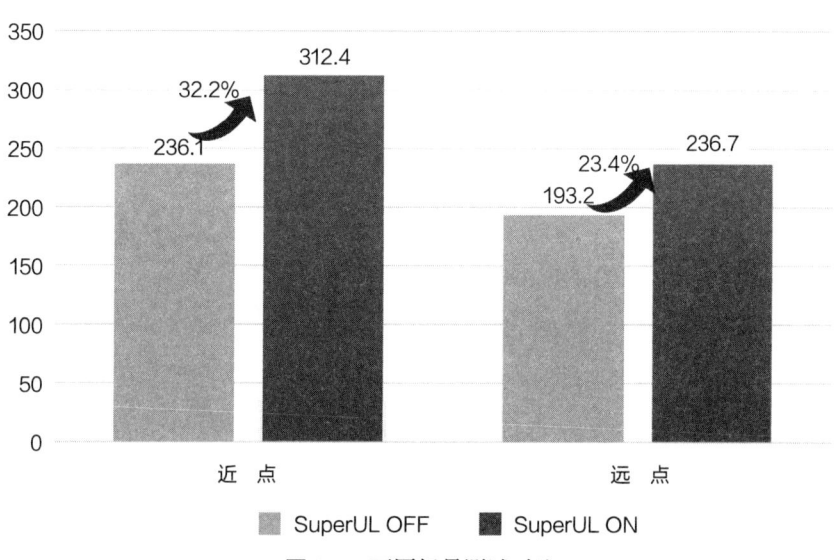

场景	SuperUL OFF	SuperUL ON	增益
近点	236.1	312.4	32.2%
远点	193.2	236.7	23.4%

图 8.9　不同场景测试对比

② 厂区拉网测试。超级上行开通前平均上行速率 140.5Mbps，开通后 191.4Mbps，速率增益 48.9Mbps，增益百分比 34.3%。厂区拉网测试情况如图 8.10 所示。

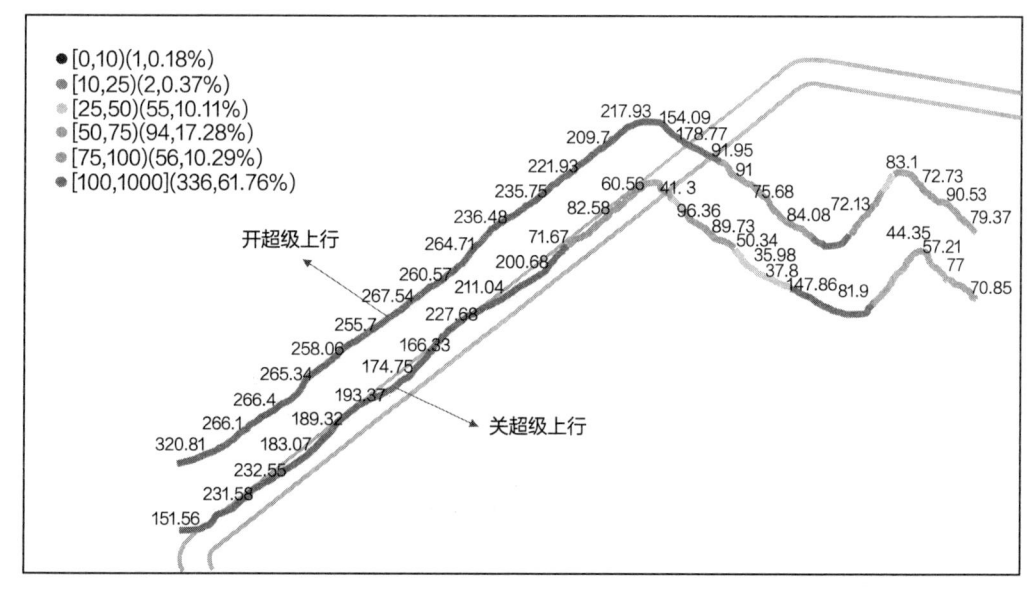

图 8.10　厂区拉网测试

6）基站实施验收

本案例验收主要对 5G 无线网室外宏基站、室内分布系统（数字化室内分布系统分布式皮基站）新建工程以及相关配套设施进行验收。

（1）对无线网室外基站的设备性能、施工工艺、无线网性能指标等方面内容进行检查。

（2）对无线网室内分布系统的有源器件、缆线等的施工工艺情况及整个分布系统性能指标进行验收。基站设备性能验收采取出厂检测方式，设备厂商提交基站设备出厂检验报告（检验合格证）。OMC（操作维护中心）设备性能与功能验收采取现场检查方式。施工安装工艺采取随工验收方式，验收时检查记录并现场检查。无线网性能指标验收采取 DT/CQT 测试及查看网管指标方式进行。

2. 核心网部署建设

核心网部署有以下几点：

1）5GC 网络架构建设

本案例的 5G 核心网采用中国电信 5G 核心网，控制面在省中心部署，用户面按需下沉至项目企业园区。中国电信 5G SA 网络架构，按"一张物理网、逻辑二张网"的总体原则，采用 2B/2C 统筹部署，构建"2+31"的 2B SA 网络，南京和广州 2B 5G 核心网集约节点统一 2B 用户开通、业务策略、统一计费；会话控制与转发面复用省内 5GC 的 SMF/UPF，接入与移动性管理能力复用省份 AMF；2B UPF 按需逐步下沉，由 2B 复用 SMF 统一管理，5G 核心网网络架构如图 8.11 所示。

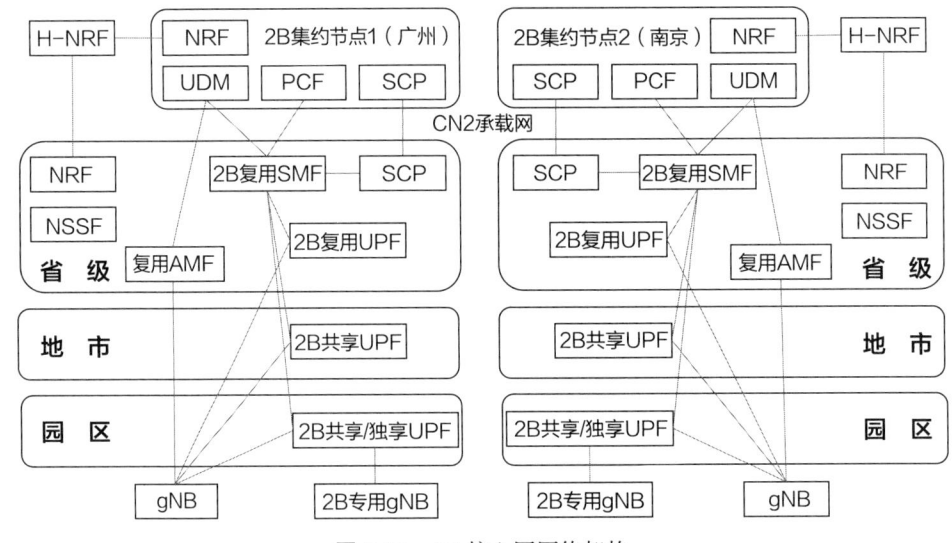

图 8.11　5G 核心网网络架构

本案例的 5G 网络架构的特点：

（1）服务化。5G 控制面采用服务化架构，控制面功能解耦重构为多个网络功能，针对每个网络功能定义服务。5G 核心网控制平面功能借鉴了 IT 系统中服务化架构，采用基于服务的设计方案来描述控制面网络功能及接口交互。由于服务化架构采用 IT 化总线，服务模块可自主注册、发布、发现，规避了传统模块间紧耦合带来的繁复互操作，提高功能的重用性，简化业务流程实现。

（2）控制面模块化。控制面功能进一步模块化，通过接入和移动管理功能和会话管理功能实现了移动性管理和会话管理分离，鉴权部分功能为独立的鉴权服务功能实体。

（3）用户面归一化。5G 架构继承 4G 控制面用户面分离特性，用户面实体归一为 UPF，不再有服务网关/分组数据网络网关等差异。

（4）网络切片。满足不同应用场景需求，切片间资源隔离，各切片功能按需定制。

（5）MEC 支持。5G 加强对 MEC 支持，可通过上行分流、多链路接入等方式访问本地网络。

（6）统一鉴权。3GPP 和非 3GPP 接入采用统一的鉴权机制，统一网络附属存储。

2）5GC 网元部署建设

（1）网元部署原则。控制面网元的部署遵循虚拟化、大容量、少局所、集中化原则，设置在两个异局址机房，进行地理容灾。

（2）网元功能实现：

① NRF（网络存储库功能）：提供服务注册、发现和授权，并维护可用的 NF 实例信息。

② UDM（统一数据管理）：用户数据管理功能，包括认证／用户识别／授权／注册／位置管理等。

③ NSSF（网络切片选择功能）：为 UE 选择一组网络切片实例。

④ AUSF（鉴权服务功能）：提供 3GPP 和非 3GPP 统一接入认证服务。

⑤ AMF（接入和移动管理功能）：终端到核心网控制面接入点，包括 UE 注册管理、连接管理、可达性管理、移动性管理、认证＆授权、短消息等。

⑥ SMF（会话管理功能）：会话管理功能，包括 IP 地址分配和管理、UPF 选择、策略和 QoS 中的控制部分、计费数据采集、漫游功能等。

⑦ UPF（用户平面功能）：分组报文转发，QoS（服务质量）策略处理及使用量报告。

⑧ PCF（策略控制功能）：业务流和 IP 承载资源的 QoS 策略与计费策略控制。

⑨ NEF（网络开放功能）：统一开放各种网络能力，避免网络内部差异。

⑩ N3IWF（非 3GPP 互通功能）：非 3GPP 接入 5G Core 的网关，非可行接入场景，与 UE 建立 IPSec（互联网安全协议）隧道。

（3）网元虚拟化部署。网络功能虚拟化技术是一种新型网络技术，重点增强网络弹性，提升业务部署速率，将 IT 领域的虚拟化技术引入至 CT 领域，通过 IT 虚拟化技术，利用标准化的通用设备来实现各种网络设备功能。

本案例 5G 核心网引入先进的网络功能虚拟化技术，灵活搭建各种网元，基础设施采用通用服务器部署，网元进行虚拟化、云化部署。网络功能虚拟化部署 5G 核心网网元如图 8.12 所示。

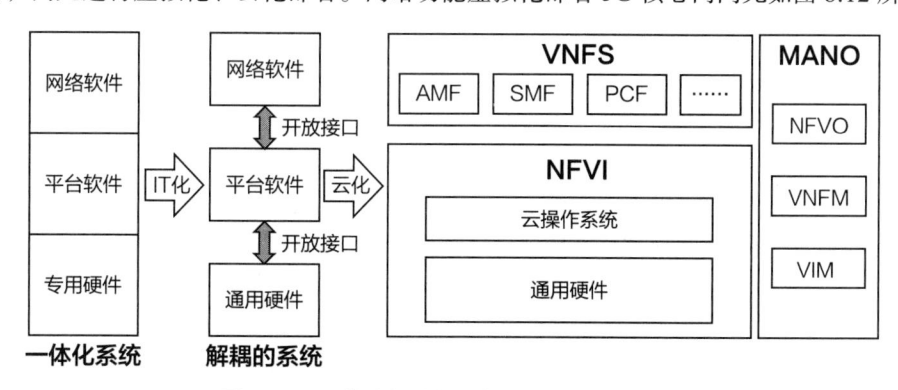

图 8.12 网络功能虚拟化部署 5G 核心网网元

3. 传输承载网建设

1）承载网组网建设

本案例在企业属地县局机房新增 1 对 STN-B 设备，在下沉接入网机房新增 1 个 STN-A 设备。ER 设备与 B 设备间采用 10GE 接口组环，B 设备与 A 设备间采用 10GE 接口组环，实现端到端

1GE 颗粒度 FlexE 硬切片，通过 iFIT+Telemetry，实时监控业务 SLA，部署 SRv6 实现基于 SLA 的选路及调优。15 个基站和 8 个室分点至接入网机房 BBU 新建光缆；接入网机房新增的 A 设备通过乡镇波分 10G 链路双归至县局机房新增的 B 设备，承载网 IPRAN 组网如图 8.13 所示。

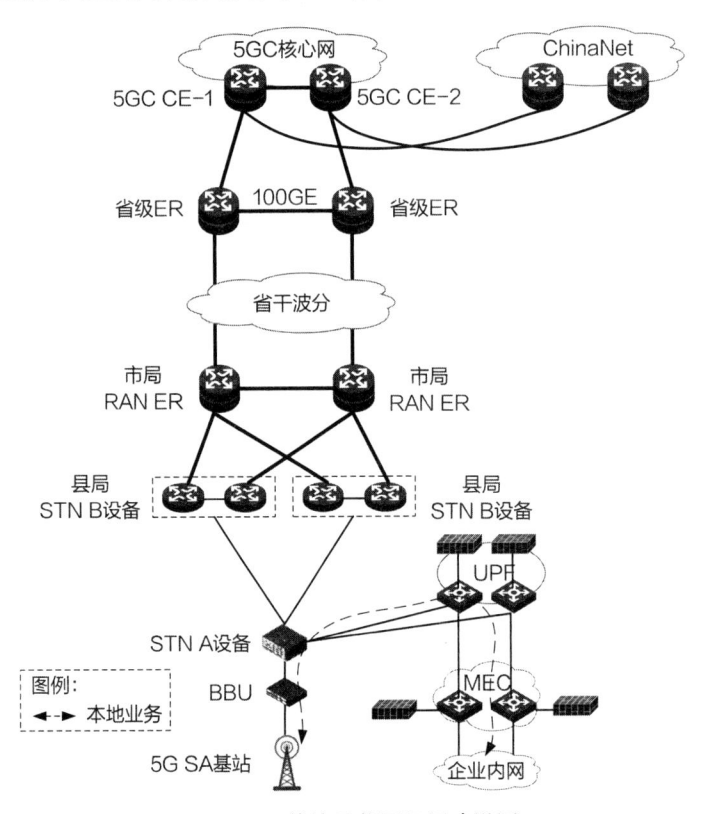

图 8.13　传输承载网组网建设图

2）配套光缆线路建设

本案例充分利用现有的杆路资源，接入网机房利旧杆路，架空敷设 2 条不同路由的 72 芯光缆至企业园区，在企业园区内中控楼新建 1 个 576 芯汇聚光缆交接箱，再从汇聚光缆交接箱沿原有桥架、新建杆路架空敷设至 15 个 5G 基站和 8 个室分基站，每个基站分配 12 芯光纤资源（使用 6 芯，备用 6 芯）。根据 5G 基站建设位置与纤芯需求，同光缆路由进行合缆敷设部署，共敷设 12 芯光缆 6.6km，24 芯光缆 1.7km，36 芯光缆 3.9km，48 芯光缆 2.7km，60 芯光缆 3.6km，72 芯光缆 14.9km；项目所使用的光缆、光缆接头盒、光纤配线架、光缆交接箱、光缆分纤箱等主要材料的性能及相关技术指标满足国际电信联盟电信标准化部门、国际电工委员会、中国国家标准、通信行业标准的要求。

（1）光缆线路敷设工作。在光缆敷设施工前对到货光缆进行单盘检验，主要进行外观检查和光特性测试。光缆布放时及安装后，其所受张力、侧压力、曲率半径在受力时（敷设中）为光缆外径的 20 倍，不受力时（安装固定后）为光缆外径的 10 倍，爬坡光缆在受力时和不受力时其可弯曲的曲率半径，分别为光缆外径的 30 倍和 20 倍。

（2）光缆纤芯成端与接续工作。光纤接续采用熔接法，中继段内同一条光纤接头损耗的平均值应不大于 0.08dB／个，最大值应不大于 0.10dB／个，光缆接续采用专用的接头盒，在每个接头处光缆与光纤都有一定的预留，以备日后维护时使用。为了方便维护与减少故障点，每个基站处配置 1 个 48 芯熔配分离式光缆分纤箱用于光缆成端，本案例的光缆线路共配置 23 个光缆分纤箱。

（3）架空光缆敷设安装工作：

①新立杆路的建设。杆路路由顺沿定型公路架设，便于施工与维护；新立杆路距一、二级公路（或铁路）不小于20m，一般公路不小于15m。新立杆路标准杆高为7m，标准杆距为50m。立杆位置选择在土质坚实、周围无坍塌（或雨水冲刷）及避免积水（或洪水期淹水）的地点，并考虑到拉线的设置位置及施工作业、维护抢修的方便。

②吊线的建设：

· 吊线安装位置：在原有杆路增设光缆吊线时，与原有吊线分侧安装，新设吊线架设在原杆路所有吊线的上方；新立杆路吊线抱箍距杆稍为60cm（特殊杆不小于25cm）。

· 吊线安装方法：吊线用三眼单槽夹板固定于吊线抱箍上。

③架空线缆交越其他电气设施的最小垂直净距如表8.3所示。

表8.3 架空线缆交越其他电气设施的最小垂直净距表

序号	其他电气设备名称	最小垂直净距/m 架空电力线路有防雷保护设备	最小垂直净距/m 架空电力线路无防雷保护设备	备注
1	10kV以下电力线	2	4	最高缆线到电力线条
2	35~110kV电力线	3	5	最高缆线到电力线条
3	110~154kV电力线	4	6	最高缆线到电力线条
4	154~220kV电力线	4	6	最高缆线到电力线条
5	供电线接户线	0.6		最高缆线到电力线条
6	霓虹灯及其铁架	1.6		最高缆线到电力线条
7	电车滑接线	1.25		最低缆线到电力线条

注：通信线缆应架设在电力线路的下方位置，应架设在电车滑接线的上方位置

4. 园区PON光网建设

1）PON技术

PON系统是采用光纤传输技术的接入网，泛指端局或远端模块与用户之间采用光纤或部分采用光纤作为传输媒体的系统，采用基带数字传输技术传输双向交互式业务。它由一个光线路终端、至少一个光配线网（ODN）、至少一个光网络单元（ONU）组成。

工业PON系统针对工业制造应用场景，增加了对工业应用场景的业务、接口、安全等定制的全光、高速信息网络，可适用于离散性、流程型制造企业的工业控制、数据采集监测、视频等各种应用场景，是智能制造横向集成的最先进、完善、坚强、安全的智能网络系统。

2）建设内容

（1）PON光网建设情况。本案例采用PON光网技术，对企业内原有网络进行改造。各分厂至机房之间统一设计光分配网络，采用光纤铺设。机房内部署光网络局端设备OLT，各分厂前端接入设备ONU替换原有的汇聚交换机和接入交换机。主要包含全厂信息主干网络、数据中心网络、全厂工控网络、外部互联网络。

（2）光纤网络情况。采用144芯铠装阻燃带状光缆成环，骨干网络节点均有144芯直达数据机房，数据机房使用ODF架成端，用户端新增机柜式ODF架，成端旁新增42U机柜安装设备。

（3）网络结构情况：

①园区网出口。通过核心交换机、路由器、防火墙设备与外部专线互通，实现园区网络接入互联网的功能。

② 核心层新增核心交换机提供万兆端口与光网络局端（OLT）相联。核心交换机承载视频安防网、云数据中心、办公接入，以及未来生产控制和采集的流量，实现不同厂区间数据流无干扰地稳定回传。核心层交换机设备采用集群模式来增加稳定性。

③ 汇聚接入层选择 POL 技术，网络架构简洁，维护成本低。络层次简单，全程无源光网络，易部署，易维护。支撑网络千兆接入，以及平滑演进升级，无须改动传输介质，整体升级成本低。

④ 数据中心部署服务器和应用系统的区域，为园区业务数据生产网络提供管理和应用服务。

⑤ 网络管理区部署网管系统，对网络设备、服务器等进行管理，功能包括告警管理、性能管理、故障管理、配置管理、安全管理等。

全光局域网拓扑图如图 8.14 所示。

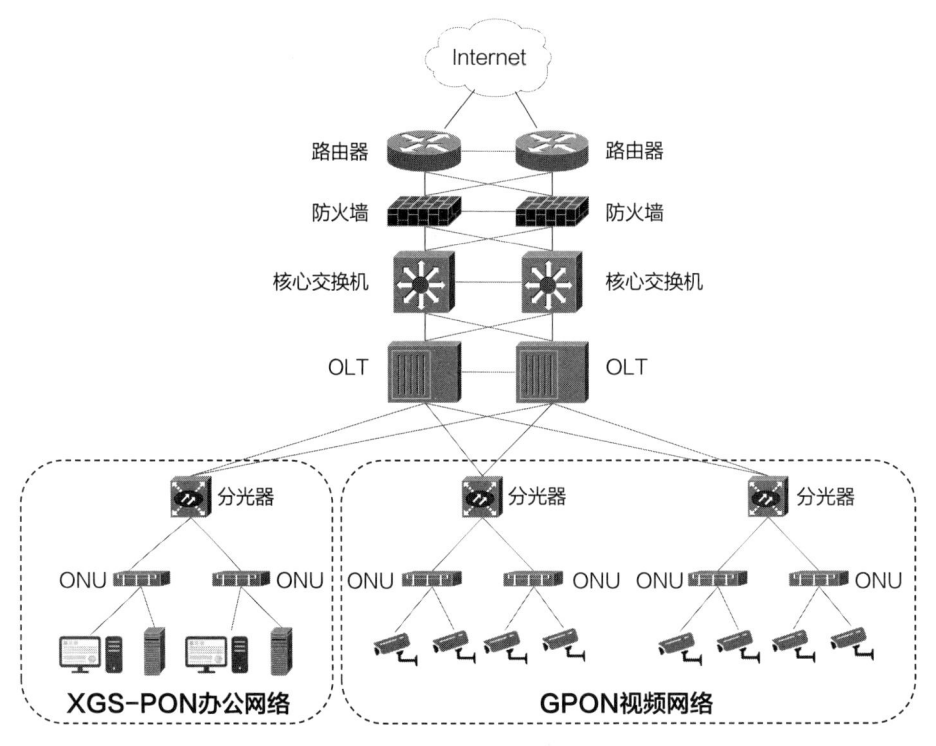

图 8.14　全光局域网拓扑图

5. 5G 定制网接入安全建设

1）5G 网络安全概述

本案例部署的 5G 定制网络，整网实现了 3GPP 协议要求的安全功能，并通过其他配套安全保障措施，在基础设施的硬件和软件资产、操作维护的接入认证、访问控制进行了安全控制增强，在数据保护、防 DoS 攻击、防入侵、防病毒等方面采取了强化措施，确保了 5G 网络设备及整网的运营安全。

5G 网络架构如图 8.15 所示，其中 RAN 是 5G 基站（gNB）设备，用来连接所有终端用户；UE 提供对用户服务的访问；接入及移动性管理功能（AMF）提供核心网控制面功能；用户面功能（UPF）提供核心网用户面功能；鉴权服务器功能（AUSF）提供认证服务器功能，用于归属网络的 5G 安全过程。

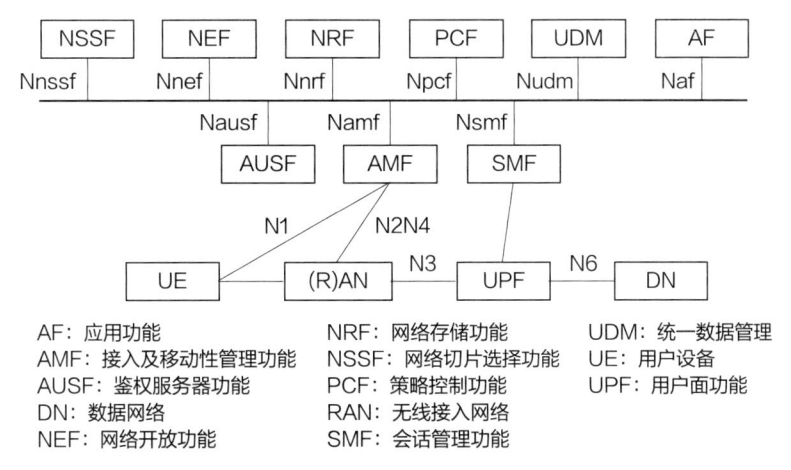

图 8.15 5G 网络架构

AF：应用功能
AMF：接入及移动性管理功能
AUSF：鉴权服务器功能
DN：数据网络
NEF：网络开放功能
NRF：网络存储功能
NSSF：网络切片选择功能
PCF：策略控制功能
RAN：无线接入网络
SMF：会话管理功能
UDM：统一数据管理
UE：用户设备
UPF：用户面功能

本案例 5G 网络安全建设主要针对 5G 基站设备，包括相关网络设备和接入安全进行分析，并提出与之相应的解决方案，安全的核心关注点在 gNB 的外部接口和 gNB 的内部互联安全需求，通常安全攻击点都是在系统的外部接口发起，即 RAN 侧安全的核心在于如何保证 UE 与 gNB 空口上传输信息的安全性、5G 基站本身操作维护的网管系统的接口安全性等。

2）5G 安全体系结构

相比于 2G/3G/4G 在网络上存在的安全弱点，5G 在网络定义和标准还在建立过程中，安全性是一个核心问题；5G 的应用场景和网络架构要复杂许多，包括 eMBB 场景下的大容量用户通信保证、uRLLC 场景下的大量物联网设备接入、云化的集中单元（CU）部署、虚拟化的网络架构等，对安全性都有着很大的挑战。

3GPP 33.501 提出了 5G 网络安全整体架构，具体如图 8.16 所示。

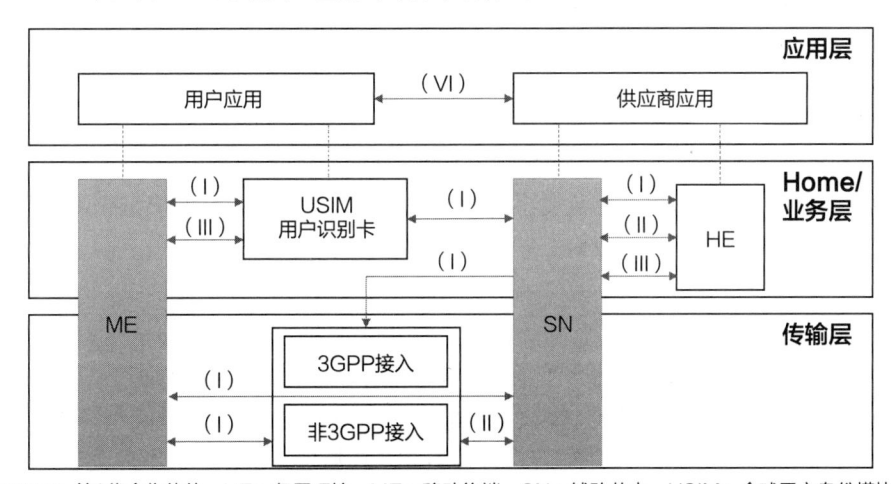

3GPP：第3代合作伙伴　HE：归属环境　ME：移动终端　SN：辅助节点　USIM：全球用户身份模块

图 8.16 5G 安全体系结构

如图中所示，5G 网络在架构上就进行了相应的安全防护使能：

（1）网络访问安全，表示一组安全功能，使 UE 能够安全地通过网络验证和访问服务，包括 3GPP 访问和非 3GPP 访问。

（2）网络域安全，表示一组安全功能，使网络节点能够安全地交换信令数据和用户平面数据。

(3）用户域安全，表示保护用户访问移动设备的一组安全功能；（Ⅳ）是应用域安全，表示一组安全性功能，使用户和供应商中的应用程序能够安全地交换消息。

3）5G 定制网接入安全威胁分析

5G 定制网基站设备是无线通信网络中的一部分，存在于 UE 和核心网间，实现无线接入技术。5G 定制网基站设备的安全威胁主要有四方面，如图 8.17 所示。

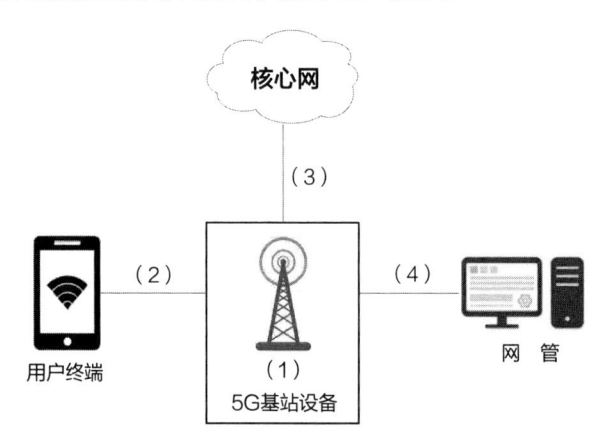

图 8.17　5G 定制网基站设备接口

（1）构成 5G 基站（gNB）设备的硬件、软件及网络的基础设施的安全威胁。5G 定制网基站设备的基础设备包括部署环境、硬件设备以及基站内部的软件版本、数据、文件等。

（2）针对连接 NG-UE 的空口上传送信息的空口安全威胁。空口指 5G 定制网用户终端和基站设备间的空中无线信号传播。

（3）针对连接到 5GC 的 N2 和 N3 参考点的传输网络安全和信息的安全威胁。5G 定制网基站的核心网接口包括基站与核心网、基站与基站间的用户面数据和信令面数据接口，通过以太网传输。因此也会面临与一般 IP 网络相同的安全威胁，包括不安全的网络传输协议引起的数据泄漏，针对网络可用性的攻击（例如拒绝服务（DOS）攻击、广播包攻击、缓冲区溢出等造成基站不能提供正常服务），以及对传输数据篡改破坏数据完整性。

（4）对基站连接到网管的管理平面的安全威胁。5G 定制网网管接口是后台网管设备与前台基站的管理面数据接口，也通过以太网传输。网管接口的安全威胁主要涉及网络传输协议、账户和密码管理的健状性、权限控制管理等方面。

4）基础设施的安全建设

（1）物理环境基础安全防护。5G 定制网基站基础设施的安全，首先要确保对基站设备本身及周围组网设施的物理安全，如设置门禁、监测控制等，有异常及时通知管理员。

（2）安全设备安全防护。5G 定制网基站设备在系统组网中通过 IP 协议连接核心网、网管服务器等网络设备，很容易遭受 IP 网络的攻击，如 DoS、广播包、缓冲区溢出攻击等。5G 定制网还要做好安全设备如防火墙配置，通过配置防火墙过滤规则，只提供对外开放的端口/协议列表，不使用的端口缺省拒绝。另外，还可以配置入侵检测系统（IDS），对网络攻击行为及时检测并警报，以尽快采取相应措施。

（3）威胁分析和评估措施。5G 定制网除了基站硬件和组网环境，5G 定制网基站软件资源具体包括操作系统、软件版本、数据存储文件也是重要的基础设施。攻击者会利用操作系统和数据库等漏洞攻击设备，因此需要定期对设备软硬件进行安全威胁分析和评估。

5）空口的安全建设

（1）物理层安全防护。5G定制网无线物理层安全技术的两大分支为物理层安全传输技术和物理层密钥生成技术。

（2）双向认证防护。双向认证方式使用用户识别模块（UIM）的USIM卡，只有都完成网络对终端认证和终端对网络认证后才接入网络。

5G定制网的双向认证流程和LTE变化不大，可以不换卡，不换号，并且使用EAP-认证与密钥协商协议（AKA），支持统一框架下的双向认证。EAP-AKA的认证流程如图8.18所示。

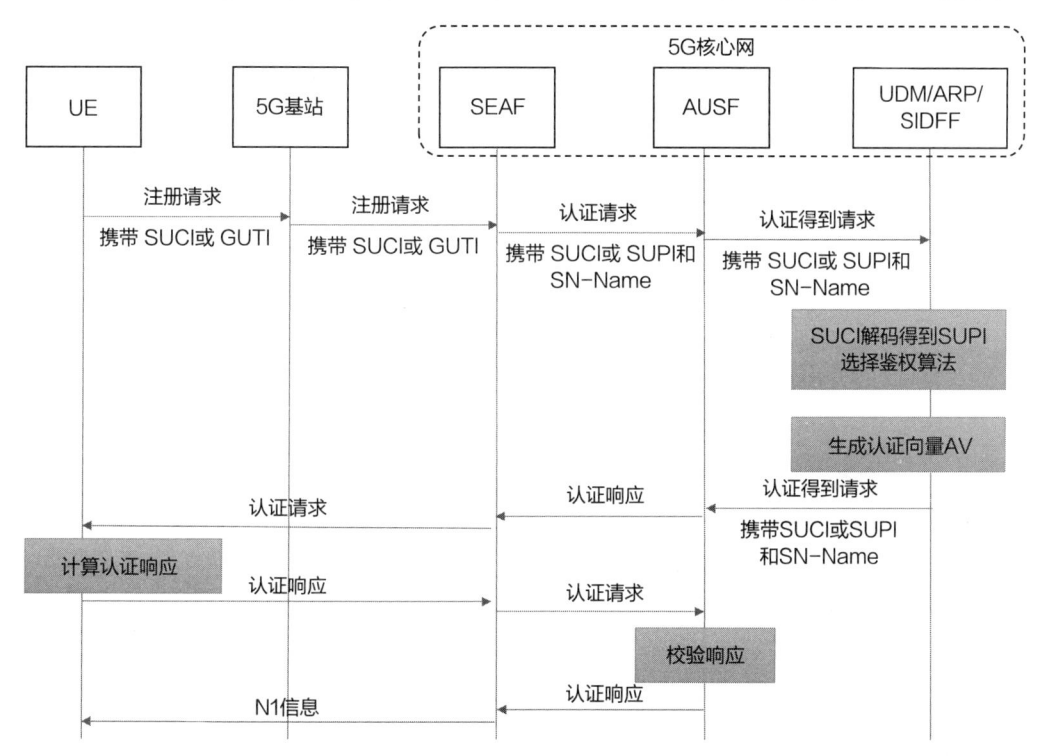

ARPF：认证凭据存储和处理功能　　　GUTI：全球唯一临时用户设备标识　　SN：服务网络　　　　　　UDM：统一数据管理
AUSF：鉴权服务器功能　　　　　　　SEAF：安全锚功能　　　　　　　　SUCI：用户隐藏标识符　　UE：用户设备
AV：认证向量　　　　　　　　　　　SIDF：用户标识去隐藏功能　　　　　SUPI：用户永久标识符

图 8.18　EAP-AKA的认证流程

（3）数据机密性防护。数据加密指发送方通过加密算法将明文数据转换为密文数据，保证数据不被泄露。5G定制网基站可选择根据SMF发送的安全策略激活用户数据的加密。

（4）数据完整性防护。数据完整性防护，是指发送方通过完整性算法计算出完整性消息认证码（MAC-I），接收方通过完整性算法进行计算（X-MAC），再比较MAC-I和X-MAC是否一致，以保证数据不被篡改。

6）核心网接口的安全建设

5G定制网基站设备的传输安全主要包括N2、N3口的传输安全，并按照开放式系统互联（OSI）七层协议，在不同的协议层都有各自的安全解决方案。

（1）物理层安全。物理层通过线缆屏蔽传输信号，防止外部监测和干扰，同时支持多物理链路和多物理端口冗余备份，提高系统的可用性。

（2）链路层安全。对不同数据平面，链路层可使用虚拟局域网（VLAN）隔离，防止DoS攻击和数据嗅探；支持MACSec加密，支持802.1x访问控制和认证协议。

（3）网络层安全。网络层支持 IPSec 安全隧道协议，提供端到端的加密和认证功能，保证数据的完整性和机密性。通信时和通信对象的密钥交换方式使用 Internet 密钥交换协议（IKE）、RFC5996、数据传输使用封装安全载荷（ESP）报文格式、RFC4303。

5G 规范中引入了基于 PKI 的安全体系结构，3GPP 33.310 协议定义了基站数字证书的注册机制，以及应用数字证书与核心网安全网关（SEG）建立安全通信链路的过程，5G 公钥基础设施安全交互如图 8.19 所示。

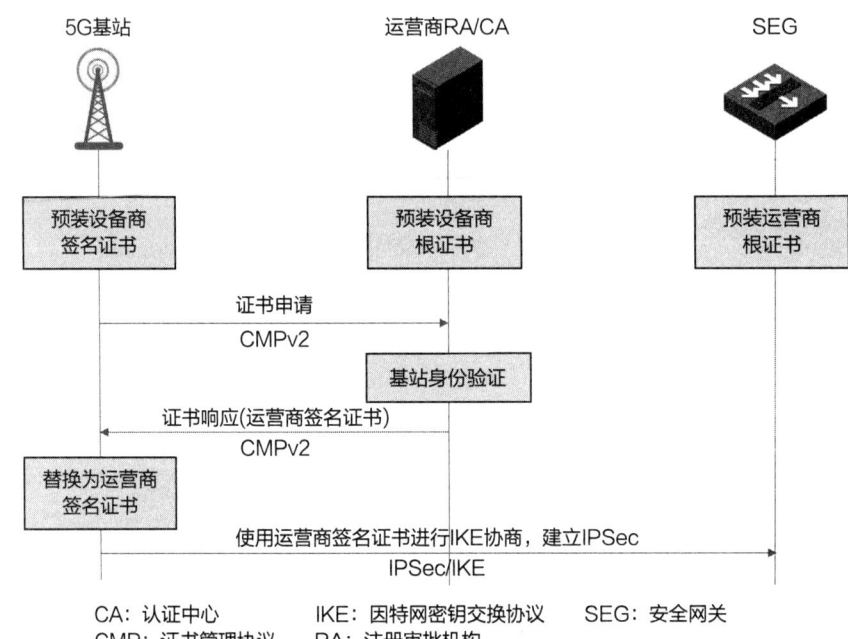

图 8.19　5G 公钥基础设施安全交互

7）网管接口的安全建设

5G 定制网网管是对基站设备的管理系统完成基本的数据配置、监测控制、性能统计等功能。基站与网管系统通过 IP 网络连接，有可能暴露在网络中，因此面临非法入侵、信息泄露、服务中断、物理破坏等安全威胁。网管接口的安全建设单位有以下几个方面内容：

（1）账户安全管理。5G 定制网基站系统支持集中账户管理和本地账户管理。账户管理支持常用的用户名密码方式认证，以及基于 PKI 的数字证书双因素认证方式。

（2）权限安全管理。5G 定制网对接入系统的用户需要做身份认证，非授权用户不能接入系统。用户接入系统后，还需要进行权限控制，即用户能够读取 / 修改 / 执行系统文件是否在授权范围内。系统需要对用户分组，不同等级的用户分组有不同的权限。

（3）传输安全管理。5G 定制网系统支持安全链路传输数据，使用安全通道协议（SSH）/ 安全文件传送协议（SFTP）/ 简单网络管理协议（SNMPv3）协议，以及基于这些协议实现的加密安全通道，确保数据在网络传输过程中难以被窃取和篡改。

（4）敏感信息保护。依据隐私保护原则，客户的隐私信息需要保密，也就是说没有权限的人不能查看，也无权传播。在必须要传播的某些数据中，如果携带了用户数据，则需要对用户数据做匿名化处理。

（5）隐私保护机制。在 5G 定制网中需要建立合理的隐私保护机制来避免用户隐私信息的泄露。可以通过假名变换策略和匿名算法建立 5G 定制网通信网络中的用户隐私保护机制：在 5G

网络中，通过不定期变换移动用户通信使用的假名，隐藏自己的位置信息与真实身份之间的映射关系，从而防止位置隐私的泄露。

8）日志审计保护

5G 定制网通过部署日志审计系统，基站对于系统运行过程中的安全事件和关键信息予以记录并保存。如果发生安全入侵，可以根据日志或记录对事件进行回溯，确定事件原因，提供有效证据。

9）其他配套安全保障措施

（1）安全保障概述。本案例的 5G 定制网其他安全保障配套措施满足用户业务需求，并按上级单位监管、等保 2.0、定级备案、特通等相关安全要求进行同步规划、建设和使用。针对企业数据不出园区需求，通过省级 5GC 实施信令承载，通过园区级 UPF 实施私网数据承载。

（2）安全运维职责。园区级 UPF 的安全维护管理由中国电信数智公司负责管控，并做好定制网与大网 5GC 在各层面的安全隔离与控制，避免定制网成为攻击大网的跳板。

（3）安全运营管理。对于由中电信数智科技有限公司进行维护管理的 5G 定制网资产（包括网络设备、安全设备、存储设备、主机、虚拟机等资产及其内部运行的操作系统、数据库、中间件、应用等各类组件），按照中国电信相关要求开展安全运营和管理工作。

（4）相关配套技术措施：

① 物理安全措施。园区级 UPF、MEC 采用一体化安全机柜等方式提高物理环境安全，同时默认关闭本地维护端口、禁用不使用的端口，降低物理安全风险。

② 数据安全措施。园区级 UPF 在数据安全防护方面还提供以下措施：

· UPF 只在 PDU 会话阶段保留用户 SUPI 等敏感信息，待会话结束后应立即清除相关信息。

· 账号密码等敏感信息均加密存储。

· 使用 NDS/IP 机制进行机密性、完整性保护和防重放保护。

③ 移动恶意程序监控。由于公网访问通过省级 UPF 承载，将沿用部署在省级 5GC 的移动恶意程序监控系统进行数据安全监测。

④ 移动上网日志留存。由于公网访问通过省级 UPF 承载，将沿用部署在省级 5GC 的移动上网日志留存系统。

⑤ 统一 DPI 检测。统一 DPI 检测系统将在省级 UPF 的 N9 接口新增采集点。DPI（deep packet inspection，深度报文检测）深度安全是一种基于应用层信息对经过设备的网络流量进行检测和控制的安全机制。

⑥ 病毒安全防护。为园区级 UPF 配备 5GC 虚拟化网元防病毒软件，支持对病毒、蠕虫、木马/webshell、后门、rootkit、间谍软件等恶意程序进行查杀，支持实时、手动、预设等扫描方式，支持清除、删除、隔离、告警和不予处理等处理措施，并支持对误杀文件的恢复。

⑦ 网元安全信息采集。园区级 UPF 上安装安全信息采集 agent，并按照安全信息采集 agent 最新技术规范要求提供并及时更新设备型号、操作系统软件版本、IP 地址、安全补丁、安全漏洞、安全基线、进程等 5G 核心网侧安全信息数据。

⑧ 安全访问控制措施。对园区级 UPF 与 SMF、省级 UPF 采用白名单的方式进行访问控制，仅允许指定 IP 和 MAC 地址的园区 UPF 与 SMF 和省级 UPF 互访。

⑨ UPF 接口和访问控制安全措施：

· 对 UPF 管理面、控制面的访问进行双向认证与鉴权，避免与非授权设备进行通信。

· 禁止直接从 UPF 设备的业务平面接口访问管理平面和控制平面。

⑩ 流量控制及分流安全。对园区级 UPF 提供流量控制及分流策略安全保护措施：

· 限制发给 SMF 及从 SMF 接收的信令数据的大小，防止信令流的过载。

・限制用户带宽,避免通道被单一用户、MEC 应用流量挤占。

⑪ 虚拟化平台安全。对承载园区级 UPF 及 MEC 的虚拟化平台进行安全加固,包括关闭不必要的端口和服务、删除不必要的账户、更新补丁、严格限制管理接入、开启复杂密码策略等。

⑫ 按需安全服务:

・中电信数智科技有限公司可基于集中安全能力资源池及边缘安全能力资源池,为 MEC 边缘节点提供按需安全服务。

・对于时延要求不高的安全防护措施,可远程提供的安全能力,可基于省集约化安全能力池提供,如漏洞扫描、堡垒机、日志审计、数据库审计、网页防篡改、WEB 漏洞扫描等。

・WAF、IPS 等防护能力,可通过边缘安全能力池或者本地部署提供。

・容器安全检测引擎、病毒防护引擎等,需部署在节点内部,随 MEC 边缘节点同步部署。

8.4.2 多接入边缘计算云建设

传统集中式云计算将业务处理数据回传至云数据中心,采用集中式数据存储,并利用超强的计算能力来集中式解决计算和存储问题,对大带宽、大连接、低时延的 5G 应用场景有局限性。

本案例利用 5G SA 独立组网的优势,建设 5G SA 的 MEC,大大提高网络、平台、开放的基础能力,通过 5G SA MEC 网络定制化功能,实现不同用户、业务的差异化管理与控制,可实现移动办公、移动视频监控、定位、工业控制等场景需求。

1. MEC 边缘云架构建设

本案例 MEC 的建设,提供了 5G 边缘云 IaaS 平台服务,可搭载第三方业务。IaaS 边缘云包括底层硬件、服务器、存储,虚拟化层采用 Openstack 架构,采用标准化 x86 架构底层服务器。

边缘云 IaaS 平台采取轻量化资源管理 VIM,仅保留基础组件,减少组件服务的工作线程数量来降低对物理资源的消耗,同时支持计算和控制合一部署,使得资源能够得到有效利用。项目边缘云基础架构示意图如图 8.20 所示。

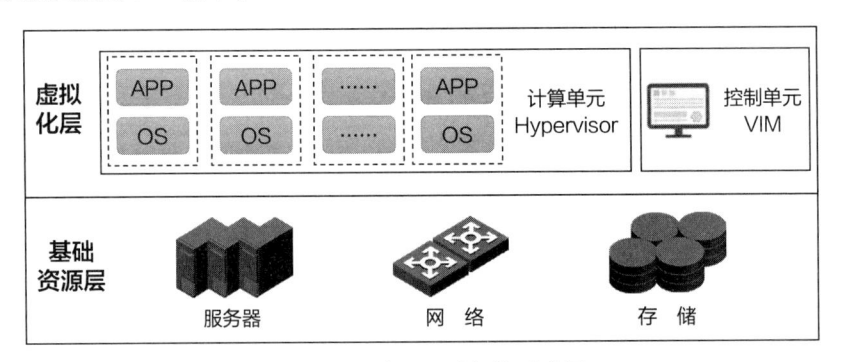

图 8.20 边缘云基础架构示意图

2. MEC 本地分流及计算

MEC 通过将计算存储能力与业务服务能力向网络边缘迁移,使应用、服务和内容可以实现本地化、近距离、分布式部署。

本案例的 MEC 部署建设,最终可实现两种功能及本地分流:连接 + 计算,其中连接功能即传统核心网所提供的 UPF 功能,实现流量的分流与转发。MEC 提供基础硬件和操作系统,上层应用可由使用方或第三方进行开发;5G 边缘计算的分流可以分为两类实现方式,即 ULCL(Uplink classifier)分流机制及基于 DNN 的分流机制,5GC 核心网中的 SMF 可以在 PDU 会话的数据路径中插入一个"ULCL",支持 ULCL 功能的 UPF 通过匹配 SMF 提供的流过滤器将特定流量进行分流;

同时也可以为企业内部用户指定特定 DNN，将归属于指定 DNN 的用户全部由 MEC 进行本地分流，本案例的本地分流情况如图 8.21 所示。

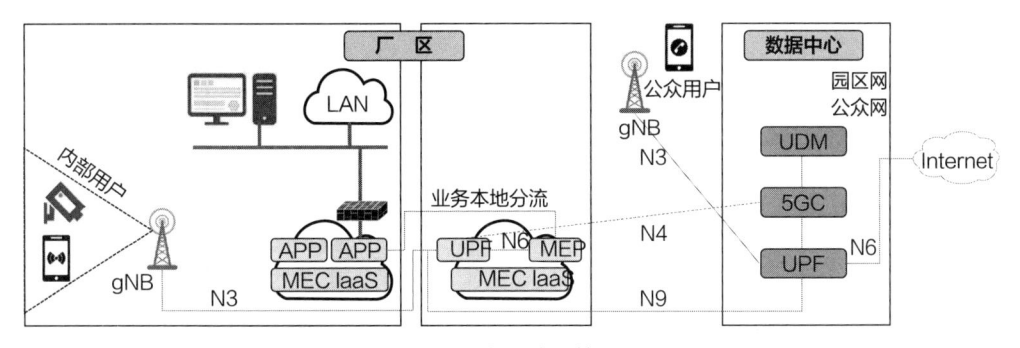

图 8.21　本地分流情况图

MEC 通过支持本地流量的分流，作为远端模块下移到边缘部署，满足企业本地分流的要求。

3. MEC 平台的设备部署

1）设备配置

本案例的 MEC 平台在用户机房新建设 2 个机柜，并在机柜内新增 MEC 平台的设备及相关软件。

2）用户侧平台组网

本案例的 MEC 用户侧平台组网如图 8.22 所示。

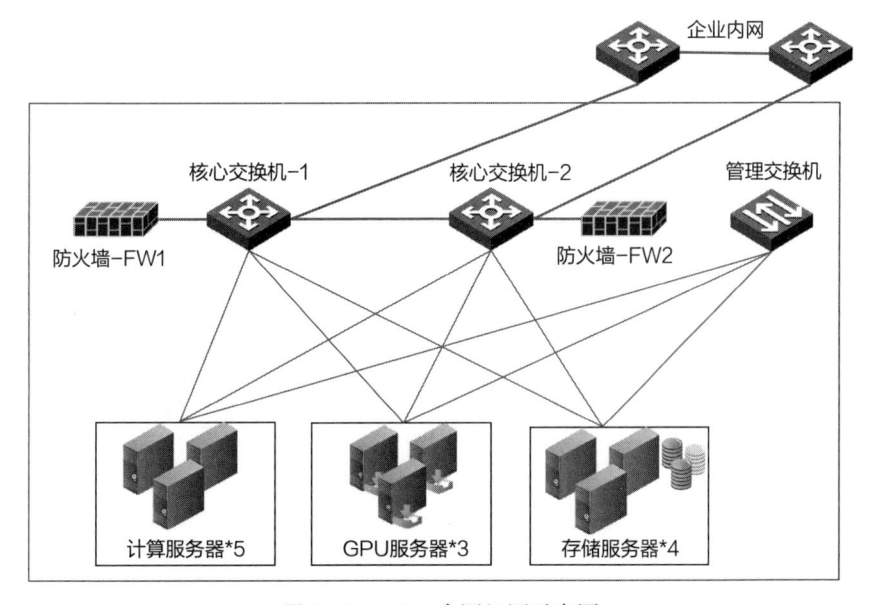

图 8.22　MEC 内网组网示意图

3）机房布局及机柜布置

本案例的 MEC 部署利旧用户现有机房，机房平面布局及机柜布置如图 8.23、图 8.24 所示。

4. MEC 平台的能力调用

1）网络能力

在网络能力方面，本案例的 5GC 核心网用户面 UPF 下沉到本地，进行本地转发，实现内容本地化、智能分流；MEC 通过 UPF 与 5GC 核心网交互信令，实现计费、策略、监听等功能，有效解决网络安全问题，基于应用按需部署 MEC 在不同的网络切片，进行业务隔离，并满足客户丰富的业务需求；超低时延可保证企业业务连续性。

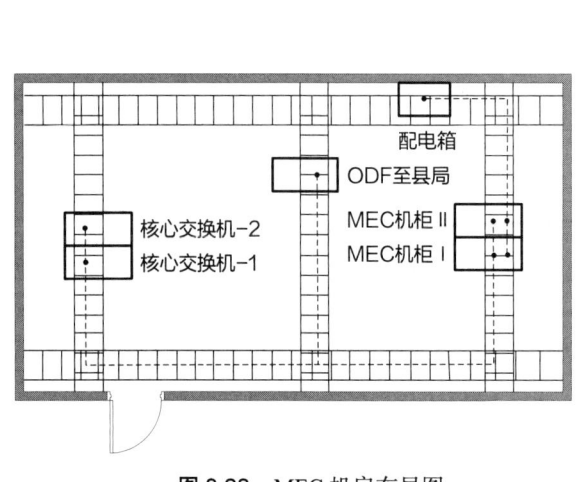

图 8.23　MEC 机房布局图

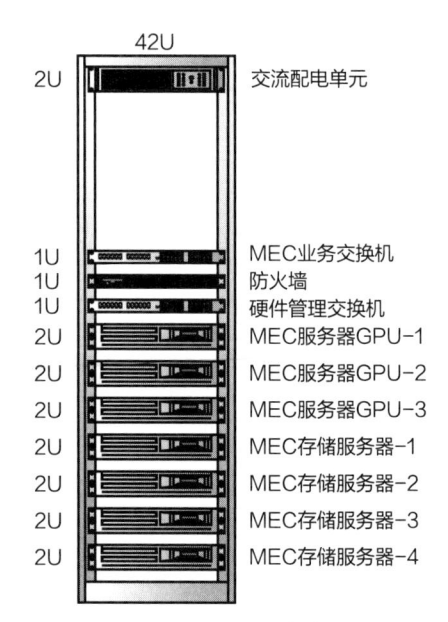

图 8.24　MEC 机柜布置图

2）平台能力

在平台能力方面，本案例的 MEC 平台可进行增值服务快速部署和管理；远程运维，免上站自动化部署 / 升级 / 维护；硬件能力多样化，满足应用需求、机房条件。

3）开放能力

在开放能力方面，本案例的 MEC 平台支持网络和计算能力开放，兼容性好，接口开放，能与多种网络互联，满足终端多样化需求。MEC 平台支持通过标准应用程序接口（API）向第三方应用开放服务能力，同时支持 5GC 核心网 NEF 网元的代理功能，可调用 5GC 的开放能力集的网络能力。MEC 实现本地业务使能的能力开放，包含如下三大类：

（1）无线网络能力开放 API。无线网络能力开放 API 如表 8.4 所示。

表 8.4　无线网络能力开放 API 表

能力开放	场景举例
无线网络信息	获取无线网络的繁忙状态，用于业务的调度，比如调整视频码率
位置服务	员工、设备的位置、轨迹状态、在岗情况
带宽 API	业务带宽的申请、调整
连接损耗	及时识别故障，第一时间进行故障的排除

（2）核心网能力开放 API。核心网能力开放 API 如表 8.5 所示。

表 8.5　核心网能力开放 API 表

能力开放	场景举例
质量与服务 API	对高清摄像头进行质量与服务保障
业务订阅 API	查询业务订阅
用户体验信息	根据用户体验情况，进行网络的调整

（3）平台计算能力开放 API。平台计算能力开放 API 如表 8.6 所示。

表 8.6 平台计算能力开放 API 表

能力开放	场景举例
资源使用量查询 API	了解用户流量使用情况
流规则查询 API	根据用户签约，调度业务流
硬件加速 API	加速用户面数据转发
人工智能 API	利用 AI 进行人脸识别，号牌识别

随着企业业务的开展，MEC 平台功能将继续丰富，网络和业务服务器将会有更多的信息互动，还会有更多的能力开发 API 补充进来。

5. MEC 平台的运维管理

本案例 MEC 管理域主要部署在用户机房，MEC 的运维管理如图 8.25 所示。

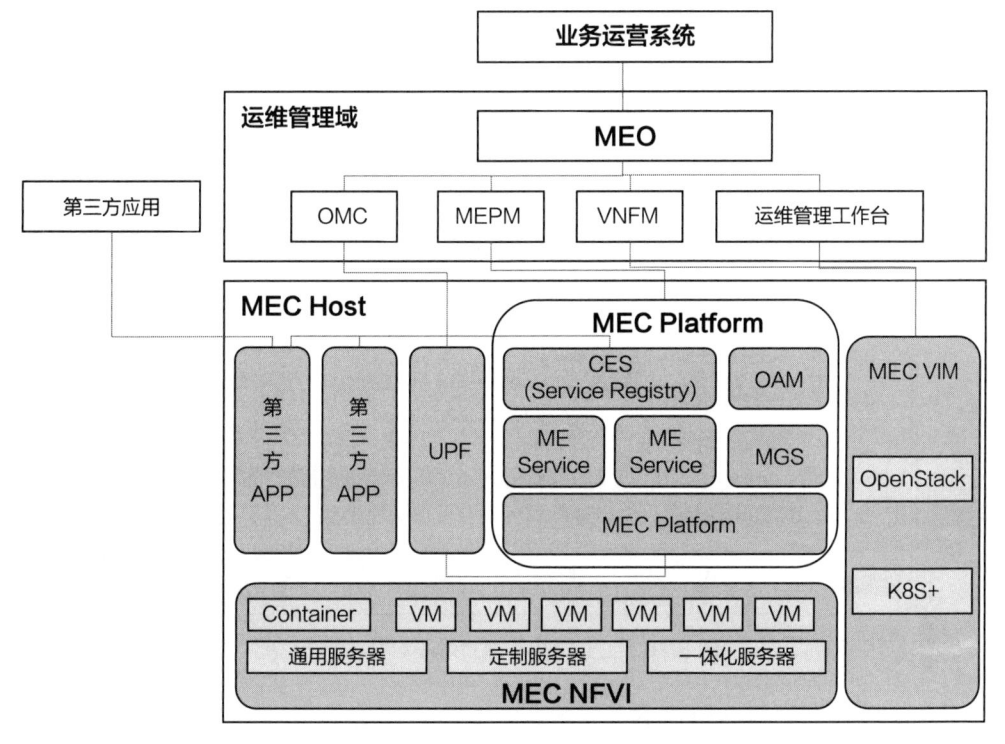

图 8.25 MEC 运维管理示意图

本案例 MEC 的运维管理主要通过以下组件实现：

MEO：MEC 编排器，主要负责 NFV 编排管理和生命周期管理、运维管理，以及 IaaS 层资源发放和容器管理。

VNFM：虚拟化网络功能管理器，实现虚拟化网元 VNF/APP 的生命周期管理，以及容器的管理功能。

OMC：操作维护中心，物理网元和虚拟网元应用层的故障、性能、配置等管理功能，并配合 VNFM 完成网元的生命周期管理。

MEPM：网络功能虚拟化 - 多接入边缘计算平台管理器，负责 MEP 的运维管理，以及配合 VNFM 完成 MEP 及 APP 的生命周期管理等。

运维管理工作台：负责边缘节点资源池的统一纳管，提供多个边缘资源池的异构管理能力，集成各类资源池运维监控、巡检、故障分析定位、日志管理等运维工具。

本案例只建设 MEPM，对 MEP 进行管理。MEPM 包含 MEP EMS 和 MEP LCM（生命周期管理）两大部分，其中 MEP EMS 网管功能包括性能、告警、业务配置等功能。

8.4.3 工业操作管理系统平台建设

1. 平台技术架构

本案例采用工业互联网平台作为企业的工业操作管理系统平台，实现"工业互联网平台 + 工业 APPS"的新功能架构，如图 8.26 所示。

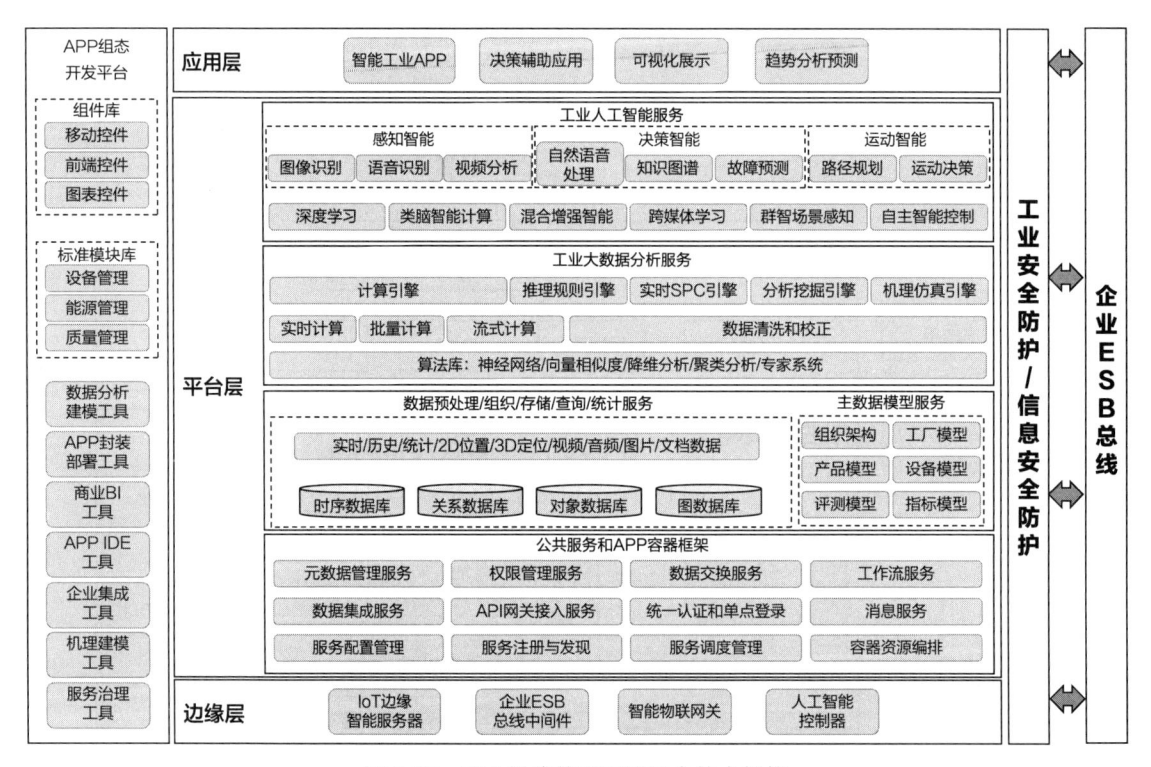

图 8.26 工业操作管理系统平台技术架构

2. 平台及主要子系统建设内容

本案例的工业操作管理系统平台以工业互联网平台作为数字底座，采用微服务架构，降低了企业工业 APP 开发的成本，项目平台建设内容主要包含如下内容：

1）信息全集成建设

本案例的工厂全信息集成子系统实现工厂的 DCS 分散控制系统、AMS 仪表管理系统、仓储物流管理系统、视频监控系统、门禁一卡通等弱电系统的数据集成和融合。全信息集成支持 OPC DA、OPC AE、OPCUA、Modbus、CDT、IEC104 等工业协议数据转换和接入，支持 SQL/ODBC、WebService、WebAPI、MQTT 等接口方式实现数据采集和处理，支持 RTSP 协议数据采集和处理。

2）数据资产管理建设

本案例的工业数据资产管理子系统建设，通过类 kettle 数据集成开发工具，实现自助式数据开发，帮助实现了各类数据源数据同步、清洗、加工以及数据集成开发。

3)大数据分析建设

本案例建设的大数据分析子系统能提供丰富的数据处理、算法及自动学习功能,让企业用户能够灵活地运用异常数据检测、奇异值平滑处理等多种处理手段对数据进行清洗和预处理;集成大量的机器学习和数据挖掘算法,支持分类、回归、聚类、寻优算法、深度学习、强化学习等多种类型的模型算法,满足绝大多数的生产业务分析需求,并提供模型算法的分布式运算服务,可对海量数据进行并行、快速挖掘分析,支持深度学习算法及框架。

系统提供模型更新服务,实时监控已投运模型的运行状态和预测精度,当精度呈现明显下降趋势,或者模型运行达到一定周期后,系统自动汇总近期的运行数据作为新的样本数据,对模型进行更新训练,并再次发布投运。常用机器学习和数据挖掘算法如表 8.7 所示。

表 8.7 常用机器学习和数据挖掘算法

算法类型	算法名称
分 类	贝叶斯分类、决策树分类、决策树 CART 分类、GBDT 分类、KNN、逻辑回归分类、朴素贝叶斯、神经网络分类、随机森林分类、支持向量机分类、XGBoost 分类
回 归	线性回归、曲线回归、决策树回归、梯度提升树回归、随机森林回归、SVM 回归、神经网络回归
聚 类	Kmeans、EM 聚类、SOM 神经网络聚类
关联分析	Apriori、FP-Growth
时间序列	ARIMA、向量自回归、X11、X12
寻优算法	遗传算法、粒子群算法
深度学习	深度神经网络、卷积神经网络、循环神经网络、LSTM 神经网络
强化学习	Sarsa、Q-learning、DQN

4)人工智能引索建设

本案例提供智能引擎服务,建设的工业互联网平台内置可扩展的视频智能识别模块,视频智能识别模块集成先进的图像预处理、滤波、目标特征检测、背景提取、机器学习、深度学习(人工神经网络、卷积神经网络、循环神经网络等)等技术,可对工业现场的物体状态进行智能识别。

本案例基于工业互联网平台实现对该项目中输送带偏离、人员作业规范、下料口堵塞或断料等场景智能分析,并及时预警,相关信息在工业互联网平台上实时显示。

5)APP 开发环境建设

本案例建设提供工业 APP 软件的组态式开发环境,通过图形化、组件化、模块化的向导式应用构建,利用系统提供的表单设计和工作流设计工具,实现应用场景和业务流程的分析和设计,满足流程监控、在线报表、工业 APP 业务管理页面、工作流管理、趋势图分析、大屏画面应用等为一体的混合业务编排和场景设计要求;系统提供微服务容器框架,每个 APP 都运行在一个独立的容器中,可实现热插拔。

6)移动应用协同建设

本案例的工业互联网平台包括了匹配的移动协同子系统,与工业互联网平台实现业务协同,建设实现了如下功能:

(1)生产办公协同。移动端将平台组态实现的工业智能 APP 配置到移动端查看。能够将各个工业智能 APP 页面进行重组展示。如工艺流程图、趋势图(可支持 8 支笔分析)可以支持横竖屏切换。

(2)企业社交服务。树状展示工业互联网平台中的企业组织架构,构建扁平化组织管理模式。支持所有用户共享组织信息,直接搜索人员查看姓名、编号、手机号与部门等信息,还可向对方发起聊天,实现快速找人、高效沟通。

（3）应用集成与管理。系统支持企业个性化信息管理，包括企业名称、企业简称；支持设置移动客户端启动页图片、登录界面图片，通过平台展示企业形象。

7）基于5G MEC互联云平台建设

本案例的工业互联网平台基于5G MEC资源池进行私有化部署，提供云、企、端三层应用的统一架构，保证了该企业项目中核心数据工艺，设备管理，能源管理等关键数据的安全。

3. 异构数据集成采集实施

本案例的实施中最重要的一环，就是异构数据的采集与集成。本项目建设的工业互联网平台提供了统一的数据采集站，可以实现多元异构数据的接入和预处理。针对不同系统（如ERP、OA、MES、DCS、SCM、CRM、WMS、EAM、LIMS、SCADA等系统）的数据特性，采用统一的数据驱动框架和不同的接入驱动实现多元数据的清洗，并利用统一的数据协议进行数据上送，在平台上通过对象化模型（如设备、人员、物料和产品等）将多种数据来源的数据进行重组和应用。

4. 平台整体功能实现

本案例的工业操作管理系统平台以工业互联网平台作为底座建设，平台整体功能实现如下：

1）统一门户

为了方便数据共享、业务流程整合和交换，本案例建设的工业互联网平台提供统一认证门户的功能，对不同业务页面进行集中管理和展现。统一门户是实现各应用系统与用户的交互服务过程，门户系统可根据不同使用者的角色将业务系统的不同功能有效地组织起来，为各类用户提供一个统一的功能和信息入口。

本案例建设的工业互联网平台集成多个应用系统，形成统一的用户体系，提供单点登录功能、用户管理、消息通知等功能。一次登录即可访问各个系统，实现异构系统的统一访问，统一登录等功能。

（1）统一授权。统一门户需要对各个系统的用户及角色进行统一的管理和授权，在门户平台内可对不同角色不同用户不同功能进行统一的访问权限配置。

（2）单点登录。统一入口的单点登录，用户使用门户的登录界面一次性登录后即可在门户里访问各个功能，或者打开其他应用而不需要再次登录。

（3）界面集成。门户能够将各个系统不同的功能模块统一嵌入到门户的页面上进行操作和授权，从而保证用户在门户系统内就可以使用所有功能，而不必切换到某一应用。

（4）应用导航。门户提供各个功能间的导航，用户可手动切换功能，或者由应用触发门户API进行功能切换，并且支持用户自定义常用功能的快捷访问。

（5）消息通知。用于提供面向个人的消息提醒服务，如：工艺参数报警、通知公告、提示提醒等。支持用企业微信、钉钉的方式发送消息。

2）设备全画像

本案例建设基于工业互联网平台，实现对象化元数据的标准化统一，在可视化界面中可定义设备模板，将现场采集的振动数据、化验数据、能耗数据、物料信息等与设备模板进行对象化元数据绑定，在操作画面上直接可以展示相关生产数据和趋势情况，并自动推送异常报警，结合工艺参数，进行设备状态的综合分析及预测报警。

平台提供的设备模板与数据绑定功能，采用数据标准化集成及规则设置，可根据设备需求自由组合不同类型数据，形成定制化设备画像模板，通过多种途径进行展示调用及自由关联，加强对现场设备各类数据的综合对比分析，提高设备故障的预测及诊断，有效提升设备运转效率。

8.4.4 5G应用场景系统建设

5G应用场景系统建设包括智能AI视频系统、数字堆场系统建设。

1. 智能AI视频建设

1）系统建设内容

本案例建设结合5G无线传输技术实现对厂区生产现场、公共区域、危险区域、特种作业的智能AI视频监控；通过视频监控技术，结合5G无线传输技术实现对厂区生产现场、公共区域、危险区域、特种作业的监控，实现人员穿戴识别、人员行为识别、设备异常识别、安全环保异常识别等特殊需求，以此提高工厂环境健康安全（EHS）级别。同时使用视频监控平台对生产过程进行监控，对物料堵塞、设备维护做辅助性监测。

2）系统逻辑架构

本案例智能AI视频系统技术架构如图8.27所示。

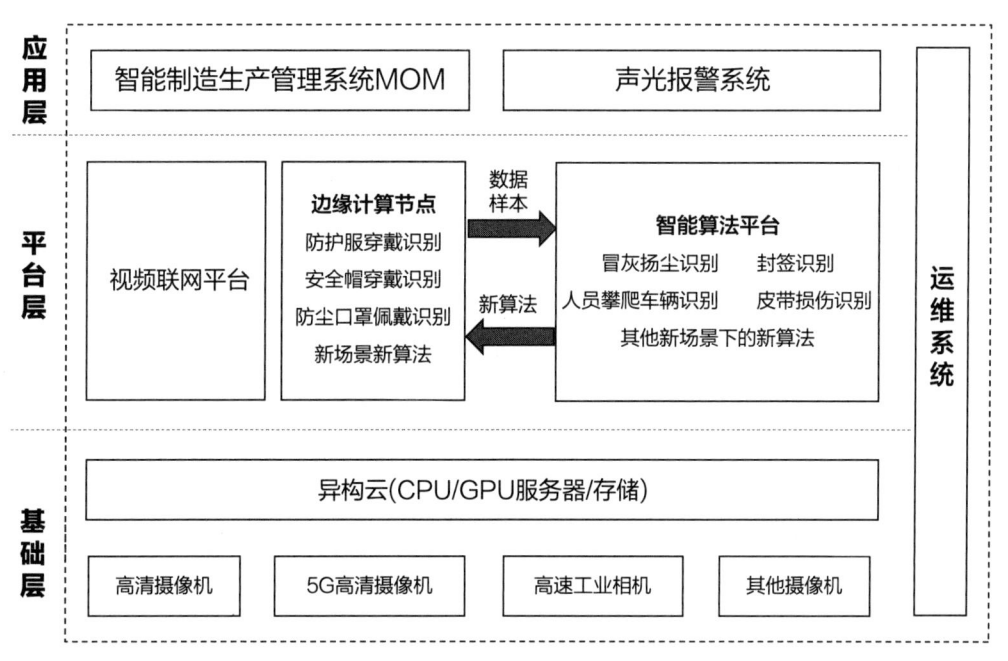

图8.27 智能AI视频系统逻辑架构

系统平台分为3层模型架构：基础层、平台层、应用层。

（1）基础层。包括前端摄像机以及平台层用到的异构云（混合云）基础设施。

（2）平台层：

① 视频联网平台：负责前端摄像机视频流的接入、存储、分发等。

② 边缘计算节点：虚拟化部署，主要负责场景模型推理，从视频联网平台获取前端摄像头的视频，进行场景分析，并将预警结果通过统一资源定位系统接口推送到智能制造生产管理系统。同时将视频数据的切片图像发给智能算法平台，由智能算法平台进行标注和模型训练，提升现有算法模型的精度。

③ 智能算法平台：虚拟化部署，按照应用场景的要求，对前端视频图像数据进行数据标注、模型生产。最终按照用户应用场景的要求，将成熟模型下发到边缘继续节点，进行模型推理。

（3）应用层。包括智能制造生产管理系统、报警系统及其他生产应用系统。

3）5G 网络接入部署

本案例根据企业厂区实际情况，构建了一个集视频联网平台、智能监控识别边缘计算管理平台与智能算法平台三大模块于一体的智能视频监控系统。

视频联网平台与边缘计算管理平台集视频管理、视频分析、无人值守等功能于一体，实现数字化和智能化的统一监管。前端监控视频通过 CPE 设备接入 5G 网络，与企业内网视频联网集成平台互联，当前端侦测到异常时，能够在现场实现语音告警、纠错或提醒，并在大屏或客户端中弹出报警视频画面，以便调度人员了解视频画面实情，同时将异常信息推送到企业 MOM 系统并通过系统逻辑判断，产生报警信息，对调度、安环的负责人员进行通知，从而对工厂异常事件进行快速处理，智能 AI 视频系统 5G 网络接入实现如图 8.28 所示。

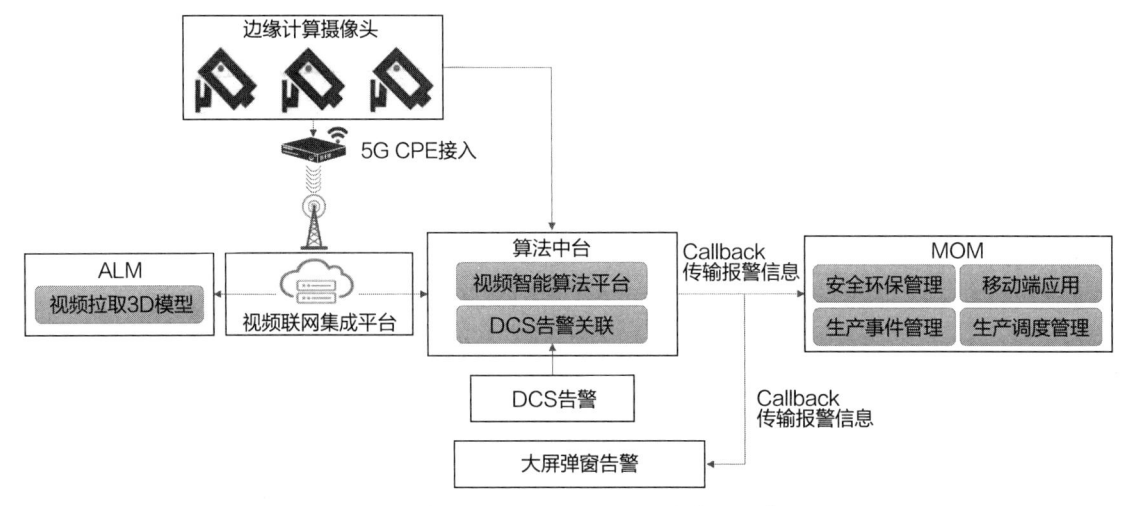

图 8.28　智能 AI 视频系统 5G 网络接入示意图

本案例中 CPE 设备作为前端边缘计算视频摄像头接入 5G 定制专网的智能网关设备，为不支持 5G 接入功能的设备实现 5G 组网。利用企业内网网络设备作为汇聚侧的 VPN 网关，通过 CPE 与 VPN 网关对接 VXLAN 隧道，实现前端边缘摄像头终端与企业内部网络 DN 之间的数据接入。边缘计算摄像头 5G 网络接入如图 8.29 所示。

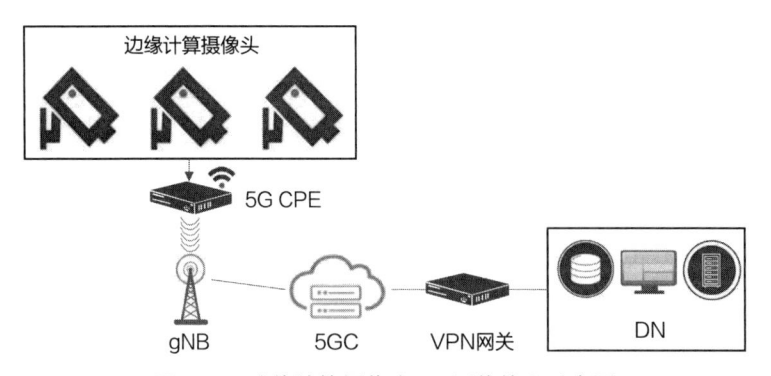

图 8.29　边缘计算摄像头 5G 网络接入示意图

如上所示，系统组网目标为 CPE 作为 5G 网络接入网关，提供前端边缘计算视频摄像头接入，企业内网网络设备作为汇聚侧的 VPN 网关接入企业内部网络 DN，CPE 的 WAN 口与 VPN 网关的 WAN 口通过三层网络互通，前端边缘计算视频摄像头和企业内部网络 DN 的 IP 在同一个网段，实现二层互通。

（1）实施配置思路与步骤：
① 配置 CPE 基础接口数据。
② 配置 CPE VxLAN 隧道。
③ 配置 CPE 网桥并绑定端口。
④ 配置 VPN 网关侧对应数据。
（2）实施数据配置：
① 配置 CPE 基础接口数据，选择接口类型，配置相应的 IP 地址和掩码。
② 配置 CPE VxLAN 隧道，命名 VXLAN 名称，选择本地 WAN 端口，配置本地 WAN 端口 IP 地址、对端 WAN 端口 IP 地址、VXLAN 的 ID 号、端口号、MTU 等参数。
③ 配置 CPE 网桥并绑定端口，将 CPE 网桥指派给相应的接口。
④ 配置 VPN 网关侧对应数据，VPN 网关侧数据配置与 CPE 配置对应，完成接口、VXLAN 隧道与网桥绑定配置。

4）智能算法平台部署

本项目案例企业智能算法平台利用边缘 MEC 云平台虚拟化部署，按照应用场景的要求，对前端视频图像数据源进行数据标注、模型生产。

（1）MEC 边缘云平台。MEC 提供边缘云 IaaS 平台服务，可搭载第三方业务。本项目 MEC IaaS 边缘云包括底层硬件、服务器、存储，虚拟化层采用 Openstack 架构，底层服务器采用标准化 x86 架构。

在 MEC 部署了专用 GPU 服务器，为智能视频算法平台提供边缘计算和分析能力，平台支持 RJ45，GE/10GE 标准网络接口，同时能够支持灵活的硬件加速能力。

（2）AI 边缘计算部署。AI 算法平台边缘计算针对视频分析等业务需求，通过对厂区场景视频图像的人工智能分析，实现对厂区特定部位的可视化高可用安全防控。系统实现了监控方式由被动到主动的转变，能够实现全天候不间断地对视频进行检测，自动发现监控画面中的异常情况，从而能够更加有效的协助工作人员处理危机，并最大限度地降低误报和漏报现象。

本案例的算法列表如表 8.8 所示。

表 8.8 算法列表

序号	算法名称	算法说明
1	危险区域人员闯入识别	对危险区域进行管控，当发现该区域有人员闯入时现场触发语音安全告知
2	人员安全帽佩戴识别	当识别到没有戴安全帽或者安全帽佩戴不规范时现场触发语音告警第一时间纠错
3	人员口罩佩戴识别	当识别到没有戴口罩或口罩佩戴不规范时现场触发语音告警第一时间纠错
4	人员防护服穿戴识别	当识别到没有穿防护服时现场触发语音告警第一时间纠错
5	危险作业规范一	（1）作业人数必须≥2，一人作业、一人监护，不满足报警 （2）同时打开两个人孔门清理作业报警
	危险作业规范二	识别区域内人员是否正确规范穿戴，如果识别袖子挽起，发出报警
	危险作业规范三	识别磨机下是否有人员闯入
6	签封识别	判别罐车型号（两种不同型号），根据车型识别罐车灌装口、管道阀门是否完成封签，当识别到任意点没有进行封签时发出告警信号
7	人员攀爬车辆识别	在货运通道发现有人攀爬车辆现场第一时间语音纠错同时发出告警信号
8	灌装车开盖关盖规范操作识别	灌装车必须在开盖平台、关盖平台两个作业点进行开关盖作业： （1）在开盖作业平台识别到有人在罐车顶作业，识别并记录此时车辆车牌号 1 及状态，并在现场语音提醒车辆开盖操作完成

续表 8.8

序　号	算法名称	算法说明
8	灌装车开盖关盖规范操作识别	（2）在关盖作业平台识别到有人在罐车顶作业，识别并记录此时车辆车牌号2及状态，并在现场语音提醒车辆关盖操作完成。当系统记录的车牌1、2为同一车牌号时，把信息传递给一卡通系统（接口），当一卡通判断同时满足这两个条件时，才允许此车辆放行，否则不放行
9	车辆超速识别	实时监控熟料、粉磨厂区物流通道车速，现场显示屏显示实时车速，当车辆超过规定车速时，现场发出语音告警同时触发视频告警信息
10	料口堵塞	实时监控下料口运行情况，当监测到有积料趋势时触发告警

（3）算法说明：

① 危险区域人员闯入识别：

· 算法概述：危险区域行人闯入检测算法基于计算机识别技术，配合现场摄像头，自动识别危险区域，如人员闯入预先设置好的危险区域（禁止进入区域）即可立即报警，确保员工的人身安全。

· 识别内容：危险区域识别人员闯入行为。

· 数据集样本数量：10W+。

· 分析区域：支持画面中自定义分析区域。

· 视频角度要求：与水平线角度不小于10°。

· 报警方式：平台提供报警截图查看；提供报警 call back 参数，http，json，包含识别后图片。

② 人员安全帽佩戴识别：

· 算法概述：安全帽识别算法主要用于建筑工地及工厂等作业区域，可对进入作业区域的人员进行自动识别，若检测到人员未佩戴安全帽，可立即报警，报警信号同步推送至管理人员。

· 识别环境要求：室内、室外环境下，白天环境下，夜间灯光充足情况下。

· 识别内容：红色、黄色、蓝色、白色、橘色安全帽。

· 数据集样本数量：10W+。

· 分析区域：支持画面中自定义分析区域。

· 视频角度要求：与水平线角度不小于10°。

· 报警方式：平台提供报警截图查看；提供报警 callback 参数，http，json，包含识别后图片 base64 编码。

③ 人员口罩佩戴识别。当识别到没戴口罩或佩戴不规范时现场触发语音告警第一时间纠错。

· 识别内容：蓝色口罩、白色口罩、黑色口罩、工业口罩。

· 识别场景：室内外白天场景。

· 分析区域：支持画面中自定义分析区域。

· 视频角度要求：与水平线角度不小于10°。

· 报警方式：平台提供报警截图查看；提供报警 callback 参数，http，jason，包含识别后图片。

④ 人员防护服穿戴识别。当识别到没有穿防护服时现场触发语音告警第一时间纠错。

· 识别内容：识别区域内工人防护服的穿着情况。

· 分析区域：支持画面中自定义分析区域。

· 视频角度要求：与水平线角度不小于10°。

· 报警方式：平台提供报警截图查看；提供报警 callback 参数，http，json，包含识别后图片。

⑤ 危险作业规范操作识别：

· 规范一：作业人数必须≥2，一人作业、一人监护，不满足报警；同时打开两个人孔门清理作业报警。

・规范二：高空作业未佩戴安全带报警：通过标注识别安全带形态，判断作业人员是否佩戴安全带，如果佩戴绿框框选，未佩戴则用红框框选并报警磨机底下有行人闯入报警。可自定义框选识别区域，当有人员进入识别区域，进行声光报警。

可对进入作业区域的人员进行自动识别：若检测到人员穿着短裤短袖或袖子挽起，可立即报警，报警信号同步推送至管理人员。该算法极大地提升了作业区域的管控效率。

⑥ 签封识别。判别罐车型号（两种不同型号），根据车型识别罐车灌装口、管道阀门是否完成封签，当识别到任意点没有进行封签时发出告警信号。通过车型识别该车型需封签数量，通过视觉识别封签口，是否与系统数量匹配，识别缺失任意点位时发出告警信号。

⑦ 人员攀爬车辆识别。在货运通道发现有人攀爬车辆现场第一时间语音纠错同时发出告警信号。通过识别运输车顶部是否存在人员，判断是否存在人员攀爬车辆情况。

⑧ 罐装车开盖关盖规范操作识别。灌装车必须在开盖平台、关盖平台两个作业点进行开/关盖作业。在开盖作业平台识别到有人在罐车顶作业，识别并记录此时车辆车牌号1及状态，并在现场语音提醒车辆开盖操作完成；在关盖作业平台识别到有人在罐车顶作业，识别并记录此时车辆车牌号2及状态，并在现场语音提醒车辆关盖操作完成。当系统记录的车牌1、2为同一车牌号时，把信息传递给一卡通系统（接口），当一卡通判断同时满足这两个条件时，才允许此车辆放行，否则不放行。

⑨ 车辆超速识别。实时监控熟料、粉磨厂区物流通道车速，快速准确地抓拍行驶车辆的车牌信息及瞬时速度，现场显示屏显示实时车速，当车辆超过规定车速时，现场发出语音告警同时触发视频告警信息。

⑩ 料口堵料识别。实时监控下料口运行情况，当监测到有积料趋势时触发告警。

5）智能算法实施

本节以安全帽算法为例，详细描述该算法的实施，如图8.30所示。

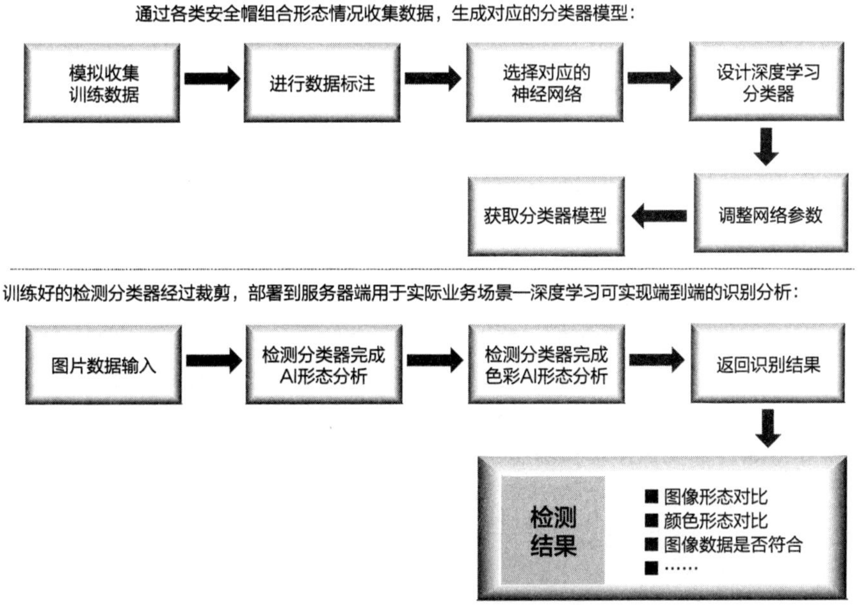

图8.30 全帽算法实施实现流程

（1）可视化标注功能实施：

① 可视化标注。利用标注模块进行可视化标注，通过全面的数据标注小工具（矩形框、多边形框、

线、点、多面体等等），可以执行分类、检测、跟踪等几乎所有主流 CV 算法任务；支持时间序列标注的自动补帧；标注员利用拉框工具，将平面图像中目标（如人脸、人体、车辆等）用 2D 矩形框进行标注。可视化标注平台如图 8.31 所示。

图 8.31 可视化标注平台

② 自定义标签。通过自定义标签，根据多种类型标签属性选择，满足目前所有 CV 任务的需求。

③ 标注员管理：

· 标注管理员管理。创建全系统唯一的标注管理员账号，标注管理员查看自己的信息，标注管理员修改自己的密码和邮箱，标注管理员账号不可删除。

· 普通标注员管理。标注管理员创建普通标注员账号，需要提供普通标注员账号、邮箱、初始密码等信息。普通标注员可以查看自己的信息，标注管理员可以查看全部普通标注员信息。普通标注员可以修改个人信息，但不能修改个人与标注任务的关联关系。标注管理员可以删除普通标注员账户，标注管理员可以管理普通标注员与标注任务的关联关系。标注管理员可以将创建好的标注任务，分发给对应的普通标注员完成。

· 平台标注高并发作业。平台满足支持超过 100 名标注员同时进行标注任务。

④ 标注数据管理：

· 数据集管理。标注管理员可以对数据集进行管理，普通标注员只能对自己关联的标注任务对应的数据集进行查看，不能新增和删除。

· 数据管理。标注管理员可以对数据进行管理，普通标注员只能对自己关联的标注任务对应的数据进行查看，不能新增和删除。

· 数据导入。标注管理员可以向指定数据集导入数据。

· 数据预览。标注管理员可以预览所有数据，普通标注员智能对自己管理的标注任务对应的数据进行预览。

⑤ 数据标注服务。数据标注平台为满足多种标注场景提供丰富多样的标注任务，主要分为通用标注、语义分割、目标跟踪、OCR 识别、3D 点云以及多种定制化任务。本次案例企业项目主要应用目标跟踪、特征识别标注任务。

（2）算法训练功能实现：

① 算法开发流程。算法开发流程如图 8.32 所示。

② 创建训练任务。需要新建项目时，点击项目管理中的新建项目需求按钮，进入新建项目页面。

③ 发起训练任务。在实例详情中发起，勾选指定的训练结果模型，当测试完成后，挑选结果较好的测试任务进行审核，上架到边缘计算平台。

主体流程

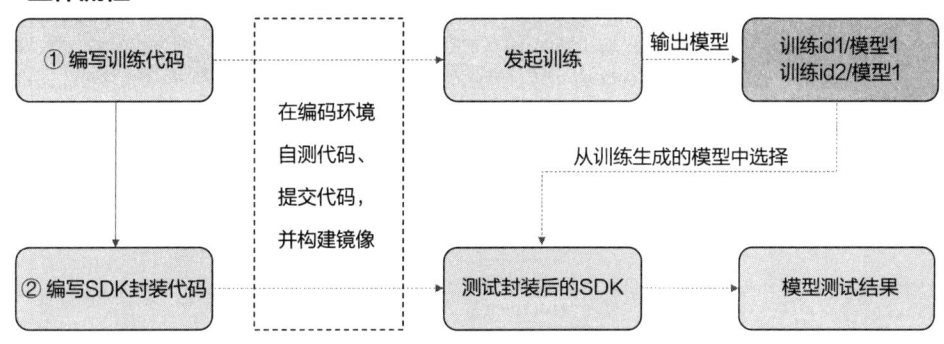

图 8.32 算法开发流程

④ 模型自动训练。用户发起训练任务后，系统会自动依次运行用户指定训练模板对应的工作流的各个节点，并最终得到模型。

⑤ 管理训练任务。查看训练任务进度，管理训练任务。

⑥ 模型评测功能：

·可视化调参：集成可视化调参工具，提升开发人员的调参效率；有效展示网络在运行过程中的计算图；基于时间序列显示各指标变化趋势；训练中使用到的相关数据信息均能够可视化显示；使参数调节工作更直观、具体、可量化；评测结果可视化，对于训练任务训练得到的模型，进行自动评测后，将评测结果进行可视化呈现。

·支持零代码可视化评测：无须二次编写脚本，利用已训练出的模型和已标注的数据集，自动完成对模型的评测，并能够以条形图、环状图等图表的方式展示模型的精度，包括 map、精确率、召回率等指标。

⑦ 算法发布功能。通过后台填写相关算法信息，一键上架发布算法。

2. 数字堆场系统建设

1）系统建设内容

本案例数字堆场系统是要建设一套实现堆场料堆 3D 数字化管理的系统。它能针对"堆场"实现堆取料设备集控远程化、堆料作业及取料作业高度自动无人化及自动盘库，从而提高企业作业效率，降低能耗及人工成本，改善员工作业环境，达到智能作业，安全生产的目标。

2）逻辑架构

数字堆场平台系统逻辑架构包括以下四个层次、一个保障体系架构框架，如图 8.33 所示。

（1）终端层。各种接入终端设备，通过深层感知全方位地获取生产系统数据，包括 AI 摄像头、激光扫描仪、UWB 标签、移动终端、接入显示终端等，是整个系统平台的接入层。

（2）网络层。是通信网络的基础设施，包括 5G 定制网（5G+边缘计算、5G+UWB 等）、工业以太网等，作为系统信息数据传输的管道。

（3）平台层。基于生产数据资源管理、控制和应用支撑的逻辑层，主要由企业工业互联网平台框架（包括数据中台、业务中台等）、企业信息化系统（包括基地 DCS、ERP 系统等）组成。信息资源库主要是应用系统的数据库，它是业务应用信息系统的组成部分和数据中心的基础。

（4）应用层。主要包括智慧矿山、智能工厂、智能运输等业务应用，其中数字化堆场智能化控制综合平台系统定位于智能工厂里的数字堆场应用，应用系统通过对堆场进行无人化、数字化及智能化改造，实现自动堆料与取料、自动换堆、自动盘库。

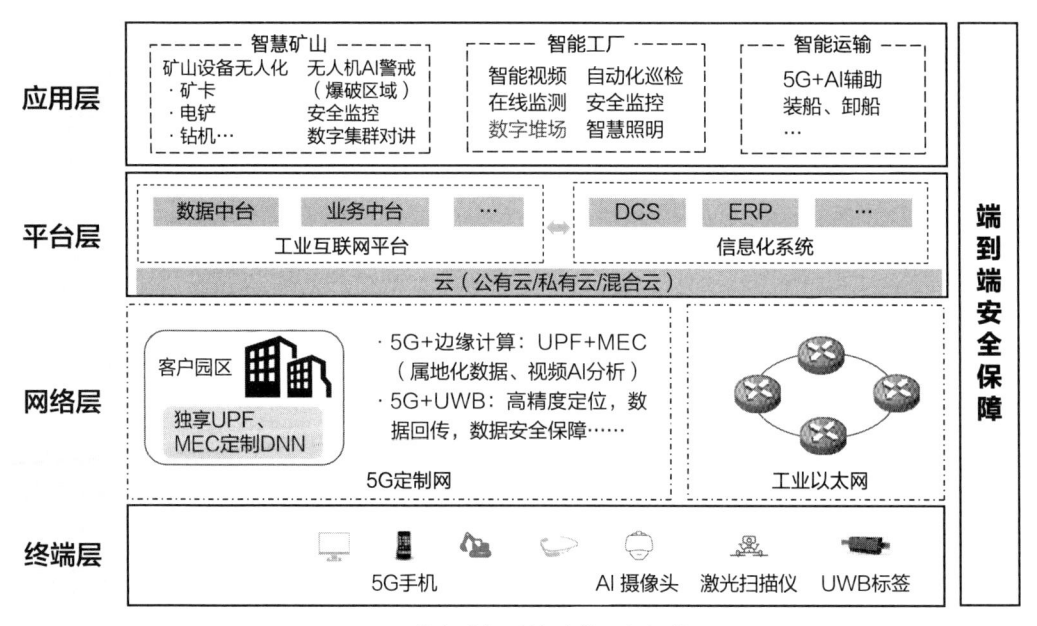

图 8.33 数字堆场系统总体逻辑架构图

除此之外，贯穿着四个层次的还有端到端的安全保障体系，保障企业整个业务系统平台的稳定、可靠、安全运行。

3）系统技术应用

（1）远程通信。为实现自动化作业所需的各个系统数据的通信与共享需求，结合项目实际应用条件，设计的远程通信方案包含三种远程通信网络：工业现场总线网络（控制网）、工业以太网（ETHERNET 网）和工业电视网络，最终数据均通过 5G 基站传递。利用这些网络技术实现激光扫描仪、集控服务器、集控自动化 PLC 系统、堆料机 PLC 系统、取料机 PLC 系统、操作监控站等设备之间的数据通信，以及对堆料机、取料机的实时视频监控。

（2）激光扫描与三维建模。通过在单机前端安置高精度激光扫描仪，能实时和清晰地对当前作业料堆进行扇形扫描，能快速准确地对作业料堆的扫描数据进行采集和整理。开发三维图像处理软件，将激光扫描仪所采集的一系列料堆表面数据进行整合和计算，通过特殊的计算公式将这些数据转化为料堆三维图像并直观呈现，并提取自动堆、取料程序所需的控制数据。

（3）堆料与取料自动控制、自动盘库。利用计算机主控软件模块，实现激光扫描系统、UWB 定位系统，堆料机 PLC 系统、取料机 PLC 系统、集控自动化 PLC 系统和人机操作界面软件之间的集成与联动，从激光三维模型软件中提取垛型的边界数据，从而在取料过程中，在对位、开层、换层及取料上具有自动控制功能，堆料过程中，实现空场堆垛和补垛功能。

（4）精确定位。通过利用成熟的 5G+UWB 技术，根据其定位精度高、反应时间短、系统稳定等特点，结合现场生产配置实际要求，使用 5G+UWB 技术实现对堆料机、取料机进行精确定位。

通过在每台单机上安装 UWB 车载标签，实现单机三维定位误差不大于 10cm 的高精度定位。同时为保障单机可靠运行，堆取料机单机上增加编码器定位，通过实时对编码器数据与 UWB 系统数据进行相关技术的分析，完成高效、稳定、实时的三维定位。为三维扫描系统和单机的自动化作业提供统一的、稳定的、高效的坐标数据。

（5）防碰撞技术。堆、取料机自动作业时，碰撞安全防护十分重要，包括相邻单机之间的防碰、单机大臂与煤堆的防碰：

① 通过获取单机位置坐标、大臂俯仰角度测量、计算大臂空间位置，防止与相邻单机之间的碰撞与报警。

② 通过在单机大臂上安装雷达料位计，实现大臂与料堆空间距离的报警，防止碰撞。

③ 通过在行走轨道设置作业区间检测仪表仪器，确保同一作业区间内只能有一台单机可以进入。

（6）智能一体化操控平台。智能一体化平台将运用系统集成和异构数据融合技术，首次将单机选择、任务指令、三维图像、自动作业、报警监测、设备监测、料垛扫描等功能，统一到开放的智能一体化操控系统，实现了关系数据、实时数据和空间数据的融合共享。

（7）IP 网络视频监控及 AI 应用在堆、取料机关键设备部位安装视频摄像头，视频信息通过网络传输到集控室，方便集控操作员对现场作业场景进行实时视频监视。摄像头将按照司机室的观察视角和堆、取料机的视角进行安装，以便于全方位远程了解作业现状。

AI 视觉分析算法的应用，为安全生产提供更可靠、便捷的检测手段。

4）系统安装部署

项目系统设备的总体部署示意图如图 8.34 所示。

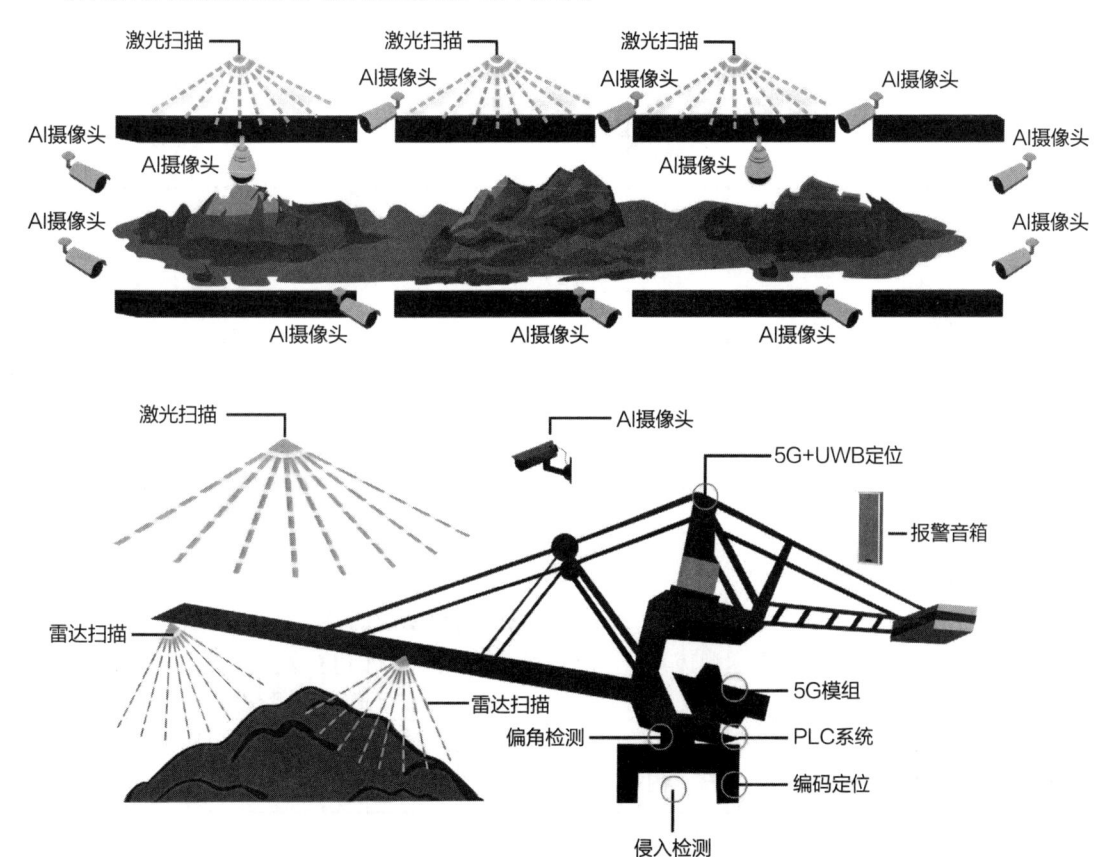

图 8.34 数字堆场系统设备部署图

堆场地部署 5G+AI 智能视频系统摄像机，通过 5G CPE 设备实现图像数据回传，在长堆场的 6 个检修出入口大门分别部署 6 台闯入固定式 AI 识别摄像机，在两侧物流通道口分别部署每处 2 台共 4 台的闯入固定式 AI 识别摄像机，还在大棚顶部部署 2 台快速球 AI 识别摄像机，确保视频监控覆盖整个堆场的可能进出的通道以及内部空间，激光扫描设备根据堆场堆料情况进行安装部署。

堆场部署激光扫描和雷达扫描、UWB 定位基站与标签，激光扫描雷达建模系统软件负责在作业过程中进行实时堆料和取料建模，内部集成垛型计算处理软件及与堆取料机 PLC 系统、中控远程 PLC 系统的通信软件。通信软件与 UWB 精准定位系统结合负责数据通信、信号接收发送和参数计算修正等重要工作，负责接收激光扫描的三维数据并比对更新，作业过程中将作业指令实时回传，优化堆取料机作业。

堆场原有 PLC 硬件模块进行更新，PLC 控制数据通过 5G 模块传输到集控室，5G 的特性是高数据速率、低延迟和大规模设备连接。通过在堆取料机上 PLC 控制系统中新增自动化作业控制程序模块，堆取料机的具体运行动作由机上 PLC 系统控制执行。机上 PLC 系统从集控 PLC 系统单元获得控制指令和数据参数，并下达给作业单机。

5）系统作业实现

安装在堆取料机上或者固定在堆棚顶上的激光扫描设备作为检测装置，通过对堆场的目标料堆进行实时扫描，利用三维图像成像建模技术对扫描获得的实时数据进行三维建模，利用图像识别与分析技术提取料堆三维模型中关键作业参数，及时调整单机的走行、俯仰和回转动作，从而控制堆、取料机进行自动堆、取料作业。

6）系统 5G 回传实现

数字堆场系统 5G 回传实现过程如图 8.35 所示。

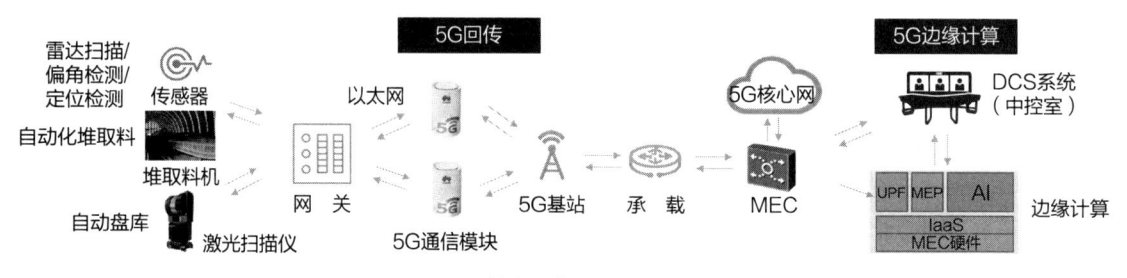

图 8.35 数字堆场系统 5G 回传图

本案例基于建设的 5G 定制网进行组网接入，利用 5G 通信模块、5G 传输模块仪表箱等设备将系统前端激光扫描仪、雷达、PLC 等系统业务数据回传至现有企业内部数据业务网络，实现堆场前端系统数据的实时接入与传输。

7）系统边缘云资源部署

本案例的集控中心系统是堆料机 PLC 系统、取料自动化系统的核心系统，包括图像处理服务器和数据主控服务器，内部集成垛型仿真处理软件及与堆、取料机 PLC 系统、集控 PLC 系统的通信软件，它负责数据通信、信号接收发送和参数计算修正等重要工作，以此建立了一套完整的系统内部通信网络。集控中心系统及 UWB 定位服务器系统建设部署在边缘云 MEC 计算平台上，每台云主机部署配置参数：vCPU 为 10 核，内存为 64G，硬盘为 512G SSD 硬盘 +8TB 普通硬盘。

8）5G+UWB 融合定位实现

本案例基于 UWB 技术定位精度高、反应时间短、系统稳定等特点，结合现场生产配置实际要求，通过 5G+UWB 融合技术实现对堆料机、取料机进行精确定位；在每台单机上安装 UWB 车载标签，实现单机三维定位误差不大于 20cm 的高精度定位。同时为保障单机可靠运行，堆取料机单机上增加编码器定位，通过实时对编码器数据与 UWB 系统数据进行相关技术的分析，完成高效、稳定、实时的三维定位，为三维扫描系统和单机的自动化作业提供统一的、稳定的、高效的坐标数据。

5G+UWB 实施组网拓扑如图 8.36 所示。

图 8.36 5G+UWB 融合组网拓扑图

5G+UWB 融合应用组网应用实现：5G CPE 通过 POE 交换机进行前端数据采集及局部汇聚，接入的 UWB 基站采用私有 IP 地址；5G CPE 通过 NAPT 地址转换或采用 VXLAN 组网方式将各 POE 交换机的数据通过 5G 网络回传回企业内网，同时与部署在 MEC 上的 UWB 定位服务器进行交互；大大降低汇聚线路设计的复杂程度，充分利用了基地现有 5G 专网及边缘 MEC 的资源，节约了大量光纤线路及设备的投入和维护成本，降低了系统整体维护难度，有效缩短项目建设工期。

5G+UWB 精确定位子系统主要是通过 UWB 基带通信技术来实现堆场各单机的位置信息的统一与共享，为数字化盘库系统、单机防碰撞技术提供精准定位，为三维成像数据提供可靠的位置坐标，通过此模块功能，能够有效实现堆场料堆图形的共享，减少每次作业前的图形扫描时间，有效提高生产作业效率。

每台单机的适当位置安装 UWB 车载标签，在堆场棚顶安装 6～8 台基准站，通过 UWB 算法服务器计算，实现单机在统一的三维坐标精确定位。

8.5 建设成效

8.5.1 项目成果

本案例基于中国电信数字公司 5G 定制网 "1+1+N" 的总体架构体系，即 1 张 5G 定制网、1 个统一平台、N 个 5G 应用场景，以 "边缘 UPF+MEC 平台" 为核心的网络架构能高效地实现了企业数据、资源、应用、安全、运维等多方面的云边协同，并运用 5G+MEC、NB-IOT、UWB、PLC 等技术手段，将企业工业生产制造智能化与 5G 网络深度融合，结合 "5G+ 工业互联网平台 + 工业 APP" 新理念新技术应用实现工厂信息全集成、多元工业数据湖、个性化数据 DIY 和工业 APP 组态开发等能力，提升企业生产管控水平、设备运维效率，构建绿色低碳、全连接的智慧工厂，实现企业从工业 3.0 向工业 4.0 转变。

项目成功实现典型 5G+ 工业应用场景商用落地：首先，通过 5G+ 智能 AI 视频，结合 AI 智能算法实现人员作业规范、操作识别、设备状态检测等算法场景的预警监测，提升了企业生产效率，以及全厂环境健康安全（EHS）级别，实现企业关键设备的在线监测率达到 100%，人工巡检频次减少 30%，备品备件线边库存年资金占用降低 50%，设备年平均维修时间下降 30%，单位能耗的产出提高 3%，进出厂物流效率提升 30% 以上；其次，通过 5G+ 数字堆场，结合 5G+UWB 融合定位、激光扫描、数字拟合等新技术构建 3D 数字化管理平台，实现了远程生产集控、堆取料作业及无人自动盘库，同步实现效率提升和能耗降低，将盘库精准度从 8% 提升到 5‰。

8.5.2 产业效应和社会效益

1. 产业效应

1）产品规模化生产后对产业链的影响

推动了 5G 与工业互联网融合创新，驱动了企业在工业网络化、数字化、智能化上的发展，真正实现了企业的工业互联，是我国工业行业数字化转型及发展的主流方向。因此，本案例利用了 5G 等先进网络技术，实现对现有企业内外部网络演进升级，并结合工业互联网全连接、5G 与工业网络融合、边缘计算、5G+ 工业应用等创新技术，实现企业对工业互联网智能制造场景的强有力支持。

本案例企业采用 5G 技术，实现 5G 定制网基地矿山、厂区、办公等区域的全面、高质量无线网络覆盖，并充分利用"工业互联网平台+工业 APPS"的新功能架构，具备工业工厂信息全集成、多元工业数据湖、个性化数据 DIY 和工业 APP 组态开发等能力，解决各种生产基地和集团层面管控问题，实现智能设备管理、智能生产管理、智能物流管理、智能运营管理和智能决策管理等，构建安全、绿色环保、生产高效、卓越运营和可持续发展的智能工厂，以打造企业行业 5G+ 智能制造标杆，帮助国内中小型同类企业以较低成本实现上云上平台，并极大地带动智能硬件、定位技术、5G 通信等产业链的发展。

本案例的产品规模化生产后，对 5G 产业链有积极的促进作用，5G 产业链长、关联度高、涉及领域广、对上下游行业具有明显的带动效应。上游主要包括无线设备和传输设备，中游主要是运营商，下游包括终端设备及一些应用厂商。

（1）上游产业链方面，新频谱、有源天线、印刷电路板（PCB）等产品的结构变革推动核心部件的产业升级与发展；随着 5G 网络高速数据交换场景增加，对于高速材料的层数和用量将进一步提升，5G 基站使用的 PCB 面积约为 4G 时代的 4.5 倍。作为 PCB 的主要材料，高频覆铜板需求将增加 15 倍。预计 2025 年国内 5G 基站 PCB 板累计需求 338 亿；另外 5G 网络将 4G 无源天线改进成了有源天线，由此带动产业链中基带芯片、射频模块中滤波器、功率放大器的用量提升。

（2）中游产业链方面，新架构、网络切片化拉升小基站、基站天线、网络传输设备需求和产业生产规模；基站系统包括宏基站和小微基站，在 5G 定制网规模发展下"宏基站为主，小基站为辅"的组网方式是未来网络覆盖提升的主要途径，未来产业链中对基站天线及射频器件投资规模将翻倍；未来随着 5G 波束成型及载波聚合技术的应用，天线数量及复杂程度远超 4G 时代，为满足 5G 定义的三大应用场景 eMBB、mMTC、uRLLC，5G 定制网网络架构要比 4G 具有更高的灵活性，5G 独立组网方式（SA）规模发展推动 4G 基站升级为 5G 基站，基站规模不断扩大。

（3）下游产业链方面，5G 开启了"万物互联"新纪元，拉动了产业链的万亿投资，5G 下游产业链主要是 5G 终端和模组产业，下游产业链主要包括芯片与关键元器件、操作系统、关键配套器件、整机设计与制造以及设备应用与服务等环节。

芯片与关键元器件环节是 5G 终端产业链的硬件核心部分，其中芯片按照功能主要可划分为基带芯片、射频芯片、处理器、存储芯片以及电源管理芯片等几大类；关键元器件指 5G 芯片设计生产所使用的功率放大器、滤波器等关键器件；操作系统作为连接终端设备硬件系统和应用服务软件的中间桥梁，是管理、控制终端设备软硬件资源的核心系统软件；关键配套器件主要包括显示屏和终端锂离子电池等；5G+ 工业企业应用产品的规模发展及 5G 技术的高速、海量连接等特性将激发更多形态的 5G 终端和模组的爆发，为整个下游产业链的生产发展起到积极促进作用。

2）产品对所有应用的行业发展的影响

本案例结合企业对行业发展的需求，结合 5G 特性，通过接入轻型化、定制化行业 5G 模组、终端、网关等产品，部署整合计算、存储、AI、安全、网络能力的 MEC 边缘云，提供具备网络管理、"5G+ 工业互联网 + 工业 APP"的融合创新应用平台，目前"5G+ 工业互联网 + 工业 APP"在工业行业的应用尚处在探索初期，行业内企业具有较高的应用积极性，初步形成了一批典型的应用案例，随着 5G 技术的进一步成熟，产业应用的进一步探索，商业价值的逐步显现，"5G+ 工业互联网 + 工业 APP"必将成为工业行业数字化转型的主要推动力和重要途径。

本案例"5G+ 工业互联网 + 工业 APP"应用，已经为工业行业企业带来了降本增效提质的效益，并将逐步推广到其他工业行业案例企业在全国的各大生产基地。在中国制造 2025 的国家战略引领之下，传统工业行业必将与移动互联网、5G、云计算、大数据、物联网、AI 等新技术融合，实现企业全面数字化，推动行业的高质量发展，本案例企业作为行业的头部企业、行业的先行者，也必然在此过程中，对整个行业起着模范带头作用，具有重大的影响力。

2. 社会效益

1）5G 对工业行业的人员 / 设备安全、环保节能贡献突出

（1）案例工业行业企业的矿车安装监控摄像头，通过监控实现防瞌睡报警和管理，实时性保障员工安全。

（2）案例工业行业企业在工厂检测区域进行安全帽动态检测，当有工作人员未佩戴安全帽的情况时，系统可通过与现场告警设备联动实时告警，提醒现场工作人员佩戴安全帽。

（3）案例工业行业企业在生产区易漏料部位（破碎机、输送皮带、预热器顶、熟料库顶、窑尾密封、石灰石破碎区域、矿粉库库顶等）设置检测区域，当发生漏料时告警，最大程度降低污染。

2）5G 应用实现降本增效，提升企业竞争力

案例工业行业企业在项目实施成效上，极大地降低了企业生产成本，提升了企业生产制造智能化水平，从而提升了在同行业内的企业竞争力。

3）5G 技术创新实现原子化基线能力和标准解决方案

（1）基于本次 5G 建设项目，实现了 5G 定制网专网、智能视频监控、数字化堆场、5G 工业互联网推广复制，四大场景形成基线化技术方案。

（2）形成针对企业厂区工业流程的 5G 部署数据收集和控制网络，方案、部署、场景、应用可复制。

（3）输出工业行业的 5G 端到端部署，边缘计算节点（MEC）标准部署。

4）5G 边缘计算之边云协同创新技术落地与实践

本案例是 5G 定制网与边缘计算 MEC 之边云协同创新技术落地的较佳实践：云 +MEC 融合、AI 识别等云化能力快速复制，保障低时延和数据不出园区，保证业务安全性和可靠性，用于四大应用场景。

5）项目荣誉

本案例荣获中国某行业协会 5G 最佳实践案例和中国电信 5G 集团示范项目，并入选国家 5G 某行业白皮书，获得 5G 绽放杯工业互联网专题赛一等奖等奖项。

数

数魂含金国运隆，云网托起华夏红。
众企巧用大数据，创新号角震长空。

数篇由三部分组成，第一部分是"释义"，从一条"线"展开介绍数据的基本概念、特征、初步应用场景；第二部分是"阐例"，从一个"面"简要介绍数据在数智科技工程建设的多个案例，反映数据在数智科技工程应用的广泛性；第三部分是"说案"，从一个"体"深入介绍一个比较完整、典型的大数据在数智科技工程建设案例，立体地以实施方案式的撰写法，较翔实介绍该案例的建设背景、建设目标、总体结构、分部结构、功能特点、软硬件配置、核心部分安装与调试、系统测试、上线措施、运行情况、建设成效等。

第9章 数据——数智科技工程的灵魂

数据资源——人类生存、发展的重要战略性资源

今天，我们已经生活在一个无形的数据海洋之中。数据资源系统是数智科技工程系统的灵魂，是数智科技工程系统生存、发展的重要战略性资源，是数智科技工程系统管理的对象与结果，是数智科技工程的重要组成部分。它承载着数智科技工程系统不断增值的重担，它肩挑着使数智科技工程系统与现有产业深度融合的职责，它托起了数智科技工程系统推动科技创新加快向高效协同的组织模式发展的责任。在现今数据爆炸式增长的形势下，基于大数据的新业态、新模式不断涌现，对生产、流通、分配、消费活动以及经济运行机制、社会生活方式和政府治理能力产生重要影响，更加凸显出数据资源系统的重要性。数据资源系统由数据文件、数据管理系统、存储介质、数据元等构成，它类型众多、规模海量、技术复杂。

本章首先介绍数据、数据库、数据仓库、数据集市和数据湖等概念，然后介绍与数据密切相关的数据分类分级、数据存储、大数据、数据中台和数据计算等最新的数据技术和应用，最后从数据的存、管、算、规、治等方面介绍数据资产管理的整体架构，力求使读者对数据理念、技术及应用和数据资产管理有一个全景式的了解。

9.1 数据及相关概念

9.1.1 数据是什么

在今日计算机普及的社会里，数据显得尤为重要，身处于大数据时代的我们已然意识到数据的重要性。那么什么是数据呢？看起来简单的问题，往往是最复杂的。

1. 数据的概念

数据的定义有多种，譬如数据为可传输和可存储的计算机信息；数据是对事实的表现；数据是现实的"模型"；数据是以文本、数字、图形、图像、声音和视频等格式对事实的表现；数据是收集在一起的用于参考和分析的事实；数据是业务流程的产物，是IT系统的组成部分等。

数据到底是什么？有个定义比较符合我们对数据的理解，即数据是使用约定俗成的关键字，对客观事物的数量、属性、位置及其相互关系进行抽象表示，以适合在这个领域中用人工或自然的方式进行保存、传递和处理。例如，水的温度是100℃，礼物的重量是500g，木头的长度是2m，大楼的高度是100层。在这些表述中，100℃、500g、2m、100层就是数据。通过这些数据的描述，在我们的大脑里形成了对客观世界的清晰印象。这些数据也可以通过编码被录入到计算机中。从上面的例子可以看出，数据要通过人们约定俗成的字符和定义表现出来。我们可以把这些字符和定义称之为关键词，数据就是通过对这些关键词的应用把人类认知的物质世界清晰地描述出来。

从中文词语"数据"来看数据的含义，"数"有两层含义，一个是用数字来记录事实，如一个人的年龄、一座山的高度；另一个层面是用数学的方法进行统计，最终得到记录结果，如一群人的平均年龄和群峰的平均高度，都应用了数学中的平均数概念。再看"据"，可以将"据"理解为日常生活中的票据，票据是证明，证明发生过此事，是人类大脑缺点的补充，是对时间的凝固，因此"据"是事实。所谓"数据"就是事实的数字化凭据。

对于数字时代的我们，数据其实和空气一样，已经不需要我们再去思考其概念，我们每天生活在数字化加持的小区里，工作在繁华的智能办公商业区，享受着数字生活的便利，这一切显得是那么自然，而这也正是大数据时代下新的数据生态。

2. 数据的本质

目前，数据库、数据仓库、数据湖、大数据、数据中台、数字化转型等，这些概念一次次把数据推到聚光灯下，数据被神化，也被庸俗化。

在聊这些与数据息息相关的概念之前，我们需要看清楚数据的本质。

从数智科技工程的角度来看，数据本身是一种语言，把业务、系统用数据这种语言表现出来，可视化出来，并应用起来。数据这个语言，既是过程也是结果，是业务和系统行为的过程和结果，所以数据本身不会撒谎，数据本身也不产生价值，这就好比语言本身不产生价值，但语言一旦用来交流、传承，便产生了价值。

数据的价值也是这样，一旦经过整理、挖掘、计算、共享、可视化、服务于应用，数据就会产生无与伦比的价值，就能通过数据应用解决商业问题，在市场化的行为中，数据资源系统的构建也往往需要商业驱动。

由此看来，数据库、数据仓库、数据湖、大数据、数据中台、数字化转型等，为的都是解决各行各业的问题。离开各行各业谈数据，是空中楼阁。

3. 数据、信息、知识和智慧

集结"数据"（Data）成为"信息"（Information），加工信息成为"知识"（Knowledge），运用知识产生"智慧"（Wisdom），它们之间环环相扣、循序渐进，构成了"DIKW 金字塔"，如图 9.1 所示。

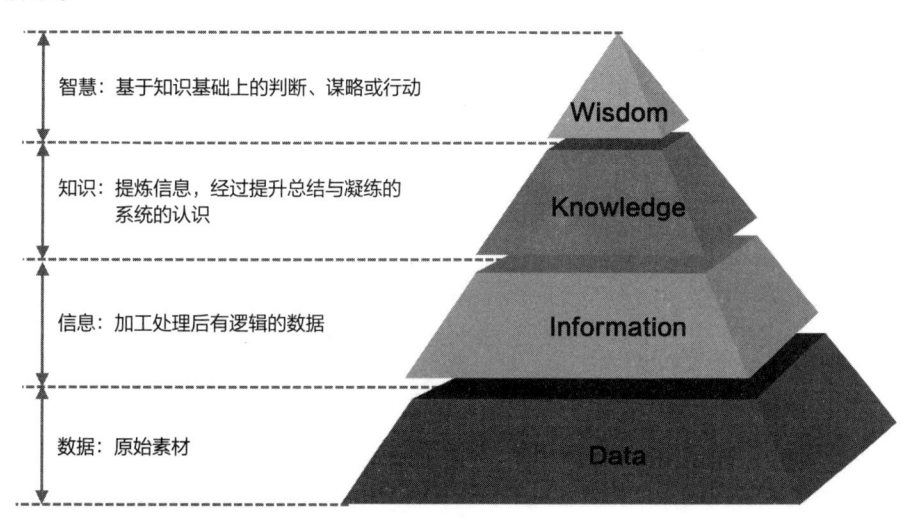

图 9.1 DIKW 金字塔

信息来源于数据并高于数据。我们知道像 7°、50m、300t 这些数据是没有联系的，孤立的。只有当这些数据用来描述一个客观事物和客观事物的关系，形成有逻辑的数据流时，它们才能被称为信息。除此之外，信息事实上还包括有一个非常重要的特性——时效性。例如新闻说北京气温 9℃，这个信息对我们是无意义的，它必须加上今天或明天北京气温 9℃。所以我们认为信息是具有时效性的、有一定含义的、有逻辑的、经过加工处理的、对决策有价值的数据流。

信息虽给出了数据中一些有一定意义的东西，但它的价值往往会在时间效用失效后开始衰减，只有通过人们的参与，对信息进行归纳、演绎、比较等，使其有价值的部分沉淀下来，并与已存在的人类知识体系相结合，这部分有价值的信息才会转变成知识。我们认为知识就是沉淀并与已有人类知识库进行结构化结合的有价值信息。

知识不同于数据和信息，它可以来源于数据和信息的任一层次，同时也可以从现有知识中通过一定的逻辑推理得到。知识不是一个与信息截然不同的概念，信息一旦经过了个体头脑的处理就将成为知识（称之为"隐性"知识），这种知识经过清楚地表达并通过文本、计算机输出结果、口头或书面文字或其他形式与其他人交流，就又转变成了信息（称之为"显形"知识）。然后，信息的接受者通过对信息的认知处理并使其内在化，就又将其转化成隐性知识了。

在大量知识积累基础上，总结成原理和法则，就形成所谓智慧，智慧是一种高层次的知识。知识以逻辑清晰的方式出现，大多为线性，可以用规则、公式等表现，注重的是因果关系。而智慧大多为非线性，因为智慧有超乎人们意料之外的特点。智慧可以说是基于知识基础上的一种判断、谋略或行动。我们认为智慧是人类基于已有的知识，针对物质世界运动过程中产生的问题，根据获得的信息进行分析、对比、演绎等找出解决方案的能力。

9.1.2 数 据 库

数据库就是将许多具有相关性的数据以一定的组织方式存储在一起形成的数据集合。数据库管理系统（database management system，DBMS）是支持建立、使用、组织、存储、检索和维护数据库的软件系统，包括数据库模型、数据模型、数据库与应用的接口语言等。经过多年的探索，目前，数据库技术已相当成熟，被广泛应用于各行各业中，成为现代信息技术的重要组成部分，是现代计算机信息系统和计算机应用系统的基础和核心。一般而言，我们所说的数据库指的是数据库管理系统，并不单指一个数据库实例。

1. 数据库技术的发展历程

在数据库系统出现以前，各个应用拥有自己的专用数据，通常存放在专用文件中，这些数据与其他文件中数据有大量的重复，造成了资源与人力的浪费。随着机器内存储数据的日益增多，数据重复的问题越来越突出。于是人们就想到将数据集中存储、统一管理，这样就演变成数据库管理系统而形成数据库技术。数据库系统的萌芽出现于20世纪60年代。当时计算机开始广泛地应用于数据管理，对数据的共享提出了越来越高的要求。传统的文件系统已经不能满足人们的需要，能够统一管理和共享数据的数据库管理系统（DBMS）应运而生。

最早出现的DBMS诞生于1961年的网状数据库，这一年通用电气公司的Charles Bachman成功开发出世界上第一个DBMS，奠定了网状数据库的基础，并在当时得到了广泛的发行和应用。

1970年，IBM的E. F. Codd博士提出了数据关系模型的概念，奠定了关系模型的理论基础。后来Codd又论述范式理论和衡量关系系统的12条标准，用数学理论奠定了关系数据库的基础。1976年霍尼韦尔公司开发了第一个商用关系数据库系统。1979年，Oracle公司实现了第一个使用SQL（结构化查询语言）的商用关系型数据库管理系统。1983年IBM公司推出商用关系型数据库DB2。关系数据库系统经过几十年的发展和实际应用，技术越来越成熟和完善。其代表产品有Oracle公司的Oracle、IBM公司的DB2、微软公司的MS SQL Server及Informix等。

随着多媒体应用的扩大，人们发现关系数据系统虽然技术很成熟，但其局限性也是显而易见的，关系模型不能用一张表模型表示出复杂对象的语义，不擅长于数据类型较多、较复杂的领域。新的需求要求数据库系统能存储和处理图形、图像、声音等复杂的对象，并能处理复杂对象的复杂行为。在这种需求的驱动下，数据库模型又进入了新的研究阶段——面向对象数据库技术的研究。1989年在东京举行了关于面向对象数据库的国际会议，第一次定义了面向对象数据库管理系统所应实现的功能：支持复杂对象、支持对象标识、允许对象封装、支持类型或类、支持继承、避免过早绑定、计算性完整、可扩充、能记住数据位置、能管理非常大型的数据库、接收并发用户、能从软硬件失效中恢复、用简单的方法支持数据查询。一些厂商推出了具有对象关系数据库特征的产品，Oracle8 就是其中之一。

2. 新型数据库

1980 年以前，数据库技术的发展主要体现在数据库的模型设计上。进入 20 世纪 90 年代后，计算机领域中其他新兴技术的发展对数据库技术产生了重大影响。数据库技术与网络通信技术、人工智能技术、多媒体技术等相互渗透，相互结合，使数据库技术的新内容层出不穷。数据库的许多整体概念、技术内容、应用领域，甚至某些原理都有了重大的发展和变化，形成了数据库领域众多的研究分支和课题，产生了一系列新型数据库。

（1）分布式数据库。分布式数据库系统（distributed database system）是在集中式数据库基础上发展起来的，是数据库技术与计算机网络技术、分布处理技术相结合的产物。分布式数据库系统是地理上分布在计算机网络不同节点，逻辑上属于同一系统的数据库系统，能支持全局应用，同时存取两个或两个以上节点的数据。

（2）并行数据库。并行数据库系统（parallel database system）是在并行机上运行的具有并行处理能力的数据库系统。并行数据库系统的目标是高性能和高可用性，通过多个处理节点并行执行数据库任务，提高整个数据库系统的性能和可用性。随着对并行计算技术研究的深入，并行数据库的研究也进入了一个新的领域，集群已经成为并行数据库系统中最受关注的热点。

（3）主动数据库。主动数据库是相对于传统数据库的被动性而言的。许多实际的应用领域，如计算机集成制造系统、管理信息系统、办公室自动化系统中常常希望数据库系统在紧急情况下能根据数据库的当前状态，主动适时地作出反应，执行某些操作，向用户提供有关信息。传统数据库系统是被动的系统，它只能被动地按照用户给出的明确请求执行相应的数据库操作，很难充分适应这些应用的主动要求，因此在传统数据库基础上，结合人工智能技术和面向对象技术提出了主动数据库。主动数据库的主要目标是提供对紧急情况及时反应的能力，同时提高数据库管理系统的模块化程度。主动数据库通常采用的方法是在传统数据库系统中嵌入 ECA（即事件-条件-动作）规则，在某一事件发生时引发数据库管理系统去检测数据库当前状态，看是否满足设定的条件，若条件满足，便触发规定动作的执行。

（4）多媒体数据库。多媒体数据库系统（multimedia database system）是数据库技术与多媒体技术相结合的产物。在许多数据库应用领域中，都涉及大量的多媒体数据，这些数据与传统的数字、字符等格式化数据有很大的不同，都是一些结构复杂的对象。它们数据量大，结构复杂，大多是非结构化的数据，来源于不同的媒体且具有不同的形式和格式。它们时序性强，数据传输要求连续、稳定，否则出现失真而影响效果。

（5）模糊数据库。模糊数据库是在一般数据库系统中引入"模糊"概念，进而对模糊数据、数据间的模糊关系与模糊约束实施操作和查询的数据库系统。模糊数据库系统中的研究内容涉及模糊数据库的形式定义、模糊数据库的数据模型、模糊数据库语言设计、模糊数据库设计方法及模糊数据库管理系统的实现。近年来，也有许多工作是对关系之外的其他数据模型进行模糊扩展，如模糊 E-R（实体–关系）、模糊多媒体数据库等。

3. 数据库技术发展趋势

技术和应用的发展总是相互作用的。分析目前数据库的应用情况可以发现，经过多年的积累，企业和部门积累的数据越来越多，许多企业面临着"数据爆炸"。如何解决海量数据的存储管理、如何挖掘大量数据中包含的信息和知识，已成为目前的亟待解决的问题。为此，数据库技术逐步向深度即智能化、多媒体、分布式、云化方向发展。

（1）智能化。计算机科学主要目标是使计算机与人的界面尽量靠近人这边，因此，要尽量提高计算机的智能水平，智能化是计算机科学各个分支的研究前沿。在数据库方面，智能化的工作是将人工智能技术与数据库技术相结合。目前的主要困难在于递归查询处理无法取得满意的性能，硬件技术的革命（大内存、并行机、高速存取的外存储器）将是提高知识库查询效率的重要因素。

（2）多媒体。多媒体数据处理的困难很多，即使是一般的复杂对象目前也还不能很好地处理。多媒体数据的建模、存储和多媒体数据库的查询及查询处理等都是需要我们研究解决的内容。

（3）分布式。分布式数据库从20世纪70年代开始研究，但是一直没有出现商品化的分布式数据库系统，这说明了它的难度。当前比较好的具有数据分布特征的数据库管理系统是Client／Server（客户／服务）体系结构的系统，但新的计算机应用又对它提出了新的要求，智能化、新型事务模型、多媒体数据的处理、高速信息通信、数据源的高度透明性等将是新型的分布式数据库系统的重要研究内容。

（4）云化。近年来随着云计算的兴起，云数据库作为一支新生力量，一路高歌猛进，打破了数据库市场的原有格局，也进入了越来越多开发者的视野当中。这类云服务的朴素思想就是将数据库服务搬到云上，让用户更方便轻松地使用、管理和维护数据库。

云数据库在外部交互的层面上保持了和传统"原版"数据库几乎完全一致的编程接口和使用体验，但在搭建、运维、管理层面，云数据库提升了一个层次，实现了相当程度的智能化和自动化，极大地提升了用户友好度，降低了使用门槛。除了这些基本能力外，着重强调两个最具代表性的云上关系型数据库的高级特性，支持读写分离和支持自动调优。

借助云计算平台，云数据库拥有非常好的流量入口，云计算平台让新兴的企业级数据库变得触手可及。云数据库之于传统数据库，是用完全不同的研发模式、商业模式和产品形态，从另一个层面发起了挑战，也就是我们常说的"降维打击"，从而具备了竞争优势。

9.1.3 数据仓库

1. 数据仓库的概念

数据仓库（data warehouse）是一个面向主题的、集成的、相对稳定的、反映历史变化的数据集合，用于支持管理决策和信息的全局共享。其主要功能是将组织经年累月所累积的大量资料，透过数据仓库理论所特有的数据储存架构，进行系统化的分析整理，通过各种分析方法如联机分析处理、数据挖掘等，进而支持决策支持系统的创建，帮助决策者能快速有效地从大量资料中分析出有价值的信息，以便决策拟定及快速回应外在环境变动，帮助建构商业智能。

2. 数据仓库主要特点

数据仓库主要有如下四大特点：

（1）面向主题的。数据仓库内的信息是按主题进行组织的，而不是像业务支撑系统那样按照业务功能进行组织的。根据使用者的需求，将来自不同数据源的数据围绕着各种主题进行分类整合。

（2）集成的。来自各种数据源的数据按照统一的标准集成于数据仓库中。数据仓库中的信息不是从各个业务系统中简单抽取出来的，而是经过一系列加工、整理和汇总的过程，因此数据仓库中的信息是关于整个企业的一致的全局信息。

（3）相对稳定的。数据仓库中的数据是一系列的历史快照，不允许修改或删除，只涉及数据查询。

（4）反映历史变化的。数据仓库会定期接收新的集成数据，从而反映出最新数据变化。

3. 数据仓库系统构成

典型的数据仓库系统通常包括数据源、数据存储和管理（数据仓库服务器）、OLAP（在线分析处理）服务器和前端工具四个模块，数据仓库系统构成如图9.2所示。

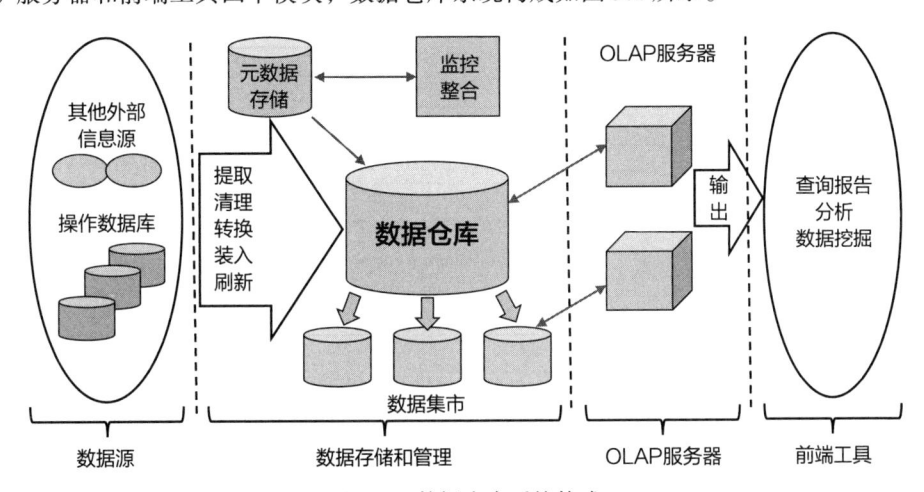

图9.2　数据仓库系统构成

（1）数据源。数据源是数据仓库系统的基础，即系统的数据来源，通常包含企事业单位的各种内部信息和外部信息。内部信息包括存于操作型数据库中的各种业务数据和办公自动化系统中包含的各类文档数据，外部数据包括各类法律法规、市场信息、竞争对手的信息以及各类外部统计数据及其他有关文档等。

（2）数据存储和管理。数据的存储与管理是整个数据仓库系统的核心。数据存储就是在现有各业务系统的基础上，对数据进行抽取、清理，并有效集成，按照主题进行重新组织，最终确定数据仓库的物理存储结构，同时组织存储数据仓库的元数据（包括数据仓库的数据字典、记录系统定义、数据转换规则、数据加载频率及业务规则等信息）。对数据仓库系统的管理也就是对其相应数据库系统的管理，通常包括数据的安全、归档、备份、恢复等维护工作。

（3）OLAP服务器。OLAP是针对某个特定的主题进行联机数据访问、处理、分析，通过直观的方式，从多个维度、多种数据综合度进行分析，并将结果呈现给使用者。OLAP让使用者能够从多角度对信息进行快速、一致、交互地存取。

（4）前端工具。前端工具主要包括各种数据分析工具、报表工具、查询工具、数据挖掘工具（例如关联分析、分类、预测等），以及各种基于数据仓库或数据集市开发的应用。其中，数据分析工具主要用于OLAP服务器；报表工具、数据挖掘工具既可以用于数据仓库，也可用于OLAP服务器。

4. 数据仓库和数据库的区别

严格来讲，数据仓库不是一门技术，也不是一个产品。像前文提到的关系型数据库MySQL和Oracle都属于一种产品。数据仓库其实就是存储数据的仓库，数据的来源有很多种，可以统一在数据仓库中进行汇合，然后通过统一的建模，加工成服务与数据分析的数据模型，辅助企业分析决策。

数据仓库构建涉及数据建模、数据抽取、数据可视化等一系列的流程，是一种数据管理解决方案，通常需要多种技术进行组合使用。

数据仓库的本质是做在线分析处理（OLAP），这是与数据库的本质区别。既然是数据仓库，肯定是要加工数据，加工数据肯定耗时间，所以加工数据在实际的应用中又分为批处理和实时处理。

数据库是为解决在线事务处理（OLTP）而存在的。数据库的数据是数据仓库的数据源，即将数据库的数据加载至数据仓库，所以说，数据仓库不生产数据，只做数据的搬运工。

还有一点就是，数据仓库并不是必需的，但是对于一个业务系统而言，数据库是必需的。只有在业务稳定运转的情况下，才会去构建企业级数据仓库，通过数据分析、数据挖掘来辅助业务决策，实现锦上添花。

数据仓库与数据库的对比如表 9.1 所示。

表 9.1 数据仓库与数据库对比表

特 性	数据库	数据仓库
数据处理类型	OLTP	OLAP
使用人员	业务开发人员	分析决策人员
核心功能	日常事务处理	面向分析决策
数据模型	关系模型（ER）	多维模型（雪花、星形）
数据量	相对较小	相对较大
存储内容	存储当前数据	存储历史数据
操作类型	查询、插入、更新、删除	查询为主：只读操作、复杂查询

9.1.4 数据集市

数据集市（data mart）也叫数据市场，就是满足特定的部门或者用户的需求，按照多维的方式进行存储，包括定义维度、需要计算的指标、维度的层次等，生成面向决策分析需求的数据立方体。

从范围上来说，数据集市的数据是从数据库或者是更加专业的数据仓库中抽取出来的。数据集市分为从属型数据集市与独立型数据集市。

（1）从属型数据集市的数据来自于企业的数据仓库，这样会导致开发周期的延长，但是从属型数据集市在体系结构上比独立型数据集市更稳定，可以提高数据分析的质量，保证数据的一致性。

（2）独立型数据集市的数据来自于操作型数据库，是为了满足特殊用户而建立的一种分析型环境。这种数据集市的开发周期一般较短，具有灵活性，但是因为脱离了数据仓库，独立建立的数据集市可能会导致信息孤岛的存在，不能以全局的视角去分析数据。

数据仓库和数据集市的对比如表 9.2 所示。

表 9.2 数据仓库和数据集市的对比

指 标	数据仓库	数据集市
数据来源	OLTP 系统、外部数据	数据仓库、数据库
范 围	企业级	部门级或工作组级
主 题	企业主题	部门或特殊的分析主题
数据粒度	最细的粒度	较粗的粒度
历史数据	大量的历史数据	适度的历史数据
目 的	处理海量数据，数据探索	便于某个维度数据访问和分析，快速查询

9.1.5 数据湖

数据湖（data lake）是 Pentaho（一家提供开源商务智能软件的公司）的 CTO（首席技术官）James Dixon 提出来的，是一种数据存储理念，即在系统或存储库中以自然格式存储数据的方法。他把数据集市描述成一瓶水（清洗过的、包装过的和结构化易于使用的），数据湖更像是在自然状态下的水，数据流从源系统流向这个湖，用户可以在数据湖里校验、取样或完全使用数据。

1. 数据湖的涵义

数据湖是一个存储企业的各种各样原始数据的大型仓库，其中的数据可供存取、处理、分析及传输。数据湖是以其自然格式存储的数据的系统或存储库，通常是对象或文件。数据湖通常是企业所有数据的单一存储，包括源系统数据的原始副本，以及用于报告、可视化、分析和机器学习等任务的转换数据。数据湖可以包括来自关系数据库（行和列）的结构化数据、半结构化数据（CSV、日志、XML、JSON）、非结构化数据（电子邮件、文档、PDF）和二进制数据（图像、音频、视频）。

目前，Hadoop 是最常用的部署数据湖的技术，所以很多人会觉得数据湖就是 Hadoop 集群。数据湖是一个概念，而 Hadoop 是用于实现这个概念的技术。

2. 能给企业带来什么

数据湖能给企业带来多种能力，例如，能实现数据的集中式管理，在此之上，企业能挖掘出很多之前所不具备的能力。另外，数据湖结合先进的数据科学与机器学习技术，能帮助企业构建更多优化后的运营模型，也能为企业提供其他能力，如预测分析、推荐模型等，这些模型能刺激企业能力的后续增长。数据湖能从以下方面帮助到企业：

（1）实现数据治理。
（2）通过应用机器学习与人工智能技术实现商业智能。
（3）预测分析，如领域特定的推荐引擎。
（4）信息追踪与一致性保障。
（5）根据对历史的分析生成新的数据维度。
（6）有一个集中式的能存储所有企业数据的数据中心，有利于实现一个针对数据传输优化的数据服务。
（7）帮助组织或企业做出更多灵活的关于企业增长的决策。

3. 数据湖与数据仓库的对比

数据仓库是高度结构化的架构，数据在转换之前是无法加载到数据仓库的，用户可以直接获得分析数据。数据湖中，数据直接加载到数据湖中，然后根据分析的需要再转换数据。数据湖和数据仓库的对比如表 9.3 所示。

表 9.3 数据仓库和数据湖的对比

特 性	数据仓库	数据湖
数据来源	来自事务系统、运营数据库和业务线应用程序的关系数据	来自 IoT 设备、网站、移动应用程序、社交媒体和企业应用程序的非关系和关系数据
Schema（模式）	写入型 Schema，数据存储之前需要定义 Schema，数据集成之前需要完成大量清洗工作，数据的价值需要提前明确	读取型 Schema，数据存储之后才需要定义 Schema 提供敏捷、简单的数据集成，数据的价值尚未明确
数据类型	主要处理历史的、结构化的数据，而且这些数据必须与数据仓库事先定义的模型吻合	能处理所有类型的数据，如结构化数据，非结构化数据，半结构化数据等，数据的类型依赖于数据源系统的原始数据格式
数据处理	处理结构化数据，将它们或者转化为多维数据，或者转换为报表，以满足后续的高级报表及数据分析需求	拥有足够强的计算能力用于处理和分析所有类型的数据，分析后的数据会被存储起来供用户使用
数据访问	数据仓库通常用于存储和维护长期数据，因此数据可以按需访问	数据湖通常包含更多的相关信息，这些信息有很高概率会被访问，并且能为企业挖掘新的运营需求

续表 9.3

特 性	数据仓库	数据湖
数据定义	数据仓库通常在存储数据之前定义架构。在将数据加载到数据仓库之前，会对数据进行清理与转换	数据湖通常在存储数据之后定义架构，所有数据都保持原始形式，仅在分析时再进行转换
适用场景	数据仓库非常适用于月度报告等操作用途，因为它具有高度结构化	数据湖非常适合深入分析的非结构化数据。数据科学家可能会用具有预测建模和统计分析等功能的高级分析工具

4. 数据湖与数据仓库的主要区别

数据湖与数据仓库有以下几个主要的区别：

1）数据湖保留全部的数据

数据仓库开发期间，大量的时间花费在分析数据源，理解商业处理和描述数据，结果就是为报表设计高结构化的数据模型。这一过程大部分的工作就是来决定数据应不应该导入数据仓库。通常情况下，如果数据不能满足指定的问题，就不会导入数据仓库。这么做是为了简化数据模型并节省数据存储空间。

相反，数据湖保留所有的数据。不仅仅是当前正在使用的数据，甚至不被用到的数据也会导进来。数据会一直被保存，我们可以回到任何时间点来做分析。

2）数据湖支持所有数据类型

数据仓库一般由事务系统中提取的数据组成，并由定量度量和描述它们的属性组成。诸如 Web 服务器日志、传感器数据、社交网络活动、文本和图像等非传统数据源在很大程度上被忽略。这些数据类型新用途不断被发现，但是消费和存储它们可能是昂贵和困难的。

数据湖方法包含这些非传统数据类型。数据湖保留所有数据，而不考虑源和结构，保持它的原始形式，并且只有在用户准备好使用它时才会对其进行转换。

3）数据湖很容易适应变化

关于数据仓库的主要抱怨之一是需要多长时间来改变它们。一个好的仓库设计可以适应变化，但由于数据加载过程的复杂性以及为简化分析和报告所做的工作，这些更改必然会消耗一些开发人员资源并需要一些时间。

许多业务问题都迫不及待地让数据仓库团队调整系统来回答问题。自助式商业智能的概念引发了日益增长的对更快答案的需求。

另一方面，在数据湖中，由于所有数据都以其原始形式存储，并且总是可以被需要的人访问，因此用户有权超越仓库结构以新颖方式探索数据并回答它们问题之所在。

如果一个探索的结果被证明是有用的并且有重复的愿望，那么可以应用更正式的模式，并且可以开发自动化和可重用性来帮助将结果扩展到更广泛的受众。如果确定结果无用，则可以丢弃该结果，并且不会对数据结构进行任何更改，也不会消耗开发资源。

4）数据湖支持快速洞察数据

数据湖包含所有数据和数据类型，用户能够在数据转换、清理和结构化之前访问数据，从而使用户能够比传统数据仓库方法更快地获得结果，用户可以根据需要探索和使用数据。

然而，有的业务用户只想要他们的报告和 KPI。在数据湖中，这些操作报告的使用者将利用更加结构化的视图，这些视图与数据仓库中以前一直存在的数据相似。不同之处在于，这些视图主要是作为元数据存在于位于湖泊中的数据之上，而不是物理上需要开发人员更改的刚性表格。

9.2 数据分类分级

数据战略上升为国家战略，数据资产成为国家各行各业的核心资产。在数字化时代，数据分类分级成为数据资产管理的重要组成部分。数据分类分级在数据改革和数据治理中发挥了重要作用。

9.2.1 数据分类分级概述

通过数据分类分级管理，可有效使用和保护数据，使数据更易于定位和检索，满足数据风险管理、合规性和安全性等要求，实现对政务数据、企业商业秘密和个人数据的差异化管理和安全保护。数据分类分级是数据安全治理和数据管理的主要措施，是数据的安全合规使用的基础。数据分类分级不仅能够确保具有较低信任级别的用户无法访问敏感数据以保护重要的数据资产，也能够避免对不重要的数据采取不必要的安全措施。

1. 数据分类

数据分类是根据数据的属性及特征，将其按一定原则和方法进行区分和归类，并建立起一定的分类体系和排列顺序的过程。数据分类一定是以各种各样的方式并存的，不存在唯一的分类方式，分类方法的采用因管理主体、管理目的、分类属性或维度的不同而不同。

（1）从业务开展使用数据的视角，看到的是数据的业务特征，比如某企业内有研发、制造、销售、人力资源等部门，大量数据的产生天然就具备业务相关的特征，很自然的数据分类方式就是按业务分类。

（2）从IT部门/数据管理部门视角，关注的不是业务分工，而是数据自身在IT系统里如何承载、管理、呈现，所以有的IT/数据管理部门将数据分类为结构化、非结构化数据等。

2. 数据分级

数据分级是按照公共数据遭到破坏（包括攻击、泄露、篡改、非法使用等）后对国家安全、社会秩序、公共利益以及个人、法人和其他组织的合法权益（受侵害客体）的危害程度对公共数据进行定级，为数据全生命周期管理的安全策略制定提供支撑。

依据访问数据或信息需求而确定保护程度，同时赋予相应的保护等级，例如，绝密、机密、秘密。

3. 数据分类和分级间的关系

分类和分级并非简单并列的关系，分类是外延更广、应用范围更广泛的概念，分类可以有很多种依据，从安全管理的视角开展工作层面来说，不论是分类还是分级，目的都只是一个，区分出保护等级。分级是安全管理部门为了安全保护和管控的目的，依据重要性和影响程度而进行的分类，这种分类结果有等级差异。

其他管理主体为了其他管理目的，依据其他属性和特征进行分类是一般意义上的分类，这种分类结构是没有等级差异的。换个表达方式说，依据数据的重要性和影响程度进行的分类就是分级，分级是多种分类方式中的一种。

我国将数据分类分级进行了区分，分类强调根据种类的不同按照属性、特征而进行的划分，分级强调对同一类别的属性按照高低或大小进行级别的划分。

9.2.2 数据分类分级规范

标准成为数据分类分级管理的重要抓手，为特定范围内的数据分类分级提供标准支撑，在国际、国家和各行业均取得了一定成效。

国际上发布了数据分类的相关标准，ISO/IEC 27001：2022《信息安全、网络安全隐私保护 信

息安全管理体系 要求》指出信息分类的目标是确保信息按照其对组织的重要程度受到适当的保护，并对信息分类提出了明确要求。

在国家层面，各类政策文件明确提出了数据分类分级的要求。《中华人民共和国数据安全法》明确规定：根据数据在经济社会发展中的重要程度，以及一旦遭到篡改、破坏、泄露或者非法获取、非法利用，对国家安全、公共利益或者公民、组织合法权益造成的危害程度，对数据实行分类分级保护。

在行业层面，工业和信息化部办公厅印发《工业数据分类分级指南（试行）》，从促进工业数据的使用、流动与共享等角度，对工业数据分类维度、工业数据分级管理和安全防护工作提出了明确要求，指导企业提升工业数据管理能力，释放数据潜在价值，赋能制造业高质量发展。2020年中国人民银行发布JR/T 0197—2020《金融数据安全 数据安全分级指南》指导金融业机构开展数据安全分级工作，第三方评估机构等参考开展数据安全检查与评估工作。

在地方层面，数据分类分级保护制度、实行分类分级保护等规定逐渐渗透到了地方日常的数据管理中。公共数据资源的开放和利用是培育数据要素市场的重要举措，因而针对其分类分级制度的探索也已在多地展开。多个省出台了相关标准或文件，对本地区的政务/公共数据分类分级提出建议或要求。

9.2.3 数据分类分级实践

我国从数据分类过程、数据分类视角、数据分类维度和数据分类方法给出了大数据分类指南，指导大数据分类。

1. 大数据分类过程

大数据分类过程包括分类规划、分类准备、分类实施、结果评估、维护改进五个阶段。

（1）分类规划。应明确分类业务场景，制定工作计划，包括规划分类的数据范围、分类维度、分类方法、预期分类结果、实施计划、进度安排、评估方法、维护方案等。

（2）分类准备。依据工作计划要求，调研数据生产、数据存储、数据质量、业务类型、数据权属、数据时效、数据敏感程度、数据应用情况等数据现状，确定分类对象，选择数据分类维度和数据分类方法。

（3）分类实施。制定数据分类实施流程，明确实施步骤，开发工具脚本，启动实施工作，详细记录实施环节，形成数据分类结果。

（4）结果评估。核查实施过程，访谈相关人员，并对分类结果进行测试。

（5）维护改进。对数据分类结果进行变更控制和定期评估。

2. 大数据分类视角

大数据分类视角主要包括技术选型视角、业务应用视角、安全隐私保护视角。

（1）技术选型视角。包括但不限于数据产生频率、数据产生方式、数据结构化特征、数据存储方式、数据稀疏稠密程度、数据处理时效性、数据交换方式等维度。

（2）业务应用视角。包括但不限于数据产生来源、数据应用场景、数据分发场景、数据质量情况等维度。

（3）安全隐私保护视角。包括但不限于数据敏感程度的安全、隐私保护要求等。

3. 大数据分类维度

大数据分类维度详见表9.4。

4. 工业数据分类分级

工业数据分类分级框架包括工业数据范围、工业数据分类和工业数据分级。

表 9.4 大数据分类维度

分类视角	分类维度	分类类目
技术选型视角	数据产生频率	每年更新数据、每月更新数据、每周更新数据、每日更新数据、每小时更新数据、每分钟更新数据、每秒更新数据、无更新数据等
	数据产生方式	人工采集数据、信息系统产生数据、感知设备产生数据、原始数据、二次加工数据等
	数据结构化特征	结构化数据、非结构化数据、半结构化数据
	数据存储方式	关系数据库存储数据、键值数据库存储数据、列式数据库存储数据、图数据库存储数据、文档数据库存储数据等
	数据稀疏稠密程度	稠密数据、稀疏数据
	数据处理时效性	实时处理数据、准实时处理数据、批量处理数据
	数据交换方式	ETL 方式、系统接口方式、FTP 方式、移动介质复制方式等
业务应用视角	数据产生来源	人为社交数据、电子商务平台交易数据、移动通信数据、物联网感知数据、系统运行日志数据等
	数据业务归属	生产类业务数据、管理类业务数据、经营分析类业务数据等
	数据流通类型	可直接交易数据、间接交易数据、不可交易数据等
	数据行业领域	按 GB/T 4754—2017《国民经济行业分类》进行分类
	数据质量情况	高质量数据、普通质量数据、低质量数据等
安全隐私保护视角	安全隐私保护	高敏感数据、低敏感数据、不敏感数据

1）工业数据范围

工业数据是工业领域产品和服务全生命周期产生和应用的数据，包括但不限于工业企业在研发设计、生产制造、经营管理、运维服务等环节中生成和使用的数据，以及工业互联网平台企业（简称平台企业）在设备接入、平台运行、工业 APP 应用等过程中生成和使用的数据。

2）工业数据分类

工业企业结合生产制造模式、平台企业结合服务运营模式，分析梳理业务流程和系统设备，考虑行业要求、业务规模、数据复杂程度等实际情况，对工业数据进行分类梳理和标识，形成企业工业数据分类清单。

工业企业工业数据分类维度包括但不限于研发数据域（研发设计数据、开发测试数据等）、生产数据域（控制信息、工况状态、工艺参数、系统日志等）、运维数据域（物流数据、产品售后服务数据等）、管理数据域（系统设备资产信息、客户与产品信息、产品供应链数据、业务统计数据等）、外部数据域（与其他主体共享的数据等）。

平台企业工业数据分类维度包括但不限于平台运营数据域（物联采集数据、知识库模型库数据、研发数据等）和企业管理数据域（客户数据、业务合作数据、人事财务数据等）。

3）工业数据分级

根据不同类别工业数据遭篡改、破坏、泄露或非法利用后，可能对工业生产、经济效益等带来的潜在影响，将工业数据分为 3 个级别：

（1）一级数据。潜在影响符合下列条件之一：

① 对工业控制系统及设备、工业互联网平台等的正常生产运行影响较小。

② 给企业造成负面影响较小或直接经济损失较小。

③ 受影响的用户和企业数量较少、生产生活区域范围较小、持续时间较短。

④ 恢复工业数据或消除负面影响所需付出的代价较小。

（2）二级数据。潜在影响符合下列条件之一：

① 易引发较大或重大生产安全事故或突发环境事件，给企业造成较大负面影响或直接经济损失较大。

② 引发的级联效应明显，影响范围涉及多个行业、区域或者行业内多个企业，或影响持续时间长，或可导致大量供应商、客户资源被非法获取或大量个人信息泄露。

③ 恢复工业数据或消除负面影响所需付出的代价较大。

（3）三级数据。潜在影响符合下列条件之一：

① 易引发特别重大生产安全事故或突发环境事件，或造成直接经济损失特别巨大。

② 对国民经济、行业发展、公众利益、社会秩序乃至国家安全造成严重影响。

5. 金融数据分级

金融数据分级有助于金融业机构明确金融数据保护对象，合理分配数据保护资源和成本，是金融机构建立完善的金融数据生命周期安全框架的基础，能够进一步促进金融数据在机构间、行业间的安全流动，有利于金融数据价值的充分释放和深度利用。

1）金融数据安全定级原则和范围

金融数据安全定级遵循合法合规性、可执行性、时效性、自主性、差异性和客观性原则。金融**数据**是金融业机构开展金融业务、提供金融服务及日常经营管理所需或产生的各类数据，安全定级的金融数据包括但不限于：

（1）提供金融产品或服务过程中直接或间接采集的数据。

（2）金融业机构信息系统内生成和存储的数据。

（3）金融业机构内部办公网络与办公设备终端中产生、交换、归档的电子数据。

（4）金融业机构原纸质文件经过扫描或其他电子化手段形成的电子数据。

（5）其他宜进行分级的金融数据。

2）金融数据安全级别

根据金融业机构数据安全性遭受破坏后的影响对象和所造成的影响程度，将金融数据划分为5个级别：

（1）一级数据特征：

① 数据一般可被公开或可被公众获知、使用。

② 个人金融信息主体主动公开的信息。

③ 数据的安全性遭到破坏后，可能对个人隐私或企业合法权益不造成影响，或仅造成微弱影响但不影响国家安全、公众权益。

（2）二级数据特征：

① 数据用于金融业机构一般业务使用，一般针对受限对象公开，通常为内部管理且不宜广泛公开的数据。

② 个人金融信息中的 C1 类信息[1]。

③ 数据的安全性遭到破坏后，对个人隐私或企业合法权益造成轻微影响，但不影响国家安全、公众权益。

（3）三级数据特征：

① 数据用于金融业机构关键或重要业务使用，一般针对特定人员公开，且仅为必须知晓的对

1）JR/T 0171-2020《个人金融信息保护区技术规范》将个人金融信息由高到低分为 C3、C2、C1 三个类别，C1 主要为开户时间、支付标记信息等。

象访问或使用。

② 个人金融信息中的 C2 类信息[1]。

③ 数据的安全性遭到破坏后，对公众权益造成轻微影响，或对个人隐私或企业合法权益造成一般影响，但不影响国家安全。

（4）四级数据特征：

① 数据主要用于金融业大型或特大型机构、金融交易过程中重要核心节点类机构的重要业务使用，一般针对特定人员公开，且仅为必须知晓的对象访问或使用。

② 个人金融信息中的 C3 类信息[2]。

③ 数据的安全性遭到破坏后，对公众权益造成一般影响，或对个人隐私或企业合法权益造成严重影响，但不影响国家安全。

（5）五级数据特征：

① 重要数据，主要用于金融业大型或特大型机构、金融交易过程中重要核心节点类机构的关键业务使用，一般针对特定人员公开，且仅为必须知晓的对象访问或使用。

② 数据安全性遭到破坏后，对国家安全造成影响，或对公众权益造成严重影响。

6. 政务数据分类分级

1）政务数据分类方法

（1）主题分类。按照政府数据资源所涉及的知识范畴，将政府数据按照主题进行分类，采取大类、中类和小类三级分类法，其中大类分为综合政务、经济管理、国土资源、能源、工业、交通、邮政、信息产业、城乡建设、环境保护、农业、水利、财政、商业、贸易、旅游、服务业、气象、水文、测绘、地震、对外事务、政法、监察、科技、教育、文化、卫生、体育、军事、国防、劳动、人事、民政、社区、文秘、行政、综合党团。

（2）行业分类。根据政府数据资源所涉及的行业领域范畴，采用 GB/T 4754-2017《国民经济行业分类》规范的国民经济行业分类与代码，采用大类、中类和小类，其中大类分为农、林、牧、渔业，采矿业，制造业，电力、热力、燃气及水生产和供应业，建筑业，批发和零售业，交通运输、仓储和邮政业，住宿和餐饮业，信息传输、软件和信息技术服务业，金融业，房地产业，租赁和商务服务业，科学研究和技术服务业，水利、环境和公共设施管理业，居民服务、修理和其他服务业，教育，卫生和社会工作，文化、体育和娱乐业，公共管理、社会保障和社会组织，国际组织。

（3）服务分类。按服务将政府数据分为惠民服务、服务交付方式、服务交付的支撑、政府资源管理四大类，按线分类法再继续细分中类、小类。

2）政务数据分级方法

充分考虑政府数据对国家安全、社会稳定和公民安全的重要程度，以及数据是否涉及国家秘密、用户隐私等敏感信息，考虑不同敏感级别的政府数据在遭到破坏后对国家安全、社会秩序、公共利益以及公民、法人和其他组织的合法权益（受侵害客体）的危害程度来确定政府数据的级别，并提出不同数据等级的数据开放和共享要求。政务数据等级管控要求详见表 9.5。

表 9.5 政务数据等级管控要求

数据等级	数据等级管控要求
公开数据	政府部门无条件共享；可以完全开放

---

[1] C2 主要为账户、身份证信息、短信口令、KYC 信息、住址等。

[2] C3 主要为各类账户密码。

续表 9.5

数据等级	数据等级管控要求
内部数据	原则上政府部门无条件共享，部分涉及公民、法人和其他组织权益的敏感数据可政府部门有条件共享；按国家法律法规决定是否开放，原则上不违反国家法律法规的条件下，予以开放或脱敏开放
涉密数据	按国家法律法规处理，决定是否共享，可根据要求选择政府部门条件共享或不予共享；原则上不允许开放，对于部分需要开放的数据，需要进行脱密处理，且控制数据分析类型

9.2.4 数据分类分级保障

1. 组织架构保障

数据分类分级工作的开展应具备组织保障，设立并明确有关部门（或组织）及其职责。

（1）决策层。决策层负责制定企业数据战略、审批或授权，全面协调、指导和推进企业的数据分类分级工作。数据分类分级工作的领导组织及其负责人主要负责数据分类分级相关审批、决策等工作。

（2）管理层。管理层主要负责建立企业数据分类分级的完整体系，制定实施计划，统筹资源配置，建立数据分类分级常态化控制机制，组织评估数据分类分级工作的有效性和执行情况，制定并实施问责和激励机制。数据分类分级工作的管理部门（或组织）及其负责人主要负责数据分类分级相关工作的组织、协调、管理、审核、评审等工作。

（3）执行层。执行层在管理层的统筹安排下，根据数据分类分级相关制度规范的要求，具体执行各项工作。负责数据分类分级体系建设和运行机制，根据数据分类分级各职能域的管理要求承担具体工作。信息科技部门及其负责人主要负责落实数据分类分级有关要求，并主导数据分类分级实施工作。

（4）业务层。各业务部门是数据分类分级执行工作的责任主体，负责本业务领域的数据分类分级执行工作，管控业务数据源。确保数据被准确记录和及时维护，落实数据分类分级管控机制，执行监管数据相关工作。各业务部门及其负责人负责落实数据分类分级有关要求，并协同开展数据分类分级实施工作。

2. 制度保障

数据分类分级工作的开展应具备制度保障，企业应建立数据分类分级工作的相关制度，明确并落实相关工作要求，包括但不限于：

（1）数据分类分级的目标和原则。

（2）数据分类分级工作涉及的角色、部门及相关职责。

（3）数据分类分级的方法和具体要求。

（4）数据分类分级的日常管理流程和操作规程，以及分类分级结果的确定、评审、批准、发布和变更机制。

（5）数据分类分级管理相关绩效考评和评价机制。

（6）数据分类分级结果的发布、备案和管理的相关规定。

9.3 数据存储

初学存储技术的人可能会被 SAN（存储区域网络）、NAS（网络接入存储）、DAS（直连式存储）、SCSI（小型计算机系统接口）、FC（光纤通道）、iSCSI（互联网小型计算机系统接口）等这些大量的术语和英文缩略语搞得晕头转向，技术资料的确看了很多，但仍然无法清楚地知道这些概念之间根本的区别。

实际上 SAN、NAS、DAS、SCSI、FC、iSCSI 等并不是同一类别的概念。SCSI、FC、NAS、iSCSI 等概念指的是存储设备接口类型，DAS、NAS、SAN、分布式存储等指的是存储系统的网络结构。

9.3.1 存储设备类型

存储设备类型是指采用 SCSI、FC、iSCSI、NAS 等接口类型、数据传输协议，以及不同数据存储介质的存储设备。常见的存储设备类型可为 SCSI 存储、NAS 存储、FC 存储、iSCSI 存储和磁带存储。

存储设备类型这个概念的核心是设备，指的是由存储介质、驱动器、控制器、供电系统、冷却系统等组成的一个整体。它独立于网络层设备和主机层设备，因此当提到存储设备类型的时候，不要涉及与存储设备连接的网络设备和主机。区分一个存储设备的类型主要依靠存储设备对外提供的接口类型、数据传输协议和存储介质。

1. SCSI 存储

对外提供的接口是 SCSI，按照 SCSI 协议传输数据的存储设备就是 SCSI 存储。如果再区分存储介质，那么存储介质为 SCSI 磁盘的存储被称为 SCSI-SCSI 存储，存储介质为 SATA（串口硬盘 Serial ATA）磁盘的存储被称为 SCSI-SATA 存储。存储名称分为两个部分，前面表示存储设备接口类型及接口部分的数据传输协议，后部分表示存储介质。

2. FC 存储

对外提供的接口是 FC 光纤通道，按照 FC 光纤通道协议传输数据的存储设备就是 FC 存储。存储介质为 FC 磁盘的存储被称为 FC-FC 存储，存储介质为 SATA 磁盘的存储被称为 FC-SATA 存储。

3. iSCSI 存储

采用 iSCSI 输出协议、对外提供 iSCSI 接口的存储设备自然应该称为 iSCSI 存储，只不过 iSCSI 一般都采用 SATA 磁盘作为存储介质，所以 iSCSI 存储在名称上不会再细分，都通称为 iSCSI。

4. NAS 存储

NAS 是一种特殊的存储设备类型，虽然 NAS 对外提供 IP 接口，按照 IP 协议进行数据传输，但 NAS 最终提供给主机的是一个文件系统，SCSI 存储、FC 存储和 iSCSI 等提供给主机的是一个裸的、没有文件系统的逻辑卷，且 NAS 本身是一个服务器+存储的结构，因此严格上讲，NAS 是一种存储系统结构，而不是一个存储类型。不过很多时候我们都把 NAS 的服务器+存储结构看成一个整体，这个整体又通过标准的 IP 传输协议来进行访问和数据传输。因此 NAS 一般都被认为是一个存储设备类型。在本书中，NAS 既是一个存储设备类型，又是一个存储系统网络结构。

5. 磁带存储

判断一个存储是不是磁带存储的标准是看这个存储设备是否采用磁带作为存储介质。磁带存储的外部接口类型一般有两种，一是 SCSI 接口，二是 FC 光纤通道接口。磁带根据存储的数据是否已经数据化可分为非数据化磁带和数据流磁带两种，即模拟磁带和数字磁带。模拟磁带一般常用于视音频文件的图像和声音存储，不用于数据存储。

9.3.2 存储系统网络架构

存储系统网络结构是指存储设备与服务器、工作站等需要进行数据读写操作的主机之间的连接方式。存储系统网络结构不同，存储设备的工作方式、流程和性能就会不同。

大家常提到的主流的存储系统网络架构有 DAS、NAS、SAN、分布式存储和云存储。

1. DAS 架构

DAS（direct-attached storage，直连式存储）是一种存储设备与服务器直接相连的架构。DAS 为服务器提供块级的存储服务（不是文件系统级）。DAS 的例子有服务器内部的硬盘、直接连接到服务器上的磁带库、直接连接到服务器上的外部的硬盘盒。基于存储设备与服务器间的位置关系，可分为内部 DAS 和外部 DAS。

（1）在内部 DAS 架构中，存储设备通过服务器机箱内部的并行或串行总线连接到服务器上。但是，物理的总线有距离限制，只能支持短距离的高速数据传输。此外，很多内部总线能连接的设备数目也有限，并且将存储设备放在服务器机箱内部，也会占用大量的空间，对服务器其他部件的维护造成困难。

（2）在外部 DAS 结构中，服务器与外部的存储设备直接相连。在大多数情况下，它们之间通过 FC 协议或者 SCSI 协议进行通信。与内部 DAS 相比，外部 DAS 克服了内部 DAS 对连接设备的距离和数量的限制。另外，外部 DAS 还可以提供存储设备集中化管理，更加方便。

2. NAS 架构

NAS（network attached storage，网络接入存储）是连接到一个局域网的基于 IP 的文件共享设备。NAS 通过文件级的数据访问和共享提供存储资源，使客户能够以最小的存储管理开销快速直接共享文件。采用 NAS 可以不用建立多个文件服务器，是首选的文件共享存储解决方案。NAS 还有助于消除用户访问通用服务器时的瓶颈。NAS 使用网络和文件共享协议进行归档和存储，这些协议包括进行数据传输的 TCP/IP 和提供远程文件服务的 CIFS（通用网际文件系统）和 NFS（网络文件系统）。

Unix 和 Microsoft Windows 用户能够通过 NAS 无缝共享相同的数据，通常有 NAS 和 FTP 两种数据共享方式。采用 NAS 共享的时候，Unix 通常使用 NFS，Windows 使用 CIFS。随着网络技术的发展，NAS 扩展到用于满足企业访问数据高性能和高可靠性的需求。NAS 设备是专用的、高性能的、高速的、单一用途的文件服务和存储系统。NAS 客户端和服务器之间通过 IP 网络通信，大多数 NAS 设备支持多种接口和网络。NAS 设备使用自己的操作系统和集成的硬件、软件组件，满足特定的文件服务需求。NAS 对操作系统和文件 I/O 进行了优化，执行文件 I/O 比一般用途的服务器更好。NAS 设备比传统的服务器能接入更多的客户机，达到对传统服务器进行整合目的。

3. SAN 架构

SAN（storage ared network，存储区域网络）是一个用在服务器和存储资源之间的、专用的、高性能的网络体系。为了实现大量原始数据的传输而进行了专门的优化。按构建方式分为 FC SAN（以光纤通道构建存储网络）和 IP SAN（以 IP 网络构建存储网络）。

（1）FC SAN 是对 SCSI 协议在长距离应用上的扩展。FC SAN 使用的典型协议组是 SCSI 和 Fiber Channel（光纤通道）。Fiber Channel 特别适合这项应用，原因在于一方面它可以传输大块数据，另一方面它能够实现远距离传输。

（2）IP SAN 以 TCP/IP 协议为底层传输协议，采用以太网作为承载介质构建起来的存储区域网络架构。实现 IP SAN 的典型协议是 iSCSI，它定义了 SCSI 指令集在 IP 网络中传输的封装方式。

4. 分布式存储

分布式存储是将数据分散存储到多个存储服务器上，并将这些分散的存储资源构成一个虚拟的存储设备，实际上数据分散存储在企业的各个角落。分布式存储的好处是提高了系统的可靠性、可用性和存取效率，还易于扩展。

随着分布式存储的发展，存储行业的标准化进程也不断推进，分布式存储优先采用行业标准接口（SMI-S 或 OpenStack Cinder）进行存储接入，用户可以跨不同品牌、介质实现容灾，从侧面降低了存储采购和管理成本。

分布式存储是一个大的概念，其包含的种类繁多，除了传统意义上的分布式文件系统、分布式块存储和分布式对象存储外，还包括分布式数据库和分布式缓存等。

5. 云存储

云存储是指通过集群应用、网格技术或分布式文件系统等功能，将网络中大量各种不同类型的存储设备通过应用软件集合起来协同工作，共同对外提供数据存储和业务访问功能的一个系统。

云存储实际上是云计算中有关数据存储、归档、备份的一个部分，是一种创新服务。从面向用户的服务形态方面可以理解为一种提供按需服务的应用模式,用户可以通过网络连接云端存储资源，在云端随时随地存储数据；从云存储服务构建方面可以理解为通过分布式、虚拟化、智能配置等技术，实现海量、可弹性扩展、低成本、低能耗的共享存储资源。

云存储系统是一个多存储设备、多应用、多服务协同工作的集合体，任何单一的存储系统都不是云存储。云存储系统指的不仅仅是存储，更多的是应用和服务。应用云存储技术，可将所有的存储资源整合到一起，实现自动化和智能化管理，在一定程度上解决了存储空间的浪费问题，提高了存储空间的利用率，降低了运营成本，同时具备负载均衡、故障冗余功能。

9.3.3 数据备份与恢复

专业机构的研究数据表明：丢失 300MB 的数据对于市场营销部门就意味着 13 万元人民币的损失，对财务部门意味着 16 万元的损失，对工程部门来说损失可达 80 万元。而丢失的关键数据如果 15 天内仍得不到恢复，企业就有可能被淘汰出局。

我们很多企业和组织已有了前车之鉴，一些重要的企业内曾经不止一次地发生过灾难性的数据丢失事故，造成了很大的经济损失，在这种情况下，数据备份就成为日益重要的措施。通过及时有效的备份，系统管理者就可以高枕无忧了。所以，对信息系统环境内的所有服务器、PC 进行有效的文件、应用数据库、系统备份越来越迫切。

数据备份与恢复系统是指在运行业务软件的计算机上安装专用的备份软件，该软件按照计算机管理员设定的规则，周期性地为业务数据制作一个或多个拷贝，并将其存放到专门的备份设备上。当在线存储中的业务数据因为各种原因（如磁盘坏、病毒、误删除等）丢失后，管理员或用户可以通过备份软件提供的图形界面，从备份设备上将数据恢复到在线存储上。一般来说，在线存储是指计算机上存放数据的硬盘或磁盘阵列。存储设备通常是磁带机/磁带或磁带库，也可能是磁盘或磁盘阵列。

1. 基于磁盘备份

企业数据主要分为结构化数据和非结构化数据。结构化数据即行数据，存储在数据库里。非结构化数据包括所有格式的办公文档、文本、图片、XML、HTML、各类报表、图像和音频/视频信息等。专业的备份系统可同时备份结构化数据和非结构化数据。目前市面上常见基于磁盘的备份系统类型可分为两种：备份软件 + 通用硬件平台（服务器、NAS 存储、磁盘阵列柜）和备份存储一体柜。

1）备份软件 + 通用硬件平台

通常我们在一台服务器上安装备份系统服务器，同时安装备份介质服务器（用于存储备份数据，可以是一台 PC、大容量空间的服务器、NAS 存储设备、磁盘阵列柜等），最后在需备份的设备上（如服务器、PC 客户端）安装备份代理，即可组成一套备份系统。

在备份系统控制台里进行备份策略设置，如设置备份内容为文档、数据库、操作系统；备份周期为定时备份或实时备份；备份方式为全备份、增量备份或差异备份；备份内容进行加密；备份多个副本等。通过备份策略可对需备份设备进行备份，备份内容自动存储到备份介质中进行保护。当数据被破坏或丢失时，可通过恢复策略，将数据快速恢复。

2）备份存储一体柜

备份存储一体柜为用户提供集备份、容灾、存储于一体的创新型解决方案，可满足从 PC 环境到 Windows、Linux 和 Unix 服务器环境的集中备份；通过容灾及虚拟化技术来满足各种容灾及虚拟化应用需求，支持自动/手动方式进行应用容灾接管、数据自动同步及异地容灾；设备采用 NAS、SAN 和 DAS 多种存储架构相结合的方式，可以满足用户数据共享和集中存储的需求。

备份存储一体柜可代替"传统 4S 设备"。传统 4S 设备 = 服务器 + 存储 + 操作系统 + 备份软件，一台备份存储一体柜就可代替传统 4S 设备，具有服务器的高效性、存储的安全性，集成操作系统，同时有备份软件的所有备份功能。

2. 基于磁带备份

基于磁带备份主要是指利用磁带机、磁带库、虚拟带库等设备进行数据备份，磁带备份具有以下几个优点：

（1）大容量。1 盘介质上可存储高达 800GB 以上的数据。

（2）小尺寸。所有这些容量都可存储在 1 盘小巧的数据磁带上。

（3）可移动性。介质可以与设备分离，提供额外的病毒保护。

（4）便携性。介质可以在现场之外存储，提供额外保护。

（5）长寿命。适合长期存储（至少 10 ~ 15 年）。

但磁带备份性能相对较低，备份与恢复速度慢，并且搜索数据需要顺序查找，无法像磁盘备份那样灵活定位，因此，我们建议用户使用磁盘备份为主，磁带备份可以进行数据归档使用。

3. 数据恢复

生产系统的恢复包括整个操作系统、软件及数据的恢复过程。当一个计算机因为病毒、人为误操作或其他原因造成瘫痪后，传统的恢复过程是：安装操作系统，打补丁，安装数据库及软件，最后恢复数据。前面的三步至少需要花上半天时间。今天的备份软件将这个流程全部自动化，即不仅备份数据，还备份操作系统及运行环境。恢复时从操作系统到数据全部自动化，减少人工干预，从而缩短恢复时间。

9.3.4 容灾备份

容灾备份实际上是两个概念，容灾是为了在遭遇灾害时保证信息系统能正常运行，帮助企业实现业务连续性，备份是为了应对灾难来临时造成的数据丢失问题。在容灾备份一体化产品出现之前，容灾系统与备份系统是独立的。容灾备份产品的最终目标是帮助企业应对人为误操作、软件错误、病毒入侵等"软"性灾害，以及硬件故障、自然灾害等"硬"性灾害。

容灾备份系统是指在相隔较远的异地建立两套或多套功能相同的 IT 系统，互相之间可以进行健康状态监视和功能切换，当一处系统因意外（如火灾、地震等）停止工作时，整个应用系统可以切换到另一处，使得该系统功能可以继续正常工作。

1. 容灾分类

从对系统的保护程度来分，可以将容灾系统分为数据容灾和应用容灾。

（1）数据容灾，是指建立一个异地的数据系统，该系统是本地关键应用数据的一个可用复制。该数据可以是与本地生产数据的完全实时复制，也可以比本地数据略微落后，但一定是可用的。采用的主要技术是数据备份和数据复制技术。

（2）应用容灾，是在数据容灾的基础上，在异地建立一套完整的与本地生产系统相当的备份应用系统（可以是互为备份），在灾难情况下，远程系统迅速接管业务运行。数据容灾是抗御灾难的保障，而应用容灾则是容灾系统建设的目标。主要的技术包括负载均衡、集群技术。

2. 备份分类

1）按地域划分为同城备份和异地备份

（1）同城备份，是指将生产中心的数据备份在本地的容灾备份机房中，它的特点是速度相对较快。由于是在本地，因此建议同时做接管。但是它的缺点是一旦发生大灾大难，将无法保证本地容灾备份机房中的数据和系统仍可用。

（2）异地备份，通过互联网 TCP/IP 协议，将生产中心的数据备份到异地。必须备份到 300km 以外，并且不能在同一地震带，不能在同地电网，不能在同一江河流域。这样即使发生大灾大难，也可以在异地进行数据回退。当然，异地备份，如果想做接管需要专线连接，一般需要在同一网段内才能实现业务的接管。

2）按方式划分为硬件级、软件级和人工级

（1）硬件级备份，是指用冗余的硬件来确保系统的连续运行。如磁盘镜像、磁盘阵列、双机容错等方式。如果主硬件有损坏，后备硬件就马上能够接替其工作，这种方式可以有效地防止硬件故障，但是，无法防止数据的逻辑损坏。当逻辑损坏发生时，硬件备份只会将错误复制一遍，无法真正保护数据。硬件备份的作用实际上是保证系统在出现故障时能够连续运行，故硬件级备份又称为硬件容错。

（2）软件级备份，是指将系统数据保存到其他介质上，当出现错误时可以将系统恢复到备份前的状态。软件级备份可以完全防止数据的逻辑损坏，因为备份介质与计算机系统是分开的，错误不会复制到介质上。

（3）人工级备份，就是用手工的方式进行数据备份，这种方式比较原始，但最简单、最经济、最有效。其缺点也是明显的，备份和恢复的操作较复杂，也较费时。

3. 衡量容灾备份的两个技术指标

（1）数据恢复点目标（recovery point object，RPO）。主要指的是业务系统所能容忍的数据丢失量。

（2）恢复时间目标（recovery time object，RTO）。主要指的是所能容忍的业务停止服务的最长时间，也就是从灾难发生到业务系统恢复服务功能所需要的最短时间周期。

RPO 针对的是数据丢失，而 RTO 针对的是服务丢失。

4. 灾难恢复

对于一个计算机业务系统，所有引起系统非正常宕机的事故，都可以称为灾难。

灾难恢复，指自然或人为灾害后，重新启用信息系统的数据、硬件及软件设备，恢复正常商业运作的过程。灾难恢复规划是涵盖面更广的业务连续规划的一部分，其核心是对企业或机构的灾难性风险做出评估、防范，特别是对关键性业务数据、流程予以及时记录、备份、保护。

灾难恢复是在安全规划中保护企业免受重大负面事件影响的领域。其中重大的负面事件包括任何能造成业务风险的事情。在信息技术领域,灾难恢复步骤包括恢复服务器或备份主机、用户交换机重建或提供局域网来满足当前的业务需求。

9.3.5 数据存储技术发展

未来十年,随着以 5G/6G、AI、大数据、云计算为代表的新技术飞速发展,人类即将进入 YB(1024 ZB)数据时代,数据存储技术的创新和发展有望开启新的文明发展时代。以数据为中心的高效、绿色和安全的数据基础设施,必将推动人类社会向更高层次的智能化进程迈进,让人类在未来的智能时代中更好地理解世界、探索世界,并勇往直前,开拓未来。

1. 以数据为中心的体系架构

在大数据、人工智能、HPC(high performance computing,高性能计算)、IoT(internet of things,物联网)等新型数据密集型应用的推动下,数据量爆炸增长,年复合增长率近 40%,其中热数据占比将超过 30%;另一方面,摩尔定律、Dennard 缩放定律的放缓,CPU 性能年化增长降低至 3.5%。高速增长的数据与缓慢增长的数据处理能力成为数据产业的基本矛盾,数据存力与数据发展严重失衡。

在传统的以 CPU 为中心的数据中心架构中,业务在空间、时间的不均匀性导致本地存储资源利用率低,本地内存、存储闲置率超过 50%。另外,数据的移动、数据格式的反复转换消耗了大量 CPU 时间,使得数据处理效率低下。为了提升数据处理效率和存储资源利用率,未来数据中心架构需要从"以 CPU 为中心"走向"以数据为中心",包括两个方面:

(1)在宏观上存算分离,计算、存储资源独立部署,通过高通量数据总线互联,统一内存语义访问数据,实现计算、存储资源解耦灵活调度,资源利用率最大化。

(2)在微观上存算一体,围绕数据,近数据处理,减少数据非必要移动,在数据产生的边缘、数据流动的网络中、数据存储系统中布置专用数据处理算力,网存算融合提升数据处理效率。

2. 数据存储原生安全

数据作为新型生产要素价值日益凸显,其作为高价值目标所面临的攻击面和攻击强度越来越大,当前基于边界的被动防御体系无法满足未来数据安全的需求。在数据价值释放过程中,针对数据的隐私保护需求日益旺盛,围绕数据"可用不可见、可见不可得"的隐私计算在充分保护数据和隐私安全的前提下,实现了数据价值的转化与释放。数据流转是释放数据价值的必要途径和手段,由于数据可复制性、可共享、可无限供给,因此在流转过程中如何保证数据所有权、使用权和控制权得到有效保护,是当前数据基础设施需要解决的首要问题。

未来,数据存储原生安全将成为数据基础设施的基础能力,需要在主动数据保护、数据零拷贝和零信任存储等技术方向上持续突破。

(1)主动数据保护。数据安全攻防态势研究表明,当前的被动防御安全体系无法有效抵御勒索等病毒攻击,需要从数据安全态势感知、数据时间线旅行、原生防篡改、多维联动响应等多个技术方向,构建主动数据保护安全体系。

(2)数据零拷贝。数据要素价值释放过程概括三个阶段,第一个阶段是数据支撑业务系统运转,推动业务数字化转型与智能决策;第二个阶段是数据流通对外赋能,让不同来源的优质数据在新业务和场景中汇聚融合,实现双赢、多赢的价值利用,在该阶段需要解决数据共享与数据访问控制之间的效率问题,通过基于密码学的访问控制、数据自保护技术、高效透明审计技术、高效网络加密传输等技术能在保证数据主权安全的前提下,实现数据高效流动与使用;第三个阶段是无边界零拷贝,最大限度地消除数据孤岛,通过零数据拷贝访问技术打破数据边界,实现数据共享。

（3）零信任存储。零信任存储是基于零信任模型的扩展，旨在解决当前存储面临的数据泄漏、完整性被破坏、数据可用性破坏等诸多安全问题，在零信任存储中，所有的数据访问与操作都被视为未被验证的，访问主体、数据及数据操作动作三者基于最小授权原则，通过持续验证、动态授权等方式实现最小粒度数据访问控制。同时要实现零信任存储需要从数据存储与使用环境安全、数据全路径安全加密等几个方向突破。

3. 存力网络

未来，数据的产生天然形成数据孤岛，跨域数据流动存在广泛需求。当前数据访问的网络延迟大、系统效率低，严重阻碍了数据应用的发展，需要打破地域和区域的限制，构建高效快速的存力网络，实现应用无感、地域无感的数据访问。从存储业务的原始需求出发，未来存力网络应提供如下4种能力：

（1）存储语义感知。传统网络仅感知网络语义，如IP地址、TCP/UDP端口号等，对所有网络报文一视同仁。未来智能数据网络能够进一步感知存储语义，如根据存储语义分辨报文的重要性和优先级实现策略转发、识别报文之间的关联性实现调度、基于存储IO语义进行路由等，从而实现对存储报文的差异化处理，充分利用有限网络资源，支撑数据在不同节点间的频繁交互。

（2）在网计算服务。传统网络仅具有报文转发和路由能力，未来智能数据网络将进一步赋予网络计算能力。通过抽象运算算子，设计图灵完备的指令集，实现高效的数据处理引擎。一方面，数据处理引擎可由网络转发设备承载，能够实现数据的随路处理，在数据搬移的必经之路上对数据进行加解密、压缩、去冗、校验等计算处理，实现数据计算和数据传输的实时并行；另一方面，数据处理引擎可由端侧网卡设备承载，能够实现数据不动计算动的近数据计算，节省数据搬移带宽并提供低延时服务。此外，接口协议转换也可由端侧网卡设备承载，提供硬化的数据流动能力。

（3）在网存储服务。当前网络的主要功能是数据包的搬运。未来，有望利用网络自身大量数据包的转发处理能力，对外提供多样化的随路存储服务，比如分布式锁、元数据缓存、事务并发控制等服务，大幅提升数据访问效率。

（4）多目标传输。在网络控制协议上，传统的TCP/IP网络是基于网络生存性设计的，存在高通量和低时延不可兼得的问题，未来有望实现超低时延和高吞吐。在网络路由协议上，传统网络是满足单目标来设计的，无法同时满足路径最短、网络利用率最大、负载均衡等多目标的需求。而在数据存储网络中，既存在低延时网络的实时交互的数据库查询需求，又存在高通量网络的大文件传输需求，未来有望建立多目标的网络协议，实现多样化的数据服务。

4. 数据即应用

未来，以数字孪生、元宇宙、ChatGPT等技术为代表的智能数据基础设施无处不在，和人的生活紧密结合。当前，日益复杂的存储系统已无法满足新兴多云应用的智能化数据业务需求，需要数据业务逻辑与数据智能解耦。数据基础设施面临着三大挑战：

（1）各个应用的数据分散在各个角落，形成一个个数据烟囱，应用间数据无法共享。

（2）对数据价值的挖掘消耗了海量的资源，反复对数据进行建模、训练、推理，不可持续发展。

（3）针对海量应用的数据管理的复杂度不断上升，数据预处理的效率成为核心瓶颈，严重制约了应用的发展。

数据即应用，意味着数据存储将具备数据感知、数据理解、新型数据服务等能力，支撑数据服务走向千行百业，数据业务百倍增长。

5. 数据存储的发展趋势

数据存储将向泛在化、多样化内涵、认知存储三个趋势发展。

（1）泛在化。数据存储将走向小型化、便携化、绿色化、智能化，呈现出低功耗、可移动、生物性、量子性等特征，将催生便携式存储、计算型存储、类脑脑机存储、生物DNA存储等一系列新形态。其中，便携式存储将会是最早大规模商用的产品，短期内以数据存储、数据移动为主，实现数据在端侧、边缘和数据中心或云中的快速流转；中长期来看，便携式存储通过可组合乐高式设计，形成一个高可靠、高安全、免运维的智能移动存储设备，集数据存储、数据移动、数据交互、数据处理为一体，实现数据的实时共享、实时交互、实时处理。

（2）多样化内涵。从数据产生的源头来看，层出不穷的新型应用使得数据的产生主体从传统服务器向多样化的数据产生源发展；从数据格式来看，传统应用以图形图像数据格式为主，新型脑机接口、生物仿生等应用将推动数据格式走向多样化；从数据语义来看，自动驾驶、无人机、机器人等端侧设备，将产生大量的复合语义数据。

（3）认知存储。当前的存储设备仅提供数据存放功能，访问层次多，无法满足极致的应用体验。未来的存储设备将成为具有认知能力的智能设备，能够自动处理和分析数据，依托数据进行自适应建模，形成领域知识，并通过"学习"不断提高自身的处理能力。

6. 绿色低碳存储

预计到2030年，每月读取一次全球数据所需电量为全球年总产量的4%~6%，产生的二氧化碳需要全球树木耗时7天吸收。如何降低每比特数据读写能耗，对构建可持续发展的数据基础设施至关重要。

基于经典的冯·诺伊曼架构，数据在存储和计算单元间传输所需能耗占IT系统总能耗的60%~90%，数据密集型应用的能耗问题尤为突出。以数据为中心的体系架构，将解决数据传输能耗大的问题。

未来，低功耗介质、以光代电等技术将减少能耗产生，存储系统、整机和环境等节能技术，将进一步减少二氧化碳产生并提高能耗效率，从芯片、介质及网络全方面减少能耗，达成每比特最优能效和最少碳排放。

（1）存储系统级节能。存储系统级节能是通过感知计算、存储、网络设备的运行状态，识别数据冷热特征，并结合业务负载规律，构建系统调优模型。存储系统根据模型，调整软硬件工作状态，实现整系统能耗最优。

（2）数据传输能效提升。当前数据中心网络通信设备约占总能耗的15%，在AI、大数据分析等新应用驱动下，数据中心对数据传输带宽需求越来越高。随着400G、800G时代来临，网络带宽想进一步提升，功耗将成为瓶颈。预计2030年电费支出约占数据中心年运营成本的95%，网络设备能耗占数据中心总能耗的20%，亟须优化数据传输能效。当前数据中心网络方案中，"光-电-光"的转换过程及电信号的处理能耗最大，减少网络中光电转换次数，可有效减少整体能耗。光交换基于光信号直接映射到出端口，无须额外光电转换，且具备10TB级带宽，ns级时延，每瓦TB级能效优势。当前光交换基于时间交换技术，光路切换时延需数十毫秒，通过光电混合技术可构建高通量网络。未来，须突破纳秒级切换光器件技术和高速交换算法，实现低功耗的全光数据中心网络。

（3）芯片级节能技术。当前存储系统中绝大部分的能耗都由芯片产生，如何降低芯片能耗至关重要。随着芯片元件集成度提高，单位体积内散热增加，但由于芯片材料散热速度有限，"热耗效应"限制芯片性能发挥。如何增加芯片算力的同时控制芯片能耗成为一大挑战。异构多样化算力集成、片上动态能效智能管理等技术，可有效解决高算力与低功耗的矛盾。

9.4 大数据

大数据是指无法在一定时间内用常规软件工具对其内容进行抓取、管理和处理的数据集合。大数据技术，是指从各种各样类型的数据中，快速获得有价值信息的能力。大数据处理关键技术一般包括大数据采集、大数据预处理、大数据存储及管理、大数据分析及挖掘、大数据展现和应用（大数据检索、大数据可视化、大数据应用、大数据安全等）。

9.4.1 大数据的涵义

大数据由巨型数据集组成，这些数据集大小常超出人类在可接受时间下的收集、使用、管理和处理能力。大数据的大小经常改变，截至 2012 年，单一数据集的大小从数太字节（TB）至数十兆亿字节（PB）不等。

在一份 2001 年的研究与相关的演讲中，麦塔集团分析员道格·莱尼指出数据增长的挑战和机遇有三个方向：量（Volume，数据大小）、速（Velocity，数据输入输出的速度）与多变（Variety，多样性），合称"3V"。现在大部分大数据产业中的公司，都继续使用 3V 来描述大数据。高德纳于 2012 年修改对大数据的定义："大数据是大量、高速及多变的信息资产，它需要新型的处理方式去促成更强的决策能力、洞察力与最优化处理。"另外，有机构在 3V 之外定义第 4 个 V：真实性（Veracity）。

大数据必须借由计算机对数据进行统计、比对、解析，方能得出客观结果。

9.4.2 大数据的处理

大数据需要新的处理模式才能具有更强的决策力、洞察发现力和流程优化能力，才能高效地处理海量、高增长率和多样化的信息资产。整个大数据处理的普遍流程至少应该满足以下四个方面的步骤，才能算得上是一个比较完整的大数据处理过程。

1. 数据采集

大数据的采集是指利用多个数据库来接收发自客户端（Web、App 或者传感器形式等）的数据，并且用户可以通过这些数据库来进行简单的查询和处理工作。比如，电商会使用传统的关系型数据库 MySQL 和 Oracle 等来存储每一笔事务数据，除此之外，Redis 和 MongoDB 这样的非关系型（NoSQL）数据库也常用于数据的采集。

在大数据的采集过程中，其主要特点和挑战是并发数高，因为同时有可能会有成千上万的用户来进行访问和操作，比如火车票售票网站和淘宝，它们并发的访问量在峰值时达到上百万，所以需要在采集端部署大量数据库才能支撑。另外，如何在这些数据库之间进行负载均衡和分片需要深入思考和设计。

2. 导入与预处理

虽然采集端本身会有很多数据库，但是如果要对这些海量数据进行有效的分析，还是应该将这些来自前端的数据导入到一个集中的大型分布式数据库或者分布式存储集群，并且可以在导入基础上做一些简单的清洗和预处理工作。也有一些用户会在导入时使用 Storm（一种分布式数据实时分析处理工具）对数据进行流式计算，来满足部分业务的实时计算需求。

导入与预处理过程的特点和挑战主要是导入的数据量大，每秒钟的导入量经常会达到百兆，甚至千兆级别。

3. 统计与分析

统计与分析主要利用分布式数据库或者分布式计算集群来对存储于其内的海量数据进行普通

的分析和分类汇总等，以满足大多数常见的分析需求，在这方面，一些实时性需求会用到 EMC 的 GreenPlum（面向数据仓库应用的关系型数据库）、Oracle 的 Exadata（软硬件整合一体的数据库），以及基于 MySQL 的列式存储 Infobright（开源的 MySQL 数据仓库）等，而一些批处理或者基于半结构化数据的需求可以使用 Hadoop。

统计与分析这部分的主要特点和挑战是分析涉及的数据量大，其对系统资源，特别是 I/O 会有极大的占用。

4. 数据挖掘

与前面统计和分析过程不同的是，数据挖掘一般没有什么预先设定好的主题，主要是在现有数据上面进行基于各种算法的计算，起到预测（Predict）的效果，从而实现一些高级别数据分析的需求。比较典型算法有用于聚类的 Kmeans（一种最常用的聚类算法）、用于统计学习的 SVM（一种用来解决二分类问题的有监督学习算法）和用于分类的 NaiveBayes（朴素贝叶斯分类算法），主要使用的工具有 Hadoop 的 Mahout（机器学习引擎）等。该过程的特点和挑战主要是用于挖掘的算法很复杂，并且计算涉及的数据量和计算量都很大，常用数据挖掘算法都以单线程为主。

9.4.3 大数据的运用

对大数据的处理分析正成为新一代信息技术融合应用的节点，移动互联网、物联网、社交网络、数字家庭、电子商务等是新一代信息技术的应用形态，这些应用不断产生大数据。云计算为这些海量、多样化的大数据提供存储和运算平台。通过对不同来源数据的管理、处理、分析与优化，将结果反馈到上述应用中，将创造出巨大的经济和社会价值。

大数据是信息产业持续高速增长的新引擎，面向大数据市场的新技术、新产品、新服务、新业态会不断涌现。在硬件与集成设备领域，大数据将对芯片、存储产业产生重要影响，还将催生一体化数据存储处理服务器、内存计算等市场。在软件与服务领域，大数据将引发数据快速处理分析、数据挖掘技术和软件产品的发展。

大数据的利用将成为提高核心竞争力的关键因素，各行各业的决策正在从"业务驱动"转向"数据驱动"。对大数据的分析可以使零售商实时掌握市场动态并迅速做出应对；可以为商家制定更加精准有效的营销策略提供决策支持；可以帮助企业为消费者提供更加及时和个性化的服务；在医疗领域，可提高诊断准确性和药物有效性；在公共事业领域，大数据也开始发挥促进经济发展、维护社会稳定等方面的重要作用。

大数据与生活密不可分，可以百分之百地说，未来大数据将逐渐成为现代社会基础设施的一部分，就像公路、铁路、港口、水电和通信网络一样不可或缺。

有人把大数据比喻为蕴藏能量的煤矿。煤炭按照性质有焦煤、无烟煤、肥煤、贫煤等分类，而露天煤矿、深山煤矿的挖掘成本又不一样。与此类似，大数据并不在于"大"，而在于"有用"。价值含量、挖掘成本比数量更为重要。所以大数据重点不在于收集它，而是怎么使用它，怎么分类。使用之后怎么把利益最大化，这就是大数据的难处。

大数据时代科学研究的方法手段将发生重大改变。例如，抽样调查是社会科学的基本研究方法。在大数据时代，可通过实时监测、跟踪研究对象在互联网上产生的海量行为数据，进行挖掘分析，揭示出规律性的东西，提出研究结论和对策。

大数据具有催生社会变革的能量，但释放这种能量，需要有严谨的数据治理、富有洞见的数据分析和激发管理创新的环境。

9.4.4 大数据的产品

目前大数据的产品主要分两类，一类是大数据平台，一类是大数据开发平台。

1. 大数据平台

大数据平台是一个集数据接入、数据处理、数据存储、查询检索、分析挖掘、应用接口等功能为一体的平台。通俗的理解包括 Hadoop 生态的相关产品，比如 Spark、Flink、Flume、Kafka、Hive、HBase 等经典开源产品。

提到 Hadoop 生态技术，不得不提的是 Apache（使用排名第一的 Web 服务器软件）和 Cloudera（Hadoop 生态的企业级大数据管理平台）。国内绝大部分公司的大数据平台都是基于这两个分支的产品进行商业化包装和改进。例如，阿里云 EMR、腾讯 TBDS、华为 FusionInsight、新华三 DataEngine、浪潮 Insight HD、中兴 DAP 等产品。

对于大数据平台所包含的系统功能，当前比较权威的是全国信息技术标准化技术委员会发布的大数据平台的国标 GB/T 38673-2020《信息技术 大数据 大数据系统基本要求》，将大数据系统划分为数据收集、数据存储、数据预处理、数据处理、数据分析、数据访问、资源管理、系统管理 8 个部分，分别对各部分提出技术要求。大多数厂家推出的大数据平台除了以上 8 个功能，还包含了其他很多功能，甚至组合的产品，因此大数据产品的种类非常多。

2. 大数据开发平台

由于大数据技术很多，单独使用的学习成本很高，为了提升数据开发的效率，出现了大数据开发平台。简单讲，大数据开发平台就是集成了大数据平台的一个开发套件，比如阿里云的 DataWorks（数据工场，大数据开发套件）就是一个代表，DataWorks 是阿里云重要的 PaaS（平台即服务）平台产品，提供数据集成、数据开发、数据地图、数据质量和数据服务等全方位的产品服务，一站式开发管理的界面帮助企业专注于数据价值的挖掘和探索。

9.4.5 大数据的工具

大数据技术，就是从各种类型的数据中快速获得有价值信息的技术。大数据领域已经涌现出了大量新的技术，它们成为大数据采集、存储、处理和呈现的有力武器。面对庞大而复杂的大数据，选择一个合适的处理工具显得很有必要，工欲善其事，必须利其器，一个好的工具不仅可以使我们的工作事半功倍，也可以让我们在竞争日益激烈的云计算时代，挖掘大数据价值，及时调整战略方向。

1. 使用 Hadoop 工具作为存储框架

Hadoop 最核心的设计就是 HDFS（Hadoop 分布式文件系统）和 MapReduce（分布式计算框架）。HDFS 为海量的数据提供了存储，MapReduce 为海量的数据提供了计算。

（1）HDFS。高度容错性的系统，适合部署在廉价的机器上。HDFS 能提供高吞吐量的数据访问，非常适合大规模数据集上的程序计算。HDFS 技术是整个大数据的"入门"。只要从事大数据方面工作的程序员，不管你后面用什么样的分析技术都必须要学会 HDFS。

（2）MapReduce。用于大规模数据集（大于 1TB）的并行运算，极大地方便了编程人员在不会分布式并行编程的情况下，将自己的程序运行在分布式系统上，因为只有分布式计算才能解决"海量数据"的分析问题。

Hadoop 使用了 MapReduce 的概念，可以将输入查询分解成小模块然后并行处理数据，并存储到分布式文件系统中。

2. 使用 Spark 作为数据处理框架

Spark 是当前最为流行的基于内存计算的分布式框架，在 Spark 的生态圈中的框架几乎能够解决所有大数据的应用场景，如果基于内存计算，计算速度比 Hadoop 生态圈中的 MapReduce 快 100 倍，如果是基于磁盘的计算，那么速度快 10 倍以上，所以 Spark 是当前大数据开发人员必备的。

Spark 是由 Scala 语言开发的，包括 Spark-Core（离线计算）、Spark-SQL、Spark-Streaming（流式计算）、Spark-MLlib（机器学习）。Spark 是整个大数据技术中的"重中之重"的工具。

3. Storm 流式计算框架

流式计算可以很好地对大规模流动数据在不断变化的运动过程中实时地进行分析，捕捉到可能有用的信息，并把结果发送到下一计算节点。

Storm（分布式计算框架）是流式计算技术之一，Storm 集群由一个主节点和多个工作节点组成。主节点运行一个名为"Nimbus"的守护进程，用于分配代码、布置任务及故障检测。每个工作节点都运行一个名为"Supervisor"的守护进程，用于监听工作，开始并终止工作进程。Nimbus 和 Supervisor 进程都被设计为快速失败（遇到任何意外情况对进程自毁）和无状态（所有状态保存在组件或磁盘上），这样一来它们就变得十分健壮。

一般来说只要用到了流式计算，还得用到 Kafka（分布式消息队列），所以需要掌握一套 Kafka+Storm 流式解决方案。

4. HBASE（分布式列存数据库）

HBase 是一个建立在 HDFS 之上，面向列的针对结构化数据的可伸缩、高可靠、高性能、分布式和面向列的动态模式数据库。

HBase 采用了 BigTable（大数据）的数据模型：增强的稀疏排序映射表（Key（键）/Value（值）），其中，键由行关键字、列关键字和时间戳构成。

HBase 提供了对大规模数据的随机、实时读写访问，同时，HBase 中保存的数据可以使用 MapReduce 来处理，它将数据存储和并行计算完美地结合在一起。

5. HIVE（数据仓库）

HIVE 由 facebook 开源，最初用于解决海量结构化的日志数据统计问题。

HIVE 定义了一种类似 SQL 的查询语言（HQL），将 SQL 转化为 MapReduce 任务在 Hadoop 上执行，让不熟悉 MapReduce 开发人员也能编写数据查询语句。

6. Mahout（数据挖掘算法库）

Mahout 起源于 2008 年，最初是 Apache Lucent 的子项目，它在极短的时间内取得了长足的发展，现在是 Apache 的顶级项目。

Mahout 的主要目标是创建一些可扩展的机器学习领域经典算法的实现，旨在帮助开发人员更加方便快捷地创建智能应用程序。

Mahout 现在已经包含了聚类、分类、推荐引擎（协同过滤）和频繁集挖掘等广泛使用的数据挖掘方法。

除了算法，Mahout 还包含数据的输入/输出工具、与其他存储系统（如数据库、MongoDB 或 Cassandra）集成等数据挖掘支持架构。

7. RapidMiner（一种数据挖掘工具）

RapidMiner 是世界领先的数据挖掘解决方案，能简化数据挖掘过程的设计和评价，已成功地应用在许多不同的领域，包括文本挖掘、多媒体挖掘、功能设计、数据流挖掘、集成开发的方法和分布式数据挖掘。

9.5 数据中台

自从中台的概念提出来之后，各种理解都有，直到现在依然有很多人不知道该如何落地实施。

一方面由于其概念比较大，提出者也没有讲清楚其本质和路径，只是提了概念和理念，每家企业每个人都是按照自己的理解去做中台，所以也就有了龙生九子各不同的状况；另一方面，中台被提升到企业架构的层面，不局限于技术层面，所以像组织中台、共享平台等中台架构概念就难以清晰定位和落地实施，从而导致概念混淆不清，落地更是千差万别。

9.5.1 中台是什么

最初从技术落地层面，中台被定义为服务（微服务）中台，以微服务粒度来实现共享和复用，也尝试解释了中台和平台的区别，并强调平台是从技术层面来定义，中台是从架构层面来定义。但技术之外的中台概念没有包括，这使得"服务中台"的思路不够完善。服务中台可以称之为技术层面的、可落地的、狭义的中台。而广义的中台架构则是指企业内企业级的可共享和复用的能力，从业务角度来看，包含一切可复用的能力、资源、组织人员等，但这部分往往难以有效落地，难以用技术手段或流程来实现或评估。比如，营业部是前台，风险管理、合规及IT服务是中台，人力、财务和行政是后台，这其实已经偏离了中台架构的本意（技术角度）。

1. 中台的涵义

每家企业的中台可能是不一样的，但其建设思想是相通的，都是为了更好地支撑企业业务的创新、运营和发展。

为更好地理解中台，可将中台的基本涵义归纳如下：

（1）中台的本质是复用和共享。
（2）中台的内驱力是为了适应快速变化的业务需求。
（3）中台的目标是实现企业的"快速"数字化转型。
（4）中台的实现过程可采用微服务架构伴随去 ERP 化。
（5）中台的基础是平台。
（6）中台的核心是标准化服务。
（7）中台实施的第一步是数据融合。

2. 前台、中台和后台

前台、中台、后台的概念早就有之，只不过不同的场景下有不同的内涵。前中后台是从应用系统架构层次来说的，比如早期 Client-Server（客户端-服务器）是前后台的关系，没有中台的概念，后来发展为三层架构（表示层 UI、业务逻辑层和数据访问层），把业务逻辑和数据访问分离，形成前中后台架构。

中台不能算是一个新的概念，只不过把共享概念从一个单一系统扩展到了企业内部所有系统和组织级（企业架构级）。单一系统中的业务架构、数据架构、应用架构和技术架构体系通过把可共享组织服务、可共享数据服务、可共享业务服务、可共享技术服务等提取沉淀，进化为融合企业架构组织中台架构、数据中台架构、业务中台架构和技术中台架构体系。而把曾经的应用客户端作为轻量化业务应用部署于不同的渠道为客户提供服务，从而形成了适合规模化业务体系的、适合当前技术发展趋势的、更完善的融合中台架构。

前台是各条线业务应用的轻量化客户端，可以部署于不同的业务渠道（比如 App、Web、微信小程序等）。中台是可复用可共享服务，包括实现不同业务逻辑的业务服务、封装数据访问的数据服务、业务交互或数据交互用到的技术组件服务。后台是支撑中台服务运行和部署的数据库、数据仓库、大数据平台、中间件平台、PaaS 平台等。这些平台和工具的底层是基础设施资源，这样中台架构就比较清晰地进行层次划分和定义。前中后台架构如图 9.3 所示。

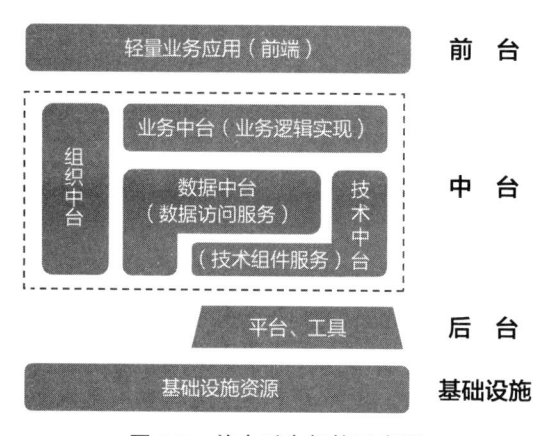

图 9.3 前中后台架构示意图

3. 中台的部署方式

中台架构在落地部署时，往往采用分布式微服务架构，而不是集中式。有人觉得，中台意味着集中，集中意味着运维量的大大增大，如果不是一定体量和信息化运维水平，做中台等于给自己挖坑。这样的理解是不对的。中台跟集中没有必然关系，中台是为了复用。逻辑上中台把可复用的能力提取出来，但并不是集中，不是把所有可复用能力集中起来管理。可复用的服务可以在不同团队的不同部门，而且实际部署时是分布式的，只是逻辑上把这些可复用的能力划分到了中台层。复用越多，效率越高，响应才能越快。微服务分布式会带来运维量的增加，但往往可以通过云原生自动化的运维来提升效率，使得人工运维工作量和运维人员需求大大降低。无论企业大小，只要复用是有需要的，中台架构都是可以采用的。

9.5.2 中台和平台的区别与联系

中台看起来定位在前台和后台之间的一层，PaaS 平台是 IaaS 和 SaaS 中间的一层，两者看起来很像，两者之间有什么区别和联系呢？

1. 平台

在讨论平台支撑中台的时候，并不局限于 PaaS 平台。这里的平台可能包括很多，比如 PaaS 平台、IaaS 平台、数据治理平台、大数据平台、数据仓库、数据湖、数据库、消息平台、算法平台、图形图像处理平台、自然语言处理平台、机器学习平台等。这些平台有一个共同点：都是技术平台，可以应用于任何行业、任何公司，可以产品化，不受具体的业务影响。比如 PaaS 平台实现的是应用开发、应用托管、应用运维的能力。不管金融、制造、运输、零售等都可以有自己的 PaaS 来支撑自己的业务，都可以使用产品化的 PaaS，PaaS 平台的设计实现和业务无关。

2. 中台与平台的关系

中台是从业务角度来说的，通常要提取业务流程中可共享、可重用的内容：组件、数据、服务、工具等，比如客户、产品、订单、账户、资产等，这些数据和服务可以共享应用于不同的业务应用中，这些内容可以部署运行在像 PaaS 这样的平台上。数据有数据平台，算法有算法平台，服务有支撑服务的平台，但所有这些放在一起还不是真正中台。中台一定要有统一对外服务接口，例如建设数据中台的目的是整合企业内外部数据，实现统一管理和治理，提供唯一可信数据源，也就是数据有唯一出口，这就不会导致数据不一致、数据错误、数据缺失等问题。这可能会涉及很多数据平台，共同来支撑构建企业的数据中台。

中台是需要平台来支撑的，通过各种技术平台提供业务需要的可共享、可重用的数据、服务、工具、组件等，以避免重复和无序的建设、投资。所以中台通常需要企业领导层的统一规划和指导，更重要的是人、财、物资源的投入。

中台是基于业务的，所以中台会各有各的不同。每家的中台都可能不一样，即便是业务类似，中台实现也可能不一样，所以对中台数据和服务的抽象能力要求很高。而平台是可以产品化的，同一个平台可能适合所有的公司。

中台没有那么复杂，目的就是为了更好更快地用技术手段支持业务的推行、发展、创新、优化、变革。当然，中台建设并不是一朝一夕的，整合企业内外的资源就是一个长期的过程，很多的 IT 系统、平台、工具需要优化或重构，这是需要巨大投入的。其中很重要的一点是标准化和规范化，必须按照标准要求去做，否则就是次品，无法顺利实现应用编排和构建。

3. 区分中台和平台的好处

明确区分中台和平台有如下四个方面的好处：

（1）明确中台和平台的概念和区别，在进行中台建设时就能有的放矢，不会混淆。中台是从架构角度来说的，明确了中台架构，也就知道了架构的前、中、后台各是什么，就有了明确的方向。建"中台"就是建设"可复用服务"，这使中台建设的目标非常明确。有了可复用服务，就能通过编排来快速构建业务应用。随着可复用服务量的增加，会带来业务应用研发质的变化。

（2）松耦合平台和中台可复用服务，明确可复用能力的粒度。平台如果作为可复用层次，则显得粒度过粗，在复用时也需要很多额外的工作。比如说消息平台，是可复用于各个业务系统的。但要使用这些平台，需要使用其提供的 API 来实现对接，API 一旦变动，则使用这些 API 的服务就需要改变，这就带来了很多工作量。而在平台之上提取、抽象、封装一层可复用服务，源于平台而高于平台，比如"消息批量发送服务"，其支撑平台可以是 Kafka、RabbitMQ、ActiveMQ 等，则通过封装的可复用服务 API 可直接用于业务应用的编排。底层平台的变化对业务应用来说是透明的、不可见的。

（3）中台和平台分离，可更好地实现自主可控，不再受制于人。中台的松耦合特性可复用服务和平台之间的关系，更容易更换中台下的支撑平台，对上层业务应用不可见，从而根据需要采购或研发支撑平台，不再因为受制于某厂商的产品而迟迟难以有进展。

（4）契合系统架构演化趋势。云计算解决了算力问题，用户不需要过多关注基础设施资源。不管通过 ESB 集成，还是通过微服务重构，都在解决业务、数据、组件的融合复用问题。系统架构演化趋势是从单体架构走向分布式融合架构。中台服务架构提供了一种可行的分布式融合架构落地方式，为企业业务系统的架构和建设提供了可行方案。

9.5.3 数据中台涵义的理解

随着科技的不断深入，云计算、人工智能等技术不断发展，企业 IT 体系架构经历集约化到智能化，再演变到智慧化的过程，纷纷提出了数据中台的概念。根据目前一些机构的共识，数据中台是将企业的共性需求进行抽象，并打造为平台化、组件化的系统能力，以接口、组件等形式共享给各业务单元使用。企业可以针对特定问题，快速灵活地调用资源构建解决方案，为业务的创新和迭代赋能。简言之，数据中台是企业数字能力共享平台。作为企业 IT 资源的综合指挥和调度平台，它以统一的标准和流程规范，帮助企业实现业务互联互通、资源协调和信息共享。

1. 数据中台能帮助用户解决"数据孤岛"问题

数据中台从后台及业务中台将数据汇入，进行数据的共享融合、组织处理、建模分析、管理治理和服务应用，统一数据标准口径，以 API 的方式提供服务，是综合性数据能力平台。数据中台为前台业务部门提供决策快速响应、精细化运营及应用支撑等，让数据业务化，避免"数据孤岛"

的出现，提升业务效率，更好地驱动业务发展和创新。为中后台部门提供风险管理、经营分析等内部支撑，让管理模式由"经验化"变成"数据化"，更好地服务于整个企业的经营和管理。数据中台包含数仓体系、数据服务集等，是一套数据运营机制，加速从数据到数据资产的价值转变，决策模式由"经验驱动"向"分析驱动"转变。

作为数据中台，首先要解决的是企业内部各系统间数据孤岛的问题，将不同系统中的数据进行全面汇集和管理，像过去建设的数据仓库、各种数据集市以及后面搭建的各种大数据平台，实现的就是数据的集中整合与管理，通过数据抽取、提炼、加工及分析，形成企业的数据资产，服务于各类业务，解决数据"汇管用"的问题。

2．数据中台的理念

结合产业实践，数据中台的相关理念总结如下：

（1）数据中台和中台本质不是同一个概念。中台泛指一整套支撑业务端高效率的数字应用创新能力的技术架构，具体包括数据中台、业务中台、技术中台、安全中台、算法中台等各方面内容。其中，数据中台是中台中最核心的组成部分。

（2）不是所有企业都需要建设数据中台，只有少数实力雄厚，业务覆盖面广泛，业务信息架构复杂的大型企业比较适合中台的建设。

（3）数据中台不能带来立刻的经济效益，数据中台本质上是"打基础"的工作，是面向未来的数据技术项目。

（4）尽管很多中小企业没有能力进行数据中台建设，但是需要有数据中台思想：关注数据管理、数据标准化、数据资源复用、数据共享、数据安全。

（5）数据中台并没有一个统一的技术边界的定义，不同企业可以根据自身对数据应用的需求自定义配置数据中台应当具备的技术能力。

（6）数据中台不是对数据源直接进行管理，是把数据源所产生的数据内容"复制备份"过来再进行管理。数据中台的数据处理与前端业务系统互相隔离，不影响业务信息系统的日常工作。

（7）数据中台的数据工程师与传统的数据工程师不同，需要掌握大数据技术栈相关技术，更多情况下都是在处理大数据场景（大规模、非结构化、实时或准实时）的计算分析任务。

（8）数据中台的存在不会替代传统的数据仓库，很多数据中台会把企业中分散的数据仓库作为数据源，直接进行二次整合，同时保留原有数据仓库的局部数据处理业务逻辑。

（9）数据中台真正管理的对象不是原始的数据内容，而是数据资产（数据经过加工处理后，赋予具体的业务含义，具有直接的产业应用价值）。

（10）数据中台在实践中的困难不在技术，而是在信息架构设计和组织资源协调。因为不能带来短期收益，所以中台项目往往推进缓慢，容易影响主业务的发展而被组织中各部门"诟病"，导致拖延。

9.5.4 数据中台架构

我们可以从技术和功能两个方面来详细了解数据中台的通用架构。

1．数据中台的技术架构

数据中台整体技术架构上通常采用云计算架构模式，将数据资源、计算资源、存储资源充分云化，并通过多租户技术进行资源打包整合，并进行开放，为用户提供"一站式"数据服务。

利用大数据技术，对海量数据进行统一采集、计算、存储，并使用统一的数据规范进行管理，将企业内部所有数据统一处理形成标准化数据，挖掘出对企业最有价值的数据，构建企业数据资产库，提供一致的、高可用大数据服务。

数据中台的通用技术架构如图 9.4 所示。

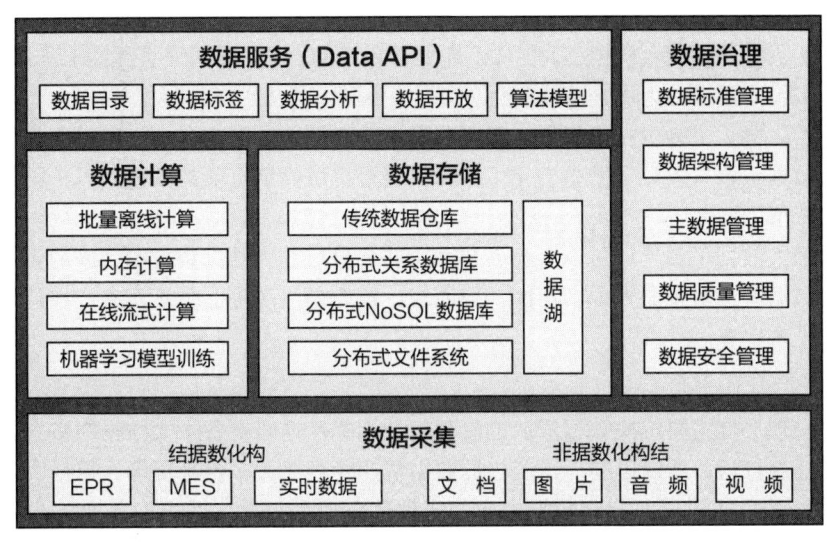

图 9.4 数据中台的技术架构

数据中台不是一套软件，也不是一个信息系统，而是一系列数据组件的集合，企业基于自身的信息化建设基础、数据基础及业务特点对数据中台的能力进行定义，基于能力定义利用数据组件搭建自己的数据中台。

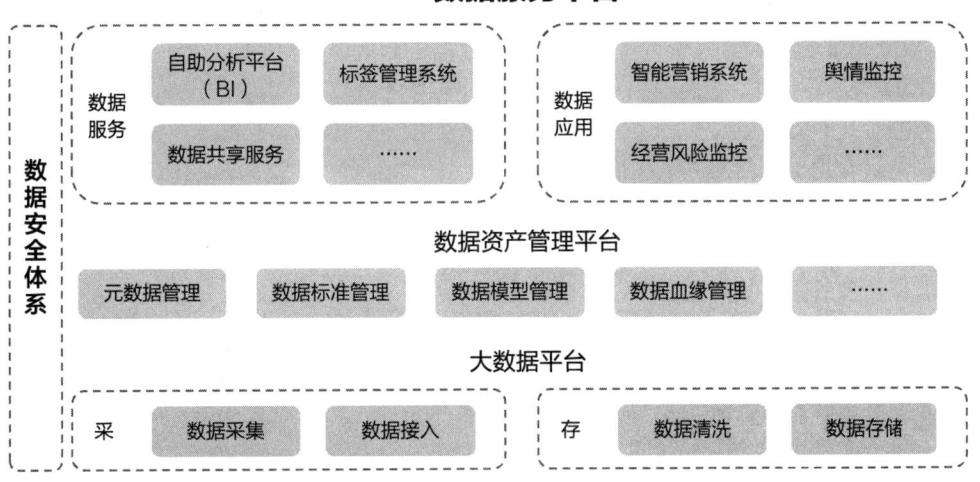

2. 数据中台的功能架构

数据中台的功能架构由大数据平台、数据资产管理平台与数据服务平台三大部分组成，其中在数据服务平台中自助分析平台与标签管理系统的应用场景最为广泛。

数据中台的功能架构如图 9.5 所示。

图 9.5 数据中台的功能架构

1）大数据平台

大数据平台是数据中台的基座，我们也可以把大数据平台称为大数据开发平台，它需要具备与大数据相关的开发能力，提供数据存储、数据清洗/计算、数据查询展示及权限管理等功能。各公司的大数据平台系统架构其实大同小异，各类架构都包含了数据采集组件、数据存储组件、数据计算引擎、数据权限与安全组件，以及集群管理与监控组件等。

这类似于购买零件组装台式电脑，零件不需要选最贵的，而是要根据实际需求来选择最适合的。好用的大数据平台需要拥有为用户解决问题的能力。因此，数据中台的大数据平台建设不是比拼引用了多少新技术、覆盖了多少技术组件，而是要看它能否解决数据中台建设中所面临的复杂数据现状，能否成为数据中台打破数据壁垒的技术保障，能否提供简洁有效的数据处理工具，以及能否提供更多的附加价值。

数据中台的大数据平台建设可以避免各技术团队各自搭建大数据集群所带来的资源浪费。统一的、成熟的大数据平台对企业来说，不能一蹴而就，需要循序渐进、分步实施，在持续迭代中构建企业的大数据平台生态。

2）数据资产管理平台

数据资产管理平台主要解决数据资源的管理，数据资产遍布在各个大数据组件中，各个组件的管控系统很难互相打通，所以需要一个统一的数据资产管理服务平台来统筹大数据资源的管理。

随着大数据平台的建设，构建数据中台的数据体系成为可能，通过对各业务线数据的归类整合，我们可以构建出各个数据主题域，完成数据的规范存储，形成数据资产，进而完成数据资产管理。

在数据中台体系中，数据资产管理平台主要由元数据管理与数据模型管理组成。

（1）元数据管理。在数据库中，每一张数据表的表名、创建信息（创建人、创建时间、所属部门）、修改信息、表字段（字段名、字段类型、字段长度等），以及该表与其他表之间的关系等信息都属于这张数据表的元数据。所以有人说，元数据记录了数据从无到有的全过程，就像一本有关数据的"字典"，让我们可以查询到每一个字段的含义与出处，同时它又像是一张"地图"，让我们可以追溯数据产生的路径。

元数据管理包括对元数据增删与编辑管理、版本管理、元数据统计分析与元模型管理。通过上述功能模块，有计划地进行数据体系的落地实施，实现数据中台元数据的结构化与模型化，这样既可以避免元数据出现杂乱与冗余的现象，也便于用户查询与定位数据。

（2）数据模型管理。数据模型就是指使用元数据进行数据建模的工作产物。根据底层数据的使用情况，如数据表的关联信息、SQL 脚本信息（数据聚合与查询信息等），来获取元数据，可以更好地完成对业务的抽象，提高建模效率。

数据模型是数据整合的有效手段，它完成了各数据源之间的映射关系设计，为数据主题建设提供了"实施图纸"。

同时，在数据建模过程中，通过明确数据标准，可以确保数据的一致性，还可以消化冗余数据。

至于数据模型管理，其是指在数据建模过程中，通过既定的数据模型管理制度，实现对数据模型增、删、改、查的管理，同时遵守数据标准化与数据统一化的要求，确保数据质量。

3）数据服务平台

数据服务平台主要包括自助分析平台和标签管理系统。

（1）自助分析平台。自助分析平台，也就是商业智能平台（BI 平台），BI 平台目前是很多企业的标配。BI 平台是数据中台服务能力的主要输出方，要想让数据中台发挥出应有价值，那么 BI 平台的建设必不可少，所以需要将 BI 平台建设划分在数据中台体系下。综合来看，BI 平台应该具备数据接入、数据处理、数据分析与可视化和内容分发与基础服务。

（2）标签管理系统。除了 BI 平台，标签管理系统也是数据服务的重要应用方向之一。目前，业务部门面临着大量的精准营销场景，这些千人千面的推荐、推送需要基于一个完善且准确的用户画像来实现，而用户画像的构成又需要由大量、全面的用户标签来支撑。因此，标签数据作为个性化业务应用的基础数据，其可信度与有效性就成了衡量用户画像成熟度的关键指标。

我们可以把标签管理系统看作用户画像系统的基座，基于数据中台打造的数据体系，可以顺其自然地打通标签治理中的数据壁垒，构建企业级的、统一认可的用户标签体系，并由此打造一个企业级的用户画像系统。

数据中台的标签管理系统，主要具备用户唯一性识别、标签体系管理和标签数据服务三大功能。

9.5.5 数据中台带来的价值

数据中台对一个企业的数字化转型和可持续发展起着至关重要的作用。数据中台为解耦而生，企业建设数据中台的最大意义就是应用与数据解耦，这样企业就可以不受限制地按需构建满足业务需求的数据应用。

构建开放、灵活、可扩展的企业级统一数据管理和分析平台，企业内、外部数据随需关联，打破了数据的系统界限。

利用大数据智能分析、数据可视化等技术，实现了数据共享、日常报表自动生成、快速和智能分析，满足集团总部和各分/子公司各级数据分析应用需求。

深度挖掘数据价值，助力企业数字化转型落地。实现数据的目录、模型、标准、认责、安全、可视化、共享等管理，实现数据集中存储、处理、分类与管理，建立大数据分析工具库、算法服务库，实现报表生成自动化、数据分析敏捷化、数据挖掘可视化，实现数据质量评估、落地管理流程。

总体来说，数据中台对企业有着不小的业务价值和技术价值。

1. 数据中台的业务价值

在以客户为中心的时代，数据中台对数字化转型具有重要作用，以数据中台为基础的数据系统将位于企业应用的核心，通过数据从企业降本增效、精细化经营等方面为企业带来巨大收益。数据中台的业务价值主要包括三个：

（1）以客户为中心用洞察驱动企业稳健行动。数据中台建设的核心目标就是以客户为中心的持续规模化创新，而数据中台的出现，将极大提升数据的应用能力，将海量数据转化为高质量数据资产，为企业提供更深层的客户洞察，从而为客户提供更具个性化和智能化的产品和服务。

（2）以数据为基础支持大规模商业模式创新。数据无法被业务用起来的一个原因是数据没办法变得可阅读、易理解。信息技术人员不够懂业务，而业务人员不够懂数据，导致数据应用到业务变得很困难，数据中台需要考虑将信息技术人员与业务人员之间的障碍打破，信息技术人员将数据变成业务人员可阅读、易理解的内容，业务人员看到内容后能够很快结合到业务中去，这样才能更好地支撑商业模式的创新。

（3）盘活全量数据构筑坚实壁垒以持续领先。面对纷繁复杂而又分散割裂的海量数据，数据中台的突出优势在于，能充分利用内外部数据，打破数据孤岛的现状，打造持续增值的数据资产，在此基础上，能够降低使用数据服务的门槛，繁荣数据服务的生态，实现数据"越用越多"的价值闭环，牢牢抓住客户，确保竞争优势。

2. 数据中台的技术价值

（1）持续应对多数据处理的需求。企业需要一个统一的数据中台来满足离线/实时计算需求、各种查询需求，同时在将来新数据引擎（更快的计算框架，更快的查询响应）出现时，不需要重构目前的大数据体系。

（2）丰富数据标签降低管理成本。数据主要分为主数据、参考数据和指标数据，但根据目前真实的数据建设情况来看,需要对数据进行定义和分类,譬如标签名为"消费特征",标签值为"促销敏感""货比三家""犹豫不决"。数据中台能对这类标签进行快速定义和有效管理。

(3)数据的价值能体现业务系统效果而不仅是准确度。过去的数据应用场景主要为报表需求,注重数据的准确性,但在更多数据场景下,特别是对于标签数据的应用,越来越多的数据是需要不断"优化"的,数据本身没有准不准确之分,比如某个会员属于促销敏感人群,这个数据其实更多地说的是概率。

(4)支持跨主题域访问数据。企业早期建设的应用数据层 ADS 更多是为某个主题域所服务的,如营销域、人力资源域、风控域,而企业在数据应用的时候往往需要打破各个业务主题,会从业务对象主体出发来考虑数据应用,如人(会员、供应商、渠道、员工)和物(商品、仓库、合同),从全域角度设计完整的面向对象的数据标签体系。

(5)数据可以快速复用而不仅是复制。数据中台能够帮助企业聚合内外部数据,支持高效的数据服务,最终提升企业决策水平和业务表现。企业期待通过数据中台把原始数据转化为数据资产,快速构建数据服务,使企业可以持续、充分地利用数据,实现数据可见、可用、可运营的目标,以数据来驱动决策和运营,不断深化数字化转型。

9.6 数据计算

通过对信息数据进行处理,实现目标结果输出的计算能力,人类其实就具备这样的能力。在其生命过程中,每时每刻都在进行着计算。人类的大脑,就是一个强大的算力引擎。

9.6.1 数据计算三要素和现状

数据(算据)、算力、算法是支撑数字经济发展三个要素。当前从总体发展情况看,我国数据发展"大而不优",算力发展"尚不成熟",算法发展"整体不强",需要根据我国国情实际,固根基、补短板、强弱项、增优势,不断做强做优做大我国数字经济。

1. 数据发展"大而不优"

数据是发展数字经济的关键要素。我国是目前世界上数据总量仅次于美国的第二数据大国,到 2025 年中国数据总量预计将跃居世界第一。但是,由于各行业信息化水平不一,大数据技术建设和业务应用水平差异较大,导致数据质量特别是大数据质量总体上参差不齐,数据纯度不够、价值不高。同时,大数据产业链中存储环节总体上产能过剩,分析处理环节又欠缺失衡,导致数据通过清洗、加工、精化等提升数据质量的力度不够,影响数据治理的优化。另外,数据共享、数据开放进展缓慢,成效不彰,已成为数字政府、智慧城市和数字经济发展的瓶颈和制约。

2. 算力发展"尚不成熟"

发展算力网络亟须破解创新研发基础薄弱、产业现代化水平低、算力需求尚待激发三大难题。

(1)推动算力网络发展,首先需要强大的原始创新能力。目前算力网络在标准路线、体系架构等方面仍处于起步阶段,一批重大原创成果和关键核心技术亟待突破,原创性技术创新的紧迫性与日俱增。同时,算力网络涉及多学科、多领域的融合,目前融合深度、广度还不足,能够在这些关键领域提出原创性成果的顶尖科技人才和创新团队也较为匮乏。

(2)算力网络配套产业的成熟度决定了其产业化进程的速度。但如今,相关产业现代化水平低,已成为阻碍算力网络发展的"瓶颈"。一方面,异构计算产业布局亟待完善。异构计算相关产业是算力网络落地的关键环节,但当前国内对异构计算的加速器、编译器、工具链等基础软件投入不足,产业整体成熟度较低。另一方面,网络、计算两个产业融合不深、仍处于简单叠加状态,设备之间的交互接口、信令协议等标准尚不统一,难以支持算网资源的灵活调度、高效融合。

（3）激发算力需求、加快应用创新，对算网生态建设及健康发展而言也至关重要。目前我国算力使用成本较高。国内数据中心市场存在一定程度的供需失衡，算力成本尚不能有效满足普惠发展需求。以东部用户为例，如就近调用东部算力，将受到土建和电力成本高、能耗指标紧张等方面制约；如远程调用西部算力，则面临网络延迟长、数据安全难以保障等问题。另外，在应用创新方面，虽然机器视觉质检、无人智能巡检等典型应用已经产生一定经济和社会效益，但由于企业改造成本高、商业模式不成熟，当前普及率仍然不高；而元宇宙、数字孪生等前沿创新应用当前仍处于概念或科研阶段，商业化落地面临较大不确定性，离成熟阶段仍有很长距离。

3. 算法发展"整体不强"

算法已成为人工智能的基础。当前，数据和算力已经不再是人工智能发展的主要瓶颈，人工智能的创新主要就是算法的创新。在这样的背景下，只有不断探索新的算法机制，发展新的算法应用，开发新的算法模型，发掘和培养算法人才，才能为推动智能社会发展提供强劲动力。

在数字经济的三要素中，数据位于价值金字塔的底层，算力处于价值金字塔的中部，而算法处于价值金字塔的塔尖，它的价值含量最高，对数字经济发展的作用最为关键。因此，应该高度重视算法基础设施，实现算法基建化。算法基础设施会被部署在算力基础设施上，共同推动应用的发展。近年来我国算法发展进展很快，百度、腾讯、科大讯飞等深度学习的算法能力在多个领域达到国际先进水平，AI领域的明星创业公司如旷视科技、商汤科技等聚焦在深度学习最擅长的视觉识别和语音识别领域，推动中国相关领域的技术水平达到国际一流。但是，我国的算法发展仍然整体上竞争能力不强、人才储备不足、基础能力不够，迫切需要从整体上提升我国算法的国际竞争力和价值贡献度。

9.6.2 算力网络的理念

算力网络不是一项具体的技术，也不是一个具体的设备。从宏观来看，它是一种思想，一种理念。从微观来看，它仍然是一种网络，一种架构与性质完全不同的网络。

算力网络的核心目的是为用户提供算力资源服务。但是它的实现方式，不同于"云计算+通信网络"的传统方式，而是将算力资源彻底"融入"通信网络，以一个更整体的形式，提供最符合用户需求的算力资源服务。

算力就如同农业时代的水利、工业时代的电力，已成为如今数字经济发展的核心生产力。通俗地说，算力好比是电，算力网络就是电网。在万物智联时代，算力网络可以满足自动驾驶、云游戏、人脸识别、VR/AR等新兴应用的实时计算需求。

算力网络是我国率先提出的一种原创性技术理念，指依托高速、移动、安全、泛在的网络连接，整合网、云、数、智、边、端、链等多层次算力资源，结合AI、区块链、云、大数据、边缘计算等各类新兴的数字技术，提供数据感知、传输、存储、运算等一体化服务的新型信息基础设施。

面向数字化转型需求，以算力网络为代表的下一代网络逐渐成为产业各方共同关注的热点。对于电信企业而言，从现有的通信网络过渡到全新的算力网络，实现算力运营、建立算力生态、提供算力服务，不仅需要技术创新，还需要在体制机制层面进行更多探索。传统的通信网络由传输网、承载网和业务管理系统组成，未来可能需要引入调度系统，其主要功能是实现全网算力的均衡配置。

据《2020全球计算力指数评估报告》，计算力指数平均每提高1%，数字经济和GDP将分别增长3.3‰和1.8‰。当一个国家的计算力指数达到40分以上时，指数每提升1%，对于GDP增长的拉动将提高到1.5倍；当计算力指数达到60分以上时，每点指数对GDP的拉动将进一步提升至2.9倍，算力正成为我国在新发展格局下衡量经济状况的"晴雨表"。

9.6.3 算力网络的演进

1. 算力网络的由来

大数据和人工智能的发展对于数据计算的要求越来越高。算力最初追求的是提升计算机硬件设备的性能，不断提升 CPU、GPU 等芯片的性能，或者借助 CPU、GPU 等各种处理器部署异构计算，建设更大规模的服务器集群，靠硬件堆叠提升算力。但实际情况是，通过增加硬件的确能提升算力，但更多的是资源浪费和增加企业成本，原因是硬件的性能实际并没有全部发挥出来。以 CPU 为例，CPU 有一个性能理论峰值，在实际运行过程中，CPU 所释放的性能大概在理论峰值的 30%～50%，即便再加负载，CPU 的使用率依然不能提高。计算能力要进一步提升，面临的挑战非常大，基于 CPU 的性能已经到达瓶颈，摩尔定律失效。

要进一步满足大数据和人工智能对数据计算爆发式的需求，就需要进一步提升算力，算力网络应运而生并蓬勃发展起来。

2. 计算的演进

20 世纪 40 年代初，电子管的发明引发了计算机的重大飞跃，第一台电子计算机由美国宾夕法尼亚大学的约翰·毕雪和 J·普雷斯珀设计，于 1946 年问世，它是一种庞大的计算机，占据了一个房间的大小，并使用了 18000 个电子管。在 20 世纪 60 年代末和 70 年代初，出现了一种新的计算机形式：迷你计算机。迷你计算机是一种中型计算机，可升级，并且由于是采用晶体管技术而不是电子管技术，因此体积更小、价格更便宜。迷你计算机为计算机应用的普及和发展提供了新的可能性。

1981 年 IBM 发布了第一台个人电脑（PC），由于体积小、价格便宜和易于操作等特点，在计算机行业掀起了一场革命。进入 21 世纪，计算机技术已经迈入了新的阶段。计算机的价格降低、体积缩小、操作系统更加友好、计算速度更快、功能更多，逐渐成为人们生活中必不可少的一部分。人们不再需要大型计算机，个人计算机已经迅速普及，成为一种人手必备的工具。

有了网络后，用户可以与机房（数据中心）建立连接，可以访问机房里的服务，共享服务器的 CPU 和存储。对于复杂的高难度计算任务，也可以借助网络，分配给不同的计算机，共同完成计算任务。这也就是网格计算，是分布式计算的一种形式。

有了全球互联网，承载算力资源的机房变得更大、更强，为更多用户提供算力服务。这个机房，也就变成了互联网数据中心（IDC）。

进入 21 世纪后，基于互联网数据中心，为了更好地管理海量的服务器，也是为了用廉价服务器实现高性能高可靠性的计算任务，亚马逊和谷歌等公司就牵头推出了云计算。

云计算的核心是虚拟化技术，即所有的 CPU、内存、硬盘、显卡等计算资源变成"资源池"，灵活分配给用户使用。

3. 网络的演进

20 世纪 60 年代，为了让美国各大高校之间的大型计算机可以传输数据，有了 ARPANET（著名的"阿帕网"，互联网的前身）。

20 世纪 70 年代，同样为了服务高校和科研机构的计算机间通信，有了早期的局域网技术（以太网、TCP/IP 协议）。

20 世纪 80 年代后，网络的数量越来越多，规模也越来越大，于是就建立了连接各大区域的骨干网，最终形成了全球互联网。

起初，网络这边关注的重点是传输速率、容量、覆盖的提升。这期间，光通信和移动通信得到了快速发展。采用光纤，可以显著拓展通信带宽。采用移动通信，可以实现随时随地的通信接入。

到了 2010 年左右，通信网络基本实现了人与人之间的物理连接、人与数据中心的物理连接。这时，伴随着云计算、大数据技术的出现与成熟，通信技术的核心任务开始发生变化，通信的连接对象开始从人拓展到物，互联网开始从消费领域扩展到行业领域（工业制造、交通物流、银行金融、教育医疗等）。

随着行业互联网的崛起，物联网也开始崛起，于是，打开了整个人类社会数字化转型的大门。

4. 云网协同

以云计算、大数据、人工智能为代表的 IT 技术，改名叫算力。存储资源也被称为存力，一般归于算力范畴。以通信技术为代表的通信技术，改名叫运力。算力、存力和运力变成数字化转型最重要的工具。

在这个时代，所有的计算机软硬件都被抽象化了，变成了和水、电一样的资源，叫"算力资源"。所有的应用，例如看剧、玩游戏、办公自动化、AR/VR 等，也被统一称为使用"算力应用"，享受"算力服务"。算力变成了一种重要的生产力，整个社会都需要它。

不过，算力和电力存在很大的不同。电力就是能源，只要电网通了就能够用。但是算力存在不同的属性、类型。不同的用户，不同的场景，对算力的需求不同。

有人想要性能强劲的算力，有人想要响应速度快（时延低）的算力，有人想要价格便宜的算力，仅靠云计算，根本无法灵活满足用户的差异性需求。

于是，2010 年左右，云和网开始打破隔阂，进行第一阶段的合作。这时，云和网属于"初恋"，双方还是强调各自的主体身份、合作关系，所以称为"云网协同"阶段。

大家所熟悉的 SDN（软件定义网络）、NFV（网元功能虚拟化），就是云网协同阶段的典型代表技术。SDN 主要针对承载网，把承载网路由器的管理功能和转发功能剥离，将管理功能集中。这样一来，相当于把网络给软件化了，可以随时下达指令。NFV 主要针对核心网，将云的技术引入网络，把通信网络单元从专业设备变成通用 x86 设备，网络功能由虚拟机实现，从而变得更加开放和灵活。SDN 和 NFV 是在通信网络里引入云的技术和理念，相当于用云来改造网。

借助网络，云的一部分算力下沉到通信网络的各个层级，更加靠近用户，能够满足用户低时延算力的需求。这个算力，可以在你家的路由器里，可以在大楼的弱电机房里，可以在基站机房里，也可以在区、县、市的各级机房里。反正，无处不在。这就是 MEC 边缘计算。

边缘计算，彻底颠覆了非端即云的传统算力架构，使得算力资源变成了"云、边、端"三级模型，它们相互协作，为用户提供所需的算力服务。

云网协同时代，云可以调动网络（"云调网"），网络也可以配合云。如前面 SDN 所说，网被软件定义，网的功能成为了平台上的选项，在操作云的时候，点点按钮，就可以调用网的功能，对网进行配置。

5. 云网融合

云网协同的出现，揭示了整个 ICT 行业的变革方向，鼓励了运营商、设备商及云计算服务商。大家一致认为，云和网仅仅协同是不够的，应该全面走向融合。

数字化不断深入，数据变得越来越庞大。尤其是以数据为中心的人工智能业务广泛落地，加剧了全社会对算力的需求。为了满足紧迫的算力需求，需要加速云和网的融合。

由于边缘计算的出现，云计算已经不能单独代表算力了，智算和超算的强势崛起，网络开始加速与算力的"融合"，其实是被算力"融合"。融合的最终目的是算和网完全合为一体。也就是要实现"算网一体"，一体后的"算网"就是"算力网络"。

算力网络要解决的核心问题是算力需求急剧膨胀下全网算力供给不足的问题。算力网络的存在意义就是为了给用户提供算力类型匹配、算力规模合适、算力性价比最优算力资源服务。

9.7 数据资产管理

对于拥有大量数据的企业,要发挥其数据的价值必须整合和加工现有或新建的各种信息系统或者业务应用中的数据,并通过将高质量的数据融入业务流程中,实现智慧化生产和智慧化运营管理。

数据资产管理是现阶段推动大数据与实体经济深度融合、新旧动能转换、经济转向高质量发展阶段的重要工作内容。下面将阐述数据资产的涵义、数据资产管理的概念,探讨数据资产管理的范畴。

1. 数据资产的涵义

无论考虑哪些目标,组织都需要确定实现每个目标所需的数据,以及支持决策所需的数据,所有这些数据都将被视为数据资产。

数据资产这一概念是由信息资源和数据资源的概念逐渐演变而来,并随着数据管理、数据应用和数字经济的发展而普及。

数据资产是由"数据"和"资产"的概念引申而来,我们可以这样理解:数据资产是由企业拥有或控制,能够为企业带来经济利益的,以物理或者电子的方式记录的数据资源。

这一概念强调了数据具备的"预期给会计主体带来经济利益"的资产特征,因此被越来越多的企业及组织认识到。随着数据价值逐渐得到普遍认可,数据资产也成为企业继"固定资产"、"无形资产"之后重要的资产组成部分。

数据资产在企业"内部使用"和"外部商业化指导"等应用场景中,发挥着越来越重要的作用。数据资产通过为业务赋能,指导企业的决策,进而产生收益。

2. 数据资产管理的概念

国外对"数据资产管理"的定义为"规划、控制和提供数据及信息资产的一组业务职能,包括开发、执行和监督有关数据的计划、政策、方案、项目、流程、方法和程序,从而控制、保护、交付和提高数据资产的价值"。中国数据资产管理峰会对数据资产管理的定义为"对数据管理、数据治理及数据资产化的管理过程"。

数据资产管理对上支持以价值挖掘和业务赋能为导向的数据应用开发,对下依托大数据平台实现数据全生命周期的管理,并对企业数据资产的价值、质量进行评估,促进企业数据资产不断自我完善,持续向业务输出动力。

3. 数据资产管理在大数据体系中的定位

数据资产管理在大数据体系中位于应用和底层平台中间,处于承上启下的重要地位。数据资产管理包括两个重要方面,一是数据资产管理的核心管理职能,二是确保这些管理职能落地实施的保障措施,包括战略规划、组织架构、制度体系等。

数据资产管理贯穿数据采集、存储、应用和销毁整个生命周期全过程。企业管理数据资产就是对数据进行全生命周期的资产化管理,促进数据在"内增值,外增效"两方面的价值变现,同时控制数据在整个管理流程中的成本消耗。

4. 数据资产管理的目标

数据资产管理的目标是实现数据资产的可见、可懂、可用和可运营。

(1) 可见。通过对数据资产的全面盘点,形成数据资产地图。针对数据生产者、管理者、使用者等不同的角色,用数据资产目录的方式共享数据资产,用户可以快速、精确地查找到自己关心的数据资产。

(2) 可懂。通过元数据管理,完善对数据资产的描述。同时在数据资产的建设过程中,注重数据资产业务含义的提炼,将数据加工和组织成人人可懂的、无歧义的数据资产。具体来说,在数据中台之上,需要将数据资产进行标签化。标签是面向业务视角的数据组织方式。

（3）可用。通过统一数据标准、提升数据质量和数据安全性等措施，增强数据的可信度，让数据科学家和数据分析人员没有后顾之忧，放心使用数据资产，降低因为数据不可用、不可信而带来的沟通成本和管理成本。

（4）可运营。数据资产运营的最终目的是让数据价值越滚越大，因此数据资产运营要始终围绕资产价值来开展。通过建立一套符合数据驱动的组织管理制度流程和价值评估体系，改进数据资产建设过程，提升数据资产管理的水平，提升数据资产的价值。

5. 数据资产管理的范畴

做好数据准备和数据治理，保证数据质量，是数据资产管理的范畴。可以将数据准备分为"管""存""算"三个层面，将数据治理分为"规""治"两个层面。数据资产管理范畴如图9.6所示，下面将介绍数据的"管""存""算""规"和"治"的详细内容。

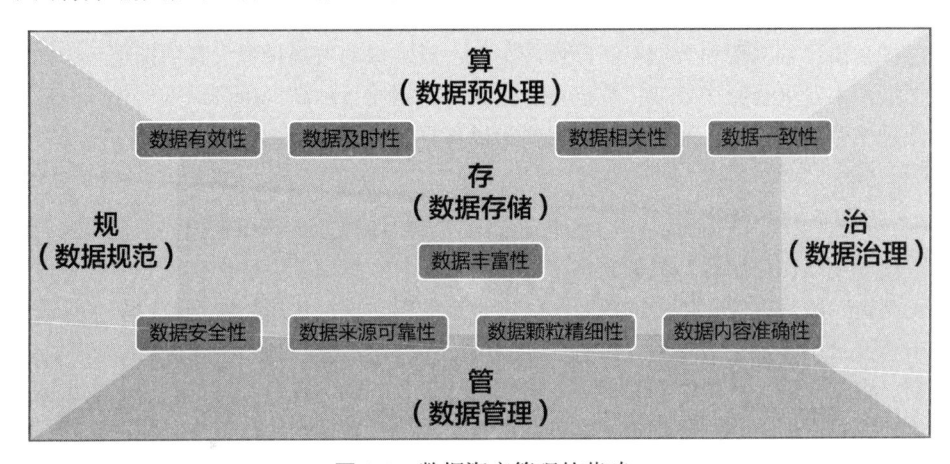

图 9.6　数据资产管理的范畴

1）数据管理

数据之"管"指狭义的数据管理，是对不同的类别数据采取不同的数据管理模式。这里把数据分为元数据、主数据、参考数据、一般数据（交易数据）四个层次。通过数据之"管"，来确保数据来源的可靠性、数据内容的准确性、数据安全性及数据粒度的精细性。

不同的数据，根据其特性在数据量、更新频率、数据质量和生命周期上有不同的特点。从数据的作用及管理的方式上来讲，这里提到的数据管理，即指管理好这四个层次数据。四个层次的数据及其特性如图9.7所示。

（1）元数据。通俗地说就是描述数据的数据，比如数据的名称、属性、分类、字段信息、大小、标签等。要做好数据的管理，元数据起到了举足轻重的作用。

（2）参考数据。是用于将其他数据进行分类或目录整编的数据，它定义了数据可能的取值范围，可以理解为属性值域，也就是数据字典。参考数据一方面有助于在TP（业务处理）侧提升业务流程的准确性，另一方面在AP（数据分析）侧规范数据的准确性，为多系统综合分析提供有力的保障。

（3）主数据。指具有高业务价值的，关于关键业务实体的权威的、最准确的数据，被称为"黄金"数据，通常用于建立与交易数据的关联关系来进行多维度的分析。

（4）一般数据。也就是交易数据。相对来说，我们可以认为元数据、参考数据、主数据为静态数据，而一般数据则是动态数据。它一般随着业务的发生而变化，比如资金交易流水。

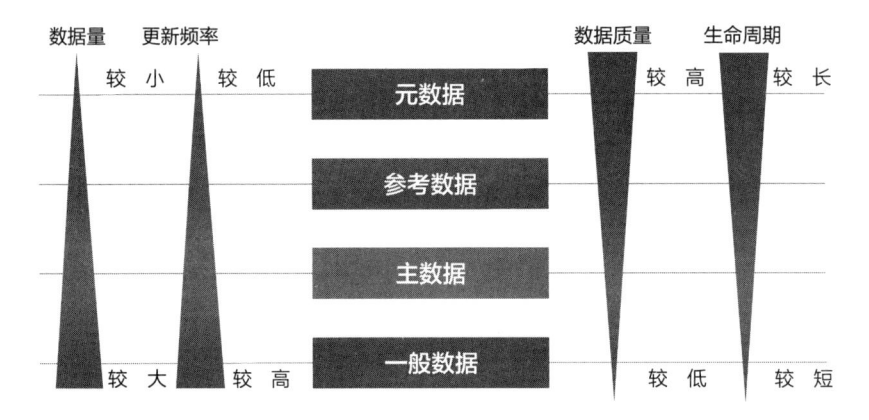

图 9.7　数据层次

数据层次越高，数据量和数据更新频次越小，一般数据的数据量最大且数据更新频次最高，元数据的数据量最小且更新频次最低；数据层次越高，数据质量越高，生命周期越长，一般数据的数据质量最低且生命周期最短，元数据的数据质量最高且生命周期最长。

2）数据存储

数据湖、数据仓库、数据库、数据集市是数据存储的四种方式。如果把数据比作是源源不断的水，那么数据湖可以比作湖泊，数据仓库可以比作水库，数据库可以比作支流，数据集便是超市。水经过加工制造，最后成为超市中的瓶装水供人直接饮用，就好比原始数据经过加工处理最终成为数据集市中直接可用于分析的数据。

数据湖、数据仓库、数据库和数据集四者层层递进，各自发挥着不同的作用。数据湖为非结构化数据分析、机器学习、预测分析提供了丰富的数据土壤；数据仓库通过规范化的管理，为企业、组织系统化的规范数据体系提供了支撑；数据库解决在线事务处理，为数据仓库提供数据源；数据集则将数据场景化，让数据唾手可得，实现即席分析。

3）数据预处理

数据预处理指对数据的清洗和加工，包括简单的清洗和处理，也包括通过智能手段如借助算法模型对数据的清洗和加工，是为了保证数据分析时数据可用、好用而对数据进行的加工。

数据预处理的关键链路如图 9.8 所示。原始数据纳入数据湖的管理，通常混杂着各种数据。要防止数据湖变为数据沼泽，就需要将数据碎片分门别类，将不可洞察的数据和无关数据归类为数据噪声，留下可洞察数据和相关的数据，我们称之为"信息元"。这类数据进一步通过数据加工形成整理后的数据，与可直接洞察的数据共同构成了可分析的数据。

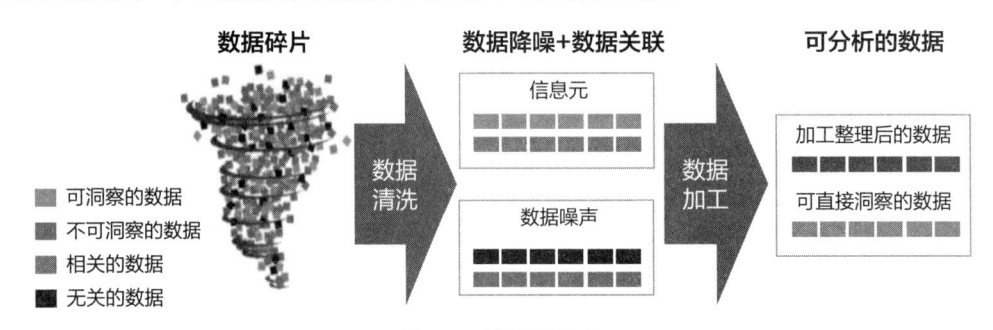

图 9.8　数据预处理

我们前面提到数据处理大约占了数据分析 80% 的时间，而在数据处理的过程中，数据清洗几乎占据 40%～70% 的时间，且数据质量越差，其占比越高。数据清洗不能被孤立地看待，通过借助对元数据信息、数据分布情况的分析,甚至是根据分析结果的异常性来对数据进行有效的清理,会事半功倍。所以,数据清洗和数据分析也是相辅相成,互相依赖、互相促进的。

常见数据清洗包括对缺失值的处理和异常值的处理。数据加工包括数据变换、数据结构转换、表间数据处理等。ETL 将上述数据清洗、数据加工的方法串联起来,形成完整的数据之"算"链路体系,是数据准备过程中最重要的一环。

4)数据规范

数据规范指制定数据管理相关的标准、规章制度,是确保数据有效性、安全性的基石。

(1)数据标准。数据来源的多样化带来了数据的不一致性,多源系统数据整合的关键首先就是建立数据标准。数据标准的定义应遵循一定的原则,包括唯一性、统一性、通用性、稳定性、前瞻性、可行性"六大特性"和系列化、模块化"两化原则"。基于上述特性和原则,数据标准从内容层次上可以分为语义标准、数据结构标准和数据内容标准。通过建立语义标准体系,保证整个组织层面关于数据分析的沟通"在一个频道上";通过建立数据结构体系,统一数据资源目录及数据命名规则以确保数据规整、易查找;通过建立数据内容标准,根据业务梳理数据标签及数据描述规则以提升分析效率。

(2)数据规范。数据标准的执行,需要依赖制度的规范。无体系、无制度的管理无异于一盘散沙。数据规范可以大致分为数据基础规范、数据安全规范、数据质量规范三大类,如图 9.9 所示。

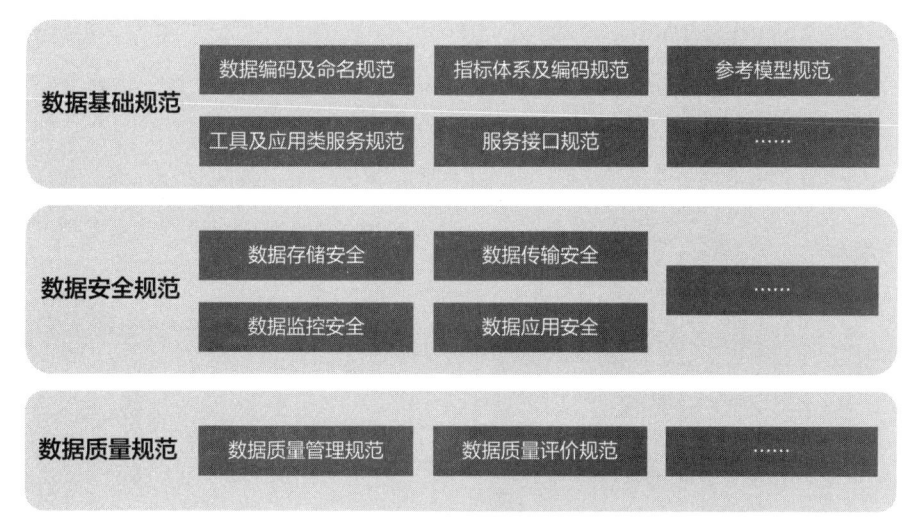

图 9.9 数据规范体系

① 数据基础规范。数据基础规范涵盖数据编码及命名规范、指标体系及编码规范、参考模型规范、工具及应用类服务规范、服务接口规范等基础性的数据规范。

② 数据安全规范。数据安全规范是指在数据存储、传输、监控和应用等过程中,保障数据的机密性、完整性、可用性和可靠性的一系列规范。

③ 数据质量规范。数据质量规范主要包括数据质量管理和数据质量评价规范,保障数据的可得性、及时性、完整性、安全性、可理解性和正确性。

5)数据治理

数据治理主要指相关的方法及体系,它不仅是技术上的治理工作,更是有效满足组织各层级管理诉求的有效手段,它是包括数据、应用、技术和组织的四位一体均衡的治理体系。数据治理,最重要的目标就是保证数据质量,即数据的一致性及准确性。

理论体系总是看起来完美无缺,但应用到实际中,往往是"理想是丰满的,现实是骨感的"。

先不说平台如何搭建、技术如何选择、如何保障安全性，真正深入到工作中会发现，所有技术上的难题都不是最难的，如何说服各个部门主动配合数据收集工作，是最大的难点。

所以，数据治理实质上并不只是技术问题，更是一个管理问题。做好数据治理，一定首先是自上而下地发起，其次是有足够的组织保障，再次是建立切实有效的机制体系。

数据治理需要依赖强大的统筹能力和管理能力才能得以实现，对于较大型的企业和组织来说，通常都是"吃力不讨好"的活，要真正通过数据治理做出成效，是一件非常困难的事情。所以，这里一再强调的重中之重便是"高层负责"。

高层负责是基础，切实有效地将数据治理落实下去，还需要有合理的"组织保障"。各业务部门的人通常都会被各类事务缠身，对他们来说，数据的梳理、整合一直被认为是重要但经常无暇关注的事情。建立专门的数据主责部门，负责统一的管理协调工作，再由各业务部门配合各类业务数据的提供和质量保障，才是正解。

数据团队快速的运转离不开"机制建立"。机制需要建立在规范的基础上，不同的是，它更侧重强调管理、监控和流程。因此，不同的企业、组织均需要根据自身的组织架构和文化体系制定适合自己的机制。需要注意的是，一方面是各环节责任人的落实，另一方面是需要在全面性和可执行性、规范性和时效性方面做一个平衡。

第10章 数据技术在数智科技工程的应用案例

异乡之宝 可以兴业

"异乡之宝，可以兴业。"某清算中心数据中台、某市公安大数据治理系统、某省政务数据共享交换平台等都是数智科技工程数据系统建设效果较好的案例。本章将对这些案例进行简要的介绍，以启迪关心数智科技工程数据系统建设事业的读者，为我国数智科技工程数据系统的建设与发展献出微薄之力。

10.1 某清算中心数据中台建设案例

某清算中心数据中台由中电信数智科技有限公司承建，其采用中国电信自研的龙腾数据中台产品，构建了统一的大数据中心，完成了清算中心数据资产管理全流程的标准化和体系化，为各类业务系统提供统一数据服务。

10.1.1 建设背景

该清算中心是一个国家级的资金综合管理部门，承担着资金统一清算的重要职责，同时肩负着政府采购、国库集中支付、电子客户行程单等职责。基础设施建设有较高水平，建立了"一个平台、五大系统"的信息系统架构。"一个平台"是指以硬件运维为主要功能的"云平台"，"五大系统"是指"清算业务系统""政府采购管理系统""财务管理系统""资金管理系统"和"清算管理系统"，各系统分工明确，又相互联系，有效支撑了各项业务快速发展，提升了清算业务的信息化管理水平。数据资源的增长、数据结构多样化正在成为大数据发展的内在驱动力，对于企业和组织而言，除了内部数据还需融合来自跨业务系统和终端的数据，然而，传统IT架构资源存在共享困难、水平扩展能力不足等问题，迫切需要引入数据中台构建统一的采集中心以满足各业务系统的资源统一调度。

清算中心从战略需求出发，完成了数据中台的建设，构建了统一的数据中心，整合了各业务部门的数据系统，在此基础上按照统一的数据规范向清算管理系统、服务费清算系统、大数据应用中心、漏班[1]分析系统等提供高质量的基础业务数据。

10.1.2 整体架构

清算中心数据中台由大数据采集加工系统、湖仓一体大数据存储系统、数据质量管理系统、大数据建模、大数据计算系统、数据共享服务平台和数据应用平台组成，整体架构如图10.1所示

1. 大数据采集加工系统

大数据采集加工是对接各种类型的数据源，完成采集、清洗、加工等功能。可将各个源系统或第三方系统作为数据源，并针对各种需求抽取并集中各系统相关源数据，对数据整合加工。

---

[1] 漏班是指航班未按时起飞或取消，导致旅客无法按原计划乘坐该航班的情况，这种情况可能会给旅客带来不便和损失，因此航空公司需要对漏班进行赔偿。

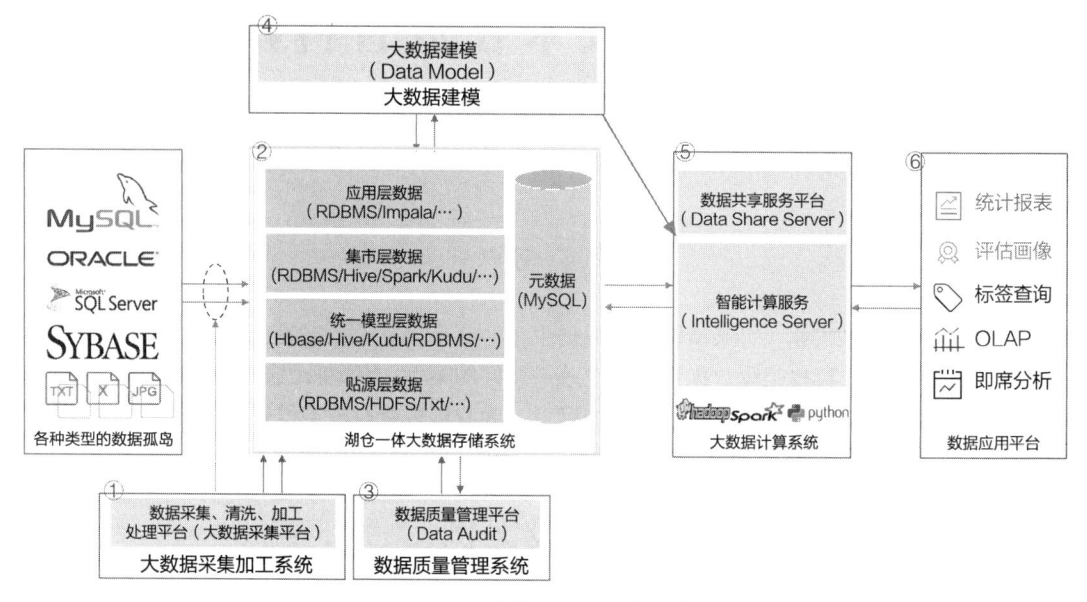

图 10.1　大数据中台整体架构

它具备提供 270 多个可视化组件来支持多种数据源采集能力，既可采集结构化数据，也可采集非结构化数据；既支持大批量数据采集，也支持实时接口数据采集。

它具备对元数据、业务数据等数据按资产类型的全生命周期、版本、价值度等进行管理的能力，实现数据资产目录化管理。

2. 湖仓一体大数据存储系统

湖仓一体大数据存储是把不同种类的数据汇聚到一起，有效避免了数据孤岛的问题，数据可关联性大大提升；同时也支持批处理和流处理的业务需求，支持数据在时间维度上的变更和快速查询。数据仓库中存储各种各样原始数据，其中的数据可供存取、处理、分析及传输。数据仓库允许存放和处理任意类型的信息，如结构化数据或完全非结构化数据。存储数据之后，系统对其定义数据架构，并按需进行清洗转换。基于数据仓库中的各种数据，可进行预测建模和模式识别等高级分析，分析后的数据会被存储并供用户使用。

3. 数据质量管理系统

数据质量管理系统是为数据开发和管理人员提供数据的采集、加工和治理平台，实现对底层数据的管理。大数据采集加工平台（ETL）可采集、汇聚不同类型的数据，并按应用所需加工成对应的数据格式，数据质量管理系统负责将汇聚后的数据打造成高标准、高质量、高价值的企业数据。

数据质量管理模块提供 21 大类治理规则，可视化地管理数据质量标准，对质量情况进行高效核查，可实现数据自治理、数据质量治理的闭环管理。

4. 大数据建模

大数据建模为数据库设计及开发人员提供可视化设计工具，实现数据模型的设计与创建。通过数据表和数据视图来设计管理底层模型，支持物理模型创建和反向导入，支持多种类型的数据管理系统，实现底层数据库模型的创建及表间关系的可视化。

5. 大数据计算系统

大数据计算是数据中台的核心能力，既提供数据查询、统计、预测等应用计算能力，同时也提供分布式计算、内存计算等高效计算框架。

6. 数据共享服务平台

数据共享服务平台允许外部调用数据集和数据分析结果进行数据赋能，允许数据消费者订阅数据，将大数据中台的计算能力输出给有需要的外部应用。

7. 数据应用平台

数据应用平台提供灵活多样可视化管理功能，实现大屏展示、画像、标签、报表等多种数据应用。应用模型用于可视化模板的设计制作，提供可视化呈现及二次分析能力；提供一系列工具帮助数据分析用户以自助服务的方式实现报表、指标体系、标签体系、OLAP（联机分析处理）、即席分析等数据分析内容的自主定制；提供灵活的可视化设计器，通过图表、图形、地图、GIS（地理地图系统）、多媒体、3D模型等大量设计素材，可快速、零编码地实现各种应用场景下数据分析的定制。

10.1.3 建设内容

1. 构建统一的大数据中台

数据中台贯通大数据采集、分布式存储、数据治理、数据建模分析、共享交换、可视化展示全流程，用数据连接业务应用场景，对清算中心的企业数据进行资产化管理。数据中台集成了采集存储、数据治理、共享交换、平台管理运维、数据分析和数据可视化共六个核心子系统，建立了一套让企业的数据用起来的产品机制。通过数据业务闭环，帮助企业快速形成数据服务能力，为企业经营决策、精细化运营等业务场景提供数据支撑能力。

2. 建设统一的数据采集中心

建设统一的数据采集中心，统一规划采集系统，避免各部门重复建设。通过对业务场景的设计，梳理出需要的指标及采集周期、采集格式等，实现各类型、各网络、各业务系统间不同数据源的统一采集。

采集中心既能采集结构化数据，也能采集非结构化或半结构化数据；既能对内部数据进行采集，也能对外部数据进行采集；既能进行实时采集，也能进行批量采集。

采集中心对接多个单位的各种数据，在数据入口前进行数据源合法性检测、文件级别的校验、文件到位检测、文件大小检测、网络包转换等。

数据在存储和传输的过程中要建立相应的加密标准，对采集的数据进行加密，以保护数据的安全性。

作为统一的采集系统，要建立数据的压缩标准，对数据进行无损压缩，数据使用者可根据本标准对数据进行解压后使用。

3. 建设四个数据服务业务系统

在构建统一的大数据中台和统一的数据采集中心的基础上，建设漏班分析、标准化航班库、智能图片识别和可视化展示四个数据服务业务系统。

（1）漏班分析。对民航发展基金（原民航基础建设基金和原基础管理建设费）数据和空管数据进行漏班分析，从基于融合匹配的标准化航班库中查找出高危漏班数据，协助业务人员进行漏班数据排查，提高数据排查的准确率。

（2）标准化航班库。对空管费、建设费、服务费等数据，采用先精准匹配，后粗略匹配的策略融合生成较准较全的整航班融合数据，形成标准化航班库。

（3）智能图片识别。对机场上传的舱单和签单图片内容进行自动识别，输出识别后的数据，自动转化成可存储的数据进行后台存储。获取的数据字段包括航班号、机号、日期、机型、任务性质、起降时间、航班状态等。

（4）可视化展示。包含综合首页可视化、机场统计可视化、空管统计可视化、民航发展基金统计可视化。支持多种图形化的统计方法，包含柱状图、饼状图、折线图、地图等，同时支持大屏展示，数据清晰明了。

10.1.4 主要系统功能

1. 门　户

数据中台提供统一登录入口，包含用户管理、权限管理、用户视图等功能。

1）多用户管理

（1）新增数据节点后，用户的可用资源自动增加。

（2）资源管理可以实时动态调整，回收用户的存储和计算资源。

（3）支持资源可视化。

（4）具有完整的安全访问策略。

2）用户权限管理

（1）用户权限可以分级分域管理，对不同模块的权限实现管理控制。

（2）用户有管理员、运维开发人员和数据开发人员等角色，管理员具有整体视角，运维开发人员能够保障数据质量，数据开发人员能够从业务角度，对数据进行分析展示，同时平台支持对用户角色进行自我赋权，灵活性高。

3）用户视图

视图管理提供不同用户视角，同时定制化配置用户关注的门户页面，配置人性化，显示丰富。

2. 数据采集中心功能

通过构建统一数据采集中心提供统一标准化采集服务，避免重复建设的同时提升清算中心整体安全管理水平。

数据来源有两部分，一部分是内部数据，包括清算管理系统、收费审核系统、财务管理系统、资金管理系统、政采系统、基础平台等；另一部分是外部数据，包括航班计划、运输生产统计数据、航线数据和半年航班计划等。

数据类型包括 Oracle 数据、DB2 数据、Excel 数据、csv 数据、图片、网站数据等。

清算中心的统一数据采集中心主要功能如图 10.2 所示，包括采集指标管理、采集任务配置与监控、数据采集、数据存储、数据处理和数据采集标准等。

通过采集中心对全范围的数据进行采集、检验、压缩、加密、摘要、传输、存储，满足各业务部门和大数据平台应用系统对基础业务数据的需求。

（1）数据采集模块。数据采集模块实现内部数据及外部数据的采集。通过文件上传、API 接口、数据库数据对接等采集方式，对内部业务系统和外部数据进行采集。支持不同类型的数据源，包括文件型、数据库型、Http 服务型等各类数据的采集。

（2）数据校验模块。对采集的数据进行来源的合法性校验，保证数据来源的可信；对采集的数据进行合法校验，确定数据为安全数据；根据数据的不同来源匹配相应的校验算法，对数据完整性进行校验；可通过人工方式对数据进行校验。

（3）数据压缩模块。建立数据的压缩标准，对采集的数据进行无损压缩，以减少数据传输过程中的宽带占用及数据存储的空间占用，业务系统在收到数据后依据约定的压缩标准进行数据解压缩。

（4）数据传输模块。数据使用者进行数据传输时，支持数据的断点续传、数据分块传输。

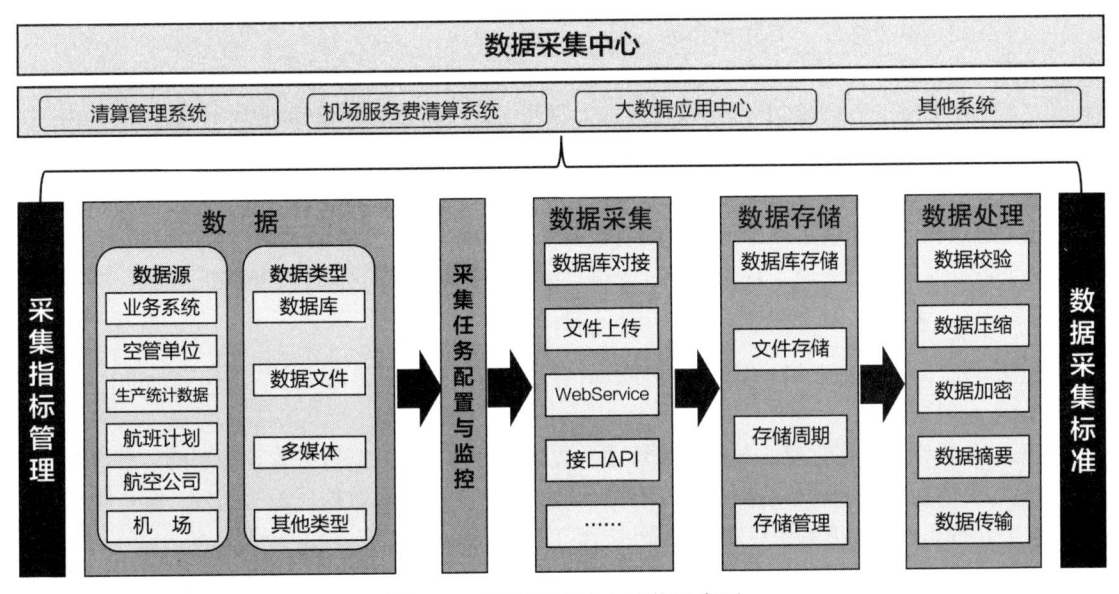

图 10.2　数据采集中心功能示意图

（5）数据加密模块。建立数据加密标准，对文件进行加密，防止数据传输过程中被非法窃取，数据使用者获取文件后通过加密算法的逆向工程进行解密，确保文件安全。

（6）数据摘要模块。为确保数据在传输过程中不被非法篡改，在数据传输之前通过 MD5（消息摘要算法第五版）、SHA（安全散列算法）等方式获取数据指纹信息，形成数据摘要，数据使用者对摘要信息进行验证，确保数据的合法性。

（7）采集配置与监控模块。提供可视化的数据采集、监控及运维功能。可对采集进行管理配置，例如多线程采集时可配置采集的线程数量，实时监控数据的采集情况，监控各服务器的运行情况。实现对数据采集的可管、可视、可监和可控。出现问题时可快速定位故障并实时报警。

（8）数据存储模块。对采集过来的数据按类型、用途等进行有效存储。文件型数据采用 FTP（文传协议）传输方式进行数据上传存储，关系型数据采用关系型数据库进行存储。可记录数据采集时间，并对存储数据进行管理。

（9）采集指标管理。采集中心在前期基础上进行前期指标梳理、指标编码、指标定义和指标分类。

① 前期指标梳理：明确清算空管费、基金、机场费等各个业务环节所涉及的数据，有体系地确定数据需求，明确数据种类和体量，确保所采集的数据指标实用且全面。

② 指标编码：统一采集指标的相关编码，明确编码规范、含义及解释。

③ 指标定义：明确每个指标的定义与计算方式。

④ 指标分类：按照多种标准进行指标分类。按计算方法分为单一指标和复合指标，按指标的正负意义分为正向指标和负向指标，按业务范围划分为航班量指标、补开账指标等。

（10）采集标准。采集中心作为内外部数据采集的枢纽，各业务系统统一通过采集中心进行数据采集。从全局出发，制定了一套统一完整的采集标准来规范中心所有数据采集流程。制定采集标准主要从文件格式、重传控制、数据安全、传输性能、文件校验、及时性、安全性、各方责任等多方面考虑。

3. 数据集成

数据中台的可视化任务设计器让数据采集、清洗、加工、转换等复杂数据处理逻辑的实现过程变得简单。

（1）提供 270 个组件，支持 Python、Scala、SQL 及执行编排，轻松实现数据的集中、清洗、融合转换。

（2）支持 Oracle、MySQL 等结构化数据，以及文件、图像、视频等非结构化数据的处理。

（3）支持 JDBC、FTP、SFTP、Restful、WS、Kafka 等批量数据访问方式或实时数据接口。

（4）基于 SEDA 架构、强大可扩展的数据流处理引擎能快速完成海量级数据的加工处理过程。

（5）通过任务监控中心，可 7×24 小时监测 ETL 任务自动、持续的执行状态。

（6）数据血缘自动发现、自动建链，支撑后续运维工作出现异常的影响分析。

4. 数据治理

数据治理作为数据中台相对基础性的建设内容，其主要目的是帮助用户打造出高标准、高质量、高价值的企业数据。

数据中台具有元数据管理、数据标准管理、数据质量稽核、数据服务管理等功能，解决数据资产管理混乱、数据质量不高、数据孤岛等问题，助力清算中心实现数据质量的高效、统一管理。

（1）分布式任务调度系统可根据需要进行深度定制和扩展功能。

（2）支持丰富的数据源接入，兼容性更高，与大数据平台全面解耦，弹性轻量，部署更灵活。

（3）实现数据从创建到消亡全生命周期的可视化，全面管控各时期所有业务数据的标准化建设，实现数据的全面持续管理。

（4）丰富的智能元素和功能，大大缩短数据管理周期、减少成本浪费。

（5）基于 Web 客户端架构，强大的多类型源适配，提供端到端的数据管理统一视图。

5. 大数据计算

大数据计算是数据中台的核心能力，既提供数据查询、统计、预测等应用计算能力，也提供分布式、内存计算等高效计算方式。

6. 数据交换共享

数据交换共享是指通过数据中台沉淀的数据资源，向外提供数据检索、数据订阅、数据分发、数据接口管理、数据访问权限管理、服务数据统计等能力。

7. 分析可视化

数据中台具有数据准备、数据连接、数据挖掘、自助仪表盘、即席查询、多维分析、透视分析等功能，让分析变得更简单。

（1）提供 50 多种数据挖掘算法组件，包含数据预处理、数据清洗、经典算法、挖掘报告、统计分析、特征工程、统计分析等。

（2）在统一的基础上，用户可根据自己需求或喜好自定义门户界面。

（3）可对整个仓库进行建模，设置权限控制、过滤控制、表关联信息、数据类型、显示格式。

（4）拖拽式操作，所见即所得，丰富的图形组件，智能推荐图形，一键切换，交互性更强、更灵活。

（5）电子表格功能，涵盖所有函数、图形、格式，一键发布 Web 浏览。

（6）提供丰富的报表展现样式，囊括分组报表、清单报表、交叉报表、列表报表、多源报表、分片报表等各种类型报表，最大程度满足用户对报表的需求。

8. 数据服务

提供 API 管理、服务交互、应用集成、服务质量、安全性管理和监控功能，解决异构系统之间的交互问题，降低系统间的耦合，更快地进行业务响应，更好地支持清算中心的业务创新。

9. 数据应用

数据应用主要是指提供商业智能（BI）、数据可视化等工具组件，实现报表、指标、标签等数据分析、数据挖掘等应用。

10.1.5 建设成效

1. 提高数据采集效率

在统一的大数据中台整体框架基础上构建了统一数据采集中心，完成了清算中心数据资产管理全流程的标准化和体系化，通过标准化的采集和存储提升数据的质量和标准化程度，为各业务系统提供统一数据采集服务，避免重复建设的同时提升清算中心整体安全管理水平。

（1）采集性能。正常操作响应平均时间3s以内，数据查询和统计分析平均响应时间不超过10s，具备良好的数据安全保障机制，支持大文件传输。

（2）采集数据量。采集数据表共142张，采集任务数403个，总量1.7～2T，每月增量为23G左右。

2. 提升清算中心数据价值

（1）通过对清算中心各类业务数据的采集、提炼分析和集中化管理，形成数据资产，服务各项业务。

（2）通过对业务系统的数据赋能，发挥中台共享通用模块的优势，实现清算中心新业务的快速上线与迭代试错，服务更多场景，提升业务响应能力。

（3）通过数据中台和业务系统的高效协作，避免重复开发，技术迭代升级更加高效，可按需扩展服务，让技术架构更加开放、稳定、可扩展。

3. 数据中台应用成效

以数据中台为基础，结合大数据分析，完成漏班分析系统的建设，取得如下成效：

（1）通过大数据分析，提高了漏班的识别率，准确率可达95%。

（2）经过数据分析评估，疑似漏班的数量降低到原来的三分之一，有效降低了业务人员的工作量，节约了相关费用。

10.2 某市公安局大数据治理系统建设案例

某市公安局大数据治理系统（以下简称大数据治理系统）由中电信数智科技有限公司承建，数据治理总量高达16余亿条，最终形成完整的、标准的、规范的可满足业务需要的统一的基础大数据资源体系。

10.2.1 概　况

近年来，按照上级的工作部署要求，某市公安局（以下简称该局）开展了大数据治理系统的建设。

1. 建设背景

该局汇集了户政、刑侦、情报、交巡警等不同业务警种数据，包括人口基本信息、出入境人员、机动车/驾驶人信息、警员基本信息、在逃人员信息、违法犯罪人员信息、涉毒人员信息、新闻信息、网吧信息、酒店信息、物流信息、人脸信息、车辆信息等大数据资源，数据总量高达16亿条，但这些数据资源分别存放在各警种的业务应用系统中，面临着数据缺乏统一标准汇聚困难、数据分布碎片化互通共享不足等突出问题。为此，该局开始探索公安大数据应用，汇聚多源异构数据形成统一数据资源体系，在统一的数据资源体系基础上建设情指勤舆督一体化实战系统。

2. 建设任务

1）构建大数据治理系统并完成数据治理工作

大数据治理系统按照统一规范对各个系统的数据进行接入汇聚，接入该局内部数据、省厅数据、政务服务数据、互联网数据等多来源数据，丰富数据种类和数量，提升业务数据支撑能力。

汇聚的数据资源种类多样，涵盖业务填报数据、图片、音视频、文本、矢量数据等数据类型，系统要具备汇聚多源异构数据能力，最终形成统一数据资源体系。

系统能够对汇聚的数据进行全局的综合查询检索，把数据治理的过程和结果进行合理的可视化展示。能对该局的信息要素进行梳理与设计，为上层应用提供智能标签数据支撑。具备数据快速共享交换功能，满足内外部数据共享交换需求。

2）建设情指勤舆督一体化实战系统

在构建统一大数据治理系统并完成数据治理的基础上，建设情指勤舆督一体化实战系统。新系统统一实战平台的基础运行环境、数据服务、业务应用的通用能力、云安全基座、运营运维体系，统一建设情报业务、指挥业务、勤务业务、舆情业务、督导业务等核心业务模块。

10.2.2 大数据治理系统总体框架

大数据治理系统将按照数据来源、数据接入、数据处理、数据组织、数据治理、数据服务六个维度展开。在公安部大数据治理的框架下，结合地市实际情况，对各业务单位的数据进行分析，对各警种的数据服务需求进行调研整合，形成一套相对完整、符合现状的数据治理方法。大数据治理系统总体框架如图10.3所示。

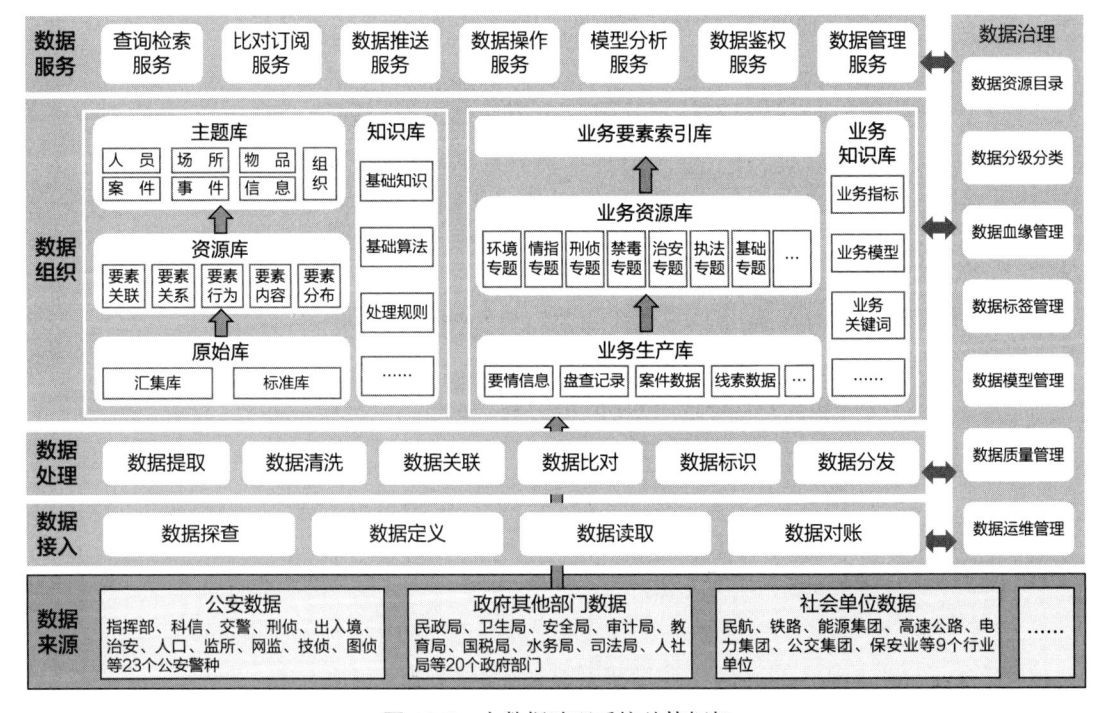

图 10.3 大数据治理系统总体框架

（1）数据来源。数据主要来源于公安部门、政府部门和社会单位。公安数据包括指挥部、科信、交警、刑侦、出入境、治安、人口、监所、技侦、图侦等23个公安警种的数据。政府部门数据包括民政厅、卫生局、安全局、审计局、教育局、税务局、司法局、人社局等20个政务部门。

社会单位数据包括民航、铁路、能源集团、高速公路、电力集团、公交集团、保安业等9个行业单位。

（2）数据接入。数据接入完成数据探查、数据定义、数据读取、数据对账等工作。

（3）数据处理。数据处理要进行数据的提取、清洗、关联、比对、标识和分发等工作。

（4）数据组织。系统结合实际构建原始库、资源库、主题库以及在数据治理和应用过程中总结的知识库，最后结合业务的维度构建业务生产库、业务资源库和业务知识库。

（5）数据治理。数据治理包括数据资源目录、分级分类、血缘管理、模型管理、标签管理、质量管理、运维管理等模块。

（6）数据服务。通过数据组织和治理，形成了一系列资源库，最后通过构建服务接口的方式，利用API（应用程序编程接口）网关对各警种应用提供数据服务支撑。经过业务提炼，构建查询检索、比对订阅、模型分析、数据推送、数据鉴权、数据操作、数据管理七类数据服务。

10.2.3　大数据治理系统技术架构

大数据治理的技术架构包括数据采集处理、数据存储、数据计算和数据服务四个层面的技术，总体技术架构如图10.4所示。

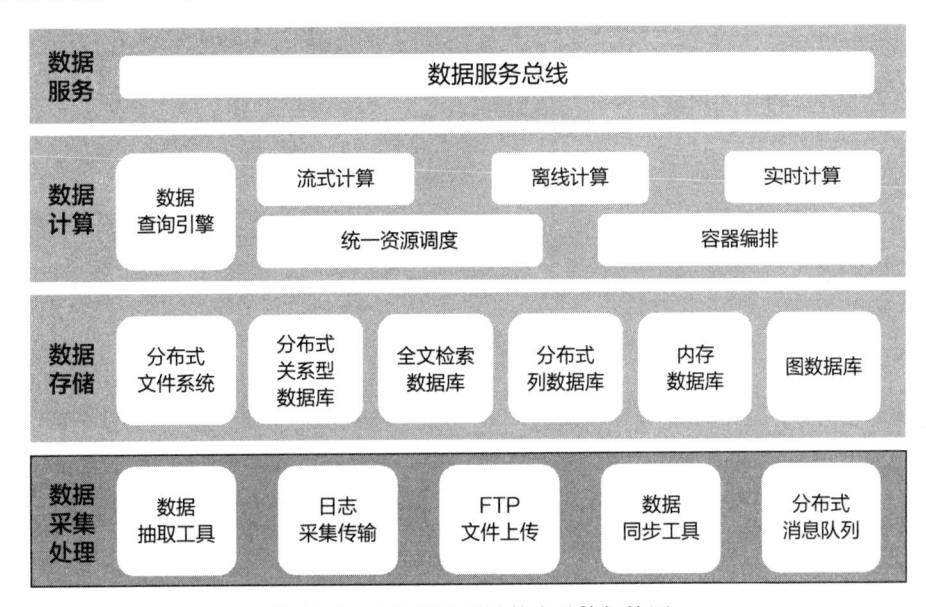

图10.4　大数据治理的技术总体架构图

（1）数据采集处理。数据采集处理包括数据抽取工具、日志采集传输、FTP（文件传输协议）文件上传、数据同步工具及分布式消息队列等。

（2）数据存储。数据存储包括分布式文件系统、分布式关系型数据库、全文检索数据库、分布式列数据库、内存数据库和图数据库等。

（3）数据计算。数据计算包括数据查询引擎、流式计算、离线计算、实时计算、统一资源调度和容器编排等。

（4）数据服务。数据服务主要用到数据服务总线技术。

10.2.4　大数据治理系统主要功能

该局大数据治理首要的工作是对各个系统的数据进行接入汇聚，接入该局内部数据、省厅数据、政务服务数据、互联网数据等多来源、多种类、多数量数据，提升该局业务数据支撑能力。其次建立统一的数据标准和统一的数据汇聚机制，规范不同厂商、不同场所、各种设备以及不同数据类型的数据传输标准。最后是简化数据对接的过程，针对不同前端设备、不同单点数据后台，约束数据上报的规范，采用统一标准进行数据上报。

大数据治理系统主要的功能包括数据接入、数据处理、数据治理、数据组织、数据服务、数据服务总线、数据驾驶舱等。

1. 数据接入

针对数据的格式及数据的存储方式的多样性，提供多种工具，将关系型数据库、非关系型数据库、文件系统、消息队列等不同结构的数据，如半结构化数据、非结构化数据（视频、音频等）等进行缓存，实现数据探查、数据定义、数据读取、数据对账等功能。数据接入系统实现数据的接入汇聚，包括数据源层、接入逻辑层、平台服务层和存储层四个部分。

2. 数据处理

数据处理系统对采集的数据进行提取、清洗、关联、比对、标注等操作，为上层提供符合业务规范和技术标准的数据资源，承担对各种来源的数据进行统一的流式标准化处理，使得不同来源的数据格式统一、关联完整、标识明确，提高数据的质量和关联性，实现数据增值、数据准备、数据抽象，方便开展更为复杂的大数据处理业务。

考虑到前端系统数据分散、格式不统一、关联性不强、建设风格各异等问题，业务数据整合主要对前端数据进行结构化处理，并提取非结构化数据中的有用信息，增加数据关联性，减少数据重复，为业务数据统一存储（逻辑存储或物理存储）、综合应用打下基础。

3. 数据治理

数据治理主要包括数据标准管理、元数据管理、数据资源目录、数据分级分类、数据标签管理、数据血缘、数据治理管理、数据运维管理，是本项目的核心建设内容。

1）数据标准管理

数据标准管理平台负责维护用户统一的数据标准信息，支持对基础主题数据标准、应用专题数据标准、数据基础指标口径的管理与维护，提供各项标准文件的查阅与修订功能，及时跟踪反映各项标准的执行情况。

数据标准管理主要包括标准代码管理、标准数据元管理、标准数据项集管理，以及业务代码与标准信息代码对应关系维护等。标准数据元及信息代码标准可以用于资源注册中对数据项进行描述，可以用于质量监测中配置监测规则参考。

2）元数据管理

元数据是用以描述数据的数据，在标准服务中用以描述数据元的组成部分。元数据范围包括表结构、表之间的关联关系、报表的元数据、代码级元数据及配置信息（调度、监控、告警等）。

元数据管理按照数据整合的层次结构、主题域划分，实现对表、存储过程、索引、数据链、函数和包等各层的各种对象的管理，包含数据集、字段集、元素集、代码集、对象化策略、字典集管理、版本管理等模块，清晰地表示各层次结构之间的数据流程、各对象之间的关系，以及向外提供的各类数据服务的信息。

3）数据资源目录

建设逻辑统一的数据资源目录，以原始库、资源库、知识库、业务库、主题库中的数据资源为管理对象。通过数据资源注册接口注册到统一资源目录中，利用统一资源目录的更新、启用、停用、注销、查询等业务功能，形成标准的、规范的、统一的数据资源目录，促进数据资源科学、有序、安全的开放和共享。

4）数据分级分类

数据分级分类是对数据域中数据资源访问级别进行限定的基础和依据。通过数据分级分类，对涉及敏感信息、隐私信息等内容的记录和字段进行分级别的访问限制，防止敏感信息的扩散，杜绝数据滥用的风险。

（1）数据分级是根据数据内容的敏感程度，对数据资源进行分级。

（2）数据分类是根据数据来源、数据集种类、数据字段、字段关系等对数据资源进行分类。

（3）分级分类结合认证鉴权决定数据的访问权限，数据授权的能力要远重于功能授权能力。

5）数据标签管理

标签管理主要提供统一的标签服务，方便对基础数据及业务对象进行建模分析和快速的分类及标识，并提供基于标签的对象筛选，提升情报分析效率。基于标签服务，可以方便地以各种自定义维度及各种自定义规则对目标对象进行标签。

标签服务主要由标签对外服务的API（应用程序编程接口）接口提供，由标签建模、标签引擎及标签存储组成。通过对外服务的API接口，用户将自定义的标签注册到标签中心，标签中心采用知识库、规则引擎、模型服务及外部导入的方式定义标签。标签建模完成之后再提交到标签引擎，通过标签路由进行智能选择，并提交到合适的平台执行。

6）数据血缘

数据血缘是指在数据产生、加工融合、流转流通到最终消亡等数据处理过程中，形成的一种关联关系集合。数据血缘支持元数据属性信息、业务信息的描述；支持接入数据源、清洗转换、关联提取、比对标识、存储计算等过程信息的描述和管理；支持数据类别、数据项级别的数据血缘追溯，包括血缘类型和血缘分析。

7）数据质量管理

建立数据质量评估标准和管理规范，设定质量检测规则，从事前、事中、事后对数据质量进行质量检查、问题发现、监测跟踪和分析应用。

通过数据质量检测服务配置质量巡检任务，包括数据源、质量检测规则、质量评估指标等，实现各业务系统数据源头采集、传输、应用全流程的规范性、一致性、准确性检查，实现基于不同来源业务系统数据的逻辑校验和监测管理。

8）数据运维管理

数据运维管理可全面掌握数据接入、数据流量、数据资源的总体情况和使用情况。提供报表功能，从不同维度对系统内的数据资源进行统计分析；提供实时数据处理监测功能，实现实时入库数据、数据堆积统计、数据心跳图、数据入库异常统计等监测管理；提供数据质量展示分析功能，包括数据对账分析、有值率分析、数据标准化分析等；提供数据备份功能，确保不发生数据物理丢失，减少硬件故障带来的损失；提供对实时流监控异常、运行状态异常、数据质量异常、数据备份异常等状况触发的告警功能，安排人员对告警信息及时进行处理。

4. 数据组织

数据组织对平台整合的各类数据资源进行合理的管理，实现数据资源完整且数据结构设计合理，数据读写访问性能高效，用以满足各项业务应用需求。主要包括对原始库、资源库、主题库、知识库、业务库、索引库和标签库的组织。

1）原始库

原始库是对不同来源的数据，按照数据的原始格式进行存储，支持所有的数据类型。原始库在保留原始数据项的基础上，对各种来源数据进行一系列处理加工后产生的标准化数据项、关联要素信息和基础标签、行为标签、业务标签和分级分类等属性，尽可能反映原始场景。

原始库主要作为源数据的数据镜像，为后续数据的溯源、数据校对提供依据，以及为后续的个性化数据建模、数据在线查询分析、即席计算提供支撑。

2）资源库

对接入的各种数据资源，经过预处理提炼加工之后，按照数据资源属性及业务属性分类存储到行为库、轨迹库、内容库、多媒体库、物品库、身份库、关系库、关联库，从而形成资源库。资源库可以脱离任何业务而独立存在，但也与每一项业务相关。

3）主题库

主题库是基于面向对象的数据组织原则，以原始库、资源库为数据源，围绕某一主题对象进行数据分析和整理后形成的数据集合，是在较高层次对相关对象的完整数据描述，能刻画各个对象所涉及的各个维度、各个要素之间的关系。如按照人、地、物、关系等抽象数据模型，提取出人、地、案、事、物、组织、关系等主题库。

主题库的业务知识一部分通过资源库数据的整合关联等手段获得，另一部分通过机器学习、深度学习等手段发现数据中存在的业务规律，挖掘新的业务规则。

4）知识库

知识库包括基础知识库和规则知识库两类。

（1）基础知识库。基础知识库主要包括语音语料库、声纹库、指纹库、地理信息库、要素归属地库（手机、身份证、银行卡等）、敏感重要时间点库，敏感关键词库等。主要通过管理手段、工作积累、第三方提供、机器学习等方式获取，用于标识对应的人、地、物、组织（关系）等关键要素。

（2）规则知识库。规则知识库主要是指根据公安大数据处理规范，将公共安全领域数据治理过程即数据接入、处理、治理、组织和服务过程中，所有知识性数据和各种的规则、方法、过程的集合按照数据项集要求生成规则知识库。

5）业务库

业务库是按照专题应用的业务模型，通过二次抽取整合的方法，建立形成面向特定业务应用需求的专题应用资源库，具有业务属性，满足各业务的发展需要，如涉政治谣言、涉稳、舆情业务、重点人员等。

业务库主要包括刑侦业务库、涉黄业务库、经侦业务库、反恐业务库、涉毒业务库、维稳业务库和盗抢业务库等。

6）索引库

索引库是指业务要素索引库，是对业务库的关键要素建立的全局索引。根据公安大数据处理规范，设计索引机构代码、所属应用系统标识符、业务类型、要素值、业务联系人姓名、业务联系方式、业务联系账号等，并按照数据项集要求生成业务要素索引库。业务要素索引库主要用来解决业务关联和业务冲突问题。

7）标签库

标签库是基于公安业务特点挖掘人、车、物、案、事件、组织等之间的特征关系，构建标签体系，实现与海量互联网数据、公安业务数据等各类数据相融合的动态属性标签，并形成各类模型标签。

标签库包含基于标签服务过程中形成的所有表，包括基础标签信息、行为标签信息、背景标签信息、算法标签信息、关系标签信息和其他标签信息等，最终标签库以一体化应用和接口方式支持上层业务系统应用。

5. 数据服务

数据服务是把原始库、资源库、主题库、业务库录等封装成应用系统可以调用的数据服务，通过服务的统一管理与调度，实现基于授权的服务调用和信息共享。包括查询检索、比对订阅、模型分析、数据推送、数据鉴权、数据操作、数据管理等数据服务。

6. 数据服务总线

数据服务总线是平台服务层的核心支撑组件，承载着可提供的数据服务资源，并为服务提供者和使用者搭建一个可交互共享的服务中介平台，兼容适配异构多云，解决分布式数据访问和不同应用间访问调用的差异问题，将跨地域、跨层级、跨部门的应用系统及数据有机地联系与整合在一起，实现全网分布式信息共享和资源综合利用。

通过数据服务总线，平台提供统一化、标准化和规范化的数据服务及应用服务的接口管理与调度，屏蔽应用直接访问数据带来的风险，屏蔽应用直接访问服务接口带来的不可管控与审计，降低信息共享的难度，从而实现服务入口统一、服务智能调度、服务策略可管控，服务情况可追溯，构建上下级联、横向贯通、安全可控的服务共享交换体系。

数据服务总线的功能主要包括服务目录、服务管理、运行监控、日志分析和服务接口。

7. 数据驾驶舱

数据驾驶舱是从大数据治理各子功能的后台自动读取数据中心相应的统计信息、汇集后台的元数据信息、监控信息，通过可视化展现技术，从整体视角展现数据治理成效、数据中心资产及服务情况，为管理者全局决策提供依据，包括数据治理全景图、数据资产流图、本地数据目录视图、数据价值视频图、数据主题图、数据标准体系视图等部分。

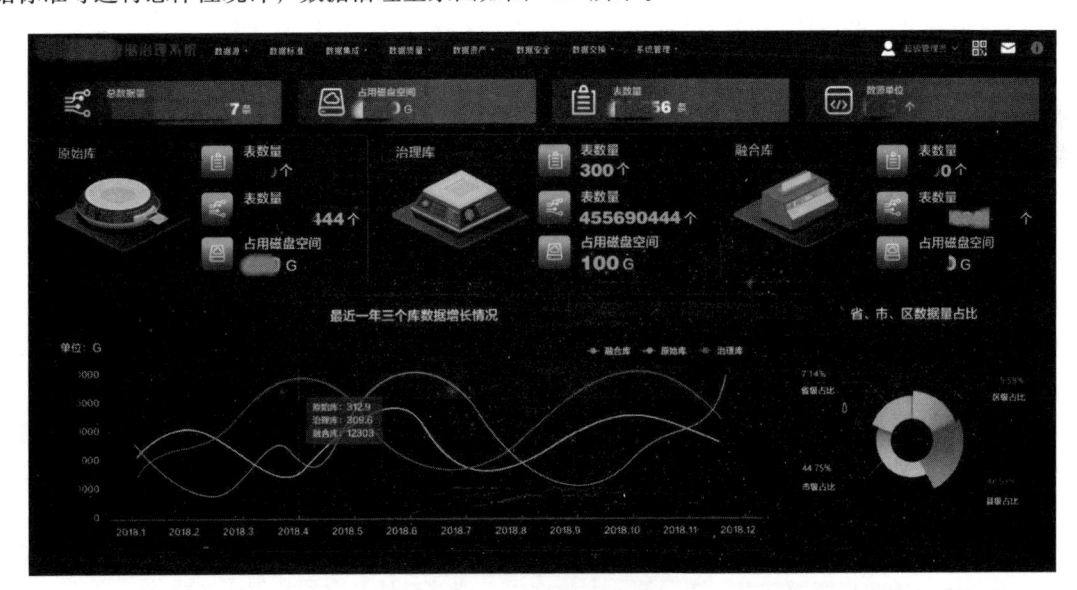

（1）数据治理全景图。数据治理全景图可展示数据治理的成果，对资源目录、数据服务、数据标准等进行总体性统计，数据治理全景图如图 10.5 所示。

图 10.5 数据治理全景图

（2）数据资产流图。数据资产流图可展示数据资产在数据治理内部流动及对外输出的情况，体现每个环节数据的流动量。能自动统计数据中台所管理的各项元数据信息，并在门户的总体概况中展现，具体可展现的内容包括数据库接入资源统计信息、各库总量统计信息、各库增量统计信息、各数据资源服务量统计信息、各数据资源申请量统计信息等。

（3）本地数据目录视图。本地数据目录视图可展现数据目录的注册信息，支持钻取到数据表的档案信息，支持数据目录总量统计、数据目录增量统计；支持按科信、情报、治安、交通、经侦、大数据局、省（区）厅等部门注册数据目录展示，包括数据目录注册单位、数据类型、数据表明、数据总量；支持按用户管理权限可视化展现数据目录的注册信息；支持按警种信息对数据目录注册进行统计展示，包括数据目录注册单位、数据类型、数据表明、数据总量；支持按数据资源要素对数据目录注册信息进行展示，统计各类要素资源的数据种类、数据总量、日增量；支持按应用系统使用的数据资源进行信息展示，统计应用系统使用资源种类、应用数据；支持按社会数据注册信息进行统计展示，统计社会数据种类、总量、日增量。

（4）数据价值视图。数据价值视图可展示全市的服务使用情况，通过热力地图方式直观地展现各应用服务使用情况。支持服务调用总数统计、服务提供统计排名、单位/应用调用统计排名、服务要素统计和服务健康情况统计打分。

（5）数据主题视图。数据主题视图可展示人员主题、物品主题的整体情况，包括主题的数据量和关联资源、权威来源、主数据项等。支持主数据量统计展示、权威来源统计展示、主数据项统计展示、重点人员类别统计展示、活动轨迹信息统计、涉案信息统计、基本信息统计和证卡信息统计。

（6）数据标准体系视图。数据标准体系视图可展示数据标准体系的整体情况，包括对部省市标准统计、数据元引用情况、标准流程等。支持标准项统计、数据元统计、标准代码统计、限定词统计、标准总数统计和数据元引用排名统计。

（7）数据监控可视化。数据监控可视化模块支持按数据库、按服务器、按数据表、按ETL（数据抽取、转换、装载过程）方案四大维度展现监控预警信息，监控该数据表相关抽取方案的运行情况，并以可视化的方式搭配定时监控策略，及时更新全链路监控视图，方便用户及时了解该数据表的血缘更新情况。

（8）绩效可视化。绩效可视化模块对接前端监督考核系统，对民警日常工作情况、平台使用情况等综合分析，按层级、部门、个人进行统计分析，依托数据中台对在线监督考核系统进行可视化展现。支持按各警种考核指标进行考核专题分析，从民警日常系统使用情况、案件处理数量、质量、实效等各个维度进行自动统计分析，实时汇总公示综合实绩评估中各板块"月通报、季评估、年总评"的结果和成绩，体现综合实绩评估工作"公平、公正、公开"的原则。

10.2.5 情指勤舆督一体化实战系统

该局情指勤舆督一体化实战平台是在大数据治理的基础上按照"统一基础设施"、"统一数据服务"、"统一业务支撑"、"统一安全管理体系"、"统一运营运维体系"和"N个核心业务模块"的总体架构建设，系统总体架构如图10.6所示。

（1）统一基础设施。情指勤舆督一体化实战平台基础运行环境支撑，完全依托于该局警务云计算平台提供的计算资源、存储资源、网络资源等，遵循"按需申请、动态调配、合理使用、接受监督"的原则保证平台业务的正常运转。

（2）统一数据服务。情指勤舆督一体化实战平台统一数据服务中心建设一方面充分利用该局警务大数据中心的数据资源能力，厘清警务大数据中心能够对外开放的数据服务模式；另一方面将既有情指业务数据进行统一汇总管理，形成符合情指业务需要的数据资源体系和数据服务能力，以主题库或专题库的方式在该局大数据中心进行补充。

（3）统一业务支撑。支撑情指勤舆督一体化实战平台业务应用的通用能力，包括统一工作门户、统一移动应用、统一大屏展示、基础支撑服务、融合通信服务、地图数据服务、实时警情定位等。

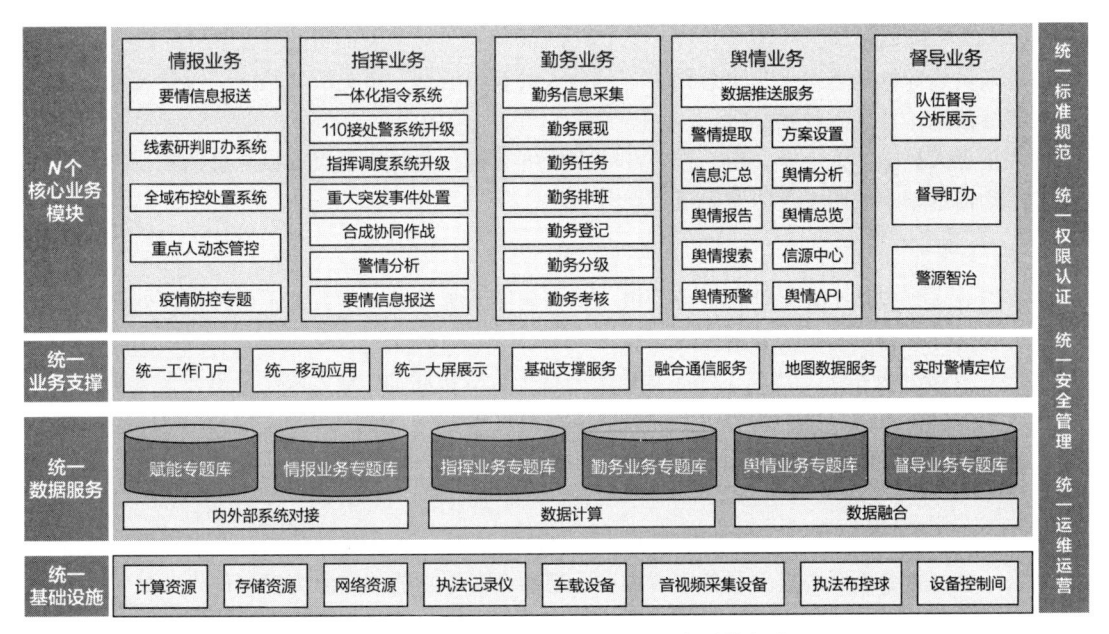

图 10.6　情指勤舆督一体化实战平台总体架构

（4）统一安全管理体系。依照公安信息安全管理要求和相关标准，依托警务云计算平台的安全基座，从"建、管、用"全生命周期提供安全保障能力。一方面开展零信任体系建设，通过认证、权限、审计、审批等服务能力规范应用安全访问、数据安全使用，严格按照职责任务优化高敏应用数据访问审批流程，建立业务系统角色和业务场景相匹配的细粒度授权模式；另一方面利用公安云计算平台的统一安全服务能力开展安全防护体系建设，保障终端、网络、应用、数据安全，为发现安全风险提供底层支撑。

（5）统一运营运维体系。将本平台的业务流程服务监测接口和平台运行监测接口、服务日志信息统一对接到该局警务云计算平台的运维运营平台，接受统一运营运维管理。

（6）N个核心业务模块。本平台建设情报业务、指挥业务、勤务业务、舆情业务、督导业务等业务模块。

情指勤舆督一体化实战平台的主要业务应用如下：

1. 情报业务

情报业务包括线索研判盯办、全域布控处置和重点人动态管控。

1）线索研判盯办

参照线索系统采集报送标准和接口规范，本着上下级线索信息互联互通的原则建设本级线索研判盯办系统，实现线索的采集、上报、研判、下发、核查、反馈、盯办、归档的全流程管理系统，对汇聚的人力情报线索信息和其他系统生成的情报线索信息进行研判和处置盯办，通过指令系统实现所有线索研判盯办的流转，形成情报入口与出口、行动部署与跟踪督办的"双闭环"，通过线索盯办推动源头治理和矛盾化解。

2）全域布控处置

构建重点人员重点群体数据库，与厅智能布控接口进行对接，建立在线严格审批机制，省市级和市县级平台实现布控指令对接，通过对关键词、人像、图像、声纹、车辆、图片的布控比对，实现对重点人员的常控和临控，对布控的重点人员和重点群体异常行为监测及综合态势评估，对接本级大数据平台和各警种业务系统各类轨迹信息等内容。

3）重点人动态管控

通过人员画像构建重点人员全息档案，包括人员基本信息、历史活动轨迹、人员关系信息、重点人员涉案信息、重点人员物品等。

围绕重点人员的"人、车、电、网、相"多维度数据，刻画出重点人员全息档案，并将重点人员历史活动信息基于地图实现时空轨迹追踪分析。

2. 指挥作业

指挥作业系统包括110接处警系统升级、指挥调度系统升级、重大突发事件指挥处置、合成协同作战、警情分析和重复警情分析。

（1）110接处警系统支持与12345等政府公共平台对接联动，最大限度分流非警务警情。与警综平台、执法办案系统对接，从源头上提升执法规范化水平。

（2）指挥调度系统升级包括接处警指挥调度升级、联勤指挥调度、专项行动指挥、执法记录仪接入等。

（3）建设重大突发事件（重要警情）一张图处置功能，基于融合通信、地理信息、电子沙盘与110接处警，指令等系统建立具备语音调度、视频会商等功能的应急突发事件指挥处置模块，提供事件专题研判分析、情报线索关联等功能，根据需要一键启动预案推演或智能处置预案功能。

（4）合成协同作战系统是针对重大警情处置、案事件研判、警企合成等专题应用，为基层民警打通案事件侦办的绿色通道，为合成作战中心建立智慧大脑，承担平时、战时、应急时的合成研判任务，提供数据合战、警情合战、案件合战、专题合战功能模块，实现各实战业务"调度-处置-反馈-评估"的闭环管理。

（5）警情分析包括110接处警分析、警情数据治理与执法闭环系统对接分析、警情数据管理、警情智能分析、重大敏感警情热词语义分析、警情态势监测、警情数据分析和警情分析报告。

（6）重复警情分析依托110警情及相关联接处警数据，对重复警情进行全面梳理和深度研判分析，及时推送相关警种和辖区公安机关核查处置并跟踪督办。

3. 舆情业务

舆情业务是依托网安推送舆情和其他舆情监测手段，建设上下级信息联通的舆情监测导控系统，及时掌握本市相关网络热点、涉稳、专题专项任务等舆情信息，通过智能分析算法迅速发现舆情热点、走势情况及隐藏深处有价值的情报信息，并针对重大敏感舆情启动多部门合成处置，依托一体化指令系统实现舆情导控指令下发。

4. 督导业务

督导业务是对市局的工作任务进行全流程盯办，及时发现过程中可能出现的问题，及时预防。监测监督中发现的问题，及时分析预警；对各区域的场所预警数量、预警类型、预警趋势走向按场所类型、预警类型、区域分布等生成可视化预警统计分析数据；对举报投诉的投诉案件办理、投诉性质、投诉分布、调查结果等进行综合分析研判；对警务评议数据进行重复号码统计、群众意见查看、不满意趋势分析、不满意事项分析、回访的满意率回访量等多维统计分析。对；局机关、各分县局年度督察扣分情况进行分析；对执法过程进行监督，监督检测点的活动度、结果状态等。同时依托市局监督中心大屏，将交警业务监督中重点环节分析及存在问题进行实时预警，并将交警业务监督取得成效进行专项分析展示。

10.2.6 数据安全

根据公安大数据安全要求，依托已有安全防护基础设施，建设数据安全管理、数据授权与数据鉴权，对数据来源、数据种类（数据集）、业务属性（数据项）等进行划分，构建科学合理的数据分级分类、授权鉴权管理体系。

1. 数据分级分类管理

数据分级针对数据内容的敏感程度或开放范围进行划分，构建科学合理的分级管理体系。数据分类针对数据来源、业务属性、数据类型等进行划分，构建数据的分类管理体系。

数据分级分类管理支持敏感级别规则设置，包括数据集和数据内容设定敏感级别；支持原始库、资源库、主题库、知识库、业务库的分类管理；支持数据元和数据项的分类管理；支持可视化管理，并对外提供服务接口；支持在完成租户授权后，自动扫描自动发现授权范围内新增的实例/库/表/列、文件桶/文件对象等不同级别数据信息；支持通过关键字、正则、机器学习模型算法，精准识别大数据环境内的敏感数据；支持根据业务规则实现敏感自定义；支持针对敏感数据识别结果，结合业务属性，实现数据基于业务内容的分类和基于敏感程度的分级，并将业务分类及敏感分级与数据保护相关系统联动。

2. 用户权限管控

系统用户管理具备用户权限的控制，通过对用户、菜单、角色的关系设置，实现对用户的分级授权、访问控制等，实现大数据场景下各类数据存储产品和数据传输产品权限的有效管控。

用户权限管控支持"数据、人、权限"三要素即时查询；支持角色背后主账号权限映射解析、全局数据权限统一查询；支持针对环境内不符合安全最佳实践的权限配置、权限使用异常进行告警，并将结果输出到事件处理平台实现统一处理与运营。

3. 日志管理

系统支持日志审计，如展现系统当前有哪些用户登录，并且有哪些操作，展示操作的时间点等；具备日志管理功能，严格遵循用户信息系统应用日志安全审计平台的日志规范，记录用户操作、数据变动、系统运行等关键性日志，并实现灵活完备的日志查询统计，确保系统操作和数据变动可追溯性；支持查询日志、删除日志等；支持按多条件组合日志查询，包括子系统类型、配置类型、用户、查询范围、开始结束时间、日志内容；支持日志导出功能。

4. 访问控制

系统角色管理提供访问控制功能，不同权限用户只能访问所属权限的系统，不能跨系统访问。系统提供丰富的脱敏算法，根据不同授权数据特征，可对常见数据如姓名、证件号、银行账户、金额、日期、住址、电话号码、Email地址、企业名称、工商注册号、组织机构代码、纳税人识别号等授权数据进行保护；支持自定义脱敏算法，用户可根据自身的数据特征和政策合规、应用系统等需要，定义专门的脱敏算法；可以配置访问控制规则来防止恶意操作或误操作，保护数据资产免遭意外损失。

5. 红名单管理

系统具备红名单管理功能，对某类敏感人员及其相关事件信息默认不开放，经授权才可查看。为避免垃圾短信发到相关部门领导那里，利用技术手段，将一些"重要人物"的手机号进行屏蔽，以免其像普通用户一样收到垃圾信息。

6. 数据管理权限

系统可按照数据源进行授权，对不同来源数据授权给不同人员读写权限，权限可控制到属性级别。权限系统除了可以对用户能操作哪些功能进行限定，也还可以对其访问哪些组织机构的数据进行限定。通过权限系统，把这些权限控制的数据进行保存，在应用系统模块里面进行整合，根据角色拥有的数据权限，授予用户对其他部门或者机构的数据进行访问。

通过自动识别授权数据，可以避免按照字段定义授权数据元的繁琐工作，大限度地减少人工操作带来的疏漏及错误，同时能够持续发现新的敏感数据。

10.2.7　建设成效

1. 整合多源数据，形成了完整的基础数据资源体系

该项目实现了多源数据的标准数据接入、数据处理、数据组织、数据治理、数据服务和数据安全。

（1）接入的数据主要包括公安数据、政府部门数据和社会单位数据三类。覆盖23个公安警种、20个政务部门和9个行业单位的数据。

（2）建立了标准化的数据处理流程，形成面向数据内容的数据接入、提取、清洗、关联、比对、标识等转换处理规范模式，为上层提供符合业务规范和技术标准的数据资源。

（3）根据本地数据信息情况及大数据使用的分类建库要求，重新规划大数据资源库，构建的大数据资源库包括原始库、资源库、主题库、知识库、业务库、标签库、业务要素索引库等。

（4）建立规范化的数据管控和治理机制，形成面向数据管理的数据资源目录、分级分类、血缘管理、模型管理、标签管理、质量管理、运维管理等数据体系，为大数据监测管理提供支撑。

（5）通过数据组织和治理，形成了一系列资源库，通过服务接口的方式提供查询检索、比对订阅、模型分析、数据推送、数据鉴权、数据操作、数据管理七类数据服务。

（6）建立了数据安全体系，通过数据分级分类、用户权限管理、访问控制等完成应用系统对数据的安全可靠管理。

（7）最终形成统一数据资源体系，丰富和充实业务数据资源构成，形成完整的、标准的、规范的可满足业务需要的基础数据资源体系。

2. 情指勤舆督一体化实战系统提升指挥能力

在大数据治理的基础上，通过统一基础设施、统一数据服务、统一业务支撑、统一安全管理体系、统一运营运维体系，新建了情指勤舆督一体化实战系统，包括情报业务、指挥业务、勤务业务、舆情业务和督导业务等核心业务模块，基本实现了情报分析和实战一体化、中枢指挥可视化、基层勤务管理系统化、舆情管控实时化、合成作战协作高效化、警务督导全程化和辅助决策的智能化，极大提升了扁平化指挥的能力。

10.3　某省政务数据共享交换平台建设案例

某省政务数据共享交换平台（以下简称该平台）由中电信数智科技有限公司承建，该平台完成了全省政务服务数据资源的有效汇聚和充分共享，形成全省政务数据图谱，增强了数据可视化调度和辅助决策的能力。

10.3.1　概　　况

1. 建设背景

长期以来，该省政务信息化建设缺乏系统性、科学性的顶层设计，存在着诸多难点、堵点问题，制约了数字政务建设发展。主要包括数据共享程度不高、业务协同融合不够、资源集约整合不足、专网林立等问题。

为此，该省根据国务院政务信息系统整合共享实施方案和省政务数据资源管理与应用改革实施方案等文件精神，在原数字政务一体化建设的基础上，运用区块链、技术中台等新理念、新技术，建设政务数据共享交换平台，着力解决信息孤岛、数据烟囱、重复建设和资源浪费等问题，加快推进政务信息系统整合共享，不断提升政务数据服务支撑能力，为优化营商环境、建设人民满意的服务型政府提供有力支撑。

2. 建设目标

搭建集数据交换、数据管理、数据共享、数据应用为一体的全省统一的数据共享交换平台，推动各级各部门政务数据信息向全省统一的大数据平台迁移集聚，逐步实现数据资源跨层级、跨部门协同共享，全面支撑全省"一网通办"政务服务改革和智慧城市建设。

3. 建设内容

（1）建设省政务数据共享交换平台。在省数字政务一体化平台基础上进行数据共享交换平台建设，平台功能包括数据标准管理、数据图谱管理系统、数据可视化调度平台、数据分级分类、级联管理系统。

（2）建设数据安全监管系统。建设全省统一的政务数据安全监管系统，为政务数据安全提供保障，包括基础数据安全、多租户安全、数据权限管理、数据授权管理、数据脱敏管理、数据水印管理等。

10.3.2 平台总体架构

该平台架构由基础设施层、数据资源层、应用支撑层、业务应用层、服务门户五个层次，以及安全和运维保障体系、标准规范体系组成，总体架构如图10.7所示。

1. 基础设施层

基础设施包括网络、服务器、信息安全等硬件基础设施，优先依托政务云平台进行集约化部署建设。政务服务的预审、受理、审批、决定等依托统一电子政务网络；政务服务的咨询、预约、申报、反馈等依托互联网；政务服务数据共享平台依托电子政务网络。

2. 数据资源层

数据资源层基于政务服务资源目录和数据交换，实现对政务服务数据资源的汇聚、管理、分析和服务等，包括基础信息资源库、业务信息库、主题信息库和决策分析数据库。

3. 应用支撑层

应用支撑层为构建省数字政务一体化平台提供基础支撑，包括工作流引擎、电子表单、消息服务等各种通用组件服务，也包括统一身份认证、OFD（我国电子公文交换和存储格式标准）版式文件应用支撑平台等中间支撑系统。统一身份认证为构建"一次注册、全网可信、一点认证、多点互联"的全省统一身份认证体系提供支撑；统一电子印章为促进电子证照、电子材料的有效应用及实现跨区域共享提供保障；区块链应用支撑平台为实现电子证照共享验证提供支撑。

4. 业务应用层

业务应用层包括政务管理平台、行政监管和创新应用等业务应用。

5. 服务门户层

省互联网政务服务门户通过省政府网导航入口进入，面向自然人、法人和其他社会组织提供全省网上政务办事服务，通过智能搜索快速找到服务，进行问办考评，查询公共服务信息；此外，通过全省统一的政务服务APP，将全省网上政务办事服务延伸至移动端，并提供大数据分析展现服务。政务服务工作门户面向各级各部门政务服务平台工作人员和管理人员，提供综合信息服务，支持内部信息传递、工作交流和经验分享。提供国家网上政务服务工作门户APP进行移动办公。自然人和法人可通过PC电脑、移动终端、实体大厅、呼叫热线等多种渠道访问。

342　第 10 章　数据技术在数智科技工程的应用案例

服务门户层

| 用户 | 自然人/法人
其他社会组织 | 政务服务平台
工作人员 | 政务大厅
窗口人员 | 管理人员 |

- 互联网政务服务门户
- 支付宝小程序
- 政务服务移动端
- 政务服务微信公众号
- 政务管理平台
- "12345"在线服务平台/地市平台

业务应用层

政务管理平台
- 同城通办系统
- 政务服务管理平台优化
- 政务数据应用生态圈开始平台
- 厅局电子证照系统
- 证照分离系统

创新应用
- 数据可视化调度平台建设
- 区块链的电子证照应用

行政监管
- "互联网+监管"系统
- 非现场监管
- 数字化行政执法监管系统
- 系统风险预警系统

应用支撑层

- 统一身份认证
- OFD版式文件应用支撑平台
- 数据中台
- 统一电子印章
- 统一电子证照
- 区块链应用支撑平台
- 统一数据共享
- 通用数据管理中台
- 微应用汇聚平台

数据资源层

政务数据开放系统

决策分析数据库
- 评价信息库
- 服务能力分析库
- 用户行为信息库
- 决策咨询信息库
- 经济决策信息库
- 营商环境分析库
- 服务过程数据库

业务信息库
- 权力事项库
- 服务能力分析库
- 电子证照库
- 监督事项清单库
- 互联网+监管信息

主题信息库
- 自然人全生命周期库
- 法人全生命周期库
- 投资项目信息库
- 重点领域数据库
- 监管数据库
- 政务知识库

基础信息资源库
- 人口库
- 法人库
- 地理空间信息库
- 宏观经济库
- 社会信用库

数据交换与共享平台

基础设施层

- 政务外网云计算平台
- 虚拟化平台
- 网络系统
- 信息安全设施
- 服务器及存储
- 容灾灾备
- 机房

（左侧：标准规范体系；右侧：安全和运维保障体系）

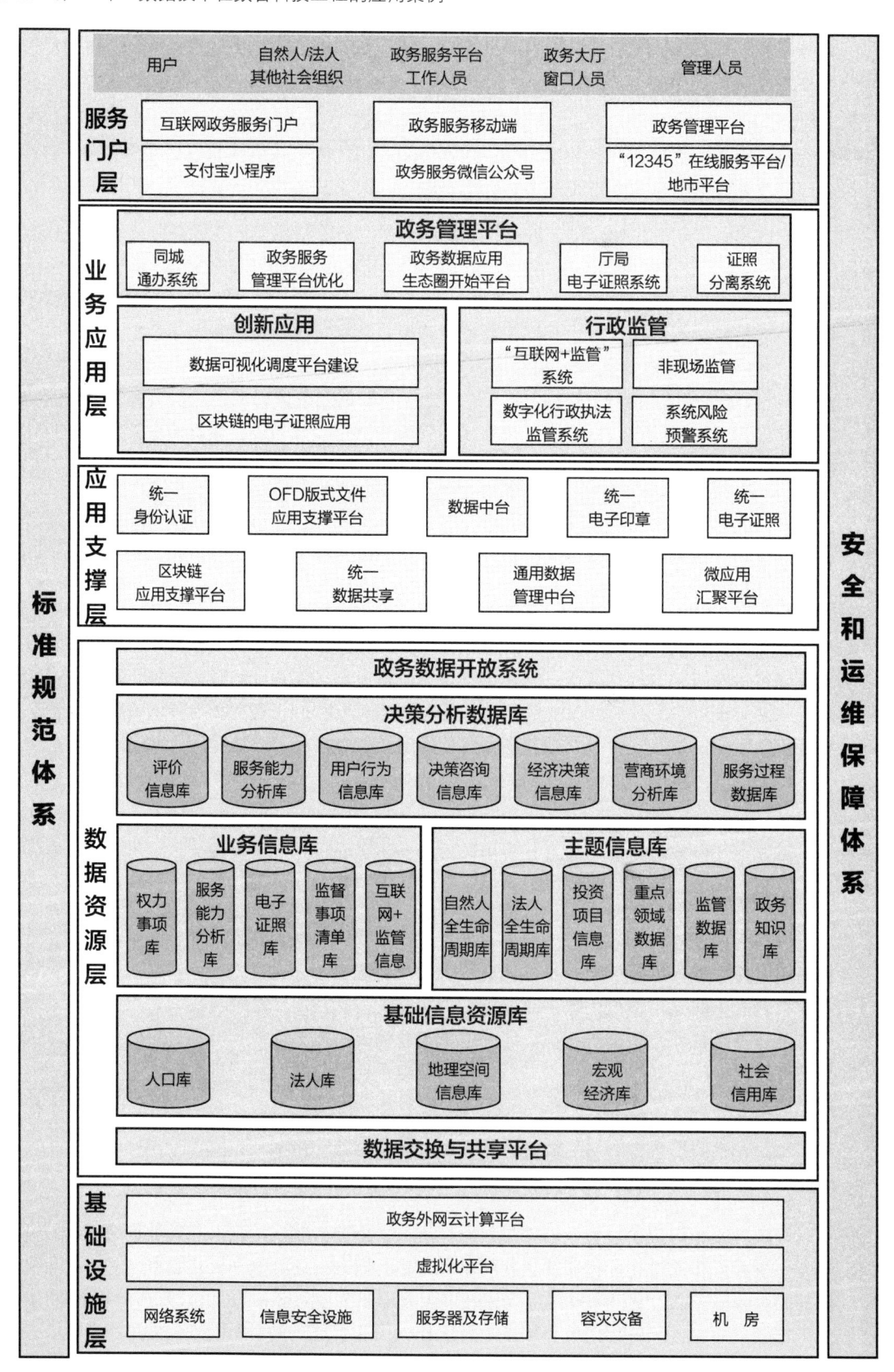

图 10.7　政务数据共享平台总体架构图

10.3.3 共享交换平台功能

该平台功能包括数据标准管理、数据资源图谱管理、数据可视化调度、数据分级分类、级联管理等。

1. 数据标准管理

数据标准管理提供数据元管理、标准代码配置、常用规则配置功能。

1）数据元管理

提供数据元全生命周期管理配置功能，数据元管理包括数据元新增、数据元导入、数据元发布、数据元修改、数据元删除、数据元停用、数据元检索等功能。同时提供数据元版本管理及版本之间的差异核对功能，支持基于基础库、主题库的元数据快速创建标准数据元，并建立和相关元数据的关联关系。

2）标准代码配置

标准代码配置支持代码的分类、标准代码项的新增、导入、导出功能，提供标准代码维护的能力；可关联到国标、地标代码字典，为数据的规范性提供了更加详细的描述，为后续的数据质量、数据标准等工作提供支撑。

标准数据元具有唯一的编码（标准代码），按照实际的业务领域进行分类之后，可以形成带有业务领域特征的相关编码，比如"FR00001"代表法人相关的数据元标准代码。

3）常用规则配置

常用规则配置会针对政务数据的特性内置部分常用的规则，同时提供规则的配置修改能力；提供对固定格式标准进行组合形成数据治理规则的功能。数据元的值有部分需要满足固定格式的标准，治理过程中需要通过固定的值组成规则来规范数据源值的格式。例如身份证、电话号码、电子邮箱等格式。提供一套预置的常用数据治理规则，包括通用规则及各部门根据自身需求实际制定的规则。

2. 数据资源图谱管理

数据资源图谱系统由数据标签管理系统、数据图谱管理系统、智能数据服务系统组成。

1）数据标签管理系统

数据标签管理系统实现对实体、标签、画像、关系的配置和管理，并且提供标签服务，包括标签管理、计算引擎、标签服务、政务标签搜索功能。

标签管理提供标签的增删改相关操作，相关配置内容决定了标签的计算方式，标签计算引擎通过获取标签的具体配置选取对应的处理方式，产生的结果数据将作为对应名称键的具体值进行存储。标签管理将提供数据源管理、实体管理、分类管理、标签管理、画像管理、配置预处理功能。

计算引擎提供抽取主键标签、抽取基础标签、获取计算标签、计算智能标签、抽取基础关系、获取计算关系、增量计算、断点续传、进度打印、标签索引功能。

标签服务提供管理数据查询、数据类型推断、条件查询、分页查询、表达式查询、实体对比、画像展示、数据监控、生命周期、历史数据查询、开放接口功能。

系统提供上层的政务数据标签搜索功能。提供人口和法人的标签搜索功能，用户可以选择标签及标签值作为搜索条件。系统能够根据所选标签值在海量数据中筛选出符合的信息，并形成列表展示，支持查看宏观标签画像。

2）数据图谱管理系统

数据图谱采用图形化技术，以图关系理论进行数据资源有机整合，可视化表达数据资源相互关系；提供数据图谱管理系统的内部架构、逻辑关系、业务流程、数据流，以及图谱建设、图谱管理、图谱服务功能。

数据图谱可以调用标签管理中的功能，作为图谱中的实体和属性输入。以统一调度来实现定时的图谱的全量、增量的更新。数据图谱依赖图计算引擎生成服务，用来创建图谱数据，查询图谱数据。图谱最终通过数据服务管理将图谱的数据对外输出，实现对上层共享门户的图谱呈现。

数据图谱内部主要包括元数据管理、实体管理、关系管理、实体抽取引擎、关系抽取引擎。元数据包含数据源管理、库表结构管理，支持多种数据源的接入。库表结构管理主要用来采集数据库中的数据表结构，用于后续的实体数据、关系数据的关联配置。

图谱的数据流框架采用国产安全可控图数据库，实时计算和查询支持标准图语法，支持最短路径算法、Pagerank 算法（一种网页排名算法）。

部门/地市系统维护人员可以进行图谱模型管理，提供图谱映射管理、图谱调度管理、图谱数据统计功能，支持结构化数据源映射到图谱模型，通过调度管理，将实际的图谱数据从数据源中抽取到图数据库，以图谱模型为单位，对图谱中的数据进行分类统计。

3）智能数据服务系统

智能数据服务系统面向数据使用方提供数据自助定制和使用、内部架构、业务流程，以及自助数据管理、自助服务管理功能。

自助数据管理包含数据整合、数据对比两大基础功能。自助数据管理的入口为数据资源图谱。部门用户通过平台，可以对申请到的数据进行在线查看或下载到本地进行处理。

用户通过平台可以完成数据整合、数据比对等数据管理工作。系统平台支持将整合、比对的结果数据作为本单位的数据资源，注册到部门目录中，提供给其他部门使用。自助服务管理包含服务设计、服务注册、服务发布功能。

3. 数据可视化调度

数据可视化调度能够支持对平台相关子系统的数据运行过程进行监控，提供可视化综合展示、资源分布监控、资源交换监控、数据共享监控、数据质量检查、数据共享评价等功能，有助于对整个平台进行有效的监控和管理。

1）综合展示

基于数据治理单位的云、网、系统、事项、数据资源之间的关系图谱，采用可视化的方式综合展示数据治理单位如云、网、系统、厅局、处室、职责、事项、目录（需求目录）、信息项、库表之间的关联关系。

能够根据厅局的对应目录、事项或职责进行下探。下探后可直接查看到该事项、目录、库表所对应图例上它们的关联关系，从而实现综合查询展示。

2）资源分布监控

通过资源分布系统监控掌握平台所有资源情况，让管理者实时掌握平台资源状况，便于针对单项工作薄弱环节进行加强，促进平台资源建设。

资源监控页面展示内容包括资源总数、文件资源数、库表资源数、接口资源数、部门资源库资源情况、基础库资源情况、资源打通率 TOP5、数据源连接状态异常监控、接口地址连接异常监控、文件夹异常监控。

3）资源交换监控

针对资源交换，以极具动态科技感的可视化效果展示对应的指标统计情况，并对某些重要指标进行监控预警，包含呈现资源数据情况，例如中心资源库、厅局成果库、主题库的今日增量、数据总量。从多种维度监控数据交换情况，例如交换成功量、交换失败量、已交换量、部门实时交换情况（交换时间、交换部门、条数）、资源交换成功率（如果交换失败，会提示用户相关错误的信息，方便用户进行排查）、数据交换情况、数据交换总量统计（历史总量、今日增量），同时支持查看近一周、近一月的部门资源交换量 TOP10 排行榜。可视化资源交换监控示例如图 10.8 所示。

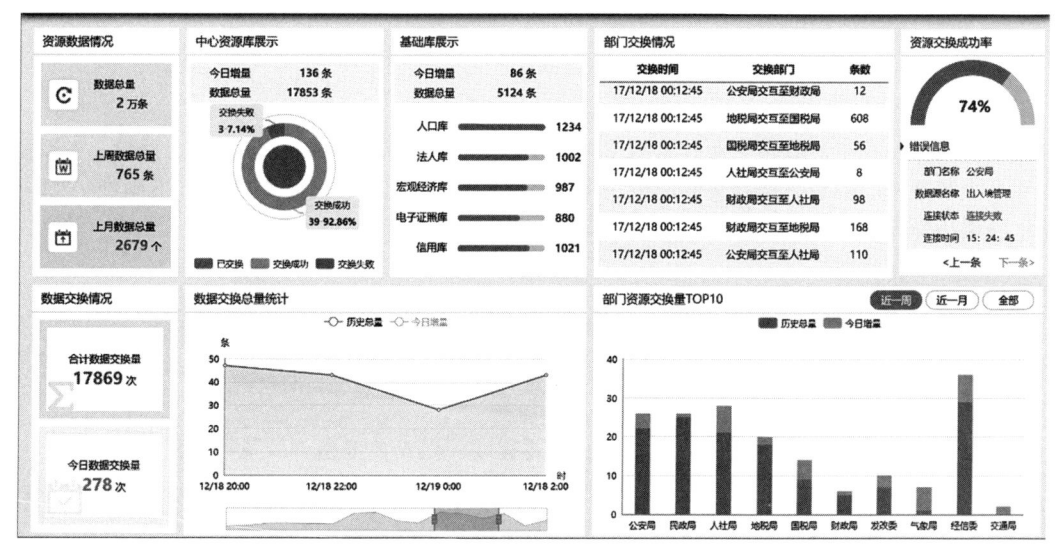

图 10.8　可视化资源交换监控示例

4）数据共享监控系统

共享监控页面展示内容包括资源共享整体情况、共享数据实时状态、共享资源申请排名、部门资源申请排名、部门资源被申请排名、共享数据统计、共享申请审核监控。

共享监控页面可分别呈现面向政府的共享资源和面向公众的开放资源的资源数量、文件数量、数据量等内容。系统支持查看各类共享方式的近一周、近一月共享资源申请部门 TOP10 排行榜，并加以区分今日、历史增量。也可对近一个月、近一年的共享资源申请量进行监控，从而进一步方便分析资源热度。数据共享监控页面示例如图 10.9 所示。

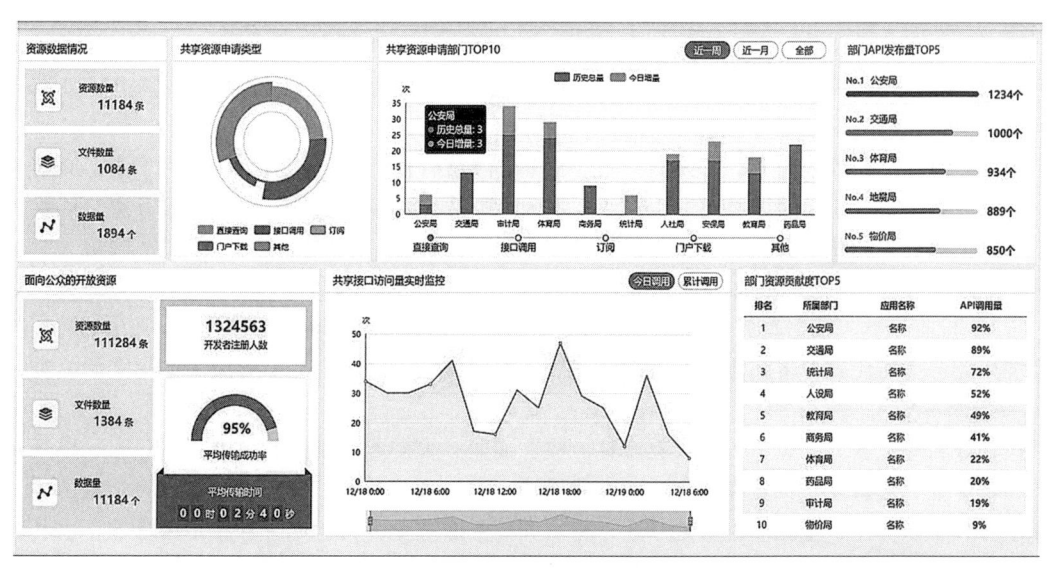

图 10.9　数据共享监控页面示例

5）数据质量检查

数据质量检查主要包含对数据完整性、准确性、鲜活性、权威性的分析和管理，并对数据进行跟踪、处理和解决，实现对数据质量的全程管理，提高数据的质量。系统能够提供质量模型配置、质量规则管理、方案配置调度、质检结果查看、质检分析报告、质检工单管理、问题数据处理功能，及时发现并分析数据质量问题，不断改善数据的使用质量，从而提升数据的可用性，挖掘数据更大的价值。

6）数据共享评价

数据使用部门在申请数据资源并对数据资源使用后，可对申请的数据资源进行评价，主要围绕省级和市级政务部门平台数据归集共享应用中的信息共享、数据归集、资源应用、准确性、及时性、满意度、可用性等多个方面。

4. 数据分级分类

按照数据分类原则，建立健全政务数据审批、校核、激励、评价、开放等管理机制，通过对政务数据的多维特征及其相互间客观存在的逻辑关联进行科学和系统化的分类，能够实现各种类型数据的分类。

通过对国家安全、社会稳定和公民安全的重要程度，以及数据是否涉及国家秘密、用户隐私等敏感信息，对不同敏感级别的数据在遭到破坏后对国家安全、社会秩序、公共利益，以及公民、法人和其他组织的合法权益（受侵害客体）的危害程度来确定政务数据的级别。

数据分级分类系统建设包括建设数据分级分类标准库和数据分级分类支撑系统。

1）数据分级分类标准库

建设数据分级分类标准库，可以承接全省各类数据资源所涉及的知识范畴，将省政务数据按照主题、行业、服务等进行分类，并采用多维度和线分类法相结合的方法，在主题、行业和服务三个维度对省政务资源数据进行分类，对于每个维度采用线分类法将其分为大类、中类和小类三级。业务部门再根据业务需要，对数据分类进行小类之后的细分。

各部门根据业务数据的性质、功能、技术手段等进行扩展细分，从多个维度进行关键词的标签构造，同时各单位在为各种类型数据确定了级别后，再明确该级别的政务数据的共享需求、数据分发范围、是否需要脱密或脱敏处理等。

数据分级分类标准库构建包括主题分类、行业分类和服务分类及标签构造。

（1）主题分类。按照政务数据资源所涉及的知识范畴，将省政务数据按照主题进行分类，采取大类、中类和小类三级分类法。

按主题将省政务数据分为以下大类：综合政务、经济管理、国土资源、能源、工业、交通、邮政、信息产业、城乡建设、环境保护、农业、水利、财政、商业、贸易、旅游、服务业、气象、水文、测绘、地震、对外事务、政法、监察、科技、教育、文化、卫生、体育、军事、国防、劳动、人事、民政、社区、文秘、行政、综合党团。

（2）行业分类。根据政务数据资源所涉及的行业领域范畴，采用GB/T 4754—2011规范的国民经济行业分类与代码，将其四级类目的前三级（即门类、大类、中类）对应为本标准的大类、中类、小类。

按行业将省数据分为以下大类：农、林、牧、渔业；采矿业；制造业；电力、热力、燃气及水生产和供应业；建筑业；批发和零售业；交通运输、仓储和邮政业；住宿和餐饮业；信息传输、软件和信息技术服务业；金融业；房地产业；租赁和商务服务业；科学研究和技术服务业；水利、环境和公共设施管理业；居民服务、修理和其他服务业；教育；卫生和社会工作；文化、体育和娱乐业；公共管理、社会保障和社会组织；国际组织。

（3）服务分类。省政务资源数据按服务分类基于以下依据：要对构建服务型政府形态具有技术指导作用；体现经济调节、市场监管、社会管理、公共服务等政府职能；有利于实现政府内部跨部门、跨行业、跨地区数据共享。

按服务将省数据分为以下大类：惠民服务、政府资源管理。对于每一个大类服务，按线分类法划分中类。对于每一个中类，按照线分类法划分小类。

（4）标签构造。根据政务数据应用需求，政务数据资源按照面分类法可以构造如下关键词标签：经济、政治、军事、文化、资源、能源、生物、交通、旅游、环境、工业、农业、商业、教育、科技、质量、食品、医疗、就业、人力资源、社会民生、公共安全、信息技术共23大类的关键词标签。在进行标签构造时从人名、事件名、地理名、机构名、形式、规范制度、政策、时间段、理论、路线、指标、行为、功能、动植物、农作物和农产品、自然现象、工具和数据处理这些维度对政务数据标签进行自定义构造。针对具体数据可以按照以上维度给数据打上能体现数据本身特征的标签词。

2）数据分级分类支撑系统

为了更好支撑组织对数据安全分类分级需要，以期助力数据安全治理工作的发展，系统应包括主观判断与客观判断的支持、现有安全环境的系统映射能力、动态扩展能力、上下游系统结合能力、分级分类动态更新。

（1）主观判断与客观判断的支持。对于客观数据可直接辨别敏感性（如电话、身份证等），对于主观数据则提供判断分析功能。

（2）现有安全环境的系统映射能力。考虑数据多种特性，其中包括数据安全可控性，利用现有设备（或部分新购设备）有针对性地加深数据防护粒度，从而减轻资金、人员、运维精力等综合投入成本。

（3）动态扩展能力。对于不同数据形态、不同分类分级需求，进行动态扩展，包括敏感数据发现规则的动态拓展、元数据管理的动态扩展、指标自定义的动态扩展等。

（4）上下游系统结合能力。对于数据分类分级，应具有上下游系统结合的能力，例如上游态势可视化展示（数据分布可视化、数据流程可视化等）、资产应用等，下游的数据安全管控（审计、防火墙、脱敏、加密、数据防泄漏）等。

（5）分级分类动态更新。支持对数据分级分类动态更新，根据国家、省各项要求持续完善数据分级分类标准体系建设，保障数据安全。

5. 级联管理

按照国家、省的相关要求，完成与国家级平台、省级平台、市级平台级联对接工作，形成全省数据交换总枢纽，主要包括对目录、资源、调度等各方面提供级联对接。级联管理对接如图10.10所示。

配置市级前置机后，省平台通过自身数据交换平台连接前置机，通过该前置机实现目录的上报和接收。

资源级联管理的功能主要有：

1）级联配置管理

针对省级部门以及各市、区县的级联过程，进行一系列的配置工作，以便于后续级联工作有序开展。

主要功能包括地区配置管理、地区平台配置、级联库管理、级联文件系统管理、级联库监控和目录下行范围配置。

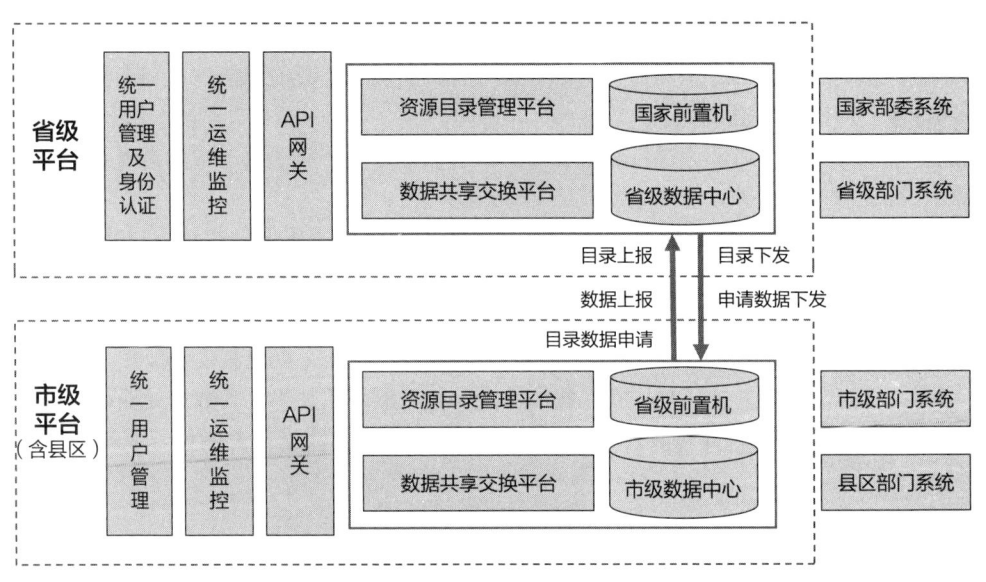

图 10.10 级联管理对接图

2)资源目录级联管理

在区级级联系统中,针对各部门、各地市的资源目录级联数据,能够实时查看分析目录级联情况,针对跨层、跨地区的资源申请,能够进行申请的推送转发操作。同时能够对目录级联过程中的数据变化情况进行监控统计。

主要功能包括地区目录查看、垂直管理部门目录查看、地区应用查看、地区机构查看、地区库表资源查看、地区服务资源查看、地区文件资源查看和目录纠错。

3)资源级联共享查看

针对跨部门、跨地区两级资源跨层申请、跨地区共享,级联系统提供共享过程的查看统计,但不支持具体的共享操作。

主要功能包括跨层资源共享查看、跨层资源申请查看、跨地区资源共享查看和跨地区资源申请查看。

4)资源目录级联监控

级联系统针对平台运行过程中的级联内容进行全方位的监控,包括目录、资源、申请等级联日志的查询分析。

主要功能包括上报级联日志、下发级联日志、资源目录级联监控统计和资源共享申请级联监控统计。

10.3.4 数据安全监管

为建立全省统一的政务数据安全情报共享、安全监测预警与信息通报工作机制,健全政务数据安全应急处置机制,该平台还建设了统一的政务数据安全监管系统,用于检测政务数据安全状况、发布政务数据监测预警信息和协调统筹政务数据安全事件处置。

1. 数据标准管理

系统具有对大量敏感词的分类和台账管理功能,通过提供导入模板,实现对敏感词的批量导入能力。

2. 敏感字段分布

系统提供统计敏感字段的数量、涉及敏感字段的部门占所有部门的比例、已配置脱敏规则的敏感字段的占比等，同时通过追踪敏感字段被使用和被订阅的情况，方便了解敏感字段的流转情况。

3. 脱敏方法管理

系统提供数据脱敏功能，支持对数据动态脱敏及脱敏方法的制定；支持配置泛化、抑制、扰乱等脱敏方法，保障数据安全。

4. 数据脱敏管理

系统提供基于元数据的敏感词扫描，根据扫描结果对字段需要配置脱敏进行提示，提供基于元数据字段粒度的脱敏规则配置，配置规则的字段，实现基于规则的脱敏，可直接对数据库表的脱敏规则进行设定；支持单独对某个字段进行脱敏规则设定。完整的数据脱敏全生命周期过程包括制定数据脱敏规程和执行数据脱敏工作流程两大部分。

数据管理机构制定完备的数据脱敏规范和流程，并对可能接触到脱敏数据的相关方进行数据脱敏规程的推广培训，并定期评估和维护数据脱敏规程的内容，以保证数据脱敏工作执行的规范性和有效性。

一个完整的数据脱敏工作流程包括发现敏感数据、标示敏感数据、确定脱敏方法、定义脱敏规则、执行脱敏操作和评估脱敏效果等步骤。

系统提供专用的数据脱敏工具，进行数据清洗、转换、脱敏，可将该平台中需要开放的数据从部门前置库采集到开放库；通过前置机或接口方式汇聚至开放库的数据也将同步开展数据清洗、转换、脱敏工作。

5. 安全级别管理

可根据实际情况对数据进行分级管理，设置数据安全级别，保障数据访问安全。

6. 安全审计

提供对敏感词、安全词的增长统计及元数据安全级别统计分布，提供按照时间序列统计元数据变更趋势、数据量变更趋势、服务调用趋势和数据访问量趋势。

7. 数据风险分析

为实现告警自动、可控、易更改，提供告警规则管理功能，实现告警规则的自定义管理和维护。系统具备监控同一账号异地登录情况、同一账号在多个IP登录、同一账号多次重复登录、同一IP登录多个账号、数据进行连续大量查询、数据连续大量插入、数据连续大量删除等异常行为监控及分析能力。

系统根据告警监控中相关告警配置内容，自动对告知体发出通知，支持在线消息、短信等通知方式，同时管理平台可监控每次发出的警告的详细信息，并可监控该警告有无被处理。

监控主要体现在告警目标管理员姓名、告警内容、告警产生时间、告警级别、告警名称、告警类别、相关人员处理告警的时间，针对每一条告警，可在平台直接查看。

告警监控是对平台的API调用、数据更新频率进行告警管理，能够集中统计针对API调用、数据更新等问题的告警信息。

8. 数据访问统计

针对数据的访问进行统计，主要围绕数据安全级别进行安全审计。

9. 访问日志记录

访问日志是用来查看用户访问系统的记录。可以通过记录查看访问人员、访问 IP、访问时间和访问模块。

系统对平台内所有资源数据的访问情况进行日志记录，包含资源名称、访问用户、访问者部门、访问者 IP、访问时间、页面请求字符串、返回数据展示等信息。

10. 操作日志记录

系统提供用户访问的 IP 和操作记录，通过日志可以进行排查和追溯，其中日志类型包括元数据操作日志、服务操作日志、资源操作日志。

10.3.5 建设成效

该平台的建设取得良好的成效，对数据管理部门、业务职能部门、政府决策者、公众和企业都产生了较大的效益。

1. 对数据管理部门的效益

（1）梳理形成各类大数据治理标准规范。围绕数据中心各基础数据库，建立了元数据标准、主要实体的数据元标准、数据分类编码标准、数据质量标准，以及数据处理流程规范等。

（2）建立了全面数据质量管理体系。在政务大数据整个生命周期中，建立了贯穿数据采集、处理、融合、应用等数据质量控制体系，满足问题数据"发现 - 反馈 - 修正"的数据质量闭环管理。为促进数据质量提升及设计质量评价体系提供量化自动数据质量评判和报告。

（3）建立了数据治理可溯机制。围绕建立快速发现并解决问题数据的数据质量闭环控制体系，深度挖掘分析问题数据，在数据建模阶段引入了必要的数据质量控制字段，实现对问题数据的源头可追溯和反馈。

2. 对业务职能部门的效益

借助互联网技术、大数据技术强大的信息传递能力，汇总和梳理各部门之间的数据资源，有效地穿透了现有的行政架构，实现多向信息流动；同时，通过政府能力前置，对政务工作人员本身进行赋能，增加政府履职过程中可触达的深度和广度，使政务工作人员在事项办理、现场监管执法等过程中快速获取所需的外围信息，支撑业务的快速处置。

3. 对政府决策者的效益

对于城市的管理者和决策者，该平台对涉及城市运行各类数据进行归集整合、对比分析、关联分析、预测分析和钻取挖掘，可以对某项专题进行深入分析，在高密度数据中发现新的价值，并应用到政府重大决策工作中，为公共服务、社会治理、经济调节、政策制定、资源分配等提供精准科学决策依据，提高科学决策水平。

4. 对公众的效益

通过该平台的建设，政府的服务更加精准化、智能化，逐步从"民众找服务"向"政府送服务"过渡，实现政府的服务方式从被动供给到主动提供的转变。借鉴互联网的经验，以大数据、人工智能等技术感知需要，并根据民众的年龄层次、生活习惯、家庭状况、常需服务等多维度对民众进行画像，在合法、安全的前提下对民众个人信息进行深度分析，定期推送民众需要的服务，使需求端从"千人一面"向"千人千面"转变，从而更高效精准地满足民众的需求，改善民众的服务体验，满足人民群众美好生活的需要。

5. 对企业的效益

经过该平台的建设，可进一步深化推进政务服务"一网通办"，进一步降低企业的准入门槛，推动企业开办、运营、注销和市场维护全流程的便利化，并依托于"一网统管"，在市场监管、包容的创新生态等企业关注的方面寻求新突破，缩小营商环境优化与市场主体预期之间的差距。同时，建立常态化的企业建言机制，畅通企业参与渠道，开展营商环境评价工作，以评促改。另外，更为精准的政策推送、更为敏捷的服务响应，为营造一流营商环境创造了有利条件。

第11章 某省级海港大数据应用平台建设案例

"数"潮涌动，港"云"升腾

今天，数据已经成为继土地、劳动力、资本、技术之外的第五大生产要素，数据是数字经济时代的"石油"，国家以推动高质量发展为主题，以供给侧结构性改革为主线，以释放数据要素价值为导向，围绕夯实产业发展基础，着力推动数据资源高质量、技术创新高水平、基础设施高效能，围绕构建稳定高效产业链，着力提升产业供给能力和行业赋能效应，统筹发展和安全，培育自主可控和开放合作的产业生态，打造数智科技发展新优势。

中电信数智科技有限公司积极探索，运用大数据技术来提升企业的生产效率和管理水平，为某省级海港建设了大数据应用平台。该平台对各业务域分散、重复、混乱的数据进行梳理、建模、整合、评价、控制；制定了数据标准和工作规范，打破信息壁垒，消除信息孤岛，提高了数据合规监管和安全控制的能力；对数据的产生、处理、整合、共享、应用、销毁等全生命周期进行高效管理，获得了良好的效益。

11.1 概 述

该海港拥有及管理沿海生产性泊位82个，万吨级以上泊位77个，10万吨级以上泊位32个，15万吨级以上泊位15个，20万吨级以上泊位4个，30万吨级1个，年吞吐能力3.55亿吨，其中集装箱吞吐量能力870万标箱。目前，共开通内外贸集装箱航线75条，其中外贸集装箱航线47条（远洋航线6条），内贸集装箱航线28条，通过现有航线网络可通达全球集装箱港口，辐射范围涵盖100多个国家和地区的200多个港口。

该海港已建设了协同管理系统、智慧海事系统及规费智能联动稽查系统等信息化系统，但在日常的生产管理中依然存在以下问题：

（1）地区间建设分散。
（2）缺乏统筹，处室间业务不协同。
（3）效能低，供需间系统不适用。
（4）服务水平低，缺乏融合的、专业化的信息化手段对业务进行支撑，通航环境复杂度上升。
（5）管理难度加大、数据量越来越大。
（6）价值挖掘能力弱，水上交通安全风险隐患管理可视化能力需要加强。
（7）海上执法精准度需要提升。

按照国家关于加快建设交通强国、海洋强国的总要求，海港领导提出了：构建多维感知、全域抵达、高效协同、智能处置的一体化水上交通运输安全保障体系，使港务服务标准化、规范化、便利化水平大幅提升，高频服务事项实现全国无差别受理、同标准办理；集约化办事、智慧化服务实现新的突破，"网上办、掌上办、就近办、一次办"更加好办易办，政务服务线上线下深度融合、协调发展，方便快捷、公平普惠、优质高效的港务服务体系全面建成。

该海港以提升民生服务和业务治理能力为重点，以体制机制技术模式创新为保障，按照"统筹规划、需求导向、先进实用、统一标准、开放共享、安全可靠"的总体原则，强力推动该海港的一体化海上交通运输安全保障体系建设，强化对该省沿海水域的安全智慧监管能力，加强海事的执法可视化能力，实现数据标准统一，数据资源共享，为该海港门户提供优质的数据服务支撑，促进该省沿海经济区的发展。结合国家和地区发展的宏观背景，基于自身业务治理需求考虑，该海港管理部门决定启动海港大数据应用平台建设以适应新的发展要求。

11.2　建设目标和任务

通过建设大数据应用平台，打造一个具备集约、高效、统一的数据存储，实现大数据治理、大数据分析等多功能一体的数据中台，为应用建设提供计算和存储资源，实现海量、多源、异构数据的治理和融合，建立统一数据标准，打破数据壁垒，提供优质数据服务，逐步推动公共数据资源和服务资源开放共享，实现实时、动态、智能的数据挖掘，通过对海量多源数据进行要素及要素关联关系的实时提取、归并，形成动态的资源数据，利用智能化的研判分析模型对各类要素进行归一化，形成高价值的主题数据，为平台上各类应用提供数据支撑。

通过航运服务门户应用、水上交通风险隐患管理系统、水下三维航道图系统、气象信息共享系统建设，推进海上交通运输体系智能化建设，提高海事政务信息化能力，提升海事便民服务体验，实现政务服务方式更多样化、智慧化水平的逐步提升。

11.3　主要建设内容

1. 深入推进海事数据"聚通用"，创造数据价值

建设集约、高效、统一的数据中心，为海事信息系统提供计算存储资源，实现海量、多源、异构数据的治理和融合，建立统一数据标准，打破数据壁垒，提供优质数据服务。同时通过展示中心为海上交通安全监管、突发事件应急处置提供直观、全景、多方位、多角度的数据信息，提升保障海港水上交通安全能力。

2. 建设一个便捷的航运服务窗口

开发航运服务门户应用，为涉海涉运人员、企业提供一个便捷的航运服务窗口，同时在沿海增加部署自助服务站，让民众、企业可以"网上办、掌上办、就近办、一次办"更加好办易办，逐步实现政务服务线上线下深度融合、协调发展，方便快捷、公平普惠、优质高效的政务服务体系全目标，满足企业和群众的多样化办事需求。

3. 建设水上交通风险隐患管理系统，提升水上安全管理能力

建设水上交通风险隐患管理系统，进一步规范水上交通安全风险防控和隐患排查治理工作，实现风险信息录入、监督管理、实时监测、安全预警管理等功能，依托大数据平台的智能模型，结合水域实时信息，对风险隐患进行分级管理，智能研判区域风险等级并对高等级风险进行预警提示，同时提供预防及治理安全风险的措施参考，结合水上交通安全隐患排查治理工作，对隐患进行全周期管理直至隐患消除。

4. 完善水下三维航道图，提供安全助航服务

在已有的水下三维电子航道图的基础上，实现数据落地，完善该海港水下三维电子航道图的扫测绘制，结合E航海等系统为船舶进出港提供安全助航服务，为航线规划、航道养护工程、船舶会遇分析、海上搜救、水域事故调查、沉船打捞等作业提供水下三维基础空间数据支撑。

5. 建设水下三维软件系统，提升"智慧港口"的基础数据支撑能力

依托计算机、网络、地理信息系统、三维虚拟现实、数据库等先进技术，基于该海港历年的海底地形地貌数据、无人机倾斜摄影实景数据，建立海陆一体化、水上水下一体化航道三维实景模型

和重要港口倾斜摄影实景数据。通过开发水下三维软件系统，以数字化、便利化、智能化提升港口码头建设，实现一体化的地理信息展示、信息化的三维实时监控和智能化的港口空间管理，进一步提升对"智慧港口"的基础数据支撑能力，同时提供该海港海域水上水下综合地理信息作为综合辅助决策系统。

6. 建设气象共享信息系统，提升管理决策能力

气象共享信息系统的实现是多技术融合、多系统融合、多领域融合的综合性应用系统，打造"实时监测气象信息"便捷服务应用，系统具备完全可控制的全面感知能力、与内外部系统的协同与优化能力、基于主动学习和智能响应的智慧化运行能力，这些能力涵盖气象信息共享系统从具体到整体、从底层到顶层的主要特征。深化数据利用，加强资源整合能力，提高管理决策能力，实现"气象监测"的目标。

11.4 平台架构

11.4.1 总体结构

该平台总体结构严格遵循安全性、共享性、扩充性、可维护性、可兼容性的开发原则，平台建成后，会给相关应用提供数据支撑。平台总体结构如图11.1所示。

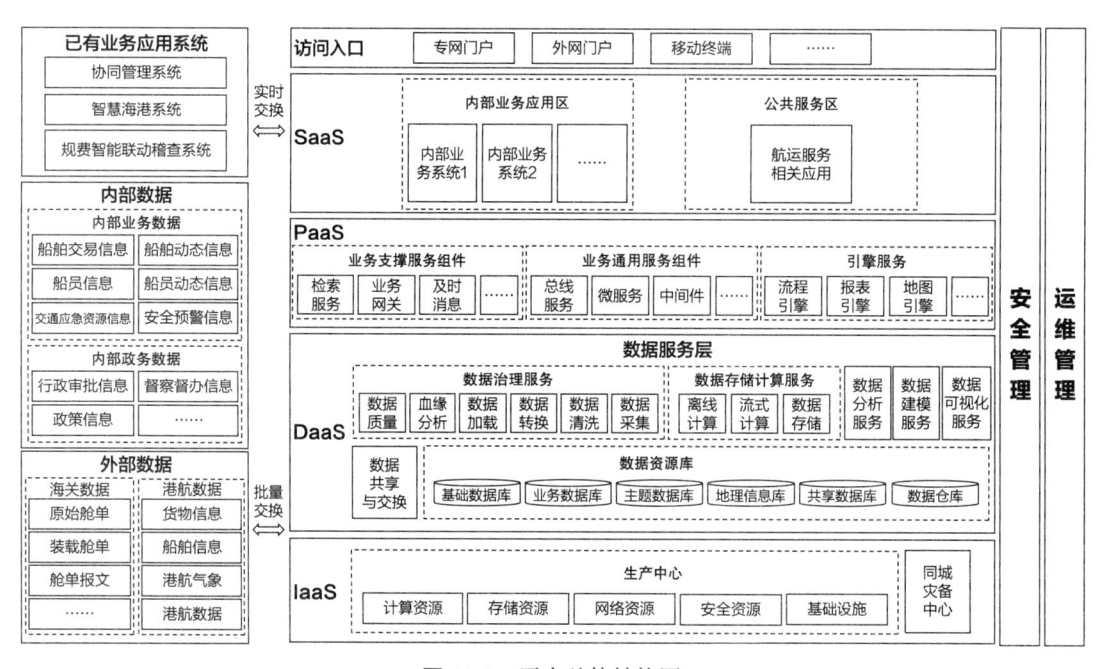

图 11.1 平台总体结构图

平台总体结构主要由 IaaS 层、DaaS 层、PaaS 层、SaaS 层、访问入口、支撑保障层组成。

（1）IaaS 层。提供运行的基础环境，包括网络及交换设备、服务器、存储设备、安全防护设备、消防供电设备、机房设施等硬件设施。

（2）DaaS 层。对接入的外事单位数据及内部业务系统数据进行统一汇集及管理，主要包括业务数据库、基础数据库、地理信息库、共享数据库、数据仓库、主题数据库的建设。同时通过数据共享交换，纵向向上实现与上级数据中心的数据交换，纵向向下实现与下设机构的数据交换。横向与该省交通、气象、水文、港口、海关等相关单位之间的数据共享和交换，同时与船舶、港口、码头企业等外单位系统对接。

（3）PaaS 层。承担"承上启下"的重要使命，衔接了上层应用工具，对接调度下层基础资源。包括业务支撑服务组件、业务通用服务组件和引擎服务。

（4）SaaS 层。以 PaaS 层为基础，提供统一的登录平台和内部业务系统。

（5）访问入口。包括专网门户、外网门户和应用门户。专网门户面向港务管理用户提供行业管理端的应用服务功能的集成展示服务，外网门户面向各类企业提供企业服务。通过移动管理系统提供便捷移动应用。

（6）支撑保障层。包含安全管理体系及运维管理体系，为平台安全运行提供基础保障。

11.4.2 网络结构

本案例网络基于原有网络进行扩容改造，包括新增部分数据中心云化设备，接入已有核心交换机，充分利旧安全设备资源。同时针对已有系统保持原总体网络架构不变，仅对新增的资源需求进行建设，若原有系统数据需要迁移或部署在新平台，则通过内部网络互联、数据互通方式满足；若原有系统容量不足，则按需进行扩容，扩容升级后的总体网络结构如图 11.2 所示。

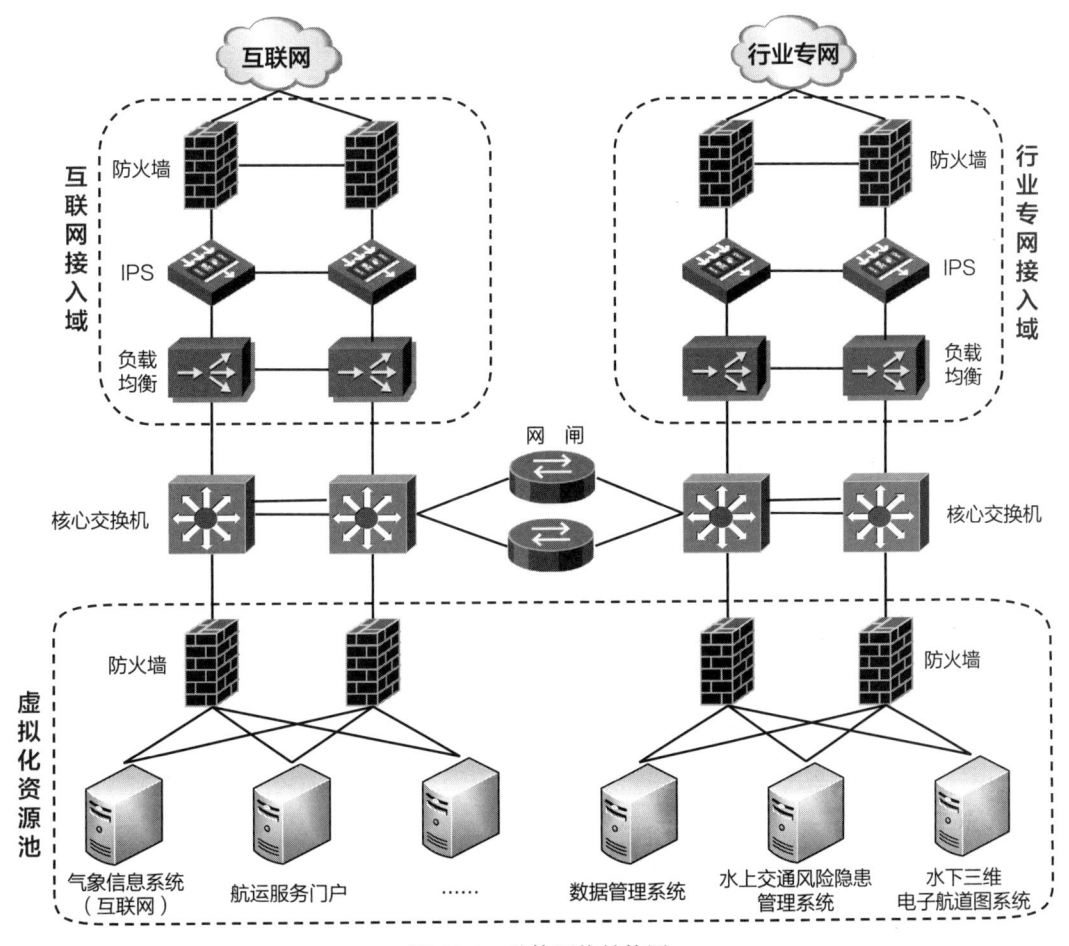

图 11.2 总体网络结构图

网络结构主要划分为行业专网接入域和互联网接入域，每个数据中心的网络都分为二层交换层和三层路由层。接入层、核心层选择支持虚拟化的数据中心级交换机，解决二层 STP、链路聚合等问题。

（1）接入层。部署接入交换机，负责将服务器接入网络，收敛汇聚服务器数据。气象信息系统、航运服务门户、数据管理系统、水上交通风险隐患管理系统、水下三维电子航道图系统部署于云端，通过虚拟化交换机接入。

（2）核心层。建设核心交换机，与行业专网接入域或互联网接入域互联，是整个资源池与外界互联的门户。

11.4.3　技术框架

该平台技术结构采用分层建设，主要包括展现层、应用层和数据层，其中展现层又分为 Web 展现层和移动展现层，如图 11.3 所示。

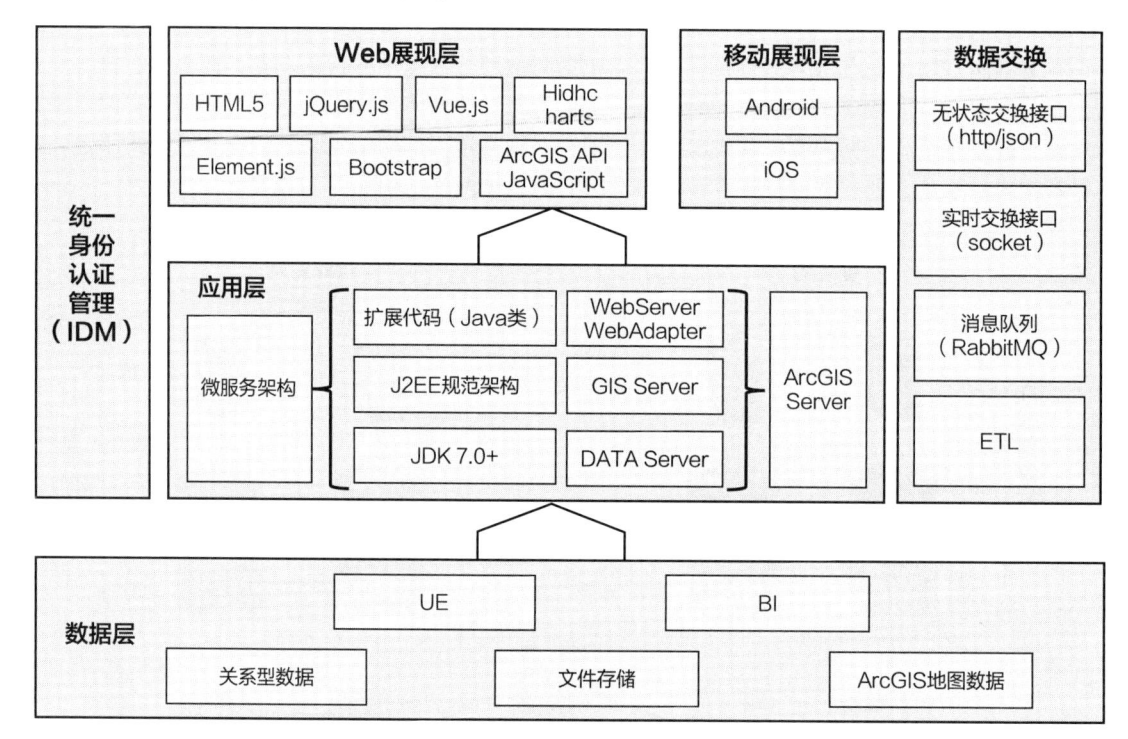

图 11.3　平台技术结构图

1. Web 展现层

Web 展现层支撑门户服务模块及相关业务单据的展示。为能更好地支持当前主流浏览器，实现桌面和移动端的无缝衔接，引入 Vue.js（一套构建用户界面的渐进式框架）、JQuery（JavaScript 框架）、Bootstrap（一个用于前端开发的开源工具包）等技术来构建门户界面，从而实现快速的界面开发、灵活的界面设计及高效地实现异步任务。此外，基于前期已建设的 ArcGIS（桌面应用地理信息系统平台）作为电子地图的底层技术，选用 ArcGIS API JavaScript（一种地图应用）来适配展示电子地图。

2. 移动展现层

移动展现层主要是实现移动应用门户的展示，采用 HTML5 Plus Runtime 开发移动应用，HTML5 Plus Runtime 可以很好地解决移动终端设备的兼容以及开发局限的问题，同时还可以大大提高开发效率及移动应用门户的运行性能。

3. 应用层

应用层采用微服务架构，通过大量相互通信的小型系统提供自动配置功能，解决日益增长的运维复杂度问题。选择ArcGIS相关技术栈来支撑GIS的可视化展现服务，利用海域电子地图和电子航道图融合显示技术，实现图层叠加和信息展示。

4. 数据层

数据层通过配备良好的开放性和跨平台能力的关系型数据库产品，保存结构化的业务数据。文档、图片等非结构化数据以文件形式储存于服务器中，并根据应用规模和特点，选择具备较高冗余备份、负载均衡、线性扩容等机制的文件服务系统。地图空间相关数据则是以ArcGIS中所设定的存储方式保存到相应服务器中。应用数据库、共享数据库、数据仓库及主题数据库之间的数据抽取通过主流数据同步中间件实现，数据展现及数据分析通过主流的UE及BI软件来实现。

5. 统一身份认证管理

统一身份认证管理满足各级业务用户身份的管理功能，支持用户统一身份认证、单点登录、权限分配、账号管理、安全认证及网络访问控制功能，同时预留标准认证接口，为后续新增应用系统准备。

6. 数据交换

数据交换通过开发无状态交换接口、实时交换接口、消息队列等方式，同时搭配ETL（extraction-transformation-loading，抽取、转换、加载）工具实现不同分层之间的数据交换。

11.4.4 数据框架

通过建立海事信息模型框架，统一接入系统的外事单位数据及内部业务数据各环节的语义和认知，指导信息系统数据模型标准和系统间交互标准规范的建立。建立领域数据服务模型和分析决策模型，为上层应用提供安全、一致的数据访问和数据分析服务；设立标准统一、体系完整、功能完备的数据中心，使其成为支撑各项业务开展的资源平台和能力平台。数据框架如图11.4所示。

1. 数据汇聚

平台抽取和汇聚内部生产数据库、同级外部单位、下级单位数据等进行数据治理融合，形成统一数据标准，构建应用数据库和共享数据库。

2. 应用数据库和共享数据库

（1）应用数据库。通过收集基础、业务、电子航道图、三维模型数据及海港港航资源专题数据，建设基础数据库、业务数据库、地理信息数据库。

（2）共享数据库。从外单位接口接入、从已有数据中心获取的数据，融合治理后，开发预留统一标准的数据接口，形成共享数据库，包含港行信息资源数据库和海事数据库。

3. 数据仓库

数据仓库集成应用数据库及共享数据库历史数据，将不同业务系统产生的数据进行汇总，包括从原数据中心获取的船检管理数据库、海事管理数据库等。

4. 主题数据库

为实现高效的查询分析，以数据仓库为基础，针对应用场景最多、应用频率最高的船舶数据、水路运输经营人数据及港口经营人数据，从多源多维度的数据仓库抽取上述主题数据，融合并构建主题数据库。

5. 数据应用和数据共享

支撑数据展现、决策分析、数据挖掘、数据建模、运营管理等数据应用。

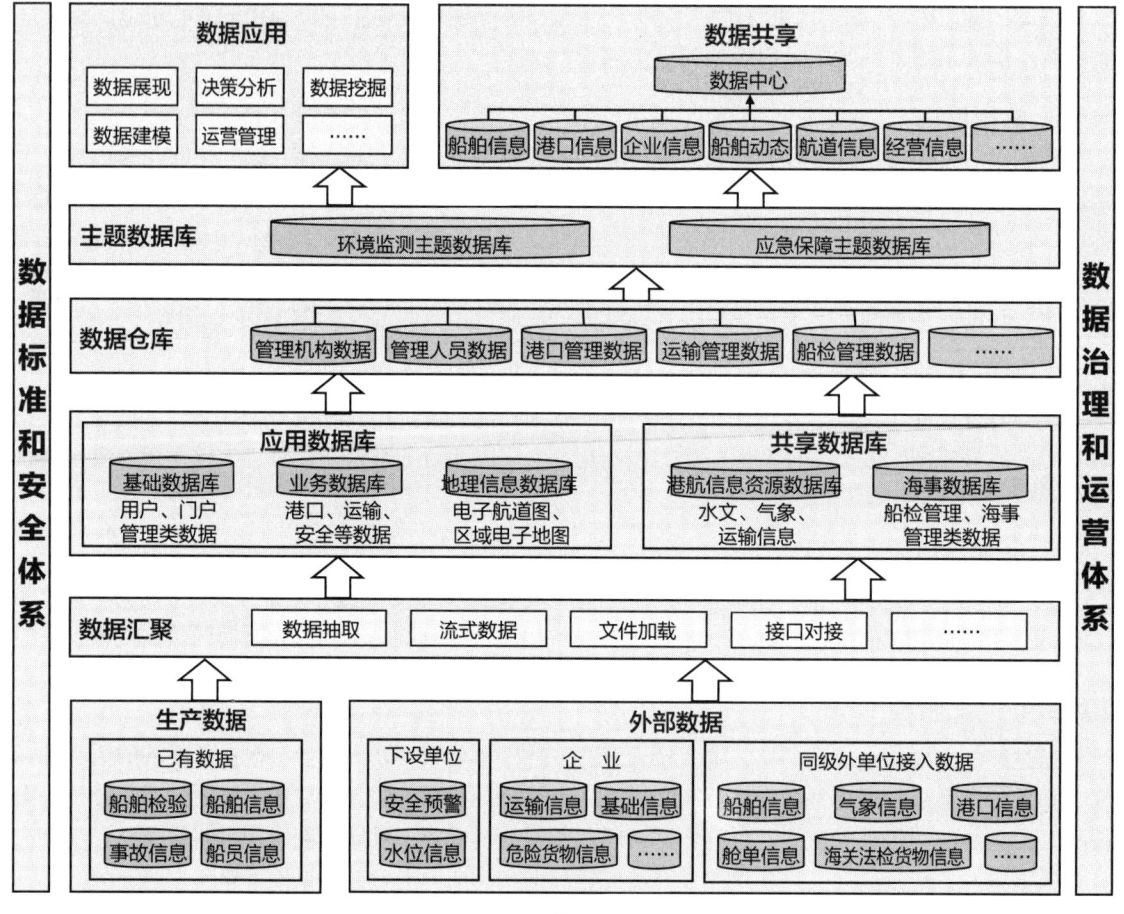

图 11.4　数据框架图

11.5　分部结构

11.5.1　信息资源划分

数据中心在业务管理中所收集、整理、加工、传递和利用的一切信息具有社会性、可证性、可信性、时效性等特征，这些信息是海事监管、海事服务、船舶检验、应急保障等工作的前提、决策的基础、科学管理的纽带，也是提高监管能力、公共服务能力的工具。

以实现信息资源的综合利用为目标，通过综合分析，采用事件、特征、人员、组织机构为重点要素，对应用信息资源进行科学的分析和归类，建立统一、完善、标准的数据资源中心，将分散的信息采集、获取、处理、存储、传输和使用，经抽取有关数据，进入到数据发布系统，实现信息共享，划分如下：

（1）按信息资源的形式划分：文本、文档资料、视频图像、地理位置信息。
（2）按信息资源的用途划分：业务支撑、业务管理、决策支持三类应用信息。
（3）按信息资源的使用范围划分：公开信息、内部信息。
（4）按信息资源的实时性划分：实时信息、后备信息。

11.5.2　数据库结构

数据库为数据源提供存储、维护、检索数据的功能，把所需的数据按一定模式、结构组织存储起来，满足业务应用需求（信息要求和治理要求），使管理决策可以方便、及时、准确地从数据库中获得所需的信息。

1. 数据库结构

数据库结构在逻辑层次上分为五个层次，各层的说明如图11.5所示。

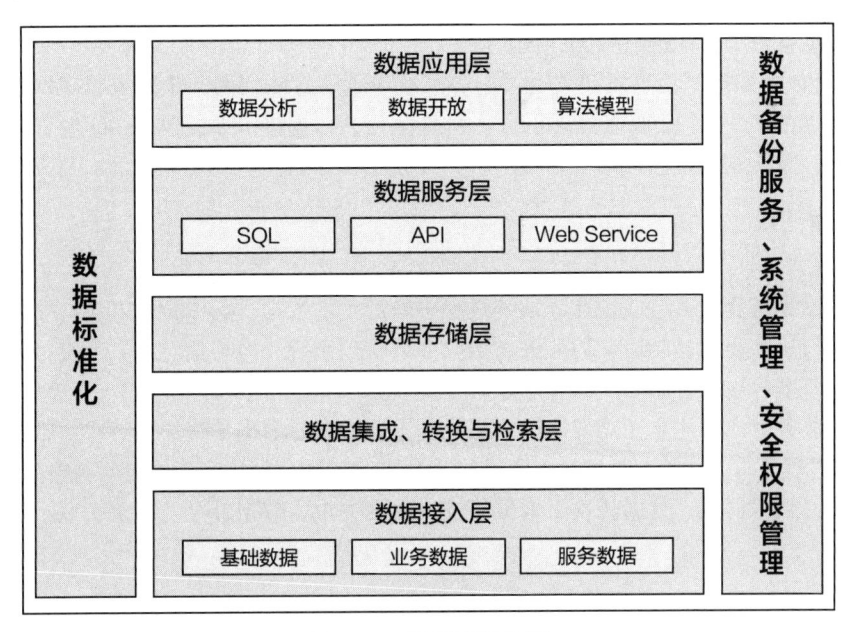

图 11.5　数据库结构图

（1）数据接入层。主要对各项业务应用系统的数据实现无缝的动态接入功能，并能访问分布在业务系统中的基础业务数据。该层提供丰富的接口适配器，满足各种应用系统的动态接入能力，实现数据动态集成。

（2）数据集成、转换与检索层。为信息系统提供集成的、统一的、安全的、快捷的信息查询、数据挖掘和决策支持服务。

（3）数据存储层。建立数据存储的方案，提供数据库的所有功能，能够直接存储管理本地数据，可将各类异构数据资源的数据，通过集成存储在该数据库中或直接存取已接入的异构数据资源。

（4）数据服务层。实现对外提供数据服务的接口，经过授权的用户，通过接口获取权限范围内的数据。数据的分析应用，参与数据交换、获取共享数据的应用系统，都是通过该层提供的服务获取数据。该层以多种方式提供数据服务功能，并能动态调整系统的负载均衡，保证优先级高的服务优先获取数据，均衡系统压力。

（5）数据应用层。主要是对数据的分析、利用，应用数据的方式很多，包括Web信息发布、查询，报表系统生成报表。

2. 原始库建设

原始库是数据资源池进行逻辑的分级分类管理中的一种数据库类型，在数据正式入库后需要根据平台的需求进行逻辑的分级分类管理，并根据国家和省部对数据资源的相关要求进行资源编目、资源挂载和资源管理。

整个原始库建设按照数据结构分为四大类：

（1）结构化数据处理。对于结构化的数据（原始库与源端的数据结构一致，数据内容完整，便于追溯），在原始库中建议永久保存，主要是关系型数据库存储的数据。

（2）半结构化数据处理。对于半结构化数据（xml、json 和 html 等文件），在原始库上建立对应的数据表，数据采集子系统抽取数据到原始库，逐条将原始的数据表存储到原始库中，并对每条数据进行结构化的解析。

（3）非结构化数据处理。非结构化数据是指数据结构不规则或不完整，没有预定义的数据模型，图像、音频、视频信息等都属于非结构化数据。在服务器中根据不同的部门进行数据分组，分别建立目录，用数据备份等方式进行数据存储。

（4）实时数据处理。消息发送方通过服务总线申请消息队列的通道写入权限，消息发送方把实时数据写入 kafka（一个开源流处理平台）消息队列，数据接入系统从 kafka 消息队列订阅数据同步到原始库，原始库对于消息内容不做解析，逐条直接存储。

3．业务库建设

1）业务生产库

业务生产库是指业务人员使用业务系统过程中所产生的数据，其中记录和存储了活动相关的数据，包括执法与执勤业务、航运交通业务、协同办公管理系统、海事信息、共享交换系统、数据中心系统、智慧海事、规费智能联动稽查等业务相关数据。

为了实现业务生产库建立，需要明确数据清洗工艺流程、数据清洗流程要求、数据清洗质量要求、数据清洗过程要求等内容。通过对多源异构数据进行标准化处理和融合处理提升数据价值密度，包括数据探查、数据提取、数据转换、数据清洗、数据去重、数据补全、数据关联、数据融合、数据比对等功能。

2）业务数据探查

业务数据探查支持业务探查、接入方式探查、字段探查、数据集探查、问题数据探查等功能。

3）业务数据提取

业务数据提取是原始数据进行规范化处理的过程，主要针对半结构化和非结构化数据，通过数据提取过程，从这些数据中提取出人员、机构、事件等相关信息，并将提取的信息以结构化形式进行存储。支持诸如 xml、txt、csv 和 excel 等格式和 zip 包数据抽取。

4）业务数据清洗

对业务数据中不符合标准规范或者无效的数据进行相关操作。业务数据清洗模块的处理规则主要涉及唯一性规则、完整性规则、合法性规则、权威性规则等。支持去空插件、去重插件、增加列插件、特定数据删除插件、补全插件等插件化拖拽组件，方便使用。

5）业务数据转换

业务数据转换依据元数据、字典表、规则库等多种数据标准进行统一的命名、编码、标识。支持断点功能、数据校验功能，支持转换插件化拖拽组件，同时提供规范关联、转换处理服务。

6）业务数据关联

业务数据关联组件在不同数据集之间的关联，实现在不同数据集的联动，为数据治理、业务应用的需求提供支撑。根据数据处理流程设计的要求，数据关联组件的功能包括标准关联、字典关联、半结构化关联、关联回填。

7）业务数据比对

系统具备数据比对功能，通过数据比对功能实现对两个数据集中的数据内容、数据格式的比较核查，找出相同的数据或不同的数据。

8）业务数据融合

标准化去噪后的数据需要采取必要的数据融合手段，按照数据应用需要的方式组织。数据融合具备可视化建模功能，通过页面操作完成数据创建与维护，并支持数据模型的导入和导出。能够通过 DDL（数据库模式定义语言）语句和可视化方式进行建表，并支持异构数据库自动建表。能够适配主流的大数据组件，如 Hadoop、Hive、HBase 等。业务数据融合提供 SQL（结构化查询语言）和 MapReduce（一种编程模型）的融合服务。

4. 主题库建设

主题库是集约化的数据环境，其全面汇集该海港管理部门的自有业务数据和跨部门共享交换的多种数据源，进而规划和建立的数据集。主题库针对不同的业务及管理和服务对象，分为环境监测、设备信息、地理位置信息、港航气象信息、船员信息、应急保障 6 个主题，详见表 11.1。

表 11.1 主题库功能表

主题库	二级主题库	主题库说明
环境检测主题库		主要包括设备信息、地理位置信息、港航气象信息等，用于分析预测区域环境，加强对区域情况的综合感知
设备信息库		主要由水温、水深、风向、视频、烟感、水冷泵房、滑油、燃油、空调等环境监测物联设备信息构成
地理位置信息库		主要包含港湾地理位置、船舶经纬度、锚地地理信息、码头地理信息、库场地理信息、仓库建筑地理信息、堆场地理信息
港航气象信息库		主要包含港湾常年风向、常年风力、春季风向/风力、夏季风向/风力、秋季风向/风力、冬季风向/风力、台风风向/风力、年台风次数、历史最大风力、年平均温度、年最高温度、年均最低温度、年均降水量、年最大降水量、年最少降水量、年暴雨天数、年均降雾天数、年均降雪天数、年均冰冻天数等气象信息
船员信息库		包括船员姓名、年龄、身高、体重、身份证号、教育信息、家庭信息、从业经历、教育信息、培训信息、资格证书、出船次数、事故相关信息、所属船舶、职位等
应急保障库	组织机构信息库	包括该海港范围内机构名称、注册地址、法人姓名、联系电话、行业类型、经济类型、职工人数、经营业务范围等最基本的地址信息，辅助注册日期、更新日期
	企业信息库	主要包括统一社会信用代码、主体类型、法人名称、法定代表人、住所、存续状态、经营范围、核准日期、营业期限、成立日期、经费来源（事业单位特有）、注册资本、注销/撤销日期、行政许可文（证）编号、行政许可有效期、资质名称、不动产证等字段
	海关信息库	主要包括商品信息、产销国信息、贸易方式信息、进出港口月度信息、进出港口季度信息等信息内容
	船舶信息库	主要包含船舶特征、照片、船舶及船舶管理人员或公司的通信、船舶引擎、船舶辅助设备、船舶相关国家、船舶历史、船舶建造、船舶人员伤亡等信息。非 IMO（international maritime organization，国际海事组织）船的数据也会包括船舶的基本特征，如船舶的长度、高度、宽度、吃水量、建造年份、所属国家、船舶动力和引擎、容积等信息，且非 IMO 船多为一些渔船、小拖轮、驳船等。船舶数据还包括船舶管理人员、船舶公司的详细信息，例如船东数据等
	港航数据库	港航数据信息库主要包含该海港海域信息、港口名称、经纬度、对外开放程度、航道性质、航道类别、锚地类型、码头结构、码头形式、码头用途、库场位置、仓库建筑形式、堆场用途、疏港公路等级、燃油种类、船体材料、船舶作业、货物形态、货物运输形式、船舶在港状态等港口及航行相关数据
	基础设施库	基础设施信息包括该海港锚地类型、码头结构、码头形式、码头用途、库场位置、仓库建筑形式、堆场用途、疏港公路等级等基础设施类别相关信息。数据仓库组件提供包括关系型数据的分布式存储、分布式计算、行列混存等分布式关系型数据管理能力

11.5.3 数据仓库结构

数据仓库是一个面向主题的、集成的、相对稳定的、反映历史变化的数据集合，用于支持管理决策。数据仓库对多个异构的数据源有效集成，集成后按照主题进行重组，并包含历史数据，而且存放在数据仓库中的数据一般不再修改。

1. 数据来源

数据治理系统基于该海港现有信息化的建设基础，通过数据自动化采集、数据整理、数据清洗、数据整合，建立主题化管理的海事数据仓库，实现海事信息的大集中。汇聚数据来源主要分三类：

（1）自建业务系统（协同办公管理系统、海事信息、内河综合监管系统、共享交换系统、数据中心系统、智慧海事、规费智能联动稽查等业务相关数据）。

（2）外部获取数据，例如互联网上抓取与海事业务相关的信息数据。

（3）与各部门进行业务共享交换的数据。

通过本次数据仓库的建设，内部打通各业务处室现有系统数据，外部横向连接海关、交通局、气象局等单位，纵向获取部委共享的区域数据，构建大数据资源池，建设元数据库、共享服务库、主题库。

2. 数据仓库逻辑结构

数据仓库根据数据存储规划，在逻辑上将数据存储区域划分四层及元数据区，第一层为数据准备区，第二层为业务数据层，第三层为数据仓库，第四层为数据集市，此外，还包含贯穿整个过程的元数据区。数据仓库的逻辑结构如图 11.6 所示。

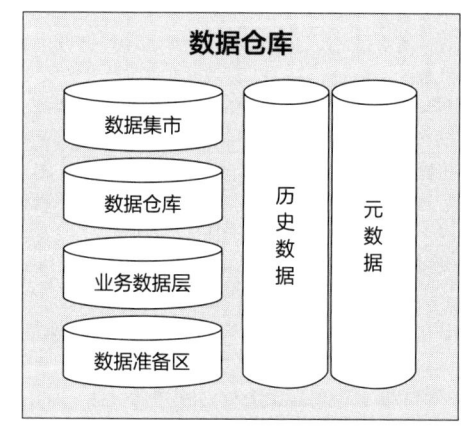

图 11.6 数据仓库逻辑结构图

1）数据准备区

数据准备区存储各个业务系统、外部获取数据等需接入大数据平台的业务源数据，通过 ETL 工具、实时同步工具将中心库的全量数据、增量数据、视图数据加载到该层。数据结构、内容、参数代码等与源保持一致，再经过筛选、过滤、加工字段之后将数据提供给业务数据层。

2）业务数据层

数据源来自数据准备区，按照管理对象、表单、过程数据、结果数据、主数据进行数据整合。将业务活动属性分为环境监测、应急保障 2 个主题数据进行管理。该层为数据仓库、数据集市提供稳定的数据源。

3）数据仓库

采用总线架构建立企业级数据模型，主题模型主要采用星型模型进行构建。按照环境、人员、船舶、事故处理等业务过程规划主题数据，从业务数据层采用 ETL 方式按天等进行增量抽取；根据具体数据汇总需求进行粗、中、高粒度对数据进行汇总。

4）数据集市

数据大部分来自数据仓库和业务数据层，部分数据来自外部采集数据。数据集市建立在核心主题数据仓库的基础上，增加数据处理转换形成数据集市的功能。按照仓库的主题域方式组织数据，采用3NF+星型及雪花型数据模型，通过ETL方式从业务数据层及数据仓库进行增量数据的加载。该层主要提供报表多维分析、数据分析挖掘等数据服务。

5）元数据区

主要存放整个数据仓库产生的元数据信息。

（1）元数据。该平台元数据主要为业务元数据，从业务角度描述系统业务相关及系统使用的业务语言中的数据。

（2）共享服务库。共享服务库是完成数据交换、汇聚、清洗、加工后，提供数据服务的数据存储集，它可以将外部共享交换数据按照平台数据存储的格式及标准进行存储，并提供对外的数据交换与数据服务，为各业务系统提供数据支撑。

（3）主题库。主题库是集约化的数据环境，通过对自有业务数据、跨部门共享交换多种数据源进行全面汇集和规划建立的数据集，主要是针对不同管理服务对象以及专项业务工作。

11.5.4 数据库存储结构

1. 分布式存储

数据入库时通过Hash算法（哈希算法）将数据精确存储在物理节点，在查询时可以很快精确定位到数据存储位置。通过Hash+数据分区+Psort索引（一种列存索引）精确定位数据，剪枝查询时可大幅减少数据IO量，提升查询效率和并发数。

2. 分布式计算

并行数据库在节点内采用SMP（对称多处理）并行架构，在节点间采用MPP（大规模并行处理）并行架构。在集群的单个节点内，对数据库常用算子，如扫描、关联、排序、聚合的步骤之间，利用现代计算机的多核计算理论，采用流水线方式，实现了高度并行的计算能力。在集群范围内，可生成分布式执行计划，通过分布式并行执行引擎，该执行计划可以依据查询类型、数据分布方式、数据规模进行自动评估，产生最佳的查询执行路径，合理利用集群资源，将计算下发到各个数据节点执行，并行利用节点的计算能力。执行计划会根据数据的分布情况，自动将查询发送到合理节点，避免查询发送到无意义的节点而造成无意义的数据处理和计算。

3. 行列混存

因为每列数据属性相同，数据相似度较高，所以通常基于列存的存储压缩比远远高于行存压缩比，高压缩比可大幅减少IO时间。对单列的统计操作更适合向量化执行，一次一批元组，大幅减少函数调用，同时由于数据在内存存储是向量化的，内存有序，可以利用SIMD（单指令多数据流模型）特性获取更好性能。

由于使用Btree索引（一种行存索引），按行存储比较适合精确查询场景。行列混存使得并行数据库可适合更多场景。

11.5.5 数据治理结构

数据治理是对数据资源全生命周期的规划设计、过程控制和质量监督，通过规范化的数据治理，可实现数据资源的透明、可管、可控，厘清数据资产，完善数据标准落地，规范数据处理流程，提升数据质量，保障数据安全使用，促进数据流通与价值提炼。数据治理的总体结构如图11.7所示。

1. 数据治理体系建设

数据是重要资产，因此通过全局性数据治理解决数据问题，提升信息化应用水平，已是当务之急，刻不容缓。本案例通过一套科学数据管理方法，对各业务域分散、重复、混乱的数据，进行梳理、建模、整合、评价、控制，制定数据标准和工作规范，打破信息壁垒，消除信息孤岛，提高数据合规监管和安全控制，对数据的产生、处理、整合、共享、应用、销毁等全生命周期进行管理，从而建立高质量的数据管理体系和统一的基础数据库，支撑各相关业务高效运行，支持更方便、安全、快速、可靠地利用数据进行决策。

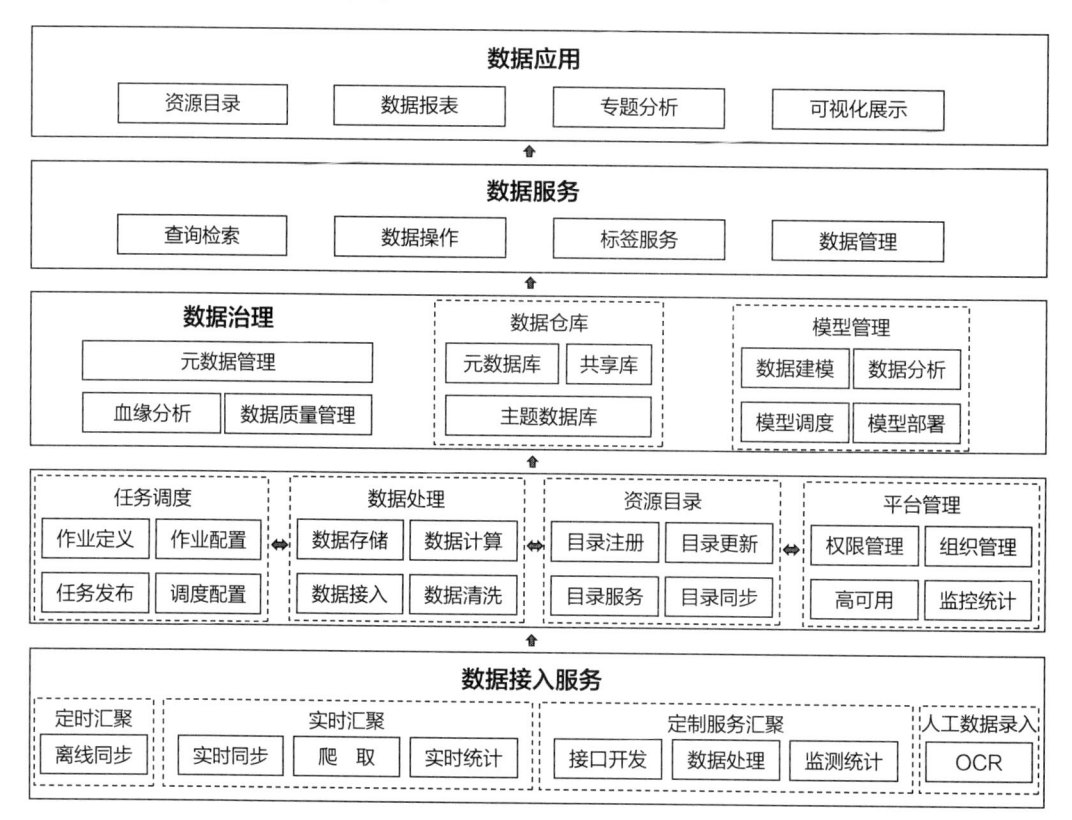

图 11.7 数据治理的总体结构

2. 数据接入

数据的接入包含数据探查、数据定义、数据读取、数据对账、任务管理、数据源管理 6 个方面。

（1）数据探查。数据探查是指通过对来源数据总量及更新情况、字段格式语义及取值分布、数据结构、数据质量等进行多维度探查，以达到认识数据的目的，为数据定义提供依据。

（2）数据定义。数据定义模块用来定义数据血缘和数据质量检测规则、数据处理规则、数据组织及数据使用规则。

（3）数据读取。数据读取是指从源系统抽取数据或从指定位置读取数据，检查数据是否与数据定义一致，不一致的停止接入，并重新进行数据的探查和定义；一致的执行进一步接入，对数据进行必要的解密、解压操作，生成作用于数据全生命周期的记录 ID，并对数据进行字符集转换等，将其转成符合数据处理要求的格式。

（4）数据对账。为检测数据接入过程及数据源本身存在的质量问题，需通过对挂载的不同库表设定具体的质量规则，并在巡检过程中，通过模拟实际传输任务，依据用户自定义的质量规则，对数据接入前后的数据及数据源本身进行监测，得出数据完整性、正确性、时效性的结论。

（5）任务管理。任务管理是指对数据接入平台任务进行配置，选择数据源、目的地及配置任务周期，监控任务的生命周期。包含运行工作流名称、节点名称、状态、运行类型、调度时间、开始结束时间、运行时长、运行次数、执行用户、host（网络节点）等信息。

（6）数据源管理。数据源管理是指通过可视化页面的方式对数据源进行统一管理，可查看数据源类型、名称、IP、端口、用户名、数据名等信息，可以对数据源进行创建、删除、编辑。

3. 数据汇聚

根据不同业务场景对于数据时效性的不同要求，数据汇聚支持在线/离线、结构化数据/半结构化数据/非结构化数据/实时数据/内存数据、线上/线下等多种数据采集方式。

1）离线数据汇聚

离线数据汇聚通过对关系型数据库、非关系型数据库（NoSQL）、非结构化文本以批量方式对数据进行采集，主要应用于实时性要求不高的场景。离线数据汇聚主要支持的数据类型为 MySQL、SQL Server、Oracle、MongoDB、HBase、ElasticSearch、离线文件。

2）实时数据汇聚

实时数据汇聚实现实时数据的汇集、存储与提供，包括实时数据同步、非结构化数据汇聚、实时数据统计。

（1）实时数据同步。海事内部所有系统的实时数据均可实时采集同步到实时数据总线系统，统一由实时数据总线对下游业务需求提供实时数据消费服务，使得系统能够提供稳定的服务能力。实时数据采集主要支持的数据类型为 MySQL、日志、HTTP API（一种基于 HTTP 协议的应用程序接口）、JMQ 等，并支持 API 接口实现实时数据上报。

针对关系型数据库的数据同步采集组件，基于数据库底层日志实现高效的实时数据同步复制。在源端数据库中配置启用实时日志复制功能，采集组件接收实时提交的数据变更日志数据，接收到数据后发送到 Kafka 消息队列中，再由 Kafka 对日志数据做解析及数据存储。

（2）非结构化数据汇聚。针对数据量大、实时性高的日志一类非结构化数据，提供非结构化数据采集组件。非结构化数据使用 Flume 实现对文件、Shell 终端、端口等不同的 IO 渠道的监听，并实时将监听到的变化数据发送给后端的 Spark Streaming 流式计算引擎，在流式计算引擎中完成对数据的解析处理以及数据存储。

Flume 是一个高可用、高可靠、分布式的海量日志采集、聚合和传输的系统，Flume 支持在日志系统中定制各类数据发送方，用于收集数据；同时，Flume 提供对数据进行简单处理，并写到各种数据接受方（可定制）的能力。

（3）实时数据统计。针对数据实时性及采集频率都较高的场景，提供实时数据传输的对外接口，外部数据源主动调用实时数据传输接口将数据发送给数据采集组件。实时数据采集使用 Kafka 作为分布式异步消息队列，提供高性能的消息队列服务，使用 Spark Streaming 作为流式计算引擎，提供高性能的实时流式计算能力。Kafka 接收到数据源实时推送的数据后，将数据提交给 Spark Streaming，在流式计算引擎中完成数据的解析以及数据存储。

3）批量数据汇聚

Loader 是在开源 Sqoop 组件的基础上进行了一些扩展，实现 Fusion Insight 与关系型数据库、文件系统之间交换"数据""文件"，同时也可以将数据从关系型数据库或者文件服务器导入 Fusion Insight 的 HDFS/HBase 中，或者反过来从 HDFS/HBase 导出到关系型数据库或者文件服务器中。Loader 模型主要由 Loader Client 和 Loader Server 组成，其主要结构如图 11.8 所示。

其主要结构中各个模块的功能描述如表 11.2 所示。

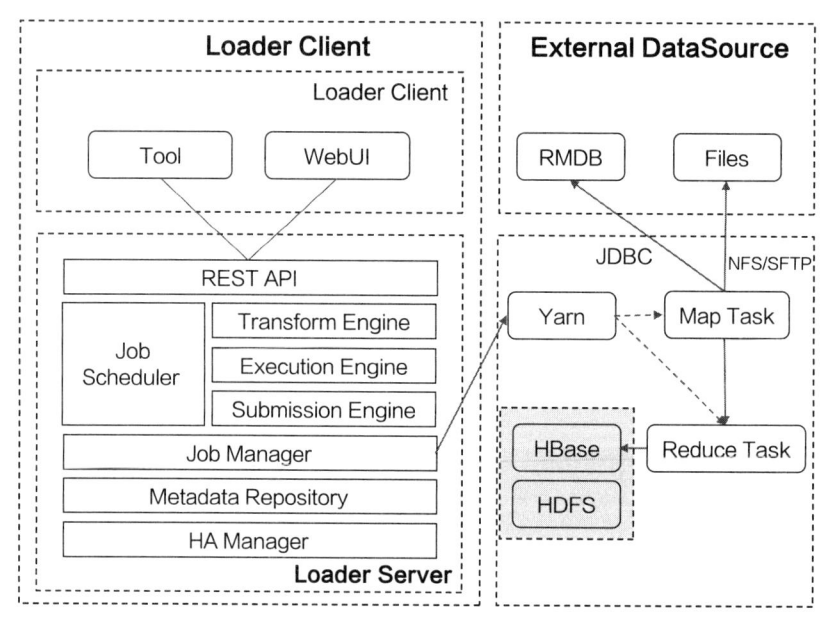

图 11.8 Loader 模型的主要结构图

表 11.2 Loader 模型的模块功能表

名称	描述
Loader Client	Loader 的客户端，包括 WebUI 和 CLI 版本两种交互界面
Loader Server	Loader 的服务端，主要功能包括处理客户端操作请求、管理连接器和元数据、提交 MapReduce 作业和监控 MapReduce 作业状态等
REST API	实现 RESTful（HTTP+JSON）接口，处理来自客户端的操作请求
Job Scheduler	简单的作业调度模块，支持周期性地执行 Loader 作业
Transform Engine	数据转换处理引擎，支持字段合并、字符串剪切、字符串反序等
Execution Engine	Loader 作业执行引擎，支持以 MapReduce 方式执行 Loader 作业
Submission Engine	Loader 作业提交引擎，支持将作业提交给 MapReduce 执行
Job Manager	管理 Loader 作业，包括创建作业、查询作业、更新作业、删除作业、激活作业、去激活作业、启动作业、停止作业
Metadata Repository	元数据仓库，存储和管理 Loader 的连接器、转换步骤、作业等数据
HA Manager	管理 Loader Server 进程的主备状态，Loader Server 包含 2 个节点，以主备方式部署

4）汇聚接口

（1）数据接入。该平台的数据大部分来自海关、气象、港湾办等单位，数据源多样，数据分散，提供可视化配置工具，可以通过简单配置实现各种数据源的接入，并且能根据新增业务数据交换需求进行灵活配置实现新增数据的接入。协议制定服务的数据接入过程经过通道接入、合并数据包、协议解析这三个阶段，最终确保协议数据顺利落地。

（2）数据处理。协议制定服务的数据处理过程经过数据入列、数据甄别、检测统计这三个阶段，最终确保数据的正确性。

4. 数据清洗与融合

数据清洗与融合是指将来自不同数据源的数据进行清洗、整合，去除重复数据，填充缺失值，纠正错误数据，以确保数据的准确性和完整性，并将不同数据源的数据融合到一个统一的数据仓库中，以便后续对其进行处理和分析。

1）数据清洗

通过数据智能分析系统的数据清洗模块进行数据清洗，系统提供了多种数据库连接方式，提供自动化/手动数据增量/全量数据抽取；提供中间数据加工结果保留；提供工具级别的数据清洗过程配置，支持常见的关联、拼接、聚合、转置、筛选、去重、空值处理、均值填充等数据清洗操作。

系统支持对不同形态数据进行清洗的功能，提供包括数据清洗规则管理、数据清洗环节管理、数据清洗过程监控、数据清洗结果预览、应用主数据进行清洗等功能。

系统支持非代码能力的数据抽取和清洗规则配置，完成数据快速清洗和准备，能够通过拖拉拽的界面操作，设计、定义、修改、发布清洗转化规则并进行自动化调度管理。

2）数据建模及数仓构建

完成统一的多源系统统一数据集市构建和持续迭代，提供适配数据模型、清洗后的数据、基础和定制化指标体系，构成完整的分析模型基础，使业务人员可自助灵活使用。

为快速实现 BI 系统和业务系统的对接，并实现数据资源的分层管理，采用 ODS、DW、DM。

（1）ODS（operational data store，操作数据存储）。通过数据抽取工具将业务系统的数据抽取到系统中，操作功能包括从源头接入各类来源的数据、对接入的数据进行清洗过滤处理（不包括转换处理）等。

（2）DW（data warehouse，数据仓库）。基于系统自带的 ETL 工具，实现数据的清理、转化与融合。操作功能包括数据全量和增量更新处理、数据整合处理、数据清洗转换处理（整合和统一的转换处理需求）等。

（3）DM（data mart，数据集市）。结合实际业务需求，构建数据集市层，为数据分析提供直接的、指标明确的基础数据。操作功能包括数据全量和增量更新处理、维表/事实表模型生成处理、缓慢变化维处理、宽表/大小表/聚合表等性能优化处理等。

5. 数据运维

数据运维是通过采集数据接入、处理、组织和服务等各项任务的状态信息，对异常状态进行预警和处置，实现对各任务的实时监控和管理，包括运维数据采集、运维状态监控、数据运维报表、预警管理、运维日志审计等功能。

（1）运维数据采集。支持对来源数据以及接入、提取、清洗、关联、标识、分发、入库等环节设置监控点，进行多维度信息的实时采集。

（2）运维状态监控。通过来源数据更新监控、数据接入及处理状态的监控和统计、任务状态统计、数据入库异常统计来实现。

（3）数据运维报表。统计形成数据资源报表。

（4）预警管理。通过实时流量监控、批处理数据监控、运行状态三个维度进行预警。

（5）运维日志审计。对所有数据运维工作的操作日志进行全方位、全流程安全性审计。

6. 元数据管理

元数据管理包括元数据基础数据管理和元数据应用，由基础元数据管理、元数据采集、元数据分类管理、元数据定版、元数据查询服务等功能组成。

（1）基础元数据管理。提供元数据基础信息的管理功能，包括查询、新增、修改、删除、导入、导出。

（2）元数据采集。元数据是描述数据的数据，元数据采集则是元数据管理的基础和前提，系统支持元数据的自动化采集，支持灵活的采集任务调度策略配置和采集进度详情查看。

（3）元数据分类管理。实现元数据采集来源的数据源、数据集和数据项的分类管理。

（4）元数据定版。采集来的新元数据经过分类管理，发布后即成为定版元数据。

（5）元数据查询服务。提供数据集列表查询、数据集及字段属性查询、数据字典查询。

7. 数据服务

数据服务总线系统主要用于封装接口服务，提供 HTTP 接口，为整套系统提供能力支撑。包括但不限于系统的数据接入、第三方系统接入、海事一张图数据服务等。

11.5.6 数据分析系统结构

数据分析系统主要分为分析决策系统、运维系统、部署与集群系统，如图 11.9 所示。

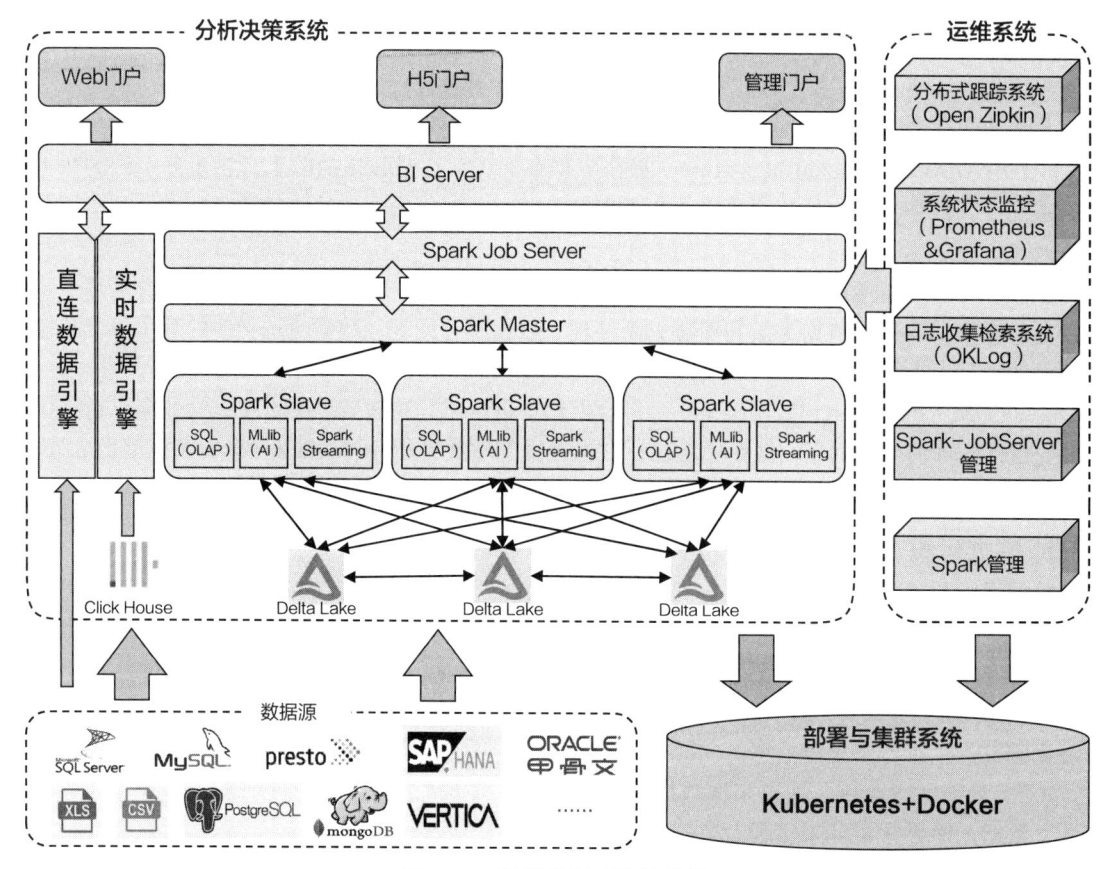

图 11.9 数据分析系统结构图

1. 分析决策系统

（1）Spark（Spark Master 和 Spark Slave）。基于内存的分布式计算框架，与 Delta lake 配合作为数据分析系统的核心，处理针对 Detla lake 日常的数据增、删、改、查操作，该组件属于三层架构中的数据访问层。

（2）Spark Job Server。基于 Spark 的服务系统，提供了一个用于提交和管理 Spark Job 的 RESTful 接口。

（3）Delta Lake+Minio。分布式对象存储，可扩展性强，是存储数据的主要组件。

（4）Workbench。ETL 工具，帮助用户将数据从关系型数据库导入到 Delta Lake 中。

（5）BI Server。后台服务组件，将前端查询操作转化为 SparkJob 提交到 Spark-Jobserver，该组件属于三层架构中的业务逻辑层。

（6）Admin。后台管理监控系统，监控当前集群健康状况、运作情况。可进入运维系统，创建域，进行 Schema 升级。

（7）Web。前端组件，负责浏览器与 BI Server 之间的交互，并向用户展示页面。

2. 运维系统

（1）分布式跟踪系统（Open Zipkin）。通过 traceID 可以完整标记一次请求执行过程。

（2）系统状态监控（Prometheus&Grafana）。Prometheus 是一套监控系统，集成监控、报警、时间序列数据库于一体，配合图表可视化系统 Grafana，可实时展示各个应用的请求数、请求响应时间、异常请求数量等系统状态以及资源利用情况。

（3）日志收集检索系统（OKLog）。采集应用中产生的所有日志，运维人员可在 Admin 界面中的日志检索接口查看业务日志。

（4）Spark-JobServer 管理。在 Admin 中的 Spark Job 管理界面可查看各个作业的执行情况。

（5）Spark 管理。在 Admin 中的 Spark 集群管理界面可查看 Spark Master 和 Slave 节点的运行状态。

3. 部署与集群系统

（1）Docker。开源的应用容器引擎，数据分析系统、运维系统中的每个组件都可以打包它们的应用及依赖包到一个 Docker 容器之中。

（2）Kubernetes。Google 开源的容器集群管理系统，提供应用部署、维护、扩展机制等功能，利用 Kubernetes 能方便地管理跨机器运行容器化的应用。

11.5.7 四大数据应用系统结构

1. 航运服务门户应用

1）系统概述

航运服务门户应用作为一个应用和服务媒介，是航运服务的窗口，具备关键功能齐全、使用便捷的基础功能，可实现对外提供便民服务，对内提高港务效率的目标。因此，门户应用满足移动终端（同时满足 Android 和 IOS）和 PC 端的访问，具备较强的数据交互及人机交互能力和齐全的应用功能。

门户应用的开发遵循了既定的 SOA 体系架构，采用 JAVA 语言（一种计算机编程语言）、J2EE（Java 2 Platform Enterprise Edition，一种企业级分布式应用程序开发规范）架构进行开发实施。系统采用了 SSM 集成框架，即 Spring（一种开放源代码的 J2EE 应用程序框架）、SpringMVC（Spring 的后续产品）和 MyBatis（一种持久层框架），是目前较流行的一种 Web 应用程序开源集成框架，用于构建灵活、易于扩展的多层 Web 应用程序。

2）系统功能

航运服务门户应用具体功能分为基础通用功能模块、对外门户功能模块、系统对接功能模块，如图 11.10 所示。

（1）基础通用功能模块。包括统一身份认证、门户展现、搜索引擎服务等。

（2）对外门户功能模块。包括政务办理、政务查询、用户中心。

（3）系统对接功能模块。包括对外部互联网及外事单位数据对接和内部业务系统的对接。

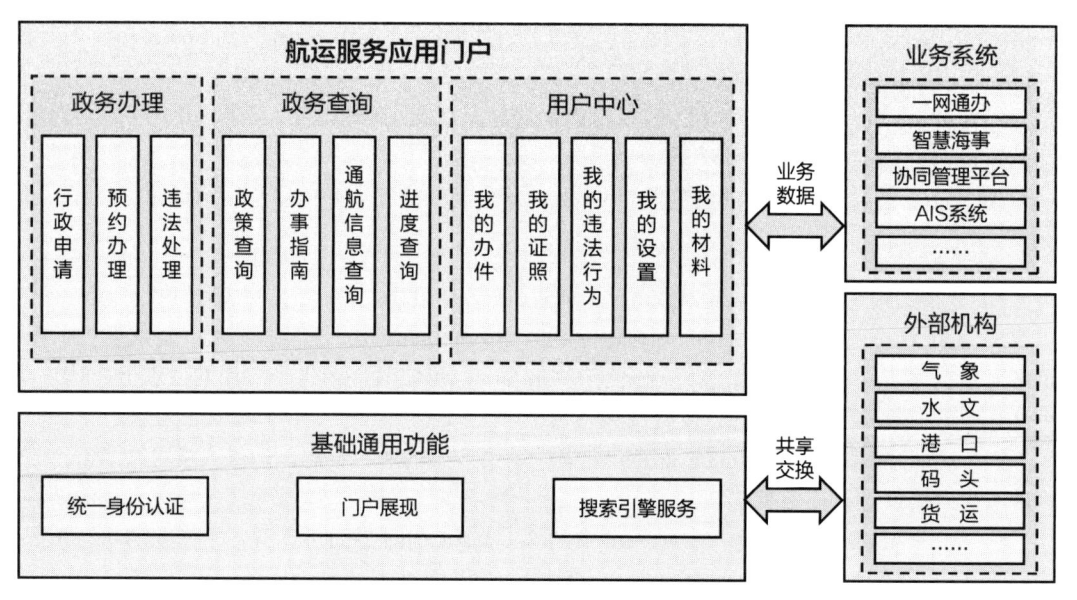

第 11 章 某省级海港大数据应用平台建设案例

图 11.10　航运服务应用门户功能结构

其中各个功能模块的大致功能内容描述如表 11.3 所示。

表 11.3　航运服务门户应用功能列表

功能点	功能模块	子功能	功能内容/描述
对外门户功能	政务办理	行政申请	在申请过程中，涉及发放的证书、船舶等相关信息，后台需对相关数据进行融合处理，支持门户实现智能查询和匹配，为相对人业务办理提供最大化便利服务。通过门户提交的申请，可以在内部网络相应业务系统在线完成审批，并将审批结果反馈至门户，供相对人查看
		预约办理	行政相对人登录门户后可预约办理政务事项，选择预约窗口、事项名称、预约日期和时段等信息，预约提交后提示是否成功
		违法处理	登录用户可通过门户个人中心查看行政处罚待办任务。同时，支持行政处罚处理操作，包括证据提交、违法行为通知书确认、自助缴费、决定书打印及邮寄信息确认、查询处罚公开信息等
	政务查询	政策查询	支持行政相对人查询海事相关法律法规文件、航海信息及行业标准等信息，支持后台配置和发布可供相对人查询的相关信息
		通航信息查询	支持行政相对人查询航行通告和航行警告信息
		办事指南	支持行政相对人通过门户查看政务事项相关办事指南，包括办理时间、办理地点、咨询方式、办理流程、办理材料目录、设定依据、收费标准、受理条件等
		进度查询	门户提供办件进度查询服务，行政相对人输入办件编号等信息后可以查询相应办件的办理进度
	用户中心		登录用户可以在用户中心查看"我的办件"（包括已保存的、已提交的、办理中的、办结的等不同状态的办件进度、办件详情）、"我的证照"（办件的办理结果，包括电子证书、电子文书等）、"我的违法行为"（行政处罚相关信息）、"我的设置"（账号相关信息）等功能，以及添加"我的材料"，用于添加业务办理中常用的附件材料
基础通用功能	统一身份认证		对外服务门户需要与上级部门的统一身份认证系统（外部网络 2A 系统）对接，实现外部网络用户的注册（需通过实名核验）、登录、找回密码、更换密码、更换绑定的手机号码等功能
	门户展现		注册用户登录门户即可体验智能化界面服务，包括热门事项、事项目录、便民查询服务、事项分类查询等功能模块

续表 11.3

功能点	功能模块	子功能	功能内容/描述
基础通用功能	搜索引擎服务		提供智能搜索引擎功能，支持移动端相对人搜索办事指南、事项清单、法律法规文件、不同机构等内容的多维度检索、智能查询，实现根据用户的搜索内容智能推荐关联的搜索结果
系统对接功能	与互联网+政务系统内部网络对接		与互联网+政务系统内网对接，实现门户提交的申请信息通过互联网+政务系统内部网络完成在线审批，并将审批过程和结果信息反馈至门户，为相对人提供过程和结果信息查询服务
	与行政处罚系统对接		与新的行政处罚系统对接，实现违法处理、缴纳罚款、打印决定书、处罚信息公开等相关功能
	与船舶进出港报告系统对接		与船舶进出港报告系统对接，实现通过门户提交的船舶进出港报告业务在船舶进出港报告系统中可以查看
	与统一身份认证系统对		与统一身份认证系统（外部网络2A）对接，实现外部网络行政相对人的统一注册和登录，满足对外服务门户建设需要。与统一身份认证系统（4A）对接，实现内部网络人员统一登录、权限管理，满足内部网络预约管理、政策查询信息配置等建设需要

2. 水上交通风险隐患管理系统

该平台的水上交通风险隐患管理系统基于"一系统、两门户"框架进行建设，是基础业务系统的其中一个组成部分。

系统具备信息录入、监督管理、实时监测、安全预警管理、基本地图操作、文件查询等功能，同时具备良好的数据交换能力、友好的人机交换界面。依托大数据平台通过智能模型，结合水域实时信息，对风险隐患进行分级管理，智能研判区域风险等级并对高等级风险进行预警提示，同时提供预防及治理安全风险的措施参考。水上交通风险隐患管理系统功能结构如图 11.11 所示。

其中各个功能模块的大致功能内容描述如表 11.4 所示。

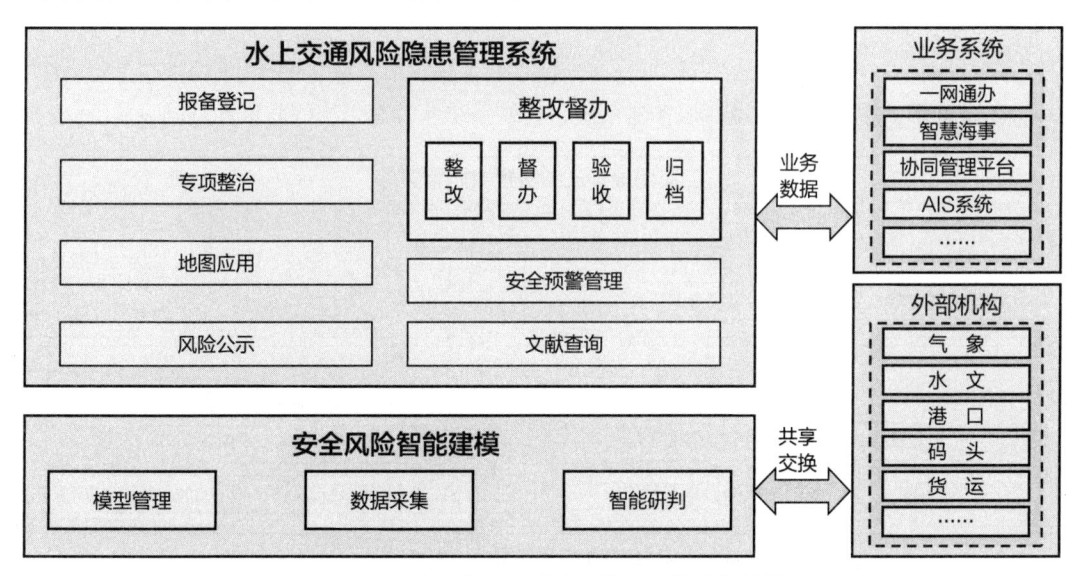

图 11.11 水上交通风险隐患管理系统功能结构

表 11.4 水上交通风险隐患管理系统功能列表

功能模块	子功能	功能内容描述
报备登记		各层级将辨识/排查发现的风险/隐患按相关要求及时录入信息系统并上报

续表 11.4

功能模块	子功能	功能内容描述
整改督办	当场整改	对发现的安全隐患，负责排查的海事管理机构应督促责任单位、船舶或人员立即当场整改
	限期整改	对难以当场整改到位的，应责令限期整改。对重大安全隐患还应下达《水上交通安全隐患整改通知书》，并落实督办部门和人员，跟踪整改情况
	挂牌督办	上级对下级辖区内的重大风险/隐患，在必要时经由本模块对其防控和整改工作进行督办（通过系统直接下达督办文书）
安全预警管理		当存在风险/隐患录入填报信息审核未通过，重大隐患整改期限已过或将过，督办验收未通过等情形时，在本级系统界面进行警示提醒。定期通报辖区风险防控和隐患排查治理工作开展情况
文献查询		汇集相关法律法规和上级关于风险防控和隐患排查治理工作的相关规章制度和政策文件，该海港有关规定和风险、隐患基础信息资料
专项整治		对辖区安全监管重点和突出安全隐患，集中执法力量在一段时间内组织开展的专项监督检查
地图应用		可在系统上进行地图操作，支持S57等格式电子地图的加载显示，AIS实时目标显示。提供基于电子地图系统的船舶和各要素的搜索及定位功能。提供基于电子地图系统的基本操作和各种业务应用功能
风险公示		督查、巡查、检查及暗访过程中发现安全隐患应及时提交局安全管理处汇总，由安全管理部门将隐患信息按类别分解并挂内部网络网站"统计数据"栏目
安全风险智能建模	模型管理	对智能模型架构进行搭建，建立研判断原则
	数据采集	通过大数据中心平台采集获取需求数据
	智能研判	结合模型和系统输入条件，多维度评估研判该海港辖区水上交通安全风险隐患分类和等级

3. 水下三维航道图系统

1）系统结构

水下三维航道图系统包含基础层、平台驱动层、数据层、应用层，如图11.12所示。

（1）基础层。包含网络系统、服务器系统、存储系统、安全系统等软硬件基础设施。

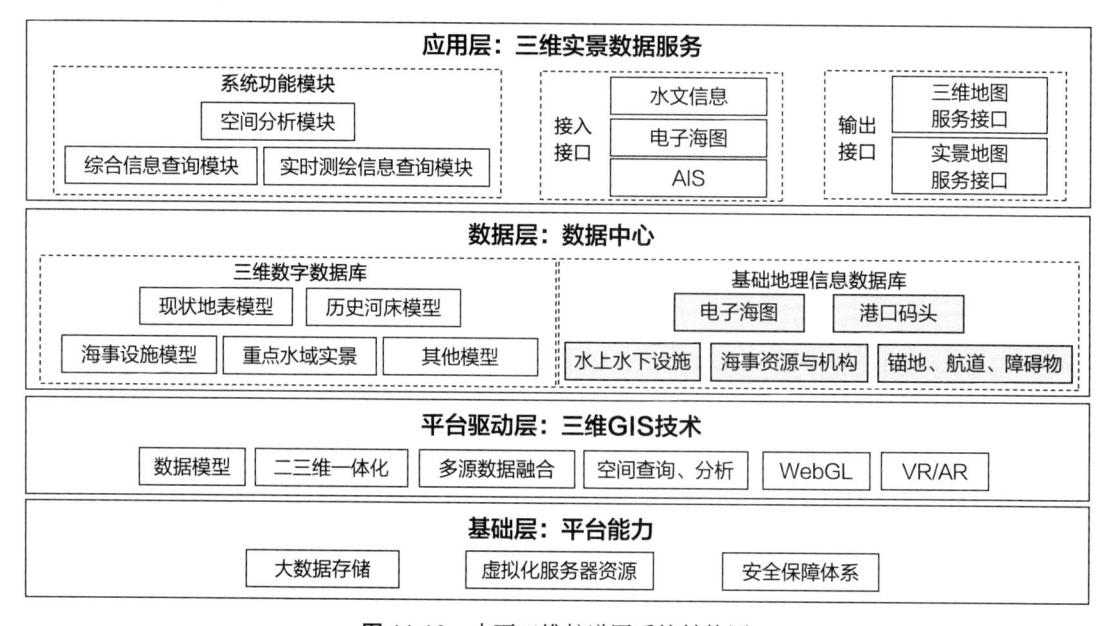

图 11.12 水下三维航道图系统结构图

（2）平台驱动层。该层提供二维和三维 GIS 基础平台支撑，以实现三维基础地理信息数据服务的发布，包括 WMS、WFS、WMTS 等数据的发布和接入，同时也包括专业的地理信息分析服务，比如查询统计服务、拓扑分析服务等。

（3）数据层。该层是以空间数据库为基础和核心的多源数据库，以收集的水上水下基础地理信息和现场采集全景影像数据为数据源建立该海港地理场景三维模型与三维实景数据库，并与基础地理信息数据库一同形成系统的数据层，实现三维可视化、数据查询、专题图输出等功能。

（4）应用层。该层为"智慧海事""智慧港口""智慧湾"等系统提供该海港水域三维地图、三维实景地图；提供综合信息查询分析统计、三维空间分析的服务，从而全方位为管理提供二三维一体化、陆海一体化、水上水下一体化、虚拟和实景一体化的信息管理服务。

2）系统功能

其中各个功能模块的大致功能内容描述如表 11.5 所示。

表 11.5　水下三维航道图系统功能列表

功能模块	功能内容描述
地图基本操作	提供基本的缩放、漫游、旋转、全图、快照、坐标实时展示、点查询、水深查询、清除等功能
分析统计	提供横断面、挖填方、量测（含距离、面积、空间量测）等分析功能
用户登录及权限控制	提供用户登录、退出功能
资源目录	根据用户数据权限展示不同的图层目录；勾选图层目录，进行多种二三维数据的加载，包括但不限于航标、灯塔等三维模型、地名标注、倾斜摄影模型、航空影像、地形数据、地形渲染、二维数据、电子海图等
船舶系统	接入实时 AIS 数据，提供船舶数据实时展示、船舶详细信息查询、船舶追踪、加入船队、轨迹查询等功能
船舶事故分析	提供对船舶事故的管理功能，支持船舶事故的增加、修改、删除等功能；可以对某个时间段发生事故的船舶进行事故回放，支持回放速度配置、开始、暂停、终止的控制
地形演变分析	提供不同时期的地形数据配置、定性数据列表展示、水深数据查询、不同时间内地形数据的多屏对比等功能
地形剖面统计分析	提供地形数据服务配置管理等功能，可自动展示地形数据、生成地形剖面图、标注特征点及极值点等功能
水深数据管理	提供对水深文本数据和栅格数据的管理，支持对水深点数据及栅格海图等数据进行管理和叠加
船队管理	支持船队的配置、加入或从船队中移除、船舶追踪、轨迹可视化分析等功能
区域内经过船舶分析	通过时间、区域查询经过船舶，绘制船舶指定时间的轨迹、显示船舶详细信息等
三维工具	提供三维书签、三维标绘、三维导航等三维工具

4．气象信息共享系统

1）系统结构

系统采用三层架构设计模式，划分为表现层（UI）、业务逻辑层（BLL）、数据访问层（DAL）。

（1）表示层。位于最外层（最上层），离用户最近，用于显示数据和接收用户输入的数据，为用户提供一种交互式操作的界面。

（2）业务逻辑层。系统架构中体现核心价值的部分，它的关注点主要集中在业务规则的制定、业务流程的实现等与业务需求有关的系统设计，也就是说它是与系统所应对的领域（Domain）逻辑有关，很多时候，也将业务逻辑层称为领域层。

（3）数据访问层。有时候也称为持久层，其功能主要是负责数据库的访问，可以访问数据库系统、二进制文件、文本文档或是 XML 文档。简单的说法就是实现对数据表的 Select、Insert、

Update、Delete 的操作。如果要加入 ORM（object relational mapping，对象关系映射）的元素，那么就会包括对象和数据表之间的映射，以及对象实体的持久化。

2）系统功能

其中各个功能模块的大致功能内容描述如表 11.6 所示。

表 11.6　水下三维航道图系统功能列表

功能模块	功能内容描述
数据获取	实时获取该省级气象局官网/中国气象网站的气象信息，包括气象六要素：气温、气压、湿度、风向、风速、降雨量、能见度（雾），数据获取后最好以地图和图表的形式展示，二级显示各项内容的前后 7 天的数据
气象站信息	该省目前有 2000 多个气象站，该省海事管理部门掌握所有气象站的经纬度，将经纬度与该省地图相结合，鼠标停留在地图上的气象站标签，则显示气象站坐标等基本信息，点击则跳转到该气象站页面显示当前气象信息
电子地图	（1）电子地图应能够逐级放大及缩小，能够分辨出建筑物之间的相对位置；信息标注的详细程度应随着地图比例尺的变化而变化，使操作员能始终看清所需要的信息 （2）地图漫游：用户可以通过鼠标拖动地图，实现地图数据的平滑漫游，平移要求速度快 （3）鹰眼控制：用户在鹰眼窗口任意划定区域后，主窗口的地图显示范围会发生变化。主窗口的显示范围发生变化后，鹰眼图的显示区域也会发生变化。两者的变化要求一致 （4）全图查看：快速显示整个电子地图的全貌
预警管理	根据气象预警标准值的设置，对风速、降雨量、能见度（雾）等气象信息进行预警弹框提示，点击可查看详情信息
参考消息	固定的规范用语，将参考消息导入系统后，可对相关参考消息进行查询： （1）风力对照表：《地面气象观测规范》- 风力等级表 （2）降水对照表：《重要天气预报质量评分办法》- 降水等级划分表
日志管理	系统应提供日志查询与导出功能，日志记录关于软件操作的整个过程，包括操作人员的身份详细信息，重要信息可以进行打印备案。提供日志查询页面，方便用户查询历史信息，可以根据不同的条件查询来源，包括： （1）来源：前端用户、管理中心 （2）等级：全部信息、普通信息、重要信息、警告信息、错误信息 （3）操作：功能操作 （4）操作对象：系统操作、组织机构、日志处理等 （5）操作类型：前部、日志、机构、通道、人员、角色、功能模块、任务管理 （6）用户：用户登录时的用户名 （7）时间：开始时间、结束时间、中断时间
系统管理	（1）数据入库：录入系统用户数据、组织机构数据等 （2）数据字典管理：常用字典管理 （3）预警值设置：设置各项预警值，使得预警管理模块根据实时数据进行提示功能 （4）系统日志：方便管理人员进行系统维护，查看系统的运行/操作日志

11.5.8　数据对接

1. 大数据中心与四大数据应用系统之间的数据对接

对于新建系统，将数据交换系统作为主要的数据传输通道，将数据治理系统和数据集成系统作为数据清洗、转换、融合、重构、装载等数据生命周期的核心处理体系，通过数据运行监控系统对平台运转流程及数据资源分布状况进行监控和分析。对部门间、部门对中心等数据对接工作的业务管理提供支撑，通过信息资源目录系统发布共享目录，提供对外的业务活动管理，最终完成系统数据对接的功能。

1）对接流程

（1）网络物理隔离下的数据交换。一些安全级别较高的敏感信息，为了完成这些网络物理隔离情况下的数据交换和部门间共享，通过数据交换系统从服务器数据库中抽取数据转化成 XML 或 JSON 文件压缩加密，手动或者刻盘复制，然后使用数据交换系统解压解密，完成数据入库。

（2）不具备直接对接条件下的数据交换。对于与部委系统的数据对接以及一些不具备直接对接条件的数据采集场景，通过 API 无损采集进行数据采集及对接，基本无须应用系统开发商的配合即可完成相关数据桥梁的搭建，因为对应用系统是无损的对接，所以不会对原有系统产生任何影响，保障数据的安全、可靠、一致。

2）对接内容

（1）实时交换。系统双方在可连接的同一个网络环境上，双方同时提供应用接口可以供对方进行调用。在这种情况下，数据中台与业务系统之间通过数据交换系统来进行实时的审批数据交互，通过既定的数据交换接口实现实时交互，这种交换场景对系统要求比较高。

（2）批量双向交换。工作流性质的数据批量双向交换，这种应用场景一般是系统在一个联合审批过程中，产生一个任务需要传到系统中去，但是这种传递不是实时的（网络原因），需要批量地进行，那么这时候需要系统在传出之前，将数据积累起来，形成数据文件，在合适的时机，将文件传递给业务系统。

（3）归档性质的数据。数据中心与各业务系统之间通过数据交换系统的定时交换设置，对某一时段（如一天、一星期、一个月等）的数据进行一个批次的交换。

（4）批量单向交换。单向交换应用于从各业务系统提取数据到统一的数据中心，有三种方式：

① 由数据交换系统调用部署在业务系统上的 WebService，将需要交换的数据提取到数据中心。

② 根据业务系统应用的数据库类型，在数据交换系统对该数据库配置适配器，直接与需要交换数据的数据库表进行数据的读取（对数据库没有写操作）。

③ 双方系统可以按统一格式的 XML 或 JSON 文件，基于 SOAP 协议进行消息的传输。

（5）单条双向交换：方式与批量双向相同，唯一不同是所交换的数据是单条的，应用于某些特殊数据或者某时间点的统计数据。

（6）单条单向交换：方式与批量单向相同，唯一不同是所交换的数据是单条的，应用于某些特殊数据或者某时间点的统计数据。

3）安全保障

（1）低敏感度数据。直接交换，传统的交换方式，基于数据交换引擎强大的数据交换能力，提供高可靠、高性能的数据传输，该方式数据会发生物理搬移。

（2）中敏感度数据。授权交换，通过用户授权的方式在不同部门之间共享数据，数据不会发生物理搬移。

（3）高敏感度数据。安全交换，通过授权的用户可在安全区使用数据，并导出计算后的结果，但不能从安全区导出原始数据，可实现真正意义上的数据可用不可见。

同时，提供 API（应用程序接口）交换服务，用于数据供应方不希望直接暴露业务数据库，而是以 API 接口方式对外提供数据访问服务。以 API 接口方式提供服务，让数据共享更加安全便捷。API 也可通过资源目录系统进行交换共享。

2. 大数据中心与已有相关系统的对接

对已有系统提供数据共享能力，通过数据中心生成共享任务，大数据中心数据运营人员依照共享任务，逐步实施数据共享，共享任务实施主要分为数据交换实施、定制接口实施等，实施完成之后登记完成共享任务。

1）对接流程

（1）申请审核：

① 接受其他政务部门在共享网站上的资源申请，进行审核操作。

② 中心可以对申请审核进行督办，信息部门可以进行督办反馈。

（2）申请查看：

① 可以查看本部门申请其他部门资源情况，包括申请资源名称、资源提供部门、申请时间、主要用途、申请状态和资源数据量等，可以撤销资源申请。

② 可以查看本部门的各类资源被其他部门申请情况，包括资源名称、申请用户、申请部门、申请时间、主要用途、申请状态和资源数据量、申请次数等。

③ 可以对部门申请审核进行督办，信息部门可以针对该督办进行反馈。

（3）订阅查看：

① 可以查看本部门订阅其他部门资源情况，包含资源名称、订阅部门、订阅时间、提供方部门、订阅状态、作业状态、最新交换时间、最新交换数量、交换数据总量等内容，可以取消订阅。

② 可以查看本部门资源被其他部门订阅情况，包含资源名称、订阅时间、订阅用户、订阅部门、作业状态、最新交换时间、最新交换数量和交换数据总量等。

（4）申请撤销：

① 对申请资源一旦申请撤销，该资源的订阅也被同时撤销。

② 如发现需求部门存在违规使用申请通过的数据资源，数源部门可以提出共享撤销，并报送大数据中心审核，审核通过后，资源申请立即撤销，同步停止数据交换、接口等数据共享。

③ 如遇到由于本部门业务变化而等原因情况，数源部门可以提出资源共享撤销，并报送大数据中心审核，审核通过之后，通知数据需求部门。

2）对接内容

（1）内部数据共享。对于需要数据共享的共享任务，按照共享任务的数据需求情况，如果数据需求复杂，则先要调用数据集成系统进行集成方案编制、生成集成作业，发送数据集成系统，驱动数据集成处理形成需求部门要求的数据，然后进行数据交换作业的配置和管理，将数据交换作业发送数交换系统；如果数据需求不复杂，则直接进行数据交换作业的配置和管理，将数据交换作业发送数交换系统。

（2）API 接口共享：

① 针对个性化数据需求共享任务，支持通过在线配置实现多表关联服务的生成与发布，支持自动生成服务参数，支持将表所有字段作为查询条件，支持多个查询条件 and 和 or 的组合，支持对每个查询条件设置 >、>=、<、<=、=、<>、in、like、between 等多种逻辑条件，从而发布个性化接口。

② 针对特别复杂的个性化数据需求涉及的共享任务，基于服务总线系统，实现以构件包形式进行服务部署与发布，在线配置生成的服务、数据集服务，构件包形式服务运行在统一的服务引擎上，服务引擎支持集群方式部署。

③ 针对例如政务服务事项数据共享等同类数据需求形成的共享任务，支持复杂数据集的定义，动态定义数据集的查询字段和结果字段，并且实现结果字段到库表或第三方接口的映射管理，基于数据集和库表以及第三方接口的映射关系，支撑通用接口实现多源数据的自动请求和结果封装。这样大大减轻大数据中心数据运营工作量。

④ 在进行服务调用时，可通过 RESTful（一种基于 http 的网络应用程序的设计风格和开发方式）服务接入进行请求接入，通过服务访问控制进行权限控制。

⑤ 可以查看定制接口的状态、调用情况等信息。

⑥ 定制服务接口后登记完成共享交换任务。

⑦ 对于服务接入的请求，支持以 OAuth2.0（互联网上的一款安全协议）协议进行认证，验证调用服务的用户或者应用的合法性，提供黑白名单、IP 地址过滤等方式验证是否具有调用服务的权限，对请求消息进行拦截过滤，保障平台运行安全。

⑧前端页面共享主要提供页面共享能力的后台支撑，主要包含数据核验、数据查询、数据比对、数据下载等默认内置接口，从而支撑供需系统数据供给页面数据共享。

（3）与"协同管理系统"和"综合服务系统"接口服务。协同管理系统和综合服务系统分别是内部用户和外部用户访问的统一入口，均基于门户技术整合应用登录，通过统一认证管理、统一用户管理、统一权限管理、统一信息展现和多渠道接入等功能，实现一站式的协同办公系统和一体化的信息展现门户。按照该海港信息系统技术规范的要求，需要与"协同管理系统""综合服务系统"进行集成，包括与统一身份认证系统（IDM）及门户系统（Portal）的集成。

① 与统一身份认证系统的集成。统一身份认证系统采用"组织 - 用户 - 角色 - 权限"的用户模型和"单独访问授权、多点使用权限和单独清权"的模拟系统或综合服务系统，将用户名、密码发送给统一身份认证系统获取相应用户的角色信息及相关系统登录权限等粗粒度权限信息。系统通过开发与统一身份认证系统的接口，当用户通过"协同管理系统"或"综合服务系统"访问本项目系统时，系统可从统一身份认证系统获取用户的角色信息，并在系统中依据角色对用户进行细粒度授权访问控制。

② 与门户系统的集成。按照信息系统技术规范的要求与"协同管理系统"及"综合服务系统"的门户系统进行集成，完成项目管理信息与这两个系统的页面级整合，与"协同管理系统"集成的内容主要包括实现法规信息查询集成、实现法规列表及文件浏览集成、实现系统菜单的集成。

（4）与4A门户集成对接：

① 集成对接内容：账号集成、角色集成、机构集成、单点登录、页面集成、数据集成。

集成业务系统功能包括四类：多数人经常使用的且来自于不同业务系统的公共功能、多数人经常使用的来自于某一业务系统的公共功能、多数人需要经常浏览或需要经常向众人展现的信息、提供给部分人较为专业的或特殊的功能。

② 基础对接原则：用户以身份证号码或组织机构代码作为唯一标识和用户名，实现统一的账号管理、认证管理、授权管理、审计管理。

③ 机构集成：4A系统已经规划设计组织机构信息，包括组织机构的分类、属性规划及部门属性规划，并进行组织机构的统一管理，包括组织机构的新增、删除、修改、注销与恢复、禁用与启用、查询等功能。

④ 用户集成：当用户登录协同管理系统后，访问法制管理系统执法双随机模块时，根据身份证号码（UID）调用4A系统LDAP提供的用户详细信息接口（协同管理系统部分），从4A系统中获取账户基本信息、部门信息和组织信息，然后在本地构建业务系统session（会话）块，实现业务办理。

⑤ 角色及授权集成：4A系统进行角色及用户授权的统一管理，4A系统LDAP规划并注册水上交通风险隐患管理系统模块的角色信息，包括角色的分类、属性规划及用户与角色的授权信息；进行角色及用户授权的统一管理，包括角色的新增、删除、修改、分配与回收（授权）、禁用与启用、注销与恢复等功能。所有用户通过"两门户"访问应用系统的权限都经过4A系统统一进行授权。按照岗位原则实现水上交通风险隐患管理系统角色的规划与梳理，按照规范流程提交给4A系统进行角色的注册。

3）安全保障

通过用户权限限制共享数据操作，允许设置组织管理员，各级管理员管理自己的组织、用户和资源，上级管理员能管理下级的组织、用户和资源。

（1）组织新增、修改。对组织的属性进行管理，组织属性的字段按照国家标准（GB/T 20091-2021）执行。

（2）设置管理员。即设置单位管理员，允许设置非本组织下的用户为本组织的管理员，解决某用户不在某组织下，但是却要管理该组织的问题。超级管理员设置某组织管理员选择范围为所有用户，单位管理员设置下级单位管理员选择范围为该单位管理员管辖的用户。

（3）权限设置。即对组织权限的管理，对组织分配权限，子组织可以根据实际需求选择是否继承上级组织的权限，超级管理员能分配所有组织的权限，管理员只能将自己拥有的，并且允许再次分配的权限分配给管辖的组织。

（4）查看用户。即查看组织下的所有用户，包括所属的用户和附属的用户。

11.5.9 大数据工具

大数据平台是对海量结构化、非结构化、半结构化数据进行采集、存储、计算、统计、分析处理的一系列技术平台。大数据平台处理的数据量通常是 TB 级，甚至是 PB 或 EB 级的数据，这是传统数据仓库工具无法处理完成的，其涉及的技术有分布式计算、高并发处理、高可用处理、集群、实时性计算等，汇集了当前 IT 领域热门流行的各类技术。大数据平台常用的工具包括语言类工具、数据采集工具、ETL 工具、数据存储工具、分析计算、查询应用及运维监控工具等，均为开源工具，详见表 11.7 说明。

表 11.7 大数据工具表

工具类别	大数据工具	功能说明
语言工具	Java 编程技术	Java 具有简单性、面向对象、分布式、健壮性、安全性、平台独立与可移植性、多线程、动态性等特点，拥有极高的跨平台能力，是一种强类型语言。Hadoop 以及其他大数据处理技术很多都是用 Java
	Linux 命令	许多大数据开发通常是在 Linux 环境下进行的，相比 Linux 操作系统，Windows 操作系统是封闭的操作系统，开源的大数据软件很受限制
	Scala	Scala 是一门多范式的编程语言，一方面继承了多种语言中的优秀特性，一方面又没有抛弃 Java 这个强大的平台。大数据开发重要框架 Spark 就是采用 Scala 语言设计的
	Python 与数据分析	Python 是面向对象的编程语言，拥有丰富的库，使用简单，应用广泛，在大数据领域也有所应用，主要可用于数据采集、数据分析以及数据可视化等
数据采集工具	Nutch	Nutch 是一个开源 Java 实现的搜索引擎。它提供了运行自己的搜索引擎所需的全部工具，包括全文搜索和 Web 爬虫
	Scrapy	Scrapy 是一个为了爬取网站数据、提取结构性数据而编写的应用框架，可以应用在数据挖掘、信息处理或存储历史数据等一系列的程序中
ETL 工具	Sqoop	Sqoop 是一个用于在 Hadoop 和关系数据库服务器之间传输数据的工具。它用于从关系数据库（如 MySQL、Oracle）导入数据到 Hadoop HDFS，并从 Hadoop 文件系统导出到关系数据库
	Kettle	Kettle 是一个 ETL 工具集，它管理来自不同数据库的数据，通过提供一个图形化的用户环境来描述做什么
数据存储工具	Hadoop 分布式存储与计算	Hadoop 实现了一个分布式文件系统。Hadoop 的框架最核心的设计就是 HDFS 和 MapReduce。HDFS 为海量的数据提供了存储，MapReduce 则为海量的数据提供了计算
	Hive	Hive 是基于 Hadoop 的一个数据仓库工具，可以将结构化的数据文件映射为一张数据库表，并提供简单的 SQL 查询功能，可以将 SQL 语句转换为 MapReduce 任务进行运行。相对于用 Java 代码编写 MapReduce 来说，Hive 的优势明显：快速开发、人员成本低，具有可扩展性（自由扩展集群规模）和延展性（支持自定义函数），适合数据仓库的统计分析
	ZooKeeper	ZooKeeper 是一个开源的分布式协调服务，是 Hadoop 和 HBase 的重要组件，是一个为分布式应用提供一致性服务的软件，提供的功能包括配置维护、域名服务、分布式同步、组件服务等
	HBase	HBase 是一个分布式的、面向列的开源数据库，它不同于一般的关系数据库，更适合于非结构化数据存储的数据库，是一个高可靠性、高性能、面向列、可伸缩的分布式存储系统
	Redis	Redis 是一个 Key-Value 存储系统，其出现很大程度上补偿了 Memcached 这类 Key/Value 存储的不足，在部分场合可以对关系数据库起到很好的补充作用。它提供了 Java、C/C++、C#、PHP、Java、Perl、Object-C、Python、Ruby、Erlang 等客户端

续表 11.7

工具类别	大数据工具	功能说明
数据存储工具	Kafka	Kafka 是一种高吞吐量的分布式发布订阅消息系统，其在大数据开发应用上的目的是通过 Hadoop 的并行加载机制来统一线上和离线的消息处理，也是为了通过集群来提供实时的消息
	Neo4j	Neo4j 是一个高性能的 NoSQL 图形数据库，具有处理百万和 T 级节点和边的大尺度处理网络分析能力。它是一个嵌入式的、基于磁盘的、具备完全的事务特性的 Java 持久化引擎，但是它将结构化数据存储在网络(从数学角度叫做图)上而不是表中。Neo4j 因其嵌入式、高性能、轻量级等优势，越来越受到关注
	Cassandra	Cassandra 是一个混合型的非关系的数据库，类似于 Google 的 BigTable，其主要功能比 Dynamo（分布式的 Key-Value 存储系统）更丰富。这种 NoSQL 数据库最初由 Facebook 开发，现已被 1500 多家企业组织使用，包括苹果、欧洲原子核研究组织（CERN）、康卡斯特、电子港湾、GitHub、GoDaddy、Hulu、Instagram、Intuit、Netflix、Reddit 等
	SSM	SSM 框架是由 Spring、Spring MVC、MyBatis 三个开源框架整合而成，常作为数据源较简单的 Web 项目的框架
分析计算工具	Spark	Spark 是专为大规模数据处理而设计的快速通用的计算引擎，其提供了一个全面、统一的框架用于管理各种不同性质的数据集和数据源的大数据处理的需求
	Storm	Storm 是自由的开源软件，一个分布式的、容错的实时计算系统，可以非常可靠地处理庞大的数据流，用于处理 Hadoop 的批量数据。Storm 支持许多种编程语言，并且有许多应用领域：实时分析、在线机器学习、不停顿的计算、分布式 RPC（远过程调用协议，一种通过网络从远程计算机程序上请求服务）、ETL 等。Storm 的处理速度惊人，经测试，每个节点每秒钟可以处理 100 万个数据元组
	Mahout	Mahout 目的是 "为快速创建可扩展、高性能的机器学习应用程序而打造一个环境"。主要特点是为可伸缩的算法提供可扩展环境、面向 Scala/Spark/H2O/Flink 的新颖算法、Samsara（类似 R 的矢量数学环境），它还包括了用于在 MapReduce 上进行数据挖掘的众多算法
	Pentaho	Pentaho 是世界上最流行的开源商务智能软件，以工作流为核心的、强调面向解决方案而非工具组件的、基于 Java 平台的 BI 套件。包括一个 Web Server 平台和几个工具软件：报表、分析、图表、数据集成、数据挖掘等，可以说包括了商务智能的方方面面。Pentaho 的工具可以连接到 NoSQL 数据库
查询应用工具	Avro 与 Protobuf	Avro 与 Protobuf 均是数据序列化系统，可以提供丰富的数据结构类型，十分适合做数据存储，还可进行不同语言之间相互通信的数据交换格式
	Phoenix	Phoenix 是用 Java 编写的基于 JDBC API 操作 HBase 的开源 SQL 引擎，其具有动态列、散列加载、查询服务器、追踪、事务、用户自定义函数、二级索引、命名空间映射、数据收集、时间戳列、分页查询、跳跃查询、视图及多租户的特性
	Kylin	Kylin 是一个开源的分布式分析引擎，提供了基于 Hadoop 的超大型数据集（TB/PB 级别）的 SQL 接口及多维度的 OLAP 分布式联机分析。最初由 eBay 开发并贡献至开源社区。它能在亚秒内查询巨大的 Hive 表
	Zeppelin	Zeppelin 是一个提供交互数据分析且基于 Web 的笔记本。方便你做出可数据驱动的、可交互且可协作的精美文档，并且支持多种语言，包括 Scala（使用 Apache Spark）、Python（Apache Spark）、SparkSQL、Hive、Markdown、Shell 等
	ElasticSearch	ElasticSearch 是用 Java 开发的、基于 Lucene 的搜索服务器。它提供了一个分布式、支持多用户的全文搜索引擎，基于 RESTful Web 接口，并作为 Apache 许可条款下的开放源码发布，是当前流行的企业级搜索引擎
	Solr	Solr 基于 Apache Lucene，是一种高度可靠、高度扩展的企业搜索平台，是一款非常优秀的全文搜索引擎。知名用户包括 eHarmony、西尔斯、StubHub、Zappos、百思买、AT&T、Instagram、Netflix、彭博社和 Travelocity
数据管理工具	Azkaban	Azkaban 是由 linked 开源的一个批量工作流任务调度器，它是由三个部分组成：Azkaban Web Server（管理服务器）、Azkaban Executor Server（执行管理器）和 MySQL（关系数据库），可用于在一个工作流内以一个特定的顺序运行一组工作和流程，可以利用 Azkaban 来完成大数据的任务调度
	Mesos	Mesos 是由加州大学伯克利分校的 AMPLab 首先开发的一款开源集群管理软件，支持 Hadoop、ElasticSearch、Spark、Storm 和 Kafka 等架构。对数据中心而言它就像一个单一的资源池，从物理或虚拟机器中抽离了 CPU、内存、存储及其他计算资源，很容易建立和有效运行具备容错性和弹性的分布式系统

续表 11.7

工具类别	大数据工具	功能说明
数据管理工具	Sentry	Sentry 是一个开源的实时错误报告工具，支持 Web 前后端、移动应用及游戏，支持 Python、OC、Java、Go、Node、Django、RoR 等主流编程语言和框架，还提供了 GitHub、Slack、Trello 等常见开发工具的集成
运维监控工具	Flume	Flume 是一款高可用、高可靠、分布式的海量日志采集、聚合和传输的系统，Flume 支持在日志系统中定制各类数据发送方，用于收集数据；同时，Flume 提供对数据进行简单处理，并写到各种数据接受方（可定制）的能力

11.6　软硬件配置

部署环境资源根据业务量准确测算对软硬件环境的需求，系统使用的开发语言、中间件技术安全可控，并提供 API 接口，与本大数据平台相适配，系统所需的计算及存储资源由大数据共享平台提供，系统采用 B/S 架构，便于与国产电脑系统匹配。

根据不同系统的性能需求，本案例中的数据中心管理系统和航运服务应用门户部署在政务云（天翼云），水上交通风险隐患管理系统、水下三维电子航道图系统、气象信息共享系统部署在行业专属云。各系统的服务器配置、部署环境配置等说明如下：

1. 数据中心管理系统软硬件配置

主要配置了 18 台虚拟机，其中应用服务器 12 台、数据服务器 4 台、中间件 2 台，包括数据采集、数据接入系统、数据治理系统、数据服务系统、日志服务器、爬虫服务、代理服务、验证码/机器学习、数据库、中间件等。

2. 航运服务门户应用

主要配置了 6 台虚拟机，均为应用服务器，部署功能主要包括软件功能开发、对外服务门户、基础通用功能、接口功能开发、系统测试、实施部署、配套软件资源等。

3. 水上交通风险隐患管理系统

主要配置了 4 台虚拟机，其中应用服务器 3 台、数据服务器 1 台，部署功能主要包括软件功能开发、安全隐患报备登记、安全隐患整改、督办、安全预警管理、文献查询、专项整治、基本地图操作、安全风险公示、安全风险智能建模、接口功能开发、系统测试、实施部署、配套软件资源等。

4. 水下三维电子航道图软件

主要配置了 2 台虚拟机，其中应用服务器 1 台、数据服务器 1 台，部署功能主要包括海港水下三维软件系统建设，超图云系统等。

5. 气象信息共享系统

主要配置了 2 台虚拟机，均为应用服务器，部署功能主要是爬取省级气象官网的气象信息，包括气象六要素：气温、气压、湿度、风向、风速、降雨量等。

11.7　平台核心部分安装与测试

11.7.1　数据库及中间件安装部署

此部分为基于本案例的情况列举的安装部署过程，主要目的是抛砖引玉，在实际操作中应以实际情况为准。

1. Tomcat 安装步骤

（1）将获取到的压缩包解压到非中文路径。

（2）将 Tomcat 安装成服务。

（3）具体 Tomcat 版本需要根据公司最新的通知公告获取（必须支持 JDK1.8）。

（4）Windows 环境下的安装：

① 运行 InstallTomcat-NT.bat，启动 Tomcat 安装至 Windows 服务。

② 运行 StartTomcat-NT.bat，启动 Tomcat 在 Winsows 上的服务。

③（若需）运行 UninstallTomcat-NT.bat，启动卸载 Tomcat 服务。

（5）Linux 环境下的安装：

① 首先设置整个文件夹的权限为读写权限。

② 设置 Tomcat 开机自动运行（注意安装实际路径，其中的 tomcat 是服务名称）：

```
#ln-s/software/apache-tomcat-7.0.57_Linux_64bit/bin/tomcat
/etc/init.d/tomcat
#chmod-c 777/etc/init.d/tomcat
#chkconfig-add tomcat
#chkconfig--level 345 tomcat on
```

测试，执行命令：service tomcat start|stop|restart|status

2. RabbitMQ 安装步骤

（1）先安装 otp_win64_18.3.exe，再安装 rabbitmq-server-3.6.1.exe。

（2）接下来需要开启 rabbitmq 页面管理插件，打开 cmd，进入 rabbitMQ 安装目录，然后进入 sbin 目录，接下来使用 rabbitmq-plugins.bat enable rabbitmq_management 命令开启网页版控制台。

（3）重启 RabbitMQ 服务生效。在浏览器输入 http:localhost:15672 进入控制台。

3. Redis 安装步骤

获取部署包，点击下一步，安装 redis。双击运行，点击 Next 即可。其中有几个选项可以根据自己的喜好修改，针对各个选项的说明如下：

（1）点击两次"Next"后，如图 11.13 所示。

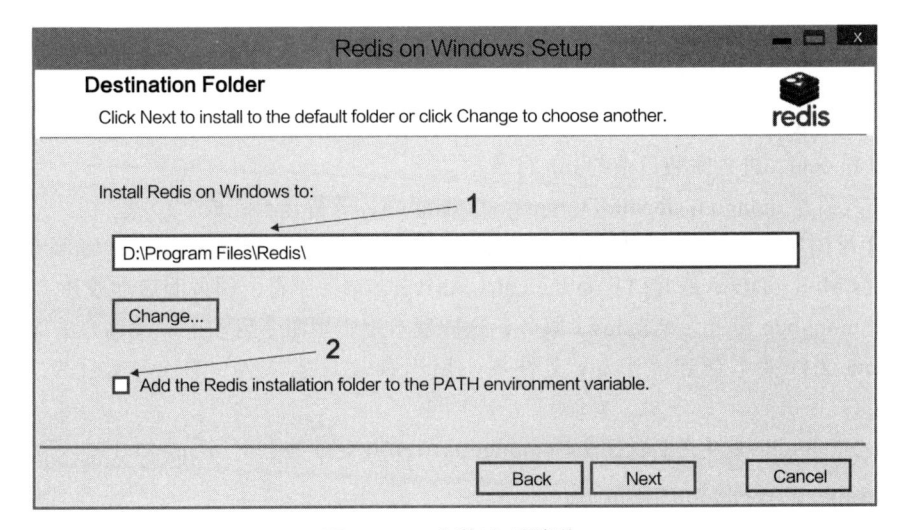

图 11.13　安装选项说明 1

① 标注1：安装的地址，可根据实际情况修改。

② 标注2：将redis安装的文件夹加入系统环境变量中，把这个勾上，避免使用"控制台"管理redis的时候需要输入路径

（2）继续点击"Next"，如图11.14所示，文本框内是redis监听的端口，复选框勾选的是让端口可以通过防火墙。

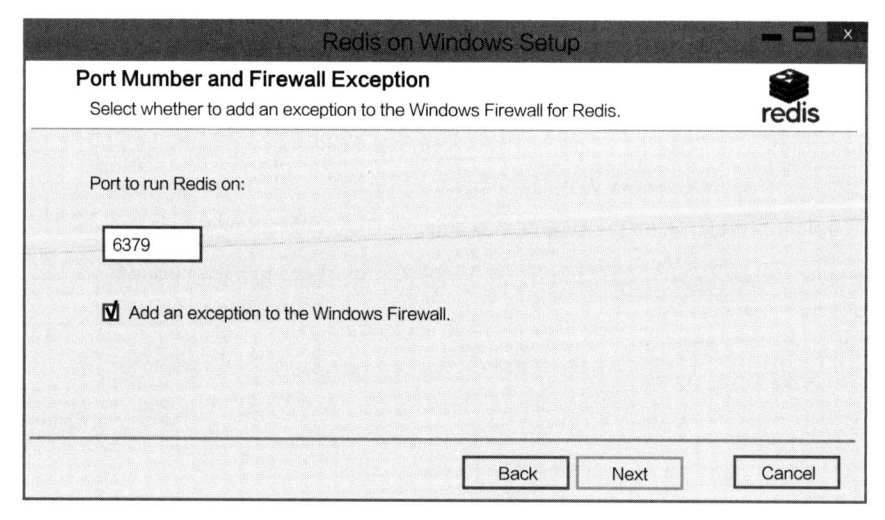

图11.14　安装选项说明2

（3）下一步设置的是"Max Memory"和"Max Heap"。

（4）继续"Next"直到安装完成。安装完成后，就添加了一个名为"redis"的服务了。

（5）设置密码：默认安装后的redis是没有密码的，需要通过修改配置文件的方法设置密码，说明如下：

① 修改配置文件"redis.windows-service.conf"。

② 在安装的目录下找到并打开"redis.windows-service.conf"文件。

③ 设置密码的方式就是在上述文件加入一行"requirepass 密码"（比如要设置密码为：12345，在最后一行加入"requirepass 12345"即可）。

4. MongoDB 安装步骤

（1）双击安装包，接受条例点击Next后，在该页面选择Custom，在Custom页面中选择自己安装的路径，点击Next，点击Install安装，Finish完成。

（2）安装完成后，在安装目录下创建数据库文件存放位置，例如D：/mongodb/data/db。

（3）打开cmd，进入安装目录的bin目录下。

（4）输入命令 mongod--dbpath D:\mongodb\data\db，等待运行完成。

（5）打开浏览器，进入网址 http://localhost:27017，如果浏览器提示"It looks like you are trying to acces MongoDB over HTTP on the native driver port"字符，即说明启动成功。

（6）将mongodb设置为Windows服务，这样就不用使用命令启动了，设置方法如下：

① 在data文件夹下新建一个log文件夹，用于存放日志文件，在log文件夹下新建文件mongodb.log。

② 在D:\mongodb文件夹下新建文件mongo.txt，并用记事本打开mongo.txt输入以下内容：

```
dbpath=D:\mongodb\data\db
logpath=D:\mongodb\data\log\mongodb.log
```

- 保存后将文件后缀名改成 .config。
- 以管理员身份打开 cmd 命令框。
- 进入安装目录的 bin 文件夹输入以下命令 mongod--config D:\mongodb\mongo.config--install--serviceName"MongoDB"--journal。
- 在服务列表中找到 MongoDB 并启动。

5. 数据还原步骤

（1）根据项目所要求的数据库环境，按照实施部规范，安装相应的数据库。

（2）安装 Navicat。

（3）使用 Navicat 连接并新建数据库，字符集选择 utf8mb4--UTF-8 Unicode，排序规则选择 utf8mb4_general_ci。

（4）使用备份还原功能，选择 psc 文件开始还原，直至出现 success 成功提示即可完成数据还原。

11.7.2 安全环境

本案例中的数据中心管理系统和航运服务应用门户部署在政务云（天翼云）云，云平台负责服务器、安全设备、网络产品的安全管理，该海港管理部门对应用系统安全管理负责。水上交通风险隐患管理系统、水下三维电子航道图系统、气象信息共享系统部署在行业专属云。该海港管理部门负责服务器、安全设备、网络产品、各服务上部署的应用系统的安全管理。

政务云（天翼云）平台与行业专属云间通过专线连接进行数据通信，安全系统按部署区域划分为政务外网区、互联网区、政务云（天翼云）数据交换区、行业专网区、行业互联网区、行业专属云数据交换区 6 大功能区域，各区域使用安全设备开展边界防护，具体如下：

（1）政务外网区。在政务外网出口部署 2 台防火墙，进行政务外网出口网络边界防护。

（2）互联网区。在互联网出口部署 2 台防火墙，进行互联网出口网络边界防护。

（3）政务云（天翼云）数据交换区。政务外网区与互联网区之间部署 2 台网闸，实现跨区数据交换，避免互联网业务受到攻击时，影响政务外网区业务和数据安全。

（4）行业专网区。从政务云（天翼云）接通专线，部署 1 台网闸内联 1 台防火墙，防火墙下联行业专网交换机。

（5）行业互联网区。出口区部署 2 台流量清洗设备（抗 DDOS 系统），下联 2 台负载均衡设备、2 台防火墙、2 台入侵防御系统、2 台防毒墙，进行互联网出口网络边界防护。

（6）行业专属云数据交换区。行业专网区与互联网区之间部署 1 台网闸，实现跨区数据交换，避免互联网业务受到攻击时，影响政务外网区业务和数据安全。

（7）网络区域边界。整个系统的网络系统边界包括互联网区、政务外网区、行业专网互联网区三个外部边界，因此该系统的网络区域边界设备包括互联网区的 2 台防火墙设备、政务外网区的 2 台防火墙设备、行业专属云互联网区的 2 台流量清洗设备（抗 DDOS 系统），上述设备以内的部分都可归为本系统的内部网络，网络边界设备和内部网络部分都是等级保护定级的范围和对象。

11.7.3 系统测试

各项系统完成部署并上线后，要进行系统测试、黑盒测试、白盒测试、灰盒测试等测试。

1. 测试工作流程

测试工作流程包含测试管理总流程、制定测试计划工作流程、测试用例工作流程和测试工作执行流程，其流程图分别如图 11.15 ~ 图 11.18 所示。

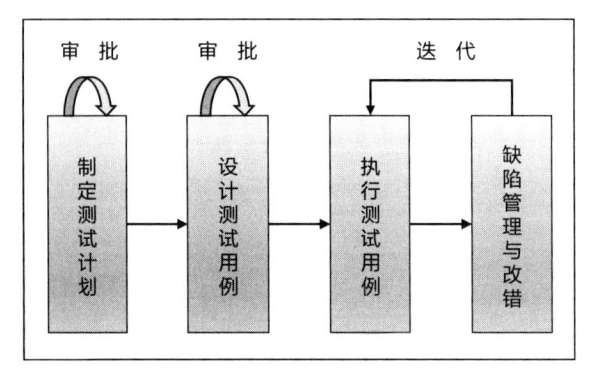

图 11.15　测试管理总流程

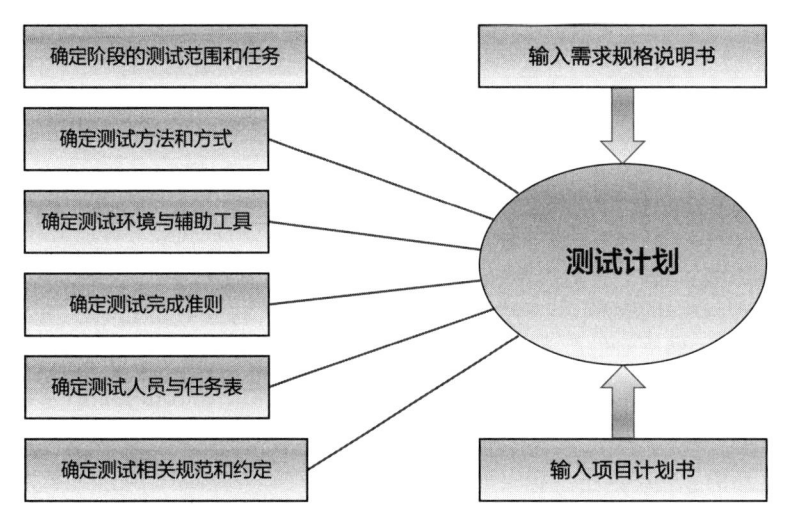

图 11.16　制定测试计划工作流程

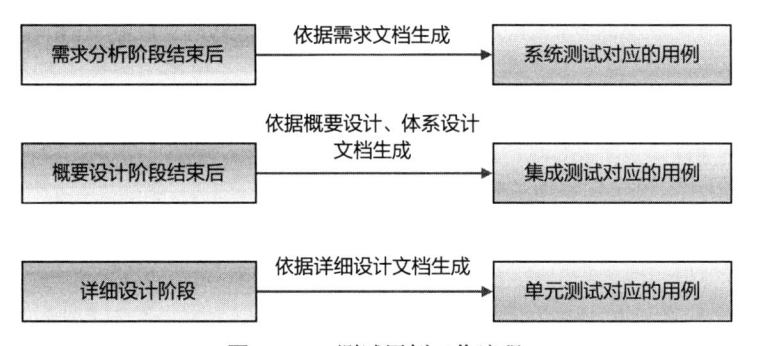

图 11.17　测试用例工作流程

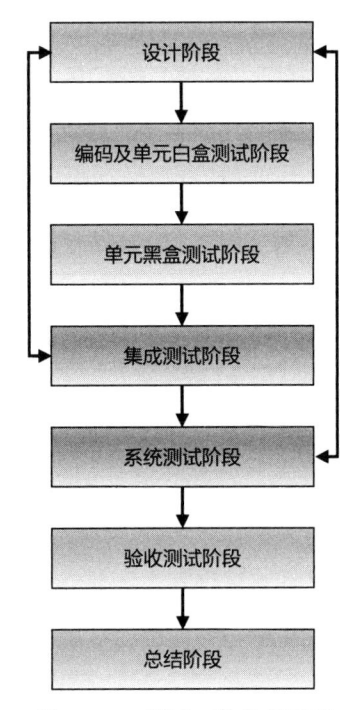

```
         设计阶段
            ↓
    编码及单元白盒测试阶段
            ↓
      单元黑盒测试阶段
            ↓
       集成测试阶段
            ↓
       系统测试阶段
            ↓
       验收测试阶段
            ↓
         总结阶段
```

图 11.18 测试工作执行流程

2. 测试文档和测试提交文档

本案例使用的测试文档和测试提交的文档样式如表 11.8 和表 11.9 所示。

表 11.8 测试文档

文档（版本 / 日期）	已创建或可用	已被接收或已经过复审	作者或来源	备 注
软件需求规格说明书	是 [ ] 否 [ ]	是 [ ] 否 [ ]		
软件概要设计	是 [ ] 否 [ ]	是 [ ] 否 [ ]		
软件详细设计	是 [ ] 否 [ ]	是 [ ] 否 [ ]		
模块开发手册	是 [ ] 否 [ ]	是 [ ] 否 [ ]		
测试计划及方案	是 [ ] 否 [ ]	是 [ ] 否 [ ]		
测试报告	是 [ ] 否 [ ]	是 [ ] 否 [ ]		
用户操作手册	是 [ ] 否 [ ]	是 [ ] 否 [ ]		
安装指南	是 [ ] 否 [ ]	是 [ ] 否 [ ]		

表 11.9 测试提交文档

文档（版本 / 日期）	已创建或可用	已被接收或已经过复审	作者或来源	备 注
测试计划及方案	是 [ ] 否 [ ]	是 [ ] 否 [ ]		
测试用例	是 [ ] 否 [ ]	是 [ ] 否 [ ]		
测试报告	是 [ ] 否 [ ]	是 [ ] 否 [ ]		

3. 测试方式

测试方式主要以手工测试为主，在条件允许的情况下使用自动化测试工具进行测试，详见表 11.10。

表 11.10 测试方式表

测试方法	测试覆盖率	执行人员	描 述
黑盒测试	100%	测试人员	功能测试或数据驱动测试
灰盒测试	10%～20%	测试或开发人员	静态的白盒测试或动态的黑盒测试
白盒测试	5%	开发人员	结构测试或逻辑驱动测试

4. 通过测试的标准

通过测试有"基于测试用例"和"基于缺陷密度"两种评判准则，在本案例中采用前者。准则如下：

（1）功能性测试用例通过率达到 100%。

（2）功能性测试用例通过率达到 95%。

（3）有高于优先级 3 以上的问题。

备选通过办法：根据实际情况由软件开发经理、项目经理和测试负责人等共同讨论确定本阶段是否结束。

5. 测试终端与开始的标准

（1）当优先级 1 的问题超过总体问题的 1/3 时。

（2）当优先级 2 的问题超过总体问题的 1/2 时。

（3）当优先级 3 的问题超过总体问题的 3/4 时。

（4）测试重新开始时的回归测试项目。

11.8 建设成效

1. 实现海上交通数据互联互通，提升海事服务能力

该平台的建设帮助该省级海港实现海上交通数据资源横向、纵向的互联互通。运输企业、船主、主管部门可通过平台方便快捷填报相关指标数据，该省级海事管理部门可通过平台快速查询、统计分析数据，指导海上交通工作科学发展。与其他厅局政务数据互通互联，实现相关数据共享，基于大数据分析技术、充分挖掘数据价值，为领导决策提供依据。同时推进了该省的海上交通运输体系智能化建设，提高海事政务信息化能力，提升海事便民服务体验，实现了政务服务方式更多样化、智慧化，水上交通风险隐患管理可视化，形成风险隐患闭环管理体系，完善了水下三维航道图，助力提升船舶航行安全保障。

2. 通过科技手段赋能海港管理，海港重要指标得到提升

得益于该平台建设，2022 年以来，该省级海港新增 8 个深水泊位对国际航行船舶开放，国际航行船舶进出口岸审批平均时间同比提速 10%，极大地减少了船舶等待进港、留港时间，保障了 243 万艘次船舶安全进出港，助力该省级海港完成吞吐量 6.2 亿吨，700 万标箱货物工作目标。

智

智灵一启开新天，仿如仙翁下凡间。
慧脑赋智万企旺，初心入梦再扬鞭。

    智篇由三部分组成，第一部分是"释义"，从一条"线"展开介绍智慧的基本概念、特征、初步应用场景；第二部分是"阐例"，从一个"面"简要介绍智慧产业在数智科技工程建设的多个案例，反映智慧产业在数智科技工程应用的广泛性；第三部分是"说案"，从一个"体"深入介绍一个比较完整、典型的智慧产业工程建设案例，立体地以实施方案式的撰写法，较翔实介绍该案例的建设背景、建设目标、总体结构、分部结构、功能特点、软硬件配置、核心部分安装与调试、系统测试、上线措施、运行情况、建设成效等。

第 12 章 智慧——数智科技工程的精灵

智灵一启开新天

历史长河奔流不息，智慧化浪潮滚滚而来。我们正在开启一场向智慧大陆迁徙的伟大旅程。站在新的历史起点，数智科技工程戴上智慧之鞍将如虎添翼。

智与云、网、数、盾深度融合，推动城市实现精细化治理，以创新手段来化解百姓生活的痛点、社会治理的难点，以及营商环境的堵点，为人民提供更多优质、高效的数智化公共服务，努力让百姓畅享美好的数智化生活。

本章将从介绍数智科技工程系统的智慧产业理念入手，全面介绍智慧应用系统，力求使读者认识智慧产业及应用一个全景式的概貌。

12.1 智慧的内涵及特点

智慧是人类所具有的基于生理和心理器官的一种高级创造思维能力，它体现了人类的思维能力和理解力，智慧不仅仅是知识的积累，更是对事物本质的洞察和理解，表现为对复杂事物的简化和抽象能力，能够将复杂的问题或概念归纳为简单的原则或规律。

1. 智　力

智力是指人类的认知能力和思维能力，包括推理、分析、判断、解决问题等方面，它反映了个体的智慧水平和学习能力。智力是一个相对稳定的个体特质，通过智力测验进行评估，通常被测量为智商（智力商数）。智力的提高可以通过教育、学习和训练等途径实现。

2. 智　能

智能是指机器或计算机系统表现出来的类似人类智力和智慧的行为，它涉及计算机科学和人工智能领域的研究和应用。智能系统能够感知环境，学习知识，推理和解决问题，与人类进行交互。智能可以通过算法、机器学习和深度学习等技术手段来实现和提升。

智力和智能在定义上有所不同，但它们之间存在着密切的联系。智力是智能的基础，智能则是智力的一种延伸和应用。智能系统的设计和发展受益于对智力的理解和模拟。智能系统可以通过学习和模仿人类的智力行为来提高自身的智能水平。

区别智力和智能的关键在于它们的本质和表现形式。智力是人类思维能力的内在特质，而智能是指计算机系统的外在表现和功能。智力在很大程度上是由遗传和环境共同决定的，而智能的发展则依赖于人类的创造和技术进步。

总而言之，智力和智能是密切相关但又有区别的概念。二者之间的联系在于智能的发展借鉴了对智力的理解和模拟，而区别则在于它们的本质和表现形式。无论是智力还是智能，它们的研究和应用都在不断推动人类社会的进步和发展。

3. 智　慧

智慧，它是生物中所具有的，基于神经系统的一种高级的综合能力，包含感知、知识、记忆、理解、联想、情感、逻辑、辨别、计算、分析、判断、文化、包容、决定等多种能力。智慧让人可以深刻地理解人、事物、社会、宇宙、现状、过去、将来，拥有思考、分析、探求真理的能力。

智慧并不是人类一开始就有的，而是随着人类的进化，适应人类更好地生活的需要逐渐形成和增强的。从历史的角度看，智慧大致在人类进入文明社会开始形成，在古希腊神话中就有智慧女神，这表明那时人们已经有了智慧的概念。但是，智慧并不是一成不变的，随着人类的进化，特别是人类教育科技文化的进步，人类的智慧不断在向广度和深度方向发展。智慧之所以会随着人类的进化而不断增强，是因为智慧不仅是适应人类更好生活产生的，更是人类更好生活的内在机能和生活方式。今天，人类的智慧已经形成并对人类更好生活发挥着极其重要的作用。智慧作为人适应自己更好地生活所形成和发展起来的特有综合统一能力和调控机制，其使命是要使人能在艰难的生存竞争中有效地保护自己，丰富自己，发展自己，获得需要满足，实现自我价值。

智慧是具有实践意向的活动调控机制。智慧不是单纯的知识和能力，而是具有将知识、能力运用于实践并对人的各种活动进行调控的自觉调控机制。尽管西方不少哲学家认为智慧有实践的方面，或者将智慧分为理论智慧和实践智慧，但一般都更强调智慧的实践意义或为更好生活服务的意义。

智慧由智力系统、知识系统、方法与技能系统、非智力系统、观念与思想系统、审美与评价系统等组成。

4. 智力、智能和智慧的关系

尽管智力、智能和智慧之间存在差异，但它们也是相互关联的。智力是个体的信息处理能力，是智能和智慧的基础；智能是通过智力的模拟和扩展而实现的，是计算机系统的模拟和扩展；智慧是对智力和智能的深入理解和应用，是对知识和经验的深刻理解和应用。

（1）智力指的是一个人处理信息、思考和解决问题的能力。它主要衡量一个人在特定领域或任务中获取和应用知识的能力。智力通常通过智力测验来评估，例如智商（IQ）测试。智力较高的人通常具有更快的学习能力和逻辑思维能力。

（2）智能是指机器或计算机系统的智力水平，它是人工智能领域的核心概念之一。智能系统通过使用算法和数据，能够模拟和执行人类的认知功能，例如学习、推理、识别和解决问题。智能系统可以在各种领域中应用，如语音识别、图像处理和自动驾驶。

（3）智慧是指对知识和经验的深刻理解和洞察力。它超越了单纯的信息处理能力，涉及对事物本质的领悟和对复杂问题的独特见解。智慧与智力和智能不同，它更多地与人类的情感、道德和价值观有关。智慧的发展需要对生活的思考和反思，以及对人类行为和人类存在的理解。

智力、智能和智慧的关系如图 12.1 所示。

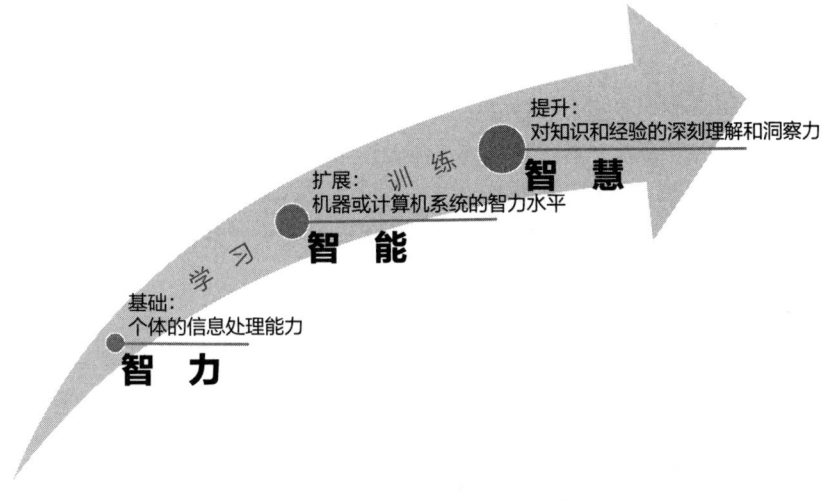

图 12.1　智力、智能和智慧的关系

智力是智能的基础，智能是在智力的基础上扩展更高的智力水平，智慧则是在智能的基础上提升的理解和洞察力。通过学习，扩展机器或计算机系统的智力水平，从智力上升到智能；通过训练，提升知识和经验的深刻理解和洞察力，从智能上升到智慧，智能是比智力较高层次的理念，智慧又是比智能更高层次的理念。

智慧不仅存在于人类，同样在科技工程上也能够发挥重要的作用。通过与云计算、网络技术、数据分析和网络安全的深度融合，智慧为科技工程增添了翅膀，提升科技工程的经济效益和社会效益。

12.2 智慧产业概论

战略性新兴产业是引导未来城市经济和社会发展的重要力量，发展战略性新兴产业已成为抢占新一轮经济和科技发展制高点的重大战略。智慧产业作为国家战略性新兴产业的重要组成部分，它以重大科学技术突破和重大发展需求为基础，是知识技术密集、物质资源消耗少、成长潜力大、综合效益好的产业。

12.2.1 智慧产业的起源

智慧产业萌芽于人类最初的生产和生活实践中。在数千年的人类发展史上，人类的智慧是推动社会进步的真正原动力，但在工业革命之前，甚至可以说是在20世纪初叶之前，没有智慧产业，只有某些智慧行业。产业是行业的集群和规模化，在20世纪初叶之前，智慧行业集群不够，规模化也不够。从20世纪初叶开始，智慧产业才逐渐形成，但即使是今天，智慧产业仍然只能算是刚刚起步，因为这个产业太特殊了，具有无穷无尽的延展性、衍生性、成长性。

智慧产业是知识型经济中的一个代表产业。那些源自个人创意、技能和才干的活动，通过知识产权的生成与利用，创造财富和就业机会。随着科学技术的发展，智慧产业在全球范围内受到了极大的重视，智慧产业是属于未来的产业，为整个经济，乃至整个社会的发展做出巨大的贡献。智慧产业的核心由云计算、物联网、大数据、移动互联网、人工智能、虚拟现实、机器人等新一代智慧技术刺激下催生的战略性新兴产业构成，并在此基础上与城市第一、第二、第三产业要素相融合，形成一个庞大的新型产业体系。

近年来国内外近百家企业开始进入中国智慧产业的市场，开始仅仅将智能设备进行网络连接，实现手机端 APP 的远程控制；后来云平台将云端的细分功能和应用引入其中，帮助硬件企业逐步从制造型转型为服务型。

中国新经济蓬勃发展，以"创新、高增长、移动互联网、大数据、云计算"为特征的新经济领域成为未来中国经济增长的主要动力。智慧产业作为新经济的代表，正引领全球潮流，悄然改变着人们的生活。我国正致力于推动制造业等传统产业的转型升级，不断激发生产模式、服务模式和商业模式的创新，以提升经济运行水平和效率。尽管我国智慧产业的发展水平仍处于起步阶段，存在一些问题，如区域发展不均衡、核心竞争力尚未形成等，但它仍然具备巨大的发展空间。

12.2.2 智慧产业内涵

智慧产业作为智慧经济龙头的产业，属于第四产业，是人的智慧在生产各要素中占主导地位的产业形态，具有极其广阔的成长空间和极为光明的发展前景。

1. 智慧产业概述

智慧产业作为城市战略性新兴产业的重要组成部分，它以重大技术突破和重大发展需求为基础，是知识技术密集、物质资源消耗少、成长潜力大、综合效益好的产业。伴随智慧城市建设的逐步推进，必将对城市加快产业转型升级，构建现代产业体系以及经济社会全局和长远发展等产生重大带动作用。

智慧产业是数字化、网络化、信息化、自动化、智能化程度较高的智力密集型和技术密集型产业，与传统产业相比，智慧产业更强调智能化，包括研发设计、生产制造、经营管理、市场营销等各个环节的智能化。

2. 智慧产业的特点

智慧产业的主要特征是物联网、云计算、大数据、人工智能、移动互联网等新一代信息技术在产业领域的广泛应用，体现在以下五个方面：

1）创新性

在新常态下，经济发展要求高质量、高效率，经济转型发展势在必行，传统产业必须借助互联网等技术，进行创新转型发展，智慧产业是以"创新"为主体的发展形式。

智慧产业创新体现为多领域内的标准链、创新链和产业链有机联结，通过技术标准主导机制、知识产权独占机制及联盟载体互补机制协同作用而形成多维交互、多元架构、多阶段共生竞合的复杂系统。

2）泛在化

智慧产业无处不在，智慧产业为各行各业发展提供加速器，以物联网、移动互联网、5G、云计算、大数据、AI等为技术支撑，使研发、创造、生产、管理等更具智能化和泛在性。

泛在的网络不仅仅要解决人与人的交流，更需要实现的是人与物、物与物的交流，即达到"万物互联"的境界。由于网络的泛在和物物互联，多维度交流所产生的数据变得日益纷繁且杂乱无章，要实现从数据到信息，再到知识的转变，就需要泛在化的计算能力的支撑。

3）发展性

智慧产业不受自然条件、社会条件、经济条件、金融危机等影响，其发展弹性强。而且，智慧产业属于增长型经济，在重大发展需求和技术突破的基础上更具发展潜力。智慧产业需要持续发展，并已经取得一定的积累和应用，是大数据、人工智能、互联网、云计算等技术发展的产物。

4）生态性

智慧产业综合运用新一代信息技术进行产业活动，使其生产过程更加高效、高质与环保，更加注重效率、产品质量及生态环境的可持续平衡。智慧产业生态链包括上游和下游、硬件和软件、制造和服务。

智慧产业需要大量的基础设施、产品、技术和设备，由此形成了市场大、范围广、关联多、链条长的智慧产业生态链和产业群。根据市场的需求会延伸出不同的智慧产业，从而使得智慧产业不断发展。因此，智慧产业需要众多行业融合发展，形成由底层算法、核心器件到上层应用、整套设备的完整产业体系，需要相关企业从事研发及产业化工作，特别在深度学习、语音识别、计算机视觉、自然语言处理等领域。

5）持续性

从技术层面来看，人工智能、大数据、区块链、云计算这些技术的发展还在迭代演化，需要持续性创新。只有将基于核心价值链的智慧产业连续性建设规划纳入到转型的战略规划中，随着实践的经验积累持续更新，才能实现真正的业务价值，带动产业变革，提供持续的核心竞争力。

12.2.3 智慧产业现状

自20世纪90年代开始，西方发达国家捷足先登，率先实施智能制造计划，进入21世纪后，制定中长期发展战略，技术一度领先于中国。

我国具备后发优势，在重点领域应用示范工程中提出发展"智能工业"，《国务院关于大力推进信息化发展和切实保障信息安全的若干意见》提出"加快重点行业生产装备数字化和生产过程智能化进程"。在国家层面进行战略布局，企业发展抢占产业发展制高点，科研院所及高校进行基础理论研究，为我国智慧产业发展提供原动力。

（1）从战略层面布局智慧产业发展，重点加强人工智能等关键技术研发。国家"973"计划、"863"计划提出研究面向三元空间的互联网中文信息处理理论与方法、互联网环境中文言语信息处理与深度计算的基础理论和方法，以及基于大数据的类人智能关键技术与系统等项目，旨在通过在中文言语信息处理的基本理论和方法上取得新的突破，建立以"中文虚拟大脑"为核心的大规模中文信息处理基础平台，构建面向公共安全与社会管理的互联网中文信息处理验证系统，引领中文信息处理基础研究产生实质性进展，为我国相关重大战略需求和社会化智能信息服务等重大应用提供技术支撑。

加强海量知识获取与深度学习、内容理解与推理、问题分析与求解、交互式问答等类脑计算关键技术的研发和突破，研制具有海量知识获取与抽取、语言深层理解与推理、问题求解与回答等能力的类人答题原型验证系统，该方向集结了我国70%以上中文信息处理领域的专家队伍，为我国智慧产业的发展奠定坚实基础。

（2）以百度、腾讯、阿里巴巴、科大讯飞为代表的信息技术提供商抢占布局智慧产业，并已初露锋芒。近年来，百度、腾讯、阿里巴巴、科大讯飞等企业积极布局人工智能、智能语音等智慧产业核心领域，抢占产业发展制高点。

① 百度推出"百度大脑"项目，融合了深度学习算法、数据建模、大规模GPU并行化平台等技术，构建了全球最大规模深度神经网络，达到世界领先水平。

② 腾讯智能开放平台使用模式识别等人工智能技术丰富微信功能。

③ 阿里巴巴将大规模连续语音识别技术应用于手机淘宝语音搜索。

④ 科大讯飞发布的"讯飞超脑"计划，研发实现具有深层语言理解、全面知识表示、逻辑推理联想、自主学习进化等高级人工智能的智能系统，旨在从"让计算机能听会说"向"让计算机能理解会思考"的目标迈进。

目前，以百度、科大讯飞等为代表的企业的部分人工智能相关技术已经开始实现产品化应用。

（3）科研院所及高校在智慧产业的基础理论研究及底层技术领域已具备一定的基础。中国科学院、中国科技大学、北京大学、清华大学、哈尔滨工业大学等科研院所及高校均已经开展深度学习理论算法、建模等方面的研究，对于有关人脑网络结构与认知结构的研究也逐步开展。

12.3 智慧产业的价值体现

智慧产业作为第四产业，是指直接利用人类智慧进行研发、创造、生产和管理等活动，以满足社会需求，并生成有形或无形的智慧产品，与实体产品不同，智慧产业的价值主要通过知识产权的生成与利用来创造财富和就业机会。

智慧产业的价值主要体现在转变知识产权、创造品牌价值、组合生产要素三个方面。

12.3.1 知识产权

智慧产业要产生价值，转变成知识产权就是最直接的方式。

智慧产业涵盖多个不同行业，并与各行业相互作用。在自然科学领域，智慧的作用导致科学的发现和发明；在社会科学领域，智慧的作用产生新思想和新理论；在人类认识世界改变世界的实践过程中，智慧的作用则表现为新方法与新技巧。这三个领域，智慧相互联系相互统一，构成智慧产业生产体系。

　　智慧产品很多以信息的形式存在，而信息要产生价值，必须进行共享和交换，而产权是交换的前提。智慧产品是信息、知识形式的商品，人类通过立法建立了知识产权制度，以法律形式保护智慧生产者的劳动权益。这一制度随后以世界公约的形式在全球范围内推广，为保障人类的智慧生产发挥了作用。

　　通过知识产权的法律保护，智慧价值的实现获得了一种直接方式。一旦智慧产品被生产出来，它首先受到知识产权的保护，为生产者带来相应的权利和财产。智慧产品作为生产要素参与社会生产，可以转化为股权资本，这样人类的脑力劳动就创造了新型资产。知识产权为智慧生产者创造了一种保护机制。

　　智慧产品一旦获得了知识产权的法律保护，就会表现为权益财产的形式，这种权益财产常常表现为肖像权、名誉权、署名权、商标权、专利权及著作权等，除了在被侵权之后可以通过法律维权的手段变现这种权益财产的价值之外，这种权益财产可以在另外的场合作为一种生产要素来使用，比如专利权的转让或入股、商标权的授权许可及名誉权和肖像权的有偿许可等，一旦权益财产作为生产要素被使用并参与到社会生产中，这种权益财产就转变为权益资本。

　　通过知识产权的法律保护，智慧的价值实现首先取得了一种直接的方式，即不管有没有人购买，智慧的产品一旦生产出来就首先处于知识产权的保护之下，为生产者带来相应的权益财产，并可以在作为生产要素参与社会生产的时候转化为权益资本，而这，正是人类的脑力劳动为自己创造出新型资产。

12.3.2　创造品牌

　　智慧不仅可以固化成生产者的知识产权，形成股权财产的形式，还能带来关注效应，打造品牌。当然，品牌的形成取决于智慧产业的具体形式，不同形式的智慧产业对应着不同的传播方式，这使得智慧生产者的成名之路也各不相同。

1. 科学发现方面的论文

　　论文可以通过在权威杂志的发表而产生连锁反应式的传播，可以引发媒体的互动传播，甚至可以获得诺贝尔奖引发再传播，从而成就智慧生产者的品牌价值。这种品牌价值不仅能够奠定生产者在行业和专业领域中的地位，而且还在社会公众中产生广泛的影响力，所以很多科学家的智慧都以名利双收的形式实现了价值。

2. 技术发明领域的专利技术

　　专利技术可以通过技术媒体的报道使发明者名声大噪。如果这项专利技术通过转让或参与专利权益分享，也有机会在品牌营销过程中得到传播。作为发明者或创作者，他们也可以受到广泛关注，从而实现品牌价值的提升。

3. 社会科学领域的智力和理论产品

　　智力和理论产品可以通过文章、书籍等形式予以实体化。这些精神产品的存在使其生产者在传播过程中获得相应的品牌价值。

4. 策划服务

　　服务于某个企业的点子、主意和策划方案之类的智慧，即便在操作过程中不便透露的机密内容，也可以在事后以案例的形式或主动或被动地总结出来，因而这些生产者们也会获得自身的品牌价值。

品牌和名声是构成智慧生产者的一种权益财产，它除了可以反过来促进其他智慧产品实现价值之外，还可以在适当的场合和时机作为生产要素参与到某种特定的生产过程之中，转变为权益资产，形成由脑力劳动凝结而成的智慧资本。

12.3.3 组合生产要素

组合生产要素是实现智慧产业创造价值的关键。智慧产业不仅可以将智慧物化为精神产品并凝结为知识产权，还可以通过传播为生产者创造品牌价值。除了这两种常见的价值实现方式，智慧产业还有另一种方式，即组织一批有目的、有计划的脑力劳动，自觉地认识和改造世界，并将这一活动转化为一种有意识的生产方式，实现认识和改变世界与社会生产的有机和谐统一。

智慧产业的规律是从问题和矛盾出发，创造解决这些矛盾的方法、解决方案和事物，并从中选择最佳解决方案。问题和矛盾是智慧产业的起点，而智慧产业的结果是创造新的事物来解决问题和矛盾。

智慧产业是企业或项目为解决长期存在的矛盾而提供的解决方案，是各种生产要素按照一定的内部联系组合成一个系统结构的产物。将这些分散和孤立的生产要素组织在一起，需要人类智慧的协调作用，这是对智慧实现自身价值的最广泛利用。事实上，任何工厂、企业或创业项目都是通过智慧、资本、人才、技术、品牌、土地、设备和市场等各种生产要素的积累而发展起来的。

智慧产业与其他生产要素相结合，实现了社会生产的持续发展，从而成为类似于黏合剂和催化剂的生产要素，组合生产要素可以体现出智慧产业的应用价值。通过对客观世界矛盾的正确认识，自觉地运用智慧，按照各种生产要素之间的内在联系实现组合积聚，并形成一种发展的系统结构，从而孵化成一个个的项目和企业。而这种对生产要素的组合，正是一种智慧的创业模式，因而也是智慧的一种价值实现方式。

12.4 智慧产业链

智慧产业链主要包括基础层的软硬件、技术层的智能算法和应用层的产品服务与解决方案。智慧产业链全景如图12.2所示。

1. 基础层面

主要有AI芯片、传感器、云计算、减速器四类核心产品。

（1）AI芯片。主要包括GPU/FPGA等加速硬件与神经网络芯片，为深度学习提供计算硬件，是重点底层硬件。

（2）传感器。主要对环境、动作、图像等内容进行智能感知，是智慧产业的重要数据输入和人机交互硬件。

（3）云计算/大数据。主要为智慧产业开发提供云计算资源和服务，以分布式网络为基础，提高计算效率，包括数据挖掘、监测、交易等，为智慧产业提供数据的收集、处理、交易等服务。

（4）减速器。作为一种相对精密的机械，主要为智慧产业执行设备或机械降低转速，增加转矩，以满足不同场合下的工作需要，是重要的底层硬件。

基础层面包括软件、硬件、芯片制造及通信网络传输。硬件是智慧产业的基础架构，也是智慧产业的主要投资部分。从技术角度来看，中国的设备制造企业在通信和信息采集领域具备一定的成本优势，例如海康、大华、宇视等公司。然而，核心数据处理设备仍然主要由国际领先企业如英特尔、英伟达、亚马逊等供应。不过，进入21世纪以来，中国的厂商，以BAT（B百度、A阿里、T腾讯）为代表，已经逐渐发展壮大，迎头赶上国际企业的步伐。

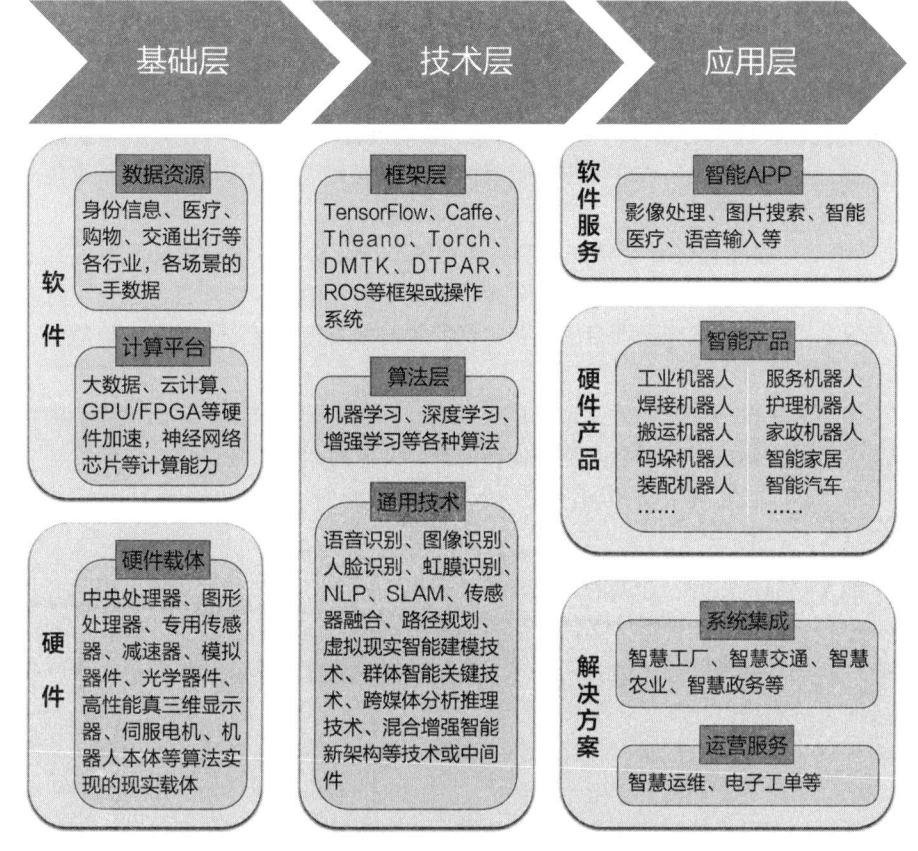

图 12.2 智慧产业链全景图

2. 技术层面

主要有计算机视觉、自然语言处理、机器学习、语音识别四类核心技术。

（1）计算机视觉。包括静动态图像识别与处理等，对目标进行识别、测量及计算。主要应用在智能家居、语音视觉交互、AR/VR、电商搜图购物、标签分类检索、美颜特效、智能安防、直播监管、视频平台营销、三维分析等场景。

（2）自然语言处理。基于数据化和框架化，研究语言的收集、识别理解、处理等内容。主要应用在知识图谱、深度问答、推荐引导、机器翻译、语料预处理、模型处理等场景。

（3）机器学习。主要以深度学习、增强学习等算法研究为主，赋予机器自主学习并提高性能的能力。主要应用在智能客服、安防、数据中心、智能家居、公共安全等场景。

（4）语音识别。通过信号处理和识别技术让机器自动识别和理解人类口述的语言，并转换成文本和命令。主要应用在智能电视、智能车载、电话呼叫中心、语音助手、智能移动终端、智能家电等场景。

3. 应用层面

主要分为智慧行业、智慧生产、智慧生活三大类应用，包括软件服务、硬件产品、系统集成、运营服务等。

（1）软件服务。软件服务在智慧产业中起着重要的作用，包括 APP、小程序、PC 客户端及专用软件。

（2）硬件产品。应用层硬件包括生产应用硬件和生活服务硬件，生产应用硬件包括工业机器人、焊接机器人、搬运机器人、码垛机器人、AGV等；生活服务硬件包括服务机器人、医疗护理机器人、家政机器人、智能家居、智能汽车等。

（3）系统集成。系统集成是智慧产业的重要组成部分。在智慧产业项目建设过程中，应充分利用已有的信息化建设成果，并将其与通信技术、物联网技术、5G、云计算、大数据等融合，实现系统集成。智慧产业为系统集成业务带来重要的发展机遇和巨大的市场潜力，系统集成通常是根据项目需求进行定制化开发。

（4）运营服务。运营服务是智慧产业的后期市场，行业应用不断延伸，产生了海量数据处理和信息管理的需求。在智慧产业中，运营服务发挥着重要的作用，一旦项目建成并交付使用，就进入了项目运营服务阶段。为了确保项目的顺利运行，并充分发挥智慧产业的真正价值，专业的运营服务供应商至关重要。

由于运维是系统建设的延伸，因此系统集成商在运维服务领域具备更大的优势。随着智慧产业建设的不断完善，系统集成商有可能大范围地转向智慧产业的运营服务供应商角色。

12.5 智慧产业应用

智慧产业的发展前景广阔，在政府决策科学性和服务效率方面起到了积极作用，同时促进企业高质量发展，使城市更加高效智慧，居民生活更加方便智能，环境更加环保舒适。

智慧产业应用的目标就是通过数智化技术来提高政府的管理效率和环境保护水平，提高生产效率，提升居民的生活质量。智慧产业涉及千行百业，核心由云计算、物联网、大数据、移动互联网、人工智能、虚拟现实、机器人等新一代智慧技术刺激下催生的战略性新兴产业构成，并在此基础上与城市第一、第二、第三产业要素相融合，形成一个庞大的有机产业体系，由于篇幅所限，下面仅选取具有代表性、涉及民生的智慧行业、智慧生产、智慧生活三大类应用领域进行阐述。

12.5.1 智慧行业

智慧行业涉及政务、警务、交通、物流、教育、园区、农业、医疗、零售等与工作、生活息息相关的场景。各类场景运用云计算、大数据、物联网、5G、泛在网络等技术实现互联互通、协同运行，同时与各种高新技术深度融合，提升城市运维效率、资源管理效率、居民生活品质。

智慧行业应用主要内容如图12.3所示，主要包括智慧政务、智慧警务、智慧社区、智慧农业、智慧医疗、智慧教育、智慧园区、智慧物流、智慧环保等行业应用，各行业应用构建相应的应用系统。各应用系统服务于不同行业，同时行业之间相互协作，全面感知，网络互联互通，系统协同运作，推动科技创新发展，共同构建综合集成平台，实现数据共享，打破行业壁垒，促进城市规划、建设、管理和服务智慧化的新理念和新模式，切实提高人民群众的现实获得感。

下面以智慧农业和智慧园区为例，阐述智慧产业在行业中的初步应用。

1. 智慧农业

智慧农业是智慧经济形态在农业中的具体表现，是智慧经济重要的组成部分，与现代生物技术、种植技术等科学技术融合于一体，对提高农业科技水平具有重要意义。对于发展中国家而言，智慧农业是消除贫困、发挥后发优势、经济发展后来居上、实现赶超战略的主要途径。

1）概　述

智慧农业是信息化创新技术与农业种植相结合的成果，实现无人化、自动化、智能化管理，将物联网技术应用到传统农业中，运用传感器和软件通过移动终端或者电脑对农业生产进行控制，使传统农业更"智慧"，让数据发挥价值，让决策更科学。

智慧农业充分应用现代信息技术成果，将互联网、大数据、云计算、物联网、音视频、3S（全

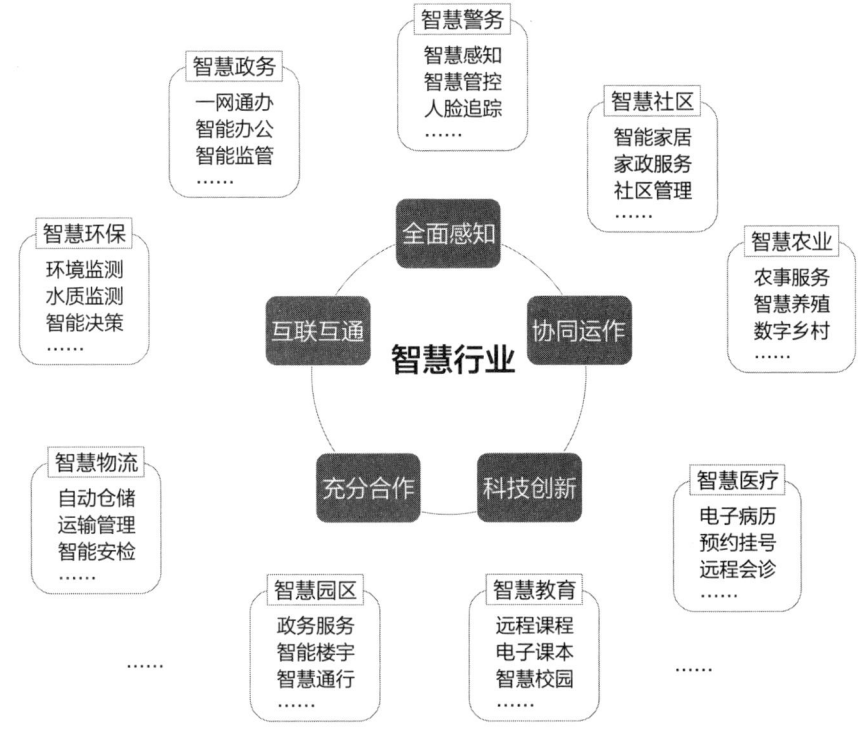

图 12.3 智慧行业应用包含内容

球定位系统 GPS、地理信息系统 GIS、遥感技术 RS 的结合）、无线通信及专家的智慧与知识运用到传统农业中，可实现农业可视化远程诊断、远程控制、灾变预警等智能管理。

智慧农业是农业生产的高级阶段，集新兴的光纤宽带、移动互联网、物联网、云计算和大数据技术于一体，依托部署在农业生产现场的各种传感节点（环境温湿度、土壤水分、二氧化碳、图像等），融合通信网络实现农业生产环境的智能感知、智能预警、智能决策、智能分析、专家在线指导，为农业生产提供精准化种植、可视化管理、智能化决策，以及农业电子商务、食品溯源防伪、农业休闲旅游、农业信息等服务。

2）智慧农业整体架构

智慧农业整体架构由物联网感知层、融合网络层、支撑平台及农业应用系统构成，遵守相关法律法规政策，建立服务保障体系、安全保障体系及运维保障体系，整体架构如图 12.4 所示。

（1）物联网感知层。由视频监控、自动灌溉、设备工况、作物长势、病虫害、土壤养分、环境数据、作业数据、作物健康、设备控制等组成，对土地、空气、环境、气象及农作物等进行视频监测及数据采集，并根据系统指令对农作物进行自动浇灌等操作。

（2）融合网络层。传输网络根据不同场景可以采用 4G/5G/NB 移动网络、Wi-Fi、光纤、卫星、物联专网等多种网络融合通信，保证所有前端采集设备能够实时传输数据到平台保存，并根据平台系统传送指令给相应执行设备或农业机械，完成自动化作业。

（3）支撑平台。包括云平台、农业大数据、GIS 一张图、视频云、指挥调度等，为智慧农业提供数据分析、远程控制、食味分析、区块链服务、农机服务、专家服务等。

（4）农业应用系统。包括指挥中心、生产管理、智能制造、产品溯源及智能服务等。指挥中心包括农业状态呈现、调度指挥、农业决策支撑等系统；生产管理包括农业环境检测、病虫害管理、农机管理等；智能制造包括农产品加工管理、农产品仓储管理等；产品溯源包括农产品溯源管理、农产品流通管理等；智能服务包括农产品数字服务、产量市场评估服务等。

图 12.4　智慧农业整体架构示意图

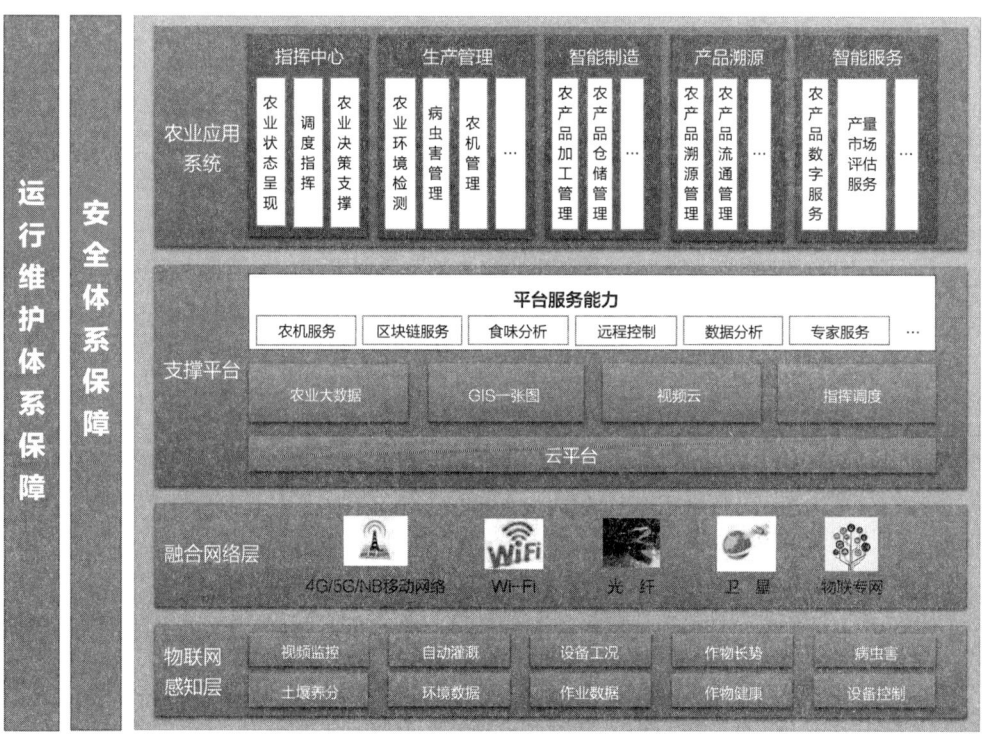

3）智慧农业应用场景

农业的产业链极长，涉及投入、种植、养殖、生产加工、流通、零售、消费等环节，同时还和劳动力供给密切相关，并时常与农民、农村话题相关联。农业产业服务体系涉及从种到收的方方面面，包括科研服务、信息服务、市场数据服务、品牌营销服务、人才教育培养、金融服务、资源整合等。智慧农业将赋能农业产业，在农业物联网、农业机器人、农机自动化、农业航空、农业大数据、农事服务、智慧养殖、智慧水产、产品追溯、数字乡村十个典型场景中发挥价值。

（1）农业物联网。农业物联网指的是综合利用各类传感器、RFID、视觉采集终端等感知设备，广泛采集大田种植、设施园艺、禽畜养殖、水产养殖、农产品流通等环节的信息，以实时了解一线生产经营情况，通过无线传输网络、电信网、互联网等渠道进行传输，并将获取的信息融合、处理，为农业生产经营提供各类数据支持。在 5G 技术的推动之下，农业物联网设备联网数量、数据传输速度、数据量级和精度将大大提高，从而建立更全面、实时的物联网络。

（2）农业机器人。农业机器人是一种以农产品为操作对象，兼有人类部分信息感知能力和行动能力的自动化或半自动化设备，能够一定程度上替代或弥补人工，进行生产、采摘、管理维护等工作。农业机器人按照移动特性可分为行走机器人和机械手机器人。

① 农业机器人分类如表 12.1 所示，其中喷雾机器人和采摘机器人作业如图 12.5 所示。

② 农业机器人的未来发展趋势是智能化、集成化、网络化、精准化。未来农业机器人将更加智能化，可以通过人工智能、大数据等技术实现自主决策和学习。同时，农业机器人也将更加集成化，可以通过与无人机、传感器、云平台等技术进行协同作业。农业机器人的发展对农业生产也将产生深远影响，可以提高农业生产的效率和质量，缓解劳动力不足的问题，同时也可以为农民增加收入。

③ 5G 技术的发展，全面信号的覆盖，将为农业机器人带来三方面的提升：

· 机器人接受系统指令的速度更快，响应更加精准。

表 12.1 农业机器人分类和功能简介

类 别	名 称	功能简介
行走系列机器人	自行走耕作机器人	依托拖拉机增加传感系统与智能控制系统,实现自动化、高精度的田间作业
	作业机器人	利用自动控制机构、陀螺罗盘和接触传感器,自动进行田间作业
	施肥机器人	根据土壤和作物种类的不同自动按不同比例配备营养液,实现自动化施肥
机械手系列机器人	除草机器人	依托图像处理系统、定位系统实现杂草识别及定位,根据杂草种类数量自动进行除草剂的选择和喷洒
	喷雾机器人	依托病虫害识别系统与控制系统,根据害虫的种类与数量进行农药的喷洒
	嫁接机器人	用于蔬菜和水果的嫁接,可以把毫米级直径的砧木和芽坯嫁接为一体,提高嫁接速度
	采摘机器人	通过视觉传感器来寻找和识别成熟果实并进行采摘收集
	育苗机器人	把种苗从插盘移栽到盆状容器中,以保证适当的空间,促进植物的扎根和生长
	育种机器人	采用机械手对种子进行无损切削,并进行基因分析,指导育种过程

图 12.5 喷雾机器人和采摘机器人

· 可接入的机器人数量增加,可提高系统的可靠性。

· 延展性更高,可结合虚拟或增强现实技术,开发更多功能。

(3)农机自动化。农机自动作业主要依靠导航和控制技术的进步,定位导航系统和机器视觉是自动导航中应用最为广泛的技术,此外还有激光导航、地磁导航、惯性导航、动态路径规划和避障技术等。应用自动导航系统后,农机重复作业率下降到不足10%,减少重复作业可能带来的种药肥、燃油等的浪费,提高作业效率。随着机器视觉、人工智能技术的进一步发展,智能导航技术将获得更大范围的应用,并从大田作业延伸到设施农业、水产渔业等领域。

结合 5G 网络,农机自动化不再依赖于人,可以实现一对多的农机操控管理或者是农机自动化作业。例如,收割某区域麦田的指令通过远程下达后,无人驾驶收割机迅速进入该区域麦田,在麦浪中自动规划路线、自动转弯、自如进退、精准作业,娴熟高效地完成一块块麦田收割,无人驾驶收割机作业示意图如图 12.6 所示。

(4)农业航空。植保无人机具有机动灵活、喷施效率高、施药效果好等特点,能够克服复杂地形条件下地面喷雾机具进地难的问题。目前我国有多家企业从事植保无人机研发、生产、销售等全产业链业务。主要机型以电动多旋翼为主。2021 年作业面积已经超过 14 亿亩次,覆盖作物种类包括水稻、小麦、玉米、棉花等,总体可减少 90% 用水、20% 农药使用,提高农药利用效率 30%以上。在发展迅猛的同时,也存在药液雾滴漂移量大、关键部件寿命短、配套专用制剂相对缺乏、标准体系不完善的问题。与此同时,随着作业种类增加,作业环境越来越复杂,传统网络已经无法

图 12.6　无人驾驶收割机作业图

满足无人机在带宽、时延、可靠性方面的要求。5G 无人机具有超高清图传、远程低时延控制的能力，可以支持无人机进行云端智能计算，处理无人机产生的传感器数据和视频数据，提升作业可靠性。

（5）农业大数据。农业大数据是各类数字化、智能化应用的基石，通信技术、数据技术的发展能够带来更丰富多元、便捷高效的数据体系，帮助行业在智慧监管、市场信息、智能化应用、信贷保险方面进行创新。

① 智慧监管平台。农业食品行业具有生产经营主体众多、品类复杂、流通链条长等特点，不利于监管。利用互联网、大数据技术建立监管大数据平台能够便捷直观地掌握属地农产品生产经营情况，实现实时、可视化监管，建立动态监管模型，并实现资产盘点、产能预测等功能。

② 市场信息平台。农产品市场信息平台聚合全链条数据资源，提供生产、国际贸易、成本收益、市场动态、品牌建设等相关信息，促进数据资源的价值增值，在 5G 技术赋能之下，平台可囊括更多类型、更大容量的市场信息，提供更多元化服务。

③ 标准化和追溯机制。5G 网络的发展普及，可推动建立农产品质量安全追溯体系，推动实现农产品源头可追溯、流向可跟踪、信息可查询、责任可追究，保障公众消费安全。

④ 资源大数据平台。构建基础数据资源体系是智慧农业的发展规划重点，其细分板块包括自然资源大数据、种质资源大数据、集体资产大数据、农村宅基地大数据、新型农业经营主体大数据体系等。随着 5G 网络覆盖，有助于农业农村各领域资源的打通，全面掌控农业运行情况。

⑤ 农业人工智能及应用。人工智能是未来农业"大脑"，而农业大数据是贯穿全身的神经网络，人工智能自主学习的特性决定了它需要大量优质数据的"饲喂"。建立各类数据库和模型，进行迭代优化，5G 网络赋能下的农业大数据体系将为人工智能提供更多元充分的基础数据体系，帮助农业人工智能发展更新并衍生出丰富应用。

⑥ 信贷保险金融服务。政府鼓励新型农业经营和服务主体利用信息直报系统，推进相关涉农信息数据整合和共享，为新型农业经营和服务主体有效对接信贷、保险等提供服务。传统金融服务体系存在数据缺失、征信缺失、道德风险高等症结，农业大数据应用可以减轻相关风险。

（6）农事服务。全流程农事服务体系覆盖了从种植管理到市场行为决策的全周期，让农户种得更好、卖得更多。全流程农事服务包括以下内容：

① 农业种植服务。通过联网设备获取田间信息，精确到地块级，比如土壤信息、气象信息、病虫草害信息等，为农户提供生产建议，节约人力，及时根据环境信息变化作出行为决策。

② 农业知识教育。农技推广或者是农民职业教育可通过互联网进行，让知识传递更加便捷，针对经济作物、特种作物的种植管理也可以通过线上进行教学，打破时空地域限制。

③ 农业专家系统。专家系统包括作物生产决策、作物病害诊断、水产养殖管理、动物健康养殖管理等，将这些数据和知识集成到网络中，可以实时更新，便于农户使用。

④ 农业农村网络。随着 5G 网络发展，农村网络用户增多。可以通过网络促进农村生产资料、用工人力、社会信息等的流通。建设数字乡村，打破城乡二元体系，让农民享受到更便捷的网络服务。

（7）智慧养殖。通过物联网、5G网络、智能设备等搭建智慧养殖系统，实现养殖全过程掌控。随着养殖行业规模化、集约化水平提升，对动物疫病监测、防治和生物安全管理提出更高的要求。利用个体电子标识技术、自动感知技术、控制技术等，采集畜牧养殖各环节的信息，挖掘环境、动物健康、动物疫病、生长周期之间的关系，建立动物饲养模型，提高养殖智能化水平。

智慧养殖系统主要包括以下功能：

① 通过温湿度、运动、红外传感器等识别养殖场环境和活体数据。
② 对牲畜进食、生长、运动、发情等行为进行监控，及时报告异常。
③ 感知养殖场环境变化，控制进水进料、风扇、温度、光照等，创造最适宜环境。
④ 积累养殖大数据，建立专家系统和动物生长模型。

（8）智慧水产。农林牧渔是农业生产的四个重要组成，渔是其一，渔业为食物多样性提供保障，带动江河经济和海洋经济的发展。鱼类、甲壳类和软体动物的消费量约占动物总蛋白质摄入量的13.8%～16.5%，其中的大部分来自于海洋。采用新技术、新模式是海洋和江河经济发展的必由之路。

传感器、大数据使水产智能化。利用各类传感器可以监测水产养殖场和海洋环境，采集水体温度、溶解氧、PH值、动物行为等数据，通过分析相关数据，可以快速识别异常，为生产经营者提供操作建议。智慧水产的典型特征是工厂化、网箱网格化，全面应用物联网、无线网络、大数据等，用机器替代人力，用管理系统替代经验养殖，从而实现精确管理和科学决策。

（9）产品追溯。产品追溯可以帮助提升农产品流通系统的透明度，增加消费者信任度，赋予企业重新思考价值定位和重构商业模式的契机。在传统的模式中，农产品流通链条长，并且不易于获知产品的产地信息和流通信息，通过一物一码的方式可以建立追溯体系，有助于打造农产品品牌，提升优质农产品的附加值。5G通信网络及田间传感器、物联网等设备可以囊括农产品从种到收的完整数据，使得产品全生命周期可追溯。

国家追溯平台已建成，其将农产品质量安全追溯与农业项目安排、品牌认定等挂钩，率先将绿色食品、有机农产品、地理标志农产品纳入追溯管理。其主要任务包括开展业务培训和登录管理，全面开展各项业务应用，实现追溯平台互通共享，实施追溯挂钩机制，建立健全制度规范标准，推动追溯产品产销对接，加快推进全程追溯管理等。

农产品质量安全追溯体系主要的服务群体为政府、企业、公众等，为政府提供信息化管理手段，实现智慧监管；为企业搭建统一的内外追溯平台，规范企业生产经营活动；为公众提供追溯统一查询入口，快捷实时获取相关信息。

（10）数字乡村。随着通信网络的发展，各类平台和应用不断增多，为农业农村提供展示窗口，农民主播、农产品直播、农产品电商、认养农业等新模式不断壮大。电子商务和视频内容平台孵化、扶持、培育了大量的乡村"网红"，他们获得了广泛的关注和报道，对数字乡村建设、农产品上行等促进较大，甚至带动了一方经济。在5G网络、智能终端普及的加持下，展现新时代乡村面貌的创作者和内容将呈指数级增加。

农村电商的快速渗入促进了农业产业与数字技术的深度融合，推动互联网、物联网、大数据、人工智能等数字化手段在农业生产、加工、流通、销售、服务等环节的推广应用，加速了追溯体系建设和信息的互通共享，为发展智慧农业打下了基础。同时，农村电商的兴起，引领农民融入现代信息生活，打破城乡之间的数字壁垒，带动一批年轻人到农村创业，实现乡村人才的回流，助力乡村振兴。

4）智慧农业产生的效益

智慧农业为农业生产提供更完备的信息化基础支撑、更透彻的农业信息感知、更集中的数据资源、更广泛的互联互通、更深入的智能控制、更贴心的公众服务，带来以下效益：

（1）有效改善农业生态环境。将农田、畜牧养殖场、水产养殖基地等生产单位和周边的生态环境视为整体，并通过对其物质交换和能量循环关系进行系统、精密运算，保障农业生产的生态环境在可承受范围内，如适量施肥不会造成土壤板结，经处理排放的畜禽粪便不会造成水和大气污染，反而能培养肥沃的土地。

（2）显著提高农业生产经营效率。基于精准的农业传感器进行实时监测，利用云计算、数据挖掘等技术进行多层次分析，并将分析指令与各种控制设备进行联动完成农业生产、管理。这种智能机械代替人的农业劳作，不仅解决农业劳动力日益紧缺的问题，而且实现农业生产高度规模化、集约化、工厂化，提高农业生产对自然环境风险的应对能力，使弱势的传统农业成为具有高效率的现代产业。

（3）彻底转变农业生产者、消费者观念和组织体系结构。完善的农业科技和电子商务网络服务体系，使农业相关人员足不出户就能够远程学习农业知识，获取各种科技和农产品供求信息；专家系统和信息化终端成为农业生产者的大脑，指导农业生产经营，改变单纯依靠经验进行农业生产经营的模式，彻底转变农业生产者和消费者对传统农业落后、科技含量低的观念。

（4）促进农业的现代化管理。智慧农业阶段，农业生产经营规模越来越大，生产效益越来越高，催生以大规模农业协会为主体的农业组织体系，促进农业的现代化精准管理，推进耕地资源的合理高效利用。

5）智慧农业的发展趋势

智慧农业是我国农业现代化发展的必然趋势，需要从培育社会共识、突破关键技术和做好规划等方面入手，促进智慧农业发展。

（1）智慧农业推动农业产业链改造升级：

① 升级生产领域，由人工走向智能。在种植、养殖生产作业环节，摆脱人力依赖，构建集环境生理监控、作物模型分析和精准调节于一体的农业生产自动化系统和平台，根据自然生态条件改进农业生产工艺，进行农产品差异化生产；在食品安全环节，构建农产品溯源系统，将农产品生产、加工等过程的各种相关信息进行记录并存储，并能通过食品识别号在网络上对农产品进行查询认证，追溯全程信息；在生产管理环节，特别是一些农垦垦区、现代农业产业园、大型农场等单位，智能设施与互联网广泛应用于农业测土配方、茬口作业计划[1]，以及农场生产资料管理等生产计划系统，提高效能。

② 升级经营领域，突出个性化与差异性营销方式。物联网、云计算等技术的应用，打破农业市场的时空地理限制，农资采购和农产品流通等数据将会得到实时监测和传递，有效解决信息不对称问题。一些地区特色品牌农产品开始在主流电商平台开辟专区，拓展农产品销售渠道，有实力的优秀企业通过自营基地、自建网站、自主配送的方式打造一体化农产品经营体系，促进农产品市场化营销和品牌化运营，预示农业经营将向订单化、流程化、网络化转变，个性化与差异性的定制农业营销方式将广泛兴起。所谓定制农业，就是根据市场和消费者特定需求而专门生产农产品，满足有特别偏好的消费者需求。此外，近年来各地兴起农业休闲旅游、农家乐热潮，旨在通过网站、线上宣传等渠道推广、销售休闲旅游产品，并为旅客提供个性化旅游服务，成为农民增收新途径和农村经济新业态。

③ 升级服务领域，提供精确、动态、科学的全方位信息服务。在黑龙江等地区，已经试点应用基于北斗的农机调度服务系统；一些地区通过室外大屏幕、手机终端等这些灵活便捷的信息传播形式向农户提供气象、灾害预警和公共社会信息服务，有效地解决"信息服务最后一公里"问题。

1）茬口作业计划：轮作复种中，在同一块田地上，安排前后不同的种类、品种的作物，使其合理搭配和衔接。

面向"三农"的信息服务为农业经营者传播先进的农业科学技术知识、生产管理信息，提供农业科技咨询服务，引导优秀企业、农业专业合作社和农户经营好自己的农业生产系统与营销活动，提高农业生产管理决策水平，增强市场抗风险能力，做好节本增效、提高收益。同时，物联网、融合通信、云计算、大数据、人工智能等技术也推进农业管理数字化和现代化，促进农业管理高效和透明，提高农业部门的行政效能。

（2）智慧农业实现农业精细化、高效化、绿色化发展：

① 实现精细化，保障资源节约、产品安全。借助科技手段对不同的农业生产对象实施精确化操作，在满足作物生长需要的同时，保障资源节约又避免环境污染。实施农业生产环境、生产过程及生产产品的标准化，保障产品安全。

生产环境标准化是指通过智能化设备对土壤、大气环境、水环境状况实时动态监控，使之符合农业生产环境标准；生产过程标准化是指生产的各个环节按照一定技术经济标准和规范要求通过智能化设备进行生产，保障农产品品质统一；生产产品标准化是指通过智能化设备实时精准地检测农产品品质，保障最终农产品符合相应的质量标准。

② 实现高效化，提高农业效率，提升农业竞争力。云计算、农业大数据让农业经营者便捷灵活地掌握天气变化数据、市场供需数据、农作物生长数据等，准确判断农作物是否该施肥、浇水或打药，避免因自然因素造成的产量下降，提高农业生产对自然环境风险的应对能力。通过智能设施合理安排用工、用时、用地，减少劳动和土地使用成本，促进农业生产组织化，提高劳动生产效率。

互联网与农业的深度融合，使得诸如农产品电商、土地流转平台、农业大数据、农业物联网等农业市场创新商业模式持续涌现，降低信息搜索、经营管理的成本。引导和支持专业大户、家庭农场、农民专业合作社、优秀企业等新型农业经营主体发展壮大和联合，促进农产品生产、流通、加工、储运、销售、服务等农业相关产业紧密连接，农业土地、劳动、资本、技术等要素资源得到有效组织和配置，使产业、要素集聚从量的集合到质的激变，从而再造整个农业产业链，实现农业与二、三产业交叉渗透、融合发展，提升农业竞争力。

③ 实现绿色化，推动资源永续利用和农业可持续发展。智慧农业作为集保护生态、发展生产于一体的农业生产模式，通过对农业精细化生产，实施测土配方施肥、农药精准科学施用、农业节水灌溉，推动农业废弃物资源化利用，达到合理利用农业资源、减少污染、改善生态环境，既保护好青山绿水，又实现产品绿色安全优质。借助互联网及二维码等技术，建立全程可追溯、互联共享的农产品质量和食品安全信息平台，健全从农田到餐桌的农产品质量安全过程监管体系，保障人民群众"舌尖上的绿色与安全"。利用卫星搭载高精度感知设备，构建农业生态环境监测网络，精细获取土壤、墒情、水文等农业资源信息，匹配农业资源调度专家系统，实现农业环境综合治理、全国水土保持规划、农业生态保护和修复的科学决策，加快形成资源利用高效、生态系统稳定、产地环境良好、产品质量安全的农业发展新格局。

（3）促进智慧农业大发展的思路。我国智慧农业呈现良好发展势头，但整体上还属于现代农业发展的新理念、新模式和新业态，处于概念导入期和产业链逐步形成阶段，在关键技术环节方面和制度机制建设层面面临支撑不足问题，且缺乏统一、明确的顶层规划，资源共享困难和重复建设现象突出，一定程度上滞后于信息化整体发展水平。因此，促进智慧农业大发展，需要做好以下三方面工作。

① 作为新理念，需要培育共识，抢抓机遇。智慧农业将改变数千年传统农业生产方式，是现代农业发展的必经阶段。因此，社会各界一定要达成大力发展智慧农业的共识，牢牢抓住新一轮科技革命和产业变革为农业转型升级带来的强劲驱动力和"互联网＋"现代农业战略机遇期，加快农业技术创新并深入推动互联网与农业生产、经营、管理和服务的融合。

② 作为新模式，需要政府支持，重点突破。智慧农业具有一次性投入大、受益面广和公益性强等特点，需要政府的支持和引导，实施一批有重大影响的智慧农业应用示范工程和建设一批国家级智慧农业示范基地。智慧农业发展需要依托的关键技术（如智能传感、作物生长模型、溯源标准体、云计算大数据等）还存在可靠性差、成本居高不下、适应性不强等难题，需要加强研发，攻关克难。同时，智慧农业发展要求农业生产的规模化和集约化，必须在坚持家庭承包经营基础上，积极推进土地经营权流转，因地制宜发展多种形式规模经营。与传统农业相比，智慧农业对人才有更高的要求，因此要将职业农民培育纳入国家教育培训发展规划，形成职业农民教育培训体系。另外，要重视相关法规和政策的制定与实施，为农业资金投入和技术知识产权保驾护航，维护智慧农业参与主体的权益。

③ 作为新业态，需要规划全局，资源聚合。智慧农业发展必然经过一个培育、发展和成熟的过程，因此，当前要科学谋划，制定出符合国情的智慧农业发展规划及地方配套推进办法，为智慧农业发展描绘总体发展框架，制定目标和路线图，从而打破智慧农业虽然发展多年但却各自为政所形成的资源、信息孤岛局面，将农业生产单位、物联网与系统集成企业、运营商与科研院所相关人才、知识科技等优势资源互通，形成高流动性的资源池，形成区域智慧农业乃至全国智慧农业发展一盘棋局面。

2. 智慧园区

随着云计算、物联网、大数据、人工智能、5G等新一代信息技术的迅速发展和新基建的深入应用，"智慧园区"建设已成为国家园区发展的新趋势，城市规划和社会发展的新亮点。

1）概　述

智慧园区是指一般由政府（企业与政府合作）规划的，供水、供电、供气、通信、道路、仓储及其他配套设施齐全、布局合理且能够满足从事某种特定行业生产和科学实验需要的建筑或建筑群，结合物联网、云计算、大数据、人工智能、5G、数字孪生等新一代信息技术，具备互联互通、开放共享、协同运作、创新发展的新型园区发展模式和园区建设、管理、运营深入融合发展的产物。

智慧园区集成园区资源与第三方服务能力，实现资源共享、产业联动发展、环境实时感知、事件全程可视、生产自动适应、设备全时利用、社群价值关联，推动产业价值链延伸，提升园区智能化管理和社会化集成能力，提高园区的效率和产业竞争力，优化资源配置和环境保护，为企业和居民提供更优质、便捷、安全的生产和生活环境。

2）智慧园区建设目标

智慧园区的三大建设目标是设备智能化、运营数字化、产业生态化，如图12.7所示。

设备智能化是基础，数字化运营是工具，产业生态化是目标。

园区既有"千园一面"的共性，又有定位和业态的特色与差异。在智慧园区规划建设过程中，以园区的规划战略为导向，充分开展实地调研，结合实地场景需求进行智慧园区建设的总体数字化规划。通过利用各种智能化终端、智慧化应用帮助园区产业实现生产方式、经营方式及运营模式的提升和转变。为园区生产和生活协同提供智慧化体验，提升企业效率，打造智慧园区的核心竞争力。

3）智慧园区体系架构

智慧园区采用开放平台面向服务的架构，其体系架构如图12.8所示。

智慧园区的体系架构包括四个建设层次和三个支撑体系，横向建设层次的上层对其下层具有依赖关系；纵向支撑体系对于四个横向建设层次具有约束关系。横向建设层次和纵向支撑体系如下所述：

1. **设备智能化**
   利用5G、IoT、大数据、云计算等技术与设备，优化园区基础建设，实现园区智能化管理。

2. **运营数字化**
   以运营方为中心，通过平台与应用连接政府、企业、公众，实现园区运营数字化管理。

3. **产业生态化**
   通过产业生态构建与园区大数据沉淀，打通产业链，完善服务链，实现园区价值放大化。

图 12.7　智慧园区建设目标

图 12.8　智慧园区体系架构示意图

（1）基础设施层。基础设施层提供对园区人、事、物的智能感知能力，通过感知设备及传感器网络实现对园区范围内基础设施、环境、建筑、安全等方面的识别、信息采集、监测和控制。

（2）网络传输层。网络传输层包括园区专网、互联网、通信机房及边缘节点等所组成的网络传输基础设施。

（3）数字平台层。数字平台层通过信息与通信技术的运用，夯实平台核心服务能力，对下连接物联设备，屏蔽设备感知层的设备差异，对上支撑智慧应用和水平业务扩展能力，并提供高可靠的 IssS、PssS 层服务能力，用于统一开发、承载和运行应用系统。数字平台层主要包括云端部署、连接层、能力层三个子层。本层具有重要的承上启下的作用。

（4）智慧应用层。智慧应用层基于数字平台提供的核心数据、服务、开发能力，运用人工智能技术，建立多种物联设备智能联动的智慧应用组合，为园区管理者和园区用户等提供整体的智慧化应用和智慧化服务。

（5）系统安全体系。智慧园区构建了统一的端到端的安全体系，实现系统的统一入口、统一认证、统一授权、运行跟踪、系统安全应急响应等安全机制，涉及各横向建设层次。

（6）系统运维体系。运维体系为智慧园区建设提供整体的运维管理机制，涉及各横向建设层次，确保智慧园区整体系统的建设管理和高效运维。

（7）系统运营体系。园区运营是围绕业务、用户场景，进行计划、组织、实施和控制等活动，是各项作业和管理工作的总称，其中对系统的建设要求，包含在园区整体体系架构建设中。

4）智慧园区产生的效益

（1）智慧园区的管理效益。传统的园区常常面临封闭和自循环状态，严重限制了园区的发展壮大。从传统园区的顶层设计来看，传统园区仍采用手工操作、人工管理等传统方式，园区工作的准确性和工作效率低下。智慧园区借助AI、物联网和大数据等多项信息技术，实现园区的信息化、可视化管理、协同调度与应急指挥、智能安防管理与大数据分析等，提高园区的运行效果和效率。

（2）智慧园区的经济效益：

① 智慧园区利用智能化的控制与管理，实现园区的低碳运行，减少园区能耗，提高园区电能运行效率。

② 由于有园区信息资源的深度开发，因此园区在进行发展决策时有可靠的数据支持，从而制定切合内外状况的经营策略，增加营收，降低风险。

③ 智慧园区具有设备监控、数据记录、工作状态监督和路线安排等功能，能够有效降低员工的重复劳动，优化工作流程，提高总体的生产效率。

（3）智慧园区的品牌效益。绿色经济和低碳生产成为经济发展模式的主流，智慧园区凭借低碳、绿色、环保、高效、智能和人性化等特征，展示了园区现有的良好的经营状况，预示了园区未来的市场竞争力，提升了品牌形象和招商实力，从而为园区带来广阔的发展空间。

智慧园区建设符合国家经济发展大势，也符合园区自身未来的发展方向。通过智慧园区建设，实现硬件设施升级，淘汰落后的生产和管理方式，充分提高园区的新生发展动力，淘汰落后产能，助力园区实现转型。

5）智慧园区市场前景

国务院发布《"十四五"数字经济发展规划》，明确提出推动园区和产业集群数字化转型，标志着园区作为新型基础设施建设和数字经济建设的重要组成部分进入新阶段。依托物联网、5G、云计算、大数据、人工智能等新一代信息技术，融合园区管理平台及应用，为园区管理、产业升级及企业经营提供数字化环境，形成数据要素持续聚集、技术场景不断融合的园区数字化生态，推动园区从诸多痛点中逐步解放，成为中国智慧园区数字化转型重要举措。"十四五"时期，政策持续聚焦数字经济发展，智慧园区作为产业升级转型的重要载体，将迎来崭新的发展机遇。预计到2025年，中国智慧园区市场规模有望突破2200亿元，2023—2025年中国智慧园区行业市场规模预测如图12.9所示。

6）智慧园区发展趋势

（1）"双碳"目标，智慧零碳园区成为智慧园区发展重要形态。智慧零碳园区是建立在数字化全面赋能的智慧园区基础上，在园区规划、建设、运营全生命周期中系统性融入碳中和的理念，以数字化技术赋能节能、减排、碳监测、碳交易、碳核算等碳中和措施，推动园区"电源、电网、负荷、储能"云化统一管理和调度；促进园区低碳化发展，能源绿色化转型，资源循环化利用，设

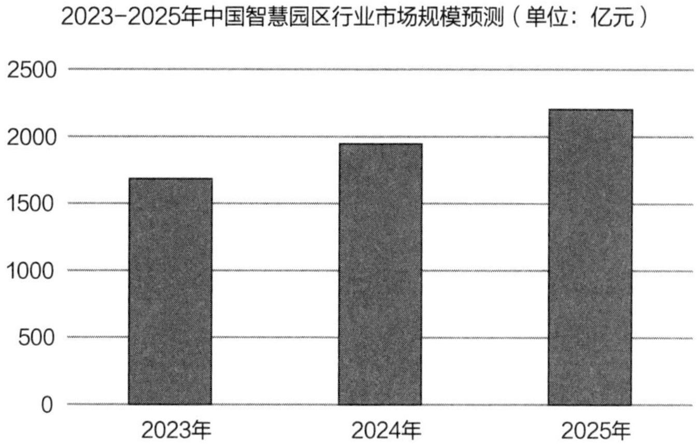

2023—2025年中国智慧园区行业市场规模预测（单位：亿元）

图12.9　2023—2025年中国智慧园区行业市场规模预测

施集聚化共享，实现园区内部碳排放与吸收自我平衡，成为生产、生态、生活深度整合的新型智慧园区。

随着"碳达峰碳中和"上升为国家战略，生产方式绿色化、生活方式低碳化、绿色发展制度化将成为智慧园区发展的重点，而智慧零碳园区将成为未来智慧园区发展的重要形态。

（2）数字孪生赋能智慧园区将发展成为一个有机生命体。数字孪生智慧园区是在数字经济新环境下园区建设全新的发展阶段，是以数据为核心生产要素，以数字运营为核心生产关系的新型园区，不仅涵盖完整的产业生态，也是一个具备自生长能力的有机生命整体。

随着物联网、云计算、人工智能、区块链、大数据等数字孪生体使能技术的快速发展和应用，数字孪生技术开始赋能智慧园区。通过各种物联网和各类传感器等，构成感知神经网络，采集园区各类状态数据和业务数据，主动感知变化和需求，实现园区资源可视、状态可视、事件可控、业务可管。借助园区专网、互联网、5G等多种连接方式，连接园区各类管理系统、数据系统和生产系统等，使园区内人机物事及环境能够随需、无缝、安全、即插即用地连接，打破数据和业务孤岛，打造泛在互联、智能协同的智慧园区。利用AI技术、深度学习等技术，建设园区智慧大脑，使园区像"有机生命体"一样拥有自我学习、自我适应和自我进化的能力，实现园区的自主/自动化管理和运营。通过数字孪生3D建模技术，动态展示园区环境、经营状况、设备运行情况等。

（3）园区发展进入新阶段，智慧化将融入园区建设的全生命周期。传统园区建设要经历项目规划、建设、运维/运营等多个阶段，已经形成了较成熟的建设流程。智慧园区在建设理念和内容上有别于传统园区，智慧园区在规划、建设、运营全过程很多环节的衔接与管理方式方面尚在摸索和完善过程中，例如运作机制、盈利机制、协同机制、价值评价等方面尚未形成成熟体系。在众多利益相关方参与，在园区智慧建设经验和技术能力越来越高的要求下，覆盖全生命周期、多方联动的生态化共建变得尤为重要。

12.5.2　智慧生产

智慧生产是一种面向服务、基于知识运用的人机物协同生产模式，在互联网、物联网、5G、大数据、云计算、人工智能和先进制造技术等的支持下，将各种生产资源连接在一起形成统一的资源池，根据客户个性化需求和情境感知，在人机物共同决策下作出智能响应，在生产的全生命周期过程中为客户提供定制化的、按需使用的、主动的、透明的、可信的生产服务。

1. 概　述

智慧生产将制造业与信息技术和互联网技术相结合，在生产工艺、生产管理、供应链体系、营销体系等多个方面实现全产业链的互联互通，从手工到半自动化，再到全自动化，最终实现智能化、柔性化生产的过程。在生产过程中将人类长年累月积累的制造经验编制成智能软件，使用智能机器来替代人类的劳动，全程包含智能设计、智能制造、智能管理、智能服务等内容，实现生产、流通、销售等环节数据共享，根据需要整合资源，快速响应市场需求，并提供个性化、定制化生产。

智慧生产将新型信息通信技术（云计算、大数据、物联网、移动互联网、人工智能等）与先进制造技术（数控技术、虚拟制造、工业机器人、柔性制造系统等）高度融合，建设自感知、自决策、自执行、自学习、自适应的新型生产系统，生产贯穿设计、生产、管理、运营、服务全生命周期。

智慧生产技术主要由人工智能、物联网、5G、工业机器人、大数据、云计算等新技术耦合而成，承担采集信息、传递信息、数据分析、智能决策的任务。智慧生产由多个系统高度集成，是一个有机的整体，相辅相成，数据互通互联，人机一体化，贯穿生产全过程，共同来实现生产智能化目标。

2. 智慧生产特征

智慧生产和传统生产比较，具有以下特征：

（1）自律能力。自律能力即搜集与理解环境信息和自身的信息，并进行分析判断和规划自身行为的能力。具有自律能力的设备称为"智能机器"，"智能机器"在一定程度上表现出独立性、自主性和个性，甚至相互间还能协调运作与竞争。强有力的知识库和基于知识的模型是自律能力的基础。

（2）人机一体化。智慧生产系统不单纯是"人工智能"系统，而是人机一体化智能系统，是一种混合智能。基于人工智能的智能机器只能进行机械式的推理、预测、判断，它只具有逻辑思维（专家系统），最多做到形象思维（神经网络），完全做不到灵感（顿悟）思维，只有人类专家才真正同时具备以上三种思维能力。因此，想以人工智能全面取代生产过程中人类专家的智能，独立承担起分析、判断、决策等任务是不现实的。人机一体化突出人在生产系统中的核心地位，同时在智能机器的配合下，更好地发挥出人的潜能，使人机之间表现出一种平等共事、相互"理解"、相互协作的关系，使二者在不同的层次上各显其能，相辅相成。

（3）虚拟现实技术。这是实现虚拟生产的支持技术，也是实现高水平人机一体化的关键技术之一。虚拟现实技术（virtual reality）是以计算机为基础，融合信号处理、动画技术、智能推理、预测、仿真和多媒体技术于一体，借助各种音像和传感装置，虚拟展示现实生活中的各种过程、物件等，从感官和视觉上使人获得完全如同真实的感受。其特点是可以按照人们的意愿任意变化，这种人机结合的新一代智慧界面，是智慧生产的一个显著特征。

（4）自组织超柔性。智慧生产系统中的各组成单元能够依据工作任务的需要，自行组成一种最佳结构，其柔性不仅突出在运行方式上，而且突出在结构形式上，所以称这种柔性为超柔性，如同一群人类专家组成的群体，具有生物特征。

（5）学习与维护。智慧生产系统能够在实践中不断地充实知识库，具有自学习功能。同时，在运行过程中自行故障诊断，并具备对故障自行排除、自行维护的能力，这种特征使智慧生产系统能够自我优化并适应各种复杂的环境。

3. 智慧生产整体架构

智慧生产整体架构从产品全生命周期和企业层次两个维度来构筑，如图12.10所示。

产品全生命周期维度包括需求、概念设计、产品设计、产品试制、产品制造、使用保障、退役等阶段。

企业层次维度包括企业联盟层、企业管理层、生产管理层、控制执行层、智能设备层。

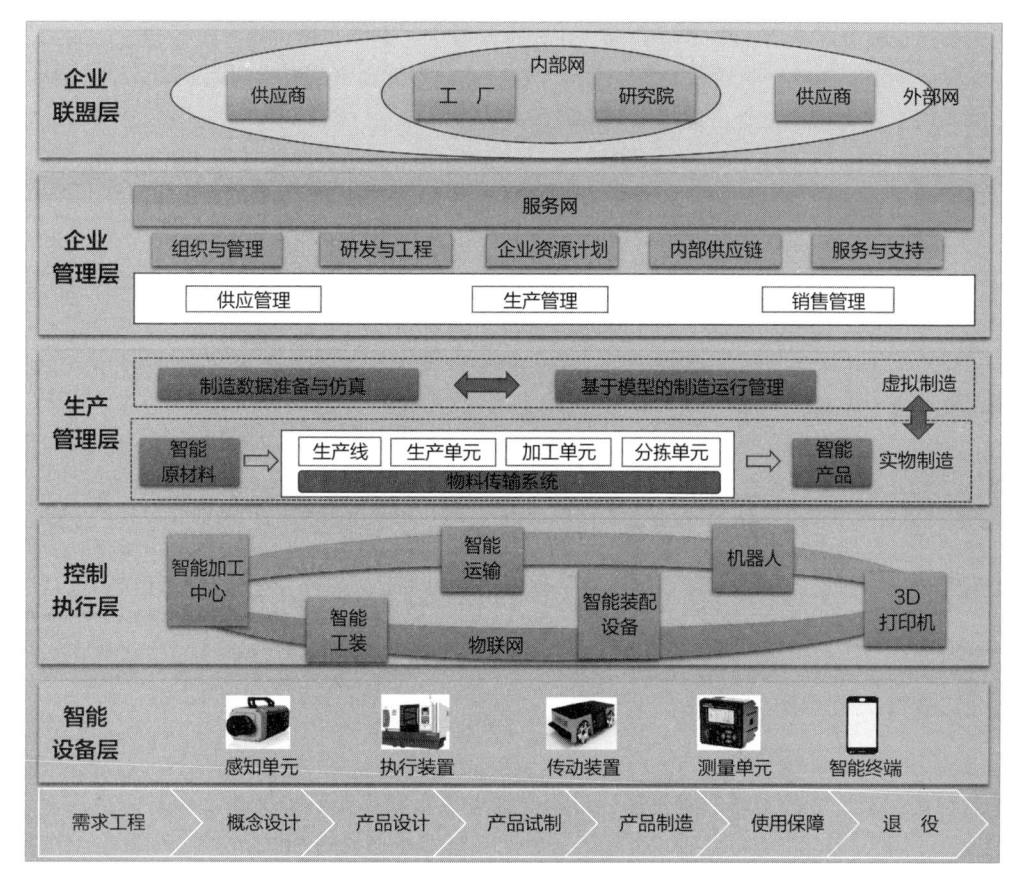

图 12.10 智慧生产整体架构示意图

1）企业联盟层

对于大型复杂产品，企业往往无法独立完成，需要成千上万家企业共同合作，这样就形成了企业联盟层。当千万家企业同时为了一个复杂的产品开始合作时，首先要做的就是状态感知，这个层面感知的内容是各家供应商的供货状态、供应链中存在的问题，以及会对最终产品交付造成的影响；其次是"实时分析"，根据供应商过去多年的供货状态，以及给其他企业配套供应的情况进行大数据的统计分析，进行供应商评价；然后就是根据评价情况和结果，预测可能出现的问题和解决办法，提出辅助决策意见，供"自主决策"使用；最后是"精准执行"，企业联盟层的构建基础是下面四层的构建，没有下层的完整构建，感知的数据就是假大空，肯定不能做出正确的决策。

2）企业管理层

企业联盟层的下一层是企业管理层，在该层，"状态感知"感知产品状态、资源状态、车间状态、企业运行整体状态，以及"人、财、物、产、供、销"的管理状态。通过感知的状态数据，对企业财务、效益、产品成本、生产周期、产品质量等进行实时分析，经过状态感知与数据分析后就需要进行"自主决策"，对分析出来的数据做出绩效考评，优化安排资源计划，调整生产计划排产，做出新的工艺决策。最后就是实时调度生产，完成资源配送和调整，解决出现的问题和故障，生成新的工艺路线，以实现"精准执行"。

3）生产管理层

多个车间和分厂的运行和管理就构成生产管理层，其所管理的内容，基本上由 ERP 软件实现。从企业的生产管理到总厂、分厂、车间，层层落地。"状态感知"感知物料状态、产品状态、设备设施运行状态、故障状态等。"实施分析"计算物料需求、工件质量、任务统计分配、故障分析分类等。"自主决策"完成作业动态调整、物料配送、作业单元定义、质量问题处理等。"精准执行"通过数据调用，发送物料指令，运行指令实现任务执行等。

4）控制执行层

生产加工过程涉及多道工序，智能设备在生产过程中不是单独运行的，需要联网协同，这样就形成控制执行层。控制执行层紧密贴合生产现场和现场设备，"状态感知"感知各类应该管理和检测的数据，包括工件状态、设备状态、位置状态和监测数据。数据需要传递到后台进行实时分析，分析工件的几何误差和设备运动误差，并对问题状态进行分类。"自主决策"完成误差补偿和规则匹配，生成现场指令，完成作业数据生成。"精准执行"实现控制设备运行、物料配送、作业执行、异常情况警示和显示等。

5）智能设备层

智能设备层是最底层，智能设备具备数字化、数控化能力，通过通信总线联网，使用统一通信协议，通过网络接收平台计算机的指令，并发送当前工作情况下的工作状态数据给平台计算机，平台计算机将分析所接受的数据，并在发现异常数据后发出报警。"状态感知"感知设备运行状态、受力状态、工作状态、I/O状态、耗能状态。"实时分析"分析设备的异常状态、加工位置偏差、震动和噪声状态、I/O异常。"精准执行"更新设备的状态设置，实施位置调整、运动控制、进给控制、加工执行。

4. 智慧生产发展趋势

中国智能制造行业的发展非常迅速，市场规模也在急剧扩大，2021年中国智能制造业市场规模已达3.2万亿元，2023年将突破4万亿元。将来，随着中国智造2025战略的不断实施和推进，我国智能设备产业将保持快速增长。预计到2025年中国智能制造市场规模将达到5.3万亿元，2021—2025年中国智能制造市场规模及预测如图12.11所示。

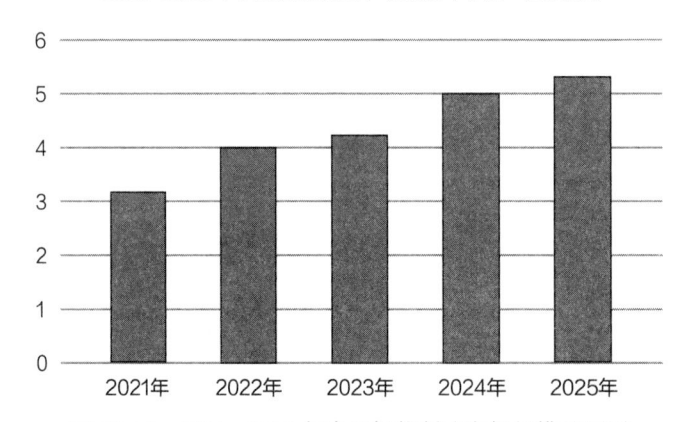

图12.11 2021—2025年中国智能制造市场规模及预测

除了市场规模的蓬勃发展外，中国智能制造行业未来的发展趋势也非常乐观：

（1）政府将投入更多资金用于智能制造行业，以支持行业的发展，提高企业的技术水平。

（2）企业也在不断加大对技术的投资，开发新技术，提高智能制造行业的竞争力。

（3）智能制造行业的发展也受到了国际市场的推动，许多国际企业也在智能制造行业进行投资，推动行业的发展。

如今智能制造行业的发展趋势越来越明显，随着技术的不断进步，中国智能制造行业的市场规模也将进一步扩大。总体来说，随着技术的不断发展，中国智能制造行业的市场规模也将越来越大，未来的发展趋势也非常乐观。政府投入的大力支持，加上企业不断投资的技术开发和国际市场的推动，将继续为中国智能制造行业的发展提供源源不断的动力。

12.5.3 智慧生活

智慧生活涵盖智慧居住、饮食、健康监护管理、家庭管理等应用场景，智慧生活是一个以物联网为基础的家居生态圈，其主要包括智能照明系统、智能能源管理系统、智能视听系统、智能安防系统等。市场热点集中在智能硬件、智慧场景应用、智能产品、智慧平台等方面，主要有机器学习、无线模块、智能家庭平台、智能家居娱乐系统、家居安防、健康家庭医疗系统等。

1. 内　涵

智慧生活是一种具有全新内涵的生活方式。智慧生活平台依托物联网、云计算、云存储、大数据等技术，在家庭场景功能融合、增值服务挖掘的指导思想下，采用主流的互联网通信渠道，配合丰富的智能家居产品终端，构建享受智能家居控制系统带来的全新生活方式，多方位、多角度地呈现家庭生活中的更舒适、更方便、更安全、更健康的生活场景，进而打造出具备智能生活理念的智慧社区。

智慧家居和智慧社区是主要体现智慧生活的应用场景，以下分别就智慧家居和智慧社区应用场景展开说明。

2. 智慧家居

1）概　述

智慧家居是针对未来家庭生活中家电、饮食、陪护、健康管理等个性化、智能化需求，运用云侧智能决策和主动服务、场景引擎和自适应感知等关键技术，加强主动提醒、智能推荐、健康管理、智慧零操作等综合应用，推动实现从单品智能到全屋智能、从被动控制到主动学习、各类智慧产品兼容发展的全屋一体化智控覆盖。

2021年，"智慧家居"首次写入"十四五"规划纲要。在"数字化应用场景"专栏中特别列出"智慧家居"一栏，明确未来5年要"应用感应控制、语音控制、远程控制等技术手段，发展智能家电、智能照明、智能安防监控、智能音箱、新型穿戴设备、服务机器人等"。

2）系统架构

智慧家居由智能设备、网络层、平台层及应用层组成，如图12.12所示。

运营商提供互联网接入服务，可以使用个人电脑、智能手机、平板电脑等终端接入智慧家居平台，使用平台提供的智能服务。智能网关和智能设备之间采用有线或无线通信，从而可以控制到各个节点电器或消安防设备，满足智慧家居的要求。

（1）智能设备。包括智能家电、智能照明、智能安防、环境与能源监测、智能窗帘、暖通健康、智能门禁等，为家庭提供前端数据采集和执行平台下发的指令等。

（2）网络层。一般家庭采用移动网络、Wi-Fi、光纤宽带等网络接入，部分设备使用ZigBee（一种应用于短距离和低速率下的无线通信技术）联网。

（3）平台层。平台提供智慧家居的核心功能，包括设备接入认证、数据分析处理、智能控制、智能预警、智能联动、场景预设等功能。

（4）应用层。用户使用个人电脑、智能手机、平板电脑等终端接入，家庭通过智能机器人提供居家服务，如打扫卫生、做饭、照顾老人等。

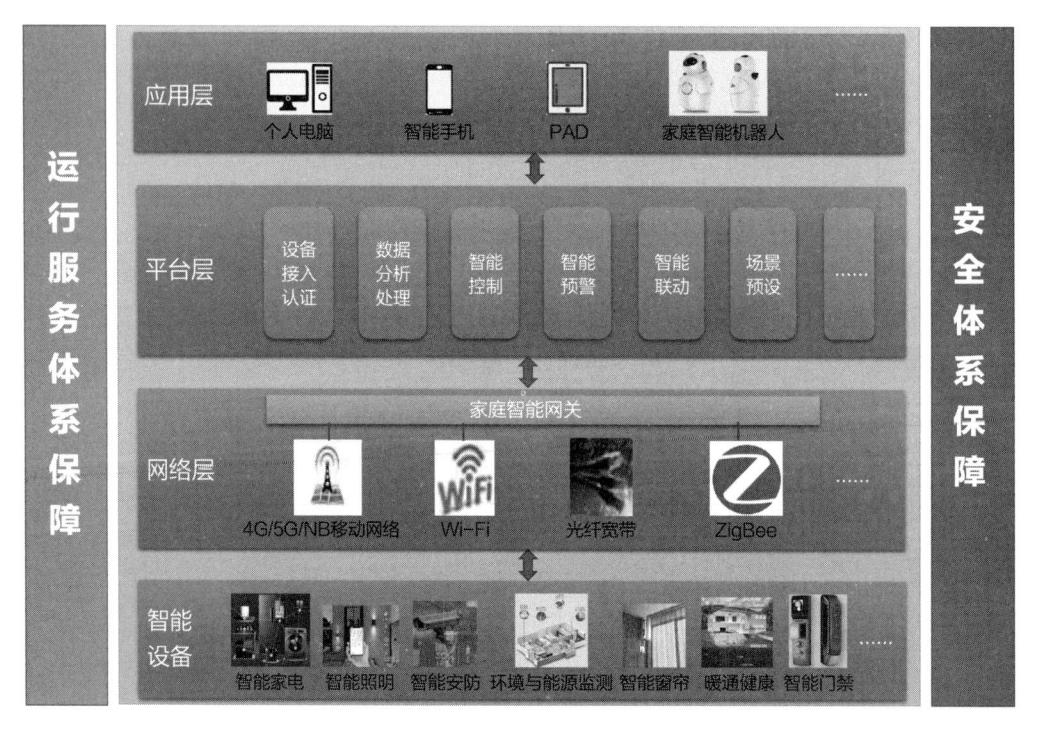

图 12.12　智慧家居整体架构示意图

3）系统功能

智能家居通过运营服务商的智能云平台，提供以下功能：

（1）灯光控制。智能云平台对屋内灯光进行智能管理，在电脑或移动终端上安装智慧家居客户端软件或 APP，能够对全屋的灯光进行智能控制。根据现场明暗自动调光，可一键切换"会客、影院"等多种灯光情景模式，并可用定时控制、遥控远程控制、互联网远程控制等多种方式实现智能灯光功能，从而达到节能、环保、舒适、便捷的照明效果。

（2）电器控制。通过智能云平台，可以对智能家电进行远程遥控、定时开关、参数设置，实现智能家电的智能控制，可以避免类似饮水机的反复加热影响水质，外出时可定时断开插座，避免电器发热引发安全隐患，对空调、地暖、电动窗户等温控设备进行定时或者远程控制，对房间进行预定设置，在主人回家时就能即刻享受到舒适的温度和新鲜的空气。

（3）安防监控。智慧家居监控系统用于本地和远程监控特定区域情况，并保留录像备查。具有实时监控功能，可以实时监控住宅周边、门口、各个房间、室内通道、车库等重点区域的实时情况，还能实现对家中需要照顾的老人或者小孩状况的实时关注，出现异常情况及时提醒。

（4）背景音乐。背景音乐是在公共背景音乐的基础上结合家庭生活的特点发展而来的新型背景音乐系统，在家庭任何一间房子里，比如花园、客厅、卧室、酒吧、厨房或浴室，可以将 MP3、FM、DVD、电脑等多种音源进行系统组合让每个房间都能听到美妙的背景音乐，音乐系统既可以美化空间，又起到很好的装饰作用。

（5）可视对讲。可视对讲具有多种功能，门铃功能主要用于访客呼叫，可以通过对讲及视频确认后远程打开单元门；室内机可以接入智能家居控制主机，实现智能家居的整体方案；信息发布功能可将文字或图片信息发送给指定住户，或通过管理软件将用户任意编组，将公告信息发送至指定分组。

（6）物管服务。智慧家居平台可提供物业缴费、物业报修、服务预约等。

（7）商品配送服务。通过平台与商家对接，可提供便捷的商品配送服务。

3. 智慧社区

智慧社区是指通过利用各种智能技术和方式，整合社区现有的各类服务资源，为社区群众提供政务、商务、娱乐、教育、医护及生活互助等多种便捷服务的模式，实现"以智慧政务提高办事效率，以智慧民生改善人民生活，以智慧家庭打造智能生活，以智慧小区提升社区品质"的目标。

1）概　述

智慧社区是社区管理的一种新理念，是新形势下社会管理创新的一种新模式。智慧社区是指充分利用物联网、云计算、移动互联网等新一代信息技术的集成应用，为社区居民提供一个安全、舒适、便利的现代化、智慧化生活环境，从而形成基于信息化、智能化社会管理与服务的一种新的管理形态的社区。智慧社区能够有效推动经济转型，促进现代服务业发展。

智慧社区涉及智能楼宇、智能家居、路网监控、智能医院、城市生命线管理、食品药品管理、票证管理、家庭护理、个人健康与数字生活等诸多领域，通过建设ICT（信息与通信技术）基础设施、认证、安全等平台，构建社区发展的智慧环境，形成基于海量信息和智能过滤处理的生活、产业发展、社会管理等模式，面向未来构建全新的社区形态。

智慧社区建设，以社区群众的幸福感为出发点，通过打造智慧社区为社区居民提供便利，从而加快和谐社区建设，推动区域社会进步。基于物联网、云计算、大数据、5G等高新技术的智慧社区是以人为本的智能管理系统，使人们的工作和生活更加便捷、舒适、高效。

2）系统架构

智慧社区包括基础环境、基础数据库、计算与交换云平台、应用及服务体系、保障体系五个方面，如图12.13所示。

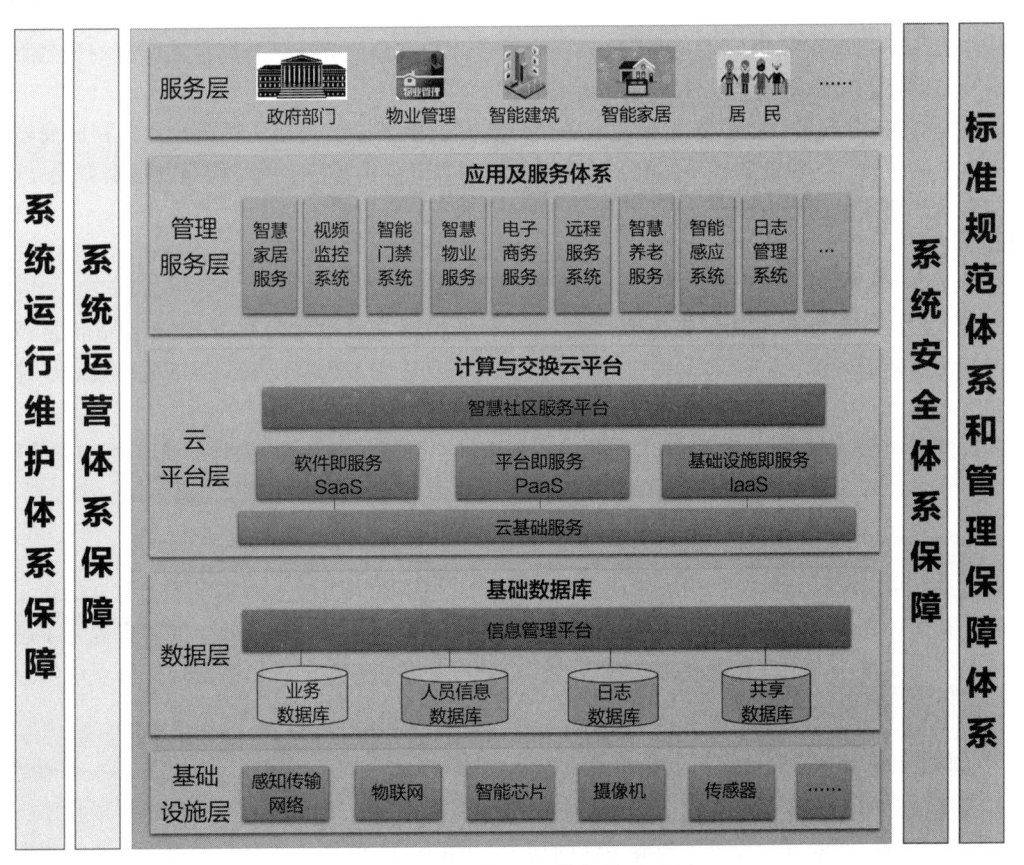

图 12.13　智慧社区整体架构示意图

（1）基础环境。主要包括全部硬件环境，如家庭安装的感应器、老人测量身体状况的仪器、通信的网络硬件（如宽带，光纤），以及用于视频监控的摄像机、用于定位的定位器等。

（2）基础数据库。包括业务数据库、人员信息数据库、日志数据库和共享数据库。

（3）计算与交换云平台。主要实现各种异构网络的数据交换和计算，提供软件接口平台或计算服务。

（4）应用及服务体系。包括智慧家居服务、视频监控系统、智能门禁系统、智慧物业服务、电子商务服务、远程服务系统、智慧养老服务、智能感应系统、日志管理系统等，由这些系统为社区各类人群直接服务。

（5）保障体系。包括系统安全体系保障、标准规范体系和管理保障体系、系统运行维护体系保障、系统运营体系保障等方面，从技术安全、运行安全和管理安全三方面构建安全防范体系，确实保护基础平台及各个应用系统的可用性、机密性、完整性、抗抵赖性、可审计性和可控性，并提供标准规范、运行维护保障、运营保障，确保系统正常运行。

3）系统功能

智慧社区属于社区的一种，可以平衡社会、商业和环境需求，同时优化可用资源，并且提供各种流程、系统和产品，促进社区发展和可持续性，为其居民、经济及社区赖以生存的生态大环境带来利益。其主要功能有：

（1）移动医疗。移动医疗实现居民预约门诊、手机查病历和各项检查报告等功能。装备移动医疗设备的移动体检车开进社区，上门为社区居民提供健康检查、疾病预防、现场打印体检报告等服务，还可将个人体检数据回传医院内网，建立个人电子档案。

（2）智慧社区智慧养老。智慧社区建设围绕老人的生活起居、安全保障、保健康复、医疗卫生、学习分享、心理关爱等需求，构建远程监控、实时定位的信息监测、预警和自动响应的智慧服务和管理系统，满足老人自助式、个性化的交互需求。

（3）社区商务服务。提供商品配送服务、订餐配送服务等，遴选优质商户入驻社区商城，住户使用自己的手机、平板电脑、计算机，通过智慧家居APP、小程序、网站等与社区商城建立联络，下单交易，商户接单后即时配送。

12.5.4 智慧产业未来展望

当前发展数字经济已成为国家重点战略。预计到2025年，数字经济占GDP比重将超50%。智慧产业是运用物联网、云计算、大数据、空间地理信息集成等数字技术，促进城市规划、建设、管理和服务智慧化的新理念和新模式，是数字经济发展应用的重要场景。

在智慧产业的领域里，创新和技术的蓬勃发展为社会带来了巨大的变革。从人工智能到物联网，从大数据到云计算，这些技术的突破使得智慧产业在多个行业中发挥了重要作用。

1. 智慧产业的应用涵盖了各个领域

在制造业中，智能机器人的出现提高了生产效率，减少了人力成本，实现了工业自动化。在医疗领域，智能医疗设备和健康管理系统的发展使得医疗资源的利用更加高效，同时也提升了患者的医疗体验。在城市建设中，智慧政务、智慧城管、智慧交通、智慧能源、智慧环保等系统的应用，使得城市更加智能化、绿色化。

2. 创新和合作推动智慧产业的发展

各大科技公司和创业企业在推动智慧产业发展方面发挥着重要作用，不断地研发新技术，推出新产品，为智慧产业的进步提供了源源不断的动力。同时，各行各业的企业也积极采纳智慧产业的技术和理念，通过数字化转型提升自身的竞争力。

3. 智慧产业发展面临的一些挑战

数据安全和隐私问题是智慧产业发展面临的挑战之一，在大数据时代，海量的数据被收集、分析和利用，而如何保护用户的隐私成为了一个重要议题。另外，智慧产业的发展也带来了一些就业的变革，虽然新的技术和职位的出现为就业市场带来了新的机遇，但也给一些传统岗位带来了冲击。

面对这些挑战，政府、企业和个人都应该共同努力，加强合作，以开放的态度去迎接智慧产业的变革，制定相应的政策和法规来引导智慧产业的发展。同时，也要关注人才培养和教育，提高整个社会对智慧产业的认识和理解，以适应智慧产业时代的到来。

综上所述，智慧产业作为一个多领域、多技术融合的新兴产业，正以前所未有的速度和规模发展壮大。它不仅推动着传统产业的升级和转型，也为社会带来了更多的机遇和福利。未来，随着技术的不断进步和创新的不断涌现，智慧产业将会驶上快车道，为工作、生活、生产带来更加高效、便捷、安全、舒适的环境。

第 13 章 智慧技术在数智科技工程的应用案例

同行之经，可以助进

"同行之经，可以助进"。某智慧社区、智慧农业、智慧物流园区等都是数智科技工程智慧系统建设效果较好的综合案例。本章将对这些案例进行简要介绍，以启迪关心数智科技工程智慧系统建设事业的读者，为促进我国数智科技工程的建设与发展出力。

13.1 某市智慧社区建设案例

某市智慧社区由中国电信股份有限公司承建并运营，采用 5G+AI 融合物联网、云计算、大数据、智能化等先进技术，建成该市安全、高效、舒适、环保的示范性社区。

13.1.1 案例概况

1. 社区简介

该社区隶属市中心区域的街道办，辖区 12 平方千米，有户籍人口 22.5 万人，登记流动人口 3.88 万人，设有 18 个居委会和 2 个社区工站，进驻 2500 多家企事业单位，辖区内有 36 个住宅小区、40 幢商务楼宇、2 个商住混合型社区，辖区设置社区事务受理服务中心、社区生活服务中心、社区文化中心 3 个服务机构。

2. 建设目标

智慧社区建设的目标是为了满足日益增长的居民需求和提高社区的管理水平，实现社区的可持续发展。以信息化技术和物联网技术为基础，通过数字化、智能化手段，提高社区管理和服务的效率，为居民提供更加便捷、舒适、安全的生活环境。

3. 建设任务

（1）万物互联，数据汇聚。通过 AIoT（人工智能物联网）、5G 通信等技术，建设、接入连接小区内的各类设备完成智慧社区治理的各类数据采集汇聚。

（2）AI 赋能，深化应用。基于人工智能、大数据分析等技术，深化智慧社区管理各类应用，真正做到"一网统管，多方使用"。

（3）社区服务，数字运营。变管理为服务，结合上下游生态，为社区提供运营服务，促进产业融合，打造新型的社区经济。

13.1.2 总体架构

智慧社区以数智化科技为创新引擎，构建"1+1+1+6"的总体架构，形成便捷高效的智慧化社区治理和民生服务体系，具体内容为：1 套智能基础设施、1 套数据资源体系、1 个"社区智脑"平台，围绕社区党建、社区安全、社区政务、社区管理、社区共治、社区服务 6 大核心领域，打造多个智慧化场景应用。智慧化场景应用包括党建社区的微心愿、平安社区的人口核查、效能社区的政务服务、智治社区的垃圾治理、共治社区的电子投票以及幸福社区的社区物联养老、社区 15 分钟生活圈等内容，总体架构如图 13.1 所示。

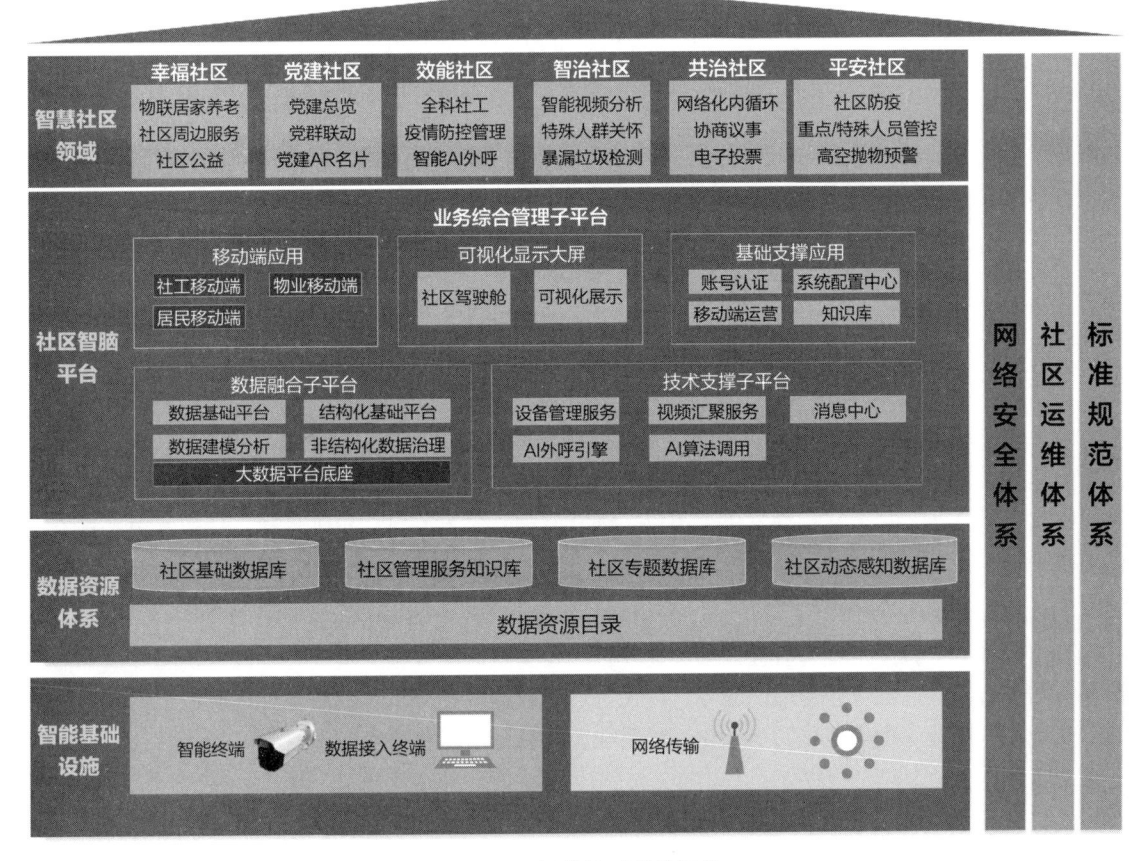

图 13.1 智慧社区总体架构

总体架构由智慧社区领域、社区智脑平台、数据资源体系、智能基础设施、标准规范体系、社区运维体系、网络安全体系等组成。

（1）智慧社区领域。包括幸福社区、党建社区、效能社区、智治社区、共治社区、平安社区6个功能模块。

（2）社区智脑平台。包括业务综合管理子平台、数据融合子平台、技术支撑子平台。

（3）数据资源体系。包括社区基础数据库、社区基础服务知识库、社区专题数据库。

（4）智能基础设施。包括智能终端、数据接入终端、网络传输、计算存储。

13.1.3 建设内容

该智慧社区融合5G、云计算、大数据、AI人工智能、物联网、安全等新一代信息技术，以"智联、智控、智防、智居"为理念，重点打造社区安全感知能力、数据智能分析能力、社区居民服务能力，提供丰富的场景应用，乘势"新基建"创新价值赋能智慧社区。

1. 物联网感知

1）社区综合安防

（1）在辖区内的36个小区的出入口、内部重点区域、人流密集场所、停车场等区域设置视频监控系统及人脸识别系统。

（2）在辖区内的36个小区的出入口、停车场等设置车牌自动识别系统及非机动车RFID识别系统。

（3）在辖区内的 36 个小区的重要出入口设置信息采集网关。

（4）在辖区内的小区制高点或中心位置均匀覆盖安装终端特征采集系统。

上述各类资源的整合接入，通过"天翼视联网"接入智慧社区平台。

2）5G+ 社区管理

（1）人员可视化调度。社区工作人员配备 5G 执法仪。

（2）机器人巡逻。5G+AI 巡逻机器人 / 无人机。

（3）物联设备接入控制。5G+ 智能路灯照明管控。

（4）智能设备接入管理。物联网感知平台实现对设备的统一接入和管理，对异常设备进行维护处理。

2. 社区警务大数据应用

智慧社区警务大数据应用主要功能包括数据接入汇聚（统一接口与分发）、视频（实时 / 历史调阅）监控、基础数据（小区、人员、车辆、房屋、单位档案）管理、治安（人口、异常研判、重点对象、信息核实、预警处置等分析）防范、综合查询、态势分析、系统管理、移动应用（警务与互联网 APP）、小区安全防范管理等。

3. 运营一张图

智慧社区"一张图"就是对社区精细化建模，支持社区"一标三实""一标六实"等基础信息的采集与分析，社区综合、治理、服务、便民等各类数据统计分析，政府与社区两级数据的上传下达，实现社区物业管理规范化、精细化、科学化，让社区居民住得安心、放心、舒心。

4. 社区运营中心

社区运营中心建设是社区智慧运营的重要手段，对于物业管理者来说，社区运营中心的建设既可以实现社区事务的实时管理，又能实现资源的合理利用与分配，有效降低了社区运营过程中的成本。

社区运营中心注重社区与住户家庭的打通，通过手机 APP、家庭智能终端，实现线上报事报修、社区事务线上化处理。社区实现与周边商圈、政府公共服务的连接，实现消费者、服务者、管理者的三方互通，提升社区服务。

5. 数字孪生可视化

（1）智慧社区平台的数字孪生应用。包括基础管理平台、数字孪生三维大屏可视化、随手拍小程序等，标准化社区功能，支持单体化分层分户。

（2）标准智慧街道功能。满足智慧街道、智慧社区标准化功能建设。

（3）数字孪生倾斜摄影。包含倾斜摄影的三维可视化智慧社区功能。

（4）倾斜摄影基本功能。模型管理、模型发布、单体化分层分户工具化。

（5）倾斜摄影标绘功能。网格划分、地名道路标注、漫游路径等功能化管理。

6. 运营平台

该智慧社区运营平台在满足社区使用特点和需求的同时，与将来智慧城市建设的技术路线高度协调。以网络、智能设施、存储设备等硬件为基础，以数据为驱动，以数字化平台为支撑，综合利用 5G、物联网、人工智能、大数据等新一代信息技术，构筑智慧社区技术底座，支撑社区智慧应用。

1）平台部署

（1）平台采用边缘云部署。通过部署边缘云主机，提供统一的算力和 AI 服务支撑。

（2）社区智脑平台。汇聚数据资源，统一管理与服务。

（3）结合社区需求，搭建3个业务平台。

（4）6个场景。融合本地生活，打造6个应用场景。

为社区的各项智慧服务、智慧管理、智慧应用的实现提供边缘侧的算力支撑和数据治理，真正实现"人、事、地、物、组织"五大社区治理要素的立体化、可视化、可控化管理。

2）平台功能

（1）具备完整的闭环管理处理机制能力。

（2）具备政府各级部门联防联控能力。

（3）具备政府各级部门综合智治能力。

（4）具备智慧安防能力：

① 全域视频监控联网：实现抓拍识别、人脸布控、人脸检索等功能。

② 智能视频事件分析自动预警：基于视频智能分析算法，对视频流进行智能分析，提取视频中的人员、物品的属性及行为，进行标签化分析，对异常行为进行告警，预防潜在风险。

③ 大数据研判事件分析及自动预警：对全范围内的小区治理数据进行综合分析研判，深层次挖掘潜在的小区治理问题，做到事前预防、主动预警，从而提前发现社区治理隐患，及时处理相关问题。

（5）社区精细化实施管理。通过建设一张图，集综合态势显示、专项分析、处置跟踪、党建宣传和指挥调度于一体，对人、车、房、事件、服务、设备进行统一监控，实现观、管、应的目的，做到第一时间发现，第一时间调度，第一时间处置。

（6）具备党建宣贯和居民快速宣传能力。通过线上和线下，系统具有党建宣贯、学习、考核、咨询、满意度调查等功能，实现政策信息一键下发、社区信息发布管理、通知公告下达、宣传效果量化分析等作用。

（7）具备居家养老服务能力。通过家庭自建的健康监测、安全监测设备、位置定位、重点人员服务、紧急呼救等设备的系统或设备的接入，为居民提供家居安全服务。

（8）具备便民利民服务能力。可提供安防信息查询、家居安全托管、公共设施维护申报等。

（9）具备商业化变现能力。通过提供服务，建立运营APP流量入口及线下流量载体，与电商平台、品牌商、支付公司等合作，通过广告投放、产品销售、主播带货、金融服务佣金等方式进行自我造血，同时提升居民生活服务的便捷性和质量。

3）平台特点

运营平台是社会治理的中枢神经，具有监控实时性，覆盖领域和覆盖人群广泛，数据指标详细，集管理、执法、服务于一体，巡查问题手段多样等特征。

通过运营平台，打造部门联动、街道配合、群众参与的机制，实现以指挥中心为圆心，以网格责任体系为基础，以全方位快速响应队伍为力量的社会治理共建、共治、共享新格局。

（1）实现信息源头全覆盖。通过社区APP设置多种生活服务功能，并提供常用便民服务咨询与网上办理服务。群众可以在APP反映各类上报信息。

（2）提高源头发现和前端处置能力。充分发动各社区党员、志愿者，按照"一格一员"原则组建专兼职网格员队伍，在平台上上报信息。

（3）实现智能化联合管理，协调简单、高效。包括社区端自治机制和执法共治机制，指挥中心启动共治机制，通过平台通报，组成联合执法队。

（4）管理平台化、科学化、效能化。社区工作人员运用大数据定期分析研判居民诉求较多的问题，为政府提供决策依据；借助视频监控系统，利用摄像头不间断监控，抓拍取证，及时将数据下派执法队员查处；利用无人机空中取证。

13.1.4 智能化创新应用

1. GIS+BIM+IoT 技术，实现社区数据的综合采集和三维展示

该智慧社区采用二三维一体化的 GIS，结合物联网、大数据、云计算等信息新技术，以 GIS+BIM 为基础，展现社区综合态势（包含社区智能运营中心、综合安防、设施管理、能效管理等）为主要建设内容，实现社区智慧化管理和控制。

GIS 平台融合视频、物联等多维感知技术，涵盖人、地、房、车、设施、事件等多类对象，以及空中、楼栋、地面、地下等立体空间范围，构建立体化、智能化社区感知网络，为社区运营服务提供数据支撑和展示平台。

通过对社区多源数据的融合、治理、分析和挖掘，综合展示社区总体运行态势，对核心指标进行态势监测与可视分析，实现社区状态全可视、社区事件全可控、社区业务全可管。借助定位导航、路径规划、数据分析等基础功能，智慧社区可实现隐患态势直观掌控，多维统计精准防控，移动巡查高效执法，多方联动协同监管，为火灾防控、智能楼宇、人脸识别、周界检测、路网监控、应急救援、智慧停车等诸多领域提供保障。

IoT 打通了智慧社区与基建设施之间的神经脉络。社区的建筑、道路、停车场、信号灯乃至灯杆、井盖、垃圾桶等，构建能够感知、万物互联、信息相通的智能感知体系。

GIS+BIM+IoT 技术实现对楼宇及房屋的精细化管理。同时以区域二维、三维地图图景为载体，集成各类服务资源，基于地图统筹全局，实现信息的可视化与实时更新，使管理更加高效便捷。

2. 运用 AI 视频算法，实现智能管理，提升管理效率

运用 AI、物联网、大数据技术，融合"AI+社区"的理念，构建智慧社区、智慧物业生态圈。针对社区应用不同场景的管理策略，协同边缘智能与多种智能终端设备，既实现管理的智能化，又提升了管理的效率。

通过 AI 视频算法平台，实现社区管理案件自动上报、巡查自动化和智能化，降低运营成本。

1）物联网智能感知

前端感知子系统重点由智能视频监控子系统、智能视频门禁子系统、面部识别子系统、智慧停车子系统、访客管控子系统、移动检测子系统、智能手机采集子系统、消防安全感知子系统等构成，完成对前端数据信息、恶性事件的全方位感知。

社区下辖小区运用面部感知、开关门感知、过车感知、Wi-Fi 感知、消防安全感知、视频感知、移动感知等，实时操控住宅小区内部各种信息内容。面部感知控制模块获得全新面部抓拍照片，包含抓拍地址、抓拍时间，展开人脸比对，形成人员视频真实身份库。开关门感知控制模块获得全新开关门纪录，包含开关门人员名字、身份证号码、开关门方式、时间、地址、开关门截屏、短视频。过车感知控制模块获得全新过车记录，包含过车车牌号码、时间、地址、是进是出、是不是住宅小区备案车子。

消防安全感知控制模块分成浓烟感知、电气设备感知、压力感知；移动感知控制模块目录显示小区内下水井盖基本信息及相匹配照片。感知出现异常控制模块对门没关、刷门禁卡出现异常、火灾、漏电、消火栓压力出现异常事件展开预警信息警报。

2）视频监控智能采集

根据对社区视频监控系统的实时视频的智能剖析，对车子占道、非法进入等异常现象警报，能够以图搜图，在社区的海量非结构化资源图像数据中搜索出有着同样特点的人、车、物。

3）社区环境智能化管理

社区环境智能化管理包括暴露垃圾、道路不洁、水域不洁、水域秩序、道路破损、秸秆焚烧、

防撞桶损坏、公用设施损坏（井盖类）、垃圾桶倒伏、行道树倒伏、私搭乱建、沿街晾挂、垃圾满溢、绿地踩踏、乱堆物堆料、露天烧烤、空调外挂机低挂等事件的智能化监测。

（1）路面积水。每当碰到强降雨天气，城市容易形成内涝导致路面积水，低洼处、涵洞、桥隧积水容易造成交通堵塞，甚至危害人民生命财产安全，如图13.2所示。

图 13.2　路面积水识别

（2）井盖监看。具体使用场景包括发现井盖丢失、移位、凹陷或凸起、基础隆起或塌陷或井基破损的情况，如图13.3所示。

（3）树木倒伏。具体使用场景包括发现树木倾倒、断枝掉落堵塞路面告警，如图13.4所示。

图 13.3　井盖识别　　　　图 13.4　路树倾倒识别

4）施工环境智能化管理

渣土车未密闭运输（渣土车未遮盖），如图13.5所示。

5）街面秩序智能识别

街面秩序监测，包括无照经营游商、占道经营、沿街乞讨、占道废品收购、机动车载货经营等，如图13.6所示。

6）广告牌智能化监测

广告牌违规智能化监测，包括违规户外广告、非法小广告、违规悬挂横幅、违规墙体广告、违规搭建充气拱门等行为。

图 13.5　渣土车未遮盖识别　　　　　图 13.6　店外经营识别

7）突发事件智能化检测

系统能够智能化检测人群聚集、沿街屠宰、电瓶车进电梯、违规搭建帐篷、燃放烟花爆竹、高空抛物等突发事件，如图 13.7 所示。

图 13.7　电瓶车进电梯自动识别告警

13.1.5　建设成效

该智慧社区上线以来，服务于整个社区 25 万人，实现了对"人、物、环境、管理"等四要素的管理和服务，实现社区服务"安全防范全覆盖、风险隐患全感知、社会治理全对接、社会服务全提升"，让公众"能用、善用、享用"政府服务，降低服务社会成本，满足人民的生活需要，发挥着广泛的社会效益。

（1）提高政府的管理效能。通过智慧社区的建设，管理部门提高了行政效能，社区民众通过平台获得实时的资讯和优质的公共服务，实现资源共享，减少办事环节。通过智能化算法，视频案件上报数由 40 条 / 天，增至 400 多条 / 天，准确率 90% 以上，减少了巡查员的人力投入，降低运营成本。

（2）改进公共服务质量。社区居民通过该智慧社区，参与社区管理，可及时反馈真实存在的问题，促进公共服务质量的不断完善。

（3）实现区域治理一体化。实现市 – 区 – 街道三级联动的纵向治理架构，建立"横向到边、纵向到底"的区域治理联动指挥体系。

（4）促进社区服务业发展。基于社区商圈辐射的服务模式，增加服务的针对性，提高了服务效果，扩大了服务影响，减少了服务单位数量，降低了社会服务成本，促进了服务业发展水平。

（5）成功经验为其他智慧社区建设提供参考。为全市智慧社区的建设模式、技术标准、建设规范、运营标准树立了标杆作用，为各地推广智慧社区项目建设提供参考。

13.2 某市智慧农业产业园建设案例

某市智慧农业产业园由中国电信股份有限公司承建，智慧产业园建设为该市农业生产注入了数智科技力量，并成功入选该省信息通信业助力乡村振兴十大典型案例。

13.2.1 案例概况

1. 产业园简介

该产业园分为核心区、发展区、辐射区三部分，总面积约4万亩，其中农用地面积2.5万亩（耕地面积1.5万亩），16个行政村，总人口2.1万人。园区设置有产业链加工区、现代农业休闲旅游区、生态庄园区、绿色健康食品认证中心等，努力打造"农村美、农业强、农民富"的新型现代农业产业园区。

2. 建设思路

按照"政府开放引导、社会企业参与、涉农主体共建共享"的原则，以"一个中心、三个应用平台、六大智慧场景"为建设思路，突出物联网技术在农业全产业链的推广应用，加快农业生产经营方式转型升级，提高农业生产经营信息化管理水平，提升农业自动化、精准化、智能化水平，形成智慧农业发展的标杆案例。

3. 建设任务

构建农业农村基础数据中心，打通数据采集渠道，将不同来源、不同类型、不同应用的数据进行规范、整合、挖掘、展示，形成"智慧农业"的数据资源体系，对外提供统一的数据共享和信息服务，构建用数据说话、用数据决策、用数据管理、用数据创新的新格局。

围绕农作物生产，运用高空近地空遥感、智能算法等数字技术手段，构建"天空地"一体化农业智慧大脑的技物支撑场景。加快物联网设备应用，开展实时采集农情信息，打通"耕、种、管、收"全程信息数据流，为农田科学管理提供决策依据，农业生产从"靠经验"走向"靠数据"。应用现代信息技术探索农产品质量安全智慧监管创新手段，通过生产过程中监管预警、数据采集、实时分析，实现监管的全链追溯。

提供决策支持服务，涵盖土地、农业人口、农业生产等基础数据，以及两区划定、高标准农田、质量安全、农业信息服务、农村经营主体等行业业务，结合查询统计、动态图表、专题报告、风险预警等功能，构建农业农村大数据"一张图"，成为智慧农业项目的农业生产的水准仪、农业市场的导航灯和农业管理的指挥棒。

4. 主要技术概述

该产业园集互联网、大数据、云计算、物联网、3S技术为一体，依托部署在农业生产现场的各种传感节点（环境温湿度、土壤水分、二氧化碳、图像等）和无线通信网络实现农业生产环境的智能感知、智能预警、智能决策、智能分析、专家在线指导，为农业生产提供精准化种植、可视化管理、智能化决策依据。

以AI+大数据+5G+物联网+北斗卫星应用为底座，打造产业技术体系，提升农业生产智能化和经营网络化水平，强化农业质量效益和竞争力，拓展农民增收空间，助力乡村全面振兴。发挥信息技术优势，推进种植业、畜禽养殖业、水产养殖业、农产品质量安全监控等农业细分领域数字化创新。

13.2.2 总体架构

总体架构由物联网采集端、传输层、基础设施、数据中心、应用场景、平台层、服务层以及三大体系等组成，如图13.8所示。

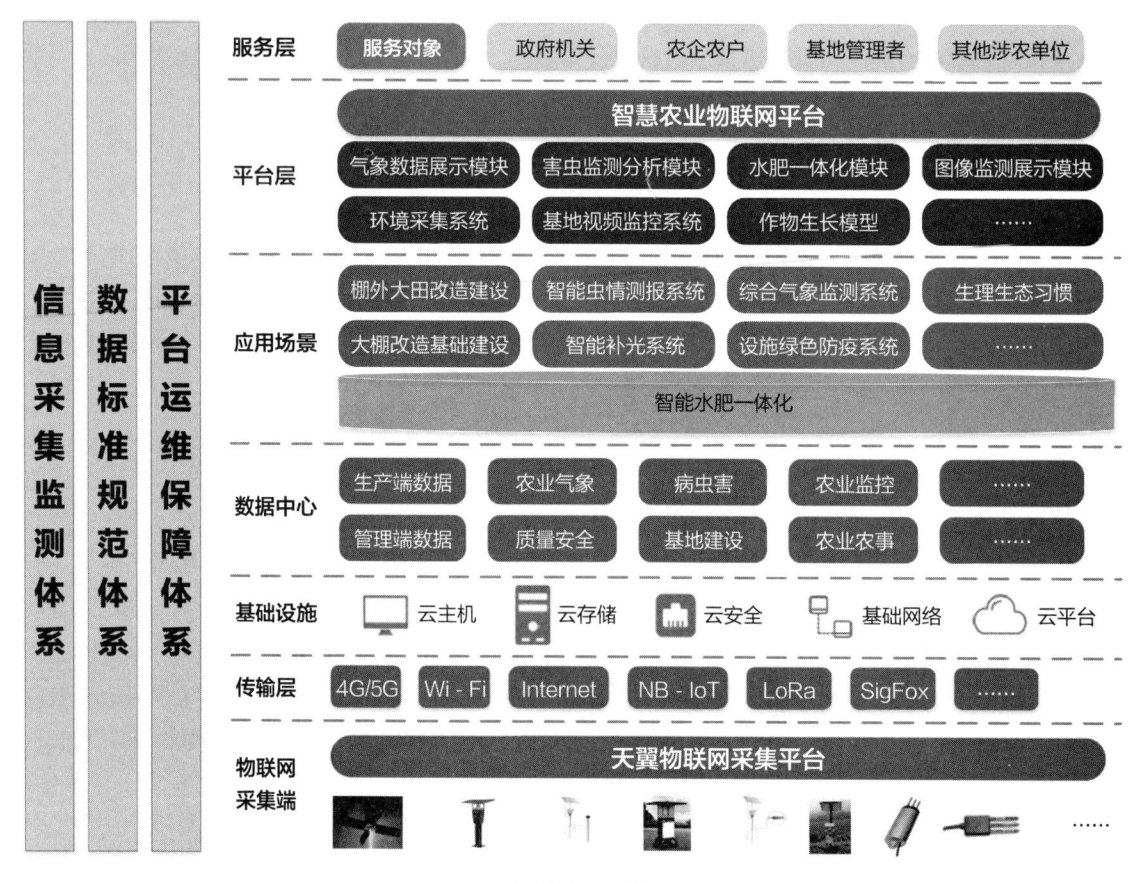

图 13.8 智慧农业总体架构图

（1）物联网采集端。包括温湿度、土壤含水量、病虫状况、作物生长情况、灾害情况、光照强度等传感器设备。

（2）传输层。包括4G/5G、Wi-Fi、互联网、NB-IOT等传输网络。

（3）基础设施。包括云主机、云存储、云安全、基础网络及云平台等。

（4）数据中心。包括生产端数据和管理端数据。

（5）应用场景。包括棚外大田改造建设、大棚改造基础建设，以及智能虫情测报、智能补光、综合气象监测等应用系统。

（6）平台层。包括气象数据展示、害虫监测分析、水肥一体化、图像监测展示、环境采集系统、基地视频监控系统、作物生长模型等模块。

（7）服务层。服务对象包括政府机关、农企农户、基地管理者及其他涉农单位等使用部门。

（8）支撑体系。包括平台运维保障体系、数据标准规范体系、信息采集监测体系。

13.2.3 建设内容

该产业园涵盖农业规划布局、生产、流通等环节，建设内容包括物联网平台、土壤墒情监测、水肥一体智能灌溉、病虫害监测防控、智慧大棚，以及精准农业生产管理系统、农产品质量溯源系统和农业专家服务系统三大管理系统。

1. 物联网平台

智慧农业物联网平台以先进的信息采集系统、物联网、云平台、大数据及互联网等信息技术为基础，各级用户通过 Web、PC 可以访问数据与系统管理功能，对每个监测点的病虫状况、作物生长情况、灾害情况、空气温度、空气湿度、露点、土壤温度、光照强度等各种作物生长过程中重要的参数进行实时监测、管理。系统主要包含以下模块：

1）"四情"监测模块

"四情"监测模块主要功能包括虫情、孢子、气象墒情、苗情等信息实时查看，手工录入，统计分析，预警管理等。

气候观测站数据采集模块按照特定的通信协议，对前端各个气候观测站进行数据采集，同时可灵活设定采集间隔。采集数据指标包括空气温度、空气湿度、大气压力、光照、风速、风向、雨量、土壤、土壤 PH 等指标。

田间的智能虫情监测设备可以无公害诱捕杀虫，绿色环保，同时利用 4G/5G 移动通信网络，定时采集现场图像，自动上传到远端的物联网监控服务平台，工作人员可随时远程了解田间虫情情况与变化，制定防治措施。通过系统设置或远程设置后自动拍照将现场拍摄的图片无线发送至监测平台，平台自动记录每天采集数据，形成虫害数据库，可以各种图表、列表形式展现给农业专家进行远程诊断。

千倍光学放大显微镜可定时清晰拍摄孢子图片，自动对焦，自动上传，实现全天候无人值守自动监测孢子情况。

2）视频监控模块

管理区域内安置视频监控模块，可清晰直观地实时查看种植区域作物生长情况、设备远程控制执行情况等，增加定点预设功能，可以选择性设置监控点，点击即可快速转换呈现视频图像。

3）设备设置模块

通过设备管理模块，用户可以远程控制设备，随时发布拍照指令、转仓指令、开关灯等操作，也可以远程设置采集间隔、时间间隔、工作时段等参数，无须去现场更改。

4）地图查看模块

通过地图查看模块，用户可以在地图上查看所有设备的位置信息，单击设备点图标，可以查看设备详细信息。

5）组织架构模块

通过组织架构模块用户可以添加多级子账号，管理员可以根据用户类别设置相应的用户权限。

6）手机 APP 端查询

系统与手机端、平板电脑端、PC 端无缝对接，方便管理人员通过手机等移动终端设备随时随地查看系统信息，远程操作相关设备。农业数据可通过手机 APP 在线观看，工作人员可随时随地查看相关的检测数据，随时了解气象相关信息。可通过手机对前端采集的情况进行随时监控，利用手机 APP，有助于管理更便捷化、高效化。

2. 土壤墒情监测系统

土壤墒情监测系统可以对土壤温度、土壤湿度、土壤盐分、要素进行全天候现场监测。通过专业配套的数据采集通信线与前端控制器进行连接，控制器通过 4G/5G 移动通信网络将数据传输到物联网平台，进行数据统计分析和处理。

土壤墒情监测系统由土壤水分监测站、监测信息搜集网和监测信息搜集加工处置中心共同组成。通过不定期采集各监测站测出的相同深度土壤水分数据,构成监测区域内土壤水分数据库,对监测数据作加工处置和分析,分解成各式各样加工产品,提供更多土壤墒情监测、农田合理施水、宜种作物选种、旱情预测等实时有效率的服务,系统如图 13.9 所示。

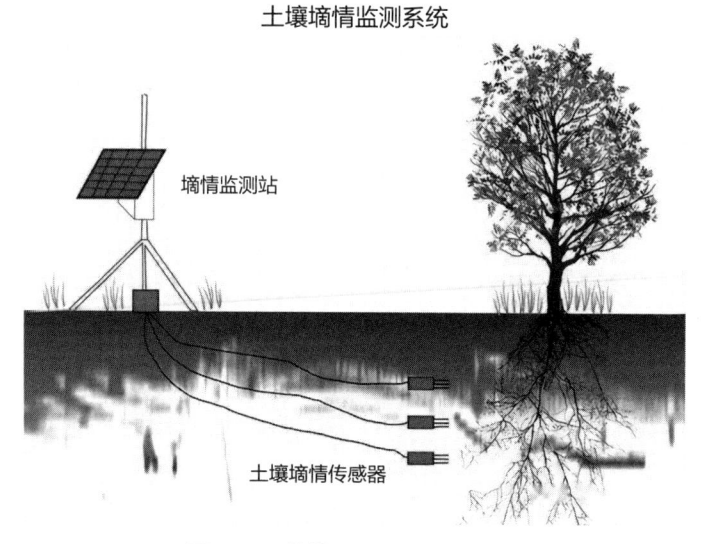

图 13.9　墒情监测站系统示意图

1)系统作用

(1)数据收集。每两分钟对各层的土壤水分展开取样,每小时对取样数据排序出两分钟的观测数据,计算平均值,每天对一小时的观测数据排序出小时平均观测数据,同时依照观测场站取值的土壤状况参数,排序出其他有关的土壤湿度参数指标。

(2)数据存储。自动土壤水分测量仪有小时完整观测记录数据文件、两分钟观测记录数据文件、小时土壤湿度观测记录文件和两分钟湿度动态观测数据。

(3)数据展示。动态收集并展示各层土壤湿度数据、月变化图和年变化图。在驾驶舱的中心站实时展示各站点各层的土壤墒情图。

2)系统意义

土壤旱情监测评估主要实现由过去读数墒情、气象数据,测算目前土壤湿度、区域内各点土壤湿度,从而预测未来土壤旱情情况和需水量情况。

3)系统应用

将土壤环境质量监测防控点数据引入系统,将土壤环境质量监测防控点空间边线在 GIS 地图上定位,透过空间差值排序,分析每一防控点的影响范围,将监测的数据通过平台数据库,构建数字模型,展开 GIS 空间综合影响分析和历史影响演进分析。

3. 水肥一体智能灌溉系统

该产业园采用水肥一体化智能灌溉系统,由水肥一体机、土壤墒情数据采集终端(电导率传感器 EC 和 PH 传感器)、过滤系统、现场控制器、电磁阀、田间滴灌/喷淋管路、监测控制系统组成。

水肥一体化智能灌溉系统将灌溉与施肥融为一体,借助压力系统(或地形自然落差),将可溶性固体或液体肥料,按土壤养分含量和作物种类的需肥规律和特点,配兑成的肥液与灌溉水一起,通过管道系统供水供肥,定时、定量或均匀准确地输送至作物根部区域,最终达到精耕细作、准确施肥、合理灌溉的目的,水肥一体化智能灌溉系统架构如图 13.10 所示。

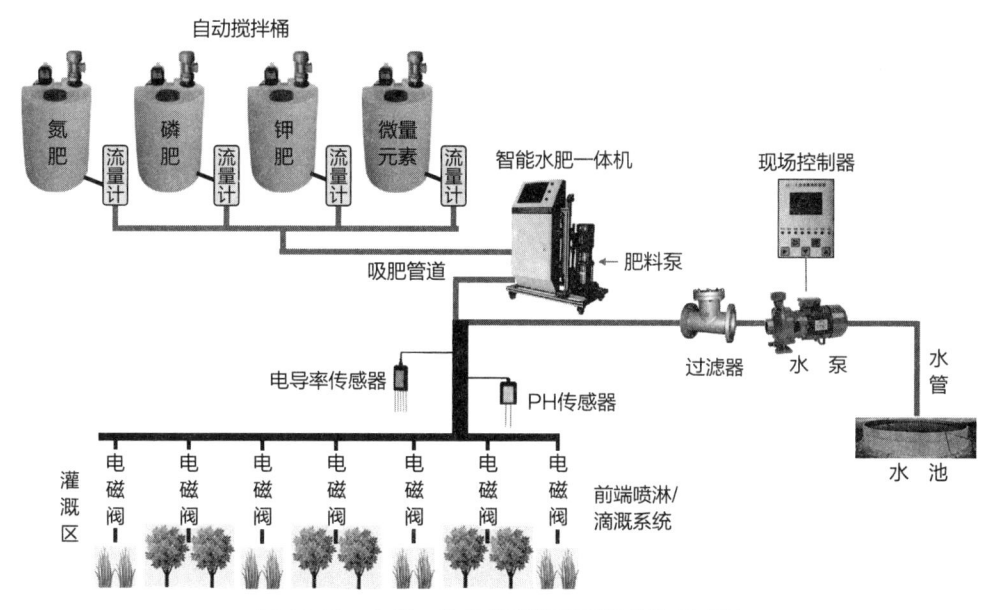

图 13.10 水肥一体化智能灌溉系统架构示意图

水肥一体化灌溉解决了传统滴管无法自动施肥、自动灌溉引起的人工施肥难度大、施肥不均匀、劳动成本高、肥料浪费严重、不便于科学化和自动化管理的问题。

智能灌溉系统灌溉方式分为两类：滴灌和喷灌，根据需要选用灌溉方式。

1）滴灌类应用

滴灌是利用塑料管道将水通过直径约 10mm 毛管上的孔口或滴头送到植物的根部进行局部灌溉，它是干旱缺水地区最有效的一种节水灌溉方式。

滴灌模式操作方便，采用嵌片式滴灌模式，滴头可以准确安装于作物根部，保证了水、肥的精确控制。滴灌管道现场安装如图 13.11 所示。

2）喷灌类应用

喷灌是借助水泵和管道系统或利用自然水源的落差，把具有一定压力的水喷到空中，散成小水滴或形成弥雾降落到植物上和地面上的灌溉方式，如图 13.12 所示。

图 13.11 滴灌管道现场安装图

图 13.12 喷灌现场安装图

该产业园区地处丘陵盆地，有常年不断流河流流过，根据地形地势、水资源丰富的特点，选用喷灌方式。

园区内有火龙果、香水柠檬、猕猴桃、罗汉果、百香果、沙田柚、茶叶、蔬果、水稻、牧草种植，以及大棚区、园林绿化带等区域，根据不同的种植区域，选用不同的灌溉方式，以满足不同植物的成长需要。

所有的水肥一体机进行联网集中控制，既可以在种植区域内操作灌溉，也可以在控制室统一控制操作。

4．病虫害监测防控系统

病虫害监测防控系统包括虫情捕捉分析仪和孢子分析仪。虫情捕捉分析仪可高效诱捕害虫并将害虫烘干杀灭，并拍摄虫体图片上传物联网云平台，从而生成准确的虫情分析报告；孢子分析仪内置光学百倍显微成像系统，可将抽气装置收集的孢子、花粉图片拍照上传，通过区域卷积神经网络识别后，生成园区孢子报告。

1）智能虫情测报系统——智能虫情测报灯

智能虫情测报系统主要由害虫诱捕装置、害虫收集装置、害虫灭杀装置、害虫散虫装置、高清摄像机与光源、履带传送装置、控制器、显示器、电源与防雷系统、网络传输模块组成。每个监测点安装一套虫情设备，安装在监测点的合适位置。测报灯会对设定时间段内收集的害虫分别进行分段存放和拍照与计数，测报灯内置1200W高清工业摄像头，自动拍照将现场拍摄的图片通过4G/5G移动通信发送至监测平台，平台整理并计算每天的数据，形成数据库，以供农业专家远程诊断。根据图片与数据，专业分析人员可对每个时间段内收集的害虫进行分类与计数。同时设备具有远程编程功能，设备的各种功能可通过网络远程设置、修改和读取，还可根据需要远程拍摄自己需要的照片并上传到服务器。其现场安装情况如图13.13所示。

图 13.13 病虫害监测防控系统现场安装图

2）智能病害监测系统——智能孢子捕捉仪

智能病害监测系统主要由孢子捕捉装置、孢子承载装置、图像采集装置、网络传输模块、电源与防雷系统组成。该设备利用现代光电数控技术，实现远程自动捕捉各种花粉和孢子信息、自动更换载玻片、自动拍照、图片数据自动上传、自动运行等功能，并实时将环境气象和孢子病害情况上传到平台，专业分析人员可在平台对每个时间段内收集到的孢子进行手工分类与计数，形成孢子测报数据库，供专家远程对病害的发生与发展进行分析和预测，为现代农业提供服务，进行病情预测预报及标本采集，及时防治病害发生。

3）生物实时预警监控系统——病虫害物联网监测设备

病虫害物联网监测设备实际应用情况如图 13.14 所示。

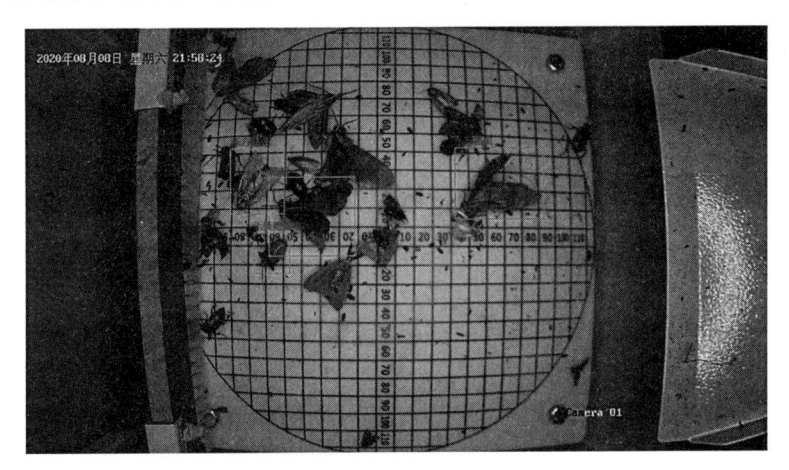

图 13.14　病虫害物联网监测设备实况

生物实时预警监控系统由摄像、传输、控制、显示、存储五大部分组成。在害虫监测点区域安装固定式摄像机和室外智能球摄像机各一套，工作人员通过视频系统可清晰直观地实时查看病虫害情况，并对突发性异常事件的过程进行及时监视和记忆，用以提供及时高效的指挥和调度。

4）害虫自动监测系统——害虫性诱自动诱捕器

害虫自动监测系统由电子机械技术、无线传输技术、物联网技术、生物信息素技术组成。系统集害虫诱捕和计数、环境信息采集、数据传输、数据分析于一体，实现害虫的定向诱集、分类统计、实时报传、远程检测、虫害预警的自动化与智能化，用于田地害虫、仓储害虫的监测。

5）农业环境监测系统——田间小气候监测仪

农业环境监测系统由数据采集终端和各种环境传感器组成，仪器可将采集的传感器数值通过 4G/5G 移动通信网络传输至平台，同时在现场 LED 屏上实时显示。

现场监测到的数据通过 4G/5G 移动通信网络发送到平台，可登录网页查看详细的墒情信息，通过摄像机远程观察植物的生长状况，可及时反映环境中的各项参数状况。定时将采集到的各种数据通过无线网络发送到管理人员的手机上，方便指导农业生产并有效形成气象灾害预警，以便相关部门及时采取相关措施，降低灾害损失。

6）太阳能供电系统

该产业园地处丘陵盆地，没有电力提供，前端设备采用太阳能供电。太阳能供电系统由太阳能板和蓄电池组成，白天，太阳能电池板在太阳光照射下产生光伏电流，在控制器的控制下为蓄电池充电，同时为用电设备提供电源。若阳光资源不好，则蓄电池在控制器的控制下，将储存的电量放出，为用电设备提供电源。当太阳光照条件满足充电要求时，控制器控制太阳电池组件开始新一轮的充电。

5. 智慧大棚系统

通过物联网和现代农业结合，工作人员可以对大棚的环境进行监控及远程控制，并且根据监控到的大棚状态，控制大棚的生长环境。实现农作物的精准种植，以达到节本增效。

管理人员可通过手机远程手动控制多个大棚的设施设备，包括风机、外遮阳、内遮阳、喷滴灌、侧窗、水帘、阀门、加温灯等。根据时间、气象数据、土壤数据等，系统也可以根据预设参数，进行自动灌溉、通风、开关天窗等操作，智慧大棚监测控制系统如图 13.15 所示。

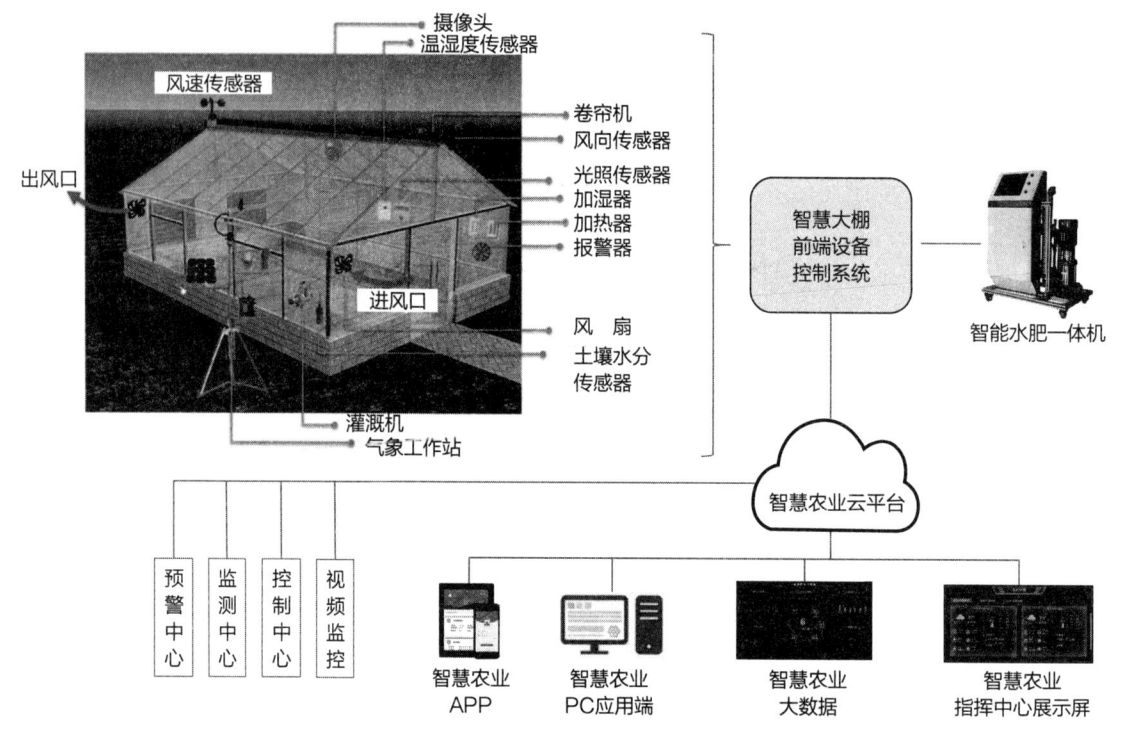

图 13.15　智慧大棚监测控制系统图

1）遮阳网

遮阳网可以控制光照的强弱、时长等，可以根据不同农作物的不同生长阶段对光照强度和时长的需求进行调整，有效地保障了农作物的健康生长，并且可以延长农作物的生长期，达到增产的效果。

2）自动灌溉

在读取到大棚内的温度和湿度后，根据不同的农作物对土壤湿度的不同要求设置最适宜湿度，完成自动灌溉，减少人工劳动和对水资源的浪费。

3）照明灯

温室大棚光照与作物的生长有密切的关系。最大限度地捕捉光能，充分发挥植物光合作用的潜力，将直接关系到农业生产的效益。室内补光灯，也叫植物补光灯，是依照植物生长的自然规律，根据植物利用太阳光进行光合作用的原理，使用灯光代替太阳光来提供给温室植物生长发育所需光源。

4）通风风扇

风扇是大棚控温、自动通风换气的不可缺少的一部分，风扇可以智能地控制风口，自动调节大棚温度，最高效地利用大棚内的温度资源，提高农作物的品质和产量。

5）显示气流

气流显示可以帮助工作人员有效地看到气流的状态，便于管理大棚。

6. 气象环境监测

实时监测空气温湿度、光照、降雨量、风速、风向、大气压力、气体浓度等数据，并通过设定相关报警阈值，实现即时报警，精准控制种植环境指标。系统联通气象局，获取未来72小时气象预报、24小时极端天气、降水概率、大风等异常气象预警，提醒及时做好防灾避险准备。

7. 视频监控系统

通过 720 度高清摄像，突发情况可自动转向紧急录像，进行作物长势监测；高清摄像头可 720 度旋转、拉近、拉远，查看园区实时生产情况；发生预警时，摄像头可自动转向预警点紧急录像，不放过任何异常；可对视频进行截图，无须另外安装相机进行拍摄。

8. 设施远程控制系统

通过远程控制系统，工作人员可以远程查看设施环境数据和设备运行情况，还可以分析数据，方便灵活管理。可实现根据种植预设条件，自动控制增温、降温、通风、灌溉、施肥等设备的运行，满足严苛的农作物种植环境条件要求，减少不必要的损失，同时可以节省用电，降低生产成本。

9. 灌区监测系统

灌区监测及信息化系统主要对灌区的水情、雨情、土壤墒情、气象等信息进行监测，对重点区域进行视频监控，同时对泵站、闸门进行远程控制，实现信息的测量、统计、分析、控制、调度等功能。为灌区管理部门科学决策提供了依据，提升灌区的管理效能，实现农业灌区的现代化。

10. 精准农业生产管理系统

利用温度、湿度、光照、二氧化碳气体等多种传感器对农牧产品（蔬菜、肉类等）的生长过程进行全程监控和数据化管理，通过传感器和土壤成分检测感知生产过程中是否添加有机化学合成的肥料、农药、生长调节剂和饲料添加剂等物质。结合 RFID 电子标签对每批种苗来源、等级、培育场地，以及在培育、生产、质检、运输等过程中具体实施人员等信息进行有效、可识别的实时数据存储和管理。系统以物联网平台技术为载体，提升有机农产品的质量及安全标准。

11. 农牧产品质量溯源系统

农牧产品质量管理系统通过固定式专用 RFID 阅读器自动识别个体，进行自动分拣归栏，自动饲喂、自动追踪记录活动规律、饲养数据等，监控农作物生长密度、环境参数，通过网络实时更新到档案数据库。通过 RFID 或条形码管理系统实现物流的追溯（通过包装条码查询产品物流状态）和产品质量的追溯（查询此批次产品的相关质量数据），提供产品增值服务，同时也为企业生产管理者提供一手的现场数据。

系统采集农事操作记录（各地块播种、施肥、灌溉、除草等）、生产环境数据、全生长周期高清图片，实现生产环节可追溯。以农业生产者的生产档案信息为基础，实现对基础信息、生产过程信息等的实时记录、生产操作预警、生产档案查询和上传功能。

12. 农业专家远程诊断服务系统

农业专家远程诊断服务系统采用 4G/5G 技术、网络视频压缩技术将视频信息、控制信息等监控数据进行压缩编码，通过数据网络，专家可远程实时指导和在线答疑，并提供农业咨询等服务。

13. 智慧农业平台

该平台通过聚类分析、关联挖掘、推理演算和模型评价等技术，结合 GIS 一张图决策系统，为政府监管部门提供全区智慧农业生产场景在线监控、综合查询、统计分析、风险预警、指挥调度等服务。

在该园区的蔬菜基地、千亩水稻生产基地、柠檬种植基地、水牛奶生态牧场、高标准养殖池塘等农牧渔业生产基地，部署高清红外视频监控及农业四情监测智能设备，利用北斗定位、物联网、智能算法和云计算等数字技术手段，实时采集种植养殖环境参数，提供土壤墒情、苗情长势、病虫害发生等农情信息。对灌溉设备、农机装备进行信息化改造，实现葡萄基地大棚自动灌溉、农机作业过程自动测量。

1）平台架构

平台架构如图 13.16 所示。

图 13.16 智慧农业平台架构图

该平台由四部分组成：一个中心、两类平台、应用支撑和两套体系。

（1）一个中心：农业农村大数据资源中心。基于原有的农业农村信息化基础，全面整合全市纵向到底、横向到边的农业农村信息资源。

（2）两类平台：农业农村大数据决策分析平台和农业农村业务应用平台。以精确的数据辅助领导决策，综合提升农业科学管理服务水平，包括信息服务门户及移动终端应用等。

（3）应用支撑：报表与 BI、数据交换组件、GIS 系统，以及应用集成、门户管理、数据处理、元数据管理、主数据质量管理、大数据分析等，为智慧农业提供应用支撑。

（4）两套体系：安全保障体系和标准规范体系。

2）平台功能

（1）农业农村大数据决策分析。采用 GIS 和大数据分析技术，展示乡村振兴、现代农业发展、农村建设等各项重点工作的真面貌，反映农业农村现状、发展的突出问题。平台涉及十大类主题分析，包括乡村振兴主题分析、人居环境整治主题分析、农业生产主题分析、产品质量安全主题分析、物联网监测主题分析、防灾减灾主题分析、农产品市场行情主题分析、舆情监测主题分析、重点工作主题分析。

（2）农业农村业务应用。满足农业农村行业主管部门对生产、经营、管理、服务以及乡村振兴、农村人居环境整治等涉农相关业务信息化管理的要求，利用大数据思维服务行业监管。包括乡村振兴管理、人居环境整治管理、质量安全追溯管理、农情监测、农田建设管理、智慧畜牧、农机管理、市场行情分析、重点工作管理等 9 个业务管理系统。

（3）智慧物联网示范应用。加强农业生产管理者与农业生产环境和过程的信息沟通，在动态的生产过程中，对农业生产有更加精细的认知、管理并控制农业生产中的各要素，加强生产管理者对农业生产的调控及突发事件的处理。为科学合理的现代农业生产分析与决策提供支持，为农业生产智能控制提供合理的依据。

该农业园有大田种植、大棚蔬菜、畜禽养殖、水产养殖、林果种植5大类生产基地，通过安装智能传感器采集设备及智能控制设备，采集农业生产环境信息，基于专业的农学和控制模型，实现农业生产环境信息监测与农事操作智能控制，开展智慧农业数字农业示范基地建设。

（4）智慧追溯农产品质量监管。产业园设置2个畜牧行业追溯点、4个种植行业追溯点，依托省级农产品质量安全监管追溯平台，配备追溯监控设备、质量安全快速检测设备、追溯条码打印机、追溯工作终端等设备。

13.2.4 建设成效

（1）资源治理融合共享。全面整合农业农村管理服务领域分散异构系统的信息资源，加强跨领域跨部门跨层级的数据资源融合与共享，形成齐抓共管的数据资源治理格局。

（2）创新服务重要举措。为优化生产、科学经营、高效管理提供支撑，保障生产经营，满足社会公众的信息索取需求，提升综合信息服务能力，让农民与社会公众共同分享数字化发展成果。

（3）基于数据科学决策。建立涉农数据模型，实施"数据驱动决策"的方法，预测特定工作领域的发展态势，为政府制定"三农"政策、实施农业结构调整、农村基本建设提供依据。

（4）"三农"治理有力保障。现有资源的有效整合和未来资源的合理规划，使"三农"治理服务工作更有效、更开放、更负责，及时应对各项发展挑战，评估政策效果。

（5）顶层设计统筹规划。形成全市数字农业农村整体推进、共同建设协同发展的合力，利用"统一标准、统一规划、统一管理"的优势，提高数字化建设资源利用效率，避免资源浪费。

13.3 某智慧物流园区建设案例

某智慧物流园区由中国电信股份有限公司承建，采用5G+边缘计算+AGV（自动导向车）技术，打造5G智能化仓储，构建现代智慧物流园区，建设智慧化、透明化、标准化、可视化的物流园区，成为该地区物流行业的标杆。

13.3.1 案例概况

1. 物流园简介

该物流园占地总面积约合2000亩，规划总建筑面积120万平方米，分三期建设，总投资约35亿元。集仓储、物流、批发市场、特色产业集聚区、特色文化产业基地、精品交易区、经济合作区、线上交易区于一体的现代化综合物流园区，园区以"民生物资集散、政府物资储备、大宗物资仓储"为发展战略，以"智能管理、无车承运（网络货运）、供应链金融"为运营基础，以仓储租赁为稳定板块，以增值服务为盈利板块，以物流园区信息化运营为发展板块，致力于打造国家一类公路口岸、区域物流一流服务和结算中心、物流信息中心、区域分拨配送中心、区域线上交易中心，将园区打造为立足西部、面向全国、连通世界的物流基础设施平台供应商和省内第一、国内领先的5G智慧物流园区。

2. 建设目标

通过智慧物流园区的建设，打造物流园区的核心竞争力，通过智慧物流来引导、带动园区发展，实现物流、金融、商贸和仓储在园区内的协调发展，创新物流产业发展模式，再造物流新体系，真正实现物流园区的智能化、人性化、机械化、信息化。

13.3.2 总体架构

该智慧物流园包括一个中心、三个平台、五个中台，以及前端和基础设施。其总体架构如图 13.17 所示，系统基于大数据、云计算、物联网、智能化、区块链等技术，为物流园提供智慧化运营服务。

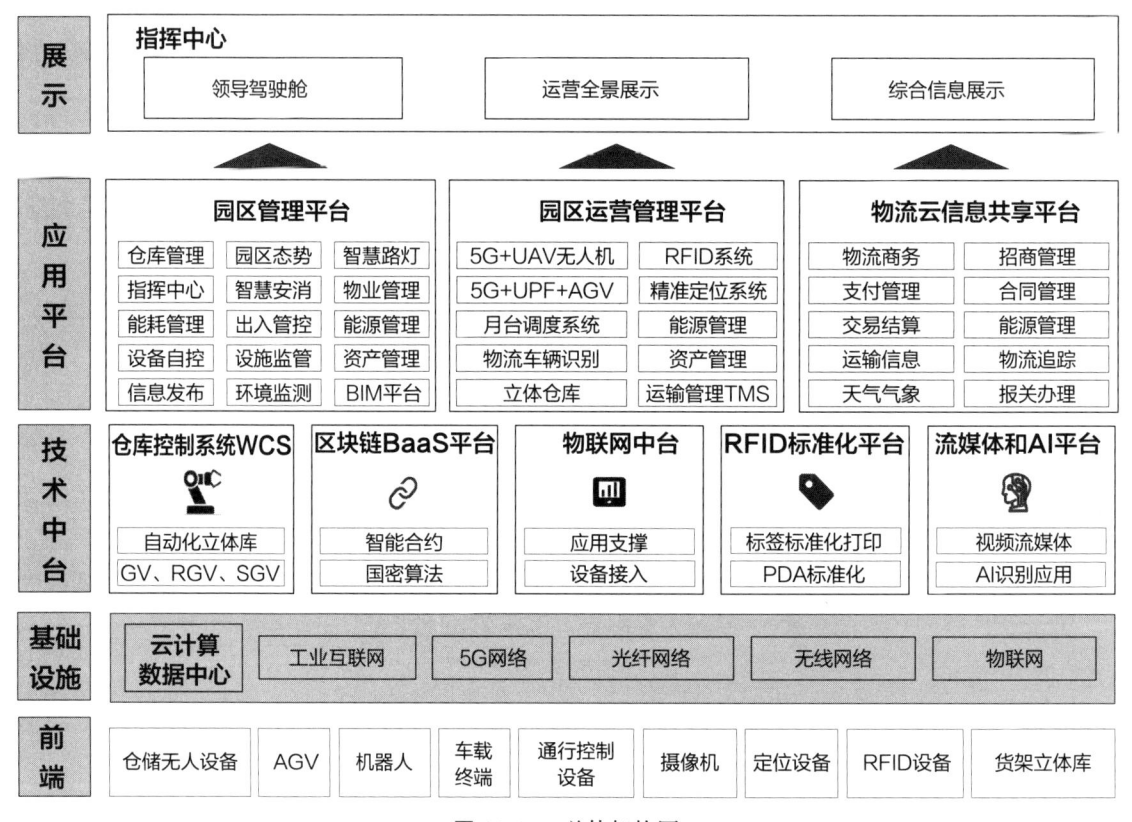

图 13.17 总体架构图

1. 一个中心

一个指挥中心，是整个物流园区的指挥中枢，依托智能化技术、数据挖掘技术，全面统计分析物流园区运营数据，提取园区物流运营管理的各类关键指标，实时掌握园区运营情况。同时，兼顾应急调度，变被动为主动，大大提高园区运营及管理水平。

2. 三个平台

三个平台分别是物流云信息共享平台、园区运营管理平台、园区管理平台。

（1）物流云信息共享平台。物流云信息共享平台面向国内外物流企业和行业管理部门，提供商流和物流相互支撑的综合服务，同时也满足制造企业、商贸企业、物流企业的电子商务需求。

（2）园区运营管理平台。通过全数字化的业务管理系统，了解园区整体经营状态；通过人车行等物联应用，采集一线入驻企业和从业人员的运行情况；通过AI大数据分析，向经营者展现可见、可参、可控的数据界面，保障园区长远发展。

（3）园区管理平台。园区管理平台聚焦园区管理和办公，集成视频、AI、物联等能力，为物业、人事等部门提供场景物联的智能应用,包括综合安防、人员管理、车辆管理、空间管理、消防管理、环境管理等,实现园区整体数字化和智慧化。

3. 五个中台

中台有仓库控制系统、区块链 BaaS 平台、物联网中台、RFID 标准化平台、流媒体和 AI 平台组成,为上层业务应用提供统一的技术支撑。

4. 基础设施

基础设施包括承载三平台和五中台的云计算数据中心,承载数据传输工业互联网、5G 等无线网、光网、物联网等。

5. 前　端

前端主要有仓储无人设备、AGV、机器人、车载终端、通行控制设备、摄像机、定位设备、RFID 设备和货架立体库等设备设施。

13.3.3　建设内容

智慧物流园区主要有物流云信息共享平台、园区运营管理平台、园区管理平台、自动化立体仓库、月台调度系统、运输管理系统、5G+ 无人机系统、5G+AGV 系统等建设内容。

1. 物流云信息共享平台

物流云信息共享平台为客户、司机、承运商、客服、监督部门提供一个统一交互平台,具有信息交互、运输交易、客服服务、调度配载、结算服务和监控管理等功能,与海关及口岸办等关口系统对接,实现货物一次通关,简化通关手续。

2. 园区运营管理平台

园区运营管理平台基于物联网、大数据和智能化技术,对园区优势产业要素资源进行深度分析。通过对园区内产业结构、企业发展情况、人流、物流、资金流等数据的分析,平台可以为园区提供精准的招商服务,助力园区打造现代产业集群;根据入驻企业需求提供定制化的服务,包括定制化的人力资源、行政服务等;支持环保、安全、物业维护等方面的管理,提高园区整体服务水平和用户满意度。通过智慧园区运营管理平台,园区管理者可以轻松实现对空间资源的精准管理和空间利用率的最大化。

3. 园区管理平台

园区管理平台基于物联网技术打造,提高了园区管理效率。

1) 园区综合态势监测

整合园区各领域数据资源,对园区产业、招商、安防、资产、基础设施、能效、环境空间等管理领域的关键指标进行综合监测分析。

实现园区人、事、物统一管理,园区综合运营态势一屏掌握。

2) 综合安防监测

支持集成视频监控系统、电子巡更系统、卡口系统等园区安全防范管理系统数据,提供全园区的安全态势监测一张图。

对园区重点部位、人员、车辆、告警事件等要素进行实时监测,支持安防报警事件快速显示、定位,实时调取事件周边监控视频。

3）人车通行监测

支持结合物联网、人工智能、地理信息系统等技术应用，对人员车辆通行情况、车位使用情况、人员密度进行实时监测。

对人脸识别、车牌识别结果进行分析研判，对人员车辆异常滞留情况进行可视化告警，帮助管理者实时掌握园区人流、车流态势。

4）设施管理监测

支持集成视频监控、设备运行监测以及其他传感器实时上传的数据，对设施设备的位置分布、类型、运行环境、运行状态进行监控。

支持设备运行异常（故障、过载、过温等）实时告警、设备详细信息查询，辅助管理者直观掌握设备运行状态，提升基础设施运维效率。

5）能效管理监测

支持整合园区内能耗数据，对园区供暖、供排水、供气、能源能耗、供电等各个子系统生产运行态势进行实时监控。

对能源调度、设备运行、环境监测、人流密度等要素进行多维可视分析，支持能耗趋势分析、能耗指标综合考评。

帮助管理者实时了解园区能耗状况，为资源合理调配、园区节能减排提供有力的数据依据。

6）环境空间监测

支持基于地理信息系统，通过三维建模，对园区外部环境、楼宇建筑到建筑内部空间结构进行三维展示，对空间资源使用情况进行可视分析。

集成楼控系统、消防系统、监控系统、环境系统等数据，对园区空气质量、温湿度、水源水质、照明、环卫等环境数据进行综合监测。

实现对园区空间资源和环境状态的有效管控，提高环境空间利用效率，提升环境舒适度。

7）数据分析研判

支持数据分析决策驾驶舱、全时空数据查询分析、统计分析决策、可视分析决策、行业模型算法集成。

对海量园区运行数据进行多维度分析研判，为园区运维管理提供可决策支持，辅助园区实现从粗放式运营向精细化运营转变。

8）成果展示汇报

针对领导视察、迎检汇报、客户参观等情景，支持灵活构建可视化汇报主题，支持工作规划展示、建设成果展示、重点项目展示、重要事件复现。

支持基于动态真实数据驱动的演示汇报，支持自定义演示脚本，对汇报内容的步骤、流程、时长进行精确控制。

4. 自动化立体仓库

自动化立体仓库代替了传统的平面仓库和货架，通过充分利用空间高度，增加了相同占地面积上的可用存储空间；通过堆垛机和货叉的快速移动，实现了由物到人的便捷存取；通过配套信息管理系统，提高了库房及物料管理的工作效率和信息化程度。自动化立体仓库的主体由货架、堆垛机、输送机及操作控制系统组成，引入 AGV 小车完成托盘或料箱的流转及搬运任务，提高了整个系统的自动化程度，能同时完成物料的存取及信息存储功能。其中，操作控制系统主要由仓库控制系统（WCS）和仓储管理系统（WMS）组成，在自动化立体仓库系统中起着主导性的作用。

1）自动化立体仓库系统

自动化立体仓库系统如图 13.18 所示。

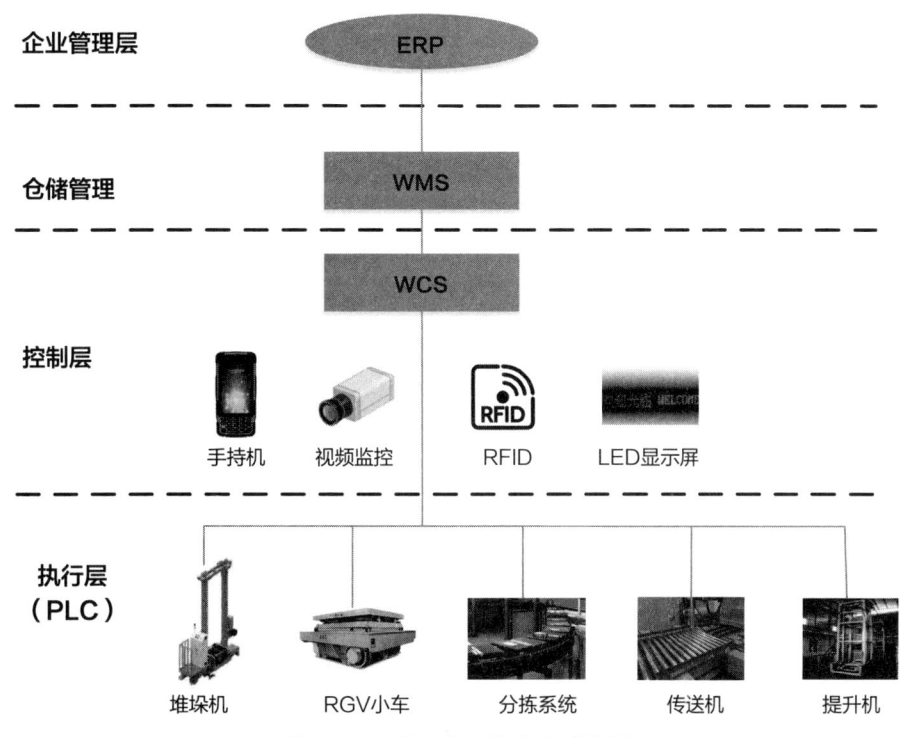

图 13.18 自动化立体仓库系统图

（1）企业管理层。ERP（企业资源计划）系统是企业制定计划的层面。

（2）仓储管理。WMS 仓储管理系统，其向上接收 ERP 的指令，WMS 系统并不具体执行每一项操作，而是向下发给执行层即 WCS 设备调度系统，同时反馈 WMS 仓储执行结果。

（3）控制层。包括手持机、视频监控、RFID、LED 显示屏等。

（4）执行层（PLC）。主要有堆垛机、RGV 小车、分拣系统、传送机、提升机等。

2）仓储管理系统

智能仓储系统是运用软件技术、互联网、自动分拣技术、光导技术、RFID、声控等先进的科技手段和设备，对物品的进出库、存储、分拣、包装、配送及其信息进行有效的计划、执行和控制的物流活动。系统主要由识别系统、搬运系统、储存系统、分拣系统及管理系统构成。其基本功能如下：

（1）货位管理。采用数据收集器读取货物条形码，查询货物在货位的具体位置（如 X 货物在 A 货区 B 通道 C 货位），实现货物的全方位管理。通过终端或数据收集器实时地查看货位货量的存储情况、空间大小及货物的最大容量，管理货仓的区域、容量、体积和装备限度。

（2）货物质检。货物包装完成并粘贴条码之后，运到仓库暂存区由质检部门进行检验，质检部门对检验不合格的货物扫描其包装条码，并在采集器上作出相应记录，检验完毕后把采集器与计算机进行连接，把数据上传到系统中。对合格货物生成质检单，由仓库保管人员执行入库操作。

（3）货物入库。从系统中下载入库任务到采集器中，入库时扫描其中一件货物包装上的条码，在采集器上输入相应数量，扫描货位条码（如果入库任务中指定了货位，则采集器自动进行货位核对），采集完毕后把数据上传到系统中，系统自动对数据进行处理，数据库中记录此次入库的品种、数量、入库人员、质检人员、货位、生产日期、班组等所有必要信息，并对相应货位的货物进行累加。

（4）物料配送。根据不同货位生成的配料清单包含非常详尽的配料信息，包括配料时间、配料工位、配料明细、配料数量等，相关保管人员在拣货时可以根据这些条码信息自动形成预警，对错误配料的明细和数量信息都可以进行预警提示，极大地提高了仓库管理人员的工作效率。

（5）货物出库。货物出库时仓库保管人员凭销售部门的提货单，根据先入先出原则，从系统中找出相应货物数据下载到采集器中，制定出库任务，到指定的货位，先扫描货位条码（如果货位错误则采集器进行报警），然后扫描其中一件货物的条码，如果满足出库任务条件则输入数量执行出库，并核对或记录下运输单位及车辆信息（以便以后货物跟踪及追溯使用），否则采集器可报警提示。

（6）仓库退货。根据实际退货情况，扫描退货物品条码，导入系统生成退货单，确认后生成退货明细和账务的核算等。

（7）仓库盘点。根据公司制度，在系统中根据要进行盘点的仓库、品种等条件制定盘点任务，把盘点信息下载到采集器中，仓库工作人员通过到指定区域扫描货物条码输入数量的方式进行盘点，采集完毕后把数据上传到系统中，生成盘点报表。

（8）库存预警。根据企业实际情况为仓库总量、每个品种设置上下警戒线，当库存数量接近或超出警戒线时，进行报警提示，及时进行生产、销售等的调整，优化企业的生产和库存。

（9）质量追溯。此环节的数据准确性与之前的各种操作有密切关系。可根据各种属性如生产日期、品种、生产班组、质检人员、批次等对相关货物的流向进行每个信息点的跟踪，同时也可以根据相关货物属性、操作点信息对货物进行向上追溯。

信息查询与分析报表在此系统基础上，可根据需要设置多个客户端，为不同的部门设定不同的权限，无论是生产部门、质检部门、销售部门，还是领导决策部门，都可以根据所赋权限在第一时间内查询到相关的生产、库存、销售等各种可靠信息，并可进行数据分析。同时可生成并打印所规定格式的报表。

3）仓库控制系统

仓库设备控制系统是WMS与设备底层通信的桥梁，具有过度作用，接收来自WMS的作业指令，分解任务，优化任务，形成作业指令，向下下发至设备层实现作业的分布任务执行。

WCS用于仓库管理，协调各种物流设备的运行，如传送机、堆垛机、穿梭机和机器人。它主要通过任务消息和设备状态信息优化与分解传输任务。通过智能算法，根据当前地图的流量分配动态执行路径，当任务状态发生变化时，向上位机发送的任务提供信息反馈，它为上位机系统的调度指令的实施提供了保证和优化，可以连接各种设备接口、各种子系统或各种上位机系统，接口灵活、模块化，实现设备接口的集成、统一调度和监控。

采用库存自动化管理模式，通过多种类型的AGV有机组合，极大地提升搬运效率同时提升了存储密度。高效灵活地解决仓库的上架、盘点、拣选等业务需求。后台WCS可以详细地查看单据和任务的流转情况并随时进行人工干预。

5. 月台调度系统

对于存储中心而言，每天有大量的外部物资要进入，同时也有大量的成品或者订单物资要离开，因此在仓库月台外部的停车区域会有大量的运输车辆进出。月台调度是仓库与物流运输之间的桥梁，是货物出入库必不可少的设施之一，智慧月台管理是通过IT、互联网、物联网、大数据、云计算、AI等技术，实现订单处理、仓储、运输及车辆与月台高效协同的管理过程。随着收发货量的不断增加，月台调度管理水平直接影响到仓库运作效率。月台调度系统通过软件系统精确计算，提供最优运输车辆调度，提高月台利用效率。

1)月台调度系统组成

数字化月台由前端设备、后端智能分析服务器和管理平台三部分组成,实现对月台车辆的 24 小时全天候监控覆盖,其系统如图 13.19 所示。

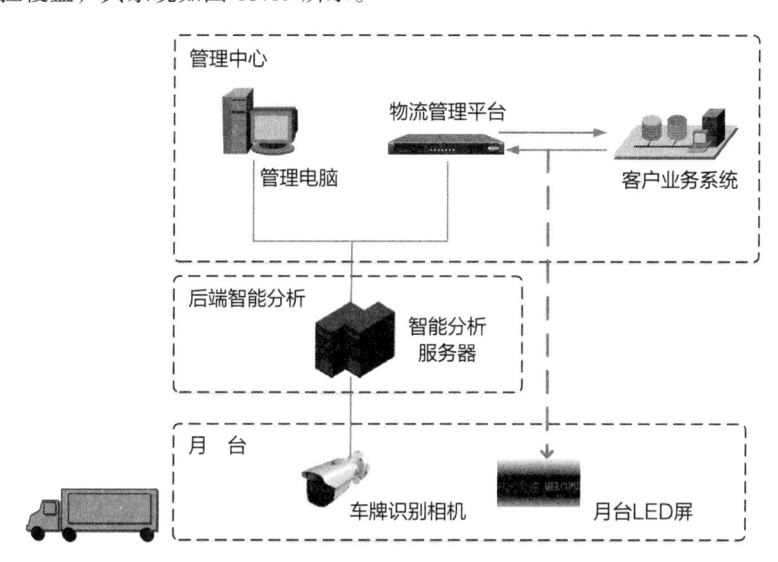

图 13.19　月台调度系统图

前端设备分为车牌识别相机和月台 LED 屏两部分,相机主要进行视频监控和图像抓取,月台 LED 屏主要显示月台实时状态和车牌数据。

智能分析服务器主要用于对月台监控画面进行智能分析,记录所有作业车辆车牌、月台车位占用情况等信息,自动抓拍、记录、传输和处理。

后端管理平台进行数据管理和应用,将物流园区所有的月台数据进行数字化界面展示,实时展现整个物流园区月台的占用率、空闲率,并可以根据月台占用情况,辅助管理实现高效的车辆调度。

2)系统功能

(1)实时车牌号识别。系统可实时监控月台上的作业车辆,并抓拍和识别车牌号。

(2)实时月台占用情况识别。通过前端相机对月台作业场景实时获取,通过边缘计算能力,实现对月台工作状态的智能识别,实现月台场景数字化,辅助园区管理人员更高效地实时调度车辆。

(3)车辆作业时间及工人工作效率的智能识别。通过车辆进入、驶出月台的时间,统计车辆作业时长,辅助客户实现月台利用效率分析、车辆运力资源分析及人员工作效率分析。

(4)车辆调度信息显示系统由平台软件下发各月台 LED 显示屏,并显示该月台的使用情况、当前作业车辆。

(5)入场离场登记。通过 RFID 或者车辆智能识别系统将进场和离场的车辆信息进行自动登记并存入数据库,便于后续对车辆管理和统筹调度。

(6)车位分配管理。入场的车辆会被系统指定到合理的停车位置处,卡车司机跟随停车指令将本车停到指定位置处

(7)任务统筹管理。系统根据当前的车位资源、月台资源、园区资源、厂内资源等综合对车辆进行调配装车或者卸车作业。

(8)月台管理。系统根据月台情况、当前后续排队的车辆情况和待办业务情况,指定合适的月台作为下个装卸货工作台,并同时通知出入库资源及时响应

(9)作业通知。系统自动将要发生的作业提示给卡车司机、月台负责人、厂内工作员,多方协同为月台作业进行同步匹配。

6. 运输管理系统

运输管理系统（TMS）作为物流行业中一个重要的组成部分，它的功能不仅仅是简单地跟踪货物运输，还包括对物流运输全过程的规划、执行，以及对成本、时间等因素的综合考核。通过TMS，物流企业可以了解每个过程环节的具体情况，并对当前运输任务进行实时分析和调整。同时，TMS还提供了丰富的数据分析和报告功能，帮助企业更好地发现问题并及时解决，从而不断优化物流运作效率。

运输管理系统包括运输业务管理、运力资源管理、运输计划调度、GPS执行过程精确管控、车队司机执行协作反馈、电子回单、上下游运费结算等功能模块，支持零担、整车、多式联运及其他模式的运输服务业务。

1）功能模块

调度端主要有客户管理、装载管理、承运商管理、运输订单、用户管理、运输轨迹、车辆管理、费用管理、司机管理、KPI考核、接口管理等模块。

司机端主要有签到、到达、发车、交接、导航、回单等模块。

2）功能特点

（1）多维度全程监控跟踪。
（2）轨迹、节点、日志多维度跟踪展示。
（3）关键节点的定位、定点拍照，保障数据真实性。
（4）与定位系统对接，发现位置异常报警。
（5）支持电子围栏信息自动采集。
（6）支持围栏内短信密码发送指定手机解锁电子锁。

7. 5G+无人机系统

无人机应用于园区的巡查和管理，作为智慧物流园区的空中移动节点，是传统地面监测系统向三维立体空间的延展。

1）园区交通巡视

当交通事件发生时，快速获得事件发生所在位置的视频图像是解决问题的关键。尤其是在重大的节假日机动车辆密集出行高峰期间，无人机助力交通管理，取得显著成效。无人机用于路面交通管理，具有路况侦查、违法取证、事故勘察、路况提醒等功能。

无人机高度机动、布点灵活，在事故处理、秩序管理、交通疏导、流量检测等方面具有巨大应用优势，特别是在一些监控盲区，无人机可以发挥重要作用。

无人机还可分别担负空中侦察取证、空中热感成像、空中探照灯、空中喊话、空中救生投放等多种任务。无人机对复杂环境具有很强的适应能力，在风、雨、雾霾、低温和高温等恶劣环境仍可以飞行，高效地完成交通巡查任务。

2）应急救援指挥

当发生突发事件时（如火灾、群体事件、严重刑事案件、爆炸等危害公共安全事故等），无人机可以从部署地迅速飞抵目标区域。操作人员在地图上根据接警指令，在操控屏幕上触控指点，无人机即可从部署地自动飞抵指定区域，并控制吊舱对准地面，将实时视频回传至指挥中心，或者广播到参与事件处理的指挥人员随时携带的终端设备上，全程提供空中视角的情报支持，提高决策指挥效率。

3）园区巡防

对园区内的防汛抗涝、地质灾害、防火、生态保护、治安等场景开展日常巡查。

4）园区管理

利用 VR 热点标注的功能，实现对园区的路面卫生、垃圾桶、路面井盖、市政设施（路灯、交通杆、供电线路、光缆线路等）、沿街商铺经营、园林绿化等管理热点进行自动识别监控。使用无人机能快速高效地完成巡视，提高工作效率，减轻人工巡视的难度，及时掌握园区的实时动态信息。

8. 5G+AGV 系统

基于智慧物流服务平台打造 5G 智能仓，在智慧物流园区建设 5G 定制网，各个库区实现 5G 信号覆盖，部署智能 AGV 小车。

1）系统组成

AGV 设备内置 5G 模组、集成天线，通过 5G 基站接入与天翼云上调度系统进行通信，借助 5G 大带宽特性，实现远程部署。AGV 设备通过前期人工导航学习后，具有自主导航、安全避障、自动充电等功能，可应用于仓储运营环节中。结合 AGV 自身特性，AGV 计算资源云化，集约管理，在 5G 工业边缘云统一处理协调调度，提高设备协同性。基于激光+视觉 SLAM（simultaneous localization and mapping，即时定位与地图构建）和运动控制算法，实现 AGV 规划调度行驶、自主规划路径行驶，增强柔性，降低场地部署成本 80%。降低运输过程中撞件问题，提升物流园仓储货物周转效率。

2）系统功能

AGV 调度系统部署在天翼云平台，AGV 在仓内能够沿着规定的导引路径行驶，自动运输仓内各种货物。

将各仓内的 AGV 设备与智慧物流平台、仓库管理平台和 WMS 相关模块进行对接，实现智能上架、取货、出库调度等功能，将实施运输、储存、包装、装卸、流通加工等物流活动智能化，形成绿色物流应用。

3）系统特点

（1）智能物联。AGV 通过 5G 网络，将实时采集的视频数据、激光雷达及其他传感器数据传至 MEC 进行视频实时计算，使 AGV 具备实时感知、智慧决策能力。

（2）能力平台化。将激光雷达感知、视觉 SLAM、视频 AI、V2X、调度控制等系列能力平台化，满足多种规格 AGV 的能力共享调用。

（3）云边端协同：

① 端边协同：基于 MEC 突破 AGV 单车限制，支持多 AGV 算力共享，降低单 AGV 成本。

② 云边协同：AGV 视觉感知分析在 MEC 边缘云执行，AI 训练和数据归档存储在天翼云。

③ 云上协同：AGV 调度控制系统迁移到 MEC 边缘云，与 WMS 等系统云上打通，实现全流程、多业务系统的贯通和协同。

13.3.4 建设成效

该物流园投入运行后，通过团队专业运营、商户信息和多方资源调配运用后，货物总周转量达到 60 万方，运输总量达到 120 万吨，物流货物集散与周转效率整体提升 30%，对优化城市物流的布局、减少交通堵塞、提高资源利用率起到重要作用。

1. 降低物流成本，提高企业利润

大大降低制造业、物流业等各行业的成本，实打实地提高企业的利润，生产商、批发商、零售商三方通过智慧物流相互协作，信息共享，物流企业便能更节省成本。其关键技术（物体标识及标识追踪、无线定位等新型信息技术）的应用，能够有效实现物流的智能调度管理，整合物流核心业务流程，加强物流管理的合理化，降低物流消耗，从而降低物流成本，减少流通费用，增加利润，改善备受诟病的物流成本居高不下的现状，提升物流业的规模、内涵和功能，促进物流行业的转型升级。

2. 加速物流产业的发展，成为物流业的信息技术支撑

加速当地物流产业的发展，集仓储、运输、配送、信息服务等多功能于一体，打破行业限制，协调部门利益，实现集约化经营，优化社会物流资源配置。同时，将物流企业整合在一起，将过去分散于多处的物流资源进行集中处理，发挥整体优势和规模优势，实现传统物流企业的现代化、专业化和互补性。此外，这些企业还可以共享基础设施、配套服务和信息，降低运营成本和费用支出，获得规模效益。

3. 为企业生产、采购和销售系统的智能融合打基础

随着RFID技术与传感器网络的普及，物与物的互联互通，将给企业的物流系统、生产系统、采购系统与销售系统的智能融合打下基础，而网络的融合必将产生智慧生产与智慧供应链的融合，打破工序、流程界限，打造智慧企业。

4. 使消费者节约成本，轻松、放心购物

通过提供货物源头自助查询和跟踪等多种服务，尤其是对食品类货物的源头查询，能够让消费者买得放心，吃得放心，在增加消费者购买信心的同时促进消费，最终对整体市场产生良性影响。

5. 促进当地经济进一步发展，提升综合竞争力

该物流园集多种服务功能于一体，使信息流与物质流快速、通畅地运转，从而降低社会成本，提高生产效率，整合社会资源。

在物资辐射及集散能力上同邻近地区的现代化物流配送体系相衔接，打开企业对外通道，以产业升级带动城市经济发展，推动当地经济的发展。物流中心的建设，将增加城市整体服务功能，提升城市服务水平，增强竞争力，有利于商流、人流、资金流向物流中心所属地集中，形成良性互动，对当地社会经济的发展有较大的促进作用。

第14章 某市智慧治安防控系统建设案例

智慧的翅膀让传统防控管理系统建设腾飞

国家以推动高质量发展为主题，以数智化转型为主线，以释放数智要素价值为导向，围绕夯实产业发展基础，着力推动智慧资源高质量、技术创新高水平、基础设施高效能，统筹发展和安全。

中电信数智科技有限公司积极探索，运用智慧技术来提升治安防控的管理水平，为某市治安防控系统装上智慧的翅膀，将智与云、网、数、盾深度融合，打造新一代智慧治安防控系统，使防控网络更加严密、数据融合更加规范、支撑实战更加智能、治理成效更加明显，获得了良好的效益。本章以此案例与同仁切磋、共同进步，为我国智慧治安防控系统建设与发展起一点促进的作用。

14.1 智慧治安防控系统建设概况

某市智慧治安防控系统（以下简称该项目）由中电信数智科技有限公司承建。该项目以提升公安机关核心战斗力为主要目标，以人工智能、大数据、云计算、移动互联网、物联网等技术为支撑，打造治安防控智慧化的新模式。这是一个具有智能化、系统化、扁平化、一体化、动态化、人性化特征的智慧治安防控系统，具有安全风险的智能分析、智能布控、智能预判和智能预警等功能，可提升公安信息化、智能化、现代化水平，推动公安工作的发展。

14.1.1 建设背景

按照《全国公安机关加快社会治安防控体系建设行动计划》的要求，该项目遵循"科学规划、突出重点、分步实施、整体推进"的原则进行建设。

该项目以人工智能、大数据、视频应用、人脸识别等技术作为支撑，是治安防控体系建设中的重要组成部分，最大限度提升治安防控整体效能，有利于公安维护社会稳定、及时发现和制止违法事件、打击违法犯罪行为，促进全警业务综合协同，提升公安机关治安防控能力，是维护国家安全、社会稳定、经济发展、民族团结和人民生命财产安全的重要手段。

14.1.2 建设目标

该项目以"践行发展新理念、建设智慧新公安"为宗旨，结合实际，深入推进智慧治安防控建设，其建设目标如下：

1. 防控网络更严密

全面推进防控设施建设，形成"点上覆盖、面上成网、外围成圈、城乡一体"的智能防控网络，实现人、车、物等治安要素多维感知、实时管控，为社会治理、公安实战提供更便捷、更精准、更高效的服务。

2. 数据融合更规范

规范接入电子围栏、Wi-Fi探针、车辆采集、人脸采集等数据，全面实现人员、车辆、手机等感知数据的多维融合，深化数据赋能，形成大整合、高共享的"数据湖"，为全市公安机关提供指挥调度支撑。

3.支撑实战更智能

立足前端感知,深挖数据价值,围绕打防管控,指挥调度等各个环节,整体构建云上应用。在系统上提供警情信息空间和属性查询、统计分析、历史警情查询展示,帮助广大基层公安民警分析和挖掘多维数据,查询和定位目标人员,有力地支撑了实战指挥调度。

4.治理成效更明显

提高情报预警、风险防控能力,使破案打击和社会治理、服务群众能力及公安智能水平明显提升。

14.1.3 建设内容

该项目从各智能化系统采集数据建立算法模型,再通过智能平台的智能分析、情报分析、研判分析等得出智慧可视化的结果,其主要建设内容如下:

(1)智能AR(augmented reality,增强现实)监控子系统。在城市周边制高点部署智能AR摄像机,获取空中全景视频实况,实现多维前端感知联动,在实时画面中可叠加周边建筑物、道路、重点目标、视频点位、人车抓拍数据等标签信息,从而构建视频实景地图应用,实现对治安重点部位的可视化巡防和联动指挥。

(2)人流密度智能监测子系统。在人流密集场所部署人员密度分析和客流统计摄像机,自动检测统计视频区域当中的人员密度信息,当人流密度达到设定拥堵等级时,系统实时报警。

(3)智能移动布控子系统。公安民警配备车载移动取证系统、移动布控摄像机、智能执法记录仪,可以将视频采集、人脸抓拍、车辆抓拍等通过4G/5G实时回传至后端中心平台进行比对分析,辅助民警查疑识危,进行快速布控。

(4)智能无人机指挥子系统。智能无人机应用于反恐维稳、立体防控等,如遇到突发事件、灾难性暴力事件,通过使用无人机能实现不间断的画面拍摄,获取现场第一手影像资料,并将所获信息和图像传送回指挥中心,可以快速反应防控指挥。

(5)智能人脸抓拍子系统。人脸抓拍系统可以识别人员性别、年龄段、是否戴眼镜等特征,可实现人脸实时比对、黑名单报警、人员布控、人员查重等功能,可以针对在逃人员、危险人员、暴力恐怖分子等实现人像抓拍实时预警,达到人员管控布防目的。

(6)智能微卡口子系统。在城市道路上安装微卡口系统可以识别机动车特征属性(车牌号码、车牌颜色、车身颜色、车辆类型、车辆标志)、非机动车和行人通行记录,通过抓拍进行智能化分析。

(7)智能治安卡口子系统。对经过公路的所有车辆进行抓拍,并实时识别出机动车特征属性(车牌号码、车牌颜色、车身颜色、车辆类型、车辆标志等)和司乘人员(前排)的面部特征。将识别结果与公安黑名单车辆库、交警违章车辆库的车牌号码进行比对,并实时报警。

(8)智能交通电子警察子系统。实现对城市路口机动车闯红灯、逆行、压线、不按所需行进方向驶入导向车道、不按规定车道行驶等交通违法行为的自动抓拍、记录、传输和处理,同时系统还兼具卡口功能,能够实时记录通行车辆各种信息。

(9)智能多码采集子系统。在全市多个重点部位布建智能多码联侦采集设备,结合视频采集,实现"人、车、像"等数据的多维采集、智能比对和深度融合。

(10)人像大数据智能分析及应用系统。系统利用先进的图像识别技术、分布式计算架构、大数据分析方法,提供人像大数据分析比对服务,将人工智能与安防技术相结合,应用于实战技法,实现事前的人像情报研判、事中的布控报警、事后的轨迹追踪,提供跨部门、跨警种的业务支撑。

(11)重点车辆智能管控系统。系统以公安实战应用为落脚点,依托视频监控,围绕侦查破案、治安防控的实际业务场景和需求,实现对重点车辆的管控。提升应急维稳信息预测预警通报、综合分析研判和决策指挥支持能力，从源头上预防和控制重大事件、事故的发生，提高社会综合治理水平。

（12）多维大数据立体防控实战研判系统。集合了全息展示、查询、研判和监控于一体的多维可视化大数据综合平台。根据公安的实际要求进行大数据深度挖掘与应用，实现及时临控预警和目标群体管控可视化。不断对公安业务、经验进行深入总结，提炼成计算机算法模型，实现多模式基础模型。通过情报分析、实战研判分析等查找出重点人员和车辆。

14.1.4 建设特点

该项目利用物联网、大数据、云计算、人工智能等各种新技术，将传感器、监控设备、智能终端等设备互联起来，实现对社会公共安全的智能化、精准化管理和防控，可以对公共场所实时监控、异常行为检测、自动报警、快速反应等。通过人工智能和大数据分析、情报分析、研判分析等，可以实现对安全风险的布控、预判和预警，及时采取相应预防措施控制安全风险，从而进一步提升社会治理能力并提高社会安全保障。

该项目从采集数据开始，融合人工智能技术（算法和算力），对海量多维数据进行分析和建模，深度挖掘出各类数据背后内在逻辑关系，实现对海量数据的深度应用和综合应用。人工智能、数据采集、大数据、算法模型、应用输出等成为该项目的技术要素，而云、安全、网络等为该项目提供能力保障。

1. 智能应用

运用人工智能新技术，全面构建以灵敏感知、精准推送、主动发现、动态在线为特点的智能应用，以公安业务实战的需求为出发点，将案件分析、研判、处理等流程归纳成为应用模型，在数据挖掘、特征提取、算法优化、模型构建、知识总结和规律发现等方面实现新突破，促进大数据在公安工作全领域、全方位、全过程的深度智能应用。

2. 智能分析

通过提供多种统计分析方法、数据挖掘模型和多维分析等手段，对治安态势进行预测分析、情报分析、犯罪行为分析、重点人员轨迹分析和多业务库智能碰撞比对与关联分析，查找人员关系、时空轨迹、通联信息、定位轨迹等关联关系、规律特点、因果关系，通过流程化、可视化的方式向民警预测和预知风险状态。

3. 智能布控

通过智能布控对公共场所进行 24 小时全天候监控，实时获取目标和行为信息，采用识别技术、特征提取技术等手段，自动识别出具有威胁性的目标和行为。通过预警系统，及时发现和报警异常情况，帮助安保人员快速响应；通过对目标进行追踪布控，记录其活动轨迹和行为模式，发现潜在的安全隐患和犯罪趋势，为治安防控和决策提供参考。

4. 智能研判

通过多种统计分析方法，深层次、多方位地从海量数据中提炼有价值的数据，并通过多模式的比对进行智能研判，实现对重点人员异动的预警。预警信息可推送至多部门、多警种，使相关警种及时掌握警情态势，把握稳控先机，促进跨部门信息共享及合作联动，实现警力的科学部署和智能决策。

5. 深度融合

在融合方面，能够实现数据的跨网、跨平台、跨系统间的数据整合，公安网、视频网等深度融合，确保公安内部与外部、网上与网下的信息有效整合。通过数据融合，对实名登记数据、互联网数据、人像数据、车辆数据、社会化数据深度关联有机整合，真正实现"人、车、物、证、网、像"等全面刻画融合。

6. 智慧展示

平台利用可视化技术将抽象的数据通过直观、生动的图形、图表展示出来，通过曲线图、柱状图、趋势图等综合展现数据的详细信息、案件趋势走向和分布区域、人员流向等，让数据"慧"说话，为警务工作者提供实时、直观、整合的信息，支持决策层快速、精准制定战略。

14.2 智慧治安防控系统结构

该项目由基础设施层、应用支撑层、业务应用层、标准规范体系、运行维护体系、安全保障体系组成，业务应用包括人像大数据智能分析及应用系统、重点车辆智能管控系统、多维大数据立体防控实战研判系统等。

14.2.1 总体结构

该项目采用多层建设结构，其总体结构图如图 14.1 所示。

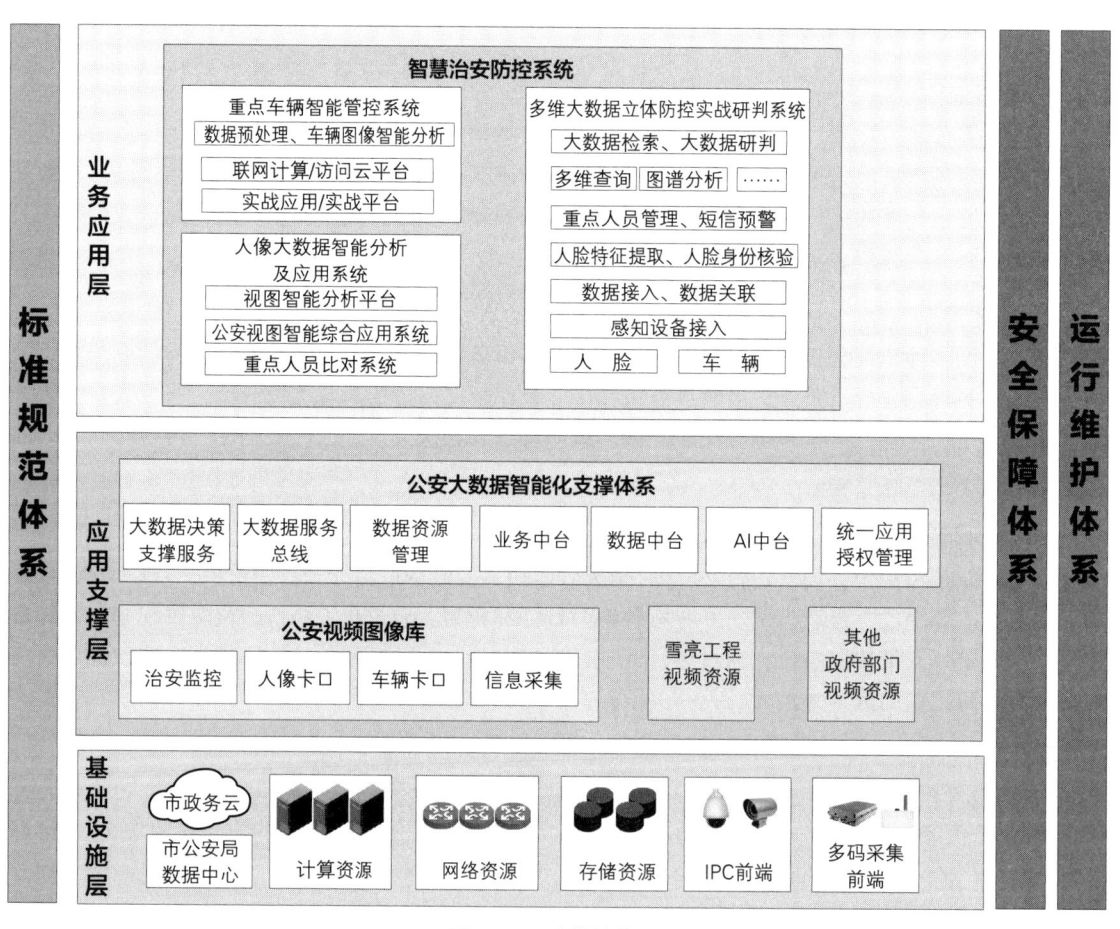

图 14.1 总体结构图

1. 基础设施层

基础设施层为整个平台提供网络环境和系统运行环境，包括计算资源、网络资源、存储资源、机房资源、前端信息采集设备等，为应用系统、数据的存储与传输、系统管理提供基础支撑服务。该项目依托电子政务外网和公安视频专网进行建设，政务云提供存储资源和计算资源，通过公安视频专网汇聚前端采集的视频图片数据。建设前端监控系统，提供监控视频数据，抓拍人脸和车辆信息，感知人员和车辆的多码联侦等数据，为数据层提供数据来源。

2. 应用支撑层

应用支撑层为各种业务应用提供统一的能力支撑，包括基础平台与数据资源。

（1）基础平台是对各应用系统数据接口进行统一管理，并通过多层模型为各应用系统提供整体服务的运行环境。公安大数据智能化支撑体系作为基础平台，包括大数据决策支撑服务、大数据服务总线、数据资源管理、业务中台、数据中台、AI中台、统一应用授权管理等内容。

（2）数据资源主要是系统的主数据库和各应用系统的业务数据库，包含各类业务处理和工作管理的数据资源。数据资源包括公安视频图像库、雪亮工程视频资源及其他政府部门视频资源等。

3. 业务应用层

业务应用层包括各类应用系统，作为进行业务处理和工作管理的重要手段，该项目主要建设重点车辆智能管控系统、人像大数据智能分析及应用系统、多维大数据立体防控实战研判系统等内容。

4. 标准规范体系

标准规范体系包括总体标准规范、技术标准规范、业务标准规范、数据标准规范、管理标准规范等内容。在已发布的信息技术和安全监管相关的国家标准、行业标准、地方标准及业务规范的基础上，结合全面推进科技强警战略的实际需求，对公安局信息化系统的业务功能进行梳理分析，编制公安局信息化系统标准规范体系，用于指导并规范公共安全防控体系建设及应用工作，推动系统（平台）之间互联互通。

5. 安全保障体系

安全管理保障体系贯穿系统建设各个层次，为系统提供稳定、可靠、安全的运行环境。安全体系建设包括边界安全接入建设、各安全域基础安全防护、安全管理平台建设、安全管理制度等多个方面的内容。

6. 运行维护体系

建立运行维护系统进行综合监控、运维管理及服务考核，对视频监控系统及业务应用系统的各个组件（前端设备、数据处理和存储系统、网络设备等）的运行状态和参数进行主动监测，定位故障，规范、优化日常维护流程和策略，量化维护服务质量和考核。该项目通过一体化运维管理系统，统一对该项目进行综合监控、运维管理及服务考核。

14.2.2 逻辑结构

该项目所有系统平台使用的服务器和存储设备都依托已建设的市政务云进行部署，系统包括各前端采集系统、人像大数据智能分析及应用系统、重点车辆智能管控系统、多维大数据立体防控实战研判系统、安全边界接入平台。前端采集系统接入公安视频专网的警务综合视频云平台，对采集的视频图像进行存储，视频、图片等数据通过各应用系统处理，实现感知数据解析、目标实时布控追踪、轨迹检索等业务。

该项目逻辑结构如图 14.2 所示。

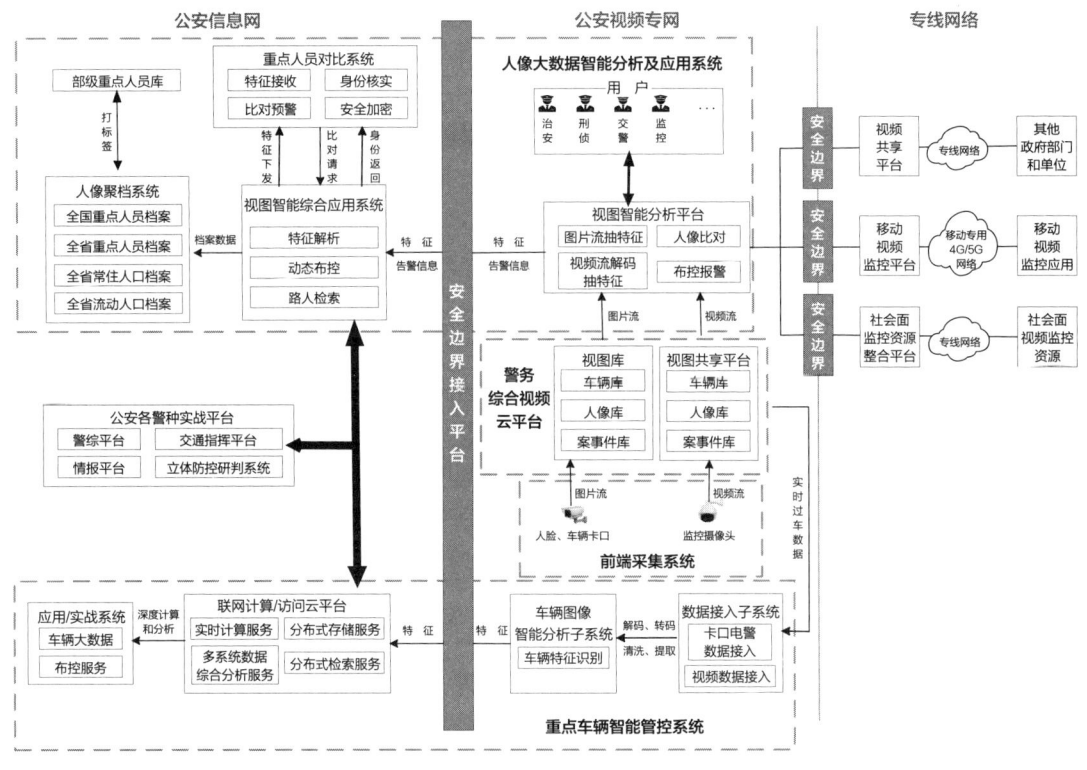

图 14.2 逻辑结构图

14.3 智慧治安防控系统建设

14.3.1 智能 AR 监控子系统

在城区内治安重点部位的制高点，通过安装 AR 摄像机获取城市治安重点区域的空中全景视频实况，实现前端多维感知联动。在实时画面中可叠加周边建筑物、道路、重点目标、视频点位、人车抓拍数据等标签信息，构建视频实景地图应用，实现对治安重点部位的可视化巡防。AR 摄像机与配备的车载终端、手持终端及无人机等进行配合，可以实现街面巡逻线上与线下的双向互动。AR 摄像机主要有 AR 云台摄像机、AR 鹰眼（360° 全景）摄像机、AR 球机等类型，系统支持在 AR 摄像机的实时视频画面中添加 AR 标签，而且可实现标签与标签联动。系统支持场景拼接、手动跟踪、事件跟踪、多场景巡航跟踪等功能。智能 AR 监控应用示意图如图 14.3 所示。

图 14.3 智能 AR 监控应用示意图

14.3.2 人流密度智能监测子系统

在人流密集场所部署人员密度分析和客流统计摄像机，可检测指定场景内人员的拥挤情况，根据人数和占空比配置密度等级。自动检测统计视频区域当中的人员密度信息，输出实时人数及拥堵等级，当人员密度达到设定拥堵等级时，进行预警，及时处置，避免发生拥挤踩踏等恶性事件。人流密度智能监测应用示意图如图14.4所示。

图 14.4　人流密度智能监测应用示意图

14.3.3 智能移动布控子系统

公安使用移动车载摄像机、移动布控摄像机、智能执法记录仪等设备，进行视频采集、人脸抓拍、车辆抓拍，通过4G/5G无线传输至后台进行实时比对分析，并将预警信息实时推送到手持终端上，系统可以辅助进行查疑识危、快速反应和布控防控，有效提高有关部门监管执法效率。

1. 移动车载摄像机

移动车载摄像机安装在巡逻执法车辆的车顶，视频图像实时回传，在街面巡查的过程中，对车辆周边360°全景监控拍摄，可完成执法取证、临时布控等要求。系统可实现车前车后双向抓拍，进行图片合成。支持车牌、人脸捕获抓拍，实现对人、车信息的自动采集抓拍比对。移动车载摄像机应用示意图如图14.5所示。

图 14.5　移动车载摄像机应用示意图

2. 移动布控摄像机

移动布控摄像机用于临时布控，内置电池可以满足长时间连续工作。可吸附于铁质三脚架或车顶进行部署。可实现车牌识别、人脸识别、目标跟踪等功能。

当突发事件发生时，可以在现场临时架设，省去布线、接线供电等繁琐的操作。采用无线实时传输，可确保事发现场与指挥中心之间的通信畅通，以便领导及时指挥调度警力、分析研判案件/

事件、控制突发事件的局势。有价值的视频、图片及线索可以一键上传保存至视频图库，民警通过权限控制可共享案件/事件资源。移动布控摄像机应用示意图如图 14.6 所示。

图 14.6 移动布控摄像机应用示意图

3. 移动执法记录仪

在街面巡查过程中，民警通过佩戴执法记录仪，记录执法过程，监督出警行为，通过执法记录仪可完成音视频回传、群组对讲、应急指挥等应用。

在巡逻执法过程中，通过执法记录仪动态地对前进过程中的人脸进行无感知抓拍，可对实时人脸图片进行抓取，对接人脸系统可实现对人员的预警。同时配合警务通终端上安装的移动查控 APP 进行关联应用，预警结果可实时向路面巡逻执勤民警进行推送，从而指导民警进行相应的拦截查控。

14.3.4 智能无人机指挥子系统

近智能无人机可在空中完成特殊任务，在执行特殊任务时，机动性能好，使用方便。如果遇到突发事件、灾难性暴力事件，无人机可以采集现场数据，迅速将现场的视、音频信息传送到指挥中心，跟踪事件的发展态势，供指挥者判断和决策。当一些大型群体骚乱事件出现时，可利用无人机向现场群众传递有关信息，引导群众配合政府的施救行动。如果在处置过程中不能使用正常的宣传工具与群众、罪犯进行沟通，可通过无人机搭载扩音设备对现场进行喊话，传达正确的舆论导向和谈判指令。智能无人机有如下两种使用方式：

（1）无人机独立使用组网方式。在单独使用无人机执行任务的情况下，无人机与地面接收站通过数字微波进行信令和数据传输，再通过地面站自带的 5G/4G 模块，使用 VPN 链路将无人机视频和卫星定位信号传输到公安侧视频专网中，并接入视频监控系统。可在户外通过无人机地面站对无人机进行控制或者直接通过遥控装置进行控制。在指挥中心的用户通过视频监控系统或大屏对无人机实时画面和轨迹进行观看。无人机独立使用组网示意图如图 14.7 所示。

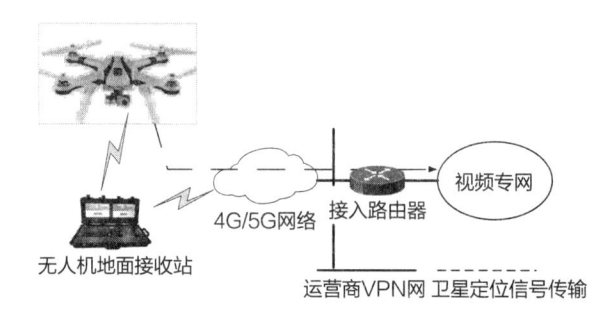

图 14.7 无人机独立使用组网示意图

（2）无人机使用车载平台组网方式。无人机使用车载平台组网方式就是通过无人机地面站的视频接口与车载主机互联，将无人机云台作为车载主机的一个编码器融合到车载监控设备中。使用 VPN 链路将无人机视频和卫星定位信号传输到公安侧视频专网中，并接入视频监控系统。巡逻车中的用户通过车载显示屏查看无人机画面，同时通过无人机地面站对无人机进行操控，在指挥中心的用户通过视频监控系统或大屏对无人机实时画面和轨迹进行观看。

14.3.5 智能人脸抓拍子系统

在火车站、汽车站、大型商场、出入口等重要出入口部署人脸抓拍摄像机，通过摄像机识别人员性别、年龄段、是否戴眼镜等特征。同时针对在逃人员、危险人员、暴力恐怖分子等人员实现人像抓拍实时预警，达到人员管控布防目的。

1. 系统结构

前端摄像机将抓拍到的人脸图片通过网络传输到管理平台的数据库进行数据存储，并与人脸黑名单库进行实时比对，当发现可疑人员时，系统自动发出报警信号，并通知值班民警。智能人脸抓拍系统具备高清人脸图像的抓拍、人脸特征的提取和分析识别、自动报警和联网布控等功能，并具有查询、检索等数据处理功能。智能人脸抓拍子系统结构示意图如图 14.8 所示。

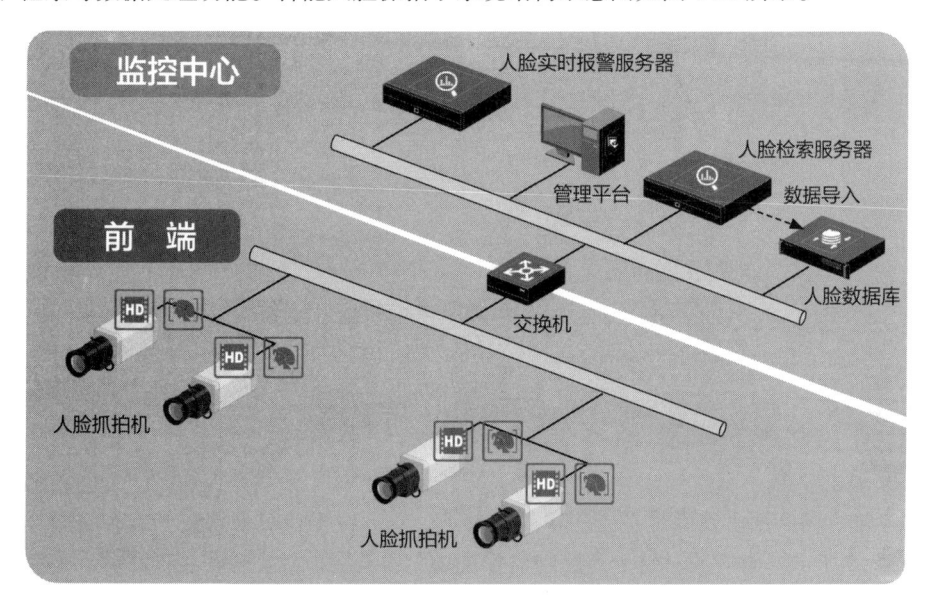

图 14.8 智能人脸抓拍子系统结构示意图

2. 系统业务功能

智能人脸抓拍子系统结合公安业务工作可实现多种业务功能：

（1）人员信息采集功能。在特定重点场所的出入口位置部署人脸抓拍摄像机，人脸抓拍摄像机能够对经过设定区域的人员进行人脸检测和人脸跟踪，利用人脸质量评分算法自动筛选出一张人的正面脸部信息最为清晰的人脸图像作为该人员的抓拍图像，并把人脸照片、抓拍地点、抓拍时间等信息上传到人脸管理平台进行统一存储，以方便后期的检索与查询。

（2）黑名单实时报警和人员布控功能。系统可以根据需要把布控人员的信息（包含姓名、性别、身份证号、家庭住址、人脸照片等）加入到黑名单数据库，然后按照时间、地点、布控等级、相似度报警阈值等信息，对人员进行布防。系统对在特定重点场所的出入口位置抓拍的人员与黑名单数据库中的布控人员进行实时比对，如果人脸的相似度达到设定报警阈，系统自动通过声音等方式进行预警，提醒监控管理人员。监控管理人员可以双击报警信息查看抓拍原图和录像进行核实。

（3）抓拍人员信息的查询功能。选择抓拍卡口位置、时间段、年龄段、性别查询显示该出入口位置在设定时间段内所有抓拍到的人脸图片，点击即可查看图片具体信息（时间、地点、抓拍时全景图片等）。该功能可以有效提升查找可疑人员是否进出过重点场所的出入口位置的时效。根据已知重点人员照片，进行搜索，掌握重点人员活动轨迹。

14.3.6 智能微卡口子系统

智能微卡口子系统是面向城市治安防控和交通管理的复合型的高清视频监控系统。在满足常规道路视频监控同时，微卡口系统还具有全画面视频检测、视频跟踪、车牌识别等多种视频智能技术。

1. 系统结构

智能微卡口子系统由前端一体化微卡口摄像机完成对常规道路的全覆盖监控和全天候录像，同时实现车辆捕获、车牌识别、车型识别、车身颜色识别、车流量统计等智能分析功能。微卡口子系统结构示意图如图14.9所示。

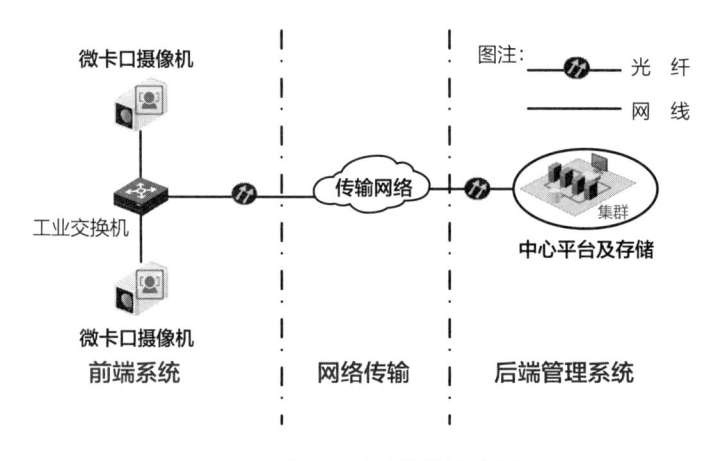

图 14.9 微卡口子系统结构示意图

2. 系统主要功能

（1）道路视频监视。在满足系统应用的条件下，单台微卡口摄像机能够在保证视频检测分析区域对像素点要求的同时实现对整个道路的监控视场全覆盖，监控中心可实时调看微卡口摄像机的高清视频图像。

（2）高清视频录像。微卡口摄像机在进行机动车抓拍的同时还能够提供一路全实时的高清视频流，视频流传输至监控中心，通过部署在监控中心的存储设备进行录像存储。

（3）机动车通行记录抓拍。能够对通过微卡口摄像机视频检测分析区域的机动车进行自动记录，抓拍1张照片并生成一条机动车通行记录。

（4）非机动车通行记录抓拍。在白天能够对通过监控点视频检测分析区域的非机动车进行自动记录，抓拍1张照片并生成一条非机动车通行记录。

（5）行人通行记录抓拍。在白天能够对通过监控点视频检测分析区域的行人进行自动记录，抓拍1张照片并生成一条行人通行记录。

（6）车辆牌照自动识别功能。可自动对车辆牌照进行识别，包括车牌号码、车牌颜色的识别。

14.3.7 智能治安卡口子系统

智能治安卡口子系统部署在城市的进出口交通要道上，对经过卡口的所有车辆进行图像采集并保存，自动识别车牌号码和颜色，记录相应车辆车型、颜色、车牌号、行驶方向、车速、经过时间等各种参数。

1. 系统结构

智能治安卡口子系统由前端系统、网络传输与后端管理系统组成，实现对通行车辆信息的采集、传输、处理、分析与集中管理。

（1）前端系统。负责完成车辆综合信息的采集，包括车辆特征照片、车牌号码与车牌颜色等，完成图片信息识别、数据缓存及压缩上传等功能，主要由卡口抓拍单元、补光灯、交通管理终端、工业交换机、开关电源、防雷器等设备组成。

（2）网络传输。负责系统组网传输，完成数据、图片的传输与交换。

（3）后端管理系统：负责对相关数据的汇聚、处理、存储、应用、管理与共享，由中心管理平台及存储组成。

智能治安卡口子系统结构示意图如图 14.10 所示。

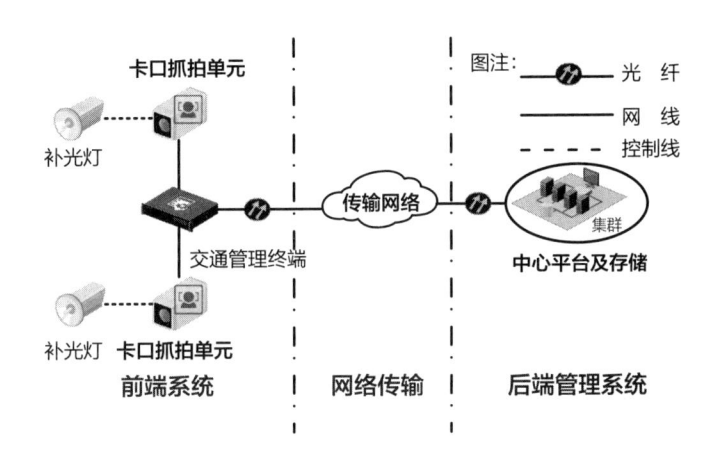

图 14.10　智能治安卡口子系统结构示意图

2. 系统功能

系统功能及性能严格按照公安部有关规定执行，同时根据公安交警部门的具体业务应用要求，对数据进行深度挖掘，实现具有行业针对性的业务功能。具体功能如下：

（1）车辆捕获功能。通过视频检测方式实现车辆捕获功能，对所有经过车辆进行捕获，除了能够捕获在车道上正常行驶的车辆外，还具备捕获跨线行驶及逆向行驶车辆的功能。在正常车速（5km/h ~ 200km/h）范围内的监控区域规范行驶的车辆图像捕获准确率达 99% 以上。

（2）车辆图像记录功能。能够准确捕获、记录通行车辆信息。记录的车辆信息除包含图像信息外，还包括文本信息，如日期、时间（精确到毫秒）、地点、方向、号牌号码、号牌颜色、车身颜色等。车辆信息写入关联数据库，并将相关文本信息叠加到图片上。

（3）智能补光功能。综合考虑车辆前挡风玻璃对光线的反射特性、贴膜情况、环境光线照射情况，采用特殊的滤光镜头、专门的成像控制策略和补光方式，同时安排合理的设备布设方式，使得系统全天候对各类车型都能有效解决前挡风玻璃反光和强光直射等问题，确保车身、车牌都清晰可辨。采用补光灯和摄像机成像控制模块之间的反馈控制技术，满足夜间拍摄要求。采用强光抑制技术，避免强逆光、强顺光环境下对拍摄造成的影响。

（4）车辆牌照自动识别功能。可自动对车辆牌照进行识别，包括车牌号码、车牌颜色的识别。

（5）车身颜色识别功能。可自动对车身深浅和颜色进行识别，可根据车身颜色查询通行车辆。

系统可自动区分出车辆为深色车辆还是浅色车辆，并识别出11种常见车身颜色（白、灰/银、黄、粉、红、绿、蓝、棕、黑、紫、青）。

（6）车型判别功能。采用车牌颜色和视频检测技术结合的方法对车辆类型进行判别，可支持23种车型检测，包括小型客车、中型客车、大型客车、微型轿车、小型轿车、两厢轿车、三厢轿车、轿跑、SUV、MPV、面包车、皮卡车、货车、小货车、二轮车、三轮车、集装箱卡车、微卡/栏板车、渣土车、吊车/工程车、油罐车、混凝土搅拌车、平板拖车。

（7）车标识别功能。采用视频检测技术对车标进行识别，可对250种车标进行识别，可根据车标查询通行车辆。

（8）车辆子品牌识别功能。采用视频检测技术对车辆子品牌进行识别，可对3000种车辆子品牌进行识别，可根据车辆子品牌查询通行车辆。

（9）未系安全带检测功能。采用视频检测技术，对主驾驶人员和副驾驶人员的未系安全带行为进行检测，分别输出主、副驾驶未系安全带行为的特征抠图。

（10）黄标车检测功能。采用视频检测技术，对车辆车窗进行定位和分析，输出黄标车特征识别信息。

（11）危险品车检测功能。采用视频检测技术，实现车辆危险品标志的检测识别，为危险品车辆管控、运行路线规范提供了有效的数据支撑，保证交警对危险品车辆的有效监管。

（12）驾驶室内挂件检测功能。采用视频检测技术，实现车辆驾驶室内挂件的检测识别，提高车辆特征的可检索性，为城市交通事件处理、车辆管控提供更加细致的数据支撑。

（13）接打电话检测功能。采用视频检测技术，实现对前排驾驶人接打电话状态的检测，为规范驾驶人安全驾驶行为提供威慑新手段。

（14）人脸特征抠图。系统采用视频检测技术对驾驶室人脸特征进行检测，并将人脸特征抠图。

（15）打开遮阳板检测。采用视频检测技术对打开遮阳板进行检测，为公安交通管理和刑侦案件侦破提供了科技手段。

（16）交通流量数据采集功能。能够按车道和时段进行车辆流量、平均速度、车辆类型、占有率、平均车头时距、平均排队长度、饱和度等数据的统计，所有统计数据支持以报表形式输出。

（17）前端备份存储功能。前端采用工业级硬盘作为存储介质，能够保存200万辆以上通行车辆信息或100万辆以上的违法车辆信息记录，当超出最大存储容量时，自动对车辆信息和图片进行循环覆盖。

（18）数据断点续传功能。支持断点续传功能。网络传输有故障时，交通管理终端能在一定时间内临时缓存完整的数据信息，当网络通信恢复以后，临时存储的数据能自动续传到中心管理平台集中存储。

（19）图像防篡改功能。记录的原始图像信息具备防篡改功能，避免在传输、存储、处理等过程中被人为篡改。

（20）网络远程维护功能。治安卡口前端系统预留了时间校正接口、参数设置接口、运行情况的诊断接口和恢复接口，可对前端设备进行设置、调试及维护。管理员可以实时查看前端设备的运行状态，可通过网络实现远程维护、远程设置和远程升级。

（21）全景高清录像功能。治安卡口系统配备全景摄像机，采集本监控方向所有车道的全景动态图像，作为抓拍图片的补充。全景图像能宏观描述本监控方向交通实况，具备日、夜不间断拍摄功能，在后端管理平台上可以进行实时观看、资料检索、历史调阅等操作。

14.3.8 智能交通电子警察子系统

智能交通电子警察子系统实现对城市路口的机动车闯红灯、逆行、压线、不按所需行进方向驶入导向车道、不按规定车道行驶等交通违法行为进行自动抓拍、记录、传输和处理，同时系统还兼具卡口功能，能够实时记录通行车辆信息。

1. 系统结构

智能交通电子警察系统由前端系统、网络传输及后端管理系统三大部分组成。

（1）前端系统：负责完成前端数据的采集、分析、处理、存储与上传，主要由一体化电警抓拍摄像机、LED补光灯、红绿灯信号检测器、路口终端设备等相关组件构成，完成红绿灯状态检测、机动车违章行为检测、违章图片抓拍、补光灯控制、相关信息网络上传等任务。

（2）网络传输：负责完成数据、图片、视频的传输与交换。

（3）后端管理系统：负责相关数据的汇聚、处理、存储、应用、管理与共享，由中心管理平台和存储组成。

智能交通电子警察系统结构示意图如图14.11所示。

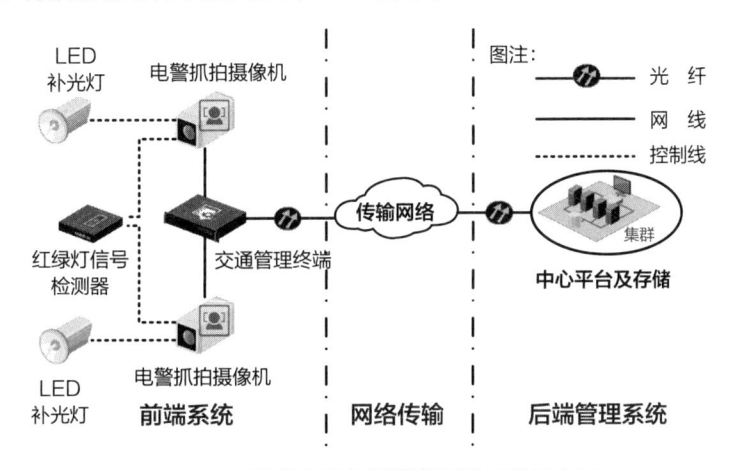

图14.11 智能交通电子警察系统结构示意图

2. 系统功能

（1）闯红灯违法抓拍功能。实现对单方向各车道闯红灯车辆的监测、图像抓拍等功能。每一违法记录连续拍摄3张反映闯红灯过程的图片，其中第一张图片反映机动车未到达停止线的情况，并能清晰辨别车辆类型、交通信号灯红灯、停止线；第二张图片反映机动车已越过停止线的情况，并能清晰辨别车辆类型、号牌号码、交通信号灯红灯、停止线；第三张图片反映机动车越过停止线继续前行的情况，并能清晰辨别车辆类型、交通信号灯红灯、停止线。

（2）卡口监测记录功能。能够准确捕获、记录车辆通行信息（车辆尾部的图片），对通过车辆的捕获率不小于99%。记录的车辆信息除包含图像信息外，还包括文本信息，如日期、时间（精确到秒）、地点、方向、号牌等。车辆信息写入关联数据库，并将相关文本信息叠加到图片上。

（3）其他交通违法行为记录功能。在治安卡口、电子警察设备可检测的范围内，具有其他违法行为记录功能，例如，加塞、闯禁令、不按所需行进方向驶入导向车道（不按导向）、逆行、不按规定车道行驶、压实线、违法变道、机动车占用非机动车道（占道行驶）、违法占用公交车道、路口停车（违停）等。

（4）车辆牌照自动识别功能。可自动对车辆牌照进行识别，包括车牌号码、车牌颜色的识别。

（5）背向车型识别功能。采用车牌颜色和视频检测技术结合的方法对车辆类型进行判别，可对12种车型进行识别：SUV、MPV、轿车（包括A级及以上车型）、小型轿车、微型轿车、面包车、皮卡车、小型货车（包括微卡、轻卡及中卡）、大型货车、小型客车、大型客车、油罐车。

（6）高清录像功能。支持道路交通情况的实时视频录像存储，视频质量能清晰反映覆盖区域内行驶机动车的车牌号码。

（7）数据断点续传功能。当遇到网络中断或其他故障时，车辆信息存储在前端设备中，待故障排除后自动续传。

（8）时间校准功能。24h 内计时误差不超过 1.0s，确保所有前端设备每日至少与电子警察中心系统时钟同步一次。

（9）图像防篡改功能：记录的原始图像信息具备防篡改功能，防止在传输、存储、处理等过程中被人为篡改。

（10）网络远程维护功能。可以实时查看前端设备的运行状态，能通过网络实现远程维护、远程设置和远程升级。

14.3.9 智能多码采集子系统

智能多码采集子系统围绕全域、全量、多维、即时的数据感知要求，在全市多个重点部位布建智能多码采集设备，智能多码采集前端设备有多码联侦仪、迷你采集仪和车辆信息采集仪，全部接入已建设的智能多码采集子系统，通过对采集设备轨迹数据的分析和挖掘，为身份核查、综合研判、布控预警提供精准高效的信息化手段。

1. 多码联侦仪

多码联侦仪主要部署于住宅小区出入口、火车站/体育场馆、公园进出口、小型路口等固定节点，在不影响用户正常通信的情况下，使终端接入并对用户手机 IMSI（international mobile subscriber identity，国际移动用户识别码）信息进行采集。因手机 IMSI 是和手机卡唯一绑定，所以采集到的 IMSI 信息可作为人员身份进行数据分析处理。主要用来采集移动、联通、电信等终端的 IMSI、IMEI（international mobile equipment identity，国际移动设备识别码）与 MAC（media access control，媒体存取控制）信息。支持现有的各型号移动终端和处于待机状态或上网状态的终端的 IMSI、IMEI、MAC 采集并实现关联。

2. 迷你采集仪

在治安复杂、人员聚集的区域、社区出入口等，安装迷你采集仪，采集 Wi-Fi 环境下各种信息。对该区域内重点人员手机的 MAC、IMEI、IMSI、QQ、微信特征码、陌陌号、淘宝账号、其他智能上网的身份账号及之间的对应关系开展采集。主要采集 Wi-Fi 环境下手机 MAC 地址及周边热点信息、热点连接关系等，利用手机终端与热点的连接关系，完成对重点目标的行为轨迹和落脚点分析、预警、伴随人员分析、碰撞分析、人流量统计、常住人员统计。通过建立数据之间的关联和分析研判 MAC 轨迹，达到核实身份的目的。

3. 车辆信息采集仪

在高速路出入口、城乡接合部、城市卡口、重点交通要道、车辆密集性流动、停车场出入口、重大活动场所出入口等位置安装车辆信息采集仪。可自动采集车辆 OBU（on board unit，车载单元）的设备编号、车牌信息、处于开 Wi-Fi 状态下经过或停留在重点敏感热点区域内的手机终端 MAC 地址、连接关系等。通过车牌信息和 OBU 设备编号对重点车辆的行为轨迹、预警、假套牌车进行分析。

4. 系统功能

智能多码采集设备结合视频采集，可以实现"人、车、电、网、像"等数据的多维采集、智能比对和深度融合。

（1）通过部署的各种信息采集前端位置，勾勒重点区域。

（2）实现MAC及IMSI的智能关联，进而可与采集热点的视频、图像采集信息结合，实现手机、车辆至人员的对应关系等多维数据的快速综合处理应用。

（3）实现实战的应用，所有前端统一汇总到系统，不仅具备综合研判、分析、重点人员管控、可视化等多种功能，形象化地展示研判结果，提高了实战中的研判效率。

（4）解决虚实身份关联关系，通过互联网维度、通信维度、时空维度、实名数据对数据清洗关联，补充标签，建立融合"人、车、电、网、像、吃、住、行、消、乐"的一人一档，形成真正的身份溯源功能。

（5）有链接关系、历史连接缓存、随机MAC替代等多维度功能，可对公安局现掌握的Wi-Fi围栏数据进行治理，解决"身份落地难，位置精度低"的问题。

14.3.10 网络传输子系统

网络传输子系统主要为各前端防控系统的监控点提供网络传输接入服务，由于终端类型多、终端数量大、地域分布广、带宽要求多、网络规模巨大且要求实现广覆盖等，须保证高清视频数据有充裕的传输带宽和可靠的传输质量。要求确保视频图像可看、可控、可存储，不会出现由于带宽和交换能力不够导致的图像延时、卡顿的现象。

前端监控点都通过租用中国电信的视频专网进行汇聚，每个监控点的传输带宽为50Mbps以上。前端监控点采用光纤接入，接入组网采用GPON（gigabit-capable passive optical networks，千兆无源光网络）的组网方式组建视频专网。

14.3.11 安全接入平台子系统

该项目通过建设公安信息通信网边界安全接入平台，实现公安视频传输网与公安信息通信网之间的安全隔离，满足业务需要。

1. 接入安全

公安视频传输网部署的服务器需要实时将采集的视频图像、车辆图片、车牌号、通行时间等数据信息主动传输至公安信息通信网。公安视频传输网与公安信息通信网边界接入在安全上存在各类风险安全需要。

（1）视频专网安全。公安视频传输网本身存在缺乏身份认证和权限管理机制、不能确定接入设备的合法性等安全风险安全要求，应该依托公安PKI/PMI体系，实现身份认证，加强网络安全防护和安全隔离措施。

（2）图片文本传输安全。视频信息在外部与公安信息通信网进行图片、文本传输时面临接入终端、接入用户、外部/内部链路、网络层、信息传输、应用安全及平台主机等方面的风险安全要求。

2. 数据链路结构

根据市公安局边界接入业务的具体要求，结合公安部相关规范，公安视频专网与公安信息网链路通过边界安全接入平台实现数据交换和授权访问。建设公安视频专网与公安信息网的交互平台，可以保障公安视频专网与公安信息网间的安全连接及资源的安全共享。公安视频专网与公安信息网链路包括数据交换、授权访问业务类型。

边界接入平台数据链路结构示意图如图14.12所示。

该链路依托专线，采用商用密码、防火墙等技术，实现终端与边界接入平台连接，提供安全互联、接入控制、身份鉴别、授权管理、恶意码防范、入侵检测、安全审计等边界安全防护。部署边界访问控制网关、防火墙、入侵防御系统对链路进行保护。其中，防火墙对接入链路提供安全防护，防御外部网络攻击和嗅探；入侵防御系统对外部网络攻击进行防御。

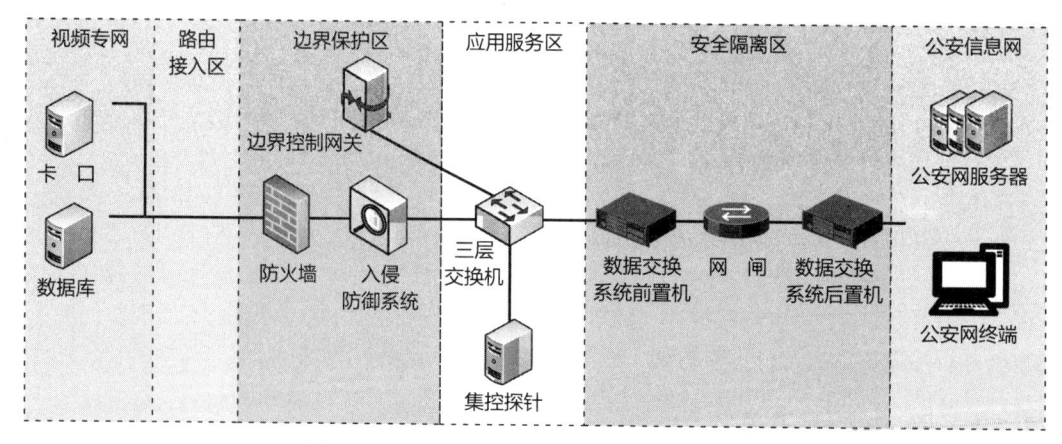

图 14.12　边界接入平台数据链路结构示意图

数据采集实现相关信息通过安全的接入方式采集到接入平台。数据交换实现将采集到接入平台的数据，安全、稳定、可靠地交换到目标区域，以支撑内外网业务的开展，支持数据库、文件同步。公安视频专网用户通过专线链路，经防火墙访问边界安全访问控制网关，视频专网用户可通过该链路授权访问公安信息网资源。

终端设备认证、身份证书认证、证书吊销列表验证成功后，与边界安全访问控制网关建立链路通道，视频专网用户就如同在公安网访问公安网业务一样使用公安网资源，实现"一证在线，全网漫游"的目标。

14.3.12　人像大数据智能分析及应用系统

人像大数据智能分析及应用系统利用先进的图像识别技术、分布式计算架构、大数据分析方法，提供人像大数据分析比对服务，将人工智能与安防技术相结合，应用于实战，实现事前的人像情报研判、事中的布控报警、事后的轨迹追踪，提供跨部门、跨警种的业务支撑。

1. 业务功能

1）实时感知主动告警

依托市内周边的视频监控和车辆卡口、人员卡口、微卡口等抓拍设备采集的视图数据，构建内部防控与周边防控、专业防控与社会防控相结合的安全防控体系。通过构建视图分析基础服务能力，对犯罪分子布控抓捕，对前科人员重点防控，通过实时感知预警，可在第一时间通知相关人员进行快速响应，保障城市安全。

基于视图数据的及时、鲜活、全面和数量可观的特点，对摄像头所采集的视频进行解析、整理、分析和挖掘，构建城市人口数据仓库，并采用人工智能、数据挖掘、联机分析和文本分析等技术构建智能分析应用。面向公安局、指挥部门、情报部门提供高效的警情查询、统计、分析功能，帮助情报部门在面对海量信息时，能够及时、快速、全面、准确地研判出反映治安形势的信息。并且将情报人员从大量的基础统计工作中解放出来，从而将更多的精力和时间去关注焦点信息的分析工作，在研判手段、效率方面带来更大的提高。

2）重点人员异常行为预测与研判

通过视图数据的宏观分析，评估在某一段时期、某个方面、某个领域的总体形势和突出问题，分析其规律特点，对重点人员的异常行为提前预测。

随着公安工作的不断发展，对情报研判工作的要求越来越高，传统的方式和成果已经不能满足实际工作需要。通过对大量零散、孤立的信息进行汇聚整合后，围绕人员、行为、事件、形势等主线进行深入关联碰撞和分析研究建立相应的实战应用模型。按照数据维度的不同,可以分为点对点信息数据碰撞、多类信息数据关联、海量信息数据深度挖掘三类。明确关注目标,根据实战工作要求,选择需要重点关注的高危人员等作为目标,最大限度地捕捉与其相关信息,满足下一步研判需要;建立实战应用模型,针对不同事件、违法犯罪活动发生发展的规律特点,结合侦查工作实际,分门别类地总结建立分析研判方法模型,实时与关注目标的活动变化进行关联对照;发现异常情况时,将关注对象进行跟踪锁定,一旦出现与实战应用模型设定指标相近吻合的情形,立即预警提示;开展二次研判,针对获取的情报线索,进行二次研判的分析,对异常情况进一步甄别,以增强情报信息的准确性,充分发挥研判主体的经验和智慧,做到人与机器的有效结合。

3)智能分析与预测

当案件发生后,通过人像大数据的智能分析,快速找出犯罪嫌疑人的身份及活动规律,为民警破案提供线索,将各级数据服务能力和视图智能化分析能力逐级输出到以派出所为代表的基层实战部门,形成覆盖全业务、全流程的实战赋能体系,让一线能看见、能研判、能评估、能处置。

通过视图数据的宏观分析,总体评估在某一段时期、某个方面、某个领域的总体形势和突出问题,分析其规律特点,预测下一阶段社会稳定整体态势、重点问题发展趋势或重要方面的活动动向。对形势分析研判,分析其规律特点不是最终目标,预测下一步走势才是核心内容。综合各方情况,包括火车站、大型广场、会展中心等公共区域,结合人员、区域、人流、行为等进行全面、系统的梳理统计;按照不同分类的标准,进行细致、深入的归类统计;仔细对照预先设定参数或前一阶段此类情况,逐一进行比较分析;结合当前经济社会发展、社会治安形势特点作出相应的趋势预测从而产生战略情报。

2. 业务功能结构

人像大数据智能分析及应用系统主要围绕视频图像蕴含的人脸、人体等特征,在公安视频图像数据基础上,构建视频图像共性业务,支撑视频图像专业业务和视频图像专题业务,业务功能结构示意图如图 14.13 所示。

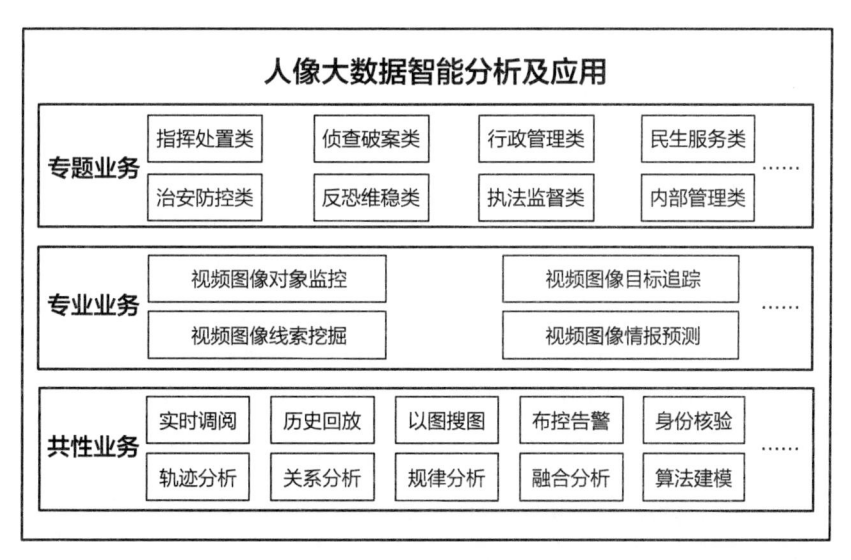

图 14.13 业务功能结构示意图

通过综合运用实时调阅、历史回放、以图搜图、布控告警、身份核验、轨迹分析、关系关联、规律分析、融合分析、算法建模等视频图像共性业务服务能力,开展视频图像对象监控、视频图像目标追踪、视频图像线索挖掘、视频图像情报预测等视频图像专业业务,以及反恐维稳、指挥处置、治安防控、侦查破案、行政管理、执法监督、内部管理、服务民生等视频图像专题业务，覆盖视频图像中人脸、人体等业务关注对象，贯通事前预警、事中处置、事后研判等业务流程，有效支撑各项公安工作。

3. 视频专网视图智能分析主要功能服务

1）人像大数据应用部署及服务

人像大数据应用采用云计算领域最先进的理念来搭建整个软件架构，提供可扩展、高可用、高可靠、高并发的平台能力，具备支持十万路级别的视图源所产生的结构化和非结构化数据的提取、解析、分析、存储能力，人像大数据应用平台是视图智能应用的基础支撑，为公安视图智能化应用提供视图源接入、视图智能解析及视图数据分析能力。

（1）综合管控服务。人像大数据应用系统包括综合管控服务、视图特征解析、特征比对检索、视图数据分析四大板块，各板块又采用微服务架构进行建设，各服务可独立部署，可根据要求独立扩容，系统在服务正常运行的情况下，能在线扩容集群中的综合管控节点、视图解析节点、视图库特征节点、融合分析节点。综合管控提供系统运行的基础支撑、系统自动化运维及系统对外接口服务能力；视图特征解析实现对视频图像的人脸、人体特征提取及人的结构化解析；特征比对检索实现对静态库、布控库、时空库、结构化信息库的比对检索服务；视图数据分析对视图解析形成的海量人脸特征数据进行数据分析，构建常用人档分析服务并提供公安常用的融合分析模型。

（2）视图特征解析服务。视图特征解析是解决视频图像从"看得清"到"看得懂"的关键，是利用 AI 智能算法实现对视频图像数据检测、识别、特征/属性提取、存储的过程。视图特征解析的数据源主要包括视频监控的视频流数据和人脸抓拍摄像机等结构化输出的图片数据，系统既支持从网络摄像机中获取视图数据，也支持从视频监控联网共享平台、视图库等视图汇聚平台获取视图数据，系统同时支持对离线视频数据的解析。系统支持人脸、人体检测、识别及特征提取；支持人脸、人体等多种要素的检测及结构化信息提取。

（3）存储网关服务。视图特征解析形成的结果分两类（特征、属性信息和场景图/对象小图）分别存储，其中特征、属性信息通过消息服务推送到人脸/人体时空特征库、结构化信息库进行存储；场景图/对象小图通过存储网关服务存储到存储系统中。存储网关服务包括图片管理、图片存储路径选择管理、图片存储生命周期管理、小文件聚合存储、多存储后端适配支持等功能。

2）动态人像和人体视频流接入许可服务

（1）视频流接入服务。视频流接入服务可支持接入主流高清网络摄像机及视频监控联网共享平台等视频平台，接入后的视频转发到视频流解析服务进行解析，也可支持向上层业务转发适量视频。

（2）视频流解析服务。视频流解析服务包括视频流解析任务管理和视频解析引擎，视频流解析任务包括人脸、人体等解析类型。视频解析服务获取视频接入服务发出的视频流，对视频流进行解码、帧提取、质量检测、特征及属性提取等操作，将解析结果通过消息服务发送到时空库、布控库等进行后续应用。人脸解析服务包括解析服务管理、视频解码、人脸检测、人脸质量分析、人脸特征及属性提取、人脸大小图存储等功能。

（3）智能检索服务。轨迹分析通过多算法融合，同时对上传图片进行人脸检索、人体检索、身份检索、融合检索、档案检索等，并将全部检索结果中的抓拍信息汇聚成完整的轨迹信息，以便用户综合分析。用户可以在轨迹中查看目标一段时间内去过的地方，分析目标的落脚点、首次出现点和最后出现点，还可以对两个目标的轨迹进行比对以确定同行关系，为后续工作的展开提供支持。

3）动态人像图片流接入许可服务

（1）图片流接入服务。图片流接入服务可支持接入人脸抓拍摄像机等前端设备及视图库等第三方图片平台，动态人像图片流接入许可服务中进行图片任务管理，通过任务订阅图片平台的图片，对获取图片进行存储，并将图片通过消息服务发送给图片解析服务进行解析。图片流接入服务提供对图片流解析任务等管理，包括创建任务、删除任务、获取当前任务列表和任务状态信息。

（2）图片流解析服务。图片解析服务包括人脸解析和结构化解析两种类型。图片解析服务可接收图片流接入服务通过消息服务推送过来的图片，也可接收外部接口导入的单张图片。对图片进行人脸或结构化解析，解析结果通过消息服务发送给时空库、布控库等进行后续应用。

（3）布控告警服务。布控告警功能包括长期布控和临时布控，可用于对犯罪分子的布控抓捕、前科人员的重点防控、公共场所的人群监测及异常事件的预警，通过实时感知预警，可在第一时间通知相关人员进行快速响应，保障城市安全。犯罪分子呈现高流动性和组织性，重复犯罪率高的特点，通过在一些案发重点区域和安保重点区域的人脸卡口进行动态布控，并结合各种视频侦查技战法对犯罪分子的轨迹进行分析，能够有效实时掌握犯罪分子的活动规律，实现事前防控，事中实时快速响应抓捕，事后研判分析轨迹，为预防及破获案件提供线索支撑。

（4）告警中心服务。告警中心显示所有实时任务的新告警通知，并且支持导出告警记录、筛选告警推送等。按照维度，分别展示不同维度的告警记录。同时，告警中心支持列表模式和地图模式两种展示模式，前者以列表的形式展示告警记录卡片，支持条件筛选；地图模式用户可在地图上实时查看告警记录，形成直观认识。

4）路人快速检索功能模块开发服务

路人快速检索功能模块开发服务通过多算法融合，同时对上传图片进行人脸检索、人体检索、身份检索、档案检索，将全部信息汇聚成结果以便用户综合分析。时空过滤功能在没有图片线索或图片不清晰的情况下，通过设置多种不同的属性标签（如时间、视频源等），过滤得到相应的检索结果，包括人脸属性过滤、人体属性过滤、机动车属性过滤、非机动车属性过滤及骑手过滤。

（1）基础模型数据库。基础模型数据库主要是对视图特征解析获取的结构化与非结构化数据进行检索查询应用，同时对静态库、布控库、特征库等进行创建、管理等操作。包括人脸静态特征库服务、人脸布控特征库服务、人脸/人体时空特征库服务、结构化信息库服务。

（2）人脸布控特征库服务。布控特征库是仅存储人脸特征的一类数据库，一般为存储重点人员、重点工作对象、犯罪嫌疑人等对象的特征库。人脸解析提取的人脸特征会推送给布控库服务，布控库服务将人脸特征与布控库内的特征进行比对，从而实现重点人员布控预警的目的。布控特征库服务包括布控特征库库管理、布控特征库特征管理、布控特征库 1:N 比对功能。

（3）人脸静态特征库服务。静态特征库是仅存储人脸特征的一类数据库，一般为存储户籍人口、常住人口、临时人口等对象的特征库，静态特征库一般作为人员身份核实和人脸比对的底库。静态特征库服务包括静态特征库库管理、静态特征库特征管理、静态特征库 1:N 检索、静态特征库索引训练等功能。

（4）人脸/人体时空特征库服务。人脸时空特征库是图片流及视频流人脸/人体解析结果形成的特征库，是指包含时间（拍摄时间）和空间（监控点位置）两个维度的对象特征数据库，时空库存储信息都是实时抓拍的对象特征。人脸/人体时空特征库服务包括时空特征库管理、时空特征库特征管理、时空特征库生命周期管理、时空特征库特征 1:N 检索、时空特征库索引训练等功能。

（5）结构化信息库服务。结构化信息库是存储结构化解析形成的人的结构化信息、人脸解析形成的人脸结构化信息、人体解析形成的人体结构化信息的数据库。结构化信息库服务包括结构化信息库管理、结构化信息库属性管理、结构化信息库生命周期管理、结构化信息库属性查询、结构化信息库统计查询等功能。

4. 公安信息网视图智能综合应用主要功能服务

公安信息网视图智能综合应用帮助公安科信建设的多要素解析比对、多维度关联分析、各警种普遍受益的视图应用系统，为各警种专题应用提供能力支持和示范，最终帮助公安体系充分应用人工智能技术并带来实际价值。通过对视图数据进行基于人员、时间、空间、频次、关系维度的统计和分析，有效确定人员身份，实现人员时空轨迹的刻画，定位高危人群并进行布控及预防管理等。

1）静态人像库标准许可服务

静态人像库标准许可服务主要包括视图检索和文本检索功能。视图检索功能支持将嫌疑人的人脸图像与人像库中的亿级标准人脸照片进行比对搜索，帮助公安民警快速确认涉案嫌疑人员身份；文本检索功能支持将嫌疑人的姓名或身份证号码与人像库中的人员信息进行比对搜索，帮助快速获取嫌疑人员人脸图像与详细的身份信息，为后续嫌疑人员的管控提供数据基础。

2）人像归档应用服务

人像归档应用服务是将静态库（带有身份信息的人口库）作为基准库，结合时空库进行聚类，以两两相似度为判断标准，将系统中疑似同一人的信息进行关联，使得一个人有唯一的综合档案。可以实现抓拍路人归档实名、绘制目标画像、进行异常行为分析、归纳关系图谱等功能，从而对路人进行全面分析归纳。

3）人像卡口/治安卡口数据归档及应用授权服务

人像卡口/治安卡口数据归档及应用授权服务指人像卡口/治安卡口解析数据聚档服务及索引服务，人像卡口/治安卡口归档数据检索应用，将一人一档聚类的结果进行档案分析，通过个人时间空间及身份的信息进行发掘，并结合线索发掘出具有嫌疑的目标人。

4）数据可视化服务

地图中心利用实时全量的城市数据资源，在 GIS 地图上通过算法分析进行多业务能力呈现，在城市治理过程中，即时全面地对城市内视频监控进行监测，对城市突发情况进行感知，实现城市治理集约化、可视化，提升政府管理能力，改善城市安全质量，直观呈现丰富的数据源力和强大的 AI 技术能力。

5. 重点人员比对主要功能服务

1）重点人比对服务

重点人比对服务是通过对接前端系统和部级重点人员管理平台，实现关注人员布控、比对、报警等功能。

2）人像图片流接入服务

人像图片流接入许可服务基于重点人员比对服务，用于对接入的图片流进行授权。

14.3.13 重点车辆智能管控系统

1. 业务功能

1）资源整合

目前前端集成厂商众多，设备更新换代较快，数据格式、标准各异。为解决此问题，制定数据对接标准，提供灵活的接入方式，可兼容众多厂商设备，实现跨平台数据汇聚。数据整合来源包括卡口、电子警察数据及各平台采集的视图数据等，将分散的资源进行整合，依托于视图库，构筑数据主体之间的关联关系，建立能够快速检索查询的资源库，实现无缝调阅各类结构化线索、关键视图数据。

2）二次识别管控

基于计算机深度学习算法和特征建模技术，将非结构化的视频图片进行分析处理，转换为描述性结构化文本数据。将二次识别数据与其他原始数据（如卡口名称、拍摄时间）融合后，将其中的高价值视图数据保存到系统数据库中，为大数据分析应用提供实时数据支撑。通过对视频流中的车辆进行缩略图精确提取，细化属性分析和目标搜索追踪。减轻监控操作人员监视负担，实现"从被动应急到主动防控""事后录像查找到事中警情处置"。

3）联网综合应用

通过统一接入汇聚，实现高清卡口系统、电子警察系统、视频监控系统、GIS 地理信息系统等多个系统的互联互通，使各专业系统在统一的接入系统上互相访问和调用，从而省去系统间频繁的独立访问，提高实时交互性和应用效率。通过安全接入边界，向实战应用系统推送视图信息，实现资源综合应用。可结合二次识别的车辆品牌、型号、车辆号牌等信息，与车管库登记数据实时比对，实现人车信息关联，自动筛选检出套牌车、假牌车等。

4）功能服务

面向侦查破案、决策指挥、治安管控、社会管理等方面，进行深入的需求分析，梳理各个业务警种的实际业务流程，制定个性化的解决方案。针对刑侦破案提供卡口车辆图像二次识别、大数据研判等功能服务；针对决策指挥提供实时预警、布控查缉等功能服务；针对交通管控提供违章违法行为智能识别检出等功能服务。

5）推送和布控预警

可针对重点、可疑车辆进行推送、布控，通过平台推送等方式进行实时预警。

6）实战应用

利用先进高效的预警模型和布控查缉功能，充分发挥视频监控系统的防控作用。以"事前综合防控、事中指挥调度、事后视频侦查与研判"为业务主要流程，突出"警情线、指挥线、案件线"建设，整合卡口系统、GIS 地理信息资源，采用人工智能技术、计算机视觉技术、分布式异构计算，构建全方位、立体式公安卡口大数据综合应用系统。

2. 系统逻辑结构

系统由数据接入、车辆图像智能分析、联网计算 / 访问云平台、应用 / 实战子系统组成，系统逻辑结构示意图如图 14.14 所示。

数据接入子系统接入前端采集系统的实时过车数据，包括前端采集结构化数据和过车图片。对数据进行转码、清理等处理，生成符合智能交通车辆大数据系统处理的数据。经数据预处理子系统处理的数据推送至车辆图像智能分析子系统进行二次识别，获取过车图片中车辆对象的特征信息，如车型、类别、车身颜色等信息，并将识别的特征数据经安全边界接入平台导入联网计算 / 访问云平台中。

联网计算 / 访问云平台通过统一接口与各资源信息库对接，进行各项深度计算和分析（如假 / 套牌车筛选），并提供给应用 / 实战系统进行各项应用操作。也可以通过标准统一接口与各警种实战平台对接，实现多系统的互联互通，并为其提供结构化过车数据。应用 / 实战系统结合电子地图为各业务用户提供友好界面操作和展示，并可为各警种提供定制化实战应用功能。

3. 主要功能

1）数据接入模块功能

数据接入模块的主要功能是将视图库所推送的过车图片、过车数据和一次结构化数据进行整合，并按照系统应用平台的标准进行处理，为车辆二次识别数据解析和后续的车辆大数据应用提供标准化数据。主要包含数据接入、数据整合及传输内容。

（1）针对已有卡口，该模块能够整合前端数据，接入卡口采集、转发和存储的数据资源，可作为卡口系统的一个子系统，当有新的抓拍照片产生时，卡口系统主动将照片推送至该模块。

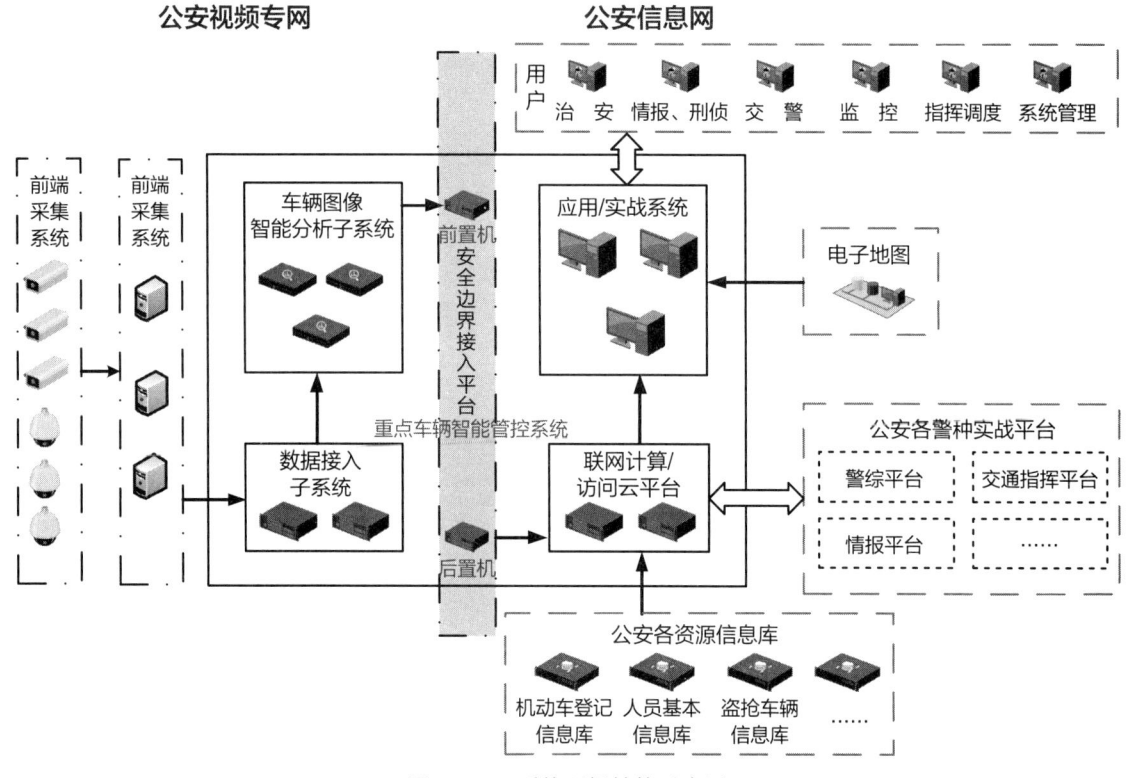

图 14.14　系统逻辑结构示意图

（2）实现车辆数据的汇总、分发、管理、运维、存储等功能，已安装的监控系统无须添加、改造，可兼容未来可能新增的监控设备；对电子警察、卡口所拍摄照片的清晰度无特别要求，可准确识别 130 万像素以上监控设备所拍摄的图像；系统可对每天过车图片进行二次分析研判。

（3）与现有警务平台对接，对现有警务平台所用开发技术无限制；系统支持将地图基础数据、车辆二次识别数据（车牌、车辆类型、车系、车牌颜色、车身颜色、安全带、遮阳板、打手机等）进行整合，提供更多纬度、更准确的实时通行车数据。

2）车辆图像智能分析功能

为实现更全面、更高效分析研判的建设目标，对过车图片的识别提供更多维度、更准确的实时数据。单纯依靠前端设备提供的车牌识别、交通违法行为等结构化数据，难以满足实战应用平台的要求。为此，部署车辆图像智能分析模块，对过车图片进行智能化二次识别。

车辆图像智能分析运用识别与深度学习技术，可识别车辆物理特征、驾驶员遮挡面部、交通违法、重点车辆信息等。除了前端卡口设备所能采集识别的信息外，还能够提供车辆车型（品牌、型号、年款）、车身颜色、车辆类别等基础数据，以及车头（天窗、行李架、车身喷字、年检标贴数量、左/右侧遮阳板、左/右侧反光、挂件、纸巾盒、摆件、卡片）、车尾（备胎、LED 显示屏、抱枕、玩偶、贴纸、纸巾盒、杂物、反光）、主副驾人员特征（左/右侧有人、左/右侧安全带、左/右侧打电话、左/右侧吸烟、左/右侧戴帽子、左/右侧戴墨镜、左/右侧戴口罩、左/右侧上衣颜色）等特征识别数据，实现对视频图像的结构化实时智能分析，全面满足实战应用要求。

通过实时获取视图库或多维数据接入平台所推送的卡口/电子警察数据，对接入的图像数据进行智能结构化识别，提取信息包括车牌号码、车牌颜色、车身颜色、车型（品牌型号年款）、车辆类别、车辆局部特征。结构化识别示意图如图 14.15 所示。

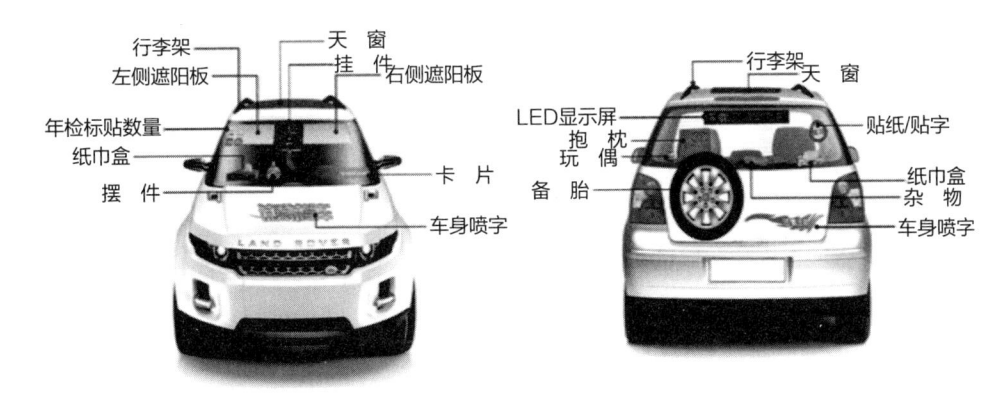

图 14.15 结构化识别示意图

3）联网计算/访问云平台服务功能

联网计算/访问云平台包含实时计算服务、GPU（graphics processing unit，图形处理器）计算服务、分布式存储服务、分布式检索服务、索引服务、多系统数据综合分析服务等。将二次识别后的前端数据（原始数据和部分结构化数据），通过分布式存储服务和索引服务，统一存储于大数据仓库，提供给上层应用直接调用。当上层应用需要调用数据时，经过分布式检索引擎分解计算指令，并将分解后的计算指令经由转发服务器传输，提取目标数据。

（1）为实现人车信息关联，自动筛选检出套牌车、假牌车等，系统需要与车管库信息进行对接。可采用接口方式，接入车管库实时登记数据。结合系统二次识别的车辆品牌和型号、车辆号牌等信息，实现及时更新比对。

（2）通过配置大数据基础组件，提供分布式存储服务、检索与索引服务、实时计算服务、综合分析服务功能。按照 GA/T 1400.4-2017《公安视频图像信息应用系统 第 4 部分：接口协议要求》和各类系统对接，卡口系统接口通过标准接口或协议，获取该项目已建卡口系统的过车数据和卡口点位信息；视频图像信息库接口通过标准接口或协议，获取公安视频图像信息库中数据资源信息，推送布控告警、以图搜图、车辆解析、车辆轨迹等数据到上级视图库；二次识别数据接口通过标准接口或协议，可将实时结构化过车数据共享到其他关联业务系统或平台，具备地图展示和历史轨迹回放功能，可对地图进行灵活的可视化操作，例如，任意框选、点选等功能。

（3）支持与机动车登记信息和驾驶员信息对接，实现对车辆和人员基本信息的自动关联；支持与各类违法信息库进行对接，实现对人和车辆的相关信息的自动关联；支持与重点营运车辆监控或监管平台对接，实现对重点车辆的监控；支持与人员信息库或人脸识别系统对接，实现对驾乘人员的关联识别。

4）应用实战服务功能

应用实战模块以联网计算/访问模块为支撑，实现车辆查询、稽查布控、分析研判等实战功能。同时依托分布式数据库和大数据平台实现快速业务应用。主要包含功能有智能搜车服务、大数据研判、车辆布控、重点车辆监管、智能交通检测、实时预警、数据可视化、车辆人员超级档案等功能。

14.3.14 多维大数据立体防控实战研判系统

1. 业务功能

1）数据深度融合

引入移动互联网大数据，补充数据维度和域外数据，丰富公安局大数据种类，解决当前"数据少，情报匮乏"的问题。同时，将移动互联网大数据与本地公安大数据（包括实名信息、Wi-Fi 网络围栏、电子围栏、人脸视频和车辆卡口等数据）进行融合治理，打破数据壁垒，挖掘数据价值，建立大数据平台，全面服务公安实战。

2）重点人员管控

通过本地感知数据与互联网数据的融合，利用各类预警通用模型（聚集、围栏、轨迹）、态势感知模型、异常行为模型，将复杂的大数据预警模型计算，不仅实现本地重点人员的多维轨迹管控，还可实现全球范围内的手机终端轨迹管控，打破区域数据壁垒，满足公安对重点人员的多手段管控类型。

3）精准化管控

通过本地感知数据和互联网数据智能计算分析重点人员的活跃情况，结合重点人员的分级分类预警实现重点人员的精细化管控。将传统的基层人员盯梢的管控方式转变为线上智能化的人员管控，通过分析计算出活跃人员、离线人员、无轨人员，为基础工作人员指明管控目标，实现管控的精准化。

2. 业务功能结构

业务功能结构包括业务领域、业务流程、业务手段，如图14.16所示。

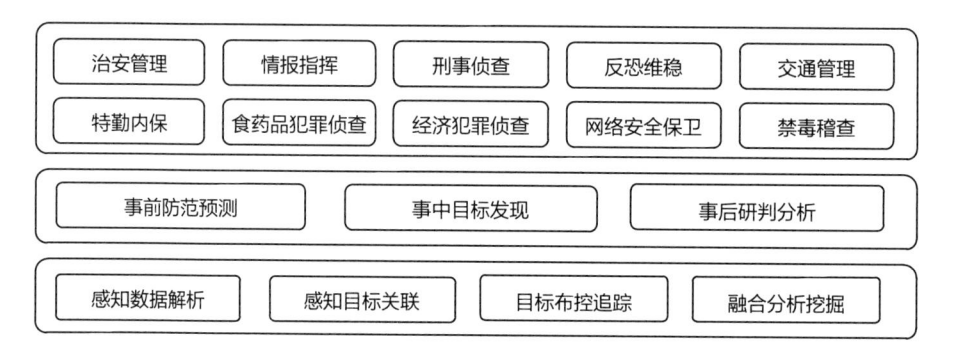

图 14.16 业务功能结构示意图

（1）业务领域：支撑治安管理、情报指挥、刑事侦查、反恐维稳、交通管理、特勤内保、食药品犯罪侦查、经济犯罪侦查、网络安全保卫、禁毒稽查等公安业务领域。

（2）业务流程：覆盖事前防范预测、事中目标发现、事后研判分析等流程。

（3）业务手段：融合了感知数据解析、感知目标关联、目标布控追踪、融合分析挖掘等手段。其中，感知数据解析通过智能算法等先进技术，感知目标关联通过对目标的时空、伴随、归属等关系挖掘，实现目标之间的关联；目标布控追踪通过对人、人体等关注目标的识别、布控、轨迹检索及核验，实现对关注目标的发现、预警、锁定；融合分析挖掘通过大数据等技术对目标的行为、规律、群体态势等分析，生成行为预测、态势预测等预测性情报。

3. 主要功能

1）大数据档案搜索功能

（1）实现档案搜索功能，支持输入身份证号检索人员档案信息，可视化界面展示人员姓名、证件号、性别、民族、电话、籍贯、单位、户籍地址等基础信息。

（2）实现同户关系分析功能，列表展示同户人员姓名、身份证、性别、民族、籍贯等基本信息，图谱展示同户关系。

（3）对接人员案件、物品、常暂住数据，实现人员案件信息、物品信息、暂住信息等信息查看，支持查看人员落脚点地图位置。

（4）对接公安接口数据，实现人员网吧上网记录、虚拟身份信息、人车核录信息、出入境信息、医疗信息、快递信息、民航铁路客运订票信息、旅馆住宿信息等数据查询展示。

2）多维查询功能

（1）人脸抓拍检索。将目标对象的人像图片在动态视图库中进行比对，较快地搜索相似人脸。支持本地上传人脸图片检索、可信度条件设置、设备或区域作为检索条件、时段选择和列表展示检索结果、比对库和人脸采集信息检索等功能。

（2）车辆检索。实现车牌号码检索功能，支持设备或区域作为检索条件、时段选择和列表展示车辆检索结果等功能。

（3）以码搜图。支持检索终端特征数据关联的车牌、人脸信息、记录首次时间和更新时间、相似度条件设置等功能。

（4）关联查询。实现关联查询功能，支持查询时间、空间、多维关联数据、按设备检索、信息查看、数据导出、切块等功能。

3）全息档案功能

（1）全息档案。实现全息档案功能，支持输入终端特征码查询终端的关联身份信息、采集信息、最后点位、常连热点等功能，支持按小时或天进行活跃度统计。

（2）轨迹信息。实现终端轨迹信息查询功能，支持感知前端多维信息融合展示、信息切块、数据导出功能。

（3）终端连接。支持终端连接查询功能，查询当前终端连接热点信息。

（4）虚拟日志。支持虚拟日志查询功能，查询终端使用过的虚拟账号信息。

（5）手机核查。支持手机核查功能，查询采集的电子身份、持有者、身份证、核查时间、核查地址、核查单位、核查人员等信息。

（6）伴随分析。支持伴随分析功能，查询某个时段内目标伴随的手机特征数据、车辆、人脸等信息。

4）大数据研判功能

（1）通话关系。利用大量的话单信息，通过图数据库的形式，快速展现被分析目标的多层通联关系网络，深度挖掘通联数据价值，用于电信诈骗、涉黑团伙案件之中。支持通话关系图谱展示、展开层级设定、前科标签标记、查询通讯录和通话记录信息等功能。

（2）时空切块。实现切换设备选择功能，支持地图或列表形式展示可切块设备、地图批量选取设备、范围半径可配置、切换逻辑设置功能。系统实现切块分析功能、时间跨度和距离跨度分析、地图展示切块结果、设备的地图点位显示或隐藏、结果数据导出等功能。

（3）连接状态。终端连接以终端（手机、平板等）设备的 MAC 为依据，查询终端连接的热点信息。可以在终端 MAC 栏输入检索 MAC，点击检索按钮即可开始查询，结果展示目标终端连接的终端特征、品牌、时间等信息，支持时段条件检索。热点连接以热点（路由器等）设备的 MAC 为依据，查询热点下连接的终端信息。

（4）多轨校验。实现多轨校验功能，可对 MAC、IMSI、车牌、人脸等多条轨迹进行同时动态展示，可以查看出轨迹是否同行、是否有交集等，验证多人作案并查找同行轨迹。支持地图同时展示多个目标、自动播放比对功能。

（5）图谱分析。实现人脸、车牌等数据的伴随分析功能，支持伴随关联关系图谱展示、展示层级多级拓展。

（6）套牌分析。实现不同数据源的车辆套牌分析功能，统计结果展示车牌、采集差集次数、采集合集次数、点位、时间等信息。

（7）夜间分析。实现夜间感知数据分析功能，通过对海量采集数据进行分析，找出辖区范围内夜间频繁活动的人员和身份特征码，对夜间活动的电子身份信息进行分析，支持按次数倒叙排序列表展示分析结果。

（8）治安管理。实现治安检查站的信息展示功能，展示车辆、司机、随车人员、车内物品等信息。

5）人员管理功能

（1）人员批量导入。提供人员导入模板，实现人员和人脸照片批量导入功能。

（2）人员信息管理。实现人员信息管理功能，支持人员新增、编辑、删除、导出功能，支持对人员设置关注、展示人员精准身份和参考身份。

（3）类型和标签配置。实现人员类型和标签配置功能，支持类型和标签自定义添加、类型和标签分层级。

（4）人员审核。实现人员审核功能，支持对导入人员进行通过或驳回操作、审核权限控制。

6）可视化大屏功能

（1）地图图层。导入全国瓦片地图资源，支持缩放显示不同图层、展示区域图层。

（2）人员点位。支持人员最新位置地图打点功能，支持不同图标和颜色区分人员多维信息和在离线状态、地图点位实时自动更新。

（3）预警点位。实现预警最新位置地图打点功能，支持图标和颜色区分不同预警类型和预警等级、预警点位实时自动更新。

（4）预警信息。实现预警信息展示功能，支持列表展示最新预警信息，内容包含姓名、预警类型、预警时间、预警点位等。支持相同人员预警信息自动合并，以及关键字、预警类型、人员类型、时间、区域等条件检索和查看预警反馈信息。

（5）关注人群。实现关注人群功能，支持查看人员列表、人员地图定位。

（6）人员状态统计。实现人员状态统计功能，支持人员活跃、半活跃、离线、无轨、不在控等状态统计功能。

（7）人员类别统计。实现人员类别统计功能，展示前10排名的人员类别统计数据。

（8）预警统计。实现预警统计功能，支持图表展示近24小时、近7日的预警统计数据。

（9）人员卡片。实现人员卡片功能，支持人员基础信息展示、历史预警统计展示、查询人员同网关系、全息搜索功能。

7）预警模型功能

（1）感知预警。实现感知预警功能，支持感知人员触发预警。

（2）区域预警。满足区域预警功能，支持配置预警区域、配置离域或域内预警。

（3）上线预警。实现上线预警功能，支持系统自动设置上线，越过上线触发预警。

（4）聚集预警。实现人员聚集预警功能，支持配置聚集人数、聚集时间、聚集范围阈值。

（5）无轨预警。实现无轨预警功能，支持对无轨人员触发预警。

（6）域外预警。实现域外预警功能，支持重点人员离开本地区域触发预警。

8）人脸特征提取功能

实现人脸特征提取服务，提取前端设备数据、动态人脸ID、人脸特征、人脸特征比对、图片优化处理等信息。

9）感知设备接入功能

实现感知设备数据接入功能，支持接入人脸、车辆等感知前端的设备数据和采集数据。

10）短信预警功能

实现短信预警功能，支持调用短信接口发送预警短信、对失败的记录进行标记和重发。

14.4 智慧治安防控系统建设运行情况与成效

该项目以移动互联、物联网、人工智能、大数据、云计算等信息技术为支撑，结合安全防范现状，构建智慧治安防控系统。该项目建设完工后运行情况良好，并取得了重大的建设成效。

14.4.1 系统建设运行情况

通过建设多种安全防范措施，完善安全体系，与电子政务外网、公安信息网、公安视频专网上下贯通、横向衔接，实现电子政务外网、公安信息网、公安视频专网三网融合。通过该项目的建设运行，助力城市实现全域覆盖、全网共享、全时可用、全程可控，打造"数字平安城市"，实现了平安建设智慧升级。该项目建成后，各警种的数据全部纳入系统内，推动全警数据综合应用，影响群众安全感的多发性案件和事故也得到有效防范，改善了治安环境，促进了社会稳定发展，提高了人民群众安全感、幸福感，让社会更加和谐有序。

该项目所有系统平台目前已经上线运行，开放给市公安局相关民警使用。当前系统布控人员有全国在逃人员、前科人员、案件需抓捕人员、需重点关注人员等。布控任务包括全国在逃布控、重大活动事件保障布控、前科人员布控、案件嫌疑人布控、重点区域特定人员布控等。通过系统平台，民警可以在全市范围内实现"一键调图""图案关联""以图搜图"等功能，甚至在几秒钟内，就从海量视频中搜索到相关人像，从而大大提升公安办事效率，也从事后侦查转为主动防范。

该项目运行以来，对布控的违法违纪和网逃黑名单实时报警，记录嫌疑人活动轨迹，实现预警和研判的联动，为市公安局追逃等相关工作提供有力的支持，减少了工作量，降低了工作强度。从整体运行情况来看，该项目启用后运行稳定、可靠，取得了良好的效果。随着项目的深入推进应用，极大地提高了市公安局警务智能化指挥调度和城市安全的整体水平。

14.4.2 系统建设成效

1. 系统建设的经济效益

该项目的建设，有助于及时发现恐怖活动、社会治安管理问题等，有效地将暴力恐怖活动以及危害社会治安稳定的活动消灭在预谋阶段，摧毁在行动之前，维护国家安全，促进社会长治久安，有效地减少恐怖活动给国家、人民带来的生命财产损失。助力破案线索挖掘，提高警队研判决策能力，提升破案效率，降低破案所需的人力物力，大量节约警力资源和经费。进一步提高市公安机关的信息化技术水平、降低IT运维成本，提高办公效率，间接减少了办公支出。

该项目建成后，可依赖系统实现针对性、智能性的精准查控，可在全市进行态势展示，对异常情况进行风险评估、预警预测。结合大数据、人工智能、人脸识别等先进技术，可以有效减少警力投入，提升通行安检效率的同时，降低人力物力成本，通过对风险识别、提前预警，做到从"被动警务"到"主动警务"的转变，从而减少经济损失。

2. 系统建设的社会效益

（1）该项目建设是维护公共安全的骨干工程，是建设平安中国的基础工程，提高了社会治理能力的现代化水平。

（2）该项目建设大大完善该市视频监控点的布局，提升了公安机关对社会治安综合管控能力。

（3）该项目投入运行后，随时掌握社会治安动态，有力打击违法犯罪，维护社会治安稳定，保障人民生命财产安全，是构建和谐社会的重要手段。

盾

盾甲坚牢恶难侵,"三保一评"[1]记在心。
天罗地网保康泰,平安运控众业鑫。

盾篇由三部分组成,第一部分是"释义",从一条"线"展开介绍安全的基本概念、特征、初步应用场景;第二部分是"阐例",从一个"面"简要介绍安全产业在数智科技工程建设的多个案例,反映安全产业在数智科技工程应用的广泛性;第三部分是"说案",从一个"体"深入介绍一个比较完整、典型的安全工程建设案例,立体地以实施方案式的撰写法,较翔实介绍该案例的建设背景、建设目标、总体结构、分部结构、功能特点、软硬件配置、核心部分安装与调试、建设成效等。

---

1)三保一评:等级保护、分级保护、关键设施保护和密码应用评估。

第15章 数智科技工程的安全保障

盾甲坚牢恶难侵，平安运控百业鑫

今天，社会正进入一个数字化转型的时代。云、网、数、智科技工程火热推进，但是，安全威胁不断上升，攻击手段日益复杂。国家对数智科技工程安全提出了更高的要求。如何保障数智科技工程在整个生命周期的安全、提升数智科技工程应对新环境下的各种威胁的能力，给建设者带来了极大的挑战。

本章将介绍国家关于数智科技安全的相关法规，提出适时因地采取"等保""分保""关保""密评""数字认证"等手段除魔卫道，为数智科技工程的建设保驾护航，力求使读者对数智科技工程的安全保障有一个比较全面的了解。

15.1 数智科技工程安全系统建设概述

随着科学技术的发展，信息技术逐渐渗透到生产、经营、管理和服务的各个方面，大量的数据和信息被存储、传输和处理，随之而来的是各种新型的信息安全风险。开放性的网络环境、复杂的信息系统建设和管理、社交网络等让信息安全面临更加广泛和深入的威胁。安全风险已成为数智科技工程建设过程中不可避免的一个问题。

15.1.1 安全系统存在的问题

近年来，科学技术促进社会、经济不断发展的同时，也带来了越来越严峻的安全风险。网络攻击者技术手段逐年精进，尽管当前的安全技术与过去相比有了长足的进步，但安全问题依旧长期存在。西安工业大学遭受境外网络攻击，滴滴公司数据泄露，蔚来汽车遭数据泄露勒索，从网络攻击、个人信息泄露到政府、企业遭受勒索软件威胁，各类安全事件仍频繁发生，令人防不胜防。

安全系统的主要威胁如黑客攻击、病毒感染、网络钓鱼、社交工程、内部人员错误操作、缺乏安全培训和管理、物理安全缺陷等都可能对信息系统的完整性、可用性、机密性及数据资产的安全性造成不可预见的危害。这些危害也是对本是同根生的数智科技工程的危害。

15.1.2 安全系统构建思路

数智科技工程安全系统构建应围绕着"吃透两头，突出一点；三保一评，一个支撑；分级管理，层层设防；三位一体，综合治理"这四条思路来展开。

1. 吃透两头，突出一点

做好安全系统构建，必须要吃透两头。一头是国家有关信息系统安全运行管理的规范和要求，一头是数智科技工程系统所在企业或机构对安全的需求和人、财、物的实际情况。要对数智科技工程系统可能发生的安全风险进行分析，并从数智科技工程的任务确定系统对安全功能的需求。然后，根据存在的威胁及需求建立起安全环境，明确需要解决的安全问题。针对安全环境把它转化为带有安全技术功能和指标性质的安全目标。安全目标足以满足安全需求与对抗威胁，并且成为信息安全保障技术框架的构建依据。

建立数智科技工程安全系统的核心是保卫国家、企业或机构机密的数据信息，使所有数据信息免受非授权泄漏、篡改、伪造和删减，即保证这些数据信息的机密性、可用性、完整性、可控性和不可否认性。

2. 三保一评，一个支撑

数智科技工程系统需要通过国家主导的"三保一评"和一个支撑技术手段来把握住信息系统安全的大局。

"三保一评"指信息安全技术网络安全等级保护、涉密信息系统分级保护、关键信息基础设施保护以及商用密码应用安全评估，是国家信息安全建设的重要抓手。"一个支撑"指公钥基础设施（public key infrastructure，PKI），它是一套能够提供安全服务的基础设施的综合，涉及网络环境的各个环节。PKI是密码服务的基础，本地的PKI提供本地授权，广域网范围的PKI提供证书、目录，以及密钥产生与发布功能，PKI提供不同级别的信息保护。数字认证、数字证书、认证中心（CA中心）是PKI应用的具体体现。

3. 分级管理，层层设防

建立数智科技工程保障技术框架就是要从技术上建立起多层次的纵深保卫战略，以防止数智科技工程系统的内部和外部的攻击，也防止内外勾结的攻击。这种战略使得如果在某个层次上或者某一类保护被攻破后，仍无法攻破整个信息安全基础设施，更无法攻破整个数智科技工程网络，确保数智科技工程核心和关键业务连续地、安全地运行，并且能迅速检测、恢复被攻破的部分，使整个数智科技工程保障体系能迅速恢复到被攻击前的安全状态。

数智科技工程基础设施是具有很多脆弱性的复杂系统。为此，保障体系遵循深层防卫策略的基本原理，采用多种信息保障技术，在攻击者万一破坏了某个保护机制的情况下，其他保护机制能够提供附加的保护。采用层次化的保护策略，并不意味需要在各个可能受攻击的位置采取同一种保障机制，而是通过在主要位置设置适当的保护级别，依据各机构的特殊需要实现保护。另外，分层策略允许在适当的时候采用低级别的保障解决方案以降低信息保障的代价，同时也允许在关键位置（例如区域边界）明智地使用高级保障解决方案。

第一层次为网络及网络基础设施的保卫，这是对抗外部攻击者的第一道防线，也是防止内外勾结、内部向外部提供方便以便攻击内部网络的最后一道防线。第二层次为边界及接入网的保卫，这里以防火墙为主，同时发挥虚拟专网（VPN）的保护作用，辅之以网络入侵检测、网络防病毒，及其二者相应的告警与对抗措施，这是防止外部攻击的第二道防线，也是防止内部攻击的第二道防线。第三层次是计算机环境的保卫，这是抗击外部攻击的最后一道防线，也是抗击内部攻击的第一道防线。

数智科技工程每一层次都不同程度地配有用户标识与鉴别、访问控制、信息流控制、加/解密、完整性保护、不可否认性保护、网络及网络隔离、入侵检测、病毒防护、漏洞扫描、安全审计、物理安全、备份、灾难恢复、应急处理等，它们互相配合，构成一个有机的保卫整体。各个层次和各种保障技术类型及强度都是在满足安全目标的前提下组织设置的。

4. 三位一体，综合治理

保证数智科技工程系统安全运行需要多种策略的综合作用，需要多项对策和措施协调合作，构成一个有机的网络安全防范体系。信息系统的社会化、网络化和跨时空化的特点，决定了数智科技工程的安全保护工作要科学化、法律化和规范化。因此，对数智科技工程的安全保护应从安全技术、安全法规和安全管理三方面着手。在这三者之间，安全技术是保障，法律法规是根本，安全管理是基础。

数智科技工程安全系统中最关键、最核心和最活跃的因素是人。只有从最高领导层到全体工作人员提高安全意识，建立完整的安全管理组织，明确安全目标、安全策略和安全职责，每一个人都对自己处理的工作负责，才能建立起完整配套的安全管理系统，才能提高安全管理人员和安全维护人员的技术水平，才能最终建立可靠的数智科技工程安全保障系统。

15.1.3　安全系统发展趋势

随着网络信息技术的升级，针对日趋复杂的网络环境和实际需求，网络安全技术正朝着更复杂化、多元化、个性化、智能化的方向发展。在国家大力推进数字化转型、激发数据要素价值的大背景下，我国网络与数据安全政策法规、技术标准不断完善，促进数据要素价值发挥和数据安全产业的规划不断出台，科技自强自立和扩大内循环在全国上下形成共识，自主可信可控成为不可逆转的趋势。

1. 数据安全成为数字经济的基石

在数字经济的发展过程中，数据起着核心和关键作用，展现出巨大价值和潜能。在我国数字经济进入快车道的时代背景下，如何开展数据安全保护，提升全社会的"安全感"，已成为普遍关注的问题。数据安全保护不同于以前防火墙式的数据静态保护，而是倾向于数据流动和使用状态中的动态保护。数据安全保护必须考虑到数据流动的每一个环节，覆盖数据的全生命周期。只有坚守数据安全底线，把保障数据安全放在突出位置，为数据流通提供安全可信流通环境，才能促进数据要素市场的健康发展，发挥数据价值。

2. 关键信息基础设施保护领域成为行业增长点

关键信息基础设施一旦遭到破坏、丧失功能或者数据泄露，会危害国家安全、国计民生和公共利益。当前，关键信息基础设施认定和保护成为各方的关注焦点和研究重点。《关键信息基础设施安全保护条例》《信息安全技术 关键信息基础设施安全保护要求》（GB/T 39204-2022）的贯彻实施，为各行业各领域关键信息基础设施保护提供标准化支撑，我国关键信息基础设施安全保护工作将进入新的发展阶段。

3. 隐私计算技术得到产学研界共同关注

隐私计算是指在保护数据本身不对外泄露的前提下实现数据分析计算的技术集合，达到对数据"可用、不可见"的目的。隐私计算作为平衡数据流通与安全的底层架构，为各行各业搭建坚实的数据应用基础。联邦学习、多方安全计算、安全求交、匿踪查询、差分隐私、同态加密等实现技术已经逐渐从学术界走向商业化应用，互联网、金融、政务、医疗、运营商等行业的应用继续加速，但在安全、性能和数据的互联互通等方面仍存在挑战，产学研各界也在合力探索技术应用的合规路径。

4. 数据安全产业迎来高速增长

近年来，我国数字经济规模持续扩大，数据安全越发受到重视，在国家政策的推动下，金融、医疗、交通等重要市场，以及智能产业、智能家居等新兴领域的数据安全投入占比持续增加，在数据合规与企业数据保护的双重驱动下，数据安全产品和服务市场需求更加凸显，数据安全市场规模不断扩大，数据安全产业具有良好的发展前景。

5. 国产密码技术广泛应用

密码是保障个人隐私和数据安全的核心技术，我国在密码算法设计与分析基础理论研究方面取得一系列的创新科研成果，自主设计的密码算法已经成为国际标准、国家标准或密码行业标准，我国商用密码算法体系基本形成，能满足非对称加密算法、摘要算法和对称加密算法的需要。随着国家密码政策的贯彻实施，以及国家对国产化的支持，国产密码技术日趋成熟，国产密码应用将在基础信息网络、涉及国计民生和基础信息资源的重要信息系统、重要工业控制系统、面向社会服务的政务信息系统中得到更加广泛的应用。

6. 供应链安全风险管理成为重要挑战

供应链风险管理一直是网络安全建设过程中的薄弱环节，尤其是采购的软件中多使用开源软件和源代码，为黑客通过供应链中供应商的薄弱安全链接访问企业数据提供可乘之机。随着经济全球化和信息技术的快速发展，网络产品和服务供应链已发展为遍布全球的复杂系统，由全球供应商、分包商、各地工厂、仓库、运输、客户、代理、售后服务等组成的一个庞大的网络，在供应链中任何一个环节出现问题，都可能影响网络产品和服务的安全。

7. 信创需求全面推进

基础软硬件是科技产业的支柱，信息技术创新直接关系国家安全，对信创产业的重视程度将上升到新高度。从近几年信创产业发展来看，通过应用牵引与产业培育，国产软硬件产品综合能力不断提升，操作系统、数据库等基础软件在部分应用场景中实现"可用"，正在向"好用"迈进。信创产业已经从党政信创向行业信创发展，信创的覆盖领域向金融、运营商、电力教育、医疗等行业全面推进，国产软硬件渗透率将快速提升。

8. 安全产品云化服务广泛应用

云计算、云应用已经成为数字化产业必备链条，公有云、私有云、混合云、边缘云的安全保障已成为未来组织发展的必要条件。随着各个行业和领域都在加速向云迁移和创新，云计算服务需求日益多样化和复杂化，为了满足不同的应用场景和用户需求，安全产品云化能够提供更加灵活、高效和经济的解决方案。

9. 人工智能促进信息安全领域发展

随着科技的不断进步，人工智能已成为全球范围内最受关注的技术领域之一。以ChatGPT为代表的生成式人工智能，凭借其惊艳的语言理解、生成、知识推理能力，在全世界掀起了一波人工智能领域的技术巨浪。人工智能技术已经广泛应用于各个领域，极大提高了人民生活品质，但是人工智能技术也会产生冲击法律与社会伦理、侵犯个人隐私、引入新的安全风险等问题，通过生物特征识别、漏洞检测分析、恶意代码分析等诸多方面人工智能技术，可以加速提升信息安全技术水平。

15.2 国家主导的"三保一评"是数智科技工程安全的基石

数智科技工程安全的核心是信息安全。近年来我国通过立法的手段颁布了多项网络安全领域重要的法律法规，有力推动我国数字化事业快速发展。其中信息安全技术网络安全等级保护、涉密信息系统分级保护、关键信息基础设施安全保护、商用密码应用安全性评估（简称"三保一评"）尤为重要，为我国网络信息系统的安全构筑了四道防线，也是数智科技工程安全系统建设的基石。

15.2.1 信息安全技术网络安全等级保护

信息安全技术网络安全等级保护（以下简称"等保"），是对信息和信息载体按照重要性等级分级别进行保护的一种工作，通过制定统一的安全等级保护管理规范和技术标准，对公民、法人和其他组织的信息系统分等级实行安全保护。信息系统的安全保护等级应当根据信息系统在国家安全、经济建设、社会生活中的重要程度，信息系统遭到破坏后对国家安全、社会秩序、公共利益以及公民、法人和其他组织的合法权益的危害程度等因素确定。

信息系统的安全保护等级分为五级，一至五级定级准则如下：

（1）第一级（自主保护级），信息系统受到破坏后，会对公民、法人和其他组织的合法权益造成损害，但不损害国家安全、社会秩序和公共利益。第一级信息系统运营、使用单位应当依据国家有关管理规范和技术标准进行保护。

（2）第二级（指导保护级），信息系统受到破坏后，会对公民、法人和其他组织的合法权益产生严重损害，或者对社会秩序和公共利益造成损害，但不损害国家安全。国家信息安全监管部门对该级信息系统安全等级保护工作进行指导。

（3）第三级（监督保护级），信息系统受到破坏后，会对社会秩序和公共利益造成严重损害，或者对国家安全造成损害。国家信息安全监管部门对该级信息系统安全等级保护工作进行监督、检查。

（4）第四级（强制保护级），信息系统受到破坏后，会对社会秩序和公共利益造成特别严重损害，或者对国家安全造成严重损害。国家信息安全监管部门对该级信息系统安全等级保护工作进行强制监督、检查。

（5）第五级（专控保护级），信息系统受到破坏后，会对国家安全造成特别严重损害。国家信息安全监管部门对该级信息系统安全等级保护工作进行专门监督、检查。

15.2.2　涉密信息系统分级保护

涉密信息系统分级保护（以下简称"分保"）是指涉密信息系统的建设使用单位依据分级保护管理办法和国家保密标准,按照涉密程度对不同级别的涉密信息系统采取相应的安全保密防护措施。其中，"涉密程度"是指涉密信息系统存储、处理和传输的国家秘密信息的密级，是确定系统安全保密防护级别的依据。

涉密信息系统是指由计算机及其相关和配套设备、设施构成的，按照一定的应用目标和规则存储、处理、传输国家秘密信息的系统或者网络。涉密信息系统既可以是网络，也可以是涉密计算机单机（包括便携式计算机）。涉密信息系统应当按照系统规划设计处理信息的最高密级，划分为绝密、机密和秘密三个级别，并按照不同强度的防护要求进行保护。

涉密信息系统中秘密级、机密级、绝密级信息系统的整体防护水平分别不低于非涉密信息系统等级保护的第三、四、五级的要求。

15.2.3　关键信息基础设施保护

关键信息基础设施保护（以下简称"关保"），是为了保障关键信息基础设施安全，国家对关键信息基础设施实行重点保护。

关键信息基础设施指的是公共通信和信息服务、能源、交通、水利、金融、公共服务、电子政务、国防科技工业等重要行业和领域，以及其他一旦遭到破坏、丧失功能或者数据泄露，可能严重危害国家安全、国计民生、公共利益的重要网络设施、信息系统等。

信息安全技术网络安全等级保护制度和关键信息基础设施保护制度是网络安全法的两个重要组成部分，不可分割。关键信息基础设施保护制度是在网络安全等级保护制度的基础上，采取技术保护措施和其他必要措施，保障完整性、保密性和可用性。

关键信息基础设施的确定，通常包括三个步骤：

（1）确定关键业务。

（2）确定支撑关键业务的信息系统或工业控制系统。

（3）根据关键业务对信息系统或工业控制系统的依赖程度，以及信息系统发生网络安全事件后可能造成的损失认定关键信息基础设施。

15.2.4　商用密码应用安全评估

商用密码应用安全评估（以下简称"密评"）是对采用商用密码技术、产品和服务集成建设的系统密码应用的合规性、正确性、有效性进行评估，进一步完善信息安全系统。

商用密码是指对不涉及国家秘密内容的信息进行加密保护或者安全认证所使用的密码技术和密码产品。

商用密码技术是指能够实现商用密码算法的加密、解密和认证等功能的技术（包括密码算法编程技术和密码算法芯片、加密卡等的实现技术）。商用密码技术是商用密码的核心，国家将商用密码技术列入国家秘密，任何单位和个人都有责任和义务保护商用密码技术的秘密。

《商用密码管理条例》明确了商用密码是用于"不涉及国家秘密内容的信息"领域，即非涉密信息领域。商用密码所涉及的范围很广，凡是不涉及国家秘密内容的信息，又需要用密码加以保护的，均可以使用商用密码。《商用密码管理条例》中指明了商用密码的作用，是实现非涉密信息的加密保护和安全认证等具体应用。加密是密码的传统应用，采用密码技术实现信息的安全认证，是现代密码的主要应用之一。《商用密码管理条例》将商用密码归结为商用密码技术和商用密码产品，也就是说，商用密码是商用密码技术和商用密码产品的总称。

15.2.5　数字认证

数字认证是一种用于验证和确认网络或电子交易中身份的过程，是以数字证书为核心的加密技术，可以对网络上传输的信息进行加密和解密、数字签名和签名验证，确保网上传递信息的安全性、完整性。数字认证广泛应用于各种计算机系统和网络中，在网络安全、电子商务、银行等领域有着重要作用。

数字证书是一种用于加密和解密数据、验证身份及验证文件完整性的电子文档，是由电子商务认证中心（CA中心）所颁发的一种较为权威与公正的证书，也是网上实体身份的证明。比如在网上银行、网上购物的场景中，数字证书可以验证网站的真实性和持有人的身份，从而保证用户信息的安全和隐私。

数字认证系统通常使用加密技术和数字证书来确保被认证的数据未被篡改或伪造，保护用户身份和数据的安全性，并将安全验证过程自动化。

15.3　信息安全等级保护管理

信息安全等级保护制度是国家在国民经济和社会信息化的发展过程中，提高信息安全保障能力和水平，维护国家安全、社会稳定和公共利益，保障和促进信息化建设健康发展的一项基本制度。实行信息安全等级保护制度，能够增强安全保护的整体性、针对性和实效性，使信息系统安全建设更加突出重点、统一规范、科学合理，对促进我国信息安全的发展将起到重要推动作用。

15.3.1　背　景

随着云计算、移动互联、大数据、物联网、人工智能等新技术不断涌现，计算机信息系统的概念已经不能涵盖全部，特别是互联网快速发展带来大数据价值的凸显。云计算、大数据、工业控制系统、物联网、移动互联等新技术的不断拓展已经成为产业结构升级的坚实基础，而其中网络和信息系统作为新兴产业的承载者，构建起了整个经济社会的神经中枢，保证其安全性不言而喻。

自 1994 年中华人民共和国国务院令（第 147 号）起，我国开始实施信息系统等级保护。十几年来，在金融、能源、电信、医疗卫生等多个行业都已深耕落地，但随着新技术的发展，等级保护 1.0 已无法有效应对新技术带来的信息安全风险，为了迎接新的技术挑战，有效防范和管理各种信息技术风险，提升国家层面的安全水平，等级保护 2.0 应时而生。

等保发展历程如表 15.1 所示。

表 15.1 等保发展演变史

年 份	政 策	里程碑
1994 年	《中华人民共和国计算机信息系统安全保护条例》中华人民共和国国务院令（第 147 号）	首次提出计算机信息系统实行安全等级保护
1999 年	GB 17859-1999《计算机信息系统安全保护等级划分准则》	等级划分准则发布
2003 年	《国家信息化领导小组关于加强信息安全保障工作的意见》中办发 [2003]27 号	明确等级保护工作重点是基础信息网络和关系国家安全、经济命脉、社会稳定等方面的重要信息系统
2004 年	《关于信息安全等级保护工作的实施意见》公通字 [2004]66 号	明确等级保护的具体操作和各部位职责
2007 年	《信息安全等级保护管理办法》公通字 [2007]43 号	
2007 年	《关于开展全国重要信息系统安全等级保护定级工作的通知》公信安 [2007]861 号	标志等级保护 1.0 的正式启动
2008 年	GB/T22239-2008《信息系统安全等级保护基本要求》 GB/T 22240-2008《信息系统安全等级保护定级指南》	等保 1.0 相关标准发布
2017 年	《中华人民共和国网络安全法》	等级保护制度上升到法律高度，国家实行网络安全等级保护制度
2019 年	GB/T 22239-2019《信息安全技术网络安全等级保护基本要求》 GB/T 25070-2019《信息安全技术网络安全等级保护安全设计技术要求》 GB/T 28448-2019《信息安全技术网络安全等级保护测评要求》	进入等保 2.0 时代

15.3.2 信息安全等级保护的分级

（1）第一级。第一级安全保护应能够防护免受来自个人的、拥有很少资源的威胁源发起的恶意攻击、一般的自然灾难，以及其他相当危害程度的威胁所造成的关键资源损害，在自身遭到损害后，能够恢复部分功能。

（2）第二级。第二级安全保护应能够防护免受来自外部小型组织的、拥有少量资源的威胁源发起的恶意攻击、一般的自然灾难，以及其他相当危害程度的威胁所造成的重要资源损害，能够发现重要的安全漏洞和处置安全事件，在自身遭到损害后，能够在一段时间内恢复部分功能。

（3）第三级。第三级安全保护应能够在统一安全策略下防护免受来自外部有组织的团体、拥有较为丰富资源的威胁源发起的恶意攻击、较为严重的自然灾难，以及其他相当危害程度的威胁所造成的主要资源损害，能够及时发现、监测攻击行为和处置安全事件，在自身遭到损害后，能够较快恢复绝大部分功能。

（4）第四级。第四级安全保护应能够在统一安全策略下防护免受来自国家级别的、敌对组织的、拥有丰富资源的威胁源发起的恶意攻击、严重的自然灾难，以及其他相当危害程度的威胁所造成的资源损害，能够及时发现、监测发现攻击行为和安全事件，在自身遭到损害后，能够迅速恢复所有功能。

（5）第五级。第五级安全保护一般适用于国家重要领域、重要部门中的极端重要系统。

15.3.3 等级保护基本要求

由于业务目标的不同、使用技术的不同、应用场景的不同等因素，不同的等级保护对象会以不同的形态出现，表现形式可能称之为基础信息网络、信息系统（包含采用移动互联等技术的系统）、云计算平台/系统、大数据平台/系统、物联网、工业控制系统等。形态不同的等级保护对象面临的威胁有所不同，安全保护需求也会有所差异。为了便于实现对不同级别和不同形态的等级保护对象的共性化和个性化保护，等级保护要求分为安全通用要求和安全扩展要求。

安全通用要求针对共性化保护需求提出，无论等级保护对象以何种形式出现，需要根据安全保护等级实现相应级别的安全通用要求。安全扩展要求针对个性化保护需求提出，等级保护对象需要根据安全保护等级、使用的特定技术或特定的应用场景实现安全扩展要求。等级保护对象的安全保护需要同时落实安全通用要求和安全扩展要求提出的措施。

1. 安全通用要求

（1）安全物理环境。针对物理机房提出的安全控制要求，主要对象为物理环境、物理设备和物理设施等，涉及的安全控制点包括物理位置的选择、物理访问控制、防盗窃和防破坏、防雷击、防火、防水和防潮、防静电、温湿度控制、电力供应和电磁防护。

（2）安全通信网络。针对通信网络提出的安全控制要求，主要对象为广域网、城域网和局域网等，涉及的安全控制点包括网络架构、通信传输和可信验证。

（3）安全区域边界。针对网络边界提出的安全控制要求，主要对象为系统边界和区域边界等，涉及的安全控制点包括边界防护、访问控制、入侵防范、恶意代码防范、安全审计和可信验证。

（4）安全计算环境。针对边界内部提出的安全控制要求，主要对象为边界内部的所有对象，包括网络设备、安全设备、服务器设备、终端设备、应用系统、数据对象和其他设备等，涉及的安全控制点包括身份鉴别、访问控制、安全审计、入侵防范、恶意代码防范、可信验证、数据完整性、数据保密性、数据备份与恢复、剩余信息保护和个人信息保护。

（5）安全管理中心。针对整个系统提出的安全管理方面的技术控制要求，通过技术手段实现集中管理，涉及的安全控制点包括系统管理、审计管理、安全管理和集中管控。

（6）安全管理制度。针对整个管理制度体系提出的安全控制要求，涉及的安全控制点包括安全策略、管理制度、制定和发布以及评审和修订。

（7）安全管理机构。针对整个管理组织架构提出的安全控制要求，涉及的安全控制点包括岗位设置、人员配备、授权和审批、沟通和合作以及审核和检查。

（8）安全管理人员。针对人员管理提出的安全控制要求，涉及的安全控制点包括人员录用、人员离岗、安全意识教育和培训以及外部人员访问管理。

（9）安全建设管理。针对安全建设过程提出的安全控制要求，涉及的安全控制点包括定级和备案、安全方案设计、安全产品采购和使用、自行软件开发、外包软件开发、工程实施、测试验收、系统交付、等级测评和服务供应商管理。

（10）安全运维管理。针对安全运维过程提出的安全控制要求，涉及的安全控制点包括环境管理、资产管理、介质管理、设备维护管理、漏洞和风险管理、网络和系统安全管理、恶意代码防范管理、配置管理、密码管理、变更管理、备份与恢复管理、安全事件处置、应急预案管理和外包运维管理。

2. 安全扩展要求

安全扩展要求是采用特定技术或特定应用场景下的等级保护对象需要增加实现的安全要求。GB/T 22239-2019《信息安全技术网络安全等级保护基本要求》提出的安全扩展要求包括云计算安全扩展要求、移动互联安全扩展要求、物联网安全扩展要求和工业控制系统安全扩展要求。

（1）云计算安全扩展要求是针对云计算平台提出的安全通用要求之外额外需要实现的安全要求。主要内容包括基础设施的位置、虚拟化安全保护、镜像和快照保护、云计算环境管理和云服务商选择等。

（2）移动互联安全扩展要求是针对移动终端、移动应用和无线网络提出的安全要求，与安全通用要求一起构成针对采用移动互联技术的等级保护对象的完整安全要求。主要内容包括无线接入点的物理位置、移动终端管控、移动应用管控、移动应用软件采购和移动应用软件开发等。

（3）物联网安全扩展要求是针对感知层提出的特殊安全要求，与安全通用要求一起构成针对物联网的完整安全要求。主要内容包括感知节点的物理防护、感知节点设备安全、网关节点设备安全、感知节点的管理和数据融合处理等。

（4）工业控制系统安全扩展要求主要是针对现场控制层和现场设备层提出的特殊安全要求，它们与安全通用要求一起构成针对工业控制系统的完整安全要求。主要内容包括室外控制设备防护、工业控制系统网络架构安全、拨号使用控制、无线使用控制和控制设备安全等。

15.3.4 等级保护高风险项的具体要求

在网络安全等级保护测评过程中，高风险项又可称为"一票否决项"。如果信息系统在评测过程中某一项被评为高风险，将导致测评结果不合格。由此可见在信息系统建设过程中，需考虑规避等保评测的高风险项，以避免系统建设完成后还需进行重大的安全整改。

根据 GB/T 22239-2019《信息安全技术 网络安全等级保护基本要求》，列举出等级保护高风险项的具体要求，如表 15.2 所示。

表 15.2 等级保护高风险项的具体要求

序号	层面	控制点	对应要求	适用范围
1	安全物理环境	物理访问控制	机房出入口应配置电子门禁系统，控制、鉴别和记录进入的人员	所有系统
2		防盗窃和防破坏	应设置机房防盗报警系统或设置有专人值守的视频监控系统	三级及以上系统
3		防火	机房应设置火灾自动消防系统，能够自动检测火情、自动报警，并自动灭火	所有系统
4		温湿度控制	应设置温湿度自动调节设施，使机房温湿度的变化在设备运行所允许的范围之内	所有系统
5		电力供应	应提供短期的备用电力供应，至少满足设备在断电情况下的正常运行要求	对可用性要求较高的三级及以上系统
6			应设置冗余或并行的电力电缆线路为计算机系统供电	对可用性要求较高的三级及以上系统
7			应提供应急供电设施	四级系统
8		电磁防护	应对关键设备或关键区域实施电磁屏蔽	对于数据防泄漏要求较高的四级系统
9	安全通信网络	网络架构	应保证网络设备的业务处理能力满足业务高峰期需要	对可用性要求较高的三级及以上系统
10			应划分不同的网络区域，并按照方便管理和控制的原则为各网络区域分配	所有系统
11			应避免将重要网络区域部署在边界处，重要网络区域与其他网络区域之间应采取可靠的技术隔离手段	所有系统
12			应提供通信线路、关键网络设备和关键计算设备的硬件冗余，保证系统的可用	对可用性要求较高的三级及以上系统

续表 15.2

序号	层面	控制点	对应要求	适用范围
13	安全通信网络	通信传输	应采用密码技术保证通信过程中数据的完整性	对数据传输完整性要求较高的三级及以上系统
14			应采用密码技术保证通信过程中数据的保密性	三级及以上系统
15	安全区域边界	边界防护	应保证跨越边界的访问和数据流通过边界设备提供的受控接口进行通信	所有系统
16			应能够对非授权设备私自联到内部网络的行为进行检查或限制	三级及以上系统
17			应能够对内部用户非授权联到外部网络的行为进行检查或限制	三级及以上系统
18			应限制无线网络的使用,保证无线网络通过受控的边界设备接入内部网络	三级及以上系统
19		访问控制	应在网络边界或区域之间根据访问控制策略设置访问控制规则,默认情况下除允许通信外受控接口拒绝所有通信	所有系统
20			应在网络边界通过通信协议转换或通信协议隔离等方式进行数据交换	四级系统
21		入侵防范	应在关键网络节点处检测、防止或限制从外部发起的网络攻击行为	三级及以上系统
22			应在关键网络节点处检测、防止或限制从内部发起的网络攻击行为	三级及以上系统
23		恶意代码和垃圾邮件防范	应在关键网络节点处对恶意代码进行检测和清除,并维护恶意代码防护机制的升级和更新	所有系统
24		安全审计	应在网络边界、重要网络节点进行安全审计,审计覆盖到每个用户,对重要的用户行为和重要安全事件进行审计	所有系统
25	安全计算环境	身份鉴别	应对登录的用户进行身份标识和鉴别,身份标识具有唯一性,身份鉴别信息具有复杂度要求并定期更换	所有系统
26			应具有登录失败处理功能,应配置并启用结束会话、限制非法登录次数和当登录连接超时自动退出等相关措施	三级及以上系统
27			当进行远程管理时,应采取必要措施防止鉴别信息在网络传输过程中被窃	所有系统
28			应采用口令、密码技术、生物技术等两种或两种以上组合的鉴别技术对用户进行身份鉴别,且其中一种鉴别技术至少应使用密码技术来实现	三级及以上系统
29		访问控制	应重命名或删除默认账户,修改默认账户的默认口令	所有系统
30			应对登录的用户分配账户和权限	所有系统
31			应由授权主体配置访问控制策略,访问控制策略规定主体对客体的访问规则	所有系统
32		安全审计	应启用安全审计功能,审计覆盖到每个用户,对重要的用户行为和重要安全事件进行审计	三级及以上系统
33		入侵防范	应关闭不需要的系统服务、默认共享和高危端口	所有系统
34			应通过设定终端接入方式或网络地址范围对通过网络进行管理的管理终端进行限制	三级及以上系统
35			应提供数据有效性检验功能,保证通过人机接口输入或通过通信接口输入的内容符合系统设定要求	所有系统

续表 15.2

序号	层面	控制点	对应要求	适用范围
36	安全计算环境	入侵防范	应能发现可能存在的已知漏洞,并在经过充分测试评估后,及时修补漏洞	所有系统
37		恶意代码防范	应采用主动免疫可信验证机制及时识别入侵和病毒行为,并将其有效阻断	所有系统
38		数据完整性	应采用密码技术保证重要数据在传输过程中的完整性,包括但不限于鉴别数据、重要业务数据、重要审计数据、重要配置数据、重要视频数据和重要个人信息等	对数据传输完整性要求较高的三级及以上系统
39		数据保密性	应采用密码技术保证重要数据在传输过程中的保密性,包括但不限于鉴别数据、重要业务数据和重要个人信息等	三级及以上系统
40			应采用密码技术保证重要数据在存储过程中的保密性,包括但不限于鉴别数据、重要业务数据和重要个人信息等	所有系统
41		数据备份恢复	应提供重要数据的本地数据备份与恢复功能	所有系统
42			应提供异地实时备份功能,利用通信网络将重要数据实时备份至备份场地	对系统、数据容灾要求较高的三级及以上系统
43			应提供重要数据处理系统的热冗余,保证系统的高可用性	对数据处理可用性要求较高的三级及以上系统
44			应建立异地灾难备份中心,提供业务应用的实时切换	对容灾、可用性要求较高的四级系统
45		剩余信息保护	应保证鉴别信息所在的存储空间被释放或重新分配前得到完全清除	所有系统
46			应保证存有敏感数据的存储空间被释放或重新分配前得到完全清除	三级及以上系统
47		个人信息保护	应仅采集和保存业务必需的用户个人信息	所有系统
48			应禁止未授权访问和非法使用用户个人信	所有系统
49	安全区域边界	集中管控	应对网络链路、安全设备、网络设备和服务器等的运行状况进行集中监测	可用性要求较高的三级及以上系统
50			应对分散在各个设备上的审计数据进行收集汇总和集中分析,并保证审计记录的留存时间符合法律法规要求	三级及以上系统
51			应能对网络中发生的各类安全事件进行识别、报警和分析	三级及以上系统
52	安全管理制度	管理制度	应对安全管理活动中的各类管理内容建立安全管理制度	所有系统
53	安全管理机构	岗位设置	应成立指导和管理网络安全工作的委员会或领导小组,其最高领导由单位主管领导担任或授权	三级及以上系统
54	安全建设管理	产品采购和使用	应确保网络安全产品采购和使用符合国家的有关规定	所有系统
55			应确保密码产品与服务的采购和使用符合国家密码管理主管部门的要求	所有系统
56		外包软件开发	应保证开发单位提供软件源代码,并审查软件中可能存在的后门和隐蔽信道	涉及金融、民生、基础设施等重要核心领域的三级及以上系统
57		测试验收	应进行上线前的安全性测试,并出具安全测试报告,安全测试报告应包含密码应用安全性测试相关内容	三级及以上系统

续表 15.2

序 号	层 面	控制点	对应要求	适用范围
58	安全运维管理	漏洞和风险管理	应采取必要的措施识别安全漏洞和隐患,对发现的安全漏洞和隐患及时进行修补或评估可能的影响后进行修补	三级及以上系统
59		网络和系统安全管理	应严格控制变更性运维,经过审批后才可改变连接、安装系统组件或调整配置参数,操作过程中应保留不可更改的审计日志,操作结束后应同步更新配置信息库	三级及以上系统
60			应严格控制运维工具的使用,经过审批后才可接入进行操作,操作过程中应保留不可更改的审计日志,操作结束后应删除工具中的敏感数据	三级及以上系统
61			应保证所有与外部的连接均得到授权和批准,应定期检查违反规定无线上网及其他违反网络安全策略的行为	三级及以上系统
62		恶意代码防范管理	应采取必要的措施识别安全漏洞和隐患,对发现的安全漏洞和隐患及时进行修补或评估可能的影响后进行修补	三级及以上系统
63		变更管理	应明确变更需求,变更前根据变更需求制定变更方案,变更方案经过评审、审批后方可实施	三级及以上系统
64		备份与恢复管理	应根据数据的重要性和数据对系统运行的影响,制定数据的备份策略和恢复策略、备份程序和恢复程序等	三级及以上系统
65		应急预案管理	应制定重要事件的应急预案,包括应急处理流程、系统恢复流程等内容	所有系统
66			应定期对系统相关的人员进行应急预案培训,并进行应急预案的演练	三级及以上系统

15.3.5 等级保护二、三级设备配置建议

在数智科技工程的安全体系建设过程中,为了满足相应等级的等保要求,在安全产品选型时,须优先选择涉及高风险项的安全产品,然后再根据信息系统实际情况及预算情况增加其他安全产品。

根据等保要求中的高风险项及非高风险项,对于为了满足等保二级或三级要求的设备,建议参考表 15.3、表 15.4 进行配置。

表 15.3 等级保护二级设备配置建议

序 号	安全产品名称	安全产品描述
1	日志审计	用于收集安全设备、网络设备、数据库、服务器、应用系统、主机等设备所产生的日志(包括运行、告警、操作、消息、状态等)并进行存储、监控、审计、分析、报警、响应和报告
2	下一代防火墙	可以全面应对应用层威胁的高性能防火墙
3	主机杀毒软件	主机杀毒软件是用于消除主机病毒、木马和恶意软件等计算机威胁的软件
4	入侵防御系统	入侵预防系统(IPS)是电脑网络安全设施,是对防病毒软件和防火墙的补充。入侵预防系统能够监视网络或网络设备的网络资料传输行为,能够即时中断、调整或隔离一些不正常或是具有伤害性的网络资料传输行为
5	漏洞扫描	基于漏洞数据库,通过扫描等手段对指定的远程或者本地计算机系统的安全脆弱性进行检测
6	堡垒机	在一个特定的网络环境下,为了保障网络和数据不受来自外部和内部用户的入侵和破坏,而运用各种技术手段监控和记录运维人员对网络内的服务器、网络设备、安全设备、数据库等设备的操作行为,以便集中报警、及时处理及审计定责
7	终端准入系统	解决设备接入的安全防护、入网安全的合规性检查、用户和设备的实名制认证、核心业务和网络边界的接入安全、接入的追溯和审计等管理问题,避免网络资源受到非法终端接入所引起的安全威胁

续表 15.3

序 号	安全产品名称	安全产品描述
8	WAF（Web应用防火墙）	通过执行一系列针对 HTTP/HTTPS 的安全策略来专门为 Web 应用提供保护
9	上网行为管理	帮助互联网用户控制和管理对互联网的使用，包括对网页访问过滤、上网隐私保护、网络应用控制、带宽流量管理、信息收发审计、用户行为分析等

表 15.4　等级保护三级设备配置建议

序 号	安全产品名称	安全产品描述
1	日志审计	用于收集安全设备、网络设备、数据库、服务器、应用系统、主机等设备所产生的日志（包括运行、告警、操作、消息、状态等）并进行存储、监控、审计、分析、报警、响应和报告
2	下一代防火墙	可以全面应对应用层威胁的高性能防火墙
3	主机杀毒软件	主机杀毒软件是用于消除主机病毒、木马和恶意软件等计算机威胁的软件
4	入侵防御系统	入侵预防系统（IPS）是电脑网络安全设施，是对防病毒软件和防火墙的补充。入侵预防系统能够监视网络或网络设备的网络资料传输行为，能够即时中断、调整或隔离一些不正常或是具有伤害性的网络资料传输行为
5	漏洞扫描	基于漏洞数据库，通过扫描等手段对指定的远程或者本地计算机系统的安全脆弱性进行检测
6	堡垒机	在一个特定的网络环境下，为了保障网络和数据不受来自外部和内部用户的入侵和破坏，而运用各种技术手段监控和记录运维人员对网络内的服务器、网络设备、安全设备、数据库等设备的操作行为，以便集中报警、及时处理及审计定责
7	终端准入系统	解决设备接入的安全防护、入网安全的合规性检查、用户和设备的实名制认证、核心业务和网络边界的接入安全、接入的追溯和审计等管理问题，避免网络资源受到非法终端接入所引起的安全威胁
8	WAF（Web应用防火墙）	通过执行一系列针对 HTTP/HTTPS 的安全策略来专门为 Web 应用提供保护
9	上网行为管理	帮助互联网用户控制和管理对互联网的使用，包括对网页访问过滤、上网隐私保护、网络应用控制、带宽流量管理、信息收发审计、用户行为分析等
10	渗透测试	渗透测试通过模拟恶意黑客攻击方法来评估网络系统安全，包括对系统的弱点、技术缺陷或漏洞的主动分析
11	数据库审计	以安全事件为中心，以全面审计和精确审计为基础，实时记录网络上的数据库活动，对数据库操作进行细粒度审计的合规性管理，对数据库遭受到的风险行为进行实时告警
12	网站防篡改	通过文件底层驱动技术对 Web 站点目录提供全方位的保护，为防止黑客、病毒等对目录中的网页、电子文档、图片、数据库等任何类型的文件进行非法篡改和破坏
13	态势感知	提供统一的威胁检测和风险处置，检测资产遭受到的各种典型安全风险，还原攻击历史，感知攻击现状，预测攻击态势，提供事前、事中、事后安全管理能力，通过资产管理、脆弱性评估、威胁检测等手段完成网络的安全检查、风险评估

15.3.6　等级保护 1.0 和 2.0 的区别

1994 年，《中华人民共和国计算机信息系统安全保护条例》规定，"计算机信息系统实行安全等级保护，安全等级的划分标准和安全等级保护的具体办法，由公安部会同有关部门制定"，等级保护制度正式被提出。

2016 年 10 月，公安部网络安全保卫局对原有国家标准《信息安全技术信息系统安全等级保护基本要求（GB/T22239-2008）》等系列标准进行修订。

2017 年 6 月，《中华人民共和国网络安全法》正式出台，信息安全等级保护过渡到网络安全等级保护，明确要求国家实施等保制度。

2019 年 5 月，随着 GB/T22239-2019《信息安全 技术网络安全等级保护基本要求》、

GB/T28448-2019《信息安全 技术网络安全等级保护测评要求》等标准的正式发布，标志着等保 2.0 全面启动。

等保 2.0 将原来的标准《信息安全技术信息系统安全等级保护基本要求》改为《信息安全技术网络安全等级保护基本要求》，与《中华人民共和国网络安全法》中的相关法律条文保持一致。

等保 1.0 和等保 2.0 基本要求的变化如图 15.1 所示。

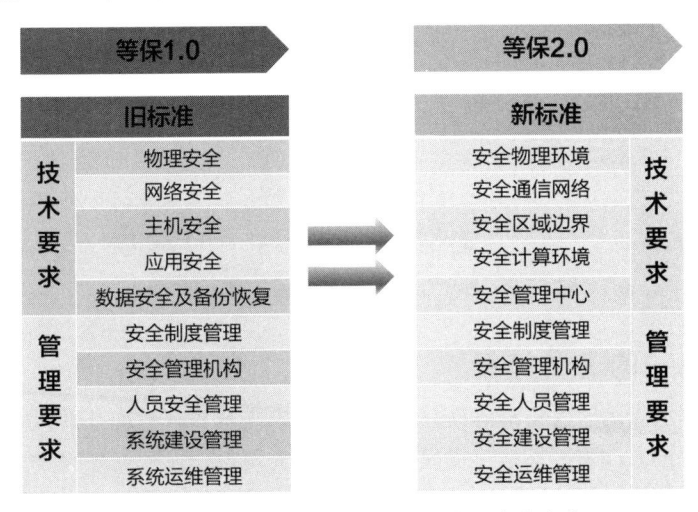

图 15.1 等保 1.0 和等保 2.0 基本要求的变化

15.4 涉密信息系统分级保护管理

国家秘密信息是国家主权的重要内容，关系到国家的安全和利益，一旦泄露，必将直接危害国家的政治安全、经济安全、国防安全、科技安全和文化安全。没有信息安全，国家就会丧失信息主权和信息控制权，所以国家秘密的信息安全是国家信息安全保障体系中的重要组成部分。

15.4.1 背　景

早在 1997 年，《中共中央关于加强新形势下保密工作的决定》中，就明确了在新形势下保密工作的指导思想和基本任务，提出要建立与《中华人民共和国保守国家秘密法》相配套的保密法规体系和执法体系，建立现代化的保密技术防范体系。

中央保密委员会于 2004 年 12 月 23 日下发了《关于加强信息安全保障工作中保密管理若干意见》，在其中明确提出要建立健全涉密信息系统分级保护制度。

在 2005 年 12 月 28 日，中华人民共和国国家保密局下发了《涉及国家秘密的信息系统分级保护管理办法》，同时，《中华人民共和国保守国家秘密法》于 2010 年修订，自同年 10 月 1 日开始实施。

随着《中华人民共和国保守国家秘密法》的贯彻实施，基本形成完善的保密法规体系。涉密信息系统分级保护，保护的对象是所有涉及国家秘密的信息系统，重点是党政机关、军队和军工单位，由各级保密工作部门根据涉密信息系统的保护等级实施监督管理，确保系统和信息安全，确保国家秘密不被泄漏。

涉密信息系统分级保护制度的发展如图 15.2 所示。

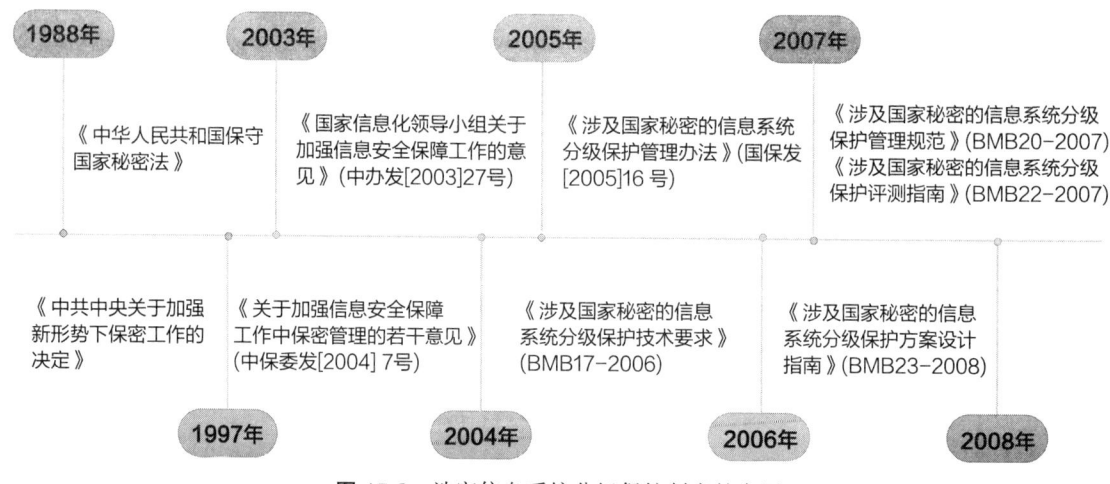

图 15.2 涉密信息系统分级保护制度的发展

15.4.2 分级保护的三个等级

不同类别、不同层次的国家秘密信息，对于维护国家安全和利益具有不同的价值，所以需要不同的保护强度进行保护。涉密信息系统实行分级保护，先要根据涉密信息的涉密等级、涉密信息系统的重要性、遭到破坏后对国计民生造成的危害性，以及涉密信息系统必须达到的安全保护水平来确定信息安全的保护等级。

根据其涉密信息系统处理信息的最高密级，可以划分为秘密级、机密级和绝密级三个等级：

1. 秘密级

信息系统中包含有最高为秘密级的国家秘密，其防护水平不低于国家信息安全等级保护三级的要求，并且还必须符合分级保护的保密技术要求。

2. 机密级

信息系统中包含有最高为机密级的国家秘密，其防护水平不低于国家信息安全等级保护四级的要求，还必须符合分级保护的保密技术要求。

属于下列情况之一的机密级信息系统应选择机密级的要求：

（1）信息系统的使用单位为副省级以上的党政首要机关，以及国防、外交、国家安全、军工等要害部门。

（2）信息系统中的机密级信息含量较高或数量较多。

（3）信息系统使用单位对信息系统的依赖程度较高。

3. 绝密级

信息系统中包含有最高为绝密级的国家秘密，其防护水平不低于国家信息安全等级保护五级的要求，还必须符合分级保护的保密技术要求，绝密级信息系统应限定在封闭的安全可控的独立建筑内，不能与城域网或广域网相连。

15.4.3 涉密信息系统与公共信息系统的区别

（1）信息内容不同。涉密信息系统存储、处理和传输的信息涉及国家秘密和其他敏感信息，应严格控制知悉范围；公共信息系统存储、处理和传输的信息不能涉及国家秘密。

（2）设施、设备标准不同。涉密信息系统的安全保密设施、设备，必须符合国家保密标准；公共信息系统的安全保密设施、设备也应符合一定技术标准要求，但并不要求执行国家保密标准。

（3）检测审批要求不同。涉密信息系统必须满足安全保密需求，符合国家保密标准要求，投入使用前必须经安全保密检测评估和审查批准；公共信息系统投入使用前也需要进行相关检测，但检测的目的和要求不同。

（4）使用权限不同。涉密信息系统要严格控制使用权限；公共信息系统则是开放性的，只要具备一定访问条件就可以使用。

分级保护工程事关国家安全。承建的企业应具有相应涉密资质，遵守国家相关保密条例与规范，在国家保密部门的指导下进行建设。本文仅能点到为止，不再赘述。

15.5 关键信息基础设施保护

关键信息基础设施关系国家重大利益、人民生命财产安全和社会生产生活秩序，一旦遭到破坏、丧失功能或者数据泄露，可能严重危害国家安全、国计民生、公共利益的网络设施、信息系统和数据资源。

15.5.1 背　景

2021年9月1日，国务院颁布的《关键信息基础设施安全保护条例》正式实施，标志着我国网络安全保护迈进了以关键信息基础设施安全保护为重点的新阶段，对保障国家安全、经济发展和社会稳定，以及推进信息化建设具有十分重要的意义。

关键信息基础设施保护的相关政策要求中的重点内容如表15.5所示。

表15.5　关键信息基础设施保护的政策要求

法律法规	政策要求
《中华人民共和国网络安全法》 中华人民共和国主席令（第五十三号）	第三十一条 国家对公共通信和信息服务、能源、交通、水利、金融、公共服务、电子政务等重要行业和领域，以及其他一旦遭到破坏、丧失功能或者数据泄露，可能严重危害国家安全、国计民生、公共利益的关键信息基础设施，在网络安全等级保护制度的基础上，实行重点保护。关键信息基础设施的具体范围和安全保护办法由国务院制定
《中华人民共和国密码法》 中华人民共和国主席令（第三十五号）	第二十七条 法律、行政法规和国家有关规定要求使用商用密码进行保护的关键信息基础设施，其运营者应当使用商用密码进行保护，自行或者委托商用密码检测机构开展商用密码应用安全性评估。商用密码应用安全性评估应当与关键信息基础设施安全检测评估、网络安全等级测评制度相衔接，避免重复评估、测评
《关键信息基础设施安全保护条例》 中华人民共和国国务院令（第745号）	《关键信息基础设施安全保护条例》是关键信息基础设施安全保护标准，针对关键信息基础设施安全保护的专门性行政法规，明确了关键信息基础设施安全保护的具体要求和措施

15.5.2 关保的三个防护能力等级

关键信息基础设施的安全防护能力依据安全防护能力的完成程度高低进行分级评估，包括3个能力等级，从能力等级1到能力等级3，逐级增高，能力等级之间为递进关系，高一级的能力要求包括所有低等级能力要求。

（1）能力等级1。能识别相关风险，防护措施成体系，能够开展检测评估活动，具备监测预警能力；能够按规定接受和报送相关信息；在突发事件发生后能应对并按计划恢复。

（2）能力等级2。能清晰识别相关风险，防护措施有效，能够检测评估出主要安全风险，主动监测预警和态势感知，事件响应较为及时，业务能够及时恢复。

（3）能力等级3。识别认定完整清晰，防护措施体系化、自动化高，能够及时检测评估出主要安全风险，使用自动化工具进行监测预警和态势感知，信息共享和协同程度高，事件响应及时有效，业务可近实时恢复。

15.5.3 关键信息基础设施保护的基本要求

1. 关键信息基础设施保护主管部门

关键信息基础设施保护主管部门主要包括国务院公安部门、国务院电信主管部门和其他有关部门、省级人民政府有关部门三类,每类部门具体负责的工作如下:

(1)国务院公安部门。负责指导监督关键信息基础设施安全保护工作。

(2)国务院电信主管部门和其他有关部门。依照关保条例及相关的法律、行政法规的规定,在各自职责范围内负责关键信息基础设施安全保护和监督管理工作。

(3)省级人民政府有关部门。依据各自职责对关键信息基础设施实施安全保护和监督管理。

2. 关键信息基础设施主要分类

关键信息基础设施主要分为公众服务、民生服务、基础生产三类,每类相关的领域如下:

(1)公众服务。如党政机关网站、企事业单位网站、新闻网站等。

(2)民生服务。金融、电子政务、公共服务等。

(3)基础生产。能源、水利、交通、数据中心、电视广播等。

3. 如何开展关键信息基础设施安全保护工作

GB/T 39204-2022《信息安全技术 关键信息基础设施安全保护要求》中指导了如何开展关键信息基础设施安全保护工作。

1)安全防护

(1)遵从网络安全等级保护基本要求,开展定级、备案及相关工作。

(2)根据识别的关键业务、资产、安全风险,在安全管理制度、安全管理机构、安全管理人员、安全通信网络、安全计算环境、安全建设管理、安全运维管理等方面实施安全管理和技术保护措施,确保关键信息基础设施的运行安全。

(3)需制定网络安全保护计划,并最少每年更新一次,或者发生安全事件的情况下更新。

(4)设置首席安全官,专管或者分管关键信息基础设施。

(5)关键岗位设置两人管理,对该岗位的人员进行不少于30学时的培训。

(6)采用"一主双备","双节点"冗余的网络架构。

(7)根据区域不同做严格把控,并保留相关日志不少于6个月。

(8)应使用自动化工具进行管理,对漏洞、补丁进行修复。

2)监测预警

(1)制定监测策略,明确监测对象、监测流程、监测内容,主动掌握威胁态势。

(2)明确本组织的预警信息分级标准,明确不同级别预警信息的报告、响应和处置流程。

(3)建立综合评估机制,综合评估特定时间期限内的监测预警情况。

(4)构建完善监测预警和信息通报机制,按规定向行业主管、国家监管等部门报送网络安全监测预警信息。

3)主动防御

(1)构建攻防演习机制,使关键基础设施运营单位在实战中全面提升威胁应对能力,提升纵深防御能力、动态防御能力。

(2)构建主动防御能力,形成整体防控、精准防控和联防联控的安全运营体系。

(3)完善突发事件应急机制,有效处置网络安全事件,并针对应急演练中发现的突出问题和漏洞隐患,及时整改加固,完善保护措施。

（4）构建安全准入管理制度，开展互联网暴露面治理，全面了解互联网暴露面，并收敛暴露面。

4）事件处理

（1）建立网络安全事件管理制度，明确不同网络安全事件的分类分级，明确不同类别、级别及特殊时期的网络安全事件报告、处置和响应流程。

（2）明确人员职责制度，建立并落实资产安全管理、漏洞持续管理、安全策略管理、风险持续监测和安全事件响应处置闭环流程，提升处置效率。

（3）建立合作机制，建立运营者与外部机构之间、其他运营者之间的合作机制，以及运营者内部管理人员、内部网络安全管理机构与内部其他部门之间的合作机制。

（4）制定应急预案，根据演练情况对应急预案进行评估和改进，制定重大事件和威胁报告规范，明确报告流程和方法。

（5）建立信息上报机制，当网络系统出现特别重大网络安全事件时，应及时报告行业主管部门和相关监管部门。

15.5.4 关键信息基础设施安全防护能力评价

关键信息基础设施安全防护能力评价内容涵盖了等级保护测评、密码测评、能力域级别评价三个方面，关保安全防护能力评价前应通过相应等级的等级保护测评和相关密码测评。

关键信息基础设施安全防护应具备识别认定、安全防护、检测评估、监测预警、事件处置五个方面的关键能力，每个安全能力包含若干能力指标。在进行关键信息基础设施安全防护能力评价时，应按照评价内容和评价操作方法开展评价工作，给出对每项评价指标的判定结果和所处级别，得出每个能力域级别，综合五个（识别认定、安全防护、检测评估、监测预警、事件处置）能力域级别以及等级保护测评结果得出关键信息基础设施安全防护能力级别。

对应能力等级1的关键信息基础设施等级保护测评结果应至少为中；对应能力等级2的关键信息基础设施等级保护测评结果应至少为良；对应能力等级3的关键信息基础设施等级保护测评结果应为优。

15.5.5 关键信息基础设施保护的实施过程

关键信息基础设施保护的实施流程主要包括识别认定、安全防护、检测评估、监测预警、事件处置五个环节，实施过程如图15.3所示。

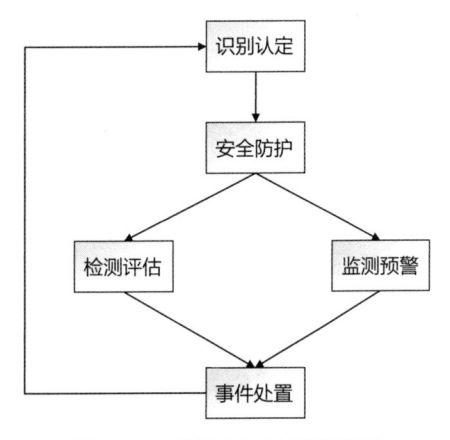

图15.3 关保实施过程示意图

1. 识别认定

运营者配合安全保护工作部门，开展关键信息基础设施识别和认定活动，围绕关键信息基础设施承载的关键业务，开展风险识别。本环节是开展安全防护、检测评估、监测预警、应急处置等环节工作的基础。

2. 安全防护

运营者根据已识别的安全风险，在规划、人员数据、供应链等方面制定和实施适当的安全防护措施，确保关键信息基础设施的运行安全。本环节在认定关键信息基础设施及识别其安全风险的基础上制定安全防护措施。

3. 检测评估

为检验安全防护措施的有效性，发现网络安全风险隐患，运营者制定相应的检测评估制度，确定检测评估的流程及内容等要素，并分析潜在安全风险可能引起的安全事件。

4. 监测预警

为检验安全防护措施的有效性，运营者制定并实施网络安全监测预警和信息通报制度，针对即将发生或正在发的网络安全事件或威胁，提前或及时发出安全警示。

5. 事件处置

根据检测评估、监测预警环节发现的问题运营者制定并实施适当的应对措施，并恢复由于网络安全事件而受损的功能或服务，动态识别关键信息基础设施的安全风险。

从关保的实施过程可以看出，"安全防护"环节要求关键信息基础设施的运营者开展等保定级备案、安全建设、整改、测评及自查工作。因为等级保护是关键信息保护的基础，所以需要加强关键信息基础设施关键业务的安全保护。而关保的实施流程除了包含等保的内容外，还增加更多动态风控的内容要求，比等保更加严格且全面。

15.6 商用密码应用安全性评估

开展商用密码安全性评估就是为了解决商用密码应用中存在的突出问题，为网络和信息系统的安全提供科学评价方法，规范商用密码的使用和管理，是国家网络安全和密码相关法律法规提出的明确要求，是法定责任和义务。

15.6.1 背 景

密码作为国家战略资源，是贯彻习近平总书记网络强国战略思想、落实《国家网络空间安全战略》、保障网络安全与数据安全的核心技术和基础支撑。密码是党和国家的一项特殊重要工作，直接关系到国家政治安全、经济安全、社会安全和人民利益。商用密码是一种重要的信息加密安全认证手段，在我们日常生活中，小到刷卡消费，大到国家关键信息基础设施间的敏感信息传输，都离不开商用密码技术。

近年来，随着商用密码在网络与信息系统中广泛应用，其维护国家主权、安全和发展利益的作用越来越凸显。党的十八大以来，党中央、国务院对商用密码创新发展和行政审批制度改革提出了一系列要求，2020年施行的《中华人民共和国密码法》对商用密码管理制度进行了结构性重塑。2023年5月24日国务院正式发布《商用密码管理条例》，将商用密码应用从"推荐性"改变为"强制性"，此推进商用密码应用安全性评估，对涉及国家安全、国计民生、社会公共利益的商用密码产品、服务以及关键信息基础设施商用密码应用等提出了明确严格的管控措施。

商用密码应用安全性评估体系发展历程如表 15.6 所示。

表 15.6　商用密码应用安全性评估体系发展历程

发展阶段	相关政策
第一阶段：制度奠基期 （2007 年 11 月至 2016 年 8 月）	《信息安全等级保护商用密码管理办法》（国密局发〔2007〕11 号）
第二阶段：再次集结期 （2016 年 9 月至 2017 年 4 月）	《商用密码应用安全性评估管理办法（试行）》 《关于开展密码应用安全性评估试点工作的通知》（国密局〔2017〕138 号文）
第三阶段：体系建设期 （2017 年 5 月至 2017 年 9 月）	《商用密码应用安全性测评机构管理办法（试行）》 《商用密码应用安全性测评机构能力审查实施细则（试行）》 《信息系统密码应用基本要求》（后以密码行业标准 GB/T 39786-2021 形式发布） 《信息系统密码测评要求（试行）》
第四阶段：密评试点开展期 （2017 年 10 月至今）	《商用密码管理条例》（中华人民共和国国务院令（第 760 号）） GB/T 38541-2020《信息安全技术 电子文件密码应用指南》 GB/T 39786-2021《信息安全技术 信息系统密码应用基本要求》 GM/T 0115-2021《信息系统密码应用测评要求》 GM/T 0116-2021《信息系统密码应用测评过程指南》

15.6.2　商用密码应用安全性评估的分级

根据《中华人民共和国密码法》有关规定，密码是指采用特定变换的方法对信息等进行加密保护、安全认证的技术、产品和服务。我国将密码分为核心密码、普通密码和商用密码三类，商用密码被用来保护不涉及国家秘密信息的网络。

商用密码应用安全性评估分为以下四级：

第一级是信息系统密码应用安全要求等级的最低等级，要求信息系统符合通用要求和最低限度的管理要求，并鼓励使用密码保障信息系统安全。信息系统管理可按照业务实际需求自主应用密码手段应对安全威胁。

第二级是在第一级的要求基础上，增加操作规程、人员上岗培训与考核、应急预案等管理要求，并要求优先选择使用密码保障信息系统安全，要求信息系统具备身份鉴别、数据安全保护的非体系化密码保障能力，可应对当前部分安全威胁。

第三级是在第二级的要求基础上，增加对真实性、机密性的技术要求以及全部的管理要求。要求具备更强的身份鉴别、数据安全、访问控制等技术及管理能力，要求信息系统建设的密码保障体系是规范、完整、可靠的。

第四级是在第三级的要求基础上，增加对完整性、不可否认性的技术要求，信息系统建设的密码保障体系规范、可靠、完整、实现主动防御，是密码体系化应用的强制要求。

15.6.3　商用密码应用的基本要求

商用密码保护要求的信息系统中的身份鉴别、数据加密、数据签名等密码技术功能由密码算法、密码技术、密码产品、密码服务等提供。从信息系统的物理和环境安全、网络和通信安全、设备和计算安全、应用和数据安全的各个层面提供全面的密码应用安全技术支撑，从而保障信息系统的用户身份真实性、重要数据的机密性和完整性、操作行为的不可否认性。

2021 年 3 月 9 日，国家市场监管总局和国家标准化管理委员会发布国家标准 GB/T39786-2021《信息安全技术 信息系统密码应用基本要求》，于 2021 年 10 月 1 日起实施，旨在指导、规范信息系统密码应用的规划、建设、运行及测评。

信息系统密码应用基本要求主要包括技术要求和管理要求两部分。

（1）技术要求涉及物理和环境安全、网络和通信安全、设备和计算安全、应用和数据安全。

（2）管理要求涉及管理制度、人员管理、建设运行、应急处置。

密码应用的指标体系内容如表 15.7 所示。

表 15.7 密码应用测评项的指标体系

物理和环境安全 – 指标体系	一级	二级	三级	四级
采用密码技术进行物理访问身份鉴别，保证重要区域进入人员身份真实性	可	宜	宜	应
采用密码技术保证电子门禁系统进出记录数据存储完整性	可	可	宜	应
采用密码技术保证视频监控音像记录数据存储完整性	—	—	宜	应
以上采用的密码产品，应达到 GB/T 37092-2018《信息安全技术 密码模块安全要求》相应的安全要求	—	应一级以上	应二级以上	应三级以上
以上如采用密码服务，该密码服务应符合法律法规的相关要求，需依法接受检测认证的，应经商用密码认证机构认证合格	应	应	应	应
网络和通信安全 – 指标体系	一级	二级	三级	四级
采用密码技术对通信实体进行身份鉴别，保证通信实体身份的真实性（四级采用双向身份鉴别）	可	宜	应	应
采用密码技术保证通信过程中数据的完整性	可	可	宜	应
采用密码技术保证通信过程中重要数据的机密性	可	宜	应	应
采用密码技术保证网络边界访问控制信息的完整性	可	可	宜	应
以上采用的密码产品，应达到 GB/T 37092-2018《信息安全技术 密码模块安全要求》相应的安全要求	—	应一级以上	应二级以上	应三级以上
采用密码对从外部连接到内部网络的设备进行接入认证，确保接入的设备身份真实性	—	—	可	宜
以上如采用密码服务，该密码服务应符合法律法规的相关要求，需依法接受检测认证的，应经商用密码认证机构认证合格	应	应	应	应
设备和计算安全 – 指标体系	一级	二级	三级	四级
采用密码技术对登录设备的用户进行身份鉴别，保证用户身份的真实性	可	宜	应	应
采用密码技术保证日志记录的完整性	可	可	宜	应
远程管理设备时，采用密码技术建立安全的信息传输通道	—	—	应	应
采用密码技术保证系统资源访问控制信息的完整性	可	可	宜	应
采用密码技术对重要可执行程序进行完整性保护，并对其来源进行真实性验证	—	—	宜	应
采用密码技术保证设备中的重要信息资源安全标记完整性	—	—	宜	应
以上采用的密码产品，应达到 GB/T 37092-2018《信息安全技术 密码模块安全要求》相应的安全要求	—	应一级以上	应二级以上	应三级以上
以上如采用密码服务，该密码服务应符合法律法规的相关要求，需依法接受检测认证的，应经商用密码认证机构认证合格	应	应	应	应
应用和数据安全 – 指标体系	一级	二级	三级	四级
采用密码技术对登录用户进行身份鉴别，保证应用系统用户身份的真实性	可	宜	应	应
采用密码技术保证信息系统应用的重要数据在传输过程中的机密性	可	宜	应	应
采用密码技术保证信息系统应用的重要数据在传输过程中的完整性	可	可	宜	应
采用密码技术保证信息系统应用的重要数据在存储过程中的机密性	可	宜	应	应
采用密码技术保证信息系统应用的重要数据在存储过程中的完整性	可	宜	宜	应
采用密码技术保证信息系统应用的访问控制信息的完整性	可	可	宜	应

续表 15.7

应用和数据安全 – 指标体系	一级	二级	三级	四级
以上采用的密码产品,应达到 GB/T 37092 相应的安全要求	—	应一级以上	应二级以上	应三级以上
在可能涉及法律责任认定的应用中,采用密码技术提供数据原发证据和数据接收证据,实现数据原发行为的不可否认性和数据接收行为的不可否认性	—	—	宜	应
以上如采用密码服务,该密码服务应符合法律法规的相关要求,需依法接受检测认证的,应经商用密码认证机构认证合格	应	应	应	应
采用密码技术保证信息系统应用的重要信息资源安全标记完整性	—	—	宜	应
管理制度 – 指标体系	一级	二级	三级	四级
具备密码应用安全管理制度,包括密码人员管理、密钥管理、建设运行、应急处置、密码软硬件及介质管理等制度	应	应	应	应
定期对密码应用安全管理制度和操作规程的合理性和适用性进行论证和审定,对存在不足或需要改进之处进行修订	—	—	应	应
明确相关密码应用安全管理制度和操作规程的发布流程并进行版本控制	—	—	应	应
具有密码应用操作规程的相关执行记录并妥善保存	—	—	应	应
根据密码应用方案建立相应密钥管理规则	应	应	应	应
对管理人员或操作人员执行的日常管理操作建立操作规程	—	应	应	应
人员管理 – 指标体系	一级	二级	三级	四级
相关人员应了解并遵守密码相关法律法规、密码应用安全管理制度	应	应	应	应
建立上岗人员培训制度,对于涉及密码的操作和管理的人员进行专门培训,确保其具备岗位所需专业技能	—	应	应	应
二级|三级|四级要求:建立密码应用岗位责任制度,明确各岗位在安全系统中的职责和权限 三级|四级要求: (1)根据密码应用的实际情况,设置密钥管理员、密码安全审计员、密码操作员等关键安全岗位 (2)对关键岗位建立多人共管机制 (3)密钥管理、密码安全审计、密码操作人员职责互相制约互相监督,其中密码安全审计员岗位不可与密钥管理员、密码操作员兼任 (4)相关设备与系统的管理和使用账号不得多人共用。 四级要求:密钥管理员、密码安全审计员、密码操作员应由本机构的内部员工担任,并应在任前对其进行背景调查	—	应	应	应
一级要求:及时终止离岗人员的所有密码应用相关的访问权限、操作权限 二级|三级|四级要求:建立关键人员保密制度和调离制度,签订保密合同,承担保密义务	应	应	应	应
定期对密码应用安全岗位人员进行考核	—	—	应	应
建设运行 – 指标体系	一级	二级	三级	四级
依据密码相关标准和密码应用需求,制定密码应用方案	应	应	应	应
根据密码应用方案,确定系统涉及的密钥种类、体系及其生存周期环节,各环节密钥管理要求参照 GB/T39786-2021《信息安全技术 信息系统密码应用基本要求》附录 B	应	应	应	应
按照密码应用方案实施建设	应	应	应	应
投入运行前进行密码应用安全性评估,三级|四级要求:评估通过后系统方可正式运行	应	宜	应	应
在运行过程中,严格执行既定的密码应用安全管理制度,定期开展密码应用安全性评估及攻防对抗演习,并根据评估结果进行整改	—	—	应	应

续表 15.7

应急处置 – 指标体系	一级	二级	三级	四级
一级要求：根据密码产品提供的安全策略，由用户自主处置密码应用安全事件 二级|三级|四级要求：制定密码应用应急策略，做好应急资源准备，当密码应用安全事件发生时，结合实际情况及时处置 二级要求：当密码应用安全事件发生时，按照应急处置措施 三级|四级要求：当密码应用安全事件发生时，立即启动应急处置措施	可	应	应	应
事件处置完成后，及时向信息系统主管部门及归属的密码管理部门报告事件发生情况及处置情况	—	—	应	应
事件发生后，及时向有关信息系统主管部门报告	—	—	应	应

以上的指标体系中提到的"可""宜""应""—"表明是否纳入商用密码评估范围的依据，具体的确定方式为：

（1）"可"说明可由信息系统责任方自行决定是否纳入测评范围。

（2）"宜"说明由密评人员根据信息系统的应用方案和方案评估意见决定是否纳入测评范围。若信息系统没有通过评估的密码应用方案或密码应用方案未做明确说明，则"宜"的条款默认纳入标准符合性测评范围。

（3）"应"说明由密评人员按照相应的测评指标要求进行测评和结果判定。若根据信息系统的密码应用方案和方案评估意见，判定信息系统确无与某项或某些测评指标相关的密码应用需求，则该测评指标为"不适用"。

（4）"—"说明该等级对测评项不做要求。

15.7 "三保一评"的联系和区别

"等保""分保""关保""密评"这四项为我国数智科技工程安全防护体系的建设的重要措施，它们之间相互联系，又相互区别。

1. "三保一评"的联系

（1）涉密信息系统分级保护是国家信息安全等级保护的重要组成部分，是等级保护在涉密领域的具体体现。

（2）等级保护是关键信息基础设施保护的基础，关键信息基础设施是等级保护的重点防护对象。

（3）关键信息基础设施必须落实网络安全等级保护制度，开展定级备案、等级测评、安全建设整改、安全检查等强制性及规定性工作。

（4）商用密码应用安全是保障网络和信息系统安全的一项防护措施，也是保障关键基础设施安全的重要手段，关键基础设施必须按照密评的相关标准、规定，开展密评工作。

（5）等保对象基本覆盖了全部的网络和信息系统，第三级以上的网络安全等级保护对象同时为关保和密评的评估对象；关键基础设施一定是等级测评和密评的评估的对象；密评对象含关键基础设施、第三级等级保护对象和部分重要的信息系统。

（6）等级保护是支撑国家网络安全的基本制度，开展关键信息基础设施保护和商用密码应用安全评估的基础，若无法将等级保护制度落实到位，则很难实现关键信息基础设施保护到位，商用密码应用安全评估工作也无法顺利进行。

（7）等级保护、关键信息基础设施保护、商用密码应用安全评估都是网络安全运营者应履行的责任和义务，重要性都是一样的，只是安全防护力度、角度存在一定差异。

四项之间的联系如图 15.4 所示。

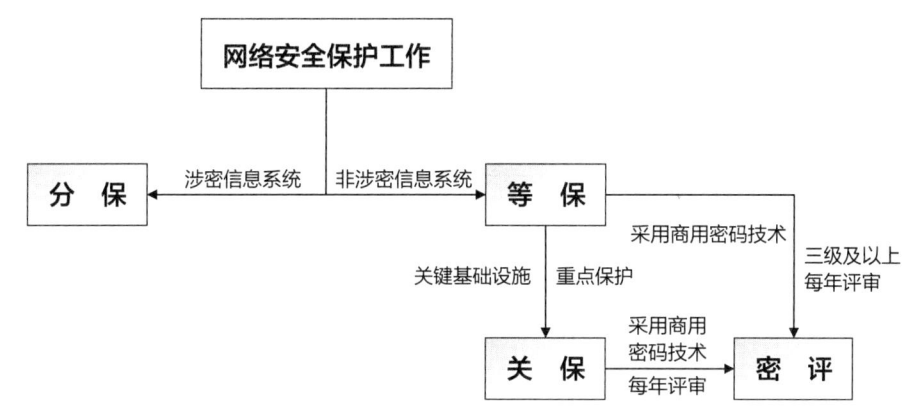

图 15.4 四项之间联系图

2. "三保一评"的区别

"三保一评"四项之间的详细区别如表 15.8 所示。

表 15.8 四者之间详细区别项

类 别	分 保	等 保	关 保	密 评
保护要求	《涉及国家秘密的信息系统分级保护技术要求》	《网络安全等级保护基本要求》	《关键信息基础设施网络安全保护基本要求》	《信息系统密码应用基本要求》
职能部门	国家相关保密部门	公安网监部门	公安网监部门	密码管理局
评估标准	《涉及国家秘密的计算机信息系统分级保护测评指南》	《信息安全技术网络安全等级保护测评过程指南》	《信息安全技术关键信息基础设施安全检查评估指南》	《商用密码应用安全性评估测评过程指南》
保护对象	所有涉及国家秘密的信息系统，重点是党政机关、军队和军工单位	重点保护的对象是非涉密的涉及国计民生的重要信息系统和通信基础信息系统，如政府、教育、卫生等重要网站及各种信息系统	关键信息基础设施：如电信、广播电视、能源、金融、交通运输、水利、应急管理、卫生健康、社会保障、国防科技等行业	关键信息基础设施、网络安全保护第三级以上的系统、国家政务信息系统
系统分级	秘密级、机密级、绝密级	第一级（自主保护级）第二级（指导保护级）第三级（监督保护级）第四级（强制保护级）第五级（专控保护级）	参照等保，重点保护	一至四级逐级增强保护能力
工作流程	系统定级、方案设计、工程实施、系统测评、系统审批、日常管理、测评与检查和系统废止	定级、备案、整改、测评、监督检查	识别认定、安全防护、检测评估、监测预警、事件处置	确定评估对象、开展测评工作、输出密码测评报告、密评结果上报
测评内容	物理隔离、安全保密产品选择、安全域边界防护、密级标识	安全物理环境、安全通信网络、安全区域边界、安全计算环境、安全管理中心、安全管理制度、安全管理机构、安全管理人员、安全建设管理、安全运维管理	合规检查、安全技术检测、分析评估	总体要求、密码功能要求、密码技术应用要求、密钥管理、安全管理

15.8 PKI 数字认证

15.8.1 背 景

电子政务、电子商务、网上银行、网上金融、网上交税等业务系统建立在坚固的安全保障体系基础之上，就像大楼的地基支撑整栋大楼的稳定性一样，信任是支撑各类业务系统安全稳定的基础。在系统中如何识别和确认身份信息，是安全保障的重要环节。基于此类需求，关于身份认证及用户权限的数字认证技术应运而生。

身份认证实质是指被认证对象是否属实和是否有效的过程，常常被用于通信双方相互确认身份，以保证通信的安全，被认证的对象可以是口令、数字签名或者指纹、声音、视网膜等生理特征。

目前，实现身份认证的数字认证的技术手段众多，通常有口令技术+ID（实体唯一标识）、双因素认证、挑战应答式认证、Kerberos 认证，以及 X.509 证书。

公钥基础设施（public key infrastructure，PKI）也是一种实现身份认证的数字认证体系，又可称为"用户授权管理体系"，该体系是支撑网上许可业务正常、安全、稳定运行的重要基础，是开展电子政务、电子商务等工作的基本保障。网上审批、许可、交易等安全认证系统项目，均需要建设用户授权管理体系，以此来实现内部业务系统及对外业务系统的数字认证。内部网络的办公系统、业务处理系统、邮件系统等系统中，可利用 PKI 实现身份认证、数字签名、信息加密等功能，对外网站也可以利用 PKI 的安全机制实现安全的信息发布。PKI 体系在为网上业务系统提高处理效率以及保证安全性方面起着巨大的作用。

15.8.2 基础安全服务设施

基础安全服务设施是一套基于数字认证，能够提供安全服务的基础设施，它包括了 PKI 及其检测与响应，其涉及网络环境的各个环节。

基础安全服务设施的任务是为网上办公或者交易系统建立一个可相互信任的网络环境，为其他安全技术的实施提供正确决策的基础，其中必须解决的信任问题包括以下 5 点：

（1）可信的身份，即你是谁的问题。由于非法用户可以伪造、假冒政府网站、社会团体、企业和个人身份，因此登录到网上政务站点的政府内部人员、社会团体、企业、个人无法知道他们所登录的网站是否是可信任的政府网站，政府网站也无法验证登录到网站上的客户是否是经过政府部门认证的合法用户，非法用户可以借机进行破坏。"用户名+口令"的传统认证方式安全性较低，用户口令易被窃取、易泄露、易被攻破。系统中的安全防护需要根据用户的身份决定是否执行其提出的访问要求，所以用户的身份是否可信成为安全策略的核心问题。

（2）可信的网域，即你来自哪里的问题。网络信任域是通过赋予网络设备可信的识别码建立起一个可管理的网络，从而准确了解和控制访问设备的访问位置及访问权限。

（3）可信的数据，即信息是否机密、完整。在各政府部门之间、政府与企业之间、外出重要人员与办公室之间、企业与个人之间通信的敏感、机密信息和数据有可能在传输过程中被非法用户截取或被恶意篡改，均会导致数据的泄露和不完整，所以如何保证用户从系统中获得的数据应该被信任且完整未被篡改显得尤为重要。

（4）可信的时间服务，即何时做了何事。对于业务系统中涉及重要事项的审批、执行的应用，系统中的文件都应具有可信的时间戳。

（5）不可抵赖的信息，即信息可追溯性。政府部门、机构、企业或个人需要对网上行为负责，一旦信息被确认，将会留存有带有签名的电子记录来作为仲裁的依据，这些已经发送、接收和处理的信息便不可否认、不可抵赖。

15.8.3 PKI系统的基本概念

PKI是指在分布式计算机环境中，使用公钥加密技术和数字证书的安全服务集合。PKI是在公开密钥理论和技术基础上发展起来的一种综合安全平台，能够为所有网络应用透明地提供采用加密和数字签名等密码服务所必需的密钥和证书管理，从而达到保证网上传递信息的安全、真实、完整和不可抵赖的目的。利用PKI可以方便地建立和维护一个可信赖的网络计算机环境，从而使得人们在这个无法直接相互面对的环境里，能够确认彼此的身份和所交换的信息，能够安全地从事电子政务、电子商务、电子事务等业务。

PKI是基于公开密钥理论的安全体系，是提供信息安全服务的基础设施。PKI公钥基础设施采用了证书管理公钥，通过第三方可信任机构认证中心，把用户的公钥和用户的其他标识信息捆绑在一起，在网络上验证用户的身份。PKI基础设施把公钥密码和对称密码结合起来，在网络上实现密钥的自动管理，保证网上数据的安全传输。PKI作为一种密钥管理平台，能够为各种网络应用透明地提供密钥和证书管理。

PKI技术现已基本成熟，其应用相当广泛，已覆盖从安全电子邮件、虚拟专用网络（VPN）、Web交互安全到电子商务、电子政务、电子事务安全的众多领域，许多政府、企业和个人已经从PKI技术的使用中获得巨大的收益。

15.8.4 PKI系统的基本结构

PKI是一组建立在公开密钥算法基础上的硬件、软件、人员和应用程序的集合，它具备产生、管理、存储、颁发和废除证书的能力。一个典型的PKI体系结构应该包括认证中心CA、注册机构RA、证书持有者、应用程序、证书库、证书吊销列表CRL（certificate revocation list）六个组成部分，PKI系统的基本结构见图15.5。完整的PKI包括认证政策的制定、认证规则、运作制度的制定、所涉及的各方法律关系内容和技术的实现。

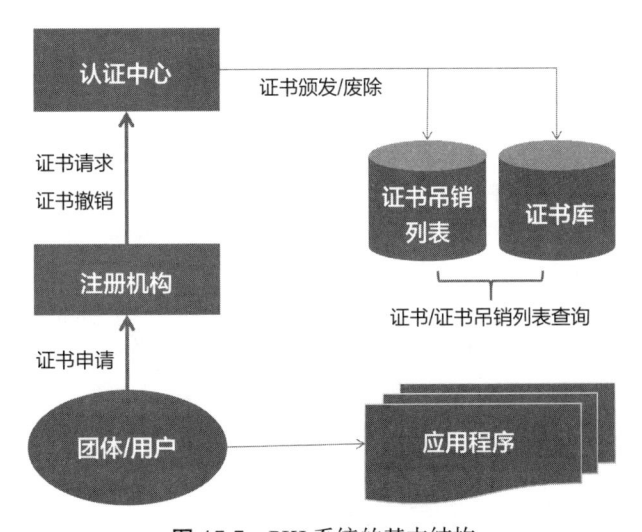

图 15.5 PKI系统的基本结构

15.8.5 认证中心与数字证书

在PKI体系中，认证中心（certificate authority，CA）和数字证书是密不可分的两个部分。

1. 认证中心

认证中心是负责产生、分配并管理数字证书的可信赖的第三方权威机构，是PKI安全体系的核心环节，为网上交易及网上办公提供电子认证，给电子商务、电子政务、网上银行的实体颁发证书，而且还负责在交易过程中检验和管理证书。认证中心通常采用多层次的分级结构，上级认证中心负责签发和管理下级认证中心的证书，最下一级的认证中心直接面向最终用户。认证中心负责完成证书的颁发、更新、查询、作废和归档等管理工作。

2. 数字证书

数字证书是由认证中心发放并经认证中心数字签名的，包含公开密钥拥有者及公开密钥相关信息的一种电子文件，可以用来证明数字证书持有者的真实身份和识别对方的身份。数字证书中包含网络通信中标志通信各方身份信息的一系列数据，其作用类似于现实生活中的身份证，由一个权威机构颁发，能够在信息交流中用以识别对方的身份。

数字证书采用公开密钥体制，即利用一对互相匹配的密钥进行加密、解密。每个用户自己设定一把特定的、仅为本人所知的专有密钥（私钥），用它进行解密和签名；同时设定一把公共密钥（公钥）并由本人公开，用于加密和验证签名。当发送一份保密文件时，发送方使用接收方的公钥对数据加密，而接收方则使用自己的私钥解密，从而保证信息安全无误地到达目的地。

通过使用数字证书，使用者可以得到如下保证：

（1）信息除发送方和接收方外不被其他人窃取。

（2）信息在传输过程中不被篡改。

（3）发送方能够通过数字证书来确认接收方的身份。

（4）发送方对于自己的信息不能抵赖。

（5）信息自数字签名后到对方收到为止，未曾作过任何修改，签发的文件是真实文件。

目前，数字证书广泛采用X.509标准格式。X.509是由国际电信联盟电信标准化组织（ITU-T）制定的数字证书标准。我国的关于数字证书格式的国家标准为GB/T 20518-2018《信息技术安全技术 公钥基础设施 数字证书格式》，该标准规定了数字证书的基本结构，对数字证书中的各数据项内容进行描述，规定了标准的证书扩展域，并对每个扩展域的结构进行定义，特别是增加一些专门面向应用的扩展项在应用中应按照本标准的规定使用这些扩展项。该标准还对证书中支持的签名算法、密码杂凑函数、公开密钥算法进行了描述。

数字证书包括申请证书个体的信息和发行证书CA的信息。根据GB/T 20518-2018《信息技术安全技术 公钥基础设施 数字证书格式》，证书的数据结构由基本证书数据、签名算法、签名值组成。

（1）基本证书数据。证书的数据包含了主体名称和签发者名称、主体的公钥证书的有效期以及其他的相关信息，具体内容如下：

① 版本号，指出该证书使用了哪种版本的X.509标准（版本1、版本2或是版本3）。

② 证书序列号，每一个由CA发行的证书有一个唯一的序列号。

③ 签名算法标识符，用于说明本证书所用的数字签名算法。

④ 颁发者名称，标识了证书签名和证书颁发的实体。

⑤ 证书有效期。

⑥ 证书主体的名称，证书持有人的唯一标识符。

⑦ 主体公钥信息，包括证书持有人的公钥、算法。

⑧ 扩展信息（注：只在版本3的证书中才有该项）。

（2）签名算法。签名算法包含证书签发机构签发该证书所使用的密码算法的标识符。

（3）签名值。签名值域包含了对基本证书域进行数字签名的结果，即发行证书的CA签名。

由此看来，任何人收到数字证书后都能使用自带的签名算法来验证该数字证书是否由CA的签名密钥签发。

第16章 安全技术在数智科技工程的应用案例

业友之先，可以促进

某市政务云平台安全防护体系和省级政务云密码服务平台都是数智科技工程安全系统建设效果较好的案例。本章将对这两个案例进行简要介绍，以启迪关心数智科技工程安全系统建设事业的读者，为我国数智科技工程安全系统的建设与发展献出微薄之力。

16.1 某市政务云平台安全防护体系建设案例

中国电信股份有限公司承建的某市政务云平台防护体系，围绕安全技术防护体系和安全管理着力，全面提升政务云的攻击防护能力、隐患发现能力、风险管理能力、应急响应能力和系统恢复能力，使政务云基础设施、政务应用服务、数据信息资产等业务安全运行。

16.1.1 案例概述

1. 建设背景

该市政务云平台覆盖6个区县单位，66个乡镇，为该市提供统一的政务服务。根据该市电子政务外网总体规划，在已建设的电子政务云平台、运维支撑系统的基础上，在该市政务部门之间建立公共非涉密信息传输通道，为各级政务部门实现互联互通、数据传输、资源共享和业务协同提供网络支撑环境。

2. 建设目标

按照电子政务外网建设相关规范标准、国家网络安全制度、该市政务外网相关指引文件，对该市政务云平台进行网络安全规划建设，力求在政务应用向各区县延伸过程中，在政务应用建设不断深化的过程中，建立健全网络安全体系，在方便公众生活、提供便利的同时，保障公众隐私、确保政务数据的安全可靠。

16.1.2 总体架构

安全防护体系按照国家网络安全等级保护第三级的基本要求进行建设，安全资源架构如图16.1所示。

安全资源总体架构分为互联网安全边界区、电子政务外网安全边界区、电子政务外网城域网接入区、云平台互联网区、云平台公共服务区、安全管理区6大区域。

（1）在互联网安全边界区新增部署流量清洗设备、防火墙、入侵防御系统、上网行为管理系统各2台，负责互联网出口的安全防护。

（2）在电子政务外网安全边界区新增部署2台入侵防御系统，与原有防火墙负责政务外网出口的安全防护。

（3）在云平台互联网区新增部署2台网站安全防护设备及1台态势感知系统探针，负责该区域的安全防护。

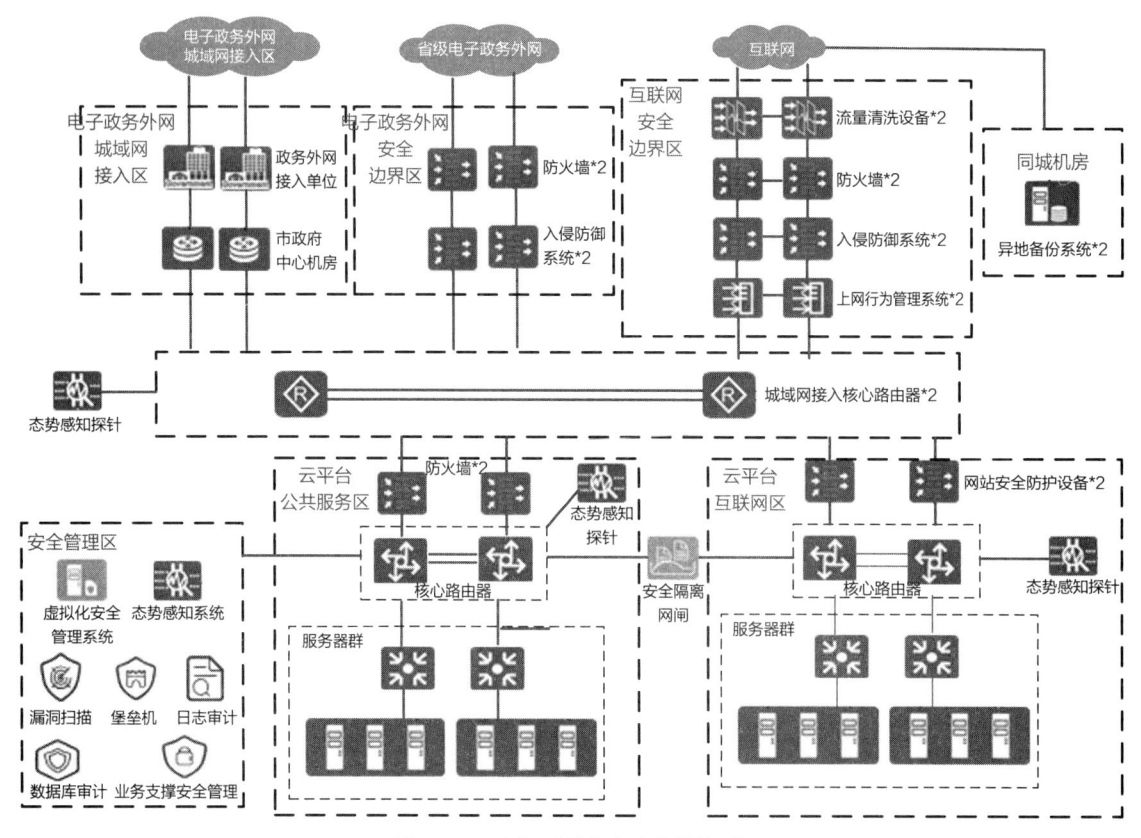

图 16.1 政务云平台安全资源架构

（4）在云平台公共服务区新增部署 1 台态势感知系统探针，与原有的 2 台防火墙负责该区域的安全防护。

（5）在云平台互联网区与云平台公共服务区之间部署安全隔离网闸，对两个区之间的通信数据进行安全隔离。

（6）在安全管理区新增部署 1 台态势感知系统及 1 套虚拟化安全管理系统，与原有的漏洞扫描、堡垒机、日志审计、数据库审计、业务支撑安全管理一起对整个云平台进行全面的安全支撑管理。

16.1.3 安全技术防护体系建设

安全防护体系分别从安全物理环境、安全通信网络、安全区域边界、安全计算环境等方面进行建设。

1. 安全物理环境

不同安全保护等级的系统需要根据不同保护等级的要求和需求独立设计，若几个不同安全保护等级的系统共用机房，共用部分按照最高原则设计。该政务云平台安全防护体系物理环境建设包括物理位置选择、物理访问控制、防盗窃和防破坏、防雷、防火、防水和防潮、防静电、温湿度控制、电力供应、电磁防护。

（1）物理位置选择。机房场地选择在具有防震、防风和防雨等能力的建筑内。

（2）物理访问控制。机房出入口安排专人值守并配置电子门禁系统，控制、鉴别和记录进入的人员，从物理访问上加强对机房的管理。

（3）防盗窃和防破坏。将机房设备或主要部件进行固定，并设置明显的不易除去的标记；通信线缆铺设在隐蔽处，可铺设在地下或管道中；机房配备防盗报警系统并设置有专人值守的视频监控系统。

（4）防雷。各类机柜、设施和设备等通过接地系统安全接地并采取措施防止感应雷，例如设置防雷保安器或过压保护装置等。

（5）防火。配备火灾自动消防系统，自动检测火情，自动报警，并自动灭火。机房及相关的工作房间和辅助房采用具有耐火等级的建筑材料同时对机房划分区域进行管理，区域和区域之间设置隔离防火措施。

（6）防水和防潮。有措施防止雨水通过机房窗户、屋顶和墙壁渗透，防止机房内水蒸气结露和地下积水的转移与渗透，同时安装对水敏感的检测仪表或元件，对机房进行防水检测和报警。

（7）防静电。安装防静电地板并采用必要的接地防静电措施，防止静电的产生，例如采用静电消除器、佩戴防静电手环等。

（8）温湿度控制。配备温湿度自动调节设施（空调系统），使机房温湿度的变化在设备运行所允许的范围之内。

（9）电力供应。配备稳压器和过电压防护设备，配备不间断电源 UPS 系统，设置冗余或并行的电力电缆线路为计算机系统供电。

（10）电磁防护。电源线和通信线缆隔离铺设，避免互相干扰，对关键设备实施电磁屏蔽。

2. 安全通信网络

网络环境是抵御外部攻击的第一道防线，因此必须进行各方面的防护。对网络安全的保护，主要关注共享和安全两个方面。开放的网络环境便利了各种资源之间的流动、共享，必须在二者之间寻找恰当的平衡点，使得在尽可能安全的情况下实现最大程度的资源共享，这是实现网络安全的理想目标。政务云平台安全通信网络从网络架构、通信传输和可信验证三个方面进行安全防护。

1）网络架构

网络结构是网络安全的前提和基础，根据各部门的工作职能、重要性和所涉及信息的重要程度等因素，划分不同的网段或虚拟局域网 VLAN，业务终端与业务服务器之间建立安全路径；存放重要业务系统及数据的网段不直接与外部系统连接，和其他网段隔离，单独划分区域；通过网络设备流量控制等技术手段保证重要业务不受网络拥堵影响，保证网络设备的业务处理能力满足业务高峰期需要及各个部分的带宽满足业务高峰期需要。

2）通信传输

使用虚拟专用网络 VPN 设备并采用 PKI 体系中的完整性校验功能进行完整性检查，保障通信完整性及通信过程中敏感信息字段或整个报文的保密性。

3）可信验证

对通信设备的系统引导程序、系统程序、重要配置参数和通信应用程序等进行可信验证，并在应用程序的关键执行环节进行动态可信验证，在检测到其可信性受到破坏后进行报警，并将验证结果形成审计记录送至安全管理中心。

3. 安全区域边界

1）安全区域边界技术要求

安全区域边界技术要求包括边界防护、访问控制、入侵防范、恶意代码防范和垃圾邮件防范、安全审计、态势感知六个方面。

（1）边界防护。部署访问控制设备，保证跨越边界的访问和数据流通过边界防护设备提供的受控接口进行通信；部署准入设备或其他安全措施对非授权设备私自联到内部网络的行为进行限制或检查，并对内部用户非授权联到外部网络的行为进行限制或检查。

（2）访问控制。访问控制包括数据过滤、区域控制、登录访问控制。

① 数据过滤。信息系统边界是安全域划分和明确安全控制单元的体现。在网络边界部署防火墙，对所有流经防火墙的数据包按照严格的安全规则进行过滤，将所有不安全的或不符合安全规则的数据包屏蔽，杜绝越权访问，防止各类非法攻击行为，基于应用协议及应用内容进行访问控制。

② 区域控制。针对网络内部各区域之间的访问，采用防火墙及虚拟局域网 VLAN 划分进行控制。在核心交换机上设置访问控制列表策略，禁止终端用户对安全管理区的直接访问。重要网段及设备进行 IP 与 MAC 地址绑定。

③ 登录访问控制。结合信任服务系统，采用安全认证网关对访问应用系统提供访问控制和身份鉴别，登录失败后采取结束会话、限制非法登录次数和当网络登录连接超时自动退出等防护措施。

（3）入侵防范。利用现有的入侵检测设备，通过入侵检测系统的动态检测功能，对网络中的流量进行监测，并定期对入侵检测设备的特征库进行升级，及时发现网络中的异常行为。

（4）恶意代码防范和垃圾邮件防范。利用现有的防病毒软件，及时进行升级更新，同时进行漏洞扫描，及时进行系统补丁更新。对垃圾邮件进行检测和防护，并维护垃圾邮件防护机制的升级和更新。

（5）安全审计。利用现有的网络审计系统，对网络边界、重要网络节点进行安全审计，审计覆盖到每个用户，审计记录应包括事件的日期和时间、用户、事件类型、事件是否成功及其他与审计相关的信息。对审计记录进行保护，定期备份，避免受到未预期的删除、修改或覆盖等，审计记录留存 6 个月以上且不中断。对远程访问的用户行为、访问互联网的用户行为通过上网行为管理、SSL VPN 等设备单独进行行为审计和数据分析。

（6）态势感知。网络安全态势感知技术能够从整体上动态反映网络安全状况，并对网络安全的发展趋势进行预测和预警。大数据技术特有的海量存储、并行计算、高效查询等特点，为大规模网络安全态势感知技术的突破创造了机遇，借助大数据分析，结合威胁情报、用户和实体行为分析技术、机器学习、失陷主机检测、大数据关联分析、流量分析、可视化等技术，对全网安全进行可视化展示，对成千上万的网络日志等信息进行自动分析处理与深度挖掘，对网络的安全状态进行分析评价，感知网络中的异常事件与整体安全态势，帮助用户看清业务、看到威胁、看懂风险，并辅助决策。

2）安全区域边界建设

（1）互联网安全边界。在互联网安全边界区分别新增部署流量清洗设备、防火墙、入侵防御系统、上网行为管理系统等设备，实现互联网边界的重点安全防护。

① 流量清洗设备。在互联网安全边界区域部署 2 台流量清洗设备，作为第一道安全防线，异常流量及抗 DDoS 攻击防护能够通过分析网络中的网络流信息，及时发现针对网络中特定目标 IP 的 DDoS 攻击等异常流量，通过流量牵引的方式将 DDoS 攻击等异常数据流清洗处理，将干净的流量回注到网络环境中继续转发。

② 防火墙。在互联网安全边界区部署 2 台防火墙，通过源地址、目的地址、源端口号、目的端口号、协议、物理接口、会话序列号等方式控制网络数据包的访问，补充整个互联网区域接口处的安全防护能力，实现安全访问控制。同时，可以与态势感知平台进行联动，更好地实现外部威胁攻击事件的闭环处置。

③ 入侵防御系统。在互联网安全边界区域部署 2 台入侵防御系统，通过异常检测、状态检测、关联分析等手段，针对蠕虫、间谍软件、垃圾邮件、网络资源滥用等危害网络安全的行为，采取主动防御措施，实时阻断网络流量中的恶意攻击，确保政务外网云平台网络的运行安全。

④ 上网行为管理系统。在互联网安全边界区通过网桥模式部署 2 台上网行为管理设备，对内

部人员上互联网的行为进行记录和审计，同时通过相关策略限制非相关应用在政务办公期间大规模使用，提升人员的办事效率。

（2）电子政务外网安全边界。在电子政务外网安全边界区新增部署2台入侵防御系统，对电子政务外网出口边界区域进行安全防护。

（3）云平台互联网区。在云平台互联网区新增部署2台网站安全防护设备和一台态势感知探针，实现对互联网区网站群的安全防护。

① 网站安全防护设备主要用于实现针对Web网站的访问控制功能，实现对进出Web服务器的HTTP（超文本传输协议）/HTTPS（超文本传输安全协议）流量相关内容的实时分析检测、过滤，来精确判定并阻止各种Web应用入侵行为，阻断对Web服务器的恶意访问与非法操作。根据安全策略，控制用户对资源的访问，以及控制用户对敏感、标记重要信息的资源的使用，实现恶意代码主动防御、网页文件过滤、防跨站攻击、防SQL注入等功能，防止黑客入侵、网站篡改，从而更有效地对网站网页安全进行保护。

② 态势感知探针负责检测分析流量，并将分析结果发送给态势感知系统进行集中管理。

（4）云平台公共服务区。在云平台公共服务区部署一台态势感知探针，负责检测分析流量，并将分析结果发送给态势感知系统进行集中管理。

（5）安全隔离网闸。在云平台互联网区与云平台公共服务区之间部署安全隔离网闸设备，实现跨网跨域数据安全交换。网闸产品采用专用硬件和模块化的工作组件设计，集成安全隔离、实时信息交换、协议分析、内容检测、访问控制、安全决策等多种安全功能于一体，实现多个网络安全隔离，确保数据交换的安全。

4. 安全计算环境

安全计算环境是对防护对象中的服务器、终端、网络安全设备等设备及数据进行安全防护，包括身份鉴别、访问控制、安全审计、入侵防范、恶意代码防范、可信验证、数据完整性和保密性、数据备份与恢复、剩余信息保护及个人信息保护等方面。

1）身份鉴别

利用认证系统，对登录的用户进行身份标识和鉴别。身份标识具有唯一性，即唯一账号。身份鉴别要求比较复杂，如配置口令、密码，需采用3种以上、长度不少于8位的字符，并定期更换。身份认证系统启用登录失败处理功能，登录失败后采取结束会话、限制非法登录次数和自动退出等防护措施。在进行远程管理时，不仅需要使用虚拟专用网络VPN和堡垒机来保证安全防护，还要采取必要的措施防止鉴别信息在网络传输过程中被窃听。

2）访问控制

（1）针对防护对象的主机和系统的访问控制策略，对服务器及终端进行安全加固，加固内容包括限制默认账户的访问权限、重命名系统默认账户、修改账户的默认口令、删除操作系统和数据库中过期或多余的账户、禁用无用账户或共享账户等。

（2）根据管理用户的角色分配权限，启用访问控制功能，控制用户对资源的访问，仅授予管理用户所需的最小权限，实现管理用户的权限分离。

（3）在交换机和防火墙上设置不同网段、不同用户对服务器的访问控制权限。

（4）关闭操作系统开启的默认共享，对于需开启的共享文件及共享文件夹设置不同的访问权限，对于操作系统重要文件和目录需设置权限要求。

（5）对服务器设置不同的管理员，如系统管理员、安全管理员、安全审计员，对管理员账户在其工作范围内设置最小权限，以实现操作系统特权用户的权限分离。

（6）通过主机内核加固系统，实现对服务器的内核级加固。

3）安全审计

部署日志审计系统、数据库审计、上网行为审计等安全设备，实现设备和计算的安全审计，同时对主机系统、安全设备、交换机等开启设备自身的审计功能，审计设备连接校时服务器，保证审计记录产生时的时间是由系统范围内唯一确定的时钟产生，以确保审计分析的正确性。对审计记录进行保护，定期备份，避免受到未预期的删除、修改或覆盖等，审计日志保存 6 个月以上，对审计进程进行保护，防止未经授权的中断。

4）入侵防范

（1）对主机系统采取操作系统遵循最小安装的原则，仅安装需要的组件和应用程序，关闭不需要的系统服务、默认共享和高危端口。

（2）对终端接入范围进行限制，并通过升级服务器或通过补丁分发系统保持系统补丁及时得到更新，增强抵御入侵的防护手段。

（3）部署终端检测响应系统 EDR 或网络防病毒系统，检测重要节点的入侵行为，并在发生严重入侵事件时提供报警。

5）恶意代码防范

在所有终端主机和服务器上部署虚拟化安全管理系统，加强终端主机的病毒防护能力，及时升级恶意代码软件版本及恶意代码库。

6）可信验证

对通信设备的系统引导程序、系统程序、重要配置参数和通信应用程序等进行可信验证，并在应用程序的关键执行环节进行动态可信验证，在检测到其可信性受到破坏后进行报警，并将验证结果形成审计记录送至安全管理中心。

7）数据完整性和保密性

在数据完整性和保密性方面，通过部署安全防护网关实现网络传输层数据的完整性和保密性防护，如通过安全防护网关实现同城/备份中心的传输加密。对于特别重要的数据，使用数据加密系统实现关键管理数据、鉴别信息以及重要业务数据存储的完整性和保密性。

8）数据备份与恢复

数据备份是指为防止系统出现操作失误、系统故障或人为因素而破坏数据的可用性和完整性，而将全系统或部分数据集合复制到其他存储介质的过程。数据恢复是利用有效备份数据把数据还原到指定时间点的过程。

（1）通过部署备份和恢复系统，建立备份中心，利用通信网络将重要数据本地备份和异地实时备份，实现数据的备份和恢复。

（2）重要应用系统每天进行一次完全数据备份，将备份介质场外存放，制定备份恢复策略，对主要网络和安全设备的配置数据定期导出进行备份。

（3）重要数据处理系统（包括边界交换机、边界防火墙、核心路由器、应用服务器和数据库服务器等）采用热备冗余，保证系统的高可用性。

（4）在系统管理运维域部署数据备份恢复系统，对核心生产系统和隔离区域的重要数据资源进行备份，定期进行恢复测试，验证备份数据的完整性。

9）剩余信息保护

对残余信息的风险进行防范，保证用户的残余信息所在的存储空间在退出时被释放或再分配给其他用户前得到清除。在设备更换时，对数据完全擦除，对单个文件、文件夹以及磁盘剩余空间进行清除。

10）个人信息保护

确保仅采集和保存业务必需的用户个人信息，通过上网行为管理等设备和访问控制限制对用户信息的访问和使用进行限制，禁止未授权访问和非法使用用户个人信息。

16.1.4 安全管理体系建设

安全管理体系的建设也是安全防护中的重要一环，需要严格按照等保的要求进行安全管理体系的建设。

1. 安全管理中心技术要求

1）安全管理制度

制定信息安全工作的总体方针和安全策略，明确安全管理工作的总体目标、范围、原则和安全框架。根据安全管理活动中的各类管理内容建立安全管理制度，由管理人员或操作人员执行日常管理，建立操作规程，形成由安全策略、管理制度、操作规程等构成的全面的信息安全管理制度体系，从而指导并有效地规范各级部门的信息安全管理工作。

2）安全管理机构

建立信息安全管理组织体系，成立信息安全管理机构，明确信息安全管理机构的组织形式和运作方式，建立高效的安全管理机构。

3）安全管理人员

制定安全人员管理制度并保障制度的有效落实，对各类人员进行安全意识教育和岗位技能培训和考核，制定外部人员访问管理制度并严格控制外部人员的访问管理。

4）安全建设管理

以信息安全管理工作为出发点，充实完善信息系统工程建设管理制度中有关信息安全的内容，包括信息系统等级保护的定级、安全方案设计、产品采购和使用、工程实施、软件开发、测试验收、系统交付、服务供应商管理等方面。

5）安全运维管理

不断完善系统运维安全管理的措施和手段，具体包括环境管理、资产管理、介质管理、设备维护管理、漏洞和风险管理、网络与系统安全管理、恶意代码防范管理、配置管理、密码管理、变更管理、备份与恢复管理、安全事件处置、应急预案管理及外包运维管理等内容，并注重对安全策略和机制有效性的评估和验证，确保系统安全稳定运行。

6）安全管理措施

制定安全检查制度，明确检查的内容、方式、要求等，检查各项制度、措施的落实情况，并不断完善。定期对信息系统安全状况进行自查，第三级信息系统每年自查一次。

2. 安全管理中心建设

在安全管理区新增部署一套虚拟化安全管理系统和一套态势感知平台系统，结合现有的漏洞扫描、堡垒机、日志审计、数据库审计、业务支撑安全管理等系统一起支撑安全监管，以满足等保三级的基本要求。

1）虚拟化安全管理系统

在网络安全管理区域部署虚拟化安全管理系统，在政务云平台云主机上部署虚拟化安全管理系统客户端，实现虚拟化平台主机安全防护，虚拟化安全功能采用模块化设计，具备灵活的安全功能扩展能力。根据本案例情况，配置50套虚拟化安全管理系统授权许可。

2）态势感知平台系统

在安全管理区域部署 1 套态势感知平台系统。态势感知系统探针采集的流量经过分析后，把相关流量及日志告警信息全部汇总到分析平台上进行大数据分析，通过时间线展示、标注等功能回溯并记录威胁事件的发展过程和相关影响，借助日志检索功能不断扩展其他的日志线索，丰富该威胁事件相关证据，提高对威胁事件的调查分析能力。同时支持完整的攻击链分析，在数据完备的情况下可以还原整个攻击过程。

16.1.5 建设成效

（1）通过建设整改电子政务外网中存在的薄弱环节，提高了电子政务外网安全防护水平，保障了政务云平台安全运行。

（2）电子政务外网自身及运行在电子政务外网的信息系统均达到相应网络安全保护等级的防护要求，顺利通过网络安全等级保护测评检查。

16.2 省级政务云密码服务平台建设案例

某省级政务云密码服务平台由中国电信股份有限公司承建，采用国家标准商用密码算法、合规的密码产品和密码技术对信息系统进行保护，实现强身份认证、通道加密、数据加密和数据防篡改，保障政务信息系统安全可靠运行。

16.2.1 案例概述

1. 建设背景

该省电子政务云平台依托电子政务外网的拓展和建设，覆盖全省各地市及各区县，面向各级政务机构和所有的工作人员提供统一的政务服务。同时，该政务云平台与其他系统对接时，在采用密码技术时使用非国产密码算法的现象比较普遍。为了改善该现象，需要建设一套密码服务平台。

2. 建设目标

（1）面向政务云平台与云租户提供密码服务，保证云平台通过商用密码安全性评估三级测评。

（2）根据政务云平台及云上业务系统密码应用需求，整体规划、统筹考虑，从密码算法、密码服务、密码管理等角度出发，解决关键政务应用、备份系统的密码保护问题。

（3）以政务云密码建设为基础，提供统一的服务和对接能力，保障业务系统对接的耦合性与统一性。

（4）建立健全密码管理模式，实现一种"齐抓共管、多方合力、融合高效"的密码安全管理模式。

16.2.2 总体架构

政务云密码应用体系建设主要包括密码基础设施、统一密码服务平台、安全接入服务三部分。以服务器密码机和签名验签服务器为基础，通过统一密码服务平台高度整合硬件密码设备的计算资源，直接面向政务业务的应用场景，提供统一的用户管理、统一的密码规范、密码运算接口和密码运维入口，支撑政务云安全升级改造。总体功能架构如图 16.2 所示。

1. 总体部署

云密码服务平台遵循分区隔离原则，分别在政务云政务外网区和互联网区部署一套统一密码服务平台和相关的密码设备。其中，服务器密码机、安全接入网关、签名验签服务器部署在机房物理环境中，统一密码服务平台部署在云主机中。密码资源通过安全中间件与政务云平台集成部署、深度融合，为通过商用密码应用安全性评估奠定坚实的基础。

云密码服务平台总体部署如图 16.3 所示。

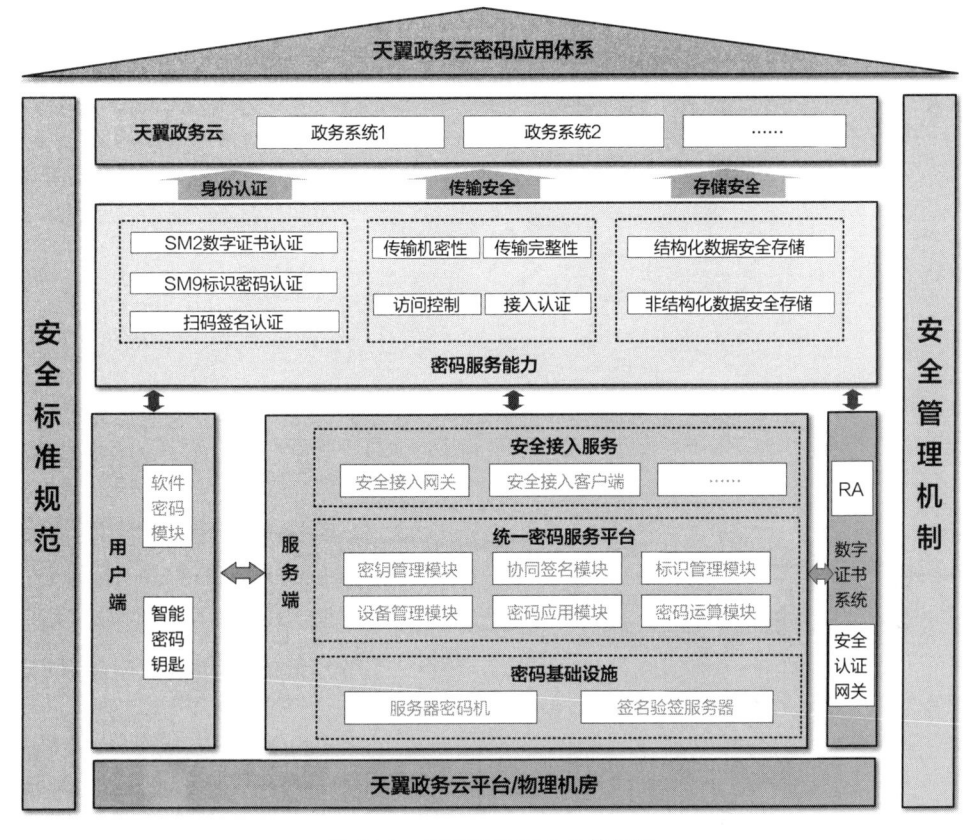

图 16.2 密码服务平台总体架构

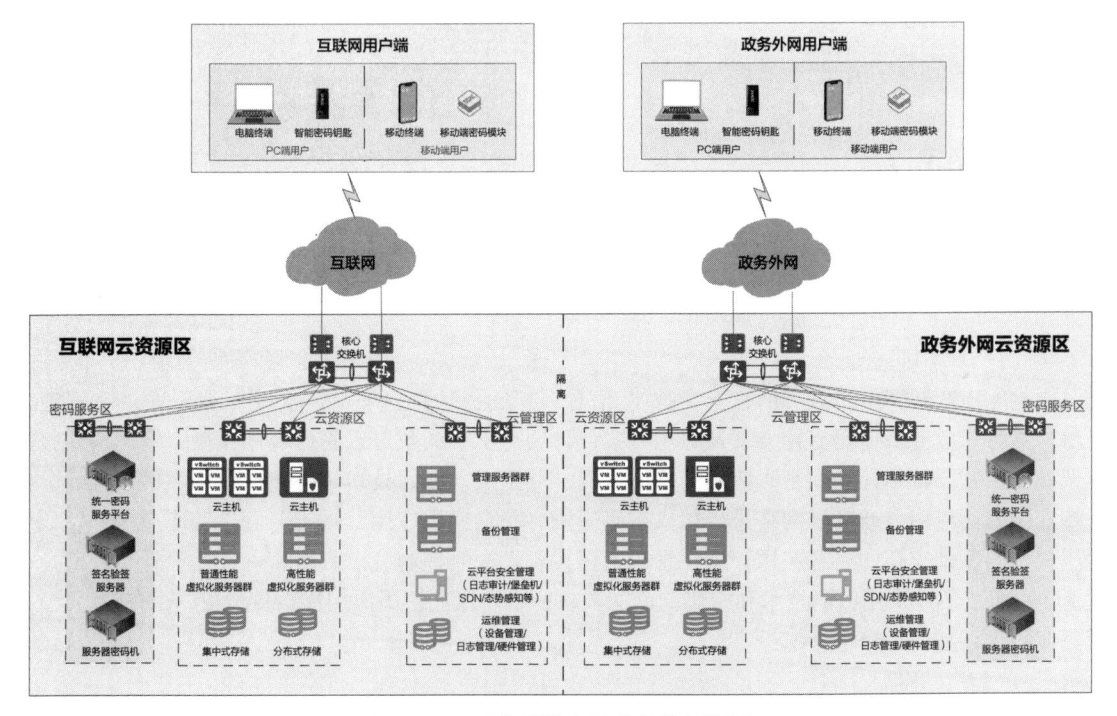

图 16.3 云密码服务平台总体部署图

2. 业务逻辑

密码基础设施通过统一密码服务平台对外提供统一的密码服务接口，由统一密码服务平台进行密钥管理、密码资源管理、接口管理和图形化监控审计。政务云平台集成安全中间件即可调用统一密码服务平台和密码设备，实现加解密、签名验签和密钥调用。安全接入网关提供业务系统服务端网络接入认证及传输安全保护，与用户端构建安全传输通道。业务逻辑如图 16.4 所示。

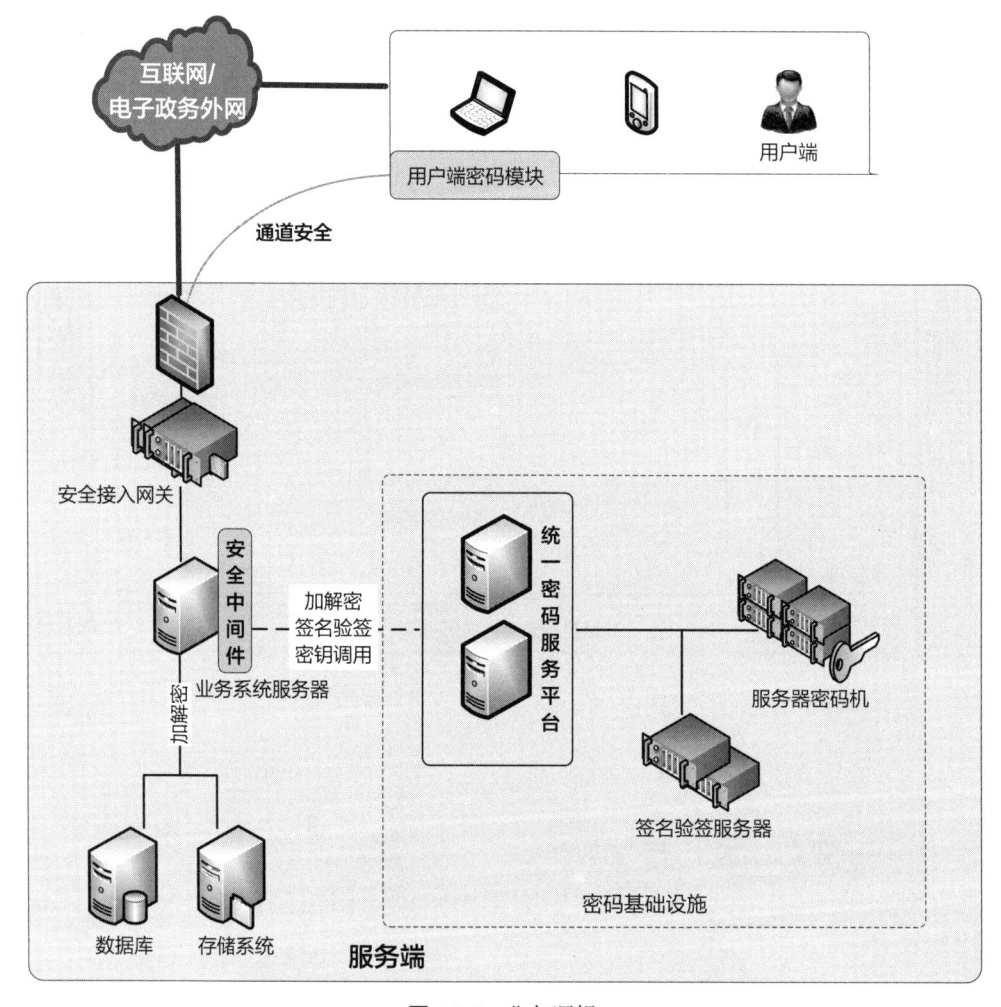

图 16.4 业务逻辑

3. 密码应用框架

根据 GB/T 39786-2021《信息安全技术 信息系统密码应用基本要求》中三级系统的密码应用要求，参考《政务云密码支撑方案及应用方案设计要点》中的政务云密码应用模型，密码应用技术框架模型由密码技术体系和密码应用管理体系两部分组成。密码技术体系按照应用点的不同，分为终端安全密码应用、政务云网络边界接入密码应用、平台密码应用、运维与管理密码应用、密码资源层、密码基础支撑；密码应用管理体系包括密钥管理、管理制度、人员管理、建设运行、应急处置 5 个部分。通过采用密码技术和密码制度的双轨驱动，保证密码应用能合规、正确、有效地运行。密码应用框架如图 16.5 所示。

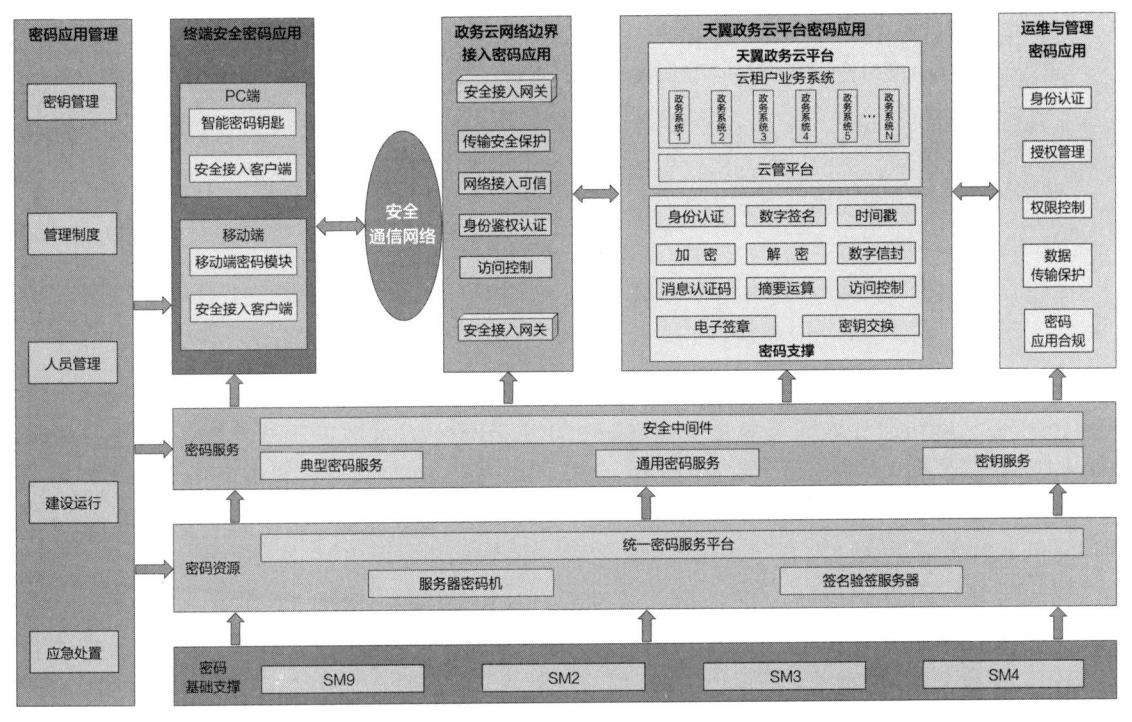

图 16.5 密码应用框架

1）终端安全密码应用

政务云平台用户使用 PC 终端时，使用具备商用密码产品认证的安全接入客户端软件，结合智能密码钥匙提供用户端密钥的安全保障和算法运算环境安全。

政务云平台用户使用移动端时，依托移动端密码模块保证用户端密钥安全，实现身份认证、安全通道等安全功能。

2）政务云网络边界接入密码应用

在政务云网络边界处部署以密码技术为核心的安全接入网关，实现登录设备或用户的链路和传输安全、身份鉴权、身份认证、访问控制等服务。

3）平台密码应用和密码服务

统一密码服务平台通过密码服务、安全中间件向云平台及业务系统应用提供数字签名、时间戳、加密、解密、数字信封、身份认证、消息认证码、摘要运算、访问控制、密钥交换等密码服务。

4）运维与管理密码应用

由部署的密码设备向系统运维人员提供身份认证、授权管理、权限控制、数据传输保护等密码应用合规性管理服务，保证通用服务器及网络设备的安全。

5）密码资源层

密码资源层为技术框架核心，由统一密码服务平台、服务器密码机、签名验签服务器等密码软硬件产品组成具体的密码资源。

6）密码基础支撑

任何的密码设备、密码应用、密码服务、密码产品、密码技术都是在密码算法基础上衍生和发展的，本案例的密码技术应用技术框架模型支持 SM9/2/3/4 全系列国产密码算法。

7）密码应用管理

密码应用管理包括密钥管理、管理制度、人员管理、建设运行、应急处置五个部分。

16.2.3 密码技术体系建设

密码技术体系建设包括物理和环境安全、网络和通信安全、设备和计算安全、应用和数据安全。

1. 物理和环境安全

政务云平台所在机房采用电子门禁系统对进出机房的人员进行身份鉴别，并且进出机房前需要经过专人审批，机房安装实时监控记录进出场人员的信息，在物理和环境安全层面降低了风险。

2. 网络和通信安全

在政务云网络边界处部署满足 GM/T 0023-2014《IPSec VPN 网关产品规范》和 GM/T 0025-2014《SSL VPN 网关产品规范》规范要求的安全接入网关，为云平台 PC 端业务用户、运维人员提供安全的传输通道，实现通信双方的身份鉴别，以及通信数据的机密性和完整性保护。

1）身份鉴别

为安全接入网关颁发标识/数字证书，代表设备的数字身份。政务云平台 PC 端用户（云平台管理员、云租户）/运维人员访问安全接入网关，通过智能密码钥匙（符合 GM/T 0027-2014《智能密码钥匙技术规范》标准）承载标识/数字证书和密钥，采用基于标识/数字证书和数字签名技术的双向认证方式鉴别通信双方的实体身份。

2）通信数据的机密性和完整性保护

政务云平台 PC 端用户/运维人员与服务端之间建立国密安全传输通道，数据全部加密传输，杜绝中间传输过程中泄密。加密套件支持对通信数据加密，保障传输数据的机密性和完整性。

3）网络边界访问控制信息的完整性

可利用设备自身机制，采用安全接入网关实现信息系统网络边界访问控制信息的完整性。安全接入网关符合产品检测标准并具有商用密码产品认证证书。

3. 设备和计算安全

设备和计算安全建设需要保障政务云平台中的通用服务器、数据库、密码设备等设备的运维人员身份的真实性、远程管理通道安全、系统资源访问控制信息完整性、日志记录完整性、重要可执行程序完整性、重要可执行程序来源真实性。

1）运维人员身份鉴别

在运维管理系统前侧部署服务器密码机和安全接入网关，运维人员在对其进行运维时，使用智能密码钥匙搭配数字证书进行身份标识和鉴别，采用国密算法 SM2，实现身份鉴别、传输数据机密性和完整性保护，防止非授权人员登录、运维人员远程登录身份鉴别信息被非授权窃取。

2）远程管理通道

针对运维人员远程管理运维时，先通过虚拟专用网络 VPN 客户端与安全接入网关建立一条安全信息传输通道，利用端到端数据加密完成对远程接入流量的保护。通过堡垒机和密码设备使用 HTTPS 协议和非高风险国际算法，实现运维人员远程管理通道安全。

3）日志记录完整性

通过调用密码机或密码服务平台对日志数据进行加密，然后再存储到日志服务器中，保证数据的完整性。

4）其他安全防护设计

（1）针对服务器、数据库等通用设备，对设备管理员进行详细的权限管理，遵循权限分离原则，只分配给管理员完成操作所需的最小权限，通过严格的管理措施降低安全风险，由设备自身进行风险控制。

（2）所使用的服务器密码机、安全接入网关、时间戳服务器、签名验签服务器、统一密码服务平台等密码设备符合产品检测标准，具有商用密码产品认证证书。

4. 应用和数据安全

根据 GB/T 39786-2021《信息安全技术 信息系统密码应用基本要求》的检测标准，系统密码应用建设通过专用密码服务保障应用数据安全，为系统提供全方位密码应用保护，具体内容如下：

1）用户身份鉴别

政务云平台/统一密码服务平台的 PC 端用户向数字证书签发部门提交个人信息，证书签发部门根据提交的数据制作个人 SM2 数字证书，证书制作完成后将证书导入智能密码钥匙，通过签名验签服务器的身份鉴别功能对智能密码钥匙中的数字证书进行校验，实现应用和数据方面的身份鉴别。

2）数据传输的机密性和完整性

PC 端用户在访问政务云云管平台/统一密码服务平台时，通过安全接入网关，建立数据安全传输通道，保障关键数据传输时的机密性和完整性。

3）关键数据存储的机密性和完整性

为保证政务云信息系统的存储安全，防止数据以明文形式暴露，系统中关键数据如用户口令数据、业务关键数据、日志审计数据、关键配置数据、系统用户权限数据等存储在数据库中，通过调用统一密码服务平台结合密码机对电子政务云平台关键数据进行加密保护。

16.2.4 密码应用管理体系建设

密码管理体系包括密钥管理、管理制度、人员管理、建设运行、应急处置五个层面。

1. 密钥管理

密钥是密钥管理系统的核心。在密钥的产生、分发、存储、使用、更新、归档、撤销、备份、恢复、销毁等整个生命周期过程中，都需要通过密码技术对密钥进行保护，以确保密钥的全生命周期安全。主密钥在本地存储，不进行传输；其他密钥一般采用离线方式或在线方式进行传输，并配以机密性和完整性保护措施。

密钥管理服务由密码设备和密钥管理系统组成，密码软硬件设备和介质需登记造册，纳入单位资产管理系统，由密码安全管理人员负责密码设备的使用申请、系统管理、运行维护。

2. 管理制度

根据《信息安全技术 信息系统密码应用基本要求》中安全管理制度方面的要求，制定相适应的密码安全管理制度和操作规范，并在现有的制度发布流程中补充密码相关管理制度发布流程，待新制定的密码安全管理制度和操作规范内部评审通过后，按照密码相关管理制度发布流程予以发布并遵照执行。

密码安全管理制度和操作规范发布后，每年年底，组织专家和密码相关人员对密码安全管理制度和操作规范在使用过程中的合理性和适用性进行论证和审定，对存在不足或需要改进的安全管理制度进行修订。管理制度和操作规范在执行过程中进行记录留存。

3. 人员管理

根据《信息安全技术 信息系统密码应用基本要求》中安全管理人员方面的要求，对现有的人员管理制度进行补充和完善。

（1）设置内部密码专题培训机制，每 6 个月组织一次，由内部人员或聘请外部专家担任培训讲师，内容涉及密码相关法律法规和标准规范、商用密码应用、商用密码应用安全性评估等多个方面，使相关人员了解密码相关的法律和法规，掌握密码基本原理，并遵照执行。

（2）在完成密码应用建设后，安排建设单位、相关密码设备厂商对平台部署使用的所有密码产品进行操作培训，确保相关人员能够正确配置使用本系统中部署的密码产品，建立操作规程。

（3）建立密码应用岗位责任制度，分别设立密钥管理员、安全审计员、密码操作员等岗位，明确各岗位职责，每个岗位均由 2 人担任。

（4）在现有的安全管理制度中，补充密码相关人员考核、奖惩、保密、调离制度，每年对密钥管理人员、安全审计人员、密码操作人员组织一次考核，并留存记录，对考核成绩优异者予以表扬和奖励，对考核成绩不合格者进行批评教育。密钥管理人员、安全审计人员、密码操作人员与单位订保密协议，承担保密义务，相关人员若要调离岗位时，按照制定的人员调离制度承担相应的保密义务。

4. 建设运行

（1）委托密评机构或技术专家对建设方案进行评估，评估通过后，将方案向密码管理部门备案，并同步进行密码应用改造，选用通过检测认证合格的商用密码产品，合规、正确、有效地建设密码保障系统。

（2）运行过程中，严格执行既定的密码应用安全管理制度，定期开展密码应用安全性能评估及攻防对抗演习，并根据评估结果进行整改。

（3）密码应用上线运行后，每年对平台进行一次密码应用安全性评估，并根据评估意见进行整改。当平台在运行过程中发现重大密码应用安全隐患时，将停止系统运行，制定整改方案，按照整改方案对系统进行整改和密码应用安全性评估，评估通过后重新上线运行。

5. 应急处置

根据《信息安全技术 信息系统密码应用基本要求》中安全管理应急方面的要求，对现有的应急管理制度进行完善，补充制定密码相关应急处置预案，结合实际情况建立应急响应的组织小组，并明确其职责。应急响应的组织机构由管理、业务、技术和行政后勤等人员组成，设置应急响应领导小组、应急响应损失评估小组、密码安全管理小组、应用保障小组以及网络和设备恢复小组。应急管理小组架构如图 16.6 所示。

1）应急响应领导小组

应急响应领导小组是信息安全应急响应工作的组织领导机构，组长由组织最高管理层成员担任。领导小组的职责是领导和决策信息安全应急响应的重大事宜，主要如下：

（1）指导、协调和指挥密码应用服务系统安全事件的应急处置工作。

（2）决定安全事件应急处理工作的重大事项。

（3）发布安全事件级别、决策处理方案。

（4）组织实施、协调和发布安全事件应急指令。

（5）负责应急处置工作执行情况的记录、分析与总结。

2）应急响应损失评估小组

损失评估小组负责安全事件的损失评估，形成损失评估报告。

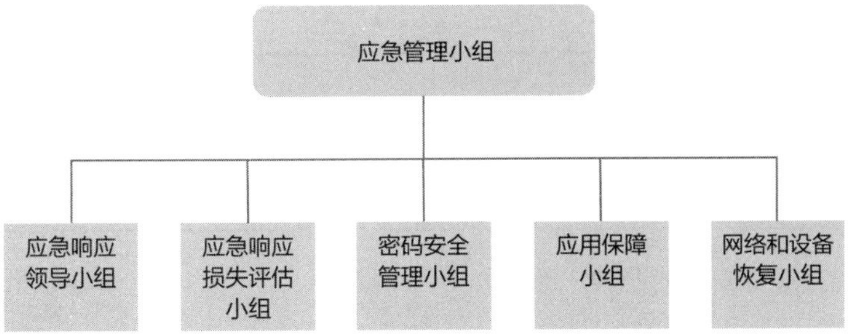

图 16.6　应急管理小组架构

(1) 评估商用密码服务突发中止事件带来的信息资产损失。
(2) 评估商用密码服务突发中止事件带来的服务中断造成的社会经济效益损失。

3) 密码安全管理小组

密码安全管理小组负责密码相关应急处置技术保障任务的执行。
(1) 恢复商用密码服务的实施。
(2) 商用密码服务的专业技术支持。
(3) 商用密码服务中止发生后的恢复。
(4) 商用密码服务中止发生后的外部协作。
(5) 参与和协助商用密码服务应急响应计划的教育、培训和演练。

4) 应用保障小组

应用保障小组保障业务系统的连续不中断服务。可以由责任单位工作人员及业务系统开发商的技术、服务人员组成,主要职责如下:
(1) 协助恢复商用密码服务的实施。
(2) 备份中心密钥管理。
(3) 管理信息系统运行的密码服务设备。
(4) 商用密码服务灾难恢复的专业技术支持。
(5) 参与和协助商用密码服务应急响应计划的教育、培训和演练。
(6) 维护和管理应急响应商用密码服务计划文档。

5) 网络和设备恢复小组

网络和设备恢复小组负责网络故障恢复、软硬件故障恢复等相关应急处置技术保障任务的执行,可以由责任单位机房管理人员等组成。

16.2.5　商用密码服务产品选型

商用密码服务产品包括终端类密码产品、硬件服务器类密码产品、密钥管理系统等软件产品和数字证书等服务产品,在密码应用或改造中应整体配置才能满足密码应用要求。

密码产品按功能分类的典型产品如表 16.1 所示。

表 16.1　产品功能分类

类别	解释	典型产品
密码算法类	构成密码应用基础的能提供密码运算功能的产品	密码算法实现软件、密码算法芯片等产品
数据加解密类	提供数据加解密功能的产品	加密机、加密卡等产品
认证鉴别类	提供身份鉴别、消息鉴别等功能的产品	动态密码口令、身份认证系统、电子签章等产品
证书管理类	提供数字证书的产生、分发、管理功能的产品	数字证书管理系统产品

续表 16.1

类　别	解　释	典型产品
密钥管理类	提供密钥的产生、分发、管理功能的产品	密钥管理系统等产品
密码防伪类	提供密码防伪验证功能的产品	电子印章系统、支付密码器、数字水印等产品
综合类	提供上述两种或两种以上功能的产品	统一密服平台等产品

密码产品按产品形态分类的典型产品如表 16.2 所示。

表 16.2　产品形态分类

类　别	解　释	典型产品
密码软件类	指以纯软件形态出现的产品	信息加密软件、密码算法实现软件等产品
密码芯片类	指以集成电路芯片形态出现的密码产品	密码算法芯片、密码 SoC 芯片等产品
密码模块类	指以多芯片组装的背板形态出现，具备专用密码功能，但本身不能完成完整的密码功能的产品	加解密模块、安全控制模块等产品
密码板卡类	指以板卡形态出现，具备完整密码功能的产品	USB 密码钥匙、PCI 密码卡等产品
密码整机类	指以整机形态出现，具备完整密码功能的产品	VPN、网络密码机、服务器密码机、签名检验服务器等产品
密码系统类	指以密码形态出现，有密码功能支撑的产品	安全认证系统、密钥管理系统等产品

16.2.6　建设成效

（1）通过构建统一的公共密码资源服务平台，改变业务系统独享密码资源模式，按需动态为各业务系统分配密码资源，并可对各类业务应用系统批量处理，后期统一集中运维管理，避免密码基础设施重复投资建设，有效降低建设和运维成本，避免了资源浪费。

（2）通过政务云各系统的安全及密码应用，防止网络监听对敏感数据进行抓取与监控，实现密文存取、操作和访问，实现了政务云系统的安全隔离、信息加密、完整性保护、抗抵赖性，保证数据全生命周期的安全。

（3）加强该省各厅局、委办单位对数据资源的监督管理，确保合法用户访问合法数据，保证相关行为的不可抵赖性。

（4）实现信息化数据跨层级、跨地域、跨系统、跨部门、跨业务的安全传输、存储和使用问题，打破信息化孤岛和壁垒，助力该省政务数据的共享共用。

（5）统一的密码服务平台集合多种密码服务能力，通过标准化接口为政务信息系统提供一站式的密码应用，解决了国产密码技术"难建设、难维护、难应用"等问题，极大推动国产密码技术在该省的全面推广应用，提高该省国产密码应用水平和信息安全保障能力。

第17章 省级医疗保障信息平台安全体系建设案例

盾坚甲硬佑苍生

一个省级医疗保障信息平台建设要坚持"标准上下统一、数据两级集中、平台分级部署、网络全面覆盖、项目建设规范、安全保障有力"的总体要求，在全省范围内形成以信息网络横向联通纵向贯通、标准规范全国统一、数据资源集中管理、安全体系周密详实的信息化格局，其应用系统及数据信息安全体系尤为重要。

本章以某省级医疗保障信息平台的安全体系建设为例，从网络总体安全架构入手，介绍基础设施安全防护建设、"数盾"系统构建、安全运营管理中心的打造，阐述核心软硬件的安装和调试，以期读者对安全技术在数智科技工程的应用有所启迪。

17.1 概况

1. 背景

为推进实施健康中国战略，全面建成中国特色医疗保障体系，国家医疗保障局立足"努力建成更加公平、更加可持续的医疗保障体系，更好满足人民群众日益增长的医疗保障需求"目标，全面在各省开展国家医疗保障信息平台建设。

某省医疗保障信息平台（以下简称为"医保平台"）以医保为龙头带动"三医联动"改革，全面推动全省医保覆盖与医保控费，积极融入医疗保障信息化全国"一盘棋"格局。该平台中部署了中台系统及16个业务应用系统，实现了全省医保业务经办一体化、公共服务人本化、监督管理智能化、决策依据大数据化、服务能力开放化、安全保障全息化。医保平台是全省医保数据共享和交换的基础，对数据存储、访问的安全性要求非常高，必须从多个层面充分考虑安全性隐患，实施安全保障工程，建立起完善的安全体系。

2. 建设目标

医保平台根据《中华人民共和国网络安全法》《信息安全技术网络安全等级保护基本要求》《医疗保障信息平台云计算平台规范》等法律及规范，建设符合国家网络安全等级保护第三级测评要求的安全防护体系，其中包括安全物理环境、安全通信网络、安全区域边界、安全计算环境、数据安全、安全管理等层面。通过全面可靠的安全防护技术和持续运营管理，保障医保中台系统及各类业务应用系统的安全稳定运行。

3. 安全体系建设原则

医保平台的安全体系建设基于以下原则进行建设：

（1）符合政策。必须根据国家网络安全主管部门的政策和规定进行安全建设，确保医保平台达到国家主管部门的要求，主要依据如下：

①《中华人民共和国网络安全法》。
②《计算机信息系统安全保护等级划分准则》（GB 17859-1999）。
③《关于信息安全等级保护工作的实施意见》（公通字〔2004〕66号）。
④《国家信息化领导小组关于加强信息安全保障工作的意见》（中办发〔2003〕27号）。

⑤《信息安全等级保护管理办法》（公通字〔2007〕43号）。
⑥《信息安全技术 信息安全风险评估方法》（GB/T 20984-2022）。
⑦《信息安全技术 网络安全等级保护基本要求》（GB/T 22239-2019）。
⑧《信息安全技术 网络安全等级保护安全设计技术要求》（GB/T 25070-2019）。
⑨《信息安全技术 网络安全等级保护测评要求》（GB/T 28448-2019）。

（2）保证业务。在确保业务应用系统正常运行，并且满足医保平台对安全性、完整性、实时性和交互性要求的前提下，进行网络整合和安全建设。

（3）动态规划。安全规划必须遵循动态性原则，需定期对整个系统的安全状况进行风险评估、分析和测试，并及时调整安全策略，修补安全漏洞。

（4）标准化。对于连接上级部门或者其他单位的平台，需采用标准化原则，规范接入条件，统一接入标准。

（5）综合防护。要针对网络和业务应用的特点，结合各种技术和设备的优势进行统筹考虑和合理安排，构建纵深防御体系，提高安全体系的防护能力。

（6）复合性。采用的安全技术和手段应符合异构安全产品选型。属于同种类型且部署于不同区域内的安全设备及系统，应尽量采购不同厂商的产品，以降低对单一厂商的过度依赖。

（7）支持IPv6。安全设备及系统需全面支持IPv6协议，并具有支持IPv6与IPv4协议的接入能力。

17.2　网络总体架构

医保平台的网络总体建设包括2个数据中心，分别为数据中心A和数据中心B。每个数据中心的内部又划分为核心业务区和公共服务区。其中核心业务区接入电子政务外网且连接各级医保部门，是开展业务及内部办公的重要支撑；公共服务区接入互联网，为各级医保部门的内部用户提供互联网接入服务，并通过互联网向社会公众提供医保信息及业务服务。

数据中心A的网络拓扑如图17.1所示。

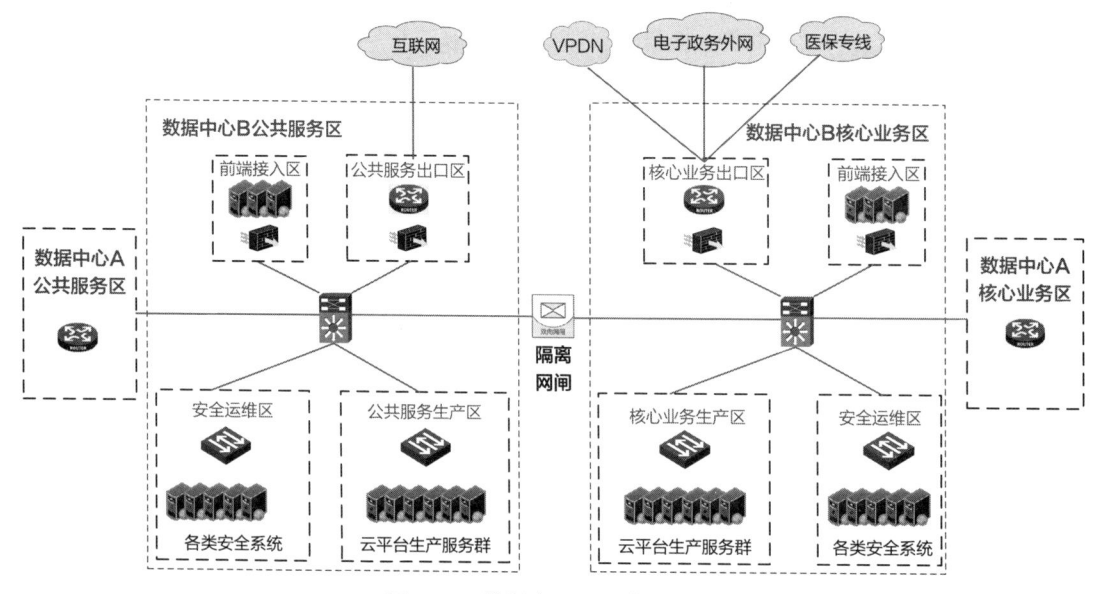

图17.1　数据中心A网络拓扑图

纵向网络连接医保系统内部上下级，包括国家局与本省之间的网络，以及省、地市、城区、县、乡镇、社区各级之间网络。另外，外出的医保工作人员以及乡村和社区卫生室，可采用 VPN（虚拟专用网络）方式接入内部网络，访问医保内部业务系统。

横向网络通过电子政务外网、专线等多种方式，连接人社、卫健、财政、公安、税务等信息资源共享部门以及医院、药店、商业银行、保险公司等单位。

数据中心 B 的网络拓扑如图 17.2 所示。

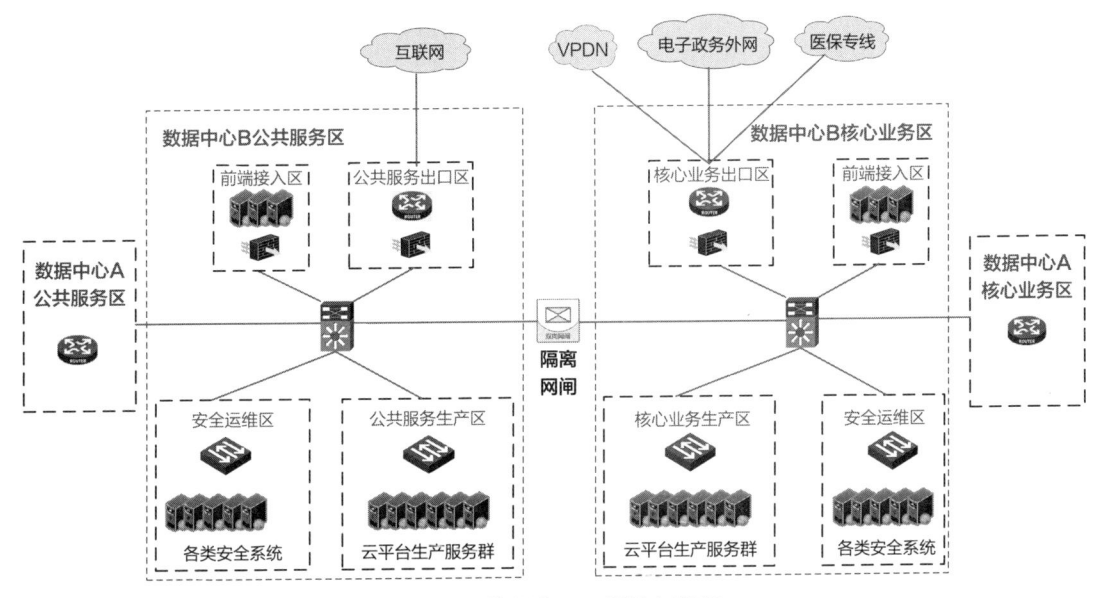

图 17.2 数据中心 B 网络拓扑图

17.3 总体安全架构

医保平台的安全体系是在安全物理环境的基础上，建设"一个中心"管理下的"三重防护"体系，分别对计算环境、区域边界、通信网络进行安全防护，采取多层安全隔离和保护措施。医保平台的安全架构如图 17.3 所示。

图 17.3 医疗保障信息平台安全架构图

医保平台的安全架构包括安全技术、安全管理及安全服务三大核心部分，集防护、检测、响应、恢复于一体，从而实现物理环境安全、通信网络安全、区域边界安全、计算环境安全、应用和数据安全等，再结合健全的安全管理和持续的安全服务，构建可管、可控、可信的纵深安全防御体系。

17.4 基础设施安全防护建设

医保平台的基础设施安全防护围绕安全物理环境、安全区域边界、安全通信网络、安全计算环境进行建设，下面对这几部分的建设内容进行详细阐述。

17.4.1 安全物理环境

1. 机房承重

医保平台所在的数据中心机房符合 B 级建设标准，该机房场地承重为 1000kg/m^2，电力电池室承重为 1600kg/m^2，整体满足承重要求。

2. 综合布线

综合布线系统选用的电缆、光缆、跳线及配线设备等均符合《大楼通信综合布线系统 第 1 部分：总规范》（YD/T 926.1-2009）、《大楼通信综合布线系统 第 2 部分：电缆、光缆技术要求》（YD/T 926.2-2009）、《大楼通信综合布线系统 第 3 部分：连接硬件和接插软线技术要求》（YD/T 926.3-2009）和《数字通信用对绞/星绞对称电缆 第 1 部分：总则》（YD/T838.1-2016）、《数字通信用对绞/星绞对称电缆 第 2 部分：水平对绞电缆》（YD/T838.2-2016）、《数字通信用对绞/星绞对称电缆 第 3 部分：工作区对绞电缆》（YD/T838.3-2016）、《数字通信用对绞/星绞对称电缆 第 4 部分：主干对绞电缆》（YD/T838.4-2016）标准的各项规定。线缆采用上走线方式，通信线路走线架、光纤走线槽、电力走线架采用不同的走线架，相互间有效隔离，避免线路交叉。

线缆的布放符合以下规范：

（1）线缆排列整齐，外皮无损伤。

（2）线缆转弯均匀圆滑，弯弧外部保持垂直或水平成直线。

（3）通信线缆和电力线缆分井引入，分架布放。

（4）各线缆附有标识并且留有余量，方便维护。

3. 机房供电

机房采用两路市电和一路油机结合 DPS（分布式电源系统）进行供电：

（1）两路市电分别从 2 个变电站专线引入。

（2）一路油机是指机房配备有柴油发电机，当市电中断时能自动切换至柴油发电机，储油量可支持 8h 供电。

（3）每个机柜设置独立的 DPS 供电单元，单台 DPS 电源系统容量为 6kV·A，可根据单机柜设备容量需求灵活配置。满载情况下，单机 DPS 电池的后备时间不低于 20min。

机房设备通常由市电电源供电，DPS 电池及柴油发电机作为应急电源，当市电电源中断时则由 DPS 电池短时间供电以保证服务器不断电，而柴油发电机在市电故障停电后 15s 内自动启动，待柴油发电机完全启动后切换至油机供电线路。

每列机柜采用双路 32A 输入接入，允许最小电流不小于 23A。机柜的供电功率有 3kW 和 5kW 两种。机架内安装 PDU（power distribution unit）电源插座，用于设备取电，严禁设备跨机架取电。机柜设有接地点及接地汇流排以用于设备接地。

4. 空调系统

机房内配置6台精密空调，送风方式为地板下送风，地板高度为800mm；机房冷通道冷量分布均匀，气流组织合理，不存在制冷死角。空调温度设定22℃，相对湿度设定45%，当温湿度波动超限时能发出报警信号。送风机采用高效节能的直流调速送风机，送风量可根据附近机柜的温度自动调节送风量，并且配置了可多次清洗及在线更换的空气过滤器。在机房内安装漏水检测装置并设置挡水坝，预防漏水。

5. 防尘

机房建设及运行过程中做到严密防尘，如刷防尘漆，建设后彻底清扫灰尘，对孔洞进行封堵，人员进出需更换鞋子或使用鞋套等，防止有害气体（二氧化硫、硫化氢、二氧化氮、氨等）侵入。

6. 电磁场强度

在频率范围为80～500MHz时，不大于126db（μv/m），磁场干扰场强不大于30A/m。

7. 机房温湿度

通过精密空调控制机房的温度保持在22～24℃，湿度保持在45%～55%范围，选择加强级别的保温材料，尤其在精密空调的阀门接口处和法兰接口处用保温材料进行包裹，增加保温效果；增加新风系统，并对新风进行过滤和温湿度预处理，保证机房不结露。

8. 防静电

保证机房的地面、墙壁和顶棚均光滑不积尘并且防静电，空间的静电感应电压不超过2500V；保证机房内通信设备、工作台、操作人员等静电电压（对地）绝对值小于220V，静电保护接地电阻不大于10Ω。

9. 防噪声

保证机房的控制室及值班室的噪声小于60dB（A）。柴油机房远离通信机房，并采取减震、隔音、通风、排烟、排热措施；柴油机房采用专门的降噪声措施，机房外噪声达到Ⅱ类标准，即昼间60dB，夜间50dB。

10. 安防系统

（1）门禁监控系统。在机房出入口、机柜列间均配备门禁系统，分权限控制人员出入。门禁控制器设置在该层的弱电间内，采用总线制连接，门禁系统历史纪录保存不少于6个月，并可根据用户需求调整。当人员进入机房时，需登记或持有通行卡方可入内。

（2）视频监控系统。建设视频监控系统，保证机房周界、机房门外走道及机房内所有的区域均处于视频监控范围，机房内外监控无盲区。视频监控的录像保存期为6个月以上，可通过电脑或移动终端进行实时监控及录像回放。

（3）动力环境监控系统。建设动力环境监控系统，监控机房环境的温度、湿度、供电、空调运转、漏水等情况，可及时发现机房环境问题并采取措施。该系统具体监视以下数据：

① 重要电力供电回路的开关状态、故障、电流和电压等参数。
② UPS的运行状态、故障和电压等参数。
③ UPS单体电池电压、内阻。
④ 恒温恒湿空调机组的运行状况和相关参数。
⑤ 温度和湿度。
⑥ 漏水报警。

11. 消防系统

（1）机房采用防火材料建设，且机房内及楼道内安装温度与烟雾感应器和防火报警探测头，遇火情时系统自动报警，并启动灭火器灭火。机房采用气体灭火消防系统，保证在设备带电运行的情况下也可以进行灭火，该灭火气体具有灭火效能高、电绝缘性能好、无污染（无毒、无害、无腐蚀性、无残留）、对臭氧层的耗损值为零等特点，符合环保要求，对设备本身不造成任何损害。

（2）机房里设置两个安全出口及多个紧急通道，各紧急通道保持畅通，走廊、楼梯间等设有紧急疏散指示标志。同时机房内还配备手动和自动灭火设备，对机房运维人员定期进行消防演练。

（3）安装机房火灾自动报警系统，其中包括烟感探头、温感探头、手动报警按钮、放气声光指示器、区域报警控制器、联动控制器及控制模块等，并且与自动报警监控系统相连，当出现火情时，所有的门将自动开启。

12. 接地系统

为了防止静电和电场干扰，防止寄生电容耦合，按照一级防雷的标准建设接地系统。防雷接地与各种工作接地在机房内分开布线，相互屏蔽，最后均接入同一接地系统。在机房地板内均设置防静电泄漏装置。三相五线制低压配电系统设专用接地保护线，所有插座回路均采用漏电开关保护。

17.4.2 安全区域边界

根据医保平台的组网情况及业务模式，数据中心 A 和数据中心 B 内部均划分为公共服务区和核心业务区，然后再具体划分以下安全区域：

（1）公共服务区划分为公共服务出口区、数据中心互联区、公共服务生产区、前端接入区及安全运维区。

（2）核心业务区划分为核心业务出口区、数据中心互联区、核心业务生产区、前端接入区、安全运维区及安全隔离区。

数据中心内的公共服务区与核心业务区之间通过安全隔离区相连。

数据中心 A 安全域划分如图 17.4 所示。

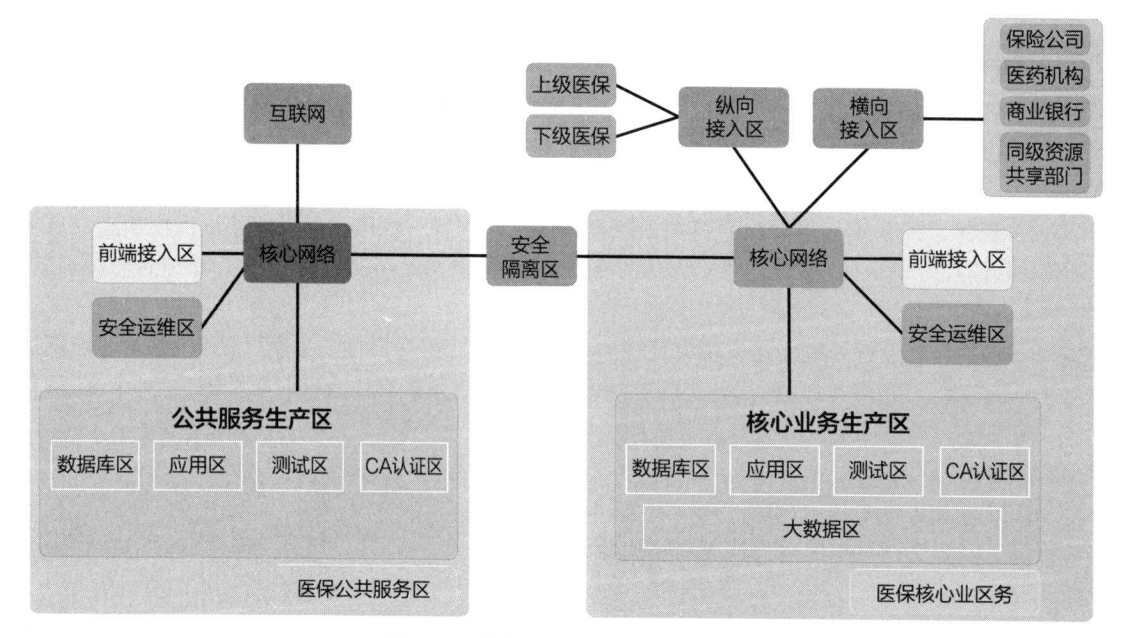

图 17.4 数据中心 A 安全域划分图

数据中心 B 安全域划分如图 17.5 所示。

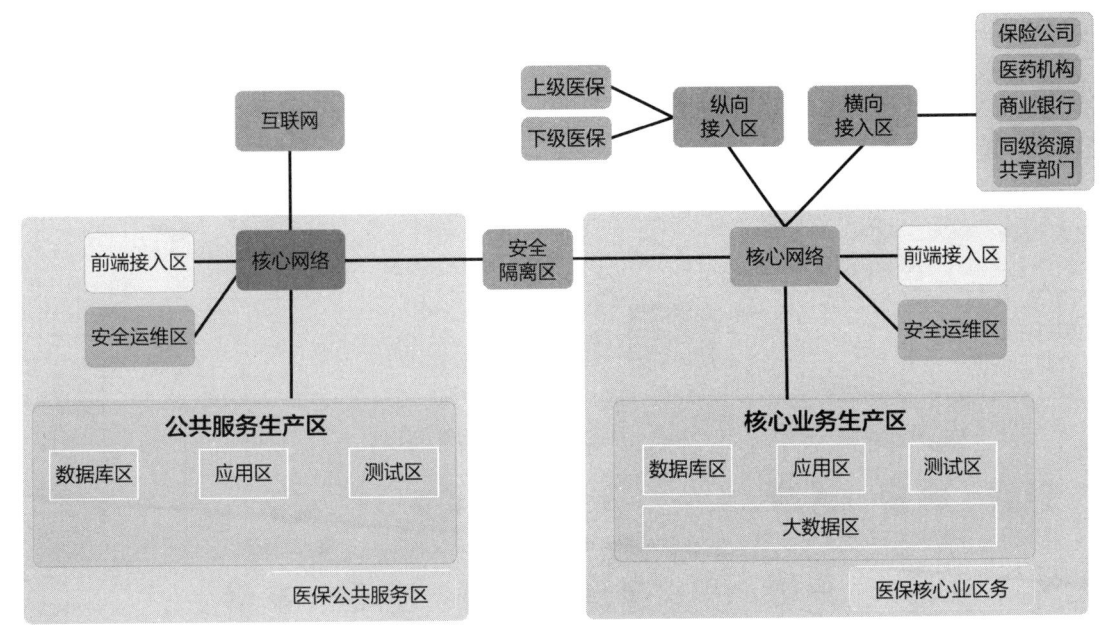

图 17.5　数据中心 B 安全域划分图

1. 公共服务区安全域划分

1）公共服务区划分

（1）公共服务出口区。公共服务出口区又称互联网接入区，医保平台从公共服务出口区接入互联网。

（2）前端接入区。前端接入区承载互联网业务系统，部署了公共服务子系统、药品和医用耗材招采管理子系统，为公众用户、企业提供服务。

（3）公共服务生产区。公共服务生产区是公共服务区的核心区域，该部分负责数据的传输、处理和存储，包括为用户提供接入认证的统一认证中心、为业务提供计算的信息系统、为业务提供存储功能的数据库系统。同时，该区域是医疗保障区的重点保护对象。

（4）安全运维区。安全运维区由支撑业务运营的基础组件及安全管理系统构成，该区域具备系统管理、控制、业务监控等功能，保障公共服务区业务系统的稳定运行。

（5）数据中心互联区。核心网络区为数据中心 A 与数据中心 B 通信提供通信网络接口。

数据中心 A 和数据中心 B 的公共服务区的安全架构一致，数据中心 A 公共服务区的安全架构如图 17.6 所示。

2）公共服务区的安全软硬件配置

（1）公共服务出口区。公共服务出口区为整个医保平台公共服务的入口，业务系统可能面临大量来自互联网的 DDOS（分布式拒绝服务攻击）、黑客入侵、木马病毒、扫描探测等恶意攻击，公共服务出口区作为互联网与内部网络的区域边界应具备检测并阻断主流的各类攻击的能力，所以在本区域部署以下安全设备及系统：

① 在最外侧部署抗 DDOS 系统，识别各类攻击流量，防范泛洪攻击。

② 防火墙对进出流量双向访问控制，仅允许合法流量通过，阻断非授权访问，减少内部系统遭受外部攻击。同时对木马病毒进行有效识别并阻断其向内部传播。

③ 入侵防御系统有效识别并阻断黑客入侵行为、扫描探测、暴力破解等应用层攻击。

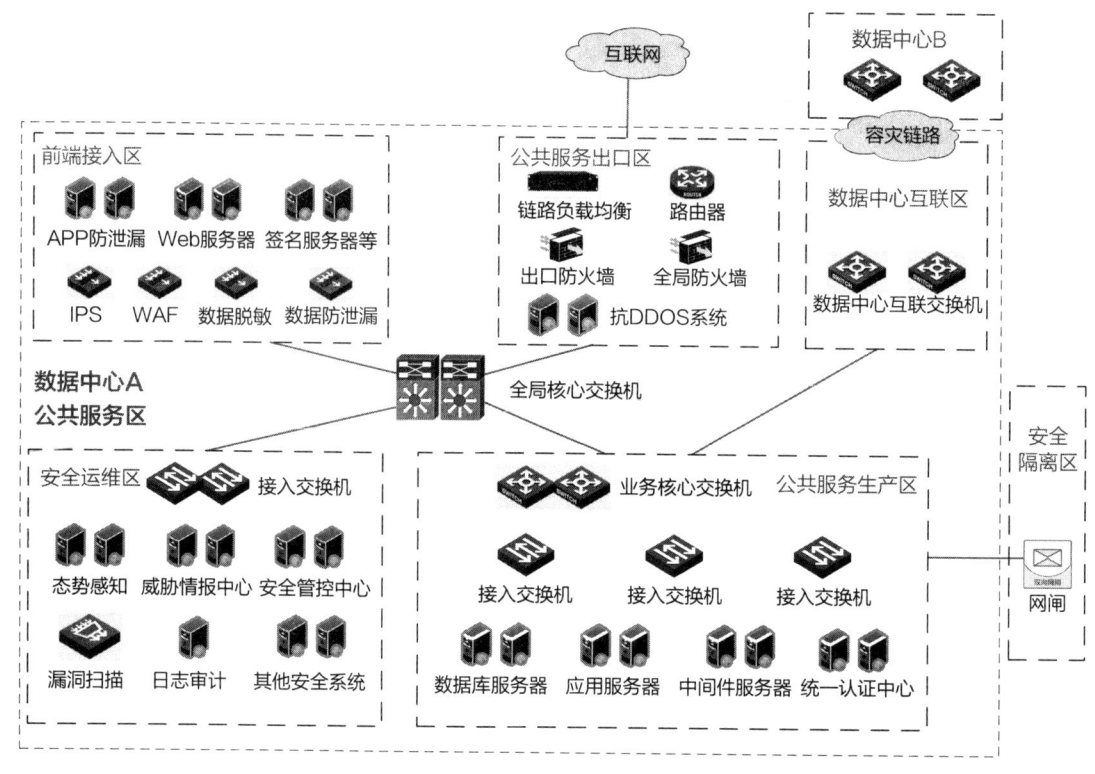

图 17.6　数据中心 A 公共服务区安全架构图

（2）前端接入区。前端接入区承载着对外业务系统，部署以下安全设备及系统：

① 在前端接入区与公共服务生产区之间串联部署 Web 防火墙，实现对网站类业务的应用层安全防护，以防止 SQL 注入、跨站脚本、盗链、爬虫等攻击。

② 部署入侵防御设备，对前端接入区应用系统进行安全攻击防护。

③ 部署 APP 用户信息防泄露平台，通过 SDK（software development kit，软件开发工具包）接口，将 APP 用户信息防泄露系统嵌入业务系统 APP 中，对移动应用进行全生命周期的安全管控，提升移动应用安全检测、加固效率。

（3）公共服务生产区。公共服务生产区是计算和存储区域，位于前端接入区与公共服务出口区的交会处，部署以下安全设备及系统：

① 数据库审计系统对数据库的访问操作行为进行审计记录。

② 部署 CA 认证服务器及密码机，实现数字认证。

③ 所有虚拟机部署主机加固系统，该系统具备防病毒、恶意代码查杀、APT 攻击检测阻断、主机攻击溯源等能力。

④ 部署安全资源池，资源池内包含了虚拟防火墙、虚拟 IPS 和虚拟 WAF 等安全防护系统，对东西向流量进行安全防护。

⑤ VPC 之间流量通过安全运维区的安全资源池隔离。

（4）安全运维区。安全运维区负责实现数据中心系统及设备的带外管理、统一升级、安全评估、日志集中审计职责，部署以下安全设备及系统：

① 部署态势感知探针、入侵检测系统、威胁情报分析中心，实现对公共服务区的流量分析。

② 部署漏洞扫描系统，搜集各类系统情况，形成漏洞分析报告。

③ 部署日志审计系统，集中采集信息系统中的安全事件、用户访问记录、运行日志、运行状态等各类信息，结合丰富的日志统计汇总及关联分析功能，实现对信息系统日志的全面审计。

2. 核心业务区安全域划分

核心业务区不仅为各类医疗医药监管应用系统提供运行环境，而且搭建了纵向、横向的互联互通的网络。

1）核心业务区划分

（1）核心业务出口区。由于医疗保障行业的特殊性和复杂性，医保平台需与上级单位、下级单位、医院、保险公司及政务网中的其他单位进行通信，所以在划分安全域时，将核心业务出口区分为纵向接入区和横向接入区。

①纵向接入区。纵向接入区为上下级单位提供网络接入。

②横向接入区。通过专线方式与人社、卫健、民政、财政、税务、公安以及医院、药店、商业银行、保险公司等单位互联互通。

（2）前端接入区。前端接入区承载内部应用系统，部署了内部统一门户子系统、经办子系统等业务系统。

（3）核心业务生产区。核心业务生产区是医保平台最重要的安全保障区域，重要的信息系统及系统组件、业务数据均部署在该区域。

（4）安全运维区。安全运维区由支撑业务运营的基础组件及安全管理系统构成，该区域具备系统管理、控制、业务监控等功能，保障核心业务区业务系统的稳定运行。

（5）数据中心互联。核心网络区为数据中心 A 与数据中心 B 通信提供通信网络。

（6）安全隔离区。安全隔离区介于公共服务区与核心业务区两大区域之间，对区域间数据交换过程中的安全威胁进行有效隔离。

数据中心 B 和数据中心 A 的核心业务区的拓扑架构结构相同，数据中心 A 的核心业务区安全架构如图 17.7 所示。

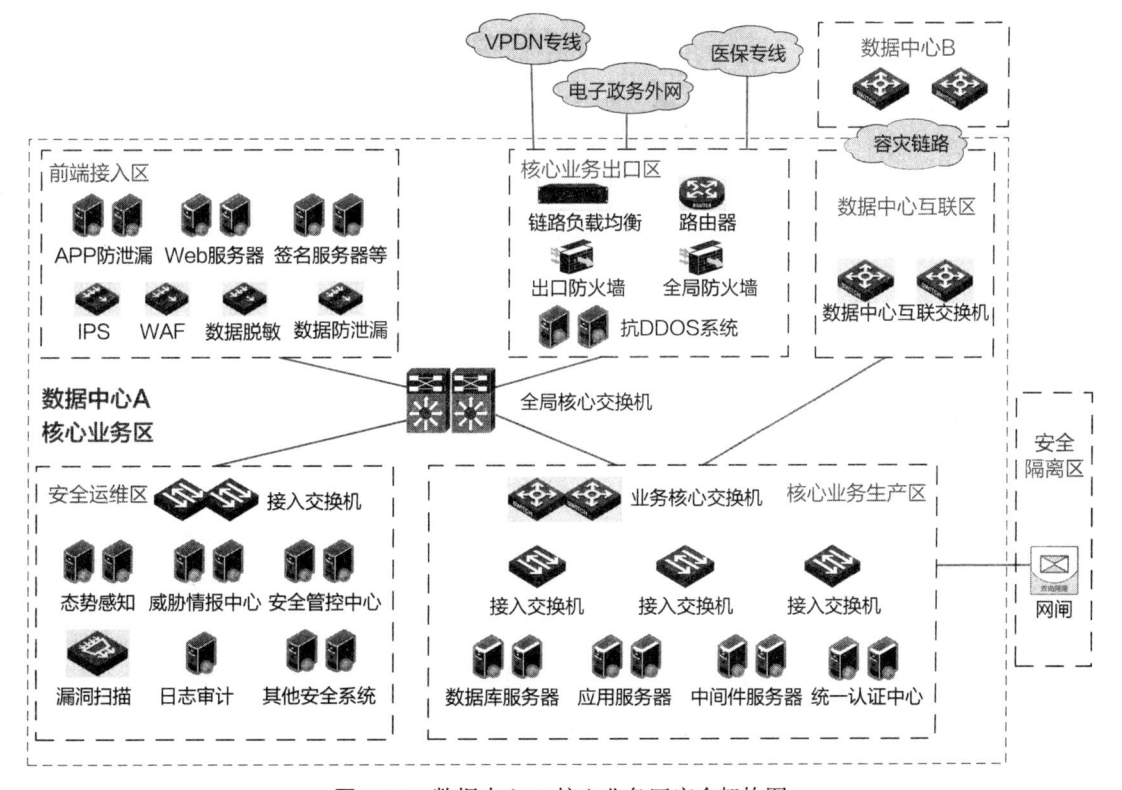

图 17.7　数据中心 A 核心业务区安全架构图

2）核心业务区的安全软硬件配置

（1）核心业务出口区。横向接入区相对公共服务区而言，来自互联网安全威胁较小，但是横向单位较多，仍不可忽视来自横向单位对重要业务系统的安全威胁；纵向接入区作为上下级的接入区域，所面临的安全威胁与横向接入区相当。在核心业务出口区部署以下安全设备及系统：

① 在最外侧部署抗 DDOS 系统，对各类攻击流量识别，对多种泛洪攻击进行防护，保证业务系统全时可用。

② 防火墙对进出流量双向访问控制，仅允许合法流量通过，阻断非授权访问，减少内部系统遭受外部攻击。同时对木马病毒进行有效识别并阻断其向内部传播。

③ 入侵防御系统有效识别并阻断黑客入侵行为、扫描探测、暴力破解等应用层攻击。

（2）前端接入区。前端接入区承载着对外业务系统，部署以下安全设备及系统：

① 在前端接入区与核心交换区之间串联部署 Web 防火墙（WAF），实现对 Web 类业务的应用层安全防护，以防止 SQL 注入、跨站脚本、盗链、爬虫等攻击。

② 入侵防御设备对前端接入区应用系统进行安全攻击防护。

③ APP 用户信息防泄露平台通过 SDK 方式，将 APP 用户信息防泄露系统嵌入业务系统 APP 中，对移动应用进行全生命周期的安全管控，提升移动应用安全检测、加固效率。

（3）核心业务生产区。核心业务生产区是计算和存储区域，位于核心交换区、前端接入区以及核心业务出口区的交会处，部署以下安全设备及系统：

① 数据库审计系统对数据库的访问操作行为进行审计记录。

② 部署 CA 认证服务器及密码机，实现数字认证。

③ 所有虚拟机部署主机加固系统，该系统具备防病毒、恶意代码查杀、APT 攻击检测阻断、主机攻击溯源等能力。

④ 部署安全资源池，资源池内包含了虚拟防火墙、虚拟入侵防御系统和虚拟 Web 防火墙等安全防护系统，对东西向流量进行安全防护。

（4）安全运维区。安全运维区承担着数据中心系统及设备的带外管理、统一升级、安全评估、日志集中审计等职责，在该区域部署以下安全设备及系统：

① 在数据中心 A 上部署态势感知平台、威胁情报中心、主机加固系统平台，实现对两个数据中心的核心业务区的流量进行统一安全管理。

② 漏洞扫描系统搜集各类系统情况，形成漏洞分析报告。

③ 日志审计系统集中采集信息系统中的安全事件、用户访问记录、运行日志、运行状态等各类信息，并结合丰富的日志统计汇总及关联分析功能，实现对信息系统日志的全面审计。

（5）安全隔离区。在为避免来自公共服务区的安全威胁而设置安全隔离区中，部署双层异构防火墙对数据传输安全进行控制，实现公共服务区和核心业务区之间的数据安全交互。

17.4.3 安全通信网络

通信网络通过以下措施开展安全防护：

（1）访问控制。在网络边界部署硬件防火墙，用于防护大流量攻击需求，对网络出口的规则做双重限制，通过链路负载均衡实现多运营商线路同时接入。同时医保平台的安全资源池也部署虚拟防火墙，对云平台内部的安全域进行划分并实现不同业务系统的访问控制。

（2）VPN 接入。医保平台采用的云安全资源池提供 VPN 功能，对边界外接入的网络通信数据进行加密传输。

（3）DDOS 防护。在网络边界采用的抗 DDOS 系统由中国电信自主研发，可防护基于数据包、

IP 协议报文、TCP 协议报文、HTTP 协议的 DDOS 攻击等，对异常流量进行清洗。抗 DDOS 系统的流程如图 17.8 所示。

（4）入侵防御。通过入侵防御系统检测引擎和签名库，对系统漏洞、未授权自动下载、欺骗类应用软件、间谍/广告类软件、异常协议、P2P 异常等多种威胁进行防护。

17.4.4 安全计算环境

计算环境的安全包括对 Web 主机的漏洞扫描和防护，通过网络病毒防护实现对主机、邮件、文件传输的病毒查杀，通过应用可视化审计对业务使用进行监管。

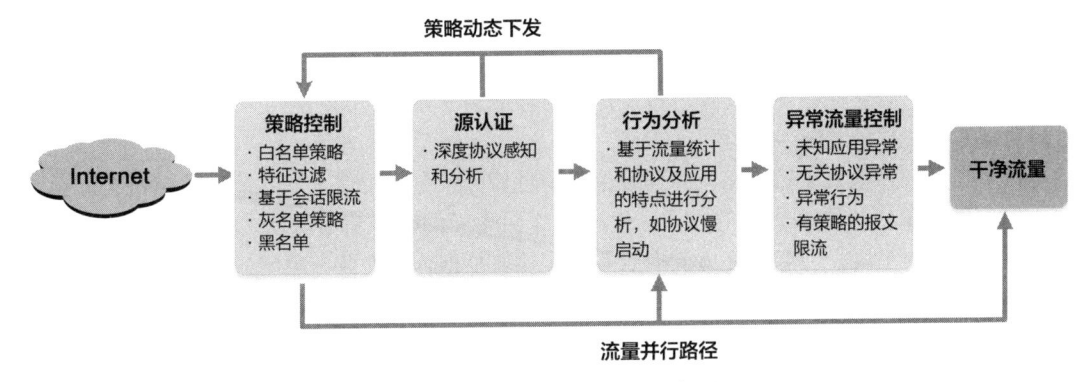

图 17.8 DDOS 防护流程示意图

1. 病毒防护

通过防病毒网关系统全面保护邮件、Web 访问及文件传输过程中的安全，具有病毒防护、邮件防护、网页脚本防护、IP 连接限制、文件阻断隔离等全面的防护功能。

2. 漏洞扫描

通过云安全资源池的漏洞扫描软件对业务系统进行扫描，通过自动化的应用安全漏洞评估工作，能够快速扫描和检测常见的应用安全漏洞。

3. 应用可视化审计

采用应用可视化审计系统，通过在业务系统植入探针的方式，根据安全策略对业务办理过程中的人员信息、业务数据进行实时监控分析，通过定制化程序自动判断业务过程是否异常，对前台业务人员及运维人员的操作行为进行实时安全监管。

针对医保平台中的 16 个应用系统的系统登录、核心业务功能、业务流程分别进行可视化审计系统的定制开发，其中包含各应用协议解析、应用测试环境搭建、样本数据抓取、业务命中规则开发、数据提取规则开发、预警功能开发、报表功能开发、基础数据配置功能开发等。

应用可视化审计系统具体功能如下：

（1）采集核心业务系统的重要操作数据，独立存储审计数据，保证审计数据的安全性。

（2）提供专用分析工具，该工具能够对审计范围、业务功能识别、审计数据提取建立模型进行配置和管理，形成审计规则。

（3）在一套系统中实现对多个核心业务系统的审计，可以选择查看某一业务系统的审计数据，并通过用户权限限制审计数据访问范围。

（4）对用户登录行为进行审计，实时记录登录账号、登录时间、登录方式、IP 地址。

（5）对业务系统的操作行为进行识别及还原，实时记录操作账号、操作时间、IP 地址、操作名称、操作详细内容。

（6）对业务操作错误信息进行监控并记录，按照业务系统的错误代码进行分类汇总，关联受影响的功能模块和业务用户。

（7）对错误监控进行记录，提供处理界面，可填写处理结果，对于已处理的错误自动消除记录。

（8）对业务系统的重要功能性能进行监控，分析用户点击功能按钮到返回结果的响应时间，提供用户体验快慢的指标，区分展示性能快慢的功能。

（9）可通过关联规则跨越多源、异构数据进行关联分析，依据安全事件的相关规律发现相关事件中隐藏的高级威胁。

（10）统计统一门户系统的登录人数、人次、登录失败人次，分析随时间变化登录人次的趋势变化。

（11）统计核心业务系统的操作总数、操作次数最多的业务功能、操作次数最多的地区，分析随时间变化操作次数的趋势变化。

（12）当业务预警发生时，相应的预警信息通过界面弹窗、短信等方式及时通知相关负责人。

（13）通过调研并结合访谈的方式，整理医疗保障局的核心功能模块、业务流程、业务操作点，以及业务数据字段，在测试环境模拟业务操作抓取数据，建立业务模型，完整还原业务数据。

（14）结合核心业务的实际情况，分析业务流程、用户行为、业务数据中存在的安全风险，掌握风险特点设置触发条件，形成多种业务预警功能，通过预警消息推送功能及时发现安全风险。

（15）结合医疗保障局积累的审计数据，从错误、性能、安全角度通过图表等多种方式分析业务系统的运行情况，形成多种审计报表，为管理提供数据支撑。

（16）建立一套预警处理机制流程，不同类型的预警指派给不同的负责人进行处理，对预警处理过程进行记录和跟踪。

4. 终端侦测与响应系统

建设一套以大数据行为分析为基础的终端侦测与响应系统，针对攻击和破坏的行为实行重点监测。该系统由终端侦测与响应分析中心和客户端组成。将终端侦测与响应分析中心部署在数据中心A的核心业务区和公共服务区的安全运维区，并在各业务系统的主机上部署客户端。实现对1000多台主机的实时监控，确保在第一时间了解终端的动态和正在发生的威胁。

终端侦测与响应系统通过客户端对主机的活动进行持续性监测和记录终端行为事件等方式积累丰富的安全信息元数据，再进行威胁分析，具体功能如下：

（1）终端运行状态监测。获取进程名称、文件路径、文件描述、文件签名信息、命令行参数、启动用户、启动时间、文件大小等，记录访问文件及操作类型（创建、删除、读取、写入、打开、关闭等）。

（2）可疑行为分析。程序执行疑似破坏性恶意操作，如伪装进程、恶意程序批处理自删除、创建隐藏账号、UAC绕过、系统关键文件替换、注册表敏感位置修改等。

（3）恶意行为进程及主机行为可见性分析。支持攻击入侵过程分析及威胁溯源分析，具备终端资产信息收集能力，例如，主机名、操作系统名称及版本、主机的IP地址及MAC地址、CPU规格、内存规格等，实现资产的威胁风险评估与定级、内网横向攻击行为检测、内网端口扫描、非法访问SMB共享、非法远程执行、主机网络通信监测（主机流量检测、进程流量异常、访问黑域名等）、文件勒索攻击检测及勒索病毒行为的自动阻断，以及挖矿木马检测及处置等功能。

5. 数字证书软件

医保平台的数字认证授权管理系统位于第二级，即国家局的下一级，依托国家级身份认证管理实现数字证书的本地化管理。主要部署身份认证管理系统（证书注册子系统、证书综合管理系统、服务器密码机、身份认证从LDAP）和应用安全组件（身份认证网关－边界接入认证、身份认证网关－旁路模式和数字签名服务器），身份认证管理系统主要提供数字证书的申请、颁发、冻结、注销、查询、解锁等生命周期管理，为业务系统提供基于数字证书的强身份鉴别、入门级访问控制，实现数据完整性、数据机密性、操作行为抗抵赖性等数据安全保障。

6. 虚拟化安全

医保平台通过虚拟机防护系统对虚拟机内部流量进行监测，形成虚拟流量的逻辑拓扑图，以可视化的方式展示虚拟机的态势感知，实现对流量的安全管理。

虚拟机防护系统由虚拟机防护agent（客户端）和控制中心系统组成。端点agent安装在所有的主机上，包括所有的物理主机及虚拟机、云主机等。控制中心系统部署在本地，端点agent完成基本数据的采集以后发送到控制中心，然后由控制中心进行汇总和安全分析。

1）虚拟机防护系统可检测分析的数据范围

（1）信息收集行为、权限获取、远程控制、数据盗取、系统破坏、木马/病毒/僵尸网络。

（2）入侵攻击与病毒泛滥造成的网络流量异常。

（3）黑客或黑客组织攻击行为、针对特定目标的入侵行为。

2）虚拟机防护系统优势

通常流量侧检测Web后门的主要手段是依赖IPS或者WAF，均使用特征库的方式，但是攻击者如果使用Web后门的代码混淆等手段即可轻松绕过现成的库，而在主机上进行安全监测会更有优势，因为无论攻击者通过漏洞、爆破或者上传等方式将Web后门写入服务器的时候，会触发主机的安全监测程序，同时控制中心平台会通过文件库、静态分析、云端沙盒、运行行为分析等手段对文件进行分析判断。所以虚拟机防护系统相比传统的流量侧防御在Web后门检测上有着独特的优势，具体表现在：

（1）暴力破解检测与响应。服务器的密码安全一直是数据中心一个突出的问题。过去使用边界防护设备可以有效阻断外部对于内部的密码爆破尝试。但是随着服务器边界的模糊，来自内部或者服务器之间的密码爆破也逐渐增多。虚拟机防护agent在服务器上持续监控，一旦发现有攻击者类似密码爆破的行为，可针对特定IP的访问行为自动封停一段时间，避免服务器被爆破成功。

（2）性能实时查看。在服务器上安装agent不会对服务器业务的稳定性及性能产生影响。在稳定性方面agent安装无驱动，即便是agent意外退出，也不会导致服务器蓝屏重启；在性能方面，主要计算分析由控制中心完成，所以agent运行只占用很少的CPU。用户可以在管理平台上查看到所有agent目前对服务器的资源的消耗，包括CPU、内存占用等信息。

（3）僵尸网络检测。通过对报文的会话分析，以及采集报文的信息分析，可检测出主机是否被木马程序控制形成僵尸网络，支持显示检测出僵尸网络文件的事件日志，例如恶意文件名称、文件名称、操作动作、发现时间等；支持显示僵尸网络文件检测过程的信息，例如文件路径、文件大小、文件创建时间、进程ID、父进程、进程模块、网络行为等。

17.5 构建"数盾"体系，保障数据全生命周期安全

医保平台中的业务系统涵盖了医保管理系统及用户的重要信息及数据，需要对数据进行重点安全防护。数据安全防护体系围绕数据的全生命周期进行建设，通过数据加密、数据脱敏、分布式共识、数据安全标识等关键技术，构建数据安全技术体系，其中重点解决数据共享过程中敏感及隐私数据易泄露、数据共享过程的审批记录、共享数据管控策略制定等问题。

17.5.1 数据安全保护技术框架

在数据分级分类的基础上,数据安全保护围绕数据生命周期开展。在创建、使用、传输、存储、销毁的各个环节,通过安全控制措施保证数据的保密性、完整性、可用性、可控性和不可否认性,实现防攻击、防越权、防泄露、防篡改、防抵赖的数据安全防范。

按照数据的重要程度进行分类,可划分为受控数据、敏感数据、核心数据,各类数据需要相对应的安全控制技术,数据安全保护总体技术框架如图 17.9 所示。

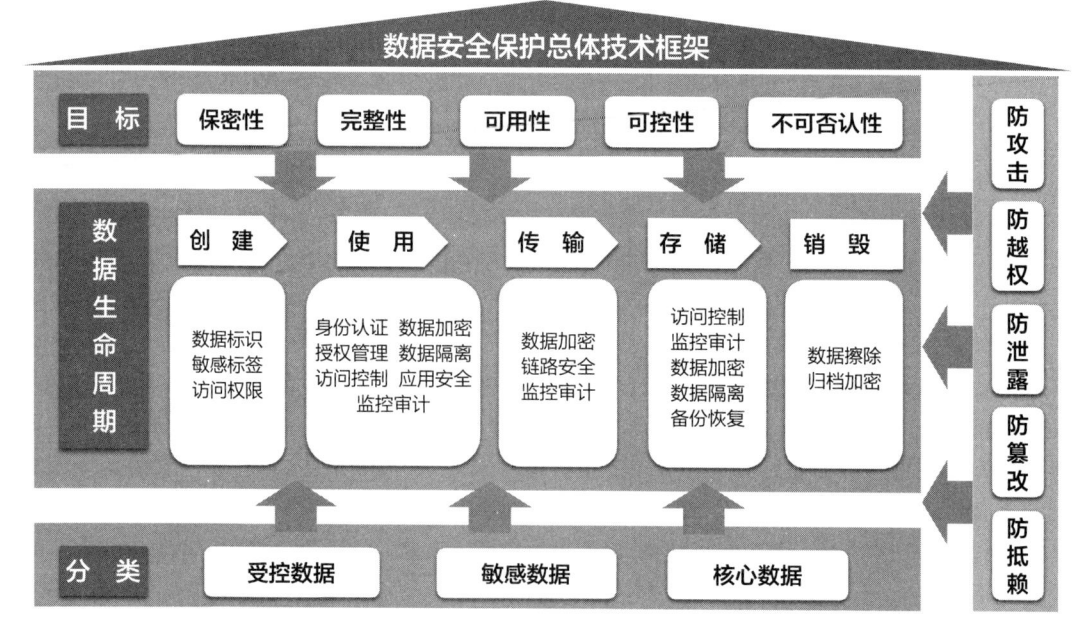

图 17.9 数据安全保护总体技术框架

1. 数据生命周期的分阶段防护

在数据生命周期不同阶段采取不同的安全防护措施:

(1)在数据创建环节,关注数据的分级分类、标识和访问权限设定。

(2)在数据使用环节,采用身份认证、授权和访问控制等方法,规范用户的使用行为,控制具体操作方式并记录操作内容。

(3)在数据传输环节,采用加密传输,关注数据的保密性和完整性验证,与其他单位或互联网发生数据交换时,采取隔离和加密措施。

(4)在数据存储环节,对核心和敏感数据进行加密存储。

(5)在数据销毁环节,根据数据的敏感程度,对数据进行彻底的擦除和销毁,防止数据被非授权人员还原,并对重要数据进行加密归档。

2. 基本安全防护技术

不同类别的数据在生命周期的各个环节,根据数据威胁发生的可能性和影响程度不同,数据安全保护要求的强度和具体要求存在一定的差异性,但基本的安全控制防护技术基本相同,需要做到防攻击、防越权、防泄露、防篡改和防抵赖。可通过以下手段对数据进行有效防护:

1)建立对抗威胁的有效安全机制

(1)防攻击是有效对抗各类非法攻击,通过防护、加固和访问控制等技术措施实现对外部攻击的抵御。

（2）防越权或滥用是根据最小授权的原则，保证数据能够在合法的权限管理范围内使用和访问。

（3）防泄露是通过识别可能泄露的途径，加强对这些途径的技术管控机制，从而减少数据外泄的可能性。

（4）防篡改是通过数据校验机制，避免数据被恶意篡改而造成不良影响或业务损失。

（5）防抵赖是通过身份认证、数字签名等方式，防止不承认接收或发送的信息和所作的操作交易等恶意行为。

具体的威胁安全机制如表17.1所示。

表17.1 威胁安全机制

主要威胁	主要安全技术	主要应用环境
非法攻击	访问控制 防恶意代码 防拒绝服务 入侵防御 安全加固 备份恢复	终　端 服务器 网络边界 应用系统
越权或滥用	身份认证 访问控制 加密技术 安全审计	网络边界 应用系统
泄　露	访问控制 加密技术 数据屏蔽/隐藏技术 （转换、隐藏原始敏感数据）	网络边界 网络传输 应用系统 数　据
篡　改	加密技术 数据完整性校验 备份恢复	应用系统
抵　赖	加密技术 数字签名 安全审计	应用系统

2）数据分级分类

对采集的医保数据、社会管理数据、互联网数据进行梳理和分级，对不同级别的数据采取差异化安全管控措施。

3）数据安全防护

采取覆盖数据全生命周期各阶段的安全防护技术，全面保障数据安全流转。保障数据接入、传输、存储、共享、运营、数据开发及运维管理的安全。

4）数据安全综合治理

基于敏感数据监控、数据安全风险评估、数据溯源追踪、数据安全态势分析等技术手段，对数据安全风险点进行综合治理，实现数据安全风险的提前预警、事中及时处置、事后准确追溯，保障数据安全合规并且支撑大数据中心安全运行。

17.5.2 数据安全防护技术思路

1. 数据分级分类

建立数据分级体系，对所有数据进行分级，为数据安全和数据合规提供基础支撑。

（1）数据的分级分类。针对现有数据，按照数据泄露或者公开后对个人隐私、企业合法权益、国家安全的影响程度来划分不同安全等级。根据数据泄露后的影响程度，从公开和共享这两个方面管控数据的知悉范围。其中有条件公开或者共享是指限制获取数据的对象，在指定时间和地点才可以访问所公开或者所共享的数据。

（2）数据的分级分类防护。在数据分级的基础上，有针对性地对数据进行安全防护，实现数据受控公开及共享。针对不同安全级别的数据，重点关注谁能访问数据，能访问哪些数据，数据应该如何保护。随着数据安全等级的提高，安全防护强度也需逐级增强。

2. 数据全生命周期安全防护

1）数据接入安全

数据接入是将通过接口、前置机导出、离线拷贝等多种方式汇聚的数据，通过以下安全防护技术确保数据源的可信和接入内容的安全合规：

（1）通过采用多种认证方式来保障接入数据源的安全可信，如用户身份认证、接口认证、设备认证等。

（2）对于接入形式为介质拷贝的数据接入，采用介质管控，根据需求和规范进行介质的开启和关闭管理。

（3）对于采用在线方式接入大数据平台的数据，采用安全隔离设备，限制数据的流动方向。所有数据接入均产生事件记录，能够对收集的接入事件进行分析审计。

（4）对接入数据进行病毒查杀和恶意代码检测，保证接入数据的内容安全。

（5）数据在接入前需要进行涉密内容审查，走线下的涉密内容审查流程，保证接入的数据的内容合规。

（6）对敏感数据进行检测，数据在接入大数据平台时，需要进行数据资产登记，登记信息包括数据名称、数据来源、数据分级分类情况、接入时间等。

2）数据传输安全

数据传输需确保数据的完整性、机密性，采用数据防篡改技术、数据防窃取技术等。

数据防篡改是基于数字签名、数据水印等安全技术，对数据进行完整性验证，验证数据是否被篡改。

数据防窃取是在传输过程中采用加密手段，保障数据不被窃取，提升数据传输过程的安全性。

3）数据存储安全

数据存储安全是确保存储的结构化数据和非结构化数据的机密性、可用性，同时为支撑大数据安全存取的需求，采用数据加密、数据容灾、数据合规性检测等技术。

（1）数据存储合规。对应数据的分级分类，建立不同的存储域，将数据存储到对应的数据存储域中。

（2）数据容灾备份。存储系统可能会因为出现操作失误或系统故障导致数据丢失，为了应对此类情况，对存储数据进行容灾备份，对数据访问实时性要求较强的采用热备份，无实时性要求的数据采用冷备份，保证数据可用性，对重要数据采用异地备份。

（3）数据库安全。数据库安全是指数据库环境自身安全以及存放在数据库中的数据安全。对于数据库自身安全可采用安全设备、防病毒软件等手段防止数据库漏洞、后门以及数据库遭受的安全攻击；对于数据库内的数据安全可采取访问控制、身份认证等手段保证数据安全性、完整性、访问合规性等。

（4）文件安全。为保障文件的安全，需授权用户使用文件。机密的数据置于保密状态，仅允许被授权的用户访问，未授权的用户不能擅自查看或者修改文件中所保存的信息，保持系统中数据的一致性。

4）数据共享安全

数据库以服务接口的形式为各种应用系统提供数据服务，用于支撑大数据应用，采用共享认证、共享过程管控等方式。

（1）共享认证。根据数据共享方式的不同，采取不同的认证方式：

① 对通过服务接口提供共享的数据，采用接口认证的方式，如统一身份认证、安全签名等。

② 对通过 FTP 共享的数据，采用统一身份认证方式。

③ 对通过离线拷贝的共享的数据，采用对拷贝数据的设备进行可信认证和登记审批的方式。

（2）共享数据的内容合规。对于涉密、涉敏的重要数据，在数据共享过程中需进行内容审查和处理，采用的方法有涉密信息审查、敏感数据检测、数据脱敏等：

① 涉密信息审查是指在共享数据前，对数据进行涉密内容审查，走线下的涉密内容审查流程，确认共享信息的等级与申请获取数据的等级一致合规。

② 敏感数据检测采用自然语言处理和机器学习的方法，自动发现数据库及文件中的敏感字段与敏感数据。

③ 数据脱敏包括静态脱敏和动态脱敏。静态脱敏是从生产环境通过脱敏系统脱敏后，导出文件至非生产数据库或文件中；动态脱敏是直接对生产环境的数据进行脱敏，供生产环境的其他服务使用。

（3）共享过程的管控。在共享过程中通过数据共享台账管理、数据分级权限控制、数据共享审计、数据水印等方法实现共享的合规管控和溯源追责。

① 台账管理。在数据进入数据平台存储时，进行数据资产登记，登记信息作为数据共享的资源菜单。在进行数据共享时，对共享信息进行台账记录和管理。

② 分级权限控制。根据数据的等级，在数据共享时采用不同粒度的控制策略，如无条件共享、有条件共享、不共享等。

③ 共享审计。对数据共享的事件进行统计分析，发现共享过程中的高危事件、违规事件，用于事后追责。

④ 数据水印。在数据进行共享前，对数据添加水印，水印信息包含数据在什么时间，共享给了谁，使用范围是什么等，当数据被超范围使用时，可以通过水印进行溯源。

5）数据运营安全

在数据运营过程中采用运营数据合规、运营过程管控、数据外发控制等方法进行管控，保护个人隐私、敏感信息和重要数据，保障数据运营内容合规，控制使用范围，明确使用方的责任和权利。

（1）运营数据合规。数据在运营过程中对涉密、涉敏等重要数据进行内容审查和处理，采用的方法包括涉密信息审查、敏感数据检测、数据脱敏等，类似共享数据的合规使用。

（2）运营过程管控。在运营过程中通过数据运营台账管理、数据分级权限控制、数据运营审计、数据水印等方法实现运营的合规管控和追责，类似共享过程的管控。

（3）数据外发控制。通过文档外发控制、溯源水印等方式，对数据外发的使用期限、权限等进行控制，当遇到数据不合规流通时能够溯源追责。

文档外发系统通过透明加密方式来控制文件在安全的环境下是可用的，如果文件脱离了安全环境则无法使用。严格控制外发文件的使用期限，对文件的可用时间、次数进行控制；严格控制外发文件的使用权限，对文件的操作权限，如读写、修改、打印、保存等操作进行控制；通过水印，在数据外泄时，可追溯数据泄露的源头。电子文档中使用版权保护水印宣示文件内容的版权信息；打印时使用水印标注数据来源和限定使用条件。

6）数据开发安全

在数据开发过程中，采用数据输入输出控制、数据分级分类防护、数据销毁等安全技术，对涉密、敏感的数据进行降密、脱敏，通过对开发者权限管控等方式，保障数据开发过程安全。

（1）数据输入输出控制。数据从数据平台到数据应用开发及使用，有实时接口方式、前置机方式、离线传递等多种不同的数据输入输出方式。对于使用实时接口的数据，通过策略控制接入时间、信息访问量等；对于离线拷贝和使用前置机方式的数据，通过导出数据和介质拷贝等进行统一可信认证和集中管控审批，让数据能够从数据环境安全有序地流向数据开发环境。

（2）数据安全分组分类及安全存储。数据在开发环境中的安全强度与数据资源池中的安全防护强度须保持一致，防止数据在开发环境中出现数据泄露、数据篡改、数据破坏等安全问题。对于从数据平台进入数据开发环境的所有数据，按照数据分级指南进行安全分组分类，对不同的数据进行分级数据存储，然后再根据数据存储不同的等级提供不同强度的存储安全防护。

（3）数据销毁。数据在完成开发使用后，对开发环境中的数据进行销毁，对于存放开发数据的设备进行介质擦除等剩余信息保护。

7）数据运维管理安全

通常采用身份认证、运维管控、运维审计等安全技术保障数据在运维管理过程中的安全性。

（1）身份认证。数据运维人员需要通过身份认证后才能对数据进行运维操作。

（2）运维管控。数据运维管控是指对内部和外部运维人员的运维操作进行集中账号管理、细粒度数据访问操作控制、统一资源授权，形成"运维人员 – 运维主账号 – 设备账号 – 设备"运维管控模式，将运维操作统一化，实现运维精细化的运维控制。

（3）运维审计。数据运维审计通过对用户从登录到退出的全程操作行为进行审计，监控用户对目标设备或系统的所有敏感操作，聚焦关键事件，实现对安全事件的实时发现与预警。

17.5.3 身份认证与授权管理中心建设

国家医疗保障局于2019年启动了全国医疗保障局身份认证与授权管理系统（以下简称"身份认证系统"）的建设工作。医疗保障局身份认证系统是一个涉及全国医疗保障局的安全支撑系统，需要在国家医疗保障局、省级医疗保障局进行部署。本案例是在遵从国家医疗保障局身份认证系统整体规划和要求基础上，结合本地实际情况制定的身份认证系统的建设方案。

身份认证系统存在四类身份认证的对象，分别是参保人、参保单位、医药投标企业、经办人员。目前国家医疗保障局已建成CA中心，并面向全国医保投标企业与经办人员两类对象，其采用自建CA的模式，各地医保局需要建设与国家局兼容的制证发证体系。参保人、参保单位则采用第三方电子认证服务方式建设。该省医保局的CA建设分为国家局延伸建设及省局自主建设两个部分。

1. 国家局延伸部分

1）总体架构

身份认证系统是整个医疗保障局信息化体系的安全支撑基础。在身份认证与授权管理的基础上，采用目录服务系统发布身份证书、证书吊销列表等。为了应用系统的安全接入，采用安全应用组件的方式对业务系统进行统一改造，以实现高强度的身份认证、数据签名、防篡改及操作的抗抵赖等；为了方便查询、统计所发放的证书及访问记录等，建设了安全审计系统。此外，还建立了一系列相关标准及规范，用以指导、衡量及规范整个项目建设。

国家医疗保障局身份认证系统的建设包括核心业务区身份认证系统建设和公共服务区身份认证系统建设。每个区从上而下可划分为两个层次，分别为国家局、省局。

2）功能模块

国家医疗保障局身份认证系统根据功能不同主要划分为身份认证模块、授权管理模块、安全审计模块及应用安全组件四个部分。国家医疗保障身份认证系统功能模块如表17.2所示。

（1）国家局。国家局在整个医疗保障局身份认证系统中处于核心地位，因此部署的产品模块最全，包含身份认证模块的证书认证中心（CA）、密钥管理中心（KMC）、证书注册中心（RA）、证书综合管理系统（FCMS）、服务器密码机、身份认证LDAP、证书状态实时查询系统（OCSP）；授权管理模块的统一账号管理系统（IMS）、权限管理系统（PMS）、属性证书签发系统（AAS）、授权管理LDAP；安全审计模块的安全审计系统（AQS）；应用安全组件的身份认证网关、数字签名服务器。

表17.2 国家医疗保障身份认证系统功能模块

模块名称	系统或者设备	功 能
身份认证模块	CA	证书签发中心、认证权威
	KMC	加密证书密钥管理
	RA	证书日常管理申请、审核
	FCMS	证书综合管理系统，面向管理员提供证书与介质管理、系统管理维护、查询统计等一系列功能，同时还为用户提供个人信息查看、个人信息修改、用户PIN码修改、用户PIN码远程解锁等功能
	服务器密码机	分别为CA、KMC、RA、FCMS系统提供密钥服务
	OCSP	证书状态实时查询
	LDAP	发布证书信息、属性信息等
授权管理模块	IMS	证书属性管理、应用入门级访问授权
	PMS	细颗粒授权管理
	AAS	属性证书颁发
安全审计模块	AQS	证书发放统计、应用访问审计
安全应用组件	身份认证网关	为业务系统提供基于数字证书的强身份鉴别、入门级访问控制、访问行为审计
	数字签名服务器	为业务系统提供数字签名、签名验证、数字信封、解密信封服务

（2）省局自主建设。省局在系统中位于国家局的下一级，部署系统包括证书注册中心（RA）、证书综合管理系统（FCMS）、服务器密码机、身份认证LDAP、身份认证网关、数字签名服务器等。省局在进行证书管理时需连接国家局的CA和KMC。

3）上下级交互关系

身份认证系统在国家局、省局两级部署，相互之间有数据关联和通信，身份认证系统数据交互关系如图17.10所示。

省局证书申请通过FCMS系统发起，并将相关申请信息提交给RA，RA根据相关策略对申请信息进行相关的操作，并将信息提交国家局的CA，国家局的CA完成对申请信息的处理并通过省局证书注册中心（RA）返还给FCMS系统完成证书的相关操作。

在证书制作成功后，国家局的CA系统会将证书发布到身份认证的主LDAP上，主LDAP会将其信息同步给对应的省节点的从LDAP上。

本案例身份认证相关设备及系统部署如表17.3所示。

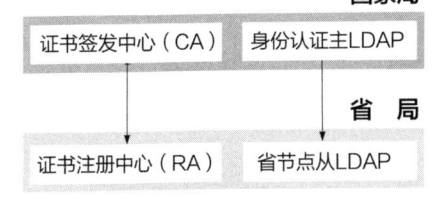

图17.10 身份认证系统数据交互关系图

表17.3 身份认证相关产品部署列表

部署位置	设备或系统名称	备注
数据中心A-公共服务区	证书注册管理系统RA	与国家局证书签发管理系统CA进行对接
	证书综合管理系统	与证书注册管理系统RA进行对接
	密码机	分别为RA和证书综合管理系统提供密钥服务
	目录服务LDAP	与国家局LDAP对接,同步本省用户证书公钥及CRL
	身份认证网关	为业务系统提供基于数据证书的强身份鉴别、入门级访问控制、访问行为审计服务
	数字签名服务器	以接口方式与业务系统进行安全集成,为业务系统提供数字签名、签名验证、数字信封、解密信封服务,保障数据的机密性、完整性、抗抵赖性
数据中心A-核心业务区	证书注册管理系统RA	与国家局证书签发管理系统CA进行对接
	密码机	分别为RA和证书综合管理系统提供密钥服务
	目录服务LDAP	与国家局LDAP对接,同步本省用户证书公钥及CRL
	身份认证网关	为业务系统提供基于数据证书的强身份鉴别、入门级访问控制、访问行为审计服务
	数字签名服务器	以接口方式与业务系统进行安全集成,为业务系统提供数字签名、签名验证、数字信封、解密信封服务,保障数据的机密性、完整性、抗抵赖性
数据中心B-公共服务区	目录服务LDAP	与国家局LDAP对接,同步本省用户证书公钥及CRL
	身份认证网关	为业务系统提供基于数据证书的强身份鉴别、入门级访问控制、访问行为审计服务
	数字签名服务器	以接口方式与业务系统进行安全集成,为业务系统提供数字签名、签名验证、数字信封、解密信封服务,保障数据的机密性、完整性、抗抵赖性
数据中心B-核心区	目录服务LDAP	与国家局LDAP对接,同步本省用户证书公钥及CRL
	身份认证网关	为业务系统提供基于数据证书的强身份鉴别、入门级访问控制、访问行为审计服务
	数字签名服务器	以接口方式与业务系统进行安全集成,为业务系统提供数字签名、签名验证、数字信封、解密信封服务,保障数据的机密性、完整性、抗抵赖性

2. 省局自主建设部分

为适应互联网+电子政务的新要求,需要建设一套身份认证体系,在保证程序合法的情况下,向公共服务用户(参保单位及参保人)提供安全方便的身份鉴别手段并产生可信的电子签名。

1)常用的身份认证技术分析

常用的身份认证技术有用户口令、短信验证、人脸识别、活体识别和数字证书,它们之间的对比分析如表17.4所示。

2)数字证书介质对比

通常用到的数字证书介质有文件证书、USBKEY、移动终端(APP),具体优缺点如表17.5所示。

3)技术方案

本案例根据实际需求,采用第三方CA机构签发证书及数字证书移动终端(APP)的方式,参保单位和参保人通过手机进行身份认证、电子签名和电子签章,后台验证签名和签章,具体如下:

(1)建设数字证书在线申请系统,为用户提供全面的线上证书办理服务。用户可通过电脑、手机等在线提交证书申请材料,并可在线查询申请审核进度,实现全线上证书办理与下载。

17.5 构建"数盾"体系，保障数据全生命周期安全

表 17.4 常用身份认证技术对比

类型	优点分析	缺点分析		安全性分析	法律性分析
用户口令	简单方便，建设费用极低	密码易被盗取，无法进行电子签名		低	不符合《中华人民共和国电子签名法》关于可靠电子签名的要求
短信验证	建设灵活，建设费用低	随用户数上升，验证码易被盗取，造成信息泄露，且只适用于参保人，无电子签名		一般	不符合《中华人民共和国电子签名法》关于可靠电子签名的要求
人脸识别	用户使用方便，适用于移动化应用场景	单次鉴别成本高，且只适用于参保人，无电子签名		高	不符合《中华人民共和国电子签名法》关于可靠电子签名的要求
活体识别	用户使用方便，适用于移动化应用场景	与"人脸识别"的缺点相同，且更繁琐		高	不符合《中华人民共和国电子签名法》关于可靠电子签名的要求
数字证书	基于 PKI/CA 技术建设，技术方案成熟，可有效认证参保人和参保单位真实身份，得到大量应用	自建 CA	一次性建设成本较高，对运营和流程有一定要求	高	符合《中华人民共和国电子签名法》要求，但其根证书得不到国家主管机关认证，法律性不足
		第三方证书	需定期缴纳证书费用	高	符合各方要求

表 17.5 数字证书介质对比表

名称	优点	缺点	安全性
文件证书	直接存储于电脑上，不需要介质，费用低	易被盗取、密码保护层级低，安全性低	低
USBKEY	证书存储在专用介质上，安全性高	不适用于移动化场景，控件易受浏览器等因素影响，用户使用体验不好保证	高
移动终端（APP）	将用户的手机作为 UBSBKEY 使用，保障安全性的同时，能有效打通 PC 端和移动端的界限	严重依赖用户的手机	高

（2）建设数字证书应用体系，为用户提供安全可靠、合规的电子签名，包括：

① 建设授权管理系统，为用户提供企业经办人管理功能。

② 建设签名验签系统，为应用系统提供基于数字证书的强身份认证服务，保证只有持有数字证书的合法用户才能登录系统。

③ 建设电子印章服务系统，为用户提供电子印章生成功能。

④ 集成手机盾，实现移动认证、数字签名以及 PC 端基于二维码的身份认证和数字签名，支持移动证书的申请、下载、更新。

⑤ 建设第三方时间戳体系，为用户关键节点和关键数据、印章文档提供可信的、权威的、公正的第三方时间戳服务。

⑥ 建设经国际认证的 SSL 服务器证书，为用户提供浏览医保局官网的安全访问方式，提高医保局网站安全性。

4）总体架构

医保平台中的公共服务电子认证系统是公共服务的核心模块，重点是保证参保人、参保单位在办理业务时的身份唯一性和真实性、操作记录和操作结果的不可否认性。

公共服务电子认证系统由系统用户、CA 机构、医保局公共服务子系统、用户终端组成。

（1）系统用户分为三个层级，可根据实际情况自行选择层级，系统用户层级如图 17.11 所示。

① 企业法人。企业法人是用户的最高层级，可在授权系统里指定委托人、经办人。

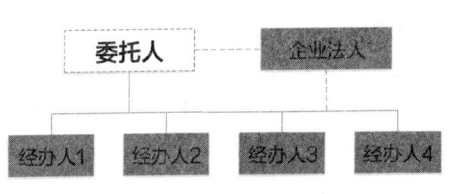

图 17.11 系统用户层级示意图

②委托人（代办人）。委托人（代办人）是操作员层级，可接受企业法人的委托，代为管理经办人信息。

③经办人。经办人是最低层级，负责办理网上申报的具体操作业务，比如参保用户属于经办人。

（2）CA机构。CA机构接收和审核用户提交资料的正确性和有效性，并对审核成功的用户签发数字证书。

（3）医保局公共服务子系统。医保局公共服务子系统为用户提供授权管理和安全可靠的公共服务，通过SSL服务器证书保证网站可信，可通过浏览器检验。

（4）用户终端。在用户手机上安装数字证书移动终端APP，用于保存该用户的证书并进行扫码登录。

5）系统模块

公共服务电子认证系统的模块包括身份认证模块、安全存储介质、安全应用组件，具体模块的功能列表如表17.6所示。

表17.6 具体模块的功能列表

模块名称	设备或系统名称	备 注
身份认证模块	CA	第三方CA机构的证书签发中心、认证权威
	在线资料收集平台	第三方CA机构的业务平台，通过互联网接收、审核、查验参保人及参保单位提交的资料正确性、合法性和有效性的综合性管理平台
	证书同步接口	同步证书变更信息，实现OCSP及LDAP功能
安全存储介质	数字证书移动终端	APP或SDK，用于提供数字证书安全存储、调用（生成电子签名）
安全应用组件	电子印章服务	为业务系统提供基于数字证书和PDF格式文件的可视化电子签名服务
	签名服务	为公共服务子系统提供客户端电子签名的验证、解密信封服务
	时间戳服务	通过第三方时间服务，为电子签名数据提供基于可信时间的证明
	SSL服务器证书	为公共服务子系统提供可信的网站身份服务，可在浏览器中直观显示网站是否可信

17.5.4 数据防泄露及数据脱敏

医保平台通过建设网络数据防泄露系统、数据脱敏系统、APP用户信息防泄露系统，进一步加强数据的安全防护。

1. APP用户信息防泄露系统

建设一套APP用户信息防泄露平台，实现一站式立体化的移动应用全生命周期安全管控，提供专业化移动应用安全工具、体系化移动应用安全流程，通过移动应用的数据整合与关联分析，进行策略联动，提升移动应用的运营安全性。

APP用户信息防泄露系统的功能如下：

（1）Android应用安全检测：

①APP安全评估。对APP进行信息检测、加固壳识别、签名信息检测和权限信息检测。

②恶意行为检测。对Android应用中含有黄赌毒、暴力、宗教、政治、人权等敏感词汇，以及应用程序中调用了包含敏感行为的函数，包括发送短信、发送地理位置、拨打电话等进行检测。

③源代码安全检测。对APP进行代码检测、代码混淆检测、代码反编译风险、日志数据泄露风险、动态加载DEX文件风险、测试信息残留风险、URL硬编码检测、硬编码风险、内网测试信息残留漏洞、启动隐藏服务风险、全局异常检测等代码安全风险进行检测。

④应用自身安全检测。对应用进行自身安全风险检测，其中风险包含证书明文存储风险、调

试证书使用风险、未保护的申明自定义权限风险、开发商自定义服务风险、资源文件泄露风险、应用测试模式发布风险、动态调试风险等。

⑤ 组件安全检测。对 APP 的组件进行最小化权限检测、界面劫持风险、注入漏洞、动态注册广播风险、组件克隆应用漏洞、密码明文存储风险、域同源策略绕过漏洞、组件忽略 SSL 证书验证错误漏洞等安全检测。

⑥ 算法使用的安全检测。对加密算法的不安全使用风险进行检测。

⑦ 网络通信安全检测。包括 https（超文本传输安全协议）未校验服务器证书漏洞、https 未校验主机名漏洞、https 允许任意主机名漏洞、https 传输通道风险、中间人攻击风险等检测。

⑧ 数据存储安全检测。包括内部文件全局读写漏洞、SD 卡数据泄露风险、SQL 数据库注入漏洞、剪贴板信息泄露风险、应用数据任意备份风险、数据存储位置风险等检测。

⑨ App 动态检测。采用动态沙箱检测技术对 App 应用进行安全合规动态检测，包括组件安全、应用行为监控、源码风险三个方面。

⑩ 应用行为监控。包括文件操作行为监控、访问通讯录监控、短信监控、设备信息获取监控、录音录像行为监控、蓝牙访问行为监控、摄像头访问行为监控、应用程序包管理行为监控、账户管理行为监控、HTTP 请求行为监控、位置访问行为监控、本地数据库存储行为监控、本地配置文件存储行为监控。

（2）iOS 应用安全检测：

① 移动应用基本信息检测。包括基本信息检测、检测情况汇总、权限信息检测、第三方 SDK 检测。

② iOS 基本信息。包括第三方库引用、隐私行为测评、应用信息风险测评。

③ 应用恶意行为。包括敏感词检测、获取前台应用风险、敏感路径引用风险、任意安装风险、任意卸载风险、隐藏应用图标风险、隐藏应用名称风险。

④ iOS 安全编译。包括检测未使用地址空间随机化技术、未使用自动管理内存技术、未使用编译器堆栈保护器技术等风险。

⑤ iOS 代码安全。包括检测弱加密函数使用、随机数不安全使用、弱哈希算法使用、不安全的 API 函数引用、符号未混淆、URL 信息泄露、资源文件泄露等风险。

⑥ iOS 数据存储安全。包括检测数据库明文存储、配置文件信息明文存储、剪贴板信息泄露等风险。

⑦ iOS 恶意攻击防范。包括检测动态调试攻击、越狱设备运行、截屏攻击等风险。

⑧ iOS 数据传输完整性缺陷。包括检测 HTTP 传输数据风险、HTTPS 未校验服务器证书漏洞等。

2. 数据脱敏系统

数据脱敏系统预置专门的数据脱敏算法管理器及丰富的敏感数据字典，通过模糊、加密、变形、替换等方法对敏感数据进行处理，原有的生产数据经系统脱敏后不再具备时效性，仍可保留原有的数据属性及业务逻辑用于测试、开发、分析等。

该系统具有高性能、弹性扩展、灵活部署等特点，具备整合不同业务数据环境的能力，可以低成本、高效率地为医保核心数据资产保驾护航。其主要功能特点如下：

1）支持多数据源脱敏

（1）静态脱敏。支持整个库数据脱敏和子集脱敏，支持多种数据库同构或者异构进行脱敏，可为不同数据脱敏需求场景提供对应的解决方案。

（2）动态脱敏。通过对普通的业务查询操作进行 SQL 语句分析、替换，从而达到对敏感数据脱敏的防护效果，支持数据库函数脱敏、敏感数据迁移脱敏、分权限脱敏。

2)敏感数据自动化管理

脱敏系统提供全面敏感数据管理能力,帮助单位进行有序、一致的可视化脱敏数据管理。

(1)支持多种敏感数据识别。通过正则表达式来定义敏感数据构成特征,使用正则表达式与待检测数据比对,从而发现敏感数据。

(2)敏感数据自动探测:

① 支持敏感数据的自动探测,以解决老旧业务系统中维护人员更替后不完全掌握隐私数据的问题。

② 支持多种内置敏感数据类型探测,如姓名、身份证、电话号码、邮编、日期、IP地址、电子邮箱、中国护照、外国护照、军官证、永久居住证、港澳通行证、台胞证、银行卡号、开户许可证、税务登记证、组织机构名称、组织机构代码证、工商营业执照、社会统一信用代码等。

③ 支持对自定义敏感数据类型进行探测。

(3)敏感数据手工管理。支持敏感数据的手工定义功能,以补充敏感数据自动探测功能。

(4)敏感数据分布视图。支持按数据源、敏感数据类型等维度展示敏感数据分布情况。

3)高效灵活的脱敏算法

系统内置多种脱敏算法,可根据实际脱敏场景和需要组合成脱敏规则,支持自定义规则进行算法扩展。

(1)固定替换。将敏感数据替换为固定的数值。

(2)随机替换。根据敏感数据的业务含义,随机替换新的数值,支持姓名、地址、身份证号、手机号码、个人邮箱、座机号码等。例如姓名,脱敏后由百家姓与常用名字组合而成。

(3)模糊替换。将敏感数据部分内容用特殊符号替换。例如手机号码,原值为18888888888,模糊化后变为188****8888。

(4)FPE替换。可逆的脱敏算法,脱敏后的值保持格式、构成规则不变。例如手机号码,原值为18888888888,脱敏后变为18534551113,脱敏后仍然是一个符合规则的手机号码,并且脱敏后的值可以还原为原值。

(5)地址数字模糊化替换。将地址信息中的数据内容模糊化。例如地址信息,原值为"北京市XX区XXX小区5号楼2单元201室",脱敏后变为"北京市XX区XXX小区*号楼*单元*室"。

(6)关联替换。将存在一定业务关联的敏感数据进行脱敏后,关联关系仍然保持。例如中国居民身份证号与出生日期这两种敏感数据存在一定关联关系,即身份证号中的第7位到14位代表出生日期,那么脱敏后这部分内容与出生日期列要保持一致。

(7)国密替换。支持SM1、SM2、SM3、SM4算法。

(8)截断替换。将敏感数据保留固定位数,例如地址信息"北京市XXX区XXX小区5号楼2单元201室",截断替换后为"北京市XXX区XXX小区"。

4)平台自防护功能

脱敏平台建设完成后对外开放,会成为SQL注入、跨站脚本、跨站欺诈等安全事件高发地带。作为数据管理核心系统,一旦被扫描、攻击,会导致无法访问,严重影响正常使用。因此,需要考虑Web安全防护,从而对sql注入、跨站、框架类漏洞免疫。Web应用加固需要和脱敏系统深入融合,基于脱敏业务和逻辑的深刻理解,对来自客户端的各类请求进行内容检测和验证,确保其安全性与合法性,对非法的请求予以实时阻断,从而对脱敏平台进行有效加固。

17.6 统筹打造安全运营管理中心

建立安全运营管理中心,是有效帮助管理人员实施好安全措施的重要保障,是实现业务稳定运行、长治久安的基础。通过安全运营管理中心的建设,将安全技术防护层面和安全管理层面结合起来,全面提升用户网络的信息安全保障能力。安全运营管理中心建设包含安全管理体系、安全服务体系、运维系统及持续安全运维的改进。

17.6.1 安全管理体系建设

1. 安全管理制度

医保平台通过完善系统安全运维及人员安全管理的保障机制,实现信息系统的安全管理。

1)安全策略

制定网络安全工作的总体方针和安全策略,阐明机构安全工作的总体目标、范围、原则和安全框架等。

2)管理制度

没有规矩不成方圆,安全的工作中没有管理制度,则无法支撑庞大的技术体系良好运行。对安全管理活动中的管理内容分类,形成由安全策略、操作规程、记录表单等构成的全面的安全管理制度体系,从而指导各级部门的信息安全管理工作,规范管理人员或操作人员的日常操作。

3)制定和发布

(1)由专门的部门及人员负责安全管理制度的制定。

(2)通过制定严格的发布制度,规定发布的流程、方式、适用范围等,并进行版本控制。

4)评审和修订

定期对安全管理制度的合理性和适用性进行论证和审定,对存在不足或需要改进的安全管理制度进行修订。

2. 安全管理机构

医保平台设立专门的安全管理机构,从岗位设置、人员配备、授权和审批、沟通和合作、审核和检查方面进行安全管理和控制。

3. 安全管理人员

医保平台从人员录用、人员离岗、安全意识教育和培训、外部人员访问方面进行人员的安全管理和控制。

4. 安全建设管理

系统安全建设管理涉及定级备案、安全方案设计、产品采购和使用、自行软件开发、外包软件开发、工程实施、测试验收、系统交付、等级测评、服务供应商选择等。从信息安全管理与风险控制角度出发,建立完善的信息安全管理制度和过程控制安全机制,为系统的全生命周期提供安全保障。

5. 安全运维管理

安全运维管理包括环境管理、资产管理、介质管理、设备维护管理、漏洞和风险管理、网络和系统安全管理、恶意代码防范管理、配置管理、密码管理、变更管理、备份与恢复管理、安全事件处置、应急预案管理、外包运维管理等。

17.6.2 安全服务体系建设

魔高一尺,道高一丈,数智安全的建设并非一次性工程,随着安全威胁层出不穷,数据中心的安全防护体系也需要不断更新完善,同时在日常运维工作中也需要对风险及威胁进行持续关注、测试、评估及响应处置,并且在重要时期需进行重点的安全保障。

1. 风险评估

风险评估是一种利用大量安全性行业经验和先进安全技术相结合的综合分析和评价手段，可以最大化减少生产运行系统可能存在的安全隐患，是一套行之有效、针对性强的风险识别、检测、规避方法。医保平台的风险评估服务包括文档阅读、现场检查评估、顾问访谈等。

2. 安全加固服务

为了减少系统被攻击的风险，需依据信息安全等级保护标准要求，对系统的安全进行加固和优化。安全加固服务包括系统安全加固、应用程序漏洞加固等。

3. 渗透测试

渗透测试是通过真实模拟黑客使用的工具和攻击方法来进行实际的漏洞发现和利用的安全测试方法。通过渗透测试，可检查发现最严重的安全漏洞，以便对危害性严重的漏洞及时修补，以绝后患。渗透测试与代码审计相比，用时更短，效率更高。在渗透测试过程中，可以灵活选择测试的强度，比如测试人员可以选择全部或者部分服务器及应用进行测试。渗透测试的服务内容包括信息收集、Web漏洞挖掘、主机后门安全检查等。

4. 应急响应

应急响应是指安全技术人员在遇到突发事件后所采取的措施和行动。而突发事件则是指影响一个系统正常工作的情况，其中也包括网络问题，如黑客入侵、信息窃取、拒绝服务攻击、网络流量异常等。

应急响应服务主要提供已发生安全事件的事中、事后的取证、分析及处置等服务。

应急响应支持人员需根据单位的实际情况制定应急处置方案，为事件的后期处理提供参考。

5. 重大活动保障

重大活动保障是指在重要时期，信息安全责任部门需加强防范重大网络安全事件的发生，保证单位重要信息系统的安全稳定运行，以保障业务部门更好地完成工作。重要时期主要指国家、政府或企事业单位及商业社会团体需要经历的，具有重大政治、经济影响的一段时间。

重大活动保障的内容如下：

17.6.3 虚拟化运维系统

医保平台需要运维管理的设备有近1700台，运维账号有1800多个，为了对众多设备日常运维和运维人员进行科学管理，医保平台建设了一套虚拟化运维系统。该系统由运维内控系统、虚拟运维安全桌面系统组成。

运维人员通过虚拟运维系统访问系统如图17.12所示。

通过运维内控系统实现身份自动识别、运维权限控制、自动化运维、操作行为审计、敏感指令实时阻断、访问控制、会话切断等功能。

虚拟运维安全桌面系统为该省医疗保障局各软件开发商和驻场人员提供项目实施、运维服务所需的运维终端接入，并可进行统一运维安全桌面管理，通过虚拟桌面实现数据不落地和外接设备的安全管控。

17.6.4 安全运维评审及改进

安全运维通常指在运维过程中对网络或系统发生病毒或黑客攻击等安全事件进行监控、定位、告警、防护、排除等运维动作，保障系统不受内、外界侵害。安全运维评审则是对安全运维过程进行有效性评估。

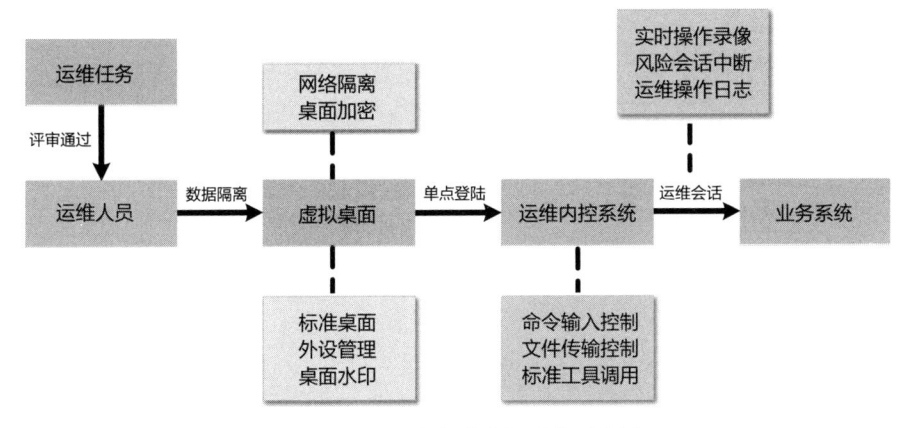

图 17.12　运维人员访问系统示意图

1. 安全运维评审

本案例的安全运维评审是对医保平台的安全运维体系进行全面、系统的评估和审核,以发现和分析潜在的安全风险和问题,并通过优化和改进措施来提升安全防范和应急响应能力,确保医疗信息系统和数据得到更全面的保护和安全运营。

2. 安全运维改进

安全运维评审完成后,对于发现存在的安全隐患和漏洞,需要采取具有针对性的改进措施。

17.7　核心软硬件的安装和调试

17.7.1　软硬件配置清单

医保平台两个数据中心安装和部署的安全软硬件清单如表 17.7 所示。

表 17.7　软硬件清单

序号	设备及软件名称	数量	序号	设备及软件名称	数量
一、数据中心 A- 核心业务区					
1	出口防火墙	2	14	网络数据防泄露	1
2	全局防火墙	2	15	服务器密码机	2
3	互联防火墙	4	16	身份认证网关	2
4	IPS 入侵防御	2	17	数字签名服务器	2
5	抗 DDoS 攻击系统	2	18	主机加固系统客户端	300
6	IDS 入侵检测	1	19	主机加固系统分析中心	1
7	漏洞扫描系统	1	20	APP 用户信息防泄露	1
8	数据库审计	1	21	安全资源池	1
9	日志审计	1	22	主机加固系统监控平台	1
10	Web 防火墙	2	23	威胁情报平台	1
11	态势感知探针	1	24	安全态势感知平台	1
12	威胁情报分析中心	1	25	虚拟化运维系统	1
13	数据脱敏系统	1	26	应用可视化审计系统	1
二、数据中心 A- 公共服务区					
1	出口防火墙	2	12	数据脱敏系统	1
2	全局防火墙	2	13	网络数据防泄露	1

续表 17.7

序 号	设备及软件名称	数 量	序 号	设备及软件名称	数 量
3	IPS 入侵防御	2	14	服务器密码机	2
4	IDS 入侵检测	1	15	身份认证网关	2
5	漏洞扫描系统	1	16	数字签名服务器	2
6	数据库审计	1	17	主机加固系统客户端	300
7	日志审计	1	18	主机加固系统分析中心	1
8	抗 DDoS 攻击系统	2	19	APP 用户信息防泄露	1
9	Web 防火墙	2	20	安全资源池	1
10	态势感知探针	1	21	虚拟化运维系统	1
11	威胁情报分析中心	1	22	应用可视化审计系统	1
三、数据中心 B- 核心业务区					
1	出口防火墙	2	13	威胁情报分析中心	1
2	全局防火墙	2	14	数据脱敏系统	1
3	互联防火墙	2	15	网络数据防泄露	1
4	网闸	2	16	身份认证网关	2
5	IPS 入侵防御	2	17	数字签名服务器	2
6	抗 DDoS 攻击系统	2	18	主机加固系统客户端	300
7	IDS 入侵检测	1	19	主机加固系统分析中心	1
8	漏洞扫描系统	1	20	APP 用户信息防泄露	1
9	数据库审计	1	21	安全资源池	1
10	日志审计	1	22	虚拟化运维系统	1
11	Web 防火墙	2	23	应用可视化审计系统	1
12	态势感知探针	1			
四、数据中心 B- 公共服务区					
1	出口防火墙	2	12	数据脱敏系统	1
2	全局防火墙	2	13	网络数据防泄露	1
3	IPS 入侵防御	2	14	身份认证网关	2
4	IDS 入侵检测	1	15	数字签名服务器	2
5	漏洞扫描系统	1	16	主机加固系统客户端	300
6	数据库审计	1	17	主机加固系统分析中心	1
7	日志审计	1	18	APP 用户信息防泄露	1
8	抗 DDoS 攻击系统	2	19	安全资源池	1
9	Web 防火墙	2	20	虚拟化运维系统	1
10	态势感知探针	1	21	应用可视化审计系统	1
11	威胁情报分析中心	1			

17.7.2　软硬件部署方式

1. 公共服务区安全软硬件的部署

公共服务区安全设备和系统的功能说明及部署方式如表 17.8 所示。

2. 核心业务区安全软硬件的部署

核心业务区安全设备、系统的功能及部署方式如表 17.9 所示。

表 17.8 公共服务区安全设备和系统的功能说明及部署方式

安全设备、系统	功能简要说明	部署方式
抗 DDoS 攻击系统	具备智能攻击流量识别功能，支持对多种泛洪攻击的防护，支持黑名单、白名单等机制的防护策略设置，提供对网络流量实时监控，同时更可实时监控攻击事件情况、攻击类型、被攻击目标、攻击源等信息	公共服务出口区的互联网出口串联部署
防火墙	具备传统防火墙、防病毒、访问控制、流量管理、应用识别、用户识别、内容识别、资产识别、资产访问控制等功能	（1）公共服务出口区的互联网出口串联部署出口防火墙 （2）公共服务出口区串联部署全局防火墙 （3）公共服务生产区核心交换机旁路部署隔离防火墙
入侵检测	对网络病毒、蠕虫、木马后门、扫描探测、暴力破解、黑客攻击等恶意流量的检测识别及告警，对应用及流量识别	安全运维区，汇聚分流设备旁路部署
入侵防御	对网络病毒、蠕虫、木马后门、扫描探测、暴力破解、黑客攻击等恶意流量的检测并阻断，对应用及流量识别	公共服务出口区串联部署
Web 应用防火墙	支持对 SSL 或 HTTPS 加密会话进行分析，支持对注入、路径穿越及远程文件包含的攻击防护，支持 CSRF（跨站请求伪造）防护、爬虫防护、盗链防护、扫描防护、Cookie 安全机制、敏感关键字自定义功能	前端接入区，接入核心交换机串联部署
数据库审计	支持数据库操作行为记录、数据库操作行为审计、操作行为统计分析、数据库自动发现、审计策略管理、审计告警管理等	公共服务生产区，数据库交换机旁路部署
漏洞扫描系统	操作系统漏洞发现、应用漏洞发现、弱口令发现、虚拟化平台漏洞发现、网络设备漏洞发现	安全运维区，核心交换机旁路部署
日志审计系统	设备日志采集、应用日志采集、日志检索、日志分析、日志转发、事件告警、日志报表等	安全运维区，核心交换机旁路部署
APP 用户信息防泄露	采用设备指纹、白盒算法、数据安全存储等技术实现身份认证功能，整合设备指纹、SSE、攻击框架检测、终端环境安全分析等实现用户信息安全和交易安全	前端接入区，服务器软件部署
主机加固系统客户端	主机防病毒、主机蜜罐、主机溯源、主机防入侵、资产清理	公共服务生产区，虚拟机上安装
主机加固系统分析中心	对区域内所有客户端进行数据汇聚，关联分析并输出到主机加固系统监控平台	公共服务生产区，主机加固系统分析中心专用虚拟机上安装
态势感知探针	对区域内流量采集，实现威胁事件分析、邮件和 FTP 等多协议监测、弱点服务器监测、攻击者画像等功能	安全运维区，汇聚分流设备旁路部署
威胁情报分析中心	分析中心，全流量采集，提供基于实时情报数据的包括僵尸网络、扫描器节点、病毒木马、恶意软件、勒索软件、钓鱼网址、APT 情报、恶意邮件、安全漏洞等的流量监测和匹配	核心交换区，汇聚分流设备旁路部署
安全资源池	虚拟防火墙、虚拟 IPS、虚拟 WAF 等	部署在云平台内部虚拟机器
安全服务器	负责数据中心 A 和数据中心 B 的安全软硬件规则库、情报库等的统一升级	安全运维区

表 17.9 核心业务区安全设备和系统部署清单

安全设备、系统	功能简要说明	部署方式
防火墙	具备传统防火墙、防病毒、访问控制、流量管理、应用识别、用户识别、内容识别、资产识别、资产访问控制等功能	（1）出口边界串联部署 （2）核心业务生产区出口（互联网出口边界）串联部署 （3）安全隔离区串联部署
入侵检测	对网络病毒、蠕虫、木马后门、扫描探测、暴力破解、黑客攻击等恶意流量的检测识别及告警，对应用及流量识别	安全运维区，汇聚分流设备旁路部署
入侵防御	对网络病毒、蠕虫、木马后门、扫描探测、暴力破解、黑客攻击等恶意流量的检测并阻断，对应用及流量识别	前端接入区串联部署
Web应用防火墙	支持对SSL（HTTPS）加密会话进行分析，支持对注入、XSS、SSI指令、Webshell防护、路径穿越及远程文件包含的攻击防护，支持CSRF（跨站请求伪造）防护、爬虫防护、盗链防护、扫描防护、Cookie安全机制、敏感关键字自定义功能、URL ACL	前端接入区，核心交换机串联部署
数据库审计	支持数据库操作行为记录、数据库操作行为审计、操作行为统计分析、数据库自动发现、审计策略管理、审计告警管理等	核心业务生产区，数据库接入交换机旁路部署
漏洞扫描系统	操作系统漏洞发现、应用漏洞发现、弱口令发现、虚拟化平台漏洞发现、网络设备漏洞发现	全运维区，核心交换机旁路部署
日志审计系统	设备日志采集、应用日志采集、日志检索、日志分析、日志转发、事件告警、日志报表等	安全运维区，核心交换机旁路部署
APP用户信息防泄露	采用设备指纹、白盒算法、数据安全存储等技术实现身份认证功能，整合设备指纹、SSE、攻击框架检测、终端环境安全分析等实现用户信息安全和交易安全。	前端接入区，服务器软件部署
主机加固系统客户端	主机防病毒、主机蜜罐、主机溯源、主机防入侵、资产清理	核心业务生产区，虚拟机上安装
主机加固系统分析中心	对区域内所有主机加固系统客户端进行数据汇聚，关联分析并输出到主机加固系统监控平台	核心业务生产区，主机加固系统分析中心专业虚拟机
态势感知探针	对区域内流量采集，实现威胁事件分析、邮件和FTP等多协议监测、弱点服务器监测、攻击者画像等功能	安全运维区，汇聚分流设备旁路部署
威胁情报分析中心	分析中心，全流量采集，提供基于实时情报数据的包括僵尸网络、C&C节点、扫描器节点、病毒木马、恶意软件、勒索软件、钓鱼网址、APT情报、恶意邮件、安全漏洞等的流量监测和匹配	安全运维区，汇聚分流设备旁路部署
安全资源池	虚拟防火墙、虚拟IPS、虚拟WAF	云平台内部，虚机部署
态势感知平台	基于大数据分析，实时安全事件关联分析，内置攻击分析模型，分析展示网络入侵、系统及主机安全态势，全面监测发现安全威胁，预警及处置管理	安全运维区
威胁情报平台	提供基于实时情报数据的包括僵尸网络、C&C节点、扫描器节点、病毒木马、恶意软件、勒索软件、钓鱼网址、APT情报、恶意邮件、安全漏洞等威胁情报	安全运维区
主机安全加固系统监控平台	整合主机加固系统数据，实现未知威胁检测、智能化攻击回溯等功能	安全运维区

17.7.3 软硬件的安装及测试

根据项目建设流程，首先完成设备或软件的到货验收，然后根据整体规划设计及设备的部署方式编制实施方案，再根据实施方案进行安装调试及联调测试。

以下选取医保平台部分重要的软硬件系统对安装调试过程进行简要介绍。

1. 入侵防御系统的安装及测试

1）部署方式

医保平台的 8 台入侵防御设备（IPS）部署在 A 中心核心业务区出口区域、A 中心公共服务区出口区域、B 中心核心业务区出口区域、B 中心公共服务区出口区域。每个出口区域各部署 2 台 IPS，设备以透明模式接入，采用双机双主冗余模式，同一区域的两台 IPS 均同时工作，实现会话同步和配置同步，对经过出口的流量进行安全检测，拦截异常攻击流量，实现入侵安全防护。

2）设备信息规划

规划设备名称、IP 地址、互联接口及安装物理位置，IPS 的配置规划示例如表 17.10 所示。

表 17.10 IPS 配置规划示例

设备名称	A 中心核心区 IPS-1	
设备 IP	10.0.0.1	
接口使用规划	端口 Eth-s2p1	连接核心区出口防火墙 –1 的 XGE1/0/1 口
	端口 Eth-s2p2	连接核心区出口 WAF-1 的 TE1 口
	端口 Eth5（HA）	连接核心区 IPS-2 的 ETH5（HA）口
	端口 Eth0	连接带 A 中心核心区外交换机
设备安装物理位置	A 中心机房 D4 机柜	

3）安装实施步骤

（1）设备上架及连线。按照实施方案，将设备安装到指定机房中的机柜位置，完成设备加电操作，并按照拓扑图及接口使用规划进行设备连线。

（2）基础网络配置。按照接口及地址规划，完成设备接口配置，同时划分接口所属的防护区域。将设备设置成透明工作模式，将与外部网络连接的接口设置为非信任区域（Untrust 区域），将与内部网络连接的接口设置可信任区域（Trust 区域），根据区域配置安全策略。最后给设备设置带外管理地址，方便后续的远程运维管理。

（3）IP 对象定义。根据建设单位的网络情况以及医保平台中涉及的软硬件，定义相关的 IP 地址对象，以供配置安全策略时进行引用。对于服务器，先定义整个服务器所在 IP 网段的对象，方便配置整体的安全防护策略；对于关键业务系统，每个业务都定义一个对象，方便后续针对每个关键业务，制定个性化的安全防护策略。

（4）设置入侵防御策略。针对不同的安全域、不同服务器、不同关键业务的需求，设置并启用不同的安全防护策略。

（5）高可用性配置。按照部署方案要求，对 IPS 进行高可用性设置，实现双机冗余。

4）测试验证

安装部署完成后，需要对设备的连通性及业务功能进行测试。

（1）对设备进行连通性测试：

① 在内部终端上测试访问互联网地址，检测是否正常。

② 在服务器上测试访问互联网地址，检测是否正常。

③ 在外部终端上测试通过互联网访问对外发布的业务，检测是否正常。

④ 在维护终端上访问 IPS 的管理地址并登录控制台，检测是否正常。

（2）设备主要功能安全防护验证。做模拟攻击防御测试，如果现场环境不适宜做模拟攻击防御测试，可采取放置在外网出口区域一段后进行验证，通过查看 IPS 上的防护日志信息，检测是否有异常流量并进行拦截。

（3）双机冗余测试。对 IPS 主备双机冗余性进行测试：

① 主机和备机上线后检查各自状态是否正常。

② 主备双机进行拔线切换，测试是否正常。

③ 主备双机进行链路检测失败切换，测试是否正常。

④ 主备双机检查配置同步功能是否正常。

⑤ 在主备双机的测试过程中，检查访问业务系统是否正常。

2．态势感知系统的安装及测试

1）规划受控 IP 地址段

需要监控的 IP 地址段包括服务器 IP 与终端 IP 两种类型，由于配置的精细度将直接影响到安全感知系统对业务流量的呈现及对异常行为、攻击行为的识别度，所以在配置时尽量将 IP 地址细化分类，比如对应每种业务系统配置一个 IP 地址段。在配置时需注意切勿将受监控内网 IP 地址段都写成 0.0.0.0 或者 255.255.255.255，否则会导致态势感知系统识别不出风险主机、外连攻击等问题。

2）镜像区域划分

态势感知是对网络中的流量镜像进行检测，因此要确认需要镜像的区域，检测各区域的数据安全情况。常规网络划分为用户区和服务器区，部署时将服务器区与互联网、用户区与互联网、用户区与服务器区之间的流量镜像到潜伏威胁探针上，安全感知平台在将探针分析的原始安全日志收集后进行大数据分析。

对外服务器区有防火墙等安全设备时，则镜像 DMZ 区内的交换机的流量，检测服务器区的横向攻击及感染的病毒情况。因为若在核心交换机上镜像，则存在对外服务器区的安全设备将服务器对外的异常数据拦截的情况，导致检测不到已经中病毒的主机。

3）安装实施步骤

（1）设备上架及连线。按照实施方案，将设备安装到指定机房中的机柜位置，完成设备加电操作，并按照拓扑图及接口使用规划进行设备连线。

（2）安全感知系统配置：

① 配置系统 IP 地址及端口。

② 配置默认路由，连接潜伏威胁探针和互联网。

③ 配置受监控内部 IP 范围。IP 地址段属于服务器网段则选择"服务器"，属于用户网段则选择"终端"，若不能确认所属网段则选择"未配置"。

④ 业务配置。将自动发现的服务器或手动新增的服务器加入对应的业务中。业务配置对后续风险的呈现影响很大，需仔细配置并核对每个业务系统的名称。

（3）潜伏威胁探针配置：

① 配置管理口地址和配置旁路镜像接口。管理口地址用于管理探针，也可使用管理口上传日志到安全感知平台。

② 配置内网区域。配置内网的服务器区与用户区的 IP 地址范围，若不清楚内网业务及终端的 IP 地址范围，可以不配置"定义内网"。当配置了"定义内网"的网段时，只能识别到网段内的 IP 地址，后续增加网段则无法识别。

③ 探针安全策略配置。设备上线后检查探针的安全策略，建议开启所有的安全策略；网站攻击检测策略中若客户业务使用的端口不是默认端口，则需修改为正确端口。

④ 特征库检查。需要先检查特征库情况，检查当前版本是否与当前日期在一个月内，如果特征库版本较旧，则首先需要连接互联网进行在线更新，若设备可连接互联网，系统将每隔1小时检查一次库的更新情况；若不能连接互联网，可以通过离线规则包升级。

⑤ 镜像流量检查。因为所镜像的流量必须为双向流量，不能是单向流量，所以需确认镜像流量是否正确。

完成以上的安装调试步骤后，对态势感知系统进行测试验证，填写态势感知系统测试表，态势感知系统测试表模板如表 17.11 所示。

表 17.11 态势感知系统测试表模板

测试项目	测试内容	检验结果
硬件配置	对照装箱单及合同，确认配置是否一致	正确☐ 未通过☐
安装标准	（1）物理检查安装系统，确保所有部件正常工作	正确☐ 未通过☐
	（2）针对安装要求，确保硬件安装条件正常	正确☐ 未通过☐
硬件检查	（1）基本检查（电源、系统板、内存）开机，确认系统能够正常启动，没有显示任何出错信息，内存自检通过且内存大小正确	正确☐ 未通过☐
	（2）运行命令检查系统中可用设备	正确☐ 未通过☐
	（3）运行命令检查系统中的内存大小	正确☐ 未通过☐
软件版本及硬件资源检查	（1）用命令检查操作系统版本	正确☐ 未通过☐
	（2）用命令检查 CPU	正确☐ 未通过☐
	（3）运行命令检查所有文件系统	正确☐ 未通过☐
	（4）运行命令检查 MEM 情况	正确☐ 未通过☐
网络系统	（1）用命令检查所有端口状态网络状态	正确☐ 未通过☐
	（2）用 ping 命令检查网络的连通性	正确☐ 未通过☐
	（3）检查路由表的一致性、完整性	正确☐ 未通过☐
结　论		

17.8　建设成效

医保平台的安全体系的建设完成后，通过全面的安全防护，不仅有效保障了医保平台的 16 个应用子系统及中台系统的安全稳定运行，而且大大提升了该省医保局的整体安全运维能力，具体表现在：

（1）安全管理达到要求。安全防护体系建立保障该省医保局的信息系统符合国家网络安全等级保护第三级的要求，防止政策风险和法律风险。

（2）运维管理更规范。建立了完善的安全管理制度，规范了管理人员或操作人员的行为，完善了运维管理流程，实现了运维及故障处理的闭环管理，对存在的问题可以追根溯源。

（3）受恶意攻击和网络病毒的影响更小。通过管理、运维、技术、过程、策略等不同层面的安全防护，有效预防网络攻击和网络病毒。

（4）IT 系统自身更健壮。结合安全防护体系的安全风险检测和分析，通过漏洞和补丁对系统进行防缺补漏的安全加固，使 IT 系统自身更加健壮。

（5）安全问题的响应更快速。依靠态势感知等安全系统的自动化安全防护功能，当医保平台面临重大安全问题时，依赖应急预案或响应剧本针对安全问题进行快速的响应和处置，并可针对部分问题实现自动化分析、自动化封禁，从而极大地提高响应速度，避免问题影响进一步扩大。

（6）核心数据和信息更安全。数字认证、数据防泄露、数据脱敏、数据加密等安全防护措施有效保护医保平台核心数据及信息的安全，防止数据泄露，降低数据意外泄露对单位的影响。

（7）运维工作效率更高。通过身份自动识别及自动化运维，减少人工操作，降低运营时间和成本，从而提高了运维工作的效率。

（8）管理能力更强。安全运维体系可以帮助运维管理部门及业务部门更好地了解医保平台的整体运行情况，以便采取有效的改进及优化措施，大大提高了整体管理能力。

（9）设备性能更优、人员更安全。良好稳定的机房安全环境，让系统更加稳定，不仅充分发挥了系统的性能、延长了机器使用寿命，而且有效保证了工作人员安全及身体健康。

笃

笃行伺客显仆心，"三管一验"要诚欣[1]。

电信同人有大爱，云转数改报佳音。

  笃篇由三部分组成，以数智化的新视角阐述数智科技工程建设管理、验收、运维与评价的基本理念、方法、步骤、过程，从企业的组织管理、人才管理、施工管理、生产管理、质量管理、安全管理、竣工管理为读者提供一个全景式的概貌。

1）三管一验：工程质量、进度、投资管理/竣工验收。

第 18 章 数智科技工程建设的管理

管理无小事，责任重于山

数智科技工程深入政府社会，服务工农商企，支撑民生百业，其特点是规模庞大、跨地域性、结构复杂、业务种类多、数据量大、用户多，这决定了工程管理的复杂性。管理无小事，责任重于山。建立并实施符合数智科技工程特点的管理体系是一项专业性较强的工作，必须借助数智科技新手段，开启数智科技工程建设管理新的篇章。

本章从项目管理的基本概念入手，重点阐述质量、进度、投资这三大管理过程，以新的视角纵谈数字化赋能项目管理，以期为数智科技工程建设者提升项目管理能力与效率带来一些启迪。

18.1 建设管理的要点

在数智科技工程项目的实施中，良好的组织和管理将是工程项目成效好坏的重要保障。采用科学的管理方法将缩短工期、提高效率、节约劳力、降低消耗，保证工程预定目标的实现。

在进行数智科技工程建设之前，务必要周密考虑，具体涉及以下几方面的问题：

（1）需要对数智科技工程进行科学规划。数智科技工程一般是一个庞大的系统工程项目，应采用"总体规划、分步实施"的策略。在进行总体规划时，应组织强大的系统规划班子，聘请专家，特别是工程所涉及的专业领域内擅长于系统分析和规划的专家，对工程做一个与建设单位业务中长期发展战略相一致的总体规划，然后根据该规划的内容，分别启动相关项目，按计划投入相应的软硬件投资。

（2）需要构建一个强有力的领导和管理机构。数智科技工程的建设自始至终都需要各个方面的支持。其中，有对管理体制创新的支持，有与各部门打交道而带来的大量的组织协调工作的支持，甚至还有对突破旧习惯势力的抵制等方面工作的支持。所以，数智科技工程要有完善、独立的组织机构来主管建设。该机构应有一个有力的工作班子，能协调、指导、组织、实施统一建设。

（3）需要准确定位建设需求，确定工程实现目标。要考虑清楚用户单位、建设单位目前的实际情况是什么样，自身的需求是什么，工程竣工后要达到什么样的目标。在数智科技工程的建设过程中，本着保证事件处理的高效率、低成本、效果好的原则，根据实际情况，来确定工程的体制模式和流程模式。

（4）需要一支专业、高效的执行团队。数智科技工程所涉及的专业领域广泛、专业性强，在工程的整个生命周期过程中，建设工作具有多样、繁杂、临时性、突发性等特点。一支专业技能扎实、组织管理高效的执行团队参与到工程建设工作中，将是工程目标顺利实现，工程规划妥善落地的重要保证。

18.2 建设的一般步骤

18.2.1 项目启动阶段

项目启动阶段是数智科技工程建设管理的最初阶段，也是最重要的阶段之一。在这个阶段，项目发起人需要确定项目的目标和范围，制定项目计划，并获得相关方的支持和承诺。项目启动阶段需达成三个目的：

（1）明确相关方的期望，确定项目目的、项目范围和目标。

（2）让相关方就项目目的、项目范围和目标达成共识。

（3）商讨相关方如何参与项目建设以实现其期望。

1. 数智科技工程项目的规模

数智科技工程项目的规模目前没有明文规定，工程项目的大小也是一个相对的概念。我们在实践中，一般根据工程服务对象的级别和工程项目投资金额，把数智科技工程分为大中小三个类型。

（1）按工程服务对象的级别分：

① 大型项目：为省（区）级及以上行政、事业、企业单位服务的。

② 中型项目：为省辖市行政、事业、企业单位服务的。

③ 小型项目：为县级市行政、事业、企业单位服务的。

（2）按工程项目投资金额分：

① 大型项目：单项工程合同额 3000 万元以上。

② 中型项目：单项工程合同额 500 ~ 3000 万元。

③ 小型项目：单项工程合同额 500 万元以下。

2. 组建数智科技工程关键岗位人员

数智科技工程关键岗位人员是工程项目顺利实施的关键，启动阶段或进入启动阶段之前应确定项目关键岗位人员，根据不同项目类型一般需配备项目经理、技术经理、实施工程师、安全员、质量员，如表 18.1 所示。

表 18.1 数智科技工程关键岗位人员配备参考值

工程类别	工程规模	总人数	岗位及人数	备注
数智科技工程	小型项目	5	项目经理1人、技术经理1人、实施工程师1人、安全员1人、质量员1人	（1）造价低于100万元的工程，岗位人员总人数可减少至3人，即项目经理1人、实施工程师1人、安全员1人，其他岗位职责可兼任 （2）对于复杂的综合性工程以及工期较紧、多班施工作业的工程应当适当增加实施工程师、质量员、安全员人数
	中型项目	6	项目经理1人、技术经理1人、实施工程师2人、安全员2人、质量员1人	对于复杂的综合性工程以及工期较紧、多班施工作业的工程应当适当增加实施工程师、质量员、安全员人数
	大型项目	10	项目经理1人、技术经理1人、实施工程师3人、安全员3人、质量员2人	（1）工程合同价在1亿元以上时，每增加3000万元，实施工程师、安全员、质量员各增加1人 （2）对于复杂的综合性工程以及工期较紧、多班施工作业的工程应当适当增加实施工程师、质量员、安全员人数

3. 任命项目经理

项目经理是企业法定代表人在企业承包的施工项目上的委托代理人。项目经理受承建单位法定代表人委托和授权，在数智科技工程项目施工中担任项目管理岗位职务，直接负责工程项目施工的组织实施，对建设工程项目施工过程全面负责，是实现工程项目质量、工期、成本、安全等综合管理目标的直接责任人，是数智科技工程面向市场、对接业主、服务用户的岗位责任人。

项目签订合同后，由承建单位签发《项目经理任命书》，并委派执行项目经理。

项目经理任命书具体编制要求可参考表 18.2 内容，但不同项目需根据项目的实际需求有所侧重，可结合项目实际需求灵活编制，并根据最新的政策、规定优化编制要求。

表 18.2 项目经理任命书

项目经理任命书				
项目名称		文档编号		

致：建设单位（名称）

　　监理单位（名称）

根据【项目名称】招标文件及施工合同的要求，我单位委派【姓名】担任该工程项目的项目经理，代表我单位全权处理本工程项目自开工准备至竣工验收，实施全过程和全面管理。若贵方对该项目经理的人选有异议，请在接此任命书后＿＿＿天内与我单位联系。

（1）代表企业实施施工项目管理。贯彻执行国家法律、法规、方针、政策和强制性标准，执行企业的管理制度，维护企业的合法权益。

（2）组织编制项目管理实施规划。

（3）参与工程竣工验收，准备结算资料和分析总结，接受审计。

（4）按照企业的规定选择、使用作业队伍。主持项目经理部工作，组织制定施工项目的各项管理制度，协调和处理与施工项目管理有关的内部与外部事项。

附件：项目经理资质证明文件复印件

承建单位：（公章）

法人代表：

日　　期：　　年　　月　　日

4. 项目售前交接

项目经理正式任命后，项目经理应要求项目售前经理填制《售前交接单》，进行正式的书面交接。项目经理要尽可能详细了解项目背景、项目售前过程，并将售前文档收集齐全，交接内容应以书面交接为主。作为具有法律效力的合同，项目经理应在交接时认真审核。完成从售前到实施的正式交接，项目经理开始全面负责项目的实施。

售前交接单编制要求可参考表 18.3 内容，但不同项目需根据项目的实际需求有所侧重，可结合项目实际需求灵活编制。

5. 识别项目相关方

相关方是指积极参与到项目中，或会因为项目产生正面或负面影响的人或组织，关键相关方是指任何一个决定项目成功或失败的人。

权力–利益矩阵将所有相关方按照权力大小和项目的成败对其利益相关程度做高低区分，分成 I 类（高权力、高利益）、II 类（高权力、低利益）、III 类（低权力、高利益）、IV 类（低权力、低利益）四类，如图 18.1 所示。

1）I 类（高权力、高利益）

该类干系人具有"权力高，关注项目结果"的特点，项目经理应"重点管理、及时报告"，采取有力行动让 I 类干系人满意，例如项目的客户、项目经理的主管领导。

2）II 类（高权力、低利益）

该类干系人具有"权力高、对项目结果关注度低"的特点，因此争取 II 类干系人的支持，对项目的成功至关重要，项目经理对 II 类干系人的管理策略应该是"令其满意"。

表 18.3　售前交接单

售前交接单			
售前信息（售前人员填写）			
项目名称			
项目中的关键相关方	姓　名	职位/称呼	项目中角色	联系电话
相关文档附件	列举提供了哪些交接文件（打包一套），例如： 1. 投标书 2. 合同，以及合同技术附件			
项目背景及主要实施内容				
工期及进度节点	需求确认及深化设计：合同签订后＿＿个月； 系统开发：甲方签署的内容及设计确认函之日起＿＿个月； 系统部署及测试：系统开发完成后＿＿个月； 系统集成及联调：系统部署完成后＿＿个月； 系统上线试运行、培训：甲方签署试运行确认函之日起＿＿个月。			
用户特殊要求	1. 本年需系统上线			
售后实施注意事项				
问题及风险	1. 问题、责任人、解决期限 2. 主要风险、潜在应对			
售前交接人：	角色：售前经理		日期：
售中接收人：	角色：项目经理		日期：

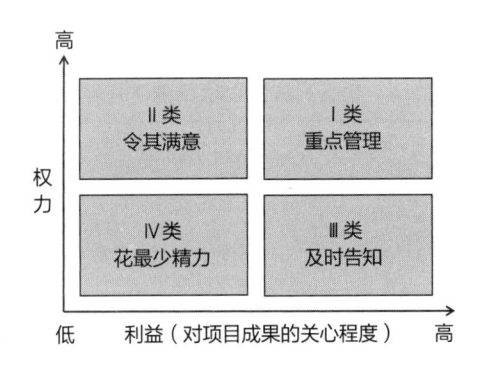

图 18.1　数智科技工程建设权力–利益矩阵

3）Ⅲ类（低权力、高利益）

该类干系人具有"权力低，关注项目结果"的特点，因此项目经理要"随时告知他们项目的状态，保持及时的沟通"。

4）Ⅳ类（低权力、低利益）

该类干系人具有"权力低、对项目结果关注度低"的特点，因此项目经理"花最少的精力来管理"即可。

在相关方管理中，第Ⅰ、Ⅱ类群体是我们要特别关注的，因为他们对项目的成败起着至关重要的作用。

6. 制定项目章程

通过制定项目章程建立项目团队与组织的契约，相关方在编制过程中对项目建设预期达成共识。项目章程内容可通过关键相关方访谈和会议确定。制定项目章程具体工作如下：

1）明确项目目的

项目始于业务终于业务，和关键相关方明确为什么要做这个项目，以及在项目完成之后，可以解决什么问题，带来什么价值。

2）确定项目总体目标和可测量的项目成功标准

使用 SMART（specific 明确性、measurable 可衡量性、attainable 可实现性、relevant 相关性、time-bound 时限性）原则制定项目总体目标，然后考虑什么具体成功标准来考核项目总体目标的实现情况，比如在项目特定范围、进度、成本和质量要求下要完成哪些关键可交付成果，以及这些成果如何验证。

3）明确项目审批要求和流程

和关键相关方确认项目章程审批、项目管理计划审批、项目需求说明书审批、项目变更审批、项目初验审批和项目终验审批等项目审批的要求和流程，确定工作机制。

4）再次识别相关方，更新相关方登记册

在制定项目章程的过程中可能会识别新的相关方，需要把这些相关方更新到相关方登记册中。

5）明确每个人的责任

使用责任分配矩阵（responsibility assignment matrix，RAM）将所分解的工作任务落实到项目有关部门或个人，并明确表示出他们在组织工作中的关系、责任和地位，做到事事有人管、人人都管事、事事有保障、人人有支持。

项目责任分配矩阵编制要求可参考表 18.4 内容，但不同项目需根据项目的实际需求有所侧重，可结合项目实际需求灵活编制。

表 18.4 数智科技工程项目责任分配矩阵

图例：			_____项目责任分配矩阵				
			责任者（个人或组织）				
▲负责	●辅助	△审批	项目经理	技术经理	实施工程师	质量员	安全员
WBS							
任务编码	任务名称						
A			△		▲	●	
A01				△	▲	●	
A01.01			△		▲		●

项目负责人审核意见：

签名： 日期：

6）编制《项目章程》

通过整理、分析和提炼前期工作成果，进行项目章程编制。在编制期间，需保持与相关方的良好沟通，以便各相关方对项目章程的内容达成共识。项目章程需确保相关方就主要可交付成果、里程碑以及每个项目参与者的角色和职责达成共识。

项目章程各部分具体编制要求可参考如下内容，但不同项目需根据项目的实际需求有所侧重，可结合项目概况、项目目的、可测量的项目目标和相关的成功标准、项目总体里程碑进度计划、关键相关方、项目经理及其权责等内容灵活搭建，并根据最新的政策、规定优化编制要求。

项目章程

第1章 引 言

1.1 编写目的

本文主要目的是确认【项目名称】正式启动，项目的建设方为【甲方名称】（甲方）；承建方为XX公司（乙方）。同时，为了确保项目的正常实施，有效控制项目的建设过程，保障各方的交流和合作，特制定此项目管理章程。项目管理章程的作用在于：

· 项目正式启动的书面文档；
· 确定项目管理组的组织结构；
· 明确项目建设范围，确定项目实施计划（里程碑计划）；
· 项目管理的制度、方法，以及项目验收需要提供的交付物。

1.2 参考资料

【项目名称】招标文件

【项目名称】投标文件

【项目名称】合同

第2章 项目概述

2.1 项目背景

【根据项目情况插入项目背景信息】

2.2 项目目标

【根据项目情况插入项目建设目标】

2.3 项目范围

【项目名称】的建设内容共包含如下四个部分：【A】、【B】、【C】、【D】。

2.3.1 【A】

本项目【A】部分的建设内容具体包括：

【插入A部分具体建设内容】

2.3.2 【B】

本项目【B】部分的建设内容具体包括：

【插入B部分具体建设内容】

2.3.3 【C】

本项目【C】部分的建设内容具体包括：

【插入C部分具体建设内容】

2.3.4 【D】

本项目【D】部分的建设内容具体包括：

【插入D部分具体建设内容】

第3章 总体计划

3.1 项目周期

项目建设周期：＿＿年＿＿月＿＿日~＿＿年＿＿月＿＿日。免费维护期：自各项目交付验收通过之日起＿＿年。

3.2 具体计划

注：项目计划中不包含节假日，如遇节假日项目时间依次顺延。

【插入项目详细进度计划】

3.3 项目主要节点

项目主要节点如下：
- 【A】部分在___年___月___日完成；
- 【B】部分在___年___月___日完成；
- 【C】部分在___年___月___日完成；
- 【D】部分在___年___月___日完成；
- 项目整体验收在___年___月___日完成。

第4章 项目组织

4.1 建设方组织

4.1.1 组织机构

【插入建设方项目组织机构图】

4.1.2 人员配置

姓　名	项目职责	职　务	职责与权限

4.2 承建方组织

4.2.1 组织机构

【插入承建方项目组织机构图】

4.2.2 主要项目成员

姓　名	项目职责	职　位	职责与权限	联系电话

第5章 项目管理

5.1 项目验收

5.1.1 验收计划

【插入项目验收计划】

5.1.2 文档交付物

1. 项目管理文档

文档名称	备注说明	数　量
项目章程	需用户负责人签字确认	电子文档1套 纸质文档2套
项目验收报告	需用户负责人签字盖章确认	

2. 【A】部分文档

文档名称	备注说明	数　量
	需用户负责人签字确认	
		电子文档 1 套 纸质文档 2 套

3. 【B】部分文档

文档名称	备注说明	数　量
	需用户负责人签字确认	
		电子文档 1 套 纸质文档 2 套

4. 【C】部分文档

文档名称	备注说明	数　量
	需用户负责人签字确认	
		电子文档 1 套 纸质文档 2 套

5. 【D】部分文档

文档名称	备注说明	数　量
	需用户负责人签字确认	
		电子文档 1 套 纸质文档 2 套

5.2　沟通计划
5.2.1　汇报制度

1. 专题会议

根据项目实施情况，在项目评审、项目里程碑等关键节点项目经理召开专题会议，确定会议议程和时间安排，并提前一周通知相关干系人参加。

2. 周例会

外部：每周召开外部项目周例会，通过《项目周报》向用户方汇报本周工作情况和下周工作计划、存在问题讨论等，以便用户及时掌握项目进度和配合工作，时间将同用户方协商确定。

内部：每周召开内部工作周例会，项目内部汇报工作、分析问题、总结经验，时间一般安排在外部项目周例会的前一天。

5.2.2　联系方式

建设方：

姓　名	项目职责	联系方式

监理方：

姓　名	项目职责	联系方式

承建方：

姓　名	项目职责	联系方式

5.3　变更管理

（1）在建设过程中，当项目建设方产生需求变更时，需填写需求变更单，经双方评估该变更对项目所产生的影响并确认相关工作量后执行。

（2）当进度发生变更时，应通过项目例会进行讨论和协调，双方达成共识后再行更改，如引起项目延期，须提交《项目延期申请》并确认。

（3）需各方协调事宜应通过工程联系（变更）单（函）方式执行，对于有争议的事项应提交项目例会讨论并决定执行与否（文档样式由建设方或监理方提供模板）。

（4）为保证项目进度，在提交相关文档或工作联系单（函）后应尽快给予答复或回函（一般文档为3个工作日，项目重要节点文档为10个工作日），在相关文档或工程联系（变更）单（函）提交后，再通过电话方式进行联系（最多三次），如无回复将视作确认。

5.4　签发项目章程

项目章程编制完成后，需要获得发起人对项目章程的批准，并向相关方分发已批准的项目章程。

7. 召开项目启动会

获得相关方的支持是项目成功的关键，召开项目启动会是获取相关方支持承诺的一种非常好的方式。同时，项目启动会不仅可以提高团队士气，激发团队成员的热情，还能向相关方展示项目的重要性和价值。项目启动会的一般流程如下：

（1）确定时间和地点。在确定时间和地点时，需要考虑参与人员的方便，以及场地的大小、设备的配备等因素。

（2）发出邀请及组织宣传工作。邀请参与该项目的重要成员和相关方，以及管理层代表出席项目启动会。可以提前一周开始进行宣传工作，包括发布通知邮件或公告，发送邀请函及短信等。在邀请信息中，明确介绍项目启动会的主题、时间、地点、参与人员，营造出参加启动会的热情和期待。

（3）策划会议。召开策划会议，确定启动会流程、主题、主持人等相关事宜。

（4）启动会安排：

① 主持人介绍：欢迎各相关方，介绍会议的主题、目的、相关方。

② 领导致辞：邀请管理层代表对该项目发表讲话，向大家介绍该项目的重要性和价值。

③ 项目介绍：由项目承建单位、监理单位、设计单位等进行项目介绍，介绍内容应包括项目背景、项目目的、项目目标、项目初步范围说明、项目里程碑、项目团队和组织结构。

（5）会议纪要。相关方在会议纪要上签字，目的主要是让相关方在感性上增加认识，引起相关方的充分重视。会议纪要编制要求可参考表18.5内容，但不同项目需根据项目的实际需求有所侧重，可结合项目实际需求灵活编制。

18.2.2　项目规划阶段

项目规划阶段是数智科技工程管理中最复杂和最关键的一个过程，主要考虑项目进行中的实际问题。在这个过程中，项目经理需要和团队成员合作，制定详细的项目计划，包括实施方案制订、现场调研及深化设计、确定项目范围、分解可交付成果、制定工作分解结构（WBS）、制定进度计

表 18.5　会议纪要参考模板

会议纪要			
会议名称：			
会议主持人：		会议记录员：	
出席人员	单　位		姓　名
会议时间：		会议地点：	
会议记录	会议概述： 会议内容： 形成决议： 未决问题：		
签字栏			

划、制定成本估算、制定风险管理计划、制定质量管理计划、制定资源管理计划等。整个规划过程旨在确保项目计划与实际情况相符，达到项目目标。

1. 项目实施方案制订

承建单位组织项目组成员制定实施方案。方案主要包含工程概况、工程建设需求分析、组织架构及人员安排、实施进度计划、实施进度保障方案、软件开发方案、硬件安装调试方案、质量保障方案、安全保障方案、验收方案、应急预案等内容。

承建单位完成实施方案的编制后，须先在内部进行审议，然后提交给工程建设单位和监理单位审核。

1）编制总体要求

实施方案要求必须包括项目实施机构、项目实施计划、项目实施技术方案和质量控制措施等部分。

实施方案有关内容原则上必须与投标文件保持一致，如有变动，需要向业主方和总监理单位提交变更申请，经批准后才能根据变更审查意见完成《项目实施方案》。

2）实施方案编制过程

在项目启动会前，项目承建单位初步编制《项目实施方案》，并在会议前两天送项目监理单位，再由监理分发有关人员审阅。

在项目启动会中，项目承建单位对其编制的《项目实施方案》进行概要汇报说明，有关各方对实施方案的有关问题提出意见和建议。

在项目启动会后，项目承建单位根据启动会有关要求修订完善的《项目实施方案》，并以《项目方案/计划报审表》形式，向监理单位正式提交审批。

项目实施方案各部分具体编制要求可参考如下内容，但不同项目需根据项目的实际需求有所侧重，可结合项目内容灵活编制，并根据最新的政策、规定优化。

2. 需求调研及深化设计

需求调研目的是了解和确定应用对象的需求，提高设计的可行性和实用性。承建单位对应用系统建设单位的业务情况有全面、具体的了解后，才能针对具体业务需求进行系统的设计、开发建设。在这个过程中，需要编制《需求调研计划》，需求应用对象部门派精通本部门业务的人员与承建单位的调研人员进行深度交流。通过询问、讨论、系统原型交互、收集原始数据、原始资料等手段，对业务内容、业务流程、表格、权限、图形操作、管理制度、标准规范等进行细致的整理，形成《需

项目实施方案

1. 项目概况

描述项目背景、项目目标、建设原则等内容。

2. 实施内容

描述项目实施内容,包括项目总体框架、基础环境实施、网络系统实施、服务器系统实施、存储系统实施、软件开发等。

3. 组织架构

以 Visio 图格式编制项目实施组织结构图,并说明各组织的职责分工,以及实际参与实施的项目成员、驻场项目成员、其他项目成员安排情况以及成员的资历说明,并附上人员证书材料。

4. 项目进度计划

制定项目计划要以合同规定的项目任务项、实施时间周期和阶段节点为依据,包含(但不限于)下列内容:
- 工作任务分解(WBS)。
- 项目里程碑计划。
- 项目时间进度计划(一般使用 Project 制作甘特图)。

5. 实施技术方案

技术方案主要包括项目采用的技术路线、实现的主要功能、设备供货清单、软件架构和主要功能模块、主要设备的性能参数等。

6. 质量控制计划

质量控制计划包括承建方的质量控制方法、流程、手段、人员、设备和设施、质量标准等。

7. 风险管理计划

风险管理计划包括制定风险识别、风险分析、风险应对的策略,确定风险管理的人员职责和流程等。

8. 沟通计划

沟通管理计划包括沟通内容、沟通方式、沟通人员等。

9. 培训计划

培训计划包括培训内容、培训时间、培训对象、培训方法、培训人员等。

10. 配置管理计划

配置管理计划包括配置管理工具、配置权限管理、配置项的识别、配置项变更控制等。

11. 项目主要风险分析及应对措施

以表格形式对项目主要风险进行分析,并制定应对措施。

12. 需要配合事项

列出项目实施过程中,需要业主方、监理方提供的支持和配合事项。

求调研报告》。进而根据此报告搭建原型系统,业务人员可以通过原型系统,对今后运行的模式有更深的感性认识,双方对原型系统进行讨论、调整,以至最终定稿。系统调研的过程同时也是应用对象的部门进行业务规范化、科学化、制度化继续深化的过程。

深化设计则是施工方在工程中标后根据项目的具体情况和业主的实际需要,在需求调研的基础上,进一步将建设单位需求转化为更具体的深化设计方案。这个过程需要综合考虑建设单位需求、技术实现、用户体验、成本等多个方面,以制定出最优的深化设计方案。深化设计需要采用多种设计方法和工具,如原型设计、交互设计、视觉设计等,以实现系统的功能、交互、视觉等方面的优化。

总的来说,需求调研和深化设计都是系统设计和开发过程中不可或缺的环节,它们相互衔接、相互影响,共同推动系统的不断优化和升级。

需求调研计划各部分具体编制要求可参考如下内容,但不同项目需根据项目内容灵活编制,并根据最新的政策、规定优化。

需求调研计划

第1章 引 言

1.1 编写目的

阐明编写项目需求调研计划的目的,阐述如何指导整个需求调研分析的过程。例如:本文档的编写目的是使项目业主方【名称】和项目实施方【名称】统一对本项目需求调研阶段的认识,明确需求调研阶段双方的配合要求及注意事项,说明本项目需求调研阶段的目的、思路、方法、使用表格,明确对业主方【名称】及业务部门的调研访谈时间安排,需求调研计划是整个项目需求调研工作的指导,使需求调研工作有据可循。

1.2 项目背景

说明项目的来源、项目的目标、背景和环境等。

1.3 定义与术语

列出本计划中所用的专门术语定义和缩写词的原意。

1.4 参考资料

列出有关资料的作者、标题、编号、发表日期、出版单位或资料来源,可包括:
- 项目的计划任务书、合同或批文。
- 项目开发计划。

第2章 需求调研的目标与范围

2.1 目 标

阐述需求调研阶段的目标,例如:在【名称】系统的规划阶段,承建方会进行项目需求的详细调研,来确定实施的目标,其目的是论证【名称】项目需求的可行性,了解所有的业务细节,并进行业务规划与系统匹配。调研结束后,【名称】项目组将交付成果《【名称】项目需求调研报告》。

2.2 调研职能部门范围

根据建设方【名称】与承建方【名称】双方所确定的项目实施范围,本次调研所涉及的职能部门项目组成员如表2.1所示:

表2.1 职能部门调查范围表

序 号	职能部门	调研内容	人 数	人员姓名	调研结果	备 注
1						
2						
3						
4						
5						

2.3 需求调研资源安排

1. 需求调研的时间范围

___年___月___日 ~ ___年___月___日

2. 参与调研人员

参与调研人员如表2.2所示。

表2.2 调研人员表

序 号	职能部门	姓 名	角 色	职 责
1				

第3章 调研内容

3.1 对系统环境的调研内容

调研对象：【内容】

调研方式：【内容】

调研输出物：【内容】

3.2 对业务部门的调研内容

调研对象：【内容】

调研方式：【内容】

调研输出物：【内容】

第4章 调研方式与计划

4.1 调研方式

项目需求调研采用的主要方式有以下几种，具体调研时，会根据具体情况灵活采用：

（1）收集客户相关的文档资料，如公司概况、主要产品和业务、财务核算制度等，可以从客户网页、宣传手册等获取，也可以要求客户方提供。

（2）用户调查：使用设计好的用户调查表，以书面的形式收集用户需求。

（3）用户访谈：与用户面对面的访谈，可以一对一或一对多，要求准备一个问题列表，用来获取有关用户问题和潜在解决方案的整体特征的信息。

（4）开会讨论：头脑风暴会议，对跨部门、跨岗位的业务，可以把相关人员召集在一起，提出对现在问题的理解和思考，涉众提出问题、愿望和潜在解决方案的建议。

（5）在用户环境中工作：需求收集人员在用户的实际环境中与用户共同工作一段时间，以更加深入地了解用户的问题、要求和应用环境。

（6）需求研讨班：将所有涉众集中在一起，进行一次深入的、有重点的会议，从项目涉众那里收集全面的"愿望列表"，并区分优先顺序。

（7）用例讨论班：一个有组织的集体讨论会议，用来确定系统的主角、边界、用例和事件流等用例相关内容。

（8）制作示意板：使用工具向用户说明系统如何适应组织的需求，系统如何运转。

（9）原型开发：开发软件系统的早期缩型，显示新系统的部分功能，以确定用户需要。

此处重点描述需求调研的方式，应针对不同的被调研对象分别进行阐述，同时应尽量考虑到用户的配合时间的不确定性。针对选用的需求收集方法，要求说明需要进行的准备工作，如用户调查表、访谈问题列表等，可以附上这些列表的模板。

4.2 调研阶段计划

调研阶段计划表如表4.1所示。

表4.1 调研阶段计划表

序 号	调研任务	开始时间	结束时间	实施人员	客户配合人员	调研方式	工作成果	备 注

第 5 章　调研使用表格

列举在需求调研及访谈过程中使用的表格，描述表格详细样式，需求的调研访谈表格为本文档附件形式。如果在需求调研之前已经在项目现场安装部署了原型系统，则需要提供原型系统访问方式和相应的介绍文档，供被调研人员了解和参考。结合附件示例表格单独建立调研问卷时，应预留空间为用户描述对系统的期望和要求。需求调研表、会议调研表如表 5.1、5.2 所示。

表 5.1　需求调研表

需求调研表		
调研议题		
调研对象		
调研时间		调研地点
调研内容		
问题咨询		
参与人员		
用户确认		

表 5.2　会议调研表

需求调研会议纪要			
调研议题			
会议地点			
开始时间		结束时间	
会议日期		记录人	
调研小组	姓名（岗位/角色）	调研用户	姓名（岗位/角色）
本次会议内容记录			
会议决议			
待办事项			
其他事宜			

3. 确定项目范围

确认项目范围是正式验收已完成的项目可交付成果的过程。该过程的主要作用是使验收过程具有客观性，同时通过验收每个可交付成果，提高最终产品、服务或成果获得验收的可能性。

在确认项目范围工作中，要对范围定义的工作结果进行审查，确保项目范围包含了所有的工作任务。确认项目范围可以针对一个项目的整体范围进行确认，也可以针对某个项目阶段的范围进行确认。确认项目范围要审核项目范围界定工作的结果，确保所有的、必需的工作都包括在项目工作分解结构中，而一切与实现目标无关的工作均不包括在项目范围中，以保证项目范围的准确。

4. 分解可交付成果

分解可交付成果可以通过两个维度思考：一是"怎么完成"，这是时间维度；二是"交付什么"，这是空间维度。当选择了一个维度后，下一步又可以分别从时间和空间两个维度进一步分解，直到可交付成果满足"易于管理"和"足够详细"两个条件。WBS 最底层的组件一定是"交付什么"，即都是具体的交付成果，如图 18.2 所示。

例如第一层的"项目管理"，可分解成"项目启动、项目规划、项目实施、项目监控、项目收尾"五个第二层组件，但这些还不属于"交付什么"，需继续分解，例如，对"项目收尾"进行继续分解，得到"验收报告、总结报告、归档清单"等，这时候才满足"交付什么"。在整个项目中都有可交付的成果，主要类型有：

（1）项目文件。项目可交付成果是一项任务的结果，因此项目文件，如项目计划、项目章程、项目范围说明书、项目进度报告、项目验收报告等，都可以被视为项目可交付成果。

（2）有形的可交付成果。有形的可交付成果是那些具体的项目成果之一，它们有形式和内容。比如服务器、网络设备，甚至是网线或信息模块。

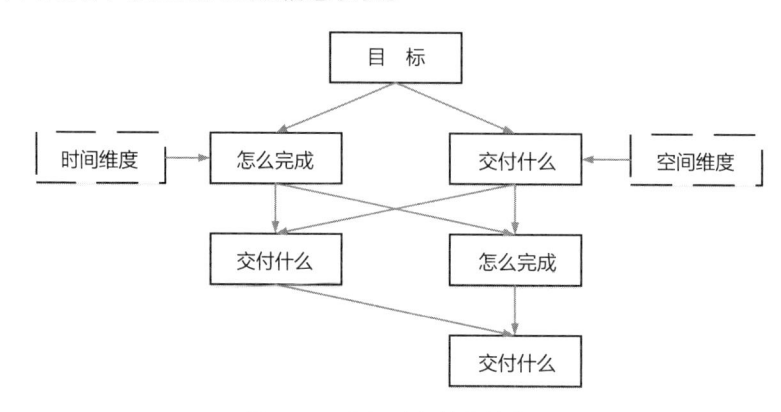

图 18.2　分解可交付成果流程

（3）无形的可交付成果。无形的可交付成果是一种可衡量的结果，但它是概念性的，而不是可以触摸或握在手中的结果。比如，为项目团队提供培训计划，使他们能够学会如何使用新的软件工具或设备。

5. 制定工作分解结构（WBS）

工作分解结构（work breakdown structure，WBS），跟因数分解是一个原理，就是把一个项目按一定的原则分解，项目分解成任务，任务再分解成一项项工作，再把一项项工作分配到每个人的日常活动中，直到分解不下去为止。即项目→任务→工作→活动。WBS 是工作的一个总结，而不是工作本身，工作是构成项目的许多活动的总合。

1）明确颗粒度，责任到人

由于项目管理的自身特点，在项目规划阶段，我们很难盘点项目涉及的全部事项，对一些远期才能完成的成果，项目初期可能无法分解。即使是在一个理想环境下，工作分解过细，也会带来管理成本的无效耗费，资源使用效率低下，同时 WBS 各层级数据汇总困难，所以我们需要明确颗粒度，"责任到人"是项目管理的核心，在每一层次 WBS 分解过程中都考虑到项目责任划分和归属，尽可能每一个最底层的节点根据 WBS 分解结构的特点，来确定分解的任务节点以及唯一责任人（或部门）。

2）根据项目差异化合理应用

在实际的管理实践中，一个项目往往有多种分解方法，可以按照工作的流程、可交付成果分解，也可以在不同层级使用不同的方法，不同的分解方式侧重点不同，相互之间难以统一。要想解决这一矛盾，需要理解 WBS 方法的另一作用，即实现项目进度/成本控制的基础，如果没有这个功能，WBS 在具体活动中没有任何特殊意义，只是一个工作备忘录。因此，需要考虑 WBS 的分解原则和因素：

（1）在创建 WBS 时，需要考虑将不同人员的工作分开。

（2）在创建 WBS 时，需要适应组织结构形式。

（3）项目生命周期的各阶段作为分解的第二层，产品和项目可交付成果放在第三层，如图 18.3 所示。

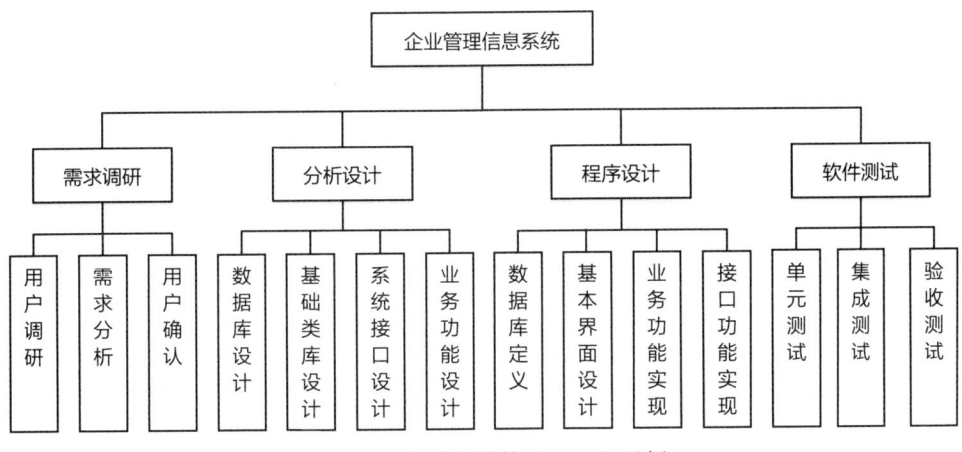

图 18.3 工作分解结构（WBS）示例 1

（4）主要可交付成果作为分解的第二层，如图 18.4 所示。

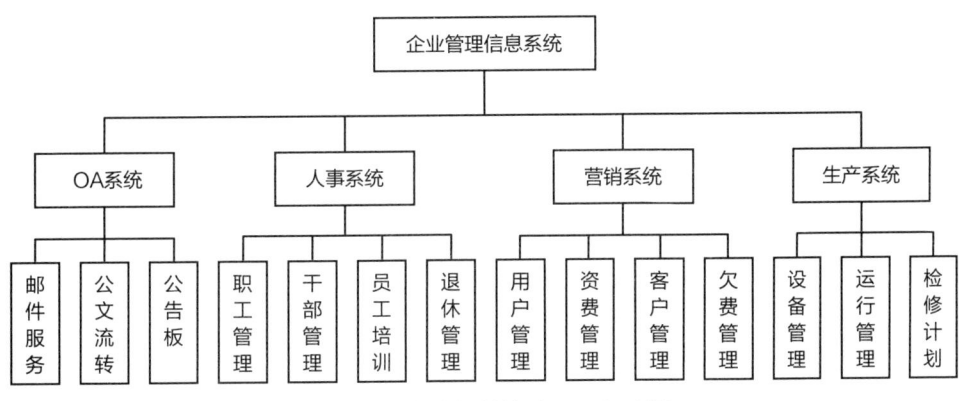

图 18.4 工作分解结构（WBS）示例 2

6. 制定进度计划

制定进度计划是分析活动顺序、持续时间、资源需求和进度制约因素，创建进度模型，从而落实项目执行和监控的过程。进度计划通常借助两种方式，即文字说明与进度计划图表。文字说明是用文字形式说明各时间段内应完成的工程建设任务及所需达到的工程形象进度要求；进度计划图表是指用图表形式来表达工程建设各项工作任务的具体时间顺序安排。目前，进度计划的表示方式主要有横道图（甘特图）和网络图两种形式。

1）横道图

横道图又称甘特图，是一种最简单、运用最广泛的传统的进度计划方法。横道图进度计划，是一个二维的平面图，横向表示进度并与时间相对应，纵向表示工作内容。

每一水平横道线显示每项工作的开始和结束时间，每一横道的长度表示该项工作的持续时间。根据工程进度计划的需要，度量工程进度的时间单位可以用月、旬、周或天表示。

项目实施进度横道图编制要求可参考图 18.5 内容，但不同项目需根据项目的实际需求有所侧重，可结合项目实际需求灵活编制。

2）网络图

进度计划网络是用网络图形式表达出来的进度计划，其基本原理是用网络图表达项目活动之间的逻辑关系，并在此基础上进行网络分析，计算网络中各项时间参数，确定关键工作与关键线路，利用时差调整与优化网络计划，求得最短工期。同时，还可考虑成本与资源问题，求得项目计划方案的综合优化，网络计划可分为双代号网络计划和单代号网络计划，如图18.6所示。

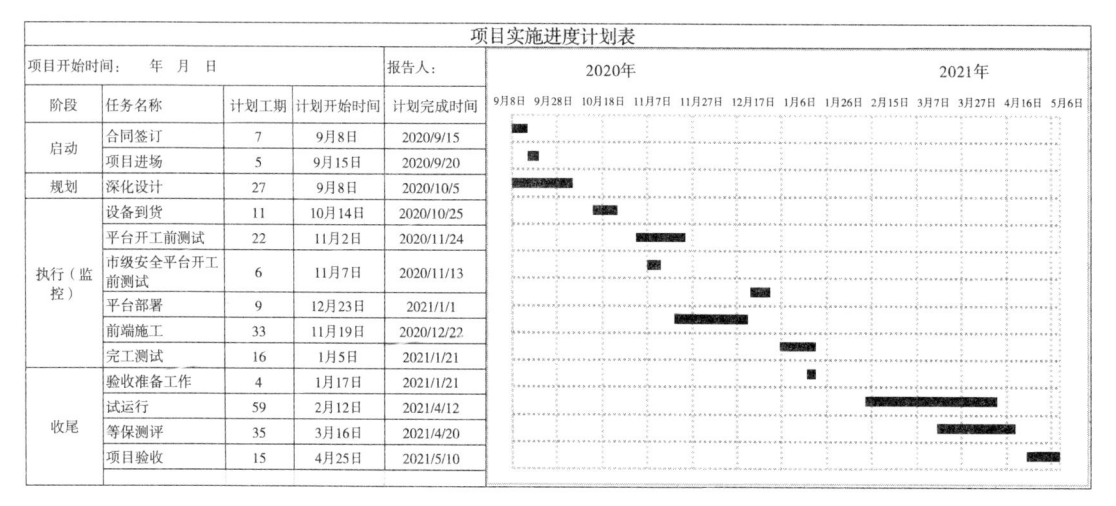

图 18.5　项目实施进度横道图示例

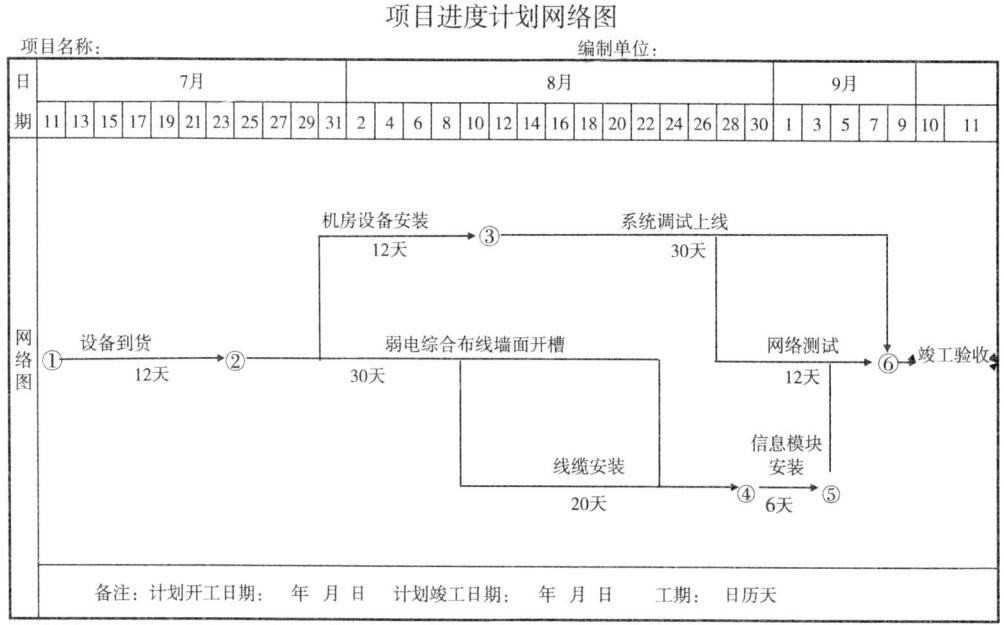

图 18.6　项目进度计划网络图示例

7. 制定成本估算

成本估算是对完成项目工作所需资源成本进行近似估算的过程。本过程的主要作用是确定项目所需的资金。成本估算应根据需要在整个项目期间定期开展。应该考虑针对项目收费的全部资源，一般包括人工、材料、设备、服务、设施，以及一些特殊的成本种类，如通货膨胀补贴、融资成本或应急成本。成本估算可在活动层级呈现，也可以通过汇总形式呈现。

1）项目成本估算常用方法

（1）历史数据法。利用历史类似项目的实际成本数据进行分析和推算，得出新项目成本估算结果。

（2）工程估算法。将项目划分为多个工作包，每个工作包再细分为具体工作项，通过估计每个工作项的成本并综合计算，得出项目总成本。

（3）模块估算法。将项目分解为多个相对独立的子系统或模块，每个模块分别估算成本，最后将各模块成本综合计算得出项目总成本。

（4）专家判断法。依赖专家的经验对项目工作量和成本进行预测，得出成本估算结果。

（5）比例调整法。找到类似项目的实际成本，根据项目差异对该成本数据进行比例调整，得出新项目成本估算。

（6）软件工具法。利用专业的项目管理软件，通过软件内建的算法模块自动转换工作量为项目成本，得出成本估算结果。

2）项目成本估算编制要求

项目成本估算编制具体要求可参考如下内容，但不同项目需根据项目的实际需求有所侧重，可结合项目内容灵活编制，并根据最新的政策、规定优化。

项目成本估算

1. 项目信息

提供关于项目名称、客户名称、项目经理以及项目发起人姓名等方面的一般信息

项目名称：		客户名称：	
项目经理：		文件起草人：	
项目发起人：		日期：	

2. 项目成本估算表

分别估算出人工成本、非人工成本、不可预见的费用等方面的成本

	活动名称	需要的人力资源	需要的时间	单位时间的工资标准	小 计
人工成本					
	人工成本合计				

	非人力资源的分类	非人力资源的数量	单 价	小 计
非人工成本	材料			
	设备			
	差旅及通信费			
	管理费用			
	不可预见费用			
不可预见费用				
总 计				

- 项目团队人员成本：主要包括项目经理、技术经理、实施工程师、质量员、安全员等的工资、社保、福利等费用。
- 设计成本：包括产品经理、交互设计师、视觉设计师、前端工程师等的工资、社保、福利等费用。
- 服务器费用：包括购买、租赁或运营服务器所需的费用。
- 运营成本：包括数据库维护、数据备份、数据迁移、站点安全、应急预案等服务的费用。
- 营销成本：包括推广费用、广告费用和市场调研等的费用。
- 税费：包括执照、许可证和税收等费用。
- 资金备用金：有些项目会需要备用金应对项目风险和不确定性。
- 其他费用：例如租赁场地、差旅费用等。

8. 制定风险管理计划

任何项目风险的管理工作都必须采用一定的方法进行，项目管理团队必须结合自身的知识和经验，从团队成员的知识水平、管理水平、团队文化氛围以及团队应对项目风险的能力与资源等实际情况出发，选择适合于项目的风险管理方法。有效的项目风险管理遵循成熟的、全面的管理原则，它将项目风险与项目相关者的利益相连，并根据各个项目的复杂程度和它运营的动态环境而有所不同。项目风险管理中常用的方法与技术主要有以下几种：

（1）风险管理图表。风险管理中主要有三种常用的图表，即风险核对表、风险登记册、风险管理数据库模式。

（2）风险分解。依据一定的风险分解方法对项目风险进行分解与定义，形成风险分解结构（risk breakdown structure，RBS），以确定潜在的风险类型与种类。

（3）关键风险指标管理法。关键风险指标管理是对引起风险事件发生的关键成因指标进行管理的方法。

（4）专家判断。为了进行科学、全面的项目风险管理规划，编制具体、可操作的项目风险管理计划和项目风险应对计划，应向那些具备特定培训经历或专业知识的小组或个人征求意见。专家一般包括高层管理者、项目干系人、曾在相同领域项目上工作的项目经理、行业团体和顾问、专业技术协会等。

（5）会议。项目团队需要举行风险规划会议，来进行项目风险管理规划。参会者包括项目经理、相关项目团队成员和项目利益相关者、组织中负责管理风险规划和应对活动的人员，以及其他相关人员。

项目风险登记册编制要求可参考表 18.6 内容，但不同项目需根据项目的实际需求有所侧重，可结合项目实际需求灵活编制。

表 18.6　项目风险登记册

项目风险登记册

基本信息			识别风险				评估风险					应对策略					实施与监督				
序号	风险ID	风险描述	风险类型	影响分类	识别人	识别日期	优先级	生存期	生存点	影响原因分析描述	应对策略	负责人	计划开始时间	计划关闭时间	跟踪频率	风险状态	关闭日期	审核人	跟踪记录
1	A1	高					一级	项目阶段	组织										
2	A2	中					二级												
3	B1	低					二级												

9. 制定质量管理计划

项目质量管理计划是指为确定项目应该达到的质量标准，以及如何达到这些项目质量标准而做的项目质量的计划与安排。通过识别项目及其可交付成果的质量要求和标准，并准备对策确保符合质量要求，为整个项目中如何管理和确认质量提供指南和方向。

数智科技工程质量管理计划各部分具体编制要求可参考如下内容，但不同项目需根据项目的实际需求有所侧重，可结合项目内容灵活编制，并根据最新的政策、规定优化。

质量管理计划

1. 材料质量管理

材料质量是工程质量控制的重点，控制材料质量需要采取以下几点措施：

1）掌握材料信息，按设计要求优选供货厂家

供货方对供应的产品质量负责。供应的产品必须符合下列要求：

（1）达到国家有关法规、技术标准和购销合同规定的质量要求；有产品检验合格证和说明书以及有关技术资料。

（2）实行生产许可证制度的产品，要有许可证主管部门颁发的许可证编号、批准日期和有效日期。

（3）所供应产品的包装必须符合国家的有关规定和标准。

（4）在产品和包装上有商标。

（5）分级、分等的产品应在产品或包装上有分级、分等的标记。

（6）除明确规定由产品生产厂家负责售后服务的产品外，供货方应保证当售出的产品发生质量问题时，负责包修、包换、包退并赔偿经济损失。

（7）供货方必须按质、按量、按时间供应所需材料，材料必须符合设计要求。

（8）严防"以次充好、以假代真"的现象，确保材料符合工程的实际需要。

2）对进场材料加强验收

（1）材料进场后应加强验收，根据料单验规格、验品种、验质量、验数量。在验收中发现数量短缺、损坏、质量不符合要求等情况，要立即查明原因，分清责任，及时处理。

（2）进入施工现场的各种原材料、半成品、构配件及设备等，都必须事先经过监理工程师审批后方可进入施工现场。

（3）及时复验，并注意采取正确的取样方法，选择有资质的实验室进行检测。

（4）凡涉及安全、功能的有关产品，应按各专业工程质量验收规范规定进行复验，并应经监理工程师（建设单位技术负责人）检查认可。

（5）质量控制内容：质量标准、性能、取样、试验方法、适用范围和施工要求。

3）做好材料管理工作

材料进场后，要做好材料的管理，按施工总平面布置图和施工顺序就近合理堆放，减少倒垛和二次搬运，并应加强限额管理和发放，避免和减少材料损失。特殊材料在运输、保管和施工过程中必须采取措施，防止损坏和变质。

4）合理组织材料使用，减少材料浪费

2. 工序质量管理

工序质量的控制也是整个工程质量控制的难点。

（1）工序质量是施工质量的基础。工序质量也是施工顺利进行的关键。必须控制每道工序的质量。完善管理过程的各项检查记录、检测资料及验收资料，作为工程验收的依据，并为工程质量分析提供可追溯的依据。

（2）工序质量通常应符合施工企业标准。在每道工序的质量控制中之所以强调按施工企业标准进行控制，是考虑施工企业标准的控制指标应严于行业和国家标准指标的因素，这种工序质量的控制属于质量的过程控制。

（3）"交接检验"是一种工序控制措施。交接检验中"交接"二字指的是"工序交接"而不是其他交接。

（4）工序的衔接和工序的合理安排有利于工程质量的提高。

（5）抢工期时注意工序衔接的控制。有时因为抢工期或者管理不善，出现工序颠倒，造成返工、修理，影响质量，欲速则不达。

3. 分部工程质量管理

1）分部工程质量控制点的建立，难点分析和解决方法

（1）质量控制点的原则要根据工程的重要程度确定，设置质量控制点时首先要对施工对象进行全面分析、比较，以明确质量的控制点。而后，分析所设置的质量控制点在施工中可能出现的质量问题，针对可能出现的质量问题提出预防措施。

（2）控制步骤：实测、分析、判断。

（3）施工过程中质量控制措施。

通过复查、检查等方式进行质量控制，在施工过程复查、检查检验报告或复试报告。

2）分部分项工程施工过程中质量的控制重点

质量验收应划分为单位（子单位）工程、分部（子分部）工程、分项工程和检验批。

（1）检验批是工程验收的最小单位，是分项工程质量验收的基础。检验批的合格条件是：主控项目和一般项目的质量经抽样检验合格，具有完整的施工操作依据、质量检查记录。检验批验收时应进行资料检查和实物检查。

（2）分项工程的验收是在检验批的基础上进行的。分项工程的质量控制与验收，其实质是将有关的检验批汇集起来，构成一个"大检验批"，所以分项工程合格质量的条件相对比较简单，只要构成分项工程的各检验批的验收资料文件完整，并均已验收合格，则可判定分项工程验收合格。

（3）分项工程的验收在其所含各分项工程验收的基础上进行。分部工程的各分项工程必须已验收合格，且相应的质量控制文件必须完整，这是验收的基本条件。但由于各分项工程的性质可能相差较远，而且分部工程在安全、功能方面均具有了一定的独立性，因此作为分项工程不能简单地将分项工程组合而加以验收，还需增加以下两类检查项目：

① 涉及安全和使用功能的安装分部工程应进行见证取样送样试验或抽样检测。

② 对于观感质量验收，因难以定量，只能定性，应综合地给出质量评价。

4. 质量通病的防治

质量通病是指数智科技工程中经常发生的、普遍存在的一些质量问题，其防治也是施工管理监督的重点，应根据实际项目情况具体分析。

10. 制定资源管理计划

数智科技工程资源管理计划提供了关于如何分类、分配、管理和释放项目资源的指南。资源管理计划可以根据项目的具体情况分为团队管理计划和实物资源管理计划。资源管理计划包括（但不限于）：

（1）识别资源。用于识别和量化项目所需的团队和实物资源的方法。

（2）获取资源。关于如何获取项目所需的团队和实物资源的指南。

（3）角色与职责：

① 角色。在项目中，某人承担的职务或分配给某人的职务，如项目经理、技术经理和实施工程师。

② 职权。使用项目资源、做出决策、签字批准、验收可交付成果并影响他人开展项目工作的权力。

③ 职责。为完成项目活动，项目团队成员必须履行的责任和工作。

④ 能力。为完成项目活动，项目团队成员需具备的技能和才干。

⑤ 项目组织图。项目组织图以图形方式展示项目团队成员及其报告关系。基于项目的需要，项目组织图可以是正式或非正式的，非常详细或高度概括的。

（4）项目团队资源管理。关于如何定义、配备、管理和最终遣散项目团队资源的指南。

（5）培训。针对项目成员的培训策略。

（6）团队建设。建设项目团队的方法。

（7）资源控制。依据需要确保实物资源充足可用、并为项目需求优化实物资源采购，而采用的方法。包括有关整个项目生命周期期间的库存、设备和用品管理的信息。

（8）认可计划。将给予团队成员哪些认可和奖励，以及何时给予。

资源管理计划各部分具体编制要求可参考如下内容，但不同项目需根据项目内容灵活编制，并根据最新的政策、规定优化。

项目资源管理计划

1. 项目基本情况
项目名称：　　　　　　制作日期：　　年　　月　　日
制作人：　　　　　　　签发人：
2. 资源概要
（确定实施项目所需要的主要资源，包括人力、资金、设施、材料、供应品以及信息技术等内容）
3. 项目资源信息
（团队与项目需要的每一项资源，要确定以下内容）

资源	成本估计	资源可获得性	质量	输出

4. 人力资源计划
（确定了项目所需要的人力资源以后，编制人力资源计划）

人力资源种类	岗位名称	岗位职员	岗位要求	计划到岗时间	需求时长

18.2.3　项目执行阶段

项目执行阶段是指正式开始为完成项目而进行的活动或努力的工作过程。由于项目产品或服务（最终可交付成果）是在这个过程中产生的，所以该过程是数智科技工程建设管理中最为重要的环节。项目经理应根据沟通计划，与项目相关方进行良好的沟通，严格监控进度，及时协调解决问题。

1. 数智科技工程技术交底

数智科技工程技术交底是由相关专业技术人员向参与施工的人员进行的技术性交代，其目的是使施工人员对工程特点、技术质量要求、施工方法与措施和安全等方面有一个较详细的了解，以便于科学地组织施工，避免技术质量等事故的发生。同时也是为了让参加某一项工程施工的所有人员知道工程概况、施工计划、安全措施、技术工艺等，做到人人心中有数。

1）技术交底文件内容

施工技术交底文件我们可以把它理解成一种施工的方法。在工程开工前，依据设计文件、设备说明书、施工组织设计及施工作业指导书等资料制定技术交底提纲，进行技术交底。

2）技术交底方法

技术交底属于专业的文件，需要专业的人员根据项目实际情况及相关规范拟定，常见的交底方法主要有会议交底、专栏交底、站班会交底、交底卡片等。

数智科技工程技术交底文件具体编制要求可参考样例表18.7内容，但不同项目需根据项目内容灵活编制，并根据最新的政策、规定优化。

表 18.7 技术交底样例表

技术交底文件		
		年　月　日
工程名称		分部工程	【专业性质、部位】
分项工程名称	【材料种类、施工特点、施工程序、专业系统及类别等】如：光缆敷设	施工单位	【名称】
交底内容		

关键施工工序：
施工前准备→管道试通→单盘测试→光缆敷设→光缆接续→捆扎固定→标识
具体要求规范：
一、光缆吹放
（1）管道内光缆的穿放。根据现场硅芯管敷设状况采用气吹法为主，牵引法为辅的施工方法。
（2）管道光缆采用整盘敷设，非确有困难一般不应开断光缆增加接头，管道光缆占用硅芯管孔的位置应符合设计要求。
（3）整盘光缆可由中间向两边布放，也可以由一端向另一端连续布放，当选用单机吹放方式，由于光缆较长，需进行倒盘 8 字时，宜采用导盘器（或盘 8 字拖车）施工，吹放光缆的朝向应符合设计对光缆 A、B 端的布放要求。
（4）气吹及牵引点的选择应充分利用地形及地貌条件，在具有一定坡度的管道中穿放光缆时，气吹点宜选在距拐角较近端，牵引点宜选在距拐角较远端。
（5）吹管敷缆。气吹点将气吹机操作纵杆扳向吹缆侧，气吹机开始吹缆。调节气吹机压力控制阀使马达压力表为 3.5～4.5Pa，吹缆速度控制在 60～70m／min。记录开始气吹时间。根据气吹长度显示表，每隔 300m，记录一次气吹长度。
（6）气吹开始时，放缆人员与气吹机人员要密切配合，协调一致，时刻注意放缆速度与光缆的弯曲半径（不小于光缆外径的 15 倍），避免光缆出现背扣、过紧或被其他东西别住。
（7）当气吹显示长度接近预敷长度时，通知对端人员注意（气吹过程中，对端人员禁止向管内看，应站在硅芯管的侧面）当光缆穿出硅芯管满足余留长度时，应立即通知气吹点停止气吹，避免光缆一端偏长，而另一端不足。气吹点将操作杆扳向停止侧，关闭输气管进气阀门及空压机送气阀。记录气吹停止时间，气吹长度后使计数归零。一侧气吹完成，放缆人员立即将盘上光缆作 8 字盘放，倒出内端头，准备另一侧的吹放，气吹人员待气吹机内气压接近零。卸下输气管及气吹机上部做气吹另一侧的准备；气吹点及对端人员用护缆堵塞两端管口。
（8）另一侧气吹敷缆步骤同前。当光缆重量较重，气吹较困难时，擦人员可辅助送缆，但须注意用力均匀，不得使光缆弯曲。
（9）两侧吹缆敷设完成后，气吹点及两端人员将硅芯管与余留光缆进行防护处理。
（10）若气吹困难，达不到对端时，根据气吹机显示长度及光缆标长，计算出已敷设光缆达到的地点，断开硅芯管，设置临时气吹点，采用气吹与牵引相结合，将剩余光缆盘留在临时气吹点，再向前吹管敷放。临时开挖工作坑的大小由施工人员根据地形情况确定，光缆敷设完成后将光缆余长人工送入两侧管道内，然后用加强型接头件将塑料管道接续。严禁做两个塑料管接头和光缆出现"S"弯。
（11）每日作好施工记录。记录施工日期、天气情况、施工区段、光缆盘号、盘长、开始气吹光缆标长、开始气吹时间、气吹速度、气吹过程中的问题、气吹中断原因、时间、长度、恢复气吹时间等。
（12）管道光缆宜整盘敷设，非确有困难一般不应开断光缆增加接头。管道光缆占用塑料管孔的位置应符合设计要求。
二、光缆接续
（1）接续准备。
（2）光纤接续操作时，操作人员穿作业服、戴作业帽、工作手套；清理场地、搭置防尘帐篷，准备好工具、材料。
（3）熔接机清洁，安装光缆接头盒。
（4）开剥光缆。
（5）用断线钳剪除两端光缆头 30～50m。
（6）用转刀开剥两端光缆外护套不小于 1.8m。
（7）用棉纱丙酮擦光纤束管。
（8）将光缆固定在接头盒两端。
（9）用切割刀开剥光纤束管。
（10）光纤接续。
（11）去除光纤一次涂敷层和二涂敷层并用丙酮将待续光纤清理干净。
（12）用光纤切割器切出端面，端面不合格时重新切割；接续过程中特别注意清洁，尤其是环境条件及操作人员的双手。
（13）将切割好的光纤放入熔接机进行接续，注意观察端面是否合格，图像不好时须重新切割，监视光纤熔接推定值及仔细观察接续图像有无缺陷情况，如不合格重新制备光纤端面，再次接续，直到合格为止。
（14）与光缆接续测试点联系，看接续指标是否合格，如不合格重回到上一步的操作做出接续记录卡。
（15）将接续好的光纤从熔接机取出时，注意动作要慢，移动加强保护热熔管位置应适中，收缩后两端包住光纤的被覆层不小于 10mm。
（16）将接续好的光纤进行收容，光纤收容时注意弯曲半径不小于 40mm。
（17）接续测试完成后进行接头盒安装接头盒内壁、密封条、槽等应用酒精擦拭干净，组装时严格按操作规程进行。
（18）在道路旁作业时注意安全，防震动、防风沙和尘土。

交底单位		接收单位	
交　底　人		接　收　人	

2. 数智科技工程开工申请

开工申请是数智科技工程施工过程中必不可少的一个环节。通过提交开工申请,承建方可以向业主或监理单位展示自己的技术能力、管理水平和安全意识,从而获得对工程的开工批准。同时,开工申请还可以促进业主和承建方之间的沟通和协作,为工程的顺利实施奠定基础。在完成单位资质报审、人员资质报审、工程实施计划报审、设计方案报审、工程实施组织方案、质量管理计划报审等开工前报审材料后,具备开工条件时,可向建设单位和监理单位上报《工程开工申请表》。建设单位和监理单位审核批准后出具《开工令》,方能正式开工。

工程开工申请表、开工令编制要求可参考表 18.8、表 18.9 内容,但不同项目需根据项目的实际需求有所侧重,可结合项目实际需求灵活编制。

3. 软硬件采购和安装建设

1) 软硬件采购

数智科技工程一般涉及软硬件采购到货验收工作,承建单位按照和建设单位签订的合同要求,制定采购到货计划,对工程软硬件设备进行采购,满足应用系统的技术和业务要求,满足工程实施进度的到货时限要求。同时也需要和建设单位、监理单位提前沟通商定货物到货签收手续、存放环境等,确保货物签收工作的顺利开展。

表 18.8 工程开工申请表

工程开工申请表			
工程名称:		文档编号:	
项目编号:			

致:建设单位(名称)
　　监理单位(名称)
根据有关合同规定,我方认为工程具备了开工条件。经我单位上级负责人审核批准,特此申请(项目名称)计划于___年___月___日开工,请予以审查批准。
已完成报审的文件有:
(1)技术设计方案。
(2)项目进度计划、人员组织表。
(3)项目质量保证计划。
(4)工程实施组织方案。
(5)承建单位证明文件(相关资质证明、投标书、合同、成交通知书或中标书等)。
(6)主要人员、材料、工具设备已进场,并完成安全教育、保密培训、技术交底。
(7)施工现场已具备开工条件。

　　　　　　　　　　　　　　　　　　　　　　　　　　　　承建单位(章)
　　　　　　　　　　　　　　　　　　　　　　　　　　　　项目经理:
　　　　　　　　　　　　　　　　　　　　　　　　　　　　日　　期:

监理单位审查意见:

　　　　　　　　　　　　　　　　　　　　　　　　　　　　项目监理机构(章)
　　　　　　　　　　　　　　　　　　　　　　　　　　　　总监理工程师:
　　　　　　　　　　　　　　　　　　　　　　　　　　　　日　　期:

建设单位审核意见:

　　　　　　　　　　　　　　　　　　　　　　　　　　　　建设单位(章)
　　　　　　　　　　　　　　　　　　　　　　　　　　　　项目负责人:
　　　　　　　　　　　　　　　　　　　　　　　　　　　　日　　期:

表 18.9 开工令

开工令			
工程名称：		文档编号：	
项目编号：			

致：承建单位（名称）

你公司＿＿＿年＿＿＿月＿＿＿日报来的开工申请表已收到。经审核，我方认为你方已经完成了工程实施前的准备工作，满足了开工条件，同意你方于＿＿＿年＿＿＿月＿＿＿日起开始实施。请务必以下列要求组织工程实施：
（1）建设单位、工程单位签定的工程合同及有关附件。
（2）工程设计文件及审定后的工程实施方案。
（3）有关的现行技术规范、工程规范、质量标准。
（4）有关的工程洽商、会议纪要。
（5）总监理工程师及其委托的监理工程师的指令、指示、通知。

项目监理机构（章）
总监理工程师：
日　　　期：

2）软硬件安装部署

完成货物签收后，按照系统设计方案、实施方案、产品安装使用手册等资料，依次开展设备安装、布线连接、加电开机测试、软件安装、数据配置、系统联调等工作。

4. 系统开发调试

系统开发调试是软件开发过程中对程序进行测试、修正和优化的过程。它是确保软件功能正常、性能优越以及用户体验良好的重要环节。系统开发调试是系统开发的一个重要而漫长的阶段，是保证系统质量与可靠性的最后关口，是对整个系统开发过程包括系统分析、系统设计和系统实现的最终审查。因此，需落实开发和调试阶段的责任人。责任人应对系统开发调试阶段发现的问题给予及时答复，以保证系统开发的进度和功能改善计划的实现，确保系统开发调试完成后，可以立即进行系统的培训和试运行工作。

5. 系统交付试运行

系统交付试运行是承建单位将测试完成的系统正式交付给系统使用部门试运行的过程。一般由承建单位的工程技术人员协同用户根据双方共同制定的工作计划现场完成，并形成《项目试运行方案》。

项目试运行方案具体编制要求可参考如下内容，但不同项目需根据项目的实际需求有所侧重，可结合项目内容灵活编制，并根据最新的政策、规定优化。

项目试运行方案

1. 试运行目的

通过既定时间段的试运行，全面考察项目建设成果。并通过试运行发现项目存在的问题，从而进一步完善项目建设内容，确保项目顺利通过竣工验收并平稳地移交给运行管理单位。

通过实际运行中系统功能与性能的全面考核，来检验系统在长期运行中的整体稳定性和可靠性。

1）系统功能、性能与稳定性考核
（1）系统功能及性能的实际应用考核。
（2）系统应用软件、软件支撑平台的长期稳定性和可靠性。
（3）系统主要硬件设备、辅助设备、供配电设备的长期稳定性和可靠性。

2）监控系统在各种环境和工况条件下的工作稳定性和可靠性
（1）高温、低温及雷雨风暴等恶劣天气等条件下，系统工作的稳定性、可靠性和功能、指标的正确性。
（2）在各种工况条件下，特别是在局部故障或个别设备故障时，系统整体功能的正确性。
（3）各种环境、工况条件下，对设备的安全保护性能和系统的工作性能。
（4）各种环境、工况条件下，控制功能在实际操作中的安全性能。
3）检验系统实际应用效果和应用功能的完善
【根据系统实际应用内容编制】
4）健全系统运行管理体制，完善运行操作、系统维护规范
（1）建立专责管理队伍。
（2）建立健全运行操作规程。
（3）建立健全系统日常维护规范。
（4）建立设备运行档案。
2. 试运行范围及时间
1）试运行范围
本次试运行区域包括【项目建设内容】，主要包括【A】、【B】、【C】。
2）试运行时间
根据【项目建设合同等】要求，系统试运行时间跨度定为 个月。试运行具体从____年____月____日开始，到____年____月____日结束。
3. 试运行工作组织
为了试运行工作的顺利开展，以试运行与操作培训相结合的原则，在试运行期间进行全面、系统的培训工作。
1）完成系统操作、维护人员的培训
（1）完成系统日常操作、故障警报处理、应急处理、系统软硬件维护和设备巡检等培训。
（2）具备经考核合格的日常操作和维护人员上岗。
2）试运行记录及输出文件
（1）试运行日常记录。包括【项目建设内容】的试运行记录表。
（2）巡检记录。根据巡检内容记录，记录的内容应包括【巡检内容】。
（3）主要硬件设备运行记录。由【建设内容】操作人员完成运行日志记录导出。
（4）问题记录汇总：
·问题汇总记录。问题部分由承建单位【职务名称】汇总，主要汇总日常试运行中发现的问题，处理记录单由【职务名称】据实填写，并每周输出《试运行记录表》，详见表1。

表1 试运行记录表

试运行记录表						
项目名称：				文档编码：		
系统名称				试运行时间：	年 月 日—	年 月 日
序号	日期	试运行内容		试运行情况	记录人	备注
1	填写日期	（1）【系统名称】功能是否正常 （2）系统运行是否稳定 （3）硬件设备运行是否稳定、正常		□功能正常 □功能不正常 □稳定，无故障 □存在故障		
2						
3						
4						
5						
承建单位：（盖章）				监理单位：（盖章）		
项目经理：				监理工程师：		
日　期： 年 月 日				日　期： 年 月 日		

・重大问题记录。问题部分由承建单位【职务名称】汇总，主要汇总试运行中发现的重大问题，处理记录单由【职务名称】据实填写，并输出《试运行记录表》，详见表1。

・试运行总结报告。承建单位试运行总结。

4. 试运行应急预案

根据项目实际建设内容编制试运行应急预案。

6. 技术培训

培训一般包括系统管理员培训和业务人员培训两个部分，应根据实际培训内容编制《项目培训方案》。系统管理员培训建议安排在系统交付之前，重点培训系统使用、系统维护、网络维护、数据维护等内容；业务人员培训在系统交付时进行，重点在系统的使用操作。方式一般有"集中讲解分头辅导"和"分头讲解分头辅导"两种方式。"集中讲解分头辅导"是指所有业务人员在一起听技术人员详细讲解系统的操作，然后分头到各自的科室去练习，由技术人员和系统管理员分头辅导。业务人员不多的时候往往采用这种方式。当业务人员比较多时，一般采用"分头讲解分头辅导"方式，也就是分别到科室中讲解并辅导。这种方式需要的时间相对多一些。

业务人员培训结束后，可以组织对业务人员使用系统情况的考核，进一步巩固学习培训成果。

项目培训方案具体编制要求可参考如下内容，但不同项目需根据项目的实际内容灵活编制，并根据最新的政策、规定优化。

项目培训方案

1. 项目背景

简要描述项目背景。

2. 培训目的

确保相关人员和运维人员能完全理解体系架构，熟练掌握软硬件的操作，具备使用和运维管理能力。

3. 培训组织规划

根据培训内容做好培训组织规划。

4. 培训对象及人次

（1）培训对象：【具体人员或岗位】。

（2）培训人数：＿＿＿人。

5. 培训时间及地点

培训时间详细安排见表1【项目名称】培训安排。其中在项目初验前主要组织进行硬件产品及软件产品介绍培训；终验前组织进行应用系统使用及运维培训。

6. 培训课程及内容

（1）本次项目实施培训的主要内容。

【基于项目建设范围的培训内容】

（2）通过培训能够达成的培训目标。

【基于项目建设范围的培训目标】

7. 培训提交物

（1）培训方案。

（2）培训讲义、教材。

（3）培训记录，详见表2。

表 1 【项目名称】培训安排

序号	类别	培训名称	培训对象	培训时长/天	培训地点	培训阶段
1	硬件产品					
2						
3						
4						
5						
6	应用软件					
7						
8						
9						

表 2 培训记录表

系统培训记录			
项目名称：			文档编号：
授课人员		授课时间	年 月 日
受培训人员	单 位	职 务	对本培训内容掌握程度
1			□好 □较好 □一般 □较差 □差
2			□好 □较好 □一般 □较差 □差
3			□好 □较好 □一般 □较差 □差
4			□好 □较好 □一般 □较差 □差
5			□好 □较好 □一般 □较差 □差
6			□好 □较好 □一般 □较差 □差
7			□好 □较好 □一般 □较差 □差
8			□好 □较好 □一般 □较差 □差
9			□好 □较好 □一般 □较差 □差
10			□好 □较好 □一般 □较差 □差
培训内容			
培训意见	请对培训使用的培训资料、培训组织方式、培训效果提出意见和建议： 用户代表： 日 期： 年 月 日		
培训确认	承建单位（章）： 项目经理： 日 期：		使用单位（章）： 使用单位代表： 日 期：

18.2.4 项目监控阶段

项目监控阶段是围绕数智科技工程跟踪进度，掌握各项工作现状，以便进行适当的资源调配和进度调整，确定活动的开始和结束时间，并记录实际的进度情况，在一定情况下进行路径、风险等方面的分析。在实施项目的过程中，要随时对项目进行跟踪监控，以使项目按计划规定的进度、技术指标完成，并提供现阶段工作的反馈信息，以利后续阶段的顺利开展和整个项目的完成。项目监控是项目管理的重要组成部分，项目监控这项关键活动的目标是综合项目目标，建立项目监控的指标体系及其例行报告制度，然后通过评审、例会及专项审计等监控方法实施监控。

1. 数智科技工程实施监控

1）项目日报

项目日报适用于项目中紧急情况下的某个问题或项目报告，如重点项目、线上问题、重大客户投诉问题等。

2）项目周报

项目周报是最常用的一种项目状态汇报形式。项目周报是根据项目的进展情况，对照上一周对项目的计划，每周定期提交的本周项目实际完成情况以及下周的项目计划。周报可以梳理项目的进度，同步项目的最新进展和效果、沟通中遇到的问题，获得相关方的反馈。

3）项目月报

项目月报用于记录和总结本月的项目状态、进度和成果，以及对下一个月的项目计划和目标进行规划和安排。项目月报既是对项目进展情况的公布与汇报，也是及时协调、督促推进、总结经验、查漏补缺的重要材料。

数智科技工程项目工作周报各部分具体编制要求可参考如下内容，但不同项目需根据项目的实际内容灵活编制，并根据最新的政策、规定优化。

项目工作周报

（　　年　　月　　日—　　年　　月　　日）

报告人：

报告时间：

---

1. 项目状态提示

项目当前状态：（在建、完工待验、初验、试运行、终验）。

项目实施人员投入：本周共投入 18 人天，累计投入 128 人天。

项目组成员	本周投入（人天）	累计投入（人天）	备 注
姓名 1	4	34	
姓名 2	4	33	
姓名 3	0	12	
姓名 4	5	25	
姓名 5	5	24	
姓名 6	18	128	

2. 项目关键里程碑

关键里程碑	预计完成时间	完成情况	实际完成时间	对应收款节点	是否已开票	预计收款时间	需要商务配合的工作
里程碑 1	填写时间	已完成					
里程碑 2	填写时间	已完成					
里程碑 3	填写时间	进行中					
里程碑 4	填写时间	未开始					

3. 本周计划完成情况

编　号	任务名称	计划开始日期	计划结束日期	实际完成情况	计划调整说明
1	任务 1	填写时间	填写时间	已完成	
2	任务 2	填写时间	填写时间	未完成	

本周工作描述：
（1）描述任务1工作进展情况。
（2）描述任务2工作进展情况。

4. 下周工作计划

编号	任务名称	计划开始日期	计划结束日期	责任人	完成目标
1	任务1	填写时间	填写时间		
2	任务2	填写时间	填写时间		

5. 需要协调的问题和风险

问题描述	等级	发生时间	问题状态	解决对策	时间要求	所需资源	备注
问题1	高	填写时间	已发生				
风险1	低	填写时间	未发生				

2. 数智科技工程测试

数智科技工程测试，运用相关专业的技术手段，得出较为准确的数据，从而可以查看工程的质量是否达标，为工程最后的验收阶段提供了重要性依据。并且通过测试得出来的数据，不仅能够服务于现在，还对未来工程建设的改扩建时期提供相关数据材料，为未来工期完美的建设提供了重要的指标性依据。数智科技工程的测试主要包括需求分析、制定测试方案、测试执行、测试总结等步骤。

1）需求分析

在数智科技工程测试中，需要明确实际测试需求情况。只有对测试需求有正确认识的基础上，才能促使测试工作能够顺利展开，并保证测试质量。在分析检测需求时，需要注意以下几点：

（1）测试工作要严格按照国家相关标准与规定、工程规划文件展开，比如国家强制标准、技术规范、设计文件、招投标文件、项目合同等。

（2）用户单位、建设单位对系统工程质量的特殊性和潜在化要求，这关乎到工程测试结果是否符合业主的要求，需要测试人员在测试开始之前积极和用户单位、建设单位沟通，及时作出相应措施，使得各项测试工作能够严格按照相应需求展开，实现测试工作的顺利进行。

（3）测试需求主要解决"测试什么"的问题，是用来识别什么内容是需要进行测试的、是以设计需求为基础进行分析，通过对设计需求的细化和分解，形成可测试的内容、应全部覆盖招投标文件、设计图纸，以及功能和非功能方面的需求，不需要实际的数据出现。

2）制定测试方案

数智科技工程测试有着自身特点，比如测试内容较多、测试周期较长，并且测试环境相对复杂。因此，在测试工作开展之前，需要测试人员能够结合实际情况进行预测和考虑，制定出可行性较强的测试方案，对整个测试工作进行统筹安排，合理设计测试活动。

3）测试执行

在工程测试的执行过程中，主要按照制定的测试方案进行工作的开展，对测试过程中所涉及的各个方面进行全面的检测，不遗漏每一个细节。

4）测试总结

（1）提出相关的改进意见和再次复检。在测试的过程当中发现工程质量产生偏差时，需要对其进行及时的制止，并且根据相关的测试数据结果提出质量修改意见和重新规划实施方案，确保工程的质量符合相关的标准。并且在工程质量进行整改之后，还需要对其进行再次的检测，在源头上保证工程的质量。

（2）得出相关数据测试报告。相关数据测试报告，标志着测试工作的最终成果，它在一定程度上反映了工程实施过程当中的信息，在工程进行验收时是一个重要的依据，并且测试数据结果必须科学、准确与真实。运用现代化智能手段对其进行数据的管理，防止数据产生计算的偏差和恶意篡改的现象。

（3）测试报告签发。测试负责人根据现场测试情况与原始记录编制测试报告，对测试结果及记录的准确性、真实性负责，并填写《功能测试运行记录》，其示例见表18.10。

表 18.10 功能测试运行记录参考模板示例

_____系统功能测试运行记录

测试运行项目分类	测试运行项目	测试运行子项目	结　　果
T01 配置管理	T01-01 组态设计	创建管理域	■通过　□未通过　□免测试
		创建设备	■通过　□未通过　□免测试
		配置同步 ECC800	■通过　□未通过　□免测试
备注：			

测试运行项目分类	测试运行项目	测试运行子项目	结　　果
T02 监控	T02-01 视图	空调视图监控	■通过　□未通过　□免测试
		配电柜视图监控	■通过　□未通过　□免测试
		一体化 UPS 视图监视	■通过　□未通过　□免测试
		非智能配电柜视图监控	■通过　□未通过　□免测试
		智能 rPDU 视图监控	■通过　□未通过　□免测试
		机房实时监控	■通过　□未通过　□免测试
		模块级供电链路	■通过　□未通过　□免测试
		制冷链路	■通过　□未通过　□免测试
	T02-02 告警管理	当前告警	■通过　□未通过　□免测试
		历史告警	■通过　□未通过　□免测试
		重定义告警	■通过　□未通过　□免测试
		设置阈值告警	■通过　□未通过　□免测试
		设置告警远程通知规则	■通过　□未通过　□免测试
	T02-03 性能	查询并导出历史数据	■通过　□未通过　□免测试
	T02-04 安防	创建门禁控制器	■通过　□未通过　□免测试
		远程开门和关门	■通过　□未通过　□免测试
		创建权限组	■通过　□未通过　□免测试
T02 监控	T02-04 安防	创建门禁用户	■通过　□未通过　□免测试
		门禁用户开门	■通过　□未通过　□免测试
		ECC800 与 NetEco 用户同步	■通过　□未通过　□免测试
		视频播放	■通过　□未通过　□免测试
		视频录像回放	■通过　□未通过　□免测试
备注：			

测试运行项目分类	测试运行项目	测试运行子项目	结　　果
T03 自定义报表	T03-01 报表管理	查询预定义报表	■通过　□未通过　□免测试
		创建自定义报表	■通过　□未通过　□免测试
	T03-02 报表任务	创建报表任务	■通过　□未通过　□免测试
备注：			

续表 18.10

_____系统功能测试运行记录

测试运行项目分类	测试运行项目	测试运行子项目	结 果
T04 系统管理	T04-01 用户管理	集中用户管理和授权	■通过　□未通过　□免测试
		账号策略	■通过　□未通过　□免测试
		密码策略	■通过　□未通过　□免测试
	T04-02 日志管理	安全日志查询	■通过　□未通过　□免测试
		操作日志查询	■通过　□未通过　□免测试
备注：			
测试记录总表			
结论：本次测试运行工作共测试运行_____项，通过_____项，未通过_____项，免测试_____项。			
备注：			

18.2.5 项目收尾阶段

工程全部完成后，承建单位应提交竣工报告，将工程竣工技术资料提交给建设单位（主要包括应用系统、软硬件系统的设计、开发、安装部署、调试等过程资料，系统、设备的使用手册，以及工程项目管理过程文档等）。在进行验收时，由建设单位邀请专家组成专业验收组逐项进行检验，或者进行抽检，以验证工程质量。专家检验完成后，将由专家组出具工程验收意见。在专家组同意工程验收合格的情况下，由建设单位、监理单位、承建单位共同签署工程验收报告，标志着工程正式竣工验收。此后，承建单位按照合同约定正式将工程资产、竣工资料移交给建设单位。建设单位不仅要接收纸质资料，还应接收可存入信息系统的电子资料，以便建立电子资料库。

18.3 建设的质量控制

18.3.1 工程质量控制的主要任务

1. 承建者应建立完善的质量保证体系

在有关任务开始前，承建单位须根据所承担任务的特点及质量要求，建立或完善自身的质量保证体系。一般要设有专门的质量工程师及有关组织机构，必要时还可以要求设置项目质量的负责人或经理，要有明确的质量管理目标、职责分工以及完善的质量管理制度、程序和方法。这个体系应与我国的信息与通信工程质量管理体系有良好的衔接与配合关系。当前，我国推行的国际标准化组织发布的 ISO9000 质量管理和质量保证标准系列的国家标准 GB/T19000 系列，是建立质量管理和质量保证体系应遵循的指导性文件。

2. 施工材料、设备、配件的质量把关

施工准备阶段，材料、设备、配件等的质量如果不符合要求，会直接影响工程的质量。承建单位应当严格按照合同规定和设计要求的质量标准组织采购、订货、包装与运输；材料、设备、配件进场时要严格按标准进行检查和验收；进场后应严格监督，按要求储存、保管；在使用前应对其可用性加以确认。

3. 施工过程中的质量管理

施工过程中的质量控制是工程质量控制的工作重点。应当做到以下几点：
（1）根据质量目标，加强对施工工艺的管理。

（2）严格按工艺标准和施工规范、操作规程进行建设。

（3）加强工序控制，严格执行检查认证制度，严格控制每道工序的质量，对重要环节还要进行现场监督、中间检查和技术复核，尤其要加强对隐蔽工程和各环节接合点的控制，以防止质量隐患。

（4）对于不符合质量标准的，应及时加以处理。

4. 工程质量验收

（1）检查验收分部与分项工程，认证并处理工程质量事故与质量缺陷。

（2）对单位工程质量验收的核定。

18.3.2　确保工程质量的组织措施

为了能够对工程质量进行有效管理，提高项目工程质量，满足业主单位对工程高质量、高稳定性的要求，根据项目规模的大小、建设内容的复杂程度，可按需建立一支合理的质量管控组织机构。

1. 质量保证组织管理领导小组

项目成立以项目经理为首的质量管理领导小组，实行三级质量管理。项目经理对工程质量全面负责，对整个施工过程中的质量工作全面领导，是质量的第一责任者。项目总工程师对质量工作进行全面管理，是质量的第二负责人，项目配备的班组长、质检员、专业工程师作为组员具体进行质量管理工作。

2. 质量保证实施小组

项目成立以质检员为核心，各班组长为组员的质量保证实施小组。建立完善的质量保证体系与质量反馈体系，对工程质量进行全过程、全方位控制和监督，层层落实"质量管理责任制"和"工程质量施工责任制"。质量检查组将定期和不定期对施工质量进行质检和抽查。

贯彻"谁管生产，谁就管质量；谁施工，谁就负责质量；谁操作，谁就保证质量"的原则，实施工程质量岗位责任制，并采用行政和经济手段来保证工程质量岗位责任制的实施。

18.3.3　质量控制流程

根据项目管理的特点，质量控制流程如图18.7所示。

质量控制流程可划分为制定质量保证计划、过程与提交物质量检查、问题跟踪与质量改进三个主要部分。

1. 制定质量保证计划

在工程开发策划期间，对工程建设过程中将进行的质量控制活动进行策划，制订工程的质量控制计划。质量控制计划应与工程建设计划以及配置管理计划保持一致。该过程主要包括：确定质量保证人员、拟制质量保证计划、保持质量保证计划与实施方案的协调一致、质量保证计划的审核与批准、质量保证计划的动态维护等。

2. 过程与提交物质量检查

在工程建设过程中，质量控制负责人应根据工程的质量控制计划以及工程的实际需要，协助项目经理组织进行工程要求的各类过程、产品、提交物检查活动，发现各类质量问题并进行质量记录。过程质量检查分为阶段性过程检查和贯穿整个建设过程的全过程检查。

（1）阶段性检查。主要包括详细设计过程检查、项目招投标过程检查、项目实施过程检查、应用示范与推广过程检查、试运行与验收过程检查和运行维护过程检查等。

图 18.7 质量控制流程

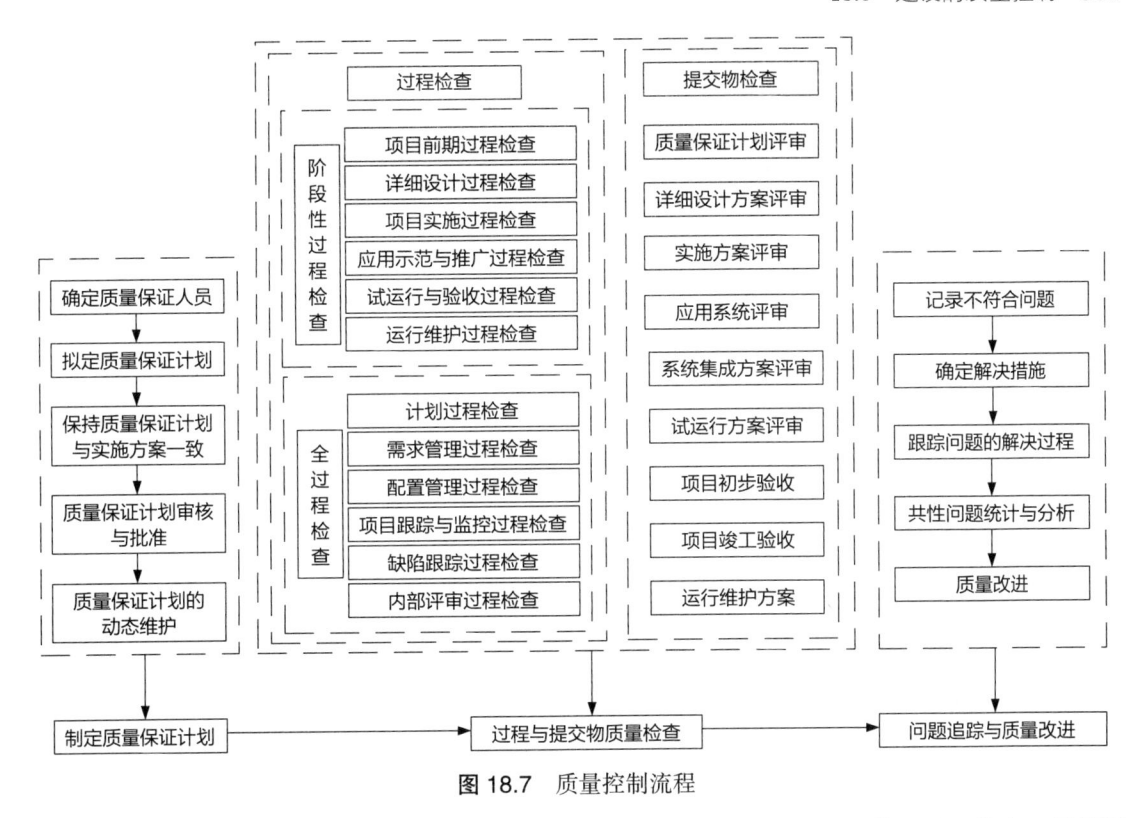

（2）全过程检查。主要包括计划过程检查、需求管理过程检查、配置管理过程检查、项目跟踪与监控过程检查、缺陷跟踪过程检查、内部评审过程检查等。

（3）提交物检查。主要包括质量保证计划评审、详细设计方案评审、招投标方案评审、实施方案评审、应用系统评审、系统集成方案评审、试运行方案评审、项目初步验收、项目竣工验收、运行维护方案等。

3. 问题跟踪与质量改进

质量控制组对在过程与产品质量检查、技术评审和测试过程记录的未解决的质量问题进行跟踪，与项目经理和项目小组成员沟通、协商，确定将要采取的解决措施，记录问题的状态，直到问题解决；同时对共性质量问题进行统计与分析，给出质量持续改进的措施和方案。

18.3.4 工程实施过程质量控制

1. 施工准备阶段质量控制

1）对工程需求、设计方案的质量控制

在工程前期规划阶段，为保障准确掌握项目需求，应尽快建立项目组织，明确职责与分工，并建立项目例会、周报、微信群等多种沟通机制。项目组开展用户需求分析应采取包括用户交谈、现场勘察、需求问卷调查、参与用户业务工作、构建业务模型等多种方式，以准确掌握稳定需求和易变需求，并完成需求分析文档。需求分析完成后，项目组应组织开展系统需求评审专题会，由建设单位关键用户与业务需求代表、系统规划设计人员和业务专家等参加，最终形成用户需求说明书，并由建设单位签字或盖章确认。在用户需求说明书确认以前，不能进行系统规划设计。用户需求说明书应符合 ISO9001 质量技术规范要求，并明确界定项目"做什么"和"不做什么"，需求说明用词准确，不能有二义性，不能前后相矛盾，每项需求均是可实现的和符合可行性方案确定的目标，并明确说明哪些是稳定需求，哪些是易变需求，以便于开展系统设计时，有针对性地采取预防措施。

2）实施方案和施工图纸的质量控制

实施方案和施工图是工程施工的直接依据，要将实施方案和施工图的隐患消灭于萌芽状态，对实施方案和施工图的会审是设计质量的一个有效措施，也是施工质量控制的重要手段。

3）对实施人员的素质控制

人是施工的主体，人的素质高低直接影响工程的优劣。需要对参加项目实施的各层次人员，特别是特殊专业工种进行必要的培训，在分配上公正合理，并运用各种激励措施，调动广大职工的积极性，才能不断提高人员的素质，进而使质量控制系统有效的运用。

（1）人员培训。人员作业规范、业务技能、流程制度等的培训是一项例行工作，需要定期组织和实施，这是事前质量预防最基础的工作，也是最重要的工作，确保每一个参与人员切实掌握各种作业规范、流程制度等知识和要求。作业规范包括设计规范、硬件安装规范、编码规范、系统调测规范、工程过程规范、开通行为规范、验收标准；业务技能主要包括相关产品知识；流程制度则是跟工程相关各种业务操作指导书和流程制度。

（2）资质要求。为了提高人员的素质和能力，保证业务的高质量开展，承建单位应鼓励、要求职工积极参与业务技能认证，为工程建设择优投入具备相应资质人力资源，使得工程实施质量得到保障。

（3）人员激励。应健全岗位责任制，改善劳动条件。建立人尽其才，公平合理的分配制度，充分发挥职工的积极性。

2. 施工执行阶段质量控制

1）质量控制的依据

（1）合同。合同规定了本工程各方在质量控制方面的权利和义务，有关各方必须履行合同中规定的有关质量的承诺。

（2）法律法规。国家及政府有关部门，以及行业主管部门制定和颁布的有关质量管理方面的法律、法规文件。

（3）流程规范。质量管理体系中规定的标准、规范、制度或规定。包括质量管理制度、项目管理流程、设备安装流程、设备开通流程、项目过程规范、施工行为规范等。

2）质量控制的内容

（1）工程施工现场勘察。为了能够提前熟悉、掌握工程施工现场情况，在开工之前，可组织人员对施工现场进行勘察。要提前和建设单位、监理单位沟通，制定勘察计划，并按照计划开展勘察工作，做好记录。在每次勘察结束后，形成勘察报告，由项目经理组织勘察人员参加由建设单位主持的勘察报告会审，对勘察过程中发现的问题进行分析讨论，提出建议，最终形成合理的解决方案。

（2）对工程材料和设备的控制：

① 工程材料与设备的质量和规格。施工材料、设备在进场安装前，必须经过现场质量检查员的进场检查。施工材料、设备必须有合格、有效的生产厂家资质证明、检验报告、合格证、生产许可证，进口商品还必须有商检证明、报关单等相关证明材料。。质检员检查通过后，报送现场监理工程师进行二次检查，确认合格后才能用于工程施工。对于检查中发现的不合格材料和设备，必须更换，不得进场存放，更不得使用到工程中，以确保工程施工质量。

② 工程材料与设备的数量。质检员要定期检查现场存放的各种工程材料与设备的数量。能掌握现场材料和设备的数量对项目管理组是十分重要的，一方面是为了对工程的施工进度计划有效的管理，以免因现场材料、器件的不足而影响工程的进度和质量；另一方面通过对现场材料与器件的清点，还能避免对工程材料和设备盲目采购。

③ 工程材料与设备的存放条件。对现场各种合格的工程材料与设备，必须妥善存放，并做好防止损坏或变质的保护；须事先向建设单位和监理单位申报工程材料与设备的存放场地和保管方式。

（3）在施工过程中阶段自检和检查。在施工过程中，对于各工序的产出品和重要的部位，由施工单位按照验收标准的要求，在相关工作完成后及时进行工程质量自检。需要注意的是，硬件质量自检要求在设备加电之前完成，调测开通质量自检要求在工程完工之前完成，对自检报告发现的问题自行整改。自检合格后，由施工单位将自检报告及时传递给项目经理、总工、质检员及其他要求发送的人员，经项目组检验确认合格后，才能进入下一道工序施工。

（4）对关键质量点跟踪监控。监督检查在工序施工过程中的施工人员、施工工具、材料、施工方法及工艺或操作是否处于良好状态，是否符合保证质量的要求，如工程师是否持证上岗，施工材料是否是客户要求的材料，操作方法是否正确，是否按时反馈工程周日报、开展工程例会。对于重要的工序和部位、质量控制点，以及隐蔽工程，应在现场进行施工过程的旁站监督与控制，以确保工程质量。

（5）施工安全控制。项目组对工程施工过程中的危险源进行辨识和评价。从事高空作业人员，必须具备登高证，并应定期进行身体检查；凡患有严重心脏病、高血压、贫血症以及其他不适应高空作业的人，不得从事高空作业；涉及用电作业人员，必须具备电工证。

项目组在开工前和施工过程中应加强安全施工管理，在醒目的位置标示危险源。施工人员在工程中应避免发生重大人为事故和人身事故，严格遵守安全生产规程和业务操作规程。

（6）建立技术会议制度。每周定时组织召集施工技术质量会一次，总结和汇报一周技术质量经验和问题，研究和优化技术措施，使之提高工效，提高工程质量，促进施工进度。

（7）隐蔽及半隐蔽工程质量控制：

① 所有隐蔽性工程必须进行检查验收，检查验收后才能隐蔽。

② 隐蔽工程中上道工序未经检查验收的，下道工序不得施工。隐蔽工程检查验收应由现场施工负责人认真填完隐蔽工程验收单。

③ 隐蔽工程验收单要妥善整理保存，以备竣工移交、归档。

（8）测试工作的质量控制。为保障测试质量，测试组应先进行周密的工程测试需求调研分析，然后针对需求情况编制详细的测试方案。方案应包含系统单元测试、系统功能集成测试、系统性能测试和系统安全性测试的计划、方法、策略、测试数据等内容。测试过程、方法、数据和结果也应该接受严格的评审。

（9）变更控制。建立由建设单位、监理单位和承建单位主要项目负责人组成的项目变更控制委员会，制定项目变更管理制度。施工过程中，由于前期勘察设计的原因，自然条件的变化，施工工艺方面的限制或者建设单位要求的改变等多方面的原因，均会引起项目变更。此时，由建设单位或者承建单位按照项目变更管理制度，发起项目变更流程。

（10）工程问题管理。工程现场的质量问题和质量事故是由各种主观和客观原因造成的。对于工程现场出现的工程问题，现场工程师应及时响应并将问题整理，并及时通报给项目经理，由项目经理应协调各方资源，保证问题得到及时有效的处理。工程技术问题应按照问题管理流程的要求进行反馈和处理，对于建设单位关注的技术问题持续超过一周的，应及时通报上级领导。对于发生工程事故或投诉时，应及时通报给本单位对应接口负责人，以尽快协调给予处理和解决。

3. 工程验收阶段质量控制

（1）隐蔽工程验收。隐蔽工程是指那些在施工过程中，上一道工序结束后，被下一道工序所掩盖，而无法进行复查的部位。例如，直埋线缆、线缆暗管等。因此，对这些工程在下一工序施工前，现场管理人员应按设计要求、施工规范，进行检查验收。如果符合设计要求和施工规范的规定，应及时办理隐蔽工程记录手续，以便继续下一工序的施工。同时隐蔽工程记录及时归入项目过程档案；若不符合有关规定，应及时进行整改，处理符合要求后再进行隐蔽工程验收与签证。

（2）分项工程验收。对重要的分项工程，建设单位应按合同的质量要求，根据该分项工程施工的实际情况，参照质量评定标准进行验收。

（3）分部工程验收。根据分项工程质量验收结论，参照分部工程质量标准，可得出该分部工程的质量等级，以便决定可否验收。

（4）单位工程竣工验收。通过对分项、分部工程质量等级的统计推断，再结合对质量保证资料的核查和单位工程质量观感评分，便可系统地对整个单位工程作出全面的综合评定。从而决定是否达到合同所要求的质量等级，进而决定能否验收。

18.4 建设的投资控制

18.4.1 工程投资控制的主要任务

（1）对实际完成的分部、分项工程量进行计量和审核，对承建单位提交的进度付款申请进行审核并签发付款证明来控制合同价款。

（2）严格控制工程变更，按合同规定的控制程序和计量方法确定工程变更价款，及时分析工程变更对控制投资的影响。

（3）在施工进展过程中进行投资跟踪、动态控制，对投资的支出做好分析和预测，即将收集的实际支出数据整理后与投资控制值比较，并预测尚需发生的投资支出值，及时提出报告。

（4）作好施工管理记录和收集保存有关资料，依据合同条款，处理工程相关参与单位提出的索赔事宜。

（5）对项目的工程量和投资计划值，按进度要求和项目划分层层分解到各单位工程或分部分项工程。

（6）对施工组织设计或施工方案进行认真审查和技术经济分析，积极推广应用新技术和新材料。

（7）推行项目法施工，形成项目经理对项目建设的工期、质量、成本的三大目标的全面负责制，改革施工工艺技术，优化施工组织。

（8）进行主动管理，加强成本管理，使工程实际成本控制在合同价款之内。

18.4.2 施工阶段的投资控制

施工阶段可以采用组织措施、经济措施、技术措施、合同措施来进行投资的控制。

1. 组织措施

（1）建立项目管理的组织保证体系，在项目管理班子中落实从投资控制方面进行投资跟踪、现场监督和控制人员，明确任务及职责，如发布工程变更指令、对已完工工程的计量、支付款复核、设计挖潜复查、处理索赔事宜，进行投资计划值和实际值比较，投资控制的分析与预测，报表的数据处理，资金筹措和编制资金使用计划等。

（2）编制本阶段投资控制详细工作流程图。

2. 经济措施

（1）进行已完成的实际工程量的计量或复核，未完工程量的预测。

（2）工程价款预付、工程进度付款、工程款结算、备料款和预付款的审核、签署。

（3）在施工实施全过程中进行投资跟踪、动态控制和分析预测，对投资目标计划值按费用构成、工程构成、实施阶段、计划进度分解。

（4）定期向工程管理负责人、建设单位提供投资控制报表、必要的投资支出分析对比。

（5）编制施工阶段详细的费用支出计划，依据投资计划的进度要求编制，并控制其执行和复核付款的账单，进行资金筹措的分阶段到位。

（6）及时办理和审核工程结算。

（7）制定行之有效的节约投资的激励机制和约束机制。

3. 技术措施

（1）对设计变更严格把关，并对设计变更进行经济分析和审查认可。

（2）进一步寻找通过设计、施工工艺、材料、设备、管理等多方面的挖潜节约投资的可能，组织检查，对查出的问题进行整改，组织审核降低造价的技术措施。

（3）加强设计交底和施工图会审工作，把问题解决在施工之前。

4. 合同措施

（1）参与处理索赔事宜时以合同为依据。

（2）参与合同的修改、补充工作，并分析研究对投资控制的影响。

（3）监督、控制、处理工程建设中的有关问题时以合同为依据。

18.4.3　工程计量与支付控制

1. 工程计量

工程计量是工程业主对承建单位按合同中规定的建设项目，按施工进度计划及施工图设计要求、在建设实施时对实际完成的工程量的确认。工程计量的内容包括下列项目：

（1）工程量清单中的全部项目。

（2）合同文件中规定的项目。

（3）工程变更项目。

2. 工程支付

工程支付是指建设单位对承建单位任何款项的支付，都必须由工程业主出具证明，作为建设单位对承建单位支付工程款项的依据。因此，业主在项目建设管理过程中，利用计量支付的经济手段，对工程造价、进度、质量进行三大控制和全面管理。

18.4.4　工程决（结）算编制和审查

工程决（结）算是指一项工程，通过施工实施后与原设计图纸产生差异，将有出差异而增减的工程内容，按施工图预算编制方法，对原施工预算的量、价、费进行修正后，作为双方办理工程费用结算的依据。

1. 工程决（结）算编制的依据

（1）施工图、说明书和施工图预算。

（2）施工合同和协议。

（3）现行预算定额、材料预算价格、费用定额及取费基础、调价方法或调价系数的规定。

（4）图纸会审纪要。

（5）设计变更通知。

（6）工程停止报告。

（7）材料代用产生的价差。

2. 工程决（结）算编制的步骤

（1）收集整理原始资料，作好调查、核对工作。对施工图预算的量、价、费进行核对，实际完成的分部、分项工程内容与施工图预算是否一致等。

（2）调整增减工程量。按工程变更通知、验收记录、现场签证、材料代用等资料，计算应调整增减的工程量。

（3）按施工图预算编制方法，将调整增减的工作量来套预算定额的单价，计算增减部分的工程造价。

（4）调整后的单位工程决（结）算总造价＝原单位工程预算总造价＋调增（减）部分的工程造价；或单位工程决（结）算总造价＝单位工程决（结）算总直接费＋间接费＋材料价格调价的差价＋计划利润＋税金。

3. 工程决（结）算的审查

（1）核对施工图预算和增减变更因素的工程量、定额单价、取费标准、材料差价、计划利润和税金是否按规定计算，防止错漏。

（2）审查工程决（结）算编制的依据。

（3）审查实际完成工作量与工程决（结）算内容是否相一致。

（4）审查材料使用量和材料结算价格。

（5）审查工程决（结）算的编制是否符合合同条款的要求。

（6）审查工程决（结）算编制的内容是否完整齐全。

18.5 建设的进度控制

进度控制是数智科技工程项目建设中与质量控制、投资控制并列的三大目标之一，它的任务是确保工程项目建设按期完成。

18.5.1 工程建设管理进度控制的基本方法和任务

1. 进度控制的概念

工程建设的进度控制是指对工程项目各建设阶段的工作内容、工作程序、持续时间和衔接关系编制计划，将该计划付诸实施。在实施的过程中经常检查实际进度是否按计划要求进行。对出现的偏差分析原因，采取补救措施或调整、修改原计划，直至工程竣工，交付使用。进度控制的最终目的是确保项目进度目标的实现，建设项目进度控制的总目标是建设工期。

2. 进度控制的影响因素

数智科技工程建设项目具有庞大、复杂、周期长、相关单位多等特点，因而影响进度的因素很多。要有效地进行进度控制，就必须对影响进度的各种因素进行全面的分析和预测。

1）影响建设项目进度常见的几个因素

影响建设项目进度的因素可归纳为人的因素、技术因素、材料与设备及配件因素、机具因素、资金因素、环境、社会因素，以及其他难以预料的因素等。其中人的因素影响最大，从产生的根源看，有来源于建设单位及上级机构的，有来源于设计施工及供货单位的，有来源于政府、建设主管部门、有关协作单位和社会的，有来源于各种自然条件的。

2）按责任及处理方式来看影响进度的两大类因素

按照干扰的责任及其处理方式的不同，又可将影响因素分为两大类：

（1）由于承建单位自身的原因造成的工期的延长，称之为工程延误。

（2）由于承建单位以外的原因造成施工期的延长，称之为工程延期。

3. 进度控制的方法和措施

1）进度控制的主要方法

（1）进度控制的行政方法。用行政方法控制进度，是指上级单位及上级领导、本单位的领导，利用其行政地位和权力，通过发布进度指令，进行指导、协调、考核。利用激励手段（奖、罚、表扬、批评）、监督、督促等方式进行进度控制。使用行政方法进行进度控制，优点是直接、迅速、有效，但要提倡科学性，防止主观、武断、片面的瞎指挥。

（2）进度控制的经济方法。进度控制的经济方法，是指有关部门和单位用经济手段对进度控制进行影响和制约。

（3）进度控制的管理技术方法。进度控制的管理技术方法主要是建设单位、承建单位的规划、控制和协调。所谓规划，就是确定项目的总进度目标和分进度目标；所谓控制，就是在项目进展的全过程中，进行计划进度与实际进度的比较，发现偏离，就及时采取措施进行纠正；所谓协调，就是协调参加单位之间的进度关系。

2）进度控制的措施

进度控制的措施包括组织措施、技术措施、合同措施、经济措施和信息管理措施等。

（1）组织措施主要有：

① 落实项目管理班子中进度控制部门的人员，具体控制任务和管理职责分工。

② 进行项目分解，如按项目结构分、按项目进展阶段分、按合同结构分，并建立编码体系。

③ 确定进度协调工作制度，包括协调会议举行的时间、协调会议的参加人员等。

④ 对影响进度目标实现的干扰和风险因素进行分析。风险分析要有依据，主要是根据统计资料的积累，对各种因素影响进度的概率及进度拖延的损失值进行计算和预测。并应考虑有关项目审批部门对进度的影响等。

（2）技术措施则是采用它以加快施工进度。

（3）合同措施主要有分段发包、提前施工，以及各合同的合同期与进度计划的协调等。

（4）经济措施是采用保证资金供应的各类方法，确保工程的顺利开展。

（5）信息管理措施主要是通过计划进度与实际进度的动态比较，定期发布比较报告，以便参与工程建设的各单位能及时掌握工程具体进度情况。

对于进度工作，应明确一个基本思想：计划不变是相对的，而变是绝对的；平衡是相对的，不平衡是绝对的。要针对变化采取对策，定期地、经常地调整进度计划。

4. 进度控制的主要任务

1）计划管理

编制项目实施方案，编制项目总体计划和单位工作进度计划，完成项目建设支持性计划，即物资采购计划、项目用工计划、项目资金计划等内容。

2）实施管理

编制单元作业详细计划，完成日报、周报，记录项目建设进度，掌握项目实施实际情况，实时调度项目资源，具体包括项目设备与材料、项目人员、项目资金以及第三方协同建设资源等。

3）进度检查

实际进度与计划进度进行比较，分析偏差原因，提出计划调整建议和措施。

4）计划调整

总结计划编制经验，执行计划调整。

18.5.2 工程建设进度控制计划系统

工程项目包括单项工程、单位工程、分部工程、分项工程。根据建设的要求，一个工程项目应编制下列各种计划。

1. 工程项目建设总进度计划

工程项目建设总进度计划是对工程项目从开始建设（设计、施工准备）至竣工交付使用全过程的统一部署，以安排各单项工程和单位工程的建设进度，合理分配投资、组织各方面的协作。保证初步设计确定的各项建设任务的完成。它对于保证项目建设的连续性、增强建设工作的预见性、确保项目按期完成具有重要作用。它是编制总体计划的依据，由以下几个部分组成：

（1）文字部分。文字部分包括工程项目的概况和特点，安排建设总进度的原则和依据，投资资金来源和总体安排情况，技术设计、系统架构设计、设备交付和施工力量进场时间的安排，基础设施环境方面的协作配合及进度的衔接，计划中存在的主要问题及采取的措施，需要上级及有关部门解决的重大问题等。

（2）工程项目一览表。工程项目一览表把初步设计中确定的建设内容，按照单项工程、单位工程归类并编号，明确其内容和投资额，以便各部门按统一的口径确定工程项目控制投资和进行管理。

（3）工程项目总进度计划。工程项目总进度计划是根据初步设计中确定的建设工期和工艺流程，具体安排单项工程和单位工程的进度。

（4）投资计划年度分配表。投资计划年度分配表根据工程项目总进度计划，安排各个年度的投资，以便预测各个年度的投资规模，筹集建设资金，规定分年用款计划。

（5）工程项目进度平衡表。工程项目进度平衡表用以明确各种设计文件交付日期，主要设备交货日期，施工单位进场日期和竣工日期，通信电路接通日期等，借以保证建设中各个环节相互衔接，确保工程项目按期完工。

在以上基础上，再分别编制综合进度控制计划、设计工作进度计划、采购工作进度计划、施工进度计划、完工和验收进度计划等。

2. 施工单位的计划系统

（1）施工准备工作计划。
（2）施工总进度计划。
（3）单位工程进度计划。
（4）分部、分项工程进度计划。

18.5.3 工程施工管理中的进度控制

数智科技工程施工进度控制流程如图18.8所示。

1）进度计划实施

（1）进度计划下达与实施：

① 按照制定的项目进度计划由项目经理向项目组实施人员下达进度计划和工作任务书。项目所需各类物资与服务资源采购由项目经理负责发起。

② 在下达进度计划的同时，项目组进度、技术、质量、安全等相关责任人应对实施人员进行工作任务、操作规程、施工方法、质量、安全、材料使用、施工计划、奖罚措施等交底，做到任务明确，责任到人。

③ 项目组实施人员接到进度计划和工作任务书后，应做好分工，按计划、任务书和交底内容保质量，保进度，保安全，保节约，保工效，完成生产任务。

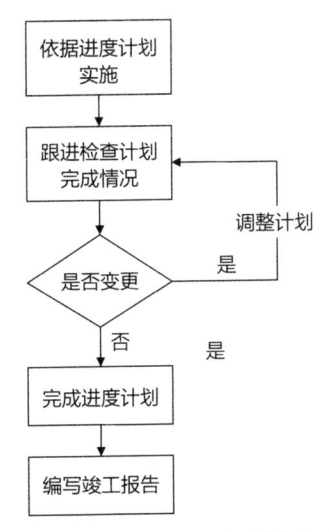

```
依据进度计划
    实施
      ↓
跟进检查计划  ←──┐
  完成情况      │
      ↓       调整计划
   是否变更 ──是──┘
      │
      否
      ↓
  完成进度计划
      ↓
  编写竣工报告
```

图 18.8　工程施工进度控制实施流程

④ 分部分项工程任务完成后或每月底，项目组施工人员应自查自验，同时做好计划完成情况、材料消耗、人力资源用工等原始记录。

⑤ 项目组每月或分部分项工程完成后，应收集项目组实施人员填写的计划完成情况、材料消耗、人力资源用工等原始记录，作为月计量和评价工程进度完成情况的依据。

（2）进度计划实施的调度：

① 调度工作主要是协调处理项目建设中出现的各种矛盾和分歧，及时化解资源短缺，实现人力、物资和资金的动态平衡，确保项目进度有序推进。

② 调度工作的内容包括：

・检查进度计划执行中的问题，找出原因，并采取措施解决。

・物资采购责任人催促供应商按进度要求供应资源。

・协调项目组内部及其他各方单位，及时协调配套协同作业进度，协商解决技术问题，处理项目实施过程中的各类矛盾和分歧。

・传达工程项目领导小组的决策意图，发布调度命令等。

（3）项目资源保障：

① 项目人力资源保障：根据项目进度计划要求，提前做好项目人力资源保障计划，安排充足的实施人员参与项目建设，选择有良好合作关系、质量可靠的合作伙伴，实行工期奖罚制度，保证总工期的实施。

② 项目物资保障：根据项目总体进度计划，由项目物资采购责任人详细编制项目所有物资的供应计划，对于需要建设单位提供设备材料的项目，项目组还需协调建设单位指定专人及时编制甲供材料计划，保证计划的顺利实施。

③ 项目资金保障：项目组根据项目合同约定内容和项目建设实际进度情况编制项目开票计划表，项目经理根据项目物资采购合同、项目到货验收情况、项目验收情况编制项目资金计划，并报项目管理组批准执行。

④ 项目后勤保障：应作好生活服务供应工作，妥善做好项目人员吃、住两个方面工作，重点关注项目人员加班期间餐饮保障与交通安全。

（4）项目工作日志与每周工作报告：

① 项目实施人员应在项目工作日志上记录项目实际进度情况，跟踪记载每个施工过程的开始日期、完成日期、每日完成数量、工作中发生的情况、干扰因素及排除情况等。

② 项目经理负责组织汇总项目实施人员的项目工作日志形成项目《项目周报》报建设单位。

2）进度计划检查

项目组应根据项目总体计划、单位工作项目进度计划、周工作计划与实际项进度进行对比检查，通过项目周报对项目进度进行实时披露和监督。

项目施工进度延误程度可按以下标准分类定性：项目总体计划延误时间小于总体计划10%的为正常延误，小于等于30%的为一般延误，大于30%的为严重延误。

3）项目进度计划调整

（1）由于工程变更或其他原因（自然影响、地方矛盾）引起资源需求的规格和数量变化时，项目组除了应评估对项目成本预算影响外，还应及时评估对项目总体计划的影响程度，调整资源供应计划和进度控制计划。

（2）进度计划在实施中的调整必须依据实际已完成进度计划检查结果和在建计划情况进行。

（3）进度计划调整的内容主要包括：工作内容、工作量、起止时间、持续时间、工作关系、资源供应等。

（4）由项目经理负责完成进度计划调整，调整后的项目进度计划应报项目领导小组审批备案后发布与实施。

在工程项目的实施过程中，按照上述方法与步骤，对工程项目实施进度进行及时的监督与控制，不断纠正进度偏离目标的情况与趋向，从而使进度目标得到实现。

18.6 数智化赋能项目管理

数智化为项目管理带来全新的机遇和挑战。利用大数据、云计算、人工智能等新一代数字化和智能化技术能够为数智科技工程建设项目提升管理效率。

18.6.1 项目数智化管理模式

项目管理人员需要打破传统管理方法的束缚，充分应用项目数智化管理模式，建设完善的数智化管理体系，形成"项目数智化管理模式"，保证实际开展的管理工作符合项目标准和要求，实现提高项目管理先进性和创新性的目的。

1. "项目数智化管理模式"的理念

"项目数智化管理模式"主要将数字化技术和智能化技术作为核心依据，广泛应用在项目运营管理全过程中，在形成新型项目管理模式和组织形态的基础上，有效结合数智化技术和科学的管理方法，对于创新项目管理模式具有重要作用。在项目管理期间，注重数智化项目管理方法的应用，既能打破传统项目管理方法的束缚，也能及时更新项目管理理念，在使各项先进技术最大程度上发挥作用同时，提高项目数智化管理水平。

2. 数智化项目管理新模式的优点

数智化技术为项目管理的各个过程（启动、规划、执行、监控和收尾）提供支持。项目的各项目标（进度、质量、成本）都能被数字化，可以实时反馈给项目管理者，发现偏差可以及时调整和优化，从而实现动态、精准管理，确保项目目标的实现。

（1）有助于提升精细化管理和决策能力。项目管理者面向项目生命周期中的各个参建单位，收集建设过程中产生的各项数据信息，并进行智能分析，实时监控建设期间的各项建设要素，对各个流程进行精细控制，为决策层提供科学、精准的判断依据。帮助项目管理者第一时间发现和处理问题，从而降低工程建设期间的各项风险发生概率，缩短工程项目建设周期，节约建设成本。

（2）提高组织协同度，项目管理更高效。数智科技工程建设会投入诸多人力和物力资源，产生较多项目管理数据信息，数智化技术有利于科学配置各项资源，加强项目各参与方的信息共享和交换，加强计划、采购、实施、审计等多个环节数据信息的联系，提高项目管理组织的协同度。在数智化技术的辅助下，使得项目管理数字化、可视化、智能化，项目管理更高效。

（3）项目管理更灵活敏捷。通过应用数智化项目管理方法，使各个环节的管理工作向数智化方向发展，使得项目管理工作更灵活、敏捷高效。如充分应用大数据技术和人工智能技术，积极构建与实际状况相符的标准工期模型，在使其发挥作用之后能够辅助管理人员确定项目管理的关键路径，甚至还可以对关键节点进行智能预警，并提供辅助解决方案，有助于提高项目管理的响应和解决问题能力。与此同时构建计划管理模型、质量管理模型、成本管理模型等，形成智慧管理体系，从而辅助项目管理者能够更灵活敏捷地管控项目。

18.6.2 大数据在项目管理的应用

在工程项目管理中应用大数据，项目各参与方均应建立项目管理大数据应用体系，使其在各方面都能充分发挥作用。先对业主方、设计方、施工方、供货方等项目参与单位的数据进行采集、整理和储存以构建丰富的大数据库，包括类似工程项目的历史数据、工程项目实施过程中的各类数据等。在进行大数据分析前，须对庞杂且毫无规律的原始数据进行初加工，并针对处理后的数据制定分析原则和统一分类标准。在分析过程中，要运用常规的统计学分析和大数据的实时分析、数据流分析等方法，提取关键因素并建立项目管理数据模型。通过数据模型对大数据进行自动分类和汇总分析，预测可能出现的问题并提供相应的应对方法，以实现工程项目管理的持续改进。

大数据并不能完全代替管理人员，因此在实际工作中，要使工程项目各参与方都能加入组建大数据合作团队，以进一步深化大数据在工程项目管理中的应用。大数据作为一项新型且先进的科学技术，团队中需要技术人员对其有充分的理解和掌握，要加强对大数据专业人才的培养，以确保大数据技术人员的专业化水平能适应不断变化的工程项目管理工作。

18.6.3 人工智能在项目管理的应用

人工智能由于功能强大、应用灵活，近年来迅猛崛起，快速发展，已被广泛应用到众多领域，具有查找快、统计快、计算快、分析快、效率高、无休作业等优点。项目管理工作由于范围大、周期长，存在众多风险和不足。人工智能具备人类所不具有的优点，若将人工智能巧妙嵌入项目管理工作中，必将开创项目管理新时代。

人工智能在项目管理中的应用将带来巨大的好处，不仅是将低价值任务自动化，还能帮助企业领导人和项目经理更成功地选择、定义和实施项目。

1. 更好的选择和优先排序

选择和优先排序是一种预测：哪些项目将为企业带来最大价值？当有正确的数据可用时，人工智能可以检测到其他方法无法识别的模式，并且在做出预测时可以大大超过人类的准确性。

（1）更快地识别具有正确基础的启动就绪项目。

（2）智能辅助选择具有更高成功机会和带来最高收益的项目。

（3）更好地平衡项目组合和组织中的风险。

（4）消除决策中的人为偏见。

2. 增效项目管理办公室

人工智能将帮助企业简化和优化项目管理办公室（project management office，PMO）的角色。这些新的智能工具将从根本上改变PMO的运作和执行方式：

（1）更好地监控项目进度。
（2）预测潜在问题并自动解决一些简单问题。
（3）自动准备和分发项目报告，并收集反馈。
（4）为每个项目选择最佳项目管理方法。
（5）监控项目管理流程，严格执行政策合规性。
（6）通过虚拟助手实现状态更新、风险评估和利益相关者分析等功能的自动化。

3. 改进项目定义、规划和报告

项目管理自动化中最重要的一部分是风险管理。人工智能帮助领导者和项目经理预测可能被忽视的风险，并且能够自动调整计划以避免某些类型的风险。

类似的方法将促进项目定义、规划和报告。这些活动在传统的项目管理中非常耗时、重复，而且大多是手动的。

（1）通过对用户需求的智能分析来改进项目范围，这将揭示潜在的问题，例如歧义、重复、遗漏、不一致和复杂性。

（2）自动化报告不仅意味着减少的劳动力，而且可以用实时数据取代传统报告中延时的数据（如几周前的数据）。还能更深入地钻取数据，以清晰、客观的方式显示项目状态、实现的收益、潜在的延误和团队各方面的信息。

4. 虚拟项目助理

几乎在一夜之间，ChatGPT改变了世界对人工智能的看法。在项目管理中，像这样的工具将为项目管理"机器人"或"虚拟助手"提供动力。

虚拟项目助理从组织过程资产中学习，与项目实施人员智能交互并捕获关键项目信息，帮助项目管理者更高效地管理项目。

5. 智能化测试工具

测试是大多数项目中的一项基本任务，项目经理需要经常组织开展测试。智能化测试工具能够自动化测试，实现缺陷的早期检测和自我纠正。这将显著减少测试时间，减少返工次数，并辅助提供准确性高的解决方案。

18.7 企业数智科技人才配置

当前数智科技人才稀缺，充分挖掘现有人才的潜力、提高人效、优化人才配置已成为企业在人力资源管理方面的当务之急。与任何人才的配置一样，数智科技人才的排兵布阵也是一个供需匹配的过程，借助人才盘点、人才识别等方式可提高匹配的效率与准确性。首先，不同行业、规模的企业在转型过程中的痛点和需求有所差异，需根据企业特定问题和发展战略明确岗位能力需求；其次，通过人才盘点可掌握企业内部数智科技人才供给情况，如数智化理念的普及程度、数智技术与业务的融合能力等，可通过数智科技人才岗位能力模型与等级认证体系快速评价员工能力，以及通过竞赛比武等形式识别优秀技术人才以进行合理配置。最后，在准确掌握组织人才需求与内部人才供给情况之后，方可进行点对点的排兵布阵，同时为人才储备、人才规划提供决策依据。具体如下：

1. 人才盘点

（1）重点类型：数智化管理人才、数智化专业人才、数智化应用人才。
（2）数智化能力：数智化意识水平、技术能力、业务融合能力等。
（3）综合评估：数智化发展潜力、能力优劣势、继任情况、留任风险等。

2. 人才评价

（1）能力发展：定期开展个人数智化能力数据对比。
（2）能力认证：进行人才能力等级认证。

根据人才盘点结果对组织数智科技人才队伍情况进行评价，包含数智化理念普及程度、技术应用水平、技术与业务融合能力等。

3. 人才识别

（1）竞赛识别：通过竞赛比武等方式识别技术人才以进行人才的合理配置。
（2）数据识别：根据人才盘点结果识别优秀、拔尖的数智科技人才。
（3）制度识别：通过内部评审制度、人才校准会等把控数智科技人才识别结果。

4. 岗位设置

综合分析对人才特质、能力和内涵等的要求和标准，根据市场实际需求，建议可对数智科技人才的常见岗位按照云、网、数、智、盾、笃进行分类设置。

（1）云。云计算类岗位如表 18.11 所示。

表 18.11 云计算类岗位

岗位名称	岗位职责及要求
云计算 架构师	【岗位职责】 （1）跟踪云计算技术发展，基于专业领域、行业趋势，收集整理、学习相关的前沿发展趋势及新技术，进行提炼分析，形成技术规划 （2）主导云计算产品的架构设计，参与重要原型开发与选型 （3）主管产品系统级易用性、兼容性、可扩展性和可维护性相关方案设计 （4）参与制定系统各层、模块间关系及接口定义，参与架构在模块技术小组的落地 【岗位要求】 （1）熟悉云计算产品开发流程、质量管理及质量保证体系 （2）具有云计算领域经验，熟悉相关软、硬件技术发展现状和趋势，具有较强的系统分析、系统设计能力，具备较强的系统级可靠性、可用性设计能力 （3）熟悉计算机体系结构、操作系统与分布式系统及其业界发展趋势
云计算 研发工程师	【岗位职责】 （1）负责云计算平台和云计算+服务的功能设计、接口设计与研发工作 （2）云计算平台的相关运维技术支撑和持续优化工作 （3）参与云计算平台的需求挖掘 （4）编写产品技术文档。 【岗位要求】 （1）熟悉 Linux 操作系统，掌握基本的 Linux 命令行操作，了解 Linux 操作系统原理 （2）熟练掌握至少 1 门云计算开发相关编程语言 （3）熟练掌握 Web 技术，熟练使用 Javascript、html、CSS 技术，熟悉主流前端框架 （4）熟悉 KVM、XEN、VMWare 等虚拟化技术 （5）了解国内外主流云计算服务产品、架构和相关技术原理，有相关云计算产品使用及测试经验。
云计算 售前工程师	【岗位职责】 （1）提供云计算产品及解决方案售前技术支持，负责与客户沟通，准确了解需求，并根据客户需求提供针对性解决方案 （2）配合销售进行项目售前方案咨询支持，包括项目的需求调研、可行性分析、解决方案设计、技术交流、项目申报、组织资源进行 POC 测试或技术验证工作 （3）参与招投标工作，编制投标技术文件，进行技术讲解和答疑 （4）对所负责项目进行技术引导、售前支持，重大项目资源的技术协调，确保销售目标的实现 （5）编制公司产品说明书或解决方案 （6）跟踪互联网+、云计算、物联网等政府行业信息化技术与市场发展趋势，为公司了解政府行业信息化技术动向发展提供支持 （7）参加相关市场营销活动，编制所需的 PPT 文档、产品资料以及技术方案，向客户进行演示、汇报和讲解

续表 18.11

岗位名称	岗位职责及要求
云计算 售前工程师	（8）负责对相关渠道进行技术培训 【岗位要求】 （1）有云计算产品咨询规划、售前咨询、项目管理经验 （2）对云计算（IaaS/PaaS/SaaS）的技术有深刻理解，对物联网、大数据、人工智能及上层业务系统、应用场景有全栈的认知体系，可独立完成产品与解决方案材料撰写 （3）有较强的学习能力、良好的思维能力、培训演讲能力、信息收集及分析能力、文档撰写能力，精通办公软件、绘图软件，PPT制作水平熟练，能够独立撰写技术方案、投标文件等文档 （4）具备良好的客户沟通技巧和演讲能力 （5）团队意识强、积极主动、认真负责
云计算 交付工程师	【岗位职责】 （1）主要负责云计算平台项目的实施交付工作 （2）负责云计算平台的日常维护，响应客户需求 （3）负责配合客户完成业务、数据上云需求，提供技术支持 （4）配合大数据部门完成大数据分析平台的建设 （5）配合安全部门完成云平台的安全建设和运营 （6）参与云计算平台建设的规划和设计工作 【岗位要求】 （1）具备开源云计算平台交付实施经验 （2）熟悉主流服务器、网络设备、存储设备的安装和配置 （3）了解IDC数据中心的建设标准，有IDC机房的勘察和规划经验 （4）熟悉操作主流操作系统、熟悉虚拟化等云计算技术 （5）熟悉主流网络设备的基本配置，具备数据中心网络的规划设计能力
云计算 运维工程师	【岗位职责】 （1）负责云计算基础平台的维护与优化升级，做好容量、容灾、备份、监控管理和问题处理 （2）协助基础设施管理体系建设，完善相关技术标准、管理规范和流程 【岗位要求】 （1）精通Linux，熟悉常见的中间件和数据库系统，如Tomcat、Nginx、MySQL、Redis等 （2）掌握系统监控和自动化运维工具，如Zabbix、Jenkins、ELK等 （3）熟悉常用脚本语言，如Shell、Python等 （4）熟悉主流公有云或企业私有云管理 （5）熟练掌握主流云管平台、主流容器管理系统（如K8S）等
云计算 产品经理	【岗位职责】 （1）分析行业用户和市场需求，提出产品构想、策略及具体计划 （2）调研、挖掘、分析用户需求，准确抽象出产品需求，合理判断需求的优先级，并维护产品需求 （3）使用原型、流程图、PRD等方法将需求转化成可供客户方、设计和开发者使用的文档，并与各方沟通确认 （4）与开发团队负责人一起规划管理产品进度，推动产品的技术实现，把控产品实施质量和效率 （5）市场环境及竞争对手分析，构建中长期产品解决方案策略，并推动策略的有效执行 【岗位要求】 （1）熟悉云计算行业业务 （2）参与过平台级产品抽象、定义、开发等工作 （3）了解用户体验要素，重视用户体验，能够准确理解业务需求，快速进行方案设计 （4）有相关交付物的编写能力，熟练使用流程图制作和原型设计工具，如Visio、脑图、Axure RP等 （5）具有需求总结和提炼能力，坚持以用户价值为导向 （6）对产品、运营数据敏感度高，善用数据分析，收集用户意见反馈，持续优化产品

（2）网。网络类岗位如表18.12所示。

表 18.12 网络类岗位

岗位名称	岗位职责及要求
网络工程师	【岗位职责】 （1）负责项目内主流网络设备的安装、配置、管理 （2）负责主流网络设备的调试及日常维护，提供网络设备维护方案 （3）负责网络运维服务及现场技术支持、故障处理及调优服务 （4）负责网络整体工程项目的实施和维护
网络工程师	【岗位要求】 （1）熟悉主流网络设备厂商的路由交换设备、无线产品等配置 （2）具备基本的网络故障维护和故障处理能力，思维敏捷，独立思考，善于总结工作经验
高级 网络工程师	【岗位职责】 （1）负责网络项目实施及维护管理，主要包括设备版本补丁升级、设备安装联调、业务割接等 （2）作为项目网络技术负责人，负责项目网络规划设计、割接方案交流撰写等，交付项目期间的设备调试和技术支持问题处理等相关工作 （3）负责提供项目实施的过程文档和竣工文档等 （4）负责针对售前工程师的后台技术支持工作，产品技术标准，并制定相关规范文档 （5）负责对故障处理规范、疑难故障案例分析、重大故障应急预案的编写和修订。 【岗位要求】 （1）掌握 IP 路由交换及网络安全技术，熟悉网络产品的配置和问题处理，熟悉并能够独立完成企业网络规划设计、项目实施 （2）熟悉主流厂商的网络产品 （3）具有中大型网络项目实施经验，具有网络行业认证证书
网络运维 工程师	【岗位职责】 （1）负责用户网络环境及设备的管理、配置、排错、维护 （2）负责路由器、交换机、无线设备的维护 （3）负责编写和提交运维服务报告，以及准备相关演示材料进行工作汇报 【岗位要求】 （1）具备网络路由交换类相关厂商认证证书 （2）具有大型园区网或广域网建设维护经验 （3）熟悉网络路由与交换原理、熟悉主流路由协议 （4）熟悉主流厂商网络设备配置维护及调试

（3）数。数据类岗位如表 18.13 所示。

表 18.13 数据类岗位

岗位名称	岗位职责及要求
数据平台 研发工程师/ 技术专家	【岗位职责】 （1）主导数据平台建设，包含数据集成、数据研发、机器学习建模、数据治理、数据安全、数据服务、数据分析、资产门户等 （2）负责系统分析，关键代码实现 （3）主导数据平台规划工作，升级或重构现有平台，使其性能、功能符合业务发展需要 （4）组织攻克技术难点，引入数据领域的新技术，形成技术沉淀，并对外输出技术影响力 【岗位要求】 （1）具有相关系统研发经验，具备大型复杂系统实践经验 （2）有过硬的 Java/Python 的编程基础，熟悉内存模型、并发编程、网络、JVM 等 （3）精通典型的分布式系统的设计和优化 （4）精通大数据平台套件，如 Hadoop、Flink、Doris、Spark、Hudi 等，并熟悉部分框架的源码，有开源贡献尤佳 （5）有强大的技术架构力或领导力，能带领团队攻克技术难题
大数据 测试工程师	【岗位职责】 （1）负责大数据平台类业务质量保证工作，以及各类数据测试方法探索和效率提升 （2）大数据基础组件的自动化部署（集群规模）及对应测试工具的端到端测试 （3）根据实际业务需求产出完备的测试方案并制定可执行测试计划，保证数据的正确性、完整性、合理性 （4）根据实际测试业务需求进行各类数据的测试验证工作 （5）跟踪业界前沿技术，设计与开发大数据相关自动化工具/框架，提升团队工程化能力

续表 18.13

岗位名称	岗位职责及要求
大数据 测试工程师	【岗位要求】 （1）熟悉 Python、Java、Shell 等脚本语言 （2）熟练使用 Linux 操作系统，掌握其常用命令和测试技能 （3）熟悉大数据技术生态圈，如 Hadoop、ES、HIVE 等 （4）有大数据平台部署和测试经验，有业务 /Linux 调优经验 （5）工作责任心强、细致、耐心，具有较强的学习能力和团队合作能力
大数据 PaaS 开发工程师	【岗位职责】 （1）负责实时 / 离线 / 调度等数据计算平台建设 （2）负责公共基础数据流、公共平台的研发 （3）参与海量数据处理和高性能分布式计算的架构设计，负责数据处理流程的设计和代码开发，撰写相关文档 （4）设计及研发 PaaS 平台的关键组件 （5）负责研发资源调度框架、数据库、缓存、存储、检索等相关中间件的二次开发优化工作 （6）参与大数据集群运维工作，解决故障，进行故障分析和性能优化 【岗位要求】 （1）熟悉大数据相关组件二次开发、搭建、应用、优化，例如 Hadoop、Spark、Yarn、Hive、Kafka、Hbase、Kerberos、Flink、MySQL 等 （2）具有扎实的计算机基础，掌握常用的数据结构及算法，熟练掌握 Java、Golang、Scala、Python 中的一项或多项 （3）熟悉 Apache Hadoop 部署、性能调优 （4）能阅读并理解 Hadoop 等相关开源组件源码

（4）智。智慧类岗位如表 18.14 所示。

表 18.14　智慧类岗位

岗位名称	岗位职责及要求
智能服务 研发工程师 / 技术专家	【岗位职责】 （1）主导智能服务平台的建设，制定并落实相关技术规划发展，如对话机器人、智能外呼、智能 IVR、语音助理、虚拟数字人、低代码工作台、IM+RTC 平台、知识图谱、智能质检等 （2）负责系统分析设计、关键代码实现和 Code Review （3）主导平台规划工作，升级重构现有技术平台，使其性能、稳定性、扩展性等符合业务发展需要 （4）组织攻克技术难点，引入智能化领域的新技术，形成技术沉淀，并对外输出技术影响力 【岗位要求】 （1）具备相关系统研发经验，具备大型复杂系统实践经验 （2）有过硬的 Java、Golang、C++ 编程基础 （3）精通智能化系统的设计和优化 （4）具有对话机器人、语音外呼、任务助理、RPA、知识中台、实时推荐等专业领域的实践经验 （5）有强大的技术架构力或领导力，能带领团队攻克技术难题
智能化 设计工程师	【岗位职责】 （1）负责智能化应用系统、智能化集成系统、信息设施系统、建筑设备管理系统、公共安全系统、机房工程等系统结构、系统选配、系统性能的相关设计、咨询工作 （2）负责智能化项目的需求调研、现场勘察、方案设计、图纸设计、概算编制、方案编写、方案比选、方案细化等相关设计、咨询工作 （3）负责智能化相关项目的技术方案、项目建议书、可行性研究报告、初步设计方案等编制、申报、评估、评审工作，解决系统设计的各种技术难点 （4）负责售前支撑工作，完成项目前期策划工作 【岗位要求】 （1）具有智能化相关工作经验 （2）熟悉智能化领域各专业设计、建设、验收规范，掌握智能化系统结构、组网方式；熟悉智能化系统的主流厂商和产品，具备各系统设备选配能力 （3）具备独立承担智能化项目方案设计、图纸设计、工程造价、概算编制、制作投标文件等工作 （4）具备良好的逻辑分析能力和文档编写能力，文字功底扎实，能独立撰写设计文档；熟练运用文档编辑软件、制图软件及造价软件 【岗位职责】 （1）负责现场的施工管理、工程质量、进度等项目管理工作

续表 18.14

岗位名称	岗位职责及要求
智慧化 实施工程师	（2）负责相关系统和设备的安装调试 （3）负责组织工程设备、材料的签收，并保证项目的顺利实施 【岗位要求】 （1）具备自动化、智能化等行业工作经验 （2）专业基础知识牢固，熟悉行业各项规范及规程，了解本行业的发展动态 （3）熟悉智能化系统的安装调试工作 （4）具有良好现场协调能力，能够独立应对和处理工程施工过程中出现的各种状况，具备较强的沟通协调决策能力和服务意识
智能化 售前工程师	【岗位职责】 （1）与客户进行交流，分析客户需求，根据客户需求编写解决方案，并进行方案讲解 （2）根据客户招标文件要求，组织编制技术投标方案，完成投标工作 （3）配合销售进行市场开发和拓展 （4）负责相关技术方案的审核 （5）对行业内新技术产品和新项目进行技术跟踪 【岗位要求】 （1）具有丰富的智能化项目的实施经验 （2）熟悉智能化及相关子系统 （3）精通文字编辑、制图等常用软件，可针对用户需求进行图纸设计、方案编制等工作 （4）具备很强的文档编写能力、PPT 制作和宣讲能力，以及良好的表达沟通水平，思维清晰，工作细致，自学能力强
AI 算法 工程师	【岗位职责】 （1）负责研究和应用图像处理、机器视觉、深度学习、人工智能相关算法，实现图像分类、物体检测、语义分割、目标追踪、计算机辅助决策等功能 （2）负责 AI 相关系统的开发 （3）异常图形图像的预处理和修复工作 （4）机器学习方向的自学习模式探索及落地 【岗位要求】 （1）具备模式识别、图像处理、机器视觉、信号处理和人工智能等基础知识；熟悉常见的模式识别算法，如基于图像的模式识别算法，掌握特征提取、特征统计和分类器设计 （2）熟悉 Python、C++ 等编程语言 （3）熟悉深度学习算法及开源工具（Caffe、Torch、TensorFlow、PyTorch、PaddlePaddle 等）并有相关实践应用，有端侧部署经验、GPU 集群部署经验
AI 工程师	【岗位职责】 （1）针对智能运维领域业务场景，选择和实现机器学习算法，完成通用模型的训练、评估和发布，实现算法、模型工程化和服务化 （2）深入了解业务需求，对算法和模型应用效果进行评估分析，持续开展针对性优化 （3）基于 AI 驱动的研发架构，构筑高可靠、高性能、高质量的软件架构、度量标准和预测模型体系，制定中长期的 AI 驱动研发领域的技术与业务规划蓝图 【岗位要求】 （1）熟悉主流的机器学习算法（包括但不限于 NLP、Image Detection、Scene Text Recognition 等）和应用，并在大数据处理、计算机视觉、分布式计算等方面有一定的理论功底 （2）熟悉主流的深度学习框架平台（如 TensorFlow、Caffe、Scikit-learn、Torch 等）的使用 （3）熟练掌握主流开发语言，如 Java、C++、Python 等
大模型训练 系统工程师	【岗位职责】 （1）参与设计并实现高可用、可扩展、分布式机器学习系统，支撑大模型高效训练与推理，实现技术突破 （2）针对大模型训练场景的分布式系统优化和底层性能（GPU 计算、存储、通信）优化 （3）持续提升平台的利用效率和易用性，探索业界前沿的大模型相关技术，设计并实现到训练系统当中 【岗位要求】 （1）编程基础扎实，熟悉多线程编程、网络通信、内存管理和设计模式，有大型 C++、Python 系统工程开发经验，具备优化分布式系统性能问题的能力与经验 （2）对 AI 系统有技术热情，对前沿技术攻坚有浓厚兴趣，热衷追求技术极致与创新 （3）熟悉 GPU 等硬件架构，对 CUDA、NCCL、RDMA 通信有编程和性能调优经验 （4）熟悉 PyTorch、Tensorflow 或 Ray 等主流深度学习框架源码

（5）盾。安全类岗位如表 18.15 所示。

表 18.15 安全类岗位

岗位名称	岗位职责及要求
信息安全总监 4	【岗位职责】 作为企业信息安全负责人，对企业整体的信息安全规划、信息安全管理体系、流程、制度的设计和优化负责，确保企业整体的信息安全 （1）负责企业整体信息安全体系建设，如流程、制度、组织的规划、设计和实施 （2）负责安全体系的搭建、安全标准的输出，以及网络、应用、数据安全的日常运营，推动信息安全水平提升 （3）负责对外的信息安全风险评估、数据隐私与合规保护体系的建设 （4）负责信息安全事件的应急处理，推动事前演练预防和事中监控 （5）对数据风险进行识别、量化、监控和预警，控制重大数据安全风险，减少风险盲点 （6）定期进行系统和应用安全审计，提交安全审计报告，组织整改工作 （7）跟踪分析国内外安全动态，研究安全攻击、防御及测试技术 【岗位要求】 （1）具有丰富的信息安全行业经验，具有集团性企业信息安全总监及以上岗位工作经验 （2）熟悉安全技术，包括端口、漏洞扫描、程序漏洞分析、权限管理、入侵和攻击分析追踪、网站渗透、病毒木马防范等 （3）熟悉主流的互联网安全技术和安全产品，如网络安全、主机安全、应用安全、密码技术、防火墙、IPS 等 （4）熟悉各种攻防技术以及安全漏洞原理、利用手段及解决方案，有过独立分析漏洞的经验
网络安全专家	【岗位职责】 （1）负责网络安全、数据安全体系规划和建设工作 （2）负责网络安全、数据安全责任落实、安全评估和审计等安全治理工作 （3）负责梳理和完善公司内部安全运营平台规划与建设 （4）负责制定安全应急响应预案，定期安排安全应急演练，对安全事件进行跟踪、分析、取证并解决安全事件 （5）定期对公司资产进行安全审查、漏洞扫描、渗透测试、风险评估 （6）负责算网安全技术的研究，推动算网安全标准化管理 （7）跟踪分析国内外安全动态，研究安全攻防技术及测试技术 【岗位要求】 （1）熟悉网络安全相关的法律法规、国家安全标准编写、信息安全建设技术方案、信息安全等级保护等网络安全法律法规，具备网络安全体系规划、总体安全策略设计、安全合规体系建设等经验 （2）熟悉系统、网络以及应用相关的安全攻防知识；掌握系统安全配置、熟悉常见的网络攻击和预防方法；熟悉常见的企业内部安全、互联网安全防御及保障技术，熟悉各类安全工具的使用、结果分析与安全配置范围 （3）了解各类网络安全设备、系统，如防火墙、VPN、IPS、WAF、SoC、SIEM 等 （4）了解主流的 Web、APP 安全技术，包括 SQL 注入、XSS、CSRF、APP 脱壳等安全相关知识；能对业务系统实施安全测试、风险评估和安全加固，以及各种入侵、渗透的防范 （5）有网络安全事件应急分析处置实践经验、网络安全攻防实践经验、网络安全情报监测分析实践经验
信息安全工程师	【岗位职责】 （1）负责客户信息安全服务（包括风险评估、漏洞扫描、渗透分析、安全加固等） （2）熟悉常见的安全扫描工具，如 Nmap、Nessus、AppScan、AWVS 等 （3）负责与客户进行技术沟通，并转化为相应的安全服务需求 （4）负责编写项目执行过程中的方案、计划、项目执行管理和汇报等文档材料 【岗位要求】 （1）熟练掌握路由器、交换机、防火墙、无线等网络设备的配置与维护，故障排除 （2）有丰富的网络安全理论知识，具有风险评估、等级保护、安全体系规划、安全集成等实施经验 （3）深入掌握主流安全产品，防病毒软件、防火墙、入侵检测、漏洞扫描、WAF 等安全产品的工作原理，并能够进行配置、调测及故障排查 （4）精通网络安全技术，包括端口、服务漏洞扫描、网站渗透、入侵和攻击分析追踪、病毒木马防范等 （5）熟练运用多种安全漏洞扫描软件
网络安全测试工程师	【岗位职责】 （1）负责网络安全需求分析、漏洞挖掘等 （2）负责网络安全合规性测试

续表 18.15

岗位名称	岗位职责及要求
网络安全 测试工程师	（3）负责源代码审计、安全功能测试、漏洞扫描等 （4）负责网络安全和渗透测试技术跟踪、实施与研究 （5）组织和参与网络攻防对抗、渗透测试、漏洞挖掘等方向重大项目论证和技术研究 【岗位要求】 （1）熟悉网络、信息安全、通信等技术，具有网络攻击、有漏洞挖掘技术研究经验 （2）熟悉信息安全等级保护、风险评估相关标准 （3）具有较宽的知识面和现场解决问题的能力，具有较好的文档处理能力 （4）了解网络安全相关专业知识，对国家网络安全、等级保护政策有所了解，了解常见的网络安全产品功能，对安全技术和有关行业安全标准有所了解

（6）笃。项目管理、实施类岗位如表 18.16 所示。

表 18.16　项目管理、实施类岗位

岗位名称	岗位职责及要求
信息化 项目经理	【岗位职责】 （1）负责项目管理，负责项目前期策划、启动、实施、验收等全过程管理，带领团队准时、优质地完成项目目标 （2）负责制定项目计划，协调各类项目资源，保证项目顺利推进 （3）随时把握项目中存在的风险，制定对策，并及时向上级汇报 （4）负责用户需求管理，负责用户需求调研、需求分析确认、需求变更管理等工作 （5）参与需求分析、评审、澄清及相关技术文档的沟通确认，参与项目开发全过程管理 （6）负责管理过程文档，包括不限于编写、更新维护、版本管理及保密 （7）负责项目汇报，定期发送项目周报，汇报项目整体进度情况，工作安排项目结束后组织安排项目复盘和总结，管理项目客户关系，掌握市场情报，识别市场机会与风险 【岗位要求】 （1）具有数智科技工程项目管理工作经验 （2）熟悉项目管理体系，熟练运用项目管理工具和软件 （3）具有较强的问题解决能力、协调能力，工作主动性强，能够独立开展项目管理工作。善于学习思考总结，能够承受一定的工作压力，具备较强的责任和安全意识 （4）有 PMP 或相关项目管理类证书 （5）具备用户需求分析能力，能够快速把握需求的核心要点，有较强的控制、判断、引导能力， （6）具备较强的逻辑思维能力、创新能力、分析及总结能力 （7）具备较强文案撰写能力 （8）具备项目计划与执行能力、组织和协调能力、沟通能力，具有责任心和进取心
项目实施 工程师	【岗位职责】 （1）制定项目实施方案 （2）按照项目实施方案，进行项目的实施、指导与沟通，控制项目需求 （3）项目实施进度管理，完成实施相关的文档，定期监控并向项目经理汇报项目现场情况 （4）保证项目按时、按质完成交付和验收 （5）熟悉客户业务及系统运行情况，定期检查客户系统运行情况，提前预防问题的发生 （6）负责处理和解决系统及相关设备使用过程所产生的问题 （7）完成上级主管分配的任务，及时向上级主管反馈工作进度 【岗位要求】 （1）熟悉项目相关主流厂家软硬件设备的规划、部署、调测、实施、运维等 （2）有相关项目的技术能力和实施经验
运维工程师	【岗位职责】 （1）负责项目中各子系统管理维护，定期巡检，编制运维报告 （2）负责项目中相关故障、疑难问题排查处理，编制汇总故障、问题，并定期提交汇总报告 （3）负责项目中各系统监控和应急反应，以确保系统 7×24 小时持续运转 【岗位要求】 （1）熟悉项目相关系统设备的安装、调试、维护工作，具备故障的分析、判断、解决能力 （2）有责任心，面对压力具备分析和解决问题的能力，有协作精神

第19章 数智科技工程的检测、验收与运维

金睛火眼 保驾护航

数智科技工程的建设技术复杂,在工程竣工和运行期间要建立一套规范有序、科学合理的检测、验收与运维机制,确保数智科技工程项目在建成后能稳定、可靠、安全、长效地运行。

本章将从数智科技工程检测入手,介绍硬件与应用系统软件的测试,阐述数智科技工程项目验收程序与方法,纵谈运行维护的基本要求与工作步骤。以飨读者,期许与同行切磋、共同进步。

19.1 数智科技工程质量检验检测

质量检验检测(以下简称"检测")是指采用一定的手段或方式,对某一特定的实物进行检查或测量或验证其指定的质量、功能、性能、成分构成等符合性的活动。这种检测可以是自己也可以是委托第三方进行。为保证检测的科学性、公正性、公平性和合理性,国家对专门从事各类检测机构实行许可证制度,即专门从事检测业务的机构必须取得国家认可认证委员会颁发的许可认证证书。

19.1.1 质量检验检测概述

数智科技工程项目在实施过程中或实施完成进行验收时,为确认项目实施的质量以及其功能、性能的可靠性和稳定性,项目建设单位应根据项目的特点委托具有相应专业领域检测能力认证的第三方检测机构,根据合同、国家标准和委托方的要求,对信息系统的性能、功能、安全和可靠性进行检验、测试和评价。

根据《检验检测机构资质认定管理办法(2021修改)》(国家市场监督管理总局令第38号),我国的第三方检测机构是指依法成立处于买卖利益之外的第三方,取得省级以上人民政府计量行政部门对其计量检定、测试能力和可靠性考核合格的计量认证(CMA)资质认定,依据相关标准或者技术规范,利用仪器设备、环境设施等技术条件和专业技能,对产品、工程、服务以及法律法规规定的特定对象进行检测,为社会出具公证数据的检验机构(实验室)的专业技术组织。盖有CMA章的检验报告可用于质量评价、成果及司法鉴定,具有法律效力。

1. 数智科技工程检测的需求

数智科技工程项目实施完成后,须证明工程项目质量满足前期设计要求的程度,作为验收的前提或支撑,应当聘请第三方具有相应资质和检测能力的机构,对工程项目进行全部或有必要进行检测的部分进行质量(包括功能、性能和其他要求)进行检测,检测机构必须向委托方出具检测报告。

在数智科技工程的设计中应明确工程的质量标准和第三方检测费用预算。在招标文件和施工合同中应明确工程验收检测的相关要求。

2. 检测的目的

以往由于涉及数智科技工程项目检测的专业机构较少,以及数智科技工程项目的技术含量高、知识点多且与应用需求结合较紧密,同时建设单位又缺乏验证建设质量的人员,不了解验证数智科技工程质量的方法、措施,导致工程项目实施完成后,大多以聘请相关专家对工程项目建设质量进行主观评价。随着数智科技快速发展,项目建设内容日趋复杂、技术含量越来越高,专家主观评价

的方式已经无法满足数智科技工程质量的评价要求。因此，具有相应资质的第三方机构，以独立、公正、科学、可靠为原则，采用符合国家检测要求的方法、过程、人员、工具等，对数智科技工程建设成果是否满足标准规范、合同、招投标文件要求进行检测，并形成客观、准确的检测报告，为项目验收提供有效依据的数智科技工程质量评价应运而生，并迅速发展进而成为客观、公正有效评价数智科技工程质量的主要方式。

19.1.2　数智科技工程检测方式

1. 检测分类

（1）按对象不同分为产品检验检测、工程检验检测两大类。

（2）按检测方式不同可分为检测、测试。

（3）按检测成果物分为检测报告、测试报告、其他说明文档。

（4）按检测范围可以分为全检、抽检。全检的优点是比较可靠，能够提供较全面的质量信息；全检的缺点是检验工作量大、检验周期长、检验成本高、检验人员和检验设备需求较大。抽检的优点是可以减少检测工作量和节约检测费用，缩短检测周期；缺点是有可能遗漏需要的检测，出现对整个检测结果错误评判的风险。

2. 检测流程

按照检测工作的顺序，主要工作流程如表 19.1 所示。

表 19.1　检测流程

序　号	工作项	工作产品	相关单位
1	签订检测合同	服务合同	委托单位、检测单位
2	收集相关资料	项目资料	委托单位、承建单位
3	了解、分析检测项目	检测细则	检测单位
4	确定检测范围及方法	检测细则	检测单位、委托单位
5	开展检测（初检）	原始记录/检测情况说明	检测单位
6	缺陷整改	—	承建单位
7	开展检测（复检）	原始记录	检测单位
8	出具报告	检测报告	检测单位

19.1.3　检测要求

1. 检测前的要求

1）签订检测合同

委托单位根据项目实际需要，与检测机构签订检测服务合同，合同中明确检测依据、周期、费用、内容、保密要求等。

2）检测前准备工作

（1）项目合同所规定的工程建设内容基本完成、通过初验或已完成试运行。

（2）委托单位应提交工程合同、招标文件、投标文件、深化设计文件、工程变更文件、竣工图纸及其他检测相关的项目资料。

（3）在符合信息安全防护要求情况下，应提供网络接入及设备测试环境，保证检测工作顺利开展。

（4）在检测工作开展前，建设单位和承建单位应分别指定专人负责，其中承建单位项目经理须全程配合检测工作，并根据项目建设内容及检测进展，协调技术人员进行现场配合。

（5）检测机构根据前期提供的项目资料及现场勘察情况，编制《检测细则》，对项目的检测范围、检测标准、检测项目、检测方法、检测周期等进行明确，项目建设单位、承建单位应对《检测细则》进行确认，以保证在检测工作的顺利开展。

2. 检测中的要求

1）检测机构

检测机构应依据经确认的《检测细则》或标准规范开展检测工作，及时与建设单位、承建单位沟通检测进展情况，宜采用《检测情况说明》对检测中发现问题或困难进行明确，以利于项目问题或困难的解决。

2）承建单位

承建单位在检测过程中应提供人员、车辆、设备等进行配合，及时整改检测中发现的问题，并在整改完成后提交整改说明。

3）建设单位

建设单位在检测过程中，应督促承建单位整改发现的问题。

3. 检测后的要求

1）委托单位

委托单位应根据委托合同的规定及时支付全部检测费用。

2）检测机构

检测机构应根据委托合同的规定及时提交检测报告，并将前期收集的项目资料交回委托单位。

19.1.4　硬件的验收

1. 设备到货验收与托运

在数智科技工程实施过程中，大部分设备都需要订货。为了确保设备到达工程实施现场时的完好无损，必须要求货物的包装坚固，能适应海运、空运及气候的变化，并能适应铁路、公路运输。

每项设备运抵安装现场后，应按照设计文件确认的品牌型号，承建方、监理（如有）和业主共同当场开箱检查并上电检测。如发现短缺或破损或与设计文件有偏差、错误、遗漏等情况，应及时补发和免费更换。所有设备应拥有以下技术资料：

（1）出厂合格证、装箱单。

（2）指导货物安装调试、操作、维修保养有关的产品说明书、产品操作手册、产品维护手册等资料。

2. 工程实施现场设备交付

确认设备托运到工程实施现场后，负责该节点现场实施的工程师要到达工程实施现场，在现场进行设备的拆箱与设备交付，并与最终设备接收方一同签署《设备交付记录》。

《设备交付记录》中需明确设备到达实施现场的状态，具体包括设备的数量、型号、配置、外观、加电自检等各个方面。

负责工程实施的工程师须把每个设备的出厂流水号记录下来作为设备的保修编号。

设备交付记录签署后，工程可进行设备安装、调试。

3. 硬件验收流程

1）外观检验

（1）对设备及外包装进行拍照记录，检查设备的外包装是否完好，有无破损、浸湿、受潮、变形等情况，对外包装箱的表面及封装状态进行检查。

（2）检查设备和附件表面有无残损、锈蚀、碰伤等情况，重点检查主机、主要配件和主要工作面。

（3）若发现包装有破损，设备和附件有损伤、锈蚀、使用过的迹象等问题，应作详细记录，并重点拍照留据，及时向供应商办理退换、索赔手续。

2）数量检验

（1）数量检查时应以供货合同和装箱单为依据，检查主机、附件等设备规格、型号、配置及数量，并逐件清查核对。

（2）检查随机资料是否齐全，如说明书、产品检验合格证书、保修单等，计算机及周边配套设备的相关技术资料应包括驱动程序等软件在内。

（3）检查设备的序列号和出厂编号，必要时可以进行原厂核对。

（4）作好开箱清点记录，写明地点、时间、参加人员、箱号、品名、应到和实到数量，如发现短缺、错发等问题，要及时作好记录并保留相关材料。

3）质量检验

（1）设备加电测试之前，应检查所接电源，确保和设备电源要求一致。

（2）设备应能够正常启动，运行期间无故障报错信息，应对设备进行至少48小时不间断的加电测试。

（3）要严格按照合同条款、使用说明书、用户手册的规定和程序进行安装、调试。

（4）对照产品说明书，检查设备的技术指标和硬件配置是否达到要求。

（5）设备试运行验收时要作好记录。若设备出现质量问题，应将详细情况书面通知供货单位和负责采购单位。

4）填写验收记录表

若外观验收、数量验收、质量验收结束后，发现任何一项不符合合同文件的要求，必须得到供货方代表的认可（签字、盖章）。

若仪器设备经过测试，其配置和性能达到合同规定的各项指标要求，应填写设备开箱清点记录表和设备加电测试记录表，作为设备验收文件的一部分。

4. 硬件验收提交的文档和报告

硬件验收需提交的文档和报告主要包括设备清单、设备装箱单、设备开箱记录、设备加电检测记录、设备开箱检验报告、设备出厂合格证、设备说明书、设备操作手册、设备维护手册、设备交付记录、到货验收单等，如表19.2所示。

表19.2 硬件验收文档列表

序 号	文档名称	形 式
1	《设备到货报审表》	电子/纸质
2	《设备清单》	电子/纸质
3	《设备装箱单》	电子/纸质
4	《设备开箱记录》	电子/纸质
5	《设备加电检测记录》	电子/纸质

续表 19.2

序号	文档名称	形式
6	《设备开箱检验报告》	电子/纸质
7	《设备出厂合格证》	电子/纸质
8	《设备说明书》	电子/纸质
9	《设备操作手册》	电子/纸质
10	《设备维护手册》	电子/纸质
11	《设备交付记录》	电子/纸质
12	《设备到货验收单》	电子/纸质

19.1.5 应用系统软件的测试

应用系统是数智科技工程的主要建设效果的体现。它们服务于决策者、行业从业者与广大民众，是整体工程是否可靠、好用、先进、高效、安全的最终检验方式。然而，这些应用系统往往是根据用户的实际情况来研发量身打造的。必须采取科学的方法与必要的手段，对开发的应用系统软件进行测试，检验其功能等各项指标是否满足数智科技工程体系运行的需要。

1. 系统测试的安排布局

对开发的应用系统软件进行测试是数智科技工程验收前的一项重要工作，必须制订科学测试方案。需要从系统测试的各个方面进行统一组织设计，覆盖整个测试生命周期的各个阶段和所有内容，系统测试的安排布局总体框图如图 19.1 所示。

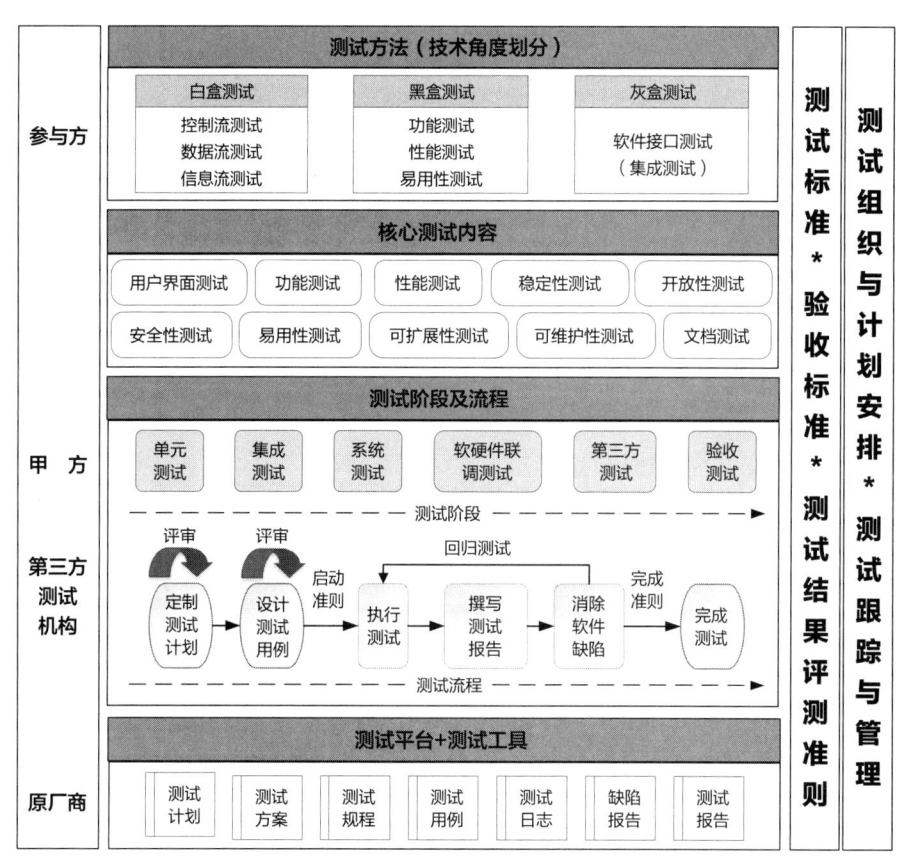

图 19.1 系统测试的安排布局总体框图

制定工程的测试方案时，需要从明确测试工作参与方开始组织设计，根据测试需求在每个测试阶段选择合适的测试方法，划分合理的测试范围及测试内容，梳理测试的每个阶段及流程，搭建一个稳定的测试平台和测试环境，利用一些比较成熟的测试工具，保障测试的质量和测试效率。同时，为保障测试工作符合标准，测试结果契合用户需求，按照系统建设要求和系统测试通用准则，制定相应的测试验收标准和测试结果评测准则。在测试的管理过程中，制定测试组织管理办法，进行测试计划的安排。

2. 测试阶段

1）测试阶段划分

测试是一项完整、系统的循序渐进的工作，它的目的主要是为保障应用软件系统的质量，保证开发建设的软件系统符合需求文档和系统设计文档的要求，实现软件系统的最终交付验收。数智科技工程的应用软件系统测试过程可以划分为 6 个测试阶段，它们分别是单元测试、集成测试、系统测试、软硬件联调测试、第三方测试、验收（用户）测试。每一个测试阶段的主要测试内容、参与的测试人员、测试依据和测试方式都有所不同，或者说它们的测试关注点不同，不同测试阶段的方法与内容如表 19.3 所示。

表 19.3 各阶段测试的方法表

序 号	测试阶段	主要依据	测试人员、测试方法	主要测试内容
1	单元测试	系统设计文档	由开发小组执行白盒测试	功能测试
2	集成测试	系统设计文档 需求文档	由开发小组执行白盒测试和黑盒测试	功能测试、系统内接口测试、性能测试
3	系统测试	需求文档	由独立测试小组执行黑盒测试	用户界面测试、功能测试、性能测试、稳定性测试、安全性测试、开放性测试、可扩展性测试、可维护性测试、易用性测试
4	软硬件联调测试	需求文档	由总集组织进行测试，系统承建商协助配合，测试方法为灰盒测试与黑盒测试	系统间的接口测试、交互功能测试
5	第三方测试	系统设计文档 需求文档	由第三方独立测试机构执行黑盒测试	功能测试、性能测试
6	验收（用户）测试	需求文档	由用户执行黑盒测试	用户界面测试、功能测试、性能测试、稳定性测试、安全性测试、开放性测试、可扩展性测试、可维护性测试、易用性测试、文档测试

2）测试流程

数智科技工程系统的测试过程划分为 6 个测试阶段，在每个测试阶段都有一套相似的测试流程，只是在不同测试阶段中的测试流程，其测试的内容、测试主体不尽相同。整个测试流程分为五步，如图 19.2 所示。

图 19.2 测试流程图

3. 测试分工

1) 测试组织

鉴于测试对于数智科技工程的重要性,为保障系统的测试工作拥有足够的人员与技术支撑,保证测试和验收工作在统一工作部署协调下顺利进行并成功交付,必须调配专业的测试人员和系统开发成员共同组建测试工作组。

2) 测试的参与方

数智科技工程系统的测试工作的干系方一般包括系统承建商、甲方、第三方测试机构及软硬件原厂商。在系统测试过程中,每一个干系方都承担着相关的责任。例如,系统承建商是系统测试工作的主要责任人,需要参与系统所有的测试任务;甲方主要负责组织用户测试任务及验收测试确认,主要关注系统的操作易用性、用户界面友好性等;第三方测试机构是负责第三方独立测试,为用户提供真实准确的测试结果;软硬件原厂商主要负责系统测试与其相关的技术支持,如硬件测试环境的搭建、参数的配置等。测试的参与方如图 19.3 所示,主要描述了数智科技工程系统测试工作的参与方及各自的分工任务。

图 19.3 测试分工逻辑图

3) 测试分工

在系统的实际测试中,要对不同的测试阶段进行不同的测试分工,具体的分工情况如表 19.4 所示。

表 19.4 测试分工列表

责任方测试阶段	总集成商/系统承建商	用 户	第三方测试机构	软硬件原厂商
单元测试	★/◆			
系统内部集成测试	★/◆			●
系统测试	★	◆		●
软硬件联调测试	★	◆		●
第三方测试	●	◆	★	●
验收(用户)测试	●	★		●

注释:★负责,●配合/技术支持,◆确认,■监督。

4. 测试指标与评测标准

1) 测试指标

(1) 用户界面测试指标。用户界面测试简称 UI 测试,主要测试用户界面的风格是否满足客户要求,文字是否正确,页面是否美观,文字、图片组合是否完美,操作是否友好等。

（2）功能测试指标。功能性测试指标根据功能性验收指标标准体系定义的结构而进行组织设计。功能性指标体系结构图如图 19.4 所示。

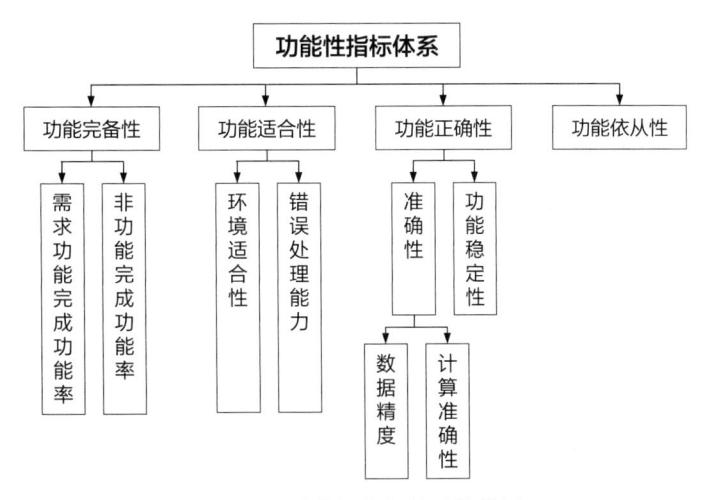

图 19.4　功能性指标体系结构图

（3）性能测试指标。数智科技工程性能测试指标项一般包括访问时效要求指标、数据检索处理时效要求指标、并发用户指标、资源利用率指标、其他性能测试指标项等。

（4）稳定性测试指标。数智科技工程稳定性测试指标项一般包括系统运行状态、容错能力、恢复能力等。

（5）安全性测试指标。数智科技工程安全性测试指标项一般包括用户权限限制、用户和密码、数据备份和恢复手段、留痕功能、数据传输安全性、系统安全等。

（6）开放性测试指标。数智科技工程开发性测试主要指对系统支持开放标准的测试等。

（7）可扩展性测试指标。数智科技工程可扩展性测试指标项一般包括可扩展能力、软件升级、指示信息代码化等。

（8）可维护性测试指标。数智科技工程可维护性测试指标项一般包括可管理性和易维护性等。

（9）易用性测试指标。数智科技工程易用性测试指标项一般包括易部署性、易安装性、用户界面的友好性、易学习性、易操作性、数据字典等。

（10）文档测试指标。数智科技工程文档测试指标项一般包括完整性、正确性、全面性、一致性、时效性、易理解性、易浏览性、统一格式、印刷与包装质量等。

2）测试结果评测准则

（1）缺陷等级定义。缺陷等级的划分是根据测试问题严重性程度进行标准分类，为错误报告模板、缺陷模板、测试用例等提供一个标准参考和定义。在数智科技工程测试中，一般将缺陷划分为严重问题、一般问题、建议问题三个等级，每个等级要对应不同的修改要求，缺陷等级划分如表 19.5 所示。

表 19.5　缺陷等级划分表

严重等级	问题严重程度划分标准	修改要求
严重问题	（1）程序崩溃、出现数据丢失、数据毁坏等 （2）系统核心业务功能由于出现问题不能继续运行，且无补救措施，导致系统测试不能继续 （3）系统核心业务功能（某一模块）出现问题不能继续运行，但存在补救措施，不影响业务流程的完整性	必须修改

续表 19.5

严重等级	问题严重程度划分标准	修改要求
一般问题	（1）系统中单一功能实现错误或者不能继续运转，但不影响具体业务功能的使用，或者有替代方法 （2）系统次要功能出现错误 （3）用户文档错误 （4）用户界面错误等	要求修改
建议问题	（1）系统在特殊状态下产生错误，且不影响正常业务 （2）软件功能不方便使用	可延期修改

（2）测试报告评价。对于系统测试，测试报告主要是报告发现的系统缺陷，而对测试报告的评价则是对系统各项测试成功准则的验证。在数智科技工程体系测试报告评价时，首先要定义各项测试的成功准则，然后根据测试报告中的测试结果，对各项测试进行评价，评价结果类型一般包括通过、基本通过和不通过三种。测试报告评价表如表 19.6 所示。

表 19.6 测试报告评价表

测试内容		评价结果类型	说 明
功能测试	业务流程测试	"通过"和"不通过"	该类测试过程中，只要业务流程不能完全实现，即视为"不通过"
	基本功能测试	"通过""基本通过"和"不通过"	该类软件测试过程中： （1）出现"严重问题"，视为"不通过" （2）出现"一般问题"，视为"基本通过" （3）出现"建议问题"或无问题，视为"通过"
性能测试		"通过""不通过"	性能测试符合指标要求为"通过"，否则为"不通过"
安全可靠性测试		"通过""基本通过"和"不通过"	该类软件测试过程中： （1）出现"严重问题"，视为"不通过" （2）出现"一般问题"，视为"基本通过" （3）出现"建议问题"或无问题，视为"通过"
用户界面测试		"通过""基本通过"和"不通过"	
可扩展性测试		"通过""基本通过"和"不通过"	
易用性测试		"通过""基本通过"和"不通过"	
文档测试		"通过""基本通过"和"不通过"	
可维护性测试		"通过""基本通过"和"不通过"	
稳定性测试		"通过""基本通过"和"不通过"	
开放性测试		"通过""基本通过"和"不通过"	

5. 测试提交的文档和报告

在测试中，要根据不同的测试阶段，提交相应的文档和报告，文档的提交阶段和文档名称如表 19.7 所示。

表 19.7 测试提交的文档和报告一览表

序 号	提交阶段	文档名称	形 式
1	测试执行前审批阶段	《测试方案》	电子/纸质
2		《测试计划》	电子/纸质
3	单元测试	《单元测试日报》	电子/纸质
4		《单元测试规程》	电子/纸质
5		《单元测试用例》	电子/纸质
6		《单元测试缺陷报告》	电子/纸质
7		《单元测试报告》	电子/纸质

续表 19.7

序 号	提交阶段	文档名称	形 式
8	集成测试	《集成测试日报》	电子/纸质
9		《集成测试规程》	电子/纸质
10		《集成测试用例》	电子/纸质
11		《集成测试缺陷报告》	电子/纸质
12		《集成测试报告》	电子/纸质
13	系统测试	《测试日报》	电子/纸质
14		《测试规程》	电子/纸质
15		《测试用例》	电子/纸质
16		《测试缺陷报告》	电子/纸质
17		《测试报告》	电子/纸质
18	软硬件联调测试	《软硬件联调测试日报》	电子/纸质
19		《软硬件联调测试规程》	电子/纸质
20		《软硬件联调测试用例》	电子/纸质
21		《软硬件联调测试缺陷报告》	电子/纸质
22		《软硬件联调测试报告》	电子/纸质
23	第三方测试	《第三方测试规程》	电子/纸质
24		《第三方测试用例》	电子/纸质
25		《第三方测试缺陷报告》	电子/纸质
26		《第三方测试报告》	电子/纸质
27	验收（用户）测试	《验收测试用例》	电子/纸质
28		《验收测试缺陷报告》	电子/纸质
29		《验收测试报告》	电子/纸质

19.1.6　第三方测试

数智科技工程的应用系统技术复杂，决定了其测试具有技术含量高、需要使用专用仪器、对测试人员素质要求高等特征。参照《国务院办公厅关于印发国家政务信息化项目建设管理办法的通知》（国发办〔2019〕57号）的相关要求，数智科技工程引入第三方测试，对于提高项目质量、加强项目监管，以及推动国内数智科技工程市场健康规范化发展具有重要意义。

第三方测试是指独立于工程建设甲方、乙方的第三方承担或进行的测试工作。第三方测试服务机构作为独立的第三方，不代表业主和厂商任何一方的利益，具有客观性、专业性和权威性的特点。通过第三方测试对系统进行公正、客观评价，协助业主对项目进行验收，最终使系统能够顺利上线，稳定运行。

1. 与第三方测试机构的配合

（1）人力资源配合。在第三方测试过程中，必须安排测试组和质量保证组人员全程参与配合第三方测试机构完成第三方测试。同时项目经理、技术负责人、设计组组长、开发组组长、实施组组长都要与第三方测试机构紧密配合，随时解决测试过程中出现的问题，以保证第三方测试工作有效、高效地按期完成。

（2）时间资源配合。在项目工作计划的制定中，要安排第三方测试的时间。

（3）环境资源配合。根据第三方测试机构的要求，搭建良好的测试环境，以利于第三方测试机构完成测试工作。

2. 与第三方测试配合的内容

在数智科技工程的第三方测试时,要充分做好与第三方测试配合的工作。

1)提供系统相关文档资料

为了保证测试的有效性和准确性,需要为第三方测试机构提供关于系统业务流程、系统需求等方面的技术支持,以方便其深入理解应用系统,完成需求分析评审、设计评审、代码审查等测试内容。

为第三方测试机构提供的技术文档包括软件需求文档、设计文档及用户手册,以方便其完成用户界面测试、功能测试、性能测试、稳定性测试、安全性测试、开放性测试、可扩展性测试、可维护性测试、易用性测试、文档测试以及最终的验收测试。提供的具体文档列表如表 19.8 所示。

表 19.8 提供文档列表

序 号	文档类型	文档名称	形 式
1	需求文档	《需求调研报告》	电子/纸质
2	需求文档	《需求规格说明书》	电子/纸质
3	需求文档	《系统需求变更档案》	电子/纸质
4	设计文档	《项目建设设计方案》	电子/纸质
5	设计文档	《概要设计说明书》	电子/纸质
6	设计文档	《详细设计说明书》	电子/纸质
7	设计文档	《数据库设计说明书》	电子/纸质
8	用户手册	《管理员手册》	电子/纸质
9	用户手册	《用户手册》	电子/纸质
10	用户手册	《系统部署手册》	电子/纸质

2)搭建必要的测试环境

为了便于第三方测试机构全面、客观地对系统进行测试,需要为第三方测试机构搭建必要的应用软件测试环境,并提供必要的软件操作培训。

对于有与其他外部应用系统的信息交换和数据接口的系统,测试环境还需要模拟应用系统间的数据交换流程和数据格式。

第三方模拟测试环境的搭建可以有效的减少测试双方的摩擦,提高三方测试进度,更能方便应用系统的集成,并且在系统运行、维护、优化等过程中也能发挥相应的作用。

3)测试问题的解释和确认

第三方测试的目的并不仅仅是为了找出错误,还需要对错误进行归类和总结,并提出咨询和讨论。因此,需要对测试问题报告中提到的问题进行解释和逐一确认。通过分析错误产生的原因和错误的分布特征,发现当前所采用的软件过程的缺陷,以便改进,更好地修改完善系统。

4)协助恢复系统

在进行第三方测试时,若系统出现异常,需要及时进行技术支持响应,查找故障原因,解决异常情况,尽快协助恢复系统,以保证第三方测试工作的顺利进行。

5)修改完善系统

第三方测试过程中,要根据第三方测试机构提交的测试报告对系统中存在的缺陷和漏洞逐一进行修改,并再次提交,由第三方测试机构进行回归测试,直至系统的功能和性能达到用户需求。

3. 与第三方测试配合的方式

1）定期沟通方式

定期举行例会（每三天或每周，具体根据情况与第三方测试机构协商），邀请业主、监理商参与。对测试情况进行沟通，以便于各方都能够明确掌握第三方测试的进展程度，并及时解决有可能存在的问题。

2）现场支持方式

在第三方测试过程中，安排专人参与第三方测试工作，随时解答测试过程中遇到的问题，并加以解决。同时安排开发人员进行系统的修改与完善。

3）其他非正式活动方式

双方还可以通过面谈、电话、电子邮件等其他非正式活动交换信息。

19.2 数智科技工程竣工验收文档管理

竣工验收文档管理是项目管理的一项重要工作，是管理水平、工程质量的体现，同时也是工程竣工验收交付使用的必备条件。一个质量优良或合格的工程必须具有一份内容齐全、文字记载真实可靠的原始技术资料，竣工验收文档能够为工程的检查、管理、使用、维护、改造、扩建提供可靠的依据。因此，验收文档是工程竣工验收、评定工程质量优劣必要条件，也是对工程质量及安全事故处理、工程结算、决算、审计的依据。由于项目存在规模、投资、建设单位的千差万别，有必要因项、因事、因地制宜开展竣工验收文档管理工作。

项目竣工验收文档管理不规范是比较常见的问题，也最容易被忽视。主要原因是项目竣工验收文档未配置有经验的档案专业人员和有效的文件归档管控措施,项目竣工验收文档工作跨度时间长、工作人员不稳定、档案工作意识淡薄、介入时间晚，也是导致这项工作不规范的原因。为确保项目竣工验收文档的完整性、准确性、系统性，需做好前端控制和全过程管理，前端控制就是要把工作做在最前面，全过程管理就是项目档案工作必须与项目各阶段工作保持同步。

项目高层需要重视项目档案工作，首先在项目筹备时要配置专职的且有经验的项目档案专业人员，并且人员要及时到位。建立项目档案工作领导责任制、岗位责任制、项目文件归档制度、监督指导机制、文件归档考核机制，并按各项制度执行到位。熟悉项目竣工验收文档内容及文件记录形式，项目竣工验收文档形成的单位和责任人。项目各阶段文档办理完毕后，也可以随办随归或者预立卷，项目竣工验收文档在组卷时要分类科学、组卷合理，遵循形成规律和成套性特点，及时完成整理、组卷。在具备数字化档案管理的条件下，可将文档数字化副本上传到档案管理系统，确保系统可快速检索到项目竣工验收文档。

19.2.1 项目竣工验收文档归档分类

参照《国家电子政务工程建设项目档案管理暂行办法》（档发〔2008〕3号）的要求，工程项目归档文件一般分为立项阶段文件、项目管理文件、设计阶段文件、实施阶段文件、工程监理文件、设备文件及系统软件、财务管理文件、验收文件八大类。在实际执行中，数智科技工程建设项目竣工验收文档一般按工程项目前期阶段、工程项目实施阶段、工程项目竣工阶段三大类来归档。

1. 工程项目前期阶段文档

前期阶段文档一般由建设单位负责编制，主要包括项目建议书、可行性研究报告、初步设计方案（含投资概算）、招投标文件、合同文件等。

工程项目前期阶段文档归档可参考表19.9。

表 19.9 工程项目前期阶段文档归档参考目录

序 号	文档细类	归档文件	备 注
1	前期工作文件	项目立项及审批文件	
2		国家可行性研究报告及审批文件	如有
3		国家初步设计方案批及审批文件	如有
4		地方可行性研究报告及审批文件	如有
5		地方初步设计方案及审批文件	如有
6		关于组织开展项目招标采购资金说明	如有
7		地方财政部门下达投资基本建设支出预算的通知	如有
8		项目前期内部明电及协调会资料汇总	如有
9		建立项目领导和实施机构文件	如有
10	招投标文件	招投标文件	
11		招标文件、委托招标文件	
12		评标文件、评分标准及打分表、评标报告、中标通知	
13		中标的投标文件（正本）	
14		未中标的投标文件	如有
15		政府采购文件	
16	合同文件	合同文件	
17		合同谈判纪要、合同审批文件、合同书、协议书	如有
18		合同变更、索赔等文件	如有

2. 工程项目实施阶段文档

实施阶段文档一般由监理单位及承建单位共同编制，主要包括项目启动文件、系统集成类文件、软件开发类文件、工程类文档、培训类文档、工程类隐蔽验收文档、财务管理文档、第三方测试文档等。

1）项目启动文档

项目启动文档主要包括开工申请、施工组织设计方案、技术设计方案、实施进度计划、企业资质报审、人员资质报审等，文档归档可参考表 19.10。

表 19.10 项目启动文档归档参考目录

序 号	文档细类	归档文件	备 注
1	开工申请	开工申请单	
2		开工报告	
3	施工组织设计方案	施工组织设计方案报审表	
4		施工组织设计方案	
5		项目整体实施方案	
6	技术设计方案	技术方案报审表	
7		技术方案	
8		深化（施工）设计图纸会审表	如有
9		施工设计图纸	如有
10	实施进度计划	实施进度计划报审表	
11		项目实施进度计划	
12		软件开发计划	如有
13		质量保证计划（含技术交底文件）	如有

续表 19.10

序　号	文档细类	归档文件	备　注
14	实施进度计划	配置管理计划	如有
15		风险应急预案	
16	企业资质报审	企业资质报审表	
17		项目资质证明文件	
18		项目章授权书	
19	人员资质报审	人员资质报审表	
20		人员组织结构	
21		项目经理授权书	
22		人员资质证书及身份证复印件	
23	其他资料	分包单位资质证明材料	如有
24		分包单位业绩证明材料	如有
25		分包单位专职管理人员和特种作业人员的资格证	如有
26		分包合同	如有

2）系统集成类文档

系统集成类文档主要包括设备到货验收、设备安装调试、系统集成性测试及分部分项工程报验等，文档归档可参考表 19.11。

表 19.11　系统集成类文档归档参考目录

序　号	文档细类	归档文件	备　注
1	设备到货验收	工程材料/设备/配件到货报审表	
2		到货验收清单	
3		设备开箱检验记录表	
4		质量证明文件（合格证、质检报告、3C 认证、入网许可证等）	
5		售后服务承诺函	
6		设备加电测试报告	
7		到货验收报告	
8	设备安装调试	设备安装调试报审表	
9		安装调试方案	
10	设备安装调试	IP 地址规划	
11		网络拓扑图	
12		设备安装图	
13		安装调试报告	
14	系统集成性测试	系统集成自检、自测报告	
15	分部分项工程报验	分部分项工程报验申请表	
16		分部分项工程质量验收记录	
17		软件产品质量检查记录表（软件项目）	如有

3）软件开发类文档

软件开发类文档主要包括成品软件到货验收、需求分析、软件设计、系统自测、系统部署、用户测试等，文档归档可参考表 19.12。

表 19.12　软件开发类文档归档参考目录

序号	文档细类	归档文件	备注
1	成品软件到货验收	软件产品进场检查表	
2		软件到货验收报告	
3		软件厂商原厂授权书（针对本项目建设单位独立授权）	
4	需求分析	需求分析报审表	
5		需求规格说明书	
6		需求规格说明书检查表	
7		需求调研记录	
8		需求确认表	
9		需求评审意见	
10		需求评审报告	
11	软件设计	概要设计报审表	
12		概要设计说明书	
13		数据结构设计说明书	
14		概要（结构）设计检查表	
15		详细设计报审表	
16		详细设计说明书	
17		数据库设计说明书（含数据字典）	
18		接口设计说明书	
19		设计评审报告	
20	系统自测	系统自测报审表	
21		系统自测方案（含项目测试计划，性能测试，功能测试）	
22		系统自测测试用例	
23		系统自测报告	
24	系统部署	系统部署申请表	
25		系统部署方案	
26		系统操作手册	
27		用户使用手册	
28		系统部署报告	
29	用户测试	用户测试报审表	
30		用户测试方案（含项目测试计划，性能测试，功能测试）	
31		用户测试用例	
32		用户测试报告	

4）工程类文档

工程类文档主要包括系统整改记录、监理通知回复单、会议纪要、工程计量、工程变更、工程延期、工程停工、工程备忘等文件，文档归档可参考表 19.13。

5）培训类文档

培训类文档主要包括培训报审表、培训组织计划（方案）、培训教材文件、培训人员签到表、培训效果评价表、操作培训检查记录、培训效果报告确认单等，文档归档可参考表 19.14。

表 19.13　工程类文档归档参考目录

序 号	文档细类	归档文件	备 注
1	系统整改	不合格项整改记录、系统问题跟踪记录	
2	通知回复	监理通知回复单	
3	周期性报告	工作日志汇总	
4		周度报告汇总	
5		月度报告汇总	
6	会议纪要	会议纪要汇总	
7	工程计量	工程计量报审表	
8		完成工程量统计表	
9		工程质量合格证明资料（监理单位签署的物资报验，分项工程报验，软件功能完成情况报告等资料）	
10	工程联系	工程联系单	
11	工程变更	工程变更单	
12		变更情况说明（阐述对项目的工期、费用、技术等方面的影响）	
13		变更前后的参数对比表	
14	工程延期	工程延期申请表	
15		工程延期证明文件	
16	工程停工	停工申请单	
17		停工相关证明文件	
18	工程复工	复工申请单	
19		项目复工报告	
20		复工相关证明文件	
21	工程备忘	工程备忘录	

表 19.14　培训类文档归档参考目录

序 号	文档细类	归档文件	备 注
1	培训类文档	培训报审表	
2		培训组织计划（方案）	
3		培训教材文件（PPT、系统安装配置说明书、用户操作（使用）手册、系统维护说明书）	
4		培训人员签到表	
5		培训效果评价表	
6		操作培训检查记录	
7		培训效果报告确认单	

6）工程类隐蔽验收文档

工程类隐蔽验收文档主要包括隐蔽施工工序质量检查申请表、隐蔽工程质量检查记录文件、施工过程照片（音像、视频影像）音像、竣工验收图纸集等，文档归档可参考表 19.15。

表 19.15　工程类隐蔽验收文档归档参考目录

序 号	文档细类	归档文件	备 注
1	工程类隐蔽验收文档	隐蔽施工工序质量检查申请表	
2		隐蔽工程质量检查记录文件（按动力类电缆、弱电通信线缆分布检验）	
3		施工过程照片、音像、视频影像	

7)财务管理文档

财务管理文档主要包括工程付款材料、项目审计材料、工程索赔、管理制度等,文档归档可参考表 19.16。

表 19.16 财务管理文档归档参考目录

序 号	文档细类	归档文件	备 注
1	工程付款	付款申请表	
2		合同首页、付款方式页、签章页	
3		工程计量报审表	
4		工程款支付意见表	
5	项目审计	财务报告	
6		审计报告	
7	工程索赔	费用索赔申请表	
8	管理制度	人员管理制度	
9		物理安全管理制度	
10		系统安全管理制度	
11		业务开发安全管理制度	
12		资产安全管理制度	
13		数据安全管理制度	
14		硬件运维服务管理办法	
15		平台运维服务管理办法	
16		应用运维服务管理办法	
17		数据运维服务管理办法	
18		网络运维服务管理办法	
19		安全运维服务管理办法	
20		故障管理办法	
21		应急管理办法	
22		运维监督检查管理办法	

8)第三方测试文档

第三方测试文档主要包括第三方测试报审表、第三方测试方案、第三方测试用例等,文档归档可参考表 19.17。

表 19.17 第三方测试文档归档参考目录

序 号	文档细类	归档文件	备 注
1	第三方测试文档	第三方测试报审表	如有
2		第三方测试方案(含项目测试计划、性能测试、功能测试)	如有
3		第三方测试用例	如有

3. 工程项目竣工阶段文档

竣工阶段文档一般由监理单位及承建单位共同编制,主要包括项目建设竣工阶段的初步验收报审文档、初步验收相关附件、系统试运行文档、终验报审文档、竣工验收相关附件、验收专家验收意见、验收报告、项目移交文档等,文档归档可参考表 19.18。

表 19.18　工程项目竣工阶段文档归档参考目录

序号	文档细类	归档文件	备注
1	初步验收报审文件	初步验收申请表	里程碑
2		初验报审文件	
3	初步验收相关附件	初步验收项目、子项目验收检查纪录	
4		初验收单项、系统验收报告	
5		各项竣工图纸	如有
6		第三方测试报告：如接地系统、防雷系统、机房消防子系统、综合布线系统测试报告、软件测试报告、其他信息化项目实施第三方测试报告	如有
7		信息安全风险评估报告	如有
8	初步验收专家验收意见	工程、技术、财务、档案等专家组初步验收意见	
9		初步会议文件、初验意见书及验收委员会签字表等文件	
10		整改方案及实施文件记录	
11	系统试运行	试运行申请表	
12		初验报告	
13		初验遗留问题整改情况报告	
14		试运行方案	
15		系统试运行保障以及应急方案	
16		试运行报告	
17	终验报审文件	竣工验收申请表	里程碑
18		试运行记录	
19		试运行报告	
20		项目终验方案	
21	竣工验收相关附件	项目建设总结报告	
22		项目监理总结报告	
23		项目投资结算及财务审计报告	
24		软件验收测评报告	如有
25		信息安全风险评估报告及第三方整体系统测试报告	如有
26		非涉密信息系统网络安全等级保护测评报告	如有
27		密码应用安全性评估报告（以地方相关单位要求为准）	如有
28	项目移交	竣工移交报审表	里程碑
29		终验报告	
30		设备材料移交清单	
31		软件产品移交清单、软件项目移交清单	
32		文档资料移交清单	

19.2.2　项目竣工验收文档编制

（1）验收文档应真实反映工程的实际情况，具有永久和长期保存价值的材料必须完整、准确和系统。

（2）验收文档应使用原件，因各种原因不能使用原件的，应在复印件上加盖原件存放单位公章、注明原件存放处，由经办人签字并填写经办时间。

（3）验收文档应保证字迹清晰，图样清晰，图表整洁，签字、盖章手续齐全，手工签字，签字必须使用档案规定用笔。计算机形成的工程文件应采用内容打印、手工签名的方式。

（4）验收文档的内容及其深度必须符合国家有关技术规范、标准和规程。

（5）验收文档应采用耐久性强的书写材料，如碳素墨水、蓝黑墨水，不得使用易褪色的书写材料，如红色墨水、纯蓝黑墨水、圆珠笔、复写纸、铅笔等。

（6）验收文档中文字材料幅面尺寸规格宜为 A4 幅面图纸宜采用国家标准图幅。

（7）验收文档的纸张应采用能够长期保存耐久性强的纸张。图纸一般采用蓝晒图，竣工图应是新蓝图。计算机出图必须清晰，不得使用图纸的复印件。

（8）所有竣工图均应加盖竣工图章。利用施工图改绘竣工图，必须标明变更修改依据；凡施工图结构、工艺、平面布置等有重大改变，或变更部分超过图面 1/3 的，应当重新绘制竣工图。

（9）不同幅面的工程图纸应统一折叠成 A4 幅面，图标栏露在外面。

（10）验收文档档案文件的照片（含底片）及声像档案，要求图像清晰、声音清楚、文字说明或内容准确。

（11）验收文档档案的缩微制品，必须按国家缩微标准进行制作，应符合国家标准规定，保证质量，以适应长期安全保管的需要。

19.2.3　计算机软件文档编制

1. 文档编制要求

计算机软件文档应按《GB/T 8567-2006 计算机软件文档编制规范》进行编制，包括软件生存周期中可行性与计划研究、需求分析、设计、实现、测试、运行与维护共六个阶段的要求，以及文档编制中应考虑的各种因素。这些文档和文档使用者的关系如图 19.5 所示。

2. 文档编制格式

计算机软件文档主要分为 25 种文档编制格式，可根据实际情况对标准中的文档类型和内容进行适当剪裁。

（1）可行性分析（研究）报告。
（2）软件开发计划。
（3）软件测试计划。
（4）软件安装计划。
（5）软件移交计划。
（6）运行概念说明。
（7）系统/子系统需求规格说明。
（8）接口需求规格说明。
（9）系统/子系统设计（结构设计）说明。
（10）接口设计说明。
（11）软件需求规格说明。
（12）数据需求说明。
（13）软件（结构）设计说明。
（14）数据库（顶层）设计说明。
（15）软件测试说明。
（16）软件测试报告。
（17）软件配置管理计划。
（18）软件质量保证计划。
（19）开发进度月报。

```
可行性分析（研究）报告
软件（或项目）开发计划
软件需求规格说明
接口需求规格说明
系统/子系统设计（结构设计）说明
软件（结构）设计说明
数据库（顶层）设计说明
（软件）用户手册
操作手册
测试计划
测试报告
软件配置管理计划
软件质量保证计划
开发进度月报
项目开发总结报告
软件产品规格说明
软件版本说明
```

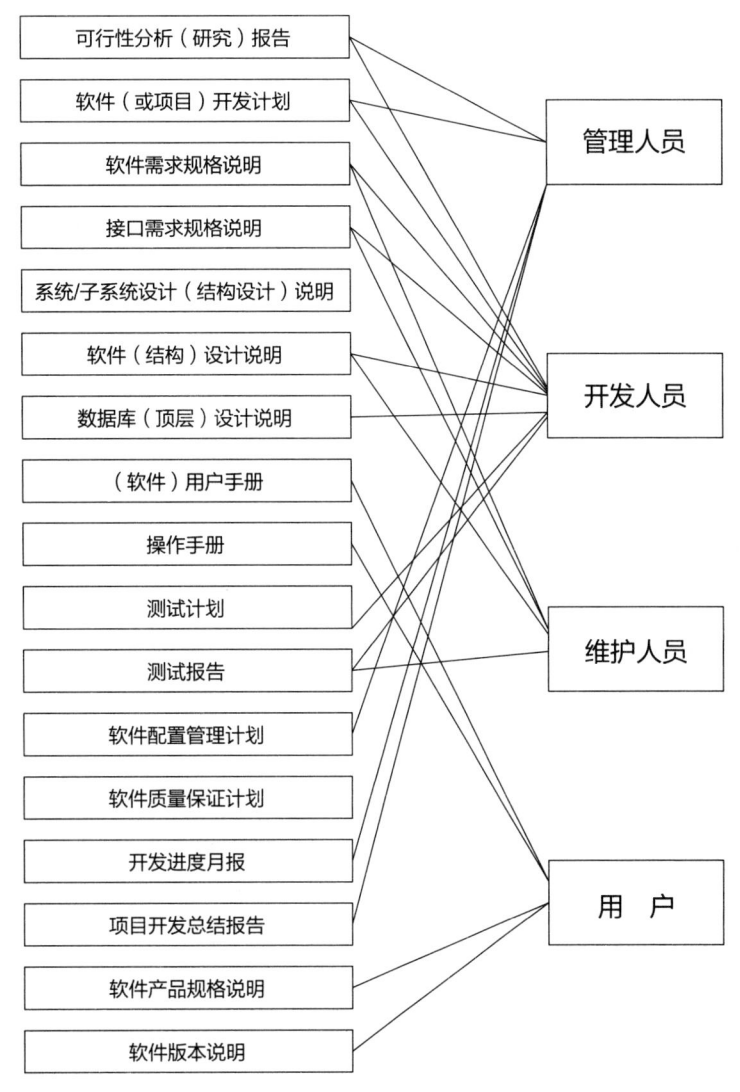

管理人员　开发人员　维护人员　用 户

图 19.5　软件文档和文档使用者的关系（20）项目开发总结报告。

（20）软件产品规格说明。
（21）软件版本说明。
（22）软件用户手册。
（23）计算机操作手册。
（24）计算机编程手册。

3. 面向对象的文档编制

面向对象的文档编制一般包含总体说明文档、用况图文档、类图文档、顺序图文档、协作图文档、状态图文档、活动图文档、构件图文档、部署图文档、包图文档等。

19.2.4　竣工验收文档的组卷归档

竣工验收文档组卷也称立卷，指按照一定原则和方法，将有保存价值的文件分类整理成案卷的过程。竣工验收文档案卷是由互有联系的若干文件组合而成的工程档案保管单位。竣工验收文档归档是指建设项目的设计、施工、监理等单位在完成其工作任务后，将形成的文件整理立卷形成案卷后,按规定移交档案管理机构的过程。竣工验收文件组卷与归档是工程竣工验收、结项决算必要条件。

1. 竣工验收文档案卷建立

竣工验收文档案卷建立一般分为案卷组成与规格和案卷封面编制。

2. 卷内目录编制

卷内目录是指揭示卷内文件内容与成分的一览表,其作用是便于查阅、统计卷内文件。卷内目录应与卷内文件内容相符,卷内目录放在卷内文件首页之前,卷内原文件目录或文件图纸目录不能代替卷内目录,卷内目录编制单位为案卷编制单位。竣工验收文档卷内目录一般包括序号、文件编号、责任人、文件题目、编制日期、页数及备注等。

3. 备考表编制

卷内备考表是反映卷内文件状况的记录单,排列在卷内文件之后或直接印制在卷盒内底面,用于注明卷内文件与立卷状况,以备文件、档案人员和利用者日后查考。卷内备考由本卷情况说明、立卷人、检查人、立卷及检查时间、互见号等内容组成。

4. 案卷装订

案卷可采用装订和不装订两种形式。

5. 案卷目录编制

单位工程档案的总案卷数超过 20 卷时,应编制案卷目录。案卷目录为案卷的名册,在案卷经过系统化排列后,对其逐一编号登记成册。案卷目录作用是固定案卷排列顺序,使立卷工作最终得以完成。案卷目录概括地介绍案卷的内容与成分,是文件与档案最基本的检索工具,同时也为档案工作各环节的展开奠定基础。案卷目录由序号、档号、案卷题名、总页数、保管期限、备注等内容组成。

19.2.5 项目电子文件归档和电子档案管理

伴随信息技术的快速发展以及广泛应用,数智科技工程项目水平不断提高,项目档案管理面临机遇和挑战,项目电子文件、电子档案管理成为建设项目信息化管理的"最后一公里"问题。目前已通过运用信息化手段,实现项目电子文件生成、流转、归档和电子档案管理的全流程控制,项目基于电子归档范围、元数据管理、电子签名、四性检测等关键内容,形成较为完善的管理和技术方案。项目电子文件归档和管理可参照《政务服务电子文件归档和电子档案管理办法》(国办发〔2023〕26 号)的相关要求进行。

19.3 数智科技工程项目验收

数智科技工程项目逐渐成为业务创新、技术应用和运营服务的综合体,软件开发、人工智能、数字底座、开源软件等新一代信息技术和移动终端、大屏幕终端、物联网设备等内容在数智科技工程项目的比例不断提高。因此,数智科技工程项目是一项规模大、结构复杂、技术难度高、功能点繁多、涉及面广、建设周期长的系统工程,而项目验收是通过对已竣工工程的检查和试验,考核施工成果是否达到了设计的要求而形成的生产或使用能力,可以正式转入生产运行。通过项目验收及时发现和解决影响生产和使用方面存在的问题,以保证工程项目按照设计要求的各项技术经济指标正常投入运行。

19.3.1 验收的基本要求

1. 验收组织

数智科技工程应遵循国家及地方相关规定开展验收工作。项目验收包括初步验收和竣工验收两个阶段。

（1）初步验收一般由项目建设单位按照国家及地方相关规定要求自行组织。项目建设单位一般在完成项目建设任务后的半年内，组织完成建设项目的信息安全风险评估和初步验收工作，并进入试运行。在按约定时间完成试运行后，可启动项目的竣工验收工作。

（2）竣工验收一般由项目审批部门或其组织成立的工程竣工验收委员会组织进行。对建设规模较小或建设内容较简单的数智科技工程项目，项目审批部门可委托项目建设单位组织验收。验收整体流程图可参考图19.6。

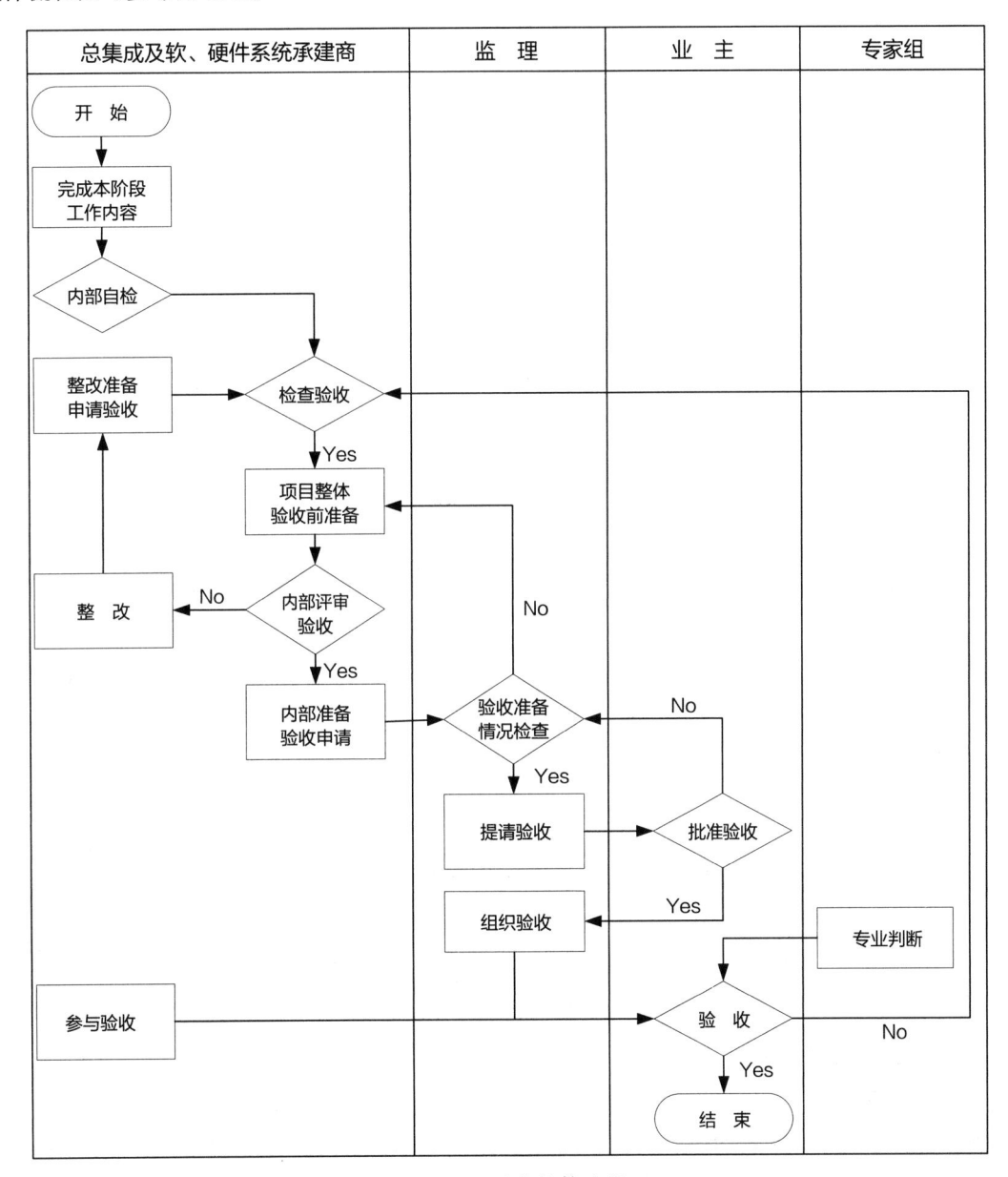

图 19.6　验收整体流程

2. 初步验收

（1）建设项目承建单位完成合同任务后，向项目建设单位提交相关资料和完工报告。

（2）项目建设单位审查各类资料和完工报告，依据合同进行单项验收，并形成单项或专项验收报告。建设规模大、建设内容多的建设项目，可依据合同分别进行单项验收；有特殊工艺、特殊要求的项目，项目建设单位应分别委托消防、防雷接地、机房楼板承重等具有国家资质的专业机构进行专项验收。

（3）按照国家、自治区有关信息安全风险评估工作的规定，由项目建设单位或相关单位组织信息安全风险评估，验证信息系统安全措施能否实现安全目标，并提出验收项目的信息安全风险评估报告。

（4）单项或专项验收和信息安全风险评估完成后，项目建设单位对项目的工程、技术、财务和档案等进行验收，形成初步验收报告。

（5）初步验收合格后，项目一般由建设单位向项目审批部门提交竣工验收申请报告，将项目建设总结、初步验收报告、有关单项或专项验收报告、信息安全风险评估报告、财务报告和审计报告等文件作为申请报告附件一并上报。

3. 竣工验收

（1）承担建设项目竣工验收的单位（机构）组建竣工验收委员会及其下设的专家组。

（2）专家组负责开展竣工验收的先期基础性工作。专家组结合初步验收工作成果，重点从以下几个方面进行检查：

① 检查建设情况。检查建设目标、建设内容、建设规模是否按批准的设计文件建成。

② 检查设计情况。检查项目建设中发生重大设计变更的是否按规定办理审批手续。

③ 检查施工情况。检查网络系统、应用系统、安全系统、机房等的建设施工、工艺等工程质量。

④ 检查项目规范情况。检查设计、系统集成、监理等是否符合国家相关规定。

⑤ 检查执行法律情况。检查项目建设是否符合国家有关招投标、信息系统建设和电子政务建设的法律、法规。

⑥ 检查预（概）算执行和财务决算情况。主要检查概算、预算执行情况，发生调整概算的是否经项目审批部门批准，各项支出是否符合规定，竣工财务初步决算报表和决算说明书内容是否真实、准确。

⑦ 检查档案资料情况。主要检查建设项目批准文件、项目建设实施文件、前期验收文件、项目管理文件和过程控制文件等资料是否齐全，是否按规定归档。

（3）根据检查情况，专家组对项目建设做出总体评价，并从工程、技术、财务、档案等方面提出意见和建议。

（4）基于专家意见，竣工验收委员会对项目建设情况、设计施工与质量、资金和财务管理、项目档案资料以及执行法律情况等进行验收，对建设项目的各个环节做出评价，形成竣工验收报告。

（5）竣工验收报告由竣工验收委员会全体成员签字，作为建设项目档案内容归档，并报送项目审批部门。

19.3.2 项目验收准备工作

1. 项目材料准备工作

当数智科技工程项目按合同规定的时间稳定运行，具备验收的各项条件之后，应着手项目验收的准备工作。首先需要把到目前为止完成的工作进行总结，列出已完成的各项工作成果、各类文档，对合同以及各类约定的技术文档中的相关内容进行自查，要彻底了解项目完成的情况，是否已经完成与建设单位达成的各项书面约定以及口头约定。项目验收准备工作一般应满足以下要求：

（1）完成合同要求的软硬件采购、软件开发、集成等工作。

（2）系统按合同规定的时间稳定试运行后，承建单位已编制完成项目试运行报告。

（3）按照合同要求，承建单位已编制并提交各种技术文档及工程实施管理资料。

（4）建设单位委托第三方测评机构完成验收测试、安全测评等，且测评结果合格。

（5）承建单位向建设单位提交验收申请，可参考表19.19。因特殊原因不能按时提交项目验收申请的，承建单位应向建设单位提出项目延期验收申请。经建设单位批准，可以适当延期进行项目验收。

2. 项目验收会议准备工作

（1）准备验收汇报PPT或汇报总结材料，须体现项目实施的主要过程。验收汇报PPT或汇报总结材料可能不止一份，比如有的领导要先发言并总结项目，此时也要为其专门准备PPT或汇报总结材料。

（2）确定专家数量，并协同建设单位邀请专家。

（3）起草专家验收意见，验收会上可能做少量修改。

（4）准备专家费，专家费标准可参照各地区具体的《政府采购评审专家管理办法》。

（5）拟定项目验收会日程，做好会议准备和会议保障工作。

（6）准备好演示系统，最好录制一份演示视频备用。一般高级别验收会的演示及解说词都是固定的并提前进行了很多遍演练。

表 19.19　验收申请表参考模板

项目验收/初验/终验申请表

项目名称		文档编号	
致：建设单位（名称） 　　监理单位（名称） 我方已按要求完成了【项目名称】的建设，经自检合格，请予以组织项目验收/初验/终验。 附件：项目验收/初验/终验方案 　　　其他文件 　　　　　　　　　　　　　　　　　　　　　　　　　承建单位：（盖章） 　　　　　　　　　　　　　　　　　　　　　　　　　项目经理： 　　　　　　　　　　　　　　　　　　　　　　　　　日　　期：　　年　　月　　日			
监理机构审查意见： 　　经审查，该项目： 　　1. □符合/□不符合我国现行法律、法规要求； 　　2. □符合/□不符合我国现行工程建设标准； 　　3. □符合/□不符合设计方案要求； 　　4. □符合/□不符合承建合同要求。 综上所述，□拟同意/□不同意组织项目验收/初验/终验。 　　　　　　　　　　　　　　　　　　　　　　　　　监理机构：（盖章） 　　　　　　　　　　　　　　　　　　　　　　　　　监理工程师： 　　　　　　　　　　　　　　　　　　　　　　　　　日　　期：　　年　　月　　日			
建设单位审核意见： 　　经审核，□同意/□不同意组织项目验收/初验/终验。 　　　　　　　　　　　　　　　　　　　　　　　　　建设单位：（盖章） 　　　　　　　　　　　　　　　　　　　　　　　　　建设单位代表： 　　　　　　　　　　　　　　　　　　　　　　　　　日　　期：　　年　　月　　日			

19.3.3 项目验收依据和分类

1. 验收依据

验收依据应包括但不限于以下文件：

（1）立项批复文件，以及经批复的项目建议书、可行性研究报告、业务需求说明书。
（2）正式设计文件。
（3）项目采购文件。
（4）签订的项目合同或协议。
（5）经批准的项目变更文件。
（6）相关法律、法规以及标准。
（7）其他具有法律效力的文件。

2. 按项目分类

数智科技工程项目按照建设内容不同主要分为以下三类：

（1）基础设施。采用满足合同要求的基础软硬件，集成建设信息基础设施的工程项目。
（2）软件开发。根据用户需求在合同要求的基础软硬件环境中进行软件开发的工程项目。
（3）技术服务。项目立项时以服务为主要内容进行相关实施采购的项目，涉及的服务种类主要包含面向运行维护服务、运营服务及面向主体配套的咨询服务等第三方服务。

数智科技工程项目验收可分为基础设施验收、软件开发验收和技术服务验收。

3. 按阶段分类

数智科技工程项目合同验收按照验收阶段主要分为以下两类：

（1）初步验收。就建设项目是否满足上线使用要求而组织的三方验收（建设单位、承建单位和监理单位）或专家验收。
（2）最终验收。就合同约定全部内容履行状况和业务目标（初步应用成效）达成情况，由建设单位或主管部门组织的三方验收（建设单位、承建单位和监理单位）或专家验收。

19.3.4 项目验收内容

1. 基础设施

在进行基础设施项目验收时，应满足以下基本要求：

（1）基础设施项目验收应依据国家、地方或行业标准进行，检查集成实施、安全管理等方面是否符合相关标准，如须满足 GB/T 36441-2018、GB/T 22080-2016、SJ/T 11674.1-2017、SJ/T 11674.3-2017 的要求。
（2）对基础硬件的性能及功能参数做出说明，可出具第三方报告证明基础硬件性能能够满足基础业务运行需求。
（3）按照基础设施项目验收内容清单，参考表 19.20，对基础设施的符合性、兼容性、可靠性、安全性等方面进行详细检查和测试。

表 19.20 基础设施项目验收内容参考清单

验收类型	验收内容
符合性验收	服务器：CPU、内存、硬盘、网络端口等信息
	网络设备：性能参数和端口、产品序号、端口设置等信息
	安全设备：序列号、服务期限、安全设备的 CPU、内存、存储及设备配件等信息
	终端：设备相关软硬件配置应符合合同要求的配置

续表 19.20

验收类型	验收内容
符合性验收	数据库：软件授权、集群授权、部署模式、部署数量、服务期限、软件版本等
	中间件：软件授权、集群授权、部署模式、部署数量、服务期限、软件版本等
	其他成品软件：软件品牌版本、软件授权
	项目应按照软硬件集成方案，完成对项目涉及的软硬件安装、配置、联调、测试等集成服务内容。集成部署的软硬件功能、性能、易用性等方面，应符合项目要求
性能验收	基础软硬件的基础功能应完整，服务器、终端、外设等能实现正常开关机和运行，满足日常使用
	硬件 RAID 缓存、虚拟内存配置、数据库性能优化配置、中间件应用内存分配等应能进行配置，保证在日常用户使用环境下，系统能长期稳定运行
	软件预留接口应按要求部署，相关的接口能通过系统运行的单独测试和联调测试。基础软硬件集成后产生的接口及对应的调用系统应进行记录并归档处理
	根据项目设计阶段的网络规划部署方案，对 IP 地址的总体配置情况进行确认与检查，包括可用地址、范围、中心局域网地址范围、广域网地址范围、远程网点地址范围、备用策略及相应地址范围，确认网络连接测试是否正常
兼容性验收	根据软硬件集成方案，检查各类终端、外设、服务器等是否按要求集成规定的终端外设硬件和基础软件
	对基础软硬件的基础功能、网络连接、运行情况进行兼容性验证，并完成激活升级等基础操作
	各类基础软硬件接口应完整，功能正常运行，包括内部接口和外部接口，各软硬件系统之间存在的数据接口，根据系统间的接口交互说明，验证系统间数据接口的完整性和有效性
可靠性验收	系统硬件 RAID 配置应符合项目使用要求，能承受规定访问量的业务，保证系统正常运转，无数据丢失
	系统应具备定期备份功能，备份策略符合项目需求，能定期对数据进行备份，保证数据完整性
	设备时间同步情况应符合项目要求。定期检查、更新和维护基础软硬件的时间同步情况，保证设备的时间同步性能
	服务器、终端主机防护软件应按照规划部署并正常工作
	模拟数据库数据丢失情况，进行数据恢复测试，系统数据库能在不停止服务的情况下恢复系统运行使用
安全性验收	网络端口开放应符合项目安全及网络管理部门要求。检查是否严格按照项目的相关设计文档要求进行网络与安全端口部署实施，包括接入终端的 IP 规划，终端 MAC 地址、产品序列号与使用人信息等
	检查项目涉及的基础软件安装介质及安装方式是否符合保密要求，是否安装违规软件
	检查项目涉及的网络服务器在部署后，是否进行接入安全的申请与配置，网络是否按照安全要求进行连接
	检查配置各类安全设备或软件之前，是否考虑安全策略的设计，包括：防火墙、入侵检测、定制入侵防护策略和响应，是否提供对可能的入侵行为的应对措施

2. 软件开发

在进行软件开发项目验收时，应满足以下基本要求：

（1）软件开发项目验收应依据国家、地方或行业标准进行，检查软件开发规范、相关开发文档编制规范、安全技术、性能测试、可信计算规范等方面是否符合相关标准，如须满足 GB/T 8566-2022、GB/T 39788-2021、GB/T 37935-2019、GB/T 28452-2012、GB/T 28035-2011 的要求。

（2）基于项目建设方案、项目招投标文件、项目合同书及需求规格说明书等文档基础，应按照软件开发项目验收内容清单开展验收工作，可参考表 19.21。验收内容包括但不限于系统技术路线验收、功能验收、性能验收、可靠性验收、安全性验收、易用性验收。

表 19.21 软件开发项目验收内容参考清单

验收类型	验收内容
功能性验收	系统功能模块应能全部挂接，设计功能应完整齐全，且符合项目合同及相关设计文档的要求
	系统所有功能应能正常运行，正常范围内输入能得到正确的输出，并生产正确的结果，功能使用方便
	系统发生错误，应有提示，并可恢复到正常状态

续表 19.21

验收类型	验收内容
功能性验收	系统的窗口、控件、菜单和鼠标的操作应符合所使用操作系统平台的规范
	业务流程应能满足需求规格说明书、概要设计说明书及用户的处理流程的要求
	系统界面应设计美观，系统中各界面风格保持一致
性能验收	查验性能测试报告中通过模拟压力验证的性能指标，如用户并发数、事务响应时间等
	在测试过程中应检查查看后台运行数据和系统日志，核实资源利用率
可靠性验收	系统应进行容错性测试，能对输入的信息长度进行有限校验，系统应能对特殊字符等进行处理
	系统应具备故障恢复能力，在一定负载下，模拟单台 Web 应用访问故障或单台数据库服务器访问故障，不影响业务正常访问，可在不停止服务的情况下恢复系统运行使用
	系统应具备稳定性，结合需求规格说明书中所约定的用户体量进行压力测试，测试过程中系统应能承受所约定用户体量的正常访问，无业务受限、系统停摆及数据丢失等情况
	系统应采取重要数据的数据备份措施，防止重要数据丢失
安全性验收	系统应配置合规的登录失败处理策略，可采取结束会话、限制登录次数措施并设置用户锁定时间
	系统应配置合规的操作超时退出措施
	系统应配置合规的密码策略，并配置密码有效期
	系统应有操作日志、登录日志、系统日志，日志中所记录的操作情况应全面和准确
	对于有特殊安全要求的数据传输，应对传输的数据进行必要的加密处理
	系统应提供备份及恢复机制，具有容灾恢复的措施保障
	系统运行环境所依赖的组件已确保升级至最新版本，修复了公布的安全漏洞
	对于特殊数据要求的数据传输及存储，应采用密码技术保证通信过程中的数据、系统存储的重要数据完整性
易用性验收	界面操作应简洁，方便用户的数据输入和查询
	系统对于主要或常用的功能应提供快捷方式
	系统对于一般操作人员来说应易于学习
	界面操作响应具有快速响应的特性
	用户帮助文档应齐备，易于进行使用
可移植性验收	系统应能够有效地适应不同的或演变的硬件、软件或其他运行（或使用）环境
	安装文档中应有明确的系统安装方法。在指定环境中，系统能够成功地安装和卸载
	在相同的环境中，系统能够替换另一个相同用途的指定软件产品，如系统新版本容易替换

（3）核实应用软件的运行环境支撑要求，是否仅适配单一运行环境组合配置，是否具备可移植性的可能。

3. 技术服务

技术服务项目按照服务周期一般分为"项目为一次性购买服务"和"项目为分年度购买服务"。在进行技术服务项目验收时，应满足以下基本要求：

（1）对服务项目应按照合同约定的服务内容、范围、期限和资源投入，以及技术、服务、安全和交付验收标准等要求，组织对项目进行评价和验收，做好服务能力的评估、考核。

（2）服务项目验收内容包括审核服务能力具备情况、服务内容完成情况、服务成效和服务过程材料。

（3）含有软件开发服务、信息系统集成实施服务内容的项目，如项目为一次性购买，在服务期满后，可直接提请最终验收；如项目批复为分年度购买，由购买服务单位每年度开展阶段验收，在最后一年度服务期满后提请最终验收。

（4）检查服务单位人员能力是否符合合同要求，人员是否具备技术服务能力，具备相关工作经验。

（5）检查运行维护和运营使用的平台和工具是否符合合同要求，包括系统平台的基础能力、配套管理平台能力、系统平台的可靠性、安全性等指标。

（6）按照技术服务项目验收内容清单，参考表19.22，对运行维护服务、运营服务、咨询服务等各类服务项目开展验收工作。

表19.22 服务项目验收内容参考清单

验收类型	验收内容
运行维护服务验收	检查服务单位是否按照合同要求制定相应的服务实施方案、计划
	按照合同要求落实日常巡检和维护，并达到合同约定的服务质量
	检查服务单位是否定期进行预防性检测和调整
	检查服务单位是否按照合同要求落实软硬件的故障维修维护
	检查服务单位是否按照合同要求落实系统升级、扩充以及系统性能分析
	检查服务单位是否建立了运行维护日志及技术档案
	检查服务单位是否制定运行维护方案及应急预案，是否按要求组织应急演练
	检查服务单位是否按要求出具月度、季度、半年、年度运行维护服务报告
	检查服务单位是否按合同要求组织技术交流和培训
运营服务验收	检查运营平台服务能力是否达到合同、招投标文件要求，对标服务目录各服务项是否通过简洁实现，是否提供配套监管接口等
	检查是否按照合同制定了业务运营实施方案，是否建立运营体系。相关体系制度是否完善、可行人员组织架构是否满足运营需求，运营能力是否满足业务运营要求
	检查是否建立服务流程机制。对标服务目录，是否编制符合当地政务管理办法和实际运行需求的服务流程，是否编制合理服务协议，是否编制完整可行的服务流转表单及文档管理制度，是否对使用单位进行培训
	检查服务计费能力是否达到要求，是否建立完善的系统平台的服务计费功能，计费数据准确，可按需导出，可查可验证。是否建立了资源管理台账及服务费用记录审核台账
	检查是否建立长效运营机制，是否建立服务到期后的系统平台业务保障机制、服务商退出机制等
咨询服务验收	是否按照合同要求编制并提交相关交付成果，相关成果文件是否符合合同要求，例如成果中技术路线是否属于合同技术路线，产品是否符合合同要求
	需组织专家评审的，是否按要求完成了相关专家评审，形成评审报告

4. 验收材料

验收文档应包括项目各阶段产生的文档，满足完整性、时效性、正确性和易浏览性要求。

19.3.5 验收方法

为保证项目验收质量，针对不同的验收内容，在实施验收操作中，可采取以下不同的方法：

（1）登记法。对项目中所涉及的所有硬件、软件和应用程序一一登记，特别是硬件使用手册、系统软件使用手册、应用程序各种技术文档等重要提交物登记造册，由专人统一管理。对项目建设中根据实际进展情况双方同意后修订的合同条款、协调开发建设中的问题进行详细登记。

（2）对照法。对照检查项目各项建设内容的结果是否与合同条款及工程实施方案相一致，及时修正偏差，保障评审验收工作的顺利进行。

（3）操作法。操作法是项目建设最主要的验收方法。首先，对项目系统硬件一一实际加电操作，验证是否与硬件提供的技术性能相一致；其次，运行项目系统软件，检验其管理硬件及应用软件的实际能力是否与合同规定的一致；然后，运行应用软件，实际操作，处理业务，检查是否与合同规定的一致，达到了预期的目的。

（4）实际测试法。对能使用检测仪器进行检测的设备、设施一一进行实际测试，检查是否和设备、设施的规格、性能要求相一致。

19.3.6 项目验收流程

1. 验收会议

建设单位组建验收组并组织召开验收会议,验收会议的主要步骤应包括:

(1)建设单位作关于项目情况的介绍,出具试运行报告和用户意见。
(2)承建单位作关于项目建设、自检及竣工的报告,一般由项目经理以 PPT 形式进行汇报。
(3)监理单位作关于项目监理报告。
(4)测评机构作项目测评情况的报告(根据具体项目情况选择)。
(5)验收组审核全部验收资料,并记录验收表,可参考表 19.23。

表 19.23 项目文档验收表

项目文档验收表

项目名称: 　　　　　　　　　　　　　　　　验收时间:

序 号	文档名称	用 途	验收结果	备 注
1			□通过 □不通过	
2			□通过 □不通过	
3			□通过 □不通过	
4			□通过 □不通过	

验收人:

(6)验收组人员进行现场检查(根据具体项目情况选择),并记录验收表,可参考表 19.24 ~ 表 19.26。

表 19.24 软件平台验收表

软件平台验收表

项目名称: 　　　　　　　　　　　　　　　　验收时间:

序 号	软件类型	软件名称	验收结果	备 注
1			□通过 □不通过	提交的软件备份等
2			□通过 □不通过	已提交
3			□通过 □不通过	已提交
4			□通过 □不通过	已提交

验收人:

表 19.25 功能模块验收表

功能模块验收表

项目名称: 　　　　　　　　　　　　　　　　验收时间:

序 号	功能模块	验收内容	合同要求	验收结果
1				□通过 □不通过
2				□通过 □不通过
3				□通过 □不通过
4				□通过 □不通过
5				□通过 □不通过
6				
7				

验收人:

表 19.26　硬件设备验收表

硬件设备验收表

项目名称：　　　　　　　　　　　　　　　　　　验收时间：

序　号	硬件名称	基本用途	型　号	配置情况	验收结果	备　注
1					□通过 □不通过	设备 IP 地址等
2					□通过 □不通过	

验收人：

（7）验收组对关键问题进行质疑讨论和资料审核。

（8）验收组对项目进行全面评价，给出验收意见和验收结论并签字。

2. 验收结果

验收结果分为验收合格和验收不合格。项目按期完成合同任务、系统运行安全可靠、经费使用合理、提供的验收文件和资料齐全、数据真实、验收测评通过，视为验收合格，并出具项目竣工验收报告，验收报告可参考表 19.27。

表 19.27　项目验收报告参考模板

项目验收报告

项目名称：	
项目编号：	
建设单位：	
监理单位：	
承建单位：	

验收内容：
根据具体项目情况填写验收内容。

验收依据：
简要描述项目验收依据。

验收结论：
验收合格 / 验收不合格，根据具体项目情况填写验收结论及其他要求。

建设单位（签章）：	承建单位（签章）：	监理单位（签章）：
日　期：　　年　月　日	日　期：　　年　月　日	日　期：　　年　月　日

项目凡具有下列情况之一的，按验收不合格处理：

（1）未全部完成验收准备工作。

（2）项目的内容、目标或技术路线等已进行了较大调整，但未得到批复。

（3）实施过程中出现重大问题尚未解决和作出说明，或项目实施过程及结果等存在纠纷尚未解决。

（4）存在违反法律、法规的行为。

（5）项目经费使用情况在验收审计中发现问题。

19.3.7 验收收尾

项目验收合格后,应办理项目移交交接手续,并编制《项目移交申请表》和《货物/项目成果移交签收单》,主要包括项目实体移交和项目文件移交两个部分,可参考表19.28和表19.29。

表 19.28 项目移交申请表

项目移交申请表

工程名称：		文档编号：	
项目编号：			

致：建设单位（名称）
　　监理单位（名称）
　　我方已按合同要求完成【项目名称】的建设任务,并于　年　月　日通过了最终验收,项目采购的货物和所形成项目成果的数量、质量符合采购合同及相关规范要求,现我方将项目采购的货物和所形成的项目成果移交给建设单位/使用单位,请监理单位和建设单位予以审核,并组织建设单位/使用单位开展接收工作。
　　附：货物/项目成果移交签收单

承建单位：（盖章）
项目经理：
日　　期：

监理单位审查意见：
经检查,所移交的货物/项目成果：
□数量、质量符合合同和规范要求,拟同意移交建设单位。
□数量、质量不符合合同和规范要求,不同意移交建设单位,意见如下：

监理机构：（盖章）
监理工程师：
日　　期：

建设单位审核意见：
经检查,所移交的货物/项目成果：
□的数量、质量符合合同和规范要求,同意接收。
□的数量、质量不符合合同和规范要求,不同意接收,意见如下：

建设单位：（盖章）
建设单位代表：
日　　期：

表 19.29 货物/项目成果移交签收单

货物/项目成果移交签收单

项目名称：						文档编号：		
序　号	名　称	品　牌	规格、型号	数　量	单　位	备　注		
1								
2								
3								
4								
5								
移交情况说明	经检验承建单位所移交货物/项目成果的数量、质量符合/不符合合同要求,同意/不同意接收。							
承建单位：（盖章）			监理机构：（盖章）			建设单位：（盖章）		
项目经理：			监理工程师：			建设单位代表：		
日　　期：　年　月　日			日　　期：　年　月　日			日　　期：　年　月　日		

19.4 运行维护

数智科技工程的稳定运行离不开良好的运维支撑，运维体系架构作为支撑数智科技工程运维基本组织，是连接整个运维组织、人员、资源、技术、环境等基本要素的基本条件。形成一整套"统一、规范、灵活、智能"的运维体系才能对数智科技工程形成有效支撑，提升运维管理核心战斗力。

19.4.1 运维体系概述

数智科技工程赋能千行百业，是我国信息化事业的栋梁、国家的重器，而运维体系为数智科技工程的高效、可靠、健康、经济、安全运行保驾护航。

1. 运维体系组织与管理的特点

近年来，随着信息技术的不断更迭，信息系统从底层基础支撑，到上层应用开发模式均发生了翻天覆地的变化，可以预见未来硬件服务器、应用复杂性将呈现指数级的增长，对业务服务质量要求、监控要求也在不断提高。特别在大型数智科技工程的运行环境下，对运维组织与管理架构的内涵和要求越来越高，主要体现在以下几个方面：

（1）组织架构随着运维的信息系统的增多而越发庞大与复杂。运维队伍人员岗位职能覆盖全面，分工明确，权责分明，打破吃大锅饭不利于个体绩效考核的平均主义；具备应用特性与技术工种特性；高效运转，关键岗位互有备岗，可以轮岗；每个岗位有相应的上升空间及职业规划方向。

（2）运维管理的职能从"管理"向"服务"，从"静态"向"动态"方向转变。随着运维的发展，以及各企事业单位大数据的要求，信息系统逐步实现数据集中，"运维开发"的概念逐步被引入运维体系中，它是开发、技术运营和质量保障的交集。运维开发需要从需求、架构、开发、测试、发布、实施、运维整个流程来考量，将开发与运维的壁垒打通。

（3）随着信息系统间的交互越来越多，运维组织管理与协调愈发困难。人员管理趋向于集中化，信息系统资源统一管理、分配、协调，以 ITIL（IT Infrastructure Library，IT 基础架构库）相关管理流程贯穿整个运维体系，日常运维管理制度、规范、指南等以此为核心执行落地。统一规范岗位职责、权限、操作范围，使运维人员的各项运维操作都有据可依、便于管控，避免分散运维时流程相互脱节或缺失。

（4）从"人工"向"自动化、智能化"方向转变。随着系统运行环境的越来越复杂，运维人员需要管理的系统、应用越来越多，运维管理对技术的依赖越来越大。传统依赖人力和经验开展的运维工作，逐步转变为依托统一运维管理平台实施一体化、自动化、智能化运维。

综合以上情况，传统的运维组织架构已无法有效支撑大型数智科技工程的运维管理，需要形成一整套运维体系进行管理。

2. 运维体系管理架构

运维体系管理架构应包含数智科技工程的管理目标、管理职能、管理主体、管理对象、管理流程、制度规范及工具等几部分。运维体系管理架构如图 19.7 所示。

1）数智科技工程运维管理目标

数智科技工程运维管理目标定义了运维管理工作的定位与发展方向，描绘了实施运维管理工作的总体蓝图。合理明确的目标有助于在开展数智科技工程运维工作中找准定位，明确方向与工作措施。从总体上看，目标主要包括质量目标、效率目标、安全目标和成本目标。

（1）质量目标。运维管理首要目标是保障 IT 业务、服务的高质持续可用。特别在数智科技工程的环境下，运维管理工作不仅局限于系统内部是否可用，而且聚焦到了系统承载的业务、服务与用户体验层面。主要指标有系统可用性、系统健康度、服务体验质量、服务满意度等。

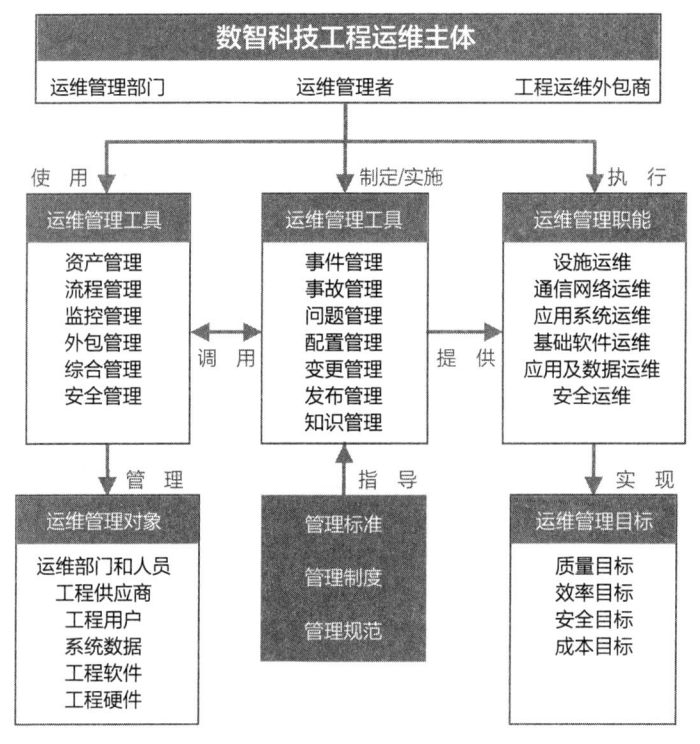

图 19.7 运维体系管理架构

（2）效率目标。运维效率目标是运维管理目标不可或缺的部分。只有高效的运维才能适应信息系统的不断更迭，实现信息系统的稳定运行。特别在数智科技工程环境下，大规模的信息系统出现故障时，如何快速响应与恢复业务显得尤为关键。效率目标的主要指标有故障响应率、故障解决率、系统更新周期等。

（3）安全目标。安全无小事，运维安全目标用于定义信息系统安全运行的基线。在数智科技工程环境下，运维安全管理已不是一个孤立的动作，而是需要构建一套完整的安全防护体系进行管控。安全目标的主要指标有补丁安装率、漏洞扫描覆盖率、安全事件发生次数等。

（4）成本目标。运维费用是运维管理工作的基础保障，随着信息系统规模的不断增大，信息系统运维费用也在不断增长。在数智科技工程运行环境下，如何有效地控制和保障运行成本显得越来越重要。成本目标的主要指标有能效比、单位服务成本度量等。

2）数智科技工程运维管理职能

运维管理职能用于定义运维工作的内容与范围。在数智科技工程环境，运维管理职能也在不断丰富与深化，主要包括基础设施的运维、通信系统的运维、软件的运维、数据的运维、安全的运维等几部分。

3）数智科技工程运维管理主体

运维管理主体用于定义运维管理的组织结构。在数智科技工程环境下，运维管理的主体不仅包括运维管理部门内部，还包括运维外包服务商、运维监督服务商、维保服务商及专家咨询团队等多个部分。只有这些主体的相互配合才能有效保障数智科技工程的稳定高效运行。

4）数智科技工程运维管理对象

运维管理对象的识别是明确运维目标与任务的基础，运维管理对象主要包含所需要服务的人员、物品与单位。在数智科技工程环境下，运维对象主要包括运维部门和人员、信息系统供应商、信息系统用户、信息系统软件、信息系统硬件、信息系统数据等几方面。

5）数智科技工程运维管理流程

运维管理流程的好与坏决定了运维服务的质量和效率。运维部门需要随时追踪运维技术的演进、用户需求的变化，不断优化作业流程，强化流程管理。在 IT 服务管理领域中，ITIL 已成为现行的行业标准，它是从大量企业的 IT 服务管理经验中总结出来的最佳实践。数智科技工程运维管理也充分借鉴了 ITIL 中的十大核心流程及一项管理职能，通过制定、实施各类运维管理流程，管理主体能按照流程基线如流水线般执行各项运维管理职能，从而提高效率、降低风险、提升运维质量。

6）数智科技工程运维管理制度规范

管理标准、管理制度和管理规范是运维体系落地的基准和保障，它直接指导运维管理流程的制定和管理职能的执行，因此，制度建设是否合理，落实是否到位，直接影响信息化安全运维的效果。通常制度建设需要通过国家、行业、企业、实施部门四个层级来分解制定，将各项要求落实到最终执行文件中。数智科技工程运维管理制度主要从安全、运维、人员管理、绩效考核等角度出发，参考国际标准、行业经验，建立相应的流程制度文档，完成管理制度体系框架的建立，包括规章制度、操作流程、指导说明、记录表单四级制度文档。

7）数智科技工程运维管理工具

"工欲善其事，必先利其器"。有了完善的信息化运维管理制度，再运用信息化手段，搭建 IT 运维一体化管理系统，建立 IT 运维、监督、评审和持续改进的流程化管理模式，使各项运维操作有流程、留痕迹、可审计。实现信息化运维管理由职能管理向流程管理转变，提升 IT 运维一体化管理的效率和科技服务水平。数智科技工程运维管理系统建设主要围绕综合展现可视化、安全控制、运维管理、监控管理、运营分析等功能板块来展开。

19.4.2 运维体系的组织

随着信息运维技术及模式的不断发展，传统运维组织架构存在管理被动、粗放、运维资源难共享、运维效率低、响应速度慢等问题，未来将很难满足数智科技工程运维管理的要求。

运维体系推行集中、统一的信息化运维管理模式，向集约化、精益化管理转变，集中运维模式的特点在于运维资源的集中和共享，减少事件处理环节，缩短事件响应时间。

1. 运维体系的组织架构

运维体系通过统一集中管理，能够加强运行管理的可控性，降低安全风险，提高管理效率和管理质量；有利于上级单位对基层部门的系统应用情况进行统一监控和集中管理。在集中运维的模式下，对于信息系统的可用率和运行率等要求更高，提升信息运行保障能力成为运维体系需要重点解决的问题。

1）运维组织的岗位设置

运维体系的组织要保障运维一线工作的效率和质量，岗位的设置必须具备科学合理性，涵盖一线的全部业务。下面展示一个运维组织的岗位设置，其架构如图 19.8 所示。

2）运行调度管理

信息系统运行调度管理模式将有效地推进信息运维集中化、专业化，实现从面向设备、以技术为核心的运维方式向面向业务、以服务为核心的方式转变。

运行调度管理模式借鉴了生产调度的管控方法，以"作业计划管理""运行监控与分析""运维调度指挥"为核心，通过请求管理、事件管理、问题管理、变更管理、发布管理等流程开展，实现"统一调度、规范运行"的目标，运行调度管理模式下的运维体系组织架构如图 19.9 所示。

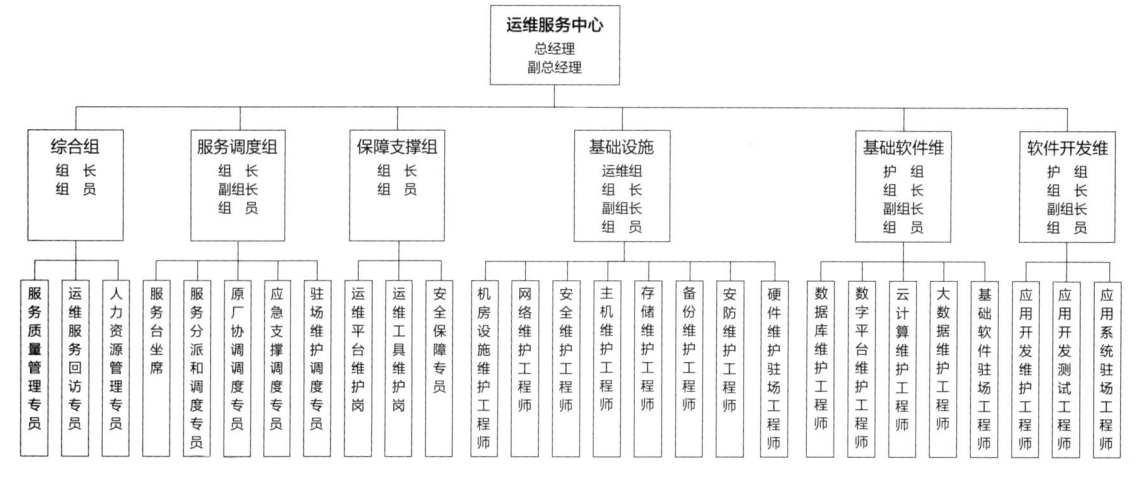

图 19.8 运维组织的岗位设置架构图

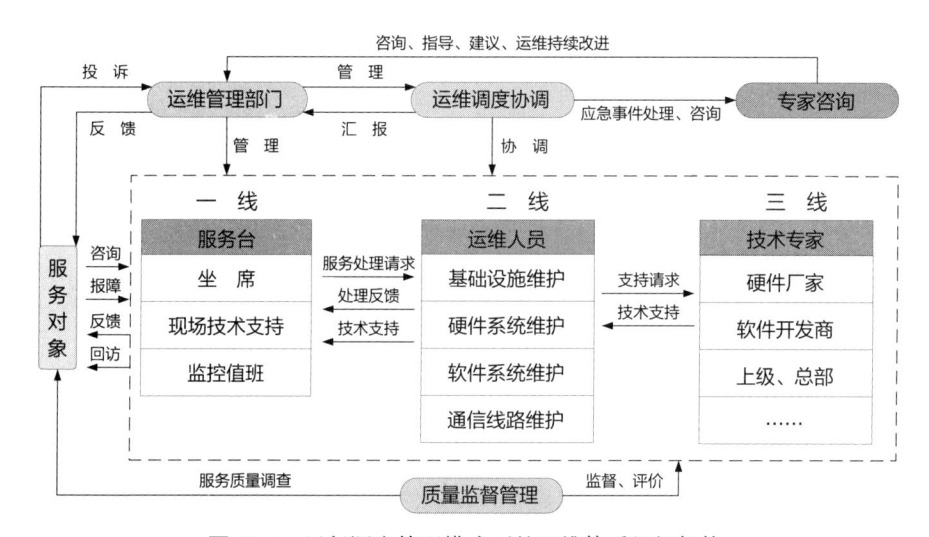

图 19.9 运行调度管理模式下的运维体系组织架构

3）运维管理体系支撑团队的架构

在 ITIL 流程中，IT 支持人员分为一线（服务台）、二线（运维工程师）、三线（原厂工程师、**软件开发工程师或上级、总部的技术专家**）。运维管理体系支撑团队架构如图 19.10 所示。

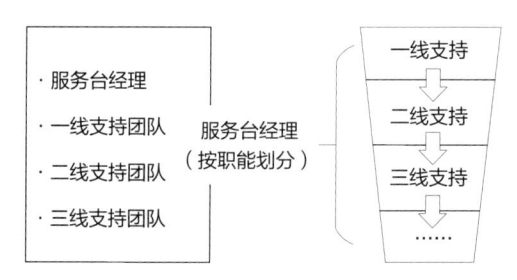

图 19.10 运维管理体系支撑团队架构

2. 一线技术支持团队的作用、类型与职责

1）一线技术支持团队的作用

一线技术支持团队的作用有以下三点：

（1）作为直接面对、最先受理用户请求的接口，过滤无关问题，解决用户终端的部分重复性事件，确保二、三线得到更高的处理效率。

（2）对内进行任务分派、过程监督、资源协调，是信息通信、运维关系的枢纽。

（3）对外为其他活动和过程提供接口，维护用户关系。

2）一线技术支持团队的类型

一线技术支持团队主要包括服务台坐席、现场技术工程师、调度值班工程师。

3）一线技术支持团队的职责

（1）服务台坐席工程师：

① 执行值班，接听服务热线电话，熟练运用平台系统受理故障报修、服务请求、服务建议等事项。

② 负责所有信息服务请求和事件的登记、分派、跟踪、督办、回访。

③ 了解用户所申报问题或需求，记录工单；负责用户服务请求和事件的初步处理，以及事件升级上报工作。

④ 负责在事件解决后，与用户确认事件，进行满意度调查，关闭事件。

⑤ 了解掌握运维最新公告。

⑥ 对交接班产生的问题及时记录、汇报、总结、跟踪。

⑦ 受理投诉并上报。

⑧ 协助编制服务台相关报表、报告。

（2）现场技术支持工程师：

① 响应及处理服务台分派的事件及服务请求。

② 配合二线技术支持人员完成事件处理，为二线技术支持人员提供现场情况，并做好与用户的现场沟通工作。

（3）调度值班工程师。运行调度管理是对信息运维作业的计划安排，对信息系统、IT设备实施运行状态及运维作业的监控、组织、指挥和协调。主要包括作业计划管理、运行监控与分析、运行调度指挥等业务事项，具体内容如下：

① 作业计划管理。对作业计划的收集、汇总和协调、审批及发布，并对计划的执行情况进行跟踪监督、上报。

② 运行监控与分析。对信息系统运行指标以及运维活动指标进行统一运行监控、检查、评估与分析，识别潜在问题并进行预警。

③ 运行调度指挥。对重大变更、故障处理、应急演练和应急抢修等作业的执行过程进行协调跟踪及指挥。

（4）运行调度管理的具体工作。运行调度管理模式实行"分级管理"机制，在集中运维单位总部及分部配备运行调度人员，加强各运维单位之间的统筹协调工作。调度人员负责编制、审核、发布作业计划；协调、指挥运维人员处理事件、问题、变更及发布等运维工作；跟踪及协调处理应急故障，组织协调运维团队执行应急预案；负责应急处置协调中信息的上传下达；组织指挥开展应急演练；负责系统级IT设备运行状态监控，处理或督促运维人员处理告警信息。具体工作内容包括：

① 调度值班。开展 7×24 小时轮班，记录值班日志；交接班，交接内容为汇总服务台话务情况、工单情况、信息系统运行等情况；开展每日早会、每周周会，对上一天或上一周的运行情况进行统计分析、汇报。

② 设备及系统监控：

·机房巡检：对信息机房温度、湿度、电源等环境进行检查。

·信息系统巡检：对信息系统可用性进行轮巡检查。

· 信息安全监控：对网络运行状态实施监控。
· 信息设备监控：对信息设备运行状态、告警情况进行监控。

③ 系统可用性检查。对应用系统定时轮巡，把在监控和巡检中发现的异常情况、告警、隐患等情况记录下来，启动事件管理流程，通知人员响应处理。

④ 运行分析。开展运行调度分析，通过值班日志、周报、月报、故障报告等内容对存在问题进行分析，提出整改建议。

⑤ 作业计划管理。负责收集、汇总作业计划，协助调度正值审核计划申请合规性、计划可行性，发布作业信息，按日、按周、按月进行管控。调度副值负责作业执行情况的跟踪、监督、上报，严格实现闭环管控。重大作业计划加强信息通报、监督。

⑥ 运行调度指挥。调度人员对系统投退运、复杂变更、故障处理、应急演练和应急抢修等作业的执行过程进行协调跟踪及指挥，调度指挥工作开展涉及事件管理、问题管理、变更管理、发布管理、应急管理。事件管理中的调度指挥主要包括：

· 在巡检与监控中发现的故障、隐患、缺陷等，负责发起和登记事件，初步判断事件等级、事件定位，分派运维人员进行处理。

· 服务台人员受理的事件如涉及多个运维专业的事件或无法确定分派的事件，向调度进行反馈。

· 协助服务台对事件进行分级、判断，协助定位和任务分派。

· 如发生重大或影响面广的故障，协助确认故障发生时间、影响范围、故障现象，形成初步故障定位和处理意见，通知运维人员进行处置响应，跟踪故障处理进度，协助指挥协调运维资源。根据情况启动相应的应急预案，在处理过程中，向业务主管、各干系人通报故障信息及人员响应到位情况、处理进度、恢复事件、故障原因等。同时协同服务台及时告知用户业务影响情况。流程如图 19.11 所示。

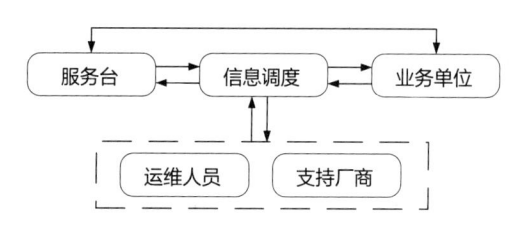

图 19.11 事件管理中的调度指挥流程

（5）问题管理中调度指挥的工作职责：

① 负责把在日常运行工作中识别、分析到的问题，登记提交至问题管理。
② 对涉及信息系统缺陷或涉及跨业务、跨专业的问题组织处理。
③ 负责对问题审核、分析和判断，将问题分派给问题分析专家处理，对问题处理进行协调。
④ 协助督办问题处理，将结果记录、上报，对问题进行闭环处理。

问题管理中的调度指挥流程如图 19.12 所示。

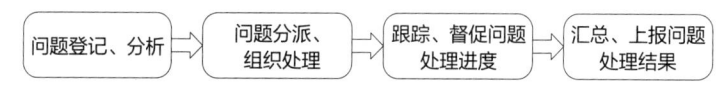

图 19.12 问题管理中的调度指挥流程

（6）变更管理中调度指挥的工作内容：

① 变更申请人发起变更时应确定变更类型，调度人员协助变更经理进行确认。
② 根据不同的变更类型（简单变更、标准变更、复杂变更、紧急变更），执行不同的流转策略，协助或配合变更经理协调变更过程中涉及到的相关资源。

③ 涉及重大、紧急变更时，协助组织开展变更实施。

（7）发布管理中调度指挥的工作内容：

① 涉及生产环境内信息系统软件版本的变更，完成变更审批后，通过发布管理流程开展变更实施工作。

② 在发布管理流程中，发布实施人员设计、构建和配置发布，发布经理审核和批准发布后，告知调度，调度副值负责协同服务台针对发布后可能出现的业务影响做好应对准备。

（8）应急管理中调度指挥的工作内容：

① 组织指挥各运维人员参与应急演练，通过演练完善信息运维应急预案。

② 组织各运维人员参与编制和维护应急预案。

③ 指挥各专业运维人员执行信息运维应急预案。

应急管理中的调度指挥流程如图 19.13 所示。

告警发现	告警分析	告警确认	指挥处置
调度员通过监控/巡检发现异常或告警，记录信息	判断问题类型，初步判断问题所属部门及负责人	联系具体负责人现场或远程确认问题详细信息	负责人反馈确认情况，调度员指挥具体运维人员处置

图 19.13 应急管理中的调度指挥流程

3. 二线技术支持团队的作用、类型与职责

1）二线技术支持团队的作用

（1）具备比一线更高的技术、业务能力和经验，响应一线分派的任务，是用户日常业务恢复的主要技术支撑。

（2）协助三线处理更复杂、更高难度的问题。

2）二线技术支持团队的类型

二线技术支持团队包括基础设施（机房/网络/通信线路等）维护、通信保障、应用系统维护、数据资源维护、安全系统维护等岗位。

3）二线技术支持团队的职责

（1）机房维护岗职责：

① 机房环境巡检与清理。每日监控机房环境监控系统，对各机房运行情况进行运行状态监控，确保环境监控系统工作稳定正常，出现故障时可以快速进行短信故障告警；定期清洁机房天花板与地板通道；定期检查机房天花、墙壁、管线槽等各进出通道，防治鼠患；定期进行机房防火、防水检查，及时发现并清理灾害隐患。

② 供配电系统巡检与维护。整理编制各机房配电系统图纸，完善各路配电柜标识，确保基础维护资料的准确性；当出现系统变更时，应及时更新相关的基础图纸及资料；每日对配电电缆进行巡查，对线路混乱部分进行清理，检查各机房 UPS 系统运行状态、负载变化情况；每月检查 UPS 系统电池使用情况，检查是否存在电池漏液、壳体变形等故障隐患；定期对电池进行充、放电测试，确保 UPS 系统的正常运行；定期检查柴油机系统运行状况，确保柴油机的油量、水箱水位正常，并定期对柴油机系统进行启停测试。

③ 综合布线维护。对各机房内部综合布线系统及区网主干布线系统进行整理测试，理清各布线路由走向信息，并对线路路由进行明确标示；定期整理机房内部布线，发现线路凌乱、标签不明的情况应及时通知相关责任单位进行整改。

④ 定期对机房空调系统运行状态进行例行检测，检查控制器显示的温度和相对湿度值与实际

值是否相符；查看有关报警日志信息，确保空调系统的正常运行，如有异常报警须及时采取相应措施进行应急处理，并及时通知机房岗或者值班人员进行故障处理，同时及时通知空调专业或水电科进行应急处理。

（2）网络维护工程师职责：

① 故障处理。发生网络故障时，要求及时对故障进行排除，按设备服务级别进行具体响应处理，故障处理完成后提交故障处理维护报告，如涉及设备及配置变更，需要同时更新相应的网络基础资料，包括网络拓扑图、设备 / 链路管理表格和配置文件。

② 日常巡检。每日对维护范围内的网络资源进行巡检，每月 1 次对网络设备运行状况、网络流量进行分析并形成详细的运行情况分析报告，对于有隐患、有单点故障的地方，及时和用户沟通，提出解决方案；日常针对网络路由及交换设备的配置资料进行备份、漏洞检测和修复、定期日志检查和分析，以保证整个业务系统的正常运行。

③ 网络链路的监控和维护。连通性、链路流量等。

④ 网络链路状况分析。健康性、安全性、负载分析等。

⑤ 提供网络基础架构技术支持，提供系统部署或故障排查时的现场技术指导，提供基础架构升级改造的网络现场技术支持。

（3）应用系统维护工程师职责：

① 应用系统日常维护：包括日志备份、异常进程处理、定期重启等日常维护操作，确保系统的正常运行。

② 应用系统巡检与监控：检查系统功能模块运行情况，反馈系统存在的问题及潜在风险。

③ 应用系统消缺，确保系统性能正常。

④ 响应服务台的派单，对用户报障 / 服务请求、系统告警、巡检发现的系统故障进行处理，确保恢复系统应用。

⑤ 提供数据处理及日常工作技术支持。

⑥ 协助业务流程调整、业务功能完善，系统性能调优等工作。

（4）通信保障工程师职责：

① 负责视频图像信息数据库与综合应用系统、视频监控运行维护管理系统的维护，保证视频监控、视频应用、视频监控运维等设备及系统业务的正常运行。

② 负责为各无线通信设备提供运维及技术保障服务，配合对各类重大通信保障提供技术支持。

③ 负责为视频会议系统、扩音系统、中控等有线通信保障设备提供运维及技术保障服务，配合对各类重大通信保障提供技术支持。

（5）数据资源维护工程师职责：

① 协助制定数据安全访问控制策略。

② 根据制定的应用系统业务数据结构目录规范，开展数据结构整理清洗服务。

③ 负责日常数据处理和数据维护支持，根据系统数据应用需求进行数据接收、录入、核查、传输、更新、储存和归档等工作。

④ 跟踪应用系统数据结构变更需求，执行应用数据方面的变更流程。

（6）安全系统维护工程师职责：

① 负责安全系统巡检，隐患排查。

② 协助内部安全审计、做好信息安全风险管控。

③ 负责网络安全维护，包括防火墙入侵防护、网络安全管理、计算机病毒防范、防黑管理等。

④ 负责信息系统日常安全事件应急处置。

4. 三线专家团队的作用、类型与职责

1）三线技术支持团队的作用

（1）处理二线无法解决的技术性问题，涉及平台级、源代码等问题。

（2）作为信息系统运维的最后一道屏障，确保高难度问题得以解决，保障业务的持续、安全运行。

（3）为运维团队提供技术培训，促进整体运维能力提升。

2）三线技术支持团队的类型

三线技术支持团队包括平台维护专家或顾问、系统管理员、原厂技术支持人员等。

3）三线技术支持团队的职责

（1）平台维护专家职责。平台维护专家的岗位又分为数据库维护、系统主机维护、虚拟化维护、中间件维护、存储及备份维护等。

① 数据库维护。负责数据库的安装、配置、优化、监测、备份、补丁安装、系统版本升级等工作，保障其能正常运作，并提供数据库相关文档。数据库维护还包括安装补丁服务、性能评估及调优、数据库优化和数据库紧急救援服务及技术支持等。

·安装补丁服务：提供安装修正性补丁服务，实施前进行测试，保证数据安全。

·性能评估及调优：根据数据库情况评测应用性能，评估系统中存在或潜在的问题，并提出建议方案，保证数据库高效运行。

·数据库优化：在数据库无法以最佳状态运行的情况下，须对其参数进行优化。

·数据库紧急救援服务及技术支持。

② 系统主机维护：

·负责系统主机监控与巡检：监控主机硬件运行情况、主机运行环境情况、主机 CPU 使用率、内存使用率等。

·负责系统主机日常维护：服务器系统的优化、系统数据备份、定期日志检查和分析。

·负责系统主机故障报修：发生服务器设备硬件故障后向保修厂商报修，并跟踪报修进展与结果。

·系统故障诊断和修复。

·主机集群的安装、优化、系统配置、故障诊断和修复。

·提供 Linux 系统、Windows 系统等操作系统技术支持。

·负责系统基础软件维护。

·负责 Windows、Linux 系统的安装、配置、优化、监测、系统版本升级和补丁安装等服务。

·负责系统服务（例如 Web、DNS、FTP、WINS、DHCP、Samba 等）的安装、配置、监测、优化、备份等非开发性质的工作，并提供协助或技术支持。

③ 云计算系统维护：

·云计算软件的安装、升级和维护。

·云计算软件高可用、监控、备份、迁移等功能维护。

·虚拟机管理。

·虚拟机、虚拟网络及共享存储的部署、变更和故障处理。

·负责虚拟化资源与性能监控管理。

④ 中间件维护：

·监控执行线程、JVM 内存、JDBC 连接池，检查日志文件是否有异常报错，检查集群配置是否正常。

- 诊断、定位故障点，进行应用系统中间件的故障定位，并及时排查，同时考虑系统中间件冗余备份，保证系统恢复。
- 定期备份中间件系统文件，定期清理系统日志。
- 定期给系统中间件调优。

⑤ 存储及备份维护：
- 负责存储及备份设备日常巡检：定期进行存储设备日志检查与分析。
- 监控存储交换机设备状态、端口状态、传输速度。
- 监控记录磁盘阵列、磁带库等存储硬件故障提示和告警，并及时解决故障问题。
- 对存储的性能（如高速缓存、光纤通道等）进行监控。
- 负责存储资源分配：包括日常存储容量分配和回收、存储光纤交换机ZONE划分与LUN配置、设备日常巡检、预防性健康检查、故障监控服务。
- 负责存储及备份设备故障报修：发生存储设备的硬件故障后向保修厂商报修，并跟踪报修进展与结果。
- 提供基础架构升级改造的系统、存储技术支持服务，协助应用系统部署或故障排查。
- 提供数据备份、数据备份恢复服务，在系统/应用软件程序升级、补丁修复、配置参数变更等重大操作前进行及时有效的数据备份。
- 定期进行备份数据测试以及恢复测试。
- 协助备份系统的规划部署和日常备份系统监测工作。

（2）系统管理员职责：
① 全方面负责所属应用系统业务及应用管理。
② 负责监控、审核职责范围的应用系统事件、问题、配置、变更、发布等流程执行。
③ 负责组织开展所属应用系统运行状态巡检、监控工作。
④ 负责所属应用系统需求变更管理。
⑤ 负责组织开展所属应用系统应急保障工作。
⑥ 负责组织开展所属应用系统培训管理工作。
⑦ 负责所属应用系统数据处理、分析及日常技术支持。
⑧ 负责组织开展所属应用系统测试支持、代码审计、版本控制工作。
⑨ 负责组织开展所属应用系统缺陷处理、系统流程调整、系统功能调整、性能调优等工作。
⑩ 负责所属应用系统风险管理工作。
⑪ 负责组织开展所属应用系统重大事件处置协调、分析、总结、汇报等工作。

（3）开发厂商技术支持人员职责：
① 提供系统后台支持及代码维护。
② 对一、二线处理不了的故障提供技术支持，协助故障定位和处理。
③ 根据服务级别协议为相关技术支持人员提供技术培训。
④ 配合系统管理员开展缺陷评审、高级巡检方案设计、信息系统调优等技术支持工作，提出建设性建议。
⑤ 提供系统性能诊断和调优技术支持。
⑥ 协助完成日常业务需求处理和专项工作。

19.4.3 智能化运维

大型数智科技工程具有网络环境结构复杂、设备数量大、运维人员多、业务系统依赖度高等特点，单纯靠人力的传统运维方式已难以满足数智科技工程运维的要求，众多管理环节要求运维工作趋于自动化、流程化、集中化和智能化。因此，数智科技工程运维的组织与管理需要依托全功能、高智能运维管理系统进行支撑运行，将基础设施、应用软件、通信系统、资产、人员等环节集中整合到统一的管理系统，为数智科技工程提供全方位精细监控、预警分析、自动部署、资产管理及流程管控等功能，帮助系统运维提高效率、降低风险，并实现管理数字化转型的目标。我们相信，随着技术的不断进步和应用的不断发展，自动化运维系统将发挥越来越重要的作用。

1. 运维管理系统的任务

实现运维管理平台与数智科技工程建设的各子系统无缝对接，通过标准化、规范化、精细化控制运维的管理过程，将对设备、资源、应用、采购、流程等进行有效整合，即以配置管理数据库为核心，集视、监、管、控一体化IT综合运维管理平台，为数智科技工程提供稳健的运维服务。

2. 自动化运维系统的特点

一套成熟自动化运维系统应该具备全面的监控和告警功能、灵活的自动化脚本和任务管理、智能化的故障诊断和自动恢复、可视化的操作界面和报表功能、强大的日志管理和分析能力、可扩展的架构和集成能力，以及安全性和权限管理。包括以下关键特点：

（1）全面的监控和告警功能。能够实时监测服务器、网络设备、应用程序等各个关键组件的状态，并能及时发出告警通知。监控和告警功能可以帮助运维人员快速发现和解决问题，确保系统的稳定性和可用性。

（2）灵活的自动化脚本和任务管理。自动化脚本和任务是IT自动化运维系统的核心功能。一套成熟的系统应该提供一个灵活的脚本和任务管理平台，使运维人员能够方便地创建、编辑和执行自动化脚本和任务。这些脚本和任务可以涵盖系统配置、软件部署、性能优化等各个方面，从而减少人工操作，降低人为错误的风险，并提高工作效率。

（3）智能化的故障诊断和自动恢复。能够根据监控数据和预设的规则，自动识别和定位故障，并采取相应的措施进行自动恢复。这种智能化的故障诊断和自动恢复功能可以大大缩短故障处理的时间，减少对人工干预的依赖，提高系统的稳定性和可靠性。

（4）可视化的操作界面和报表功能。运维人员可以通过直观的界面查看系统的状态和运行情况，并生成各种报表和统计数据，帮助他们更好了解系统的运行状况和性能表现。可视化的操作界面和报表功能使运维人员能够更轻松地监控和管理系统，同时也方便与其他团队成员共享和沟通相关信息。

（5）强大的日志管理和分析能力。能够收集、存储和分析系统各个组件的日志数据，并提供快速搜索和过滤功能。日志管理和分析能力可以帮助运维人员更快速地定位和解决问题，减少故障排查的时间，提高工作效率。

（6）可扩展的架构和集成能力。能够与现有的IT基础设施和工具进行集成，如监控系统、配置管理工具、版本控制系统等。通过集成不同的工具和系统，可以实现信息的共享和流动，提高整个运维流程的效率和一致性。

（7）安全性和权限管理。能够提供严格的访问控制和权限管理机制，确保只有经过授权的人员可以进行操作和管理。此外，系统还应该提供日志审计和安全策略的设置，保障系统的安全性和稳定性。

第20章 数智科技工程建设的绩效评价

绩评扬优，革故鼎新

　　数智科技工程项目绩效评价是指对绩效评价的各个指标采用科学、规范的评估方法，基于预期目标，依据一定的流程和标准，对项目实施过程及其结果的效率、效果、程序等进行科学、客观、公正、全面的衡量比较和综合评判。旨在通过有效的评价过程，促进项目运作的透明度，明确项目的合理性，提高项目的建设质量。由于绩效评价具有多因性、多维性、动态性等特征，项目绩效评价应符合国家法律、法规及有关部门制定的强制性标准，遵循独立、客观、科学、公正的原则。数智科技工程建设的绩效评价应严格按照国家标准GB/T 42584-2023《信息化项目综合绩效评估规范》来开展，并逐步积累经验，不断拓展绩效评价的广度和深度。

20.1　数智科技工程绩效评价的意义

　　当前，随着数智科技工程建设进入到管理、应用的更深层次，其建设的成果与应用直接影响建设方绩效和形象体现，是建设方最富有活力的无形资产。而数智科技工程建设可以帮助建设方优化现有业务价值链和管理价值链，增收节支，提效避险，实现从业务运营到产品/服务的创新，提升用户体验，构建新的核心优势，进而实现建设方的转型升级。在数字与智能技术（大数据、AI、云计算、区块链、物联网、5G等）手段的支持下，建立决策机制的自优化模型，实现状态感知、实时分析、科学决策、智能化分析与管理、精准执行的能力。

　　因此，加强对数智科技工程项目进行绩效评价，有利于提高绩效观念和责任意识。数智科技工程绩效评价是通过科学、量化的方式客观衡量项目建设成效和资金使用情况的强力抓手，一方面可以通过绩效评价来及时发现项目建设和运维过程中存在的问题，为数智科技工程后续运维及升级改造提供依据，助力完善数智科技工程的各项能力，更好地赋能数智化建设，数智科技工程绩效的结果同时为同类型项目建设提供了可研参考，从而进一步指引数智科技工程的建设方向；另一方面，数智科技工程绩效评价可以为不同地域相同职能部门之间的数智科技工程建设提供对比参考，有助于相互比对、学习、寻找差距。通过科学、客观、公正的项目绩效评价，能够使项目各干系人对项目实施情况进行全方位的梳理总结，找准项目实施中的差距和问题，督促各干系人及时调整或整改，确保项目实施成功、性能质量达标、绩效目标实现。

20.2　数智科技工程绩效评价的重要指导文件

　　GB/T 42584-2023《信息化项目综合绩效评估规范》是2023年5月23日发布，2023年12月1日开始实施的一项国家标准，也是数智科技工程绩效评价的重要指导文件。该标准确定了信息化项目综合绩效评估的方法和要素，为信息化项目综合绩效评估提供了准则。数智科技工程作为信息化工程的升华与拓展，必须按照此标准，掌握其中的评价维度和方法，才能更好地开展数智科技工程绩效评价工作。

　　作为信息化综合绩效评价领域首项发布的国家标准，它创新性地采用逻辑框架法、成功度、效益、效能、贡献度等多种方法，建立涵盖建设质量、运维水平、应用效果、经济与社会效益四个维度的评估模型，对项目全过程进行评估，充分总结项目建设经验，发现项目问题，整体评定项目综合绩效水平，给出定性及定量的评价。该标准适用于信息化项目建设与应用的各类组织及第三方评估机构，指导其确定信息化项目建设的绩效目标，为其提供信息化项目综合绩效评估的准则。通过前期开展的评估体系验证，可以对同类或不同项目的综合绩效情况进行分析评估，根据评估结果开展针对性优化改进。该标准填补了国家在信息化绩效评估领域的空白，对加快数字中国建设、指导产业数字化规划、做强做优做大数字经济具有重要意义。

该标准可以为各行业数智科技工程项目建设的绩效评估工作提供指导和借鉴，包括总结以往数智科技工程项目的建设经验，评估数智科技工程项目的投入产出合理性，判断数智科技工程项目产生的综合绩效是否达到预期目标等，从而指导数智科技工程绩效评价的工作。

20.3　数智科技工程绩效评价的四个重要指标体系

数智科技工程是典型的多学科合作项目，在建设过程中，由于需求和应用特点的不同，每个项目都需要结合不同的业务模式，进行定制开发。数智科技工程应用系统软件开发在项目总投资的占比越来越大，而对于软件开发成本的核定是评估工作的难点。软件开发成本受开发人员技术熟练程度、软件组织管理水平、项目经理组织能力、采用的开发语言等多种因素影响，不同的软件开发企业的开发成本差别很大，很难统一量化。因此，数智科技工程建设项目具有行业特征明显、差异性大等特点，不同项目的绩效评价指标和重要程度也不一样，应该采用不同的评价体系和权重。参照《信息化项目综合绩效评估规范》绩效评估体系，其框架如图20.1所示，数智科技工程绩效评价应建立建设质量指标、运维水平指标、应用效果指标、经济与社会效益指标四个重要指标体系，并作为一级指标开展绩效评价工作。

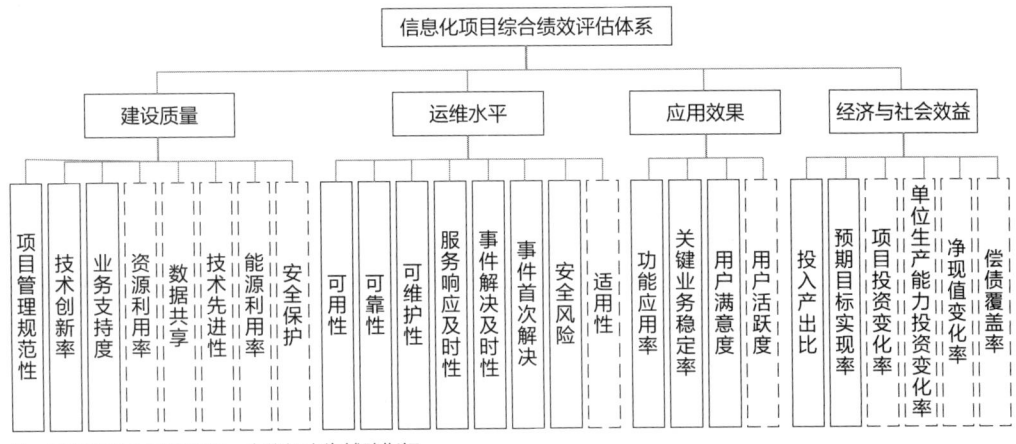

注：实线框中为基础指标，虚线框中为辅助指标。

图20.1　信息化项目综合绩效评估体系框架图（引自 GB/T 42584-2023）

项目综合绩效评估体系二级指标包括基础指标和辅助指标。基础指标是进行项目综合绩效评估的必备指标，在评估过程中不得删减。辅助指标是根据评估目标、项目特点或评估要求，按照一定规程设计产生的一个、一组或一类专门用于某一项目综合绩效评估的指标，在评估过程中可选。

项目综合绩效评估体系采用各级指标加权求和的方式计算得出最终分值：

$$\begin{aligned} i-\text{CORE} = &K_1 \times \sum_{i=1}^{8}(k_i \times CQ_i) + K_2 \times \sum_{i=1}^{8}(l_i + OL_i) + \\ &K_3 \times \sum_{i=1}^{4}(m_i + AEi)_i + K_4 \times \sum_{i=1}^{2}(n_i + EB_i) \end{aligned} \quad (20.1)$$

式中，i-CORE 为项目综合绩效评估分值；K_1 为一级指标建设质量的权重值；k_i 为一级指标建设质量下属二级指标的权重值；CQ_i 为一级指标建设质量下属二级指标的分值；K_2 为一级指标运维水平的权重值；l_i 为一级指标运维水平下属二级指标的权重值；OL_i 为一级指标运维水平下属二级指标的分值；K_3 为一级指标应用效果的权重值；m_i 为一级指标应用效果下属二级指标的权重值；AE_i 为一级指标应用效果下属二级指标的分值；K_4 为一级指标经济与社会效益的权重值；n_i 为一级指标经济与社会效益下属二级指标的权重值；EB_i 为一指标经济与社会效益下属二级指标的分值。

项目投资变化率、单位生产能力投资变化率、净现值变化率、偿债覆盖率不纳入整体评估结果计算。

20.4 建设质量指标体系

数智科技工程建设质量关键的评价要素主要是时间、成本和质量。数智科技工程投入都很巨大，无论是资金还是人力，它的实施风险比较大。判断数智科技工程是否成功最直观的方法是在预定的时间内，看它能不能如期投入使用。在保证时间、成本的前提下，数智科技工程的质量更为重要，是评价项目成功与否的核心内容。

20.4.1 项目管理规范性

项目管理规范性主要评估项目建设周期全过程的管理规范性，包括启动、规划、执行、监控和收尾等方面。项目管理五大阶段贯穿了项目的整个生命周期，是项目质量保证的基础。

项目管理规范性指标分值采用百分制赋分，针对不同项目阶段评价维度指标进行百分制分配取值，最终各评价维度指标取值之和应等于100，具体取值可依据项目各阶段的重要程度进行设定。通过评价维度指标分值取值 × 评价值取值得到不同评价维度指标得分，不同评价维度指标得分之和则为项目管理规范性指标分值。评价值取值可参考如下：

（1）启动。项目启动阶段是否制定了项目章程和项目初步范围说明书，定义项目意图，确定目标，并授权项目经理进行项目，若是，评价值取值为1；若否，评价值取值为0。

（2）规划。项目规划阶段是否定义和细化目标，规划行动方案，制定项目管理计划，若是，评价值取值为1；若否，评价值取值为0。

（3）执行。项目执行过程中是否整合人员和其他资源，在项目的整个生命周期或某个阶段按照项目管理计划进行，若是，评价值取值为1；若否，评价值取值为0。

（4）监控。项目监控过程中是否定期测量和监控项目进展，识别与项目管理计划的偏差，以便在必要时采取纠正措施，确保项目或阶段目标的达成，若是，评价值取值为1；若否，评价值取值为0。

（5）收尾。项目收尾阶段是否按照合同约定的条款开展了验收工作，取得相应产品、服务或工作成果，若是，评价值取值为1；若否，评价值取值为0。

20.4.2 技术创新率

技术创新率主要评估项目建设过程中基础软硬件和应用软件的技术创新比率，包括基础硬件技术创新比率、基础软件技术创新比率、应用软件技术创新比率。

技术创新是以创造新技术为目的的创新或以科学技术知识及其创造的资源为基础的创新。技术创新也指生产技术的创新，包括开发新技术，或者将已有的技术进行应用创新。技术创新不同于研究开发，经济合作和发展组织（OECD）把研究开发定义为"研究开发是在一个系统的基础上进行创造性工作，其目的在于丰富有关人类、文化和社会的知识库，并利用这一知识进行新的发明"，研究开发是创新的前期阶段，是创新的投入，是创新成功的物质基础和科学基础。技术创新亦不同于创造，创造强调是第一次的首创，也可以是全盘否定后的全新创造；创新则更强调永无止境的更新。创造不一定具有社会性和价值性，而创新则必须具有社会性和价值性。

1. 基础硬件技术创新比率

通过计算项目建设硬件设备清单创新硬件设备金额和硬件设备总金额，以技术创新硬件设备金额/硬件设备总金额计算比值，得到基础硬件技术创新比率。技术创新硬件设备一般指国产信创基础硬件，包括芯片、服务器、电脑整机等。

2. 基础软件技术创新比率

基础软件一般指操作系统、数据库、中间件等，基础软件数量按照取得授权的数量统计。以技术创新基础软件数量/基础软件总数量计算比值，得到基础软件技术创新比率。

基础软件是国家信息产业发展和信息化建设的重要基础和支撑，基础软件国产化，可以为中国数字化转型提供更安全、可控和高效的技术底座支撑，技术创新基础软件一般指国产信创基础软件，包括物理机操作系统、云计算操作系统、数据库、中间件等。

3. 应用软件技术创新比率

通过统计应用软件数量，以技术创新应用软件数量/应用软件总数量计算比值，得到应用软件技术创新比率。技术创新应用软件一般指基础办公与协同办公等通用型国产信创刚需软件，如ERP管理软件、研发设计类软件、CAD、EDA、BIM、OA、办公软件等。

20.4.3 业务支持度

业务支持度主要评估项目对业务和管理的支撑程度，包括业务覆盖度、系统纵深应用情况、数字化程度等方面。业务支持度指标分值可参考由业务部门针对业务支撑情况进行百分制赋分。可根据不同的评价维度开展业务部门针对业务支撑情况的评价调查。

1. 业务覆盖度

数智科技工程系统建设的首要任务无疑是实现业务数字化，提升信息获取能力和业务管理力度与效率，提升企业运营、项目管理、日常决策的效率和水平，以期达到管理规范化、办公无纸化、信息透明化。在此基础上，借助于数智科技工程系统建设所制定的、以数据格式标准化为基础而积累的数据资产，作为后续业务管理可复用的素材或经过提炼形成行政、事业或企业单位的数据库，进一步反哺业务管理活动，实现与业务能力和业务管理能力的良性互动发展，形成相互促进和提升的局面。

2. 系统纵深应用情况

系统纵深应用情况指数智科技工程系统中细分业务的应用情况。当业务大到一定规模，为支撑业务复杂度的不断攀升，将开始出现一些巨无霸系统，系统纵深应用越来越多，相应的带来应用系统复杂度与建设成本的提升。此时通过对系统纵深应用情况进行评价，能够梳理各个业务模块、区分业务模块和技术平台。同时，还能对系统进行必要的拆分提供决策依据。

3. 数字化程度

数字化程度指数智科技工程系统对信息资源的数字化使用程度。

数智科技工程数字化程度主要从数字化基础、经营、管理、成效四个维度综合评价，一般将数字化程度划分为四个等级：

（1）一级：开展了基础业务流程梳理和数据规范化管理，并进行了信息技术简单应用。
（2）二级：利用信息技术手段或管理工具实现了单一业务数字化管理。
（3）三级：应用信息系统及数字化技术进行数据分析，实现全部主营业务数字化管控。
（4）四级：利用全业务链数据集成分析，实现数据驱动的业务协同与智能决策。

20.4.4 资源利用率

资源利用率主要评估项目建设过程中对设备资源利用的经济性，包括CPU负载情况、专用存储设备使用率、功能点更新情况、云资源共享等方面。评价资源利用率，可以作为提高资源利用率的决策依据，减少资源浪费，从而降低项目运营成本，提高项目服务的效率和质量。

资源利用率指标分值采用百分制赋分，针对不同评价维度指标进行百分制分配取值，最终各评价维度指标取值之和应等于100，具体取值可依据项目实际情况进行设定。通过评价维度指标分值取值 × 评价值得到不同评价维度指标得分，不同评价维度指标得分之和则为资源利用率指标分值。各评价值取值可参考如下：

（1）CPU负载情况。业务高峰期CPU负载率峰值是否小于50%，若是，评价值取值为1；若否，评价值取值为0。

（2）专用存储设备使用率。专用存储设备使用率等是否小于50%，若是，评价值取值为1；若否，评价值取值为0。

（3）功能点更新情况。信息系统建成3年内功能点更新率是否超过50%，若是，评价值取值为1；若否，评价值取值为0。

（4）云资源共享。是否按照国家政策要求将应用系统部署在云平台上，若是评价值取值为1；若否，评价值取值为0。

20.4.5 数据共享

数据共享主要评估项目建设过程中数据互联互通、数据共享的情况，包括系统集成情况、数据共享情况等方面。

信息资源只有交换、共享才能被充分开发和利用，而只有打破信息封闭，消除信息"荒岛"和"孤岛"，才能创造价值，因此数据的交换共享是数据全生命周期中发挥价值的关键一环。无论行政、事业或企业单位，在日常管理过程中，由于业务需求，通常需要与一个或多个内部外部的组织交换共享数据，但加快数据共享并不是搭建一个数据平台那么简单。从数据的采集，到对数据的加工清洗，再将数据运用到日常管理，予以价值化，都需要大量基础工作的铺垫。

实现数据共享，可以使更多的人充分地使用已有数据资源，减少资料收集、数据采集等重复劳动和相应费用，而把精力重点放在开发新的应用程序及系统集成上。总的来说，可以降低运营成本、增强业务能力、提高效率、集中访问数据以减少重复数据集、促进组织间的沟通与合作、加强参与组织之间的联系等。

数据共享指标分值采用百分制赋分，针对不同评价维度指标进行百分制分配取值，最终各评价维度指标取值之和应等于100，现阶段主要通过系统集成情况、数据共享情况两个维度指标评估，分别取值50。通过评价维度指标分值取值 × 评价值得到两个评价维度指标得分，两个评价维度指标得分之和则为数据共享指标分值。评价值取值可参考如下：

（1）系统集成情况。以已集成系统数量/应集成系统数量计算比值，得到评价值取值。

（2）数据共享情况。是否与其他系统存在数据共享交互，若是，评价值取值为1；若否，评价值取值为0。

20.4.6 技术先进性

技术先进性主要评估项目建设过程中或建设完成后取得的新方法、新技术情况，包括取得授权的专利、发布的标准及科技奖项获奖情况等方面。

技术先进性主要评价在项目建设关键环节及关键领域"补短板""锻长板""填空白"取得实际成效。技术先进性主要通过以下几个方面来进行证明和支撑：

（1）专利。专利分为发明、实用新型和外观设计三种类型，其中技术先进性较高的无疑是发明专利。除了专利，根据不同行业、产品属性，软件著作权也能对技术先进性进行支撑说明。

（2）标准。主导或协助制定（修订）正式批准发布的标准，包括国际标准、国家标准、行业标准、地方标准；主导制定国家级、省级先进团体标准，以及发布的市级、区级先进团体标准；通过发明专利转化的企业产品标准；已通过验收的国家、省、市标准化示范、试点建设项目等。

（3）科技进步奖。国家级、省级、市级以及各行业协会的科技进步奖，这是对技术成果在国家、行业层面进行纵向、横向对比、评价及认定，尤其是国家级、省级的科技进步奖具有极高的含金量，是对技术先进性最权威的认定。

（4）国内外对比。通过对产品进行第三方检测，得出相应参数指标情况，横向搜索对比市场上同类产品在国内外的参数指标、性能情况（数据来须为权威的机构或论文），从而证明产品在技术上的领先性。

（5）专家技术成果鉴定。某领域技术可能已经是行业龙头，在国内外都处于技术领先水平，找不到标杆进行横向对比。这时可以邀请行业内权威的专家团对技术成果进行全方位的综合评估，并且给出权威的鉴定：行业领先、国内领先、国际领先等。

技术先进性指标分值采用百分制赋分，针对不同评价维度指标进行百分制分配取值，最终各评价维度指标取值之和应等于100，具体取值可依据项目实际情况进行设定，不同评价维度指标取值之和则为技术先进性指标分值。各维度指标取值可参考发明专利数量、实用新型专利数量、国家标准数量、国际标准数量、行业标准数量、地方标准数量、国家级（或省部级）科技奖项的数量等。

20.4.7 能源利用率

能源利用率主要评估项目建设过程中对能源的高效利用情况，包括设备运行状况动态监控、机房或数据中心电源使用效率等方面。机房或数据中心已经发展成为现代社会中越来越重要的组成部分，计算机基础设施已经成为生活基础的重要组成部分。要想成功运营，机房或数据中心需要优先考虑高效的能源使用，通过评价能源利用率，决策开发降低整体能耗的新方法。

能源利用率指标分值采用百分制赋分，针对不同评价维度指标进行百分制分配取值，最终各评价维度指标取值之和应等于100，现阶段主要通过设备运行状况动态监控、机房或数据中心电源使用效率两个维度指标评估，分别取值80和20。通过评价维度指标分值取值 × 评价值得到两个评价维度指标得分，两个评价维度指标得分之和则为能源利用率指标分值。取值可参考如下：

（1）设备运行状况动态监控。指标分值取值80，评估是否应用相关技术实现自动监控项目设备运行状态并进行动态调整，若是，评价值取值为1；若否，评价值取值为0。

（2）机房或数据中心电源使用效率。指标分值取值20，评估系统所在机房或数据中心的电源使用效率（PUE）是否低于2，若是，评价值取值为1；若否，评价值取值为0。

20.4.8 安全保护

安全保护主要评估信息系统网络安全等级保护情况，包括安全物理环境、安全通信网络、安全区域边界、安全计算环境、安全管理中心、安全管理制度、安全管理机构、安全管理人员、安全建设管理及安全运维管理等方面。

安全保护指标分值采用百分制赋分，针对不同评价维度指标进行百分制分配取值，最终各评价维度指标取值之和应等于100，现阶段主要开展十个维度指标评估，分别取值10。通过评价维度指标分值取值 × 评价值得到不同评价维度指标得分，不同评价维度指标得分之和则为安全保护指标分值。取值可参考如下：

（1）安全物理环境。指标分值取值10，评估若满足GB/T22239-2019[1]的要求，评价值取值为1，否则评价值取值为0。

（2）安全通信网络。指标分值取值10，评估若满足GB/T22239-2019的要求，评价值取值为1，否则评价值取值为0。

（3）安全区域边界。指标分值取值10，评估若满足GB/T22239-2019的要求，评价值取值为1，否则评价值取值为0。

（4）安全计算环境。指标分值取值10，评估若满足GB/T22239-2019的要求，评价值取值为1，否则评价值取值为0。

（5）安全管理中心。指标分值取值10，评估若满足GB/T22239-2019的要求，评价值取值为1，否则评价值取值为0。

（6）安全管理制度。指标分值取值10，评估若满足GB/T22239-2019的要求，评价值取值为1，否则评价值取值为0。

（7）安全管理机构。指标分值取值10，评估若满足GB/T22239-2019的要求，评价值取值为1，否则评价值取值为0。

（8）安全管理人员。指标分值取值10，评估若满足GB/T22239-2019的要求，评价值取值为1，否则评价值取值为0。

（9）安全建设管理。指标分值取值10，评估若满足GB/T22239-2019的要求，评价值取值为1，否则评价值取值为0。

（10）安全运维管理，指标分值取值10，评估若满足GB/T22239-2019的要求，评价值取值为1，否则评价值取值为0。

20.5 运维水平指标体系

1. 可用性

可用性主要评估信息系统在指定的时间或时间段完成要求功能的能力。

可用性指标分值采用百分制赋分，通过统计信息系统服务时长（单位为小时），以（1－评价周期内信息系统不可用时长的总值/评价周期内约定信息系统服务时长）×100，计算可用性指标分值。

2. 可靠性

可靠性主要评估信息系统在运行过程中连续提供正常服务的能力。

可靠性指标分值采用百分制赋分，通过统计服务运行时间值（单位为小时），将（评价周期内服务运行时间总值/评价周期内服务每次连续正常运行时间的均值）设为 X，结合指数函数 $e^{(1-X)} \times 100$ 得到可靠性指标分值。若在评价周期内，服务未发生不可用情况，则评价周期内服务每次连续正常运行时间的均值与评价周期内服务运行时间总值相同。

3. 可维护性

可维护性主要评估信息系统可修复（恢复）性和可改进性的难易程度。

可维护性指标分值采用百分制赋分，通过统计服务实际平均故障恢复时间（单位为小时），将（服务实际平均故障恢复时间/服务约定平均故障修复时间）设为 X，结合指数函数 $(1/e)^X \times 100$ 得到可维护性指标分值。其中服务约定平均故障修复时间也可认为是客户可承受的服务平均故障恢复时间。

---

[1] GB/T22239-2019：《信息安全技术 网络安全等级保护基本要求》。

4. 服务响应及时性

服务响应及时性主要评估信息系统在运行过程中对异常事件的及时响应能力。

服务响应及时性指标分值采用百分制赋分，通过统计系统发生的事件数类型，将（评价周期内在约定服务时间内响应的事件数/评价周期内系统发生的事件数）设为 X，结合百分制换算公式 $X \times 100$ 得到服务响应及时性指标分值。

5. 事件解决及时性

事件解决及时性主要评估事件发生后在约定服务时间内解决的能力。

事件解决及时性指标分值采用百分制赋分，通过统计系统发生的事件数类型，将（评价周期内在约定服务时间内解决的事件数/评价周期内系统发生的事件数）设为 X，结合百分制换算公式 $X \times 100$ 得到事件解决及时性指标分值。

6. 事件首次解决

事件首次解决主要评价事件发生后首次解决（一次解决）的能力。

事件首次解决指标分值采用百分制赋分，通过统计系统发生的事件数类型，将（评价周期内首次解决的事件数/评价周期内系统发生的事件数）设为 X，结合百分制换算公式 $X \times 100$ 得到事件首次解决指标分值。

7. 安全风险

安全风险主要评估信息系统发生信息安全事件和存在高风险漏洞的情况。

安全风险指标分值采用百分制赋分，针对不同评价维度指标进行百分制分配取值，现阶段主要通过六个维度指标评估，具体取值可依据项目实际情况进行设定。通过（评价维度指标分值取值×评价值）分别得到不同评价维度指标得分 X_1、X_2、X_3、X_4、X_5、X_6，结合差值计算公式 $100-X_1-X_2-X_3-X_4-X_5-X_6$ 得到安全风险指标分值，若分值小于 0，分值取 0。取值可参考如下：

（1）特别重大事件（Ⅰ级）。指标分值取值 100，评价值取特别重大事件（Ⅰ级）个数，信息安全事件应按《GB/Z20986-2007 信息安全技术 信息安全事件分类分级指南》5.2 中给出的事件分级进行分类。

（2）重大事件（Ⅰ级）。指标分值取值 50，评价值取重大事件（Ⅰ级）个数。

（3）较大事件（Ⅰ级）。指标分值取值 30，评价值取较大事件（Ⅰ级）个数。

（4）一般事件（Ⅳ级）。指标分值取值 20，评价值取一般事件（Ⅳ级）个数。

（5）国家有关部门通报存在高风险漏洞或造成重大不良影响。指标分值取值 20，评价值取被国家有关部门通报存在高风险漏洞或造成重大不良影响的个数。

（6）其他渠道发现的高风险漏洞。指标分值取值 5，评价值取其他渠道发现的高风险漏洞的个数，例如等级保护测评等。

8. 适用性

适用性主要评估信息系统是否易于迭代更新、扩展升级。

适用性指标分值采用百分制赋分，通过评估信息系统适用性确定评价值 X，结合百分制换算公式 $(1-X) \times 100$ 得到适用性指标分值。评价值取值可参考信息系统是否采用了已经淘汰或禁用的技术，不利于系统迭代更新、扩展升级。若是，价值取值为 1；若否，价值取值为 0。

20.6 应用效果指标体系

1. 功能应用率

功能应用率主要评估信息系统的功能点在现有业务和管理流程中的应用情况。

功能应用率指标分值采用百分制赋分，通过统计功能点数量，将（投入使用的功能点数量/实际建设的功能点数量）设为 X，结合百分制换算公式 $X\times100$ 得到功能应用率指标分值，若数值超过 100，取 100。其中投入使用的功能点数量以数据库中相关数据为统计标准，实际建设的功能点数量以测试报告中的功能点数量为准。

2. 关键业务稳定率

关键业务稳定率主要评估使用信息系统处理核心业务流程的稳定程度。

关键业务稳定率指标分值采用百分制赋分，通过统计新增关键业务数据条数，将（新增关键业务数据条数/评价周期前三年平均新增关键业务数据条数）设为 X，结合百分制换算公式 $X/80\%\times100$ 得到关键业务稳定率指标分值，若数值超过 100，取 100。其中：

（1）评价周期内年平均新增关键业务数据条数。关键业务数据是指最能代表业务量增长情况的数据。

（2）评价周期前三年平均新增关键业务数据条数。若业务上线时间不足三年，取正式上线后评价周期前，年平均新增关键业务数据条数。

（3）评价周期内年平均新增关键业务数据条数不低于评价周期前三年平均新增关键业务数据条数的 80%，则表明项目中的关键业务稳定。

3. 用户满意度

用户满意度主要评估用户对信息系统使用的满意程度，包括易用性、稳定性及技术支持质量等方面。

通过满意度调查问卷，得到不同评价维度指标星级数量 X_1、X_2、X_3、X_4、X_5、X_6，结合计算公式 $(X_1\times0+X_2\times1+X_3\times2+X_4\times3+X_5\times4+X_6\times5)/(X_1+X_2+X_3+X_4+X_5+X_6)\times20$ 得到用户满意度指标分值。不同评价维度指标星级数量可参考如下：

（1）调查问卷结果为 0 星的数量为 X_1。

（2）调查问卷结果为 1 星的数量为 X_2。

（3）调查问卷结果为 2 星的数量为 X_3。

（4）调查问卷结果为 3 星的数量为 X_4。

（5）调查问卷结果为 4 星的数量为 X_5。

（6）调查问卷结果为 5 星的数量为 X_6。

4. 用户活跃度

用户活跃度主要评估用户对信息系统的使用频率。

用户活跃度指标分值采用百分制赋分，通过统计各类用户的数量，将（活跃用户的数量/信息系统注册用户总数）设为 X，结合百分制换算公式 $X\times100$ 得到用户活跃度指标分值，若数值超过 100，取 100。其中活跃用户是指在相应时间段内用户打开并使用信息系统，评价周期内活跃用户的数量，根据业务的特性，时间段可设置为 1 周、1 月、1 季度等。

20.7 经济与社会效益指标体系

1. 投入产出比

投入产出比主要评估盈利性信息化项目的收益与项目总投资额的比率。

通过统计投入产出值，将（实际净现值/验收项目决算投资额现值）设为 X，结合百分制换算公式 $X\times100$ 得到投入产出比指标分值，若数值超过 100，取 100。其中：

（1）实际净现值为评估时点前的信息化项目实际净现金流量与重新预测的净现金流量（在评估时点之后）之和。

（2）验收项目决算投资额现值为决算投资额在评估时点的折现值。

（3）投入产出比越大，表明项目的盈利能力越佳。

2. 预期目标实现率

预期目标实现率主要评估信息化项目已实现目标与预期目标的比率。将（已实现的预期目标/全部预期目标）设为 X，结合百分制换算公式 $X\times 100$ 得到预期目标实现率指标分值。

3. 项目投资变化率

项目投资变化率主要评估信息化项目预算投资与验收决算投资的变化程度。

项目投资变化率指标分值采用百分比赋分，将［（验收项目决算投资额 – 项目预算投资额）/项目预算投资额］设为 X。结合百分比换算公式 $X\times 100\%$ 得到项目投资变化率。

若该项指标大于零，则表明项目的实际投资额大于计划投资额；反之，若该指标小于或等于零，则表明实际投资额小于或等于计划投资额。

该项指标仅用来衡量项目投资变化情况，不纳入整体评估结果计算。

4. 单位生产能力投资变化率

单位生产能力投资变化率主要评估信息化项目投入使用后的实际单位生产能力投资与设计的单位生产能力投资的差异。

项目投资变化率指标分值采用百分比赋分，将［（验收项目决算投资额/验收项目实际形成的生产能力 – 设计的单位生产能力投资）/设计的单位生产能力投资］设为 X，结合百分比换算公式 $X\times 100\%$ 得到项目投资变化率。

若实际单位生产能力投资变化率大于零，则表明实际单位生产能力投资大于设计单位生产能力投资；反之，若小于零，则表明实际单位生产能力投资小于设计单位生产能力投资。项目生产能力指标包括但不限于信息系统的事务处理能力、存储能力、网络带宽及系统安全等级等指标。

该项指标仅用来衡量项目单位生产能力投资变化情况，不纳入整体评估结果计算。

5. 净现值变化率

净现值变化率主要评估盈利性信息化项目投入使用后的净现值与预测净现值之间的差值。

净现值变化率指标分值采用百分比赋分，将［（实际净现值 – 预测净现值）/预测净现值］设为 X，结合百分比换算公式 $X\times 100\%$ 得到净现值变化率。其中：

（1）实际净现值为评估时点前的信息化项目实际净现金流量与重新预测的净现金流量（在评估时点之后）之和。

（2）预测净现值为项目建设决策依据中预期的现金流量。

计算净现值所使用的折现率可以选取项目筹资加权资金成本或者投资者的最低期望投资回报率（MARR）。净现值变化率大于零，表明项目的实际盈利能力大于预测值，反之，则小于预测值。

该项指标仅用来衡量项目净现值变化情况，不纳入整体评估结果计算。

6. 偿债覆盖率

偿债覆盖率主要分析盈利性信息化项目偿还债务资金的能力，评价信息化项目投入使用后可用于还本付息的资金来源是否足以偿还当期债务。

偿债覆盖率指标分值采用百分比赋分，将（可用于还本付息资金/当期应还本付息金额）设为 X，结合百分比换算公式 $X\times 100\%$ 得到偿债覆盖率。若该指标大于1，则表明当期偿债资金足以偿还当期债务；反之，若小于1，则表明当期债务偿还存在困难。

该项指标仅用来衡量项目偿债覆盖情况，不纳入整体评估结果计算。

20.8 数智科技工程绩效评价流程及应用

20.8.1 数智科技工程绩效评价流程

1. 确定评价目标

基于组织的社会责任和经营管理目标，参考项目合同或项目任务书，从规范性、有效性和先进性等方面明确项目综合绩效评估目标，为设计项目绩效评价指标体系提供需求和依据。

2. 制定评价方案

基于评估目标，制定完整的评估方案，包括评估组织架构、工作内容、计划进度、工作界面等相关内容。

3. 设计指标体系

根据项目的设计、建设、运行及产出情况和评估目标，设计选取并确定评估指标，构成项目综合绩效评估指标体系。

项目综合绩效评估指标体系设计应遵循以下原则：

（1）指标体系设计符合相关国家、地方、行业、企业标准或规范。

（2）指标体系包含定性指标和定量指标，两者均应可测量，定量指标应可计算。

（3）在不影响被评估项目的正常运行或由此带来成本增加的情况下，可依据项目特点、所处行业/地区的相关要求增加自定义指标。

（4）所有指标分值保持百分制。

（5）指标的数据项尽量保证客观并可取得。

4. 设置指标权重

项目综合绩效评估指标权重采用分级设置，按照指标分类、确定权重的方法进行设置。

1）权重设置原则

项目综合绩效评估体系指标权重一般按照下列原则选取：

（1）按照指标体系逐级设置权重。

（2）同一指标的下一级指标权重总和为1。

（3）结合相关国家法律法规、政策导向设置指标权重。

2）一级指标权重设置

（1）指标分类。一级指标分类按照指标重要性、优先级分为 A、B、C 三类，如表 20.1 所示。

【示例】将建设质量、运维水平、应用效果、经济与社会效益四大指标体系按照评估目标划分类别，如表 20.2 所示。

（2）确定权重。按照表 20.1 中的各类别指标权重范围，确定一级指标的具体权重，同时应保证一级指标权重总和为1。

【示例】将建设质量、运维水平、应用效果、经济与社会效益四大指标体系按照指标类别和权重范围确定具体权重，如表 20.3 所示。

表 20.1 指标权重分类表

指标类别	类别描述	权重范围
A	非常重要，优先级高	0.2 ~ 0.3
B	非常重要，优先级低；或一般重要优先级高	0.1 ~ 0.2
C	一般重要，优先级低	0 ~ 0.1

表 20.2 一级指标分类（示例）

一级指标名称	指标类别
建设质量	B
运维水平	B
应用效果	A
经济与社会效益	A

表 20.3 一级指标权重（示例）

一级指标名称	指标类别	权重范围	具体权重
建设质量	B	0.1 ~ 0.2	0.2
运维水平	B	0.1 ~ 0.2	0.2
应用效果	A	0.2 ~ 0.3	0.3
经济与社会效益	A	0.2 ~ 0.3	0.3

3）二级指标权重设置

（1）指标分类。将某一级指标下的二级指标按照指标重要性、优先级分为 A、B、C 三类，如表 20.1 所示。

【示例 1】将建设质量下的二级指标项目管理规范性、技术创新率、业务支持度、资源利用率、数据共享，技术先进性、能源利用率安全保护按照评估目标划分类别，如表 20.4 所示。

表 20.4 建设质量的二级指标分类（示例）

二级指标名称	指标类别
项目管理规范性	A
技术创新率	B
业务支持度	C
资源利用率	B
数据贡献	C
技术先进性	C
能源利用率	B
安全保护	C

【示例 2】将运维水平下的二级指标可用性、可靠性、可维护性、服务响应及时性、事件解决及时性、事件首次解决、安全风险、适用性按照评估目标划分类别，如表 20.5 所示。

表 20.5 运维水平的二级指标分类（示例）

二级指标名称	指标类别
可用性	A
可靠性	B
可维护性	B
服务响应及时性	C
事件解决及时性	C
事件首次解决	C
安全风险	A
适用性	C

（2）确定权重。按照表 20.1 所示的各类别指标权重范围，确定二级指标的具体权重，同时保证同一一级指标下的二级指标权重总和为 1。

【示例 1】将建设质量下的二级指标项目管理规范性、技术创新率、业务支持度、资源利用率、数据共享、技术先进性、能源利用率安全保护按照指标类别和权重范围确定具体权重，如表 20.6 所示。

表 20.6 建设质量的二级指标权重（示例）

二级指标名称	指标类别	权重范围	具体权重
项目管理规范性	A	0.2 ~ 0.3	0.25
技术创新率	B	0.1 ~ 0.2	0.2
业务支持度	C	0 ~ 0.1	0.05
资源利用率	B	0.1 ~ 0.2	0.2
数据贡献	C	0 ~ 0.1	0.05
技术先进性	C	0 ~ 0.1	0.05
能源利用率	B	0.1 ~ 0.2	0.15
安全保护	C	0 ~ 0.1	0.05

【示例 2】将运维水平下的二级指标可用性、可靠性、可维护性、服务响应及时性、事件解决及时性、事件首次解决、安全风险、适用性按照指标类别和权重范围确定具体权重，如表 20.7 所示。

表 20.7 运维水平的二级指标权重（示例）

二级指标名称	指标类别	权重范围	具体权重
可用性	A	0.2 ~ 0.3	0.25
可靠性	B	0.1 ~ 0.2	0.15
可维护性	B	0.1 ~ 0.2	0.15
服务响应及时性	C	0 ~ 0.1	0.05
事件解决及时性	C	0 ~ 0.1	0.05
事件首次解决	C	0 ~ 0.1	0.05
安全风险	A	0.2 ~ 0.3	0.25
适用性	C	0 ~ 0.1	0.05

5. 确定项目范围

确定被评估项目的数据输入/输出、资源投入/产出和产品/服务输出所穿越的物理边界、逻辑边界等具体范围。项目范围的划分应包括信息化项目在建设、改扩建或正在运行过程中所涉及的、会对评估指标产生显性或隐性影响的所有资源、过程与基础设施等。

6. 收集数据及支撑材料

根据指标体系和已确定的项目范围，制定详细的调查提纲，确定拟收集数据的来源、数据采集方法及支撑材料。在该阶段所要收集的数据主要有：

（1）项目建设决策、立项及建设资料，包括不限于项目可行性研究报告、项目评估报告、项目立项批文、项目预算及变更资料、项目验收报告及决算书、有关合同协议文件等。

（2）项目运行资料，包括但不限于项目投入使用后的生产经营数据、项目财务数据等。

（3）项目所在行业资料，包括但不限于国内外同行业信息化项目的技术水平、规模、经营状况及劳动生产率水平等。

（4）国家有关法律、政策及规定资料，包括但不限于国家颁布法律、发布的信息化政策及相关规定、标准等。

（5）其他有关资料，包括但不限于企业/部门规章、满足被评估项目具体特点及评估要求的有关资料等。

7. 分析论证

在充分获得数据及支撑材料的基础上，依据国家、行业或部门的管理规定，按照指标体系，对信息化项目建设与生产过程的技术经济状况做全面的定量与定性分析论证。

8. 编制绩效评价报告

将分析论证结果与评估目标、项目计划、行业或类似项目技术经济指标等基准相比较，得出项目的综合绩效评分，编制信息化项目综合绩效评估报告。

20.8.2 数智科技工程绩效评价的应用

1. 绩效评价方法的应用

数智科技工程绩效评价结果应用对提高项目决策科学化水平，改进项目管理和提高投资效益发挥着极其重要的作用。

（1）总结经验教训，提高管理水平。由于项目管理是一项极其复杂的工作，项目建设一般都涉及多个部门，部门之间的配合与协调工作，直接关系到项目能否顺利完成。通过对已经建成项目管理的实际情况进行分析研究，有利于指导今后项目的管理实践，提高项目管理的水平。

（2）提高决策科学化水平。项目决策的依据是项目可行性研究报告，可行性研究报告的科学性、完备性，可以通过绩效评价结果来验证。通过完善的绩效评价制度和科学的方法体系产生的反馈信息，可以及时纠正项目决策中存在的问题，提高决策科学化水平。

2. 绩效评价方法的挑战与应对

绩效评价方法在项目管理中有着广泛的应用，但也面临着一些挑战。首先，评估指标的选择和确定需要综合考虑项目的具体情况和要求，这需要项目管理者具备一定的专业知识和经验；其次，评估方法的应用需要借助相关的工具和技术，这对于项目管理者来说也是一项挑战。

为了应对这些挑战，可以采取以下措施：

（1）项目管理者需要不断提升自身的专业知识和能力，了解各种评估方法的原理和应用，以便能够正确选择和应用评估方法。

（2）可以借助项目管理软件等工具，提高评估方法的应用效率和准确性。

因此，数智科技工程绩效评价需严格按照国家标准逐步积累经验，打造优质工程，积极助力数字中国建设。

参 考 文 献

［1］国家网信办．数字中国发展报告(2022年)．2023.5.
［2］赛迪顾问人工智能产研中心．赛迪顾问奋进十年系列研究：中国人工智能产业的奋进十年．2022.9.
［3］庄荣文．深入贯彻落实党的二十大精神，以数字中国建设助力中国式现代化．人民日报，2023.3.3.
［4］中华人民共和国国家发展和改革委员会规划司．"十四五"规划《纲要》解读文章之11|建设数字中国．2021.12.25.
［5］叶显文，牟翔，区杰等．大型信息系统运行维护体系规划、建设与管理．北京：科学出社，2019.6.
［6］何忠江，刘翼，裴亚等．奋进新征程 建功新时代|中国电信全面推进数字化转型．通信企业管理，2022.5.
［7］国务院国资委．关于加快推进国有企业数字化转型工作的通知．2020.8.21.
［8］中国信通院．电信业数字化转型发展白皮书(2022年)．2023.1.
［9］舒艺．数启扬帆 科技智造 电信数智赋能千行百业数智化转型．中国日报网，2022.5.18.
［10］张良友，王鹏．数智化转型：企业升级之路．北京：中国工信出版集团，人民邮电出版社，2023.4.
［11］时耕科技．一字之差|数字化和数智化究竟有何异同点．2022.7.14.
［12］周涛，唐长增等．自然资源调查监测体系数字化建设．北京：科学出版社，2022.4.
［13］黄耿等．新一代数字化工程设计．北京：科学出版社，2020.10.
［14］中国电信集团公司．中国电信CTNet2025网络架构白皮书．2016.7.11.
［15］柯瑞文．推进云网融合共筑算力时代．2022中国算力大会主论坛作主题演讲．2022.7.30.
［16］柯瑞文．立足科技自立自强全面推进云网融合．人民论坛网，2021.12.31.
［17］云网融合2030技术白皮书．中国电信集团公司．2020.11.
［18］李强．运营商智能云网解决方案．华为．2021.12.8.
［19］云网融合向算网一体技术演进白皮书．中国联通，华为．2021.3.
［20］金果．云原生下一步将走向何处：服务网格成为主流、容器虚拟机进一步融合．twt企业IT社区．2022.10.
［21］BLACKFLAG．企业上云的难点、方向、策略、架构和实践步骤．twt企业IT社区．2020.10.
［22］国家互联网信息办公室．中国云计算产业发展报告2022．国家互联网信息办公室．2022.5.
［23］英方研究院，国际灾难恢复(中国)协会(DRI China)，国家互联网数据中心产业技术创新战略联盟．2021中国灾备行业白书．2020.10.23.
［24］河北鑫达钢铁集团有限公司．供应链协同与制造流程再塑典型应用．2021.12.
［25］中国电信MEC最佳实践白皮书．中国电信股份有限公司技术创新中心．2021.1.
［26］天翼全栈混合云(企业版)技术白皮书V2.0．中国电信股份有限公司云计算分公司．
［27］天翼云．混合云管理平台用户使用指南．中国电信股份有限公司云计算分公司．
［28］蒋保平．官宣！南宁这个投资30亿元的园区正式启用．广西日报社南国早报官方账号．2022.9.28.
［29］陈宏庆，张飞碧，袁得等．智能弱电工程设计与应用(第2版)．2021.12.1.
［30］罗学刚，蔡炯．数据通信与网络技术．哈尔滨工程大学出版社，2020.1.
［31］范志文，吴军，马俊等．智慧光网络 关键技术应用实践和未来演进．北京：人民邮电出版社，2022.4.
［32］李世银，李晓滨主编；杨福猛，应祥岳，李良副主编．传输网络技术．北京：人民邮电出版社，2018.6.
［33］刘乔俊，关宏宇，杨清．IPv6+背景下电信运营商城域云网架构演进趋势浅析．通信与信息技术，2023,1(总第261期)．
［34］周圣君．鲜枣课堂5G通识讲义．北京：人民邮电出版社，2021.7.
［35］俞菲，王雷编．无线通信技术．北京：人民邮电出版社，2020.8.
［36］3GPP. System Architecture for the 5G System;Stage 2(Release15):3GPP TS 23. 501[S]. 2019.
［37］3GPP. Security Architecture and Procedures for 5G System(Release15):3GPP TS 33. 501[S]. 2019.

…(NDS);Authentication Framework(AF)(Release15)：3GPP TS 33. 310[S]. 2018.
…e Protocol Version2(IKEv2):RFC5996[S]. 2015.
…urity Payload(ESP):RFC4303[S]. 2005.
…数据，但数据到底是什么. 闪电新闻，https://sdxw. iqilu. com/share/YS0yMS01OTgwNjL2.
…分类分级的概念、方法、标准及行业实践. 数据工匠俱乐部.
…存储 2030 白皮书. https://e. huawei. com/cn/articles/2023/solutions/storage/data-storage-2030-white-paper.

[44] ……. CSDN. 28 个大数据的高级工具汇总. https://blog. csdn. net/cui_yonghua/article/details/123163286.
[45] 注…辉. 一文看懂技术中台. https://mp. weixin. qq. com/s/w71dUoY1EtBffGIj-uDwSA.
[46] 数字化刘老师. 10 句话，让你看到真实的数据中台. https://mp. weixin. qq. com/s/C7WLCwAPEI7KCtdke0UwgA.
[47] 稀饭. 数据中台的业务价值和技术价值. https://mp. weixin. qq. com/s/efVF6hbll5aGUh2BuzQrXA.
[48] 李禾. 我国算力产业发展现状：算力需求不断增速，"绿色 AI"引导算力算法低碳发展. 贤集网，https://www. xianjichina. com/news/details_290557. html.
[49] 小枣君. 到底什么是"算力网络". 知乎，https://zhuanlan. zhihu. com/p/550516183.
[50] 陈雪莹. 51CTO. 从管、存、算、规、治看数据资产管理. https://www. 51cto. com/article/719096. html.
[51] 何恺铎. 云数据库. 高歌猛进的数据库"新贵". https://www. talkwithtrend. com/Document/detail/tid/451809.
[52] 谢鹏. 大数据平台最常用的 30 款工具. 数据工匠俱乐部，https://blog. csdn. net/ZhongGuoZhiChuang/article/details/99314081.
[53] 智力（生物一般性的精神能力）. 百度百科，https://baike. baidu. com/item/%E6%99%BA%E5%8A%9B/129379?fr=aladdin.
[54] 智能（心理科学术语）. 百度百科，https://baike. baidu. com/item/%E6%99%BA%E8%83%BD/66637?forcehttps=1%3Ffr%3Dkg_hanyu.
[55] 智慧产业. 百度百科，https://baike. baidu. com/item/%E6%99%BA%E6%85%A7%E4%BA%A7%E4%B8%9A/3288941?fr=aladdin.
[56] 智慧型产业综述. https://www. docin. com/p-1774582160. html.
[57] 智慧产业. MBA 智库·百科，https://wiki. mbalib. com/wiki/%E6%99%BA%E6%85%A7%E4%BA%A7%E4%B8%9A.
[58] 中国电子信息产业发展研究院. 我国智慧产业发展现状及面临挑战. https://mp. weixin. qq. com/s?__biz=MzA4NDMwNTEyNA==&mid=401267717&idx=2&sn=8b99b77da5bd0ae46101d17add7c4c69&chksm=0df7498e3a80c09870fc7572a0f24e8ab5a87ab7ed0cc49ca572ae00dfb727a61fca1e7a45ca&scene=27.
[59] 刘鸿雁. 中国智慧产业发展水平综合评价和空间关联分析. 掌桥科研，https://www. zhangqiaokeyan. com/academic-degree-domestic_mphd_thesis/020313421991. html.
[60] 智慧产业的价值实现. 智慧中国网站，http://www. zhzg-cctv. cn/jiancai/1975. html.
[61] 人工智能产业的应用场景和发展模式. 东滩产业研究院，http://m. dongtanimc. cn/index. php?c=content&a=show&id=981.
[62] 智慧农业. 百度百科，https://baike. baidu. com/item/%E6%99%BA%E6%85%A7%E5%86%9C%E4%B8%9A/726492?fr=aladdin.
[63] 徐洋. 5G 智慧农业应用白皮书. 脉脉，https://maimai. cn/article/detail?fid=1728999592&efid=HqQqOa189eeRb1gHjJ3gUw.
[64] 2022 中国智慧园区发展白皮书. 前瞻产业研究院，https://zhuanlan. zhihu. com/p/589970513.
[65] 智慧园区的三大效益. 森普信息集团官网，https://yq. simpro. cn/news/%20zhyqdsdxy. html.
[66] 智慧制造. 百度百科，https://baike. baidu. com/item/%E6%99%BA%E6%85%A7%E5%88%B6%E9%80%A0/15487978?fr=aladdin.
[67] 智能制造. 百度百科，https://baike. baidu. com/item/%E6%99%BA%E8%83%BD%E5%88%B6%E9%80%A0/4753603?fr=aladdin.
[68] 智能制造系列 (3): 智能制造的五级架构. http://www. 360doc. com/content/12/0121/07/27362060_1051284304. shtml.

参 考 文 献

［1］国家网信办．数字中国发展报告（2022 年）．2023．5．
［2］赛迪顾问人工智能产研中心．赛迪顾问奋进十年系列研究：中国人工智能产业的奋进十年．2022．9．
［3］庄荣文．深入贯彻落实党的二十大精神，以数字中国建设助力中国式现代化．人民日报，2023．3．3．
［4］中华人民共和国国家发展和改革委员会规划司．"十四五"规划《纲要》解读文章之 11 | 建设数字中国．2021． 12．25．
［5］叶显文，牟翔，区杰等．大型信息系统运行维护体系规划、建设与管理．北京：科学出社，2019．6．
［6］何忠江，刘翼，裴亚等．奋进新征程 建功新时代 | 中国电信全面推进数字化转型．通信企业管理，2022．5．
［7］国务院国资委．关于加快推进国有企业数字化转型工作的通知．2020．8．21．
［8］中国信通院．电信业数字化转型发展白皮书（2022 年）．2023．1．
［9］舒艺．数启扬帆 科技智造 电信数智赋能千行百业数字化转型．中国日报网，2022．5．18．
［10］张良友，王鹏．数智化转型：企业升级之路．北京：中国工信出版集团，人民邮电出版社，2023．4．
［11］时耕科技．一字之差 | 数字化和数智化究竟有何异同点．2022．7．14．
［12］周涛，唐长增等．自然资源调查监测体系数字化建设．北京：科学出版社，2022．4．
［13］黄耿等．新一代数字化工程设计．北京：科学出版社，2020．10．
［14］中国电信集团公司．中国电信 CTNet2025 网络架构白皮书．2016．7．11．
［15］柯瑞文．推进云网融合共筑算力时代．2022 中国算力大会主论坛作主题演讲．2022．7．30．
［16］柯瑞文．立足科技自立自强全面推进云网融合．人民论坛网，2021．12．31．
［17］云网融合 2030 技术白皮书．中国电信集团公司．2020．11．
［18］李强．运营商智能云网解决方案．华为．2021．12．8．
［19］云网融合向算网一体技术演进白皮书．中国联通，华为．2021．3．
［20］金果．云原生下一步将走向何处：服务网格成为主流、容器虚拟机进一步融合．twt 企业 IT 社区．2022．10．
［21］BLACKFLAG．企业上云的难点、方向、策略、架构和实践步骤．twt 企业 IT 社区．2020．10．
［22］国家互联网信息办公室．中国云计算产业发展报告 2022．国家互联网信息办公室．2022．5．
［23］英方研究院，国际灾难恢复（中国）协会（DRI China），国家互联网数据中心产业技术创新战略联盟．2021 中国灾备行业白书．2020．10．23．
［24］河北鑫达钢铁集团有限公司．供应链协同与制造流程再塑典型应用．2021．12．
［25］中国电信 MEC 最佳实践白皮书．中国电信股份有限公司技术创新中心．2021．1．
［26］天翼全栈混合云（企业版）技术白皮书 V2．0．中国电信股份有限公司云计算分公司．
［27］天翼云．混合云管理平台用户使用指南．中国电信股份有限公司云计算分公司．
［28］蒋保平．官宣！南宁这个投资 30 亿元的园区正式启用．广西日报社南国早报官方账号．2022．9．28．
［29］陈宏庆，张飞碧，袁得等．智能弱电工程设计与应用（第 2 版）．2021．12．1．
［30］罗学刚，蔡炯．数据通信与网络技术．哈尔滨工程大学出版社，2020．1．
［31］范志文，吴军，马俊等．智慧光网络 关键技术应用实践和未来演进．北京：人民邮电出版社，2022．4．
［32］李世银，李晓滨主编；杨福猛，应祥岳，李良副主编．传输网络技术．北京：人民邮电出版社，2018．6．
［33］刘乔俊，关宏宇，杨清．IPv6+ 背景下电信运营商城域云网架构演进趋势浅析．通信与信息技术，2023，1（总第 261 期）．
［34］周圣君．鲜枣课堂 5G 通识讲义．北京：人民邮电出版社，2021．7．
［35］俞菲，王雷编．无线通信技术．北京：人民邮电出版社，2020．8．
［36］3GPP. System Architecture for the 5G System;Stage 2(Release15):3GPP TS 23. 501[S]. 2019.
［37］3GPP. Security Architecture and Procedures for 5G System(Release15):3GPP TS 33. 501[S]. 2019.

[38] 3GPP. Network Domain Security(NDS);Authentication Framework(AF)(Release15)：3GPP TS 33. 310[S]. 2018.

[39] RFC. Internet Key Exchange Protocol Version2(IKEv2):RFC5996[S]. 2015.

[40] RFC. Encapsulating Security Payload(ESP):RFC4303[S]. 2005.

[41] 李小森. 大家都在谈数据, 但数据到底是什么. 闪电新闻, https://sdxw. iqilu. com/share/YS0yMS01OTgwNjI2. html.

[42] 蔡春久. 数据分类分级的概念、方法、标准及行业实践. 数据工匠俱乐部.

[43] 华为. 数据存储 2030 白皮书. https://e. huawei. com/cn/articles/2023/solutions/storage/data-storage-2030-white-paper.

[44] 崔永华. CSDN. 28 个大数据的高级工具汇总. https://blog. csdn. net/cui_yonghua/article/details/123163286.

[45] 汪照辉. 一文看懂技术中台. https://mp. weixin. qq. com/s/w71dUoY1EtBffGIj-uDwSA.

[46] 数字化刘老师. 10 句话, 让你看到真实的数据中台. https://mp. weixin. qq. com/s/C7WLCwAPEI7KCtdke0UwgA.

[47] 稀饭. 数据中台的业务价值和技术价值. https://mp. weixin. qq. com/s/efVF6hbll5aGUh2BuzQrXA.

[48] 李禾. 我国算力产业发展现状：算力需求不断增速, "绿色 AI" 引导算力算法低碳发展. 贤集网, https://www. xianjichina. com/news/details_290557. html.

[49] 小枣君. 到底什么是 "算力网络". 知乎, https://zhuanlan. zhihu. com/p/550516183.

[50] 陈雪莹. 51CTO. 从管、存、算、规、治看数据资产管理. https://www. 51cto. com/article/719096. html.

[51] 何恺铎. 云数据库. 高歌猛进的数据库 "新贵". https://www. talkwithtrend. com/Document/detail/tid/451809.

[52] 谢鹏. 大数据平台最常用的 30 款工具. 数据工匠俱乐部, https://blog. csdn. net/ZhongGuoZhiChuang/article/details/99314081.

[53] 智力 (生物一般性的精神能力). 百度百科, https://baike. baidu. com/item/%E6%99%BA%E5%8A%9B/129379?fr=aladdin.

[54] 智能 (心理科学术语). 百度百科, https://baike. baidu. com/item/%E6%99%BA%E8%83%BD/66637?forcehttps=1%3Ffr%3Dkg_hanyu.

[55] 智慧产业. 百度百科, https://baike. baidu. com/item/%E6%99%BA%E6%85%A7%E4%BA%A7%E4%B8%9A/3288941?fr=aladdin.

[56] 智慧型产业综述. https://www. docin. com/p-1774582160. html.

[57] 智慧产业. MBA 智库·百科, https://wiki. mbalib. com/wiki/%E6%99%BA%E6%85%A7%E4%BA%A7%E4%B8%9A.

[58] 中国电子信息产业发展研究院. 我国智慧产业发展现状及面临挑战. https://mp. weixin. qq. com/s?__biz=MzA4NDMwNTEyNA==&mid=401226717&idx=2&sn=8b99b77da5bd0ae46101d7add7c4c69&chksm=0df7498e3a80c09870fc7572a0f24e8ab5a87ab7ed0cc49ca572ae00dfb727a61fca1e7a45ca&scene=27.

[59] 刘鸿雁. 中国智慧产业发展水平综合评价和空间关联分析. 掌桥科研, https://www. zhangqiaokeyan. com/academic-degree-domestic_mphd_thesis/020313421991. html.

[60] 智慧产业的价值实现. 智慧中国网站, http://www. zhzg-cctv. cn/jiancai/1975. html.

[61] 人工智能产业的应用场景和发展模式. 东滩产业研究院, http://m. dongtanimc. cn/index. php?c=content&a=show&id=981.

[62] 智慧农业. 百度百科, https://baike. baidu. com/item/%E6%99%BA%E6%85%A7%E5%86%9C%E4%B8%9A/726492?fr=aladdin.

[63] 徐洋. 5G 智慧农业应用白皮书. 脉脉, https://maimai. cn/article/detail?fid=1728999592&efid=HqQqOa189eeRb1gHjJ3gUw.

[64] 2022 中国智慧园区发展白皮书. 前瞻产业研究院, https://zhuanlan. zhihu. com/p/589970513.

[65] 智慧园区的三大效益. 森普信息集团官网, https://yq. simpro. cn/news/%20zhyqdsdxy. html.

[66] 智慧制造. 百度百科, https://baike. baidu. com/item/%E6%99%BA%E6%85%A7%E5%88%B6%E9%80%A0/15487978?fr=aladdin.

[67] 智能制造. 百度百科, https://baike. baidu. com/item/%E6%99%BA%E8%83%BD%E5%88%B6%E9%80%A0/4753603?fr=aladdin.

[68] 智能制造系列 (3): 智能制造的五级架构. http://www. 360doc. com/content/12/0121/07/27362060_1051284304. shtml.

［69］智慧生活.百度百科,https://baike. baidu. com/item/%E6%99%BA%E6%85%A7%E7%94%9F%E6%B4%BB/8168549?fr=aladdin.

［70］薛涛.智慧家居,"真香".人民日报海外版,2021. 4. 22.

［71］智慧社区.百度百科,https://baike. baidu. com/item/%E6%99%BA%E6%85%A7%E7%A4%BE%E5%8C%BA?fromModule=lemma_search-box.

［72］朱华.大数据赋能,激活智慧公安新引擎.中国安防协会,https://mp. weixin. qq. com/s?__biz=MjM5NTY4NTM1OQ==&mid=2650652273&idx=1&sn=ab011de69ebf8bdcdf614994e6240079&chksm=befda8f1898a21e730c3e96fdb95c60f5d0c57f6c3059d0b73c40ff1cf98239c7183618f1c91&scene=27.

［73］中国产业互联网发展联盟等.2023 产业互联网安全十大趋势.2023. 3. 21.

［74］信息安全等级保护.百度百科,https://baike. baidu. com/item/%E4%BF%A1%E6%81%AF%E5%AE%89%E5%85%A8%E7%AD%89%E7%BA%A7%E4%BF%9D%E6%8A%A4/2149325?fr=ge_ala.

［75］涉密信息系统分级保护有哪些具体要求.武汉市保密局,http://bmj. wuhan. gov. cn/ztzl/xcjy/202008/t20200820_1429270. shtml.

［76］关键信息基础设施安全保护条例.中华人民共和国国务院令(第 745 号).

［77］关键信息基础设施.百度百科,https://baike. baidu. com/item/%E5%85%B3%E9%94%AE%E4%BF%A1%E6%81%AF%E5%9F%BA%E7%A1%80%E8%AE%BE%E6%96%BD/22604172?fr=ge_ala.

［78］深度解读《关键信息基础设施安全保护条例》.搜狐网,https://www. sohu. com/a/484450977_121119001.

［79］商用密码.百度百科,https://baike. baidu. com/item/%E5%95%86%E7%94%A8%E5%AF%86%E7%A0%81/10636778?fr=ge_ala.

［80］什么是商用密码.国家密码管理局,https://www. oscca. gov. cn/sca/hdjl/2016-11/18/content_1002852. shtml.

［81］公安部,国家保密局,国家密码管理局等.关于信息安全等级保护工作的实施意见.公通字 [2004]66 号.2004.

［82］国家市场监督管理总局,中国国家标准化管理委员会.GB/T 22239-2019 信息安全技术网络安全等级保护基本要求.2019.

［83］国家市场监督管理总局,中国国家标准化管理委员会.GB/T 22240-2020 信息安全技术 网络安全等级保护定级指南.2020.

［84］一文读懂 | 等保标准演变史 (1. 0 ~ 2. 0).搜狐网,https://www. sohu. com/a/313812337_100226700.

［85］什么是等级保护,等保 2. 0 详解(上).阿里云开发者社区,https://developer. aliyun. com/article/1235280.

［86］马力,祝国邦,陆磊.网络安全等级保护基本要求(GB/T 22239-2019)标准解读 [J]. 信息网络安全,2019,19(2): 77-84.

［87］佚名.等保 2. 0 政策规范详细解读.twt 企业 IT 社区.2022. 4. 17.

［88］信息安全基础之分级保护介绍.https://mp. weixin. qq. com/S5xmE2TYyeyfbHf6r7S8JA?scene=25#wechat_redirect.

［89］涉密信息系统与公共信息系统的区别是什么.武汉市保密局,http://bmj. wuhan. gov. cn/ztzl/xcjy/202008/t20200820_1429252. shtml.

［90］大路咨询.3 保 1 评 | 分保、等保、关保、密评联系与区别.https://mp. weixin. qq. com/s/StFLNa660Mbd2cy7XoIKsA.

［91］国家市场监督管理总局,中国国家标准化管理委员会.关键信息基础设施安全保护条例.中华人民共和国国务院令(第 745 号).

［92］国家市场监督管理总局,中国国家标准化管理委员会.信息安全技术 关键信息基础设施安全保护要求 (GB/T 39204-2022). 2022.

［93］国家市场监督管理总局,中国国家标准化管理委员会.信息安全技术 信息系统密码应用基本要求 (GB/T 39786—2021). 2021.

［94］梁雪梅、王松柏等.数字身份认证.北京:机械工业出版社,2022.

［95］QualityIn 质量学院.一图掌握项目管理的核心工具 WBS 工作分解结构,质量人必备技能.https://mp. weixin. qq. com/s/2vXWDUOTNr-LQGhRLmU0Ig.

［96］PMO前沿.不会做需求调研? 需求调研流程及落地方案 V3. 0https://mp. weixin. qq. com/s/XoZlTRMzHfUazeJDk7WZfA.

［97］项目管理论坛.如何确认项目范围.https://mp. weixin. qq. com/s/mmeaRL2SLKaEwghwHd2YjQ.

［98］国家标准 GB/T 19000-2016. 质量管理体系基础和术语.
［99］林壮壮. To B| 谈谈生态合作伙伴的管理体系. https://mp.weixin.qq.com/s/jfwDVry48Pt2P5Foznx2nA.
［100］国家质量监督检验检疫总局令第 163 号. 检测机构资质认定管理办法.
［101］国务院办公厅. 国办发〔2019〕57 号. 国家政务信息化项目建设管理办法.
［102］国家档案局, 国家发展和改革委员会. 档发〔2008〕3 号. 国家电子政务工程建设项目档案管理暂行办法.
［103］国家标准 GB/T 8567-2006. 计算机软件文档编制规范.
［104］国务院办公厅. 国办发〔2023〕26 号. 政务服务电子文件归档和电子档案管理办法.
［105］建设元宝山. 竣工验收资料收集、整理、组卷、归档, 你都明白吗. https://mp.weixin.qq.com/s/KuNswSJ_oIjyztar_eg75Q.
［106］国家标准 GB/T 42584-2023. 信息化项目综合绩效评估规范.
［107］亿信华辰软件. 数据只有被交换共享, 才能创造价值. https://baijiahao.baidu.com/s?id=1724739294026761322&wfr.
［108］郑瑞刚. 浅谈技术先进性证明. https://mp.weixin.qq.com/s/Xp6RssRufN2kuFCn5c1eEQ.
［109］张枫. 浅析信息化项目绩效评估. 中国传媒科技, 2016, 7.